2026 최신판

에듀윌 공조냉동기계기사
필기 한권끝장
+무료특강

합격자 수가 선택의 기준!

2025 CBT 복원문제 수록

핵심이론+8개년 기출문제

특별제공 최신 CBT 모의고사 3회분 +무료특강

NCS 출제기준 완벽 적용!
한 권으로 빠르게 합격!

- 최신 CBT 모의고사 3회분 제공
- 최신 CBT 모의고사 해설강의 제공(3회분)
- SI 표준 단위계 변환표 제공(PDF)

에듀윌과 함께 시작하면,
당신도 합격할 수 있습니다!

대학 졸업 후 취업을 위해 바쁜 시간을 쪼개며
공조냉동기계기사 자격시험을 준비하는 취준생

비전공자이지만 공조 분야로 진로를 정하고
공조냉동기계기사에 도전하는 수험생

낮에는 현장에서 일하면서도 더 나은 미래를 위해
공조냉동기계기사 교재를 펼치는 주경야독 직장인

누구나 합격할 수 있습니다.
시작하겠다는 '다짐' 하나면 충분합니다.

마지막 페이지를 덮으면,

에듀윌과 함께
공조냉동기계기사 합격이 시작됩니다.

공조냉동기계기사 필기 한권끝장
5주 합격 플래너

핵심이론

DAY 1	DAY 2	DAY 3	DAY 4	DAY 5	DAY 6	DAY 7
SUBJECT 01 에너지관리	SUBJECT 01 에너지관리	SUBJECT 01 에너지관리	SUBJECT 02 공조냉동설계	SUBJECT 02 공조냉동설계	SUBJECT 02 공조냉동설계	SUBJECT 01~02 복습
완료 ☐	완료 ☐	완료 ☐	완료 ☐	완료 ☐	완료 ☐	완료 ☐
DAY 8	**DAY 9**	**DAY 10**	**DAY 11**	**DAY 12**	**DAY 13**	**DAY 14**
SUBJECT 03 시운전 및 안전관리	SUBJECT 03 시운전 및 안전관리	SUBJECT 03 시운전 및 안전관리	SUBJECT 04 유지보수 공사관리	SUBJECT 04 유지보수 공사관리	SUBJECT 03~04 복습	전체 복습
완료 ☐	완료 ☐	완료 ☐	완료 ☐	완료 ☐	완료 ☐	완료 ☐

8개년 기출문제

DAY 15	DAY 16	DAY 17	DAY 18	DAY 19	DAY 20	DAY 21
2025년 CBT 기출복원문제	2024년 CBT 기출복원문제	2023년 CBT 기출복원문제	2022년 기출문제	2021년 기출문제	2020년 기출문제	2019년 기출문제
완료 ☐	완료 ☐	완료 ☐	완료 ☐	완료 ☐	완료 ☐	완료 ☐
DAY 22	**DAY 23**	**DAY 24**	**DAY 25**	**DAY 26**	**DAY 27**	**DAY 28**
2018년 기출문제 `1회독 완료`	오답 분석 & 다시 풀어보기	오답 분석 & 다시 풀어보기	2025~2024년 CBT 기출복원문제	2023~2022년 CBT 기출복원문제	2021~2020년 기출문제	2019~2018년 기출문제 `2회독 완료`
완료 ☐	완료 ☐	완료 ☐	완료 ☐	완료 ☐	완료 ☐	완료 ☐
DAY 29	**DAY 30**	**DAY 31**	**DAY 32**	**DAY 33**	**DAY 34**	**DAY 35**
오답 분석 & 다시 풀어보기	오답 분석 & 다시 풀어보기	2025~2023년 CBT 기출복원문제	2022~2020년 기출복원문제	2019~2018년 기출복원문제 `3회독 완료`	기출문제 전체복습	기출문제 전체복습
완료 ☐	완료 ☐	완료 ☐	완료 ☐	완료 ☐	완료 ☐	완료 ☐

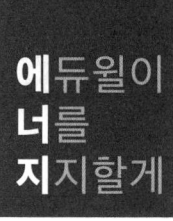

모든 시작에는
두려움과 서투름이
따르기 마련이에요.

당신이 나약해서가 아니에요.

What's NEWS

NCS 기반 출제기준 적용

'기계설비법' 개정으로 공조냉동기계기사 자격이 기계설비유지관리자의 필수 자격으로 지정되며, 자격증의 실무적·법적 중요성이 크게 높아졌습니다. 이에 2022년부터 NCS(국가직무능력표준) 기반으로 출제기준을 전면 개편하여, '냉동공조설비 설치·운영' 등 구체적 능력단위(Unit of Competency)에 맞춰 시험 과목과 문항을 재구성했습니다.

구분	변경 전 (21.12.31까지)	변경 후 (22.1.1부터)
필기시험	① 기계열역학 ② 냉동공학 ③ 공기조화 ④ 전기제어공학 ⑤ 배관일반	① 에너지관리 ② 공조냉동설계 ③ 시운전 및 안전관리 ④ 유지보수 공사관리
실기시험	냉동 및 냉난방설계	공조냉동 설계 실무

출제기준 완벽 반영!

[핵심만 담은 교재]
『2026 에듀윌 공조냉동기계기사 한권끝장』은 최신 출제기준을 완벽 반영하고, 과거 기출을 철저 분석하여 시험에 꼭 필요한 내용만 선별했습니다.

[과목 축소]
5개 과목에서 4개 과목으로 간소화되어 핵심이론에 집중할 수 있습니다.

[신규내용 추가]
열역학·냉동공학 통합, T.A.B 측정 절차 등 신규 이론과 관련된 신규 문제를 추가하였습니다.

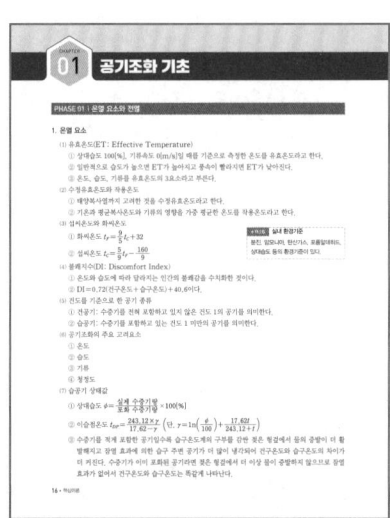

"에듀윌과 함께 가장 빠른 합격을
경험해보세요."

에듀윌
공조냉동기계기사

필기 핵심이론

에듀윌을 선택해야 하는 이유

1. 2권 분권으로 편리한 학습

학습 순서에 따라 1권(핵심이론)과 2권(8개년 기출문제)으로 분권하였으며 각 권별 학습전략을 제시하였습니다.

학습전략

1권 (핵심이론)
8개년 기출문제를 분석해, 문제풀이에 꼭 필요한 핵심 이론만 모았습니다. 시험 직전에 필수 개념을 빠르게 정리해 보세요.

2권 (8개년 기출문제)
핵심이론을 학습한 뒤, 8개년 기출문제를 통해 본격적으로 문제 적응력을 높일 수 있습니다.

※ 학습 진도에 맞춰 필요한 권만 휴대하며 효율적으로 공부하세요.

2. 눈이 편안한, 가독성을 높인 시원한 내용 구성

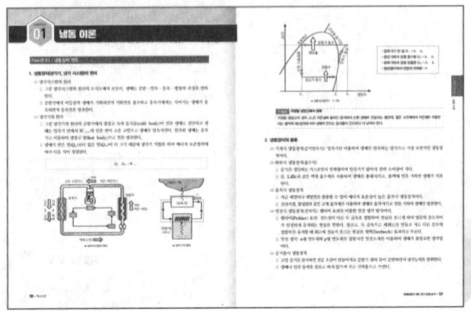

풍부한 시각자료로 이해력 UP

교재 곳곳에 그림·표·그래프 등을 배치해, 핵심 내용을 쉽게 이해하도록 도왔습니다.
시각자료를 통해 합격에 한발 더 가까워지세요.

3 합격을 완성하는 8개년 기출문제

기출문제가 곧 시험문제

공조냉동기계기사 필기 시험문제는 역대 기출문제에서 재출제되는 경향이 매우 높습니다.
기출문제를 통해 출제 경향을 빠르게 파악하고, 합격으로 직진하세요.

최적의 학습 분량

많은 분량의 학습을 하면 한번에 시험에 합격할 가능성이 높아지는 것은 사실입니다.
그러나 문제은행방식의 시험 특성상 전략적으로 학습분량을 설정한다면 단기간에 충분히
합격이 가능합니다. 8개년의 기출문제 분량은 단기합격에 가장 최적화된 분량입니다.

읽기 쉬운 상세한 해설

학습자가 쉽고 빠르게 이해할 수 있도록 모든 문제에 자세하게 해설을 작성하였습니다.
전공 지식이 부족한 분도 해설만으로 이해할 수 있도록, 모든 문항에 친절하고 꼼꼼한
설명을 담았습니다.

> "가장 빠른 합격으로의 지름길!
> 8개년 기출문제만으로도 가능합니다."

이 책의 구성

STEP 1　PHASE로 정리한 핵심이론편

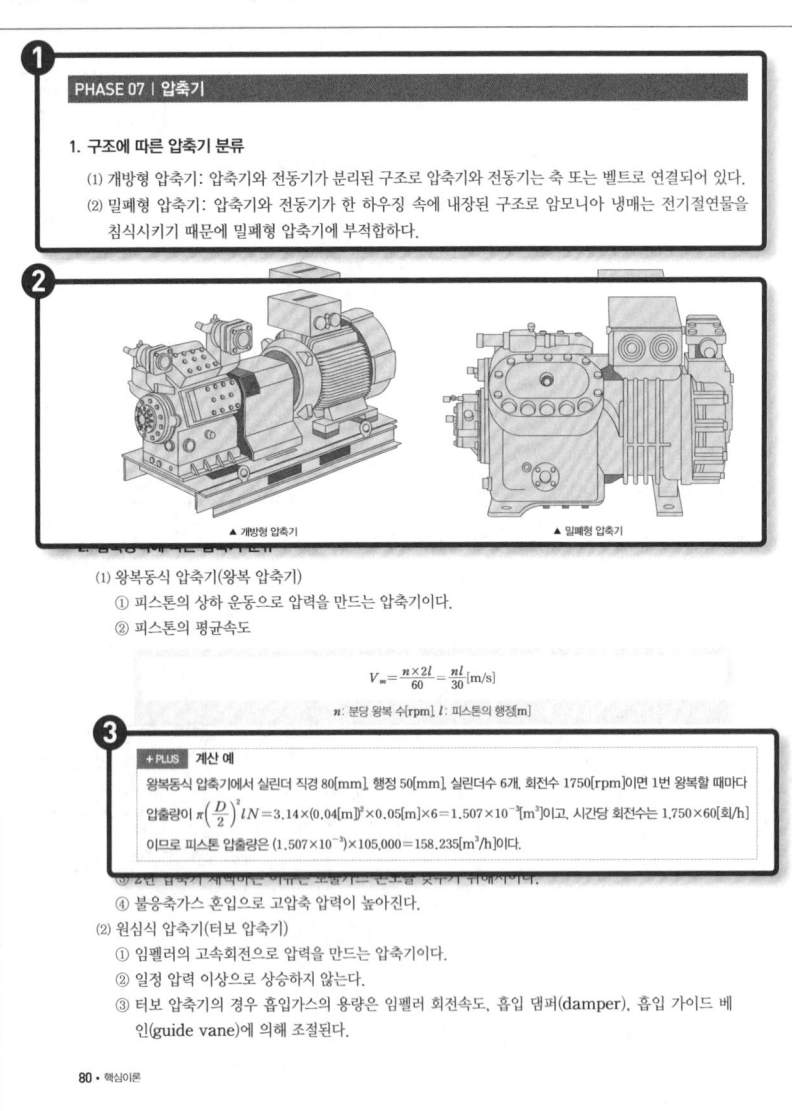

❶ 최신 8개년 기출문제를 분석하여 시험에 꼭 필요한 핵심이론만 모아 PHASE로 구분하였습니다.

❷ 공조냉동기계기사에 처음 도전하는 학습자도 이해할 수 있도록 상세한 설명과 시각자료로 풍부하게 담았습니다.

❸ 추가 암기 학습에 도움이 되는 팁과 보충 설명은 "PLUS" 박스로 한눈에 확인할 수 있게 표시했습니다.

"출제된 내용만 담아 학습량을 줄여주는 압축이론"

STEP 2 최신 8개년 기출문제, 3회독으로 확실한 마무리

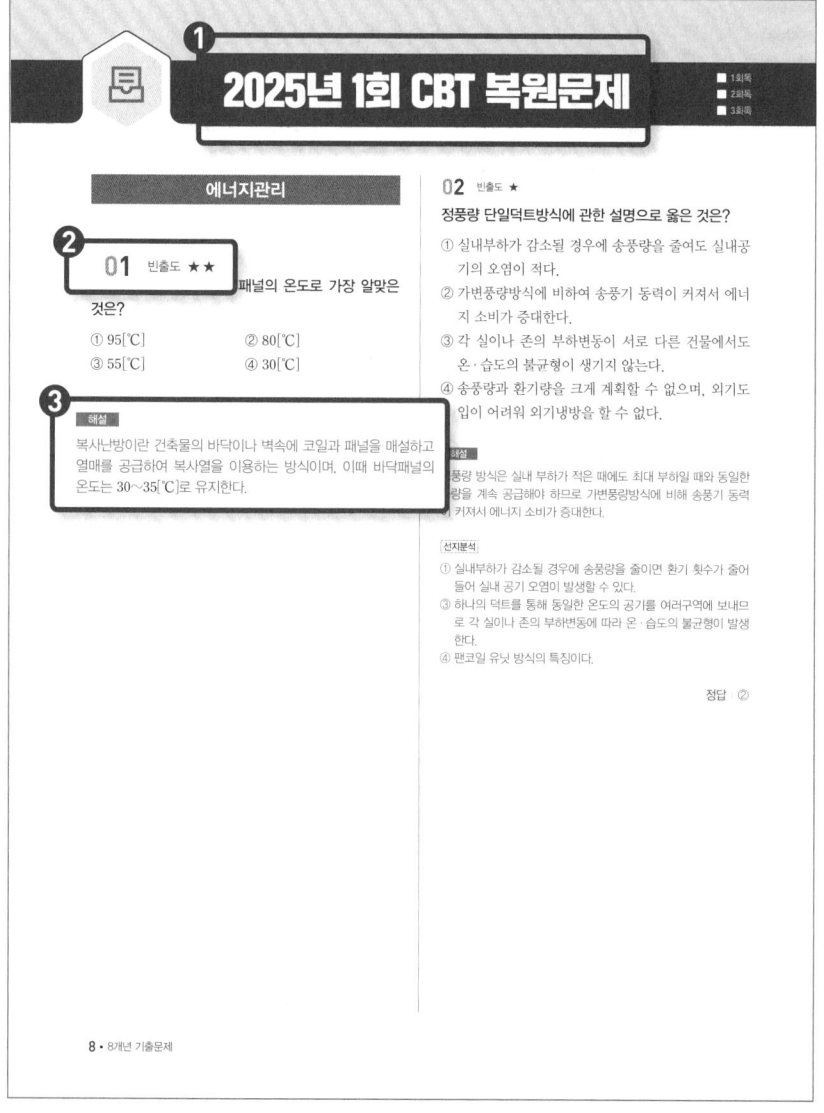

❶ 2025년부터 2018년까지 총 8개년 기출문제를 빠짐없이 수록하였습니다.

※ 2025년 3회차 시험 문제는 PDF로 제공되며, 11월 중 배포 예정임

❷ 최신 기출문제 분석을 통해 문항별 빈출도를 표기하여, 효율적인 학습을 돕도록 설계하였습니다.

❸ 초보자도 쉽게 익힐 수 있도록, 모든 문항에 친절하고 구체적인 해설을 제공합니다.

"최신 8개년 기출문제 풀이로
필요한 내용만 쉽고 빠르게 학습"

이 책의 구성

STEP 3 문제풀이에 꼭 필요한 SI 단위계 변환표

SI 단위계 완벽 가이드(국제단위계, SI 기본 단위, SI 파생단위)

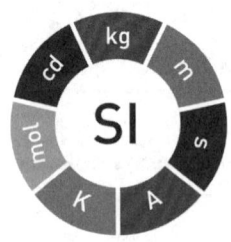

국제단위계(SI)는 전 세계적으로 과학, 기술, 상업 등 모든 분야에서 표준으로 사용되는 측정 단위 시스템으로. 일관되고 논리적인 체계를 통해 의사소통의 혼란을 줄이기 위해 사용된다.

- [SI 기본 단위]

물리량	명칭(한국어)	명칭(영어)	기호
길이 (length)	미터	meter	m
질량 (mass)	킬로그램	kilogram	kg
시간 (time)	초	second	s
전류 (electric current)	암페어	ampere	A
열역학적 온도 (thermodynamic temperature)	켈빈	kelvin	K
물질량 (amount of substance)	몰	mole	mol
광도 (luminous intensity)	칸델라	candela	cd

※ SI 단위계 변환법은 8월 중에 제공 예정이며 PDF로 제공함

❶ 국제단위계(7기본단위)를 완전 수록하였으며, 주요 파생단위와 사용 예시를 제공합니다.
❷ 올바른 단위 표현법을 통해 소문자·대문자 구분, 지수 표기법, 단위 사이 공백 규칙 등 정확한 표기를 도와주는 표준 매뉴얼을 제공합니다.
❸ QR 코드로 즉시 다운로드 가능하며, 아래 경로를 통해서 PDF를 다운로드 가능합니다.

다운로드 경로
에듀윌 도서몰(book.eduwill.net) → 도서자료실 → 부가학습자료
→ "공조냉동기계기사" 검색

STEP 4 최신 CBT 모의고사 3회 & 무료특강으로 학습 마무리

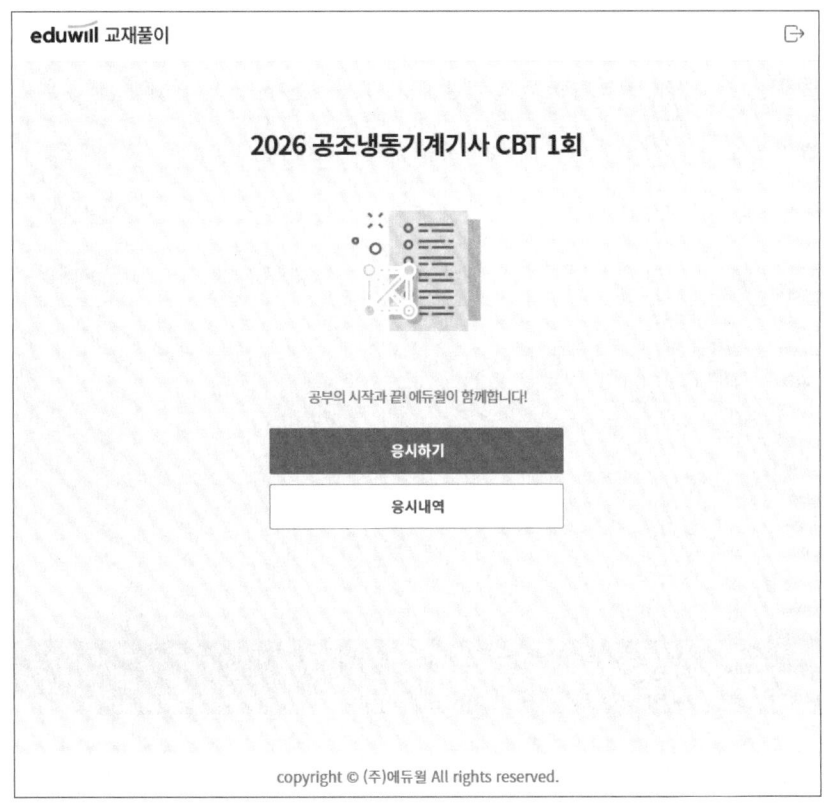

❶ **실전 감각 극대화**
최신 8개년 기출 중 빈출 문항을 엄선하여, 실제 시험과 동일한 CBT 포맷으로 제공합니다.

❷ **즉시 점수 확인 & 상세 해설**
문제풀이 후 자신의 점수를 바로 확인할 수 있으며, 상세한 해설을 제공하여 마지막까지 학습을 도웁니다.

❸ **전문가 무료강의 제공**
CBT 모의고사(3회분)와 연계된 무료강의를 통해, 핵심 포인트를 쉽고 빠르게 정리해 드립니다.

※ CBT 모의고사와 무료특강은 9월부터 순차적으로 업로드됩니다.

강의 수강경로

에듀윌 도서몰(book.eduwill.net) → 도서자료실 → 동영상강의실 → "공조냉동기계기사" 검색
또는 오른쪽 QR코드 스캔

무료강의 바로가기

CBT 모의고사 빠른 입장

PC 버전

- 1회 | http://eduwill.kr/7tKp
- 2회 | http://eduwill.kr/HtKp
- 3회 | http://eduwill.kr/dtKp

모바일 버전

 1회  2회 ▶  3회

공조냉동기계기사 시험정보

2026 공조냉동기계기사 시험일정

구분	필기원서 접수	필기시험	필기합격 발표	실기원서 접수	실기시험	최종합격자 발표
1회	2026년 1월	2026년 2월	2026년 3월	2026년 3월	2026년 4월	2026년 6월
2회	2026년 4월	2026년 5월	2026년 6월	2026년 6월	2026년 7월	2026년 9월
3회	2026년 7월	2026년 8월	2026년 9월	2026년 9월	2026년 11월	2026년 12월

※ 2026년 시험 예상일정이며, 자세한 내용은 www.Q-net.or.kr에서 확인 가능
※ 원서접수시간은 원서접수 첫날 10:00부터 마지막 날 18:00까지임

공조냉동기계기사 응시자격

구분		응시자격 조건
공조냉동기계기능사		자격제한없음
공조냉동기계산업기사	• 기술자격 소지자	• 기능사+실무경력 1년
	• 관련학과 졸업자	• 전문대(3년) 졸업 또는 졸업예정자 • 산업기사 수준 훈련과정 이수자
	• 순수경력자	• 동일·유사 분야 실무경력 2년
공조냉동기계기사	• 기술자격 소지자	• 동일·유사 분야 기사 등급 이상 • 산업기사+실무경력 1년 • 기능사+실무경력 3년
	• 기술자격 소지자	• 대학(4년) 졸업 또는 졸업예정자

공조냉동기계기사 시험안내

구분	시험과목	검정방법	합격기준
필기	• 에너지관리 • 공조냉동설계 • 시운전 및 안전관리 • 유지보수 공사관리	• 객관식 4지 택일형 • 과목당 20문항(총 80문항) • 시험시간 2시간	• 과목별 40점 이상 • 전 과목 평균 60점 이상(100점 만점 기준)
실기	• 냉동 및 냉난방설계	• 필답형 시험 • 시험시간 3시간	• 60점 이상(100점 만점 기준)

최근 5년간 공조냉동기계기사 시험 응시현황

연도	필기			실기		
	응시	합격	합격률(%)	응시	합격	합격률(%)
2024	9,918	4,347	43.8	7,092	1,907	26.9
2023	8,757	3,223	36.8	4,631	1,908	41.2
2022	6,022	2,051	34.1	4,288	1,503	35.1
2021	6,965	3,425	49.2	5,955	1,813	30.4
2020	5,640	2,707	48	5,438	1,268	23.3

차례

VOLUME 01 핵심이론

SUBJECT 01 에너지관리

CHAPTER 01	공기조화 기초	016
CHAPTER 02	공기조화 응용	028
CHAPTER 03	공기조화설비	034
CHAPTER 04	TAB 및 시운전	051

SUBJECT 02 공조냉동설계

CHAPTER 01	냉동 이론	058
CHAPTER 02	냉동장치의 구성요소	076
CHAPTER 03	기계 열역학	094

SUBJECT 03 시운전 및 안전관리

CHAPTER 01	전자기 기초	118
CHAPTER 02	전기기기	152
CHAPTER 03	시퀀스 제어	162
CHAPTER 04	안전 관리	181

SUBJECT 04 유지보수 공사관리

CHAPTER 01	배관 재료 및 공작	194
CHAPTER 02	급배수 설비	206
CHAPTER 03	냉난방 설비	217

VOLUME 02

8개년 기출문제

8개년 기출

2025년 CBT 복원문제 NEW	008
2024년 CBT 복원문제	049
2023년 CBT 복원문제	110
2022년 기출문제	174
2021년 기출문제	233
2020년 기출문제	309
2019년 기출문제	389
2018년 기출문제	464

"2025년 3회차 시험은 PDF로 제공되며 11월 중 배포 예정입니다."

다운로드 경로
에듀윌 도서몰(book.eduwill.net) → 도서자료실 → 부가학습자료
→ "공조냉동기계기사" 검색

에너지관리

CHAPTER 01 공기조화 기초

CHAPTER 02 공기조화 응용

CHAPTER 03 공기조화설비

CHAPTER 04 TAB 및 시운전

CHAPTER 01 공기조화 기초

PHASE 01 | 온열 요소와 전열

1. 온열 요소

(1) 유효온도(ET; Effective Temperature)
　① 상대습도 100[%], 기류속도 0[m/s]일 때를 기준으로 측정한 온도를 유효온도라고 한다.
　② 일반적으로 습도가 높으면 ET가 높아지고 풍속이 빨라지면 ET가 낮아진다.
　③ 온도, 습도, 기류를 유효온도의 3요소라고 부른다.

(2) 수정유효온도와 작용온도
　① 태양복사열까지 고려한 것을 수정유효온도라고 한다.
　② 기온과 평균복사온도와 기류의 영향을 가중 평균한 온도를 작용온도라고 한다.

(3) 섭씨온도와 화씨온도
　① 화씨온도 $t_F = \dfrac{9}{5} t_C + 32$
　② 섭씨온도 $t_C = \dfrac{5}{9} t_F - \dfrac{160}{9}$

> **+ PLUS 실내 환경기준**
> 분진, 암모니아, 탄산가스, 포름알데히드, 상대습도 등의 환경기준이 있다.

(4) 불쾌지수(DI; Discomfort Index)
　① 온도와 습도에 따라 달라지는 인간의 불쾌감을 수치화한 것이다.
　② $DI = 0.72(건구온도 + 습구온도) + 40.6$이다.

(5) 건도를 기준으로 한 공기 종류
　① 건공기: 수증기를 전혀 포함하고 있지 않은 건도 1의 공기를 의미한다.
　② 습공기: 수증기를 포함하고 있는 건도 1 미만의 공기를 의미한다.

(6) 공기조화의 주요 고려요소
　① 온도
　② 습도
　③ 기류
　④ 청정도

(7) 습공기 상태값
　① 상대습도 $\phi = \dfrac{\text{실제 수증기량}}{\text{포화 수증기량}} \times 100[\%]$
　② 이슬점온도 $t_{DP} = \dfrac{243.12 \times \gamma}{17.62 - \gamma}$ $\left(\text{단, } \gamma = \ln\left(\dfrac{\phi}{100}\right) + \dfrac{17.62t}{243.12 + t}\right)$
　③ 수증기를 적게 포함한 공기일수록 습구온도계의 구부를 감싼 젖은 헝겊에서 물의 증발이 더 활발해지고 잠열 효과에 의한 습구 주변 공기가 더 많이 냉각되어 건구온도와 습구온도의 차이가 더 커진다. 수증기가 이미 포화된 공기라면 젖은 헝겊에서 더 이상 물이 증발하지 않으므로 잠열 효과가 없어서 건구온도와 습구온도는 똑같게 나타난다.

습공기 상태값	약어(영어 단어)	의미
건구온도 t	DB(Dry Bulb)	보통의 온도계로 측정한 온도
습구온도 t_{WB}	WB(Wet Bulb)	젖은 거즈로 온도계 구부를 감싸고 바람이 부는 상태에서 측정한 온도
절대습도 x	AH(Absolute Humidity)	1[kg]의 건조공기 안에 들어 있는 수증기의 질량[g/kg]
상대습도 ϕ	RH(Relative Humidity)	현재 공기 중에 포함된 수증기량(압력)을 현재 온도의 포화수증기량(압력)으로 나눈 값을 백분율로 나타낸 비율[%]
비엔탈피 h	SE(Specific Enthalpy)	습공기 1[kg]이 갖는 열량. 현열과 잠열의 합[kcal/kg]
비체적 v	SV(Specific Volume)	습공기 1[kg]이 갖는 부피[m³/kg]
노점온도 t_{DP}	DP(Dew Point)	이슬이 맺히는 온도로서, 주어진 절대습도에서 상대습도 100[%]가 되는 온도
수증기분압	VP(Vapor Pressure)	공기 중에 포함된 수증기에 의해서 조성된 압력[Pa]으로, 절대습도와 비례 관계

2. 열의 전달

(1) 열전도율과 열관류율

① 열전도율이란 단위 두께(1[m])에 단위 온도차(1[K])가 있을 때, 단위 면적 1[m²]을 통해 단위 시간(1초)에 전달되는 열량을 의미한다.

② 그림과 같이 온도가 서로 다른 두 유체가 두께 l의 어떤 벽체에 의해 나뉘어 있다면 내부 유체의 열이 전도를 통해 외부 유체 쪽으로 흐르게 되는데 이때 전도되는 열량을 전도열량($Q_{전도}$[W])이라고 한다.

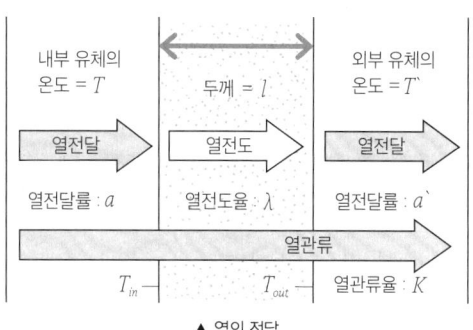

▲ 열의 전달

$$Q_{전도}[W] = \frac{\lambda}{l} A(T_{in} - T_{out})$$

λ: 열전도율[W/m·K], l: 벽체의 두께[m], A: 전열면적[m²], ΔT: 표면 온도차이: $T_{in} - T_{out}$[K]

③ $Q_{전도}$는 내부 유체가 대류에 의해 벽체의 내벽에 전달한 열량 Q_1과 같고, 외부 유체가 대류에 의해 벽체의 외벽으로부터 전달받는 열량 Q_2와도 같다.

④ $Q_1 = Q_{전도} = Q_2 = Q = kA(T - T')$로부터 열관류율 k를 구하면, $\frac{1}{k} = \frac{1}{\alpha} + \frac{1}{\lambda/l} + \frac{1}{\alpha'}$이다.

⑤ 온도가 $T' > T$이면 열의 이동 방향만 달라지고 $Q_1 = Q_{전도} = Q_2$은 여전히 성립한다. 만약 벽체가 일사(햇빛)를 받고 있다면 일사량을 고려하여 상당외기온도차를 대입해 주어야 한다.

(2) 유리의 차폐계수

① 태양빛을 투과시키는 유리창은 실내외 온도차이에 의한 열관류 외에 일사 취득열량도 함께 고려해야 한다.

② 유리 표면에 도달한 복사에너지에 대한 실내에 침입하는 일사량의 비율을 차폐계수라고 부르며, 차폐계수 K_s는 유리의 투명도 혹은 투과율에 비례하는 물리량이다.

③ 차폐계수 K_s는 여름철 단열성능의 지표로, 차폐계수가 0이면 태양열이 완전 차단된다. 일반 유리의 차폐계수는 0.9로 1에 가깝다.

④ 유리창 면적이 A, 유리창에 도달하는 복사량이 I_{gr}, 유리창의 차폐계수가 K_s이면, 유리창을 통한 일사침입열량(일사취득열량)은 $Q[\mathrm{W}] = I_{gr} A K_s$이다. 일사취득열량은 실내외 온도차이에 무관하다.

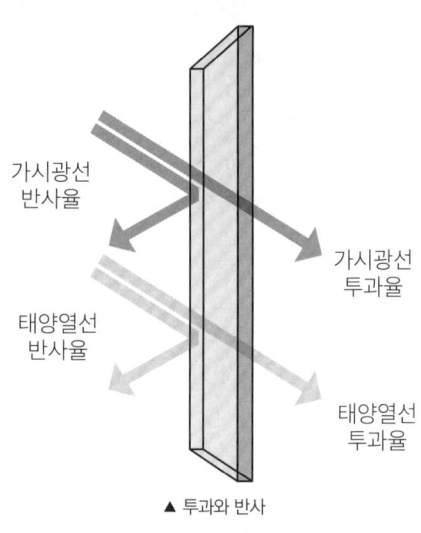

▲ 투과와 반사

> **+ PLUS 유리의 열관류율**
>
> 실내측 열전달률 $\alpha_{in} = 8[\mathrm{W/m^2 \cdot K}]$, 실외측 열전달률 $\alpha_{out} = 25[\mathrm{W/m^2 \cdot K}]$, 두께가 3[mm]인 단층유리의 열전도율 $\lambda = 0.75[\mathrm{W/m \cdot K}]$로 가정하고 열관류율을 계산하면 $k = 5.92[\mathrm{W/m^2 \cdot K}]$이며, 두 장의 유리 사이에 공기를 밀폐시킨 복층유리로 바꾸면 $k' = 3.66[\mathrm{W/m^2 \cdot K}]$으로 줄어든다.

PHASE 02 | 습공기 선도의 해석

1. 습공기 선도의 좌표값

(1) 단순화한 습공기 선도

① 어떤 공기의 건구온도선과 절대습도가 만나는 점을 상태점이라고 한다.

② 상태점을 지나는 곡선은 해당 공기의 상대습도를 나타낸다.

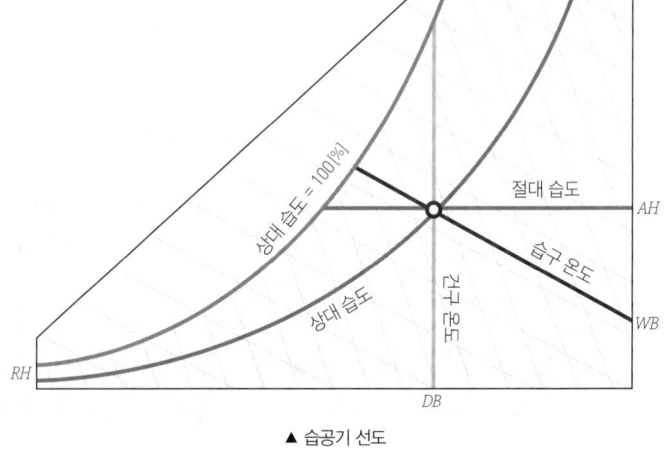

▲ 습공기 선도

(2) 복잡한 습공기 선도 해석하기

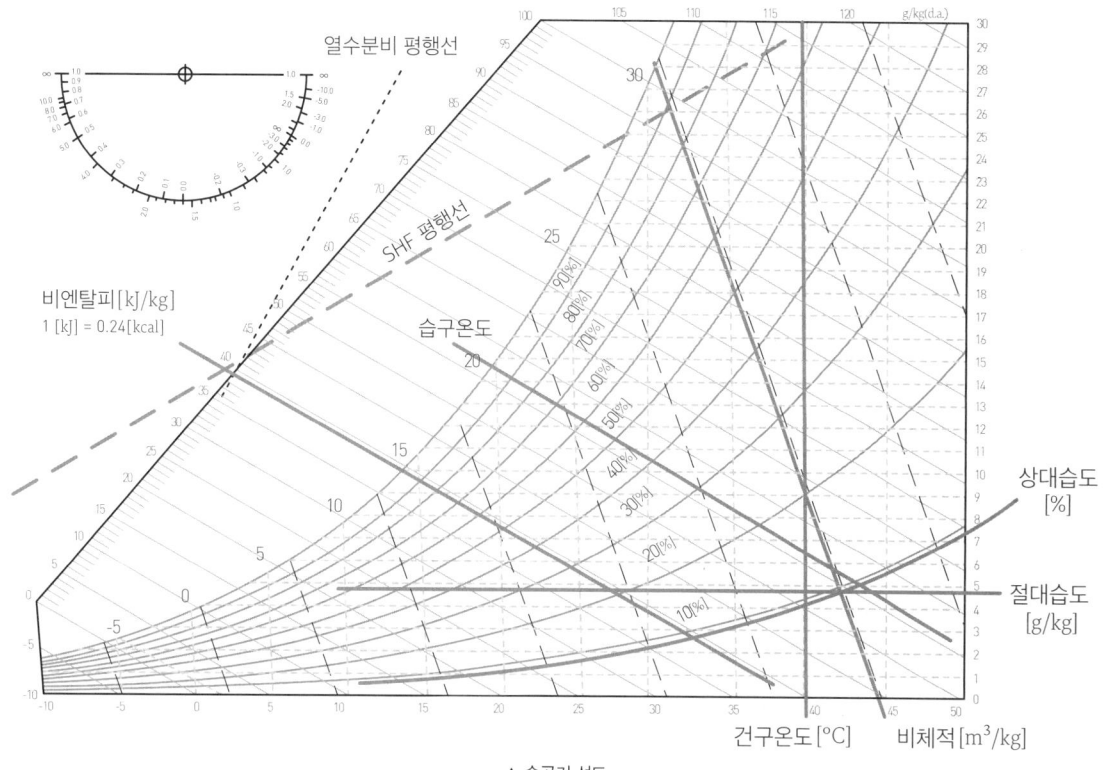

▲ 습공기 선도

① 위 그림은 건구온도, 습구온도, 절대습도, 상대습도 외에, 비엔탈피와 비체적을 추가한 것이다. 경사선의 기울기는 습구온도 경사선과 비엔탈피 경사선이 거의 같고 비체적 경사선이 훨씬 가파르다.
② 상태점을 지나는 비엔탈피 및 비체적 경사선을 찾아 해당 값을 읽으면, 그 공기의 비엔탈피[kJ/kg]와 비체적[m³/kg]을 알 수 있다.
③ 상태점에서 수평으로 그은 선(절대습도선)이 포화곡선과 만나는 점의 온도가 그 공기의 노점온도이다.
※ 완전한 습공기 선도에는 수증기 분압이 표시되기도 하는데, 일반적으로 차트의 우측에 절대습도에 대응하는 보조 축으로 나타낸다.

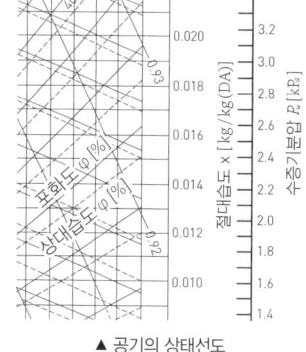

▲ 공기의 상태선도

> **+ PLUS** **건공기에 대한 수증기의 질량비 x**
>
> 건공기의 질량을 m_a[kg], 수증기의 질량을 m_v[kg]라고 하면
> $$x = \frac{m_v}{m_a} = \frac{R_a}{R_v} \times \frac{P_v}{P_a} = 0.623 \frac{P_v}{P_a}$$
> 단, R_a: 건공기의 기체상수(=288[J/kg·K]), R_v: 수증기의 기체상수(=462[J/kg·K])
> P_a: 건공기의 압력[Pa], P_v: 수증기의 압력[Pa]

2. 습공기 선도 해석하기

(1) 난방 공조 과정
① 차가운 외기(㉠)는 공조기 속의 예열코일을 거치면 ㉢의 상태로 변하고, 실내에서 빠져나온 환기(㉡)와 만나 열교환이 이루어지면 혼합공기(㉣)가 된다.
② 가열코일을 지나는 동안 온도만 상승하여 ㉤의 상태로 변하고, 공조기 속의 가열·가습장치를 지나면서 급기(㉥)로 변한다. 환기보다 온도와 습도가 증가한 급기(㉥)는 급기덕트를 거쳐 취출구에서 실내로 공급된다.

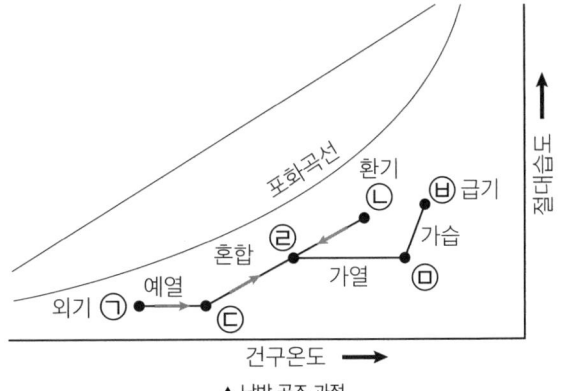
▲ 난방 공조 과정

(2) 냉방 공조 과정
① 실내공기(㉠)와 외기(㉡)가 만나서 열교환이 이루어지면 혼합공기(㉢)가 된다.
② 혼합공기가 냉각코일을 지나는 동안 온도 및 절대습도가 하강하여 ㉣의 상태가 된다. 이 공기가 급기덕트를 거쳐 취출구에서 실내로 공급된다.
③ ㉢과 ㉣을 잇는 선분의 기울기를 현열비라고 한다.
④ ㉢과 ㉣을 잇는 선분과 상대습도의 교점을 냉각 코일의 이슬점 온도(장치 노점온도)라고 한다.
⑤ ㉠과 ㉡을 잇는 선분과 상대습도의 교점을 방안의 이슬점 온도(노점온도)라고 한다.

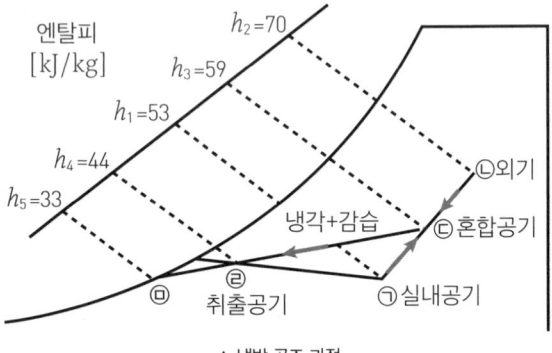
▲ 냉방 공조 과정

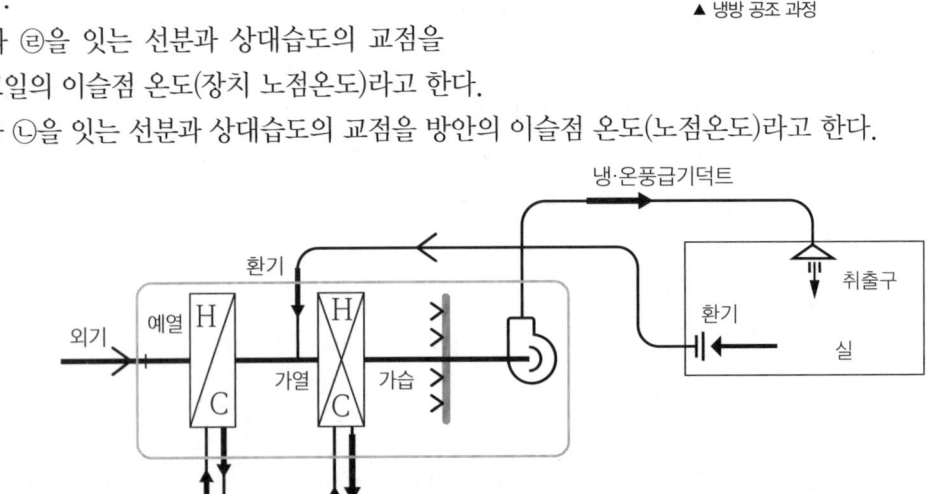
▲ 공조설비의 예

3. 현열비와 열수분비

(1) 현열비(SHF : Sensible Heat Factor)
① 냉난방을 위해 사용된 전열부하 중에서 현열부하가 차지하는 비율을 현열비(SHF)라고 한다.

전열은 현열과 잠열의 합이므로 SHF = $\frac{현열}{전열}$ = $\frac{현열}{잠열+현열}$이고, 잠열부하가 클수록 분모값이 커지므로 SHF는 작아진다.

② 아래는 급기와 환기의 상태점을 습공기선도상에 표시한 것이다. 두 상태점을 이은 선분의 기울기는 현열비에 반비례하며, 환기의 목표 온도와 목표 습도가 정진 상황에서 요구되는 급기의 건구온도를 산출할 때 SHF값이 중요하다.

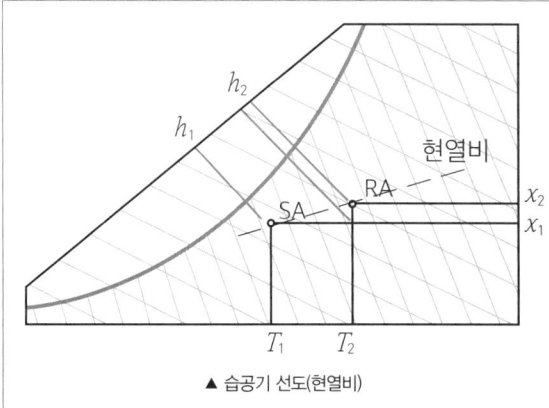

SA: 급기(공조기→룸), RA: 환기(룸→공조기)
T_1, T_2: 급기의 건구온도, 환기의 건구온도
x_1, x_2: 급기의 절대습도, 환기의 절대습도
h_1, h_2: 급기의 엔탈피, 환기의 엔탈피
현열부하 = $Cm(T_2-T_1)$
잠열부하 = $QK(x_2-x_1)$
SHF = $\frac{현열}{전열}$ = $\frac{Cm(T_2-T_1)}{Cm(T_2-T_1)+QK(x_2-x_1)}$
       = $\frac{h_3-h_1}{h_2-h_1}$

▲ 습공기 선도(현열비)

※ 여기서 C는 비열, m은 질량, Q는 열량, K는 열계수를 의미한다.

(2) 열수분비

① 온도와 습도가 동시에 변하는 모든 공조과정에서 절대습도 변화량에 대한 엔탈피 변화량을 열수분비라고 한다. 열수분비 μ는 $\frac{엔탈피\ 변화량}{절대습도\ 변화량} = \frac{\Delta h}{\Delta x}$로 구할 수 있다.

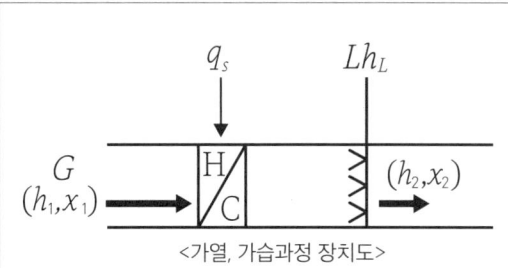

G: 유량[kg/h]
h_1, h_2: 입구 및 출구에서 엔탈피[kJ/kg]
x_1, x_2: 입구 및 출구에서 절대습도[kg'/kg]
q_s: 가열량, L: 가습량[kg/h], $x_2-x_1=L/G$
h_L: 가습수분의 엔탈피[kJ/kg]

〈가열, 가습과정 장치도〉

+ PLUS **열수분비의 예**

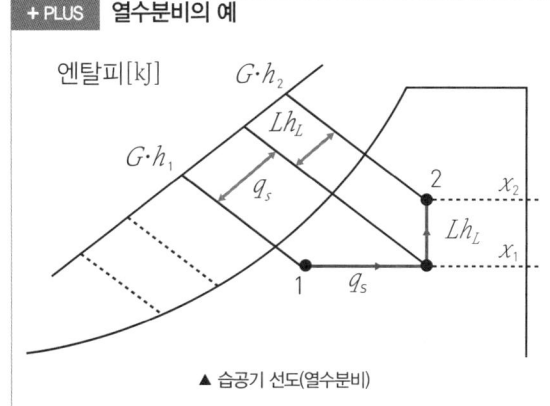

▲ 습공기 선도(열수분비)

상태1의 공기가 현열 q_s를 얻어 건구온도는 $t_1 \to t_2$로 변하였고, 수증기(가습량 L, 비엔탈피 h_L)의 공급으로 절대습도는 $x_1 \to x_2$로 증가하였다면 상태2인 공기의 총엔탈피 증가량은

$\Delta H = G(h_2-h_1) = q_s+Lh_L$에서

$\Delta h = h_2-h_1 = \frac{q_s+Lh_L}{G}$이고

$\Delta x = x_2-x_1 = \frac{L}{G}$이므로 열수분비를 구하면,

$\frac{\Delta h}{\Delta x} = \frac{q_s+Lh_L}{L} = \frac{q_s}{L}+h_L$이다.

② 습공기의 유량을 G, 현열량을 q_s, 잠열량을 q_L, 가습량을 L이라 하면, $G \cdot \Delta h = q_s + q_L$이고, 절대습도 변화량 $\Delta x = \dfrac{L}{G}$이므로 열수분비 $\mu = \dfrac{\Delta h}{\Delta x} = \dfrac{q_s + q_L}{L}$이다.

현열비 $\mathrm{SHF} = \dfrac{q_s}{q_s + q_L}$로부터 $q_s + q_L = \dfrac{q_s}{\mathrm{SHF}}$이므로 $\mu = \dfrac{q_s + q_L}{L} = \dfrac{q_s/\mathrm{SHF}}{L}$이다.

PHASE 03 | 공기 조화 방식

1. 계통도와 공기 조화 방식

(1) 계통도
  ① 공조기는 에어필터, 냉각코일, 가습기, 가열코일, 송풍기로 구성된다.
  ② 공기의 이동 경로는 실내 → 흡입구 → 환기덕트 → 공조기 → 급기덕트 → 취출구 → 실내이다.

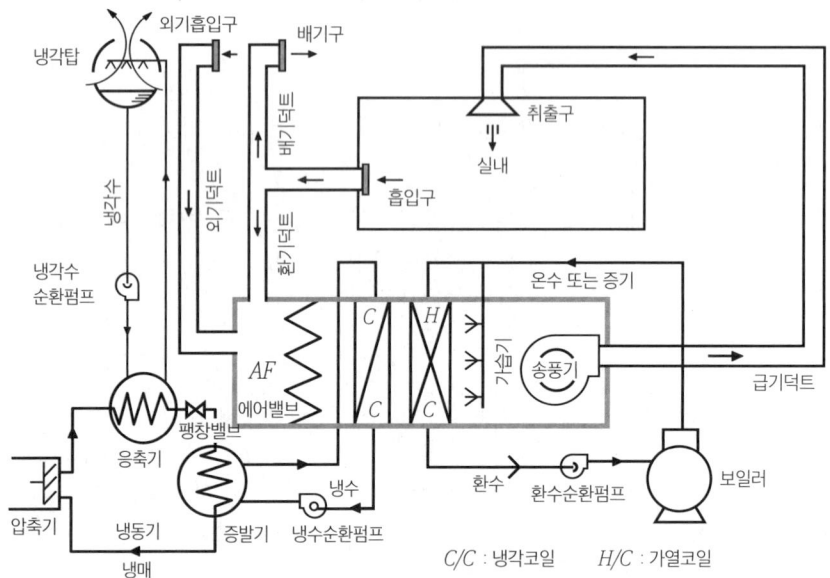

▲ 공기조화설비의 계통도

(2) 공기 조화 방식의 분류: 열의 분배방식에 따라 중앙식과 개별식으로 나뉘며, 열매(체)의 종류에 따라 전공기 방식, 수공기방식, 전수 방식으로 나뉜다.

(3) 공조 방식 분류 도표

분류	운반 열매	공조방식의 명칭	
중앙식	전공기 방식	단일덕트 (재열기 유·무)	정풍량 방식
			변풍량 방식
		이중덕트	정풍량 방식
			변풍량 방식
			멀티존 유닛 방식
	수공기 방식	덕트병용 팬코일유닛 방식	
		유인 유닛 방식	
		복사냉난방 방식	
	전수 방식	팬코일 유닛 방식	
개별식	냉매 방식	패키지 유닛 방식	
		멀티 유닛 방식	
		룸쿨러 방식	

변풍량 유닛의 종류
① 바이패스형: 저부하시 잉여공기를 환기덕트로 우회시킴
② 교축형: 댐퍼를 움직여서 급기덕트의 송풍량을 실부하에 따라 변동시킴

2. 열매체에 따른 분류

(1) 전공기 방식(all air system)

① 특징: 덕트 개수 및 풍량조절 유무에 따라 단일덕트 정풍량, 단일덕트 가변풍량, 이중(2중)덕트, 멀티존 유닛, 각층 유닛으로 나뉜다. 냉풍량과 온풍량이 급변하더라도 혼합상자가 생성하는 송풍량의 변화폭이 완만해야 실내 급기가 안정된다.

② 장점
　㉠ 송풍량이 많아 실내 공기오염이 적다.
　㉡ 중간기에 외기냉방이 가능하다.
　㉢ 실내에 장비 노출이 없어 유효면적이 크고 누수우려가 없다.

③ 단점
　㉠ 대형덕트로 인하여 덕트 스페이스(천장 위 공간)가 많이 필요하다.
　㉡ 공조기 설치를 위한 넓은 공간이 필요하다.
　㉢ 열매체 운반에 필요한 팬의 소요동력이 펌프동력보다 크다.

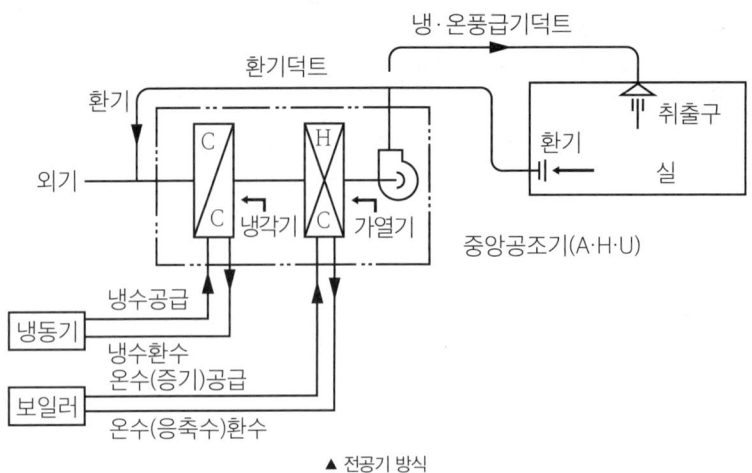

▲ 전공기 방식

(2) 전수 방식(all water system)
① 특징
㉠ 팬코일 유닛 방식이라고도 하며, 유닛을 창측에 설치하여 외부존의 부하(스킨로드)를 처리한다.
㉡ 객실, 업무용 사무실, 병실 등과 같이 실별 부하 변동이 비교적 크고 재실 인원이 적은 방에 적용된다.
㉢ 냉수와 온수를 동시에 보낼 때를 대비하여 2회로 4관식 설계가 기본이며 환수관을 공동으로 사용하는 3관식도 있다.
② 장점: 덕트스페이스가 필요 없고 열매체로 냉·온수를 이용하므로 열 운송동력이 공기에 비해 적게 소모되며 각 실의 제어가 쉽다.
③ 단점: 송풍공기가 없어서 실내공기의 오염이 심하여 실내의 배관에 의해 누수될 우려가 있고, 환기(RA)에 비해 외기(OA)의 온도가 낮을 때 외기 냉방이 불가능하다.

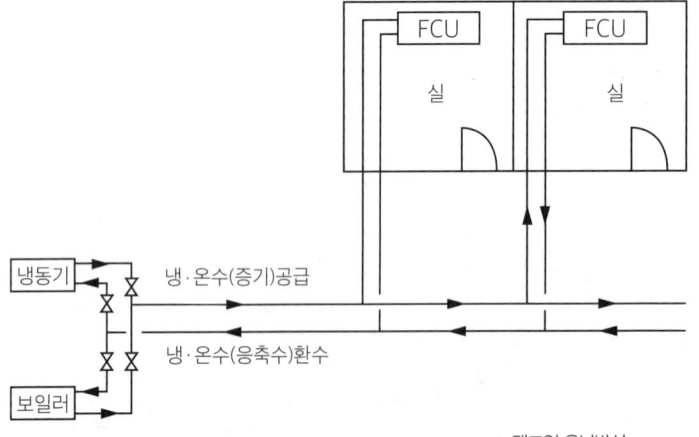

배관방식에 따라	2관식
	3관식
	4관식
열부하분담 방식에 따라	외부존 팬코일식
	내부존 터미널식

▲ 팬코일 유닛방식

(3) 수·공기 방식(water-air system)
① 전공기 방식과 전수 방식의 장점을 취하면서 서로의 단점을 보완한 방식이다.
② 팬코일유닛(FCU) 같은 것으로 냉·난방부하를 처리함으로써 덕트 스페이스를 줄일 수 있다.
③ 존의 구성이 용이하고 개별적으로 각 실의 온도제어를 쉽게 할 수 있으며 전 공기방식에 비하여 열운동 동력이 적게 든다.
④ 덕트 병용 팬코일유닛 방식, 유인유닛 방식, 덕트 병용 복사냉난방 방식이 여기에 해당한다.

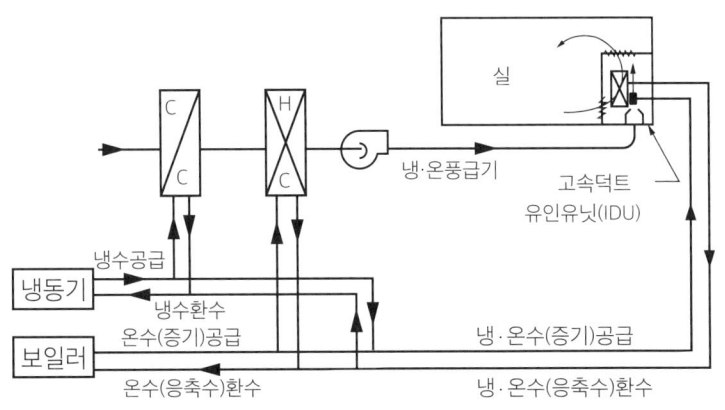
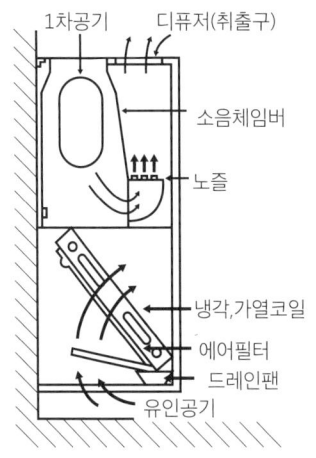

▲ 유인유닛 방식

> **+ PLUS 콜드 드래프트 현상**
>
> 차가운 외풍이라는 뜻으로, 인체가 신진대사로 생산하는 열량보다 주위로 방출하는 열량이 많아서 한기를 느끼는 현상이다. 주위 벽면이 차갑거나, 습도가 낮거나, 기류의 속도가 빠를 때 발생한다.

3. 중앙식 공조 방식과 개별식 공조 방식

(1) 중앙식 공조 방식

중앙식 공조 방식	장점	단점
단일덕트 정풍량 방식	• 외기 도입에 의한 냉방이 가능하다. • 소음이 적고 설치비가 저렴하다. • 고성능 공기정화가 가능하다.	• 큰 덕트 면적이 요구된다. • 실별 온습도 조절이 곤란하다. • 실 개수가 많은 경우에는 부적합하다.
단일덕트 변풍량 방식	• 필요 풍량만 실내로 공급하므로 반송동력이 절감된다. • 개별 제어가 양호하고 덕트 소음이 적다.	• 덕트계통의 증설이나 개설에 대한 적응성이 적다. • 실내공기가 오염될 수 있다. • 토출공기의 제어가 어렵다.
2중덕트 방식	• 혼합상자에서 냉풍과 온풍을 자동 혼합한다. • 각 실별로 개별 제어가 양호하다. • 계절마다 냉난방 전환이 필요하지 않다.	• 혼합상자 설비비가 고가이다. • 여름에도 보일러를 가동하므로 에너지 과소비형이다. • 습도조절이 어렵다.
멀티존 유닛 방식	• 냉풍과 온풍을 혼합댐퍼에 의해 일정 비율로 혼합 후 각 존으로 보낸다. • 각 존별로 개별 제어가 양호하다.	• 냉동기 부하가 크다. • 부하 변동이 심하면 실별 송풍이 불균형해진다. • 중간기에서 혼합하는 과정에서 에너지손실 발생
각층 유닛 방식	• 층별 온도 습도 조절이 가능하다. • 덕트가 작아도 되며 외기 도입에 의한 냉방도 가능하다.	• 하나의 공조기에서 제어 가능한 존(zone) 수가 제한적이다. • 공조기 대수가 많아지므로 설치 비용이 많이 든다.

유인 유닛 공조 방식	• 유닛에 동력 장치가 없어서 전기배선이 불필요하고 시스템이 수명이 길다. • 1차 공기의 양이 적고 고속 덕트를 사용하므로 덕트 스페이스가 적다. • 부하 변동에 대응이 쉽고 각방 제어 가능하다.	• 유닛을 실내에 설치해야 한다. • 유닛의 수량이 많아지면 유지관리가 어렵다.
팬코일 유닛 공조 방식	• 열운반 동력이 적게 들고 덕트를 설치할 필요가 없다. • 유닛별 운전이 가능하고 개별 제어가 가능하다. • 극간풍에 따른 온도 불균형을 효과적으로 보완할 수 있다.	• 냉온수 코일의 필터를 자주 교체해야 한다. • 외기 냉방이 어렵고 실내배관에 의한 누수 염려가 있다.

(2) 개별식 공조 방식

① 패키지 유닛 방식

㉠ 개별방식이면서 냉매방식이다.

㉡ 설치와 조립이 간편하고 단독운전과 제어가 가능하다.

㉢ 냉동기, 송풍기, 필터, 제어기와 케이싱이 유닛화되어 있어서 소규모 건물에 이용된다.

㉣ 부품수가 많아 보수비용이 증대되고 외기냉방이 불가능하다.

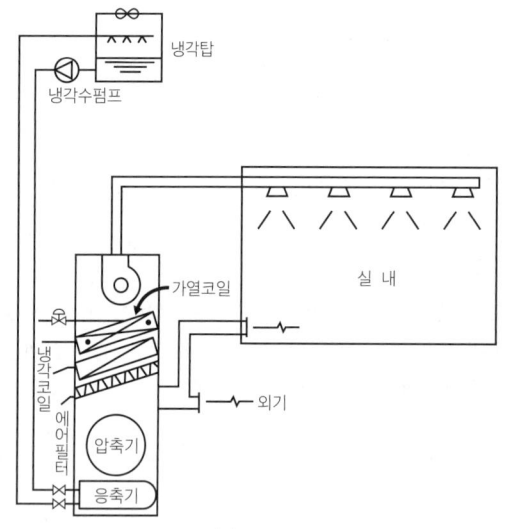

▲ 패키지 유닛 방식

② 단일덕트 재열방식

㉠ 각 zone별 덕트 말단에 재열기를 설치하여 개별제어하는 방식이다.

㉡ 부하 패턴이 다른 다수의 실 또는 존의 공조에 적합하다.

③ 바닥취출 공조방식

㉠ 천장 덕트를 최소화하여 건축 층고를 낮출 수 있다.

㉡ 개인의 기분이나 체감에 따라 풍량과 풍향을 조절할 수 있어서 쾌적성이 높다.

㉢ 가압식의 경우 급기거리가 18[m] 이하로 제한된다.

㉣ 취출온도와 실내온도의 차이가 10[℃] 이상이면 드래프트 현상이 유발될 수 있다.

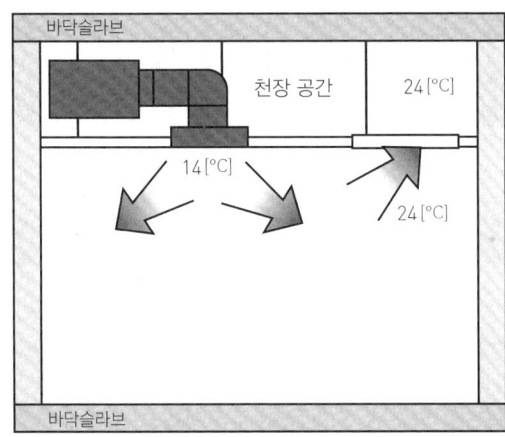

▲ 천장취출 공조방식

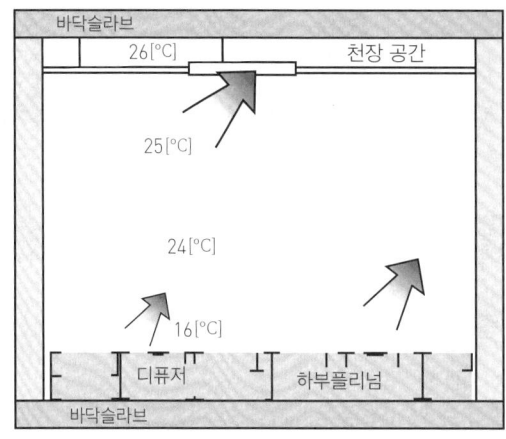

▲ 바닥취출 공조방식

CHAPTER 02 공기조화 응용

PHASE 04 | 난방 방식

1. 증기난방

(1) 특징
  ① 증기보일러에서 증기를 발생시키고 배관을 통하여 각 실의 방열기에 공급한다.
  ② 응축수를 배출하기 위해 방열기 출구에는 증기 트랩이, 배관 끝부분에는 관말 트랩이 설치되어 있다.
  ③ 고압증기배관과 저압증기배관 사이에 감압밸브를 설치한다.
  ④ 기계식 증기 트랩은 증기와 응축수의 비중 차이를 이용하여 응축수를 처리한다. 플로트 트랩과 버킷 트랩이 이에 해당한다.

(2) 분류
  ① 응축수 환수 방식에 따른 분류
    ㉠ 건식 중력환수방식: 환수 주관이 수면보다 높으므로 응축수가 주관 하부를 따라 흐른다.
    ㉡ 습식 중력환수방식: 환수 주관이 수면보다 낮으므로 응축수가 만수상태로 주관 속을 흐른다.
    ㉢ 기계 환수방식: 응축수를 응축수 탱크에 모은 뒤 펌프를 사용하여 보일러를 환수시키는 방식이다.
    ㉣ 진공 환수방식: 진공펌프를 사용하여 장치 내 공기를 제거한 뒤 응축수를 보일러로 환수시키는 방식이다.
  ② 배관 방식에 따른 분류
    ㉠ 단관식: 환수관이 없을 경우 난방 온도의 안정성이 낮다.
    ㉡ 복관식: 온수의 순환이 잘 이루어져 온수 사용이 용이하지만 설비비가 많이 든다.
  ③ 주관 높이에 따른 분류
    ㉠ 상향공급식: 증기가 배관 아래에서 위로 공급되는 방식으로 증기의 흐름이 응축수의 흐름과 반대이므로 배관 설계 시 관경을 크게 하여야 한다.
    ㉡ 하향공급식: 높은 위치에서 증기나 온수를 아래로 공급하는 방식으로 증기와 응축수의 흐름 방향이 같아 배관 설계가 비교적 용이하다.

2. 온수난방

(1) 특징
  ① 기계실의 온수보일러에서 65~85[°C]의 온수를 만든 후, 배관을 통해 각 실의 방열기에 공급한다.
  ② 배관 내에는 온수가 가득차 있어서 온도 변화에 따른 부피팽창을 흡수하기 위해 배관 최상부에 팽창 탱크와 공기빼기 밸브가 설치되어 있다. 팽창탱크의 용적은 개방형보다 밀폐형이 더 커야 한다.

③ 온수보일러는 최고사용압력이 정해져 있으며, 수두압을 측정하는 수고계가 있다.
(2) 분류
① 사용 온수의 온도에 따른 분류
㉠ 고온수식: 120~180[℃]의 온수를 사용한다.
㉡ 저온수식: 100[℃] 미만의 온수를 사용하고, 개방형 팽창탱크를 사용한다.
② 순환 펌프 유무에 따른 분류: 중력(자연)순환식, 강제순환식

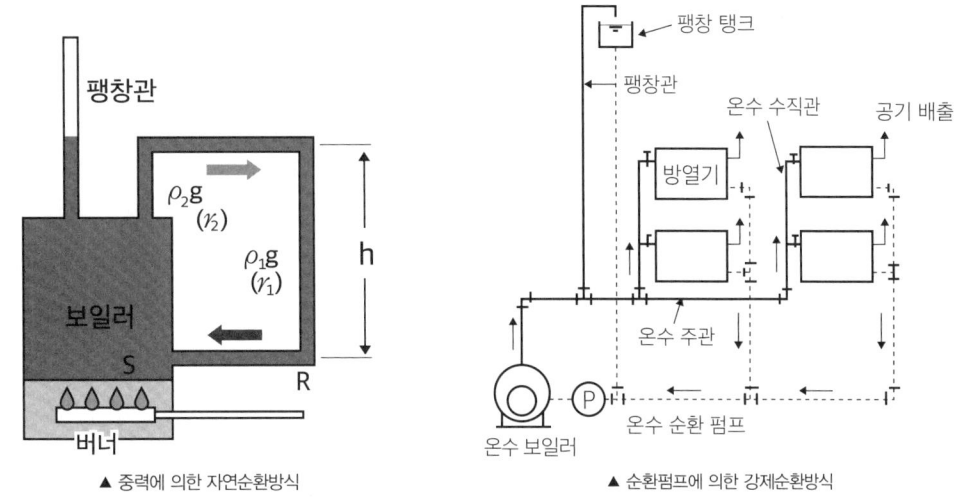

▲ 중력에 의한 자연순환방식　　　　　　　▲ 순환펌프에 의한 강제순환방식

③ 환수관 설치 방식에 따른 분류: 직접순환식, 역순환식

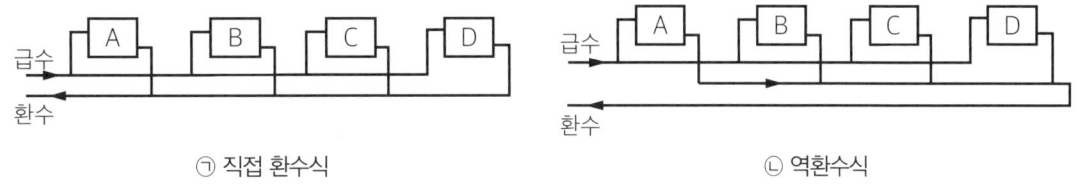

㉠ 직접 환수식　　　　　　　　　　㉡ 역환수식

④ 온수 주관의 설치 높이에 따른 분류: 상향공급식, 하향공급식

3. 복사난방과 온풍난방

(1) 복사난방
① 건축물의 바닥이나 벽속에 코일과 패널을 매설한 뒤, 열매를 공급하여 발생하는 복사열을 이용한다.
② 실내에 방열기를 설치하지 않으므로 바닥이나 벽의 이용도가 높다.
③ 방열기가 바닥이나 벽속에 매립된 형태이므로 일종의 온수난방이다.
④ 벽과 바닥 전체에서 복사열이 나오므로 출입이 잦거나 문이 개방된 경우에도 열손실이 적다.

+PLUS 바닥패널의 온도
복사난방의 바닥패널의 온도는 30~35[℃] 정도가 적당하다.

(2) 온풍 난방
① 공기조화기에서 온풍을 만든 뒤, 송풍기와 덕트를 통해 실내에 공급한다.
② 예열시간이 짧고 배관이 필요 없으므로 장치가 간단하고 시설비가 저렴하다.

③ 소음이 발생하고 상하 온도차가 크므로 불쾌감을 유발할 수 있다.
④ 덕트 속의 온풍은 간접적으로 가열된 열매이므로 간접난방으로 분류한다.
⑤ 공기의 부력을 이용하는 중력식 온풍난방 설비인 칼로리파이어는 설치 장소가 제한적이며 공기 순환이 원활하지 않아 쾌적성 확보가 곤란하다.
⑥ 송풍기를 이용한 강제식 온풍난방설비는 급기 덕트가 작아 은폐가 용이하며 설치 장소가 자유롭다.

(3) 자연순환수두
① 말단 방열기의 높이로 인해 보일러 주변 배관이 받는 압력을 자연순환수두라고 한다.
② 자연순환수두[mAq]는 방열기의 높이[m]×급수와 환수의 밀도차[Aq]로 구한다.
③ 밀도의 단위를 [Aq]로 환산할 때는 $1[g/cm^3] = 1[Aq]$, $1[kg/m^3]$은 $1,000[Aq]$임을 활용한다.

4. 난방 방식의 장단점 비교

난방 방식	장점	단점
증기난방	• 잠열을 이용하므로 열의 운반능력이 크다. • 온수난방에 비해 예열시간이 짧다. • 설비비와 유지비가 저렴하다. • 방열면적을 작게 할 수 있다.	• 실내의 상하 온도차가 크므로 쾌감도가 낮다. • 소음이 크고 방열량 조절이 어렵다. • 방열기에 접촉하면 화상의 위험이 있다. • 응축수 환수관이 부식되기 쉽다.
온수난방	• 증기난방에 비해 연료 소비량과 배관 부식 위험이 적다. • 쾌감도가 높고 난방 효과가 오래 지속된다. • 증기난방에 비해 동파 우려가 적다.	• 예열시간이 길어 간헐난방에 부적당하다. • 한랭지와 고층 건물에 부적당하다. • 방열면적과 배관지름이 크므로 설치비가 많이 든다.
복사난방	• 온도의 수직 분포가 균등해 쾌감도가 좋다. • 문을 개방해도 난방효과가 높으므로 로비에 적합하다.	• 부하 변동에 따른 방열량 조절이 어렵다. • 설비비와 유지비가 고가이다.
온풍난방	• 공기가 온수와 접촉하는 과정에서 현열과 잠열을 얻기 때문에 온도조절과 환기가 쉽다. • 예열시간이 짧다. • 습도 제어가 가능하고 열효율이 높다.	• 온도의 수직 분포가 불균등하므로 쾌감도가 낮다. • 고온의 연소가스를 취급하므로 주의가 필요하다.

> **+ PLUS 열원의 위치에 따른 난방방식 분류**
> • 개별난방: 소형의 열원기기를 각 부하 발생 장소에 설치한 경우
> • 중앙난방: 대형의 열원기기를 중앙 기계실에 설치한 경우
> • 지역난방: 대규모 플랜트와 같은 열원기기를 특정한 장소에 설치해 두고 장거리 매립 배관을 통해 열매를 각 단지로 공급한 경우
> ※ 지역난방을 중앙난방 범주에 포함시키는 경우도 있다.

PHASE 05 | 냉난방 부하와 클린룸

1. 난방부하

(1) 외부부하

① 외부부하는 열관류에 의한 손실과 틈새바람에 의한 손실을 합하여 계산한다.
② 열관류에 의한 손실은 수증기의 출입이 없으므로 현열만 고려한다.
③ 열관류율을 구할 때에는 유리창 전도를 통한 열손실도 포함한다.

$$q = kA\Delta T \times K'$$

k: 열관류율[W/m²·K], A: 단면적[m²], ΔT: 건물 내·외부의 온도차[K], K': 방위계수

④ 극간풍에 의한 열손실은 현열과 함께 잠열도 고려한다.

- 현열손실 $q_s = GC\Delta T$ (단, G: 침입 외기량[kg/h], C: 공기의 비열)
- 잠열손실 $q_L = G'C'\Delta x$ (단, C': 증발잠열, Δx: 절대습도의 차이)

(2) 장치부하와 환기부하

① 덕트 장치에서 손실되는 열량은 실내 현열부하의 3[%], 송풍량의 5[%]를 가산하여 계산한다.
② 환기부하는 환기량에 의해 결정되며, 현열손실과 잠열손실을 함께 고려한다.

(3) 난방부하에서 제외되는 요인

① 햇빛은 밖에서 안으로 향하므로 유리창 복사열은 난방부하에서 제외된다.
② 일사부하, 인체부하, 조명부하는 실내온도를 높이는 데 기여하므로 난방부하에서 제외된다.

2. 냉방부하

(1) 외부부하

① 온도차로 인하여 벽, 천장, 바닥을 통해 외부로부터 유입되는 열의 합이다.

$$q = KA\Delta T$$

K: 열관류율[W/m²·K], ΔT: 건물 내외부의 온도차[K]

② 극간풍에 의한 취득열

- 현열 취득: 침입한 외기의 온도가 더 높을 것이므로 실내온도 수준으로 낮추는 데 필요한 현열을 고려해야 한다.

$$q_s = GC\Delta T$$

G: 침입 외기량[kg/h], C: 공기의 비열

- 잠열 취득: 침입한 외기의 습도를 실내습도 수준으로 낮추기 위해 수증기를 응결시키는 데 필요한 잠열을 고려해야 한다.

$$q_L = G'C\Delta x$$

Δx: 절대습도 차이, C: 증발잠열

※ 유리를 통한 복사열은 수증기의 출입이 없으므로 현열만 고려한다.

③ 유리창이 아닌 지붕, 외벽을 통한 전도열: 여름철 일사량과 유리의 투과율을 고려한 상당외기온도와 실내온도의 차이인 상당외기온도차(T_e)를 대입하여 구한다.

$$q = KA\Delta T_e$$

K: 열관류율[W/m²·K], A: 단면적[m²], ΔT_e: 상당외기온도차[K]

④ 지하층의 냉방부하: 일사량, 지중배관 및 토질에 영향을 받아 주기적으로 변하는 지중온도를 고려하여 온도차를 산정한다.

(2) 실내부하(내부부하)
① 조명기구, 실내기구 발생열 등이 있다.
② 재실 인원에 의한 인체 발생열 등이 있다.

(3) 장치부하
① 송풍기 취득열: 송풍기(팬) 모터와 팬의 작동으로 인해 공기에 대해지는 열
② 덕트 취득열: 냉각된 공기가 덕트를 통해 이동하는 동안, 주변으로부터 얻는 열

> **+ PLUS 냉방부하**
> 공조기부하＝실내 취득열량＋외부 부하(덕트를 통과하는 열부하 포함)＋장치 취득열량

3. 극간풍 대책과 냉방도일

(1) 극간풍 방지 대책
① 에어 커튼의 사용
② 회전문 설치
③ 충분한 간격을 두고 이중문 설치
④ 실내를 가압하여 외부 압력보다 높게 유지
⑤ 건축의 건물 기밀성 유지와 현관의 방풍실 설치
⑥ 중간의 구획

(2) 냉방도일(CDD; Cooling Degree day)
① 취득열량 $Q = KA\Delta T \times t$에서 열관류율 K와 벽의 면적 A가 일정한 경우, 건물 내·외부의 온도차와 냉방시간을 알 수 있다면 필요 전력량을 계산할 수 있다. 이때 $\Delta T \times t$의 값을 냉방도일이라 한다.

$$CDD(\text{냉방도일}) = \Delta T \times t\,[\text{°C·day}]$$

② 여름철 2달 동안 하루평균 8시간 냉방기를 가동하고 실외온도와 실내기준온도의 차이가 14[°C]라면 $CDD = 14[\text{°C}] \times (60[\text{day}] \times \frac{8[\text{h}]}{24[\text{h}]}) = 280[\text{°C·day}]$이다.

4. 클린룸

(1) 클린룸의 4원칙
   ① 먼지의 유입 및 침투를 방지할 수 있어야 한다.
   ② 먼지의 발생을 방지할 수 있어야 한다.
   ③ 먼지의 집적을 방지할 수 있어야 한다.
   ④ 먼지의 신속 제거가 가능해야 한다.

(2) 클린룸의 종류
   ① Industrial C/R: 반도체 공정에서 사용한다.
   ② Bio C/R: 신생아실, 중환자실에서 사용한다.
   ③ Super C/R

(3) 클린룸의 공조 방식
   ① 클린 덕트 컨벤션 방식
   ② 패키지 컨벤션 방식
   ③ 실내 덕트 방식

CHAPTER 03 공기조화설비

PHASE 06 | 공기조화설비의 개념도와 주요 구성 요소

1. 공기조화설비의 개념도와 용어

(1) 개념도

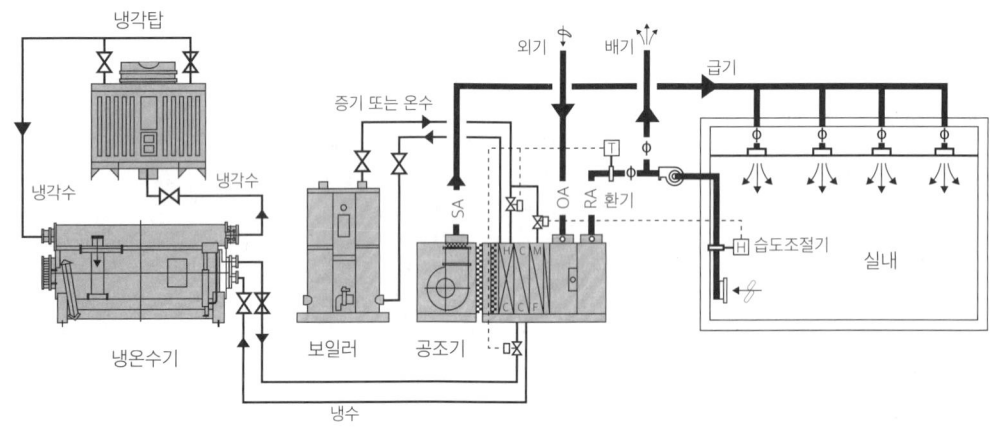

▲ 공기조화설비 개념도

(2) 용어
① 조닝: 층별, 부하별, 사용목적별로 공조구획을 나누는 것이다. 조닝의 목적은 효과적인 실내 환경의 유지, 부하 특성에 대한 효과적 대처, 에너지 절감이며 조닝이 상세할수록 설비 비용이 많이 든다.
② 저온 공조방식: 일반적인 급기온도(15[℃])보다 더 낮은 5~10[℃]의 냉기를 제공하는 방식이다. 장점은 풍량 감소, 덕트 관경 축소와 저소음이며 단점은 취출구 결로이다.

2. 공기조화설비의 주요 구성 요소와 에너지 절약 방법

(1) 공기조화설비의 주요 구성 요소

공기 조화 설비	구성 요소	역할
공기 조화기	코일, 습도조절기, 전열교환기, 공기정화기	실내에서 온 환기의 온도, 습도를 적절한 수준으로 조절한다.
열원 설비	보일러, 냉동장치, 냉각탑, 히트펌프	증기/온수/냉수를 만들어서 공조기에 공급한다.
열매수송 설비	송풍기, 덕트, 댐퍼, 순환 펌프 등	실내에서 공조기로, 공조기에서 실내로 열매체를 수송한다.
자동제어 설비	서모스텟 등	공기의 온도, 습도, 유량을 자동으로 제어한다.

(2) 공조설비의 에너지 절약 방법
① 전열(=잠열+현열)교환기를 설치하여 배기열을 회수한다.
② 축냉식 시스템을 도입하여 야간의 유휴전력을 활용한다.
③ 인버터를 설치하여 부하에 따른 유량을 신속하게 조절한다.
④ 회전형 열교환기와 직팽식 공조기를 도입하여 폐열을 활용한다.

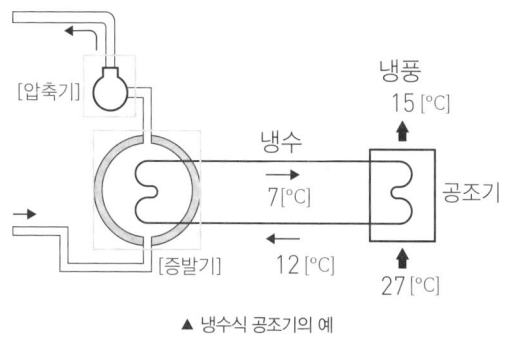

▲ 냉수식 공조기의 예

PHASE 07 | 공기조화기의 기본 구성 요소

1. 코일

(1) 냉각코일의 종류
① 직접팽창식: 냉각해야 할 장소에서 냉매의 증발이 일어난다. 냉장고는 2차 냉매 없이 바로 고내 공기를 냉각시킨다.
② 냉수코일방식(간접팽창식): 냉각해야 할 장소와 증발기가 분리되어 있으며 2차 냉매(냉수 또는 브라인)와 증발기의 냉각 코일이 접촉하여 공기를 냉각시킨다.

(2) 냉각코일의 설계
① 공기와 냉수의 대수평균 온도차가 크게 되도록 대항류(counter flow)로 설계한다.

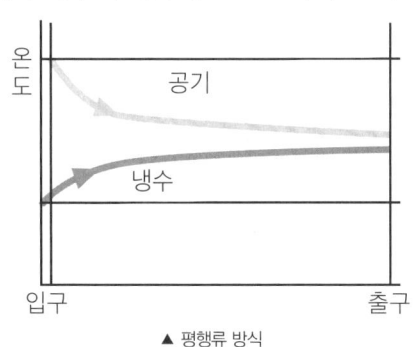
▲ 평행류 방식

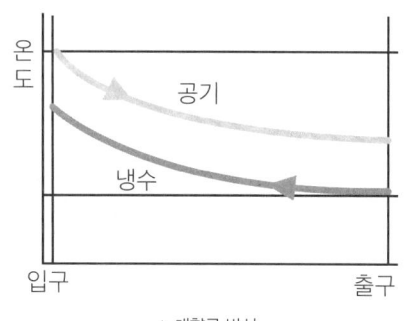
▲ 대향류 방식

② 소음 관리와 공조기 정압 유지를 위하여 냉각코일을 통과하는 공기의 정면풍속을 2.5[m/s] 기준으로 설계한다.
③ 냉수의 관내 속력은 1[m/s] 내외, 냉수의 입·출구 온도차는 5[°C] 내외가 되도록 설계한다.

④ 코일의 열수는 4~8열을 많이 사용하며, 유량에 따라 풀서킷, 더블서킷, 하프서킷을 적용한다.

수로방식	적용의 예			특징
풀 서킷 (full circuit)	1패스·1열·4단	2패스·2열·4단	4패스·4열·4단	표준 유량, 표준 유속일 때 적용하는 일반적인 코일 형태이다. 1패스=1열×4단
더블 서킷 (double circuit)	1패스·2열·4단	2패스·4열·4단	4패스·8열·4단	유량이 많아서 관내 수속을 줄일 필요가 있을 때 사용한다. 1패스=2열×4단
하프 서킷 (half circuit)	2패스·1열·4단	4패스·2열·4단	6패스·3열·4단	유량이 적어서 관내 수속을 늘릴 필요가 있을 때 사용한다. 2패스=1열×4단

$$\text{코일의 열수 } N = \frac{q_s \times \text{LMTD}}{M \times k \times FA}$$

q_s: 냉각부하, LMTD: 대수평균온도차, M: 젖은면 계수, k: 코일전열계수, FA: 코일의 정면 면적

※ 온도차의 최소값이 a이고 최대값이 b이면 대수평균온도차는 $\frac{b-a}{\ln b - \ln a}$이다.

⑤ 바이패스 팩터(BF): 공기가 코일을 통과하면서 코일 표면과 직접 접촉하지 않고 그대로 통과하는 공기의 비율을 바이패스 팩터라고 한다.

$$BF = \frac{\text{출구공기온도} - \text{장치노점온도}}{\text{입구공기온도} - \text{장치노점온도}} = \frac{T - T_d}{T_i - T_d}$$

※ 1열의 바이패스팩터가 BF인 경우, 2열의 바이패스팩터는 $(BF)^2$이고, n열의 바이패스팩터는 $(BF)^n$이다.

(3) 코일의 명칭
① 코일 속에 온수가 흐르면 온수코일, 냉수가 흐르면 냉수코일이다.
② 코일 속에 저온의 냉매가 흐르고 냉각용으로 사용되면 냉각코일, 고온의 냉매가 흐르고 가열용으로 사용되면 가열코일이라고 부른다.

③ 공기를 가열하는 용도이면 공기 가열코일이라고 부른다.
(4) 냉매에 따른 코일의 종류
① 온수코일: 40~80[℃]의 온수를 통수시키는 용도이며 냉수코일과 겸용하는 경우가 많다.
② 증기코일: 관내에 증기를 통과시키는 용도이며 0.1~2.0[kg/cm²]의 압력을 견딘다.
③ 전열코일: 중심부의 전기 열선을 열전도성의 절연재가 둘러싸고 있는 구조이다.
(5) 공기 가열 코일
① 관의 외부에 얇은 리본모양의 금속판을 일정한 간격으로 감아 붙인 지느러미 형상을 에로핀(aero-fin)이라고 한다.
② 에로핀에서 주름진 핀을 감아 붙인 것을 링클 핀(wrinkle fin), 주름 없는 평면 상의 것을 플랫 핀(flat fin)이라고 한다.
③ 열매체는 온수, 증기, 오일 중 하나가 사용되며 핀 사이로 공기를 통과시켜 열매체와 공기 간 열교환을 발생시킨다.
④ 코일에 16[mm] 정도의 동관 또는 강관의 외측에 동, 강 또는 알루미늄제의 판을 붙인 구조로 되어있다.

> **+ PLUS** 물리적 흡착, 화학적 흡착
> 공조장치에서 물이 실라카겔에 흡착되는 과정은 물리적 흡착이고, 히트펌프에서 산소가 물에 흡착되는 과정은 화학적 흡착에 해당한다.

2. 습도 조절기

(1) 가습 장치
① 수분무식: 물을 직접 분무하는 방식으로 세부적으로는 원심식, 초음파식, 분무식 등이 있다. 순환수나 온수를 분무하면 냉각 및 가습 효과가 있고 증기를 분무하면 가열 및 가습 효과가 있다.
② 증기발생식: 정밀한 습도제어가 필요한 무균 청정실에 사용되는 방식으로 세부적으로는 전열식, 전극식, 적외선식 등이 있다.
③ 증기배관에 구멍을 뚫어 증기를 분무하는 방식으로 과열증기식, 분무식 등이 있다.

(2) 감습 장치
① 냉각식 제습: 습공기를 냉각코일과 접촉시키면 응축되어 물로 변한다.
② 압축식 제습: 냉동 시스템을 이용하므로 압축기 소요동력이 필요하다.
③ 흡수식 제습: 습공기가 흡수제에 녹아들게 하는 방식으로 대용량에 적합하다.
④ 흡착식 제습: 실리카겔, 제오라이트 등의 흡착제로 습공기를 걸러 수분을 흡착시키는 방식으로 소용량에 적합하다.
⑤ 감습 효율 $\eta_{deh} = \dfrac{제습기의\ 잠열부하}{제습기의\ 전열부하}$

(3) 에어워셔(공기세정기)
① 세정실 내부에는 다수의 분무노즐이 설치되어 있고 고압수가 분무되므로 공기와 분무수가 접촉하는 과정에서 공기에 수분이 공급된다.
② 세정실 뒤에 설치된 엘리미네이터는 수분의 비산을 막는다.

③ 플러딩 노즐은 엘리미네이터에 부착된 먼지를 제거한다.
④ A상태인 에어워셔 입구의 공기를 향해 순환수를 분무하면 단열가습과정을 거쳐 에어워셔 출구에서는 공기의 상태가 B로 변한다. 이는 단열과정이므로 엔탈피와 습구온도는 일정하고 건구 온도는 낮아진다. 즉, $h_A = h_B$, $t_A' = t_B'$, $t_A > t_B$이다.
⑤ A점을 지나는 수직선과 포화곡선이 만나는 C점은 건구온도와 습구온도가 같기 때문에 입구공기의 건습구 온도차는 A점과 C점의 습구온도차인 $t_C' = t_A'$과 같고, 오른쪽 그림에서 ㉠에 해당한다.
⑥ 입구 공기와 출구 공기의 건구온도차는 $t_A - t_B$와 같고 오른쪽 그림에서 ㉡에 해당한다.
⑦ ㉠에 대한 ㉡의 비를 포화 효율이라고 하며 출구 공기의 상대습도 100[%]가 되었다면 $t_A - t_B$값이 증가하여 포화 효율은 1이 된다.

포화 효율 $= \dfrac{t_A - t_B}{t_C' - t_A'} = \dfrac{t_A - t_B}{t_A - t_A'} = \dfrac{\text{입구공기의 건구온도} - \text{출구공기의 건구온도}}{\text{입구공기의 건구온도} - \text{입구공기의 습구온도}}$

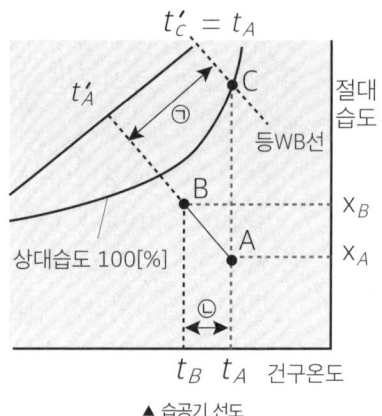

▲ 습공기 선도

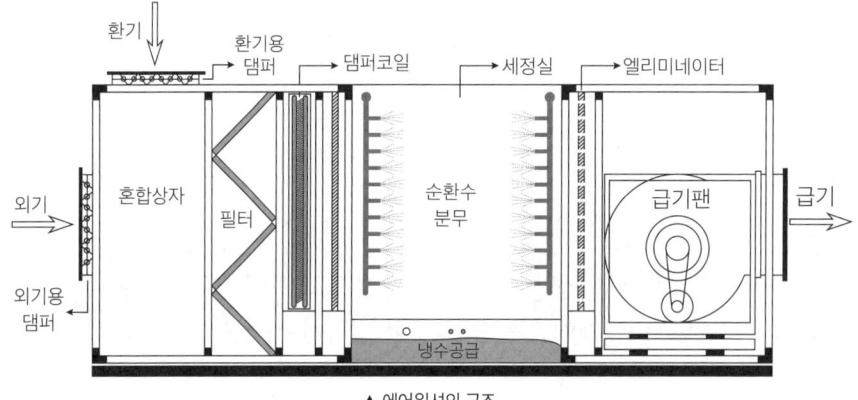

▲ 에어워셔의 구조

3. 전열교환기

(1) 구조와 원리
① 4개의 급배기구를 가지고 있으며 내부에 전열교환소자와 공기정화필터가 있다.
② 차가운 외기를 배출 직전의 실내공기와 접촉시켜 예열한다.
③ 회전식과 고정식이 있다.

(2) 특징
① 공기 대 공기의 열교환기로서 현열과 잠열을 모두 교환한다.
② 전열교환기를 설치하여 공조기, 보일러, 냉동기의 용량을 줄일 수 있다.
③ 공기방식의 중앙공조시스템이나 공장 내 환기시스템에서의 에너지 회수방식으로 사용된다.
④ 외기도입량이 많고 실내·외 온도차가 클수록 냉·난방기의 열회수량이 많다.

PHASE 08 | 열원 설비

1. 온열원 설비

(1) 보일러의 종류

구분	보일러 명칭	보일러 특징
연관식 (배관에 연소가스가 흐르고 배관 밖에 물이 채워진 구조)	입형 보일러	• 전열면적이 작아 효율이 낮다. • 구조가 간단하여 취급이 용이하다. • 내부청소와 점검이 불편하다.
	노통 보일러	• 증발이 늦고 효율이 낮다. • 보유수량이 많아서 예열시간이 길다. • 구조가 간단하여 내부청소와 점검이 간단하다.
	연관 보일러	• 전열면적 커서 노통보일러보다 효율이 높다. • 증기발생 소요시간이 짧다. • 구조가 복잡하여 내부청소와 점검이 곤란하다.
	노통연관 보일러	• 노통과 연관을 혼합설치하여 노통 보일러보다 효율이 높다. • 구조가 복잡하여 내부청소와 점검이 곤란하다. • 스케일 생성이 쉬워서 양질의 급수 관리가 필요하다.
수관식 (배관에 물이 흐르고 연소가스가 물을 가열하는 구조)	자연순환식 수관 보일러	• 드럼의 직경이 작고 전열면적이 커서 증기 발생 속도가 빠르다. • 포화수와 포화증기의 비중 차이로 자연순환된다. • 수관의 지름이 크고 배열이 수직이다.
	강제순환식 수관보일러	• 드럼의 직경이 작고 전열면적이 커서 증기 발생 속도가 빠르다. • 유속이 빨라서 스케일 생성의 우려가 적다. • 순환펌프가 있어서 설비비와 유지비가 많이 든다.
	관류 보일러	• 증기를 빠르게 얻을 수 있어서 부하 추종성이 좋다. • 드럼이 없고 길고 꼬불꼬불한 수관으로 되어 있다. • 수관을 빽빽하고 자유롭게 배치할 수 있다. • 전열면적당 보유수량이 적어서 예열 및 증기발생 속도가 빠르다.
기타	폐열 보일러	• 소각로에서 발생하는 배기가스, 혹은 산업 플랜트에서 발생하는 폐열을 이용한다. • 물을 끓이기 때문에 보일러 자체에 연소실(노통)이 없는 것이 특징이다.

(2) 보일러의 효율과 출력

① 보일러의 전열효율 = $\dfrac{\text{증기가 흡수한 열량}}{\text{연료소비량} \times \text{저위발열량}}$

② 급탕부하 = 급탕량 × 물의 밀도 × 물의 비열 × 온도차(급탕온도 − 급수온도)

③ 상당증발량 = $\dfrac{\text{보일러의 출력}}{\text{물의 증발잠열}}$

④ 출력
  ㉠ 정미출력＝난방부하＋급탕부하
  ㉡ 상용출력＝정미출력＋배관부하
  ㉢ 정격출력＝상용출력＋예열부하

> **+ PLUS 정미출력**
> 정미소 등에 설치된 보일러 설비에는 배관이 없거나 무시할 정도로 작아서 배관부하를 제외한다.

⑤ 증발계수＝$\dfrac{\text{엔탈피 증가량}}{\text{표준상태의 증발잠열}}=\dfrac{h_{증기}-h_{급수}}{539}$

(3) 스케일 방지와 부속 장치
 ① 스케일 방지 방법
  ㉠ 칼슘을 제거할 수 있는 연수를 보일러수로 활용한다.
  ㉡ 칼슘이온을 중화시킬 수 있는 인산염을 투입한다.
  ㉢ 슬러지는 블로우다운으로 배출시킨다.
  ㉣ 청관제를 사용하여 물의 PH를 높이고 산소를 제거한다.
 ② 부속장치
  ㉠ 과열기: 드럼, 기수분리기, 수냉벽에서 발생한 포화증기를 가열하여 과열증기로 만드는 장치
  ㉡ 재열기: 고압터빈에서 일을 한 후 온도가 낮아진 과열증기를 재가열하여 과열도를 높이는 장치

(4) 방열기의 종류

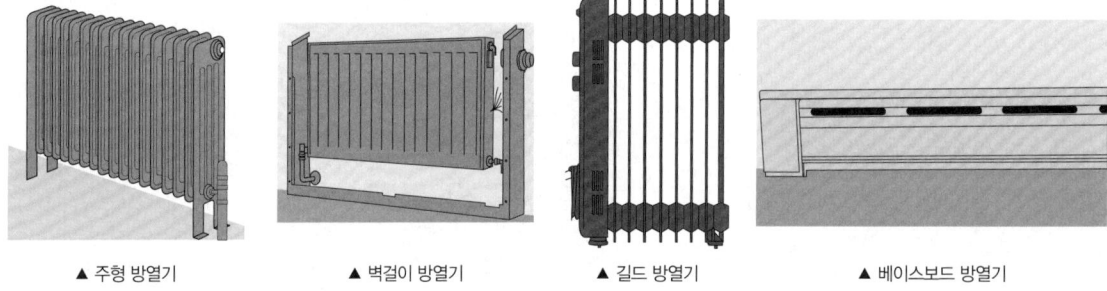

▲ 주형 방열기　　▲ 벽걸이 방열기　　▲ 길드 방열기　　▲ 베이스보드 방열기

(5) 표준방열량과 상당방열면적(EDR)
 ① 표준방열량: 단위 면적당 방출되는 열의 양을 의미한다.
 ② 상당방열면적(EDR): 표준 방열량에 해당하는 방열기 면적을 의미한다.

상당방열면적(EDR)＝$\dfrac{\text{보일러의 출력}[kW]}{\text{표준 방열량}[kW/m^2]}=\dfrac{\text{난방부하력}[kW]}{\text{표준 방열량}[kW/m^2]}$

난방 방식에 따른 표준발열량	
온수 난방	$0.523[kW/m^2]$
증기 난방	$0.756[kW/m^2]$
복사 난방	해당없음
온풍 난방	해당없음

(6) 방열기의 도면표시법

그림	⊙ 20 / 5-650 / 20×15	⊙ C-1000 / F×220×800 / 20×15
의미	20: 방열기의 절수 5: 형식 650: 높이	C-1000: 케이싱 길이 F: 형식 220: 폭 800: 높이

(7) 보일러 급수제어
  ① 검출요소: 수위: 증기유량, 급수유량
  ② 수위가 낮아져 발생하는 빈불때기로 인한 과열손상을 방지한다.
  ③ 보일러 동체의 부동 팽창을 방지하기 위하여 보일러 내부의 안전저수위보다 아래에 급수배관을 설치하여 급수를 골고루 산포시킨다.

(8) 보일러 인터록제어
  ① 보일러의 버너불이 연소 도중에 꺼지면 연료공급이 바로 중단되며, 다시 착화할 때까지 공급 중단 상태가 유지된다.
  ② 인터록 관계인 버너의 불착화와 연료공급은 동시에 일어날 수 없다.

(9) 보일러 이상 현상
  ① 캐리오버(carry over): 보일러 속의 고형물이 증기에 섞여 밖으로 튀어나오는 현상이다.
    • 예방책: 수위를 낮게 유지, 블로우다운 실시, 기수분리기 사용
  ② 프라이밍(priming): 부하변동의 급변으로 끓는물과 증기와 분리되지 않고 수면이 심하게 솟아오르는 현상이다.
    • 예방책: 비수방지관 설치, 관수 중 불순물 제거, 주증기 밸브의 점진적 개방

2. 냉열원 설비

(1) 냉동기의 종류
  ① 증기압축식 냉동기: 증발기, 압축기, 응축기, 팽창밸브가 한 사이클을 구성하며, 증발기에서 냉매액이 증발하는 과정을 통해 공조기 배관의 냉수를 차갑게 만든다. 증발기에서 냉매가 얻은 열과 압축기에서 냉매가 받은 일이 합쳐져서 응축기의 방출열을 만들어낸다.
  ② 흡수식 냉동기: 냉매물질이 흡수기에서 차가운 흡수액에 용해되었다가 재생기에서 뜨거운 액체로부터 다시 분리되는 과정을 거친다. 냉매물질이 암모니아이면 흡수액은 물(H_2O)이고 냉매물질이 물이면 흡수액은 리튬브로마이드(LiBr)이다.

(2) 냉각탑의 종류
  ① 개방식 냉각탑: 냉각수가 대기에 노출되어 있으며, 일반적으로 사용되는 방식이다.
  ② 밀폐식 냉각탑: 순환되는 냉각수의 오염을 방지하기 위하여 배관을 밀폐한 방식이다.
  ③ 냉각탑의 쿨링 레인지는 냉각수 입구 온도와 출구 온도의 차이이고, 쿨링 어프로치는 출구 수온과 입구공기의 습구온도 차이이다. 냉각탑의 성능은 쿨링 레인지가 클수록, 쿨링 어프로치가 작을수록 좋다. 냉동기의 냉동능력이 1[RT]이면 냉각수에 의한 냉각탑 성능은 3,900[kcal/h]가 되도록 설계한다.

(3) 히트펌프(Electric Heat Pump)
  ① 열을 저온체에서 고온체로 이동시킬 수 있는 장치이다.
  ② 지열 히트펌프, 전기 구동 히트펌프(EHP), 가스엔진 구동 히트펌프(GHP)가 있다. GHP는 가스 엔진으로 구동되기 때문에 냉방시 전력 소모가 적어서 하절기 피크전력의 평준화에 기여한다.
  ③ 증발기의 냉각을 이용해 냉방을 하고, 응축기의 방열을 이용해 난방을 함으로써 동시에 냉난방이 가능하다.
  ④ 성적계수

$$\text{COP}(성적계수) = \frac{Q_H}{W} = \frac{Q_H}{Q_H - Q_L} = 1 + \frac{Q_L}{W}$$

(4) 축열 시스템
야간 유효전력을 활용하여 냉수나 얼음을 생성한 뒤, 전력수요가 많은 주간에 사용함으로써 하절기 피크전력의 평준화에 기여한다.
  ① 수축열 시스템: 심야전력으로 냉수를 생성한 뒤 축열조에 저장하였다가 주간에 이 냉수를 냉방에 활용하는 시스템이다. 공조부하의 변동에 직접 추종할 필요가 없으며 효율이 높은 전부하에서의 연속운전이 가능하다.
  ② 빙축열 시스템: 심야전력으로 얼음을 생성한 뒤 축열조에 저장하였다가 주간에 이 얼음을 녹여 냉방에 활용하는 시스템이다.

PHASE 09 | 열매 수송 설비

1. 송풍기

(1) 송풍기의 개요
  ① 송풍기는 유체를 압축하여 수송하는 역할을 한다.
  ② 모터, 임펠러(회전 날개), 케이싱으로 구성되어 있다.
  ③ 케이싱은 임펠러를 덮은 채 공기를 흡입하여 토출 직전까지의 흐름 방향을 주도한다.

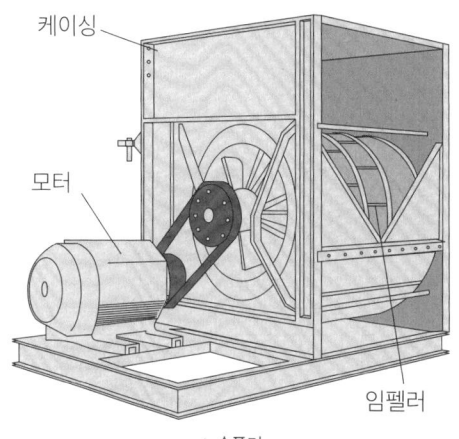

▲ 송풍기

(2) 송풍기의 분류

분류	바람 방향	송풍기 번호	종류
축류형	회전축 방향	$\dfrac{\text{회전날개 지름[mm]}}{100}$	프로펠러형, 베인형, 튜브형
원심형	회전축에 수직방향	$\dfrac{\text{회전날개 지름[mm]}}{150}$	터보형, 익형, 다익형, 방사형
사류형	회전축 기준 45° 대각선 방향	—	—

(3) 상사법칙(Affinity law)
  ① 날개 회전수가 n배로 증가하면 풍량은 n배, 풍압은 n^2배, 동력은 n^3배로 증가한다.
  ② 날개 직경이 n배로 커지면 풍량은 n^3배, 풍압은 n^2배, 동력은 n^5배로 증가한다.

물리량	회전수 증가	날개지름 증가
Q(풍량)	$Q_2 = \left(\dfrac{N_2}{N_1}\right)^1 Q_1$	$Q_2 = \left(\dfrac{D_2}{D_1}\right)^3 Q_1$
P(풍압)	$P_2 = \left(\dfrac{N_2}{N_1}\right)^2 P_1$	$P_2 = \left(\dfrac{D_2}{D_1}\right)^2 P_1$
L(동력)	$L_2 = \left(\dfrac{N_2}{N_1}\right)^3 L_1$	$L_2 = \left(\dfrac{D_2}{D_1}\right)^5 L_1$

(4) 전동기 출력
  ① 전동기 출력 L

$$L = \dfrac{PQ(1+a)}{\eta_1 \eta_2}[\text{W}]$$

P: 전압[Pa], Q: 송풍량[m³/s], a: 여유율, η_1: 전압효율, η_2: 전달효율

② 송풍량 Q

$$Q = \frac{q_s}{\rho C_p (t_r - t_d)} [\text{m}^3/\text{s}]$$

단, q_s: 현열부하, ρ: 공기의 밀도, C_p: 정압비열

③ 송풍기 압력손실은 송풍기 출구에서의 전압과 송풍기 입구에서의 전압의 차와 같다.

④ 실내의 잠열부하는 냉각코일의 제습효과에 의해 해결되므로 현열부하만 제거하면 된다.

(6) 송풍기 풍량제어

① 풍량을 제어하는 방식에는 흡입구 댐퍼제어, 토출구 댐퍼제어, 흡입구 베인제어, 가변 피치제어, 회전수제어가 있다.

② 회전수제어는 송풍기가 생산하는 풍량 자체를 변화시키는 방식으로 기계 마찰손실이 적고 에너지 절감 효과가 크다.

2. 덕트

(1) 덕트의 종류

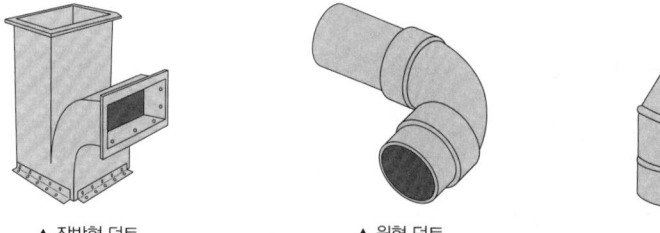

▲ 장방형 덕트 ▲ 원형 덕트 ▲ 스파이럴 덕트

① 장방형 덕트는 강도가 낮아 주로 저속 덕트(풍속 15[m/s] 이하)에 쓰인다.

② 원형 덕트와 스파이럴 덕트는 강도가 높아 주로 고속 덕트(풍속 20~25[m/s])에 쓰인다.

구분	장방형 덕트	타원형 덕트
상당직경	$d_e = 1.3 \times \left[\frac{(\text{두 변의 곱})^5}{(\text{두변의 합})^3}\right]^{\frac{1}{8}} = 1.3 \left[\frac{(a \times b)^5}{(a+b)^3}\right]^{\frac{1}{8}}$	$d_e = \left[\frac{1.55 \times (\text{면적})^{0.625}}{(\text{둘레})^{0.25}}\right] = \left[\frac{1.55 A^{0.625}}{P^{0.25}}\right]$

※ 1기압=1[atm]=0.1[MPa]≒10,332[mmAq]=101,325[Pa]

(2) 덕트의 치수결정법

① 정압법   ② 정압재취득법   ③ 등속법   ④ 전압법

(3) 덕트의 조립방법

① 장방형 덕트: 드라이브 슬립, 스탠딩 심, 버튼 펀치 스냅 심, 피츠버그 심, 그루브 심, 더블 심을 이용하여 조립한다.

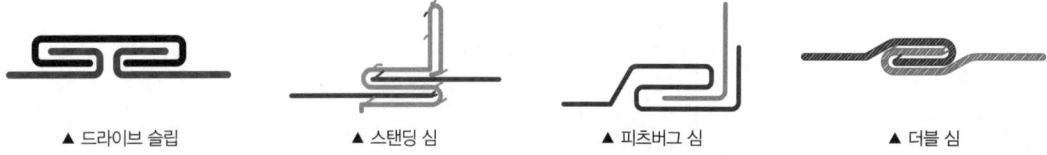

▲ 드라이브 슬립   ▲ 스탠딩 심   ▲ 피츠버그 심   ▲ 더블 심

② 원형 덕트: 드로밴드 이음, 비드 크림프 이음, 스파이럴 심, 그루브 심을 이용하여 조립한다.

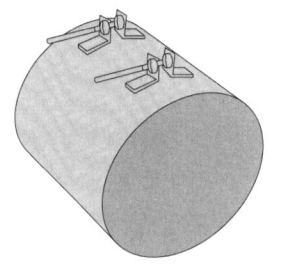
▲ 드로밴드 이음

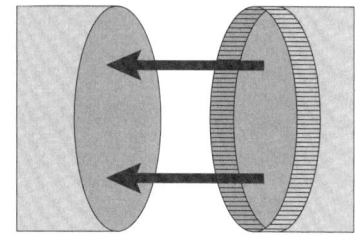
▲ 비드 크림프 이음

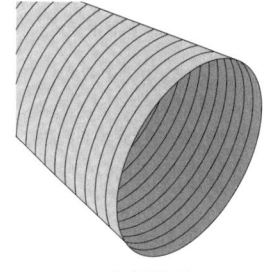
▲ 스파이럴 심

(4) 덕트의 설계
① 순서: 부하 계산 → 송풍량 계산 → 취출구 위치 결정 → 덕트의 경로 설정 → 덕트의 치수 결정 → 전저항 결정 → 송풍기 선정 → 설계도 작성 → 시공 사양 결정
② 덕트 설계 시 고려 사항
　㉠ 급기덕트와 환기덕트에 단열처리 한다.
　㉡ 덕트 내 풍속은 권장 풍속으로 한다.
　㉢ 아연철판 덕트의 경우, 마찰저항손실을 보정한다.
　㉣ 종횡비는 최대 8:1을 넘지 않아야 하며 가급적 4:1 이하가 되도록 한다.
　㉤ 수밀과 기밀을 유지하고 압력손실이 크지 않도록 한다.
　㉥ 분기부에 풍량조절용 스플릿 댐퍼와 난류방지용 가이드베인을 설치한다.
　㉦ 덕트 엘보에 터닝베인을 설치하여 풍향 전환을 돕는다.

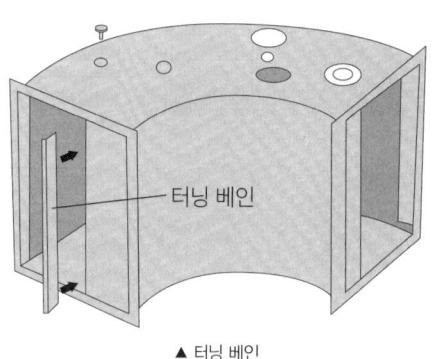
▲ 터닝 베인

(5) 덕트의 소음 대책
① 덕트에 흡음재를 부착하고 적절한 장소에 흡음장치를 설치한다.
② 송풍기 출구에 소음 체임버를 설치한다.
③ 댐퍼 취출구에 흡음재를 부착한다.

(6) 덕트의 단열 시공
① 열매를 수송하는 과정에서 발생하는 열손실을 최소화하기 위해 급기덕트를 단열재로 감싸는 단열시공이 필요하다.
② 배연덕트 주변의 가연물질이 점화되지 않도록 부분 단열처리를 해야 한다. 단, 배기덕트와 외기덕트에는 단열처리 하지 않는다.

(7) 덕트계의 압력 종류
① 정압(Static Pressure): 덕트의 한쪽 끝을 막고 송풍기를 가동시켰을 때의 압력이며 U자관의 한끝은 덕트와 연결하고 다른 끝은 외부에 노출시킨다.
② 동압(Velocity Pressure): 덕트 내부 공기의 속도에 따라 생기는 압력이며 U자관의 한끝은 덕트와 연결하고 다른 끝은 덕트 내부에 흐르는 공기의 방향과 마주하도록 설치한다.
③ 전압(Total Pressure): 정압과 동압의 합이다. 덕트 내부에 흐르는 공기의 전압은 송풍기에서 멀어질수록 감소하고, 줄어든 전압의 크기를 덕트 압력손실이라고 한다.

> **+ PLUS 베르누이 법칙**
>
> 베르누이 법칙 "$P+\frac{1}{2}\rho v^2=$전압"에서 P는 정압, $\frac{1}{2}\rho v^2$는 동압이다. 관의 단면적이 커질수록 속력이 작아지고 동압이 줄어든다. 이때 전압은 일정하므로 정압이 증가한다.

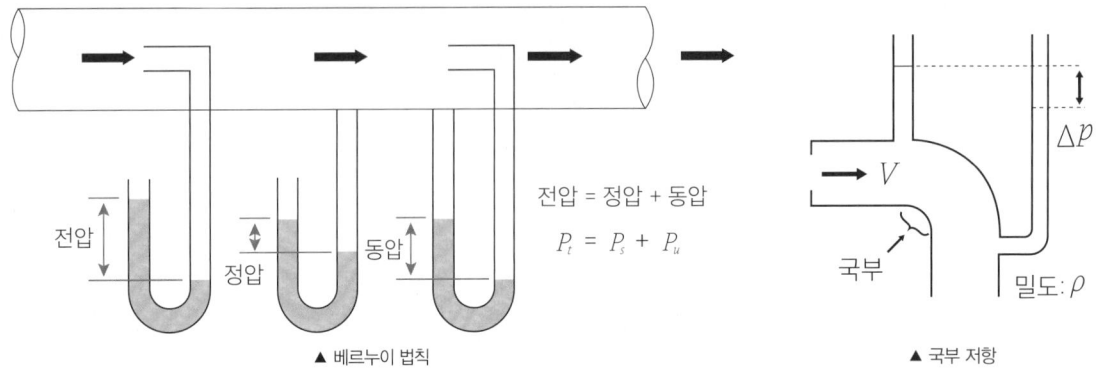

▲ 베르누이 법칙   ▲ 국부 저항

④ 전압기준 압력손실

$$\Delta P_t = \zeta_t \frac{\rho v^2}{2}$$

단, ζ_t: 국부저항계수, ρ: 공기의 밀도, v: 풍속

⑤ 덕트의 굴곡부, 혹은 분기부에 생기는 압력손실은 전압기준, 정압기준에 따라 다르다.
⑥ 국부저항계수의 차이

$$\zeta_t - \zeta_s = \frac{v_1^2 - v_2^2}{v_1^2}$$

(7) 풍량 조절용 댐퍼
  ① 스플릿 댐퍼(split damper): 분기점에서 풍량을 조절한다.
  ② 버터플라이 댐퍼(butterfly damper): 하나의 날개로 소형덕트의 풍량을 조절한다.
  ③ 루버 댐퍼(louver damper): 날개수 2개 이상으로 대형덕트 개폐용에 사용된다.
  ④ 릴리프 댐퍼(relief damper): 역류 방지 기능이 탑재되어 있으며 클린룸에 사용된다.
  ⑤ 밸런싱 댐퍼(balancing damper): 분지관 취출구의 풍량과 최말단 취출구의 풍량이 같도록 조절하며 TAB을 할 때만 조정한다.
  ⑥ 풍량조절 댐퍼는 송풍기의 전후면과 덕트계의 분기점에 설치한다.
(8) 방화 댐퍼와 방연 댐퍼
  ① 방화 댐퍼: 연소의 우려가 있는 부분의 외벽 개구부에 설치하여 연소의 확대를 막는다.
  ② 방연 댐퍼: 화재 발생 시 가스 및 연기의 이동을 차단한다.

3. 환기 설비

(1) 환기설비 설치 시 고려 사항

① 여러개의 룸을 단일 계통으로 하여 환기해야 한다.
② 외기 오염도에 따라 공기청정장치를 설치한다.
③ 전열 교환기에서는 오염물질을 수반하는 배기는 사용하지 않는다.

(2) 환기의 방법

자연적으로 환기하는 자연 환기와 기계를 사용하는 강제 환기가 있다. 환기 방식에 따라 다음과 같이 구분한다.

> **+ PLUS 환기의 종류**
> - 자연 환기: 풍력 환기, 중력 환기
> - 기계 환기: 강제 환기

구분	급배기 방식	특징	장소 예
1종 환기	강제급기+강제배기	실내와 실외의 압력이 비슷하다.	지하 보일러실, 변전실, 대규모 조리장 등 일반 공조 현장
2종 환기	강제급기+자연배기	실내압이 높아 공기가 실내에서 실외로 배기된다.	유해물질의 유입을 방지해야 하는 클린룸
3종 환기	자연급기+강제배기	실내압이 낮아 공기가 실외에서 실내로 급기된다.	악취의 유출을 방지해야 하는 화장실, 병원체의 전파를 차단해야 하는 음압 격리 병실
4종 환기	자연급기+자연배기	건물 안팎의 온도차에 의하여 자연적으로 급·배기된다.	일정 환기량이 유지되지 않아도 되는 시설

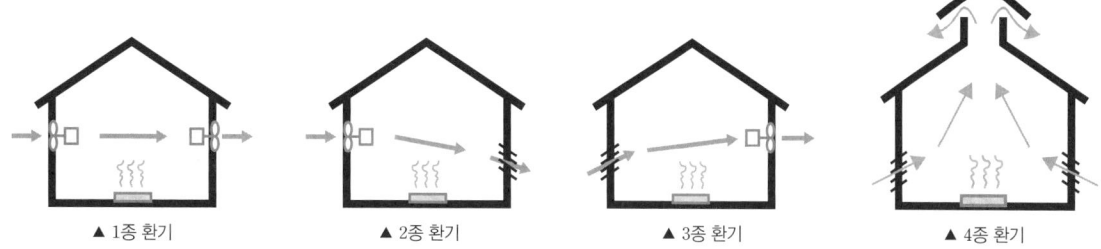

▲ 1종 환기   ▲ 2종 환기   ▲ 3종 환기   ▲ 4종 환기

(3) 환기 방식의 종류

① 희석 환기: 신선한 공기를 유입시켜 오염물질의 농도를 낮추며 전체 환기라고도 한다.
② 국소 환기: 유해물질을 발생원에서 직접 포집한다.
③ 치환 환기: 급배기 팬을 이용하여 오염물질을 외부로 배출하고 신선한 공기를 공급한다.
④ 지하주차장 환기: 급기팬, 유인용 터보팬, 고속노즐, 배기팬, 고속용 덕트가 필요하다.

(4) 환기량 계산

수증기 발생량이 W[kg/h]이고 허용 실내 절대습도가 x_i[kg/kg], 도입외기 절대습도가 x_o[kg/kg], 공기의 평균밀도 1.2[kg/m³]라고 하자. 1회 환기하면 실내 절대습도가 x_o로 변하므로 실내 공기의 질량이 m[kg]일 때 배출되는 습기의 양은 $m(x_i-x_o)$이다. 마찬가지로 환기량이 Q[m³/h], 즉 $1.2Q$[kg/h]이면 배출되는 습기의 양은 $1.2Q(x_i-x_o)$[kg/h]이다. 이 값이 수증기 발생량과 같을 때 실내 습도는 x_i[kg/kg]로 일정하게 유지되고 Q는 필요 환기량이라고 말할 수 있다.

$W = 1.2Q(x_i-x_o)$로부터 $Q = \dfrac{W}{1.2(x_i-x_o)}$이다.

$$\text{필요 환기량 } Q = \dfrac{W}{\rho(x_i-x_o)}[\text{m}^3/\text{h}]$$

W: 수증기 발생량[kg/h], ρ: 공기의 평균 밀도[kg/m³], x_i: 허용 실내 절대 습도, x_o: 도입 외기 절대 습도

4. 취출구

(1) 주요 용어

① 그릴: 그릴형 디퓨저를 줄여서 일컫는 말로, 뒷면에 셔터가 달려 있으면 레지스터라고 부른다.

② 종횡비: 각형 덕트의 장변을 단변으로 나눈 값(표준 종횡비는 4:1)이다.

③ 유인비 $= \dfrac{\text{전공기량}}{\text{취출공기량}} = \dfrac{\text{취출공기량} + \text{유인공기량(2차공기)}}{\text{취출공기량}}$

④ 자유면적: 취출구 면적의 합계이다.

⑤ 유효면적: 취출구에서 실제 공기가 통과하는 면적이다.

⑥ 도달거리: 기류 속도가 0.25[m/s]에 이르렀을 때 취출구에서의 수평거리이다.

⑦ 강하거리(강하도): 도달거리에서 측정한 기류중심선과 취출구중심선 사이의 수직거리이다.

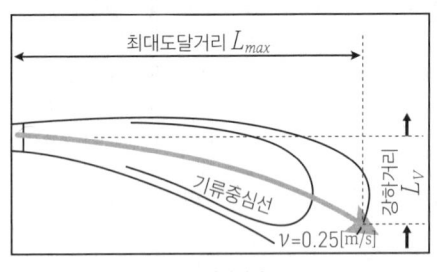
▲ 강하거리

▲ 취출구의 형태

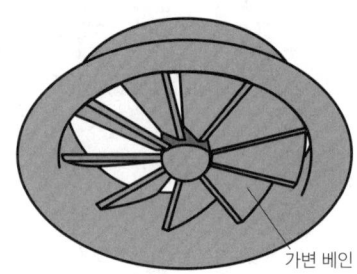

(2) 취출구의 종류

① 축류 취출구: 노즐형, 펑커루버형, 베인격자형, 그릴형, 슬롯형, 라인형(T라인, 브리즈라인)이 있다. 라인형은 슬롯형보다 더 폭이 좁고 길이는 선택이 가능하다. 펑커루버형 기류 방향을 자유롭게 조절할 수 있는 취출구이다.

② 복류 취출구: 아네모스탯형(팬형, 다공판형)

③ 날개 모양에 따른 분류
- 유니버설: 격자 형태
- 그릴: 수직날개
- 슬롯: 수평날개

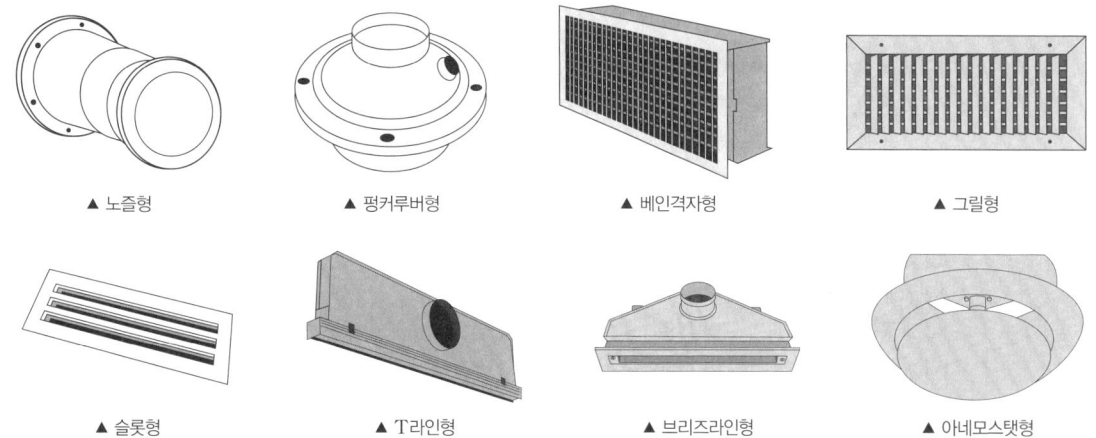

▲ 노즐형   ▲ 펑커루버형   ▲ 베인격자형   ▲ 그릴형

▲ 슬롯형   ▲ T라인형   ▲ 브리즈라인형   ▲ 아네모스탯형

(3) 취출기류
　① 취출기류의 상승거리는 풍속에 비례하고 실내공기와의 온도차에 비례한다.
　② 거주영역에서 취출구의 최소 확산반경이 겹치면 편류현상이 발생한다.
　③ 천장 취출 시 베인의 각도를 냉방과 난방 시 각각 다르게 조정해야 한다.
　④ 취출구 베인 각도를 증가시키면 풍류 속도가 증가하여 소음이 커진다.
　⑤ 취출구 베인 각도를 증가시키면 도달거리는 감소하고 강하거리는 증가한다.

(4) 모듈 플래닝
　① 건물의 평면도를 일정 격자로 나누고 이 격자 내에 취출구, 흡입구, 조명, 스프링클러 등 필요설비를 배치하는 방식이다.
　② 모듈 크기는 스프링클러 1개의 도달 반지름으로 제한한다.

(5) 필터 효율과 도입 외기량
　① 공기여과기의 성능은 집진용량, 압력손실, 필터효율로 평가한다.
　② 그림과 같이 필터가 포함된 공조설비에서 실내공기의 양과 실내오염도가 일정하게 유지된다는 조건이 주어진 경우에는 도입 외기량을 구할 수 있다.

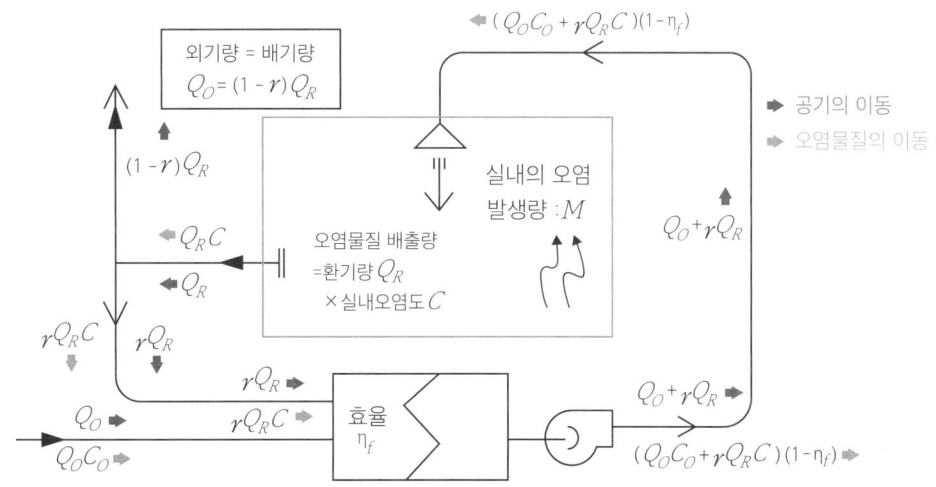

C: 실내공기의 오염도[mg/m³]　　C_O: 외기의 오염도[mg/m³]　　M: 실내의 오염발생량[mg/h]
Q_O: 도입 외기량[m³/h]　　Q_R: 실내로부터의 환기량[m³/h]　　γ: 재순환율　　η_f: 필터 효율

③ 도입외기량 Q_O

필터의 효율을 η_f라고 하면 실내의 오염농도 C를 일정하게 유지하는 데 필요한 도입외기량 Q_O는 다음과 같이 구할 수 있다.

> - 실내에서 빠져나가는 오염물질의 양: $Q_R \times C$
> - T자 갈림길 덕트에서 실외로 빠져나가는 물질을 제외한 필터 순환 오염물질의 양: $\gamma \times Q_R \times C$
> - 별도 덕트를 통해 유입되는 오염물질의 양: $Q_O \times C_O$
> - 실내에서 자체적으로 발생하는 오염물질의 양: M
> - 필터 통과한 후 실내의 오염물질의 양: $(Q_O C_O + \gamma Q_R C)(1-\eta_f) + M$
>
> 필터를 통과한 후의 오염물질의 배출량과 오염물질의 배출량이 같아야 실내오염도가 유지되므로 $(Q_O C_O + \gamma Q_R C)(1-\eta_f) + M = Q_R C$이다.
>
> 따라서 도입외기량 $Q_O = \dfrac{Q_R C\{1-\gamma(1-\eta_f)\} - M}{(1-\eta_f) \times C_O}$

TAB 및 시운전

PHASE 10 | T.A.B(Testing. Adjusting. Balancing : 시험. 조정. 평가)

1. 탭의 개념과 수행 항목

(1) 탭의 개념
① 공기 조화 설비를 시험하고 조정하며 균형을 맞춘다는 의미이다.
② 에너지 사용 실태를 정밀하게 측정하고 에너지 흐름을 효율적으로 유도함으로써 낭비를 줄이고 부하 변동에 따른 최적의 설계치를 갖도록 장비를 점검 및 조정하는 공조설비의 한 분야이다.

(2) 용어 설명
① 시험(Testing): 각 장비의 정량적인 성능을 판정한다.
② 조정(Adjusting): 터미널 기구에서의 풍량 및 수량을 적절하게 조정하는 작업이다.
③ 평가(Balancing): 설계치에 따라 분배 시스템 (주관, 분기관, 터미널)내에 유량이 균등하게 흐르도록 배분한다.

(3) 탭의 수행항목
① 계통 검토, 현장 점검
② 공기 및 물 분배 계통 성능 측정
③ 공기 및 물 분배 계통 장치의 유량 조정
④ 소음 측정
⑤ 실별 온습도 측정
⑥ 최종 보고서 작성

(4) 측정방법
① 온도 측정: 검정된 온도계를 선정하여 그 기기의 입출구로부터 가장 가까운 곳에서 측정한다.
② 압력 측정: 압력측정용 탭으로 유체 시스템의 지점에서 실시한다.
③ 배기가스 온도 측정: 보일러의 최종가열기의 출구에서 측정한다
④ 유량 측정: 펌프의 출구와 말단(터미널)에서 측정하여 비교한다.
⑤ 소음 측정: 공조기나 송풍기와 가장 가까운 방의 취출구에서 측정한다.
⑥ 배기가스 온도 측정: 열전대를 배기관에 부착한 뒤 정상 작동 상태에서의 배기가스 온도를 측정한다.

2. 예비 점검과 세부 업무

(1) 예비 점검 목록
① 공기분배계통에 관한 각종 도면, 사양 등 자료를 수집하여 그 내용을 검토하고 적절한 계측기의 선정 확보

② 설비의 안전하고 정상적인 운전 가능 여부 점검
③ 공조기의 필터 청정상태 점검
④ 덕트계통 청소 상태 점검
⑤ 팬의 회전방향 적정여부 점검 및 확인
⑥ 방화댐퍼 및 풍량조절 댐퍼의 개폐상태 점검

(2) 탭의 세부 업무
① 공기조화기 검사를 위하여 팬 검사 항목에 따라 윤활유 상태, 벨트장력, 회전체와 케이싱의 간격, 진동방지 및 모터회전, 필터상태, 댐퍼상태 및 공기흐름 상태를 점검한 후 시험, 조정 및 밸런싱을 한다.
② 케이싱 누설과 각종 댐퍼 작동상태를 검사하고 덕트치수의 적정여부 및 공기 흐름의 상태를 점검한다.
③ 공기조화기 및 팬의 가동정지 장치를 점검하고 T.A.B 시행을 위한 전기에너지 이상 유무를 점검한다.
④ 공기계통의 풍량댐퍼와 방화댐퍼가 완전 개방위치에 놓여 있는지 확인한다.
⑤ 모든 공기터미널이 설치되고 개방위치에 놓여 있는지 확인한다.
⑥ 피토우 튜브 이송측정 위치를 점검한다.
⑦ 칸막이, 문, 창문 및 천장 등과 같은 건축구조물이 완성된 후 모든 공기순환이 정상적으로 되는지 점검한다.
⑧ 급기, 배기 및 환기계통이 설계대로 작동되도록 점검한다.
⑨ 팬의 흡입정압, 토출정압, 전류 및 풍량을 측정 기록하고 구동모터의 과부하 여부를 점검한다.
⑩ 각실의 공기 순환경로를 검사하고 급배기 계통의 밸런싱 여부를 점검한다.
⑪ 급기메인, 서브메인 및 분기메인에서의 공기흐름과 분배상태를 점검한다.
⑫ 터미널을 완전 개도한 상태에서 시스템내의 각 터미널 공기 흐름을 측정한 후 이를 비교 및 검토하여 분기의 밸런싱 댐퍼를 조정한다.
⑬ 분기로부터 가장 먼 터미널에서 시작하여 분기 메인쪽으로 진행하면서 풍량을 조정한다.
⑭ 시스템이 밸런싱될 때까지 풍량조절 작업을 반복한다.
⑮ 팬 풍량과 팬 작동상태를 점검한다.
⑯ 팬 회전수는 제작자 설정 최대 허용회전수를 초과하지 않아야 하며 여하한 운전방식에서도 구동모터에 과부하가 걸리지 않도록 풀리를 조정한다.
⑰ 최대 제동 마력 시 팬 구동모터 전류를 측정한다.
⑱ 시스템 밸런싱 후 팬 회전수, 모터전압, 전류 및 입축구 정압등을 측정하고 기록한다.
⑲ 팬의 최종 회전수는 냉방시 최소 외기량 상태에서 요구된 풍량이 나오도록 맞춘다.
⑳ 최종 밸런싱된 조건하에서 각 필터의 입출구 정압 및 각 코일의 입출구 정압을 측정하고 모든 창과 문이 닫힌 상태에서 실내 정압을 측정한다.

3. 장비 및 시스템 확인

(1) 장비 검사

팬	공기조화기
• 벨트 장력 • 청정도 • 정압 제어장치 • 벨트 보호덮개 부착 여부 • 모터 풀리와 팬 풀리의 정렬상태(Alignment) • 전원 계통 • 팬에 연결된 덕트의 상태	• 검사 및 확인은 팬의 경우를 따름 • 외기 및 환기 도입부에서 급기팬 출구까지의 공기흐름 상태 검사 • 필터의 상태를 점검 • 응축수 제거 장치를 확인

(2) 덕트 시스템 검사
  ① 모든 외기댐퍼, 환기댐퍼 및 배기댐퍼의 작동상태
  ② 풍량조절댐퍼와 방화댐퍼가 완전 개방위치에 놓여져 있는지 여부
  ③ 점검문, 누설 및 조임상태
  ④ 터미널의 설치 및 터미널 댐퍼의 완전 개방 여부
  ⑤ 피토우 튜브의 측정위치
  ⑥ 천정구조물의 견고성 여부

PHASE 11 | 시운전

1. 보일러설비 시운전

(1) 보일러 가동
  ① 시동전 점검 및 준비사항을 숙지한다.
  ② 운전스위치를 On한 후 운전대기 상태인지 확인한다.
  ③ 연소스위치를 On하여 증기압력이 서서히 올라가는 것을 확인한다.
  ④ 보일러 상부의 주증기 밸브를 개방한다.

(2) 보일러 정지
  ① 연소스위치를 Off하고 운전스위치를 Off한다.
  ② 메인전원을 Off하고 주증기밸브를 모두 닫는다.
  ③ 급수밸브와 가스밸브를 모두 닫는다.
  ④ 보일러 시운전 보고서에는 건구온도와 습도를 기재하고, 제어기 세팅값과 연도가스에 대한 분석자료를 담는다.

2. 급배수설비 시운전

(1) 급수설비 시운전
   ① 소음, 진동 여부를 점검한다.
   ② 누수 여부를 점검한다.
   ③ 표시판과 계기의 지시를 확인한다.
   ④ 각 급탕 열교환기와 연동하여 시운전한다.
   ⑤ 펌프연결운전의 수압을 확인한다.
   ⑥ 시험 운전의 결과를 기록한다.

(2) 배수설비 시운전
   ① 소음과 누수 여부를 점검한다.
   ② 배수펌프 연결운전 시 토출시험이 필요하다.
   ③ 배수조 내부를 청소한다.
   ④ 시험 운전의 결과를 기록한다.

3. 암모니아 설비 및 안전설비의 유지관리 절차서

(1) 노출확인 절차서
   ① 암모니아 냄새가 날 경우에는 냄새지역을 벗어나 감독자에게 알려야 한다.
   ② 반드시 호흡용 보호구를 착용한 후 감지기를 이용하여 공기 중 암모니아 농도를 측정한다.
   ③ 암모니아 농도를 확인한 후에 pH 시험지(Indicator paper)를 물에 적셔 누출지역을 확인한 후, 새로운 시험지를 이용하여 누출지점을 찾아낸다.
   ④ 누출지역을 확인한 후, 감독자나 동료가 현장에 도착하기 전까지는 누출을 멈추기 위한 어떤 시도도 하지 말아야 한다.

(2) 노출로 인한 위험관리 절차서
   ① 암모니아가 노출될 수 있는 위험요인을 도출하기 위하여 적절한 교육을 받은 사람과 함께 위험성평가를 실시하여야 한다.
   ② 암모니아가 노출되었을 때 호흡기를 보호할 수 있는 호흡보호프로그램을 수립하여 운영한다.
   ③ 암모니아가 노출되었을 때 피부를 보호할 수 있는 절차서를 수립하여 운영한다.

(3) 근로자 작업 확인 및 교육 절차서
   ① 암모니아 설비가 밀폐된 곳이나 외진 곳에 설치된 경우, 해당 지역에서 근로자 작업할 때에는 CCTV나 무전기, 전화를 통해 근로자의 안전을 확인할 수 있어야 한다.
   ② 미리 정해진 주기마다 근로자의 안전을 확인하여야 하며, 확인사항을 기록하여 보관하는 것이 바람직하다.

(4) 암모니아 설비 및 안전설비의 유지관리 절차서
   ① 암모니아 설비 주변에 설치된 안전대책을 주기적으로 점검하고 작동여부를 확인하여야 한다.
   ② 암모니아 설비 주변의 안전대책에는 모니터, 경보설비, 감지설비, 무전기, 응급조치함 등이 포함되어야 한다.

③ 암모니아 설비 주변에 설치된 안전대책의 작동 및 사용 가능여부를 최소한 분기별로 1회 확인하고 점검하여야 한다.
④ 암모니아 누출감지 및 경보 설비를 선정하고 관리할 때에는 신뢰도, 정확도, 응답속도 및 작동 온도범위를 고려하여 선정하여야 한다.
⑤ 암모니아 설비의 유지보수 중에는 안전표지와 "수리중"이라는 표지를 설치하여 다른 사람의 접근이나 설비 가동을 방지하여야 한다.
⑥ 암모니아 열교환기 및 주변 설비의 유지보수는 반드시 작업계획을 수립하여 작업허가를 받은 후에 시행되어야 한다.

SUBJECT 02

공조냉동설계

CHAPTER 01 냉동이론

CHAPTER 02 냉동장치의 구성요소

CHAPTER 03 기계 열역학

CHAPTER 01 냉동 이론

PHASE 01 | 냉동장치 개요

1. 냉동장치(냉각기, 냉각 시스템)의 원리

(1) 냉각시스템의 원리
  ① 그림 냉각시스템의 원리의 모식도에서 보듯이, 냉매는 증발-압축-응축-팽창의 과정을 반복한다.
  ② 증발기에서 비등점의 냉매가 기화되면서 기화열을 흡수하고 응축기에서는 식어가는 냉매가 응축되면서 응축열을 방출한다.

(2) 냉각기의 원리
  ① 그림 냉각기의 원리의 증발기에서 냉장고 속의 음식물(cold body)이 열을 냉매로 전달하고 냉매는 압축기 안에서 W_{cycle}의 일을 받아 고온 고압으로 냉매를 압축시킨다. 압축된 냉매는 응축기로 이동하여 냉장고 밖(hot body)으로 열을 방출한다.
  ② 냉매가 받은 열(Q_L)보다 잃은 열(Q_H)이 더 크기 때문에 냉각기 역할을 하며 에너지 보존법칙에 따라 다음 식이 성립된다.

$$Q_L = Q_H - W_{cycle}$$

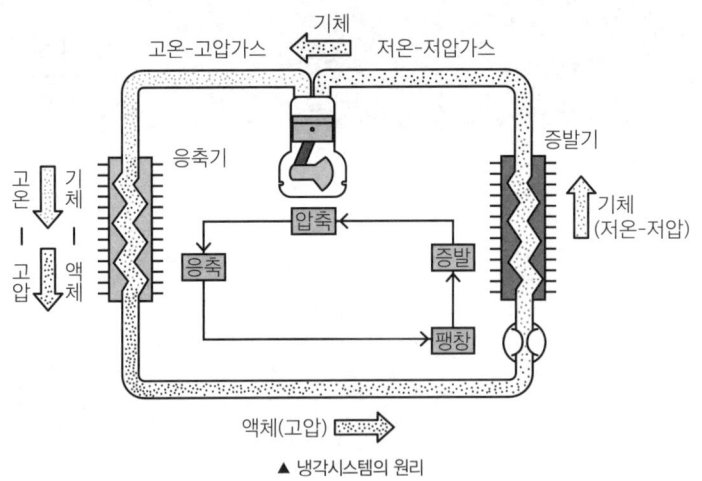

▲ 냉각시스템의 원리

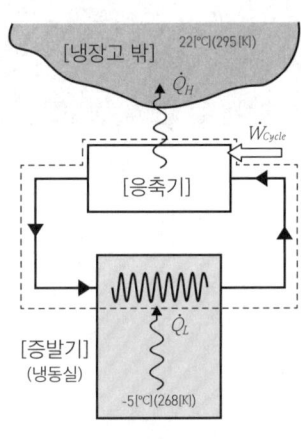

▲ 냉각기의 원리

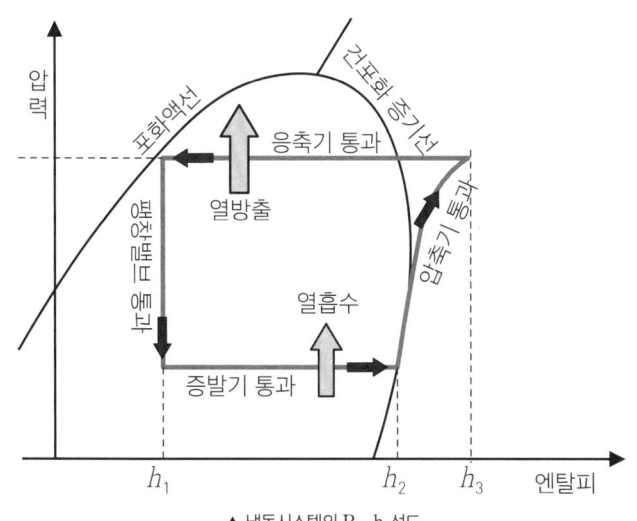

▲ 냉동시스템의 P-h 선도

- 압축기가 한 일 $W_c = h_3 - h_2$
- 증발기에서 잠열 흡수량 $Q_L = h_2 - h_1$
- 응축기에서 잠열 방출량 $Q_H = h_3 - h_1$
- 팽창밸브에서 엔탈피 변화량 $= 0$

> **+ PLUS** **가정용 냉장고에서 냉매**
>
> 가정용 냉장고의 경우, Q_L은 저온실에 놓여진 음식에서 순환 냉매로 전달되는 열인데, 열은 고온체에서 저온체로 이동한다는 열역학 제2법칙에 따라 냉매의 온도는 음식물의 온도보다 더 낮아야 한다.

2. 냉동장치의 종류

(1) **기계식 냉동장치(증기압축식)**: 압축기를 이용하여 냉매를 압축하는 방식으로 가장 보편적인 냉동장치이다.

(2) **화학식 냉동장치(흡수식)**
  ① 증기를 생산하는 가스보일러 일체형이며 압축기가 없어서 전력 소비량이 적다.
  ② 물, LiBr과 같은 액체 흡수제를 사용하여 냉매를 용해시키고, 용액에 열을 가하면 냉매가 석출된다.

(3) **흡착식 냉동장치**
  ① 저급 폐열이나 태양열을 활용할 수 있어 에너지 효율성이 높은 흡착식 냉동장치이다.
  ② 실리카겔, 활성탄과 같은 고체 흡착제를 사용하여 냉매를 흡착시키고 열을 가하여 냉매를 방출한다.

(4) **열전식 냉동장치(전자식)**: 펠티어 효과를 이용한 열전 냉각 방식이다.
  ① 펠티어(Peltier) 효과: 전도성이 다른 두 금속을 접합하여 전류를 흐르게 하여 양끝의 온도차이가 일정하게 유지되는 현상을 말한다. 참고로, 두 금속으로 폐회로를 만들고 서로 다른 온도의 접합부를 유지할 때 회로에 전류가 흐르는 현상을 제벡(Seebeck) 효과라고 부른다.
  ② 열전 냉각: n형 반도체와 p형 반도체를 접합시킨 열전소자를 이용하여 냉매가 불필요한 냉각법이다.

(5) **증기분사 냉동장치**
  ① 고압 증기를 분사하면 진공 조건이 만들어지고 증발기 내의 물이 증발하면서 냉각능력을 발휘한다.
  ② 냉매나 압축 동력을 필요로 하지 않으며 주로 선박용으로 쓰인다.

(6) 이밖에도 줄-톰슨 효과를 이용하는 공기압축식 냉동장치와 저열원의 열을 흡수하여 고열원으로 방출하는 열펌프 등이 있다.

3. 냉동설비 시운전

(1) 기동 전 점검 사항
   ① 오일탱크의 유면과 유온이 적정한지 확인한다.
   ② 액면계를 사용하여 증발기 냉매 액면을 확인한다.
   ③ 냉수온도와 포화압력을 비교하여 기동 전 냉매가 안정된 상태인지 확인한다.
   ④ 제어반의 베인이 자동설정되어 있는지 확인한다.
   ⑤ 수배관 속의 공기를 추출하여 물이 잘 흐르도록 한다.
   ⑥ 오일펌프의 유압을 확인한다.
   ⑦ 각 밸브의 개폐 상태가 정위치인지 확인한다.

(2) 기동 중 점검 사항
   ① 압축기의 이상 소음 발생 여부를 확인한다.
   ② 증발기와 응축기의 냉매 상태를 확인하여 안정 여부를 점검한다.
   ③ 장시간 정지 후 시동 시에는 누설여부를 점검한 후에 기동시킨다.

(3) 시운전 순서
   ① 압축기 가동 전에 냉각수 펌프를 기동시킨다.
   ② 냉각탑을 가동한다.
   ③ 공기빼기 밸브를 열어서 공기를 방출시키고 물 배관을 완전히 만수시킨다.
   ④ 증발기의 냉수순환펌프를 운전하여 공기를 확실하게 제거한다.
   ⑤ 제조회사 취급설명서를 참조하여 압축기 유압을 확인 조정한다.
   ⑥ 운전 상태가 안정화되면 운전전류가 정격전류의 110[%] 이하인지 확인한다.
   ⑦ 압축기 크랭크 케이스의 유면을 점검하고 응축기와 수액기의 액면 변화에 주의한다.

(4) 시운전 완료 후 조치 사항
   ① 시운전 완료 후 체크리스트를 확인하여 이상유무를 점검한다.
   ② 이상항목에 대한 재설정, 세팅, 교체 등의 계획을 작성한다.
   ③ 시운전 후 냉동기 주위를 정리정돈한다.
   ④ 장시간 정지시키는 경우에는 냉매를 회수하고 모터의 전원, 제어 전원을 차단시킨다.

PHASE 02 | 냉매와 몰리에르 선도

1. 냉매의 구비 조건과 불응축 가스

(1) 냉매의 구비 조건

물리적 구비 조건	기타 구비 조건
• 임계온도가 상온보다 높아서 상온의 냉각수에 의해 액화가 가능할 것 • 온도가 낮아도 증발압이 높아서 대기압 이상의 압력에서 증발할 것 • 증발 잠열이 커서 Q_{in}과 성적계수를 높이는 데 유리할 것 • 비체적이 작고 단위질량당 피스톤 압출량이 커서 수액기 용량을 줄이기에 유리할 것 • 냉매의 점도와 표면장력이 낮아서 배관과의 마찰이 적을 것 • 냉매는 응고점이 낮아서 액체와 기체 간의 상태변화를 반복할 것	• 금속과 반응하지 않는 불활성의 기체일 것 • 전기 절연성이 좋을 것 • 인화성, 폭발성이 없을 것 • 인체에 무해할 것 • 악취가 없을 것

(2) 냉매의 상평형도와 불응축 가스

① 상평형 그림에서 액체영역과 기체영역의 경계선에 해당하는 온도가 증발온도이다. 증발압력이 낮아지면 증발온도도 낮아진다.

② 냉매가 응축되면서 응축기 내부 압력은 낮아지지만 불응축 가스는 압력이 낮아지는 과정을 방해하므로 내부 압력과 응축온도는 정상보다 높아진다.

③ 냉매량과 토출온도: 혼입된 공기는 냉매의 증발온도에서 상변화를 일으키지 않으므로 주위로부터 잠열을 빼앗지 못하여 냉매순환량이 감소하고 냉동능력이 저하된다. 또한 증발기에 투입된 냉매가 부족하면 증발한 이후 증발기 출구를 빠져나올 때까지 외부로부터 더 많은 열을 흡수하므로 냉매기체의 토출온도가 높아진다.

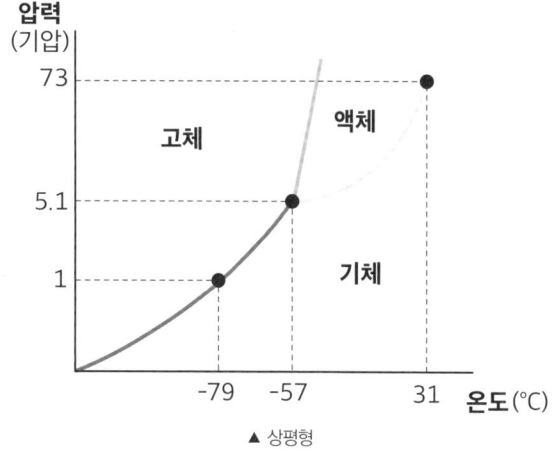

▲ 상평형

+ PLUS 냉매의 구비 조건

• **냉매의 구비 조건 중에 임계온도가 상온보다 높아야 하는 이유**
기체 상태의 냉매는 아무리 냉매의 압력을 높여도 임계온도 이상에서는 액화되지 않는다. 순환하는 냉매는 응축기를 지나갈 때 상온의 냉각수와 접촉하여 액화되는데 만약 냉매의 임계온도가 상온보다 낮으면 상온의 냉각수로 냉매를 액화시킬 수 없으므로 냉매의 임계 온도는 상온보다 높아야 한다.

• **냉매의 구비 조건 중에 증기압이 대기압보다 높아야 하는 이유**
액체의 온도나 압력을 높이면 액체의 증기압이 주변 대기압보다 높아져서 기화한다.
배관 속의 냉매는 기본적으로 저온이며, 증발기에 들어가기 직전에 팽창밸브를 거치면서 저압 공기에 둘러싸인 액체 상태로 증발기에 들어간다. 그러나 증발기 배관 속 냉매를 누르는 외부 압력이 대기압보다는 여전히 크기 때문에 냉매의 증기압이 대기압보다는 커야 증발기를 통과하는 과정에서 기화할 수 있다.

2. 냉매의 종류

(1) 암모니아 냉매(R-717)

① 증발잠열이 327[kcal/kg]으로 프레온계 냉매보다 높아서 냉동 효율이 좋다. (0[℃] 조건에서는 증발잠열이 302[kcal/kg])
② 비등점이 -33[℃]이며, 공업용 대형 냉동기에 적합하다.
③ 암모니아는 오존파괴지수(ODP)와 지구온난화계수(GWP)가 0이다.
④ 독성, 가연성, 폭발성이 있으며 윤활유에 잘 용해되지 않는다.
⑤ 토출가스 온도가 상대적으로 높아서 윤활유를 열화시킨다.
⑥ 동(銅)합금을 부식시키므로 강관을 사용해야 한다.
⑦ 전기절연성이 낮으므로 전동기와 합체된 구조의 밀폐형 압축기에 사용하면 안 된다.
⑧ 암모니아 냉매의 누설 검지 방법은 다음과 같다.

> - 냄새로 알 수 있다.
> - 적색 리트머스 시험지가 청색으로 변한다.
> - 유황초에 불을 붙이면 흰 연기 발생한다.
> - 페놀프탈레인 시험지를 물에 적셔 두면 백색이 홍색으로 변한다.

(2) 프레온계 냉매

① R11(23.7[℃]), R12(-29.8[℃]), R13(-81.5[℃]), R21(+8.9[℃]), R22(-40.8[℃]), R23(-82[℃]) 등이 있다.
② 화학적으로 안정하고 무독성, 비가연성이고 전기절연성이 우수하다.
③ 프레온계 냉매 중에서 R11, R12가 높은 오존파괴지수를 갖는 이유는 염소 때문이다.
④ 배관 내에 수분이 혼입되면 산성화되어 금속 배관을 부식시킨다.
⑤ R12(CFC12), R22(HCFC22)를 R134a(HFC134a)로 대체할 경우 압축기 및 윤활유도 교체해야 한다.
⑥ 프레온계 냉매의 누설 검지 방법은 다음과 같다.

> - 비눗물을 묻히면 거품이 발생한다.
> - 할로겐 누설검지기(halide torch)로 프로판계 가스를 연소시키면 불꽃이 보라색으로 변한다.
> - 전자 누설탐지기를 이용한다.

(3) 혼합 냉매

① 2개 이상의 순수 냉매를 혼합하게 되면 서로 결점이 보완되고 원하는 특성을 얻을 수 있어서 편리하며 혼합된 2가지 냉매의 끓는점이 같은 경우에는 공비 혼합물이라고 한다.
② 공비 혼합물 냉매는 비등점을 일치시킬 수가 있어서 응축압력과 압축비를 줄일 수 있다.
③ 공비 혼합 냉매의 번호는 R-5○○이며, 대표적으로 R-500, R-501, R-502 등이 있다(○○는 개발순서이다).
④ 비공비 혼합물 냉매는 온도 구배가 발생하기 때문에 열교환기의 효율을 개선할 수 있다.
⑤ 비공비 혼합 냉매의 번호는 R-4○○이며, 대표적으로는 R-404A, R-407C, R-410A가 있다.

(4) 그밖의 냉매

유기화학물 냉매는 R-6○○, 무기화합물 냉매는 R-7○○로 표기한다.

(5) 친환경 냉매

① 암모니아를 명명하는 R-717 냉매는 GWP가 0으로 오존층을 파괴하지 않지만 폭발 위험이 있다.
② GWP가 작은 대체 냉매로 이산화탄소(R744) 및 탄화수소, 그리고 HFO계열의 R-1234yf, R-1234ze가 있다.

3. 몰리에르 선도와 냉동시스템의 P-h 선도

(1) 몰리에르 선도

① 냉매의 열역학적 특성을 나타낸 그래프를 P-h 선도 혹은 몰리에르 선도라고 부른다.
② 다음 그림은 R744의 P-h 선도인데, 포화액선의 압력-엔탈피 관계와 포화증기선의 압력-엔탈피 관계를 알 수 있다.
③ 포화액 곡선, 포화증기 곡선 이외에도 등비체적선의 수치는 오른쪽 세로축에, 등건조도선의 수치와 등엔트로피선의 수치는 가로축에 표시되어 있다.

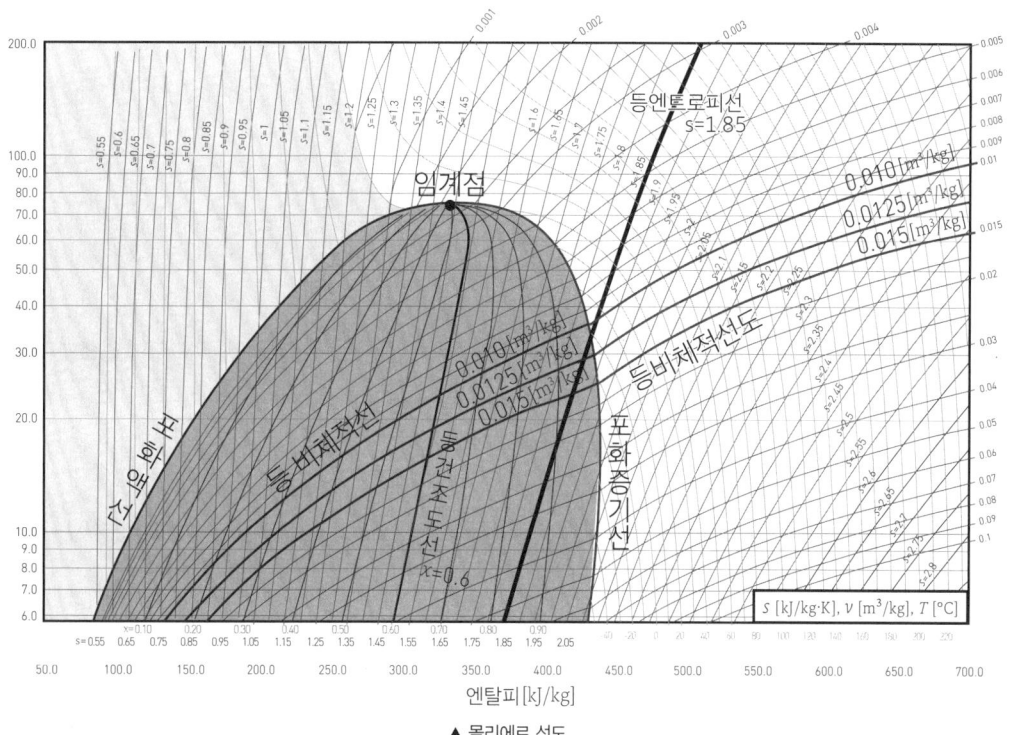

▲ 몰리에르 선도

(2) 냉동장치의 P-h 선도

① 상태 4는 응축기 출구의 냉매액 상태로 포화액선에 미치지 못하므로 h_3-h_4는 과냉각도를 의미한다.
② 상태 6은 팽창밸브 출구의 냉매액 상태로 포화액선을 넘었으므로 h_6-h_5는 플래시가스 열량을 의미한다.
③ 상태 1은 증발기 출구의 냉매기체 상태로 포화증기선을 넘었으므로 h_1-h_7은 과열도를 의미한다.

④ 증발기 출구와 입구의 엔탈피 차이값 $h_1 - h_6$을 냉동효과라고 한다.

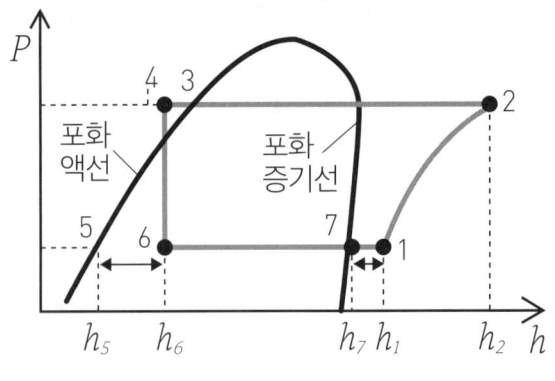

▲ 냉동시스템의 P-h 선도

PHASE 03 | 축열 시스템과 동결 시스템

1. 축열 시스템

심야 시간대에 냉동기 또는 열펌프(히트펌프)를 이용하여 냉난방용 열에너지를 생산하고, 이를 축열조에 저장하였다가 주간에 냉난방에 이용하는 설비이다.

(1) 축열시스템의 종류 및 장단점

종류	장점	단점
수축열 시스템 (물의 현열)	• 가격이 저렴하고 수명이 길다. • 수축열조의 활용도가 높다. • 난방 시 축열 대응에 적합하다. • 냉수 취출을 위한 냉동기 운전은 증발온도가 상대적으로 높아서 소비 동력이 적다.	• 현열을 이용하므로 축열 효과가 작다. • 축열조 부피가 커서 설치장소에 제한이 있다.
빙축열 시스템 (얼음의 잠열)	• 현열과 잠열을 이용하므로 축열 효과가 크다. • 축열조 부피가 작아서 소형화가 가능하다.	• 가격이 비싸다. • 제빙코일이 축열조 내부를 채우고 있어서 난방용을 겸하기 어렵다. • 제빙을 위한 증발온도는 냉수 취출을 위한 증발온도보다 더 낮아야 하므로 냉동기 소비동력이 크다.
잠열 축열 시스템	석유나 동식물에서 추출한 유기 물질의 상변화에 따르는 잠열을 이용하거나 바다나 광물 매장지에서 추출한 천연 염의 상변화에 따르는 잠열을 이용한다.	
토양 축열 시스템	토양의 단열성과 축열성을 이용하여 축열하는 방식이다.	

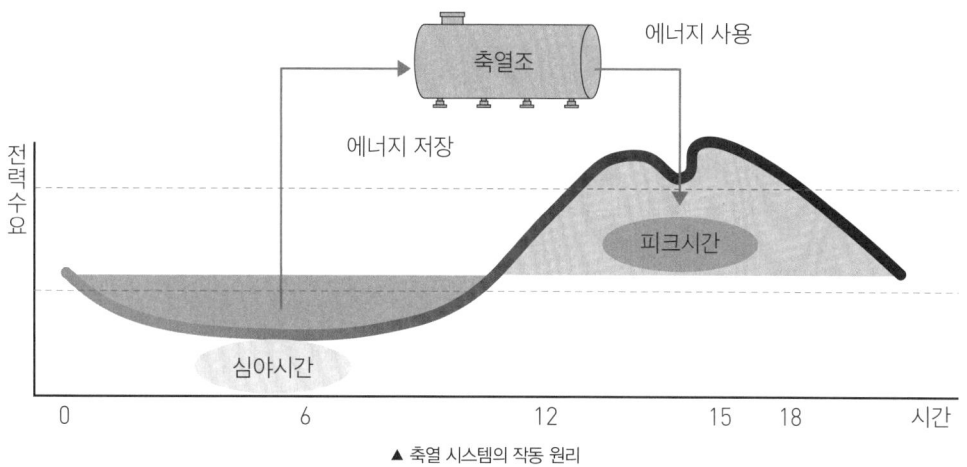

▲ 축열 시스템의 작동 원리

(2) 빙축열 시스템의 분류
① 정적 제빙형: 생성된 얼음이 전열면에 고착되는 방식으로 관내착빙형, 관외착빙형, 캡슐형, 완전동결형이 있다.
② 동적 제빙형: 생성된 얼음을 제빙판에서 이탈시켜 저장하는 방식으로 빙박리형, 과냉각아이스형, 리퀴드아이스형이 있다.

2. 제빙과 자연냉동

(1) 제빙기
① 제빙기의 출력을 냉동능력이라고 하며 단위로는 냉동톤[RT] 또는 킬로와트[kW]를 사용한다. 0[℃]의 물 1[ton]을 24시간 동안 0[℃]의 얼음으로 만드는 냉동능력이 1냉동톤[RT]이다.

$$1[RT] = (79.68[kcal/kg] \times 1{,}000[kg]) \div 24[h] = 3{,}320[kcal/h] \Rightarrow 3{,}320 \times 4.185 \div 3{,}600 = 3.86[kW]$$

② 냉동능력이 Q_c[kW]인 제빙기로 0[℃]의 물 m[kg]을 전부 0[℃]의 얼음으로 만드는 데 걸리는 시간은, $Q_c t = m \times 334$로부터 $t[초] = \dfrac{m \times 334}{Q_c}$이다($t$: 초[s], m: 물의 양[kg], 334: 얼음의 융해열[kJ/kg], Q_c: 냉동능력[kW]).

③ 간접냉매인 브라인을 사용 할 경우 제빙시간

$$\tau[h] = \frac{k \times a^2}{b}$$

k: 결빙계수, a: 얼음의 두께[cm], b: 브라인의 온도 절댓값[℃]

> **+ PLUS 단위환산**
> 냉동능력(출력, 용량)의 단위 환산: 1[RT]=3.86[kW], 1[HP]=0.746[kW]
> 일 또는 열량의 단위 환산: 1[cal]=4.2[J], 1[kcal]=4.2[kJ]

(2) 제빙 장치의 분류
① 소형빙 제조 장치: 플레이크, 튜브, 칩, 플레이트 등 다양한 아이스머신을 이용하여 소형얼음을 빠르게 제조한다.
② 각빙 제조장치: 135[kg]의 얼음을 만드는 빙관식과 4~5톤의 얼음을 만드는 판빙식이 있으며, 빙관식 제빙장치는 헤어핀 코일과 교반기로 구성되어 있다.

(3) 브라인
① 상태 변화 없이 부동액 상태로 현열을 전달하는 2차 냉매(간접 냉매)를 브라인이라고 한다.
② 가격이 저렴한 무기질 브라인에는 염화나트륨 수용액(소금물), 염화칼슘 수용액, 염화마그네슘 수용액이 있고 금속에 대한 부식성이 적은 유기질 브라인에는 에틸렌글리콜, 프로필렌글리콜이 있다.
③ 식품냉장용에 주로 쓰이는 염화나트륨 브라인은 부식성이 크고, 제빙용에 주로 쓰이는 염화칼슘 브라인은 동결온도가 낮다.(염화나트륨은 영하20[℃], 염화칼슘은 영하50[℃])

(4) 브라인의 구비 조건
① 비열이 커야 한다.
② 열전도율이 커야 한다.
③ 점성이 적어야 한다.
④ 동결온도가 낮아야 한다.
⑤ 부식성이 낮아야 한다.
⑥ 불연성이어야 한다.
⑦ 악취, 쓴맛이 없고, 특히 독성이 없어야 한다.

(5) 자연냉동법
① 융해열 이용법
② 승화열 이용법
③ 증발열 이용법
④ 기한제(起寒劑) 이용법

3. 식품 동결 장치

(1) 열을 빼앗는 방식에 따른 분류
① 접촉 동결: 냉동판에 식품을 밀착시켜서 열을 빼앗는 방식이다.
② 담금 동결: 냉각부동액에 포장식품을 담가서 열을 빼앗는 방식으로 침지식이라고도 한다.
③ 분사 동결: 냉각부동액이나 액화가스를 식품에 살포하여 열을 빼앗는 방식이다.

(2) 찬 공기의 대류를 이용하는 방식
① 공기 동결: 냉각코일로 공기를 냉각하여 자연대류 과정을 통하여 냉동창고 내부의 식품을 얼린다.
② 진공 동결: 식품을 동결상태에서 감압하면 얼음이 수증기로 승화하는데 이때 생긴 수증기를 제거한 후 밀봉하면 완전건조 상태가 되므로 식품을 장기간 보관할 수 있다.

> **+ PLUS 공칭동결시간**
> 공칭동결시간은 평균 초온이 0[℃]인 식품을 동결하여 온도 중심점(내부 온도)을 −15[℃]까지 내리는 데 소요되는 시간으로 동결장치의 능력을 나타내는 지표로 사용된다.

4. 히트파이프

(1) 히트파이프의 구성
① 증발부, 단열부, 응축부로 구분된다.
② 주로 컴퓨터의 CPU 냉각 장치로 쓰인다.

(2) 히트파이프의 원리
① 냉매기체의 이동: 냉매 기체는 압력 차이에 의하여 증발부에서 응축부로 이동한다.
② 냉매액체의 이동: 냉매액은 모세관 현상에 의하여 응축부에서 증발부로 이동한다.

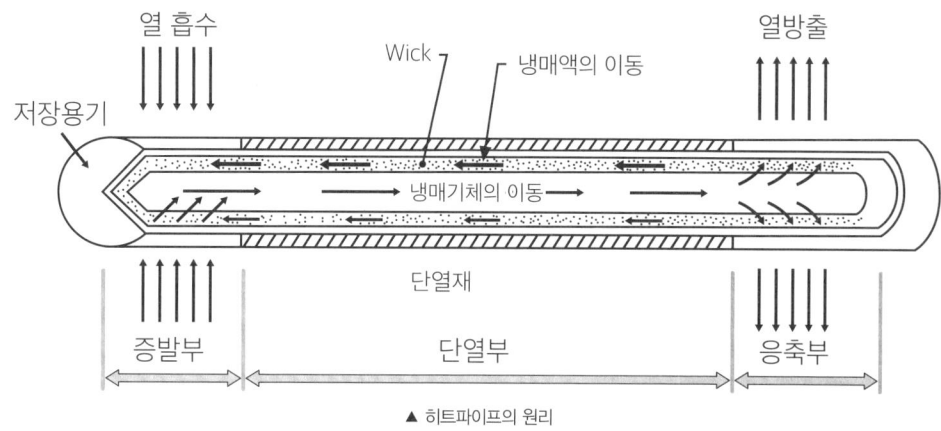

▲ 히트파이프의 원리

PHASE 04 | 증기 압축식 냉동장치

1. 냉동장치의 주요 구성요소와 성적계수(COP)

(1) 대용량 냉동장치의 개념도

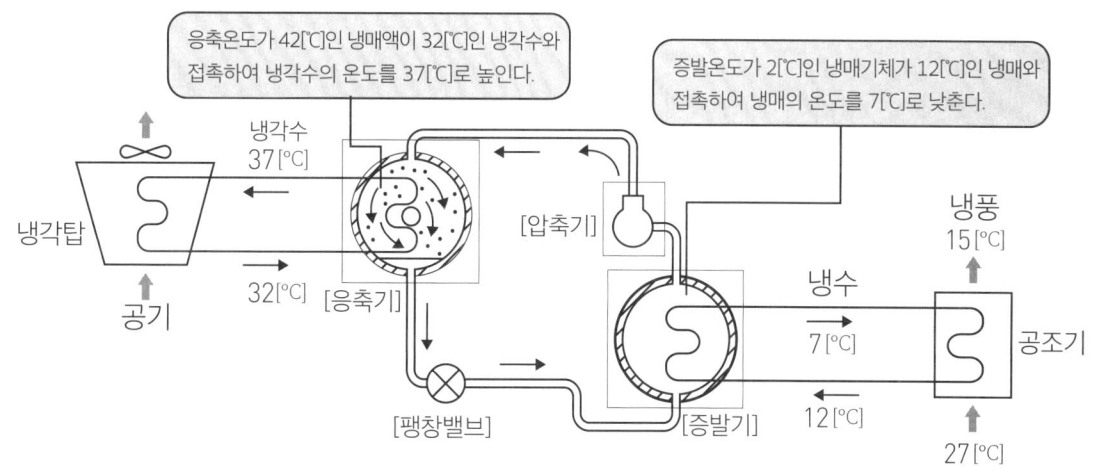

▲ 대용량 냉동장치의 개념도

① 증발기는 공기조화기에 냉수를 공급하고, 응축기는 냉각수와 냉각탑을 이용하여 냉매의 방열을 돕는다.

② 냉매기체의 증발온도는 증발기 출구온도보다 약 5[℃] 낮고, 냉매액의 응축온도는 응축기 출구 온도보다 약 5[℃] 높다. 증발온도, 응축온도는 증발압력, 응축압력으로 제어가 가능하다.

③ 냉각탑의 쿨링 레인지는 응축기의 입구 온도와 출구 온도의 차이이고, 쿨링 어프로치는 출구 수온과 입구공기의 습구온도 차이이다. 냉각탑의 성능은 쿨링 레인지가 클수록, 쿨링 어프로치가 작을수록 좋다.

(2) 주요 구성 요소

구성 요소	상태
증발기(4 → 1)	액체 상태의 냉매가 주변의 열을 흡수하며 기체상태로 변하고 이 과정에서 엔트로피가 증가한다.
압축기(1 → 2)	외부로부터 W_c의 열을 받아 기체상태의 냉매가 단열압축되고 내부에너지가 증가하여 고온상태로 변화한다.
응축기(2 → 3)	단열압축된 기체상태의 냉매가 응축기를 통과하면서 외부로 Q_{out}의 열을 방출하고 액체상태로 변화한다.
팽창밸브(3 → 4)	액체상태의 냉매가 팽창밸브의 좁은 틈을 통과하면서 유속이 증가하고 압력이 낮아진다.

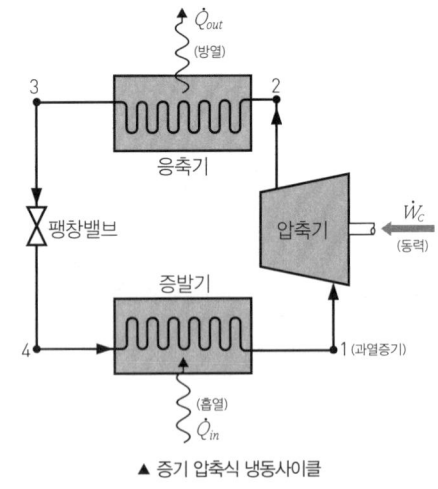

▲ 증기 압축식 냉동사이클

(3) 성적계수(COP)

① 냉동장치의 성능은 압축기 소요동력 W_c에 대한 증발기 흡열량 Q_{in}의 비로 결정되고 에너지 보존 법칙에 의해 $Q_{out} = Q_{in} + W_c$이므로 성적계수는 다음의 3가지 공식으로 표현할 수 있다.

$$\text{COP} = \frac{\text{증발기 흡열량}}{\text{압축기 소요동력}} = \frac{Q_{in}}{W_c} = \frac{Q_{in}}{Q_{out} - Q_{in}} = \frac{Q_{out} - W_c}{W_c}$$

② 증발기 흡열량 Q_c[kJ]를 냉동능력이라고 하고, 순환냉매 1[kg]당 냉동능력[kJ/kg]을 냉동효과라고 한다.

③ 냉매순환량 m[kg/s]과 엔탈피 h[kJ/kg]의 변화량을 이용하여 증기압축식 냉동장치의 성적계수를 나타내면

$$\text{COP} = \frac{Q_{in}}{W_c} = \frac{m(h_1 - h_4)}{m(h_2 - h_1)} \text{ 또는 } \text{COP} = \frac{h_1 - h_4}{h_2 - h_1}$$이다.

④ 응축열 Q_{out}을 난방에 이용하는 장치를 열펌프라고 하며 열펌프의 성적계수는

$$\frac{Q_{out}}{W_c} = \frac{Q_{out}}{Q_{out} - Q_{in}}$$이다.

(4) 증기압축 냉동사이클의 T-s 선도와 P-h 선도

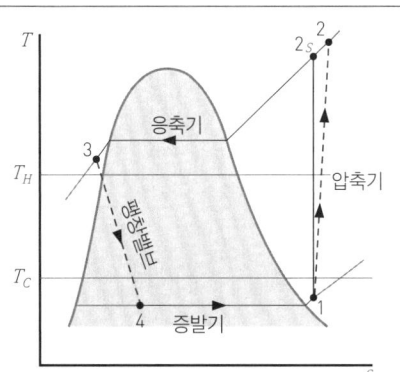

- 증발온도(약 5[℃])는 저온체의 온도 T_C보다 낮고, 응축온도(약 40[℃])는 고온체의 온도 T_H보다 높다.
- 팽창 과정에서 엔트로피 s는 증가한다.

- 증발기와 응축기 사이에는 압축기가 있어서 증발압력보다 응축압력이 훨씬 높다.
- 냉매의 엔탈피는 증발기와 압축기에서 증가한 만큼 응축기에서 감소한다.

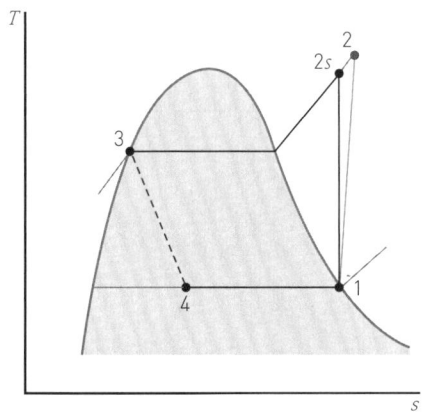

- 과정(1-2s): 압축기 속의 냉매가 등엔트로피 과정으로 단열압축된다.
- 과정(2s-3): 냉매가 등압방열 과정으로 응축기를 통과하고 액체상채로 변한다.
- 과정(3-4): 팽창밸브의 교축작용을 받은 냉매가 출구에서 액체와 기체가 혼합된다.
- 과정(4-1): 냉매가 등압흡열 과정으로 증발기를 통과하고 기체상태로 변한다.

압축이 가역적이고 주위로의 열손실이 전혀 없다고 가정하면, 1 → 2s는 등엔트로피 과정이다.

2. 다단 압축 냉동 사이클

(1) 2단 압축의 효용성

① 단일 압축기의 문제점(예 증발 압력 저하, 압축비 상승, 압축기의 체적 효율 감소, 토출증기의 온도상승, 냉동능력당 소요동력 증대, 단위체적당 냉동효과 감소)을 해결할 수 있다.

② 영하 30[℃]보다 낮은 증발온도를 얻기 위해서는 6 이상의 압축비가 필요한데 1대의 압축기만을 사용할 시에는 토출가스의 온도가 과도하게 높아져 오일이 열화되지만, 2대의 압축기를 사용하여 2단계 압축 전에 토출가스를 냉각시킴으로써 압축기의 효율이 증가시킬 수 있다.

③ 2단 압축 냉동시스템에서는 냉매로 암모니아 또는 프레온을 사용하는데 -35[℃] 이하의 증발온도를 원할 때에는 암모니아 냉매를, -50[℃] 이하의 증발온도를 원할 때에는 프레온 냉매를 사용한다.

(2) 2단 압축 냉동기의 구성도와 P-h 선도

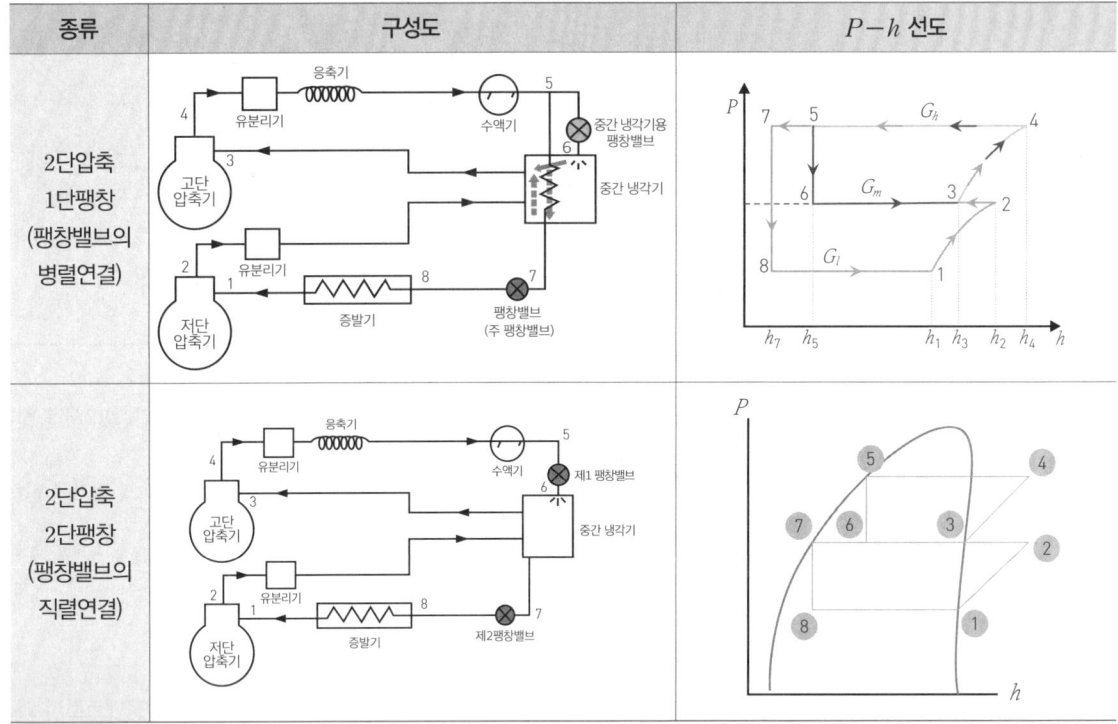

(3) 중간 냉각기

① 중간 냉각기는 저단측 압축기 토출가스의 과열을 제거함으로써 고단 압축기의 과열을 방지하고 플래시 가스의 발생을 억제하는 역할을 한다.

② 냉각 방식에 따라 플래시식, 액체냉각식, 직접팽창식으로 나뉜다.

③ 위 구성도에서 상태1의 증발압력이 P_l, 상태4의 응축압력이 P_h이면 상태2의 압력, 즉 중간 냉각기의 압력은 $P_m = \sqrt{P_l \cdot P_h}$이다.

④ 고단측 냉매순환량: 저단 압축기(상태1 → 상태2)를 통과하는 냉매의 순환량을 G_l이라 하면 $P-h$ 선도상의 2 → 3과 5 → 7은 중간 냉각기 속에서 엔탈피가 감소하는 과정이므로 잃은 열량은 $G_l(h_2-h_3)+G_l(h_5-h_7)$이다. 저단 압축기를 거치지 않은 채 4 → 5 → 6 → 3 → 4의 사이클에 갇힌 냉매의 순환량을 G_m이라 하면 6 → 3은 중간 냉각기 속에서 엔탈피가 증가하는 과정이므로 얻은 열량은 $G_m(h_3-h_6)$이다. 열량 보존 법칙에 의해 $G_l(h_2-h_3)+G_l(h_5-h_7)=G_m(h_3-h_6)$이고 $h_5=h_6$이므로 고단 압축기를 통과하는 냉매의 순환량 G_h는 다음과 같다.

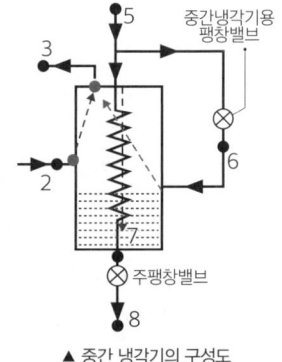

▲ 중간 냉각기의 구성도

$$G_h = G_l + G_m = G_l\left[1 + \frac{(h_2-h_3)+(h_5-h_7)}{h_3-h_6}\right] = G_l\left(\frac{h_2-h_7}{h_3-h_6}\right)$$

⑤ $P-h$ 선도에서 저단압축기의 소요동력은 $G_l(h_2-h_1)$, 고단압축기의 소요동력은 $G_h(h_4-h_3)$, 증발기의 냉동능력은 $G_l(h_1-h_8)$이므로 성적계수(COP)는 아래와 같이 구할 수 있다.

$$\text{COP} = \frac{냉동능력}{저단\ 압축기\ 소요동력 + 고단\ 압축기\ 소요동력} = \frac{G_l(h_1-h_8)}{G_l(h_2-h_1)+G_h(h_4-h_3)}$$

3. 이원 냉동 사이클

(1) 이원 냉동 사이클의 필요성
  ① 다단 압축으로는 영하 80[℃] 이하의 초저온을 얻는 데 한계가 있다.
  ② 저온·저압측 냉동사이클과 고온·고압측 냉동사이클을 병렬로 배치하고 고온부 증발기가 저온부 응축열을 흡수한다.
  ③ 저온부에는 비등점이 낮은 냉매를, 고온부에는 비등점이 높은 냉매를 사용하며 각각 다른 종류의 윤활유를 사용한다.

(2) 이원 냉동 사이클 모식도

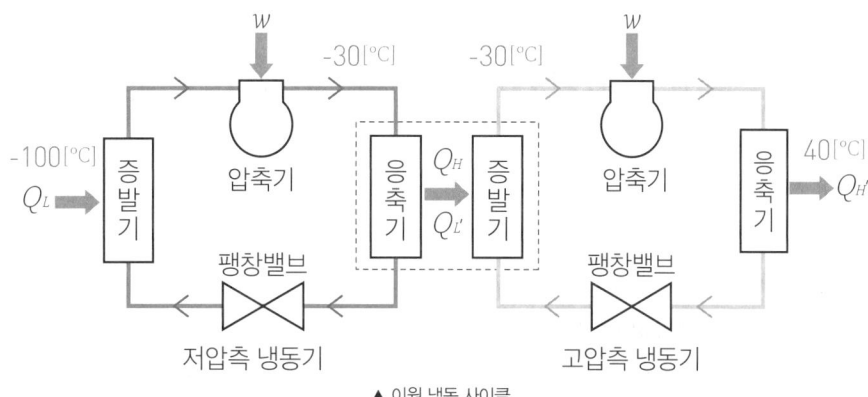

▲ 이원 냉동 사이클

PHASE 05 | 흡수식 냉동장치(Absorption Refrigeration)

1. 흡수식 냉동장치의 구조와 원리

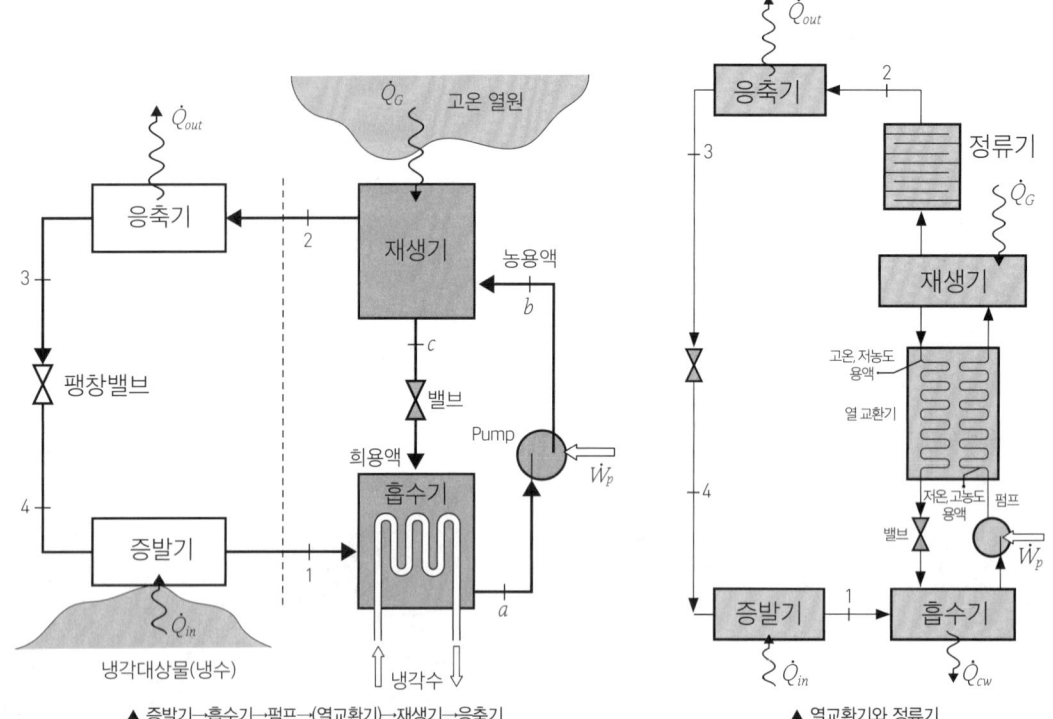

▲ 증발기→흡수기→펌프→(열교환기)→재생기→응축기

▲ 열교환기와 정류기

(1) 증발기와 냉매
  ① 증발기의 냉매가 증발하는 과정에서 주위로부터 열을 빼앗는 원리를 이용하여 냉수를 만든다.
  ② 냉매의 순환 경로: 증발기 → 흡수기 → 펌프 → (열교환기) → 재생기 → 응축기
  ③ 응축기에서 냉매가 방출하는 열을 이용하여 온수도 만들 수 있으므로 냉온수기라 부르기도 한다.

(2) 흡수기와 흡수제
  ① 기체의 용해는 발열 반응이므로 용액이 차가울수록 잘 용해된다. 따라서 흡수기 주변에 냉각수를 순환시켜서 냉매가 흡수제 속에 잘 녹아들게 하고 용해 과정에서 발생하는 열을 흡수한다. 냉각수가 부족하면 냉매가 과열될 수 있다.
  ② 흡수제는 흡수기, 열교환기, 재생기 사이를 순환할 뿐, 증발기나 응축기로 가지는 않는다.
  ③ 흡수제는 냉매보다 비등점이 커야 재생기에서 냉매의 분리가 용이하며, 흡수제의 점성이 작을수록 열전도율이 좋다. 재생기(generator)는 발생기라고도 한다.
  ④ 흡수기와 재생기는 냉매기체를 제거하여 냉매가 빠르게 순환하도록 만드는 장치이다.

(3) 재생기와 에너지원
  ① 펌프에 의해 재생기로 이동한 용액 속의 냉매기체는 고온 열원과 접촉되어 있는 재생기의 열기로 인하여 대부분 탈출하지만 일부는 남아있게 되며, 이 냉매 수용액은 밸브를 통해 흡수기로 다시 보내진다.

② 흡수식 냉동기의 주요 에너지원은 고온의 증기이며, 이 증기는 냉매 회수 장치인 재생기에 투입된다.
(4) 용량 제어
① 재생기에 공급되는 증기의 양을 줄이면 회수되는 냉매의 양이 줄어들면서 응축수량과 증발수량, 그리고 냉동 용량이 감소한다.
② 증기토출 제어 외에도 구동열원 입구 제어, 버너 연소량 제어, 흡수액 순환량 제어가 있다.

2. 흡수식 냉동장치의 종류와 특징

(1) 냉매의 종류에 따른 분류
① 냉매−흡수제 조합은 암모니아−물, 물−LiBr, 물−LiCl 등이 있다.
  - LiBr 수용액에 미량의 부식억제제가 포함되어 있어서 양극반응이나 음극반응을 억제한다.
  - LiBr 수용액은 수증기를 흡수하는 성질이 있으며 농도가 진할수록, 수용액이 차가울수록 더 잘 흡수한다.

냉매	흡수제	특징
암모니아	물	저온특성은 암모니아가 물보다 더 유리하다.
물	LiBr 또는 LiCl	4~15[℃]의 냉수를 얻을 수 있으며 흡수제의 농도가 진할수록 점성도가 높아져 열전도율이 낮아진다.

(2) 재생기 숫자에 따른 분류
① 단효용 흡수식 냉동기: 냉매증기의 잠열이 응축기로 이동하여 방출된다.
② 이중효용 흡수식 냉동기: 재생기와 열교환기가 각각 2대씩이므로 고온재생기에서 재생된 냉매 증기의 열량 일부가 저온재생기의 가열에 활용되어 에너지 절약형이다.

(3) 흡수식 냉동장치의 장단점

장점	단점
• 압축기가 없어서 소음진동이 적다.	• 예냉시간이 길고 정격 도달속도가 느리다.
• 증기를 열원으로 사용할 경우 전력수요가 적다.	• 증기압축식과 비교하면 성적계수가 낮다.
• 부분부하에 대한 대응성이 좋다.	• 설치면적, 중량, 높이가 커서 설비비가 많이 든다.
• 용량 제어 범위가 넓어서 에너지 절약형이다.	• 냉각수 급랭 시 동파사고 발생이 쉽다.
• 자동제어가 용이하며 운전경비가 절감된다.	

3. 개선 장치

(1) 열교환기
① 흡수기와 재생기 사이에 열교환기를 설치하여 고온 저농도의 용액으로부터 열을 빼앗아서 저온 고농도의 용액을 예열시키는 장치이다. 흡수기에서 재생기로 들어가는 수용액을 예열시켜 재생기의 제공 열량을 줄일 수 있다.

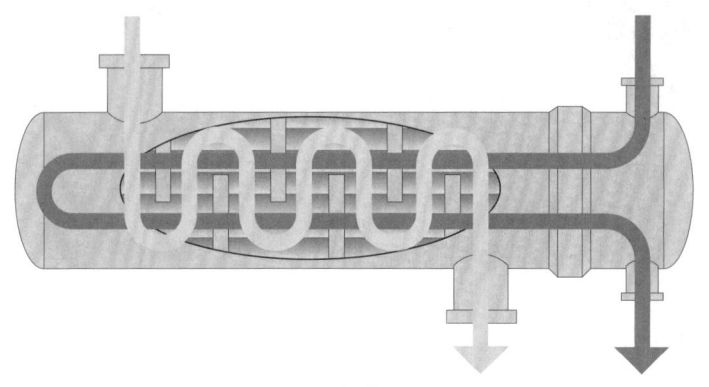

▲ 열교환기

② 재생기에서 1[kg]의 증기를 발생시키기 위해 흡수기가 공급하는 희용액의 양 f[kg]를 용액순환비라고 한다. 희용액의 농도가 ε_L, 농용액의 농도가 ε_H이면 f[kg]의 희용액 속에는 $f\varepsilon_L$[kg]의 냉매가 들어있고, 증기 1[kg]이 제거된 $(f-1)$[kg]의 농용액 속에는 $(f-1)\varepsilon_H$[kg]의 냉매가 들어있다. 주고받는 냉매의 양은 같아야 하므로 $f\varepsilon_L=(f-1)\varepsilon_H$이 성립한다. 따라서 용액순환비 f는 다음과 같다.

$$용액순환비 f = \frac{\varepsilon_H}{\varepsilon_H - \varepsilon_L}$$

ε_H: 농용액의 농도, ε_L: 희용액의 농도

(2) 정류기
  ① 재생기와 응축기 사이에 정류기를 설치하여 냉매 기체에 일부 섞여 있는 흡수제를 제거한다.
  ② '암모니아-물' 흡수식 냉동기에서 정류기는 암모니아 기체에 섞인 수분을 제거하는 역할을 한다.

4. 엔탈피-농도(h-x) 선도와 듀링 선도

(1) 엔탈피-농도 선도
  ① 수평축에 농도를 수직축에 비엔탈피를 설정한다.
  ② 포화용액의 등온, 등압선과 발생증기의 등압선을 나타낸다.

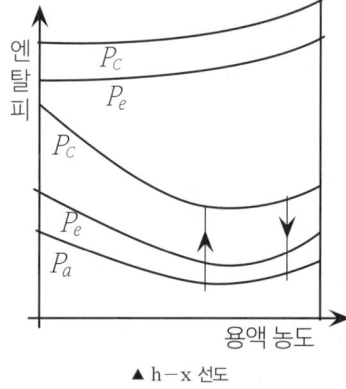

P_c: 응축기 압력
P_e: 증발기 압력
P_a: 흡수기 압력

▲ h-x 선도

(2) 듀링 선도(Duhring-Diagram)
① 수용액의 압력과 온도에 따른 농도의 관계를 나타낸다.
② 그래프의 '재생'은 가열에 의해 냉매가 증발하는 과정이다.
③ 각 열교환기 내의 열교환량은 표현할 수 없다.

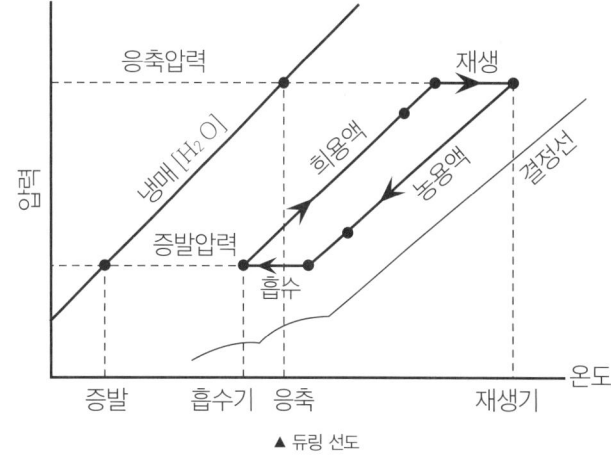

▲ 듀링 선도

5. 증기압축식 냉동 장치와 흡수식 냉동 장치의 특징 비교

구분	증기압축식	흡수식
증발기 출구	• 증발기를 빠져나온 증기상태의 냉매는 압축기에서 고온고압으로 압축된다. • 증기는 비체적이 크기 때문에 압축과정에서 전열소모가 큰 편이다.	• 증발기를 빠져나온 냉매는 흡수기를 거치면서 흡수제(absorbent)에 의해 흡수되고 펌프에 의해 재생기로 이동한다. • 용액의 비체적이 작기 때문에 이 과정에서는 전력 소모가 거의 없다.
응축기 입구	압축기를 빠져나온 고온고압의 기체 냉매는 곧바로 응축기로 이동한다.	• 수용액 녹아 있는 냉매기체를 회수하여 응축기로 보내는 냉매 회수 장치를 재생기(generator)라고 부른다. • 재생기가 필요로하는 열을 폐열, 태양열, 지열과 같은 대체 에너지원으로부터 얻는 경우가 많다.
냉각수 역할	냉매의 신속한 응축을 돕기 위하여 응축기 주변에 냉각수를 흘려준다.	냉매의 신속한 흡수·용해를 돕기 위해 흡수기 주변에 냉각수를 흘려준다.
에너지원	증기압축식 냉동기의 주요 에너지원은 전력이며, 이 전력은 압축기 구동에 사용된다.	흡수식 냉동기의 주요 에너지원은 고온의 증기이며 이 증기는 재생기에 투입된다.
순환 과정	증발기에서 빠져나온 냉매기체는 압축기에서 고온고압의 상태로 압축되고 응축기에서 방열하면서 액화된다.	증발기에서 나온 암모니아기체는 흡수기의 냉각수에 녹아 수용액 상태가 되고 재생기에서 다시 증발된 후 응축기로 이동하여 액화된다.

CHAPTER 02 냉동장치의 구성요소

PHASE 06 | 증발기

1. 냉매 상태에 따른 증발기 분류

(1) 건식 증발기(Dry expansion type evaporator)
   ① 특징: 온도식 팽창밸브와 함께 설치되고 냉매가 증발기 상부에서 공급되며 주로 공기 냉각용에 쓰인다.
   ② 장점: 냉매 소요량이 적고 윤활유(냉동기유) 회수가 용이하다.
   ③ 단점: 전열이 불량하여 대용량 증발기로는 부적합하다.

(2) 습식 증발기(Wet expansion type evaporator)
   ① 특징: 냉매가 증발기 하부에서 공급된다.
   ② 장점: 냉매 소요량이 많아서 전열이 양호하다.
   ③ 단점: 윤활유가 냉각관 내에 체류할 가능성이 있다.

(3) 만액식 증발기(Flood type evaporator)
   ① 특징: 일정량의 냉매가 채워져 있으며 습식증발기처럼 냉매액의 차지 비율이 더 크다. 증발기와 압축기 사이에 액분리기를 설치하여 리퀴드백(액압축)을 방지한다. 윤활유 고임을 방지하기 위해 유분리기를 설치한다. 액면 수위 조절은 플로트 밸브, 플로트 스위치, 전자밸브를 이용한다.
   ② 장점: 전열이 양호하고 대용량 액체 냉각용으로 쓰인다.
   ③ 단점: 윤활유와 냉매가 체류하거나 순환하지 않고 머무는 냉매가 있어서 건식보다 충전 냉매량이 더 많다.

(4) 액 순환식 증발기(Liquid pump type evaporator)
   ① 특징: 수액기와 증발기 사이에 액펌프를 설치하여 액냉매를 강제순환시킨다.
   ② 장점: 전열이 양호하고 윤활유 체류 염려가 없으며 리퀴드백(액압축)을 방지할 수 있고 제상 자동화에 용이하다.
   ③ 단점: Liquid back을 방지하기 위해 저압 수액기 액면을 액펌프보다 1~2[m] 높은 곳에 설치해야 하며 설비가 복잡하다.

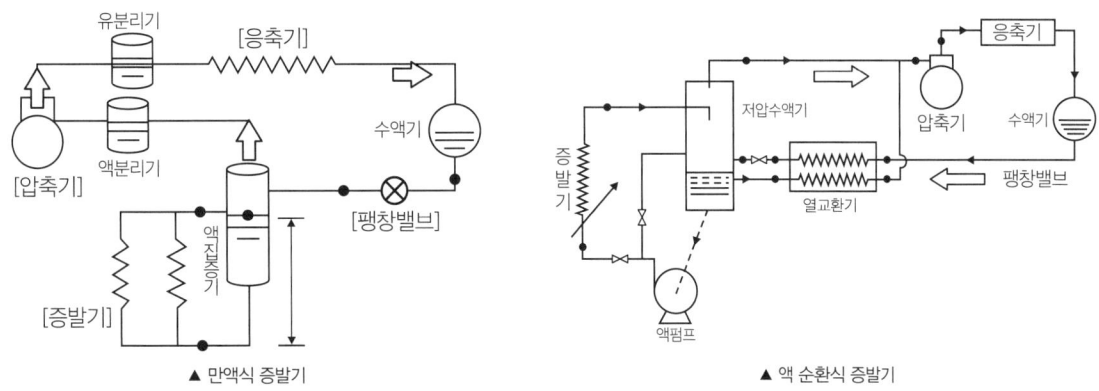

▲ 만액식 증발기　　　　　▲ 액 순환식 증발기

2. 그밖의 증발기 분류

(1) 증발기의 외형이나 구조에 따른 분류
① 나관코일식 증발기: 증발기의 기본형이며 주로 소형 냉동시스템에 사용된다.
② 관 코일 증발기: 핀(fin)이 없는 나관 형태의 냉각관으로 되어 있어 소형 냉장고나 쇼케이스에 사용된다.
③ 판형 증발기: 열전도율이 좋은 두 개의 금속판 사이로 냉매가 흐르는 구조로 가정용 냉장고나 급속동결 장치에 사용된다.
④ 캐스케이드 증발기: 액분리기가 설치되어 있어 압축기로 냉매가 흡입되는 것을 방지하며, 벽 코일 또는 동결 선반용으로 사용된다.
⑤ 헤링본식 증발기: 제빙장치의 브라인 냉각용으로 사용된다.

(2) 대형 증발기와 소형 증발기
① 대형냉동기: 주로 간접팽창식 증발기를 채택한다.
② 소형냉동기: 주로 직접팽창식 증발기를 채택한다.

3. 증발온도와 증발압력

(1) 증발압력을 변화시켜 증발온도가 상승하는 경우
① 증발기 출구에서 토출가스 온도가 하강한다.
② 압축기 입구에서 기체 상태 냉매의 부피 감소로 인하여 압축비와 비체적이 감소하고 냉매순환량이 증가한다.

(2) 증발압력을 변화시켜 증발온도가 하강하는 경우
① 토출가스 온도가 상승한다.
② 압축기 입구에서 부피 증가로 인한 압축비와 비체적이 증가하고 냉매순환량이 감소한다.
③ 냉매순환량이 감소함에 따라 냉동효과와 성적계수가 감소한다.

(3) 증발온도와 냉매액의 온도 관계

① 오른쪽 그림에서 보듯이, $-10[℃]$의 냉매액과 냉수가 만나면 온도가 점점 높아지다가 $0[℃]$에 도달하는 순간 증발하기 시작하고 기체상태의 냉매는 증발기 출구에서 $9[℃]$가 된다.

② 만약 압력밸브 수치를 조절하여 증발온도를 낮추면 증발이 더 빨리 시작되어 액체구간이 짧아지고 기체구간이 길어지면서 냉매기체의 온도는 $9[℃]$보다 더 높아진다.

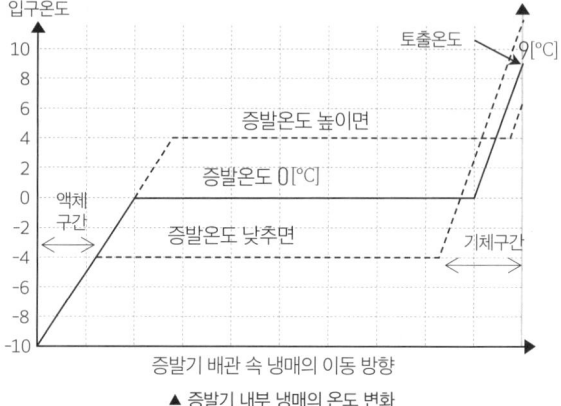

▲ 증발기 내부 냉매의 온도 변화

③ 응축온도를 일정하게 유지하면서 증발온도를 낮추면 냉매기체가 과열되어 압축기 입구에서의 냉매부피가 더 커지므로 더 많은 압축일이 소요된다. 따라서 소요동력과 압축비가 증가하고 냉동능력이 감소한다.

④ 순환냉매의 유량이 일정한 냉동장치에서 냉각부하가 갑자기 증가하면 냉매의 증발열 발산 구간이 짧아지고 기체구간이 길어지면서 토출온도와 흡입가스의 압력이 평균부하 시보다 높아진다.

4. 증발기의 냉동능력

(1) 증발기의 흡열량 Q_{in}을 냉동능력이라 하고, 순환냉매 $1[kg]$당 냉동능력을 냉동효과라고 한다.

(2) 냉동능력 산출과정

① 증발기의 흡열량(냉동능력)

$$Q_{in}[kJ] = COP \times W_c$$

단, COP: 성적계수, W_c: 압축일[kJ]

② 순환냉매 $1[kg]$당 냉동능력(냉동효과)

$$\dot{Q}[kW] = \dot{m} \times (h_2 - h_1)$$

$\dot{m}$: 순환냉매량[kg/s], h_2: 증발기 출구 엔탈피[kJ/kg], h_1: 증발기 입구 엔탈피[kJ/kg]

③ 온도가 $t[℃]$이고 질량유량이 $\dot{m}[kg/s]$인 물을 $0[℃]$의 얼음으로 만드는 냉동기의 냉동능력은 물이 잃은 (현열＋잠열)과 같다.

④ 냉매가 간접냉매 브라인을 냉각시키는 경우 냉동능력은 냉매의 대류에 의한 열전달과 같다.

$$Q[W] = KA\Delta T$$

단, K: 열관류율[W/m²·K], A: 단면적[m²], ΔT: 냉동기와 브라인 사이 온도차[K]

⑤ 에너지 보존법칙을 적용한 응축기 발열량

$$Q_{out} = Q_{in} + W_c$$

> **+ PLUS** 증발기의 냉동능력
>
> 냉동효과가 $\gamma[kJ/kg]$, 비체적이 $v[m^3/kg]$, 피스톤압출량이 $V[m^3]$, 체적효율이 η_v인 증발기의 냉동능력은 다음과 같이 구할 수 있다.
>
> 냉동능력[kJ]=냉동효과×순환냉매의 질량×체적효율=$\gamma[kJ/kg] \times \dfrac{V}{v}[kg] \times \eta_v$

5. 증발기의 이상 현상

(1) 적상(착상): 응축 동결된 대기 중의 수증기가 증발기의 냉각 코일 표면에 서리 형태로 달라붙는 현상을 말하며, 이로 인해 소요동력이 증가하고 증발 압력이 저하된다.
  ① 전열 불량으로 냉장실 내 온도가 상승한다.
  ② 전열 불량으로 배관 내 압력과 증발온도가 낮아져 압축비 증가와 냉동능력 감소로 이어진다.
  ③ 윤활유의 열화 및 탄화의 위험성이 있다.

(2) 제상(Defrost)
  ① 압축기의 운전을 정지시키거나, 온공기를 불어넣거나, 전열기를 가동하여 서리를 제거한다.
  ② 압축기에서 토출된 고온 고압의 냉매가스로 서리를 녹이는 것이 가장 효과적이지만 냉매순환량이 적은 소형 냉동장치에는 정상운전이 어렵다.
  ③ 제상 방법
    • 고압가스 제상: 압축기 출구측에 바이패스 배관을 연결하여 토출되는 고압증기의 일부를 빼내어 관에 달라붙은 서리를 녹이는 방식이다.
    • 전열식 제상: 냉각관 배열의 일부에 핀튜브 형태의 전기히터를 삽입한 뒤 냉동기를 잠시 중단하고 가열코일에 전류를 흘려서 관에 달라붙은 서리를 녹이는 방식이다.
    • 살수식 제상: 증발기 냉각관을 향해 직접적으로 다량의 온수를 살포하여 관에 달라붙은 서리를 녹이는 방식으로 냉장창고용 유니트 쿨러에 많이 적용된다.
    • 브라인 제상: 증발기 냉각관을 향해 부동액을 살포하여 냉각관을 깨끗한 상태로 유지시키는 방식으로 냉장식품의 위생을 고려해야 하고 브라인의 농도 관리가 필요하다.

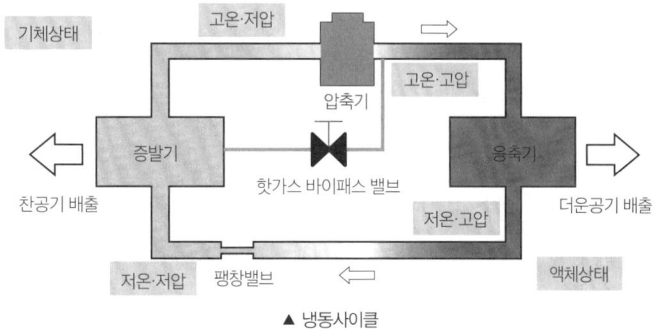

▲ 냉동사이클

(3) 리퀴드백(액압축 현상)
  ① 원인: 팽창밸브 과도 오픈, 급격한 부하 감소, 냉매 과충전, 액분리기 기능 불량 등이 있다.
  ② 결과: 압축기 내에서 냉매액이 증발하여 토출가스 온도를 낮추고 압축일량을 증가시킨다. 액압축이 더 심화되면 압축기 내부 부품이 손상된다.
  ③ 방지책: 팽창밸브 열림 조절, 냉매 충전량 적정화, 액분리기 설치

PHASE 07 | 압축기

1. 구조에 따른 압축기 분류
(1) 개방형 압축기: 압축기와 전동기가 분리된 구조로 압축기와 전동기는 축 또는 벨트로 연결되어 있다.
(2) 밀폐형 압축기: 압축기와 전동기가 한 하우징 속에 내장된 구조로 암모니아 냉매는 전기절연물을 침식시키기 때문에 밀폐형 압축기에 부적합하다.

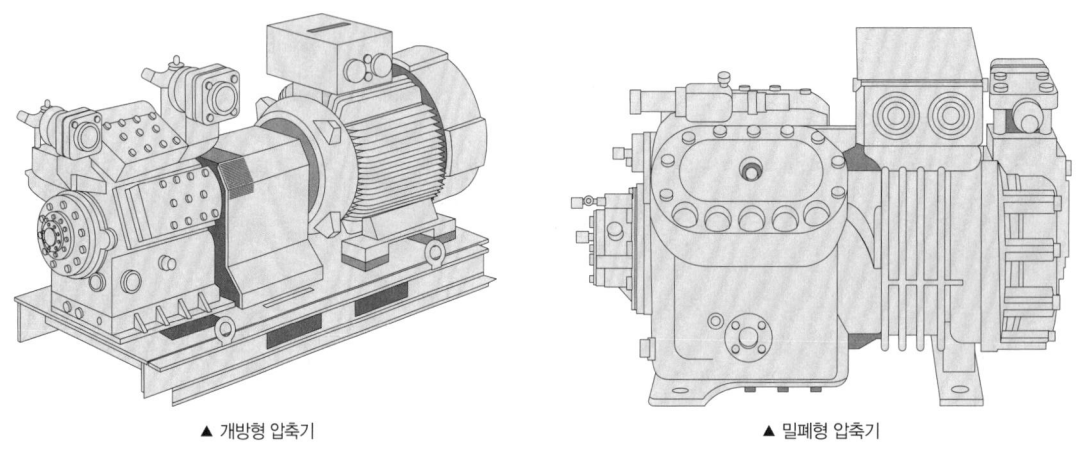

▲ 개방형 압축기　　　　　　　　　　　▲ 밀폐형 압축기

2. 압축방식에 따른 압축기 분류
(1) 왕복동식 압축기(왕복 압축기)
　① 피스톤의 상하 운동으로 압력을 만드는 압축기이다.
　② 피스톤의 평균속도

$$V_m = \frac{n \times 2l}{60} = \frac{nl}{30}[\text{m/s}]$$

n: 분당 왕복 수[rpm], l: 피스톤의 행정[m]

> **+ PLUS 계산 예**
> 왕복동식 압축기에서 실린더 직경 80[mm], 행정 50[mm], 실린더수 6개, 회전수 1750[rpm]이면 1번 왕복할 때마다 압출량이 $\pi\left(\frac{D}{2}\right)^2 lN = 3.14 \times (0.04[\text{m}])^2 \times 0.05[\text{m}] \times 6 = 1.507 \times 10^{-3}[\text{m}^3]$이고, 시간당 회전수는 $1,750 \times 60$[회/h] 이므로 피스톤 압출량은 $(1.507 \times 10^{-3}) \times 105,000 = 158.235[\text{m}^3/\text{h}]$이다.

　③ 2단 압축기 채택하는 이유는 토출가스 온도를 낮추기 위해서이다.
　④ 불응축가스 혼입으로 고압축 압력이 높아진다.
(2) 원심식 압축기(터보 압축기)
　① 임펠러의 고속회전으로 압력을 만드는 압축기이다.
　② 일정 압력 이상으로 상승하지 않는다.
　③ 터보 압축기의 경우 흡입가스의 용량은 임펠러 회전속도, 흡입 댐퍼(damper), 흡입 가이드 베인(guide vane)에 의해 조절된다.

④ 터보 압축기의 종속장치로는 불기어, 피니언기어를 사용한다.

(3) 스크류 압축기

① 나선형의 암수 로터가 회전하며 베어링은 필요하지만 크랭크축은 필요없다.
② 압축기의 행정은 흡입/압축/토출 행정의 3단계로 구성되어 있으며 압축과정 동안 엔탈피 변화량은 없다.
③ 동일 용량의 왕복동식 압축기에 비해 부품의 수가 적으며 수명이 길고 오일 해머의 발생이 적다.
④ 10~100[%] 사이의 무단계 용량 제어가 되므로 자동운전에 적합하다.
⑤ 오일펌프를 설치하여 로터에 오일을 분사하면 높은 압축비에도 토출온도와 체적 효율이 유지된다.
⑥ 흡입밸브와 피스톤을 사용하지 않으므로 장시간의 연속운전이 가능하다.
⑦ 소형·경량에 진동이 발생하지 않으므로 견고한 기초가 필요하지 않다.
⑧ 고속회전으로 인하여 큰 소음이 발생하므로 정비보수에 고도의 기술력이 요구된다.

3. 실린더의 배열에 의한 분류

(1) 입형 압축기: 대부분 저속이며 소형이다.
(2) 횡형 압축기: 중량 무겁고 진동이 강하게 발생하기 때문에 현재 거의 사용되지 않는다.
(3) 고속 다기통 압축기

① 언로우더 기구에 의한 자동제어와 자동운전이 용이하다.
② 강제급유 방식이므로 윤활유의 소비량이 비교적 많은 편이다.
③ 실린더 수가 많아 정적, 동적 평형이 양호하여 비교적 진동이 작은 편이다.
④ 일반적으로 링 모양의 플레이트 밸브가 사용된다.
⑤ 윤활유의 소비량이 많고, 토출가스와 윤활유의 온도가 높다.
⑥ 압축비의 증가에 따른 체적 효율의 저하가 크다.

4. 사용 냉매에 의한 분류

(1) 암모니아용 압축기: 실린더에 있는 워터재킷을 설치하는 이유는 압축 효율의 상승을 도모하기 위함이다.
(2) 프레온 압축기

① 무부하 운전 시 오일의 회수가 용이하도록 압축기의 흡입배관에 2중 입상관(double suction riser)을 설치한다.
② 화재 시 냉매가스를 대기중으로 방출하여 장치 파손을 방지할 수 있도록 용융점이 75[℃] 이하인 Sn+Cd+Bi 합금으로 만들어진 가용전(fusible plug)을 배관 중간에 부착한다.

(3) 탄산가스 압축기: 무독성의 자연냉매인 이산화탄소 기체를 냉매로 사용하면 시스템을 소형화시킬 수 있다.

> **+ PLUS 암모니아 냉동장치**
> 암모니아 냉동장치는 암모니아를 냉매로 채택한 흡수식 냉동장치가 아닌 암모니아를 냉매로 채택한 증기압축식 냉동장치를 의미한다.

5. 압축기의 3가지 효율

(1) 체적 효율

① 이론 냉매순환량에 대한 실제 냉매순환량의 비를 체적효율이라고 한다.

$$\eta = \frac{\text{실제 냉매순환량}}{\text{이론 냉매순환량}}$$

1−2−3−4−1의 체적효율: η
1′−2′−3−4−1−1′의 체적효율: η'

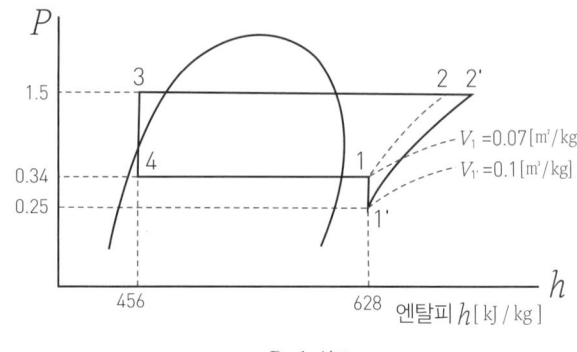

▲ P−h 선도

> **+PLUS** 냉매순환량 공식
>
> • 이론 냉매순환량[kg/h] = $\dfrac{\text{피스톤 토출량}[m^3/h]}{\text{비체적}[m^3/kg]}$
>
> • 실제 냉매순환량[kg/h] = $\dfrac{\text{피스톤 토출량}[m^3/h]}{\text{비체적}[m^3/kg]} \times$ 체적효율

② 실린더의 틈새체적(극간체적), 누설, 구조적 결함 등으로 인하여 실제 냉매순환량은 이론 냉매순환량보다 적다.

③ 압축기 흡입밸브를 조절하여 $P-h$선도상 1−2−3−4−1이던 사이클이 1′−2′−3−4−1−1′로 바뀌면 비체적과 체적 효율은 변하지만 피스톤의 행정체적은 변하지 않으므로 피스톤 토출량은 달라지지 않는다.

(2) 기계효율과 압축효율

① 압축기를 구성하는 부품들 간의 마찰열을 고려한 것은 기계효율이고, 밸브와 냉매 간의 마찰열과 정압손실을 고려한 것은 압축효율이다.

② 압축기의 이론 소요동력

$$W_c'[\text{kW}] = G(h_2 - h_1)$$

단, G: 냉매순환량[kg/s], h_2: 압축기 출구 엔탈피[kJ/kg], h_1: 압축기 입구 엔탈피[kJ/kg]

③ 압축기의 실제 소요동력

$$W_c[\text{kW}] = \frac{W_c'}{\eta_1 \cdot \eta_2}$$

단, η_1: 압축효율, η_2: 기계효율

압축효율 η_1과 기계효율 η_2는 1보다 작으므로 실제소요동력이 이론소요동력보다 항상 크다.

6. 압축기 소요동력(압축일량)

(1) $P-h$ 선도가 주어지면 증발기에서의 엔탈피 변화량으로부터 냉동능력을 구할 수 있고, 압축기에서의 엔탈피 변화량으로부터 압축기 소요동력을 구할 수 있다.

(2) 증발기의 냉동능력과 응축기 발열량이 주어지면 압축기 소요동력을 구할 수 있다.

(압축기 소요동력 = 발열량 − 냉동능력)

(3) 등엔트로피 과정에서 냉동장치 압축기 소요동력 $W_c = \dfrac{P_i V_i}{k-1}[(P_f/P_i)^{(k-1)/k} - 1]$인데 자세한 유도 과정은 Phase12-2에 나와있다. 등엔트로피 효율이 주어진 경우 냉동장치 압축기의 등엔트로피 효율은 $\dfrac{\text{압축기의 이론동력}}{\text{압축기의 실제동력}}$이다. (cf. 랭킨 사이클 터빈의 등엔트로피 효율 $= \dfrac{\text{터빈의 실제출력}}{\text{터빈의 이론출력}}$)

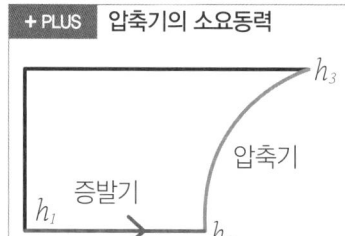

+ PLUS 압축기의 소요동력

- 냉동능력 = 냉매순환량 × 증발기의 엔탈피 변화량 $= G(h_2 - h_1)$
- 압축기의 이론동력 = 냉매순환량 × 압축기의 엔탈피 변화량 $= G(h_3 - h_2)$
- 압축기의 실제동력이 항상 이론동력보다 크므로

실제소요동력 $= \dfrac{G(h_3 - h_2)}{(\text{압축효율}) \times (\text{기계효율})}$

(4) 증발압력과 소요동력의 관계
① 증발기 배관에 생긴 서리로 인하여 증발압력이 낮아지면 압축기 입구 압력도 낮아진다.
② 압축비 $= \dfrac{\text{압축기 출구압력}}{\text{압축기 입구압력}}$ 에서 응축에 필요한 출구압력은 변하지 않으므로 압축기 입구압력이 낮아지면 압축비는 증가한다. 압축비를 계산할 때는 절대압력(101.3[kPa](대기압) + 게이지압력)을 적용한다.
③ 냉동장치에서 압축비가 증가하면 압축기 소요동력이 커지고 성적계수 $\left(\text{COP} = \dfrac{\text{증발기 냉동능력}}{\text{압축기 소요동력}}\right)$ 는 감소한다.

PHASE 08 | 응축기

1. 냉각 매체에 따른 응축기의 종류

(1) 수랭식 응축기
① 냉각수를 이용하여 고온 고압의 냉매증기의 열을 빼앗는 방식이며 주로 냉각탑과 병용한다.
② 열전달 성능이 공랭식보다 좋지만 유지관리가 어려운 편이다.
(2) 공랭식 응축기
① 공기를 이용하여 냉매증기의 열을 빼앗는 방식이며 주로 소형 프레온냉매 냉동기에 쓰인다.
② 자연대류식과 강제대류식이 있으며 냉각수와 비교할 때 전열 작용이 낮은 편이다.
③ 열통과율이 가장 작은 응축기에 해당하며 응축압력이 수냉식보다 높다.

(3) 증발식 응축기
  ① 공랭식과 수냉식을 결합한 방식이며 노즐을 통해 물을 뿌려 물의 증발열을 활용한다.
  ② 냉각수량이 적게 소비되는 응축방식이며 외기의 습구온도가 낮을수록 증발이 잘 되어 냉각효과가 커진다.

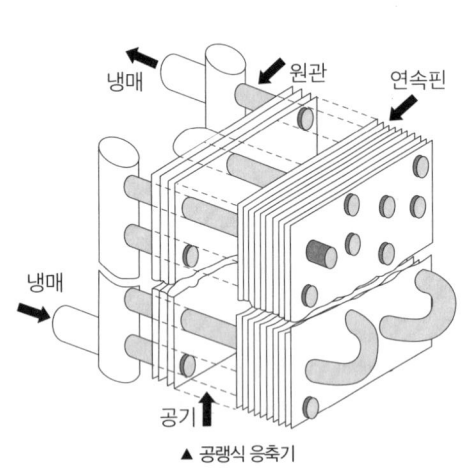

▲ 공랭식 응축기

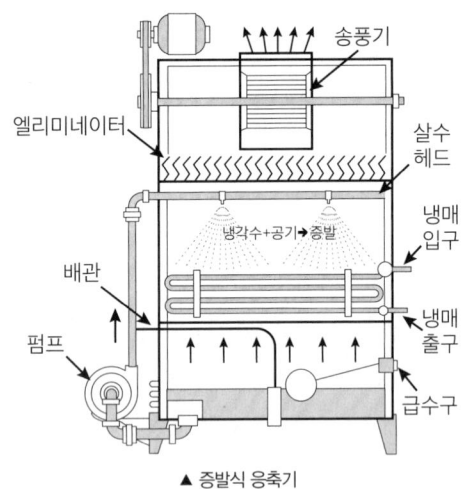

▲ 증발식 응축기

2. 수랭식 응축기

(1) 입형 쉘 튜브식
  ① 소형 경량으로 옥외 설치가 용이하며 냉각관의 청소가 가능하다.
  ② 전열이 양호해서 대형의 암모니아 냉동기에 사용된다.
  ③ 냉매와 냉각수가 평행류 관계라서 과냉각이 어렵고 냉각관이 부식되기 쉽다.

(2) 이중관식
  ① 암모니아, 프레온, 탄산가스 등 모든 냉매를 적용할 수 있으며 주로 소형 냉동기에 사용된다.
  ② 냉매와 냉각수가 대향류 관계라서 냉각효과는 양호하지만 구조가 복잡하여 점검보수가 어렵다.

(3) 평형 쉘 튜브식
  ① 소형에서 대용량까지 광범위하게 사용된다.
  ② 입형에 비해 과부하에 견디기 어렵다.

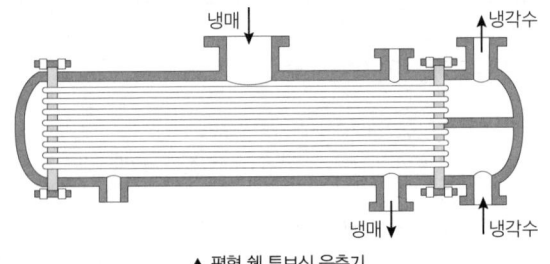

▲ 평형 쉘 튜브식 응축기

(4) 7통로식
  ① 평형 쉘 튜브식의 일종이며 여러 조를 병렬 연결해서 사용할 수 있다.
  ② 열통과율이 가장 크고 입형에 비해 냉각 수량이 적어도 된다.

3. 응축기의 응축압력

(1) 응축압력을 변화시켜 응축온도가 상승하면 나타나는 현상
   ① 압축비 증가로 토출가스 온도가 상승한다.
   ② 냉동효과와 성적계수가 감소한다.

(2) 응축압력을 변화시켜 응축온도가 하강하면 나타나는 현상
   ① 압축비 감소로 토출가스 온도가 하강한다.
   ② 냉동효과와 성적계수가 증가한다.
      단, 응축온도를 너무 낮추면 팽창밸브를 통과하는 냉매유량이 부족해진다.

(3) 응축온도와 냉매액의 온도 관계
   ① 80[℃]의 가상의 냉매기체는 냉각수와 만나면 온도가 점점 낮아지다가 42[℃]에 도달하는 순간 응축되기 시작하고 응축기 출구에서 냉매액의 온도는 20[℃]가 된다.
   ② 만약 CPR의 응축압력 수치를 조절하여 응축온도를 높이면 응축이 빨라지고 기체보다 비열이 커지므로 냉매액의 온도는 20[℃]보다 더 높아진다.
   ③ 오른쪽 그래프는 흡입증기온도, 응축온도, 응축부하/냉동능력의 관계를 보여주는데, 응축온도가 일정할 때 흡입증기 포화온도가 높아질수록 $\frac{응축부하}{냉동능력}$의 값이 작아진다.
   ④ $\frac{응축부하}{냉동능력}$이 일정할 때 흡입증기 포화온도가 높아질수록 응축온도도 높아진다.
   ⑤ 흡입증기 포화온도를 일정하게 유지하면서 응축온도를 높이면 $\frac{응축부하}{냉동능력}$의 값이 커진다.
   ⑥ 응축온도를 높이면 냉매온도가 증가하여 냉동능력이 작아진다.

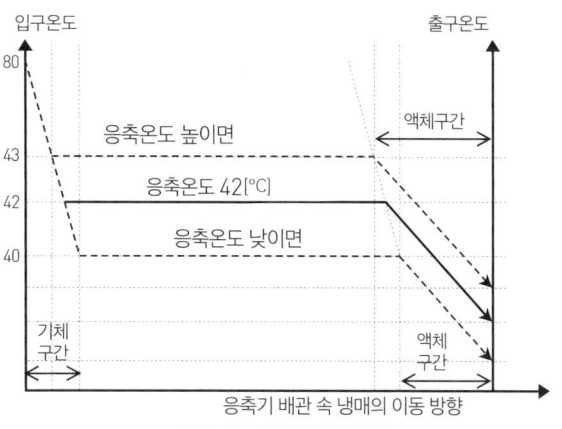

▲ 응축기 내부 냉매의 온도 변화

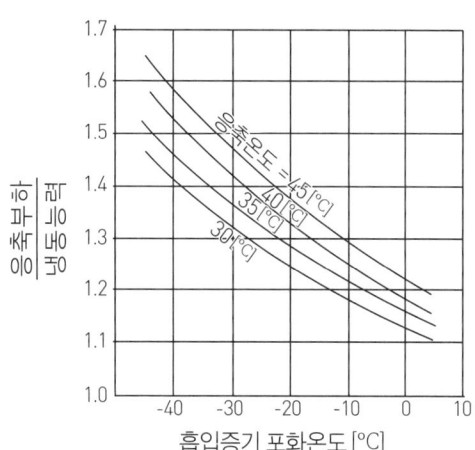

▲ 흡입증기온도, 응축온도, 응축부하/냉동능력의 관계

4. 응축열 계산

(1) 방열계수

① 에너지 보존법칙에 따라 응축기의 방열량은 증발기의 증발열과 압축기의 소요동력의 합이고 방열량이 증발열의 몇배인지를 나타내는 수치를 방열계수라고 한다.

$$\text{방열계수 } K_{con} = \frac{\text{응축기의 방열량}}{\text{증발기의 증발열}} = \frac{Q_{out}}{Q_{in}}$$

② 아래는 냉동장치의 각 구성요소 간 관계식을 도표로 정리한 것이다.

냉동기의 구성요소	증발기	압축기	응축기
용어	증발열 Q_{in}	소요동력 W_C	응축열 Q_{out}
동의어	냉동능력, 냉각부하		방열량, 응축부하
성적계수		$\text{COP} = \dfrac{\text{증발기 냉동능력}}{\text{압축기 소요동력}} = \dfrac{Q_{in}}{W_C}$	
방열계수		방열계수 $K_{con} = \dfrac{\text{응축기 방열량}}{\text{증발기 냉동능력}} = \dfrac{\text{응축부하}}{\text{냉각부하}} = \dfrac{Q_{out}}{Q_{in}}$	
에너지 보존법칙		증발열+소요동력=응축열 ⇔ $Q_{in} + W_C = Q_{out}$	

(2) 응축부하

① 응축부하는 냉매가 잃은 열인 동시에 냉각수가 얻은 열이므로 냉각수의 비열 $C = 4.2[\text{kJ/kg} \cdot \text{K}]$, 냉각수의 유량 $m[\text{kg/s}]$, 냉각수의 입출구 온도가 주어지면 $Q = Cm \cdot (T_{출구} - T_{입구})$를 이용하여 응축부하를 구할 수 있다.

② 응축부하는 냉매의 대류에 의한 열전달량이므로 열통과율 $K[\text{W/m}^2 \cdot \text{K}]$, 단면적 $A[\text{m}^2]$, 냉매와 냉각수 사이의 온도차 $\Delta T[\text{K}]$가 주어지면 $Q = KA\Delta T$를 이용하여 응축부하를 구할 수 있다.

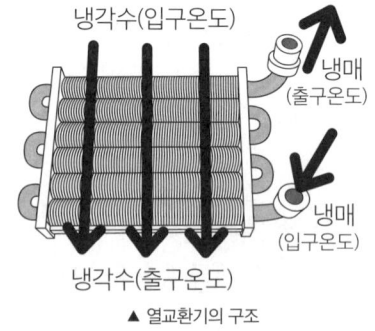

▲ 열교환기의 구조

(3) 산술평균온도차와 대수평균온도차

① 냉각수와 냉매의 산술평균 온도차(SMTD)

$$\Delta T = \frac{(T_{con} - T_{in}) + (T_{con} - T_{out})}{2}$$

단, T_{con}: 냉매의 응축온도[K], T_{in}: 응축기 입구의 냉각수 온도[K], T_{out}: 응축기 출구의 냉각수 온도[K]

② 냉각수와 냉매의 대수평균 온도차(LMTD)

$$\Delta T = \frac{(T_{con} - T_{in}) - (T_{con} - T_{out})}{\ln(T_{con} - T_{in})/(T_{con} - T_{out})}$$

> **+ PLUS** LMTD를 선택하는 이유
>
> $\dfrac{f(b)-f(a)}{b-a}=f'(c)$인 c가 a와 b의 평균값인데,
>
> $f(x)=\ln(x)$이면 좌변은 $\dfrac{\ln b-\ln a}{b-a}$, 우변은 $\dfrac{1}{c}$이므로
>
> 평균값 $c=\dfrac{b-a}{\ln b-\ln a}=\dfrac{b-a}{\ln(b/a)}$이다. 거리에 따른 냉각수와 냉매 사이의 온도차는 오른쪽 그래프와 같이 로그함수적으로 변하기 때문에 LMTD가 SMTD보다 더 실제에 가깝다.
>
>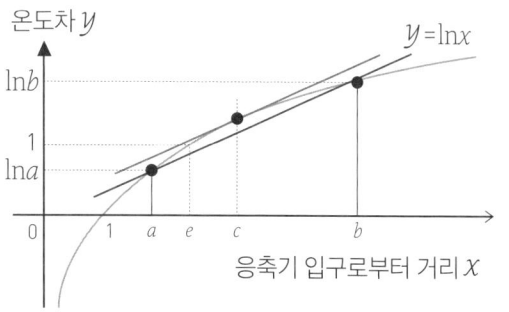

5. 플래시 가스

(1) 플래시 가스의 개념

① 증발기가 아닌 곳에서 증발한 냉매 가스를 플래시 가스(Flash gas)라고 하며, 이는 냉동능력을 떨어뜨리는 이상 현상에 해당한다.

② 연속방정식과 베르누이 법칙에 의하여 배관이 가늘어지면 액체에 가해지는 압력이 낮아지므로 냉매의 기화가 쉬워진다. 이때 액관 속에서 냉매의 일부가 기화하는데 이것을 플래시 가스라고 한다.

③ 응축온도를 높이면 냉매기체는 응축기 출구에 도달하기 전에 모두 액화되고 냉매액이 열을 발산할 구간이 더 길어져 과냉각된 채로 응축기를 빠져나오게 된다. 또한 냉매온도가 증가하므로 냉매액이 증발기가 아닌 액관 속에서 기화할 확률이 더 높아진다.

④ 응축온도를 낮추면 냉매기체는 응축기 출구 근처에서 응축되기 시작하여 열을 발산할 기회를 상실하기 때문에 냉매액 상태로 응축기를 빠져나오게 된다.

⑤ 냉매가 부족하면 증발기 안에서 더 많은 열을 흡수하여 과열증기가 되고, 응축기에서 액화된 이후에도 평소보다 높은 온도가 유지되기 때문에 냉매액이 증발기 아닌 액관 속에서 기화할 확률이 더 커져 플래시 가스 발생량이 많아진다.

(2) 플래시 가스의 방지책

① 액관 직경 넓혀서 압력 손실을 최소화한다.

② 냉매의 응축온도를 정상적인 응축온도까지 낮춘다.

③ 순환 냉매량을 적정 수준으로 높인다.

④ 열교환기 사용하여 냉매의 과냉각도를 높인다. ($P-h$선도에서 (h_3-h_4)가 과냉각도이다.)

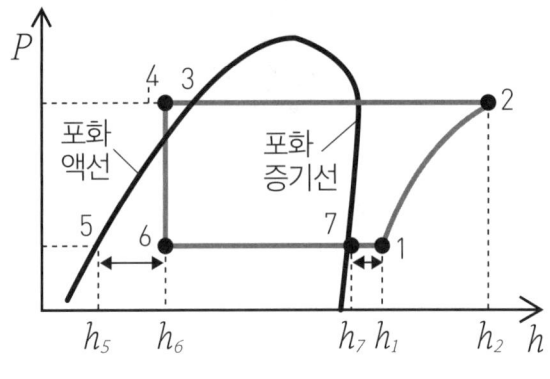

▲ P-h 선도

- $P-h$ 선도에서 4 → 6은 팽창밸브, 6 → 1은 증발기인데, 증발기로 들어간 냉매의 엔탈피가 h_6에서 h_5로 감소하며 열을 방출하였다면 팽창밸브의 교축과정에서 생긴 플래시 가스가 증발기에서 액화되는 과정을 거치기 때문이다. 따라서 (h_6-h_5)는 플래시 가스 열량으로 해석한다.
- 냉매가 포화증기 상태에서 증발기를 빠져나왔다면 증발기의 냉동능력은 (h_7-h_6)이지만 과열증기 상태라면 과열구간의 엔탈피 증가량 (h_1-h_7)을 더해주어야 한다. 즉, 냉동 능력은 $(h_7-h_6)+(h_1-h_7)$이다. h_1은 증발기 출구측 엔탈피이다.

$$냉동장치의\ 성적계수 = \frac{냉동능력}{소요동력} \Rightarrow 이론\ 성적계수 = \frac{증발기출구\ 엔탈피 - 증발기입구\ 엔탈피}{응축기입구\ 엔탈피 - 증발기출구\ 엔탈피} = \frac{h_1-h_6}{h_2-h_1}$$

PHASE 09 | 팽창밸브

1. 팽창밸브의 원리와 구조

(1) 팽창밸브의 원리

① 연속방정식 $A_1v_1 = A_2v_2$에 따라서 단면적의 크기 A와 배관 속을 흐르는 유체의 속력 v는 반비례 관계이다.

② 베르누이 법칙 $P_1 + \frac{1}{2}\rho v_1^2 + \rho g h_1 = P_2 + \frac{1}{2}\rho v_2^2 + \rho g h_2$에 따라서 유체의 높이가 일정한 경우에는 $P + \frac{1}{2}\rho v^2 = C$가 성립한다. 오른쪽 그림에서 $P_A = P_B = P_C + \rho g h$이므로 $P_C = 0$이라면 $P_A = \rho g h$이다.

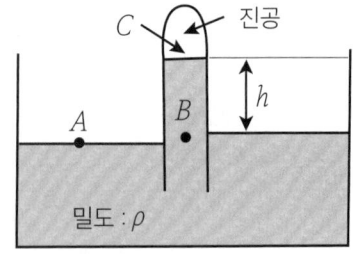

▲ 베르누이 정리

③ 이상 기체 상태방정식 $PV = nRT$에서 부피와 몰수가 일정한 경우에는 유체의 압력 P와 절대온도 T는 비례한다.

(2) 팽창밸브의 구조
① 넓은 배관 속을 흐르던 냉매액이 단면적이 작은 팽창밸브 속으로 들어가면 유체의 속력이 빨라지고 압력은 낮아진다.
② 유체의 부피와 질량은 불변이므로 유체의 압력이 낮아짐에 따라 온도도 함께 낮아진다.
③ 고온 고압의 냉매액이 팽창밸브를 통과하면서 저온 저압의 냉매액으로 바뀐다.

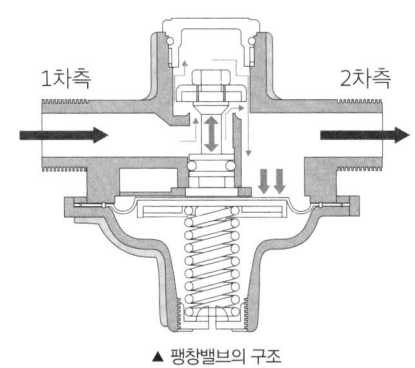

▲ 팽창밸브의 구조

2. 교축 작용과 팽창밸브의 종류

(1) 교축 작용
① 냉매가 팽창밸브를 통과하는 동안에는 열출입이 없고 퍼텐셜 에너지 변화가 아주 작으므로 엔탈피도 변하지 않는데 이러한 팽창밸브 통과 과정을 교축 과정(throttling process) 혹은 교축 작용이라고 한다.
② 교축 과정은 비가역 과정이고 유체가 팽창함에 따라 무질서도가 증가하므로 엔트로피가 증가한다.

(2) 팽창밸브의 종류

종류	특징
수동식 팽창밸브(MEV)	밸브의 핸들을 수동으로 돌려 냉매 유량을 조절한다.
온도식 자동 팽창밸브(TEV)	• 형식에 따라 벨로즈식, 다이어프램식이 있다. • 증발기 출구, 즉 팽창밸브 입구측 흡입가스의 과열도가 일정하게 유지되도록 냉매 유량을 조절한다.
정압식 자동 팽창밸브(AEV)	• 증발기 내의 증발압력이 일정하게 유지되도록 냉매 유량을 조절한다. • 부하 변동에 따른 유량제어가 불가하므로 소형 프레온 장치에 이용된다. • 내부균압형은 내부균압관이 설치되어 있다.
모세관식 팽창밸브	1마력 이하의 소형용에 적합하므로 암모니아를 냉매로 쓰는 대용량 냉각장치에는 적합하지 않다.
전자식 팽창밸브	냉매유량 조절특성을 향상시키고 유량제어 범위를 확대시킨다.

수동식과 온도식은 유량 조절이 가능하지만 정압식과 모세관식은 유량 조절이 불가능하다.

3. 줄-톰슨 효과와 줄-톰슨 계수

(1) 줄-톰슨 효과
① 교축 과정은 단열팽창이므로 $P\Delta V + \Delta U = 0$이 성립하는데 압력이 감소할 때 내부에너지, 즉 온도는 증가한다.
② 헬륨이나 수소는 이상 기체와 근사하므로 온도가 증가하지만 대부분의 실제기체는 분자간 상호작용으로 인한 줄-톰슨 효과 때문에 팽창밸브 통과 후에 온도가 감소한다.
③ 실제기체는 압력의 변화 방향과 온도의 변화 방향이 같으므로 $\dfrac{\Delta T}{\Delta P} > 0$이다.

(2) 줄-톰슨 계수

① 줄-톰슨 계수를 $\mu=(\partial T/\partial P)_h$로 정의하면 대부분의 실제기체는 줄-톰슨 계수가 양수이므로 유체가 교축하는 등엔탈피 과정에서 온도가 하강한다. 이상기체는 줄-톰슨 계수가 음수이다.

② 특정 기체의 줄-톰슨 계수는 임계 온도를 기준으로 부호가 달라지기도 하며, 임계 온도 이상에서 팽창할 때 온도가 하강하지만 임계 온도 이하에서 팽창할 때는 온도가 오히려 상승한다.

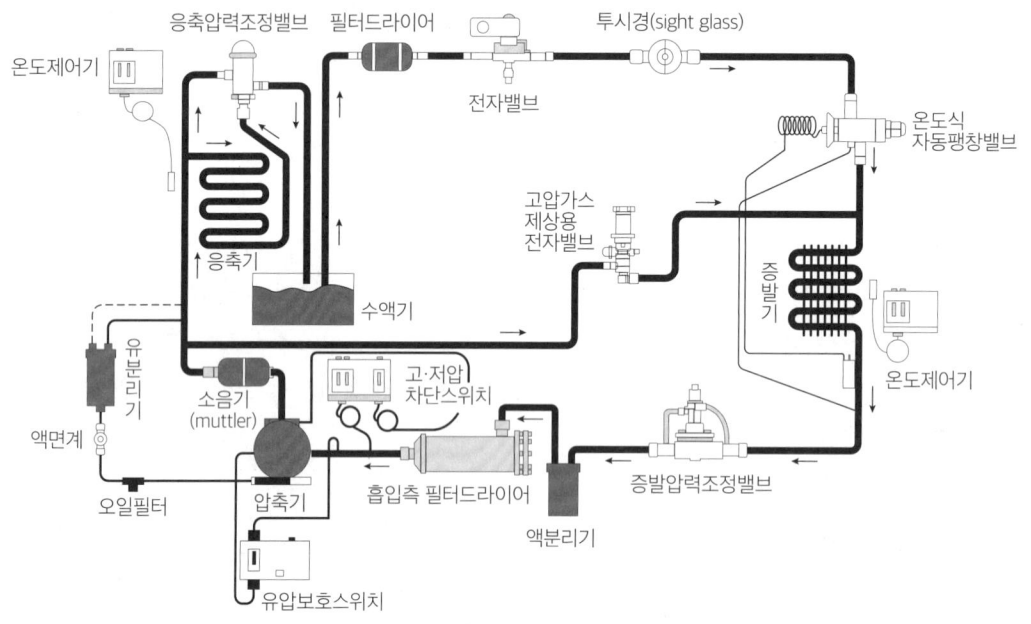

▲ 대형 냉동시스템의 구조

PHASE 10 | 부속기기 및 안전장치

1. 팽창밸브의 부속기기

(1) 조정밸브

① 증발압력 조정밸브: 증발기가 2대 이상인 냉동장치에 필요하며, 고온 증발기 출구에 설치한다.

② 흡입압력 조정밸브: 압축기 흡입측에 설치한다.

③ 차압 스위치: 압축기의 입구측과 출구측에 걸쳐서 설치한다.

(2) 액분리기(accumulator)

① 증발기와 압축기 사이에 설치하여 액압축을 방지하고 압축기를 보호한다.

② 유속을 1[m/s] 이하로 느리게 만들어서 무거운 액체를 분리하여 가벼운 증기만 압축기로 보내는 역할을 한다.

③ 분리된 냉매액을 회수하는 방법에는 고압 수액기로 강제 복귀시키는 방법, 열교환기로 냉매액을 증발시키는 방법, 중력에 의해 증발기로 재순환시키는 방법이 있다.

(3) 오일분리기(Oil separator)

① 오일에 냉매가 혼입되어 압축기 밖으로 빠져나가면 유압이 낮아지는데 정상 유압을 회복하기 위해 압축기와 응축기 사이에 오일분리기를 설치하여 오일을 회수한다.

② 압축기의 토출 가스에 섞인 윤활유를 분리하여 냉매만 응축기로 보낸다.

③ 냉동기유 역할
- 압축기 내 베어링 윤활 작용
- 마찰열 흡수에 의한 냉각 작용
- 밀봉과 방식 작용

④ 냉동기유 구비 조건
- 응고점 낮을 것
- 인화점이 높을 것
- 수분과 산분을 함유하지 않을 것
- 절연내력이 클 것
- 냉매와 쉽게 반응하거나 산화되지 않을 것

(4) 수액기(Receiver)

① 응축기와 팽창밸브 사이에 설치하며 소형 냉동기에는 수액기가 없다.

② 장치를 수리할 때나 가동을 장기간 중단할 때에는 냉매를 회수하여 수액기에 일시 보관한다.

③ 냉매가 응축기→수액기→팽창밸브→증발기로 순환하는 동안 온도가 떨어지므로 수액기 내의 액 온이 응축온도보다 낮다.

(5) 액-가스 열교환기

① 증발기 출구에서 나온 저온저압(5)의 냉매증기를 압축기로 바로 보내지 않고 응축기 출구에서 온 고온고압(3)의 냉매액과 열교환하여 증기의 온도를 높여 주는 역할을 한다.

② 냉매 온도는 압축기>응축기>증발기 순서이다.

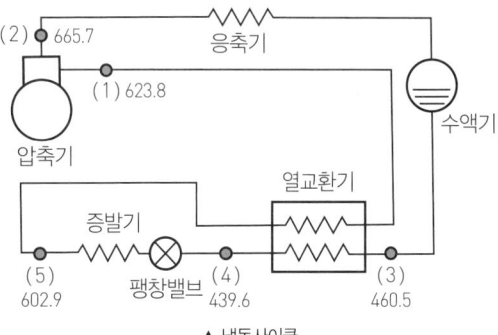

▲ 냉동사이클

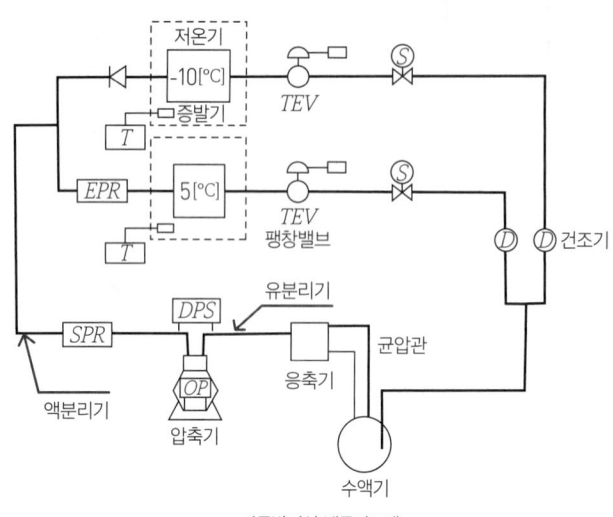

▲ 다증발기식 냉동시스템

2. 팽창밸브의 안전장치

(1) 안전밸브

① 압축기, 수액기, 응축기 가까이에 설치하며 이상고압 발생 시 밸브가 자동으로 열린다.

② 분출개시압력은 안전밸브의 출구 측에서 미량의 유출이 지속적으로 검지될 때의 압력을 의미한다.

(2) 가용전(Fusible plug)

① 용융점이 낮은 금속으로 만든 가용전은 이상고압 발생 시 가스를 분출시켜 응축기의 파손을 방지한다.

② 가용전의 구경은 안전밸브 구경의 1/2 이상이어야 한다. 구경이 너무 작으면 안전밸브 열림동작보다 가용전의 마개 파손이 먼저 진행된다.

③ 가용전은 압축기 토출가스에 영향을 받지 않도록 응축기 상부나 수액기 상부에 설치한다.

(3) 압력스위치

① 고압차단 스위치: 조정설정압력보다 벨로즈에 가해진 압력이 높아졌을 때 압축기를 정지시킨다.

② 유압보호 스위치: 윤활유 압력이 일정 수준 이하가 되면 압축기를 정지시킨다.

(4) 불응축 가스퍼저(gas purger)

① 냉매에 혼입된 공기를 불응축 가스라고 한다.

② 응축기 상부나 수액기 상부에 설치하여 고여 있는 불응축 가스를 대기 중으로 배출하는 역할을 한다.

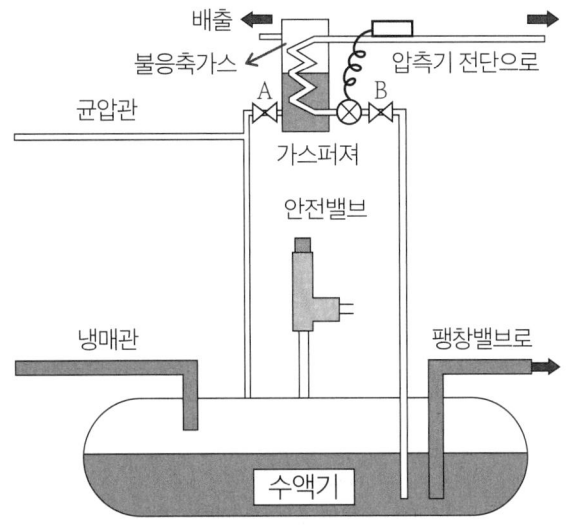

▲ 불응축 가스 제거시스템

CHAPTER 03 기계 열역학

PHASE 11 | 열역학 기초

1. 상태량과 열역학적 함수

(1) 강도성 상태량: 질량의 크기에 무관한 물리량

① 온도: 절대온도[K], 섭씨온도[℃], 화씨온도[℉]가 있으며 열역학 공식에 사용되는 온도는 전부 절대온도이므로 섭씨온도는 반드시 다음 식에 의거하여 절대온도로 변환하여 공식에 대입한다.

- 절대온도 $T[K] = t_C[℃] + 273$
- 화씨온도 $t_F[℉] = \dfrac{9}{5} t_C + 32$
- 섭씨온도 $t_C[℃] = (t_F - 32) \times \dfrac{5}{9}$

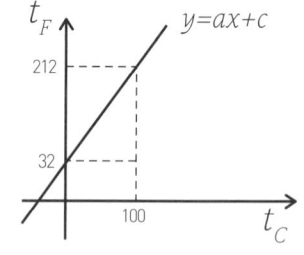

▲ 화씨온도와 섭씨온도

② 비열: 물질 1[kg]의 온도를 1[K] 높이는 데 필요한 열량

$$비열\ C = \dfrac{Q}{\varDelta T}\ [\text{kcal/kg} \cdot \text{K}]$$

단, Q: 열량[kcal], m: 질량[kg], $\varDelta T$: 온도차[K])

> **+ PLUS 정압비열과 정압비열**
> - 정압비열은 C_p로 표현하며 압력이 일정한 경우의 비열이다.
>   정압과정에서 받은 열 $Q_p = C_p m \varDelta T$[kcal]
> - 정적비열은 C_v로 표현하며 체적이 일정한 경우의 비열이다.
>   정적과정에서 받은 열 $Q_v = C_v m \varDelta T$[kcal]

③ 압력: 단위면적당 가해지는 힘을 의미한다.

$$압력\ P[\text{Pa}] = \dfrac{F[\text{N}]}{A[\text{m}^2]}$$

단, F: 작용하는 힘[N], A: 면적[m²])

④ 대기압은 공기에 무게로 인해 생기는 압력으로 다음과 같이 표기한다.

$$1[\text{atm}] = 101,325[\text{Pa}] = 1,013[\text{hPa}] = 10,332[\text{mmAq}] = 760[\text{mmHg}]$$

- [mmAq] 단위는 수주 높이로 압력을 나타내는 단위로 1[mmAq]는 물기둥 1[mm] 높이가 생성하는 압력이다.

- 단위는 수은기둥 높이로 압력을 나타내는 단위로 1[mmHg]는 수은기둥 1[mm] 높이가 생성하는 압력이다.

⑤ 진공압력과 진공도: 진공압력이 76[mmHg]이면 게이지압력은 −76[mmHg]이다.

진공도는 $\frac{76}{760} \times 100 = 10[\%]$이다.

> **+ PLUS 절대압력**
> 절대압력은 계기 오차나 상이한 기준 없이 물리 법칙 계산에 사용되는 압력으로 대기압과 게이지 압력의 합으로 구할 수 있다.
> - 절대압력 = 대기압 + 게이지압력

⑥ 밀도: 물질 1[m³]에 해당하는 질량[kg]을 의미하며 비체적의 역수이다.

$$\text{밀도 } \rho[\text{kg/m}^3] = \frac{1}{v[\text{m}^3/\text{kg}]} = \frac{m[\text{kg}]}{V[\text{m}^3]}$$

※ 물의 밀도는 1,000[kg/m³] = 1[kg/L]이다.

⑦ 비체적: 물질 1[kg]에 해당하는 부피[m³]를 의미하며 밀도의 역수이다.

$$\text{비체적 } v[\text{m}^3/\text{kg}] = \frac{1}{\rho[\text{kg/m}^3]} = \frac{V[\text{m}^3]}{m[\text{kg}]}$$

(2) 종량성 상태량: 질량에 따라 달라지는 질량 종속 물리량

① 엔탈피: 기체가 가진 화학적 에너지와 물리적 에너지의 합이다.

$$H = U + PV \Rightarrow \Delta H = \Delta U + \Delta(PV)$$

H: 엔탈피, U: 내부에너지, P: 압력, V: 체적

② 엔트로피: 온도의 함수이며 열역학적으로는 열이 일로 전환될 확률과 관련이 있고, 통계적으로는 계의 무질서도와 관련이 있다. 엔트로피의 절대값은 정의할 수 없으며 엔트로피 변화량만 과학적 의미를 가진다.

- 등온과정에서 엔트로피 변화량 $\Delta S = \frac{\Delta Q}{T}$, 온도가 변할 때 엔트로피 변화량 $\Delta S = \int \frac{dQ}{T}$

- 정압과정에서 $\Delta S = \int \frac{dQ_p}{T} = \int_{T_i}^{T_f} \frac{C_p m \cdot dT}{T} = mC_p \cdot \ln\left(\frac{T_f}{T_i}\right)$ 또는 $\Delta S = mC_p \cdot \ln\left(\frac{V_f}{V_i}\right)$

- 정적과정에서 $\Delta S = \int \frac{dQ_v}{T} = \int_{T_i}^{T_f} \frac{C_v m \cdot dT}{T} = mC_v \cdot \ln\left(\frac{T_f}{T_i}\right)$ 또는 $\Delta S = mC_v \cdot \ln\left(\frac{P_f}{P_i}\right)$

- 온도, 압력, 부피가 모두 변할 때, $dS = \frac{dQ}{T} = \frac{dH}{T} - \frac{VdP}{T} = \frac{mC_p dT}{T} - \frac{mRdP}{P}$

⇒ 양변을 적분하면 $\Delta S = mC_p \ln\frac{T_f}{T_i} - mR\ln\frac{P_f}{P_i}$ 이다.

수증기가 물로 응축되는 과정은 단열 과정이 아닌 비가역 흡열 과정($\Delta Q < 0$)이므로 엔트로피는 감소한다.

③ 내부에너지: 시스템 내부에 있는 모든 분자들의 위치 에너지와 운동 에너지의 합을 내부에너지라고 한다. 이상 기체는 분자간 상호작용이 없으므로 위치 에너지가 0이고 운동 에너지는 온도에 따라 변하므로 이상 기체의 내부에너지는 온도만의 함수이다. 실제 기체의 밀도를 낮추면 이상 기체와 근사해진다.

④ 열량과 엔탈피의 관계

$$dQ = dH - VdP$$

Q: 열량, H: 엔탈피, V: 체적, P: 압력

> **+PLUS 열량과 엔탈피 관계식 증명**
> - $H = U + PV \rightarrow dH = dU + d(PV) = dU + PdV + VdP$에서 $dU + PdV = dH - VdP$를 유도할 수 있다.
> - 열역학 제1법칙에서 $dQ = PdV + dU$이고 위 식에서 $dU + PdV = dH - VdP$이므로 $dQ = dH - VdP$이다.

(3) 열역학적 함수

① 점함수: 시작점의 상태와 끝점의 상태만 알면 변화량을 계산할 수 있는 함수이다. (예 엔탈피, 엔트로피, 내부에너지)

② 경로함수: 시작점과 끝점이 같더라도 경로에 따라 변화량이 달라지는 물리량이다. (예 열량, 일)

③ 오른쪽 그래프와 같이 기체가 상태1에서 상태2로 변한 경우 온도 변화량은 경로에 상관 없이 $\Delta T = \dfrac{P_2 V_2 - P_1 V_1}{nR}$이지만, 기체가 외부에 한 일의 크기는 경로에 따라 다르다.
(경로c > 경로b > 경로a)

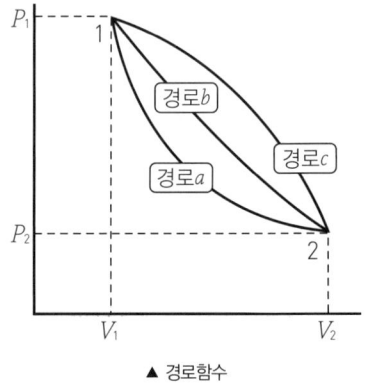

▲ 경로함수

(4) 열역학 시스템의 종류

① 시스템: 검사하기 위해 선택된 물질의 양이나 공간 내의 영역이다.
② 경계: 계와 계의 주위를 분리하는 표면으로 두께가 0이다.
③ 개방계: 질량과 에너지 모두 경계를 통과할 수 있다.
④ 밀폐계: 질량의 이동이 없고 에너지는 통과 가능하다.
⑤ 고립계: 질량과 에너지 모두 경계를 통과할 수 없다.

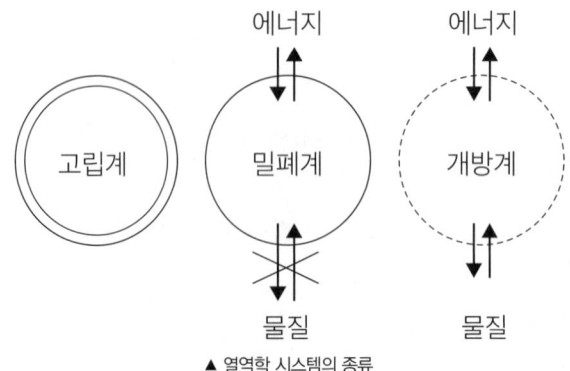

▲ 열역학 시스템의 종류

2. 이상기체와 실제기체

(1) 이상기체의 상태방정식과 실제기체의 반데르발스 상태방정식

① 이상기체의 압력, 온도, 부피, 몰수 사이의 관계를 나타내면 $PV = mRT \Rightarrow \dfrac{PV}{mRT} = 1$이다.

② 이상기체는 분자간 인력이 없지만 실제기체는 분자 간 인력 때문에 외부로 미는 압력 P'은 $\dfrac{an^2}{V'^2}$ 만큼 더 작다. 이상기체는 분자 1개의 부피가 없지만 실제기체는 자체부피가 있기 때문에 실제 부피 V'은 bn만큼 더 크다. $P' = P - \dfrac{an^2}{V'^2}$, $V' = V + bn$을 $PV = mRT$에 대입하면, $\left(P' + \dfrac{a}{(V'/m)^2}\right)\left(\dfrac{V'}{m} - b\right) = RT$ 이고 프라임(')을 생략하고 체적 V를 비체적 v로 바꾸면 실제기체의 반데르발스 상태방정식 $\left(P + \dfrac{a}{v^2}\right)(v - b) = RT$가 유도된다.

(2) 실제기체의 압축성 인자(compressibility factor)

① 실제기체는 $\dfrac{PV}{mRT} \neq 1$이며, $\dfrac{PV}{mRT}$를 Z(압축성 인자 또는 압축계수)로 정의한다.

② 압력이 높아서 분자간 충돌과 반발력이 크면 $Z > 1$이 되고, 압력이 낮아서 분자들의 움직임이 자유로우면 $Z < 1$이 된다.

③ 기체의 압축계수가 1에서 멀어질수록 이상기체와 차이가 크다.

④ 압축계수는 온도와 압력이 높아질수록 작아지는 경향이 있어서 환산압력 P_r과 환산온도 T_r의 함수로 표현할 수도 있다.

$$Z = f(P_r, T_r), \left(P_r = \dfrac{실제\ 압력}{임계\ 압력},\ T_r = \dfrac{실제\ 온도}{임계\ 온도}\right)$$

(3) 기체상수 R

① $PV = nRT$를 만족하는 일반기체상수 R은 모든 기체 1몰에 대해 동일한 수치를 가지며 $8.31[\text{J/mol·K}]$이다.

② $PV = mRT$를 만족하는 특정기체상수 R은 기체의 분자량에 따라 달라지며 그 단위는 $[\text{kJ/kg·K}]$이다.

> **+ PLUS 기체상수의 단위**
> 공조냉동기계공학에서는 냉매나 작용유체의 양을 몰[mol] 단위로 셀 때보다 [kg] 단위로 셀 때가 더 많으므로 $PV = nRT$보다는 $PV = mRT$가 더 자주 쓰인다. (공기의 기체상수 $R = 0.287[\text{kJ/kg·K}]$)

3. 열역학 법칙

(1) 열역학 제0법칙

온도가 서로 다른 두 물체를 접촉시키면 고온체에서 저온체로 열이 이동하여 두 물체는 열평형 상태에 도달하는데 이와 같은 현상을 열역학 제0법칙이라고 한다. 질량, 온도, 비열이 각각 m_A, t_A, c_A인 고온체 A와 m_B, t_B, c_B인 저온체 B를 접촉시키면 A에서 B로 열이 이동하여 식 $c_A m_A (t_A - T_{eq}) = c_B m_B (T_{eq} - t_B)$를 만족시키는 평형온도 T_{eq}에 도달하게 된다.

(2) 열역학 제1법칙

① 열역학적 에너지 보존 법칙이며, 기체가 상태1에서 상태2로 변하는 동안 받은 열량은 외부에 한 일과 기체의 내부에너지 변화량의 합이다.

$$Q = P\Delta V + \Delta U$$

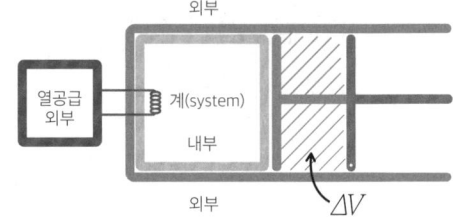

▲ 에너지 보존(열역학 제1법칙)

② $Q > 0$이면 열의 흡수, $Q < 0$이면 열의 방출로 해석한다.
③ $P\Delta V > 0$이면 부피가 증가한 것으로 외부에 일을 한 것이고, $P\Delta V < 0$이면 외부로부터 일을 받은 것이다.
④ $\Delta U > 0$이면, 내부에너지가 증가, $\Delta U < 0$이면 내부에너지가 감소한 것이다.
⑤ 세 항이 모두 양(+)의 부호를 가지면 "계가 흡수한 열=외부에 한 일+계의 내부에너지 증가"이다.
⑥ 외부에서 일을 공급하지 않고도 에너지를 생산하는 영구기관은 열역학 제1법칙에 위배되기 때문에 존재할 수 없다.

(3) 열역학 제2법칙

① 고립계에서 엔트로피는 항상 증가하는 방향으로 변화한다.
② 효율이 100[%]인 열기관(제2종 영구기관)을 제작할 수 없는 이유는 열역학 제2법칙 때문이다.
③ 가역 과정이면 등엔트로피(isentropic) 과정이고 비가역 과정이면 엔트로피는 변화한다. 따라서 모든 자발적인 변화는 비가역 과정이며 엔트로피가 증가한다. ($\Delta S = \Delta Q/T > 0$)
④ 그림과 같이 T_1인 물체에서 T_2인 물체로 ΔQ의 열이 이동하는 과정은 계 외부의 에너지 공급 없이 자발적으로 변화하는 과정이다.

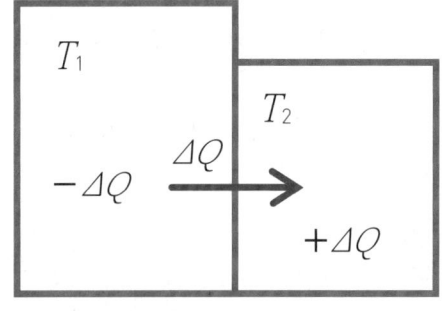

▲ 엔트로피 변화(열역학 제2법칙)

온도가 T_1인 물체에서 T_2인 물체로 열이 이동하는 경우
• $\Delta S > 0$
• $\Delta S = \dfrac{-Q}{T_1} + \dfrac{Q}{T_2} = Q\left(\dfrac{1}{T_2} - \dfrac{1}{T_1}\right)$
• $\dfrac{1}{T_2} - \dfrac{1}{T_1} > 0$, $T_1 > T_2$
• 외부의 에너지 공급 없이 반대방향의 열이동은 진행될 수 없다.

(4) Clausius의 정리(클라우지우스 적분)

① "열은 저온체에서 고온체로 흐를 수 없다"라는 클라우지우스 서술은 열역학 제2법칙의 당연한 귀결로서, 모든 열역학 사이클에 대해 $\dfrac{\delta Q}{T}$를 폐적분하면 그 값은 항상 0보다 작거나 같다. 즉, $\oint \left(\dfrac{\delta Q}{T}\right)_b \leqq 0$이다.

- 가역 과정: $\oint \left(\dfrac{\delta Q}{T}\right)_b = 0$
- 비가역 과정: $\oint \left(\dfrac{\delta Q}{T}\right)_b < 0$

② 가역 과정의 사례로는 스프링의 압축과 팽창, 느리게 진행되는 기체의 단열압축과 단열팽창, 용질의 용해와 석출, 동적 평형 반응 등이 있다.

4. 열의 전달

(1) 열이 전달되는 과정

① 그림과 같이 두께 l의 어떤 경계면(예 유리창, 벽체, 배관)의 내부와 외부에 유체가 존재하고 내부에서 외부로 열이 빠져나가는 상황이라면 실제 열전달은 대류-전도-대류의 3단계를 거친다. 따라서 각각의 단계에서 흐르는 열량을 구하기 위해서는 내부 유체의 열전달률 α, 열전도율 λ, 외부 유체의 열전달률 α'과 온도 차이를 알아야 한다.

- 내부 유체의 대류에 의한 열전달량: $Q_1[\text{W}] = \alpha A(T - T_{in})$ (열전달률: $\alpha [\text{W/m}^2 \cdot \text{K}]$)
- 경계면 고체의 전도에 의한 열전도량: $Q_{전도}[\text{W}] = \dfrac{\lambda}{l} A(T_{in} - T_{out})$ (열전도율: $\lambda [\text{W/m} \cdot \text{K}]$)
- 외부 유체의 대류에 의한 열전달량: $Q_2[\text{W}] = \alpha' A(T_{out} - T')$ (열전달률: $\alpha' [\text{W/m}^2 \cdot \text{K}]$)

② 열은 고온체에서 저온체로 이동하기 때문에 $Q_1 = Q_{전도} = Q_2$이다.

③ 내부 유체의 열전달률 α, 열전도율 λ, 외부 유체의 열전달률 α'을 모두 고려한 열관류율 k라는 물리량을 도입하면 내벽 온도 T_{in}과 외벽 온도 T_{out}을 측정하지 않고도 전달되는 열량을 표현할 수 있다. 특히 두께가 얇은 냉매배관의 경우에 열관류율 k를 도입하면 더욱 유용하다.

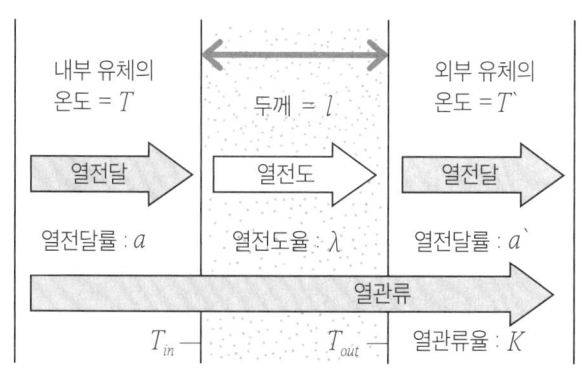

- $Q[\text{W}] = kA(T - T')$
  전열면적: $A[\text{m}^2]$,
  열관류율: $k[\text{W/m}^2 \cdot \text{K}]$
- $Q_1 = Q_{전도} = Q_2 = Q$
  $\alpha A(T - T_{in}) = \dfrac{\lambda}{l} A(T_{in} - T_{out})$
  $= \alpha' A(T_{out} - T') = kA(T - T')$

▲ 열이 전달되는 과정

(2) 복사열

① 어떤 열원의 표면적이 $A[\text{m}^2]$, 절대온도가 $T[\text{K}]$, 방사율이 ε이면, 열원에 의한 복사열은 표면적에 비례하고 표면온도의 4제곱에 비례한다.

$$\text{복사열 } Q_{\text{복사}}[\text{W}] = \varepsilon \sigma A T^4$$

ε: 방사율($0 < \varepsilon < 1$), σ: 스테판-볼츠만 상수

② 시간당 복사 에너지 $Q_{\text{복사}}[\text{W}]$는 복사 에너지를 시간 t로 나눠준 값이다.

(3) 열관류율과 열저항

① 그림과 같이 2개의 벽체가 겹쳐져 있고 내부 유체, 1번 벽체의 내벽, 두 벽체의 경계면, 1번 벽체의 외벽, 외부 유체의 온도가 각각 t_1, t_2, t_3, t_4, t_5로 주어진 경우에 열전달률, 열전도율로부터 총괄 열관류율 K를 구할 수 있다.

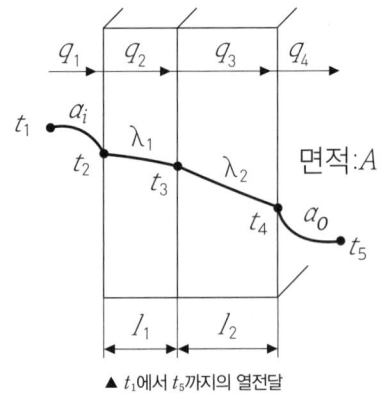

▲ t_1에서 t_5까지의 열전달

- $Q = KA(t_1 - t_5)$
- $q_1 = \alpha_i A(t_1 - t_2) \Rightarrow t_1 - t_2 = \dfrac{q_1}{\alpha_i A}$
- $q_2 = \dfrac{\lambda_1}{l_1} A(t_2 - t_3) \Rightarrow t_2 - t_3 = \dfrac{q_2}{(\lambda_1 / l_1) A}$
- $q_3 = \dfrac{\lambda_2}{l_2} A(t_3 - t_4) \Rightarrow t_3 - t_4 = \dfrac{q_3}{(\lambda_2 / l_2) A}$
- $q_4 = \alpha_o A(t_4 - t_5) \Rightarrow t_4 - t_5 = \dfrac{q_4}{\alpha_o A}$
- 연속방정식에 따라, $q_1 + q_2 + q_3 + q_4 = Q = KA \cdot \Delta T$이므로

$$t_1 - t_5 = \left(\dfrac{1}{\alpha_i} + \dfrac{1}{\lambda_1 / l_1} + \dfrac{1}{\lambda_2 / l_2} + \dfrac{1}{\alpha_o} \right) \dfrac{Q}{A} \Rightarrow Q = \dfrac{A(t_1 - t_5)}{\dfrac{1}{\alpha_i} + \dfrac{1}{\lambda_1 / l_1} + \dfrac{1}{\lambda_2 / l_2} + \dfrac{1}{\alpha_o}}$$ 이다.

- 식 $Q = KA(t_1 - t_5)$과 비교하면 $\dfrac{1}{K} = \dfrac{1}{\alpha_i} + \dfrac{1}{\lambda_1 / l_1} + \dfrac{1}{\lambda_2 / l_2} + \dfrac{1}{\alpha_o}$이 유도된다.

② 그림과 같이 냉매가 흐르는 배관을 보온재가 둘러싸고 있는 경우, 열은 여러 방향으로 확산되므로 배관의 중심축으로부터 멀어질수록 전열면적이 커진다. 전열면적 A는 일정한 값이 아니기 때문에 냉매액과 냉각수, 혹은 액체와 기체 사이의 합성 열관류율을 구할 수 없다. 이러한 경우에는 열저항이라는 새로운 물리량을 도입한다.

▲ 배관에서의 열전달

③ 전류 세기 $q/t = \dfrac{\Delta V}{R}$과 열량 $Q = \dfrac{\Delta T}{R_{th}}$을 비교하면 합성 열저항의 유도 과정은 직렬 연결의 합성 저항 유도 과정과 동일하다. 냉매 → 배관, 배관내벽 → 외벽, 보온재내벽 → 외벽, 보온재 → 냉각수의 각 단계 열저항을 구한 뒤 모두 더해주면 합성 열저항이 도출된다.

$R_{th} = R_1 + R_2 + R_3 + R_4$, $Q = \dfrac{\Delta T}{R_{th}}$ (ΔT는 냉매와 냉각수의 온도차)

④ 원통관을 통한 열전도

전도열량 $q = \lambda 2\pi r L \dfrac{dT}{dr}$

$\Rightarrow q \cdot \dfrac{1}{r} dr = \lambda \cdot 2\pi L dT$

$\Rightarrow q \int_{r_i}^{r_o} \dfrac{1}{r} dr = \lambda 2\pi L \cdot \int_{T_i}^{T_o} 1 \, dT$

$\Rightarrow q \cdot \ln\left(\dfrac{r_o}{r_i}\right) = \lambda \cdot 2\pi L \cdot (T_o - T_i)$

$\Rightarrow q = \dfrac{\lambda 2\pi L}{\ln(r_o/r_i)} (T_o - T_i)$

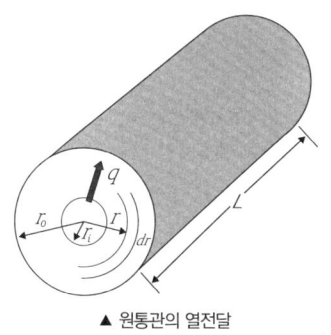

▲ 원통관의 열전달

⑤ 냉매배관의 단열재는 냉매의 온도 변화를 최소화해야 하므로 열전도율이 작아야 하며, 수분이 혼입되면 단열성능이 낮아지므로 흡수성도 작아야 한다.

PHASE 12 | 열역학 응용

1. 단열과정의 PVT 관계식

(1) 정적몰비열과 정압몰비열의 관계

정적 몰비열이 c_v인 기체 $n[\text{mol}]$의 온도를 ΔT만큼 올리는 데 필요한 열은 $Q_v = nc_v T$이고, 정압 몰비열이 c_p인 기체 $n[\text{mol}]$의 온도를 ΔT만큼 올리는 데 필요한 열은 $Q_p = nc_p \Delta T$이다.

- $Q = P \cdot \Delta V + \Delta U = nR\Delta T + \Delta U$

- 정적과정($\Delta V = 0$): $Q = nC_v \Delta T = \Delta U \rightarrow C_v = \dfrac{\Delta U}{n\Delta T}$

- 정압과정 $Q = nC_p \Delta T = nR\Delta T + \Delta U \rightarrow C_p = \dfrac{nR\Delta T + \Delta U}{n\Delta T} = R + C_v$

(2) 비열비

① 정적 몰비열에 대한 정압 몰비열의 비(ratio)를 비열비라고 정의한다.

$$\text{비열비 } k = \dfrac{c_p}{c_v} = \dfrac{R + c_v}{c_v} = 1 + \dfrac{R}{c_v}$$

정압 몰비열이 정적 몰비열보다 항상 크므로 비열비 k는 1보다 큰 값을 갖는다.

② 두 식 $k = C_p/C_v$, $R = C_p - C_v$을 연립하면 $C_v = \dfrac{R}{k-1}$, $C_p = kC_v = \dfrac{kR}{k-1}$이 유도된다.

(3) 단열과정의 PVT 관계식

① 단열과정의 TV 관계식	② 단열과정의 PV 관계식	③ 단열과정의 TP 관계식
$T_1 V_1^{k-1} = T_2 V_2^{k-1}$ $\dfrac{T_2}{T_1} = \left(\dfrac{V_1}{V_2}\right)^{k-1}$	$P_1 V_1^k = P_2 V_2^k$ $\dfrac{P_2}{P_1} = \left(\dfrac{V_1}{V_2}\right)^k$	$T_1 P_1^{(1-k)/k} = T_2 P_2^{(1-k)/k}$ $\dfrac{T_1}{T_2} = \left(\dfrac{P_1}{P_2}\right)^{(k-1)/k}$
$T \cdot V^{k-1} =$ constant	$P \cdot V^k =$ constant	$T \cdot P^{(1-k)/k} =$ constant

① 단열과정의 TV 관계식

단열과정이면 $0 = Q = P\Delta V + \Delta U$인데 정적 몰비열 c_v에 대해 ΔU에 $nc_v \Delta T$를 대입하면,

$0 = P\Delta V + nc_v \Delta T \Rightarrow$ 이상 기체상태방정식 이용하면 $nc_v \Delta T = -\dfrac{nRT}{V}\Delta V$

$\Rightarrow \dfrac{\Delta T}{T} = -\dfrac{R}{c_v}\dfrac{\Delta V}{V}$ 이다. 비열비 $k = 1 + \dfrac{R}{c_v}$을 이용, $\dfrac{\Delta T}{T} = -(k-1)\dfrac{\Delta V}{V}$

$\Rightarrow$ 양변을 적분 $\int_{T_1}^{T_2}\dfrac{dT}{T} = -(k-1)\int_{V_1}^{V_2}\dfrac{dV}{V}$

$\ln\dfrac{T_2}{T_1} = \ln\left(\dfrac{V_1}{V_2}\right)^{k-1}$ 에서 양변의 $\ln$을 소거하면 $\dfrac{T_2}{T_1} = \left(\dfrac{V_1}{V_2}\right)^{k-1} \Rightarrow T_1 V_1^{k-1} = T_2 V_2^{k-1}$ ······ ㉠식

② 단열과정의 PV 관계식

㉠식의 T 대신에 $\dfrac{PV}{nR}$를 대입하면 $\dfrac{P_1 V_1}{nR} V_1^{k-1} = \dfrac{P_2 V_2}{nR} V_2^{k-1}$

$\Rightarrow$ 양변의 nR 소거 $P_1 V_1^k = P_2 V_2^k$

③ 단열과정의 TP 관계식

㉠식의 V 대신에 $\dfrac{nRT}{P}$를 대입하면 $T_1 \left(\dfrac{nRT_1}{P_1}\right)^{k-1} = T_2 \left(\dfrac{nRT_2}{P_2}\right)^{k-1}$

$\Rightarrow$ 양변의 nR을 소거하고

$\dfrac{1}{k}$승 $\Rightarrow \dfrac{T_1}{P_1^{(k-1)/k}} = \dfrac{T_2}{P_2^{(k-1)/k}} \Rightarrow T_1 P_1^{(1-k)/k} = T_2 P_2^{(1-k)/k}$

2. 기체가 하는 일

(1) 등온과정에서 기체가 하는 일

- $W = \int F dl = \int \dfrac{F}{A} A \cdot dl = \int P dV$

  (F[N]: 힘, l[m]: 이동거리, A[m²]: 단면적, P[Pa]: 압력)

- $PV = mRT \rightarrow P = \dfrac{mRT}{V}$

- $W = \int \dfrac{mRT}{V} dV = mRT \int_{V_1}^{V_2} \dfrac{1}{V} dV = mRT \cdot \ln\dfrac{V_2}{V_1} = mRT \cdot \ln\dfrac{P_1}{P_2}$

- $W = P_1 V_1 \ln\dfrac{V_2}{V_1} = P_2 V_2 \ln\dfrac{V_2}{V_1} = P_1 V_1 \ln\dfrac{P_1}{P_2} = P_2 V_2 \ln\dfrac{P_1}{P_2}$

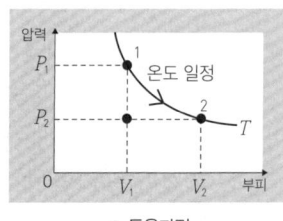

▲ 등온과정

(2) 단열팽창 과정에서 기체가 하는 일

- $Q = P\Delta V + \Delta U = 0$, $\Delta U = -P\Delta V = -\dfrac{mRT}{V}\Delta V$, $P = C_v^{-k}$ (C: 상수)
- $W = \int P dV = \int C_v^{-k} dV = C\left[\dfrac{V^{1-k}}{1-k}\right]_{V_i}^{V_f} = \dfrac{C}{k-1}[V_i^{1-k} - V_f^{1-k}]$
  $= \dfrac{1}{k-1}[P_i V_i - P_f V_f]$
- $W = \dfrac{mR}{k-1}[T_i - T_f] = \dfrac{mRT}{k-1}\left[1 - \dfrac{T_f}{T_i}\right]$
- $W = \dfrac{mRT}{k-1}\left[1 - \left(\dfrac{P_f}{P_i}\right)^{\frac{k-1}{k}}\right] = \dfrac{P_i V_i}{k-1}\left[1 - \left(\dfrac{P_f}{P_i}\right)^{\frac{k-1}{k}}\right]$, (단위: [kJ/kg·K])

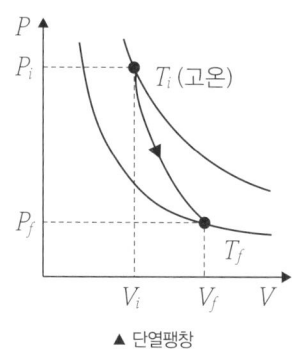
▲ 단열팽창

(3) 단열압축 과정에서 기체가 받는 일

$P_f > P_i$이므로 기체가 외부로부터 일을 받아 내부에너지가 증가하는 단열압축 과정이다.

- $W = \int P dV = \dfrac{P_i V_i}{k-1}\left[1 - \left(\dfrac{P_f}{P_i}\right)^{\frac{k-1}{k}}\right] < 0$
- $W = \dfrac{P_i V_i}{k-1}\left[\left(\dfrac{P_f}{P_i}\right)^{\frac{k-1}{k}} - 1\right] = \dfrac{mRT_i}{k-1}\left[\left(\dfrac{P_f}{P_i}\right)^{\frac{k-1}{k}} - 1\right] = \dfrac{mRT_i}{k-1}\left(\dfrac{T_f}{T_i} - 1\right)$

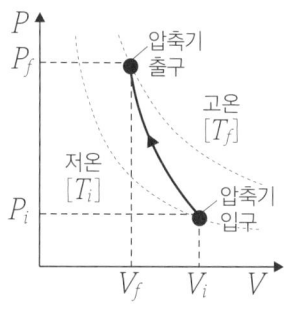
▲ 단열압축

(4) 계가 외부에 한 일

① 기체의 상태 변화 경로는 등온 과정($A \rightarrow D$), 단열 과정($C \rightarrow D$), 정적 과정($A \rightarrow B$), 정압 과정($A \rightarrow C$)이 있다.
② 정적 과정에서 기체가 하는 일은 0이고, 정압 과정에서 기체가 하는 일은 $W = \int P dV = P_A(V_C - V_A)$이다.
③ 닫힌 경로 $A \rightarrow C \rightarrow D \rightarrow A$에서 내부에너지 변화는 없으므로 $Q = \int P dV + 0$이 성립하고 폐곡선ACD의 면적(빗금영역)은 한 사이클 동안 계가 받은 열인 동시에 한 사이클 동안 계가 외부에 한 일과 같다.

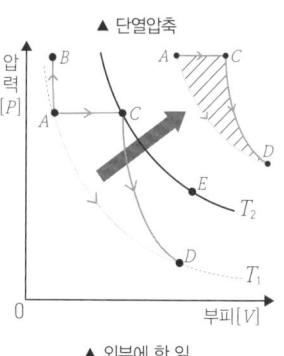
▲ 외부에 한 일

3. 작동유체의 에너지 보존과 일량

(1) 작동유체의 에너지 보존

① 엔트로피 정의식: $\Delta S = \dfrac{Q}{T} \rightarrow Q = T(S_2 - S_1)$, $\dfrac{Q}{m} = T(s_2 - s_1) = \int_1^2 T ds$

② 열량과 엔탈피 관계식: $T ds = dh - v dP \Rightarrow \int_1^2 T ds = (h_2 - h_1) - \int v dP$

③ $\dfrac{Q}{m} = (h_2 - h_1) - \int v dP \Rightarrow \dfrac{Q}{m} + (h_1 - h_2) = -\int v dP$

④ 에너지 보존 법칙: $W = Q + \Delta H + \Delta E_k + \Delta E_p = Q + (H_2 - H_1) + \dfrac{m}{2}(V_1^2 - V_2^2) + mg(z_2 - z_1)$

양변을 질량으로 나누면 $\dfrac{W}{m} = \dfrac{Q}{m} + (h_1 - h_2) + \dfrac{1}{2}(V_1^2 - V_2^2) + g(z_1 - z_2)$

⑤ 주고받은 일이 없고 단열 과정이라면 $h_1 + \dfrac{1}{2}V_1^2 + gz_1 = h_2 + \dfrac{1}{2}V_2^2 + gz_2$ 가 성립한다.

(2) 펌프 속 작동유체가 받은 일량

① 에너지 보존 법칙에 위 ③식을 대입하면 펌프 속 유체가 받은 일량은 다음과 같다.

$\dfrac{W_p}{m} = -\displaystyle\int_1^2 vdp + \dfrac{(V_1^2 - V_2^2)}{2} + g(z_1 - z_2)$

② 펌프, 응축기, 터빈의 입구에서 측정한 유체의 운동 에너지 및 퍼텐셜 에너지는 출구에서 측정한 운동 에너지 및 퍼텐셜 에너지와 비교할 때 그 차이가 아주 작으므로 무시할 수 있다.

$\dfrac{W_p}{m} = -\displaystyle\int_1^2 vdp$

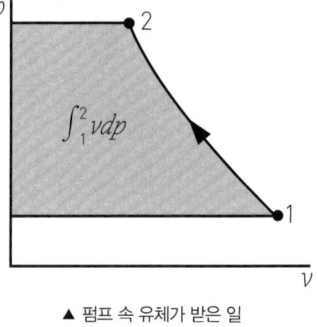

▲ 펌프 속 유체가 받은 일

③ 액체는 체적 변화가 거의 없으므로,

$\left(\dfrac{W_p}{m}\right)_{int\ rev} = -v\displaystyle\int_1^2 dp = -v_1(p_2 - p_1)$

④ 압축기 또는 펌프가 하는 일(펌프일량) $W_p = mv_1(P_2 - P_1) = V_1(P_2 - P_1)$

⑤ 압력 변화가 동일하다면 액체가 통과하는 펌프의 비체적이 기체가 통과하는 응축기의 비체적보다 훨씬 작으므로 펌프가 외부로부터 받는 일량은 응축기가 외부에 한 일량보다 훨씬 적다.

⑥ 기체는 체적 변화가 없으면 $W_p = 0$ 이지만 액체는 체적 변화 없더라도 $W_p \neq 0$ 임에 유의한다.

4. 맥스웰 관계식과 습증기의 건도

(1) 맥스웰 관계식

① 맥스웰 관계식이란 열역학적 함수의 2개의 변수에 대하여 편미분 한 값은 미분 순서와 관계없이 같다는 사실에서 유도된다.

② 열역학 함수와 맥스웰 관계식 정리

열역학 함수	기본식	맥스웰 관계식
U(내부에너지)	$dU = -PdV = TdS$	$-\left(\dfrac{\partial P}{\partial S}\right)_V = \left(\dfrac{\partial T}{\partial V}\right)_S$
H(엔탈피)	$dH = VdP + TdS$	$\left(\dfrac{\partial V}{\partial S}\right)_P = \left(\dfrac{\partial T}{\partial P}\right)_S$
G(깁스 자유에너지)	$dG = VdP - SdT$	$\left(\dfrac{\partial V}{\partial T}\right)_P = -\left(\dfrac{\partial S}{\partial P}\right)_T$
A(헬름 홀츠 에너지)	$dA = -PdV - SdT$	$\left(\dfrac{\partial P}{\partial T}\right)_V = \left(\dfrac{\partial S}{\partial V}\right)_T$

- 내부에너지 맥스웰 방정식 유도

$$dU = \left(\frac{\partial U}{\partial V}\right)_S dV + \left(\frac{\partial U}{\partial S}\right)_V dS = -PdV + TdS$$

$$\frac{\partial^2 U}{\partial V \partial S} = \frac{\partial}{\partial V}\left(\frac{\partial U}{\partial S}\right)_V = -\left(\frac{\partial T}{\partial V}\right)_S$$

$$\frac{\partial^2 U}{\partial S \partial V} = \frac{\partial}{\partial S}\left(\frac{\partial U}{\partial V}\right)_S = -\left(\frac{\partial P}{\partial S}\right)_V$$

$$\therefore \left(\frac{\partial T}{\partial V}\right)_S = -\left(\frac{\partial P}{\partial S}\right)_V$$

- 위와 같은 방식으로 나머지 함수들도 쉽게 유도할 수 있다.

> **+ PLUS   맥스웰의 편미분식 암기법**
>
> P/T는 (+)부호이다. $\left(\frac{P}{T}\right)_V = \left(\frac{S}{V}\right)_T$, $\left(\frac{P}{T}\right)_S = \left(\frac{S}{V}\right)_P$
>
> T/V는 (−)부호이다. $\left(\frac{T}{V}\right)_S = -\left(\frac{P}{S}\right)_V$, $\left(\frac{T}{V}\right)_P = -\left(\frac{P}{S}\right)_T$

(2) 습증기의 비체적과 건도(건조도) 공식

① 습증기의 비체적 $v = v_f + x(v_g - v_f)$

(v_f: 포화액체의 비체적, v_g: 포화증기의 비체적, x: 건도)

② 건도 $x = \dfrac{v - v_f}{v_g - v_f}$에서 비체적과 엔트로피, 엔탈피는 비례하므로 아래 식으로 변형할 수 있다.

$$x = \frac{s - s_f}{s_g - s_f} = \frac{h - h_f}{h_g - h_f}$$

③ 랭킨 사이클에서 터빈 입구 엔탈피와 엔트로피, 수증기 포화상태표가 제시되면 건도 공식을 이용하여 터빈 출구 습증기의 엔탈피를 구할 수 있다.

5. 내부에너지 변화량과 엔탈피 변화량

(1) 이상기체의 내부에너지

① 일반적으로 기체의 내부에너지는 부피와 절대온도의 함수이므로

$$dU = \left(\frac{\partial U}{\partial V}\right)_T dV + \left(\frac{\partial U}{\partial T}\right)_V dT$$ 인데 $\left(\frac{\partial U}{\partial V}\right)_T$는 내부압력 P_T로, 정적과정의 편미분 $\left(\frac{\partial U}{\partial V}\right)_V$은 $\left(\frac{\partial Q}{\partial V}\right)_V = mC_v dT$로 치환하면 $dU = P_T dV + mC_v dT$이다.

② 만약 정적, 정압 조건이 주어지지 않은 상태의 이상기체라면 내부 에너지는 온도만의 함수이므로 내부압력 $P_T = \dfrac{dU}{dV} = 0$이 되어 $dU = mC_v dT$가 유도된다.

(2) 이상기체의 엔탈피

일반적으로 기체의 엔탈피 변화량 $dH = dU + d(PV)$인데 dU는 $mC_v dT$로, 이상기체에 관한 PV는 mRT로 치환하면 $dH = mC_v dT + d(mRT) = m(C_v + R)dT = mC_p dT$이다.

따라서 정적 또는 정압이라는 전제 조건이 없는 경우 이상기체의 엔탈피 변화량은 $dH = mC_p dT$임을 증명할 수 있다.

6. 폴리트로픽 과정

(1) 폴리트로픽 과정의 개념

① 이상 기체의 PV 과정에 대한 해석 모델이며 $PV^n = \text{const}$를 만족한다.

② $n=1$인 등온 과정(isothermal)과 $n=k$(비열비)인 단열 과정(adiabatic)의 중간에 해당하면 폴리트로픽 과정이라고 한다.

③ 가역 단열과정을 등엔트로피(isentropic) 과정이라고 한다.

폴리트로픽 지수	$PV^n = const.$	상태	$P-V$ 그래프
$n=0$	$P = const.$	정압과정	
$n=1$	$PV = const.$	등온과정	
$1 < n < k$	$PV^n = const.$	폴리트로픽 과정	
$n=k$	$PV^k = const.$	단열과정	
$n=\infty$	$PV^\infty = const.$	정적과정	

④ P_1, V_1의 기체가 폴리트로픽 과정을 거쳐서 P_2, V_2로 변했다면 $\dfrac{P_2}{P_1} = \left(\dfrac{V_1}{V_2}\right)^n$로부터 폴리트로픽 지수 $n = \log_{(V_1/V_2)}(P_2/P_1)$이다.

⑤ 단열과정의 폴리트로픽 지수(n)는 비열비(k)와 같아서 k를 단열지수라고 한다.

(2) 기체가 하는 일

① $PV^n = C$, (C: 상수)

$$P_1 V_1 = C \cdot V_1^{1-n}, \ P_2 V_2 = C \cdot V_2^{1-n} \rightarrow P_1 = \dfrac{C \cdot V_1^{1-n}}{V_1}, \ P_2 = \dfrac{C \cdot V_2^{1-n}}{V_2}$$

$$W = \int_1^2 P dV = \int_1^2 C \cdot r^{-n} dV = \dfrac{1}{1-n}(P_2 V_2 - P_1 V_1)$$

② $n > 1$인 경우,

$$W = \dfrac{1}{n-1}(P_1 V_1 - P_2 V_2) = \dfrac{P_1 V_1}{n-1}\left[1 - \left(\dfrac{V_1}{V_2}\right)^{n-1}\right] \text{이다.}$$

③ $PV = nRT$를 만족하는 이상기체는 정적과정, 정압과정, 등온 과정, 단열 과정, 폴리트로픽 과정에서도 이상 기체 상태방정식은 만족하므로

$$W = \dfrac{mRT_1}{n-1}\left[1 - \left(\dfrac{V_1}{V_2}\right)^{n-1}\right] = \dfrac{mRT_1}{n-1}\left[1 - \left(\dfrac{P_2}{P_1}\right)^{(n-1)/n}\right] \text{이다.}$$

(4) 폴리트로픽 과정에서 기체가 얻은 열

$$Q = mC_n(T_2 - T_1) = mC_v \dfrac{n-k}{n-1}(T_2 - T_1), \ (C_n: \text{폴리트로픽비열})$$

(5) 폴리트로픽 과정에서 엔트로피 변화량

$$dS = \dfrac{dQ}{T} = mC_n \dfrac{dT}{T} \text{이므로 } \Delta S = mC_n \int_{T_i}^{T_f} \dfrac{1}{T} dT = mC_n \ln \dfrac{T_f}{T_i} = mC_v \dfrac{n-k}{n-1} \ln\left(\dfrac{T_f}{T_i}\right)$$

(6) 폴리트로픽 과정에서 기체가 PVT 관계식

- TV 관계식: $T_1 V_1^{n-1} = T_2 V_2^{n-1}$
- PV 관계식: $P_1 V_1^n = P_2 V_2^n$

- TP 관계식: $T_1 P_1^{(1-n)/n} = T_2 P_2^{(1-n)/n}$

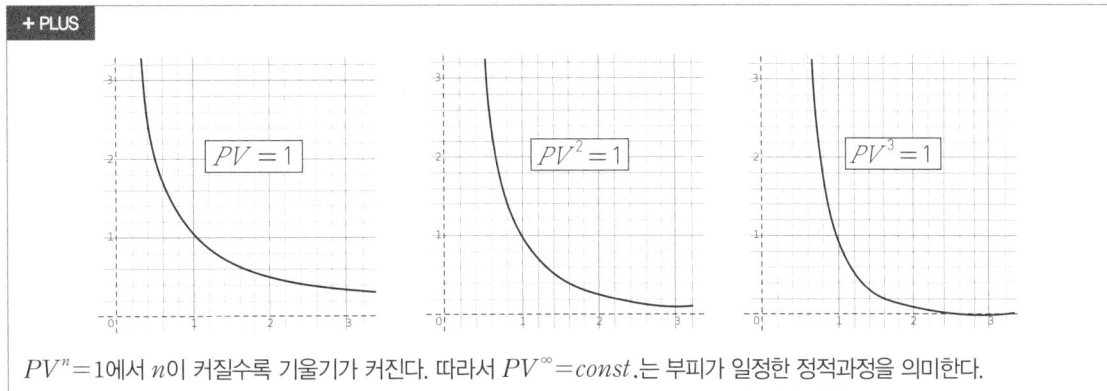

$PV^n = 1$에서 n이 커질수록 기울기가 커진다. 따라서 $PV^\infty = const.$는 부피가 일정한 정적과정을 의미한다.

PHASE 13 | 동력 사이클 기초

1. 동적 사이클의 성적계수와 효율

(1) 성적계수

① 냉동기관의 $\text{COP} = \dfrac{\text{증발기 흡열량}}{\text{압축기 소요동력}} = \dfrac{Q_C}{W_C} = \dfrac{Q_C}{Q_H - Q_C}$

② 난방기관의 $\text{COP} = \dfrac{\text{응축기 흡열량}}{\text{압축기 소요동력}} = \dfrac{Q_H}{W_C} = \dfrac{Q_H}{Q_H - Q_C}$

(2) 효율

① 랭킨 사이클(보일러), 오토 사이클(가솔린엔진), 디젤 사이클(디젤엔진)과 같은 열기관은 입력과 출력이 명확하므로 효율로써 열기관의 성능을 표현할 수 있다.

② 효율 $\eta = \dfrac{\text{터빈출력}}{\text{입력열량}} = \dfrac{W_t}{Q_{in}} = \dfrac{Q_{in} - Q_{out}}{Q_{in}} < 1$

③ 열기관의 Q_{in}은 연료 소비량×저위 발열량이고, 천연가스 및 석탄화력 발전의 효율을 구하는 경우에는 연료 소비량×고위 발열량이다.

2. 카르노 사이클

(1) 카르노 사이클(Carnot gas power cycle)의 $P-V$ 선도

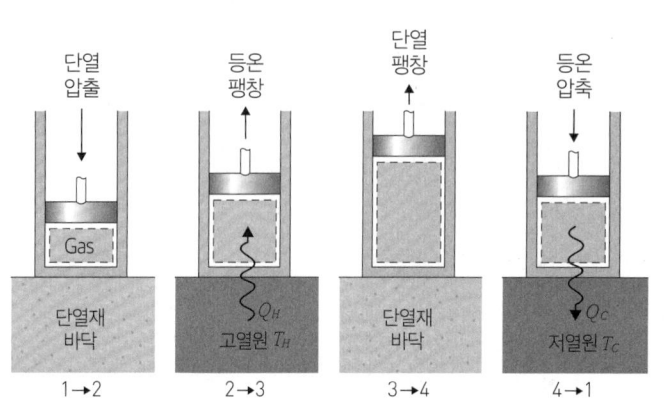
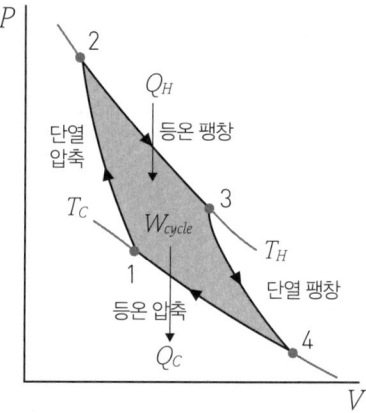

▲ 카르노 사이클의 $P-V$ 선도

① 단원자 이상기체가 고열원으로부터 Q_H의 열을 흡수하여 등온팽창하고, 열원과의 접촉없이 단열 팽창하는 과정에서 W_{34}의 일을 행한다. 또한 저열원에게 Q_C의 열을 방출하여 등온압축하고, 열원과의 접촉없이 단열압축하는 과정에서 W_{12}의 일을 외부로부터 받는다.

② 알짜일은 $W_{cycle}=W_{34}-W_{12}$이고, 에너지 보존 법칙에 의해 $Q_H=W_{cycle}+Q_C$이다.

③ 카르노 사이클은 2개의 단열과정, 2개의 등온과정으로 구성되어 있으며 가역 과정이다.

④ 열기관의 효율 $\eta=\dfrac{W_{cycle}}{Q_H}=\dfrac{Q_H-Q_C}{Q_H}$에서 카르노 사이클은 열량이 절대온도에 비례하는 이상적인 열기관이므로 카르노 사이클의 효율은 다음과 같이 나타낼 수 있다.

$$\eta=\dfrac{T_H-T_C}{T_H}=1-\dfrac{T_C}{T_H}$$

(2) 카르노 사이클(Carnot gas power cycle)의 $T-s$ 선도

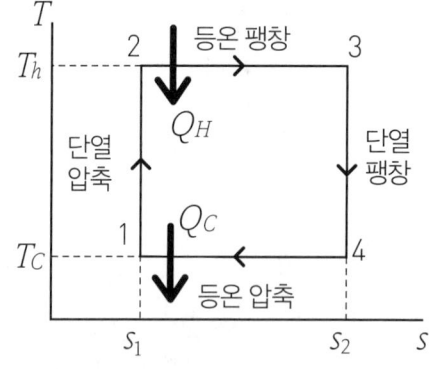

▲ 카르노 사이클의 $T-s$ 선도

(3) 역카르노 사이클

① 카르노 사이클과 순환 방향이 반대인 사이클이다.

② 역카르노 사이클이 적용된 냉동장치는 성적계수가 최대이며, 카르노 냉동장치의 성능계수 $\text{COP}=\dfrac{T_C}{T_H-T_C}$이다.

③ 역카르노 사이클이 적용된 열펌프는 성적계수가 최대이며, 성능계수 COP=$\dfrac{T_H}{T_H-T_C}$이다.

PHASE 14 | 동력 사이클의 종류

1. 랭킨 사이클(증기 동력 사이클)

(1) 랭킨 사이클의 개략도
   ① 랭킨 사이클의 순환 과정은 보일러→터빈→복수기(응축기)→펌프→보일러이다.
   ② 화력 발전소의 증기기관은 랭킨 사이클을 이용하는 대표적 사례이다.

(2) 랭킨 사이클의 $T-s$ 선도
   ① 1→2(또는 1′→2′): 수증기가 터빈 안에서 W_t의 일을 수행하며 단열팽창하는 과정이다.
   ② 2→3(또는 2′→3): 수증기가 응축기 속에서 Q_{out}의 열을 정압방열하는 과정이다.
   ③ 3→4: 펌프 속으로 들어간 물이 W_P의 일을 받아 단열압축되는 과정이다.
   ④ 4→1(또는 4→1′): 압축수가 보일러 속에서 Q_{in}의 열을 정압흡열하는 과정이다.
   ⑤ 4→a는 물이 비등점까지 가열, a→1은 물이 증기로 상태 변화하면서 등온 팽창, 1→1′은 증기가 과열증기로 변하는 과정이다.

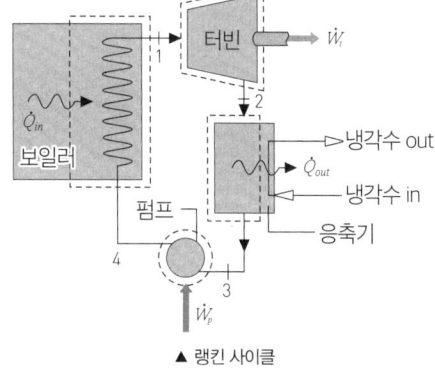
▲ 랭킨 사이클

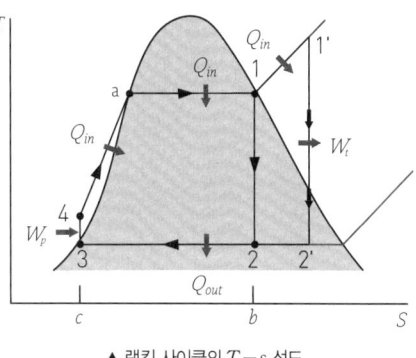
▲ 랭킨 사이클의 $T-s$ 선도

(3) 랭킨 사이클의 몰리에르 선도
   ① 몰리에르 선도는 엔탈피−엔트로피 그래프상에 특정 유체의 포화액선과 건포화증기선을 그려놓은 뒤 해당 사이클을 순환하는 특정 유체(냉매)의 엔트로피와 엔탈피 변화 추이를 겹쳐서 표시한 것이다.

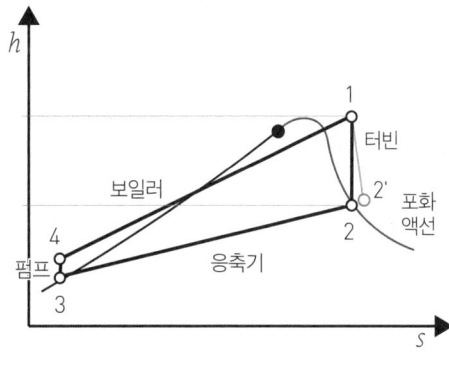
▲ 랭킨 사이클의 몰리에르 선도

② 랭킨 사이클의 $h-s$ 선도에서 1은 터빈 입구, 2는 터빈 출구에서의 기체 상태이다.
③ 이상적인 수증기는 터빈 속에서 단열팽창(등엔트로피 과정)하므로 터빈의 이론 출력은
$W_t = dH = mC_p dP \Rightarrow \dfrac{W_t}{m} = dh = C_p dT = C_p(T_1 - T_2)$ 이다.
④ 실제 기체는 터빈 출구에서 2'의 상태이므로 터빈의 실제 출력은 $C_p(T_1 - T_2')$ 이다.
⑤ 이론 출력에 대한 터빈의 실제 출력의 비를 등엔트로피 효율이라고 부른다.
$$\left(\text{등엔트로피 효율} = \dfrac{C_p(T_1 - T_2')}{C_p(T_1 - T_2)}\right)$$

(4) 랭킨 사이클의 효율

① 랭킨 사이클은 열을 일로 전환하는 열기관이므로 효율 $\eta = \dfrac{W_{cycle}}{Q_{in}} = \dfrac{W_t - W_p}{Q_{in}}$ 이고 에너지 보존 법칙에 의해 $Q_{in} - Q_{out} = W_t - W_p$ 이므로 $\eta = \dfrac{Q_{in} - Q_{out}}{Q_{in}} = 1 - \dfrac{Q_{out}}{Q_{in}}$ 이 성립한다.

② Q_{in}은 보일러 속 4→1' 과정에서 흡수한 열이고, Q_{out}은 응축기 속 2'→3 과정에서 방출한 열이므로 $\eta = 1 - \dfrac{h_{2'} - h_3}{h_{1'} - h_4}$ 이다.

③ 터빈 속에서 단열팽창하던 수증기의 건도 저하로 습증기가 되면서 터빈 날개를 부식시킨다는 단점이 있다.

(5) 랭킨 사이클의 효율을 높이는 방법

① 보일러 입구 물의 온도와 압력을 높이면 T_H이 커지므로 효율 $\eta = 1 - \dfrac{T_C}{T_H}$ 이 증가한다.
② 터빈 입구의 온도와 압력을 높이면 터빈에 들어가는 기체의 양이 많아지므로 W_{cycle}이 커진다.
③ 재열 장치를 사용하면 터빈에 들어가는 기체의 온도가 더 높아지므로 W_{cycle}이 커진다.
④ 복수기 입구 수증기의 온도와 압력을 낮추면 T_C이 작아지므로 효율 $\eta = 1 - \dfrac{T_C}{T_H}$ 이 증가한다.
⑤ 터빈 출구온도는 랭킨 사이클의 효율과 무관하다.

(6) 재열 사이클

① 랭킨 사이클의 효율은 W_{cycle}/Q_{in} 이므로 터빈에서 하는 일 W_{cycle}을 늘리면 효율이 증가한다.
② 보일러에 재열기를 설치하여 고압터빈 속 팽창한 증기를 재열기로 되돌려 보낸 뒤, 재가열하고 저압터빈으로 보내어 팽창시키면 W_{cycle}이 커진다.
③ 재열 사이클을 적용하면 수증기의 재가열 과정에서 건도가 증가하여 터빈 날개의 부식을 예방할 수 있다.

(7) 재생 사이클

① 랭킨 사이클의 효율은 W_{cycle}/Q_{in} 이므로 보일러에서 공급받는 열 Q_{in}을 줄이면 효율이 증대된다.
② 급수 펌프 좌우에 급수가열기를 설치하고 터빈 속의 증기 일부를 추출한 뒤 보일러에 공급되는 물을 예열시킴으로써 Q_{in}을 줄일 수 있다.

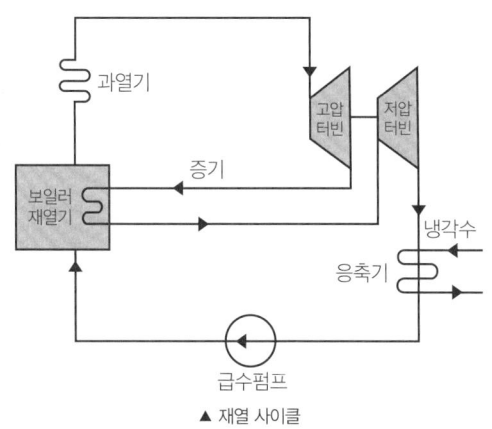
▲ 재열 사이클

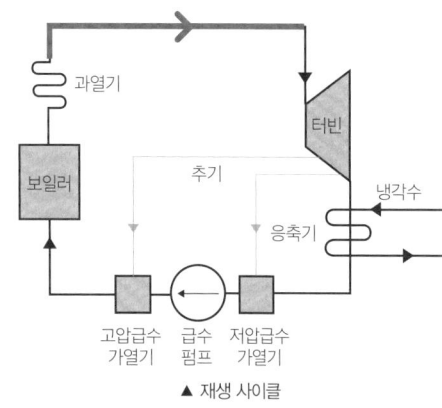
▲ 재생 사이클

2. 오토 사이클

(1) 오토 사이클의 개념

① 공기 표준 오토 사이클은 가솔린 엔진의 피스톤이 실린더의 상사점에 닿는 순간 Q_{in}이 공급된다고 간주하는 이상적인 사이클이다.

② $P-V$ 선도 0→1은 일정 체적의 공기 유입, 1→2는 단열압축, 2→3은 정적가열(폭발행정), 3→4는 단열팽창, 4→1은 정적방열, 1→0은 배기가스의 배출 과정에 해당한다.

(2) 오토 사이클의 $P-V$ 선도와 $T-s$ 선도

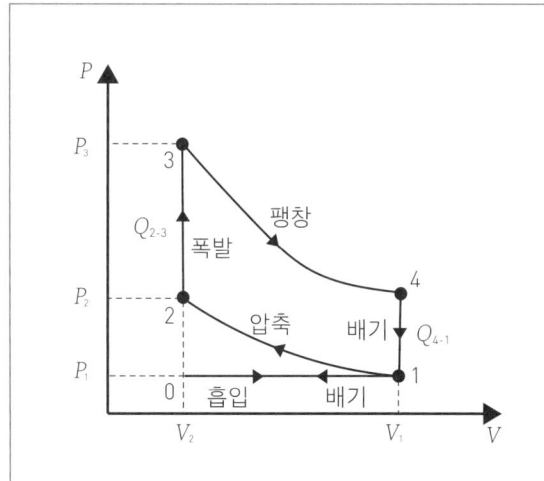

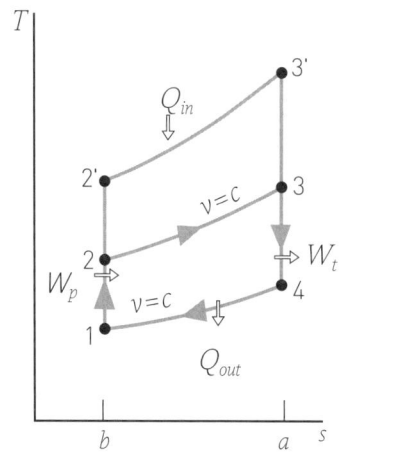

① 면적 $1-2-V_2-V_1-1$: 한 사이클 동안 유체가 압축기로부터 받은 일(W_p)이다.
② 면적 $3-4-V_1-V_2-3$: 한 사이클 동안 유체가 터빈에게 행한 일(W_t)이다.
③ 폐곡선의 넓이는 총 일량($W=W_t-W_p$)이다.

① 과정($4 \to 1$): 열방출 과정으로 부피변화가 없다.($V_4=V_1$)
② 과정($2\to3$ 또는 $2'\to3'$): 열흡수 과정으로 부피변화가 없다.($V_2=V_3$)

(3) 오토 사이클의 효율과 압축비

① $\eta_{otto} = 1 - \dfrac{1}{r^{k-1}}$

(r: 압축비 $= \dfrac{V_1}{V_2} > 1$, k: 비열비 $= \dfrac{c_p}{c_v} > 1$)

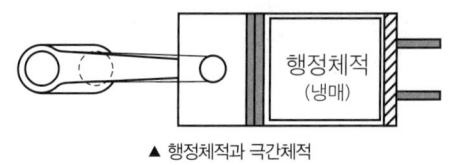

▲ 행정체적과 극간체적

② 압축비 $r = \dfrac{V_1}{V_2} = \dfrac{실린더\ 부피}{극간체적} = \dfrac{행정체적 + 극간체적}{극간체적}$ (극간체적이 커질수록 압축비와 체적효율이 작아진다.)

3. 디젤 사이클

(1) 디젤 사이클의 개략도(schematic diagram)

① 공기 표준 디젤 사이클은 디젤 엔진의 피스톤이 실린더의 상사점에 닿는 순간 정압 가열이 시작된다고 간주하는 이상적인 사이클이다.

② 정압 흡열 과정의 부피비는 체절비(단절비), 정압 흡열 과정의 압력비는 압력상승비(폭발비), 단열압축 과정의 부피비는 압축비이다.

③ 체절비 $= \dfrac{V_3}{V_2}$, 압축비 $= \dfrac{V_1}{V_2}$

(2) 디젤 사이클의 $P-V$ 선도와 $T-s$ 선도

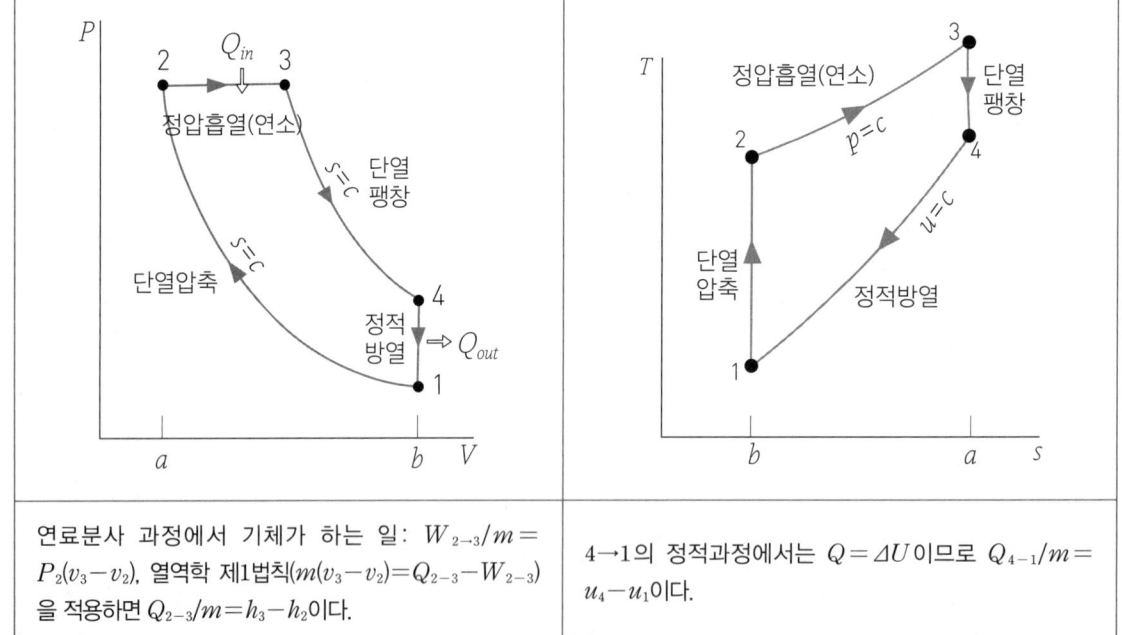

| 연료분사 과정에서 기체가 하는 일: $W_{2\to3}/m = P_2(v_3 - v_2)$, 열역학 제1법칙($m(v_3 - v_2) = Q_{2-3} - W_{2-3}$)을 적용하면 $Q_{2-3}/m = h_3 - h_2$이다. | $4 \to 1$의 정적과정에서는 $Q = \Delta U$이므로 $Q_{4-1}/m = u_4 - u_1$이다. |

(3) 디젤 사이클의 효율

① $\eta_d = 1 - \left(\dfrac{1}{r}\right)^{k-1} \cdot \dfrac{r_c^{k-1}}{k(r_c - 1)}$ (r: 압축비, k: 비열비, r_c: 체절비)

② 사바테 효율 공식 $\eta = 1 - \left(\dfrac{1}{r}\right)^{k-1} \dfrac{\alpha\sigma^k - 1}{(\alpha - 1) + k\alpha(\sigma - 1)}$ 에서 압력상승비 α에 1을 대입하면 디젤 효율 공식 $\left(\eta_d = 1 - \left(\dfrac{1}{r}\right)^{k-1} \dfrac{r_c^{k-1}}{k(r_c - 1)}\right)$이 된다.

③ 오토 사이클, 디젤 사이클, 사바테 사이클의 열효율은 전부 $1-\dfrac{1}{r^{k-1}}$에 비례하므로 압축비 r가 커질수록 열효율 η도 커진다.

4. 복합 사이클(사바테 사이클)

(1) 사바테 사이클의 개념

① 공기 표준 복합 사이클은 피스톤이 실린더의 상사점에 닿는 순간에 정압가열이 시작되는 사이클로서 실제 내연기관의 $P-V$ 선도에 가장 잘 들어맞는 사이클이다. 오토 사이클의 흡열 과정은 등적과정이고 디젤 사이클의 흡열 과정은 등압과정인 반면에 복합 사이클의 흡열 과정은 등적+등압으로 이루어져 있기 때문에 복합 사이클이라고 부른다.

② $P-V$ 선도에서 3→4는 등압 흡열 과정으로 power stroke의 첫부분에 해당한다.

(2) 사바테 사이클의 $P-V$ 선도와 $T-s$ 선도

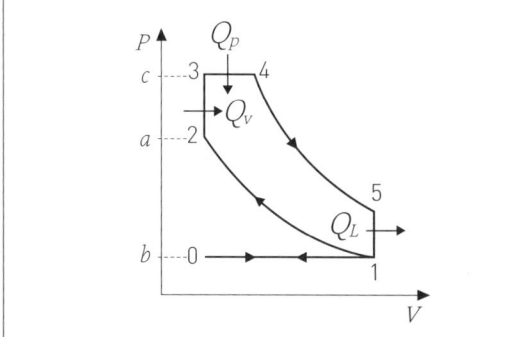
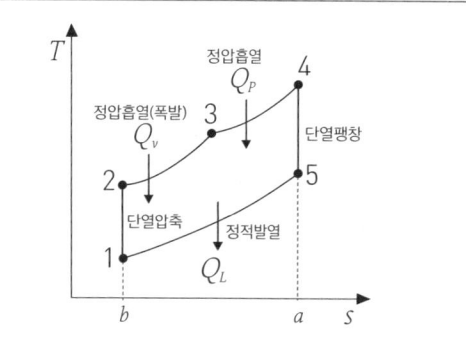

| ① 면적 $1-2-3-c-b-1$: 한 사이클 동안 유체가 받은 일(W_{in})이다.
② 면적 $4-5-1-b-c-4$: 한 사이클 동안 유체가 한 일(W_{out})이다.
③ 폐곡선의 넓이는 총 일($W=W_{out}-W_{in}$)이다. | ① 면적 $2-3-4-a-b-2$: 한 사이클 동안 유체가 흡수한 열이다.
② 면적 $1-5-a-b-1$: 한 사이클 동안 유체가 방출한 열
③ 단열압축과정(1→2)의 $\dfrac{V_1}{V_2}$가 압축비이다. |

(3) 사바테 사이클의 효율

사바테 사이클의 효율 $\eta = 1-\left(\dfrac{1}{r}\right)^{k-1}\dfrac{\alpha\sigma^k-1}{(\alpha-1)+k\alpha(\sigma-1)}$ (r: 압축비, k: 비열비, α: 압력상승비, r_c: 체절비)

5. 가스터빈 사이클(브레이턴 사이클)

(1) 브레이턴 사이클의 개략도

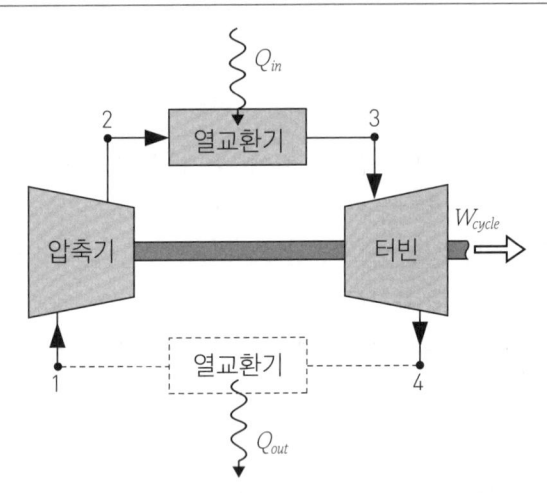

① 과정 1→2: 압축기에서 일을 받는 과정(단열압축)
② 과정 2→3: 열교환기에서 열을 흡수하는 과정(정압가열)
③ 과정 3→4: 터빈에서 일을 하는 과정(단열팽창)
④ 과정 4→1: 외부로 열을 방출하는 과정(정압방열)

- 엔탈피 증가량: $W_c + Q_{in}$, 엔탈피 감소량 = $W_t + Q_{out}$
- 압축기로부터 받은 일 $W_c = m(h_2 - h_1)$, 터빈에게 해준 일 $W_t = m(h_3 - h_4)$
- 열교환기로부터 흡수한 열 $Q_{in} = m(h_3 - h_2)$, 외부로 방출한 일 $Q_{out} = m(h_4 - h_1)$
- 에너지 보존 법칙: $W_c + Q_{in} = W_t + Q_{out}$

(2) 브레이턴 사이클의 $P-V$ 선도와 $T-s$ 선도

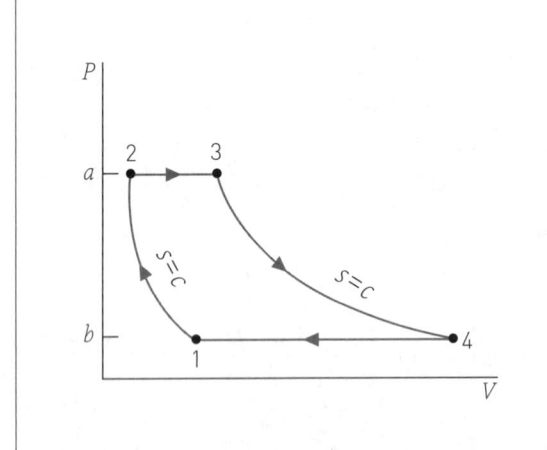
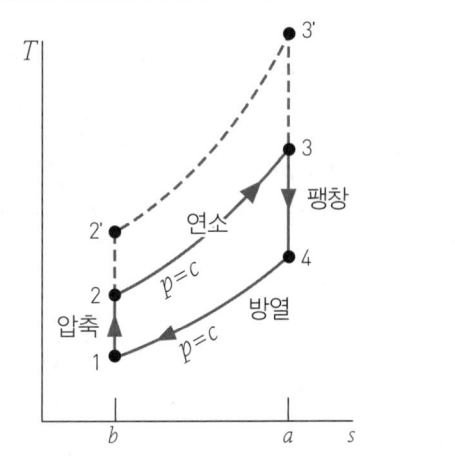

① 면적 $1-2-a-b-1$: 한 사이클 동안 유체가 압축기로부터 받은 일(W_c)이다.
② 면적 $3-4-b-a-3$: 한 사이클 동안 유체가 터빈에게 행한 일(W_t)이다.
③ 폐곡선의 넓이는 총 일($W_{tot} = W_t - W_c$)이다.

① 면적 $2-3-b-a-2$: 한 사이클 동안 유체가 흡수한 열(Q_{in})이다.
② 면적 $1-4-a-b-1$: 한 사이클 동안 유체가 방출한 열(Q_{out})이다.
③ 폐곡선의 넓이는 순열량($Q_{in} - Q_{out}$)이다.

(3) 브레이턴 사이클의 효율

$$\eta_{brayton} = 1 - \frac{1}{(P_2/P_1)^{(k-1)/k}} \ (k: 비열비)$$

**에듀윌이
너를
지지할게**
ENERGY

무엇이든 넓게 경험하고 파고들어
스스로를 귀한 존재로 만들어라.

– 세종대왕

시운전 및 안전관리

CHAPTER 01 전자기 기초

CHAPTER 02 전기기기

CHAPTER 03 시퀀스제어

CHAPTER 04 안전관리

CHAPTER 01 전자기 기초

PHASE 01 | 기본 공식

1. 전압(Voltage, V)

(1) 물 흐름과의 비교

① 그림 ㈎에서와 같이 물이 흘러 물레방아를 돌리려면 물통 안의 수면과 물레방아가 놓인 수면 사이에 높이 차(=수위 차)가 있어야 하며, 이 수위의 차이가 그림 ㈏에서 전지의 전압에 대응한다.
② 전기 회로에서 전하가 흐르기 위해서는 물의 높이에 해당하는 전압이 유지되어야 한다.

물	전기
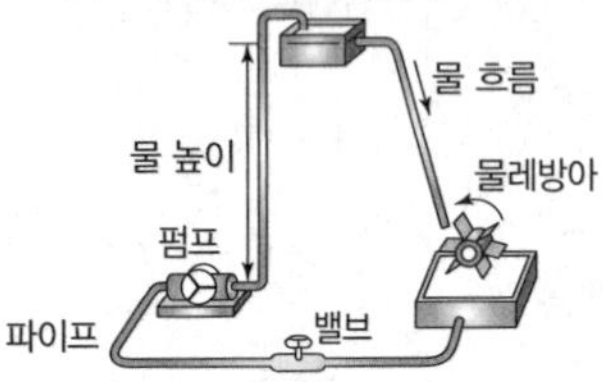 ▲ 그림 ㈎	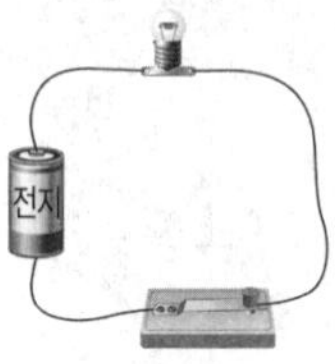 ▲ 그림 ㈏
펌프	전지
파이프	도선
물레방아	꼬마전구(부하)
밸브	스위치
물의 흐름	전류
물 분자	전자
수압(수위 차)	전압(전위 차)

(2) 전압의 정의

① 전기 회로에서 전류를 흐르게 하는 능력으로 기호는 V, 단위는 볼트(Volt, [V])를 사용한다.
② 전류의 흐름은 두 지점 간 전하가 갖는 전기적 위치 에너지(전위)의 차이에 의해서 발생한다.
③ 1[V]: 1[C]의 전하량에 대해 1[J]의 일을 할 수 있는 능력
④ 두 점 A, B 사이의 전위 차(=전압)

$$V_{AB}=V_B-V_A (\text{A점을 기준으로 한 B점의 전위})$$

> **+ PLUS** 전위
> 1. 전기적인 높이, 전기장 내에 놓여있는 단위 양전하가 가지는 전기적인 위치 에너지
> 2. 전위는 양전하에 가까울수록, 음전하에 멀수록 높아진다.
>
>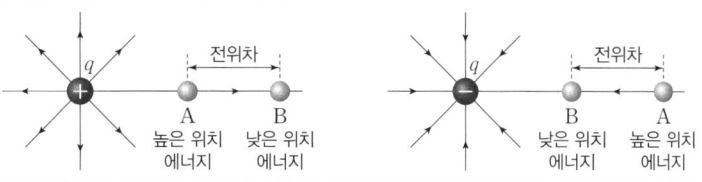

(3) 전압의 크기

① 두 점 사이의 전위 차(=전압) V는 단위 전하당 한 일의 양과 같다. 전하 Q를 다른 한 점으로 옮기는 데 필요한 일의 양을 $W[J]$라 하면 전위차 V는 다음과 같다.

$$V = \frac{W}{Q}[J/C] = \frac{W}{Q}[V]$$

V: 전압[V], W: 일[J], Q: 전하량[C]

② 전하 Q를 다른 한 점으로 옮기는 데 필요한 일의 양 W는 다음과 같다.

$$W = QV[J]$$

③ 기전력 $E[V]$: 전류를 연속적으로 흐르게 할 수 있는 원동력으로 물 흐름에서는 일종의 펌프라고 할 수 있다.

$$E = \frac{W}{Q}[V]$$

2. 전류(Electric current, I)

(1) 전류의 정의
 ① 전하를 띤 입자의 흐름이다. ← 전자, 이온 등이 해당한다.
 ② 단위 시간 동안 이동한 전하량의 크기로 기호는 I, 단위는 암페어(Ampere, [A])를 사용한다.
 ③ 도체에서의 전류: 도체는 전류가 잘 흐르는 물체로 일반적으로 금속에서는 자유 전자와 같은 전하 운반체들의 이동으로 전류가 흐른다.
 ④ 전해질 용액에서의 전류: 양이온이나 음이온의 이동으로 전류가 흐른다.

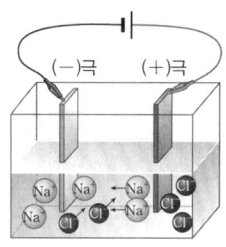

▲ 전해질 용액에서의 전류

(2) 전류의 방향
 ① 전원 장치를 이용하여 오른쪽 그림과 같이 연결하면 전자들이 (−)극에서 (+)극으로 이동한다.
 ② 전류의 본질은 전자의 흐름으로 볼 수 있다. 하지만 전류의 방향은 전자의 흐름과 반대인 (+)극에서 (−)극으로 이동하는 것으로 정의한다.

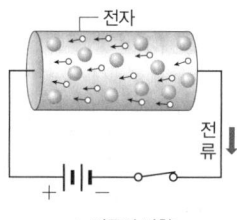

▲ 전류의 방향

(3) 전류의 세기
① 단위 시간(1초) 동안 도선의 단면을 통과하는 전하량으로, 전하량 Q를 시간 t로 나눈 값으로 정의한다.

구분	직류	교류
그래프	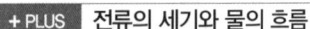	
정의식	$I = \dfrac{Q}{t}$ [C/sec] $= \dfrac{Q}{t}$ [A]	$i = \dfrac{dq}{dt} = \dfrac{q_2 - q_1}{t_2 - t_1}$ [A]
총전하량	$Q = It$ [C]	$q = \int dq = \int i\,dt$ [C]

② 1[A]: 1초 동안 도선의 단면을 통과하는 전하량이 1[C]일 때의 전류의 세기
   (1[A]=1[C/s])

+ PLUS **전류의 세기와 물의 흐름**

전류의 세기는 물의 흐름으로 표현할 수 있다. 수도관에서 많은 양의 물이 흐르는 것은 도체에서 많은 양의 전자가 흐르는 것에 비유할 수 있다.

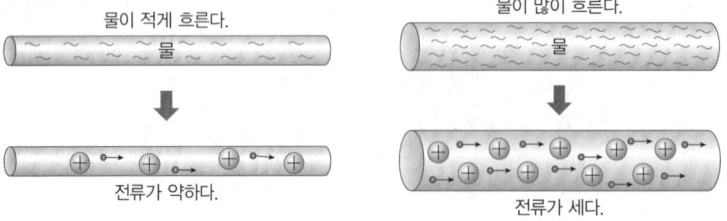

3. 저항(Resistance, R)

(1) 전류의 흐름을 방해하는 모든 성분으로 기호는 R, 단위는 옴(Ohm, [Ω])을 사용한다.
(2) 저항을 결정하는 요소
   ① 도선의 재질에 따라 달라진다.
   ② 도선의 단면적이 넓을수록 자유 전자의 이동이 원활해지므로 저항이 작다.
   ③ 도선의 길이가 길어질수록 자유 전자들이 원자와 충돌하는 횟수가 많아지므로 저항이 크다.

$$R = \rho \dfrac{l}{A}$$

R: 저항[Ω], ρ: 비저항[Ω·m], l: 도선의 길이[m], A: 도선의 단면적[m²]

4. 전압, 전류, 저항의 관계

(1) 옴의 법칙

① 도선에 흐르는 전류의 세기 I는 전압 V에 비례하고, 저항 R에 반비례한다.

② 저항이 클수록 같은 전압에서 전류의 세기는 작아진다.

- $I = \dfrac{V}{R}[\text{A}]$
- $V = IR[\text{V}]$
- $R = \dfrac{V}{I}[\Omega]$

(2) 컨덕턴스(Conductance, G)

① 전류가 얼마나 잘 흐르는지의 정도를 나타내는 척도이다. 따라서 저항의 역수 $\dfrac{1}{R}$로 표현한다.

② 기호는 G, 단위는 모우(Mho, [℧])나 지멘스(Simens, [S]) 또는 옴의 역수[Ω^{-1}]를 사용한다.

③ 컨덕턴스를 옴의 법칙에 적용하면 다음과 같다.

- $I = GV[\text{A}]$
- $V = \dfrac{I}{G}[\text{V}]$
- $G = \dfrac{I}{V}[\text{S}]$

5. 직·병렬 접속

(1) 직렬 접속 (전류 일정, 전압 분배)

① 전체 전류는 각 저항에 흐르는 전류와 같다.
$$I = I_1 = I_2$$

② 전체 전압은 각 저항에 걸리는 전압의 합과 같다.
$$V = V_1 + V_2$$

③ 옴의 법칙: 각 저항에 걸리는 전압은 다음과 같다.
$$V_1 = I_1 R_1,\ V_2 = I_2 R_2$$

④ 합성 저항 R_0

㉠ 직렬 접속에서 합성 저항을 구하는 방법은 다음과 같다.
$$V = V_1 + V_2 = I_1 R_1 + I_2 R_2 = IR_1 + IR_2 = I(R_1 + R_2)$$
$$\rightarrow I = \dfrac{V}{(R_1 + R_2)} = \dfrac{V}{R_0}$$
$$\therefore R_0 = R_1 + R_2$$

㉡ 저항이 n개일 때의 합성 저항
$$R_0 = R_1 + R_2 + R_3 + \cdots R_n$$

㉢ 동일한 크기의 저항($R[\mu]$) n개를 직렬 연결했을 때 합성 저항
$$R_0 = R + R + R + \cdots R = nR$$

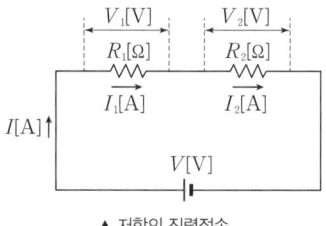

▲ 저항의 직렬접속

⑤ 전압 분배 법칙: 직렬 접속된 저항에 각각 걸리는 전압은 해당 저항의 크기에 비례한다.

㉠ $V_1 = IR_1 = \dfrac{V}{R_1+R_2}R_1$ ∴ $V_1 = \dfrac{R_1}{R_1+R_2}V$

㉡ $V_2 = IR_2 = \dfrac{V}{R_1+R_2}R_2$ ∴ $V_2 = \dfrac{R_2}{R_1+R_2}V$

(2) 병렬 접속 (전류 분배, 전압 일정)

① 전체 전류는 각 저항에 흐르는 전류의 합과 같다.

$I = I_1 + I_2$

② 전체 전압은 각 저항에 걸리는 전압과 같다.

$V = V_1 = V_2$

③ 옴의 법칙: 각 저항에 흐르는 전류는 다음과 같다.

$I_1 = \dfrac{V_1}{R_1},\ I_2 = \dfrac{V_2}{R_2}$

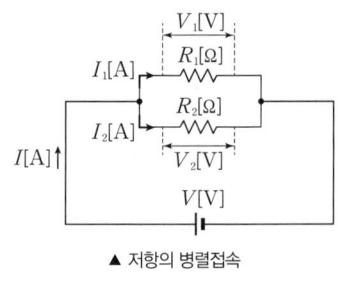

▲ 저항의 병렬접속

④ 합성 저항 R_0

㉠ 병렬 접속에서 합성 저항을 구하는 방법은 다음과 같다.

$I = I_1 + I_2 = \dfrac{V_1}{R_1} + \dfrac{V_2}{R_2} = \dfrac{V}{R_1} + \dfrac{V}{R_2} = V\left(\dfrac{1}{R_1} + \dfrac{1}{R_2}\right) = V\dfrac{1}{R_0}$

→ $\dfrac{1}{R_0} = \dfrac{1}{R_1} + \dfrac{1}{R_2}$ ∴ $R_0 = \dfrac{1}{\dfrac{1}{R_1}+\dfrac{1}{R_2}} = \dfrac{R_1 R_2}{R_1+R_2}$

㉡ 저항이 n개일 때의 합성 저항

$\dfrac{1}{R_0} = \dfrac{1}{R_1} + \dfrac{1}{R_2} + \dfrac{1}{R_3} + \cdots \dfrac{1}{R_n} \to R_0 = \dfrac{1}{\dfrac{1}{R_1}+\dfrac{1}{R_2}+\dfrac{1}{R_3}\cdots\dfrac{1}{R_n}}$

㉢ 동일한 크기의 저항($R[\Omega]$) n개를 병렬 연결했을 때 합성 저항

$R_0 = \dfrac{1}{\dfrac{1}{R}+\dfrac{1}{R}+\dfrac{1}{R}\cdots\dfrac{1}{R}} = \dfrac{1}{\dfrac{n}{R}} = \dfrac{R}{n}$

⑤ 전류 분배 법칙: 병렬 접속된 저항에 각각 흐르는 전류는 다른 저항의 크기에 비례한다.

㉠ $I_1 = \dfrac{V}{R_1} = \dfrac{I}{R_1}R_0 = \dfrac{I}{R_1} \cdot \dfrac{R_1 R_2}{R_1+R_2}$ ∴ $I_1 = \dfrac{R_2}{R_1+R_2}I$

㉡ $I_2 = \dfrac{V}{R_2} = \dfrac{I}{R_2}R_0 = \dfrac{I}{R_2} \cdot \dfrac{R_1 R_2}{R_1+R_2}$ ∴ $I_2 = \dfrac{R_1}{R_1+R_2}I$

> **+ PLUS** 직렬과 병렬이 혼합된 합성 저항
>
> 1. R_2, R_3의 합성 저항(병렬 접속): $R_{23} = \dfrac{R_2 R_3}{R_2+R_3}$
>
> 2. R_1, R_{23}의 합성 저항(직렬 접속): $R_{123} = R_1 + \dfrac{R_2 R_3}{R_2+R_3}$

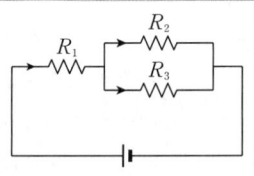

6. Y−△ 회로 등가변환 (Y부하와 △부하의 변환)

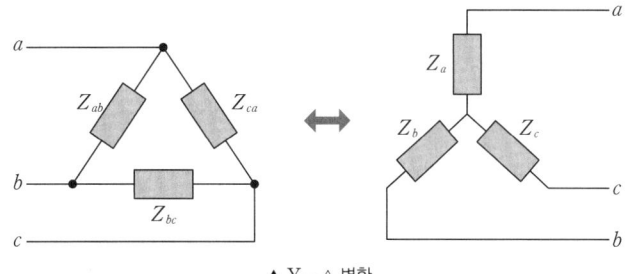

▲ Y−△ 변환

(1) 의미

Y결선과 △결선이 서로 결선된 회로에 같은 단자전압을 인가했을 때 선에 흐르는 전류의 크기가 같다면 두 회로는 등가회로라고 할 수 있다.

(2) 공식

△결선에서 Y결선으로 등가변환	Y결선에서 △결선으로 등가변환
$Z_a = \dfrac{Z_{ab} \cdot Z_{ca}}{Z_{ab}+Z_{bc}+Z_{ca}}[\Omega]$	$Z_{ab} = \dfrac{Z_a Z_b + Z_b Z_c + Z_c Z_a}{Z_c}[\Omega]$
$Z_b = \dfrac{Z_{ab} \cdot Z_{bc}}{Z_{ab}+Z_{bc}+Z_{ca}}[\Omega]$	$Z_{bc} = \dfrac{Z_a Z_b + Z_b Z_c + Z_c Z_a}{Z_a}[\Omega]$
$Z_c = \dfrac{Z_{bc} \cdot Z_{ca}}{Z_{ab}+Z_{bc}+Z_{ca}}[\Omega]$	$Z_{ca} = \dfrac{Z_a Z_b + Z_b Z_c + Z_c Z_a}{Z_b}[\Omega]$

(3) 평형부하일 때 임피던스

$Z_{ab} = Z_{bc} = Z_{ca} = a$로 3개의 부하값이 모두 같은 평형부하라면 Z_a는 다음과 같다.

$$Z_a = \dfrac{Z_{ab} \cdot Z_{ca}}{Z_{ab}+Z_{bc}+Z_{ca}} = \dfrac{a^2}{3a} = \dfrac{1}{3}a[\Omega]$$

즉, Y결선으로 변환하면 △결선 때보다 저항이 $\dfrac{1}{3}$배 낮아진다.

$$Z_Y = \dfrac{1}{3}Z_\triangle[\Omega] \rightarrow Z_\triangle = 3Z_Y[\Omega]$$

7. 전력

(1) 정의와 단위

① 전기가 단위 시간(1초) 동안 한 일의 양으로 공급하거나 소비하는 전기 에너지의 크기이다.

② 기호는 P, 단위는 와트(Watt, [W]) 또는 [J/s]를 사용한다.

③ 1[W]는 1초 동안 1[J]의 전기 에너지를 사용하는 전기 기구의 소비 전력을 의미한다.

(2) 전력의 크기

① 저항이 R, 전압이 V인 저항체에 t초 동안 세기가 I인 전류가 흘렀다면 전력 P는 다음과 같다.

$$P = \dfrac{W}{t} = \dfrac{QV}{t} = VI[\text{W}]$$

P: 전력[W], W: 전력량[J], t: 시간[s], Q: 전하량[C], V: 전압[V], I: 전류[A]

② 옴의 법칙 적용

$$P=VI=I^2R=\frac{V^2}{R}[\text{W}]$$

(3) 저항의 연결 방식과 전력
① 저항이 직렬로 연결되면 각 저항에 흐르는 전류가 같으므로 전력은 저항에 비례한다.
$$P=I^2R \rightarrow P \propto R$$
② 저항이 병렬로 연결되면 각 저항에 걸리는 전압이 같으므로 전력은 저항에 반비례한다.
$$P=\frac{V^2}{R} \rightarrow P \propto \frac{1}{R}$$

(4) 전력의 변환
① 전력[W]은 마력[HP]으로 환산이 가능하다.
  1[HP]=746[W]=0.746[kW]
② 전력은 열량으로 환산이 불가능하다.

8. 전력량

(1) 전기 에너지
① 전류에 의해 공급되는 에너지이다.
② 에너지 손실이 없다면 저항에서 소모하는 전기 에너지는 전류에 의해 공급되는 에너지와 같다.

(2) 전력량의 정의와 단위
① 일정 시간 동안 소비하거나 생산된 전기 에너지의 양이다.
② 기호는 W, 단위는 줄(Joule, [J]) 또는 [Wh] 또는 [kWh]를 사용한다.

(3) 전력량의 크기
① 전력 P로 시간 t 동안 전기 에너지를 사용했을 때의 전력량 W는 다음과 같다.

$$W=Pt$$

② 옴의 법칙 적용

$$W=Pt=VIt=I^2Rt=\frac{V^2}{R}t$$

(4) 전력량의 열량 변환
① 1[J]=0.24[cal], 1[cal]=$\frac{1}{0.24}$=4.2[J]
② 1[Wh]=3,600[W·s]=3,600[J]=3,600×0.24=860[cal]
③ 1[kWh]=860[kcal]

9. 전류의 발열 작용

(1) 줄의 법칙

① 저항에 전류가 흐르면 열이 발생하며, 이때 발생하는 열량 Q는 다음과 같다.

$$Q[J] = Pt = VIt = I^2Rt = \frac{V^2}{R}t$$

Q: 열량[J], P: 전력[W], t: 시간[s], V: 전압[V], I: 전류[A], R: 저항[Ω]

② 1[J]=0.24[cal]이므로 열량 Q를 [cal]로 표현하면 다음과 같다.

$$Q[cal] = 0.24Pt = 0.24VIt = 0.24I^2Rt = 0.24\frac{V^2}{R}t$$

(2) 전열기

전류가 흐를 때 발생하는 열을 이용하는 전기 기구이며, 전열기 용량은 다음과 같다.

$$P = \frac{mC(T_2 - T_1)}{860\eta t}$$

P: 전열기 용량[kW], m: 질량[kg], C: 비열[kcal/kg·℃], T_1: 상승 전 온도[℃], T_2: 상승 후 온도[℃], η: 효율, t: 소요 시간[h]

PHASE 02 | 회로 해석

1. 정전압원, 정전류원

(1) 정전압원

① 부하의 크기와 관계없이 항상 같은 전압을 부하에 일정하게 공급해 주는 전원 장치로 내부 저항 r이 부하 R과 직렬로 연결된다.

② 내부 저항이 작을수록 부하에 걸리는 전압이 높아지므로 내부저항이 작을수록 좋은 회로이다.

③ 이상적인 전압원: 내부저항 $r=0$인 상태로 전류의 변화와 상관없이 항상 일정한 전압을 나타내는 전압원이다.

④ 회로에서 $r=0$은 단락된 것과 같은 것으로 해석할 수 있다.

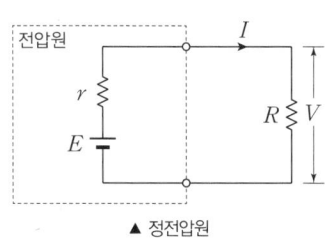

▲ 정전압원

(2) 정전류원

① 부하의 크기와 관계없이 전원에서 발생하는 전류가 부하에 모두 공급되는 전원 장치로 내부 저항 r이 부하 R과 병렬로 연결된다.

② 내부 저항이 클수록 부하에 걸리는 전압이 높아지므로 내부저항이 클수록 좋은 회로이다.

③ 이상적인 전류원: 내부저항 $r=\infty$인 상태로 단자전압의 변화와 상관없이 항상 일정한 전류가 흐른다.

④ 회로에서 $r=\infty$은 개방된 것과 같은 것으로 해석할 수 있다.

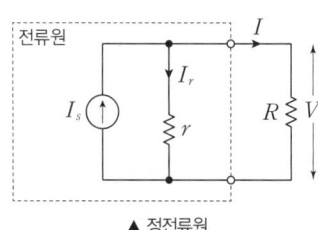

▲ 정전류원

2. 중첩의 원리(Principle of superposition)

(1) 회로망 내에 다수의 기전력이 동시에 존재할 때 회로망 내 어떤 점의 전위 또는 전류는 각 기전력이 각각 단독으로 그 위치에 존재할 때, 그 점의 전위 또는 흐르는 전류의 합과 같다.
(2) 선형 회로에서만 적용된다.
(3) 전압원은 단락($r=0$)시키고, 전류원은 개방($r=\infty$)시킨 후 해석한다.

> **+ PLUS 중첩의 원리**
>
> 1. 그림에서 전류 I를 구하기 위해 중첩의 원리를 적용하면 E_1과 E_2만의 회로로 분해하여 해석할 수 있다. 즉, E_1만의 회로로 해석할 때는 E_2는 단락($r=0$) 시킨 후 해석한다.
> $$I = \frac{E_1 + E_2}{R} = \frac{E_1}{R} + \frac{E_2}{R} = I_1 + I_2$$
> 2. 만약, 다른 전원이 전류원일 경우에는 개방($r=\infty$)시킨 후 해석한다.

3. 밀만의 정리, 테브난의 정리, 노튼의 정리

(1) 밀만의 정리
  ① 내부 임피던스를 갖는 주파수가 동일한 여러 개의 전압원이 병렬로 연결되어 있는 경우 임의의 두 점 간의 전위차를 구할 때 사용한다.
  ② 단자 사이의 합성 전압은 각각의 전원을 단락하였을 때 흐르는 단락 전류의 총합을 각 전원의 내부 어드미턴스의 총합으로 나눈 것과 같다.

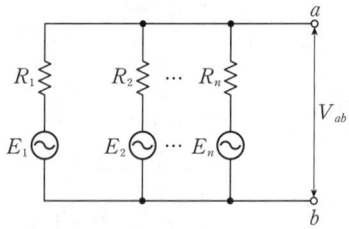

$$V_{ab} = IZ = \frac{I}{Y} = \frac{\frac{E_1}{R_1} + \frac{E_2}{R_2} + \cdots + \frac{E_n}{R_n}}{\frac{1}{R_1} + \frac{1}{R_2} + \cdots + \frac{1}{R_n}}$$

(2) 테브난의 정리(Thevenin's theorem)
어떠한 구조를 갖는 능동 회로망도 하나의 전압원과 하나의 임피던스가 직렬 접속된 것으로 변환할 수 있다.

$$I = \frac{V_{TH}}{Z_{TH} + Z_L}$$

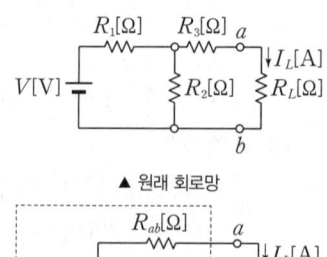

▲ 원래 회로망

▲ 테브난의 등가회로

① 등가 전압 V_{TH}: Z_L을 개방시킨 상태에서 두 단자 a, b에 걸리는 전압이다.
② 등가 저항 Z_{TH}: Z_L을 개방시킨 상태에서 두 단자 a, b에서 회로 측을 바라본 합성 임피던스이다. 만약, 회로에 전압원과 전류원이 모두 있다면 전압원은 단락, 전류원은 개방하여 해석한다.

(3) 노튼의 정리(Northon's theorem)

어떠한 구조를 갖는 능동 회로망도 하나의 전류원과 하나의 임피던스가 병렬로 접속된 것으로 대치할 수 있다.

$$I = \frac{Z_N}{Z_N + Z_L} \cdot I_N$$

① 등가 전류 I_N: 두 단자 a, b를 단락시켰을 때 흐르는 전류이다.
② 등가 저항 Z_N: 테브난의 등가 저항과 같다.

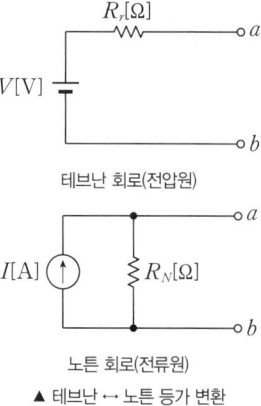

테브난 회로(전압원)

노튼 회로(전류원)

▲ 테브난 ↔ 노튼 등가 변환

+ PLUS 부하전류 구하기 — 테브난과 노튼의 정리

1. 일반적 해석

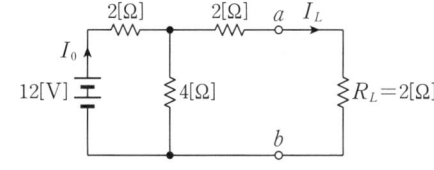

① 합성 저항: $R_0 = 2 + \frac{4 \times 4}{4 + 4} = 4[\Omega]$

② 전체 전류: $I_0 = \frac{V}{R_0} = \frac{12}{4} = 3[A]$

③ 부하 전류: $I_L = \frac{I_0}{2} = \frac{3}{2} = 1.5[A]$

2. 테브난의 정리에 의한 해석

① 등가 전압 V_{TH}: R_L을 개방시킨 상태에서 두 단자 a, b에 걸리는 전압

$$V_{TH} = IR = \frac{12}{2+4} \times 4 = 8[V]$$

② 등가 저항 R_{TH}: R_L을 개방시킨 상태에서 두 단자 a, b에서 회로 측을 바라본 합성 저항

$$R_{TH} = 2 + \frac{2 \times 4}{2 + 4} = \frac{10}{3}[\Omega]$$

③ 부하전류 I_L: 그림과 같이 테브난의 등가회로로 변환하여 구할 수 있다.

$$I_L = \frac{V_{TH}}{R_{TH} + R_L} = \frac{8}{\frac{10}{3} + 2} = 1.5[A]$$

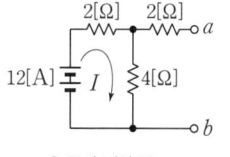
① 등가 전압 V_{TH}

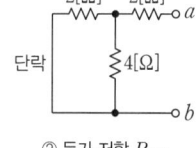
② 등가 저항 R_{TH}

③ 테브난의 등가회로

3. 노튼의 정리에 의한 해석

① 등가 전류 I_N: 두 단자 a, b를 단락시켰을 때 흐르는 전류

$$I_N = I \times \frac{4}{4+2} = \frac{12}{2 + \frac{2 \times 4}{2+4}} \times \frac{4}{6} = 2.4[A]$$

② 등가 저항 R_N: 테브난의 정리에서 구한 것과 같다.

$$R_N = 2 + \frac{2 \times 4}{2+4} = \frac{10}{3}[\Omega]$$

③ 부하전류 I_L: 그림과 같이 노튼의 등가회로로 변환하여 구할 수 있다.

$$I_L = \frac{R_N}{R_N + R_L} \times I_N = \frac{\frac{10}{3}}{\frac{10}{3} + 2} \times 2.4 = \frac{10}{16} \times \frac{24}{10} = 1.5[A]$$

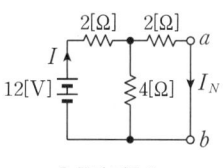
① 등가 전류 I_N

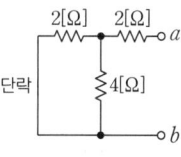
② 등가 저항 R_N

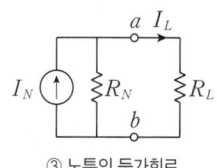
③ 노튼의 등가회로

PHASE 03 | 전계와 자계

1. 전계와 전위

(1) 전계

전기력이 미치는 공간 속에 1[C]의 전하를 놓았을 때 그 전하가 받는 힘이다.

$$\text{전계 } E = \frac{Q}{4\pi\varepsilon_0 r^2} = 9 \times 10^9 \times \frac{Q}{r^2} [\text{V/m}]$$

(2) 전기력선의 성질
① 전기력선은 정전하(+)에서 시작하여 부전하(-)에서 끝나거나 무한원까지 퍼진다.
② 전기력선은 전위가 낮아지는 방향으로 향한다.
③ 전기력선은 등전위면과 직교한다. ⇒ 대전된 도체의 표면은 등전위면이고 전계는 도체표면에 수직이다.
④ 도체 내부에는 전기력선이 존재하지 않는다. ⇒ 전하는 도체 표면에만 존재하고 도체 내부의 전계는 0이다.

(3) 전위차(전압)
① 전계 내의 임의의 한 점에서 다른 한 점까지 단위 전하(+1[C])을 이동시키는 데 필요한 일이다.
② 두 점 사이의 단위전하가 갖는 전기적인 위치에너지의 차를 의미하기도 한다.
③ 전위 V가 $f(x,y,z)$로 주어지면 전계 $E = -\nabla V = -\frac{\partial V}{\partial x}\hat{i} - \frac{\partial V}{\partial y}\hat{j} - \frac{\partial V}{\partial z}\hat{k}$의 식을 이용하여 전계를 구할 수 있다.

2. 전속과 전속밀도

(1) 전속
① 전계의 상태를 나타내주는 가상의 선으로 기호는 ψ, 단위는 [C]를 사용한다.
② 전하 Q[C]로부터 발산되어 나가는 전기력선의 총 수는 $\frac{Q}{\varepsilon}$개 이다. 이처럼 전계의 세기는 유전율(매질)의 종류에 따라 크기가 달라지는데 유전율과 관계없이 전하의 크기와 동일한 전기력선이 출입한다고 가정한 것을 전속이라고 한다.
③ 전계에 금속판을 넣으면 한 쪽에는 $+Q$의 전하가 다른 한 쪽에는 $-Q$의 전하가 유도되는데 매질에 관계없이 항상 $+Q$[C]의 전하에서 $+Q$[C]의 전속이 나온다.

(2) 전속밀도
① 단위 면적(1[m²]) 당 지나는 전속을 전속밀도라고 한다.
② 기호는 D, 단위는 [C/m²]을 사용한다.
③ 점전하(도체 구)에서의 전속밀도는 다음과 같다.

$$D = \frac{Q}{A} = \frac{Q}{4\pi r^2}[\text{C/m}^2] \rightarrow D = \frac{Q}{4\pi r^2} = \frac{\varepsilon Q}{4\pi\varepsilon r^2} = \varepsilon E = \varepsilon_0\varepsilon_s E[\text{C/m}^2]$$

> **+ PLUS 유전율**
> - 전기력선이 통과하는 비율로 기호는 ε, 단위는 [F/m]를 사용한다.
> - 유전체의 유전율 $\varepsilon = \varepsilon_0 \varepsilon_s$ (ε_0: 진공중의 유전율, ε_s 비유전율)
> - 비유전율(전체 유전율과 공기(진공) 중에서의 유전율 비) $\varepsilon_s = \dfrac{\varepsilon}{\varepsilon_0}$
> - 공기 중이나 진공 중의 비유전율 $\varepsilon_s = 1$
> - 진공중의 유전율 $\varepsilon_0 = 8.855 \times 10^{-12}$ [F/m]

3. 자계와 자기력선

(1) 자계

자력이 작용하는 공간. 전류나 전기장의 변화에 의해 생성되며, 자기장 또는 자장이라고도 한다.

(2) 자계의 세기

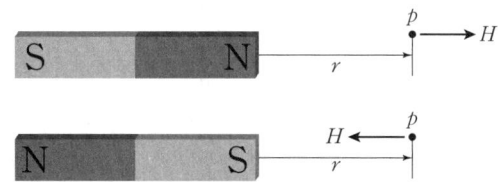

① 자계 속의 어떤 점 P에 1[Wb]의 자극을 놓았을 때 이 자극 m에 작용하는 힘의 크기로 기호는 H, 단위는 [AT/m]을 사용한다.

② 자기력 $F = \dfrac{m_1 \cdot m_2}{4\pi\mu r^2}$ 에서 자극의 크기가 1이므로 자계의 세기 H는 다음과 같다.

$$H = \dfrac{1}{4\pi\mu} \cdot \dfrac{m \times 1}{r^2} \rightarrow H = \dfrac{1}{4\pi\mu} \cdot \dfrac{m}{r^2} \text{[A/m]}$$

③ 자기력 $F = \dfrac{m_1 \cdot m_2}{4\pi\mu r^2}$ 을 자계의 세기 H로 표현하면 다음과 같다.

$$F = mH \text{[N]} \rightarrow H = \dfrac{F}{m} \text{[A/m]}$$

> **+ PLUS 투자율(μ)**
> - 물질이 자속을 통과하는 능력으로 기호는 μ, 단위는 [H/m]을 사용한다.
> - 투자율은 진공에서의 투자율(μ_0)과 비투자율(μ_s)의 곱이다.
>
> $\mu = \mu_0 \mu_s \text{[H/m]} \rightarrow \mu_s = \dfrac{\mu}{\mu_0}$
>
> - 진공 중에서의 투자율
>
> $\mu_0 = 4\pi \times 10^{-7} \rightarrow \dfrac{1}{4\pi\mu_0} = 6.33 \times 10^4$
>
> - 진공에서의 비투자율 $\mu_s = 1$이다.

4. 자속과 자속밀도

(1) 자속(자기력선속)
   ① 자계에 수직인 단면을 지나는 자기력선의 총 수이다.
   ② 기호는 ϕ, 단위는 [Wb]를 사용한다.

(2) 자속밀도
   ① 단위 면적당 자속으로 자계에 수직인 단위 면적($1[m^2]$)을 지나는 자기력선의 수이다.
   $$B=\frac{\phi}{A}=\frac{\phi}{4\pi r^2}[Wb/m^2]$$
   ② 자속밀도를 자계의 세기 H에 대해 표현하면 다음과 같다.
   $$B=\frac{\mu m}{4\pi\mu r^2}=\mu H=\mu_0\mu_s H$$

5. 전기와 자기

(1) 비교 도표

물리량	전기	자기
전하/자하, 전속/자속	전하 Q=전속 ψ=전속선수(단위: [C]) 전기력선수=$\frac{q}{\varepsilon}$ (ε: 유전율)	자하 m=자속 ϕ=자속선수(단위:[Wb]) 자기력선수=$\frac{m}{\mu}$ (μ: 투자율)
전속밀도/자속밀도	전속밀도 $D=\frac{\psi}{S}[C/m^2]$	자속밀도 $B=\frac{\phi}{S}[Wb/m^2]$
전계/자계	유전체속의 전계 $E=\frac{D}{\varepsilon}[V/m]$ 전계 $E=\frac{F}{Q}=9\times10^9\frac{Q}{r^2}[N/C]$	자성체속의 자계 $H=\frac{B}{\mu}[AT/Wb]$ 자계 $H=\frac{F}{m}=6.33\times10^4\frac{m}{r^2}[N/Wb]$
유전체/자성체	유전율=진공의 유전율×비유전율 $=\varepsilon=\varepsilon_0\varepsilon_s=8.85\times10^{-12}\varepsilon_s[F/m]$	투자율=진공의 투자율×비투자율 $=\mu=\mu_0\mu_s=4\pi\times10^{-7}\mu_s[H/m]$
전기력/자기력	전기력 $F=\frac{1}{4\pi\varepsilon_0}\frac{q_1q_2}{r^2}$ $=9\times10^9\frac{q_1q_2}{r^2}[N]$	자기력 $F=\frac{1}{4\pi\mu_0}\frac{m_1m_2}{r^2}$ $=6.33\times10^4\frac{m_1m_2}{r^2}[N]$

PHASE 04 | 정전용량과 인덕턴스

1. 콘덴서(축전지) C

(1) 정전용량

① 콘덴서와 같이 두 극판 사이를 절연시킨 장치의 두 극판에 얼마나 많은 $(+)$, $(-)$ 전하를 축적할 수 있는지를 나타내는 매개변수 또는 비례상수를 의미한다.

$$C[\text{F}] = \frac{Q[\text{C}]}{V[\text{V}]}$$

② 반지름이 $r[\text{m}]$인 도체구의 정전용량은 $C = 4\pi\varepsilon_0 r[\text{F}]$이고, 간격 $d[\text{m}]$, 넓이 $S[\text{m}^2]$인 평행판 도체의 정전용량은 $C = \frac{\varepsilon_0}{d} S[\text{F}]$이다. ($\varepsilon_0$: 공기의 유전율)

(2) 축전지의 연결 방식에 따른 합성 정전용량

① 콘덴서를 직렬연결하면 저장되는 전기량(전하량)은 모두 같으므로 $Q = Q_1 = Q_2$이고, 전압이 나뉘어 인가되므로 $V = V_1 + V_2[\text{V}]$이다.

$$\text{직렬 합성 정전용량 } \frac{1}{C} = \frac{1}{C_1} + \frac{1}{C_2}$$

② 콘덴서를 병렬연결하면 같은 크기의 전압이 콘덴서에 인가되므로 $V = V_1 = V_2$이고 전기량(전하량)은 분기점에서 다시 합쳐지므로 $Q = Q_1 + Q_2[\text{C}]$이다.

$$\text{병렬 합성 정전용량 } C = C_1 + C_2$$

구분	직렬연결	병렬연결
회로도	$C_1[\text{F}]$, $C_2[\text{F}]$	C_1, C_2, $Q[\text{C}]$
합성 정전용량	$C = \dfrac{1}{\dfrac{1}{C_1} + \dfrac{1}{C_2}} = \dfrac{C_1 C_2}{C_1 + C_2}[\text{F}]$	$C = C_1 + C_2[\text{F}]$

(3) 정전에너지

① 콘덴서에 전하 Q를 축적하는 데 필요한 에너지를 의미한다.

② 도체계의 정전에너지는 $W = \frac{1}{2}QV[\text{J}]$이고 정전용량의 정의는 $Q = CV[\text{C}]$이므로

$$W = \frac{1}{2}QV = \frac{1}{2}CV^2 = \frac{1}{2}\frac{Q^2}{C}[\text{J}]$$

(4) 콘덴서의 종류
① 전해 콘덴서: 알루미늄으로 만들며, 용량이 크고 극성이 있다.
② 비전해 콘덴서: 세라믹으로 만들며, 용량이 작고 극성이 없다.

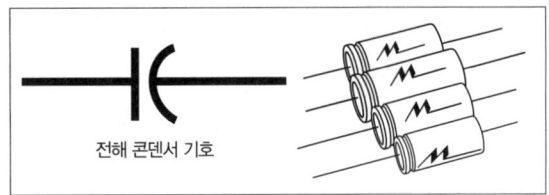
전해 콘덴서 기호

비전해 콘덴서 기호

▲ 콘덴서의 종류

※ 콘덴서가 완전 충전된 상태에서 양단에 직류 전원을 인가하면 저항값이 ∞이 되어 전류가 흐르지 않는다. 만약 콘덴서 내부의 유전체에 손상이 가면 완전 충전 이후에도 양단 사이에 미세 전류가 흐르는데 이를 누설 전류라고 한다. 비전해 콘덴서의 누설 전류 유무는 전압계로 확인한다.

(5) 콘덴서의 용량 표시

표시	abc#	102J	154K	225M	
용량[pF]	$(10a+b) \times 10^c$	10×10^2[pF]	15×10^2[pF]	22×10^5[pF]	$1[pF] = 10^{-12}[F]$
오차	첨자 #가 결정	5[%]	10[%]	20[%]	$1[\mu F] = 10^{-6}[F]$

2. 인덕턴스

(1) 유도기전력
① 코일에 흐르는 전류가 변화하면 코일에 쇄교하는 자속도 변화하여 코일에 기전력이 유도되는 현상을 자기유도 현상이라고 한다.
② 코일에 자속의 변화를 방해하는 방향으로 유도기전력 e가 발생하며, 이때 자속의 변화는 전류에 의해 만들어진 것이므로 회로에 흐르는 전류가 시간에 따라 변화하여 유도기전력이 발생한다.

$$\text{유도기전력 } e = -N\frac{d\phi}{dt} = -L\frac{di}{dt}[V]$$

③ 이때 비례상수 L을 자기인덕턴스라고 한다.

(2) 자기인덕턴스
① 인덕턴스는 전류 I가 흐를 때 이 전류를 자속으로 환산하는 코일의 능력을 의미하며 기호는 L, 단위는 헨리[H] 또는 [Wb/A]를 사용한다.
② 인덕턴스는 코일의 크기, 모양에 따라 달라진다.

$$LI = N\phi \rightarrow L = \frac{N\phi}{I}[H] \text{ (전류에 대한 자속의 비율)}$$

③ 환상솔레노이드의 자기인덕턴스

$$L = \frac{N\phi}{I} = \frac{N \cdot \left(\frac{NI}{R_m}\right)}{I} = \frac{N^2}{R_m} = \frac{N^2}{\frac{l}{\mu A}} = \frac{\mu A N^2}{l}$$

$$\left(\because \phi = \frac{F}{R_m} = \frac{NI}{R_m}\right)$$

$$\therefore L = \frac{\mu A N^2}{l} \to L \propto N^2$$

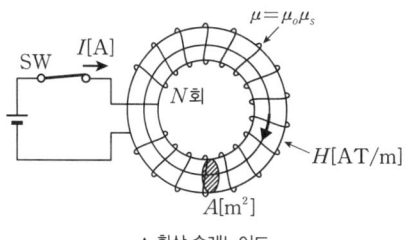

▲ 환상 솔레노이드

(3) 상호유도와 상호인덕턴스

① 상호유도: 1차 코일에 변화하는 전류가 흐르면 2차 코일에 이 전류에 의한 유도기전력이 발생하는 현상을 상호유도 현상이라고 한다.

$$e_2 = -N_2 \frac{d\phi_2}{dt}$$

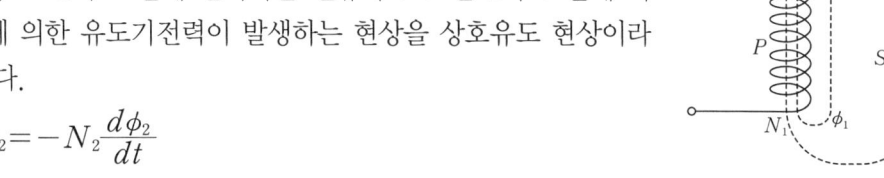

② 1차 코일에 전류가 흐르면 이 전류에 의하여 2차 코일에 발생하는 자속에 변화가 생기고, 2차 코일에 발생하는 자속은 1차 코일에 흐르는 전류에 비례한다.

$$\phi_2 = MI_1 \to e = -M\frac{dI_1}{dt}$$

M: 상호인덕턴스[H], I_1: 1차 코일에 흐르는 전류[A], e_2: 2차 코일에 유도되는 기전력[V]

③ 결합계수(k): 1, 2차 코일의 쇄교 자속의 비율 즉, 자기적 결합 정도를 나타낸다.

$$k = \frac{M}{\sqrt{L_1 L_2}} \to M = k\sqrt{L_1 L_2}$$

㉠ $k=0$: 무유도 결합($M=0$)
㉡ $0<k<1$: 일반적인 유도결합($M=k\sqrt{L_1 L_2}$)
㉢ $k=1$: 완전 결합($M=\sqrt{L_1 L_2}$)

(4) 코일의 접속

① 코일의 직렬 연결과 합성 인덕턴스

구분	가동접속	차동접속
회로도	▲ 가동 결합 회로	▲ 차동 결합 회로
합성 인덕턴스 L	$L = L_1 + L_2 + 2M$ [H]	$L = L_1 + L_2 - 2M$ [H]

② 코일의 병렬 연결과 합성 인덕턴스

구분	가동접속	차동접속
회로도	(회로도: L_1, L_2, 상호인덕턴스 M)	(회로도: L_1, L_2, 상호인덕턴스 M)
합성 인덕턴스 L	$L = \dfrac{L_1 L_2 - M^2}{L_1 + L_2 - 2M}$ [H]	$L = \dfrac{L_1 L_2 - M^2}{L_1 + L_2 + 2M}$ [H]

3. 전자에너지

(1) 코일에 축적되는 에너지

인덕턴스 L[H]인 회로에 전류 I[A]가 흐를 때 축적되는 에너지 W는 다음과 같다.

$$W = \frac{1}{2}CV^2 \rightarrow W = \frac{1}{2}LI^2 = \frac{1}{2} \times \left(\frac{N\phi}{I}\right) \times I^2 = \frac{1}{2}N\phi I$$

L: 자기인덕턴스[H], I: 전류[A], N: 권수, ϕ: 자속[Wb]

(2) 단위 체적당 축적되는 에너지

자계에 저장되는 단위 면적당 축적되는 에너지 W_m은 다음과 같다.

$$W_m = \frac{1}{2}BH \rightarrow W_m = \frac{1}{2} \times (\mu H) \times H = \frac{1}{2}\mu H^2$$

$$W_m = \frac{1}{2} \times B \times \left(\frac{B}{\mu}\right) = \frac{B^2}{2\mu}$$

B: 자속밀도[Wb/m²], H: 자계의 세기[AT/m], μ: 투자율[H/m]

+ PLUS 전기회로와 자기회로의 대응

전기회로	자기회로
전류 I[A]	자속 ϕ[Wb]
전기저항 R[Ω]	자기저항 R_m[AT/Wb]
컨덕턴스 $G = \dfrac{1}{R}$ [Ω^{-1}]	퍼미언스 $P = \dfrac{1}{R_m}$ [Wb/AT]
전계 E[V/m]	자계 H[AT/m]
기전력 V	기자력 F
도전율 σ[S/m]	투자율 μ[H/m]
전류밀도 J	자속밀도 B
옴의 법칙 $E = IR$[V]	옴의 법칙 $F_m = \phi R_m$[AT]

PHASE 05 | 전기계측

1. **전압과 전류의 측정**

   (1) 전압계

   회로의 부하와 병렬로 연결하여 측정한다.

   (2) 전류계

   회로의 부하와 직렬로 연결하여 측정한다.

   (3) 배율기

   ① 전압계의 측정 범위를 넓히기 위하여 전압계와 직렬로 연결하는 저항을 의미한다.

   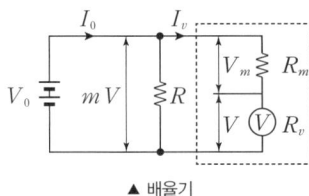

   ▲ 배율기

   - V_0: 측정하고자 하는 전압
   - V: 전압계 인가 전압
   - V_m: 분배 전압
   - R_m: 배율기 저항
   - R_v: 전압계 내부 저항

   ② 배율기의 배율: $m = \dfrac{V_0}{V} = \dfrac{I_v(R_m+R_v)}{I_v R_v} = 1 + \dfrac{R_m}{R_v}$

   ③ 배율기 저항: $R_m = R_v(m-1)$

   (4) 분류기

   ① 전류계의 측정 범위를 넓히기 위하여 전류계와 병렬로 연결하는 저항을 의미한다.

   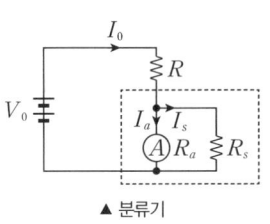

   ▲ 분류기

   - I_0: 측정하고자 하는 전류
   - I_a: 전류계 통과 전류, $I_a = \dfrac{R_s}{R_a+R_s} I_0$
   - I_s: 분류 전류, $I_s = \dfrac{R_a}{R_a+R_s} I_0$
   - R_s: 분류기 저항
   - R_a: 전류계 내부 저항

   ② 분류기의 배율: $m = \dfrac{I_0}{I_a} = \dfrac{I_a+I_s}{I_a} = 1 + \dfrac{I_s}{I_a} = 1 + \dfrac{R_a}{R_s}$

   ③ 분류기 저항: $R_s = \dfrac{R_a}{m-1}$

   > **+PLUS 전압계와 전류계의 연결**
   > 1. 병렬 연결 시에는 전압이 일정하므로 전압계는 부하와 병렬 연결한다.
   > 2. 직렬 연결 시에는 전류가 일정하므로 전류계는 부하와 직렬 연결한다.

2. **휘트스톤 브리지**

   (1) 의미

   ① 전기회로의 한 종류로 가변 저항의 저항값을 바꾸는 과정을 통해 저항을 측정할 때 사용한다.

   ② 대각선 연결 브리지로 저항, 전압계, 검류계를 사용한다.

(2) 휘트스톤 브리지 평형

가변 저항을 조절해서 검류계가 0일 경우 그때의 브리지 회로는 평형이 된다.

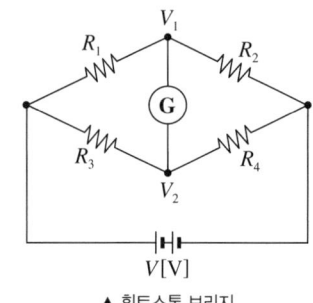

▲ 휘트스톤 브리지

① $R_1 R_4 = R_2 R_3$의 조건을 만족하면, G에는 전류가 흐르지 않는다.
② 이를 휘트스톤 브리지 평형회로라고 하며 이 조건을 만족하면 V_1과 V_2 사이는 개방이 된 회로로 해석이 가능하다.

(3) 휘트스톤 브리지의 원리를 응용한 기타 측정기구
① 콜라우시 브리지(Kohlrausch bridge): 축전지의 내부저항을 측정한다.
② 맥스웰 브리지(Maxwell bridge): 코일의 자체 인덕턴스를 측정한다.
③ 캠벨 브리지(Campbell bridge): 차동 접속된 두 코일의 상호 인덕턴스를 측정한다.
④ 켈빈 브리지(Kelvin bridge): 1[Ω] 미만의 미지 저항을 측정한다.

3. 기타 계측기

(1) 메거와 후크미터
① 메거: 절연되어야 하는 두 지점 사이의 저항값을 측정하여 누전 여부를 확인하는 기구이다. 두 단자 중 하나는 분전반의 접지 단자대에, 나머지 하나는 피복 손상이 의심되는 전선에 연결한다.
② 후크미터: 전자기 유도현상을 이용하여 활선 상태의 교류 전류를 측정하는 계기이다.
③ 기기 절연

절연 등급	최고 허용온도[℃]	절연 재료
Y종 절연	90	비단, 목재, 종이
A종 절연	105	상기 재료에 절연유를 혼합
E종 절연	120	에폭시 수지
B종 절연	130	석면, 유리섬유

(2) 검상기와 회로시험기
① 검상기: 3개의 클립핑으로 3상 교류회로 피복 위에 끼워서 상의 순서를 계측하는 기구이다.
② 회로시험기: 테스터기라고도 하며 직류 전압, 직류 전류, 교류 전압, 저항 등을 측정할 수 있다.

> **+ PLUS** 키르히호프 법칙
>
> 1. 제 1법칙 − 전류법칙(KCL: Kirchhoff's Current Law)
>
>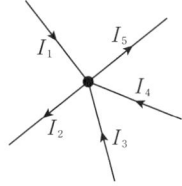
>
> 그림에서 마디(node)에 들어오는 전류는 '+'로, 나가는 전류는 '−'로 정의하고 식으로 표현하면 다음과 같다.
> $I_1+(-I_2)+I_3+I_4+(-I_5)=0$
> $\to I_1+I_3+I_4=I_2+I_5$
> $\to \sum(들어오는 전류)=\sum(나가는 전류)$
>
> 임의의 마디(node)에 들어가는 총 전류의 합은 나가는 총 전류의 합과 같다. 즉, 회로망의 임의의 접속점을 기준으로 들어오고 나가는 전류의 총합은 '0'이다.
>
> $$\sum_{i=1}^{n} I_i = 0 \to I_1+I_2+I_3 \cdots I_n = 0$$
>
> 2. 제 2법칙 − 전압법칙(KVL: Kirchhoff's Voltage Law)
>
>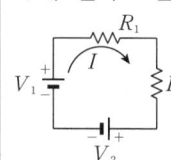
>
> 그림에서 전류 I가 시계 방향으로 흐른다고 했을 때 각 소자에 걸리는 전압값을 식으로 표현하면 다음과 같다.
> $V_1+(-IR_1)+(-IR_2)+(-V_2)=0$
> $\to V_1-V_2=IR_1+IR_2$
> $\to \sum(인가 전압)=\sum(전압 강하)$
>
> 임의의 폐회로(loop) 내에서 기전력의 총합은 저항에 의한 그 폐회로의 전압 강하의 총합과 같다. 즉, 어떤 폐회로를 따라서 발생하는 전압의 총합은 '0'이다.
>
> $$\sum_{i=1}^{n} V_i = 0 \to V_1+V_2+V_3 \cdots V_n = 0$$
>
> ※ 키르히호프 법칙의 적용
> ① 전기적 특성이 각각 어떤 한 점 또는 소자로 표현되는 집중정수회로에 적용
> ② 전압과 전류가 비례하는 선형 회로나 단순한 비례관계로 표현하기 어려운 비선형 회로 모두에 관계 없이 적용
> ③ 회로소자의 시변·시불변성에 적용을 받지 않음

PHASE 06 | 교류회로 일반

1. 직류와 교류

(1) 직류(Direct Current, DC)
① 시간이 흐름에 따라 극성(+, −)이 변하지 않는다.
② 전압과 전류가 일정한 값을 유지하고, 전류의 방향이 일정하다.

(2) 교류(Alternating Current, AC)
① 시간이 흐름에 따라 극성(+, −)이 변화한다.
② 시간의 흐름에 따라 전압과 전류 파형의 크기 및 방향이 주기적으로 변화하는 파형이다.
③ 시간의 흐름에 따라 정현파의 형태를 가지고 크기와 방향이 주기적으로 변하는 전압과 전류를 정현파 교류라고 한다.

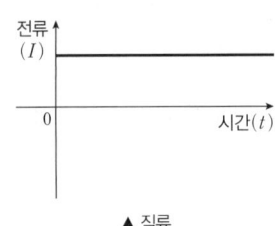
▲ 직류

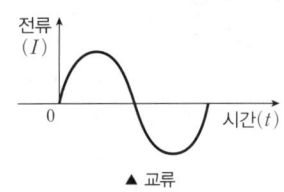
▲ 교류

2. 주기, 주파수, 각속도

(1) 주기

① 같은 파형이 반복되는 하나의 사이클을 주기(period)라고 한다.

② 주기의 기호는 T, 단위는 초(second, [s])를 사용한다.

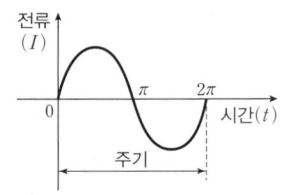

(2) 주파수

① 단위 시간(1초) 동안 파형의 주기가 반복되는 횟수를 뜻하며, 주기(T)의 역수로 표현한다.

$$f=\frac{1}{T}[\text{Hz}] \rightarrow T=\frac{1}{f}[\text{s}]$$

② 주파수의 기호는 f, 단위는 헤르츠(Hertz, [Hz])를 사용한다.

③ 1초 동안 파형이 60번 반복되면 60[Hz]이다.

(3) 각속도(각주파수)

① 회전 운동하는 물체의 속도를 알기 위해 단위 시간당 회전하는 각도를 나타내는 값으로 기호는 ω(omega), 단위는 [rad/s]를 사용한다.

② 단위 시간 동안 원주 상의 두 점 A와 B 사이를 이동한 각도이다.

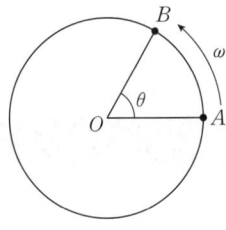
▲ 각속도

t[초] 동안 θ[rad]만큼 이동한 경우 각속도 χ는 다음과 같다.

$$\omega=\frac{\theta}{t}[\text{rad/s}] \rightarrow \theta=\omega t$$

③ 원의 한 바퀴는 360°이며, 2π[rad]이다. 따라서 교류 파형이 한 바퀴를 회전하였을 때 각속도는 다음과 같이 나타낼 수 있다.

$$\omega=\frac{2\pi}{T} \rightarrow \omega=2\pi f[\text{rad/s}] \qquad \therefore \theta=\omega t=2\pi ft$$

> **+ PLUS 호도법**
> 1. 부채꼴의 반지름과 호의 길이가 같아질 때의 중심각의 크기를 1호도 또는 1[rad]이라고 한다. (1[rad]=약 57.3°)
> 2. 도수법은 원둘레를 360°로 나타낸 것이고, 호도법은 원둘레를 2π[rad]으로 나타낸 것이다.
>
> | 도수법 | 0° | 1° | 30° | 45° | 60° | 90° | 180° | 270° | 360° |
> |---|---|---|---|---|---|---|---|---|---|
> | 호도법 | 0 | $\frac{\pi}{180}$ | $\frac{\pi}{6}$ | $\frac{\pi}{4}$ | $\frac{\pi}{3}$ | $\frac{\pi}{2}$ | π | $\frac{3}{2}\pi$ | 2π |

3. 정현파의 실훗값과 페이저 표현

(1) 순시값: 정현파 교류의 기전력을 사인함수로 표현한 것

$$e[\text{V}] = E_m \sin\omega t = E_m \sin 2\pi f t$$

E_m : E의 최댓값

(2) 평균값: 정현파 교류의 기전력을 반주기(위상 0°~180°) 구간에 대해서 적분하고 반주기 위상 π로 나눈 것

$$V_{avg} = \frac{1}{\pi} \int_0^\pi E \cdot d(\omega t) = \frac{E_m}{\pi/2} \frac{1}{\pi} \int_0^\pi E_m \sin\omega t \cdot d(\omega t) = \frac{2}{\pi} E_m$$

(3) 실훗값(rms): 주기 함수인 정현파 $E_m \sin\omega t$의 제곱 평균 제곱근

$$V_{rms} = \sqrt{\frac{1}{T} \int_0^T E_m^2 \sin^2 \omega t \, dt} = \sqrt{\frac{E_m^2}{T} \int_0^T \left(\frac{1-\cos^2\omega t}{2}\right) dt} = \sqrt{\frac{E_m^2}{T}\left(\frac{T}{2}\right)} = \frac{E_m}{\sqrt{2}}$$

> **+ PLUS** 교류의 벡터 표시법
>
> 1. 복소수의 연산
>   ① 임의의 실수 a, b와 허수단위 j를 써서 $a+jb$꼴로 나타낸 수를 복소수라하며, 이때 a를 실수부분, b를 허수부분이라고 한다.
>   ② 허수단위 $j=\sqrt{-1}$이며, $j^2=-1$이다.
>   ③ 실수 a, b, c, d에 대하여 사칙연산은 다음과 같이 한다.
>   ㉠ 덧셈 $(a+jb)+(c+jd)=(a+c)+j(b+d)$
>   ㉡ 뺄셈 $(a+jb)-(c+jd)=(a-c)+j(b-d)$
>   ㉢ 곱셈 $(a+jb)(c+jd)=(ac-bd)+j(ad+bc)$
>   ㉣ 나눗셈 $\dfrac{a+jb}{c+jd}=\dfrac{(a+jb)(c-jd)}{(c+jd)(c-jd)}=\dfrac{(ac+bd)+j(bc-ad)}{c^2+d^2}$
>
>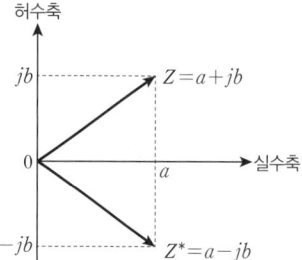
>
> 2. 교류의 벡터 표시
>   ① 직각좌표법(복소수): 실수 측에 해당하는 값을 a라 하고, 허수 측에 해당하는 값을 b라고 하면, 교류 Z는 다음과 같이 표시한다.
> $Z = a + jb$
>   ② 극좌표법: 교류를 크기와 위상으로 표시한다.
> $-$ $Z = $ 크기∠위상 → $Z = |Z|\angle\theta$
>   → $|Z|$(실훗값)$=\sqrt{a^2+b^2}$
>   → 위상 $\theta = \tan^{-1}\left(\dfrac{b}{a}\right)$
> $-$ $Z_1 = a\angle\theta_1$, $Z_2 = b\angle\theta_2$일 경우
>   • 두 벡터의 곱: $Z_1 \cdot Z_2 = ab\angle\theta_1+\theta_2$
>   • 두 벡터의 비: $\dfrac{Z_1}{Z_2} = \dfrac{a}{b}\angle\theta_1-\theta_2$
>
>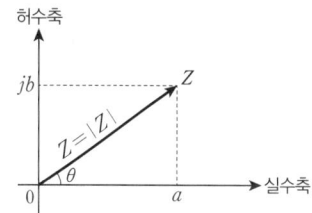
>
>   ③ 삼각함수법: 그림에서 $\cos\theta=\dfrac{a}{|Z|}$, $\sin\theta=\dfrac{b}{|Z|}$이므로 다음과 같이 표시하는 것을 삼각함수법이라고 한다.
> $Z = a+jb = |Z|(\cos\theta+j\sin\theta)$

4. 임피던스와 어드미턴스

(1) 임피던스

① 순수 저항은 직류와 교류에서 동일한 전기 저항 $R[\Omega]$를 가진다.

② 용량 리액턴스 X_C: 콘덴서의 교류에 대한 저항 성분으로 크기는 $-j\dfrac{1}{\omega C}[\Omega]$ 또는 $\dfrac{1}{j\omega C}[\Omega]$이다.

③ 유도 리액턴스 X_L: 인덕터의 교류에 대한 저항 성분으로 크기는 $j\omega L[\Omega]$이다.

④ $R-L-C$ 직렬 접속 회로에서 합성 임피던스 $\dot{Z}=R-j\dfrac{1}{\omega C}+j\omega L[\Omega]$, 크기는
$Z=\sqrt{R^2+(\omega L-1/\omega C)^2}[\Omega]$

(2) 어드미턴스

① 여러 개의 임피던스가 병렬로 접속된 회로를 분석할 때는 어드미턴스를 도입하면 계산이 쉬워진다.

② 어드미턴스와 임피던스의 상호 관계를 표시하면 다음 표와 같다.

기호	명칭	상호 관계	기호	명칭
G	컨덕턴스	$G=\dfrac{1}{R}$	R	레지스턴스
B	서셉턴스	$B=\dfrac{1}{X}$	X	리액턴스
Y	어드미턴스	$Y=\dfrac{1}{Z}$	Z	임피던스

5. 교류전력

(1) 유효전력(평균전력, 소비전력) $P[\mathrm{W}]$

① 저항 R에서 발생하는 전력으로 실제 소비되는 전력이다.

② 전압 V와 유효전류 $I\cos\theta$의 곱으로 표현하며, 단위는 $[\mathrm{W}]$를 사용한다.
$$P=VI\cos\theta[\mathrm{W}] \rightarrow P=I^2R=\dfrac{V^2}{R}[\mathrm{W}]$$

(2) 무효전력 $P_r[\mathrm{Var}]$

① 인덕턴스 L이나 콘덴서 C에서 발생되는 전력으로 에너지 저장만을 할 뿐 소비되지 않는 전력이다.

② 전압 V와 무효전류 $I\sin\theta$의 곱으로 표현하며, 단위는 $[\mathrm{Var}]$를 사용한다.
$$P_r=VI\sin\theta[\mathrm{Var}] \rightarrow P_r=I^2X=\dfrac{V^2}{X}[\mathrm{Var}]$$

(3) 피상전력(공급전력) $P_a[\mathrm{VA}]$

① 전원에서 공급되는 전력으로 유효전력 $P[\mathrm{W}]$와 무효전력 $P_r[\mathrm{Var}]$의 합이다.

② 단자 전압과 전류 실횻값의 곱으로 표현하며, 단위는 $[\mathrm{VA}]$를 사용한다.
$$P_a=P+jP_r=\sqrt{P^2+P_r^2}=VI\sqrt{\cos^2\theta+\sin^2\theta}=VI \rightarrow P_a=VI=I^2Z=\dfrac{V^2}{Z}[\mathrm{VA}]$$

(4) 전력 삼각도

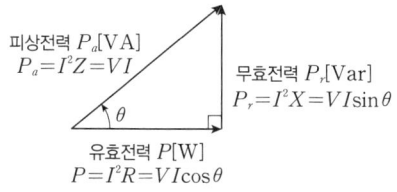

▲ 단상 교류전력 삼각도

① $P = I^2 R = I^2 Z \cos\theta = P_a \cos\theta \,[\text{W}]$
② $P_r = I^2 X = I^2 Z \sin\theta = P_a \sin\theta \,[\text{Var}]$
③ $P_a = I^2 Z = \dfrac{P}{\cos\theta} = \dfrac{P_r}{\sin\theta} \,[\text{VA}]$

(5) 역률
① 교류 전원에서 공급된 전력이 부하에서 유효하게 이용되는 비율이다.
② 피상전력 중 유효전력으로 사용되는 비율로서 $\cos\theta$로 표현한다.

$$\cos\theta = \dfrac{P}{P_a} = \dfrac{P}{VI} = \dfrac{R}{Z}$$

> **+ PLUS 역률**
>
> - R과 X_L이 직렬로 연결된 회로에서 역률 $= \dfrac{R}{Z} = \dfrac{R}{\sqrt{R^2 + (\omega L)^2}}$
> - R과 X_C가 직렬로 연결된 회로에서 역률 $= \dfrac{R}{Z} = \dfrac{R}{\sqrt{R^2 + (1/\omega C)^2}}$
> - R과 X_L이 병렬로 연결된 회로에서 역률 $= \dfrac{G}{Y} = \dfrac{1/R}{\sqrt{(1/R)^2 + (1/\omega L)^2}}$
> - R과 X_C가 병렬로 연결된 회로에서 역률 $= \dfrac{G}{Y} = \dfrac{1/R}{\sqrt{(1/R)^2 + (\omega C)^2}}$

6. 전력용 콘덴서

(1) 의미

부하의 역률을 개선하는 목적으로 부하와 병렬로 전력용 콘덴서를 설치하며, 진상용 콘덴서라고도 한다.

(2) 전력용 콘덴서 용량

역률 $\cos\theta = \dfrac{P}{P_a}$에서 유효전력 P는 일정하다고 했을 때 피상전력 P_a의 값이 작아질수록 역률 $\cos\theta$의 값이 높아진다. 따라서 전력용 콘덴서를 연결하여 그림과 같이 Q_c만큼 낮춰준다.

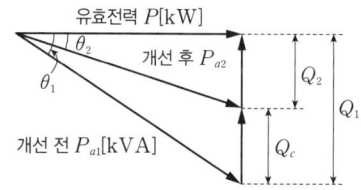

$$Q_c = Q_1 - Q_2 = P_{a1}\sin\theta_1 - P_{a2}\sin\theta_2$$
$$= P\left(\dfrac{\sin\theta_1}{\cos\theta_1} - \dfrac{\sin\theta_2}{\cos\theta_2}\right)$$
$$= P(\tan\theta_1 - \tan\theta_2)$$

$$Q_c = P\left(\dfrac{\sqrt{1 - \cos^2\theta_1}}{\cos\theta_1} - \dfrac{\sqrt{1 - \cos^2\theta_2}}{\cos\theta_2}\right)$$

Q_c: 콘덴서 용량[kVA], P: 유효전력[kW], $\cos\theta_1$: 개선 전 역률, $\sin\theta_1$: 개선 전 무효율,
$\cos\theta_2$: 개선 후 역률, $\sin\theta_2$: 개선 후 무효율

(3) RLC 직렬회로

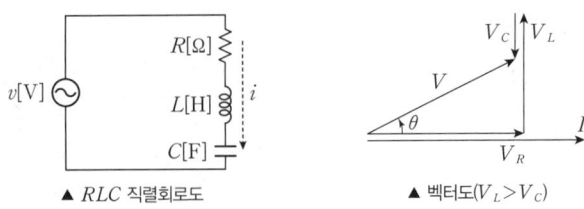

▲ RLC 직렬회로도   ▲ 벡터도($V_L > V_C$)

① 임피던스 $Z = \sqrt{R^2 + X^2} = \sqrt{R^2 + (X_L - X_C)^2} = \sqrt{R^2 + \left(\omega L - \dfrac{1}{\omega C}\right)^2}$ [Ω]

② 전류 $I = \dfrac{V}{Z} = \dfrac{V}{\sqrt{R^2 + X^2}} = \dfrac{V}{\sqrt{R^2 + (X_L - X_C)^2}}$ [A]

③ 전압 $V = \sqrt{V_R^2 + (V_L - V_C)^2}$

④ 위상차 $\theta = \tan^{-1} \dfrac{X_L - X_C}{R} \rightarrow \theta = \tan^{-1} \dfrac{V_L - V_C}{V_R} = \tan^{-1} \dfrac{I(X_L - X_C)}{IR} = \tan^{-1} \dfrac{X_L - X_C}{R}$

  ㉠ $X_L > X_C$ 유도성 회로가 되어 전류는 전압보다 θ만큼 뒤진다. (지상)
  ㉡ $X_L < X_C$ 용량성 회로기 되어 전류는 전압보다 θ만큼 앞선다. (진상)
  ㉢ $X_L = X_C$ 직렬 공진상태가 되어 전류와 전압이 동상이다.

⑤ 역률 $\cos\theta = \dfrac{V_R}{V} = \dfrac{IR}{IZ} = \dfrac{R}{Z} = \dfrac{R}{\sqrt{R^2 + (X_L - X_C)^2}}$

⑥ 무효율 $\sin\theta = \dfrac{X_L - X_C}{\sqrt{R^2 + (X_L - X_C)^2}}$

> **+ PLUS 직렬공진**
>
> 1. 의미: 임피던스 식에서 임피던스가 최소가 되는 $Z = R$과 같은 상태를 직렬공진이라고 한다.
> 2. 공진조건: $Z = R + j(X_L - X_C)$에서 허수부는 $X_L - X_C = 0$이 되어야 한다.
>
> $X_L = X_C \rightarrow \omega L = \dfrac{1}{\omega C}$
>
> 3. 공진주파수 f: RLC 직렬 공진회로에서 $\omega L = \dfrac{1}{\omega C}$ 이 되는 주파수를 공진주파수라고 한다.
>
> $\omega L = \dfrac{1}{\omega C} \rightarrow 2\pi f L = \dfrac{1}{2\pi f C}$ ∴ 공진주파수 $f = \dfrac{1}{2\pi\sqrt{LC}}$
>
> 4. 선택도 Q: 전원 전압 V에 대하여 L에 걸리는 전압 V_L과 C에 걸리는 전압 V_C의 비율이다.
>
> $Q = \dfrac{V_L}{V} = \dfrac{I\omega L}{IR} = \dfrac{\omega L}{R}$ $Q = \dfrac{V_C}{V} = \dfrac{1}{\omega C R}$
>
> $Q^2 = \dfrac{\omega L}{R} \cdot \dfrac{1}{\omega C R} = \dfrac{1}{R^2} \cdot \dfrac{L}{C}$
>
>   ∴ 선택도 $Q = \dfrac{1}{R}\sqrt{\dfrac{L}{C}}$

(4) RLC 병렬회로

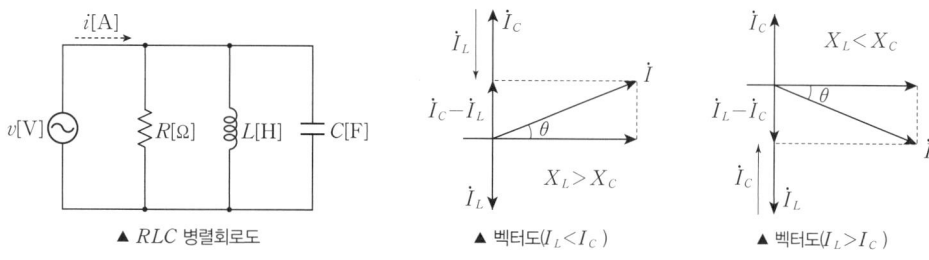

▲ RLC 병렬회로도　　▲ 벡터도($I_L < I_C$)　　▲ 벡터도($I_L > I_C$)

① 어드미턴스 $Y = \dfrac{1}{Z} = \dfrac{1}{R} + j\left(\dfrac{1}{X_C} - \dfrac{1}{X_L}\right) = \sqrt{\left(\dfrac{1}{R}\right)^2 + \left(\dfrac{1}{X_C} - \dfrac{1}{X_L}\right)^2}$

② 전류 $I = \sqrt{I_R^2 + (I_C - I_L)^2}$ [A]

③ 위상차 $\theta = \tan^{-1} R\left(\dfrac{1}{X_C} - \dfrac{1}{X_L}\right)$ [rad]

　㉠ $I_L > I_C$ ($X_L < X_C$) 유도성 회로가 되어 전류는 전압보다 θ만큼 뒤진다.
　㉡ $I_L < I_C$ ($X_L > X_C$) 용량성 회로가 되어 전류는 전압보다 θ만큼 앞선다.
　㉢ $I_L = I_C$ ($X_L = X_C$) 병렬 공진상태가 되어 전류와 전압이 동상이다.

④ 역률 $\cos\theta = \dfrac{Z}{R} = \dfrac{1}{RY} = \dfrac{1}{R\sqrt{\left(\dfrac{1}{R}\right)^2 + \left(\dfrac{1}{X_C} - \dfrac{1}{X_L}\right)^2}}$

⑤ 무효율 $\sin\theta = \dfrac{\dfrac{1}{X_C} - \dfrac{1}{X_L}}{\sqrt{\left(\dfrac{1}{R}\right)^2 + \left(\dfrac{1}{X_C} - \dfrac{1}{X_L}\right)^2}}$

+ PLUS 병렬공진

1. 의미: 직렬공진과 같이 어드미턴스 식에서 어드미턴스가 최소가 되는 $Y = \dfrac{1}{R}$과 같은 상태를 병렬공진이라고 한다.

2. 공진조건: $Y = \dfrac{1}{R} + j\left(\dfrac{1}{X_C} - \dfrac{1}{X_L}\right)$에서 허수부는 $\dfrac{1}{X_C} - \dfrac{1}{X_L} = 0$이 되어야 한다.

　$\dfrac{1}{X_C} = \dfrac{1}{X_L} \rightarrow \omega C = \dfrac{1}{\omega L}$

3. 공진주파수 f: 직렬공진과 같다.

　$\omega C = \dfrac{1}{\omega L} \rightarrow 2\pi f C = \dfrac{1}{2\pi f L}$　　∴ 공진주파수 $f = \dfrac{1}{2\pi\sqrt{LC}}$

4. 선택도 $Q = R\sqrt{\dfrac{L}{C}}$

7. 단상 전력 측정법

(1) 3전압계법

3개의 전압계와 하나의 저항을 연결하여 단상 교류전력을 측정하는 방법이다.

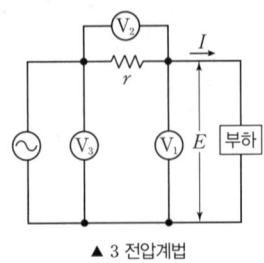

▲ 3 전압계법

$$P = \frac{1}{2R}(V_3^2 - V_2^2 - V_1^2)[\text{W}]$$

(2) 3전류계법

3개의 전류계와 하나의 저항을 연결하여 단상 교류전력을 측정하는 방법이다.

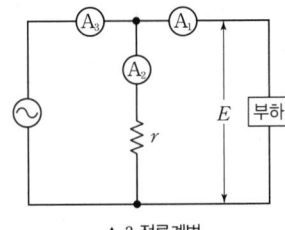

▲ 3 전류계법

$$P = \frac{R}{2}(I_3^2 - I_2^2 - I_1^2)[\text{W}]$$

8. 3상 전력 측정법

(1) 3전력계법
① 단상 전력계 3대를 접속하여 3상 전력을 측정하는 방법으로 부하 전력을 측정할 수 있다.
② 각 전력계의 지싯값의 대수합이 3상 전력이 되며, Y결선에서 주로 사용한다.
$$W = W_1 + W_2 + W_3 [\text{W}]$$

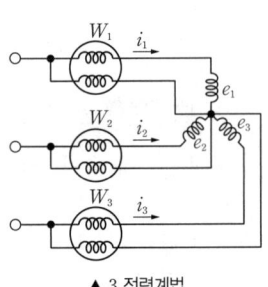

▲ 3 전력계법

(2) 2전력계법

단상 전력계 2대를 접속하여 3상 전력을 측정하는 방법으로 불평형 부하 전력도 측정할 수 있다. 하나의 전력계에서의 측정값을 P_1이라 하고, 다른 하나의 전력계에서의 측정값을 P_2라고 하면

① 유효(소비)전력 $P = P_1 + P_2 [\text{W}]$
② 무효전력 $P_r = \sqrt{3}(P_1 - P_2)[\text{Var}]$
③ 피상전력 $P_a = \sqrt{P^2 + P_r^2} = 2\sqrt{P_1^2 + P_2^2 - P_1 P_2}[\text{VA}]$
④ 역률 $\cos\theta = \dfrac{P}{P_a} = \dfrac{P_1 + P_2}{2\sqrt{P_1^2 + P_2^2 - P_1 P_2}}$

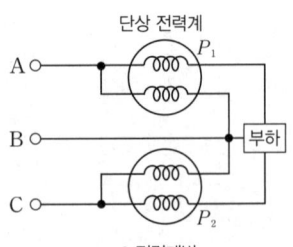

▲ 2 전력계법

9. 기타 요소의 측정

구분	측정
전류 측정	① 후크온 미터: 전선에 흐르는 전류 측정
	② 검류계: 미소전류 측정
저항 측정	① 메거: 절연 저항 측정
	② 코올라우시 브리지: 축전지의 내부 저항 측정
	③ 어스테스터: 접지 저항 측정
	④ 휘트스톤 브리지: 검류계의 내부 저항 측정
인덕턴스 측정	① 맥스웰 브리지법
	② 헤이 브리지법
	③ 헤비사이드 브리지법

10. 인덕터 회로와 콘덴서 회로의 비교

비교 물리량	인덕터 회로	콘덴서 회로
전류의 순시값	$i_L = \frac{1}{L}\int v_L dt [\text{A}]$	$i_C = C\frac{dv}{dt}[\text{A}]$
전류의 실횻값	$I = \frac{E}{\omega L}[\text{A}]$	$I = \frac{E}{1/\omega C}[\text{A}]$
교류 저항 성분(리액턴스)	$X_L = \omega L [\Omega]$	$X_C = \frac{1}{\omega C}[\Omega]$
전류의 위상과 전압의 위상	전류가 전압에 뒤진다. 지상 전류가 흐른다.	전류가 전압에 앞선다. 진상 전류가 흐른다.

- $X_L > X_C$: 인덕터의 유도 성분이 지배적이어서 전류의 위상이 전압보다 뒤지는 지상 전류가 흐른다.
- $X_L < X_C$: 콘덴서의 용량 성분이 지배적이어서 전류의 위상이 전압보다 앞서는 진상 전류가 흐른다.

PHASE 07 | 3상 교류회로

1. 대칭 3상 교류

(1) 의미

발전기의 전기자에 도체 a, b, c를 각각 120° 간격으로 설치하고 전기자를 회전시키면 3개의 상이 발생한다. 이와 같이 3개 상의 크기와 위상차가 모두 동일한 파형을 대칭 3상 교류라고 한다.

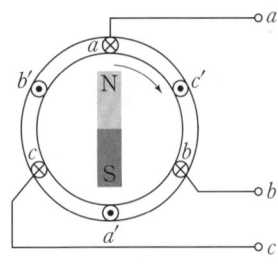

▲ 3상 동기 발전기 구조

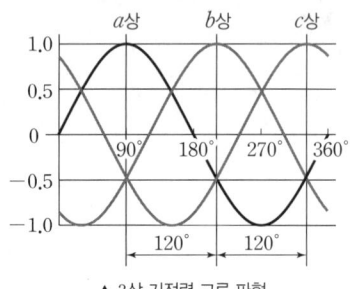

▲ 3상 기전력 교류 파형

(2) 대칭 3상 교류의 순싯값(V : 실횻값[V])

① $V_a = V_m \sin\omega t = V \angle 0°$

② $V_b = V_m \sin\left(\omega t - \dfrac{2}{3}\pi\right) = V \angle -\dfrac{2}{3}\pi$

③ $V_c = V_m \sin\left(\omega t - \dfrac{4}{3}\pi\right) = V \angle -\dfrac{4}{3}\pi$

④ 전압의 벡터합: 각 값을 벡터합하면 0이 된다.

$$V_b + V_c = -V_a \rightarrow V_a + V_b + V_c = 0$$

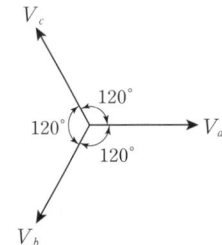
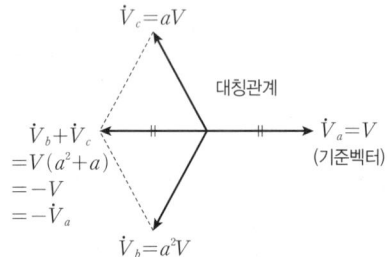

⑤ 3상을 단상과 같이 직렬로 연결하면 전압의 벡터합이 0[V]가 되므로 3상을 연결할 때에는 Y결선이나 △결선을 이용한다.

2. Y결선

(1) 의미

그림과 같이 각 상의 (−) 단자를 모두 연결하는 방식을 성형결선 또는 Y결선이라고 한다.

(2) Y결선의 전압

① 상전압 V_P: 각 상에 걸리는 전압 → V_a, V_b, V_c

② 선간전압 V_l: 단자간에 걸리는 선과 선 사이의 전압
→ V_{ab}, V_{bc}, V_{ca}

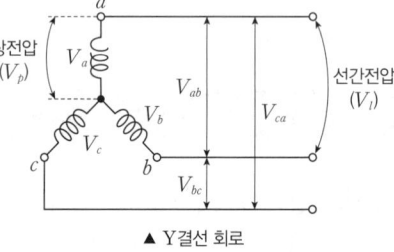

▲ Y결선 회로

③ 상전압과 선간전압의 관계: 벡터도에서 알 수 있듯이 각각의 선간전압은 상전압보다 30°만큼 앞서고, 크기는 $\sqrt{3}$배 크다.

$$V_l = \sqrt{3}\,V_P \angle 30°[\text{V}]$$

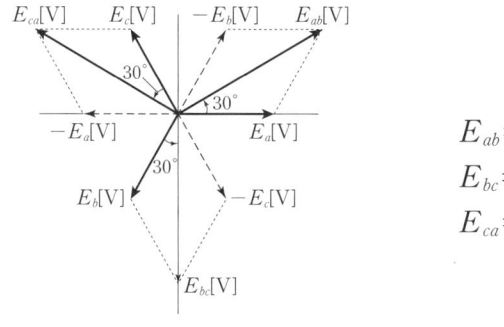

$$E_{ab} = E_a - E_b$$
$$E_{bc} = E_b - E_c$$
$$E_{ca} = E_c - E_a$$

▲ 전압 벡터도

(3) Y결선의 전류

① 상전류 I_P: 각 상에 흐르는 전류 → I_a, I_b, I_c

② 선전류 I_l: 각 상과 부하를 연결하는 선에 흐르는 전류로, 단자로부터 유입 또는 유출되는 전류이다.

③ 상전류와 선전류의 관계: 상전류와 선전류의 크기와 위상이 모두 같다.
$$I_l = I_p \angle 0°[\mathrm{A}]$$

3. △결선

(1) 의미

그림과 같이 각 상에서 (+) 단자와 (−) 단자의 순으로 고리형태를 만드는 결선을 환상결선 또는 △결선이라고 한다.

(2) △결선의 전압

상전압과 선간전압의 크기와 위상이 모두 같다.
$$V_l = V_P \angle 0°[\mathrm{V}]$$

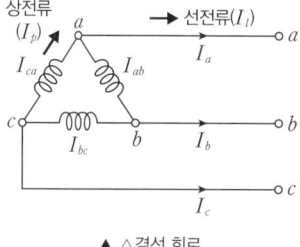

▲ △결선 회로

(3) △결선의 전류

① 상전류 I_P: 두 상을 흐르는 전류 → I_{ab}, I_{bc}, I_{ca}

② 선전류 I_l: 각 상과 부하를 연결하는 선에 흐르는 전류로, 단자로부터 유입 또는 유출되는 전류이다. → I_a, I_b, I_c

③ 상전류와 선전류의 관계: 벡터도에서 알 수 있듯이 각각의 선전류 I_l는 상전류 I_P보다 30°만큼 뒤지고, 크기는 $\sqrt{3}$배 커진다.
$$I_l = \sqrt{3} I_P \angle -30°[\mathrm{A}]$$

+ PLUS Y결선과 △결선

구분	전압		전류	
	상전압	선간 전압	상전류	선전류
Y결선	V_P	$V_l = \sqrt{3} V_P$	I_P	I_l
△결선	V_P	V_l	I_P	$I_l = \sqrt{3} I_P$

4. V결선

(1) 의미

　△결선에서 고장이나 보수 등을 이유로 1개의 상이 제거된 상태에서 나머지 2상으로 3상을 공급하는 방식을 V결선이라고 한다.

(2) 출력 P_V

　V결선에서 출력은 단상 용량의 $\sqrt{3}$배이다.

　$P_V = \sqrt{3}P_1 [\text{VA}]$

(3) 이용률

　변압기 2대의 출력량과 V결선 했을 때의 출력량의 비이다.

　$\dfrac{\text{V결선 허용용량}}{\text{2대 허용용량}} = \dfrac{\sqrt{3}P_1}{2P_1} = 0.866 = 86.6[\%]$

(4) 출력비

　△결선 했을 때와 V결선 했을 때의 비이다.

　$\dfrac{\text{V결선 출력}}{\text{△결선 출력}} = \dfrac{P_V}{P_\triangle} = \dfrac{\sqrt{3}P_1}{3P_1} = 0.577 = 57.7[\%]$

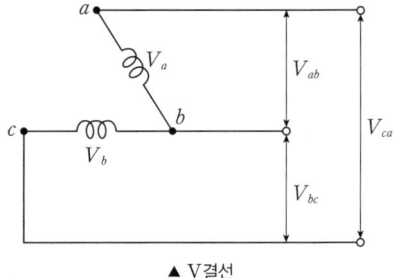

▲ V결선

5. 3상 전력

(1) 유효전력 $P[\text{W}]$

　$P = P_a \cos\theta = 3V_P I_P \cos\theta = \sqrt{3}V_l I_l \cos\theta \ \left(\because V_l = \sqrt{3}V_P \rightarrow V_P = \dfrac{V_l}{\sqrt{3}} \right)$

　$= 3I_P^2 R[\text{W}]$

(2) 무효전력 $P_r[\text{Var}]$

　$P_r = P_a \sin\theta = 3V_P I_P \sin\theta = \sqrt{3}V_l I_l \sin\theta$

　$= 3I_P^2 X[\text{Var}]$

(3) 피상전력 $P_a[\text{VA}]$

　$P_a = 3V_P I_P = \sqrt{3}V_l I_l = 3I_P^2 Z[\text{VA}]$

　피상전력＝유효전력＋무효전력

　$P_a = \sqrt{P^2 + P_r^2}$

+ PLUS 소자별 전력의 구분

R	L	C
유효전력 $P[\text{W}]$	무효전력 $P_r[\text{Var}]$	
피상전력 $P_a[\text{VA}]$		

6. 대칭좌표법

(1) 개요

① 1선 지락이나 선간 단락 등 계통에 고장이 발생하면 전압과 전류가 불평형 상태가 되어 이를 예측하기 어려워지므로 불평형 3상에 대한 대칭성분(영상분, 정상분, 역상분)으로 분해하여 해석한다.

② 비대칭 전압이 V_a, V_b, V_c일 때 대칭분을 V_0, V_1, V_2라 하면 그림과 같이 표현할 수 있다.

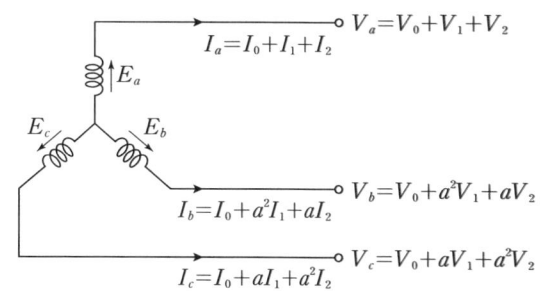

(2) 전류 I_a, I_b, I_c나 전압 V_a, V_b, V_c가 불평형인 경우 벡터 연산자 a를 이용하여 I_1, I_2, I_3이나 V_1, V_2, V_3으로 분해하여 해석이 가능하다.

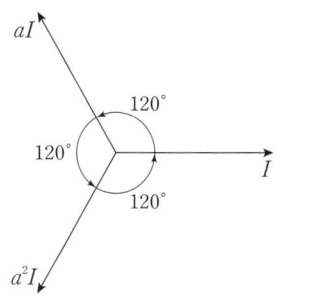

$$a = 1\angle 120° = \cos 120° + j\sin 120° = -\frac{1}{2} + j\frac{\sqrt{3}}{2}$$

$$a^2 = a \cdot a = 1\angle 240° = -\frac{1}{2} - j\frac{\sqrt{3}}{2}$$

$$a^3 = a \cdot a^2 = 1\angle 360° = 1$$

$$\rightarrow 1 + a + a^2 = 0$$

(3) 대칭분 전류

① 영상전류(I_0): 같은 크기와 위상각을 가진 평형 단상 전류로 지락 고장시 접지계전기를 동작시킨다.

$$I_0 = \frac{1}{3}(I_a + I_b + I_c)$$

② 정상전류(I_1): 전동기에 회전토크를 발생시키는 평형 3상 교류로 전원과 동일한 상회전 방향을 갖는다.

$$I_1 = \frac{1}{3}(I_a + aI_b + a^2I_c)$$

③ 역상전류(I_2): 제동 작용으로 출력을 감소시키는 평형 3상 전류로 I_1과 상회전 방향이 반대이다.

$$I_2 = \frac{1}{3}(I_a + a^2I_b + aI_c)$$

(4) 대칭분 전압

① 영상전압: $V_0 = \frac{1}{3}(V_a + V_b + V_c)$

② 정상전압: $V_1 = \frac{1}{3}(V_a + aV_b + a^2V_c)$

③ 역상전압: $V_2 = \frac{1}{3}(V_a + a^2V_b + aV_c)$

PHASE 08 | 비정현파 교류

1. **비정현파(왜형파) — 정현파(sin파)가 아닌 파**

   (1) 개요
      ① 파형이 일그러진 상태로 규칙적으로 반복하는 교류를 비정현파(왜형파) 교류라고 한다.
      ② 공급 전원이 정현파 형태이더라도 부하단에서 정현파에 고조파가 섞여 파형은 왜곡된다. 기본파에 고조파가 함유되면 왜형파가 된다.

      비정현파(왜형파)=기본파+직류분+고조파

   (2) 비정현파의 푸리에 급수(Fourier series)
      ① 비정현파의 해석에 이용되는 급수식이다.
      ② 무수히 많은 주파수 성분을 갖는 비정현파는 일정한 주기로 같은 파형을 반복하는데 이를 무수히 많은 삼각함수의 집합으로 표현할 수 있다. 이 집합을 비정현파의 푸리에 급수에 의한 전개라고 한다.

      $$V = V_0 + V_1\sin\omega t + V_2\sin 2\omega t + V_3\sin 3\omega t + \cdots + V_n\sin n\omega t$$

      V: 비정현파 교류전압, V_0: 평균값, $V_1\sin\omega t$: 기본파, $V_2\sin 2\omega t$: 2고조파, $V_3\sin 3\omega t$: 3고조파

   (3) 실횻값
      직류분, 기본파, 고조파 각각의 실횻값을 제곱한 것들의 합을 제곱근한 값으로 전압과 전류의 실횻값은 다음과 같다.
      ① 전압의 실횻값

      $$V = \sqrt{V_0^2 + \left(\frac{V_1}{\sqrt{2}}\right)^2 + \left(\frac{V_2}{\sqrt{2}}\right)^2 + \cdots + \left(\frac{V_n}{\sqrt{2}}\right)^2}$$

      V: 전압의 실횻값, V_0: 직류분 전압, V_1: 기본파 전압, V_n: n 고조파 전압

      ② 전류의 실횻값

      $$I = \sqrt{I_0^2 + \left(\frac{I_1}{\sqrt{2}}\right)^2 + \left(\frac{I_2}{\sqrt{2}}\right)^2 + \cdots + \left(\frac{I_n}{\sqrt{2}}\right)^2}$$

      I: 전류의 실횻값, I_0: 직류분 전류, I_1: 기본파 전류, I_n: n 고조파 전류

   (4) 비정현파의 전력
      ① 유효 전력: 주파수가 같은 전압, 전류의 실횻값끼리의 곱

      $$P = V_0 I_0 + V_1 I_1 \cos\theta_1 + V_2 I_2 \cos\theta_2 + \cdots + V_n I_n \cos\theta_n [\text{W}]$$
      $$= P_0 + P_1 + P_2 + \cdots + P_n [\text{W}]$$

② 피상 전력: 전 전압 실횻값과 전 전류 실횻값의 곱

$$P_a = VI[\text{VA}] = \sqrt{V_0^2 + \left(\frac{V_1}{\sqrt{2}}\right)^2 + \left(\frac{V_2}{\sqrt{2}}\right)^2 + \cdots \left(\frac{V_n}{\sqrt{2}}\right)^2} \times \sqrt{I_0^2 + \left(\frac{I_1}{\sqrt{2}}\right)^2 + \left(\frac{I_2}{\sqrt{2}}\right)^2 + \cdots \left(\frac{I_n}{\sqrt{2}}\right)^2}[\text{VA}]$$

(5) 왜형률

비정현파에서 기본파에 대한 고조파 성분의 함유 정도를 나타낸 것으로 파형의 일그러진 정도이다.

왜형률 $D = \dfrac{\text{전체 고조파의 실횻값}}{\text{기본파의 실횻값}} \times 100[\%]$

2. 파고율과 파형률

(1) 교류의 크기는 실횻값으로 나타내는데 실횻값만으로는 파형의 형태를 알기 어려우므로 파형의 개략적인 상태를 알기 위한 방법으로 파고율과 파형률을 사용한다.

① 파고율 $= \dfrac{\text{최댓값}}{\text{실횻값}}$ ② 파형률 $= \dfrac{\text{실횻값}}{\text{평균값}}$

(2) 파형별 최댓값, 실횻값, 평균값, 파고율, 파형률

파형	파형	최댓값	실횻값	평균값	파고율	파형률
정현파		V_m	$\dfrac{V_m}{\sqrt{2}}$	$\dfrac{2V_m}{\pi}$	$\sqrt{2}$ (1.414)	$\dfrac{\pi}{2\sqrt{2}}$ (1.11)
반파정현파		V_m	$\dfrac{V_m}{2}$	$\dfrac{V_m}{\pi}$	2	$\dfrac{\pi}{2}$ (1.57)
구형파		V_m	V_m	V_m	1	1
반파구형파		V_m	$\dfrac{V_m}{\sqrt{2}}$	$\dfrac{V_m}{2}$	$\sqrt{2}$ (1.414)	$\sqrt{2}$ (1.414)
삼각파		V_m	$\dfrac{V_m}{\sqrt{3}}$	$\dfrac{V_m}{2}$	$\sqrt{3}$ (1.732)	$\dfrac{2}{\sqrt{3}}$ (1.15)
톱니파		V_m	$\dfrac{V_m}{\sqrt{3}}$	$\dfrac{V_m}{2}$	$\sqrt{3}$ (1.732)	$\dfrac{2}{\sqrt{3}}$ (1.15)

CHAPTER 02 전기기기

PHASE 09 | 전자력과 전자기유도

1. 전자력

(1) 의미
① 자계 내에 있는 전류가 흐르는 도체가 받는 힘
② 자계 내에 도체를 놓고 전류를 흘리면 도체 주위로 전류에 의한 동심원 모양의 자계가 형성된다.
③ 전류에 의해 발생한 자계가 외부 자계와 동일한 곳에서의 자기력선은 더 많아지게 되고, 자기장이 반대로 흐르는 곳에서는 자기력선이 더 적어지게 된다. 이때 도체는 자기력선이 더 적어진 곳으로 밀려나가게 되는 힘을 받게 되는데 이 힘을 전자력(F)이라고 한다.

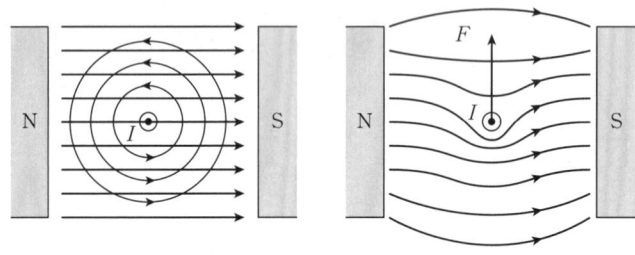

▲ 외부 자계와 전류 도체의 합성 자기력선

(2) 플레밍의 왼손법칙(전자력의 방향)
왼손 엄지, 검지, 중지를 모두 직각으로 세웠을 때,
→ 검지가 가리키는 방향(원인)이 자계 B의 방향이고,
→ 중지가 가리키는 방향(원인)이 전류 I의 방향이라면
→ 엄지가 가리키는 방향(결과)이 전자력 F의 방향이다.
① 전류와 자계 사이에 작용하는 힘의 방향을 결정한다.
② 자계 내에서 전류가 흐르는 도체가 받는 힘의 방향을 결정한다.
③ 자계 내에서 전류가 흐르는 도체의 회전력 방향(자계의 방향)을 결정한다.
④ 전동기(모터)의 원리가 된다.

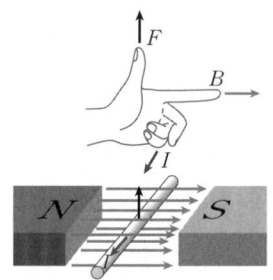

▲ 플레밍의 왼손법칙

(3) 전자력의 크기
① 자속밀도 $B[\text{Wb/m}^2]$인 자계 내에 전류 $I[\text{A}]$가 흐르고, 길이 $l[\text{m}]$인 도체와 자계의 방향이 각 θ를 이루는 경우 받는 힘의 크기 F는 다음과 같다.
$$F = I \times B \cdot l = IB\sin\theta l = IBl\sin\theta [\text{N}]$$
② 도체와 자계가 수직이면 $\sin 90° = 1$이므로 $F = IBl$, 도체와 자계가 평행하면 $\sin 0° = 0$이므로 $F = 0$이 된다.

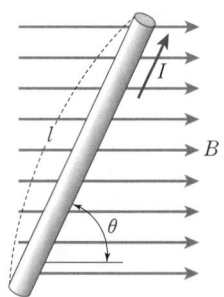

2. 자기장과 전자기력

(1) 전류에 의한 자기장

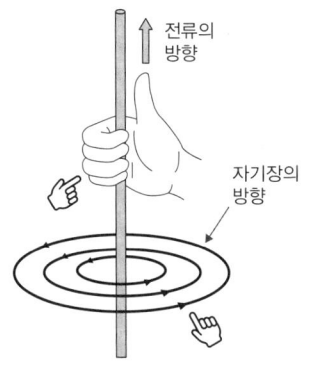

▲ 전류가 흐르는 직선 도선 주위의 자기장

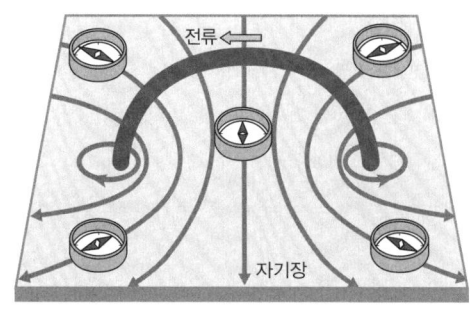

▲ 전류가 흐르는 원형 도선 주위의 자기장

(2) 두 평행 도선 사이에 작용하는 힘

$$F[\text{N}] = 2 \times 10^{-7} \frac{I_1 I_2}{r}$$

I_1, I_2: 각 도선에 흐르는 전류[A], r: 두 도선 사이의 거리[m], l: 도선의 길이[m]

① 전류의 방향이 서로 같을 때: 두 도선 사이에는 인력이 작용한다.
② 전류의 방향이 서로 반대일 때: 두 도선 사이에는 척력이 작용한다.

> **+ PLUS 자성체**
> - 강자성체: 외부 자계와 같은 방향으로 강하게 자화되는 자성체로, 외부 자계를 제거해도 자성을 유지한다. **예** 니켈, 코발트, 철
> - 상자성체: 외부 자계와 같은 방향으로 약하게 자화되는 자성체로, 외부 자계를 제거하면 곧 자성을 잃어버린다. **예** 산소, 알루미늄, 백금
> - 반자성체: 외부 자계와 반대 방향으로 자화되는 자성체로, 외부 자계를 제거하면 곧 자성을 잃어버린다. **예** 비스무트, 은, 구리, 실리콘, 안티모니, 아연

3. 전자기유도

(1) 전자기유도 현상
① 폐회로를 지나는 자속을 변화시킬 때 폐회로에 전류가 유도되는 현상이다.
② 코일 근처에서 자석을 가까이 또는 멀리하면 코일을 지나는 자속이 변화하고 코일에는 자속의 변화를 방해하는 방향으로 유도 전압이 생겨나 전류가 흐르게 된다.
③ 전자기유도에 의해 흐르는 전류를 유도전류, 유도된 전압을 유도기전력이라고 한다.

(2) 렌츠의 법칙
① 유도전류는 자속의 변화를 방해하는 방향으로 흐른다.
② 자석의 N극을 고정된 코일에 가까이할 경우: 자석의 운동에 따라 코일 방향으로 자속이 증가하게 되고, 이를 방해하는 반대 방향으로 자속이 생기도록 유도전류가 흐르게 된다.
③ 자석의 N극을 고정된 코일에 멀리할 경우: 자석의 운동에 따라 코일 방향으로 자속이 감소하게 되고, 이를 방해하는 반대 방향으로 자속이 생기도록 유도전류가 흐르게 된다.

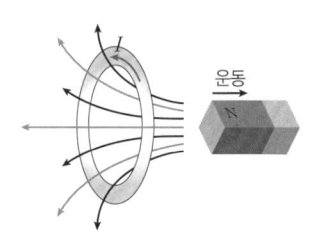

(3) 노이만의 법칙
패러데이 렌츠 법칙을 따라 유도기전력은 자속의 변화를 방해하는 방향으로 $N\dfrac{d\phi}{dt}$의 크기로 발생한다.

$$e = -N\dfrac{d\phi}{dt}$$

4. 움직이는 도체에 의한 유도기전력

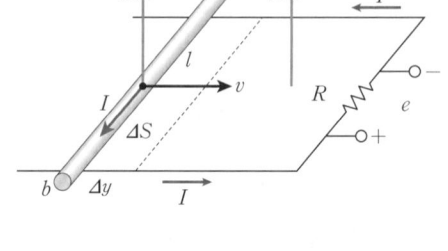

(1) 움직이는 도체에 의한 유도기전력의 크기
① 일정한 자계 내에 있는 도체를 $v[\text{m/s}]$로 운동시키면 도체에는 유도기전력이 발생한다.

$$e = N\dfrac{d\phi}{dt}$$

② 도체 1개의 운동이므로 N은 1이다.

$$e = \dfrac{d\phi}{dt} = \dfrac{d}{dt}BA \quad \because \phi = BA \ (B\text{: 자속밀도}[\text{Wb/m}^2],\ A\text{: 자속이 쇄교하는 면적}[\text{m}^2])$$

③ 미소 시간 dt에 대하여 자속과 쇄교하는 면적 A는 도체의 길이 l과 이동거리 x의 곱이고, 자속밀도 및 도체의 길이는 일정하므로 결국 시간에 대해 변화하는 것은 이동거리 x이다.

$$e = \dfrac{d}{dt}BA = \dfrac{d}{dt}Bxl = \dfrac{dx}{dt}Bl = vBl[\text{V}]$$

$$\therefore e = vBl[\text{V}]$$

④ 도체와 자계가 이루는 각도 θ라면 유도기전력은 다음과 같다.

$$e = vBl\sin\theta[\text{V}]$$

(2) 플레밍의 오른손법칙(유도기전력의 방향)
오른손 엄지, 검지, 중지를 모두 직각으로 세웠을 때,
→ 엄지가 가리키는 방향(원인)이 도체의 운동 방향(v)이고,
→ 검지가 가리키는 방향(원인)이 자계 B의 방향이라면
→ 중지가 가리키는 방향(결과)이 유도기전력 e의 방향이다.
① 자계 내에서 도선이 움직일 때, 유도되는 기전력의 방향(발전기의 전류 방향)을 결정한다.
② 자계 내에서 도선의 운동 에너지가 전기 에너지로 변환된다.

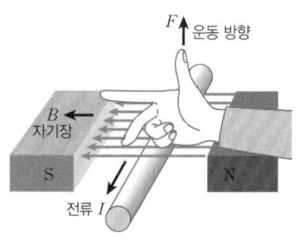

▲ 플레밍의 오른손법칙

+ PLUS

유도기전력과 유기기전력은 같은 의미이다.

PHASE 10 | 직류기

1. 직류 발전기의 종류

(1) 타여자 발전기: 잔류 자기가 없어도 발전이 가능하고, 원동기를 반대로 회전시켜도 발전이 가능하다.
(2) 자여자 발전기: 직류 직권 발전기, 직류 분권 발전기, 가동 복권 발전기, 차동 복권 발전기가 있다.

2. 직류 발전기의 병렬 운전

(1) 병렬 운전의 특징
   ① 부하에 안정된 전력 공급이 가능하다.
   ② 과부하를 분산하는 효과가 있어서 발전기 고장이나 사고를 예방할 수 있다.
(2) 병렬 운전의 조건
   ① 극성이 서로 같을 것
   ② 정격 전압, 즉 단자 전압이 서로 같을 것(발전 용량이 서로 달라도 병렬 운전이 가능)
   ③ 외부 특성이 수하(垂下) 특성일 것
   ④ 직권 발전기 및 복권 발전기는 발전기 사이의 전위차를 없애기 위해 균압(모)선을 설치(직권 계자가 없는 분권 발전기는 균압모선이 필요 없음)

3. 유도기전력과 효율

(1) 유도기전력(E): 전기자의 출력 전압은 병렬 회로의 도체수와 각 도체의 전압을 곱한 값과 같다.
   ① 유도기전력은 자속과 회전수에 비례한다.
   ② 유도기전력이 일정할 때 자속과 회전수는 서로 반비례 관계에 있다.
   ③ 병렬 회로수 a는 중권일 때 $a=P$, 파권일 때 $a=2$이다.

$$E = \frac{P\phi NZ}{60a}[\text{V}]$$

E: 유도기전력[V], P: 자극수, ϕ: 극당 자속[Wb], N: 전기자 분당 회전수[rpm], Z: 총 도체수, a: 병렬 회로수

(2) 직류 발전기의 효율(η)

$$\eta = \frac{\text{출력}}{\text{입력}} = \frac{\text{출력}}{\text{출력}+\text{손실}} \times 100[\%]$$

4. 직류 전동기

(1) 구조 및 원리: 직류 발전기와 같은 구조를 가지며, 플레밍의 왼손법칙의 원리에 따라 전기 에너지를 운동 에너지로 변환한다.
(2) 토크(회전력, T): 전기자 회로에 전압을 가하여 회전자 권선에 전류가 흐르게 되면 전자력($F=BlI[N]$)이 발생하여 전기자를 회전시키는 토크가 발생한다.

① 토크는 자속 및 전기자 전류와 비례하고, 회전수에 반비례한다.
② 회전속도는 자속이 감소하면 증가하고, 자속이 증가하면 감소한다.

$$T = \frac{60P}{2\pi N}[\text{N}\cdot\text{m}] = 0.975\frac{P}{N}[\text{kg}\cdot\text{m}]$$

T: 토크[kg·m], P: 정격 출력[W], N: 정격 회전속도[rpm]

5. 직류 전동기의 종류와 속도 제어

(1) 종류
① 타여자 전동기: 정속도 전동기이며 압연기, 승강기에 사용된다.
② 직류 직권 전동기: 토크가 회전수 제곱에 반비례하므로 토크가 증가하면 속도가 낮아진다.
③ 직류 분권 전동기: 토크가 회전수(속도)에 정비례한다. 계자 저항기로 속도를 조절할 수 있다.
④ 가동 복권 전동기: 직권과 분권의 조합이며 승강기, 기중기(크레인) 등에 쓰인다.
⑤ 차동 복권 전동기: 직권과 분권의 조합이며, 직권보다 분권 전동기에 더 가깝다.

(2) 속도 제어
① 전압 제어법: 전압을 이용하여 속도를 제어하면 제어 범위가 넓고 효율이 좋지만 비용이 많이 든다. 워드레오나드 방식, 일그너 방식, 초퍼제어 방식이 있다.
② 계자 제어법: 계자 권선에 직렬 접속한 가변저항기로 자속 변화를 만들어 속도를 조정한다.
③ 저항 제어법(직렬 저항법): 전기자 회로의 가변저항으로 속도를 조정하는 방법으로 효율이 낮다.

> **+ PLUS**
> 직류 발전기의 코일변 총 수는 (슬롯 수)×(코일 변수)이고, 두 코일변이 정류자편 하나를 형성한다.

(3) 보극과 보상권선
① 보극: 직류기의 중성축 부근에 설치하여 전기자 반작용을 상쇄하고 정류 작용을 개선한다.
② 보상권선: 자석의 극에 홈을 파고 추가적 권선을 감아 전기자 반작용을 억제한다.

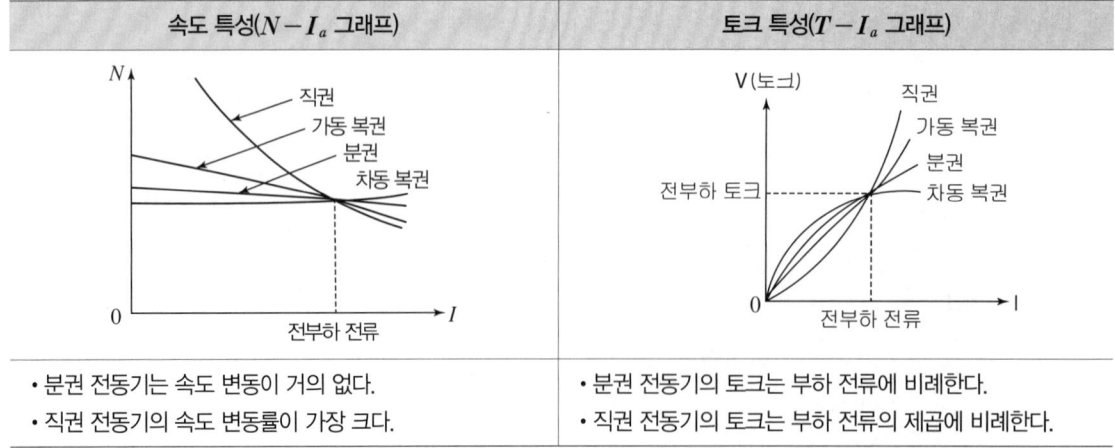

• 분권 전동기는 속도 변동이 거의 없다.
• 직권 전동기의 속도 변동률이 가장 크다.
• 분권 전동기의 토크는 부하 전류에 비례한다.
• 직권 전동기의 토크는 부하 전류의 제곱에 비례한다.

6. 직류기의 시험

(1) 무부하 시험: 부하측을 개방하고 계자 전류를 변화시키면서 유기 기전력의 크기를 측정한다.
(2) 토크 측정 시험: 프로니 브레이크법, 와전류 제동기, 전기 동력계 이용
(3) 온도 상승 시험: 손실 전력을 공급할 때 기기의 온도 상승이 규정치 이내인지 여부를 확인한다. 전동기 권선의 온도는 로그 함수의 형태로 증가하다가 일정한 온도에 도달하지만 최대허용온도에 도달하기 전에 가동을 멈추어야 한다.

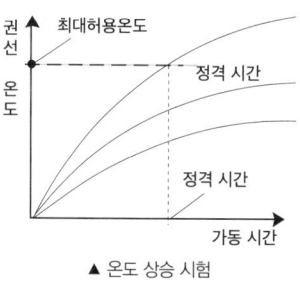

▲ 온도 상승 시험

PHASE 11 | 유도기

1. 유도 전동기의 원리 및 구조

(1) 원리: 회전 속도가 다르고 같은 방향으로 회전하는 1차 및 2차의 권선을 설치하고 1차 권선에서 2차 권선으로 전자기 유도 작용에 의한 에너지를 전하여 회전하는 교류 전기기기이다.
(2) 구조: 회전 자계를 형성하기 위한 고정자와 회전 자계에 의해 회전하는 회전자로 구성된다.

2. 3상 유도 전동기의 종류

(1) 농형 유도 전동기
　① 브러시나 슬립링이 없어서 구조가 간단하다.
　② 기동법으로는 전전압 기동법, $Y-\triangle$ 기동법, 리액터 기동법, 기동 보상기법이 있다.
　③ 속도 제어법은 극수 제어, 주파수 제어(VVVF 제어), 1차전압 제어를 이용한다.
(2) 권선형 유도 전동기
　① 구리 코일이 회전자에 직접 감겨 있어, 권선의 일부를 끊고 외부저항을 연결할 수 있어 편리하다.
　② 기동법으로는 2차 저항기법, 게르게스 기동법, 2차 임피던스법이 있다. 2차 저항기법은 비례 추이를 이용하는 기동법이다.
　③ 속도는 2차 저항 제어, 2차 여자 제어, 종속법으로 제어한다.

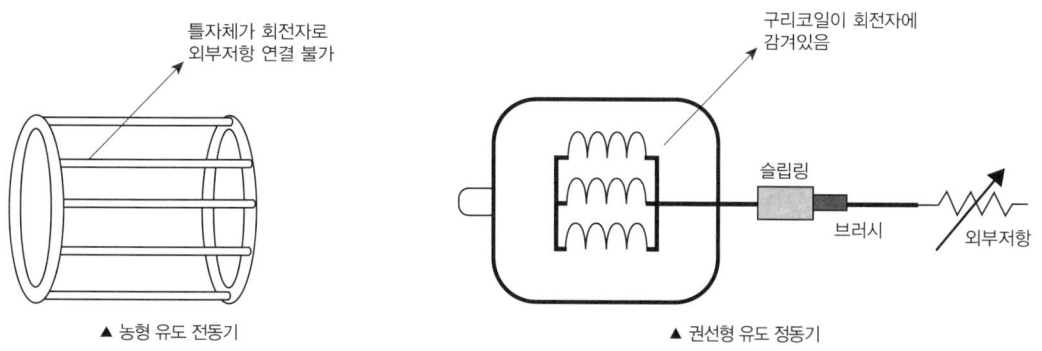

▲ 농형 유도 전동기　　　　　▲ 권선형 유도 전동기

(3) 슬립 s

유도 전동기에서는 항상 동기속도 N_s와 회전자 속도 N 사이에 속도 차가 발생하는데 이 속도 차이와 동기 속도와의 비를 슬립이라고 한다.

$$s = \frac{N_s - N}{N_s}$$

① 동기속도 N_s: 회전 자계의 회전수를 동기속도라고 한다.

$$N_s = \frac{120f}{P}[\text{rpm}]$$

f: 주파수, P: 극수

② 회전자 속도

$$N = \frac{120f}{P}(1-s) = N_s(1-s)[\text{rpm}]$$

3. 유도전동기의 속도 제어와 기동

(1) 유도 전동기의 속도 제어법

① 농형 유도 전동기의 속도 제어법
  ㉠ 주파수 변환법: 회전 속도는 주파수 f에 비례하게 나타나는 것을 이용하여 속도를 제어한다.
  ㉡ 극수 변환법: 고정자 권선의 접속을 바꾸어 극수를 변환하여 속도를 제어한다.
  ㉢ 1차 전압 제어법: 1차 전압을 변화시키면 토크가 변화하는 것을 이용해 슬립의 크기를 변화시켜 속도를 제어한다.

② 권선형 유도 전동기의 속도 제어법
  ㉠ 2차 저항 제어법: 권선형 유도 전동기에서만 사용하는 방법으로 회전자에 연결된 슬립링을 통해 기동저항을 삽입하고 토크-속도 특성을 변화시키는 비례추이를 이용한 방법이다.
  ㉡ 2차 여자법: 2차 저항 제어법에서 저항값 대신 슬립 주파수의 2차 여자 전압을 제어하여 속도를 제어한다.

③ 펌프의 동력 P 계산

$$P = \frac{9.8KHQ}{\eta}[\text{kW}]$$

K: 전달계수, H: 전양정 [m], Q: 유량 [m³/s], η: 효율 [%]

(2) 유도 전동기의 기동법

① 단상 및 3상의 종류에 따라 적정한 기동 방식을 채택하여 사용한다.
② 단상 유도전동기는 정지 상태에서 회전 자계가 발생하지 않으므로 회전 자계를 임의의 방법으로 만들어야 기동이 가능하게 된다.
③ 단상 유도 전동기의 기동 토크 순서
  반발 기동형 > 반발 유도형 > 콘덴서 기동형 > 분상 기동형 > 셰이딩 코일형

구분	기동 방식	상세
단상 유도 전동기	반발 기동형	• 고정자에 단상의 주권선이 감겨져 있고 회전자는 직류 전동기의 전기자와 같은 구조를 갖는다. 고정자가 여자되면 회전자 권선에 전압이 유기된다. 이때 생기는 자계와 고정자 권선의 상호작용으로 발생하는 반발력으로 기동한다. • 반발 전동기의 기동 토크는 브러쉬의 위치를 적당히 하면 대단히 커지게 된다.
	반발 유도형	• 2중 농형 유도 전동기 구조를 가지며 농형 권선과 반발 기동형 권선을 가지므로 운전 중에 그대로 사용한다.
	콘덴서 기동형	• 기동 코일에 콘덴서를 삽입하여 기동 권선에 흐르는 전류의 위상이 주 권선에 흐르는 전류보다 앞서게 한다. 즉, 두 권선의 위상차로 회전 자계가 만들어져 기동 토크가 발생한다. • 구조가 간단하고 역률이 좋기 때문에 큰 기동 토크를 요구하지 않고 속도를 조정할 필요가 있는 선풍기나 세탁기 등에 사용된다.
	분상 기동형	• 주권선은 굵은 선을 사용하고, 보조 권선은 가는 선을 사용하여 두 권선의 전류 사이에 위상차를 만든다. 위상차로 인해 회전 자계가 만들어져 기동 토크가 발생한다. • 기동 토크가 작고, 부피가 큰 단점 때문에 일반적으로 $200[W]$ 이하의 단상 유도 전동기에 제한되어 사용된다.
	셰이딩 코일형	• 돌극형의 구조로 돌극부에 단락된 동선을 감는데 이 단락된 동선을 셰이딩 코일이라 하며, 보조 권선의 역할을 한다. • 셰이딩 코일이 없는 부분의 자속이 먼저 최대치에 도달하므로 자속은 셰이딩 코일이 없는 부분에서 있는 부분으로 이동하게 되어 회전 자계를 형성하고 기동 토크를 발생한다.
농형 유도 전동기 (3상)	전전압 기동 (직입 기동법)	• $5[kW]$ 이하의 소용량 농형 유도 전동기에 적용하는 기동법이다. • 별도의 기동장치 없이 전동기에 직접 정격 전압을 인가하여 기동한다.
	감전압 기동	• $Y-\triangle$ 기동법: $5\sim15[kW]$ 용량의 농형 유도 전동기에 적용하는 기동법으로 기동시에는 고정자의 전기자 권선을 Y결선으로 기동시키고 기동 후 운전 시에는 $\triangle$ 결선으로 전환하여 운전한다. • 기동 보상기법: $15[kW]$ 이상인 대용량 농형 유도 전동기에 적용하는 기동법으로 단권 변압기를 이용하여 기동한다. • 리액터 기동법: $15[kW]$ 이상 용량에 적용하며 전동기의 1차 측에 설치한 리액터를 이용하여 기동한다. • 콘드로퍼 기동: 기동 보상기법과 리액터 기동 방식을 혼합한 방식이다.
권선형 유도 전동기 (3상)	2차 저항 기동법	• 비례추이 특성을 이용하여 기동하는 방식이다. • 회전자에 외부 저항을 삽입하여 기동 전류는 감소시키고 기동 토크는 증가시킨다.
	게르게스 기동법	• 권선 유도 전동기의 3상 중 1개 상이 단선된 경우 슬립 $50[\%]$ 근처에서 더 이상 가속되지 않는 게르게스 현상을 이용하여 기동한다.

PHASE 12 | 변압기

1. 변압기

(1) 원리

① 교류 전원에서 들어오는 교류 전력의 전압을 전자유도 현상을 이용하여 필요한 크기의 전압으로 바꾸어 부하에 공급한다.

② 1차 코일에 교류 전류가 흐르면 자기장이 변화하고 전자유도 현상에 의해 2차 코일에 유도 전류가 흐르게 된다.

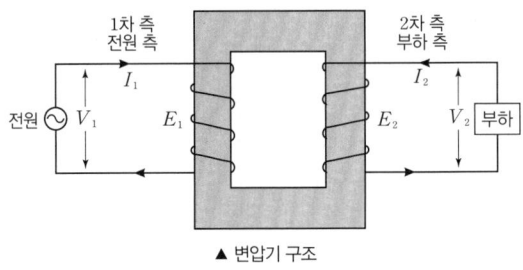

▲ 변압기 구조

(2) 유도 기전력

1차 및 2차 권선의 권수를 각각 N_1, N_2라 하고 양쪽 권선에 유도되는 기전력을 각각 E_1, E_2라 하면 유도 기전력은 다음과 같다.

$$E_1 = \frac{E_{m1}}{\sqrt{2}} = \frac{\omega N_1 \phi_m}{\sqrt{2}} = \frac{2\pi f N_1 \phi_m}{\sqrt{2}} = 4.44 f N_1 \phi_m [V]$$

$$E_2 = \frac{E_{m2}}{\sqrt{2}} = \frac{\omega N_2 \phi_m}{\sqrt{2}} = \frac{2\pi f N_2 \phi_m}{\sqrt{2}} = 4.44 f N_2 \phi_m [V]$$

① 여기에서 1차와 2차 권선의 전압비는 다음과 같이 권수비와 같게 된다.

$$\frac{E_1}{E_2} = \frac{4.44 f N_1 \phi_m}{4.44 f N_2 \phi_m} = \frac{N_1}{N_2} = a$$

② 권수비: 1차 측 권선과 2차 측 권선의 권수의 비 a

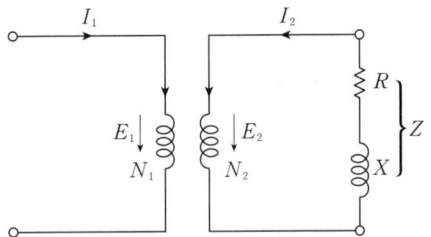

$$a = \frac{E_1}{E_2} = \frac{N_1}{N_2} = \frac{V_1}{V_2} = \frac{I_2}{I_1}$$
$$= \sqrt{\frac{Z_1}{Z_2}} = \sqrt{\frac{R_1}{R_2}} = \sqrt{\frac{L_1}{L_2}}$$

2. 변압기의 손실과 효율

(1) 철손과 동손

① 철손: 자속 변화로 가열되는 철심에 의한 손실로 무부하손이라고도 한다. $P_i = k_h f B_m^2$이므로 히스테리시스손은 자속밀도의 제곱에 비례하며, 자속밀도가 일정한 조건하에서 주파수에 비례한다.

⇒ 철심은 투자율과 저항률이 크고 히스테리시스손이 작아야 하므로 규소가 4~4.5[%] 함유된 강판을 쓰고, 두께는 0.3[mm]의 얇은 철편 여러개를 적층시킨 성층 방식을 따른다.

② 동손: 코일에 전류를 흘렸을 때 코일의 줄열 $P_c = I^2 R$에 의한 손실이며 부하손이라고도 한다.

⇒ 소전류에는 둥근 동선을 사용하고, 대전류에는 주로 평각 동선을 사용한다. 저압 권선을 먼저 철심에 감고 절연체로 감싼 뒤 고압 권선을 동일 철심에 감으면 누설 자속을 줄일 수 있다.

(2) 변압기의 히스테리시스손
① 변압기의 권선에 전류를 흘려 주면 권선의 자화력(자계) H에 의해 철심을 관통하는 자속밀도 B가 형성된다. 이때 강자성체의 자기 포화 특성으로 $B-H$ 그래프는 바람개비 날개 모양의 루프가 된다.

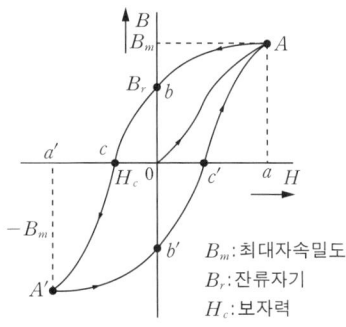

▲ 히스테리시스손

② 곡선이 가로축(자화력 H)과 만나는 교점을 보자력, 세로축(자속밀도 B)과 만나는 교점을 잔류자기라고 한다. 히스테리시스 루프의 면적이 클수록 히스테리시스 손실이 커진다.
  • 잔류자기: 자석을 자기포화시킨 상태에서 외부 자계를 0으로 했을 때 자석에 남아 있는 자속밀도
  • 보자력: 자속밀도를 0으로 만들기 위해 자속의 반대 방향으로 걸어 준 외부자계의 강도
③ 영구 자석의 재료로 사용되는 강자성체는 보자력과 잔류자기가 둘 다 커야 한다.

(3) 변압기의 효율
① 규약 효율 $\eta_{변압기} = \dfrac{출력}{출력 + 손실} \times 100[\%]$

② 변압기 효율 $\eta = \dfrac{V_{2n}I_2\cos\theta_2}{V_{2n}I_2\cos\theta_2 + P_i + I_2^2 r} \times 100$

③ 최대 효율: 부하율 m, 철손 P_i, 동손 P_c에 대해 $P_i = m^2 P_c$일 때 효율이 최대이다.
  • 변압기의 철손이 $1.6[\text{kW}]$, 동손이 $3.2[\text{kW}]$이면 부하율 $m = 71[\%]$일 때 최대 효율이다.
  • 변압기에 시설용량에 해당하는 부하를 걸었을 때에는 (철손)=(동손)이 효율 최대 조건이다.

3. 변압기의 병렬운전

(1) 부하의 증가로 과부하가 우려될 경우 변압기를 병렬로 연결하여 운전하는 것을 말한다.
(2) 단상 변압기의 병렬 운전 조건
  ① 변압기의 극성이 일치할 것
  ② 권수비가 같고, 1차와 2차의 정격 전압이 같을 것
  ③ 퍼센트 임피던스 강하가 같을 것
  ④ 내부 저항과 누설 리액턴스 비가 같을 것

CHAPTER 03 시퀀스 제어

PHASE 13 | 제어회로와 접점

1. 시퀀스 제어

(1) 정의

제어계에서 얻고자 하는 목푯값 등을 미리 정해진 순서에 따라 제어의 각 단계를 순차적으로 진행해 나가는 제어이다.

(2) 특징

① 시퀀스 제어는 개루프 제어계이다.
② 미리 정해진 순서에 따라 제어가 되며, 원인과 결과가 확실하다.
③ 제어 결과에 따라 조작이 자동적이다.

(3) 종류

계전기(Relay)를 이용한 유접점 시퀀스 회로와 반도체 소자를 이용한 무접점 시퀀스 회로, 자기유지회로, 인터록 회로, 논리회로 등이 있다.

2. 제어회로의 접점

(1) 접점의 종류

스위치의 개로 및 폐로 상태에 따라 a접점, b접점, c접점으로 구분된다.

접점	기호	설명
a접점		① 평상시에는 접점이 떨어져 있고, 동작 시에만 접점이 붙는다. ② 작동하는 접점(arbeit contact)의 앞 글자를 따서 a접점이라 부르며, 항상 열려있는 접점(Normally Open)이라는 뜻에서 NO 접점이라고도 한다.
b접점		① 평상시에는 접점이 붙어 있고, 동작 시에만 접점이 떨어진다. ② 끊어지는 접점(break contact)의 앞 글자를 따서 b접점이라 부르며, 항상 닫혀있는 접점(Normally Close)이라는 뜻에서 NC 접점이라고도 한다.
c접점		a접점과 b접점이 함께 있는 것으로, 필요에 따라 둘 중 하나를 선택하여 사용한다.

(2) 접점 기호의 표기
① a접점은 떨어진 모양으로, b접점은 붙은 모양으로 동작하지 않는 상태를 그린다.
② 횡서인 경우 a접점은 위쪽에, b접점은 아래쪽에 그린다.
③ 종서인 경우 a접점은 오른쪽에, b접점은 왼쪽에 그린다.

명칭		a접점		b접점		조작용 스위치
		횡서	종서	횡서	종서	
수동 조작	자동복귀접점					복귀용 스위치 : 푸시버튼스위치와 같이 손을 떼면 복귀하는 접점
	수동복귀접점					유지형 스위치 : 텀블러스위치나 토글스위치와 같이 조작을 가하면 그 상태를 계속 유지하는 접점
릴레이	자동복귀접점					계전기(relay) : 전자석의 흡인력에 의해서 접점이 붙었다가 떨어졌다가 함.
	수동복귀접점					열동 계전기 : 인위적으로 복귀시킴(전자석으로 자동 복귀되는 것 포함)
시한 동작	한시동작 순시복귀접점					한시 계전기: ON-Delay Timer 전원 투입 후 타이머 시간만큼 지연 후에 동작하며, 전원이 꺼지면 바로 복귀함.
	순시동작 한시복귀접점					한시 계전기: OFF-Delay Timer 전원 투입 후 바로 동작하며, 전원이 꺼지면 타이머 시간만큼 지연된 후에 복귀함.
	한시동작 한시복귀접점					한시 계전기 : ON-OFF Delay Timer
—	기계적 접점					리미트 스위치(LS) : 접점의 개폐가 전기적 이외의 원인인 기계적 운동 부분과 접촉하여 조작이 되는 접점

3. 자기유지 회로와 인터록 회로

(1) 자기유지 회로(기억 회로)

① 스스로 동작을 기억하는 회로로 순간 동작으로 만들어진 입력 신호가 계전기에 가해지면 입력 신호가 제거되더라도 계전기의 동작이 계속 유지된다.

② 공급 전원이 임의로 차단된 후 전원이 재공급되는 경우의 회로를 보호하기 위한 목적으로 사용된다.

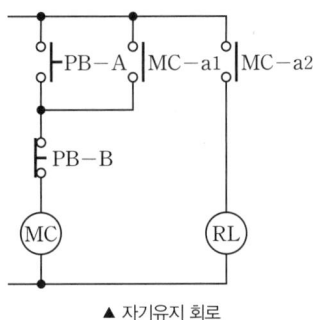

▲ 자기유지 회로

> **+ PLUS 자기유지 회로**
> 1. PB−A를 on 하면 전류가 흘러 MC(전자접촉기)가 여자되고, MC−a(전자접촉기 a 접점)이 붙게 되어 폐로가 된다.
> 2. PB−A가 off 되어도 MC가 여자되어 있기 때문에 MC−a는 떨어지지 않고 자기 유지가 되며, PB−B를 눌렀을 경우에 떨어지게 된다.
> 3. PB−A와 MC−a는 반드시 병렬로 연결해야 자기유지가 된다.

(2) 인터록 회로

① 기기 및 작업자의 보호를 목적으로 상호 관련이 있는 기기의 동작을 서로 구속하게 하여 관련기기의 동작을 제한한다.

② 2개 이상의 회로에서 한개 회로만 동작을 시키고 나머지 회로는 동작이 될 수 없도록 해주는 회로이다.

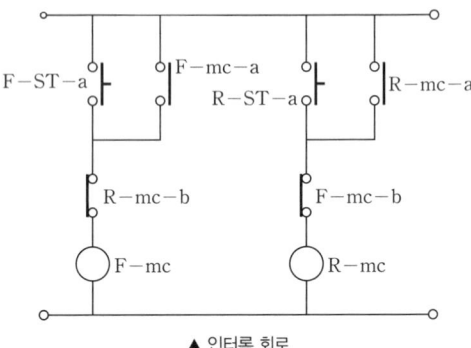

▲ 인터록 회로

> **+ PLUS 인터록 회로**
> 1. F−ST−a를 ON 하면 왼쪽 회로에는 전류가 흐르게 되고 F−mc가 여자되어, F−mc−a는 ON 상태로 F−mc−b는 Off 상태로 만든다.
> 2. ON 상태가 된 F−mc−a로 인해 F−ST−a에서 손을 떼더라도 왼쪽 회로에는 계속해서 전류가 흘러 동작이 지속된다.
> 3. 그리고 F−mc−b는 Off 상태이므로 R−ST−a를 ON 하더라도 오른쪽 회로는 동작하지 않는다.
> 4. 반대의 경우 R−ST−a를 ON하고, R−mc가 여자되면 마찬가지로 오른쪽 회로만 동작하고, 왼쪽 회로는 동작하지 못한다. 즉, 두 회로는 동시에 작동하지 않는다.
> 5. 이와 같이 인터록 회로에서는 하나의 릴레이가 동작하면 다른 릴레이의 동작은 금지된다.

PHASE 14 | 논리식 및 불대수

1. 논리회로

(1) AND 회로(논리곱 회로)

입력 단자 A와 B 모두 ON이 되어야 출력이 ON이 되고, 그 어느 한 단자라도 OFF되면 출력이 OFF되는 회로이다.

논리기호, 논리식	진리표		
	입력		출력
	A	B	C
A, B → C * 논리식 C=A·B	0	0	0
	0	1	0
	1	0	0
	1	1	1

유접점 회로	무접점 회로

AND 회로(=직렬회로)
AND 회로는 스위치 2개를 직렬 접속한 회로에 전구를 연결한 것과 같다. 즉, 스위치 2개가 모두 닫혀야 전구에 불이 들어온다.

논리곱
AND 회로는 논리곱으로 입력이 모두 1인 경우에만 출력이 1이 되고, 하나라도 0이면 출력은 0이 된다.

(2) OR 회로(논리합 회로)

입력 단자 A와 B 모두 OFF일 때에만 출력이 OFF되고, 두 단자 중 어느 하나라도 ON이면 출력이 ON이 되는 회로이다.

논리기호, 논리식	진리표		
	입력		출력
	A	B	C
A, B → C * 논리식 C=A+B	0	0	0
	0	1	1
	1	0	1
	1	1	1

유접점 회로	무접점 회로

OR 회로(=병렬회로)
OR 회로는 스위치 2개를 병렬접속한 회로에 전구를 연결한 것과 같다. 즉, 스위치 2개 중 하나만 닫혀도 전구에 불이 들어온다.

논리합
OR 회로는 논리합으로 입력이 하나라도 1이면 출력이 1이 되고, 입력이 모두 0인 경우에만 출력이 0이 된다.

(3) NOT 회로(부정회로)

입력이 ON이면 출력이 OFF되고, 입력이 OFF이면 출력이 ON이 되는 회로이다.

논리기호, 논리식	진리표		NOT 회로
A ─▷○─ C *논리식 $C=\overline{A}$	입력 A	출력 C	NOT 회로는 1개의 입력과 1개의 출력을 갖는 회로로 논리 부정이다. 입력에 대해 반대로 출력하므로 1이 입력되면 0이 출력되고, 0이 입력되면 1이 출력된다.
	0	1	
	1	0	

유접점 회로	무접점 회로
(회로도)	(회로도)

(4) NAND 회로(논리곱 부정회로)

입력 단자 A와 B 모두 ON인 경우 출력이 OFF되고, 두 단자 중 어느 한 단자라도 OFF인 경우 출력이 ON되는 회로이다.

논리기호, 논리식	진리표			NAND 회로(NOT+AND)
A ─┐ B ─┘⊐○─ C *논리식 $\overline{C}=A \cdot B$ $C=\overline{A \cdot B}=\overline{A}+\overline{B}$	입력		출력	부정 논리곱으로 입력이 모두 1인 경우에만 출력이 0이 되고, 하나라도 0이면 출력은 1이 된다.
	A	B	C	
	0	0	1	
	0	1	1	
	1	0	1	
	1	1	0	

유접점 회로	무접점 회로
(회로도)	(회로도)

(5) NOR 회로(논리합 부정회로)

입력 단자 A와 B 모두 OFF인 경우에만 출력이 ON되고, 두 단자 중 어느 한 단자라도 ON이면 출력이 OFF가 되는 회로이다.

논리기호, 논리식	진리표			NOR 회로(NOT+OR)
	입력		출력	부정 논리합으로 입력이 하나라도 1이면 출력은 0이 되고, 모든 입력이 0인 경우에만 출력이 1이 된다.
$\overline{C}=A+B$ $C=\overline{A+B}=\overline{A}\cdot\overline{B}$	A	B	C	
	0	0	1	
	0	1	0	
	1	0	0	
	1	1	0	

유접점 회로	무접점 회로

(6) Exclusive OR(XOR) 회로(배타적 논리합회로)

입력 단자 A와 B 중 어느 한 단자라도 ON이면 출력이 ON이 되고, 두 단자 모두 ON이거나 OFF일 때에는 출력이 OFF가 되는 회로이다. 즉, 입력이 같으면 0, 다르면 1이 출력된다.

논리기호, 논리식	진리표			Exclusive OR 회로
	입력		출력	배타적 논리합으로 홀수개의 1이 입력되면 출력이 1이 되고, 짝수개의 1이 입력되면 출력은 0이 된다.
* 논리식 $C=A\oplus B=\overline{A}\cdot B+A\cdot\overline{B}$	A	B	C	
	0	0	0	
	0	1	1	
	1	0	1	
	1	1	0	

논리 회로	유접점 회로
NOT 회로 2개, AND 회로 2개, OR 회로 1개로 구성된다.	

(7) Exclusive NOR 회로

A와 B 모든 단자가 ON이거나 OFF일 때에는 출력이 ON이 되고, 두 단자 중 어느 하나만 ON이면 출력이 OFF가 되는 회로이다. 즉, 입력이 같으면 1, 다르면 0이 출력된다.

논리기호, 논리식	진리표			Exclusive NOR 회로
	입력		출력	배타적 부정 논리합으로 홀수개의 1이 입력되면 출력이 0이 되고, 짝수개의 1이 입력되면 출력은 1이 된다.
A ─┐ ├─▷○─ C B ─┘ * 논리식 C=$\overline{A \oplus B}$=$\overline{A \cdot B}$+A·B	A	B	C	
	0	0	1	
	0	1	0	
	1	0	0	
	1	1	1	

논리 회로	유접점 회로
NOT 회로 2개, AND 회로 2개, OR 회로 1개로 구성된다.	

2. 불대수

(1) 의미와 공리

어떤 기능을 수행하는 최적의 방법을 정하기 위하여 수식적으로 표현하는 방법을 불 대수라고 한다.

① 불 대수에서 사용하는 모든 변수는 '0' 또는 '1' 중 하나이다.

　A=0 아니면 A=1 → 회로의 접점이 개로 아니면 폐로 상태

② 부정의 동작은 ¯로 표시한다.

③ AND의 논리기호는 ·로, OR의 논리기호는 +로 표시한다.

　(AND) 1·1=1 두 개의 입력 신호를 동시에 주므로 출력이 1이다.

　(AND) 1·0=0 둘 중 하나의 입력 신호만 주므로 출력이 0이다.

　(OR) 1+0=1 입력 신호가 있으므로 출력이 1이다.

(2) 연산

항등법칙	·A+0=A	·A·0=0	·A+1=1	·A·1=A
동일법칙	·A+A=A	·A·A=A		
보수법칙	·A+$\overline{A}$=1	·A·$\overline{A}$=0		
교환법칙	·A+B=B+A	·A·B=B·A		
결합법칙	·A+(B+C)=(A+B)+C		·A·(B·C)=(A·B)·C	
분배법칙	·A·(B+C)=A·B+A·C		·A+(B·C)=(A+B)·(A+C)	
흡수법칙	·A+A·B=A	·A+$\overline{A}$B=A+B		·A·(A+B)=A

(3) 드 모르간의 정리(De Morgan's theorem)
① $\overline{A+B}=\overline{A}\cdot\overline{B}$
② $\overline{A\cdot B}=\overline{A}+\overline{B}$

3. NAND 등가회로

(1) NAND 게이트로 바꾸기

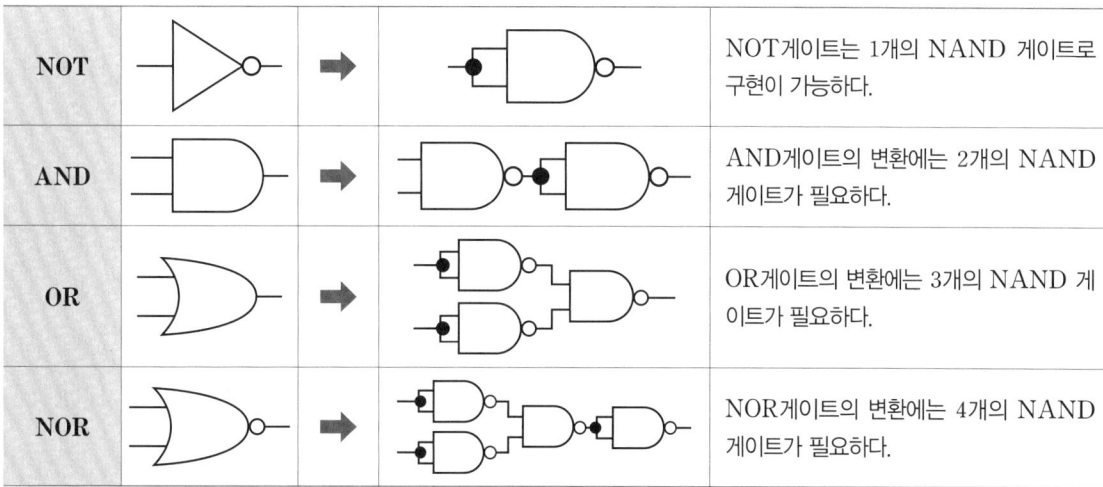

(2) 등가 논리 게이트와 버블

① ⎯⟫⎯의 등가는 ⎯⟫⎯이다. 즉 NAND의 출력 측 버블(○)을 입력 측으로 옮기는 동시에 AND 기호를 OR 기호로 바꾸었다.

② ⎯⟫⎯의 등가는 ⎯⟫⎯이다. 즉 NOR의 출력 측 버블을 입력측으로 옮기는 동시에 OR 기호를 AND 기호로 바꾸었다.

③ 2개의 AND와 1개의 OR로 구성된 다음 회로는 버블을 이중 추가하고 NOT 기호를 삽입하고 ①~②의 등가 논리게이트를 적용하여 NAND게이트의 개수를 최소화하면 전체를 NAND만으로 구성할 수 있다.

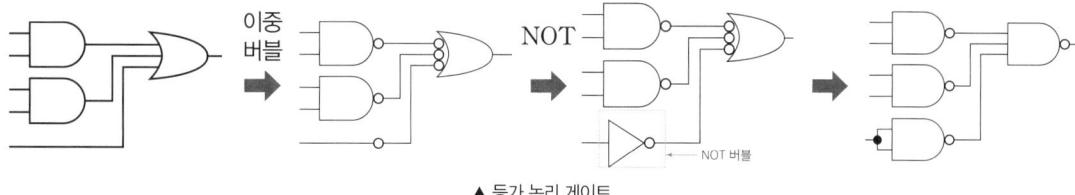

▲ 등가 논리 게이트

4. PLC(Programmable Logic Controller)

(1) PLC의 구조

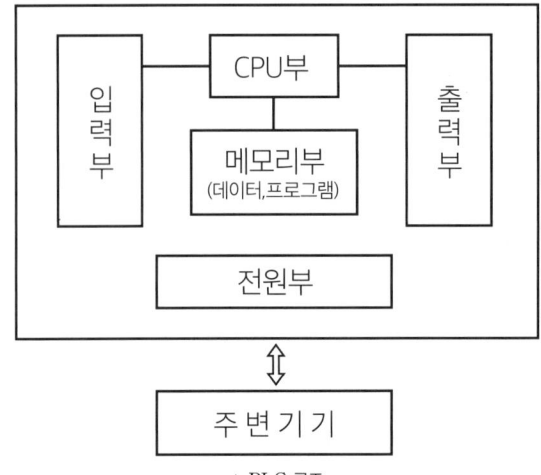

▲ PLC 구조

① CPU부, 메모리부(데이터 영역, 프로그램 영역), 입력부, 출력부로 구성된다.
② 출력부는 표시 경보(시그널 램프, 파일럿 램프, 부저)와 구동 출력부(전자 접촉기(MC), 솔레노이드 밸브, 전자 브레이크 등)로 구성된다.

(2) 특징
① 무접점 제어방식이다.
② 산술 연산, 비교 연산을 처리할 수 있다.
③ 계전기, 타이머, 카운터 기능도 쉽게 프로그래밍할 수 있다.
④ 직렬 처리 방식이므로 시퀀스 제어 방식과 함께 사용할 수 있다.

(3) PLC 프로그래밍
① 프로그래밍이 가능한 논리 제어기는 자동화 시스템의 시퀀스 제어에 사용되는 전자 장치이다.
② 신호 처리 속도가 빠르고 정확한 연산을 수행할 수 있어서 산업 플랜트의 유지 관리 및 자동 제어 및 모니터링에 사용하는 제어 장치이다.

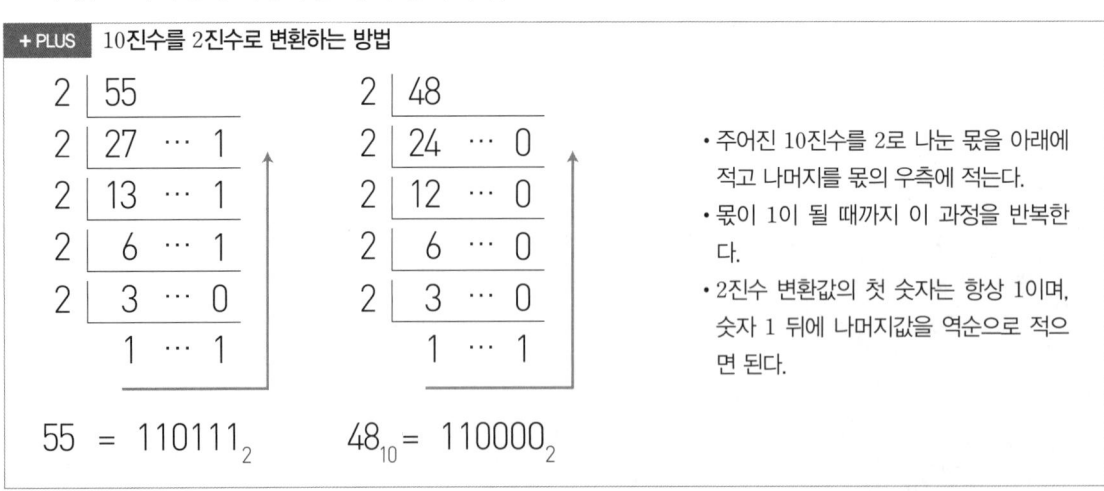

PHASE 15 | 제어기기 및 회로

1. 자동제어

(1) 자동제어의 개념

자동제어계의 동작순서는 기본적으로 '검출 → 비교 → 판단 → 조작'이며, 출력 신호를 입력 상태로 되돌려주기 때문에 '피드백 제어' 또는 '되먹임 제어'라고 부른다.

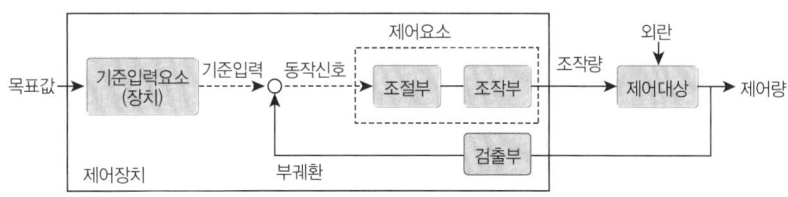

▲ 자동 제어

(2) 자동 제어 용어 설명

① 목표값: 제어량이 그 값을 갖도록 외부에서 주어지는 신호로, 설정치라고도 한다.
② 기준 입력 요소: 목표값을 제어할 수 있는 신호로 변환하는 요소이며, 피드백 요소와 비교하여 사용한다. 목표값을 장치가 제어할 수 있는 디지털 신호 등으로 변환하는 장치이다.
③ 기준 입력: 제어계 동작 기준으로 직접 제어계에 가해지는 신호이며, 목표치와 비례 관계이다.
④ 동작 신호: 기준 입력과 주궤환 신호의 편차이며 제어 동작을 일으키는 신호이다.
⑤ 조절부: 기준 입력과 검출부 출력을 합하여 제어 시스템에 필요한 신호를 조작부로 보낸다.
⑥ 조작부: 조절부로부터 받은 신호를 조작량으로 변환하여 제어 대상으로 보낸다.
⑦ 제어 요소: 동작 신호를 조작량으로 변화시키는 요소이며, 조절부와 조작부로 이루어진다.
⑧ 조작량: 제어 요소에서 제어 대상에 인가되는 양으로, 제어 장치의 출력, 제어 대상의 입력이다.
⑨ 외란: 제어량의 값을 변화시키려는 바람직하지 않은 외부 신호이다.
⑩ 검출부: 압력, 온도, 유량 등 제어량을 측정 신호로 나타낸다.
⑪ 주궤환 신호: 동작 신호를 얻기 위해 기준 입력과 비교되는 신호로, 제어량과 함수 관계이다.
⑫ 제어량: 제어를 받는 제어계의 출력량이며 제어대상에 속한다. 입력을 조작량, 출력을 제어량이라고 한다.
⑬ 제어 명령: 제어량을 원하는 상태로 만드는 입력 신호

(3) 피드백 제어 시스템의 특징

① 오차 개선으로 정확성이 증가한다.
② 계의 특성 변화에 대한 입력 대 출력비의 감도가 감소한다.
⇒ 계의 특성 변화를 K, 이득을 T라 하면, K에 대한 T의 감도 = $S_K^T = \dfrac{dT/dK}{T/K}$
③ 대역폭이 증가한다.
④ 외부 조건의 변화에 대한 영향을 줄일 수 있다.
⑤ 제어계가 복잡해지고 제어기의 값이 비싸진다.

2. 자동제어계의 분류

(1) 입·출력 비교 장치의 유무에 따른 분류
　① 개루프 제어: 시스템의 출력을 입력에 피드백하지 않고 기준 입력만으로 제어 신호를 만들어서 출력을 제어하는 방식이며, 시퀀스 제어라고도 한다. 커피 자판기, 교차로 신호등이 이에 해당한다.
　② 폐루프 제어: 검출부가 있어서 외란에 대비하거나 목표 오차를 줄일 수 있는 제어 방식이며, 피드백 제어라고도 한다. 냉장고 온도 조절기, 자동차 속도 유지 장치가 이에 해당한다.

(2) 목표값 고정여부에 따른 분류
　① 정치 제어: 시간이 지나도 변하지 않는 목표값　예) 정전압 장치, 정속도 제어
　② 추치 제어: 시간에 따라 변하는 목표값　예) 추종 제어, 프로그램 제어, 비율 제어
　　• 추종 제어의 예: 추적 레이더, 유도 미사일
　　• 프로그램 제어의 예: 엘리베이터, 무인 열차
　　• 비율 제어의 예: 난방 부하에 비례하도록 연료를 투입하는 자동 연소 장치

(3) 제어량에 의한 분류

구분	제어량	사용되는 검출기기
프로세스 제어(공정 제어): 플랜트 및 생산공정	유량, 액면, 온도, 압력	압력계, 유량계, 액면계, 온도계, 습도계
서보 제어(추종 제어): 기계적 변위를 제어	미사일의 자세, 방위, 위치	전위차계, 차동 변압기, 싱크로
자동조정 제어(정치 제어): 전기적인 양, 기계적인 양을 제어	전압, 전류, 주파수, 속도	전압/속도/주파수 검출기, 증폭기, 스피더, 회전계 발전기

(4) 자동화 여부에 따른 분류
　① 수동 제어: 인간이 개입하여 제어
　② 자동 제어: 인간 개입 없이 기계가 자동으로 동작을 수행

(5) 정해진 순서 여부에 따른 분류
　① 시퀀스 제어: 정해진 순서에 따라 순차적으로 진행시키는 이산 제어
　② 피드백 제어: 출력 측 일부를 입력 측으로 되돌려 그때마다 제어량을 조작

(6) 제어 동작에 따른 구분
　① 불연속 제어: 제어량과 목표값을 비교하되 그 편차가 일정 수준 이상일 때만 동작
　② 연속 동작 제어: 제어량과 목표값을 비교하여 그 편차를 줄이기 위해 동작

(7) 제어 대상의 공정 흐름에 따른 구분
　① 최적 제어: 제어 대상의 상태를 최단 시간 내에 요구되는 최종 상태로 유도
　② 적응 제어: 제어장치의 특성이 어떤 조건에 충족하도록 적응시키는 제어
　③ 디지털 제어: 제어계 내의 신호를 어떤 수량화된 신호로 사용　예) 수치 제어

(8) 조절부의 제어 동작에 따른 분류

연속 동작 (연속 제어)	선형 동작	비례 제어(=P 동작)	현재값과 설정값의 차이, 즉 편차에 비례하여 조작량을 변화시키는 동작이다.
		적분 제어(=I 동작)	편차의 적분값(오차 발생 시간×오차의 크기)에 비례하여 조작량을 변화시키는 동작이다.
		미분 제어(=D 동작)	편차의 변화 속도에 비례하여 조작량을 변화시키는 동작. 주로 비례 제어와 함께 사용한다.
	종합 동작	비례적분 제어 (=PI 동작)	비례 동작으로 발생하는 잔류 오차를 줄이기 위해 적분 동작을 부가, 잔류 편차(오프셋)는 없지만 간헐 현상이 있다.
		비례미분 제어 (=PD 동작)	제어 결과에 빨리 도달하도록 미분 동작을 수행한다.
		비례적분미분 제어 (=PID 동작)	정상 편차를 개선하고 응답 속도를 빠르게 하며 오버슈트를 감소시킨다.
불연속 동작 (불연속 제어)	비선형 동작	온-오프 동작 (On-Off 동작)	2위치 동작이라고도 하며, 단속점 근방에서 온-오프가 반복되므로 제어 결과가 파도치는 사이클링이 생긴다.
		다위치 동작	사이클링을 해결하기 위해 조작량을 다단으로 분할한다.
		시간 비례 동작	일정 주기 내에서 온-오프 시간 비율을 조절하여 조작량을 제어한다.

3. 제어기기

(1) 조작기기

① 전기식 조작기기: 속응성이 늦지만 장거리 전송이 가능하다.(전자밸브, 서보전동기, 펄스전동기)
② 공기식 조작기기: PID 동작을 만들기 쉽고 출력이 작다.(다이어프램 밸브, 포지셔너, 파워실린더)
③ 유압식 조작기기: 관성이 작고 출력이 크며 속응성이 빠르다.(안내밸브, 조작피스톤, 분사관)

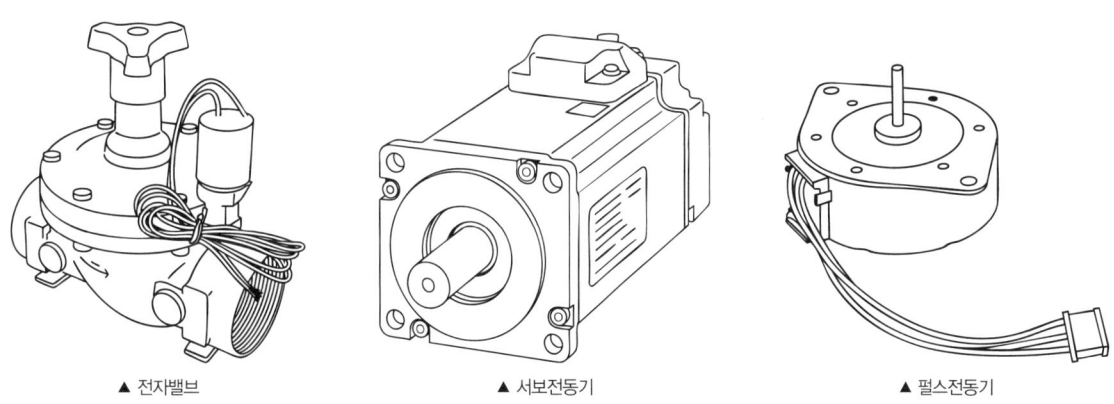

▲ 전자밸브   ▲ 서보전동기   ▲ 펄스전동기

(2) 검출기기

① 열전대(Thermo couple): 제벡 효과(서로 다른 두 금속으로 폐회로를 만들고 접합부 양 끝의 온도를 달리 하면 기전력이 생긴다)를 적용한 일종의 온도 센서이다.

② 다이어프램(Diaphragm): 탄성력이 매우 좋은 합성 수지나 금속을 얇은 막 형태로 제작한 것으로, 압력이나 온도 변화를 감지하는 센서이다.

③ 압력계의 종류
- 탄성식 압력계: 부르동튜브식, 다이아프램식, 벨로우즈식, 캡슐식 등이 있다.
- 액주식 압력계: U자관식, 경사관식, 환상평형식 등이 있다.
- 전기식 압력계: 압전형, 반도체형, 전위차계형 등이 있다.

변환량	변환 요소(검출기기)	변환량	변환 요소(검출기기)
온도 → 전압	열전대	전압 → 변위	전자석
온도 → 임피던스	측온저항기	빛 → 전압	광다이오드
압력 → 변위	다이어프램, 벨로즈	빛 → 임피던스	광전관, 광전트랜지스터
변위 → 압력	유압분사관, 노즐플래퍼	회전각 → 전압	전위차계
변위 → 전압	차동 변압기		

(3) 디지털 제어

① 부품 구조가 간단해서 부품 편차 및 경년 변화의 영향을 덜 받는다.
② 부품이 작고 부품 개수가 적어서 아날로그 대비 비용이 절감된다.
③ 샘플링계에서 결정되는 연산 속도의 오차가 줄고 신뢰도가 향상된다.

PHASE 16 | 전달함수, 블록선도, 시간영역 특성

1. 라플라스 변환

(1) 의미

① 시간에 대한 함수 $f(t)$를 제어 장치에 입력할 수 있는 주파수에 대한 함수 $F(j\chi)=F(s)$로 변환한다.
② 라플라스 변환 공식은 다음과 같다.

$$F(s)=\int_0^\infty f(t)e^{-st}dt$$

③ 라플라스 변환 기호는 $\mathcal{L}$를 쓰고, 함수 $f(t)$에 대한 라플라스 변환을 다음과 같이 나타낸다.

$$\mathcal{L}\{f(t)\}=F(s)$$

(2) 기본 변환 공식

시간 함수 $f(t)$	주파수 함수 $F(s)$	시간 함수 $f(t)$	주파수 함수 $F(s)$
임펄스 함수: $\delta(t)$	1	단위 계단 함수: $u(t)=1$	$\dfrac{1}{s}$
속도 함수: t	$\dfrac{1}{s^2}$	가속도 함수: t^2	$\dfrac{2!}{s^{2+1}}$
지수 함수: e^{at}	$\dfrac{1}{s-a}$	지수 함수: e^{-at}	$\dfrac{1}{s+a}$
정현 함수: $\sin\omega t$	$\dfrac{\omega}{s^2+\omega^2}$	여현 함수: $\cos\omega t$	$\dfrac{s}{s^2+\omega^2}$
쌍곡 정현 함수: $\sinh\omega t$	$\dfrac{\omega}{s^2-\omega^2}$	쌍곡 여현 함수: $\cosh\omega t$	$\dfrac{s}{s^2-\omega^2}$

(3) 미적분식의 라플라스 변환

① 미분식의 라플라스 변환 공식은 다음과 같다. ($f(0)=0$, $f'(0)=0$)

$$\mathcal{L}\left\{\dfrac{df}{dt}\right\}=sF(s), \mathcal{L}\left\{\dfrac{d^2f}{dt^2}\right\}=s^2F(s)$$

② 적분식의 라플라스 변환 공식은 다음과 같다.

$$\mathcal{L}\left\{\int f(t)dt\right\}=\dfrac{1}{s}F(s)$$

2. 전달함수

(1) 정의

제어 시스템의 입력 신호에 대한 출력 신호가 어떤 모양으로 나오는지에 관한 신호전달 특성을 제어요소에 따라 구분한 것이다. 즉, 어떤 제어 시스템의 입력 신호와 출력 신호의 관계를 수식적으로 표현한 것이 전달함수이다.

(2) 의미

모든 초기 조건을 0이라고 가정하며, 입력신호의 라플라스 변환과 출력신호의 라플라스 변환의 비를 뜻한다.

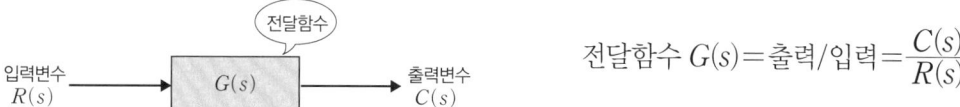

전달함수 $G(s)=$ 출력/입력 $=\dfrac{C(s)}{R(s)}$

3. 블록선도

(1) 정의

자동 제어계 내에서 신호가 전달되는 모양을 알기 쉽게 일정한 형식으로 그림을 그려 나타낸 계통도로 블록을 이용하여 입력과 출력의 관계를 나타내는 전달함수를 표시한다.

(2) 블록선도의 구성
   ① 제어계의 블록선도는 한 방향으로만 동작하는 블록들로 구성되며, 신호의 흐름은 화살표로 나타낸다.
   ② 블록선도의 블록 안에 입력과 출력의 관계를 나타내는 전달함수를 표시한다.

구성요소	기호	연산 및 설명
신호	→	신호의 흐름 방향은 화살표로 표시한다.
전달요소	$R(s)$ → $G(s)$ → $C(s)$	$C(s)=G(s)R(s)$ 블록 안에 표기하며, 입력신호를 받아 출력신호를 만든다.
가합점	$R(s)$ → ○ → $Y(s)$, ±$Z(s)$	$Y(s)=X(s)\pm Z(s)$ 화살표 옆에 +, −로 표기하며 두 가지 이상의 신호가 있을 때 이들 신호의 합과 차를 표현하는 요소이다.
인출점	$X(s)$ → $Y(s)$, $Z(s)$	$X(s)=Y(s)=Z(s)$ 하나의 신호를 두 계통으로 분기하는 요소이다.

(3) 블록선도의 등가 변환
   복잡한 제어계의 종합 전달함수를 구하기 위하여 블록선도를 간단히 등가 변환한다.

구분	블록선도	등가 변환
교환	$R(s)$ → $G_1(s)$ → $G_2(s)$ → $C(s)$	$R(s)$ → $G_2(s)$ → $G_1(s)$ → $C(s)$
직렬 결합	$R(s)$ → $G_1(s)$ → $G_2(s)$ → $C(s)$	$R(s)$ → $G_1(s)G_2(s)$ → $C(s)$ 전체 전달함수 $G=G_1 \cdot G_2$
병렬 결합	$R(s)$ → $G_1(s)$, $G_2(s)$ → ± → $C(s)$	$R(s)$ → $G_1(s) \pm G_2(s)$ → $C(s)$ 전체 전달함수 $G=G_1 \pm G_2$
피드백(되먹임) 결합	$R(s)$ → ± → $G_1(s)$ → $C(s)$, $G_2(s)$ 피드백	$R(s)$ → $\dfrac{G}{1 \mp GH}$ → $C(s)$ 전체 전달함수 $G=\dfrac{G}{1 \mp G \cdot H}$

4. 블록선도의 종합 전달함수

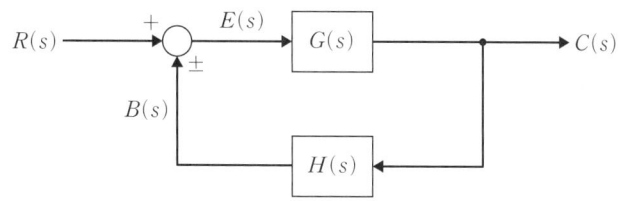

$R(s)$: 입력, $C(s)$: 출력, $G(s) = \dfrac{C(s)}{E(s)}$: 순방향 전달함수(=전향 이득),

$\dfrac{B(s)}{E(s)} = G(s)H(s)$: 개루프 전달함수, $H(s)$: 되먹임 전달함수

(1) 편차

$E(s) = R(s) \pm B(s) = R(s) \pm C(s)H(s)$

$\because B(s) = H(s)C(s)$

(2) 출력

$C(s) = E(s)G(s) = [R(s) \pm H(s)C(s)]G(s) = R(s)G(s) \pm H(s)C(s)G(s)$

$\rightarrow C(s) \mp H(s)C(s)G(s) = R(s)G(s)$

$\rightarrow C(s)[1 \mp H(s)G(s)] = R(s)G(s)$

$\therefore$ 종합 전달함수 $M(s) = \dfrac{출력}{입력} = \dfrac{C(s)}{R(s)} = \dfrac{G(s)}{1 \mp G(s)H(s)}$

(3) 전달함수 $M(s)$

$M(s) = \dfrac{경로}{1 - 폐로}$

5. 시간 영역 해석의 도식화

(1) 제어계 종류와 입력 신호

① 제어계의 종류에 따라 전달함수 형태가 다르다.

제어계 종류	비례 제어계	미분 제어계	적분 제어계	1차 지연 제어계	2차 지연 제어계
전달함수 형태	$G(s) = k$	$G(s) = ks$	$G(s) = \dfrac{k}{s}$	$G(s) = \dfrac{1}{1+Ts}$	$G(s) = \dfrac{\omega_n^2}{s^2 + 2\zeta\omega_n s + \omega_n^2}$

비례요소 $G(s) = k$ 미분요소 $G(s) = ks$ 적분요소 $G(s) = \dfrac{k}{s}$

비례미분요소 $G(s) = k(1+Ts)$ 비례적분요소 $G(s) = k\left(1 + \dfrac{1}{Ts}\right)$

1차지연요소 $G(s) = \dfrac{k}{1+Ts}$ 2차지연요소 $G(s) = \dfrac{\omega_n^2}{s^2 + 2\zeta\omega_n s + \omega_n^2}$

② 주로 사용되는 입력 신호에는 임펄스함수, 인디셜함수, 경사함수, 포물선함수의 4가지 종류가 있다.

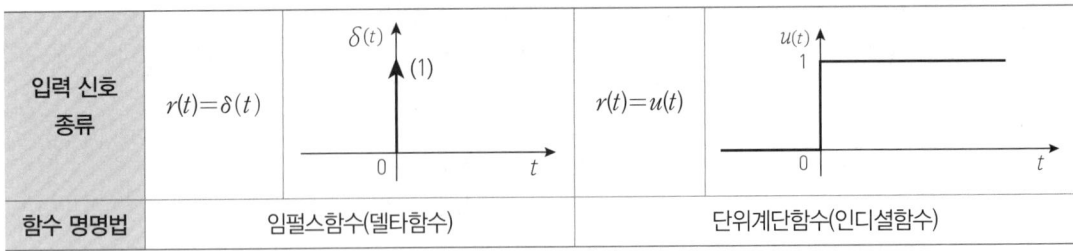

입력 신호 종류	$r(t)=\delta(t)$		$r(t)=u(t)$	
함수 명명법	임펄스함수(델타함수)		단위계단함수(인디셜함수)	

(2) 제어계 선택과 입력 신호 선택
  ① 5가지 제어계에 대해 입력 신호를 4가지 형태로 변화시킬 수 있으므로 20가지 조합이 가능하다.
  ② 시험용 입력 신호가 임펄스 함수일 때 나타나는 출력을 임펄스 응답, 단위계단 함수일 때 나타나는 출력을 인디셜 응답이라고 한다.

6. 시간 영역 해석에서의 정상 응답

(1) 최종값 정리와 정상 편차
  ① 최종값 정리:시간에 관한 함수 $f(t)$의 라플라스 변환이 $G(s)$일 때 $f(t)$의 최종값, 즉 $\lim_{t\to\infty} f(t)$는 $sG(s)$의 초기값 $\lim_{s\to 0} sF(s)$와 같다.
  ② 입력을 가한 직후의 출력을 과도 응답이라 하고, 시간이 충분히 흐른 이후($t\to\infty$)의 출력을 정상 응답이라고 한다. 입력과 정상 응답의 차이를 정상 편차 또는 오프셋이라고 한다.

$$정상\ 편차\ e_s = \lim_{t\to\infty} e_o(t) = \lim_{s\to 0} sE(s)$$

  ③ 개루프 전달함수가 $G(s)$, 되먹임 전달함수가 $H(s)$, 입력 함수가 $R(s)$인 부궤환 제어계의 편차 $E(s)$는 $\dfrac{R(s)}{1+G(s)H(s)}$이므로 정상 편차 e_{ss}는 $\lim_{s\to 0} \dfrac{sR(s)}{1+G(s)H(s)}$이다.

(2) 제어계의 3가지 유형

형별	제어계의 특성	입력 신호	정상 편차 e_s와 정상편차 상수 K
0형 제어계	정상 위치 편차 e_{sp}가 유한한 제어계	계단 함수(위치함수) $r(t)=u(t),\ R(s)=\dfrac{1}{s}$	$e_{sp}=\lim_{s\to 0}\dfrac{1}{1+G(s)H(s)}=\dfrac{1}{1+\lim_{s\to 0}G}=\dfrac{1}{1+K_p}$
1형 제어계	정상 속도 편차 e_{sv}가 유한한 제어계	램프 함수(속도함수) $r(t)=t,\ R(s)=\dfrac{1}{s^2}$	$e_{sv}=\lim_{s\to 0}\dfrac{1}{s+sG(s)H(s)}=\dfrac{1}{\lim_{s\to 0}sG}=\dfrac{1}{K_v}$
2형 제어계	정상 가속도 편차 e_{sa}가 유한한 제어계	포물선 함수(가속도함수) $r(t)=\dfrac{t^2}{2},\ R(s)=\dfrac{1}{s^3}$	$e_{sa}=\lim_{s\to 0}\dfrac{1}{s^2+s^2G(s)H(s)}=\dfrac{1}{\lim_{s\to 0}s^2G}=\dfrac{1}{K_a}$

(3) 주파수 이득과 위상

① 각속도 또는 각주파수 ω를 제어시스템에서 주파수라고도 한다.

② $G(s)$는 전달함수로 복소수 s의 함수이다. $G(j\omega)$는 주파수 전달함수로 주파수 ω의 함수이다.

③ 제어계의 주파수 특성은 $G(j\omega)$의 크기와 위상으로 파악할 수 있다.

$G(j\omega) = \dfrac{C(j\omega)}{R(j\omega)} = \alpha + j\beta$에서,

$|G(j\omega)| = \sqrt{\alpha^2 + \beta^2}$: 주파수 이득(입력 진폭과 출력 진폭의 비)

$\tan^{-1}\dfrac{\beta}{\alpha}$: 위상각(입력 신호와 출력 신호의 위상 차)

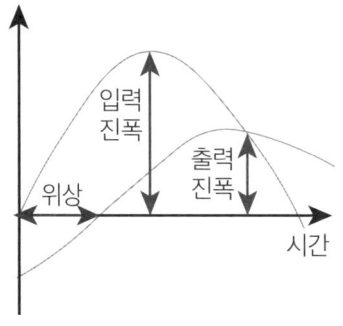

7. 2차 지연계

(1) 전달함수와 특성방정식

① 2차 지연 제어계에 대해 폐루프 전달함수는 $M(s) = \dfrac{G(s)}{1+G(s)H(s)} = \dfrac{\omega_n^2}{s^2 + 2\zeta\omega_n s + \omega_n^2}$이므로 특성방정식은 $s^2 + 2\zeta\omega_n s + \omega_n^2 = 0$이다.

② 근의 공식을 이용하면 특성근 $s = -\zeta\omega_n \pm j\omega_n\sqrt{\zeta^2 - 1} = -\zeta\omega_n \pm j\omega n\sqrt{1-\zeta^2} = -\zeta\omega_n \pm j\omega_d$ (ω_n: 고유 주파수)이며, 감쇠 진동 주파수 ω_d와 제동비 ζ에 따라 과도 응답의 형태가 달라진다.

(2) 2차계 과도 응답 상수

① 오버슈트(overshoot): 과도 응답값과 목표값의 편차, 감쇠비 = $\dfrac{\text{제 2차 오버슈트}}{\text{최대 오버슈트}}$

② 지연 시간 T_d(delay time): 목표값의 50[%]에 도달하는 데 걸리는 시간

③ 상승 시간 T_r(rising time): 목표값의 10[%]에서부터 90[%]까지 증가하는 데 걸리는 시간, 이론적으로는 $T_r = \dfrac{0.8 + 2.5\zeta}{\omega_n}$이다.

④ 정정 시간 T_s(setting time): 목표값과의 편차가 5[%]가 될 때까지 걸리는 시간

(3) 1차 지연 요소와 2차 지연 요소

제어 요소	1차 지연 요소	2차 지연 요소
회로 구분	$R-L$ 직렬 회로, $R-C$ 직렬 회로	$R-L-C$ 직렬 회로
전달함수	$G(s) = \dfrac{1}{1+Ts}$ 분모가 s에 관한 1차식	$G(s) = \dfrac{\omega_n^2}{s^2 + 2\zeta\omega_n s + \omega_n^2}$ 분모가 s에 관한 2차식
인디셜 응답	$V_o(t) = 1 - e^{-t/RC}$	$\zeta < 0$: 불안정(발산), $\zeta = 0$: 임계 안정(무한 진동), $0 < \zeta < 1$: 부족 제동(감쇠 진동), $\zeta = 1$: 임계 제동, $\zeta > 1$ 과 제동(비진동)

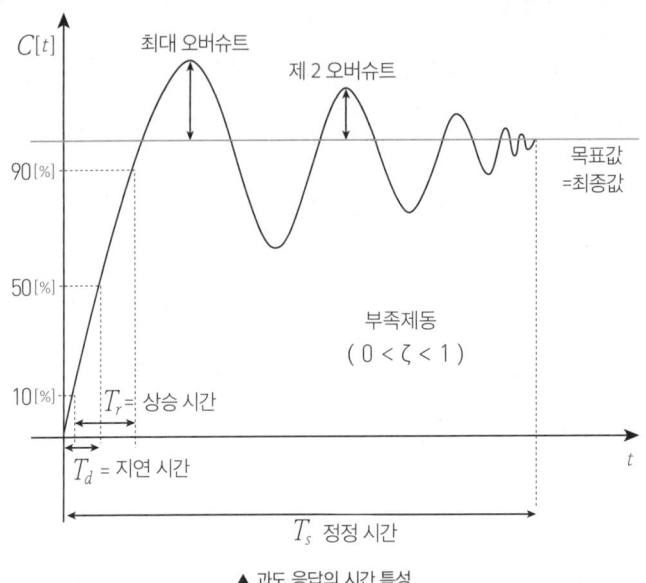

▲ 과도 응답의 시간 특성

8. 계의 안정도 판별

(1) 루스표에 의한 안정도 판별

① 특성방정식의 계수로 루스표를 만들었을 때, 루스표 제1열에 놓인 숫자들의 부호가 모두 같으면 계는 '안정'으로 판별한다.

② 제1열에 놓인 숫자들의 부호가 일치하지 않을 때 부호가 바뀐 횟수는 불안정 근의 개수와 같다.

$F(s) = a_0 s^3 + a_1 s^2 + a_2 s^1 + a_3 = 0$		
s^3	a_0	a_2
s^2	a_1	a_3
s^1	$\dfrac{a_1 a_2 - a_0 a_3}{a_1} = b_1$	0
s^0	$\dfrac{b_1 a_3 - 0}{b_1} = c_1 = a_3$	0

[루스표 작성 방법]
- 차수가 3차이면 상수 a_3를 포함하여 계수가 4개이므로 왼쪽의 규칙대로 계수들을 적고 마지막 칸에는 0을 쓴다.
- 수식대로 b_1을 구하여 a_1의 아래에 적는다.
- 수식대로 c_1을 구해도 되지만 3차식에서 c_1은 항상 a_3와 같다.

(2) 근궤적에 의한 안정도 판별

① 폐루프 전달함수의 분모를 0으로 루스표 제1열에 놓인 숫자들의 부호가 모두 같아야 계가 안정하다.

② 부호가 바뀐 근궤적의 출발점은 개루프 전달함수의 극점이다.

③ 개루프 전달함수의 분모를 0으로 만드는 s가 극점이고 분자를 0으로 만드는 s가 영점이다.

④ 근궤적의 가지(Branch) 수는 극점과 영점의 개수 중에서 더 큰 값과 일치한다.

⑤ 실수축상의 한 점에서 분기한 2개의 근궤적은 항상 실수축에 대하여 대칭을 이룬다.

⑥ 두 점근선은 허수축상에서 교차하지 않는다.

⑦ 특성근이 복소평면의 좌반부이면, 즉 $s<0$이면 계는 안정, 우반부이면, 즉 $s>0$이면 계는 불안정하다.

⑧ 특성근이 허수축, 즉 $s=j\beta$이면 계는 임계 상태이다.

CHAPTER 04 안전 관리

PHASE 17 | 기계설비법

1. 기계설비법의 주요 내용

분야	원문 요약	출처
기본계획	국토교통부장관은 기계설비 발전 기본계획을 5년마다 수립·시행하여야 한다.	기본법 제5조
유지관리자 선임	① 관리주체는 국토교통부령으로 정하는 바에 따라 기계설비유지관리자를 선임하여야 한다. ② 정당한 사유 없이 대통령령으로 정하는 일정 횟수 이상 유지관리교육을 받지 아니한 기계설비유지관리자를 해임하여야 한다. ③ 관리주체가 기계설비유지관리자를 선임 또는 해임한 경우 국토교통부령으로 정하는 바에 따라 지체 없이 그 사실을 특별자치시장·특별자치도지사·시장·군수·구청장에게 신고하여야 한다. ⑤ 제3항에 따라 기계설비유지관리자의 해임신고를 한 자는 해임한 날부터 30일 이내에 기계설비유지관리자를 새로 선임하여야 한다. ⑪ 국토교통부장관은 대통령령으로 정하는 바에 따라 기계설비유지관리자의 근무처 및 경력등과 제20조에 따른 유지관리교육 결과를 평가하여 제7항에 따른 등급을 조정할 수 있다. ⑫ 국토교통부장관은 제8항부터 제11항까지의 업무를 대통령령으로 정하는 바에 따라 관계 기관 및 단체에 위탁할 수 있다. ⑬ 제8항부터 제10항까지의 규정에 따른 기계설비유지관리자의 신고, 등급 확인, 증명서의 발급·관리 등에 필요한 사항은 국토교통부령으로 정한다.	기본법 제19조
유지관리교육	① 제19조제1항에 따라 선임된 기계설비유지관리자는 대통령령으로 정하는 바에 따라 국토교통부장관이 실시하는 기계설비 유지관리에 관한 교육(이하 "유지관리교육"이라 한다)을 받아야 한다. ② 국토교통부장관은 제1항에 따른 유지관리교육에 관한 업무를 대통령령으로 정하는 바에 따라 관계 기관 및 단체에 위탁할 수 있다.(위탁기관: 대한기계설비건설협회)	기본법 제20조

기계설비성능점검업	① 제17조제2항에 따른 성능점검과 관련된 업무를 하려는 자는 자본금, 기술인력의 확보 등 대통령령으로 정하는 요건을 갖추어 등록하여야 한다.
	② 기계설비성능점검업을 등록한 자는 대통령령으로 정하는 사항이 변경된 경우에는 변경 사유가 발생한 날부터 30일 이내에 변경등록을 하여야 한다.
	④ 기계설비성능점검업의 등록과 관련하여 다음 각 호의 어느 하나의 행위를 하거나 제3자로 하여금 이를 하게 하여서는 아니 된다.
	  1. 다른 사람에게 자기의 성명을 사용하여 기계설비성능점검 업무를 수행하게 하거나 자신의 등록증을 빌려주는 행위
	  2. 다른 사람의 성명을 사용하여 기계설비성능점검 업무를 수행하거나 다른 사람의 등록증을 빌리는 행위
	  3. 제1호 및 제2호의 행위를 알선하는 행위
		기본법 제21조

분야	원문 요약	출처
과태료 규정	다음 각 호의 어느 하나에 해당하는 자에게는 500만원 이하의 과태료를 부과한다. 1. 제17조제1항에 따른 유지관리기준을 준수하지 아니한 자 2. 제17조제2항에 따른 점검기록을 작성하지 아니하거나 거짓으로 작성한 자 3. 제17조제3항에 따른 점검기록을 보존하지 아니한 자 4. 제19조제1항을 위반하여 기계설비유지관리자를 선임하지 아니한 자 다음 각 호의 어느 하나에 해당하는 자에게는 100만원 이하의 과태료를 부과한다. 1. 제15조제2항을 위반하여 착공 전 확인과 사용 전 검사에 관한 자료를 특별자치시장·특별자치도지사·시장·군수·구청장에게 제출하지 아니한 자 2. 제17조제3항을 위반하여 점검기록을 특별자치시장·특별자치도지사·시장·군수·구청장에게 제출하지 아니한 자 3. 제19조제2항을 위반하여 유지관리교육을 받지 아니한 사람을 해임하지 아니한 자 4. 제19조제3항에 따른 신고를 하지 아니하거나 거짓으로 신고한 자 5. 제20조제1항을 위반하여 유지관리교육을 받지 아니한 사람 6. 제21조의2제2항에 따른 신고를 하지 아니하거나 거짓으로 신고한 자 7. 제22조의2제2항에 따른 서류를 거짓으로 제출한 자	기본법 제30조

2. 기계설비법시행령의 주요 내용

분야	원문 요약	출처
기계설비의 범위	1. 열원설비 2. 냉난방설비 3. 공기조화·공기청정·환기설비 4. 위생기구·급수·급탕·오배수·통기설비 5. 오수정화·물재이용설비 6. 우수배수설비 7. 보온설비 8. 덕트(duct)설비 9. 자동제어설비 10. 방음·방진·내진설비 11. 플랜트설비 12. 특수설비	시행령 별표1
기계설비 유지관리 대상 건축물	500세대 이상의 공동주택, 300세대 이상으로서 중앙집중식 난방방식(지역난방방식을 포함한다)의 공동주택은 기계설비유지관리자를 선임해야 한다.	시행령 제14조
기계설비의 착공 전 확인과 사용 전 검사의 대상	1. 용도별 건축물 중 연면적 1만제곱미터 이상인 건축물(창고시설은 제외한다) 2. 에너지를 대량으로 소비하는 다음 각 목의 어느 하나에 해당하는 건축물 　가. 냉동·냉장, 항온·항습 또는 특수청정을 위한 특수설비가 설치된 건축물로서 해당 용도에 사용되는 바닥면적의 합계가 500제곱미터 이상인 건축물 　나. 5층 이상의 아파트 및 바닥면적 660제곱미터 초과하는 연립주택 　다. 바닥면적의 합계가 500제곱미터 이상인 건축물 중 목욕장, 놀이시설, 운동장 　라. 바닥면적의 합계가 2천제곱미터 이상인 건축물 중 기숙사, 의료시설, 유스호스텔, 숙박시설 　마. 바닥면적의 합계가 3천제곱미터 이상인 건축물 중 판매시설, 연구소, 업무시설 3. 지하역사 및 연면적 2천제곱미터 이상인 지하도상가	시행령 별표5
기계설비 유지관리자 자격 및 등급	등급 | 보유 자격 | 실무 경력 1) 특급 | 기술사 | 　　　 | 기능장, 기사, 특급 건설기술인 | 10년 이상 　　　 | 산업기사 | 13년 이상	시행령 별표5의2

	2) 고급	기능장, 기사, 고급 건설기술인	7년 이상
		산업기사	10년 이상
	3) 중급	기능장, 기사, 중급 건설기술인	4년 이상
		산업기사	7년 이상
	4) 초급	기능장, 기사, 초급 건설기술인	
		산업기사	3년 이상

분야	원문 요약	출처
행정처분 기준	위반 행위 가~마: 1차 위반 시 등록취소 가. 거짓이나 그 밖의 부정한 방법으로 등록한 경우 나. 최근 5년간 3회 이상 업무정지 처분을 받은 경우 다. 업무정지기간에 기계설비성능점검 업무를 수행한 경우. 다만, 등록취소 또는 업무정지의 처분을 받기 전에 체결한 용역계약에 따른 업무를 계속한 경우는 제외한다. 라. 기계설비성능점검업자로 등록한 후 법 제22조제1항에 따른 결격사유에 해당하게 된 경우(같은 항 제6호에 해당하게 된 법인이 그 대표자를 6개월 이내에 결격사유가 없는 다른 대표자로 바꾸어 임명하는 경우는 제외한다) 마. 법 제21조제1항에 따른 대통령령으로 정하는 요건에 미달한 날부터 1개월이 지난 경우 바. 법 제21조제2항에 따른 변경등록을 하지 않은 경우: 1차 위반 시 시정 명령, 2차 위반 시 업무 정지 1개월, 3차 위반 시 업무정지 2개월 사. 법 제21조제3항에 따라 발급받은 등록증을 다른 사람에게 빌려 준 경우: 1차 위반 시 업무정지 6개월, 2차 위반 시 등록취소	시행령 별표8
과태료 부과 기준	다음 위반 행위: 1차 위반 시 50만원, 2차 위반 시 70만원, 3차 위반 시 100만원 가. 법 제15조제2항을 위반하여 착공 전 확인과 사용 전 검사에 관한 자료를 특별자치시장·특별자치도지사·시장·군수·구청장에게 제출하지 않은 경우 마. 법 제17조제3항을 위반하여 점검기록을 시장·군수·구청장에게 제출하지 않은 경우 사. 법 제19조제2항을 위반하여 유지관리교육을 받지 않은 사람을 해임하지 않은 경우 자. 법 제20조제1항을 위반하여 유지관리교육을 받지 않은 경우 카. 법 제22조의2제2항에 따른 서류를 거짓으로 제출한 경우 다음 위반 행위: 1차 위반 시 300만원, 2차 위반 시 400만원, 3차 위반 시 500만원 나. 법 제17조제1항에 따른 유지관리기준을 준수하지 않은 경우 다. 법 제17조제2항에 따른 점검기록을 작성하지 않거나 거짓으로 작성한 경우 라. 법 제17조제3항에 따른 점검기록을 보존하지 않은 경우 바. 법 제19조제1항을 위반하여 기계설비유지관리자를 선임하지 않은 경우	시행령 별표10

3. 기계설비법시행규칙의 주요 내용

분야	원문 요약		출처
기계설비 유지관리자 선임 기준	선임 대상	선임 자격	시행규칙 별표1
	3천세대 이상의 공동주택	특급 1인, 보조 1인	
	2천세대 이상~3천세대 미만의 공동주택	고급 1인, 보조 1인	
	1천세대 이상~2천세대 미만의 공동주택	중급 1인	
	500세대 이상~1천세대 미만의 공동주택	초급 1인	
	300세대 이상~500세대 미만으로서 중앙집중식 난방방식(지역난방 포함)의 공동주택	초급 1인	

기계설비 사용 전 검사신청서 제출 서류	1. 기계설비공사 준공설계도서 사본 2. 「건축법」 등 관계 법령에 따라 기계설비에 대한 감리업무를 수행한 자가 확인한 기계설비 사용 적합 확인서 3. 검사 결과서(해당하는 검사 결과가 있는 경우로 한정한다)	시행규칙 제6조
성능점검 시 검토사항	1. 기계설비 시스템 검토 　① 유지관리지침서의 적정성 　② 기계설비 시스템의 작동 상태 　③ 점검대상 현황표 상의 설계값과 측정값 일치 여부 2. 성능개선 계획 수립 　① 기계설비의 내구연수에 따른 노후도 　② 성능점검표에 따른 부적합 및 개선사항 　③ 성능개선 필요성 및 연도별 세부개선계획 3. 에너지사용량 검토 　① 냉난방 설비 등 분류별 에너지 사용량 　② 효율적인 에너지 사용을 위한 설비 운용 방법	기계설비 유지관리기준 별표3

4. 기계별 성능 점검표 점검 항목(기계설비유지관리기준 별지3)

분야	원문 요약		
냉동기	• 유지관리 점검표 확인 • 노후 및 부식 상태 • 펌프(용액, 냉매, 진공) 상태 • 경보 상태 • 과부하 차단 상태 • 저·고수위 경보 상태	• 냉동기에 연결된 헤더 상태 • COP 상태 • 기내압력 점검 • 허용압력(압축기(재생기), 응축기, 증발기) 상태 • 연소장치 상태	• 안전장치(인터록) 상태 • 안전밸브 상태 • 배기가스온도 • 에너지 사용량
냉각탑	• 유지관리 점검표 확인 • 노후 및 부식 상태 • 송풍기 날개 상태 • 냉각수 유량 상태 • 충진물 상태	• 냉각탑 수조 및 볼탭 상태 • 살수장치 상태 • 레지오넬라균(수질검사, 공중위생관리법 관련)	• 송풍기 회전 상태 • 부하전류 상태
보일러	• 유지관리 점검표 확인 • 버너 연소 상태 • 화염 검출기 상태 • 안전밸브 및 압력스위치 상태	• 에너지 사용량 분석 • 감압밸브 작동 상태(소음, 진동) • 노후 및 부식 상태 • 수위제어 및 급수 공급 상태	• 운전 압력 상태 • 배기가스 성분 측정 • 보일러에 연결된 헤더 상태
공기 조화기	• 유지관리 점검표 확인 • 전동댐퍼(OA, EA, RA) 작동 상태 • 공기조화기(송풍기) 풍량 상태	• 소음, 진동 상태 • 외부 케이싱 부식, 손상, 변형 상태	• 동파방지 장치 작동 상태 • 폐열회수장치 작동 상태 • 필터 오염상태
환기설비	• 유지관리 점검표 확인 • 모터 및 송풍기 베어링 이상 소음 상태	• 이산화탄소 농도 확인(10개소 내외) • 노후 및 부식 상태 • 볼륨댐퍼 개·폐쇄 상태	• 급·배기 풍량 상태 • 필터 오염상태

PHASE 18 | 고압가스 안전관리법

1. 고압가스 안전관리법의 주요 내용

분야	원문 요약	출처
용어 정의	• 저장소: 산업통상자원부령으로 정하는 일정량 이상의 고압가스를 용기나 저장탱크로 저장하는 일정한 장소 • 용기(容器): 고압가스를 충전하기 위한 것(부속품을 포함한다)으로서 이동할 수 있는 것 • 차량에 고정된 탱크: 고압가스의 수송·운반을 위하여 차량에 고정 설치된 탱크 • 저장탱크: 고압가스를 저장하기 위한 것으로서 일정한 위치에 고정 설치된 것 • 냉동기: 고압가스를 사용하여 냉동을 하기 위한 기기로서 산업통상자원부령으로 정하는 냉동능력 이상인 것 • 안전설비: 고압가스의 제조·저장·판매·운반 또는 사용시설에서 설치·사용하는 가스검지기 등의 안전기기와 밸브 등의 부품으로서 산업통상자원부령으로 정하는 것	기본법 제3조

기본계획	① 산업통상자원부장관은 가스로 인한 위해 방지 및 체계적인 가스안전관리를 위하여 5년마다 가스안전관리에 관한 기본계획을 수립·시행하여야 한다.
	② 기본계획에는 다음 각 호의 사항이 포함되어야 한다.
	  1. 고압가스, 액화석유가스, 도시가스에 대한 중기·장기 안전관리 정책에 관한 사항
	  2. 고압가스등 안전관리 제도의 개선에 관한 사항
	  3. 고압가스등으로 인한 사고를 예방하기 위한 교육·홍보 및 검사·진단에 관한 사항
	  4. 고압가스등의 안전관리를 위한 정책 및 기술 등의 연구·개발에 관한 사항
	  5. 그 밖에 고압가스등의 안전관리를 위하여 필요한 사항
		기본법 제3조의2

안전성 평가	제11조제2항에 따른 사업자등은 산업통상자원부령으로 정하는 시설에 대하여 안전성 평가를 하고 안전성향상계획을 작성하여 대통령령으로 정하는 바에 따라 허가관청에 제출하거나 사무소에 갖추어 두어야 한다.	기본법 제13조의2
안전성 향상 계획서 세부 내용	공정안전자료, 안전성평가서, 안전운전계획, 비상조치계획	고압가스 안전관리기준 통합고시 제2-2-5조
안전관리자	고압가스제조자로서 냉동기를 사용하여 고압가스를 제조하는 자, 혹은 제4조제5항에 따라 저장소의 설치허가를 받은 자는 안전관리자를 선임하여야 한다.	기본법 제15조
정밀안전검사	고압가스제조자는 고압가스제조시설로서 산업통상자원부령으로 정하는 종류와 규모에 해당되는 노후시설에 대하여 가스안전관리 전문기관으로서 대통령령으로 정하는 기관으로부터 4년의 범위에서 산업통상자원부령으로 정하는 기간마다 정밀안전검진을 정기적으로 받아야 한다.	기본법 제16조의3
안전교육	① 사업자등, 특정고압가스 사용신고자, 수탁관리자 및 제35조에 따른 검사기관의 안전관리에 관계되는 업무를 하는 자는 시·도지사나 시장·군수·구청장이 실시하는 교육을 받아야 한다. ② 사업자등, 특정고압가스 사용신고자, 수탁관리자 및 제35조에 따른 검사기관은 그가 고용하고 있는 자 중 제1항에 따른 안전교육대상자에게 안전교육을 받게 하여야 한다.	기본법 제23조

분야	원문 요약	출처

벌칙 및 과태료 부과 기준	① 고압가스시설을 손괴한 자 및 용기·특정설비를 개조한 자는 5년 이하의 징역 또는 5천만원 이하의 벌금에 처한다.
	② 업무상 과실 또는 중대한 과실로 인하여 고압가스 시설을 손괴한 자는 2년 이하의 금고 또는 2천만원 이하의 벌금에 처한다.
	③ 제2항의 죄를 범하여 가스를 누출시키거나 폭발하게 함으로써 사람을 상해에 이르게 하면 10년 이하의 금고 또는 1억원(사망 시 1억 5천만원) 이하의 벌금에 처한다.
	④ 다음 위반자는 2년 이하의 징역 또는 2천만원 이하 벌금에 처한다.
	  1. 허가를 받지 아니하고 고압가스를 제조한 자
	  2. 허가를 받지 아니하고 저장소를 설치하거나 고압가스를 판매한 자
	  3. 등록을 하지 아니하고 용기등을 제조한 자
	  4. 등록을 하지 아니하고 고압가스 수입업을 한 자
	  5. 등록을 하지 아니하고 고압가스를 운반한 자
	  6. 고압가스배관 매설상황의 확인요청을 하지 아니하고 굴착공사를 한 자
	⑤ 다음 위반자는 500만원 이하의 벌금에 처한다.
	  1. 제4조제2항 전단에 따른 신고를 하지 아니하고 고압가스를 제조한 자
	  2. 제15조제1항부터 제3항까지의 규정에 따른 안전관리자를 선임하지 아니한 자
	⑥ 다음 위반자는 300만원 이하의 벌금에 처한다.
	  4. 제16조의2제1항에 따른 정기검사나 수시검사를 받지 아니한 자
	  5. 제16조의3제1항에 따른 정밀안전검진을 받지 아니한 자
	  7. 제20조제1항에 따른 신고를 하지 아니하거나 거짓으로 신고한 자
		기본법 제38, 39, 41, 42조

2. 고압가스 안전관리법 시행령의 주요 내용

분야	원문 요약	출처
고압가스의 종류 및 범위	1. 상용(常用)의 온도에서 압력이 1메가파스칼 이상이 되는 압축가스로서 실제로 그 압력이 1메가파스칼 이상이 되는 것 또는 섭씨 35도의 온도에서 압력이 1메가파스칼 이상이 되는 압축가스(아세틸렌가스는 제외한다) 2. 섭씨 15도의 온도에서 압력이 0파스칼을 초과하는 아세틸렌가스 3. 상용의 온도에서 압력이 0.2메가파스칼 이상이 되는 액화가스로서 실제로 그 압력이 0.2메가파스칼 이상이 되는 것 또는 압력이 0.2메가파스칼이 되는 경우의 온도가 섭씨 35도 이하인 액화가스 4. 섭씨 35도의 온도에서 압력이 0파스칼을 초과하는 액화가스 중 액화시안화수소·액화브롬화메탄 및 액화산화에틸렌가스	시행령 제2조
제조 허가의 종류와 그 대상	1. 고압가스 특정제조 및 고압가스 일반제조 2. 고압가스 충전: 용기 또는 차량에 고정된 탱크에 고압가스를 충전할 수 있는 설비로 고압가스를 충전하는 것으로서, 가연성가스 및 독성가스의 충전, 혹은 이외의 고압가스의 충전으로서 1일 처리능력이 10세제곱미터 이상이고 저장능력이 3톤 이상인 것(액화석유가스와 천연가스는 제외한다) 3. 냉동제조: 냉동능력이 하루 20톤 이상(가연성가스 또는 독성가스 외의 고압가스를 냉매로 사용하는 것으로서 산업용 및 냉동·냉장용인 경우에는 50톤 이상, 건축물의 냉·난방용인 경우에는 100톤 이상)인 설비를 사용하여 냉동을 하는 과정에서 압축 또는 액화의 방법으로 고압가스가 생성되게 하는 것	시행령 제3조

고압가스 제조의 신고대상	1. 고압가스 충전: 용기 또는 차량에 고정된 탱크에 고압가스를 충전할 수 있는 설비로 고압가스를 충전하는 것으로서 1일 처리능력이 10세제곱미터 미만이거나 저장능력이 3톤 미만인 것 2. 냉동제조: 냉동능력이 3톤 이상 20톤 미만인 것	시행령 제4조
품질유지대상 제외 품목	수출용, 시험용 또는 연구개발용으로 판매 또는 인도되거나 판매 또는 인도될 목적으로 저장·운송 또는 보관되는 고압가스, 1회 수입되는 양이 40킬로그램 이하인 고압가스	시행령 제15조의3
제조등록기준	1. 용기: 용기별로 제조에 필요한 단조설비·성형설비·용접설비 또는 세척설비 등을 갖출 것 2. 냉동기: 냉동기 제조에 필요한 프레스설비·제관설비·건조설비·용접설비 또는 조립설비 등을 갖출 것 3. 특정설비: 특정설비의 제조에 필요한 용접설비·단조설비 또는 조립설비 등을 갖출 것	시행령 제5조
일체형 냉동기	(1)~(4) 또는 하루 냉동능력이 20톤 미만인 공조용 패키지에어콘 (1) 냉매설비 및 압축기용 원동기가 하나의 프레임위에 일체로 조립된 것 (2) 냉동설비를 사용할 때 스톱밸브 조작이 필요 없는 것 (3) 사용장소에 분할·반입하는 경우에는 냉매설비에 용접 또는 절단을 수반하는 공사를 하지 않고 재조립하여 냉동제조용으로 사용할 수 있는 것 (4) 냉동설비의 수리 등을 하는 경우에 냉매설비 부품의 종류, 설치개수, 부착위치 및 외형치수와 압축기용 원동기의 정격 출력 등이 제조 시 상태와 같도록 설계·수리될 수 있는 것	시행기준 별표11
안전관리자 업무	사업소 또는 사용신고시설의 시설·용기등 또는 작업과정의 안전유지, 용기등의 제조공정관리, 공급자의 의무이행 확인, 안전관리규정의 시행 및 그 기록의 작성·보존, 사업소 또는 사용신고시설의 종사자에 대한 안전관리를 위하여 필요한 지휘·감독, 그 밖의 위해 방지 조치	시행령 제13조
과태료 부과 기준	다음 위반 행위: 1차 위반 시 250만원, 2차 위반 시 350만원, 3차 위반 시 500만원 가. 법 제4조제1항 후단 또는 같은 조 제5항 후단을 위반하여 변경허가를 받지 않고 허가 받은 사항 중 상호를 변경하거나 법인의 대표자를 변경한 경우 다. 법 제4조제2항 후단을 위반하여 변경신고를 하지 않고 신고한 사항 중 상호를 변경하거나 법인의 대표자를 변경한 경우 라. 법 제5조제1항 후단, 제5조의3제1항 후단 또는 제5조의4제1항 후단을 위반하여 변경등록을 하지 않고 등록한 사항 중 상호를 변경하거나 법인의 대표자를 변경한 경우 자. 고압가스 제조신고자가 법 제10조제5항에 따른 안전점검자의 자격·인원, 점검장비 및 점검기준 등을 준수하지 않은 경우 다음 위반 행위: 1차 위반 시 1천만원, 2차 위반 시 1500만원, 3차 위반 시 2천만원 나. 법 제4조제2항 후단을 위반하여 변경신고를 하지 않고 신고한 사항을 변경한 경우 차. 고압가스 제조신고자가 법 제11조제1항을 위반하여 안전관리규정을 제출하지 않은 경우 하. 법 제11조제6항에 따른 확인을 거부·방해 또는 기피한 경우 더. 고압가스 제조신고자 또는 특정고압가스 사용신고자가 법 제15조제4항을 위반하여 대리자를 지정하여 그 직무를 대행하게 하지 않은 경우 머. 법 제16조제4항 후단을 위반하여 고압가스의 제조·저장 또는 판매시설을 사용한 경우 처. 고압가스 제조신고자, 특정고압가스 사용신고자 또는 용기등을 수입한 자가 법 제25조제1항을 위반하여 보험에 가입하지 않은 경우	시행령 별표4

3. 고압가스 안전관리법 시행규칙의 주요 내용

분야	원문 요약	출처
용어 정의	• 가연성가스: 공기 중에서 연소하는 가스로서 폭발한계의 하한이 10퍼센트 이하인 것과 폭발한계의 상한과 하한의 차가 20퍼센트 이상인 것 • 독성가스: 공기 중에 일정량 이상 존재하는 경우 인체에 유해한 독성을 가진 가스로서 허용농도가 100만분의 5000 이하인 것 • 액화가스: 가압(加壓)·냉각 등의 방법에 의하여 액체상태로 되어 있는 것으로서 대기압에서의 끓는 점이 섭씨 40도 이하 또는 상용 온도 이하인 것 • 초저온저장탱크: 섭씨 영하 50도 이하의 액화가스를 저장하기 위한 저장탱크로서 단열재를 씌우거나 냉동설비로 냉각시키는 등의 방법으로 저장탱크 내의 가스온도가 상용의 온도를 초과하지 아니하도록 한 것 • 충전용기: 고압가스의 충전질량 또는 충전압력의 2분의 1 이상이 충전되어 있는 상태의 용기 • 잔가스용기: 고압가스의 충전질량 또는 충전압력의 2분의 1 미만이 충전되어 있는 상태의 용기	시행규칙 제2조
정밀안전검사	산업통상자원부령으로 정하는 종류와 규모에 해당되는 노후시설: 최초로 제28조제5항에 따라 완성검사증명서를 받은 날부터 15년이 경과한 시설	시행규칙 제33조
정밀안전검사 실시주기	정밀안전검진의 대상자와 영 제14조의2에 따른 정밀안전검진의 실시기관(이하 "정밀안전검진의 실시기관"이라 한다)이 협의하여 정하는 기간으로서 전년도 정기보수기간과 다음 연도의 정기보수기간 사이의 기간	시행규칙 제34조
위탁업무	지식경제부장관은 한국가스안전공사 또는 검사기관이 영 제25조제1항 및 제2항에 따라 위탁받은 업무와 정밀안전검진기관이 법 제16조의3에 따라 실시하는 업무를 처리할 때 필요한 처리절차 등에 관한 세부사항을 정할 수 있다.	시행규칙 제63조

PHASE 19 | 산업안전보건법

1. 산업안전보건법의 주요 내용

분야	원문 요약	출처
예방 (보건 조치)가 필요한 건강장해	1. 원재료 · 가스 · 증기 · 분진 · 흄(fume, 열이나 화학반응에 의하여 형성된 고체증기가 응축되어 생긴 미세입자를 말한다) · 미스트(mist, 공기 중에 떠다니는 작은 액체방울을 말한다) · 산소결핍 · 병원체 등에 의한 건강장해 2. 방사선 · 유해광선 · 고열 · 한랭 · 초음파 · 소음 · 진동 · 이상기압 등에 의한 건강장해 3. 사업장에서 배출되는 기체 · 액체 또는 찌꺼기 등에 의한 건강장해 4. 계측감시, 컴퓨터 단말기 조작, 정밀공작 등의 작업에 의한 건강장해 5. 단순반복작업 또는 인체에 과도한 부담을 주는 작업에 의한 건강장해 6. 환기 · 채광 · 조명 · 보온 · 방습 · 청결 등의 적정기준을 유지하지 아니하여 발생하는 건강장해 7. 폭염 · 한파에 장시간 작업함에 따라 발생하는 건강장해	기본법 제39조
유해위험방지 계획서 작성 및 제출 사유	1. 대통령령으로 정하는 사업의 종류 및 규모에 해당하는 사업으로서 해당 제품의 생산공정과 직접적으로 관련된 건설물 · 기계 · 기구 및 설비 등 전부를 설치 · 이전하거나 그 주요 구조부분을 변경하려는 경우 2. 유해하거나 위험한 작업 또는 장소에서 사용하거나 건강장해를 방지하기 위하여 사용하는 기계 · 기구 및 설비로서 대통령령으로 정하는 기계 · 기구 및 설비를 설치 · 이전하거나 그 주요 구조부분을 변경하려는 경우 3. 대통령령으로 정하는 크기, 높이 등에 해당하는 건설공사를 착공하려는 경우	기본법 제42조

2. 산업안전보건법 시행령의 주요 내용

분야	원문 요약	출처
방호 조치	예초기, 원심기, 공기압축기, 금속절단기, 지게차, 포장기계(진공포장기, 래핑기 한정)	시행령 별표20
위험물질 규정량	• 암모니아의 규정량: 제조 · 취급 · 저장: 10,000kg • 인화성 가스: 인화한계 농도의 최저한도가 13% 이하 또는 최고한도와 최저한도의 차가 12% 이상인 것으로서 표준압력(101.3 ㎪)에서 20℃에서 가스 상태인 물질	시행령 별표13

유해위험방지
계획서
제출 대상
	1. 다음 각 목의 어느 하나에 해당하는 건축물 또는 시설 공사
	   가. 지상높이가 31미터 이상인 건축물 또는 인공구조물
	   나. 연면적 3만제곱미터 이상인 건축물
	   다. 연면적 5천제곱미터 이상인 시설로서 다음의 어느 하나에 해당하는 시설
	      문화 및 집회시설(전시장 및 동물원 · 식물원은 제외), 판매시설, 운수시설(고속철도의 역사 및 집배송시설은 제외), 종교시설, 종합병원, 관광숙박시설, 지하도상가 냉동 · 냉장 창고시설
	2. 연면적 5천제곱미터 이상인 냉동 · 냉장 창고시설의 설비공사 및 단열공사
		시행령 제42조

보건 관리자의 자격	• 산업보건지도사 자격을 가진 사람 • 「의료법」에 따른 의사 및 간호사 • 산업위생관리산업기사, 대기환경산업기사, 인간공학기사 이상의 자격을 취득한 사람 • 산업보건 또는 산업위생 분야의 학위를 취득한 사람	시행령 별표6

안전 관리자의 자격	• 산업안전지도사 자격을 가진 사람 • 산업안전산업기사, 건설안전산업기사 이상의 자격을 취득한 사람 • 산업안전 관련 학위를 취득한 사람 또는 이와 같은 수준 이상의 학력을 가진 사람 • 다음 각 목의 어느 하나에 해당하는 사람 　가. 「고압가스 안전관리법」 제4조 및 같은 법 시행령 제3조제1항에 따른 허가를 받은 사업자 중 고압가스를 제조·저장 또는 판매하는 사업에서 같은 법 제15조 및 같은 법 시행령 제12조에 따라 선임하는 안전관리 책임자 　나. 「액화석유가스의 안전관리 및 사업법」 제5조 및 같은 법 시행령 제3조에 따른 허가를 받은 사업자 중 액화석유가스 충전사업·액화석유가스 집단공급사업 또는 액화석유가스 판매사업에서 같은 법 제34조 및 같은 법 시행령 제15조에 따라 선임하는 안전관리책임자 　바. 「전기안전관리법」 제22조에 따라 전기사업자가 선임하는 전기안전관리자	시행령 별표4

3. 산업안전보건법시행규칙의 주요 내용

분야	원문 요약	출처
중대재해 범위	고용노동부령으로 정하는 재해 1. 사망자가 1명 이상 발생한 재해 2. 3개월 이상의 요양이 필요한 부상자가 동시에 2명 이상 발생한 재해 3. 부상자 또는 직업성 질병자가 동시에 10명 이상 발생한 재해	시행규칙 제3조
평가 기준	• 안전관리전문기관 또는 보건관리전문기관에 대한 평가는 서면조사 및 방문조사의 방법으로 실시한다. • 공단은 안전관리전문기관 또는 보건관리전문기관에 대한 평가를 실시한 경우 그 평가결과를 해당 안전관리전문기관 또는 보건관리전문기관에 서면으로 통보해야 한다. • 제4항에 따라 평가 결과를 통보받은 평가대상기관은 평가 결과를 통보받은 날부터 7일 이내에 서면으로 공단에 이의신청을 할 수 있다. 이 경우 공단은 이의신청을 받은 날부터 14일 이내에 이의신청에 대한 처리결과를 해당 기관에 서면으로 알려야 한다.	시행규칙 제17조

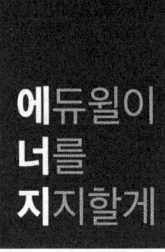

느리더라도 꾸준하면 경주에서 이긴다.

– 이솝(Aesop)

유지보수 공사관리

CHAPTER 01 배관 재료 및 공작

CHAPTER 02 급배수 설비

CHAPTER 03 냉난방 설비

CHAPTER 01 배관 재료 및 공작

PHASE 01 | 배관 재료

1. 배관 재료의 종류별 특징과 이음방법

(1) 금속관

종류	특징	이음 방법
주철관	• 내식성과 내구성이 우수하다. • 충격에 약하고 방열성능이 약하다.	소켓 이음, 플랜지 이음, 메커니컬 이음, 빅토릭 이음, 타이튼 이음
강관	• 인장강도가 우수하고 굴곡성이 양호하다. • 부식이 쉬워서 내구연한이 짧다.	플랜지 이음, 용접 이음, 그루브 이음, 나사 이음
연관	• 굴곡성이 우수하고 산성에 대한 내성이 좋다. • 알칼리성에 대한 내성이 약해서 콘크리트에 매립 시 주의가 필요하다.	플라스턴 이음, 납땜 이음
동관	• 열전도율이 크고 내식성이 강하다. • 가격이 비교적 고가이다.	플랜지 이음, 용접 이음, 납땜 이음, 플레어 이음
스테인리스관	• 철에 크롬을 첨가한 합금강으로 부식에 강하다. • 표면의 산화 피막이 파손되어도 스스로 재생(수동피막)되어 부식을 방지한다.	플랜지 이음, 용접 이음, 무용접 이음

① 동관은 유연성과 내구성이 뛰어나 동결이나 열변형에도 잘 견딘다. 동관의 경납땜(hard solder)에는 은납, 황동납 등이 사용된다.
② 그루브 이음은 패인 홈에 고무링을 삽입하고 하우징을 덮어서 죄는 이음 방식이다.

(2) 비금속관

종류	특징	이음 방법
PVC관 (염화비닐관)	• 내화학성이 강하고 전기절연성이 좋다. • 내열성이 취약해서 고온 장소에 부적합하다.	열간공법, 냉간공법
폴리에틸렌관	• 지하매설용 가스관에 이용한다. • 내식성과 내화학성이 우수하다.	나사 이음, 인서트 이음, 융착 이음, 플랜지 이음, 테이퍼 이음
철근 콘크리트관	• 옥외배수나 상하수도 배관에 이용한다. • 강도와 내구성이 크다.	칼라 이음, 콤포 이음, 심플레스 이음, 모르타르 이음
원심력철근 콘크리트관	• Hume이 원심력공법으로 제작하여 흄관이라고도 한다. • 두께와 용도에 따라 보통관과 압력관으로 구분된다. • 보통관은 하수도관, 압력관은 상수도관에 사용된다.	이음 부위에 따라 A형(칼라 이음)과 B형(소켓 이음), C형(삽입 이음)이 있다.

 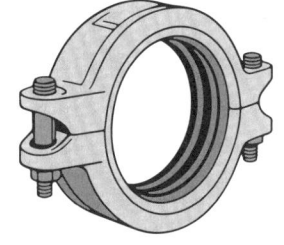 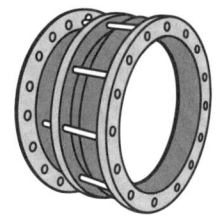

▲ 타이튼 이음　　　　▲ 그루브 이음　　　　▲ 플랜지 이음

2. 이음의 종류와 세부설명

(1) 주철관의 이음

① 소켓 이음: 고무링을 사용하지 않고, 관의 소켓부에 납과 마(yarn)를 넣어서 접합하는 방식이다.

② 플랜지 이음: 고압배관 또는 펌프 주위 배관에 사용한다.

③ 빅토릭 이음: 가스배관을 접합할 때 적용하며 고무링과 금속제 컬러로 구성된다.

④ 기계적 이음: 수도배관을 접합할 때 적용하며 가요성이 풍부하고 누수염려가 적다.

⑤ 타이튼 이음: 원형 고무링 하나만으로 주철관을 밀어넣어 접합하는 방식으로 시공이 간편하다.

(2) 강관의 이음

① 플랜지 이음: 관 말단에 플랜지를 용접 또는 주조로 부착한 후 플랜지와 플랜지를 볼트 또는 너트로 체결하는 방식으로 용접 접합의 한 종류로 볼 수 있다.

② 용접 이음: 누수의 염려가 적고 내부 마찰 손실이 비교적 적은 접합 방식이다. 보조물 없이 하는 맞대기 용접, 접합면에 보조물을 사용하는 플랜지 용접, 슬리브 용접, 소켓 용접 등이 있다.

③ 나사 이음: 50A 이하의 소구경 강관에 나사산을 내어 소켓이나 니플을 이용해 체결하는 방식이다.

(3) 연관의 이음

① 납땜 이음: 납을 토치램프로 녹여서 접합한다.

② 플라스틴 이음: 납과 주석의 합금을 토치램프로 녹여서 접합한다.

(4) 동관의 이음

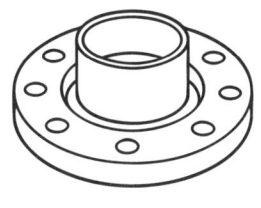 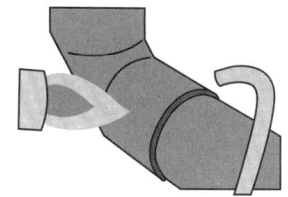 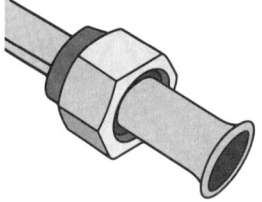

▲ 플랜지 이음　　　　▲ 납땜 이음　　　　▲ 플레어 이음(압축 이음)

① 납땜 이음: 접속부를 버너로 가열하고 틈새부에 황동납을 용착시킨다.

② 플레어 이음: 나팔꽃처럼 관끝을 벌려서 너트를 끼우는 방식이며, 관의 보수 및 점검이 용이하다.

(5) PB관의 이음

① PB이음: 에이콘(acorn) 이음이라고도 하며, 나사나 용접이 필요없고 그랩링, O링, 와셔가 필요하다.

② 나사 이음: 이종의 관끼리 접합할 때 사용하는 방식이다.

(6) 스테인리스 강관의 이음
  ① MR조인트: 동합금제 링을 캡너트로 고정하는 방식이다.
  ② 몰코조인트: 관의 끝을 전용 공구로 6각 형태로 압착하여 결합하는 방식이다.
  ③ 랩조인트: 접합부에 랩을 씌워서 결합하는 방식이다.
  ④ 팩레스 조인트: 주름신축 이음으로 가동부를 흡수할 수 있는 조인트로 벨로즈 조인트라고도 한다.
(7) 경질염화비닐관의 이음
  ① TS이음(Tapered Socket Joint): 열을 가하지 않고 접착제를 발라 관을 끼워 넣어 결합하는 방식으로 유동삽입한 뒤, 이음부를 눌러 변형삽입하기 때문에 접착력이 강화된다.
  ② 고무링 이음: 고무링의 내면에 윤활제를 도포하여 관을 끼워 넣는 방식이다.
  ③ 기계적 이음: 플랜지 이음, 테이퍼 코어 이음 등이 있다.

> **+ PLUS 강관의 길이 변화**
> 길이가 L_0[mm], 선팽창계수가 α[mm/mm·℃]인 강관의 온도변화 ΔT[℃]에 따른 길이 변화량은 $\Delta L = \alpha L_0 \Delta T$이다.

3. 밸브의 종류

(1) 개폐용 밸브
  ① 게이트 밸브(슬루스 밸브): 밸브를 완전히 열거나 닫는 용도로 설계된 밸브이다. 밸브 내부 유로가 일직선 형태여서 유체 흐름이 일직선으로 유지되므로 마찰손실이 적다. 증기수평관에서 드레인 방지를 위해 사용하고, 일반적으로 급수, 급탕 배관에 많이 쓰인다.
    ㉠ 패러럴 슬라이드 게이트 밸브(Parallel Slide Gate Valve): 2개의 다공관이 있어 압력변화의 영향이 적다.
    ㉡ 웨지 게이트 밸브(Wedge Gate Valve): 쐐기 형태의 디스크 구조로 밀폐성이 좋아 누설의 우려가 적다.
    ㉢ 나이프 게이트 밸브(Knife Gate Valve): 디스크 끝이 날카로워 슬러지나 점도가 높은 유체(난류흐름)에 적합하다.
  ② 글로브 밸브: 밸브 내부에서 유로가 한 번 꺾이므로 마찰손실이 크지만 부분 개방(스로틀링)에도 내부가 손상되지 않는 장점이 있어 유량 조절용으로 사용한다.
  ③ 콕 밸브(볼 밸브): 밸브 내부에 구형디스크(볼)를 사용하며 90° 회전만으로도 개폐가 가능하다.
  ④ 버터플라이 밸브: 밸브 내부에 나비 모양의 원판이 회전하면서 유량 및 압력을 제어한다.
(2) 조절용 밸브
  ① 체크 밸브: 유체의 흐름을 한 방향으로 유지하여 역류를 방지한다. 수직배관에는 스윙형과 플랩형을, 수평배관에는 리프트형을 주로 사용한다.
  ② 앵글 밸브: 유체의 흐름을 직각으로 바꾸는 역할을 한다. 부분 개방 시 유량 조절도 가능하다.
  ③ 공기빼기 밸브: 온수 배관 최상부에 설치하여 배관내에 갇힌 공기를 빼내는 역할을 한다.
  ④ 감압 밸브: 고압 배관과 저압 배관의 사이에 설치하여 2차 측 압력을 적정하게 유지한다.
  ⑤ 안전 밸브: 압력탱크나 증기보일러에 설치하여 설정 압력 이상이 되면 자동으로 밸브가 열려 과압을 해소한다.

⑥ 온도조절 밸브: 열교환기 입구나 탱크 내에 설치해 온도 센서를 통해 유입량을 조절한다.
⑦ 바이패스 밸브: 스팀트랩이나 감압밸브 고장 시 기기의 멈춤없이 유지·보수하기 위한 백업 밸브이다.
⑧ 니들 밸브: 디스크 끝이 날카로운 원추형이며 고압 유량을 미세하게 조절하기에 적합한 밸브이다.

밸브 종류	도시 기호	사진	밸브 종류	도시 기호	사진
게이트 밸브			체크 밸브		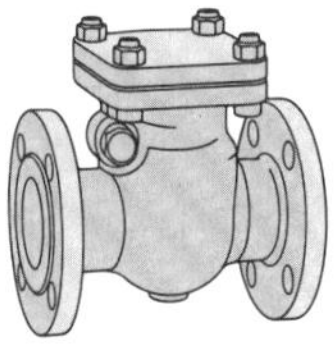
글로브 밸브		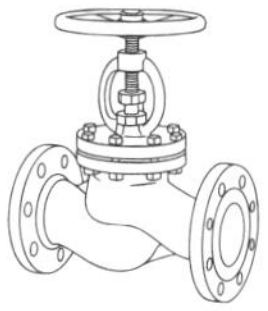	앵글 밸브	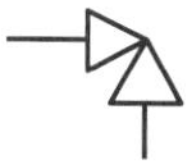 	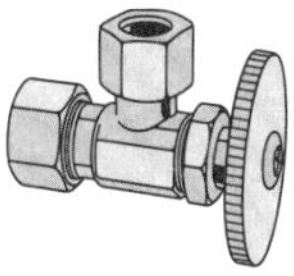
볼밸브			안전 밸브	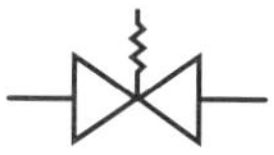	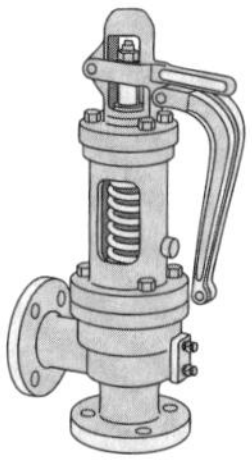
버터플라이 밸브	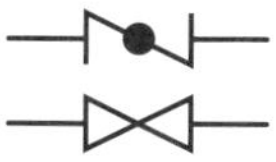	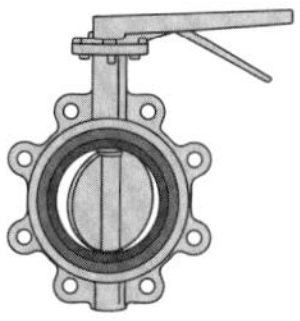	전자 밸브	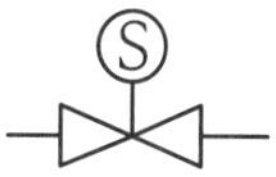	

4. 여러 가지 부속기구

(1) 배관 연결용 부속기구(이음쇠)

이음쇠	그림	용도
엘보		• 꺾인 양끝이 F나사로 되어 있어서 배관의 방향을 45° 혹은 90° 전환할 수 있다. • 숏 엘보의 곡률반경은 호칭경과 동일하게, 롱 엘보는 호칭경의 1.5배로 한다.

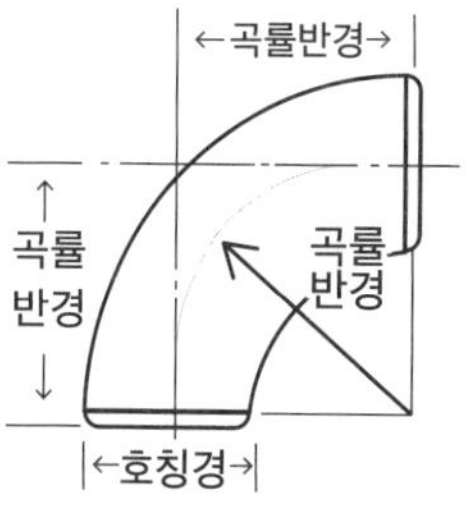

▲ 엘보의 곡률 반경

티		T자 형태의 세 끝이 F나사로 되어 있어 분기관 설치 시 사용할 수 있다.
소켓		양끝이 F나사로 되어 있어서 배관을 연장하거나 볼밸브를 연결할 때 사용한다.
니플		양끝이 M나사로 되어 있어서 서로 다른 두 F나사 부속을 연결할 때 사용한다. ※ 나사산 모양이 한 쪽은 F이고 다른 한 쪽이 M이면 어댑터라고 한다.
부싱		한 쪽은 F나사, 다른 한쪽은 M나사로 되어 있으며, 관경이 서로 다른 두 배관 부속을 연결할 때 사용한다.
리듀서		양끝이 크기가 다른 F나사로 되어 있어서 직선 방향에서 관경이 서로 다른 두 배관을 연결할 때 사용한다.
플러그		한 쪽만 M나사로 되어 있어서 배관의 말단을 막을 수 있다.
유니언		한 쪽이 M나사, 다른 쪽이 F나사, 그리고 결합너트로 구성되어 있으며 고정된 두 배관을 분해 및 조립할 수 있다.
리턴벤드		유체의 흐름을 U자 또는 180° 전환할 때 사용한다.
플랜지		용접 없이 조립과 분해가 용이하여 배관을 직선 연결할 때 사용한다.

① 순동 이음쇠: 두께가 균일하고 내식성이 우수하며, 용접 시 가열시간이 짧은 장점이 있다.
② 동합금 주물 이음쇠: 용융과 확산이 어려워 부착력이 약하고 부정합 틈새나 냉벽 부분이 발생할 수 있다.

(2) 기타 부속
① 볼탭(ball tap): 저수조 내의 일정 수위를 자동으로 유지하는 역할을 한다.
② 플러시 밸브(flush valve): 대·소변기 세정밸브에 쓰이는 장치로, 버튼이나 레버를 조작하면 일정 시간 동안 물이 분출된 뒤 자동으로 잠긴다.

③ 스트레이너(strainer): 배관을 통과하는 유체 속 이물질이나 오염 물질을 걸러주는 부속이며, 주기적으로 분해하여 여과망을 청소해야 한다. 모양에 따라 U형, V형, Y형 등이 있다.

5. 배관지지 요소

(1) 종류

① 행거(hanger): 배관을 천장에 고정하는 장치로 콘스턴트 행거, 스프링 행거, 리지드 행거가 있다. 콘스턴트 행거는 변위가 큰 곳에, 스프링 행거는 변위가 작은 곳에, 리지드 행거는 변위가 없는 곳에 사용한다.

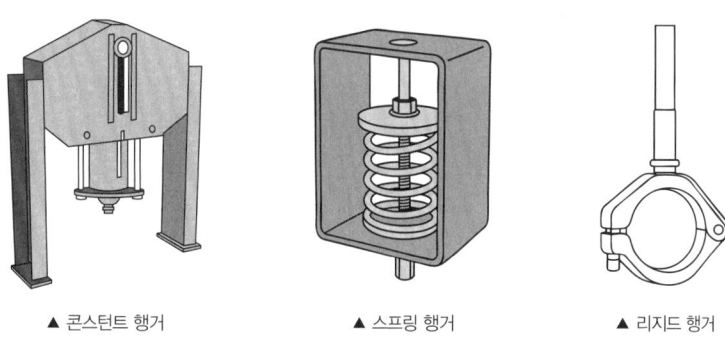

▲ 콘스턴트 행거　　　▲ 스프링 행거　　　▲ 리지드 행거

② 서포트(support): 배관을 아래에서 위로 지지해 주는 받침대 역할을 한다.
③ 브레이스(brace): 지진이나 수격 작용 등에 의해 발생하는 변위를 억제하는 보강재이다.
④ 레스트레인트(restraint): 배관의 팽창이나 축방향·회전 운동을 제한하여 손상을 막는 장치로 가이드, 스토퍼, 앵커가 있다. 가이드는 축방향 이동만 허용하고, 스토퍼는 한 쪽 방향 회전만 허용하고, 앵커는 이동과 회전을 모두 허용하지 않는다.

▲ 롤러 서포트　　　▲ 브레이스　　　▲ 레스트레인트

(2) 강관의 수평배관 지지 간격
① 관경 20A 이하: 1.8[m] 이내
② 관경 25~40A: 2.0[m] 이내
③ 관경 50~80A: 3.0[m] 이내
④ 관경 100~150A: 4.0[m] 이내

6. 파이프 랙(pipe rack) 설계 및 제작 기준

(1) 간격
① 인접하는 파이프 외측 간격은 75[mm] 이상이어야 한다.
② 인접하는 파이프 외측과 플랜지 외측 사이 간격은 최소 25[mm]로 한다.

(2) 폭
① 파이프에 보온·보냉 작업을 할 경우 보냉재 두께만큼 랙의 폭을 가산해야 한다.
② 열팽창으로 인한 구속력을 줄이기 위해 유동 가능한 공간(간격)을 충분히 두어야 한다.
③ 신규라인 증설에 대비하여 실제 폭은 계산 폭에 약 20[%] 여유분을 둔다.
④ 배관 밀도가 작아지는 부분은 하중을 적게 받으므로 랙의 폭을 좁게 설계가 가능하다.

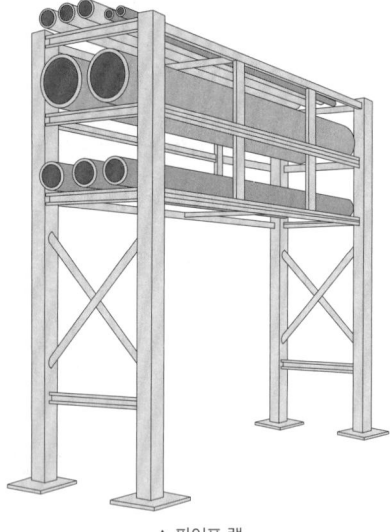
▲ 파이프 랙

(3) 높이와 위치
① 배관의 온도 차가 큰 경우 파이프 루프(pipe loop)를 높게 설치해 열팽창을 흡수할 수 있도록 한다. 파이프 루프는 다른 배관보다 500~700[mm] 정도 높게 시공한다.
② 유틸리티 배관은 파이프 랙 중앙에 배치한다.
③ 규모가 작은 프로세스 장치는 파이프 랙의 한쪽만 사용하거나 프로세스 기기 측으로 집중 배치할 수 있다.
④ 관 지름이 큰 배관이나 고온·고압 배관은 랙 중앙에 두어, 편심 부하나 지나친 응력이 발생하지 않도록 한다.

7. 배관의 보온재 및 단열재

(1) 보온재 종류
① 유기질 보온재: 펠트, 코르크, 기포성 수지 등이 있다.
  ㉠ 펠트(felt): 양모나 우모(깃털)를 압축하여 만든 것으로, 결로를 방지하는 데 효과적이다. 아스팔트로 열 공법 처리하면 -60[℃]까지도 보냉이 가능하다.
  ㉡ 코르크(cork): 가볍고 흡음·단열 성능이 좋아 저온 배관이나 방음 목적에도 사용한다.
  ㉢ 기포성 수지: 발포폴리우레탄, 폴리스티렌폼 등으로, 단열 효과가 우수하다.
② 무기질 보온재: 암면, 규조토, 탄산마그네슘, 슬래그섬유, 유리섬유, 글라스폼 등이 있다. 일반적으로 내열성이 높으며, 방화 성능(불연성)이 우수하다.
  ㉠ 암면: 방습성이 약해 습기에 취약하다.
  ㉡ 규조토: 단연효과가 높지 않아 저온·중온용으로 많이 쓰인다.
  ㉢ 탄산마그네슘: 고온에서 열분해가 일어난다.

> **+ PLUS** 무기질 보온재의 내열성 순서
>
> 규산칼슘(650[℃]) > 석면(550[℃]) > 글라스울(300[℃]) > 폴리스티렌(80[℃])

(2) 보온재 구비조건

① 내열성이 높고, 물리·화학적 강도가 커야 한다.
② 불연성이면서 환경친화적이어야 한다.
③ 열전도율과 흡수율(흡수성)이 낮아야 한다.
④ 비중이 작고 가벼워 시공과 운반이 용이해야 한다.

(3) 보온재 시공 유의사항

① 보온재 두께가 75[mm] 이상일 경우 두 층 이상으로 나누어 시공한다.
② 임상(섬유상) 보온재 사용 시에는 소정의 두께를 확보한 뒤, 외각을 형성하고 그 속에 보온재를 채운다.

(4) 배관 패킹

① 패킹은 고정된 부품 사이에 끼워넣어서 가스나 물이 새지 않도록 밀폐하는 역할을 한다.
② 유니언 패킹, EPDM 고무 패킹, 플랜지 가스켓, 테프론 테이프 등이 있다.
③ 패킹 재료 선정 시 관 내 유체의 물리적 성질(점도, 밀도, 압력)과 화학적 성질(부식성, 휘발성, 용해능력, 인화성)을 모두 고려해야 한다.

PHASE 02 | 배관 공작

1. 배관 도시 기호

(1) 배관과 연결부속의 도시 기호

배관 종류	도시 기호	비고	배관 종류	도시 기호	비고
급수관	— · —	—	통기관	--- V ---	Vent
급탕관	— ·· —	—	오수관	— S —	Sewage
환탕관	— ··· —	—			
배수관	— D —	Drain	가스관	— G —	Gas

(2) 배관 상태 도시 기호

상태	실제 모양	도시 기호
두 개의 관이 접속		●
두 개의 관이 분기		●
두 개의 관이 교차		

방향 전환	도시 기호
관 A가 화면 전면(앞쪽)으로 구부러짐	
관 A가 화면 후면(뒤쪽)으로 구부러짐	
관 A로부터 직각 분기된 관 B가 A보다 더 앞쪽인 경우	

(3) 관 연결방법 도시 기호

이음 종류	연결 방법	도시 기호
관이음	나사형	
	용접형	
	플랜지형	
	소켓형(턱걸이)	
	유니언형	

이음 종류	연결 방법	도시 기호
신축이음	루프형	
	슬리브형	
	벨로즈형	
	스위블형	

(4) 신축 이음의 특징

종류별 특징	사진
슬리브형(Sleeve Type) 양쪽의 슬리브 파이프가 중앙의 이음 본체 속으로 미끄러진다. 설치공간이 협소해도 사용할 수 있다. 급탕배관, 난방배관에 사용된다.	
벨로즈형(Bellows Type) 풀무에 부착된 주름관 모양이라서 신축을 잘 흡수한다. 급탕배관, 증기배관에 사용된다.	

종류별 특징	사진
스위블형(Swivel Type) 2개 이상의 엘보를 사용하여 배관에 굴곡을 준다. 방열기, 수배관 등 저압용에 사용한다.	
루프형(Loop Type) 신축곡관이라고도 하며 설치공간을 많이 차지한다. 고온고압의 옥외배관이나 아파트 외벽 가스용으로 많이 사용된다.	

(5) 압축기 표시방법

압축기 종류	밀폐형	로터리형	원심형	왕복동형
표시 방법	⌂	◉	▷	○ 또는 ⬠

2. 배관의 표시 방법

(1) 강관

① KS 규격 기호

강관 종류		규격 기호	사용환경
배관용 탄소강관	SPP	carbon−Steel Pipes for ordinary Piping	1[MPa] 이하
압력 배관용 탄소강관	SPPS	carbon−Steel Pipes for Pressure Service	1~9.8[MPa]
고압 배관용 탄소강관	SPPH	carbon−Steel Pipes for Pressure High	9.8[MPa] 이상
고온 배관용 탄소강관	SPHT	carbon−Steel Pipes for High Temperature	고온 환경
저온 배관용 탄소강관	SPLT	carbon−Steel Pipes for Low Temperature	저온 환경
저온 열교환기용 강관	STLT	Steel Tubes for Low Temperature	−

SPPS-S-H-2005.11-100A×SCH40×6

강관 종류 / 제조방법 / 제조년월 / 호칭경 / 스케줄번호 / 길이

② 두께 표시

㉠ 스케줄 번호(Schedule Number): 주로 압력배관용 탄소강관에서 사용하며 SCH10, SCH20, SCH30, SCH40, SCH60, SCH80 등의 범위를 사용한다.

㉡ 스케줄 번호는 다음과 같은 의미를 가지고 있으며 번호가 클수록 벽 두께가 두꺼운 관임을 의미한다.

$$\text{Schedule Number} = 1{,}000 \times \left(\frac{\text{사용압력}}{\text{허용응력}} \right)$$

(2) 동관

① 동관의 외경은 [mm] 단위의 호칭경을 사용하며 숫자 뒤에 A를 붙여 표현한다. 반면, 숫자 뒤에 B를 붙이는 경우 [inch] 단위를 기반으로 한 호칭경이다.

② 동관의 실제외경[mm]은 $\left[\text{호칭경(B)} + \frac{1}{8}[\text{inch}] \right]$ 에 25.4를 곱해서 구한다.

호칭경		동관 외경	강관 외경
10A	$\frac{3}{8}$B	12.70[mm]	17.3[mm]
15A	$\frac{1}{2}$B	15.88[mm]	21.7[mm]
20A	$\frac{3}{4}$B	22.22[mm]	27.2[mm]
25A	1B	28.58[mm]	34.0[mm]
32A	$1\frac{1}{4}$B	34.92[mm]	42.7[mm]

▲ 호칭경의 예

③ 동관의 두께 표시: 동관은 두께에 따라 K, L, M형으로 구분한다. 일반적으로 K형이 가장 두꺼워서 고압배관용으로 쓰인다.

(3) 연관: 납으로 만들어진 관을 의미하며 공업용 1종, 일반용 2종, 가스용 3종이 있다.

3. 공작용 공구

(1) 강관 공작용 공구
① 파이프 리머: 관을 절단한 뒤 단면 안쪽의 거스러미 또는 날카로운 가장자리를 제거하는 공구이다.
② 파이프 바이스: 강관을 절단하거나 조합할 때 관을 고정시키는 공구이다.
③ 파이프 렌치: 무는 부분에 톱니모양의 이가 있어서 관을 조이거나 풀기에 편리한 공구이다.
④ 동력 나사 절삭기: 강관 외벽에 나사산을 깎아 내는 전동식 공구로, 나사 절단, 나사산 정리 등을 연속적으로 수행하여 작업 효율이 높다.

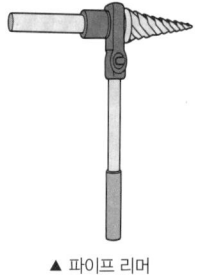
▲ 파이프 리머

(2) 동관 공작용 공구
① 익스팬더(expander): 동관 끝단을 확관(확장)시키는 공구이다.
② 사이징 툴: 압축 이음(플레어 이음)하기에 앞서 동관 끝부분을 원형으로 정형하는 공구이다.
③ 플레어링 툴: 동관 끝부분을 나팔 모양으로 정형하는 공구이다.
④ 벤더(vender) 동관을 굽힐 때 사용하며, 굽힘형틀의 홈이 너무 작으면 관이 눌려 파열·주름이 생길 수 있다.

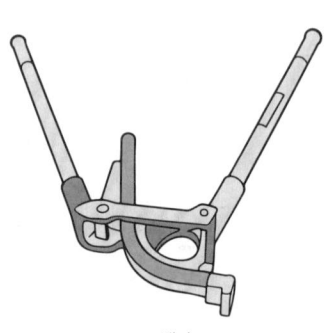
▲ 벤더

(3) 연관 공작용 공구
① 봄볼: 분기관을 따내기 위해 구멍을 뚫는 공구이다.
② 턴핀: 연관 끝부분을 확관시키는 공구이다.
③ 드레서: 연관 표면에 생성된 산화물을 제거하는 공구이다.
④ 토치램프: 연관을 용접하기 위해 납을 녹이거나 해당 부위를 가열할 때 사용하는 램프이다.

(4) 배관 절단 길이
배관 절단 길이는 다음과 같이 구할 수 있다.

배관중심길이-2×(중심치수-여유치수) 또는 배관중심길이-2×중심치수+2×나사삽입길이

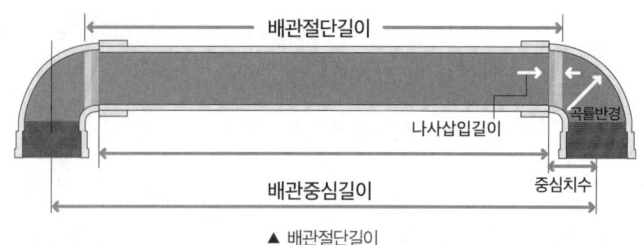
▲ 배관절단길이

(5) 배관 용접의 결함
① 오버랩(Over Lap): 용융된 금속이 모재 표면을 덮어 버려 끝부분에서 모재와 융합하지 않은 상태이다.
② 언더컷(Undercut): 용접의 변 끝을 따라 모재가 파이고 용착금속이 채워지지 않아 홈 모양으로 남아 있는 결함이다.
③ 슬래그혼입: 용융·응고 과정에서 슬래그가 용착금속 내에 섞여 있는 상태이다.
④ 용입불량(Underfill): 용착금속이 완전히 채워지지 않아 부실한 접합을 일으키는 상태를 말하며 언더필이라고도 한다.

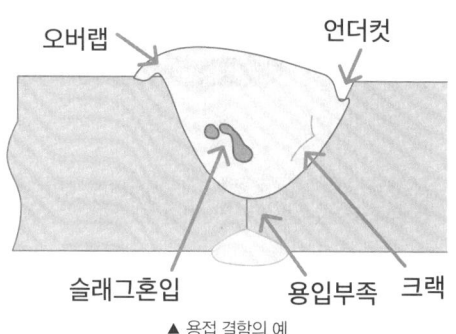
▲ 용접 결함의 예

4. 지하 공동구

(1) 공동구 통합 배관의 개념
① 지상·지하의 여러 배관과 전선, 통신선 등을 하나의 공동구에 모아 설치하는 방식이다.
② 도시 미관과 공간 효율성을 높일 수 있다.

(2) 공동구 통합 배관의 장점
① 부식 및 침수 우려가 적다.
② 유지보수가 용이하다.
③ 누수점검 및 확인이 쉽다.

(3) 공동구 통합 배관의 단점
① 초기 건설비용이 많이 든다.
② 시공이 난해하다.

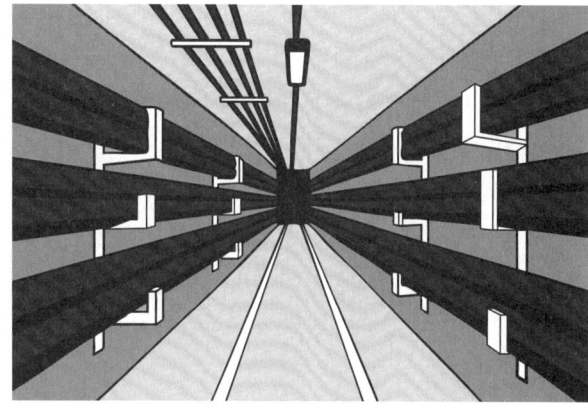
▲ 지하 공동구의 예

CHAPTER 02 급배수 설비

PHASE 03 | 급수 설비

1. 펌프의 종류

(1) 왕복동 펌프
  ① 피스톤이나 플런저의 왕복 운동으로 물을 흡입·압송하는 펌프이다.
  ② 수압 변동이 심하고 양수량 조절이 어렵다.
  ③ 피스톤 펌프, 플런저 펌프, 워싱턴 펌프 등이 있다.

(2) 원심 펌프
  ① 임펠러가 회전하여 물의 축과 직각 방향으로 흐름을 유도하고 케이싱에 모인 물이 토출구로 배출되는 방식이다.
  ② 수압 변동이 적고 양수량 조절이 용이하다.
  ③ 벌류트 펌프, 터빈 펌프, 보어홀 펌프 등이 있다.

(3) 특수 펌프
  ① 수중모터 펌프: 터빈펌프 아래에 모터를 직결하여 양수하며 수중에서 작동한다.
  ② 기어 펌프: 톱니(기어)의 회전에 의해 액체를 한 방향으로 압송하는 펌프이다.
  ③ 기포 펌프: 압축공기를 주입하여 기포를 발생시키고 기포의 부력을 이용해 양수하는 방식이다.

2. 펌프동력과 상사법칙

(1) 축동력과 소요동력

$$\text{펌프의 축동력 } P = \frac{\dot{Q}\rho \times gH}{\eta}[W]$$

$$\text{소요동력 } P = \frac{\dot{Q}\rho \times gH \times k}{\eta}[W]$$

$\dot{Q}$: 양수량[m³/s], H: 전양정[m], ρ: 비중량[kg/m³], g: 중력가속도[m/s²], η: 효율[%], k: 전달 계수

(2) 상사법칙(Affinity law)
  ① 펌프의 회전수나 임펠러 직경이 변할 때 펌프 성능이 변하는 정도를 알 수 있는 법칙이다.
  ② 펌프 회전수가 n배로 빨라지면 유량, 양정, 축동력은 n배, n^2배, n^3배로 커진다.
  ③ 임펠러 직경이 n배로 커지면 유량, 양정, 축동력은 n^3배, n^2배, n^5배로 커진다.

④ 펌프 상사법칙을 표로 정리하면 다음과 같다.

물리량	회전수(N) 증가	날개지름(D) 증가
Q(유량)	$Q_2 = \left(\dfrac{N_2}{N_1}\right)^1 Q_1$	$Q_2 = \left(\dfrac{D_2}{D_1}\right)^3 Q_1$
H(양정)	$H_2 = \left(\dfrac{N_2}{N_1}\right)^2 H_1$	$H_2 = \left(\dfrac{D_2}{D_1}\right)^2 H_1$
P(동력)	$P_2 = \left(\dfrac{N_2}{N_1}\right)^3 P_1$	$P_2 = \left(\dfrac{D_2}{D_1}\right)^5 P_1$

3. 이상 현상

(1) 캐비테이션(cavitation)

① 수온이 올라가거나 속력이 빨라지면 수압이 물의 증기압 이하로 낮아져서 물속에 기포가 생기는 현상으로 소음과 진동의 원인이 된다. 공동 현상이라고도 한다.

② 흡입양정과 토출양정의 합을 실양정이라고 하며, 기포는 흡입 측에서 생긴다.

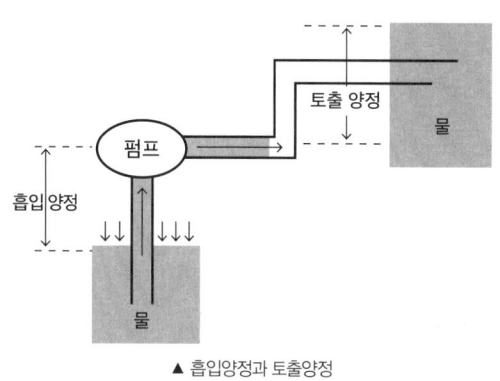

▲ 흡입양정과 토출양정

(2) 캐비테이션 대책

① 흡입양정을 줄이고 흡입관 관경을 크게 한다.

② 임펠러 양쪽에 흡입구가 있는 양흡입 펌프를 사용한다.

(3) 그밖의 이상 현상

① 서징(Surging) 현상: 유량과 양정이 주기적으로 변하는 현상이다.

② 베이퍼록(Vapor lock) 현상: 펌프의 입구 측에 유체가 일부 기화하여 기포가 배관 내부를 막아버리는 현상으로, 펌프의 위치를 낮추고 흡입관로를 청소하고 흡입관경을 크게 하면 방지할 수 있다.

③ 맥동 현상: 급수펌프의 수압이 급변하는 현상으로, 급수배관에 에어체임버를 설치하여 맥동현상을 방지한다.

4. 급수량 산정 및 급수 방식

(1) 급수량 산정

① 시간최대 예상급수량(Q_{max}): 단위는 [L/h]이며 시간대별 급수량 중 최대값을 의미한다. 일반적으로 시간평균 예상급수량 Q_{hour}[L/h]의 1.5~2배를 적용한다.

② 순간최대 예상급수량(Q_{peak}): 단위는 [L/min]이며 분 단위 급수량 중 최대값을 의미한다. 일반적으로 시간평균 예상급수량 Q_{hour}[L/h]의 3~4배를 적용한다.

(2) 급수배관방식

하향식 급수배관방식 (고가탱크 급수방식)	최상층의 천장이나 옥상에 수평 주관을 설치한 뒤 하향 배관을 내리고 층별 분기관을 통해 각 층으로 급수하는 방식이다. 층수가 높아도 탱크가 적정 높이에 있으면 수압이 일정하게 유지된다.
상향식 급수배관방식	압력탱크 방식: 지하 저수조에서 양수펌프와 압력탱크를 거쳐 급수된다. 수압 변동이 클 수 있어 일정 압력을 유지하기 위한 압력 조절장치가 필요하다. 정전 시 급수가 불가능하다.
	부스터 방식: 고가탱크나 압력탱크가 불필요하나 설비비가 고가이다. 인버터 제어 시스템을 통해 펌프의 대수 및 회전수를 제어하고 유량 및 압력 변화에 신속하게 대응이 가능하여 수압 유지가 쉽다.
	수도직결 방식: 상수도 본관에서 각 세대 층으로 직접연결하는 급수 방식으로 수질오염 가능성이 낮고 정전에도 급수가 되지만 단수 시 급수가 불가하다.
혼합식 급수배관방식	상향식과 하향식을 혼합해서 사용하므로 정전이나 단수가 되었을 때도 급수가 가능하다.

5. 급수 배관 설계 및 시공상 유의사항

(1) 배관 구배와 유속
  ① 구배는 1/300~1/200 정도로 하여 수리가 필요한 경우 물을 완전히 뺄 수 있도록 한다.
  ② 상향 급수는 선단 상향 구배로, 하향 급수는 선단 하향 구배로 한다. 펌프 흡입관의 수평 배관은 에어 포켓(공기 고임)이 생기지 않도록 펌프를 향해 1/50~1/100 정도 상향 구배로 한다.
  ③ 배관 내 유속을 1.5~2[m/s]로 설계하여 마찰 손실 및 수격 현상을 줄인다.

(2) 주요 장치
  ① 플랜지 이음: 주 배관 구간에는 플랜지 연결을 적용해 보수·점검 시 분해 작업이 용이하도록 한다.
  ② 수격 방지기: 모터밸브, 플러시 밸브 등 급폐쇄형 밸브 근처에 설치해 수격(워터해머) 충격을 완화한다.
  ③ 진공 방지기: 세정기나 급수전이 저수조보다 낮은 위치에 있어 배관 압력이 낮아질 때 오염 물질이 역류해 혼입되지 않도록 진공 방지기를 설치한다.
  ④ 편심 리듀서: 펌프 흡입 측 수평배관에서 관경을 축소하는 경우 공기가 고이는 것을 방지하기 위해 사용한다.
  ⑤ 펌프의 토출 측에는 압력계와 체크 밸브를, 흡입측에는 연성계를 설치한다.

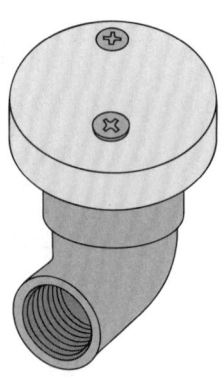
▲ 진공 방지기

(3) 매설 시 고려사항
  ① 일반적으로 평지에서는 450[mm] 이상으로 급수배관을 매설한다.
  ② 중차량이 통과하는 도로에서 급수배관의 매설 깊이는 1,200[mm] 이상이다.
  ③ 매설 깊이는 관경보다 크게 해야 하며 동결 우려 있는 지역은 매설 깊이를 가산한다.

6. 수격작용

(1) 수격작용의 개념
① 배관 시스템 내 물의 흐름이 급변할 때 발생하는 압력 충격 현상을 말한다.
② 수격작용으로 인해 배관이 파손될 수 있으며 소음 및 진동이 발생하며 설비의 수명이 단축된다.

(2) 수격작용의 원인
① 밸브나 펌프가 갑자기 개폐되어 유체의 흐름이 순간적으로 중단되거나 급격히 변화할 경우 발생한다.
② 물의 운동 에너지가 유체 흐름 변화로 인해 압력파로 전환되어 관벽에 반사될 경우 고압의 순간 충격이 발생한다.

(3) 방지대책
① 급수 관경을 크게 하여 관내 압력을 낮춘다.
② 배관 내 유속을 1.5~2.5[m/s]로 적정 속도를 유지하도록 한다.
③ 급폐쇄 시 발생하는 충격을 흡수하거나 분산시키도록 수격 방지기를 설치한다.
④ 펌프에 플라이휠을 장착하고, 펌프 토출 측에 체크 밸브를 설치한다.
⑤ 모터밸브, 플러시 밸브 같은 급폐쇄형 밸브 근처에 공기실(에어 체임버)을 설치한다.

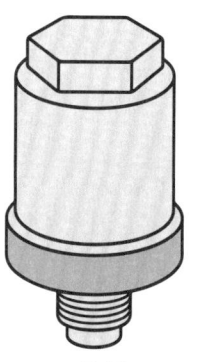
▲ 공기실

PHASE 04 | 급탕 설비

1. 가열필요열량과 가열능력비율

(1) 가열 필요열량
① 기본 공식

$$Q[\text{kcal}] = cm\Delta T$$

단, c: 비열[kcal/kg·℃], m: 질량[kg], ΔT: 온도 차[℃]

② 가열 필요열량의 단위가 [kJ/h] 또는 [kcal/h]가 되도록 하려면, 필요한 온수량[kg]을 시간 당 곱해야 하는 양으로 환산해야 한다.

+ PLUS 단위 환산
1[kW]=860[kcal/h]

③ 급탕 부하의 출력은 [kW] 단위로 표현하기도 하며 이 경우 [kcal/h]로 환산해야 한다.

(2) 가열 능력비율
① 하루에 필요한 총 급탕량을 24시간 중 n시간만 가열기로 공급할 경우, 그 시간 내에 하루 필요 급탕량을 가열할 수 있는지를 나타내는 지표이다.
② 일반적으로 가열시간이 n시간이면 가열 능력비율은 $\frac{1}{n}$이다. 하루는 24시간이므로 가열 능력비율은 다음을 만족한다.

$$\frac{1}{24} \leq 가열\ 능력비율 \leq 1$$

③ 하루에 필요로 하는 급탕량이 $Q[kg]$이고, 급수와 급탕의 온도차를 $\Delta T[℃]$, 가열 능력비율을 $\frac{1}{n}$(또는 가열시간 n)이라 하면 가열기가 공급해야 할 열량 다음과 같다.

$$가열기\ 공급\ 열량 = \frac{Q[kg] \times c[kcal/kg \cdot ℃] \times \Delta T[℃]}{n}$$

2. 배관 설계 시 고려 요소

(1) 자연순환수두
① 압력을 물높이로 표현한 것을 수두라고 한다. 대기압은 10[m] 높이의 물기둥이 누르는 압력과 같으므로 1기압의 수두는 10[mAq]이다. (1기압=10[mAq]=0.1[MPa]=101.3[kPa])
② 말단 수전의 높이로 인해 급탕가열기의 온수가 받는 압력을 자연순환수두라고 한다.
③ 자연순환수두[mAq]는 수전의 높이[m]에 급수와 급탕의 밀도차[Aq]를 곱한 값으로 구한다.
※ 4[℃] 물의 밀도=1[g/cm³]=1[Aq]이고 1[kg/m³]는 1,000[Aq]이다.

(2) 수도직결 방식의 본관 필요수압
① 필요수압의 단위는 [kPa]을 사용한다. 수두가 h[m]인 경우 수압은 $10h$[kPa]가 된다. 10[mAq]≒100[kPa]이므로 h[m]수두이면 압력은 $10h$[kPa]이다.
② 수도 본관에서 필요한 최저수압[kPa]은 다음과 같다.

$$최저수압 = 기구별\ 소요압력 + 관내\ 마찰손실압 + 최고층\ 수전의\ 높이 \times 10$$

(3) 유량, 유속, 지름
① 유량이 $\dot{Q}[m^3/s]$이고 평균유속이 $v[m/s]$이면 배관의 단면적 $A = \frac{\dot{Q}}{v}[m^2]$이다.
② 유량이 $\dot{Q}[m^3/s]$이고 평균유속이 $v[m/s]$이면 배관의 직경 $D = \sqrt{\frac{4\dot{Q}}{\pi v}}[m]$이다.

3. 팽창탱크의 용량

(1) 개방식 팽창탱크
① 탱크가 대기와 직접 소통되는 구조로 배관 내 물이 가열될 때 증가하는 온수량을 흡수하여 증가한 물이 흘러넘치거나 부족해지지 않도록 보충해 주는 역할을 한다.
② 팽창탱크의 용량

$$\Delta V = V_h - V_c = m\left(\frac{1}{\rho_h} - \frac{1}{\rho_c}\right)$$

V_h: 가열 후 물의 부피[m³], V_c: 가열 전 물의 부피[m³], ρ_h: 가열 후의 밀도[kg/m³], ρ_c: 가열 전의 밀도[kg/m³]

③ 개방식 팽창탱크의 용량은 보통 ΔV의 2~2.5배로 설계한다.

(2) 밀폐식 팽창탱크

① 탱크가 대기와 격리되어 내부에 일정 압력이 유지되는 구조이다.

② 팽창탱크의 용량

$$V_t = \Delta V \times \frac{1}{P_a\left(\frac{1}{P_0} - \frac{1}{P_m}\right)}[\text{m}^3]$$

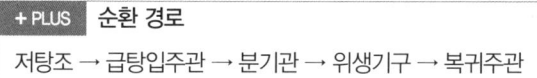

ΔV: 가열 전후 물의 부피 변화량(팽창량)[m³], P_a: 설치 위치에 따른 정수두압[kPa],
P_0: 초기 압력[kPa], P_m: 최고사용 압력[kPa]

※ 최고사용 압력은 "P_0 + 급탕급수의 압력차"이다.

4. 급탕 방식

(1) 중앙식

① 직접 가열식: 보일러로 직접 온수를 가열하는 방식이다. 간접식보다 열효율이 좋으며 즉시 가열이 용이하나 관 내부에 스케일이 생겨 보일러 수명이 단축된다.(적정 급탕온도: 60[℃])

> **+ PLUS 순환 경로**
> 저탕조 → 급탕입주관 → 분기관 → 위생기구 → 복귀주관

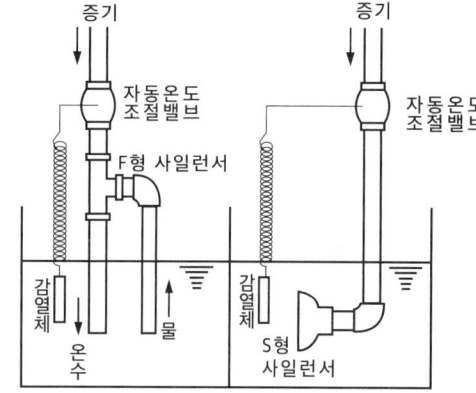

② 간접 가열식: 증기 또는 고온수를 저탕조 내의 코일(가열관)에 통과시켜서 저탕조 내부 물을 가열하는 방식으로 대규모 급탕 설비에 적합하다. 코일은 열전도율이 크고 열변형에 강한 동관이 적합하다.

(2) 개별식

종류	사용방식	장점	단점
즉시 탕비기	열교환 코일 또는 전기히터로 즉각 물을 가열하는 방식이다.	• 즉시 가열이 가능하다. • 배관 내 열손실이 적다.	대량 사용 시 온수 공급이 원활하지 않다.
저탕형 탕비기	일정량의 물을 탱크에 미리 가열하여 저장해 두는 방식이다.	• 원하는 온도의 물을 취하기 쉽다. • 안정적으로 공급이 가능하다.	• 물이 탱크 내에서 장시간 정체될 경우 열손실이 발생한다. • 수요가 증가하면 온수가 빠르게 소진된다.
기수 혼합식 탕비기	고압 증기와 물을 직접 혼합하여 가열하는 방식이다.	• 열교환 코일이 필요없다. • 즉시 가열이 가능하다.	소음이 발생한다.

(3) 개별식과 중앙식의 차이점

구분	개별식	중앙식
적용대상	단독건물	대규모 건물
열손실	배관이 짧아 열손실이 적다.	배관이 길어 열손실이 크다.
연료비	도시가스, 전기 등을 사용하여 연료비가 세대당 직접 적용된다.	가격이 저렴한 석유·중유를 사용하여 연료비가 적게 든다.
유지관리	세대별 유지관리가 필요하다.	중앙에서 일괄적으로 관리 가능하다.

기수혼합식 탕비기는 개별식의 일종으로 분류하는 것이 일반적이나 대규모 병원이나 기숙사 단지에서 적용되는 경우도 있어서 중앙식의 일종으로 분류되기도 한다.

5. 급탕 배관 설계 및 시공상 유의사항

(1) 일반 사항
 ① 급탕 배관은 공급관(급탕관)만 있는 단관식과, 급탕관과 환수관(복귀관)이 함께 연결된 2관식으로 구성된다.
 ② 증기나 고온수를 사용하는 부위는 열부하가 크므로 배관의 각 구간이 독립적으로 차단·점검될 수 있는 공간에 밸브를 설치한다.
 ③ 배관 내 팽창 또는 공기(증기)가 배출될 수 있도록 팽창관 및 공기빼기 장치(에어벤트 등)를 배치해야 하며 팽창관의 도중에 밸브를 설치하지 않고 간접배수로 한다.
 ④ 배관 작업 시 유체 흐름에 영향을 주지 않도록 기구와 밸브의 위치를 선정하고, 후속 유지·보수에 용이하도록 배치한다.

(2) 배관 구배 및 팽창 고려
 ① 배관에 구배를 주는 이유는 물의 고임을 방지하기 위함이다. 물이 고여있는 경우 부식이 쉽게 발생하고 배관 교체를 위한 용접 작업도 어려워진다.
 ② 배관의 구배는 약 $\frac{1}{150}$ 정도로 설계한다. 강제순환식의 경우 $\frac{1}{200} \sim \frac{1}{300}$까지 가능하다.

구분	배관 구배
상향 공급식	• 수평주관: 선단 상향 구배 • 급탕관: 선단 상향 구배 • 환수관: 선단 하향 구배
하향 공급식	급탕관과 환수관 모두 선단 하향 구배
상하향 혼합식	• 저층부: 상향 구배 • 고층부(3층 이상): 하향 구배

 ③ 고온 배관은 열팽창으로 인한 변형을 고려하여, 신축이음(스위블 이음, 슬리브 이음)을 설치한다.
 ④ 벽이나 슬래브를 관통할 경우 슬리브를 사용하여 배관의 팽창·수축이 용이하도록 한다.

(3) 시스템 분류 및 유지보수

① 2관식 배관에서 환수관을 사용하지 않을 경우 온수 재순환을 유도하여 출수 지연을 최소화한다.

② 온도나 압력차가 큰 구간은 밸브나 플랜지로 분리하여, 점검 시 한 부분만 차단할 수 있도록 한다.

③ 일반 평지에서 배관의 상부를 450[mm] 이상, 중차량 통행 도로에서 1,200[mm] 이상의 매설 깊이를 적용한다.

④ 상하향 혼합식의 경우, 저층부는 상향식, 고층부는 하향식으로 배관하여 전체 시스템 효율을 높일 수 있다.

> **+ PLUS 패킹의 재료**
> 급탕 밸브나 플랜지에 끼우는 패킹은 고무나 가죽이 아닌 내열성 재료를 사용한다.

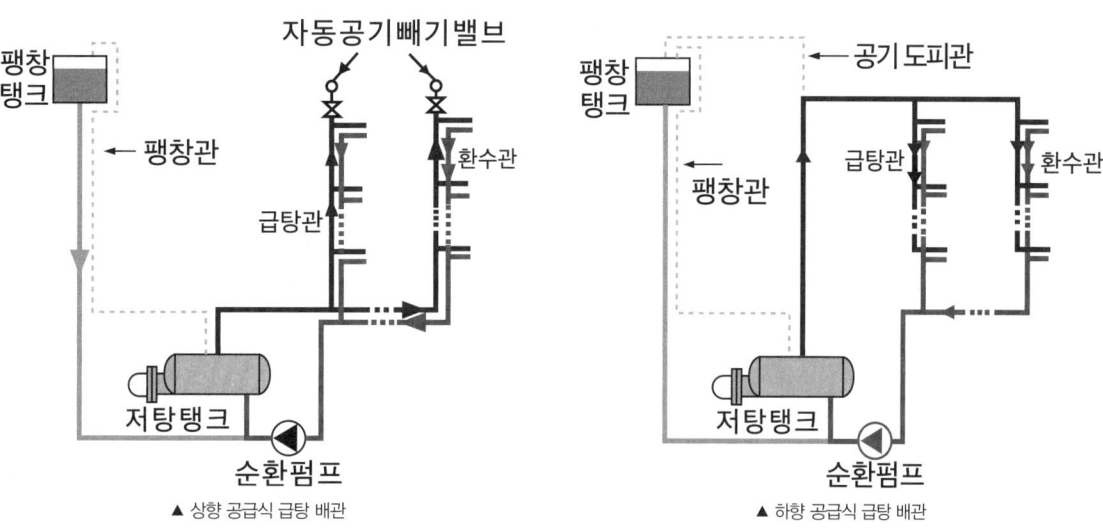

▲ 상향 공급식 급탕 배관　　▲ 하향 공급식 급탕 배관

PHASE 05 | 배수 및 통기 설비

1. 위생기구

(1) 위생기구의 조건

① 흡수성 작아야 한다.

② 내식성과 내마모성이 있어야 한다.

③ 제작 및 설치가 용이해야 한다.

(2) 위생기구의 유닛화

① 공장에서 유닛 형태로 제작, 현장에서 조립하는 방식이다.

② 시공 시간 단축, 공정의 단순화, 인건비 및 재료비의 절감 효과가 있다.

③ 운반이 용이하며, 배관이 단순해야 한다.

2. 대변기 분류

(1) 하이 탱크(high tank) 방식

① 물탱크가 바닥면에서 1.6[m] 이상 높은 위치에 설치되어 레버 조작 시 낙차에 의한 수압으로 세척수를 공급하여 대변기를 세척한다.

② 세정 시 소리가 크지만 탱크가 높은 곳에 있으므로 설치 면적이 작다.

(2) 로 탱크(low tank) 방식

① 탱크가 변기 뒤 낮은 위치에 설치되어 있어 레버를 조작하면 탱크 물이 변기로 공급된다.

② 소음은 적지만 설치 면적이 크다.

(3) 세정밸브(flush valve) 방식

① 변기에 연결된 밸브를 누르면 일정량의 물이 나오고 사용 후 자동으로 닫히는 방식이다.

② 수압이 0.1[MPa] 이상인 경우에 연속 사용이 가능하다.

3. 배수의 종류와 트랩

(1) 배수의 종류

① 오수: 화장실 대소변기에서 배출되는 물이다.

② 잡배수: 부엌이나 욕실에서 배출되는 생활 폐수이다.

③ 우수: 빗물로 지붕이나 지표면에 떨어진 후 배출되는 물이다.

④ 특수 배수: 공장이나 병원에서 유해물질이 함유된 배출수로 별도 처리 시설이 필요하다.

(2) 트랩

① 설치 목적: 배관을 P자 또는 S자 형태로 휘게 만들어 봉수(sealing water)가 고이게 하여 배수관 내의 악취나 유독 가스의 실내 침투를 방지한다.

② 구비 조건

㉠ 간단한 구조로 오물이 체류하지 않을 것

㉡ 봉수가 파괴되지 않을 것

㉢ 내식성과 내구성이 있을 것

㉣ 배관 내 청소가 용이할 것

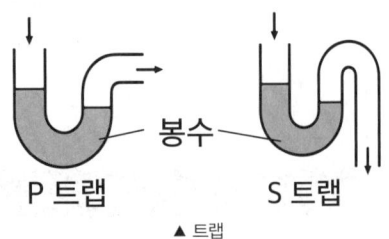

▲ 트랩

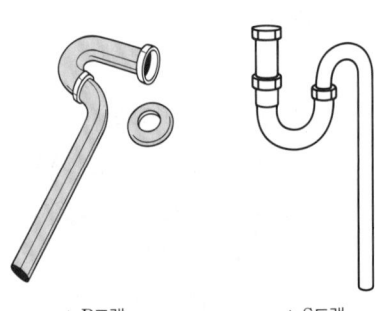

▲ P트랩 ▲ S트랩

4. 배수 및 통기 배관의 시험

(1) 시험 목적과 진행 시점

① 각 접속부의 누수, 누기 여부를 파악하기 위해 시험을 실시한다.

② 수압시험, 기밀시험은 배수통기관 시공 후 보온시공 이전에 진행한다.

③ 기밀시험은 위생기구 설치가 완료된 후 트랩을 봉수하여 실시한다.

(2) 시험 종류

① 수압시험: 30[kPa]의 압력에 30분 이상 견디어야 한다.

② 기압시험: 35[kPa]의 압력에 15분 이상 견디어야 한다.
③ 기밀시험: 배관 내 연기나 박하향을 넣고 밀폐한 다음 누출 여부를 검사한다.
④ 만수시험: 3[m] 이상의 수두압이 걸리도록 물을 채워서 누수 여부를 확인한다.
⑤ 통수시험: 최종점검에 해당하며 트랩의 봉수 등에서 이상 소음이 발생하는지를 확인한다.

5. 통기관

(1) 통기관의 설치 목적
   ① 배수용 트랩의 봉수를 보호한다. (사이펀 작용, 분출 작용)
   ② 배수관 내의 배수의 흐름을 원활하게 한다.
   ③ 관 내의 기압을 일정하게 한다.
   ④ 배수관 내의 악취를 실외로 배출하여 청결을 유지한다.

종류	통기관의 관경
각개 통기관	최소 32[mm], 배수관구경의 1/2 이상
도피 통기관	최소 32[mm], 배수관구경의 1/2 이상
루프 통기관	최소 40[mm], 배수관구경의 1/2 이상
결합 통기관	최소 50[mm], 배수수직주관과 같게

(2) 통기관의 종류별 특징
   ① 각개 통기관: 위생기구마다 개별 설치하는 방법으로 설비비가 많이 든다.
   ② 회로(loop) 통기관: 여러 위생기구를 한 개의 통기관으로 묶어 설치하며, 일반적으로 8개 이내로 사용한다.
   ③ 도피 통기관: 고층 건물의 배수 수직관에 분기하여 설치하며, 5개 층마다 연결하여 압력 변동을 최소화한다.
   ④ 신정 통기관: 배수 입상관을 옥상까지 연장하여 설치하는 방식으로, 외부로 악취와 유독가스를 배출한다. 신정 통기관의 관경은 배수 수직관의 관경보다 크게 설계해야 한다.
   ⑤ 결합 통기관: 여러 배수 수직관을 일정 주기마다 결합하여 전체 시스템의 압력을 균일하게 분산시키는 방식으로, 주로 5층 이상에 사용한다.
   ⑥ 도피 통기관: 봉수의 유실을 막고 루프 통기관의 통기 능률을 높인다.

(3) 통기관 설비방식
   ① 소벤트 방식: 두 개의 특수이음쇠를 적용하여 하나의 수직관으로 배수와 통기를 동시에 처리하는 방식이다.
   ② 섹스티아 방식: 배수관 끝부분이 대기에 개방된 신정 통기관을 사용하며, 특수 이음쇠와 벤트관을 통한 선회류(원심력)가 발생하여 공기 코어를 형성시킨다.

6. 배수 및 통기 배관 시공상 유의사항

(1) 배수관의 시공 유의사항
   ① 지중 배관은 피하고 피트 내에 또는 가공배관으로 시공한다. 동결 우려 지역은 보온 처리를 하도록 한다.
   ② 배수는 원칙적으로 중력에 의해 옥외 하수관으로 자연 배출되도록 한다.
   ③ 엘리베이터 기계실에는 배수 배관을 설치하지 않는다.
   ④ 땅속 매설 배수관의 최소 구경은 50[mm] 이상으로 한다.

⑤ 우수 수직관에 다른 배수관을 연결해서는 안 된다.
⑥ 냉장고, 세탁기 등은 배수관을 대기에 개방시키는 간접배수 방식을 적용하여 역류를 방지한다.
⑦ 필요 시, 악취를 막을 수 있는 트랩을 설치하되 배수 흐름에 영향을 주지 않도록 이중 설치를 금한다. 자정 작용을 일으키는 데 필요한 하수 배관의 최소 유속은 0.6[m/s]이다.
⑧ 먼지나 이물질로 관이 막힐 우려가 있는 경우에는 점검이 용이하도록 분기관, 골곡부, 접속점, 최하단부에 청소구를 설치해야 한다. 관경이 100A 이하일 경우 청소구 간격은 15[m]마다, 100A 초과일 경우 30[m]마다 청소구를 설치한다.
⑨ 기구 배수관의 관경은 최소 30[mm]로 하고 배수 방향을 따라 관경을 축소해서는 안 된다.

(2) 통기관의 시공 유의사항

① 바닥 아래에 매설은 금지한다.
② 오물 배기관은 겸용 금지이므로 일반 통기관과 연결해서는 안 된다.
③ 통기 수직관과 우수 수직관은 겸용을 금한다.
④ 오버플로관은 트랩의 유입구 측에 연결해야 한다.
⑤ 바닥 아래에서 빼내는 각 통기관에는 수평 배관 부위를 형성시키지 않는다.
⑥ 통기 수직관은 최하위 배수 수평지관보다 낮은 위치에서 연결해야 배수가 원활하게 이루어진다.

CHAPTER 03 냉난방 설비

PHASE 06 | 난방 설비

1. 증기 난방 설비

(1) 사용 증기의 압력

① 증기압력 $1[kgf/cm^2]$ 이상의 고압식과 증기압력 $0.15~0.35[kgf/cm^2]$의 저압식이 있다. 유속 기준으로는 $30~50[m/s]$의 고압식과 $15~20[m/s]$의 저압식이 있다. 고압 증기관의 권장 최대 유속은 $45[m/s]$이다.

② 증기와 응축수를 분리하여 응축수만 자동 배출하는 장치를 증기 트랩이라고 한다.(자동조절밸브 기능 포함)

(2) 증기 트랩의 종류

분류	원리	종류
기계식	증기와 응축수의 비중 차이를 이용	플로트 트랩(다공 트랩), 버킷 트랩
열동식	증기와 응축수의 온도 차이를 이용	벨로즈 트랩, 바이메탈 트랩
열역학적	증기와 응축수의 운동에너지 차이를 이용	디스크 트랩, 임펄스 트랩

① 플로트 트랩: 구조상 공기를 함께 배출하지 못하지만 다량의 응축수를 처리하는 데 적합하다.

② 버킷 트랩: 고압·중압의 증기관에 적합하며, 환수관은 트랩보다 위쪽에 배관해야 한다. 버킷의 위치에 따라 상향식과 하향식이 있다.

③ 벨로즈 트랩: 온도차를 이용해 공기 및 응축수를 자동으로 환수관에 배출한다. 고·저압식 모두 사용 가능하며, 응답성과 스트레인 특성이 좋다.

④ 열동식 트랩: 임펄스식과 디스크식이 있다.

(3) 응축수 환수방식

① 중력 환수식: 방열기가 보일러 수면보다 높은 위치에 있어 응축수가 자연 중력으로 환수되는 방식이다. 건식 환수주관은 보일러 수면 위에 트랩과 함께 설치하고, 습식 환수주관은 보일러 수면 아래에 설치한다. 단관식에서는 응축수와 증기가 함께 흐르므로 하향 구배로 한다.

② 기계 환수식: 방열기가 낮은 위치에 있어도 펌프를 이용해 응축수를 보일러로 강제 환수시키는 방식이다. 방열기 설치 위치에 제한이 없어 배치에 유연성이 높다.

③ 진공 환수식: 진공펌프를 이용하여 방열기 배관 내 공기를 제거하고 응축수를 신속히 환수하는 방식이다. 방열기 설치 위치에 제약이 없으며 고온·고압에서 빠른 순환이 가능하다. 응축수가 잘 흐르도록 증기 주관은 $1/200~1/300$의 선하향 구배로 한다.

(4) 냉각 다리(냉각 레그)

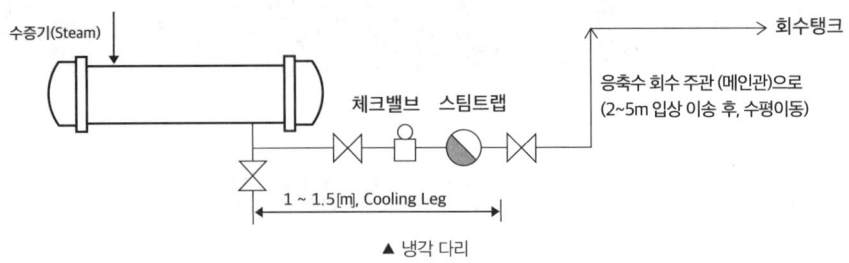

▲ 냉각 다리

① 증기를 응축수로 바꾸어 회수하기 위한 배관으로, 보온피복을 할 필요가 없다.
② 목적: 잔류 증기가 빠르게 응축되도록 유도하며, 응축수 냉각으로 재증발을 방지한다.
③ 규격: 길이는 1.5[m] 이상으로 하고 관경은 주관보다 한 치수 작은 것을 사용한다.
④ 위치: 증기주관과 환수관 사이에 설치하며 체크 밸브와 스팀트랩을 포함하여 응축수를 안정적으로 회수한다.
⑤ 냉각 레그는 체크 밸브와 스팀트랩을 포함한다.

(5) 리프트 이음(Lift Fitting)
① 진공환수식 증기난방에 이용되며, 진공펌프 가까이 설치하여 단계적으로 응축수를 흡상한다.
② 리프트관은 환수관보다 한 치수 작은 관경을 사용해야 하며 1단의 흡상 높이는 1.5[m] 이내로 한다.

(6) 증기헤더
① 보일러에서 생성된 증기를 증기헤더에 모아 각 계통별로 분배한다.
② 헤더의 설치 위치에 따라 공급헤더와 리턴헤더로 구분한다.
③ 증기헤더는 압력계, 드레인 포켓, 트랩장치 등을 함께 부착시킨다.
④ 증기헤더의 접속관에 설치하는 밸브류는 바닥 위 1.5[m] 정도의 위치에 설치하는 것이 좋다.

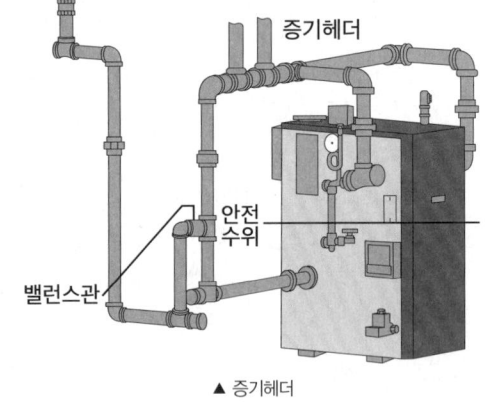

▲ 증기헤더

+ PLUS 하트포드 접속법
• 보일러 수면이 안전수위 이하로 내려가지 않도록 증기관과 환수관 사이에 밸런스관을 설치한다.
• 밸런스관은 표준수위보다 50[mm] 아래에 위치시킨다.

2. 온수 난방 설비

(1) 팽창탱크
① 배관 내 온수가 온도 변화로 인해 부피가 팽창하는 것을 흡수하기 위해 배관 최상부에 팽창 탱크와 공기빼기 밸브가 설치되어 있다.
② 저탕조와 팽창탱크를 잇는 팽창관 도중에는 밸브를 설치하여서는 안 된다.
③ 4[℃]의 물보다 100[℃]의 물의 체적이 4.3[%] 정도 팽창하므로 밀폐식 팽창탱크의 용량은 이를 고려하여 개방식보다 더 크게 설계해야 한다.

④ 밀폐식 팽창탱크 속 온수는 대기(산소)와의 노출이 없어서 배관 부식이 적고 수명이 길다.

⑤ 팽창탱크에는 공기빼기 배기관과 오버플로관을 설치한다.

(2) 배관 개수에 따른 분류

① 단관식: 공급관과 환수관을 겸하는 방식으로 효율은 낮지만 배관이 간단하다.

② 복관식: 온수 공급관 외에 환수관을 별도로 설치하는 방식으로 효율이 높고 안정적인 온수순환이 가능하다.

③ 팬코일유닛 방식(전수 공조방식)에서는 4관식을 적용하며, 환수관을 공통으로 하는 3관식도 있다.

(3) 온수 온도에 따른 분류

① 고온수 난방방식: 포화압력 이상으로 가압된 120~180[℃]의 온수를 1차 측 열원으로 사용하며 2차 측과의 접속 방식에 따라 직결방식, 열교환방식, 브라인방식으로 구분한다.

② 중온수 난방방식: 80~120[℃]의 온수를 열매로 한다.

③ 저온수 난방방식: 100[℃] 미만의 온수를 사용하며 설비비가 저렴한 개방형 팽창탱크와 조합하여 주택이나 소규모 아파트 단지에 사용한다.

(4) 온수순환 방식: 자연순환방식과 강제순환방식이 있다.

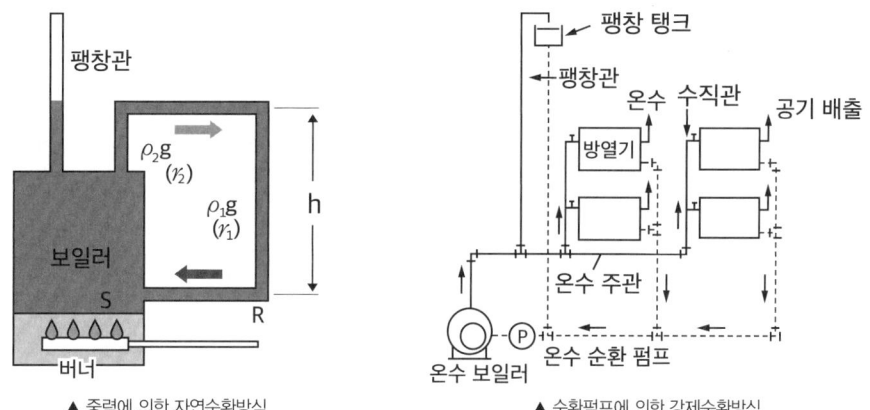

▲ 중력에 의한 자연순환방식 ▲ 순환펌프에 의한 강제순환방식

(5) 난방배관

① 급탕배관과 난방배관은 온수를 수송하는 역할이므로 시공방식이 동일하게 적용된다.

> **+ PLUS 단락현상**
> 난방 또는 급탕계통에서 수압 저하로 말단부 방열기(또는 수전)에 온수가 끊기는 현상을 말한다.

② 환수배관의 설치 방식

구분	장점	단점
직접 귀환방식	배관 전체 길이가 짧아 설비비와 배관에 의한 마찰손실이 작다.	각 방열기에 이르는 배관 길이가 달라 수압의 차가 발생한다.
역 귀환방식	각 방열기에 이르는 공급배관과 환수배관의 길이 합이 거의 같아 유량분배가 균일하다.	배관 전체 길이가 길어 설비비와 배관에 의한 마찰손실이 크다.

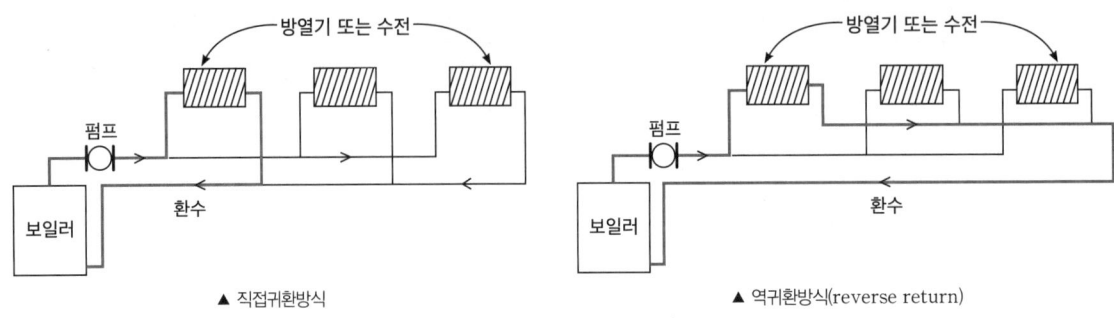

▲ 직접귀환방식　　　　　　　　　▲ 역귀환방식(reverse return)

(6) 방열기
① 형태에 따라 주형, 벽걸이형, 길드형이 있으며 소재는 강판이나 주철 또는 알루미늄을 사용한다.
② 방열기 표면을 도장할 때는 열전도율이 좋은 알루미늄 도료를 사용한다.
③ 방열기의 가로판 배관 한 부분을 쪽이라고 부르며 5세주형 방열기의 용량을 나타낼 때는 쪽당 방열면적이라는 개념을 사용한다.
④ 방열기를 창가 벽면에 설치할 때는 벽면과의 이격거리가 5~6[cm]가 되도록 설치하여 대류작용을 돕는다.

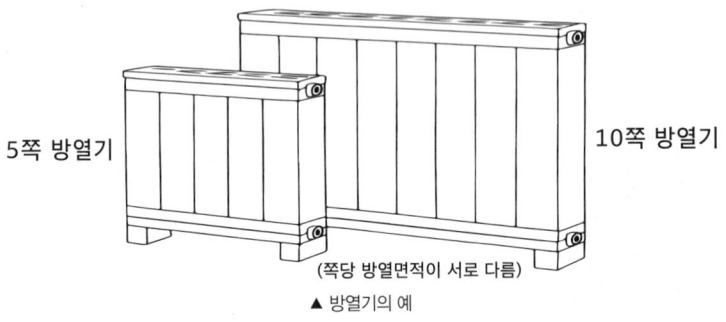

▲ 방열기의 예

+ PLUS 지역난방의 특징

소형의 열원기기를 각 부하 발생 장소에 설치하면 <개별 난방>, 대형의 열원기기를 중앙 기계실에 설치하면 <중앙 난방>, 대규모 플랜트와 같은 열원기기를 특정한 장소에 설치해 두고 장거리 매립 배관을 통해 열매를 각 단지로 공급하면 <지역 난방>이라고 부른다. 지역난방은 자체 열생산시설이 없어서 화재 염려가 없고 폐열을 이용하므로 대기 오염의 염려가 없다.

3. 공기조화설비

(1) 코일의 종류
① 냉수 코일: 냉수를 순환시켜 공기를 냉각한다.
② 직접팽창 코일: 냉매가 코일 내부를 직접 순환하여 공기를 냉각한다.
③ 증기 코일: 증기를 코일 내부로 통과시켜 공기를 가열하거나 습도를 조절한다.
④ 온수 코일: 온수를 코일 내부에 흘려보내 공기를 가열한다.

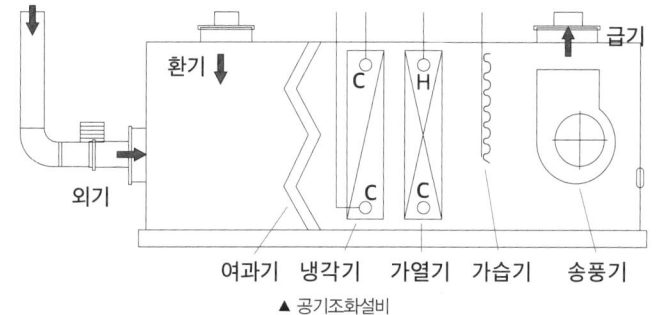

▲ 공기조화설비

(2) 코일의 동파 방지 대책

① 외기와 실내 환기를 혼합시켜서 차가운 외기를 상쇄시킨다.

② 외기 댐퍼와 송풍기를 인터록 시킨다.

③ 야간의 운전정지 중에도 순환 펌프를 운전한다.

④ 증기코일 내에 응축수가 고이지 않도록 한다.

(3) 증기배관

① 배관의 군데군데에 스팀 트랩을 설치하여 배관 안에서 발생되는 응결수를 배출한다.

② 배관의 끝부분에 설치한 스팀 트랩을 관말 트랩이라고 부른다.

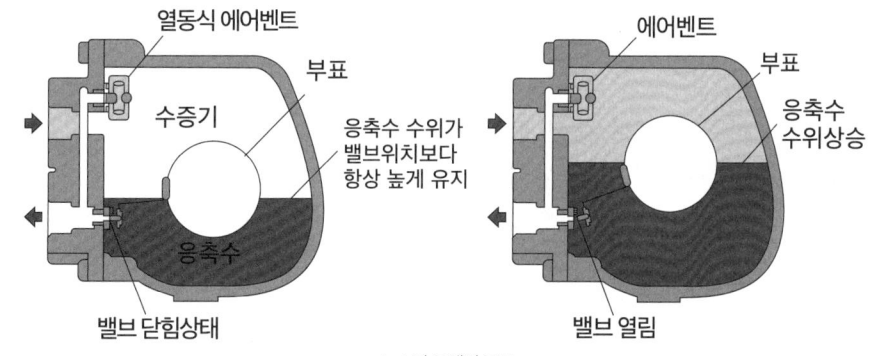

▲ 스팀 트랩의 구조

(4) 에어워셔

① 엘리미네이터는 수분의 비산을 막는다.

② 플러딩 노즐은 엘리미네이터에 부착된 먼지를 제거한다.

+ PLUS 에어워셔 구성
루버, 분무 노즐, 플러딩 노즐, 엘리미네이터, 수로로 구성된다.

(5) 복사 난방용 방열 패널

① 바닥패널: 시공은 간단하나 먼지가 일어나기 쉽다.

② 천장패널: 열량 손실이 큰 방에 적합하지만 천장고가 높은 건물에는 부적합하다. 가열면 온도는 최대 50[℃]까지 올릴 수 있다.

③ 벽패널: 창문 부근에 설치하며 바닥패널 및 천장패널의 보조로 사용될 때가 많다.

(6) 수배관의 부식 방지법

① 내부를 코팅하고 외부는 방식 도장을 하며, 캐비테이션이 발생하지 않도록 않도록 설치한다.

② 밀폐 사이클로 하여 순환수가 공기와 접하지 않도록 한다.

(7) 공조용 덕트와 공조용 배관 설계 시 주의사항

① 덕트 내 전압 손실이 적도록 설계한다.

② 덕트 경로는 가급적 최단거리가 되게 하여 열손실을 적게 한다.
③ 종횡비는 최대 8:1을 넘지 않아야 하며 가급적 4:1이하로 설계한다.
④ 덕트에 흡음재를 부착하고 적당한 장소에 흡음장치를 설치하여 소음 및 진동이 적도록 설계한다.
⑤ 배관 내 냉매 또는 열매의 유속을 높게 설계하면 순환펌프 출력이 커져 운전비가 증가한다.

PHASE 07 | 가스 설비

1. 가스의 종류

(1) LNG
 ① 메탄을 주성분으로 하며, 도시가스(천연가스)의 제조에 쓰인다.
 ② 공기보다 가벼우므로 누설 감지기는 천장 30[cm] 이내에 설치한다.
 ③ 제조소에서 각 수용가까지 공급 압력에 따라 저압, 중압, 고압으로 공급된다.(고압: 1[MPa] 이상)
 ④ 압력조정기는 저장설비와 수용가 사이에 위치한다.
 ⑤ 대형 저장용기를 지칭하는 가스홀더는 가스 압력을 균일하게 유지해 주며 그 구조에 따라 유수식, 무수식(다각통형,구형), 수봉식, 건식, 고압식으로 구분한다.

(2) LPG
 ① 프로판을 주성분으로 하며, 봄베 용기에 보관한다.
 ② 공기보다 무겁기 때문에 누설 시 배출이 쉽지 않다.
 ③ 용기보관 장소의 주위는 화기와 2[m] 이상 이격하며, 충전 용기는 40[℃] 이하인 장소에 보관한다.

2. 가스 배관

(1) 종류와 색상
 ① 일반배관에는 아연도금 탄소강관을, 매설배관에는 폴리에틸렌 라이닝 강관을 사용한다.
 ② 지상배관의 색깔은 황색, 매설배관 중에 저압이면 황색, 중압이면 적색을 사용한다.

(2) 압력 손실의 요인
 ① 배관의 입상에 의한 압력 손실
 ② 엘보, 티 등 굴곡부에 의한 압력 손실
 ③ 배관의 직관부에서 일어나는 압력 손실
 ④ 가스미터, 콕, 밸브 등에 의한 압력 손실

(3) 배관직경과 가스유량 산출식
 ① 배관 직경 D[mm]

$$D^5 = \frac{Q^2 \times L \times S}{K^2 \times H} [\text{mm}]$$

Q: 가스 유량[m³/h], L: 배관 길이[m], S: 가스 비중, K: 유량계수, H: 허용압력손실[kg/cm²]

※ 1[kgf/cm²] ≃ 0.1[MPa] ≃ 1[bar]

② 가스 유량 $Q[\text{m}^3/\text{h}]$

$$Q = K\sqrt{\frac{HD^5}{LS}}[\text{m}^3/\text{h}]$$

허용압력손실 H는 초기 압력의 제곱(P_i^2)과 최종 압력의 제곱(P_f^2)의 차로 나타낼 수 있으므로 다음과 같이 정리가 가능하다.

$$Q = K\sqrt{\frac{(P_i^2 - P_f^2)D^5}{LS}}[\text{m}^3/\text{h}]$$

P_i: 초기 압력[kg/cm^2], P_f: 최종 압력[kg/cm^2]

3. 정압기와 가스미터

(1) 정압기
  ① 도시가스 공급시설에 설치하는 정압기는 사용량 변동에 관계 없이 2차측 가스압력을 일정하게 유지한다.
  ② 구조에 따른 분류
    ㉠ 액셜 플로우식: 구조가 간단하고 소형 경량이다.
    ㉡ 피셔(Fisher)식: 닫힘 방향의 응답성을 개선한 구조이다.
    ㉢ 레이놀즈(Reynolds)식: 파이롯트 언로딩형이다.

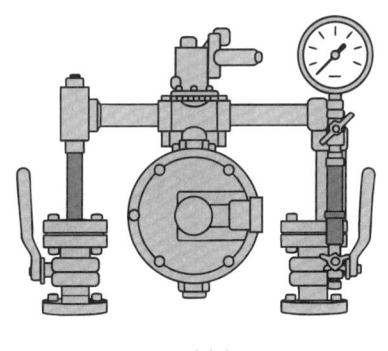

▲ 정압기   ▲ 파이롯트식 언로딩형 정압기

(2) 가스미터
  ① 실측식(직접식) : 건식, 습식, 회전식
  ② 추량식(간접식) : 델타식, 터빈식, 오리피스식, 벤추리식
(3) 가스미터 설치 기준
  ① 전기개폐기로부터 60[cm] 이상 이격한다.
  ② 스위치, 콘센트로부터 30[cm] 이상 이격한다.
  ③ 저압 전선으로부터 15[cm] 이상 이격한다.
  ④ 계량기는 바닥에서 1.6~2[m] 높이에 설치한다.
  ⑤ 동시 사용 세대수×세대당(시간당) 최대소비량이 설계유량인데, 계량기는 설계유량을 통과시킬 수 있는 능력을 가진 것을 선정한다.

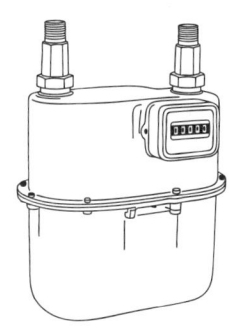

▲ 가스미터

4. 가스배관 시공 시 유의사항

(1) 일반사항

① 검사가 용이하도록 노출배관을 원칙으로 하되, 동관은 이음매 없이 매립할 수 있다.
② 전선, 상하수도관보다 아래에 매립하고, 벽을 관통하는 배관에는 보호관 및 방식 피복을 한다.
③ 기밀시험은 최고사용압력의 1.1배 이상의 압력으로 진행한다.
④ 배관의 최고사용압력은 중압이하여야 한다.
⑤ 배관의 말단에서 필요압력이 확보되도록 배관 직경을 산출해야 한다.
⑥ 가스관 지름이 13[mm] 미만이면 1[m]마다 고정하고, 13~33[mm]이면 2[m]마다 고정한다.

(2) 가스배관 매설깊이 기준

① 배관을 포장 차도에 매설하는 경우, 지반 최하부와의 거리는 0.5[m] 이상 되게 매설한다.
② 배관을 지하에 매설하는 경우, 도로 밑 다른 시설물과는 0.3[m] 이상 간격을 두고 매설한다.
③ 배관을 시가지 도로의 노면밑에 매설하는 경우에는 배관 외면과 도로 노면까지 1.5[m] 이상으로 한다.
④ 배관을 시가지 도로 외의 노면밑에 매설하는 경우에는 배관 외면과 도로 노면까지 1.2[m] 이상으로 한다.
⑤ 배관을 철도부지에 매설하는 경우, 배관의 외면에서 경계까지 1[m] 이상, 배관의 외면부터 지표면까지 1.2[m] 이상, 외면에서 궤도 중심까지 4[m] 이상 되게 매설한다.
⑥ 배관은 하천 또는 하수구 등 암거 내에는 설치하면 안 된다.
⑦ 공급관은 건축물 기초 밑에 설치하면 안 되며, 부득이하게 콘크리트 주요 구조부를 통과할 때는 슬리브를 사용한다.

PHASE 08 | 냉동 및 냉각 설비

1. 냉매 배관

(1) 냉매 배관 구비 조건

① 가공성이 양호하고 내식성(부식에 견디는 정도)이 커야 한다.
② 윤활유와 화학 반응을 하지 않아야 한다.
③ 저온에서 기계적 강도가 크고 압력 손실이 적어야 한다.
④ 이음매가 없는 동관을 사용해야 한다.
⑤ 냉매가 암모니아일 경우에는 강관을 사용해야 한다.

> **+ PLUS 암모니아 냉매**
> 암모니아는 구리를 부식시키므로 동관을 사용할 수 없다.

(2) 냉매 배관 시공 시 유의사항
① 굽힘을 적게 하고 곡률반경을 최대한 크게 한다.
② 수평배관은 냉매 흐름 방향으로 하향 구배로 한다. 헤더를 응축기 위에 설치하여 토출가스관이 하향 구배가 되게 한다.
③ 응축이 많이 발생하는 구간에는 루프 배관을 설치한다.
④ 유지보수가 용이하도록 배관은 매립하지 않아야 하며, 열손실을 방지하기 위해 단열처리를 해야 한다.
⑤ 냉매 배관은 바닥, 천장, 지붕을 관통해서는 안되며, 개방 공간을 가로지르는 배관이 천장에 위치해 있지 않다면 바닥으로부터 2.2[m] 이상 이격되도록 설치한다.
⑥ 증발기와 압축기 사이의 흡입관은 이중 입상관 형태로 시공하고, 냉매량이 적을 때는 소구경 배관을 통해 흐름을 원활하게 하여 냉매 유속을 빠르게 유지하고 냉동기유가 고이지 않게 한다.
⑦ 콘크리트 바닥에 설치된 냉매 배관은 덕트 내에 넣어야 한다. 냉매 배관은 차단할 수 있으며, 진동 손상, 응력, 부식을 방지할 수 있는 구조이어야 한다.

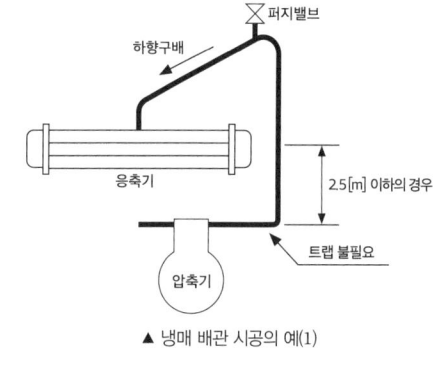

▲ 냉매 배관 시공의 예(1)

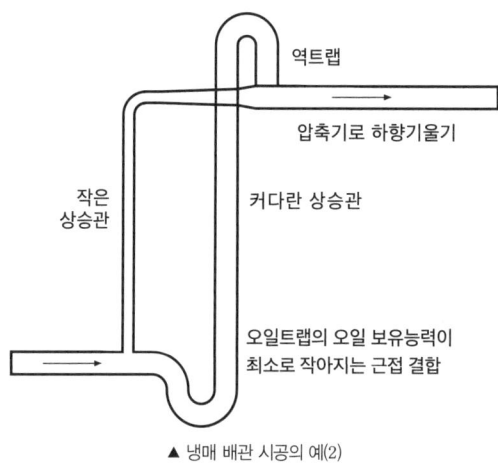

▲ 냉매 배관 시공의 예(2)

⑧ 냉매 배관은 엘리베이터, 운반용 승강기, 이동 물질을 포함하는 축에 설치되어서는 안 된다.
⑨ 압축기의 진동을 흡수하는 플렉시블 조인트는 압축기 가까이에 설치하되, 기계나 구조물과 접촉하지 않도록 해야 한다.

(3) 냉매액 구간
① 냉매배관용 팽창밸브는 수동식, 온도식 자동, 정압식 자동, 모세관식, 전자식 등이 있다.
② 액분리기 또는 열교환기를 사용하여 액관에 들어가는 냉매의 과냉각도를 높이면 플래시 가스 발생량이 감소한다.

(4) 압축기의 흡입관과 토출관의 시공 시 유의사항
① 수평관은 모두 하향 구배로 하여 응축기 쪽으로 가는 냉매의 이동을 돕는다.
② 흡입관 입상부가 매우 길 때는 10[m]마다 오일트랩을 설치하여 냉동기유 회수를 돕는다.
③ 응축기가 압축기보다 2.5[m] 이상 높으면 냉동기유 회수를 위해 트랩 설치가 필요하다.
④ 유분리기는 응축기보다 온도가 낮지 않은 곳에 설치하여 냉동기유 회수를 돕는다.
⑤ 각각의 증발기에서 흡입 주관으로 들어가는 관은 주관 상부로부터 들어가도록 접속한다.
⑥ 토출관의 합류부분은 Y이음으로 하고, 역류방지 밸브를 함께 설치한다.
⑦ 2대 이상의 증발기가 있어도 부하의 변동이 그다지 크지 않은 경우는 1개의 입상관으로 충분하다.
⑧ 액분리기와 압축기 사이의 냉매배관은 1/200~1/250의 하향구배로 하여야 한다.
⑨ 흡입관에 고액수액기를 설치하여 냉매액이 압축기에 못 들어가게 회수한다.

(5) 공랭식 응축기 배관의 시공 시 유의 사항
　① 냉방기(에어컨 실내기)가 응축기(에어컨 실외기) 아래 설치되는 경우 배관 높이 10[m]마다 오일 트랩을 설치해야 한다.
　② 냉방기가 응축기 위에 있고 압축기가 냉방기에 내장되었을 경우에는 오일 트랩이 필요 없다.
　③ 냉방기가 응축기 위에 있고 압축기가 응축기에 내장되었을 경우에는 배관 높이 10[m]마다 오일 트랩을 설치해야 한다.(압축기가 낮고 응축기가 높을 때 액백 현상 방지를 위해 오일 트랩의 설치가 필요하다)

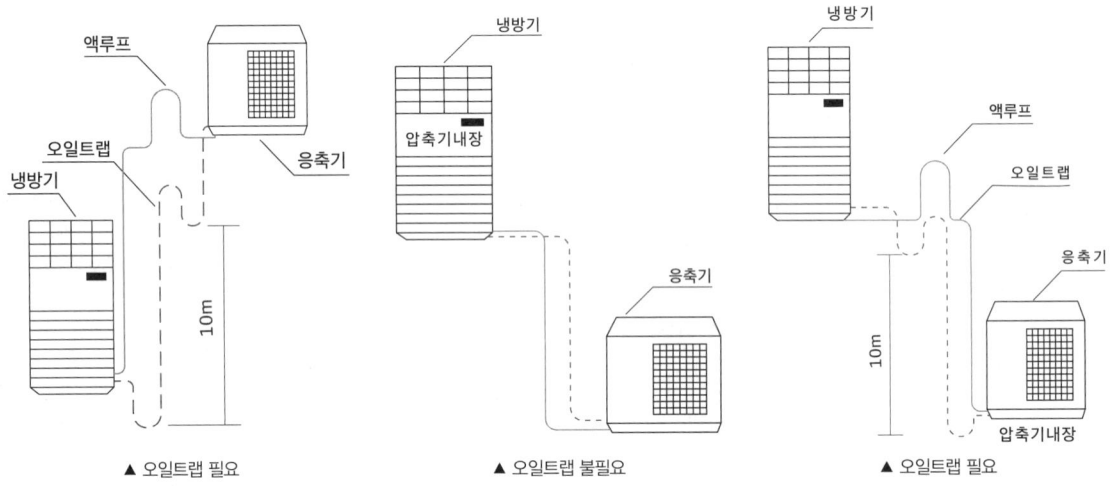

▲ 오일트랩 필요　　　　▲ 오일트랩 불필요　　　　▲ 오일트랩 필요

+PLUS 냉동기유(오일)의 회수
압축기와 응축기 사이에 설치하는 유분리기와 트랩은 오일의 회수를 돕는 역할을 한다. 냉동기유(오일)는 압축기 내부에서 필요할 뿐 응축기까지 이동하면 냉동효율을 떨어뜨린다.

2. 냉동기 성능시험

(1) 내압시험(Hydraulic Pressure Test)
　① 압축기, 펌프, 냉매설비 배관에 대해 시행하고 있는 액압시험이다.
　② 내압시험압력은 누설시험압력의 $\frac{15}{8}$배 또는 설계압력의 1.5배 중에서 높은 압력으로 한다.
　③ 이음을 포함하고 있는 각부에서 누설, 이상변형, 파괴 등이 없어야 한다.

(2) 기밀시험(Gas Tight Pressure Test)
　① 내압시험에 합격된 용기의 조립품이나 냉매배관에서 연결한 냉매설비에 대한 가스시험이다.
　② 기밀시험압력은 질소 또는 이산화탄소를 이용하고 누설시험압력의 $\frac{5}{4}$배 또는 설계압력 중에서 높은 압력으로 한다.
　③ 기밀시험 실시에 따른 누기가 없어야 한다.

(3) 누설시험(Gas Leak Test)
　① 내압시험과 기밀시험에 합격한 용기를 냉매배관으로 연결한 후에 진행하는 가스압시험이다.
　② 누설시험압력은 고압부 또는 저압부의 구분에 따라 누설시험 압력 이상으로 한다.
　③ 누설시험 실시에 따른 누설이 없어야 한다.

(4) 기타시험
　① 진공누설시험(Vacuum Test): 누설시험에서 이상 없는 경우 장치 전체를 630[mmHg] 이상의 진공으로 12시간 유지하고 이상이 없어야 한다.
　② 냉매누설시험: 진공누설시험에서 이상이 없는 경우 냉매를 일부 충전하고 설계압력 이상으로 하여 누설이 없어야 한다.
　③ 냉각시험: 냉동설비의 모든 압축기를 사용하여 냉각해야 할 부분이 지정시간 내에 소정 온도까지 냉각하는 시험이다.

3. 배관 시스템과 압축공기 설비

(1) 배관 시스템
　① 개방식
　　㉠ 수온 상승에 따른 팽창량을 개방형 팽창탱크가 흡수하는 방식이며 배관설계가 비교적 용이하다.
　　㉡ 압력이 안정적이고 점검 및 보수가 용이하다.
　② 밀폐식 배관 시스템
　　㉠ 밀폐식 팽창탱크를 채용하며 온수가 대기와 접촉하지 않아 배관 부식이 방지되고 내구성이 향상된다.
　　㉡ 압력 증가로 수격작용이나 공기정체의 염려가 있으므로 압력계획이 필요하다.
　　㉢ 밀폐식 배관 시스템에는 리버스리턴 환수방식이 권장된다.

(2) 압축공기의 배관 설비
　① 주관로에서 분기관로를 취할 때 반드시 상부에서 역U자관 로프 배관으로 하여 직접 배수가 유출되지 않도록 한다.
　② 배관 길이 상에서 발생되는 압력손실의 허용량을 결정한다.
　③ 맥동을 완화하기 위하여 공기탱크를 장치한다.
　④ 중간냉각기와 후부냉각기 사이에 분리기를 설치하여 윤활유를 제거한다.
　⑤ 가스관, 냉각수관 및 공기탱크 등에 안전밸브를 설치하고, 주관로에서 분기관로를 연결할 경우에는 반드시 정지밸브를 설치한다.
　⑥ 위험성 가스가 관내 체류하지 않도록 적절히 환기한다.

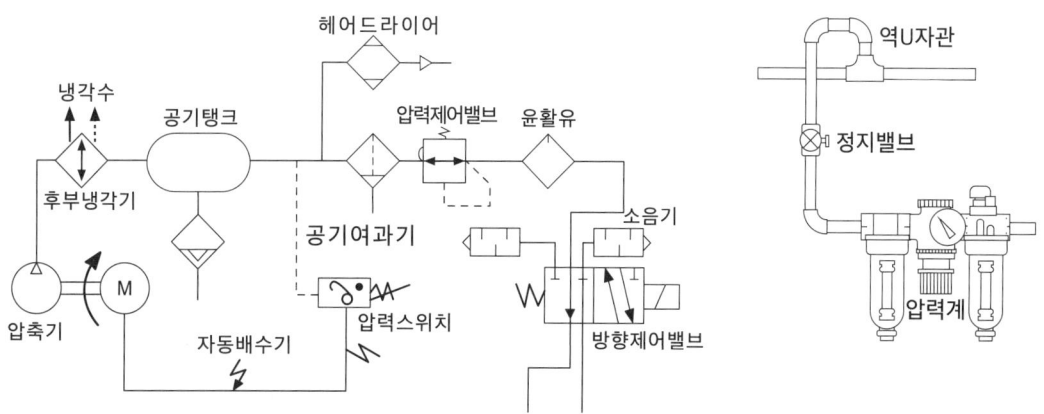

에듀윌이 너를 지지할게

ENERGY

끝이 좋아야 시작이 빛난다.

– 마리아노 리베라(Mariano Rivera)

꿈을 현실로 만드는 에듀윌

공무원 교육
- 선호도 1위, 신뢰도 1위! 브랜드만족도 1위!
- 합격자 수 2,100% 폭등시킨 독한 커리큘럼

자격증 교육
- 9년간 아무도 깨지 못한 기록 합격자 수 1위
- 가장 많은 합격자를 배출한 최고의 합격 시스템

직영학원
- 검증된 합격 프로그램과 강의
- 1:1 밀착 관리 및 컨설팅
- 호텔 수준의 학습 환경

종합출판
- 온라인서점 베스트셀러 1위!
- 출제위원급 전문 교수진이 직접 집필한 합격 교재

어학 교육
- 토익 베스트셀러 1위
- 토익 동영상 강의 무료 제공

콘텐츠 제휴 · B2B 교육
- 고객 맞춤형 위탁 교육 서비스 제공
- 기업, 기관, 대학 등 각 단체에 최적화된 고객 맞춤형 교육 및 제휴 서비스

부동산 아카데미
- 부동산 실무 교육 1위!
- 상위 1% 고소득 창업/취업 비법
- 부동산 실전 재테크 성공 비법

학점은행제
- 99%의 과목이수율
- 17년 연속 교육부 평가 인정 기관 선정

대학 편입
- 편입 교육 1위!
- 최대 200% 환급 상품 서비스

국비무료 교육
- '5년우수훈련기관' 선정
- K-디지털, 산대특 등 특화 훈련과정
- 원격국비교육원 오픈

에듀윌 교육서비스 **공무원 교육** 9급공무원/소방공무원/계리직공무원 **자격증 교육** 공인중개사/주택관리사/손해평가사/감정평가사/노무사/전기기사/경비지도사/검정고시/소방설비기사/소방시설관리사/사회복지사1급/대기환경기사/수질환경기사/건축기사/토목기사/직업상담사/전기기능사/산업안전기사/건설안전기사/위험물산업기사/위험물기능사/유통관리사/물류관리사/행정사/한국사능력검정/한경TESAT/매경TEST/KBS한국어능력시험/실용글쓰기/IT자격증/국제무역사/무역영어 **어학 교육** 토익 교재/토익 동영상 강의 **세무/회계** 전산세무회계/ERP정보관리사/재경관리사 **대학 편입** 편입 영어·수학/연고대/의약대/경찰대/논술/편집 **직영학원** 공무원학원/소방학원/공인중개사 학원/주택관리사 학원/전기기사 학원/편입학원 **종합출판** 공무원·자격증 수험교재 및 단행본 **학점은행제** 교육부 평가인정기관 원격평생교육원(사회복지사2급/경영학/CPA) **콘텐츠 제휴·B2B 교육** 교육 콘텐츠 제휴/기업 맞춤 자격증 교육/대학취업역량 강화 교육 **부동산 아카데미** 부동산 창업CEO/부동산 경매 마스터/부동산 컨설팅 **주택취업센터** 실무 특강/실무 아카데미 **국비무료 교육(국비교육원)** 전기기능사/전기(산업)기사/소방설비(산업)기사/IT(빅데이터/자바프로그램/파이썬)/게임그래픽/3D프린터/실내건축디자인/웹퍼블리셔/그래픽디자인/영상편집(유튜브) 디자인/온라인 쇼핑몰광고 및 제작(쿠팡, 스마트스토어)/전산세무회계/컴퓨터활용능력/ITQ/GTQ/직업상담사

교육문의 1600-6700 www.eduwill.net

2023 대한민국 브랜드만족도 기술자격증 교육 1위
(한경비즈니스)

2026 에듀윌 공조냉동기계기사
필기 한권끝장 +무료특강

1 최신 CBT 모의고사로 실전 감각 UP!
　혜택경로　교재 내 QR코드 스캔

2 최신 CBT 모의고사 해설강의로 마무리 학습!
　혜택경로　교재 내 QR 코드 스캔

3 SI 표준 단위계 변환표로 완벽하게 단위 마스터!
　혜택경로　에듀윌 도서몰(book.eduwill.net) ▶ 도서자료실 ▶ 부가학습자료 ▶ '공조냉동기계기사' 검색

고객의 꿈, 직원의 꿈, 지역사회의 꿈을 실현한다

에듀윌 도서몰
book.eduwill.net
- 부가학습자료 및 정오표: 에듀윌 도서몰 > 도서자료실
- 교재 문의: 에듀윌 도서몰 > 문의하기 > 교재(내용, 출간) / 주문 및 배송

합격자 수가
선택의 기준!

2026 최신판

에듀윌
공조냉동기계기사
필기 한권끝장
+무료특강

2025 CBT 복원문제 수록

핵심이론+8개년 기출문제

특별제공
최신 CBT
모의고사 3회분
+무료특강

**NCS 출제기준 완벽 적용!
한 권으로 빠르게 합격!**

· 최신 CBT 모의고사 3회분 제공
· 최신 CBT 모의고사 해설강의 제공(3회분)
· SI 표준 단위계 변환표 제공(PDF)

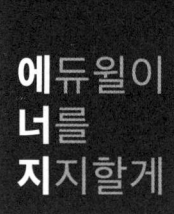

모든 시작에는
두려움과 서투름이
따르기 마련이에요.

당신이 나약해서가 아니에요.

에듀윌
공조냉동기계기사

[필기] 8개년 기출문제

차례

VOLUME 01 핵심이론

SUBJECT 01 에너지관리

CHAPTER 01	공기조화 기초	016
CHAPTER 02	공기조화 응용	028
CHAPTER 03	공기조화설비	034
CHAPTER 04	TAB 및 시운전	051

SUBJECT 02 공조냉동설계

CHAPTER 01	냉동 이론	058
CHAPTER 02	냉동장치의 구성요소	076
CHAPTER 03	기계 열역학	094

SUBJECT 03 시운전 및 안전관리

CHAPTER 01	전자기 기초	118
CHAPTER 02	전기기기	152
CHAPTER 03	시퀀스 제어	162
CHAPTER 04	안전 관리	181

SUBJECT 04 유지보수 공사관리

CHAPTER 01	배관 재료 및 공작	194
CHAPTER 02	급배수 설비	206
CHAPTER 03	냉난방 설비	217

VOLUME 02

8개년 기출문제

8개년 기출

2025년 CBT 복원문제 [NEW]	008
2024년 CBT 복원문제	049
2023년 CBT 복원문제	110
2022년 기출문제	174
2021년 기출문제	233
2020년 기출문제	309
2019년 기출문제	389
2018년 기출문제	464

"2025년 3회차 시험은 PDF로 제공되며
11월 중 배포 예정입니다."

다운로드 경로
에듀윌 도서몰(book.eduwill.net) → 도서자료실 → 부가학습자료
→ "공조냉동기계기사" 검색

3회독 시스템으로 정복하는

8개년 기출문제

2025년	CBT 복원문제	8
2024년	CBT 복원문제	49
2023년	CBT 복원문제	110
2022년	기출문제	174
2021년	기출문제	233
2020년	기출문제	309
2019년	기출문제	389
2018년	기출문제	464

2025년 1회 CBT 복원문제

에너지관리

01 빈출도 ★★

복사난방에 있어서 바닥 패널의 온도로 가장 알맞은 것은?

① 95[℃] ② 80[℃]
③ 55[℃] ④ 30[℃]

해설

복사난방이란 건축물의 바닥이나 벽속에 코일과 패널을 매설하고 열매를 공급하여 복사열을 이용하는 방식이며, 이때 바닥패널의 온도는 30~35[℃]로 유지한다.

정답 | ④

02 빈출도 ★

정풍량 단일덕트방식에 관한 설명으로 옳은 것은?

① 실내부하가 감소될 경우에 송풍량을 줄여도 실내공기의 오염이 적다.
② 가변풍량방식에 비하여 송풍기 동력이 커져서 에너지 소비가 증대한다.
③ 각 실이나 존의 부하변동이 서로 다른 건물에서도 온·습도의 불균형이 생기지 않는다.
④ 송풍량과 환기량을 크게 계획할 수 없으며, 외기도입이 어려워 외기냉방을 할 수 없다.

해설

정풍량 방식은 실내 부하가 적은 때에도 최대 부하일 때와 동일한 풍량을 계속 공급해야 하므로 가변풍량방식에 비해 송풍기 동력이 커져서 에너지 소비가 증대한다.

선지분석

① 실내부하가 감소될 경우에 송풍량을 줄이면 환기 횟수가 줄어들어 실내 공기 오염이 발생할 수 있다.
③ 하나의 덕트를 통해 동일한 온도의 공기를 여러구역에 보내므로 각 실이나 존의 부하변동에 따라 온·습도의 불균형이 발생한다.
④ 팬코일 유닛 방식의 특징이다.

정답 | ②

03 ★★★

공기조화 방식 중에서 전공기 방식에 속하는 것은?

① 패키지 유닛 방식
② 복사 냉난방 방식
③ 유인유닛 방식
④ 변풍량 이중덕트 방식

해설

변풍량 이중덕트 방식은 전공기 방식의 한 종류이다.

개념설명 공기조화 방식

공조방식	냉·열원의 종류	방식	
중앙식	전공기 방식	단일덕트	• 정풍량 방식 • 변풍량 방식
		이중덕트	• 정풍량 방식 • 변풍량 방식 • 멀티존 유닛 방식
	수공기 방식		• 덕트병용 팬코일 유닛 방식 • 유인유닛 방식 • 각층유닛 방식
	전수 방식		• 팬코일 유닛 방식 • 복사 냉난방 방식
개별식	냉매방식		패키지 유닛 방식
		룸쿨러 방식	• 창문설치형 • 분리형(스플릿) • 멀티유닛형

정답 | ④

04 ★

냉각코일의 장치노점온도(ADP)가 7[℃]이고, 여기를 통과하는 입구공기의 온도가 27[℃]이다. 코일의 바이패스 팩터를 0.1이라고 할 때 코일 출구공기의 온도는?

① 8.0[℃]
② 8.5[℃]
③ 9.0[℃]
④ 9.5[℃]

해설

$$BF = \frac{출구공기온도 - 장치노점온도}{입구공기온도 - 장치노점온도}$$
$$= \frac{T - T_d}{T_i - T_d} = \frac{T - 7}{27 - 7} = 0.1$$

출구공기의 온도 $T = 9[℃]$

※ BF: 바이패스 팩터

정답 | ③

05 ★★★

다음 중 증기난방의 설명으로 적절한 것은?

① 예열시간이 짧다.
② 실내온도의 조절이 용이하다.
③ 방열기 표면의 온도가 낮아 쾌적한 느낌을 준다.
④ 실내에서 상하온도차가 작으며, 방열량의 제어가 다른 난방에 비해 쉽다.

해설

증기난방은 잠열을 이용하므로 열운반능력이 크고 예열시간이 짧은 대신 방열량 조절이 어렵고 상하온도차가 커서 쾌감도가 낮다.

정답 | ①

06 ★★★

다음은 공기조화 부하를 나타낸 것이다. 잠열부하를 포함한 것은?

① 외벽을 통한 손실열량
② 침입외기에 의한 취득열량
③ 유리창을 통한 관류 취득량
④ 지하층 바닥을 통한 손실열량

해설

외벽, 유리창, 바닥을 통한 열관류 손실은 현열만 고려하면 되지만, 환기 또는 극간풍에 의한 부하는 수증기의 출입이 동반되므로 잠열도 고려해야 한다.

정답 | ②

07 빈출도 ★★

팬코일유닛(FCU)방식과 유인유닛(IDU)방식은 실내에 설치하는 유닛 외에도 1차 공조기를 사용하여 덕트방식을 채용할 수도 있다. 이 방식들을 비교한 설명 중 올바르지 못한 것은?

① FCU는 IDU에 비해 운전 중의 소음이 적고, 동일 능력일 때에는 단가가 싸다.
② IDU에는 전용의 덕트계통이 필요하다.
③ FCU에는 내부에 팬(Fan)을 가지고 있어 보수할 필요가 있다.
④ IDU는 내부(Zone)을 합하더라도 하나의 덕트계통만으로 처리가 가능하다.

해설

유인유닛(IDU)방식은 공기와 물이라는 두 종류의 열매를 사용하므로 덕트 이외에도 냉·온수코일의 설치를 필요로 한다.

정답 | ④

08 빈출도 ★★

어떤 공기의 수증기 분압=P, 절대습도=x, 비체적=v라 하고 이와 동일 온도인 포화공기의 수증기분압=P_s, 절대습도=X_s, 비체적=V_s라 할 때 이 공기의 상대습도는?

① $\dfrac{P_s}{P} \times 100[\%]$ ② $\dfrac{P}{P_s} \times 100[\%]$

③ $\dfrac{x}{V_s} \times 100[\%]$ ④ $\dfrac{V}{P_s} \times 100[\%]$

해설

상대습도란 특정 온도에서 포화 수증기압에 대한 실제 수증기압의 비를 백분율로 나타낸 것이므로

상대습도 = $\dfrac{\text{실제 수증기압}}{\text{포화 수증기압}} \times 100 = \dfrac{P}{P_s} \times 100[\%]$

정답 | ②

09 빈출도 ★★

공기조화설비의 덕트계에서 발생되는 소음의 방음 대책으로 틀린 것은?

① 발생 소음 자체를 줄인다.
② 음의 투과량을 크게 한다.
③ 소음발생원 등을 방음이 필요한 주요 실과 떨어뜨린다.
④ 덕트, 배관 등의 관통부를 차음 처리한다.

해설

덕트는 흡음장치, 소음 체임버 등을 설치하여 소음을 방지할 수 있으며, 흡음재는 음의 투과량을 작게 하는 역할을 한다.

정답 | ②

10 빈출도 ★★★

다음의 습공기 선도에서 ①–⑤의 상태변화를 바르게 설명한 것은? (단, 그림에서 ①은 외기, ②는 실내공기, ③은 혼합공기이다.)

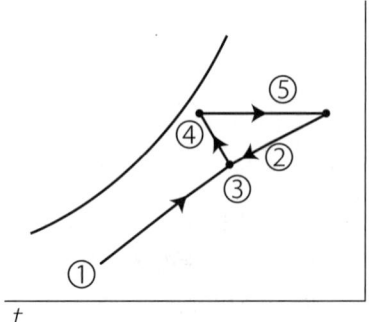

① 가습, 냉각과정이다.   ② 감습, 가열과정이다.
③ 가습, 가열과정이다.   ④ 감습, 냉각과정이다.

해설

번호	의미
③=①+②	외기와 실내공기의 혼합공기
③ → ④	가습과정
④ → ⑤	가열과정

따라서 ①–⑤의 상태변화는 가습, 가열과정이다.

정답 | ③

11 빈출도 ★★

다음 중 온수보일러의 부속품으로는 사용되지 않는 것은?

① 순환펌프 ② 릴리프밸브
③ 수면계 ④ 팽창탱크

해설

수면계는 증기보일러의 수위 관측용 장치로 사용된다.

선지분석

① 순환펌프: 강제순환식의 온수난방에 순환수를 송출하기 위해 사용한다.
② 릴리프밸브: 온수보일러에서 과압을 방지하기 위해 사용한다.
④ 팽창탱크: 온수보일러에서 온도 변화에 따른 온수의 부피팽창을 흡수하기 위해 사용한다.

정답 | ③

12 빈출도 ★★

다음 중 일반적으로 난방부하계산에 포함시키지 않는 것은?

① 벽체의 열손실
② 유리면의 열손실
③ 극간풍에 의한 열손실
④ 조명기구의 발열

해설

난방부하란 동절기의 손실열량을 보충해주는 열부하로 일사부하, 인체부하, 조명부하는 실내온도를 높이는 데 기여하므로 난방부하에서 제외된다.

정답 | ④

13 빈출도 ★★★

간이계산법에 의한 건평 150[m²]에 소요되는 보일러의 급탕부하는 얼마인가? (단, 건물의 열손실은 90[kcal/m²·h], 급탕량은 100[kg/h], 급수 및 급탕 온도는 각각 30[℃], 70[℃]이다.)

① 3,500[kcal/h] ② 4,000[kcal/h]
③ 13,500[kcal/h] ④ 17,500[kcal/h]

해설

급탕부하는 급수 온도 30[℃]에서 급탕 온도 70[℃]로 올리는 데 필요한 에너지량이다.
$Q_{급탕} = 1[kcal/kg·℃] \times 100[kg/h] \times (70-30)[℃]$
$= 4,000[kcal/h]$

정답 | ②

14 빈출도 ★★

공기조화 시 T.A.B 측정 절차 중 측정 요건으로 틀린 것은?

① 시스템의 검토 공정이 완료되고 시스템 검토보고서가 완료되어야 한다.
② 설계도면 및 관련 자료를 검토한 내용을 토대로 하여 보고서 양식에 장비규격 등의 기준이 완료되어야 한다.
③ 댐퍼, 말단 유닛, 터미널의 개도는 완전 밀폐되어야 한다.
④ 제작사의 공기조화 시 시운전이 완료되어야 한다.

해설

풍량조절용 댐퍼, 말단 유닛, 터미널의 개도는 완전 개방된 상태로 T.A.B 작업을 수행해야 한다.

정답 | ③

15 빈출도 ★★★

습공기 선도($t-x$선도)상에서 알 수 없는 것은?

① 엔탈피 ② 습구온도
③ 풍속   ④ 상대습도

해설
습공기 선도($t-x$선도)상에서 풍속은 알 수 없다.

개념설명 습공기 선도
습공기 선도상의 한 점이 어떤 습공기의 상태를 습공기 선도상의 한 점으로 표현하면 그 점의 가로좌표는 건구온도, 세로좌표는 절대습도이며, 그 점을 지나는 경사선 수치가 습구온도와 비엔탈피, 그 점을 지나는 커브선 수치가 상대습도이다.

정답 | ③

16 빈출도 ★★

습공기를 단열 가습하는 경우 열수분비(u)는 얼마인가?

① 0   ② 0.5
③ 1   ④ ∞

해설
열수분비 $u = \dfrac{엔탈피\ 변화량}{절대습도\ 변화량}$ 에서 단열 가습의 경우 엔탈피 변화량=0이므로 열수분비 $u=0$

정답 | ①

17 빈출도 ★★★

관류보일러에 대한 설명으로 올바른 것은?

① 드럼과 여러 개의 수관으로 구성되어 있다.
② 부하변동에 대한 추종성이 좋다.
③ 취급이 용이하고 수처리가 필요 없다.
④ 간단히 고압의 증기를 얻기가 곤란하다.

해설
관류보일러는 부하변동에 대한 추종성이 좋다.

선지분석
① 관류보일러는 드럼이 없고 길고 꼬불꼬불한 수관으로 되어 있다.
③ 관류보일러는 드럼이 없어 수처리가 복잡하다.
④ 관류보일러는 고압의 증기를 빠르게 얻을 수 있다.

정답 | ②

18 빈출도 ★★

냉수를 쓰는 향류형 공기 냉각코일에서 30[℃]의 공기를 16[℃]까지 냉각하는 데에 7[℃]의 냉수를 통하고 냉수온도는 열 교환에 의해 5[℃] 상승되었을 때 냉각열량은 약 몇 [kcal/h]인가? (단, 코일의 전체 열 통과율은 800[kcal/m²·h·℃]이고, 전열 면적은 2.5[m²]이다.)

① 10,380   ② 14,870
③ 25,960   ④ 32,960

해설
- 공기 입구온도와 냉수 출구의 온도 차
  $a = 30 - (7+5) = 18[℃]$
- 공기 출구온도와 냉수 입구의 온도 차
  $b = 16 - 7 = 9[℃]$
- 대수 평균 온도차
  $\Delta T = \dfrac{a-b}{\ln a - \ln b} = \dfrac{18-9}{\ln 18 - \ln 9} = \dfrac{9}{\ln 2} = 12.98[℃]$
- 냉각열량
  $Q = KA\Delta T$
  $= 800[\text{kcal/m}^2 \cdot \text{h} \cdot ℃] \times 2.5[\text{m}^2] \times 12.98[℃]$
  $= 25,960[\text{kcal/h}]$

정답 | ③

19 빈출도 ★★

습공기선도상에서 ❶의 공기가 온도가 높은 다량의 물과 접촉하여 가열, 가습되고 ❸의 상태로 변화한 경우의 공기선도로 다음 중 옳은 것은?

①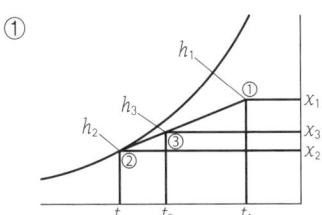

②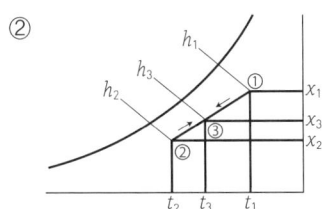

③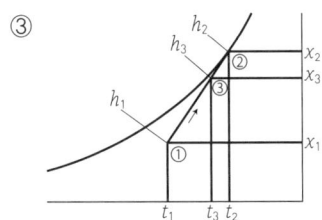

④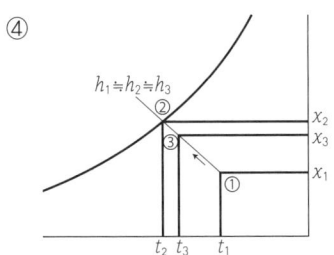

해설

상태 ❶에서 상태 ❸으로 변할 때 공기가 가열, 가습하는 조건은 상태 ❶보다 오른쪽(가열), 위쪽(가습)에 위치해 있어야 한다. 이런 조건을 만족하는 것은 보기 ③이다.

선지분석

① 상태 ❸이 상태 ❶보다 왼쪽, 아래쪽에 위치해 있으므로 냉각, 감습과정이다.
② 상태 ❸이 상태 ❶보다 왼쪽, 아래쪽에 위치해 있으므로 냉각, 감습과정이다.
④ 상태 ❸이 상태 ❶보다 왼쪽, 위쪽에 위치해 있으므로 냉각, 가습과정이다.

정답 | ③

20 빈출도 ★★

팬코일 유닛방식의 배관방식 중 공급관이 2개이고 환수관이 1개인 방식은?

① 1관식　　　② 2관식
③ 3관식　　　④ 4관식

해설

팬코일 유닛방식의 배관방식 중 공급관이 2개이고 환수관이 1개인 방식은 3관식이다.

선지분석

① 1관식: 하나의 배관이 공급관과 환수관의 역할을 담당하는 방식이다.
② 2관식: 공급관이 1개이고 환수관이 1개로 계절에 따라 난방 시에는 온수, 냉방 시에는 냉수를 공급하는 방식이다.
④ 4관식: 공급관이 2개이고 환수관이 2개로 냉·온수 동시 운영에 유리한 방식이다.

정답 | ③

공조냉동설계

21 빈출도 ★★★

보일러 입구의 압력이 $9,800[kN/m^2]$이고, 응축기의 압력이 $4,900[N/m^2]$일 때 펌프가 수행한 일[kJ/kg]은? (단, 물의 비체적은 $0.001[m^3/kg]$이다.)

① 9.79　　　② 15.17
③ 87.25　　　④ 180.52

해설

- 펌프에서 압력 변화
  $\Delta P = 9,800 \times 10^3 [N/m^2] - 4,900 [N/m^2]$
  $= 9,795.1 \times 10^3 [N/m^2]$
- 펌프가 하는 일
  $w_p = v \times \Delta P = 0.001 [m^3/kg] \times 9,795.1 \times 10^3 [N/m^2]$
  $= 9,795.1 [J/kg] = 9.7951 [kJ/kg]$

정답 | ①

22 빈출도 ★★★

밀폐계에서 기체의 압력이 500[kPa]로 일정하게 유지되면서 체적이 $0.2[m^3]$에서 $0.7[m^3]$로 팽창하였다. 이 과정 동안에 내부 에너지의 증가가 60[kJ]이었다면 계(系)가 한 일은 얼마인가?

① 450[kJ]   ② 350[kJ]
③ 250[kJ]   ④ 150[kJ]

해설

정압 조건에서 기체가 외부로 한 일
$W = P\Delta V = 500[kPa] \times (0.7 - 0.2)[m^3] = 250[kJ]$
※ 내부 에너지 증가량은 문제 풀이에 이용되지 않는다.

정답 | ③

23 빈출도 ★★

다음 중 엔트로피에 대한 설명으로 맞는 것은?

① 엔트로피의 생성항은 열전달의 방향에 따라 양수 또는 음수일 수 있다.
② 비가역성이 존재하면 동일한 압력 하에 동일한 체적의 변화를 갖는 가역과정에 비해 시스템이 외부에 하는 일이 증가한다.
③ 열역학 과정에서 시스템과 주위를 포함한 전체에 대한 순 엔트로피는 절대 감소하지 않는다.
④ 엔트로피는 가역과정에 대해서 경로함수이다.

해설

열역학 과정에서 엔트로피의 생성은 항상 양수이므로 절대 감소하지 않는다.

선지분석

① 엔트로피의 생성항은 항상 양수이다.
② 비가역성이 존재하면 마찰, 점성 저항 등으로 동일한 상태 변화 시 외부에 하는 일이 감소한다.
④ 엔트로피는 점(상태)함수이다.

정답 | ③

24 빈출도 ★★★

다음 P-h 선도를 이용하여 증기압축 냉동기의 성능계수를 구하면 얼마인가?

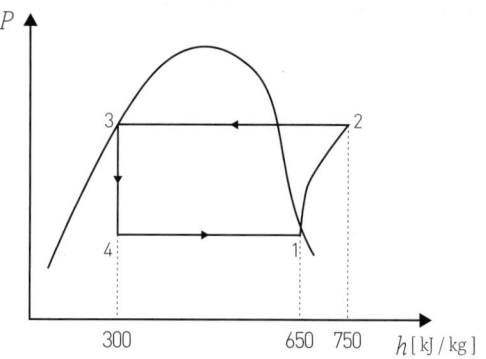

① 3.5   ② 4.5
③ 5.5   ④ 6.5

해설

• 4→1은 증발과정, 1→2는 압축과정이므로
$h_1 - h_4 = 650 - 300 = 350[kJ/kg]$
$h_2 - h_1 = 750 - 650 = 100[kJ/kg]$

• 냉동기의 성적계수 = $\dfrac{증발기\ 흡열량}{압축기\ 소요동력}$
$= \dfrac{h_1 - h_4}{h_2 - h_1} = \dfrac{350}{100} = 3.5$

정답 | ①

25 빈출도 ★★★

다음 열역학 제1법칙에 관한 설명 중 틀린 것은?

① 밀폐계가 임의의 사이클을 이룰 때 전달되는 열량의 총합은 행하여진 일량의 총합과 같다.
② 열역학 기초법칙으로 에너지 보존법칙이 성립한다.
③ 열은 본질상 에너지의 일종이며 열과 일은 서로 전환이 가능하고, 이때 열과 일 사이에는 일정한 비례 관계가 성립한다.
④ 어떤 열원에서 에너지를 받아 계속적으로 일로 바꾸고, 외부에 아무런 흔적을 남기지 않는 기관은 실현 불가능하다.

해설

열에너지를 아무 흔적을 남기지 않고 일로 바꾸는 기관이란, 열효율이 100[%]인 제2종 영구기관을 의미한다. 보기 ④는 열역학 제2법칙에 관한 설명이다.

정답 | ④

26 빈출도 ★

압축기의 기통수가 6기통이며, 피스톤 직경이 140[mm], 행정이 110[mm], 회전수가 800[rpm]인 NH_3 표준 냉동사이클의 냉동능력[kW]은? (단, 압축기의 체적효율은 0.75, 냉동효과는 1,126.3[kJ/kg], 비체적은 0.5[m^3/kg]이다.)

① 122.7
② 148.3
③ 193.4
④ 228.9

해설

- 실린더 1기통 1왕복 압출량
  $V_s = \pi r^2 \times S = \pi \times (0.07[m])^2 \times 0.11[m] = 0.001693[m^3]$
  (단, r: 반지름[m], S: 행정[m])

- 이론 체적유량(6기통)
  $\dot{V} = V_s \times \left(\dfrac{N}{60}\right) \times Z$
  $= 0.001693[m^3/rev] \times \dfrac{800[rev/min]}{60[s/min]} \times 6$
  $= 0.1355[m^3/s]$
  (단, N: 회전수[rpm], Z: 실린더 수)

- 실제 체적유량
  $\dot{V}_r = \eta \times \dot{V} = 0.75 \times 0.1355[m^3/s] = 0.1016[m^3/s]$
  (단, η: 압축기의 체적효율[%])

- 질량유량(냉매순환량)
  $\dot{m} = \dfrac{\dot{V}_r}{v} = \dfrac{0.1016[m^3/s]}{0.5[m^3/kg]} = 0.2032[kg/s]$

- 냉동능력
  $\dot{Q} = \dot{m} r_e = 0.2032[kg/s] \times 1,126.3[kJ/kg]$
  $= 228.86[kJ/s] = 228.86[kW]$
  (단, r_e: 냉동효과[kJ/kg])

정답 | ④

27 빈출도 ★★

어떤 암모니아 냉동기의 이론 성적계수는 4.75이고, 기계효율은 90[%], 압축효율은 75[%]일 때 1냉동톤(1RT)의 능력을 내기 위한 실제 소요마력은 약 몇 마력[PS]인가?

① 1.64
② 2.73
③ 3.63
④ 4.74

해설

- 이론 성적계수 $= \dfrac{증발기의 냉동능력}{압축기의 이론 소요동력}$ 에서
  $4.75 = \dfrac{3.86[kW]}{압축기의 이론 소요동력}$ 이므로
  압축기의 이론소요동력 $= \dfrac{3.86[kW]}{4.75} = 0.81[kW]$

- 압축기의 실제 소요동력 $= \dfrac{이론 소요동력}{(압축효율) \times (기계효율)}$ 이므로
  실제 소요동력 $= \dfrac{0.81[kW]}{0.75 \times 0.9} = 1.204[kW]$

- 실제 소요동력을 마력 단위로 변환하면
  $\dfrac{1,204[W]}{735.5[W/PS]} = 1.637[PS]$

※ 1[PS] = 735.5[W]

정답 | ①

28 빈출도 ★

일반적으로 2원 냉동장치의 저온측 냉매로 사용되지 않는 것은?

① R-14
② R-13
③ R-134a
④ 에탄(C_2H_6)

해설

- 저단측 냉매: R-13, R-14, 에탄
- 고단측 냉매: R-11, R-12, R-22

※ R-134a는 임계온도가 101[℃]인 친환경 냉매로서 R-12를 대체한다.

정답 | ③

29 빈출도 ★★

온도식 팽창밸브(T.E.V)는 3가지 압력에 의해 작동되는데 다음 중 해당되지 않은 것은?

① 흡입관의 압력
② 증발기의 증발압력
③ 감온통의 다이어프램 압력
④ 과열도조절 스프링의 압력

해설

온도식 팽창밸브는 다이어프램 압력, 증발기 압력, 스프링 압력에 의해 작동되며, 흡입가스의 과열도가 일정하게 유지되도록 냉매 유량을 조절한다.

정답 | ①

30 빈출도 ★★

실린더 내의 공기가 200[kPa], 10[℃] 상태에서 600[kPa]이 될 때까지 "$PV^{1.3}$=일정"인 과정으로 압축된다. 공기의 질량이 3[kg]이라면 이 과정 중 공기가 한 일은? (단, 공기의 R은 0.287[kJ/kg·K]이다.)

① -23.5[kJ]   ② -235[kJ]
③ 12.5[kJ]   ④ 125[kJ]

해설

폴리트로픽 과정이므로 $PV^n = PV^{1.3}$는 일정하다.
폴리트로픽 과정에서 기체가 하는 일

$$W = \frac{mRT_1}{n-1}\left[1-\left(\frac{P_2}{P_1}\right)^{(n-1)/n}\right]$$

$$= \frac{3[kg] \times 0.287[kJ/kg \cdot K] \times 283[K]}{1.3-1} \times \left[1-\left(\frac{600}{200}\right)^{0.3/1.3}\right]$$

$$= 812.21[kJ] \times (-0.289) = -234.7[kJ]$$

정답 | ②

31 빈출도 ★★★

공기 표준 Brayton 사이클로 작동하는 이상적인 가스 터빈이 있다. 이 터빈의 압축기로 0.1[MPa], 300[K]의 공기가 들어가서 0.5[MPa]로 압축된다. 이 과정에서 175[kJ/kg]의 일이 소요된다. 열교환기를 통해 627[kJ/kg]의 열이 들어가 공기를 1,100[K]로 가열한다. 이 공기가 터빈을 통과하면서 406[kJ/kg]의 일을 한다. 이 시스템의 열효율은?

① 0.28   ② 0.37
③ 0.50   ④ 0.65

해설

$$\eta = \frac{W_t - W_c}{Q_{in}} = \frac{406-175}{627} = \frac{231}{627} = 0.368$$

정답 | ②

32 빈출도 ★★★

냉동기의 성능계수를 높이는 방법이 아닌 것은?

① 증발기의 온도를 높인다.
② 증발기의 온도를 낮춘다.
③ 압축기의 효율을 높인다.
④ 증발기와 응축기에서 마찰압력손실을 줄인다.

해설

증발온도를 높이면 토출가스 온도가 하강하고 압축기 입구에서 비체적이 감소하므로 냉매 순환량이 증가하는 효과가 나타나 성능계수는 높아진다. 만약 증발온도를 낮추게 되면 성능계수도 낮아진다.

정답 | ②

33 빈출도 ★★★

시스템의 열역학적 상태를 기술하는 데 열역학적 상태량(또는 성질)이 사용된다. 다음 중 경로함수가 아닌 것만으로 짝지어진 것은?

① 열, 일
② 엔탈피, 엔트로피
③ 열, 엔탈피
④ 일, 엔트로피

해설

일과 열처럼 시작점과 끝점이 같더라도 경로가 다르면 변화량이 달라지는 물리량을 경로함수라고 한다. 엔탈피, 엔트로피, 내부에너지는 점함수에 해당한다.

정답 | ②

34 빈출도 ★★

2단 압축 1단팽창 냉동장치에서 각 점의 엔탈피는 다음의 $P-h$ 선도와 같다고 할 때 중간냉각기 냉매순환량[kg/h]은 얼마인가? (단, 냉동능력은 20[RT]이다.)

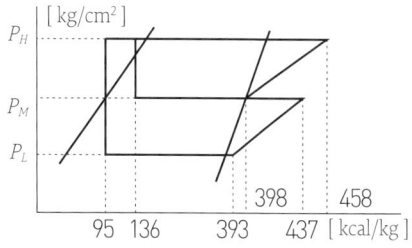

① 68.04
② 85.89
③ 222.62
④ 290.8

해설

- 증발기가 얻은 열이 냉동능력이므로 $20[\mathrm{RT}]=G_l(393-95)$로부터

$$G_l=\frac{20\times 3,320[\mathrm{kcal/h}]}{298[\mathrm{kcal/kg}]}=222.8[\mathrm{kg/h}]$$

- 중간 냉각기 속에서 G_l이 잃은 열=G_m이 얻은 열이므로
$G_l(h_2-h_3)+G_l(h_5-h_7)=G_m(h_3-h_6)$을 적용하면
$222.8[\mathrm{kg/h}]\times\{(437-398)+(136-95)\}[\mathrm{kcal/kg}]$
$=G_m(398-136)[\mathrm{kcal/kg}]$
$\Rightarrow 222.8\times 80[\mathrm{kcal/h}]=G_m\times 262[\mathrm{kcal/kg}]$

따라서 중간냉각기 냉매순환량

$$G_m=\frac{222.8\times 80}{262}[\mathrm{kg/h}]=68.03[\mathrm{kg/h}]$$

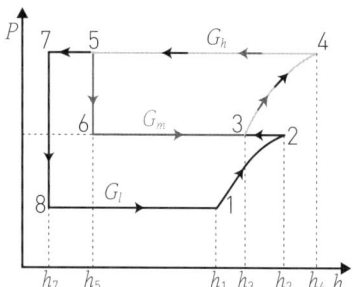

정답 | ①

35 빈출도 ★★

다음 평형상태의 상에 관하여 설명한 것 중 틀린 것은? (단, 물의 삼중점은 0.01[℃], 0.611[kPa]이며, 임계점은 374[℃], 22[MPa]이고, 1[MPa]에서 포화온도는 180[℃]이다.)

① 0.1[℃], 0.001[kPa]에서 수증기이다.
② −30[℃], 0.611[kPa]에서 고체이다.
③ 180[℃], 2[MPa]에서 액체이다.
④ 374[℃], 25[MPa]에서 기체이다.

해설

압력-온도 그래프에서 374[℃], 25[MPa]이면 임계온도와 임계압력 이상의 영역이므로 액체와 기체의 구분이 사라진다.

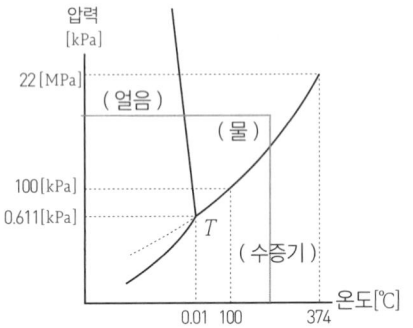

정답 | ④

36 빈출도 ★★★

모리엘 선도 내 등건조도선의 건조도(x) 0.2는 무엇을 의미하는가?

① 습증기 중의 건포화 증기 20[%](중량비율)
② 습증기 중의 액체인 상태 20[%](중량비율)
③ 건증기 중의 건포화 증기 20[%](중량비율)
④ 건증기 중의 액체인 상태 20[%](중량비율)

해설

모리엘 선도에서의 건조도(x)는 습증기의 질량 중에 건포화 증기가 차지하는 비율을 의미한다. 건조도 0.2는 습증기 중의 건포화 증기가 20[%]이고 나머지 80[%]는 물방울을 의미한다.

정답 | ①

37 빈출도 ★

초저온 동결에 액체질소를 사용할 때의 장점이라 할 수 없는 것은?

① 동결시간이 단축되어 연속작업이 가능하다.
② 급속동결이 가능하므로 품질이 우수하다.
③ 동결건조가 일어나지 않는다.
④ 발생되는 질소가스를 다시 사용할 수 있다.

해설

−200[℃] 내외인 액체질소는 식품 동결 장치에 이용되는데 동결과정에서 발생되는 질소가스는 더 이상 극저온 상태가 아니므로 초저온 동결에 다시 사용할 수 없다.

정답 | ④

38 빈출도 ★★

강성용기에 압력 150[kPa], 온도 20[℃]의 공기 10[kg]이 들어있다. 이 용기에 공기를 더 주입하였더니 압력과 온도가 각각 250[kPa], 30[℃]가 되었다. 약 몇 [kg]의 공기를 주입하였는가? (단, 공기의 기체상수는 0.287[kJ/kg·K]이다.)

① 4.92   ② 5.08
③ 5.36   ④ 6.12

해설

• 기체 상태방정식 $PV=mRT$에서
$$V=\frac{mRT}{P}=\frac{10[kg]\times 0.287[kJ/kg\cdot K]\times 293[K]}{150[kPa]}$$
$=5.6[m^3]$이다.

• 같은 용기에 질량을 추가하여 250[kPa], 30[℃]가 되었으므로
$$5.6[m^3]=\frac{m'\times 0.287[kJ/kg\cdot K]\times 303[K]}{250[kPa]}$$에서
$m'=16.1[kg]$이므로 $m'-m=6.1[kg]$을 더 주입하였다.

별해

상태방정식 $PV=mRT$에서 부피와 기체상수가 같으므로
$$\frac{m_1 T_1}{P_1}=\frac{m_2 T_2}{P_2} \Leftrightarrow \frac{10\times 293}{150}=\frac{m_2\times 303}{250}$$
$$\Rightarrow m_2=\frac{10\times 293}{150}\times\frac{250}{303}=16.12$$
따라서 $m_2-m_1=6.12[kg]$

정답 | ④

39 빈출도 ★★★

열역학적 상태량은 일반적으로 강도성 상태량과 용량성 상태량으로 분류할 수 있다. 강도성 상태량에 속하지 않는 것은?

① 압력 ② 온도
③ 밀도 ④ 체적

해설

질량에 무관한 물리량을 강도성 상태량이라고 한다. 체적은 질량에 따라 달라지므로 종량성 상태량에 해당한다.

정답 | ④

40 빈출도 ★

체적이 $0.3[m^3]$인 튼튼한 밀폐 용기에 물이 $50[kg]$ 들어 있으며 그 압력은 $100[kPa]$이다. 이 포화상태의 물을 가열할 경우 일어나는 변화로 알맞은 것은? (단, 물의 임계점에서의 비체적은 $0.003155[m^3/kg]$이고, $100[kPa]$에서의 포화수 및 포화증기의 비체적은 각각 $0.001043[m^3/kg]$, $1.694[m^3/kg]$이다.)

① 기화가 일어나 수증기로 바뀌면서 압력과 온도가 올라간다.
② 응축이 일어나 액체 상태로 바뀌면서 압력과 온도가 올라간다.
③ 액체와 증기의 비율이 그대로 유지된 채로 압력과 온도가 올라간다.
④ 기화가 일어나 수증기로 바뀌면서 압력과 온도는 그대로 유지된다.

해설

부피를 일정하게 유지하고 $0 \sim 374[°C]$ 구간에서 열을 가하면 응축이 일어나 액체 상태로 바뀌면서 압력과 온도가 올라간다.

참고

- 임계점에서의 물의 질량: $\dfrac{0.003155}{0.3}=0.01[kg]$
- 밀폐용기 속 포화수 질량: $\dfrac{0.001043}{0.3}=3.48[mg]$
- 밀폐용기 속 포화증기 질량: $\dfrac{1.694}{0.3}=5.65[kg]$

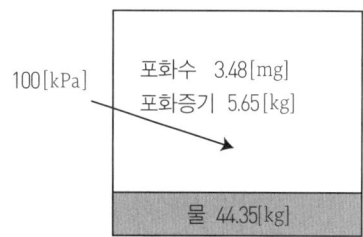

정답 | ②

시운전 및 안전관리

41 빈출도 ★

산업안전보건법령상 유해·위험 방지를 위한 방호조치가 필요한 기계·기구에 해당하는 것은?

① 응축기
② 저장탱크
③ 공기압축기
④ 재열기

해설
산업안전보건법령에 따르면, 유해·위험 방지를 위한 방호조치가 필요한 기계로는 예초기, 원심기, 공기압축기, 금속전달기, 지게차, 포장기계가 있다.

정답 | ③

42 빈출도 ★

다음 중 고압가스 안전관리법령에 따라 고압가스 제조시설에 대한 정밀안전검진을 실시하는 기관은?

① 한국산업인력공단
② 한국가스공사
③ 대한기계설비공사
④ 한국가스안전공사

해설
고압가스 안전관리법령에 따르면 한국가스안전공사 또는 검사기관이 정밀안전검진에 필요한 처리절차 등 세부사항을 정할 수 있다.

정답 | ④

43 빈출도 ★

고압가스 안전관리법령에 따라 고압가스 제조신고 대상 중 냉동제조신고 대상범위는 다음과 같다. ( ) 안에 들어갈 내용으로 옳은 것은?

> 냉동능력이 3톤 이상 ( ) 미만(가연성가스 또는 독성가스 외의 고압가스를 냉매로 사용하는 것으로서 산업용 및 냉동·냉장용인 경우에는 20톤 이상 50톤 미만, 건축물의 냉·난방용인 경우에는 20톤 이상 100톤 미만)인 설비를 사용하여 냉동을 하는 과정에서 압축 또는 액화의 방법으로 고압가스가 생성되게 하는 것

① 3톤
② 5톤
③ 10톤
④ 20톤

해설
고압가스 안전관리법령에 따르면 냉동능력이 3톤 이상 20톤 미만인 설비를 사용하여 냉동을 하는 과정에서 압축 또는 액화의 방법으로 고압가스가 생성되게 하는 것은 제조신고의 대상범위에 들어간다.

정답 | ④

44 빈출도 ★

다음 중 기계설비법령에 따라 기계설비의 소유자 또는 관리자의 범위에 해당하지 않는 것은?

① 건축물 등의 소유자(개인, 법인)
② 공동주택의 경우 관리사무소장
③ 집합건물의 경우 관리단
④ 민간투자법상의 사업시행자

해설
기계설비법령에서 말하는 관리주체는 소유자 또는 입주자대표회의, 민간투자법상의 사업시행자, 신탁법상의 관리형 수탁자이다. 관리사무소장은 공동주택 관리를 위해 입주자대표회의가 선임 또는 위탁하는 자로, 기계설비법에 따른 관리주체에 해당하지 않는다.

정답 | ②

45 빈출도 ★

기계설비법령에 따라 1차 위반 시 50만원, 2차 위반 시 70만원의 과태료가 부과되는 경우가 아닌 것은?

① 유지관리교육을 받지 않은 사람을 해임하지 않은 경우
② 기계설비의 성능점검 및 점검기록을 시장·군수·구청장에게 제출하지 않은 경우
③ 기계설비의 성능점검 및 점검기록을 작성하지 않거나 거짓으로 작성한 경우
④ 착공 전 확인과 사용 전 검사에 관한 자료를 특별자치시장·특별자치도지사·시장·군수·구청장에게 제출하지 않은 경우

해설

기계설비법 시행령 별표10의 과태료 규정에 의하면, 기계설비의 성능점검 및 점검기록을 작성하지 않거나 거짓으로 작성한 경우에는 1차 위반 시 300만원의 과태료 부과에 처한다.

정답 | ③

46 빈출도 ★★★

다음 블록선도를 등가 합성 전달함수로 나타낸 것은?

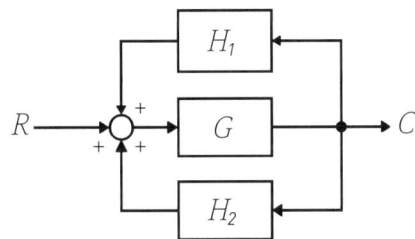

① $\dfrac{G-1}{1-H_1-H_2}$
② $\dfrac{G}{1-H_1G-H_2G}$
③ $\dfrac{G-1}{1-H_1G-H_2G}$
④ $\dfrac{H_1G+H_2G}{1-G}$

해설

- 진행경로의 이득: G
- 루프의 이득: GH_1, GH_2
- 전달함수

$$G(s) = \dfrac{\Sigma \text{진행경로의 이득}}{1-\Sigma \text{루프의 이득}}$$
$$= \dfrac{G}{1-GH_1-GH_2} = \dfrac{G}{1-H_1G-H_2G}$$

정답 | ②

47 빈출도 ★★

그림과 같은 논리회로는?

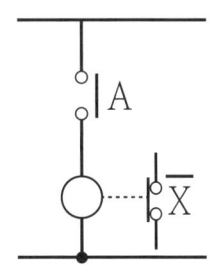

① AND회로
② OR회로
③ NOT회로
④ NOR회로

해설

- 릴레이 코일 ⊗에 전원이 인가되지 않을 경우, 입력은 0이지만 출력이 1이 된다.
- 릴레이 코일 ⊗에 전원이 인가된 경우, 입력은 1이지만 출력이 0이 된다.

이러한 논리회로를 NOT회로라고 한다.

정답 | ③

48 빈출도 ★★★

그림과 같은 제어에 해당하는 것은?

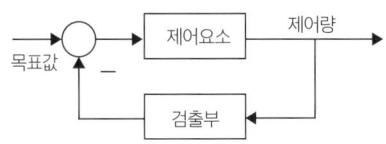

① 개방 제어
② 시퀀스 제어
③ 개루프 제어
④ 폐루프 제어

해설

제어계는 입출력 비교 장치의 유무에 따라 개루프 제어(시퀀스 제어)와 폐루프 제어(피드백 제어)로 나뉜다. 그림은 검출부가 있어서 입출력의 비교가 가능하므로 폐루프 제어이다.

정답 | ④

49 빈출도 ★★★

운전자가 배치되어 있지 않은 엘리베이터의 자동제어는?

① 추종제어 ② 프로그램제어
③ 정치제어 ④ 프로세스제어

해설

엘리베이터, 무인열차와 같이 미리 정해진 프로그램에 따라 제어량을 변화시키는 것을 목적으로 하는 제어방식은 프로그램제어이다.

정답 | ②

50 빈출도 ★★★

전압을 V, 전류를 I, 저항을 R, 그리고 도체의 비저항을 ρ라 할 때 옴의 법칙을 나타낸 식은?

① $V=R/I$ ② $V=I/R$
③ $V=IR$ ④ $V=IR\rho$

해설

어떤 저항체의 양단에 전압을 걸고 저항체에 흐르는 전류를 측정하면 V와 I가 비례하는 법칙을 옴의 법칙이라고 한다. 비례상수를 R이라 하면 옴의 법칙은 다음과 같이 나타낼 수 있다.
$V=IR$, $R=\dfrac{V}{I}$, $I=\dfrac{V}{R}$

정답 | ③

51 빈출도 ★★

다음 중 불연속 제어계는?

① ON-OFF 제어 ② 비례 제어
③ 미분 제어 ④ 적분 제어

해설

불연속 제어에는 ON-OFF 제어 동작, 다위치 제어 동작, 시간 비례 제어 동작 등이 있다.

정답 | ①

52 빈출도 ★

서보전동기(Servo motor)는 다음의 제어기기 중 어디에 속하는가?

① 증폭기 ② 조작기기
③ 변환기 ④ 검출기

해설

서보전동기는 제어신호를 받아 기계적 운동을 발생시키는 제어기기로 조작기기에 속한다.

정답 | ②

53 빈출도 ★★

그림과 같은 릴레이 시퀀스 제어회로를 불 대수를 사용하여 간단히 하면?

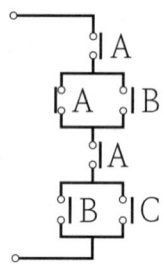

① AB ② A+B
③ A+C ④ B+C

해설

- 병렬회로는 OR 회로로 표현이 가능하다.
  - 첫 번째 병렬회로: $\overline{A}+B$
  - 두 번째 병렬회로: $B+C$
- 직렬회로는 AND 게이트로 표현이 가능하다.
  $A(\overline{A}+B)A(B+C)$
  $=A(\overline{A}B+\overline{A}C+B+BC)=A\overline{A}B+A\overline{A}C+AB+ABC$
  $=0+0+AB+ABC=AB(1+C)=AB$

정답 | ①

54 빈출도 ★

다음 중 회로시험기로 측정할 수 없는 것은?

① 저항
② 교류전압
③ 고주파전류
④ 직류전류

해설

고주파전류는 회로시험기로 측정할 수 없다.

정답 | ③

55 빈출도 ★★★

제어오차의 변화속도에 비례하여 조작량을 조절하는 제어동작은?

① P 동작
② D 동작
③ I 동작
④ PI 동작

해설

미분제어(D 동작)는 제어오차의 변화속도에 비례하여 조작량을 조절하는 제어동작이다.

정답 | ②

56 빈출도 ★★★

물리적인 제량이 전기적인 신호로 처리되는 변환 장치의 정적특성이 아닌 것은?

① 정밀도
② 분해능
③ 반복성
④ 시정수

해설

변환 장치의 정적 특성은 입력이 변화하지 않을 때 장치가 보이는 특성을 말한다. 시정수는 입력이 시간에 따라 변화할 때 출력이 따라오는 속도를 나타내는 동적특성이다.

선지분석

① 정밀도: 같은 입력에 대해 얻어지는 출력값의 흩어짐 정도를 나타낸다.
② 분해능: 출력이 구별할 수 있는 최소 입력 변화량이다.
③ 반복성: 동일 조건 반복 시 출력의 일관성을 의미한다.

정답 | ④

57 빈출도 ★★★

피상전력이 P_a[kVA]이고 무효전력이 P_r[kvar]인 경우 유효전력 P[kW]를 나타낸 것은?

① $P = \sqrt{P_a - P_r}$
② $P = \sqrt{P_a^2 - P_r^2}$
③ $P = \sqrt{P_a + P_r}$
④ $P = \sqrt{P_a^2 + P_r^2}$

해설

$P_a^2 = P^2 + P_r^2$이므로 유효전력 $P = \sqrt{P_a^2 - P_r^2}$

정답 | ②

58 빈출도 ★★★

저항에 전류가 흐르면 줄열이 발생하는데 저항에 흐르는 전류 I와 전력 P의 관계는?

① $I \propto P$
② $I \propto P^{0.5}$
③ $I \propto P^{1.5}$
④ $I \propto P^2$

해설

소비전력 P[W]$= I^2 R$에서 저항이 일정할 경우 전류 I와 전력 P의 관계는 $I \propto \sqrt{P}$
※ $\sqrt{P} = P^{0.5}$

정답 | ②

59 빈출도 ★★★

절연의 종류를 최고 허용온도가 낮은 것부터 높은 순서로 나열한 것은?

① A종 < Y종 < E종 < B종
② Y종 < A종 < E종 < B종
③ E종 < Y종 < B종 < A종
④ B종 < A종 < E종 < Y종

해설

절연등급이 가장 낮은 것은 Y종이며 A종 < E종 < B종 순서로 최고 허용온도가 높아진다.

개념설명 절연등급과 최고 허용온도

구분	Y	A	E	B	F	H	C
최고 허용온도 [℃]	90	105	120	130	155	180	180 초과

정답 | ②

60 빈출도 ★

전동기를 전원에 접속한 상태에서 중력부하를 하강시킬 때 속도가 빨라지는 경우 전동기의 유기기전력이 전원전압보다 높아져서 발전기로 동작하고 발생전력을 전원으로 되돌려줌과 동시에 속도를 감속하는 제동법은?

① 회생제동 ② 역전제동
③ 발전제동 ④ 유도제동

해설

유도전동기의 제동법에는 회생제동, 역전제동, 발전제동, 단상제동이 있으며 회전자가 동기 속도 이상으로 가속될 때 유도 발전기로 동작시켜서 그 발생 전력을 전원에 반환하면서 제동하는 방법을 회생제동이라고 한다.

정답 | ①

유지보수 공사관리

61 빈출도 ★★★

펌프의 공동현상에 관한 설명이다. 적당하지 않은 것은?

① 흡입 배관경이 클 경우 발생한다.
② 소음 및 진동이 발생한다.
③ 임펠러 침식이 생길 수 있다.
④ 펌프의 회전수를 낮추어 운전하면 이 현상을 줄일 수 있다.

해설

공동현상은 수압이 물의 증기압 이하로 낮아져서 물속에 기포가 생기는 현상으로, 소음과 진동의 원인이 된다. 대책으로는 흡입양정을 줄이고 흡입관 관경을 크게 한다. 따라서 공동현상은 흡입 배관경이 작을 경우 발생한다.

정답 | ①

62 빈출도 ★★

다음 냉동장치의 여러 시험에 관한 기술 중 타당한 것들로 이루어진 것은?

> ㉠ 기밀시험에 탄산가스는 이용되지 않는다.
> ㉡ 기밀시험에 이어서 진공 시험한다.
> ㉢ 일반적으로 프레온 냉동장치에서 진공 방치시험과 진공 건조시험은 겸해서 한다.
> ㉣ 기밀시험 압력은 허용압력의 0.8배로 한다.

① ㉠, ㉡, ㉢ ② ㉠, ㉡
③ ㉡, ㉢   ④ ㉡, ㉣

해설

㉡ 기밀시험에 이어서 진공 시험을 해야 한다.
㉢ 일반적으로 프레온 냉동장치에서 진공 방치시험과 진공 건조시험은 겸해서 한다.

선지분석

㉠ 기밀시험에 사용하는 가스는 질소 또는 이산화탄소이다.
㉣ 기밀시험 압력은 허용압력의 1.25배 또는 설계압력 중에서 높은 압력으로 한다.

정답 | ③

63 빈출도 ★★★

다음 도시기호의 이음은?

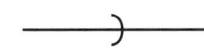

① 나사식 이음　② 용접식 이음
③ 소켓식 이음　④ 플랜지식 이음

해설

배관의 연결 방법과 도시기호는 다음과 같다.

연결 방법	도시기호
나사형	—┼—
용접형	—●—
플랜지형	—╢╟—
소켓형	—)—
유니언형	—╢│╟—

정답 | ③

64 빈출도 ★★★

관의 표시설명이 틀린 것은?

$$2B - S115 - A10 - H20$$

① S115 – 유체의 종류, 상태
② 2B – 관의 길이
③ A10 – 배관계의 시방
④ H20 – 관의 외면에 실시하는 설비, 재료

해설

2B는 관의 내경이 2인치임을 의미한다.

선지분석

① S: 유체종류, 115: 운전 온도[℃]
③ A10: 배관계의 시방 번호가 10
④ H20: 외면에 실시하는 설비(보온·보냉 재료 H, 두께 20[mm])

정답 | ②

65 빈출도 ★★★

동관의 이음에서 기계의 분해, 점검, 보수를 고려하여 사용하는 이음법은?

① 납땜이음　② 플라스턴이음
③ 플레어이음　④ 소켓이음

해설

플레어이음은 나팔꽃처럼 관 끝을 벌려서 너트를 끼우는 방식으로 관의 보수 및 점검이 용이하다.

정답 | ③

66 빈출도 ★★

강관작업에서 아래 그림처럼 15A 나사용 90° 엘보 2개를 사용하여 길이가 200[mm]가 되도록 연결 작업을 하려고 한다. 이때 실제 15A 강관의 길이[mm]는 얼마인가? (단, 나사가 물리는 최소길이(여유치수)는 11[mm], 이음쇠의 중심에서 단면까지의 길이는 27[mm]이다.)

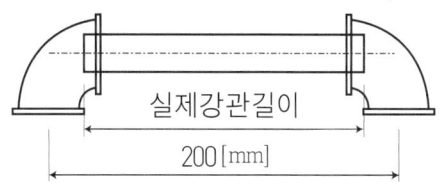

① 142　② 158
③ 168　④ 176

해설

실제 강관길이 = 배관중심길이 − 2×(중심치수 − 여유치수)
= 200 − 2×(27 − 11) = 200 − 32 = 168[mm]

정답 | ③

67 빈출도 ★★

다음 중 급탕설비의 배관시공에 관한 설명이 옳은 것은?

① 배관과 기기류와의 접속은 용접에 의해 견고하게 이음한다.
② 보일러, 저탕탱크 및 도피관의 배수는 간접배수로 한다.
③ 산형(山形)배관이 되어 공기체류가 우려되는 곳에는 공기실을 설치한다.
④ 상향공급식 급탕주관은 내림구배(하향구배)로 한다.

해설
보일러, 저탕탱크 및 도피관의 배수는 간접배수로 한다.

선지분석
① 배관과 기기류와의 접속은 용접 이외에도 플랜지나 압착식 이음 등을 사용한다.
③ 산형(山形)배관이 되어 공기체류가 우려되는 곳에는 공기 배출 밸브를 설치한다.
④ 상향공급식 급탕주관은 올림구배(상향구배)로 한다.

정답 | ②

68 빈출도 ★

배수관에서 자정작용을 일으키는 데 필요한 최소 유속으로 적당한 것은?

① 0.1[m/s] ② 0.2[m/s]
③ 0.4[m/s] ④ 0.6[m/s]

해설
배수관에서 자정작용을 일으키는 데 필요한 최소 유속은 약 0.6[m/s] 이상이다.

정답 | ④

69 빈출도 ★★★

역지 밸브(Check valve)의 도시기호는?

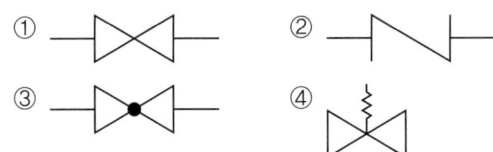

해설

구분	도시기호
게이트밸브	▷◁
체크(역지)밸브	▷│
글로브밸브	▶●◁
안전밸브	▷≷◁

정답 | ②

70 빈출도 ★★

다음은 관의 부식 방지에 관한 설명 중 틀린 것은?

① 전기 절연을 시킨다.
② 아연도금을 한다.
③ 열처리를 한다.
④ 습기의 접촉을 없게 한다.

해설
배관 부식을 막기 위해서는 절연을 통해 금속의 이온화를 막거나, 도금을 통해 습기와의 접촉을 막아야 한다. 열처리는 부식 방지에 도움이 되지 않는다.

정답 | ③

71 빈출도 ★★★

증기보일러 배관에서 환수관의 일부가 파손된 경우 보일러 수의 유출로 안전수위 이하가 되어 보일러 수가 빈 상태로 되는 것을 방지하기 위해 하는 접속법은?

① 하트포드 접속법　② 리프트 접속법
③ 스위블 접속법　④ 슬리브 접속법

해설

보일러 수면이 안전수위 이하로 내려가지 않도록 증기관과 환수관 사이에 밸런스관을 설치하는 공법은 하트포드 접속법이다.

정답 | ①

72 빈출도 ★★★

강관의 나사이음 시 관을 절단한 후 관 단면의 안쪽에 생기는 거스러미를 제거할 때 사용하는 공구는?

① 파이프 바이스　② 파이프 리머
③ 파이프 렌치　④ 파이프 커터

해설

관을 절단한 뒤 단면 안쪽의 거스러미 또는 날카로운 가장자리를 제거하는 공구는 파이프 리머이다.

선지분석

① 파이프 바이스: 강관을 절단하거나 조합할 때 관을 고정시키는 공구이다.
③ 파이프 렌치: 관을 조이거나 풀기에 편리한 공구이다.
④ 파이프 커터: 강관을 절단하는 도구이다.

정답 | ②

73 빈출도 ★★

강관의 용접 이음에 해당되지 않는 것은?

① 맞대기 용접 이음　② 기계식 용접 이음
③ 슬리브 용접 이음　④ 플랜지 용접 이음

해설

기계식 용접 이음은 강관의 용접 이음에 해당하지 않는다. 강관의 용접 이음에는 맞대기 용접, 플랜지 용접, 슬리브 용접 등이 있다.

정답 | ②

74 빈출도 ★

보통 가스관이라고도 불리는 배관용 탄소강관의 사용 압력은 몇 $[kgf/cm^2]$ 이하인가?

① 20　② 15
③ 10　④ 5

해설

배관용 탄소강관(SPP)의 사용압력은 $10[kgf/cm^2]$ 이하이다.

정답 | ③

75 빈출도 ★★★

배수 및 통기설비에서 배관시공법에 관한 주의사항으로 틀린 것은?

① 우수 수직관에 배수관을 연결해서는 안 된다.
② 오버플로우관은 트랩의 유입구 측에 연결해야 한다.
③ 바닥 아래에서 빼내는 각 통기관에는 횡주부를 형성시키지 않는다.
④ 통기 수직관은 최하위의 배수 수평지관보다 높은 위치에서 연결해야 한다.

해설

우수 수직관이나 오물 배기관은 단독으로 사용해야 하며 통기 수직관은 가장 낮은 위치에 연결해야 공기가 관내로 유입되어 배수가 원활해진다.

정답 | ④

76 빈출도 ★★
증기 트랩장치에서 필요치 않은 것은?

① 스트레이너 ② 게이트밸브
③ 바이패스관 ④ 안전밸브

해설
안전밸브는 증기 트랩장치에서 필요한 부속품이 아니다.

선지분석
① 스트레이너: 배관 내 오물을 걸러주는 장치로 트랩 내부로 이물질이 유입되는 것을 방지한다.
② 게이트밸브: 트랩을 분리·점검할 때 상·하류 배관을 차단하기 위해 사용하는 밸브이다.
③ 바이패스관: 트랩 점검·정비 시 응축수를 수동으로 배출시켜 시스템이 정상적으로 작동할 수 있도록 사용하는 관이다.

정답 | ④

77 빈출도 ★★
도시가스 배관을 시가지의 도로 노면 밑에 매설하는 경우에는 노면으로부터 배관의 외면까지 몇 [m] 이상을 유지해야 하는가?

① 1   ② 1.2
③ 1.5   ④ 2

해설
배관을 시가지 도로의 노면 밑에 매설하는 경우에는 배관 외면과 도로 노면까지 1.5[m] 이상으로 하고, 배관을 시가지 도로 외의 노면 밑에 매설하는 경우에는 배관 외면과 도로 노면까지 1.2[m] 이상으로 한다.

정답 | ③

78 빈출도 ★★
지역난방의 옥외배관에서 고온수배관은 얼마 정도의 구배를 주는가?

① 1/250 이상   ② 1/350 이상
③ 1/450 이상   ④ 1/500 이상

해설
옥외에 매설되는 고온수 배관은 내부에 응축수나 맺힌 수분이 고이지 않고 원활히 배수될 수 있도록 최소 1/250 이상의 구배를 주어 시공한다.

정답 | ①

79 빈출도 ★★★
일반적으로 벽체 내의 배수 입관에 연결하여 사용하는 배수 트랩은?

① 드럼 트랩   ② P 트랩
③ S 트랩   ④ U 트랩

해설
P 트랩은 벽체 내 배수 입관에 바로 연결할 수 있도록 설계된 형태로, 오수 역류를 방지한다.

정답 | ②

80 빈출도 ★★
급탕배관의 구배에 관한 설명이 옳은 것은?

① 상향공급식의 경우 급탕관은 올림구배, 반탕관은 내림구배로 한다.
② 상향공급식의 경우 급탕관과 반탕관 모두 내림구배로 한다.
③ 하향공급식의 경우 급탕관은 내림구배, 반탕관은 올림구배로 한다.
④ 하향공급식의 경우 급탕관과 반탕관 모두 올림구배로 한다.

해설
상향공급식의 경우 급탕관은 열원으로부터 올라가는 방향이므로 올림(상향)구배를 적용하고, 반탕관(환수관)은 열원으로 돌아오는 방향이므로 내림(하향)구배를 적용하여야 원활한 순환과 공기 배출이 가능하다.

정답 | ①

2025년 2회 CBT 복원문제

에너지관리

01 빈출도 ★★

공기 중에 떠다니는 먼지는 물론 가스와 미생물 등 외 오염 물질까지도 극소로 만든 설비로서 청정 대상이 주로 먼지인 경우로 일정 정착실이나 반도체 산업, 필름 공업 등에 이용되는 시설을 무엇이라 하는가?

① 산업용 클린룸(ICR)
② HEPA 필터
③ 클린룸(CO)
④ 칼로리미터

해설

클린룸의 종류에는 Industrial C/R, Bio C/R, Super C/R 등이 있으며 반도체 공정에 이용되는 시설은 산업용 클린룸이다.

정답 | ①

02 빈출도 ★★★

외기에 접하고 있는 벽이나 지붕으로부터의 취득 열량은 건물 내외의 온도차에 의해 전도의 형식으로 전달된다. 그러나 외벽의 온도는 일사에 의한 복사열의 흡수로 외기온도보다 높게 되는데 이 온도를 무엇이라고 하는가?

① 건구온도　　② 노점온도
③ 상당외기온도　④ 습구온도

해설

태양 일사량과 유리의 투과율을 고려한 온도를 상당외기온도라고 한다.

정답 | ③

03 빈출도 ★

상대습도가 낮을 때 일어나는 현상이 아닌 것은?

① 공기 중 인플루엔자 바이러스의 생존율이 높아진다.
② 피부가 거칠어진다.
③ 정전기가 발생한다.
④ 곰팡이가 나기 쉽다.

해설

곰팡이는 상대습도가 높을수록(습할수록) 잘 번식한다.

개념설명

상대습도가 낮은 건조한 날의 경우 바이러스의 생존율이 높아져 감염되기 쉽고 피부가 거칠어지며 정전기가 더 발생한다.

정답 | ④

04 빈출도 ★★★

여름철 외기와 환기를 1:3으로 혼합한 공기를 냉각코일을 통해 제습하고자 한다. 외기와 환기의 온도가 각각 35[°C], 25[°C]일 때 코일출구의 온도[°C]는 얼마인가? (단, 장치노점온도는 15[°C]이고, 냉각코일의 바이패스팩터(BF)는 0.2이다.)

① 27.5　　② 16.5
③ 17.5　　④ 20.5

해설

- 외기로 잃은 열=환기로 얻은 열이므로
  $1\times(35-T_i)=3\times(T_i-25)$에서 $T_i=27.5[°C]$
- 바이패스 팩터(BF)=
  $\dfrac{\text{출구 공기온도}-\text{장치노점온도}}{\text{입구 공기온도}-\text{장치노점온도}}=\dfrac{T_o-T_d}{T_i-T_d}$
  $=\dfrac{T_o-15}{27.5-15}=0.2$에서

$T_o-15=2.5$이므로 $T_o=17.5[°C]$이다.

정답 | ③

05 빈출도 ★★

주어진 계통도와 같은 공기조화장치에서 공기의 상태 변화를 습공기 선도상에 나타내었다. 계통도의 '5'점은 습공기 선도상에서 어느 점인가?

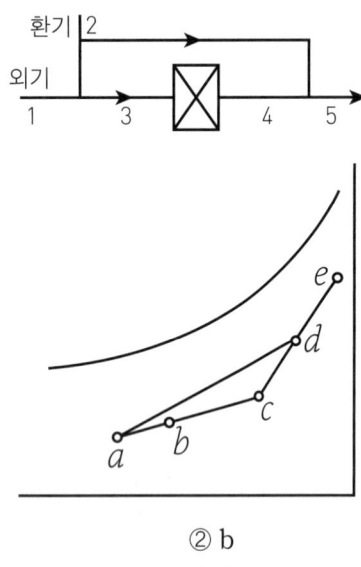

① a ② b
③ c ④ d

해설

- 계통도
  - 환기 2의 일부가 배출되고 남은 환기는 혼합상자로 이동한다.
  - 외기 1은 환기 2와 혼합되어 3으로 변하고 가열+가습 과정을 거쳐 4로 변한다.
  - 4로 변한 뒤 혼합상자에서 환기 2의 일부와 만나 5로 바뀐 뒤 실내로 공급된다.
- 습공기 선도
  - a가 예열되어 b, c로 변한다.
  - c는 e와 혼합되어 d로 변한다.

따라서 계통도와 습공기 선도는 다음과 같다.

계통도	1	2	3	4	5
습공기 선도	a	e	b	c	d

즉, 계통도의 '5'는 습공기 선도상에서 'd'와 같다.

정답 | ④

06 빈출도 ★★

어느 방의 냉방부하를 계산하고 결과를 공기선도에 표시하였다. 송풍 공기량이 $9,800[m^3/h]$, 비체적이 $0.86[m^3/kg]$일 경우 외기도입에 의한 외기부하 $[kW]$는 얼마인가?

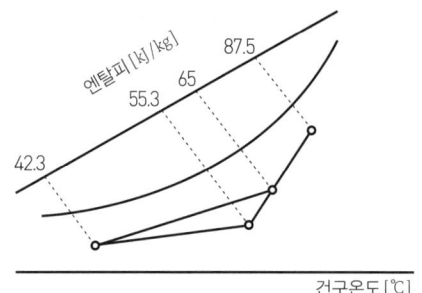

① 28.3 ② 36.1
③ 25.4 ④ 30.7

해설

- 외기도입에 의한 외기부하는 전체 송풍량과 혼합 공기와 실내 공기의 엔탈피 차이를 이용하여 계산할 수 있다.
- 송풍량
  $G_F = \dfrac{9,800[m^3/h]}{0.86[m^3/kg]} \times \dfrac{1}{3,600[s/h]} = 3.17[kg/s]$
  혼합공기 엔탈피 $h_1 = 65[kJ/kg]$
  실내공기 엔탈피 $h_2 = 55.3[kJ/kg]$
- 외기부하
  $Q = G_F(h_1 - h_2)$
  $= 3.17[kg/s] \times (65 - 55.3)[kJ/kg]$
  $= 30.75[kW]$

정답 | ④

07 ★★★

그림과 같은 지면에 접해 있는 바닥 구조체의 열관류율 [W/m²·K]은 얼마인가? (단, 내표면 열전달율은 9.3 [W/m²·K], 외표면 열전달율은 35[W/m²·K]이다.)

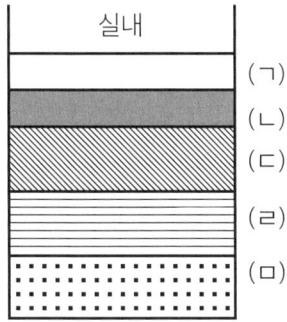

재료	두께[m]	열전도율[W/m·K]
(ㄱ) 테라조	0.03	1.8
(ㄴ) 모르타르	0.02	1.4
(ㄷ) 콘크리트	0.15	1.63
(ㄹ) 잡석	0.2	1.86
(ㅁ) 지반	–	–

① 5.28 ② 0.84
③ 2.73 ④ 1.68

해설

열관류율 k는 $\frac{1}{k} = \frac{1}{\alpha} + \Sigma \frac{1}{\lambda/l} + \frac{1}{\alpha'}$ 을 이용하여 구한다.

$\frac{1}{k} = \frac{1}{9.3} + \frac{1}{1.8/0.03} + \frac{1}{1.4/0.02} + \frac{1}{1.63/0.15}$
$\quad + \frac{1}{1.86/0.2} + \frac{1}{35} = 0.367$

따라서 $k = \frac{1}{0.367} = 2.73[W/m^2 \cdot K]$

정답 | ③

08 ★★

다음 중 일반 사무용 건물의 난방부하 계산 결과에 가장 작은 영향을 미치는 것은?

① 외기온도 ② 벽체로부터의 손실열량
③ 인체 부하 ④ 틈새바람 부하

해설

일사부하, 인체부하, 조명부하는 실내온도를 높이는 데 기여하므로 난방부하 계산 시에 제외한다.

정답 | ③

09 ★★★

다음 중 전공기 방식이 아닌 것은?

① 단일 덕트 방식
② 멀티존 유닛 방식
③ 이중 덕트 방식
④ 유인 유닛 방식

해설

단일 덕트 방식과 이중 덕트 방식은 전공기 방식이며 멀티존 유닛 방식은 이중 덕트 방식 중 하나이다. 유인 유닛 방식은 수공기 방식이다.

정답 | ④

10 ★★

공기조화방식 중 혼합상자에서 적당한 비율로 냉풍과 온풍을 자동적으로 혼합하여 각실에 공급하는 방식은?

① 중앙식 ② 2중 덕트 방식
③ 유인 유닛 방식 ④ 각층 유닛 방식

해설

혼합상자에서 냉풍과 온풍을 자동 혼합하여 각실에 공급하는 방식은 전공기 방식의 일종인 2중 덕트 방식이다.

정답 | ②

11 빈출도 ★★

취출에 관한 용어에 대한 설명으로 옳은 것은?

① 2차공기란 취출구로부터 취출되는 공기를 말한다.
② 도달거리란 수평으로 취출된 공기가 어느 거리만큼 진행했을 때의 기류 중심선과 취출구와의 수직거리이다.
③ 유인작용이란 취출구의 내부에 실내 공기를 흡입해서 이것과 취출 1차 공기를 혼합해서 취출하는 작용이다.
④ 강하도란 수평으로 취출된 공기가 어느 거리만큼 진행했을 때의 기류 중심선과 취출구 중심과의 수평거리이다.

해설

유인작용이란 취출구의 내부에 실내 공기를 흡입해서 이것과 취출 1차 공기를 혼합해서 취출하는 작용이다.

선지분석

① 취출공기에 의해 유인되는 실내공기를 2차 공기라고 한다. 취출구로부터 취출되는 공기는 1차 공기이다.
② 도달거리란 기류의 중심속도가 0.25[m/s]에 이르렀을 때 취출구에서의 수평거리이다.
④ 강하도란 수평으로 취출된 기류가 일정거리만큼 진행한 뒤 기류중심선과 취출구 중심과의 수직거리이다.

정답 | ③

12 빈출도 ★★★

다음 중 직접 난방방식이 아닌 것은?

① 온풍 난방
② 고온수 난방
③ 저압증기 난방
④ 복사 난방

해설

온풍은 간접적으로 가열된 열매이므로 온풍 난방을 간접 난방으로 분류한다.

정답 | ①

13 빈출도 ★★

각종 보일러 구조 및 특성에 관한 설명으로 틀린 것은?

① 연관식 보일러는 보일러 동체의 수부에 다수의 연관을 동측에 평행하게 설치한 보일러이다.
② 입형 보일러는 수관 보일러에서 드럼을 제거한 것과 같은 구조이며, 1본의 관속을 유체가 흐르는 동안 예열·증발·과열이 한번에 완료되는 방식으로 작동된다.
③ 노통 연관 보일러는 동체에 노통과 연관이 함께 설치된 보일러이다.
④ 수관식 보일러는 직경이 작은 드럼과 다수의 수관으로 구성된 보일러로서 고압, 대용량에 적합하다.

해설

수관 보일러에서 드럼을 제거한 것은 관류 보일러이다. 관류 보일러는 드럼이 없고 길고 꼬불꼬불한 수관으로 되어 있다.

정답 | ②

14 빈출도 ★★

복사 난방에 있어서 바닥패널의 표면온도로 가장 적정한 것은?

① 55[℃] 정도
② 30[℃] 정도
③ 80[℃] 정도
④ 95[℃] 정도

해설

복사 난방이란 건축물의 바닥이나 벽속에 코일과 패널을 매설하고 열매를 공급하여 복사열을 이용하는 방식이며, 이때 바닥패널의 온도는 30~35[℃]로 유지한다.

정답 | ②

15 빈출도 ★

물에 의한 보일러 장애 요인이 아닌 것은?

① 스케일 부식   ② 캐리오버
③ 전열 촉진   ④ 부식

해설

전열 촉진이란 열이 전달되는 현상으로 전열이 촉진될수록 보일러의 효율이 높아진다.

선지분석

① 스케일: 칼슘 성분의 고형물로 열전달을 방해하여 장애를 일으킨다.
② 캐리오버: 보일러 속의 고형물이 증기에 섞여 밖으로 튀어나오는 현상으로 보일러의 장애를 일으킨다.
④ 부식: 보일러 내부의 금속이 화학적으로 침식되는 현상으로 보일러 관의 수명을 단축시키고 누수의 원인이 된다.

정답 | ③

16 빈출도 ★★★

58[kW]의 열량으로 물을 가열하는 열교환기를 설계하고자 한다. 동관의 열전달율이 1.4[kW/m²·K]이고, 대수평균온도차를 13[°C]로 하는 경우, 필요한 전열면적[m²]은 얼마인가?

① 3.2   ② 10.7
③ 8.6   ④ 5.3

해설

$Q_{전도} = kA\Delta T$에서

전열면적 $A = \dfrac{Q_{전도}}{k\Delta T}$

$= \dfrac{58[\text{kW}]}{1.4\,[\text{kW/m}^2\cdot\text{K}]\times 13[\text{K}]} = 3.19[\text{m}^2]$

정답 | ①

17 빈출도 ★

다음 중 바이패스 팩터(Bypass Factor; BF)가 작아지는 경우는?

① 통과공기의 습도가 클 때
② 전열면적이 작을 때
③ 코일의 핀 간격이 클 때
④ 코일의 열수(유량)가 증가할 때

해설

전열면적이 크거나 핀 간격이 좁거나 코일 열수가 많으면 코일과 접촉하는 공기의 비율이 커지므로 바이패스 팩터(BF)는 감소한다.

개념설명 바이패스 팩터(BF)

전체 공기량에 대한 냉온수 코일과 접촉 없이 통과하는 공기의 비율을 의미한다.

정답 | ④

18 빈출도 ★★

T.A.B.(Testing Adjusting and Balancing)에 있어서 코일 밸브 균형의 정유량 시스템 밸런싱에 대한 설명으로 틀린 것은?

① 시스템 밸브 또는 터미널 유닛으로 모든 유량이 통과하는 상태에서 수행한다.
② 순환 펌프 유량과 터미널 밸브 합산 유량이 허용오차 범위 내에 있을 때 터미널 유닛을 밸런싱한다.
③ 정유량 시스템은 동시 최소 유량부터 밸런싱한다.
④ 유량은 부분 부하 조건에서 밸브 특성에 따라 설계값보다 작거나 많을 수 있지만, 기본적으로 일정하게 설정하여 시험한다.

해설

정유량 시스템 밸런싱은 시스템의 모든 부분이 설계 유량(최대 유량)을 기준으로 밸런싱되므로 최대 유량 조건에서 밸런싱을 해야 한다.

정답 | ③

19 빈출도 ★★

공기 덕트 설비의 안전을 위한 기본 요구사항으로 틀린 것은?

① 바닥, 칸막이, 지붕, 벽 및 공기 덕트 설비 설치에 영향을 받는 바닥·천장 등의 건물 구성요소에 대하여 가연성을 유지하여야 한다.
② 건물 내에서 공기 덕트 설비를 통해 외부로부터 건물 내부로 연기가 확산되는 것은 제한하여야 한다.
③ 건물 내에서 공기 덕트 설비는 비상제연 등 보조적으로 사용할 수 있도록 한다.
④ 발생 장소가 건물 내부이든 외부이든 공기 덕트 설비를 통한 화재의 확산을 제한하여야 한다.

해설
바닥, 천장 등의 건물 구성 요소는 덕트의 영향을 받으므로 불연성 재료로 설치하여야 한다.

정답 | ①

20 빈출도 ★★

공기의 흐름 방향을 조절할 수 있으나 풍량은 조절할 수 없고, 환기용 흡입구나 배기구로 쓰이는 것은?

① 그릴(Grilles)
② 디퓨저(Diffusers)
③ 레지스터(Registers)
④ 아네모스탯(Amenostat)

해설
그릴은 공기의 흐름 방향을 조절하는 루버를 가지고 있으나 풍량을 조절하는 댐퍼를 내장하고 있지 않다.

정답 | ①

공조냉동설계

21 빈출도 ★★★

어떤 이상기체 1[kg]이 압력 100[kPa], 온도 30[°C]의 상태에서 체적 0.8[m³]을 점유한다면 기체상수는 몇 [kJ/kg·K]인가?

① 0.251
② 0.264
③ 0.275
④ 0.293

해설
상태방정식 $PV=mRT$에서
기체상수 $R=\dfrac{PV}{mT}=\dfrac{100[\text{kPa}]\times 0.8[\text{m}^3]}{1[\text{kg}]\times 303[\text{K}]}$
$=0.264[\text{kJ/kg}\cdot\text{K}]$

정답 | ②

22 빈출도 ★★

어떤 열기관의 출력이 50[kW]일 때 공급 연료량은 시간당 5[kg]이고 연료 발열량이 40,000[kJ/kg]이라면 이 열기관의 효율은 얼마인가?

① 90[%]
② 80[%]
③ 83[%]
④ 75[%]

해설
효율 $=\dfrac{\text{터빈출력}}{\text{입력열량}}$
$=\dfrac{50[\text{kJ/s}]}{5[\text{kg/h}]\times 40,000[\text{kJ/kg}]}$
$=\dfrac{50\times 3,600[\text{kJ/h}]}{5\times 40,000[\text{kJ/h}]}=0.9=90[\%]$

정답 | ①

23 빈출도 ★

압축기의 피스톤 링이 현저하게 마모되면 압축기의 작용은 어떻게 되는지 다음 [보기]에서 옳은 것만 고른 것은?

> ㉠ 냉동능력이 감소한다.
> ㉡ 실린더 내에 기름이 올라가는 양이 많아진다.
> ㉢ 단위 냉동능력당 동력소비가 적게 든다.
> ㉣ 체적 효율은 변화가 없다.

① ㉠, ㉢
② ㉠, ㉡
③ ㉡, ㉣
④ ㉢, ㉣

해설

피스톤 링은 실린더벽의 윤활유를 긁어내리는 역할을 하는데 피스톤 링이 마모되면 윤활유가 실린더 내부로 스며들어 실린더 내에 기름이 올라가는 양이 많아진다.(㉡)
또한 냉매의 누수가 생기므로 실제 냉매순환량이 줄어들어 냉동능력이 감소한다.(㉠)

선지분석

㉢ 목표하는 냉동능력을 얻기 위해 압축기는 더 많은 일을 해야 하므로 동력소비는 증가한다.
㉣ 피스톤 링이 마모되어 압축된 가스가 역류하면 흡입되는 유효 냉매량이 줄어들어 체적 효율이 감소한다.

정답 | ②

24 빈출도 ★★

다음 중 압축기의 냉동능력 $R[kW]$을 산출하는 식은? (단, $\dot{V}$: 피스톤 압축량$[m^3/min]$, v: 압축기 흡입 냉매증기의 비체적$[m^3/kg]$, γ: 냉매의 냉동효과$[kJ/kg]$, η: 체적효율)

① $R = \gamma \times \dfrac{60\eta v}{3,320V}$
② $R = \gamma \times \dfrac{V}{60\eta v}$
③ $R = \gamma \times \dfrac{V\eta}{60v}$
④ $R = \gamma \times \dfrac{60Vv}{3,320\eta}$

해설

• 실제 체적 유량
$\dot{V} = V \times \eta [m^3/min]$
• 냉매의 질량 유량
$\dot{m} = \dfrac{\dot{V}}{v} = \dfrac{V \times \eta}{v}[kg/min]$
• 냉동능력
$R = \gamma \times \dot{m} = \gamma \times \dfrac{V \times \eta}{v}[kJ/min]$
$= \gamma \times \dfrac{V\eta}{v} \times \dfrac{1}{60} = \gamma \times \dfrac{V\eta}{60v}[kW]$

정답 | ③

25 빈출도 ★

암모니아 냉매를 사용하고 있는 과일 보관용 냉장창고에서 암모니아가 누설되었을 때 보관물품의 손상을 방지하기 위한 방법으로 옳지 않은 것은?

① SO_2로 중화시킨다.
② CO_2로 중화시킨다.
③ 환기시킨다.
④ 물로 씻는다.

해설

암모니아 냉매 누설 시 이산화황(SO_2)으로 중화가 가능하나, 이산화황 자체가 유독성 물질이며, 과일에 접촉 시 심각한 손상을 유발할 수 있다.

정답 | ①

26 빈출도 ★

몰리에르 선도에서 냉매의 상태값을 결정하기 위한 2개의 물리량으로 적합한 것은?

① 비체적과 레이놀즈 수
② 압력과 엔탈피
③ 압력과 온도
④ 마찰계수와 유속

해설

냉매의 열역학적 특성을 나타낸 그래프를 $P-h$ 선도 혹은 몰리에르 선도라고 한다. 여기서 P는 압력, h는 엔탈피를 의미한다.

정답 | ②

27 빈출도 ★★

만액식 증발기에 대한 설명 중 틀린 것은?

① 증발기 내에서는 냉매액이 항상 충만되어 있다.
② 증발된 가스는 냉매액 중에서 기포가 되어 상승하여 액과 분리된다.
③ 피냉각 물체와 전열면적이 거의 냉매액과 접촉하고 있다.
④ 만액식 증발기에서는 냉매 순환펌프를 사용하지 않는다.

해설

만액식 증발기는 윤활유와 냉매가 체류할 가능성이 있으므로 냉매 순환펌프를 사용하여 냉매액을 증발기 내부로 지속적으로 공급하거나 순환시킨다.

정답 | ④

28 빈출도 ★★★

다음 중 검사질량의 가역 열전달 과정에 관한 설명으로 옳은 것은?

① 열전달량은 $\int PdV$와 같다.
② 열전달량은 $\int PdV$보다 크다.
③ 열전달량은 $\int TdS$와 같다.
④ 열전달량은 $\int TdS$보다 크다.

해설

가역 열전달 과정에서의 열전달량
$Q=\int TdS$(단, Q: 열전달량, T: 온도, S: 엔트로피)
이 식은 가역 열전달 과정에서만 성립하는 식이다.

정답 | ③

29 빈출도 ★★

증기압축식 냉동장치 운전을 위한 준비작업으로 가장 거리가 먼 것은?

① 윤활상태 및 전류계를 확인한다.
② 회전기계의 벨트장력을 확인한다.
③ 압축기를 기동한다.
④ 압축기의 유압을 조정한다.

해설

냉동장치 운전 준비를 위해 냉각수 밸브를 열고, 압축기의 벨트장력을 확인한다. 압축기를 기동한 뒤 유압을 확인하여 적정 수준으로 조정한다.

정답 | ①

30 빈출도 ★★

압력 50[kPa]은 수은주[mmHg]로 얼마에 해당하는가?

① 50[mmHg] ② 77[mmHg]
③ 375[mmHg] ④ 500[mmHg]

해설

1기압=760[mmHg]≒101.3[kPa]이므로
$50[kPa] \times \dfrac{760[mmHg]}{101.3[kPa]} = 375[mmHg]$이다.

정답 | ③

31 빈출도 ★★

전열면적 20[m²], 냉각수량 300[L/min]인 수냉식 응축기에서 냉각수 입구수온 32[℃], 출구수온 37[℃]일 때 응축온도[℃]는 얼마인가? (단, 전열면 열통과율은 1,140[W/m²·K]이고, 냉각수의 비열은 4.2[kJ/kg·K]이다.)

① 39.11[℃] ② 37.92[℃]
③ 36.35[℃] ④ 34.28[℃]

해설

- 응축부하
  $Q = KA\Delta T = Cm \cdot (T_{출구} - T_{입구})$에서
  $\Delta T = \dfrac{Cm \cdot (T_{출구} - T_{입구})}{KA}$
  $= \dfrac{4,200[J/kg \cdot K] \times \frac{300}{60}[kg/s] \times (37-32)[K]}{1,140[W/m^2 \cdot K] \times 20[m^2]}$
  $= 4.6[K]$

- 산술 평균 온도차
  $\Delta T = \dfrac{(T_{con} - T_{in}) + (T_{con} - T_{out})}{2}$
  $= \dfrac{(T_{con} - 32) + (T_{con} - 37)}{2} = 4.6[℃]$에서
  $2T_{con} - 69 = 9.20$이므로 $T_{con} = 39.1[℃]$이다.

정답 | ①

32 빈출도 ★★

고속다기통 왕복동식 압축기의 특징으로 틀린 것은?

① 언로더 기구에 의한 자동제어와 자동운전이 용이하다.
② 강제급유 방식이므로 윤활유의 소비량이 비교적 많다.
③ 실린더 수가 많아 정적·동적 평형이 양호하여 진동이 비교적 적다.
④ 회전수는 암모니아 냉동장치보다 프레온 냉동장치가 작다.

해설

암모니아 냉매는 비체적이 작기 때문에 같은 질량의 냉매를 압축할 때 필요한 흡입 체적이 적다. 따라서 암모니아 냉동장치는 프레온 냉동장치보다 회전수가 적다.

정답 | ④

33 빈출도 ★★★

1[RT]의 냉방능력을 얻기 위해서는 개략적으로 냉방능력의 20[%]에 상당하는 압축동력을 필요로 한다. 이 경우 수랭식 응축기를 사용하고 냉각수 입구수온 $tw_1 = 28[℃]$, 출구온도 $tw_2 = 33[℃]$로 하기 위해서는 얼마의 냉각수량을 필요로 하는가? (단, 1[RT]=3.86[kW], 냉각수 비열: 4.19[kJ/kg·K]이다.)

① 13.27[L/min] ② 15.45[L/min]
③ 16.53[L/min] ④ 18.72[L/min]

해설

- 응축기 발열량은 냉동능력과 소요동력의 합이므로
  $Q = 1[RT] + 0.2[RT] = 1.2[RT]$
  $= 1.2[RT] \times 3.86[kW/RT] = 4.632[kW]$
- 응축기에서 냉각수가 얻은 열은 $Q = C\dot{m}\Delta T$이므로 냉각수량은
  $\dot{m} = \dfrac{4.632[kJ/s]}{4.19[kJ/kg \cdot K] \times (33-28)[K]} = 0.22[kg/s]$
- 1[L]=1[kg]이고 60[s]=1[min]이므로
  $\dot{m} = 0.22[kg/s] \times \dfrac{1[L]}{1[kg]} \times \dfrac{60[s]}{1[m]} = 13.2[L/min]$

정답 | ①

34 빈출도 ★★

온도 T_1의 고온열원으로부터 온도 T_2의 저온열원으로 열량 Q가 전달될 때 두 열원의 총 엔트로피 변화량을 바르게 표현한 것은?

① $-\dfrac{Q}{T_1}+\dfrac{Q}{T_2}$ ② $\dfrac{Q}{T_1}-\dfrac{Q}{T_2}$

③ $\dfrac{Q(T_1+T_2)}{T_1T_2}$ ④ $\dfrac{T_1-T_2}{QT_1T_2}$

해설

엔트로피 변화량 $\varDelta S=\dfrac{\delta Q}{T}$

- 고온열원 T_1의 엔트로피 변화량: $\varDelta S_1=-\dfrac{Q}{T_1}$
- 저온열원 T_2의 엔트로피 변화량: $\varDelta S_2=\dfrac{Q}{T_2}$

따라서 총 엔트로피 변화량 $\varDelta S=\varDelta S_1+\varDelta S_2=-\dfrac{Q}{T_1}+\dfrac{Q}{T_2}$

정답 | ①

35 빈출도 ★★

증기압축식 냉동사이클용 냉매의 성질로 적당하지 않은 것은?

① 증발잠열이 크다.
② 임계온도가 상온보다 충분히 높다.
③ 증발압력이 대기압 이상이다.
④ 응고온도가 상온 이상이다.

해설

응고점이 상온보다 낮아서 액체와 기체 간의 상태변화를 반복해야 한다.

선지분석

① 증발 잠열이 크면 Q_{in}과 성적계수를 높이는 데 유리하다.
② 임계온도가 상온보다 높으면 상온의 냉각수에 의해 액화가 가능하다.
③ 증발압력이 대기압보다 낮은 경우 증발기에서 공기가 누설될 수 있으므로 대기압 이상을 유지해야 한다.

정답 | ④

36 빈출도 ★

다음은 냉동장치에 사용되는 자동제어기기에 대하여 설명한 것이다. 이 중 옳은 것은?

① 고압차단 스위치는 토출압력이 이상 저압이 되었을 때 작동하는 스위치이다.
② 온도조절 스위치는 냉장고 등의 온도가 일정범위가 되도록 작용하는 스위치이다.
③ 저압차단 스위치(정지용)는 냉동기의 고압측 압력이 너무 저하하였을 때 차단하는 스위치이다.
④ 유압보호 스위치는 유압이 올라간 경우에 유압을 내리기 위한 스위치이다.

해설

온도조절 스위치는 냉장고 등의 온도가 일정범위가 되도록 작용하는 스위치이다.

선지분석

① 고압차단 스위치: 토출압력이 일정수준 이상으로 높아졌을 때 압축기를 정지시킨다.
③ 저압차단 스위치: 토출압력이 일정수준 이하로 낮아졌을 때 압축기를 정지시킨다.
④ 유압보호 스위치: 윤활유 압력이 일정 수준 이하가 되면 압축기를 정지시킨다.

정답 | ②

37 빈출도 ★★★

이상적인 냉동사이클의 상태변화 순서를 표현한 것 중 옳은 것은?

① 단열팽창 → 단열압축 → 단열팽창 → 단열압축
② 단열압축 → 단열팽창 → 단열압축 → 단열팽창
③ 단열팽창 → 등온팽창 → 단열압축 → 등온압축
④ 단열압축 → 등온팽창 → 등온압축 → 단열팽창

해설

이상적인 냉동사이클(역카르노사이클)의 상태변화 순서
단열팽창 → 등온팽창 → 단열압축 → 등온압축

정답 | ③

38 빈출도 ★★★

두께 1[cm], 면적 0.5[m²]의 석고판의 뒤에 가열판이 부착되어 1,000[W]의 열을 전달한다. 가열판의 뒤는 완전히 단열되어 열은 앞면으로만 전달된다. 석고판 앞면의 온도는 100[℃]이다. 석고의 열전도율이 $k=0.79[W/m·K]$일 때 가열판에 접하는 석고면의 온도는 약 몇 [℃]인가?

① 110 ② 125
③ 150 ④ 212

해설

경계면 고체의 전도에 의한 열전도 $Q_{전도}[W]=\frac{k}{l}A·\Delta T$에서 앞뒷면의 온도차는

$$\Delta T = \frac{Q_{전도}l}{kA}$$
$$= \frac{1,000[W] \times 0.01[m]}{0.79[W/m·K] \times 0.5[m^2]} = 25.31[℃]$$

따라서 가열판의 온도는 100+25.31=125.31[℃]이다.

정답 | ②

39 빈출도 ★

냉동장치의 고압부에 대한 안전장치가 아닌 것은?

① 안전밸브 ② 고압스위치
③ 가용전 ④ 방폭문

해설

냉동장치의 안전장치에는 안전밸브, 가용전, 압력스위치, 불응축 가스퍼저가 있다.

정답 | ④

40 빈출도 ★★

냉동사이클에서 응축온도 상승에 따른 시스템의 영향으로 가장 거리가 먼 것은? (단, 증발온도는 일정하다.)

① COP 감소
② 압축비 증가
③ 압축기 토출가스 온도 상승
④ 압축기 흡입가스 압력 상승

해설

응축온도가 상승하면 압축비가 증가하여 토출가스 온도가 상승하고 냉동효과 및 성적계수가 감소한다.

정답 | ④

시운전 및 안전관리

41 빈출도 ★★

기계설비법령에 따른 기계설비의 착공 전 확인과 사용 전 검사의 대상 건축물 또는 시설물에 해당하지 않는 것은?

① 연면적 1만 제곱미터 이상인 건축물
② 목욕장으로 사용되는 바닥면적 합계가 500제곱미터 이상인 건축물
③ 기숙사로 사용되는 바닥면적 합계가 1천제곱미터 이상인 건축물
④ 판매시설로 사용되는 바닥면적 합계가 3천제곱미터 이상인 건축물

해설

바닥면적의 합계가 500제곱미터 이상인 목욕장, 2천제곱미터 이상인 기숙사, 3천제곱미터 이상인 판매시설은 기계설비 착공 전 확인과 사용 전 검사의 대상이다.

정답 | ③

42 빈출도 ★

기계설비법령에 따라 일정 규모 이상의 건축물 등에 설치된 기계설비의 소유자는 유지관리기준을 준수하기 위해 기계설비유지관리자를 선임하여야 한다. 아래 내용은 해당되는 건축물 중 공동주택의 기준에 관한 내용이다. ( ) 안에 알맞은 내용은?

> 가. (㉠)세대 이상의 공동주택
> 나. (㉡)세대 이상으로서 중앙집중식 난방방식(지역난방방식을 포함한다)의 공동주택

① ㉠ 200 ㉡ 100
② ㉠ 100 ㉡ 200
③ ㉠ 300 ㉡ 500
④ ㉠ 500 ㉡ 300

해설

기계설비법령에 따르면 500세대 이상의 공동주택, 300세대 이상으로서 중앙집중식 난방방식의 공동주택은 기계설비유지관리자를 선임해야 한다.

정답 | ④

43 빈출도 ★★★

산업안전보건법령상 냉동·냉장 창고시설 건설공사에 대한 유해위험방지계획서를 제출해야 하는 대상시설의 연면적 기준은 얼마인가?

① 3천제곱미터 이상
② 4천제곱미터 이상
③ 5천제곱미터 이상
④ 6천제곱미터 이상

해설

산업안전보건법령에 따르면 연면적 5천제곱미터 이상인 냉동·냉장 창고시설의 설비공사 및 단열공사에 대한 유해위험방지계획서를 제출해야 한다.

정답 | ③

44 빈출도 ★★

$\frac{3}{2}\pi$[rad] 단위를 각도 ° 단위로 표시하면 얼마인가?

① 120°
② 240°
③ 270°
④ 360°

해설

$\pi = 180°$이므로 $\frac{3}{2}\pi = \frac{3}{2} \times 180° = 270°$

정답 | ③

45 빈출도 ★★★

무인 커피 판매기는 무슨 제어인가?

① 서보기구
② 자동조정
③ 시퀀스 제어
④ 프로세스 제어

해설

무인 커피 자판기, 교차로 신호등은 시퀀스 제어에 해당한다.

정답 | ③

46 빈출도 ★

광전형 센서에 대한 설명으로 틀린 것은?

① 전압 변화형 센서이다.
② 포토다이오드, 포토TR 등이 있다.
③ 반도체의 pn접합 기전력을 이용한다.
④ 초전 효과(Pyroelectric effect)를 이용한다.

해설

광전 센서는 금속에 빛을 쪼이면 전자가 튀어나오는 광전 효과를 이용한다.

개념설명 초전 효과

강유전체를 가열하면 음극과 양극으로 분극되는 현상을 의미한다.

정답 | ④

47 빈출도 ★★

$L=4[\mathrm{H}]$인 인덕턴스에 $i=-30e^{-3t}[\mathrm{A}]$의 전류가 흐를 때 인덕턴스에 발생하는 단자전압은 몇 $[\mathrm{V}]$인가?

① $90e^{-3t}$ ② $120e^{-3t}$
③ $180e^{-3t}$ ④ $360e^{-3t}$

해설

코일에 시간에 따라 변하는 전류 i를 흘려주면 $e=-L\dfrac{di}{dt}$의 기전력이 형성된다. 따라서 단자전압의 크기는
$4\dfrac{d}{dt}(-30e^{-3t})=360e^{-3t}[\mathrm{V}]$

정답 | ④

48 빈출도 ★★

그림과 같은 회로에서 전류계 3개로 단상전력을 측정할 때 유효전력은 몇 $[\mathrm{W}]$인가?(단, 전류계 A_1, A_2, A_3에 흐르는 각 전류는 $5[\mathrm{A}]$, $10[\mathrm{A}]$, $15[\mathrm{A}]$이고, 저항 R은 $10[\Omega]$이다.

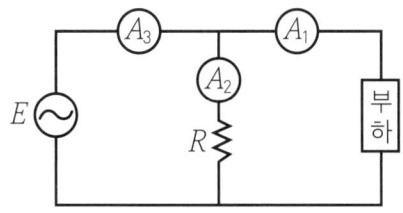

① 50   ② 250
③ 300   ④ 500

해설

3전류계법으로 단상 교류 전력을 측정하면
유효전력 $P=\dfrac{R}{2}(I_3^2-I_1^2-I_2^2)$
$=\dfrac{10}{2}(15^2-5^2-10^2)=500[\mathrm{W}]$

정답 | ④

49 빈출도 ★★

정격주파수 $60[\mathrm{Hz}]$의 농형 유도전동기에서 1차 전압을 정격값으로 하고 $50[\mathrm{Hz}]$에 사용할 때 감소하는 것은?

① 토크   ② 온도
③ 역률   ④ 여자전류

해설

- 1차 전압을 정격값으로 하고 주파수만 감소할 경우 자속 ϕ는 주파수 f에 반비례하므로 증가한다.
- 자속이 증가하면 자화 전류(여자전류)가 증가한다.
- 자화 전류가 증가함에 따라 무효전력이 증가하여 역률은 감소한다.

정답 | ③

50 빈출도 ★★

정현파 교류전압 $v(t)=V_m\sin(\omega t+\theta)$의 평균값은 최대값의 약 몇 배인가?

① 0.414   ② 0.577
③ 0.637   ④ 0.707

해설

순시전압 $V_m\sin\omega t[\mathrm{V}]$일 때
- 최대값: V_m
- 평균값: $\dfrac{2}{\pi}V_m$
- 실효값: $\dfrac{V_m}{\sqrt{2}}$

따라서 평균값은 최대값의 $\dfrac{2}{\pi}=0.637$배

정답 | ③

51 빈출도 ★

다음 회로의 임피던스는?

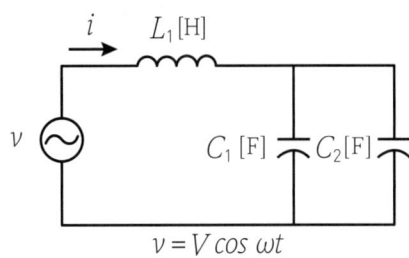

① $L_1 + \dfrac{1}{C_1} + \dfrac{1}{C_2}$

② $\omega L_1 - \dfrac{1}{\omega(C_1+C_2)}$

③ $\sqrt{\omega^2 L_1^2 + \dfrac{1}{\omega^2(C_1+C_2)^2}}$

④ $\omega L_1 + \dfrac{1}{\omega(C_1+C_2)}$

해설

- 병렬 연결된 콘덴서의 합성 정전 용량
  $C = C_1 + C_2 \,[\mathrm{F}]$
- 용량성 리액턴스 $X_c = \dfrac{-j}{\omega(C_1+C_2)}[\Omega]$
- 유도성 리액턴스 $X_L = j\omega L_1 \,[\Omega]$
- 합성 임피던스 $\dot{Z} = j\left(\omega L_1 - \dfrac{1}{\omega(C_1+C_2)}\right)[\Omega]$

따라서 임피던스의 크기 $|Z| = \omega L_1 - \dfrac{1}{\omega(C_1+C_2)}[\Omega]$

정답 | ②

52 빈출도 ★★★

논리식 $X = AB + \overline{BC}$에서 작동 설명이 잘못된 것은?

① $A=1$, $B=0$, $C=1$ 이면 $X=1$이다.
② $A=1$, $B=1$, $C=0$ 이면 $X=1$이다.
③ $A=0$, $B=0$, $C=0$ 이면 $X=0$이다.
④ $A=0$, $B=0$, $C=1$ 이면 $X=1$이다.

해설

$AB + \overline{BC} = 0 \cdot 0 + \overline{0 \cdot 0} = 0 + 1 = 1$

선지분석

① $AB + \overline{BC} = 1 \cdot 0 + \overline{0 \cdot 1} = 0 + 1 = 1$
② $AB + \overline{BC} = 1 \cdot 1 + \overline{1 \cdot 0} = 1 + 1 = 1$
④ $AB + \overline{BC} = 0 \cdot 0 + \overline{0 \cdot 1} = 0 + 1 = 1$

정답 | ③

53 빈출도 ★★★

제어대상의 상태를 자동적으로 제어하며, 목표값이 제어 공정과 기타의 제한 조건에 순응하면서 가능한 가장 짧은 시간에 요구되는 최종상태까지 가도록 설계하는 제어는?

① 디지털 제어 ② 적응 제어
③ 최적 제어 ④ 정치 제어

해설

제어 대상의 동적 모델을 기반으로 제어 입력을 설계하여 목표를 만족하고 시스템 제한 조건에 순응하면서 미리 정의된 성능기준을 만족도록 설계한 제어를 최적 제어라고 한다. 여기서 가장 짧은 시간에 요구되는 최종상태까지 가도록 설계한 제어를 시간 최적 제어라고 한다.

개념설명 제어대상 분류

제어대상의 공정흐름에 따라 최적 제어, 적응 제어, 디지털 제어로 나눈다.

정답 | ③

54 빈출도 ★★★

그림과 같은 연산증폭기를 사용한 회로의 기능은?

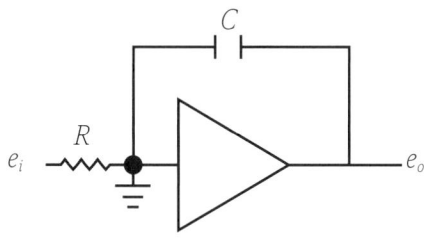

① 적분기　　② 미분기
③ 가산기　　④ 제한기

해설

- 저항에 흐르는 전류는 $\dfrac{e_i-0}{R}$ 이고 콘덴서에 흐르는 전류는 $C\dfrac{d(0-e_o)}{dt}$ 인데, 직렬 연결이므로 $\dfrac{e_i}{R}=-C\dfrac{de_o}{dt}$
- $-\dfrac{e_i}{RC}dt=de_o$ 의 양변을 적분하면

  출력전압 $e_o=-\dfrac{1}{RC}\int e_i dt$

즉, 입력 전압 e_i를 적분하여 출력 e_o를 생성하므로 적분기의 기능을 수행한다.

정답 | ①

55 빈출도 ★★★

정현파 전압 $v=220\sqrt{2}\sin(\omega t+30°)[\mathrm{V}]$보다 위상이 $90°$ 뒤지고 최대값이 $20[\mathrm{A}]$인 정현파 전류의 순시값은 몇 $[\mathrm{A}]$인가?

① $20\sin(\omega t-30°)$
② $20\sin(\omega t-60°)$
③ $20\sqrt{2}\sin(\omega t+60°)$
④ $20\sqrt{2}\sin(\omega t-60°)$

해설

정현파 전류의 순시값 $i=I_m\sin(\omega t+\theta)$에서 최대값 $I_m=20[\mathrm{A}]$이고, 위상은 전압보다 $90°$ 뒤진다고 했으므로 $\theta=30°-90°=-60°$이다.
따라서 $i=20\sin(\omega t-60°)[\mathrm{A}]$

정답 | ②

56 빈출도 ★★★

사이클링(Cycling)을 일으키는 제어는?

① I 제어　　② PI 제어
③ PID 제어　　④ ON－OFF 제어

해설

ON－OFF 동작을 2위치 동작이라고도 하며 단속점 근방에서 on off가 반복되므로 제어결과가 요동치는 사이클링이 생긴다.

정답 | ④

57 빈출도 ★★

$G(s)=\dfrac{2s+1}{s^2+1}$에서 특성 방정식의 근은?

① $s=-\dfrac{1}{2}$　　② $s=-1$
③ $s=-\dfrac{1}{2},\ -j$　　④ $s=\pm j$

해설

전달함수의 분모가 0이 되는 조건식을 특성방정식이라고 한다. 즉, $s^2+1=0$을 만족하는 근 $s=\pm j$

정답 | ④

58 빈출도 ★

측정하고자 하는 양을 표준량과 서로 평형을 이루도록 조절하여 측정량을 구하는 측정방식은?

① 편위법　　② 보상법
③ 치환법　　④ 영위법

해설

영위법은 측정하고자 하는 양을 표준량과 서로 평형을 이루도록 조절하여 측정량을 구하는 측정방식이다.

선지분석

① 편위법: 전자기력을 이용하는 전류계처럼 측정량과 관련 있는 다른 양을 이용하여 측정하는 방식이다.
② 보상법: 측정량에 비례하는 보상량을 가하여 지시계의 눈금을 원래의 영점으로 되돌리는 방식이다.
③ 치환법: 화학천칭과 같이 미리 알고 있는 다른 양으로 치환하여 측정하는 방식이다.

정답 | ④

59 빈출도 ★★★

프로세스 제어용 검출기기는?

① 유량계 ② 전위차계
③ 속도검출기 ④ 전압검출기

해설
프로세스 제어용 검출기는 압력계, 유량계, 액면계, 온도계, 습도계가 있다. 전압 검출기와 속도 검출기는 자동 조정에 사용되는 검출기기이다.

정답 | ①

60 빈출도 ★★★

3상 유도전동기에서 일정 토크 제어를 위하여 인버터를 사용하여 속도 제어를 하고자 할 때 공급전압과 주파수의 관계는?

① 주파수와 관계없이 공급전압은 항상 일정하다.
② 공급전압은 주파수에 반비례해야 한다.
③ 공급전압은 주파수에 비례해야 한다.
④ 주파수는 공급전압의 제곱에 비례해야 한다.

해설
인버터를 사용한 주파수 제어에서는 자속 ϕ가 일정하게 유지되어야 하는데 자속 ϕ는 $\frac{V_1}{f}$에 비례하므로 $\frac{V_1}{f}$이 일정하기 위해서는 공급전압 V_1과 주파수 f는 서로 비례해야 한다.

정답 | ③

유지보수 공사관리

61 빈출도 ★★

보온재 중 사용온도 범위가 가장 높은 것은?

① 규조토 보온재
② 암면 보온재
③ 탄산마그네슘 보온재
④ 규산칼슘

해설
보온재의 내열성은 규산칼슘(650[℃]) > 석면(550[℃]) > 글라스울(300[℃]) > 폴리스티렌(80[℃]) 순으로 높다.

정답 | ④

62 빈출도 ★

다음 그림과 같은 이음쇠의 호칭법이 맞는 것은?

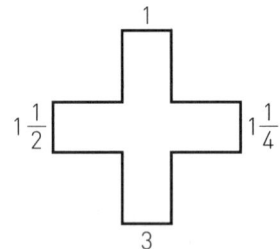

① 크로스 $3 \times 1\frac{1}{2} \times 1\frac{1}{4} \times 1B$
② 크로스 $3 \times 1\frac{1}{4} \times 1\frac{1}{2} \times 1B$
③ 크로스 $3 \times 1 \times 1\frac{1}{2} \times 1\frac{1}{4}B$
④ 크로스 $3 \times 1\frac{1}{4} \times 1\frac{1}{2} \times 1\frac{1}{4}B$

해설 이음쇠 호칭법
- 주관의 큰 쪽 구경부터 작은 쪽 구경 순서: 3×1
- 분기관의 큰 쪽 구경부터 작은 쪽 구경 순서: $1\frac{1}{2} \times 1\frac{1}{4}$

따라서 그림의 이음쇠 호칭은 $3 \times 1 \times 1\frac{1}{2} \times 1\frac{1}{4}B$
※ 분수 형태이므로 인치 단위의 B호칭임을 알 수 있다.

정답 | ③

63 빈출도 ★★★

다음 KS 용접기호 중 심 용접기호는?

해설

보기 ②의 용접기호가 심 용접기호이다.

정답 | ②

64 빈출도 ★★

석면시멘트관(에터니트관) 배관의 접합방법으로 가장 적합한 것은?

① 기볼트 접합 ② 용착 슬리브 접합
③ 인서트 접합 ④ 테이퍼 접합

해설

기볼트 접합은 철근콘크리트관의 이음법으로 석면시멘트관에 슬리브 2개를 고무링에 끼우고 플랜지와 볼트로 조이는 접합방법이다.

정답 | ①

65 빈출도 ★★

냉온수 배관 유량은 $10[m^3/h]$, 유속이 $1.5[m/s]$일 때 적합한 관경은?

① 25[mm] ② 32[mm]
③ 40[mm] ④ 49[mm]

해설

• 유량
$$\dot{Q} = 10[m^3/h] = \frac{1}{360}[m^3/s]$$

• 배관의 관경
$$\dot{Q} = Av = \frac{\pi}{4}D^2 \times v$$
$$D = \sqrt{\frac{4\dot{Q}}{\pi v}} = \sqrt{\frac{4 \times \frac{1}{360}}{\pi \times 1.5}} = 0.0486[m]$$
$$= 48.6[mm]$$

정답 | ④

66 빈출도 ★★★

진공환수식 증기배관 시스템에서 진공 급수 펌프가 사용되는데 이때 진공탱크 내의 진공도가 필요 이상 높게 되면 펌프에 과부하가 걸리므로 밸브를 열어 탱크 내에 공기를 넣어 안전장치의 기능을 하는 장치는 무엇인가?

① 버큠 브레이커(Vacuum breaker)
② 리프트피딩
③ 증발탱크
④ 증기트랩

해설

진공방지기(버큠 브레이커)를 설치하면 배관 내 압력이 낮아져서 수돗물 이외의 물질이 역류하여 혼입되는 크로스 커넥션 현상이 방지된다.

정답 | ①

67 빈출도 ★★★

다음 밸브 중에서 전개하였을 때 저항이 가장 작아 개폐용 밸브로 가장 널리 사용되는 것은?

① 슬루스 밸브 ② 글로브 밸브
③ 버터플라이 밸브 ④ 스윙체크 밸브

해설

슬루스 밸브는 밸브를 완전히 열거나 닫는 용도로 설계된 밸브이다. 유체 흐름이 일직선으로 유지되므로 마찰손실이 적다. 증기 수평관에서 드레인 방지를 위해 사용하고, 급수, 급탕 배관에 많이 쓰인다.

선지분석

② 글로브 밸브: 유체의 유량을 조절하는 데 사용한다.
③ 버터플라이 밸브: 밸브 내부에 구형디스크(볼)를 사용하며 90° 회전만으로도 개폐가 가능하다.
④ 스윙체크 밸브: 수직배관에서 유체의 흐름을 한 방향으로 유지하여 역류를 방지하는 데 사용한다.

정답 | ①

68 빈출도 ★

스테인리스 강관의 특징에 대한 설명으로 틀린 것은?

① 내식성이 우수하며 내경의 축소, 저항 증대 현상이 없다.
② 위생적이라서 적수, 백수, 청수의 염려가 없다.
③ 저온 충격성이 적고, 한랭지 배관이 가능하다.
④ 나사식, 용접식, 몰코식, 플랜지식 이음법이 있다.

해설
스테인리스 강관은 저온 조건에서 견디는 힘, 즉 저온 충격성이 크고 한랭지 배관이 가능하다.

정답 | ③

69 빈출도 ★★

도시가스 제조사업소 부지 경계에서 정압기지의 경계까지 이르는 배관을 무엇이라고 하는가?

① 본관   ② 내관
③ 공급관   ④ 사용관

해설
도시가스 제조사업소 부지 경계에서 정압기지의 경계까지 이르는 배관을 본관이라고 한다.

선지분석
② 내관: 정압기에서 건물외벽까지의 배관을 의미한다.
③ 공급관: 본관, 공급시설 또는 정압기지에서 가스사용자의 사용시설의 시점까지 이르는 배관을 의미한다.
④ 사용관: 사용시설에서 사용하는 배관을 의미한다.

정답 | ①

70 빈출도 ★

배관 도시기호 치수기입법 중 높이 표시에 관한 설명으로 틀린 것은?

① EL: 배관의 높이를 관의 중심을 기준으로 표시
② GL: 포장된 지표면을 기준으로 하여 배관장치의 높이를 표시
③ FL: 1층의 바닥면을 기준으로 표시
④ TOP: 지름이 다른 관의 높이를 나타낼 때 관외경의 아래면까지를 기준으로 표시

해설
TOP(Top of Pipe)는 배관의 관외경의 상단(맨 위)까지의 높이를 기준으로 표시할 때 사용된다.
관외경의 아래면까지를 기준으로 하는 표시는 BOP(Bottom of Pipe)이다.

선지분석
① EL(Elevation Level): 관의 중심선을 기준으로 배관의 높이를 표시한다.
② GL(Ground Level): 지반면을 기준으로 배관의 높이를 표시한다.
③ FL(Floor Level): 건물 내부의 각 층의 바닥면을 기준으로 배관의 높이를 표시한다.

정답 | ④

71 빈출도 ★★★

배관용 패킹재료 선정 시 고려해야 할 사항으로 거리가 먼 것은?

① 유체의 압력   ② 재료의 부식성
③ 진동의 유무   ④ 시트면의 형상

해설
패킹재료를 선정할 때는 유체의 물리적 성질(압력, 진동)과 화학적 성질(부식성, 휘발성, 용해능력)을 모두 고려하여야 한다.

정답 | ④

72 빈출도 ★★

급탕 배관에서 설치되는 팽창관의 설치 위치로 적당한 것은?

① 순환펌프와 가열장치 사이
② 가열장치와 고가탱크 사이
③ 급탕관과 환수관 사이
④ 반탕관과 순환펌프 사이

해설

팽창관은 가열장치(보일러/저탕조)의 출구 측에서 고가탱크로 직접 연결하며, 안전을 위해 도중에 밸브를 설치하지 않는다.

정답 | ②

73 빈출도 ★★

다음 중 기수혼합식(증기분류식) 급탕설비에서 소음을 방지하는 기구는?

① 가열코일
② 사일렌서
③ 순환펌프
④ 서머스탯

해설

기수혼합식 탕비기는 물과 고압증기가 혼합되는 과정에서 소음이 발생하므로 소음 절감용의 증기 사일렌서를 공급관의 말단부에 설치한다.

정답 | ②

74 빈출도 ★★★

증기난방 배관설비의 응축수 환수방법 중 증기의 순환이 가장 빠른 방법은?

① 진공 환수식
② 기계 환수식
③ 자연 환수식
④ 중력 환수식

해설

진공 환수식 증기 난방법은 진공펌프를 이용하여 방열기 배관 내 공기를 제거하고 응축수를 신속히 환수하는 방식이다.

정답 | ①

75 빈출도 ★★★

온수배관 시공 시 유의사항으로 틀린 것은?

① 일반적으로 팽창관에는 밸브를 설치하지 않는다.
② 배관의 최저부에는 배수 밸브를 설치한다.
③ 공기밸브는 순환펌프의 흡입 측에 부착한다.
④ 수평관은 팽창탱크를 향하여 올림구배로 배관한다.

해설

공기밸브와 압력계는 온수 순환펌프의 토출 측에 부착해야 한다.

정답 | ③

76 빈출도 ★★

급수관에서 수평관을 상향구배로 시공하려고 할 때 행거로 고정한 지점에서 구배를 자유롭게 조정할 수 있는 지지 금속은?

① 고정 인서트
② 앵커
③ 롤러
④ 턴버클

해설

턴버클은 행거의 주요 부품이며 배관의 기울기를 조정하는 데 사용한다.

선지분석

① 고정 인서트: 콘크리트 구조물 등에 미리 매립하여 배관 지지대를 고정하는 데 사용되는 부품이다.
② 앵커: 배관 지지대나 설비를 구조물에 고정하기 위한 장치이다.
③ 롤러: 배관이 신축하거나 이동할 때 마찰을 줄여주면서 지지하는 데 사용되는 지지대 부품이다.

정답 | ④

77 빈출도 ★★★

도시가스의 공급 계통에 따른 공급 순서로 옳은 것은?

① 원료 → 압송 → 제조 → 저장 → 압력조정
② 원료 → 제조 → 압송 → 저장 → 압력조정
③ 원료 → 저장 → 압송 → 제조 → 압력조정
④ 원료 → 저장 → 제조 → 압송 → 압력조정

해설

압력조정기는 저장설비와 수용가 사이에 위치한다. 즉, 공급 순서는 '원료 → 제조 → 압송 → 저장 → 압력조정 → 수용가'이다.

정답 | ②

78 빈출도 ★★★

저압가스배관에서 관 내경이 25[mm]에서 압력손실이 320[mmAq]이라면, 관 내경이 50[mm]로 2배로 되었을 때 압력손실은 얼마인가?

① 160[mmAq] ② 80[mmAq]
③ 32[mmAq]   ④ 10[mmAq]

해설

압력손실은 배관 길이에 비례하고 배관 직경의 5제곱에 반비례한다. 따라서 직경이 2배로 커지면 압력손실은 $2^5=32$배 작아진다. 따라서 관 내경이 2배로 되면 압력손실은
$320[mmAq] \times \frac{1}{32} = 10[mmAq]$

개념설명 마이어의 공식(저압가스배관)

$\Delta P = \lambda \frac{L}{D^5} Q^2$

(단, ΔP: 압력손실[Pa], [mmAq], λ: 상수(마찰계수 등), L: 관의 길이[m], D: 관의 내경[mm], Q: 유량[m³/h])

정답 | ④

79 빈출도 ★★

고무링과 가단 주철제의 칼라를 죄어서 이음하는 방법은?

① 플랜지 접합   ② 빅토릭 접합
③ 기계적 접합   ④ 동관 접합

해설

빅토릭 접합은 배관 끝에 홈을 파고, 이 홈에 맞춰 고무링(가스켓)을 끼운 후, 분할된 형태의 주철제 칼라(하우징)로 감싸 볼트와 너트로 조여서 결합하는 방식이다.
※ 가단성(可鍛性)이 좋은 금속은 펴서 늘리기 쉽다.

정답 | ②

80 빈출도 ★★★

관의 부식 방지 방법으로 틀린 것은?

① 전기 절연을 시킨다.
② 아연도금을 한다.
③ 열처리를 한다.
④ 습기의 접촉을 없게 한다.

해설

서로 다른 금속이 접촉하여 전위차가 발생하면 전기화학적 부식이 촉진되므로, 전기적 절연이 중요하다. 배관의 부식은 주로 물속에 용해된 산소에 의해 발생하므로, 표면에 도금 또는 피복을 실시하여 습기와의 접촉을 차단해야 한다.
※ 열처리는 금속의 강도를 비롯한 기계적 성질을 개선하기 위한 방법이다.

정답 | ③

에너지관리

01 빈출도 ★★

다음 온열환경지표 중 복사의 영향을 고려하지 않는 것은?

① 유효 온도(ET)
② 수정유효온도(CET)
③ 예상온열감(PMV)
④ 작용온도(OT)

해설

상대습도 100[%], 기류속도 0[m/s]일 때를 기준으로 측정한 온도를 유효온도라고 한다. 유효온도는 복사의 영향을 고려하지 않는다.

정답 | ①

02 빈출도 ★

건축 구조체의 열통과율에 대한 설명으로 옳은 것은?

① 열통과율은 구조체 표면 열전달 및 구조체 내 열전도율에 대한 열이동의 과정을 모두 합한 값을 말한다.
② 표면 열전달 저항이 커지면 열통과율도 커진다.
③ 수평구조체의 경우 상향열류가 하향열류보다 열통과율이 작다.
④ 각종 재료의 열전도율은 대부분 함습율의 증가로 인하여 열전도율이 작아진다.

해설

열통과율은 표면 내·외부의 대류전달(열전달 저항)과 구조체 내부의 전도저항을 모두 합산한 전체 저항의 역수로, 두 과정이 합해진 특성을 말한다.

정답 | ①

03 빈출도 ★★

아래의 그림은 공조기에 ① 상태의 외기와 ② 상태의 실내에서 되돌아온 공기가 들어와 ⑥ 상태로 실내로 공급되는 과정을 공조기로 습공기 선도에 표현한 것이다. 공조기 내 과정을 맞게 서술한 것은?

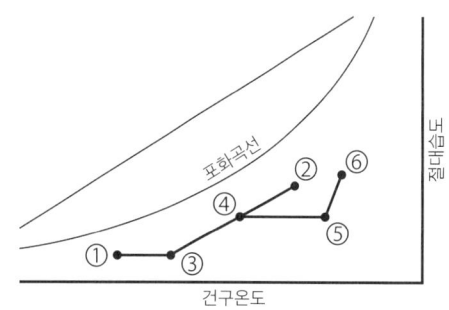

① 예열 - 혼합 - 가열 - 물분무가습
② 예열 - 혼합 - 가열 - 증기가습
③ 예열 - 증기가습 - 가열 - 증기가습
④ 혼합 - 제습 - 증기가습 - 가열

해설

구간	과정	설명
① → ③	예열	공조기 속의 예열코일을 거쳐 ③의 상태가 됨
③+② → ④	혼합	②의 환기와 만나서 혼합이 진행되어 ④의 상태가 됨
④ → ⑤	가열	가열코일을 지나는 동안 온도가 상승하여 ⑤의 상태가 됨
⑤ → ⑥	증기가습	증기가습을하여 ⑥의 상태가 됨(건구온도가 ⑤보다 높으므로)

즉, 공조기 내 과정은 보기 ②와 같다.

정답 | ②

04 빈출도 ★★★

다음은 환기와 외기가 공조기 속에서 만나 실내로 급기되는 과정을 습공기 선도상에 나타낸 것이다. ㉠~㉣에 해당하는 내용을 바르게 짝지은 것은?

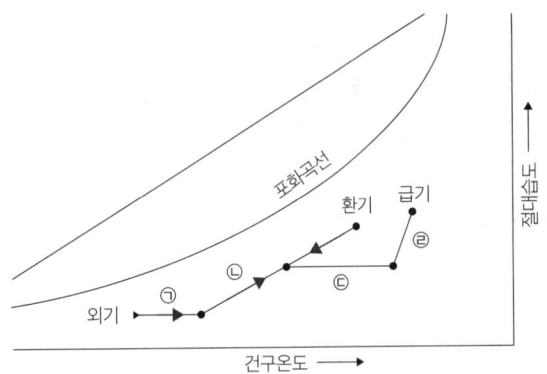

	㉠	㉡	㉢	㉣
①	예열	혼합	가열	가열가습
②	가열	혼합	냉각	가열감습
③	예열	가열	혼합	냉각가습
④	가열	냉각	혼합	냉각감습

해설

㉠ 예열, ㉡ 혼합, ㉢ 가열, ㉣ 가열가습

개념설명

차가운 외기는 공조기 속의 ㉠ 예열코일을 거치면서 온도가 높아지고 실내에서 빠져나온 환기와 만나서 열교환 과정을 거친 뒤에 ㉡ 혼합공기가 된다. 혼합공기는 ㉢ 가열코일을 지나는 동안 온도만 상승하였다가 ㉣ 공조기 속의 가열·가습장치를 지나면서 급기로 바뀐다.

정답 | ①

05 빈출도 ★★★

공기조화방식 중 전공기 방식이 아닌 것은?

① 변풍량 단일덕트 방식
② 이중 덕트 방식
③ 정풍량 단일덕트 방식
④ 팬 코일 유닛 방식(덕트병용)

해설

팬코일 유닛 방식은 정수방식의 한 종류이다.

개념설명 공기조화 방식

공조방식	냉·열원의 종류	방식	
중앙식	전공기 방식	단일덕트	• 정풍량 방식 • 변풍량 방식
		이중덕트	• 정풍량 방식 • 변풍량 방식 • 멀티존 유닛 방식
	수공기 방식		• 덕트병용 팬코일 유닛 방식 • 유인유닛 방식 • 각층유닛 방식
	전수 방식		• 팬코일 유닛 방식 • 복사 냉난방 방식
개별식	냉매방식		패키지 유닛 방식
		룸쿨러 방식	• 창문설치형 • 분리형(스플릿) • 멀티유닛형

정답 | ④

06 빈출도 ★★★

다음 중 개방식 팽창탱크에 반드시 필요한 요소가 아닌 것은?

① 압력계　　② 수면계
③ 안전관　　④ 팽창관

해설

개방식 팽창탱크는 저온수를 사용하며 최상부가 대기에 개방되어 있어서 압력 변화가 거의 없다. 따라서 압력계는 필수 요소가 아닙니다.

정답 | ①

07 빈출도 ★★★

다음 중 출입의 빈도가 잦아 틈새바람에 의한 손실부하가 비교적 큰 경우 난방방식으로 적용하기에 가장 적합한 것은?

① 증기난방 ② 온풍난방
③ 복사난방 ④ 온수난방

해설

복사난방은 벽과 바닥 전체에서 복사열이 나오므로 출입이 잦거나 문이 개방된 공간에도 난방 효과가 우수하다.

정답 | ③

08 빈출도 ★★★

특정한 곳에 열원을 두고 열수송 및 분배망을 이용하여 한정된 지역으로 열매를 공급하는 난방법은?

① 간접난방법 ② 지역난방법
③ 단독난방법 ④ 개별난방법

해설

대규모 플랜트와 같은 열원기기를 특정 장소에 설치해 두고 장거리 매립 배관을 통해 열매를 각 단지로 공급하는 방법을 지역난방법이라고 한다.

정답 | ②

09 빈출도 ★★★

8,000[W]의 열을 발산하는 기계실의 온도를 외기 냉방하여 26[℃]로 유지하기 위해 필요한 외기도입량 [m³/h]은? (단, 밀도는 1.2[kg/m³], 공기 정압비열은 1.01[kJ/kg·℃], 외기온도는 11[℃]이다.)

① 600.06 ② 1,584.16
③ 1,851.85 ④ 2,160.22

해설

• 냉방부하 $q_s = GC\Delta T$에서

공기 유량 $G = \dfrac{q_s}{C\Delta T} = \dfrac{8[\text{kW}]}{1.01[\text{kJ/kg·℃}] \times (26-11)[℃]}$
$= 0.528[\text{kg/s}]$

• 외기도입량(부피)을 구하면

$\dfrac{\text{외기도입량(질량)}}{\text{밀도}} = \dfrac{0.528}{1.2} = 0.44[\text{m}^3/\text{s}] = 0.44 \times 3,600$
$= 1,584[\text{m}^3/\text{h}]$

정답 | ②

10 빈출도 ★★★

실내 발생열에 대한 설명으로 틀린 것은?

① 벽이나 유리창을 통해 들어오는 전도열은 현열 뿐이다.
② 여름철 실내에서 인체로부터 발생하는 열은 잠열 뿐이다.
③ 실내의 기구로부터 발생열은 잠열과 현열이다.
④ 건축물의 틈새로부터 침입하는 공기가 갖고 들어오는 열은 잠열과 현열이다.

해설

사람은 호흡을 하므로 인체로부터 발생되는 열은 현열과 잠열이 모두 있다.

정답 | ②

11 빈출도 ★★

다음 중 보온, 보냉, 방로의 목적으로 덕트 전체를 단열해야 하는 것은?

① 급기 덕트
② 배기 덕트
③ 외기 덕트
④ 배연 덕트

해설

공조기에서 만들어진 찬 공기 혹은 더운 공기를 실내까지 수송하는 과정에서 열손실이 발생하는데, 이를 최소화하기 위해서는 급기 덕트를 단열재로 감싸는 단열 시공이 필요하다. 배기 덕트와 외기 덕트는 단열하지 않으나 배연 덕트는 주변 가연물질을 점화시키지 않도록 부분 단열 처리를 해야 한다.

정답 | ①

12 빈출도 ★

전열교환기의 구조와 특징에 대한 다음 설명 중 옳지 않은 것은?

① 4개의 급배기구를 가지고 있다.
② 회전식과 고정식이 있다.
③ 현열과 잠열을 모두 교환한다.
④ 외기도입량이 적을수록 열회수량이 많다.

해설

공기 전열교환기는 공기 대 공기의 열교환기로서 현열과 잠열을 모두 교환하며, 냉방기와 난방기의 열회수량은 외기도입량이 많을수록, 실내외 온도차가 클수록 많다.

정답 | ④

13 빈출도 ★

공기세정기에 대한 설명으로 틀린 것은?

① 세정기 단면의 종횡비를 크게 하면 성능이 떨어진다.
② 공기세정기의 수, 공기비는 성능에 영향을 미친다.
③ 세정기 출구에는 분무된 물방울의 비산을 방지하기 위해 루버를 설치한다.
④ 스프레이 헤더의 수를 뱅크(bank)라 하고 1본을 1뱅크, 2본을 2뱅크라 한다.

해설

세정기 출구에는 분무된 물방울의 비산을 방지하기 위해 엘리미네이터를 설치한다.

정답 | ③

14 빈출도 ★★

난방부하가 $7,559.5[W]$인 어떤 방에 대해 온수난방을 하고자 한다. 방열기의 상당방열면적$[m^2]$은 얼마인가? (단, 방열량은 표준방열량으로 한다.)

① 6.7
② 8.4
③ 10.2
④ 14.4

해설

온수난방의 표준방열량은 $0.523[kW/m^2]$이므로

상당방열면적$[m^2] = \dfrac{난방부하[kW]}{표준 방열량[kW/m^2]}$

$= \dfrac{7.5595[kW]}{0.523[kW/m^2]} = 14.45[m^2]$이다.

정답 | ④

15 빈출도 ★★

크기에 비해 전열면적이 크므로 증기발생이 빠르고, 열효율도 좋지만 내부청소가 곤란하므로 양질의 보일러수를 사용할 필요가 있는 보일러는?

① 입형 보일러
② 주철제 보일러
③ 노통 보일러
④ 연관 보일러

해설

연관 보일러는 크기에 비해 전열면적이 크므로 증기발생이 빠르고, 열효율도 좋지만 내부청소가 곤란하므로 양질의 보일러수가 필요하다.

정답 | ④

16 빈출도 ★★

냉각탑에 관한 설명으로 틀린 것은?

① 쿨링 어프로치는 냉각탑 출구수온과 입구공기 건구 온도차이다.
② 쿨링 레인지는 냉각수의 입구와 출구의 온도차이다.
③ 쿨링 어프로치를 적게 할수록 설비비 증가한다.
④ 쿨링 어프로치는 일반 공조에서 5℃ 정도로 설정한다.

해설

쿨링 어프로치는 출구 수온과 입구공기의 습구온도 차이이다. 쿨링 레인지가 클수록, 쿨링 어프로치가 작을수록 응축능력이 좋은 냉각탑이다.

정답 | ①

17 빈출도 ★★★

공기조화설비의 덕트계에서 발생되는 소음의 방음 대책으로 틀린 것은?

① 발생 소음 자체를 줄인다.
② 음의 투과량을 크게 한다.
③ 소음발생원 등을 방음이 필요한 주요 실과 떨어뜨린다.
④ 덕트, 배관 등의 관통부를 차음 처리한다.

해설

덕트는 흡음장치, 소음 체임버 등을 설치하여 소음을 방지할 수 있으며, 흡음재는 음의 투과량을 작게 하는 역할을 한다.

정답 | ②

18 빈출도 ★★★

건물의 지하실, 대규모 조리장 등에 적합한 기계환기법(강제급기+강제배기)은?

① 제1종 환기   ② 제2종 환기
③ 제3종 환기   ④ 제4종 환기

해설

지하 보일러실, 변전실, 대규모 조리장 등 일반 공조 현장에 적합한 환기법은 제1종 환기이다.

개념설명 환기의 종류

구분	급배기 방식	장소 예
1종 환기	강제급기 + 강제배기	지하 보일러실, 변전실, 대규모 조리장 등 일반 공조 현장
2종 환기	강제급기 + 자연배기	유해물질의 유입을 방지해야 하는 클린룸
3종 환기	자연급기 + 강제배기	악취의 유출을 방지해야 하는 화장실, 병원체의 전파를 차단해야 하는 음압 격리 병실
4종 환기	자연급기 + 자연배기	일정 환기량이 유지되지 않아도 되는 시설

정답 | ①

19 빈출도 ★★

T.A.B 수행을 위한 계측기기의 측정위치로 가장 적절하지 않은 것은?

① 온도 측정 위치는 증발기 및 응축기의 입·출구에서 최대한 가까운 곳으로 한다.
② 유량 측정 위치는 펌프의 출구에서 가장 가까운 곳으로 한다.
③ 압력 측정 위치는 입·출구에 설치된 압력계용 탭에서 한다.
④ 배기가스 온도 측정 위치는 연소기의 온도계 설치 위치 또는 시료 채취 출구를 이용한다.

해설

유량은 펌프의 출구와 말단(터미널)에서 측정한다.

정답 | ②

20 빈출도 ★

보일러의 시운전 보고서에 관한 내용으로 가장 관련이 없는 것은?

① 제어기 세팅값과 입/출수 조건 기록
② 입/출구 공기의 습구온도
③ 연도 가스의 분석
④ 성능과 효율 측정값을 기록, 설계값과 비교

해설

시운전 보고서에는 건구온도와 습도를 기재해야 하며, 습구온도는 기재하지 않는다.

정답 | ②

공조냉동설계

21 빈출도 ★

냉동장치의 운전에 관한 유의사항으로 틀린 것은?

① 운전 휴지 기간에는 냉매를 회수하고, 저압 측의 압력은 대기압보다 낮은 상태로 유지한다.
② 운전 정지 중에는 오일 리턴 밸브를 차단시킨다.
③ 장시간 정지 후 시동 시에는 누설여부를 점검 후 기동시킨다.
④ 압축기를 기동시키기 전에 냉각수 펌프를 기동시킨다.

해설

냉동설비 시운전 순서는 냉각수 펌프 기동 후 압축기 기동이며, 장시간 정지 시에는 냉매를 회수한다. 저압 측의 압력을 대기압보다 높게 유지해야 냉매가 상단에 모이는 것을 방지할 수 있다.

정답 | ①

22 빈출도 ★★

다음 중 공비혼합냉매는 무엇인가?

① R401A   ② R501
③ R717   ④ R600

해설

공비 혼합 냉매의 번호는 R−500이며, 대표적으로 R−500, R−501, R−502 등이 있다.

정답 | ②

23 빈출도 ★★

이원 냉동 사이클에 대한 설명으로 옳은 것은?

① −100[℃] 정도의 저온을 얻고자 할 때 사용되며, 보통 저온측에는 임계점이 높은 냉매를, 고온측에는 임계점이 낮은 냉매를 사용한다.
② 저온부 냉동사이클의 응축기 발열량을 고온부 냉동 사이클의 증발기가 흡열하도록 되어 있다.
③ 일반적으로 저온측에 사용하는 냉매로는 $R-12$, $R-22$, 프로판이 적절하다.
④ 일반적으로 고온측에 사용하는 냉매로는 $R-13$, $R-14$가 적절하다.

해설

이원 냉동 사이클은 저온·저압 측 냉동 사이클과 고온·고압 측 냉동 사이클을 병렬로 배치하고 저온부 응축열을 고온부 증발기가 흡수하도록 되어 있다.

선지분석

① 저온 측에는 임계점이 낮은 냉매를, 고온 측에는 임계점이 높은 냉매를 사용한다.
③ $R-12$, $R-22$, 프로판은 임계점이 높은 편이므로 저온 측에 사용하는 냉매로는 부적합하다.
④ $R-13$, $R-14$는 임계점이 낮은 편이므로 고온 측에 사용하는 냉매로는 부적합하다.

정답 | ②

24 빈출도 ★★

2단 압축 냉동 장치 내 중간 냉각기 설치에 대한 설명으로 옳은 것은?

① 냉동효과를 증대시킬 수 있다.
② 증발기에 공급되는 냉매액을 과열시킨다.
③ 저압 압축기 흡입가스 중의 액을 분리시킨다.
④ 압축비가 증가되어 압축효율이 저하된다.

해설

중간 냉각기는 저단 측 압축기 토출가스의 과열을 제거하여 고단 압축기의 과열을 방지하고 플래시 가스의 발생을 억제한다. 즉, 중간 냉각기를 설치하면 플래시 가스 발생이 억제되므로 냉동능력은 커진다.

정답 | ①

25 빈출도 ★★

물(H_2O)-리튬브로마이드($LiBr$) 흡수식 냉동기에 대한 설명으로 틀린 것은?

① 특수 처리한 순수한 물의 냉매로 사용한다.
② 4~15[℃] 정도의 냉수를 얻는 기기로 일반적으로 냉수온도는 출구온도 7[℃] 정도를 얻도록 설계한다.
③ $LiBr$ 수용액은 성질이 소금물과 유사하여, 농도가 진하고 온도가 낮을수록 냉매증기를 잘 흡수한다.
④ $LiBr$의 농도가 진할수록 점도가 높아져 열전도율이 높아진다.

해설

흡수제($LiBr$)의 농도가 진할수록 점성도가 높아져 열전도율이 낮아지게 된다.

정답 | ④

26 빈출도 ★★★

축 동력 10[kW], 냉매순환량 33[kg/min]인 냉동기에서 증발기 입구 엔탈피가 406[kJ/kg], 증발기 출구 엔탈피가 615[kJ/kg], 응축기 입구 엔탈피가 632[kJ/kg]이다. ㉠ 실제 성능계수와 ㉡ 이론 성능계수는 각각 얼마인가?

① ㉠ 8.5, ㉡ 12.3
② ㉠ 8.5, ㉡ 9.5
③ ㉠ 11.5, ㉡ 9.5
④ ㉠ 11.5, ㉡ 12.3

해설

- 실제 성능계수

$$COP = \frac{\text{실제 냉동능력}}{\text{소요 동력}}$$

$$= \frac{\text{냉매 순환량} \times \text{엔탈피 증가량}}{\text{소요 동력}}$$

$$= \frac{\frac{33}{60}[kg/s] \times (615-406)[kJ/kg]}{10[kJ/s]}$$

$$= \frac{114.95}{10} = 11.5$$

- 이론 성능계수 = $\frac{\text{증발기 출구 엔탈피} - \text{증발기 입구 엔탈피}}{\text{응축기 입구 엔탈피} - \text{증발기 출구 엔탈피}}$

$$= \frac{615-406}{632-615} = \frac{209}{17} = 12.29$$

정답 | ④

27 빈출도 ★★★

단열 밀폐된 실내에서 [A]의 경우는 냉장고 문을 닫고, [B]의 경우는 냉장고 문을 연 채 냉장고를 작동시켰을 때 실내온도의 변화는?

① [A] 실내온도 상승, [B] 실내온도 변화 없음
② [A] 실내온도 변화 없음, [B] 실내온도 하강
③ [A], [B] 모두 실내온도 상승
④ [A] 실내온도 상승, [B] 실내온도 하강

해설

Q_{in}을 음식이 빼앗기는 열, W_c를 냉장고의 소비전력, Q_{out}을 냉장고가 배출하는 방열량이라고 하면 에너지 보존법칙에 따라 $Q_{in} + W_c = Q_{out}$을 만족한다.
따라서 냉장고의 문을 닫고 가동하면 Q_{out}에 의해 [A] 실내온도가 상승하며, 문을 연 상태에서 가동하면 따뜻한 실내공기가 유입하여 냉장고 소비전력이 증가하므로 [B] 실내온도 상승폭이 더 커진다.

정답 | ③

28 빈출도 ★

실린더 지름 200[mm], 행정 200[mm], 400[rpm], 기통수 3기통인 냉동기의 냉동능력이 5.72[RT]이다. 이 때, 냉동효과[kJ/kg]는? (단, 체적효율은 0.75, 압축기의 흡입 시의 비체적은 0.5[m³/kg]이고, 1[RT]는 3.8[kW]이다.)

① 115.3
② 110.8
③ 89.4
④ 68.8

해설

- 피스톤이 1번 왕복할 때의 압출량

$$V_1 = \frac{\pi D^2}{4} \times l$$
$$= \frac{\pi \times (200 \times 10^{-3}[m])^2}{4} \times 200 \times 10^{-3}[m]$$
$$= 0.002\pi [m^3/rev]$$

- 피스톤의 토출유량
회전속도가 400[rpm]이고 3기통이므로
$$V = 0.002\pi [m^3/rev] \times \frac{400}{60}[rev/s] \times 3 = 0.1257[m^3/s]$$

- 질량유량
$$\dot{m} = \frac{\text{토출유량} \times \text{체적효율}}{\text{비체적}} = \frac{0.1257[m^3/s] \times 0.75}{0.5[m^3/kg]}$$
$$= 0.1886[kg/s]$$

- 냉동효과
$$q = \frac{\dot{Q}}{\dot{m}} = \frac{5.72 \times 3.8[kJ/s]}{0.1886[kg/s]} = 115.25[kJ/kg]$$

정답 | ①

29 빈출도 ★

다음 압축과 관련한 설명으로 옳은 것은?

> ㉠ 압축비는 체적효율에 영향을 미친다.
> ㉡ 압축기의 클리어런스(Clearance)를 크게 할수록 체적효율은 크게 된다.
> ㉢ 체적효율이란 압축기가 실제로 흡입하는 냉매와 이론적으로 흡입하는 냉매 체적과의 비이다.
> ㉣ 압축비가 클수록 냉매 단위 중량당의 압축일량은 작게 된다.

① ㉠, ㉣
② ㉠, ㉢
③ ㉡, ㉣
④ ㉡, ㉢

해설

㉠ 압축비가 높아지면 체적효율이 감소하고, 낮아지면 체적효율이 증가한다.
㉡ 실린더의 틈새를 클리어런스라고 하며, 클리어런스가 클수록 흡입공간이 줄어들어 체적효율이 감소한다.
㉢ 체적효율이란 압축기가 실제로 흡입하는 냉매와 이론적으로 흡입하는 냉매 체적과의 비이다.
㉣ 압축비가 클수록 냉매 단위 중량당 압축일량은 커진다.

정답 | ②

30 빈출도 ★★★

응축부하 계산법이 아닌 것은?

① 냉매 순환량 × 응축기 입·출구 엔탈피 차
② 냉각수량 × 냉각수 비열 × 응축기 냉각수 입·출구 온도차
③ 냉매 순환량 × 냉동효과
④ 증발부하 + 압축일량

해설

- 응축부하
$$Q_{out} = Q_{in}(\text{증발부하}) + W_c(\text{압축일량})$$
$$= \dot{m}(\text{냉각수량}) \times C(\text{냉각수 비열})$$
$$\times \Delta T(\text{냉각수 입·출구 온도차})$$
$$= \dot{m}(\text{냉매 순환량}) \times \Delta h(\text{응축기 입·출구 엔탈피차})$$

- 증발부하(냉동능력)
$$Q_{in} = \text{냉매 순환량} \times \text{냉동효과}$$

정답 | ③

31 빈출도 ★

유체의 교축과정에서 Joule−Thomson 계수(μ_J)가 중요하게 고려되는데, 이에 대한 설명으로 옳은 것은?

① 등엔탈피 과정에 대한 온도 변화와 압력 변화의 비를 나타내며 $\mu_J < 0$인 경우 온도 상승을 의미한다.
② 등엔탈피 과정에 대한 온도 변화와 압력 변화의 비를 나타내며 $\mu_J < 0$인 경우 온도 강하를 의미한다.
③ 정적 과정에 대한 온도 변화와 압력 변화의 비를 나타내며 $\mu_J < 0$인 경우 온도 상승을 의미한다.
④ 정적 과정에 대한 온도 변화와 압력 변화의 비를 나타내며 $\mu_J < 0$인 경우 온도 강하를 의미한다.

해설

유체의 교축 과정에서 엔탈피가 일정하면서 압력이 감소한다. ($\Delta P < 0$)
줄−톰슨 계수 $\mu_J = (\partial T/\partial P)_h$가 음수이면서 $\Delta P < 0$이면 $\Delta T > 0$이므로 온도는 상승한다.

정답 | ①

32 빈출도 ★★

방열벽 면적 $1,000[m^2]$, 방열벽 열통과율 $0.232[W/m^2 \cdot ℃]$인 냉장실에 열통과율 $29.03[W/m^2 \cdot ℃]$, 전달면적 $20[m^2]$인 증발기가 설치되어 있다. 이 냉장실에 열전달률 $5.805[W/m^2 \cdot ℃]$, 전열면적 $500[m^2]$, 온도 $5[℃]$인 식품을 보관한다면 실내온도는 몇 [℃]로 변화되는가? (단, 증발온도는 $-10[℃]$로 하며, 외기온도는 $30[℃]$로 한다.)

① $3.7[℃]$
② $4.2[℃]$
③ $5.8[℃]$
④ $6.2[℃]$

해설

- 냉매에게 뺏긴 열 $Q_{냉매}(k = 29.03, A = 20[m^2])$
  $Q_{냉매} = 29.03[W/m^2 \cdot ℃] \times 20[m^2] \times (T_{실내} - (-10))$
  $= 580.6T_{실내} + 5,806[W]$
- 외기로부터 얻은 열 $Q_{외기}(k = 0.232, A = 1,000[m^2])$
  $Q_{외기} = 0.232[W/m^2 \cdot ℃] \times 1,000[m^2] \times (30 - T_{실내})$
  $= 6,960 - 232T_{실내}[W]$
- 식품으로부터 얻은 열 $Q_{식품}(k = 5.805, A = 500[m^2])$
  $Q_{식품} = 5.805[W/m^2 \cdot ℃] \times 500[m^2] \times (5 - T_{실내})$
  $= 14,512.5 - 2,902.5T_{실내}$
- $Q_{냉매} = Q_{외기} + Q_{식품}$으로부터
  $580.6T_{실내} + 5,806$
  $= 6,960 - 232T_{실내} + 14,512.5 - 2,902.5T_{실내}$
  $\rightarrow 3,715.1T_{실내} = 15,666.5$

  따라서 실내온도 $T_{실내} = \dfrac{15,666.5}{3,715.1} = 4.22[℃]$

정답 | ②

33 빈출도 ★

외기온도 $-5[℃]$, 실내온도 $18[℃]$, 실내습도 $70[\%]$ 일 때, 벽 내면에서 결로가 생기지 않도록 하기 위해서는 내·외기 대류와 벽의 전도를 포함하여 전체 벽의 열통과율$[W/m^2·K]$은 얼마 이하이어야 하는가? (단, 실내공기 $18[℃]$, $70[\%]$일 때 노점온도는 $12.5[℃]$이며, 벽의 내면 열전달률은 $7[W/m^2·K]$이다.)

① 1.91 ② 1.83
③ 1.76 ④ 1.67

해설

실내온도, 외기온도가 각각 T, T'이고 내면 열전달률, 외면 열전달률, 전체 열통과율이 각각 $α$, $α'$, k이면
$αA(T-T_{in})=α'A(T_{out}-T')=kA(T-T')$이므로
$α(T-T_{in})=α'(T_{out}-T')=k(T-T')$이다.
$7[W/m^2·K]×(18-12.5)[K]=k(18-(-5))[K]$에서
$k=\dfrac{7×5.5}{23}=1.67$이므로 열통과율이 1.67 이하이어야 내벽에 결로가 생기지 않는다.

정답 | ④

34 빈출도 ★

두께가 $200[mm]$인 두꺼운 평판의 한 면(T_0)은 $600[K]$, 다른 면(T_1)은 $300[K]$로 유지될 때 단위 면적당 평판을 통한 열전달량$[W/m^2]$은? (단, 열전도율은 온도에 따라 $λ(t)=λ_0(1+βt_m)$로 주어지며, $λ_0$는 $0.029[W/m·K]$, $β$는 $3.6×10^{-3}[K^{-1}]$, t_m은 양면 간의 평균온도이다.)

① 114 ② 105
③ 97   ④ 83

해설

전도에 의한 열전도량
$Q_{전도}[W]=\dfrac{λ}{l}A(T_{in}-T_{out})$
$λ=0.029(1+0.0036×450)=0.07598[W/m·K]$이므로
$Q=\dfrac{0.07598[W/m·K]}{0.2[m]}×A×(600-300)[K]$
따라서 단위 면적당 열전달량 $\dfrac{Q}{A}=113.97[W/m^2]$

정답 | ①

35 빈출도 ★★★

한 밀폐계가 $190[kJ]$의 열을 받으면서 외부에 $20[kJ]$의 일을 한다면 이 계의 내부에너지의 변화는 약 얼마인가?

① $210[kJ]$만큼 증가한다.
② $210[kJ]$만큼 감소한다.
③ $170[kJ]$만큼 증가한다.
④ $170[kJ]$만큼 감소한다.

해설

열역학 제1법칙에서 $ΔU=Q-W=190-20=170[kJ]$
$ΔU>0$이므로 $170[kJ]$만큼 증가한다.

정답 | ③

36 빈출도 ★★★

다음 이상기체에 대한 설명으로 옳은 것은?

① 이상기체의 내부에너지는 압력이 높아지면 증가한다.
② 이상기체의 내부에너지는 온도만의 함수이다.
③ 이상기체의 내부에너지는 항상 일정하다.
④ 이상기체의 내부에너지는 온도와 무관하다.

해설

이상기체는 분자 간 상호작용이 없으므로 위치 에너지가 0이고 운동 에너지는 온도에 의해 결정된다. 따라서 이상기체의 내부에너지는 온도만의 함수이다.

정답 | ②

37 ★

피스톤-실린더 장치 내에 있는 공기가 $0.3[m^3]$에서 $0.1[m^3]$으로 압축되었다. 압축되는 동안 압력(P)과 체적(V) 사이에 $P=aV^{-2}$의 관계가 성립하며, 계수 $a=6[kPa\cdot m^6]$이다. 이 과정동안 공기가 한 일은 약 얼마인가?

① $-53.3[kJ]$
② $-1.1[kJ]$
③ $253[kJ]$
④ $-40[kJ]$

해설

피스톤이 한 일 $W=-\int_{0.3}^{0.1}PdV=-a\int_{0.3}^{0.1}\frac{1}{V^2}dV$이므로
기체가 받은 일 $-W=a\int_{0.3}^{0.1}\frac{1}{V^2}dV=6\left[-\frac{1}{V}\right]_{0.3}^{0.1}$
$=6\times\left(-\frac{1}{0.3}+\frac{1}{0.1}\right)=6[kPa\cdot m^6]\times\frac{2}{0.3[m^3]}$
$=40[kPa\cdot m^3]=40[kJ]$

정답 | ④

38 ★

엔트로피(s) 변화 등과 같은 직접 측정할 수 없는 양들을 압력(P), 비체적(v), 온도(T)와 같은 측정 가능한 상태량으로 나타내는 Maxwell 관계식과 관련하여 다음 중 틀린 것은?

① $\left(\frac{\partial T}{\partial P}\right)_S=\left(\frac{\partial v}{\partial s}\right)_P$

② $\left(\frac{\partial T}{\partial v}\right)_S=-\left(\frac{\partial P}{\partial s}\right)_V$

③ $\left(\frac{\partial v}{\partial T}\right)_P=-\left(\frac{\partial s}{\partial P}\right)_T$

④ $\left(\frac{\partial P}{\partial v}\right)_T=\left(\frac{\partial s}{\partial T}\right)_V$

해설

보기 ④은 Maxwell 관계식과 관련이 없다.

개념설명 Maxwell 관계식

구분	기호	Maxwell 관계식	독립변수
내부에너지	U	$\left(\frac{\partial T}{\partial v}\right)_s=-\left(\frac{\partial P}{\partial s}\right)_v$	s, v
엔탈피	$H=U+PV$	$\left(\frac{\partial T}{\partial P}\right)_s=\left(\frac{\partial v}{\partial s}\right)_P$	s, P
헬름홀츠 자유 에너지	$F=U-TS$	$\left(\frac{\partial P}{\partial T}\right)_v=\left(\frac{\partial s}{\partial v}\right)_T$	T, v
깁스 자유 에너지	$G=H-TS$ $=U+PV-TS$	$\left(\frac{\partial v}{\partial T}\right)_P=-\left(\frac{\partial s}{\partial P}\right)_T$	T, P

정답 | ④

39 빈출도 ★★

보일러 입구의 압력이 $9,800[kN/m^2]$이고, 응축기의 압력이 $4,900[N/m^2]$일 때 펌프가 수행한 일$[kJ/kg]$은? (단, 물의 비체적은 $0.001[m^3/kg]$이다.)

① 9.79 ② 15.17
③ 87.25 ④ 180.52

해설

- 펌프에서 압력 변화
  $\Delta P = 9,800 \times 10^3[N/m^2] - 4,900[N/m^2]$
  $= 9,795.1 \times 10^3[N/m^2]$
- 펌프가 하는 일
  $w_p = v \times \Delta P = 0.001[m^3/kg] \times 9,795.1 \times 10^3[N/m^2]$
  $= 9,795.1[J/kg] = 9.7951[kJ/kg]$

정답 | ①

40 빈출도 ★★★

카르노 사이클로 작동하는 열기관이 $1,000[℃]$의 열원과 $300[K]$의 대기 사이에서 작동한다. 이 열기관이 사이클당 $100[kJ]$의 일을 할 경우 사이클당 $1,000[℃]$의 열원으로부터 받은 열량은 약 몇 $[kJ]$인가?

① 70.0 ② 76.4
③ 130.8 ④ 142.9

해설

- 카르노 사이클의 효율
  $\eta = \dfrac{T_H - T_C}{T_H} = \dfrac{1,273 - 300}{1,273} = \dfrac{973}{1,273}$
- 열기관의 효율 $\dfrac{W_{cycle}}{Q_H}$에서
  $\eta = \dfrac{973}{1,273} = \dfrac{100[kJ]}{Q_H}$이므로
  $Q_H = 100[kJ] \times \dfrac{1,273}{973} = 130.83[kJ]$

정답 | ③

시운전 및 안전관리

41 빈출도 ★

어떤 전지에 연결된 외부회로의 저항은 $4[\Omega]$이고, 전류는 $5[A]$가 흐른다. 외부회로에 $4[\Omega]$ 대신 $8[\Omega]$의 저항을 접속하였더니 전류가 $3[A]$로 떨어졌다면, 이 전지의 기전력$[V]$은?

① 10 ② 20
③ 30 ④ 40

해설

전지의 내부 저항을 $r[\Omega]$이라 하면
- $4[\Omega]$ 저항 접속 시
  $E = I \times (r+4) = 5(r+4) = 5r + 20[V]$
- $8[\Omega]$ 저항 접속 시
  $E = I \times (r+8) = 3(r+8) = 3r + 24[V]$
- 기전력은 외부 저항 접속여부와 관계없이 일정하므로
  $5r + 20 = 3r + 24 \rightarrow r = 2$
  따라서 기전력 $E = 5 \times 2 + 20 = 30[V]$

정답 | ③

42 빈출도 ★★

그림과 같은 Δ결선회로를 등가 Y결선으로 변환할 때 R_c의 저항 값$[\Omega]$은?

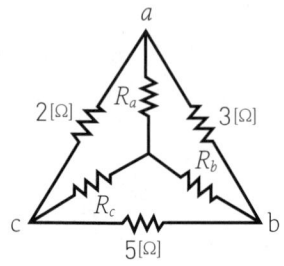

① 1 ② 3
③ 5 ④ 7

해설

Δ결선의 저항을 Y결선의 저항으로 등가변환한다.
$R_c = \dfrac{2[\Omega] \times 5[\Omega]}{R_a + R_b + R_c} = \dfrac{10}{10} = 1[\Omega]$

정답 | ①

43 빈출도 ★★

승강기나 에스컬레이터 등의 옥내 전선의 절연저항을 측정하는 데 가장 적당한 측정기기는?

① 메거
② 휘트스톤 브리지
③ 켈빈 더블 브리지
④ 코올라우시 브리지

해설

메거는 절연 저항을 측정하는 데 가장 적당한 측정기로 절연저항계의 한 종류이다.

선지분석

② 휘트스톤 브리지: 수천 옴의 가는 전선의 저항을 측정할 때 사용하는 방법이다.
③ 켈빈 더블 브리지: 굵은 전선의 저항을 측정할 때 사용하는 방법이다.
④ 코올라우시 브리지: 전해액의 저항을 측정할 때 사용하는 방법이다.

정답 | ①

44 빈출도 ★★

코일에 흐르고 있는 전류가 5배로 되면 축적되는 에너지는 몇 배가 되는가?

① 10
② 15
③ 20
④ 25

해설

인덕턴스 $L[H]$의 코일에 흐르는 전류의 세기가 $I[A]$이면 코일에 축적되는 자기에너지는 $\frac{1}{2}LI^2$이다. 즉, 자기에너지는 전류의 제곱에 비례하므로 전류가 5배로 되면 에너지는 25배가 된다.

정답 | ④

45 빈출도 ★★

단상 교류전력을 측정하는 방법이 아닌 것은?

① 3전압계법
② 3전류계법
③ 단상전력계법
④ 2전력계법

해설

단상 교류전력을 측정하는 방법에는 단상전력계법, 3전압계법, 3전류계법이 있다. 3상 교류전력을 측정하는 방법에는 2전력계법이 있다.

정답 | ④

46 빈출도 ★★

다음 조건을 만족시키지 못하는 회로는?

> 어떤 회로에 흐르는 전류가 20[A]이고, 위상이 60도이며, 앞선 전류가 흐를 수 있는 조건

① RL병렬
② RC병렬
③ RLC병렬
④ RLC직렬

해설

코일에는 지상 전류가 흐르고, 콘덴서에는 진상 전류가 흐른다. 따라서 진상 전류가 흐르기 위해서는 반드시 콘덴서(C성분)가 회로에 포함되어야 한다.

정답 | ①

47 빈출도 ★

전동기에 일정 부하를 걸어 운전 시 전동기 온도 변화로 옳은 것은?

①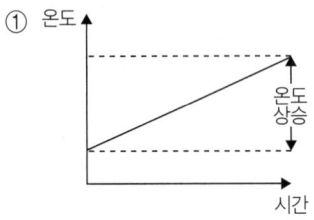

②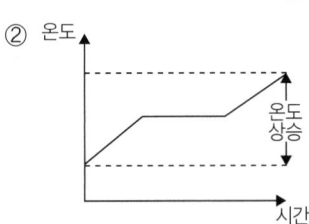

③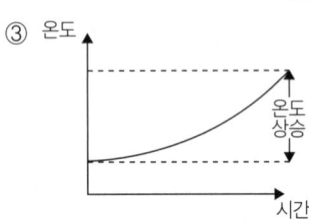

④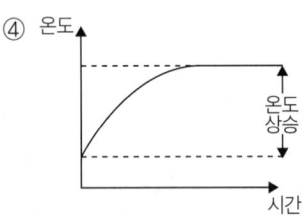

해설
전동기 권선의 온도는 로그 함수의 형태로 증가하다가 온도가 일정해지는 지점에 도달한다. 최대허용온도에 도달하기 전에 가동을 멈추어야 한다.

정답 | ④

48 빈출도 ★

전기자 철심을 규소 강판으로 성층하는 주된 이유는?

① 정류자면의 손상이 적다.
② 가공하기 쉽다.
③ 철손을 적게 할 수 있다.
④ 기계손을 적게 할 수 있다.

해설
- 규소 강판을 사용할 경우 히스테리시스손을 줄일 수 있다.
- 성층하는 경우 와류손을 줄일 수 있다.
- 히스테리시스손과 와류손은 철손에 해당하므로 규소 강판으로 성층하면 철손을 줄일 수 있다.

정답 | ③

49 빈출도 ★

직류·교류 양용에 만능으로 사용할 수 있는 전동기는?

① 직권 정류자 전동기
② 직류 복권 전동기
③ 유도 전동기
④ 동기 전동기

해설
직권 정류자 전동기는 계자 권선과 전기자 권선이 직렬로 연결되어 있어 직류, 교류 모두에서 사용할 수 있다.

정답 | ①

50 빈출도 ★★★

그림과 같은 유접점 논리회로를 간단히 하면?

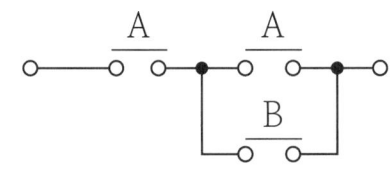

① 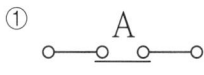 ②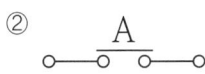
③ 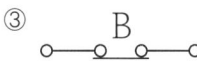 ④

해설

$A(A+B)=AA+AB=A(1+B)=A\cdot1=A$
①: $\overline{A}$, ②: A, ③: $\overline{B}$, ④: B이므로 보기 ②가 정답이다.

정답 | ②

51 빈출도 ★★★

다음 논리기호의 논리식은?

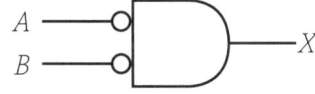

① $X=A+B$ ② $X=\overline{AB}$
③ $X=AB$ ④ $X=\overline{A}+\overline{B}$

해설

주어진 회로는 $X=\overline{A}\cdot\overline{B}$이고, 드 모르간 정리를 적용하면
$X=\overline{A}\cdot\overline{B}=\overline{(A+B)}$이다.

정답 | ④

52 빈출도 ★

디지털 제어에 관한 설명으로 옳지 않은 것은?

① 디지털 제어의 연산속도는 샘플링계에서 결정된다.
② 디지털 제어를 채택하면 조정 개수 및 부품수가 아날로그 제어보다 줄어든다.
③ 디지털 제어는 아날로그 제어보다 부품편차 및 경년변화의 영향을 덜 받는다.
④ 정밀한 속도제어가 요구되는 경우 분해능이 떨어지더라도 디지털 제어를 채택하는 것이 바람직하다.

해설

디지털 제어를 채택하면 분해능이 향상되며, 아날로그 제어에 비해 부품 개수가 적고 가벼워서 비용이 절감된다.

정답 | ④

53 빈출도 ★★★

다음 중 불연속 제어에 속하는 것은?

① 비율 제어   ② 비례 제어
③ 미분 제어   ④ ON−OFF 제어

해설

불연속 제어에는 ON/OFF(온−오프) 제어 동작, 다위치 제어 동작, 시간비례 제어 동작이 있다.

정답 | ④

54 빈출도 ★★★

온도를 전압으로 변환시키는 것은?

① 광전관   ② 열전대
③ 포토 다이오드 ④ 광전 다이오드

해설

열전대는 온도를 전압으로 변환시킨다.
※ 포토 다이오드, 광 다이오드, 광전 다이오드는 같은 의미이다.

개념설명 제어 분야의 검출기기

- 광전관(빛 → 임피던스)
- 열전대(온도 → 전압)
- 포토 다이오드(빛 → 전압)

정답 | ②

55 빈출도 ★★

그림과 같은 회로에서 전달함수 $G(s) = \dfrac{I(s)}{V(s)}$ 를 구하면?

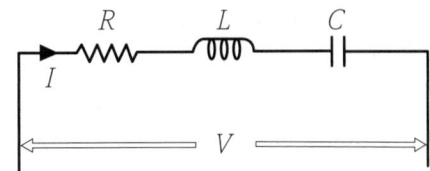

① $R + Ls + Cs$
② $\dfrac{1}{R + Ls + Cs}$
③ $R + Ls + \dfrac{1}{Cs}$
④ $\dfrac{1}{R + Ls + 1/Cs}$

해설

- RLC 직렬회로의 전체 임피던스 $Z(s)$는
$$Z(s) = R + Ls + \dfrac{1}{Cs}$$
- 전달함수 $G(s) = \dfrac{I(s)}{V(s)} = \dfrac{1}{Z(s)} = \dfrac{1}{R + Ls + \dfrac{1}{Cs}}$ 이다.

정답 | ④

56 빈출도 ★★★

공조냉동기계산업기사 자격증을 보유하였다면 고급 책임기계설비유지관리자가 되려면 몇 년 이상의 실무경력이 있어야 하는가?

① 3년 이상
② 5년 이상
③ 10년 이상
④ 15년 이상

해설

산업기사는 10년 이상, 기사는 7년 이상의 실무경력을 갖추었을 때 고급 책임기계설비유지관리자로 승급할 수 있다.

정답 | ③

57 빈출도 ★

기계설비법령에 따라 1차 위반 시 50만원, 2차 위반 시 70만원의 과태료가 부과되는 경우가 아닌 것은?

① 유지관리교육을 받지 않은 사람을 해임하지 않은 경우
② 기계설비의 성능점검 및 점검기록을 시장·군수·구청장에게 제출하지 않은 경우
③ 기계설비의 성능점검 및 점검기록을 작성하지 않거나 거짓으로 작성한 경우
④ 착공 전 확인과 사용 전 검사에 관한 자료를 특별자치시장·특별자치도지사·시장·군수·구청장에게 제출하지 않은 경우

해설

기계설비법령에 따르면 기계설비의 성능점검 및 점검기록을 작성하지 않거나 거짓으로 작성한 경우에는 1차 위반 시 300만원의 과태료 부과에 처한다.

정답 | ③

58 빈출도 ★★★

한국가스안전공사의 의견을 들으려는 자는 안전성 향상 계획심사신청서를 제출하여야 한다. 다음 중 안전성 향상 계획심사신청서에 포함되어 할 세부내용이 아닌 것은?

① 성능 점검표
② 안전성 평가서
③ 안전운전계획
④ 비상조치계획

해설

안전성 향상 계획심사신청서에는 공정안전자료, 안전성 평가서, 안전운전계획, 비상조치계획이 포함되어야 한다. 성능 점검표는 보일러나 냉동기에 해당한다.

정답 | ①

59 빈출도 ★★★

고압가스안전관리법의 적용을 받는 고압가스의 종류와 범위는 다음과 같다. 괄호 속에 들어갈 숫자를 바르게 짝지은 것은?

> - 상용(常用)의 온도에서 압력이 1메가파스칼 이상이 되는 압축가스로서 실제로 그 압력이 1메가파스칼 이상이 되는 것
> - 섭씨 (㉠)의 온도에서 압력이 0파스칼을 초과하는 아세틸렌가스
> - 상용의 온도에서 압력이 (㉡) 이상이 되는 액화가스로서 실제로 그 압력이 0.2메가파스칼 이상이 되는 것
> - 섭씨 (㉢)의 온도에서 압력이 0파스칼을 초과하는 액화가스 중 액화시안화수소·액화브롬화메탄 및 액화산화에틸렌가스

① ㉠ 15도, ㉡ 0.1메가파스칼, ㉢ 35도
② ㉠ 15도, ㉡ 0.2메가파스칼, ㉢ 35도
③ ㉠ 35도, ㉡ 0.1메가파스칼, ㉢ 15도
④ ㉠ 35도, ㉡ 0.2메가파스칼, ㉢ 15도

해설

고압가스안전관리법령에 따르면 고압가스의 종류와 범위는 다음과 같다.
- 상용(常用)의 온도에서 압력이 1메가파스칼 이상이 되는 압축가스로서 실제로 그 압력이 1메가파스칼 이상이 되는 것
- 섭씨 ㉠ 15도의 온도에서 압력이 0파스칼을 초과하는 아세틸렌가스
- 상용의 온도에서 압력이 ㉡ 0.2메가파스칼 이상이 되는 액화가스로서 실제로 그 압력이 0.2메가파스칼 이상이 되는 것
- 섭씨 ㉢ 35도의 온도에서 압력이 0파스칼을 초과하는 액화가스 중 액화시안화수소·액화브롬화메탄 및 액화산화에틸렌가스

정답 | ②

60 빈출도 ★★★

다음 중 산업안전보건법상의 안전관리자의 자격과 숫자에 대한 설명이 바르지 않은 것은?

① 산업안전지도사 자격을 가진 사람은 안전관리자가 될 수 있다.
② 전기사업자가 선임하는 전기안전관리자는 안전관리자가 될 수 있다.
③ 상시 근로자 100명 이상인 사업장은 안전관리자를 선임해야 한다.
④ 300인 미만 사업장의 경우 필수인력 선임을 안전(보건)관리 전문기관에 위탁할 수 있다.

해설

산업안전보건법령에 의하면, 상시 근로자 50명 이상인 사업장은 안전관리자를 1명 이상 선임해야 한다.

정답 | ③

유지보수 공사관리

61 빈출도 ★★

순동 이음쇠를 사용할 때에 비하여 동합금 주물 이음쇠를 사용할 때 고려할 사항으로 가장 거리가 먼 것은?

① 순동 이음쇠 사용에 비해 모세관 현상에 의한 용융 확산이 어렵다.
② 순동 이음쇠와 비교하여 용접재 부착력은 큰 차이가 없다.
③ 순동 이음쇠와 비교하여 냉벽 부분이 발생할 수 있다.
④ 순동 이음쇠 사용에 비해 열팽창의 불균일에 의한 부정적 틈새가 발생할 수 있다.

해설

동합금 주물 이음쇠를 용접에 사용하면 용융과 확산이 어려워 부착력이 약하고 부정합 틈새나 냉벽 부분이 발생할 수 있다.

정답 | ②

62 빈출도 ★★

다음 보온재 중 안전사용온도가 가장 낮은 것은?

① 규조토　　② 암면
③ 펄라이트　　④ 발포 폴리스티렌

해설

규조토는 500[℃], 암면은 600[℃], 펄라이트는 1,000[℃]까지 안전하게 사용할 수 있지만, 발포 폴리스티렌은 안전사용온도의 범위가 -25~80[℃]이므로 80[℃]까지만 안전하게 사용할 수 있다.

정답 | ④

63 빈출도 ★★

배관설비 공사에서 파이프 래크의 폭에 관한 설명으로 틀린 것은?

① 파이프 래크의 실제 폭은 신규라인을 대비하여 계산된 폭보다 20[%] 정도 크게 한다.
② 파이프 래크상의 배관밀도가 작아지는 부분에 대해서는 파이프 래크의 폭을 좁게 한다.
③ 고온배관에서는 열팽창에 의하여 과대한 구속을 받지 않도록 충분한 간격을 둔다.
④ 인접하는 파이프의 외측과 외측과의 최소 간격을 25[mm]로 하여 래크의 폭을 결정한다.

해설

인접하는 파이프 외측과 외측 간격은 75[mm] 이상으로 유지해야 한다. 인접하는 파이프 외측과 플랜지 외측 사이 간격은 최소 25[mm]로 해야 한다.

정답 | ④

64 빈출도 ★★★

역지밸브(Check valve)의 도시기호는?

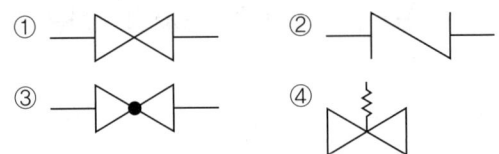

해설

구분	도시기호
게이트밸브	
체크(역지)밸브	
글로브밸브	
안전밸브	

정답 | ②

65 빈출도 ★★★

다음 중 신축 이음쇠의 종류로 가장 거리가 먼 것은?

① 벨로즈형　　② 플랜지형
③ 루프형　　④ 슬리브형

해설

신축 이음의 종류로는 루프형, 스위블형, 벨로즈형, 슬리브형이 있다. 플랜지형은 조립과 분해가 용이하도록 용접 없이 직선 연결하는 관 이음방법으로 신축 이음쇠에 해당하지 않는다.

정답 | ②

66 빈출도 ★★★

강관의 나사이음 시 관을 절단한 후 관 단면의 안쪽에 생기는 거스러미를 제거할 때 사용하는 공구는?

① 파이프 바이스 ② 파이프 리머
③ 파이프 렌치   ④ 파이프 커터

해설

관을 절단한 뒤 단면 안쪽의 거스러미 또는 날카로운 가장자리를 제거하는 공구는 파이프 리머이다.

선지분석

① 파이프 바이스: 강관을 절단하거나 조합할 때 관을 고정시키는 공구이다.
③ 파이프 렌치: 강관을 조이거나 풀기에 편리한 공구이다.
④ 파이프 커터: 강관을 절단하는 도구이다.

정답 | ②

67 빈출도 ★★

배관작업용 공구의 설명으로 틀린 것은?

① 파이프 리머(pipe reamer): 관을 파이프커터 등으로 절단한 후 관 단면의 안쪽에 생긴 거스러미(burr)를 제거
② 플레어링 툴(flaring tools): 동관을 압축이음 하기 위하여 관 끝을 나팔모양으로 가공
③ 파이프 바이스(pipe vice): 관을 절단하거나 나사이음을 할 때 관이 움직이지 않도록 고정
④ 사이징 툴(sizing tools): 동일 지름의 관을 이음쇠 없이 납땜이음을 할 때 한쪽 관 끝을 소켓모양으로 가공

해설

사이징 툴은 동관 공작용 공구로 압축이음(플레어 이음) 하기에 앞서 동관 끝부분을 원형으로 정형하는 공구이다.

정답 | ④

68 빈출도 ★★

배관 용접 작업 중 다음과 같은 결함을 무엇이라고 하는가?

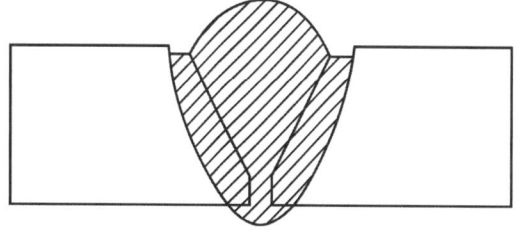

① 용입불량 ② 언더컷
③ 오버랩   ④ 피트

해설

언더컷(Undercut)은 용접의 변 끝을 따라 모재가 파이고 용착금속이 채워지지 않아 홈으로 남아 있는 결함이다.

선지분석

① 용입불량: 용착금속이 완전히 채워지지 않아 부실한 접합을 일으키는 결함이다.
③ 오버랩: 용융된 금속이 모재 표면을 덮어버려 끝부분에서 모재와 융합하지 않은 결함이다.
④ 피트: 용접 표면에 작은 구멍이 다수 생기는 형태의 결함이다.

정답 | ②

69 빈출도 ★★

급수방식 중 압력탱크 방식에 대한 설명으로 틀린 것은?

① 국부적으로 고압을 필요로 하는 데 적합하다.
② 탱크의 설치 위치에 제한을 받지 않는다.
③ 항상 일정한 수압으로 급수할 수 있다.
④ 높은 곳에 탱크를 설치할 필요가 없으므로 건축물의 구조를 강화할 필요가 없다.

해설

일정한 수압으로 급수할 수 있는 방식은 고가탱크 급수방식과 부스터 급수방식이다.

정답 | ③

70 빈출도 ★★

급수량 산정에 있어서 시간 평균 예상 급수량이 3,000[L/h]였다면, 시간 최대 예상 급수량은?

① 75~100[L/min]   ② 100~150[L/min]
③ 100~200[L/min]   ④ 150~200[L/min]

해설

시간 평균 예상 급수량이 3,000[L/h]=50[L/min]이므로 시간 최대 예상 급수량은 50[L/min]의 1.5~2배인 75~100[L/min]이다.

정답 | ①

71 빈출도 ★★

상수 및 급탕배관에서 상수 이외의 배관 또는 장치가 접속되는 것을 무엇이라고 하는가?

① 크로스 커넥션   ② 역압 커넥션
③ 사이펀 커넥션   ④ 에어캡 커넥션

해설

크로스 커넥션이란 상수 배관을 상수 이외의 배관과 직접 접속하는 것을 말하며 역류 가능성 때문에 금지된다.

정답 | ①

72 빈출도 ★★

다음 중 기수혼합식(증기분류식) 급탕설비에서 소음을 방지하는 기구는?

① 가열코일   ② 사일렌서
③ 순환펌프   ④ 서머스탯

해설

기수혼합식 탕비기는 물과 고압증기가 혼합되는 과정에서 소음이 발생하므로 소음 절감용의 증기 사일런서를 공급관의 말단부에 설치한다.

정답 | ②

73 빈출도 ★★★

급탕배관에 관한 설명으로 틀린 것은?

① 단관식의 경우 급수관경보다 큰 관을 사용해야 한다.
② 하향식 공급 방식에서는 급탕관 및 복귀관은 모두 선하향 구배로 한다.
③ 보통 급탕관은 수명이 짧으므로 장래에 수리, 교체가 용이하도록 노출 배관하는 것이 좋다.
④ 연관은 열에 강하고 부식도 잘 되지 않으므로 급탕 배관에 적합하다.

해설

연관은 알칼리에 약한 특성이 있으므로 급탕배관이 아닌 급수용 수도관에 사용한다. 급탕관은 내식성이 큰 동관, 스테인리스관을 사용해야 한다.

정답 | ④

74 빈출도 ★★★

배수설비의 종류에서 요리실, 욕조, 세척, 싱크와 세면기 등에서 배출되는 물을 배수하는 설비의 명칭으로 옳은 것은?

① 오수 설비   ② 잡배수 설비
③ 빗물배수 설비   ④ 특수배수 설비

해설

부엌이나 욕실에서 배출되는 물을 배수하는 설비는 잡배수 설비이다.

선지분석

① 오수 설비: 화장실 대·소변기에서 배출되는 물을 배수하는 설비이다.
③ 빗물배수 설비: 빗물로 지붕이나 지표면에 떨어진 후 배출되는 물을 배수하는 설비이다.
④ 특수배수 설비: 공장이나 병원에서 유해물질이 함유된 배출수를 배수하는 설비이다.

정답 | ②

75 빈출도 ★

공기조화 설비에서 에어워셔의 플러딩 노즐이 하는 역할은?

① 공기 중에 포함된 수분을 제거한다.
② 입구공기의 난류를 정류로 만든다.
③ 엘리미네이터에 부착된 먼지를 제거한다.
④ 출구에 섞여 나가는 비산수를 제거한다.

해설

에어워셔의 플러딩 노즐은 엘리미네이터에 부착된 먼지를 제거한다.

정답 | ③

76 빈출도 ★★

다음 관의 부식 방지에 관한 설명 중 틀린 것은?

① 전기 절연을 시킨다.
② 아연도금을 한다.
③ 열처리를 한다.
④ 습기의 접촉을 없게 한다.

해설

배관 부식을 막기 위해서는 절연을 통해 금속의 이온화를 막거나 도금을 통해 습기와의 접촉을 막아야 한다. 열처리는 부식 방지에 도움이 되지 않는다.

정답 | ③

77 빈출도 ★★★

팬코일 유닛방식의 배관방식에서 공급관이 2개이고 환수관이 1개인 방식으로 옳은 것은?

① 1관식
② 2관식
③ 3관식
④ 4관식

해설

팬코일 유닛방식의 배관방식 중 공급관이 2개이고 환수관이 1개인 방식은 3관식이다.

선지분석

① 1관식: 하나의 배관이 공급관과 환수관의 역할을 담당하는 방식이다.
② 2관식: 공급관이 1개이고 환수관이 1개로 계절에 따라 난방 시에는 온수, 냉방 시에는 냉수를 공급하는 방식이다.
④ 4관식: 공급관이 2개이고 환수관이 2개로 냉·온수 동시 운영에 유리한 방식이다.

정답 | ③

78 빈출도 ★★

온수난방 배관에서 리버스 리턴(reverse return)방식을 채택하는 주된 이유는?

① 온수의 유량 분배를 균일하게 하기 위하여
② 배관의 길이를 짧게 하기 위하여
③ 배관의 신축을 흡수하기 위하여
④ 온수가 식지 않도록 하기 위하여

해설

리버스 리턴 방식(역귀환 방식)의 환수배관을 설치하면 온수의 유량을 균일하게 분배가 가능하며 단락 현상을 방지할 수 있다.

정답 | ①

79 빈출도 ★★

가스설비에 관한 설명으로 틀린 것은?

① 일반적으로 사용되고 있는 가스유량 중 1시간당 최대값을 설계유량으로 한다.
② 가스미터는 설계유량을 통과시킬 수 있는 능력을 가진 것을 선정한다.
③ 배관 관경은 설계유량이 흐를 때 배관의 끝부분에서 필요한 압력이 확보될 수 있도록 한다.
④ 일반적으로 공급되고 있는 천연가스에는 일산화탄소가 많이 함유되어 있다.

해설
천연가스는 메탄을 주성분으로 하며 무공해, 무독성의 특징을 가진다.

정답 | ④

80 빈출도 ★★

지중 매설하는 도시가스배관 설치방법에 대한 설명으로 틀린 것은?

① 배관을 시가지 도로 노면 밑에 매설하는 경우 노면으로부터 배관의 외면까지 1.5[m] 이상 간격을 두고 설치해야 한다.
② 배관의 외면으로부터 도로의 경계까지 수평거리 1.5[m] 이상, 도로 밑의 다른 시설물과는 0.5[m] 이상 간격을 두고 설치해야 한다.
③ 배관을 인도·보도 등 노면 외의 도로 밑에 매설하는 경우에는 지표면으로부터 배관의 외면까지 1.2[m] 이상 간격을 두고 설치해야 한다.
④ 배관을 포장되어 있는 차도에 매설하는 경우 그 포장부분의 노반의 밑에 매설하고 배관의 외면과 노반의 최하부와의 거리는 0.5[m] 이상 간격을 두고 설치해야 한다.

해설
도시가스배관을 지중에 매설하는 경우 배관의 외면으로부터 도로의 경계까지 수평거리 1[m] 이상, 도로 밑의 다른 시설물과는 0.3[m] 이상 간격을 두고 설치해야 한다.

정답 | ②

2024년 2회 CBT 복원문제

에너지관리

01 빈출도 ★★

다음 중 열전도율[W/m·℃]이 가장 작은 것은?

① 납 ② 유리
③ 얼음 ④ 물

해설

열전도율은 기체가 가장 작고 액체, 고체 순으로 커지며 고체 중에는 금속의 열전도율이 가장 크다. 유리는 액체에 가까운 고체이다. 따라서 열전도율의 순서는 '납 > 얼음 > 유리 > 물 > 수증기'이다.

정답 | ④

02 빈출도 ★★

어느 건물 서편의 유리 면적이 $40[m^2]$이다. 안쪽에 크림색의 베네시언 블라인드를 설치한 유리면으로부터 침입하는 열량[kW]은 얼마인가? (단, 외기 $33[℃]$, 실내공기 $27[℃]$, 유리는 1중이며, 유리의 열통과율은 $5.9[W/m^2·℃]$, 유리창의 복사량(I_{gr})은 $608[W/m^2]$, 차폐계수는 0.56이다.)

① 15.0 ② 13.6
③ 3.6 ④ 1.4

해설

- 관류열
  $KA\varDelta T = 5.9[W/m^2·℃] \times 40[m^2] \times (33-27)[℃]$
  $= 1,416[W]$
- 일사열
  $I_{gr}AK_s = 608[W/m^2] \times 40[m^2] \times 0.56 = 13,619.2[W]$
- 냉방 부하는 실내외 온도차에 의한 취득열량과 유리창을 통한 일사 취득열량의 합이므로
  $Q = 1,416 + 13,619.2 = 15,035[W] = 15.04[kW]$

정답 | ①

03 빈출도 ★★★

습공기선도상에서 ❶의 공기가 온도가 높은 다량의 물과 접촉하여 가열, 가습되고 ❸의 상태로 변화한 경우의 공기선도로 다음 중 옳은 것은?

①
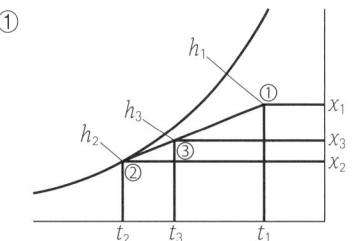

②
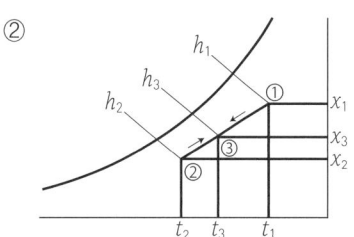

③
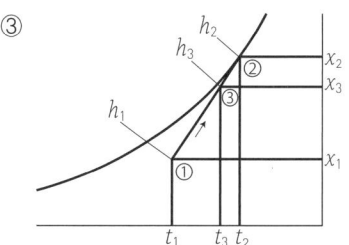

④
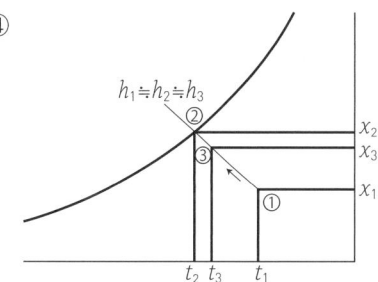

해설

그래프 ①, ②에서는 ❶의 공기가 냉각, 감습되어 ❸의 상태로 변했고, 그래프 ④에서는 ❶의 공기가 냉각, 가습되어 ❸의 상태로 변했다. 따라서 가열, 가습을 거친 것은 그래프 ③이다.

정답 | ③

04 빈출도 ★★★

외기의 건구온도는 32[℃], 환기의 건구온도는 24[℃]인 공기를 1 : 3(외기 : 환기)의 비율로 혼합하였다. 이 혼합공기의 온도는?

① 26[℃]   ② 28[℃]
③ 29[℃]   ④ 30[℃]

해설

열평형 법칙에 의해 외기가 잃은 열량은 환기가 얻은 열량과 같다.
$c \times m \times (32-t) = c \times 3m \times (t-24)$
⇒ $32-t = 3(t-24)$이므로 혼합공기의 온도 $t = 26[℃]$

정답 | ①

05 빈출도 ★★★

다음 중 열수분비(μ)와 현열비(SHF)와의 관계식으로 옳은 것은? (단, q_s는 현열량, q_L은 잠열량, L은 가습량이다.)

① $\mu = \text{SHF} \times \dfrac{q_s}{L}$ ② $\mu = \dfrac{1}{\text{SHF}} \times \dfrac{q_L}{L}$

③ $\mu = \text{SHF} \times \dfrac{q_L}{L}$ ④ $\mu = \dfrac{1}{\text{SHF}} \times \dfrac{q_s}{L}$

해설

- 건공기의 유량을 G라고 하면
  $G\Delta h = q_s + q_L$
- 절대습도(수증기 혼합비)를 x라고 하면
  $\Delta x = \dfrac{L}{G}$
- 열수분비 μ

  $\mu = \dfrac{\Delta h}{\Delta x} = \dfrac{\dfrac{q_s+q_L}{G}}{\dfrac{L}{G}} = \dfrac{q_s+q_L}{L}$

- 현열비 $\text{SHF} = \dfrac{q_s}{q_s+q_L}$에서 $q_s+q_L = \dfrac{q_s}{\text{SHF}}$이므로

  $\mu = \dfrac{q_s+q_L}{L} = \dfrac{\dfrac{q_s}{\text{SHF}}}{L} = \dfrac{1}{\text{SHF}} \times \dfrac{q_s}{L}$

정답 | ④

06 빈출도 ★★★

바닥취출 공조방식의 특징으로 틀린 것은?

① 천장 덕트를 최소화하여 건축 층고를 줄일 수 있다.
② 개인에 맞추어 풍량 및 풍속 조절이 어려워 쾌적성이 저해된다.
③ 가압식의 경우 급기거리가 18[m] 이하로 제한된다.
④ 취출온도와 실내온도의 차이가 10[℃] 이상이면 드래프트 현상을 유발할 수 있다.

해설

바닥취출 공조방식은 취출구가 거주자 근처에 설치되어 있어서 개인의 기분이나 체감에 따라 풍량과 풍향을 조절이 가능하여 쾌적성이 높다.

정답 | ②

07 빈출도 ★★★

다음 중 증기난방의 설명으로 적절한 것은?

① 예열시간이 짧다.
② 실내온도의 조절이 용이하다.
③ 방열기 표면의 온도가 낮아 쾌적한 느낌을 준다.
④ 실내에서 상하온도차가 작으며, 방열량의 제어가 다른 난방에 비해 쉽다.

해설

증기난방은 잠열을 이용하므로 열운반능력이 크고 예열시간이 짧은 대신 방열량 조절이 어렵고 상하온도차가 커서 쾌감도가 낮다.

정답 | ①

08 빈출도 ★★★

온풍난방에서 중력식 순환방식과 비교한 강제 순환방식의 특징에 관한 설명으로 틀린 것은?

① 기기 설치장소가 비교적 자유롭다.
② 급기 덕트가 작아서 은폐가 용이하다.
③ 공급되는 공기는 필터 등에 의하여 깨끗하게 처리될 수 있다.
④ 공기 순환이 어렵고 쾌적성 확보가 곤란하다.

해설

공기 순환이 원활하지 않아서 쾌적성 확보가 곤란한 것은 중력식 순환방식의 특징에 해당한다.

정답 | ④

09 빈출도 ★★

크기에 비해 전열면적이 크므로 증기발생이 빠르고, 열효율도 좋지만 내부청소가 곤란하므로 양질의 보일러수를 사용할 필요가 있는 보일러는?

① 입형 보일러 ② 주철제 보일러
③ 노통 보일러 ④ 연관 보일러

해설

연관 보일러는 크기에 비해 전열면적이 크므로 증기발생이 빠르고, 열효율도 좋지만 내부청소가 곤란하므로 양질의 보일러수가 필요하다.

정답 | ④

10 빈출도 ★

다음중 클린룸 4원칙에 해당하지 않는 것은?

① 먼지의 침투를 방지할 수 있어야 한다.
② 먼지의 발생을 방지할 수 있어야 한다.
③ 먼지의 신속 배제가 가능해야 한다.
④ 먼지의 포집을 방지할 수 있어야 한다.

해설

반도체 생산라인의 내부와 같이 먼지 입자가 제품 품질에 영향을 주는 경우에 클린룸의 청정도 유지가 매우 중요하므로 먼지의 퇴적을 방지할 수 있어야 한다.

정답 | ④

11 빈출도 ★★

공기조화 설비에서 공기의 경로로 옳은 것은?

① 환기덕트 → 공조기 → 급기덕트 → 취출구
② 공조기 → 환기덕트 → 급기덕트 → 취출구
③ 냉각탑 → 공조기 → 냉동기 → 취출구
④ 공조기 → 냉동기 → 환기덕트 → 취출구

해설 공기의 이동 경로

실내 → 흡입구 → 환기덕트 → 공조기 → 급기덕트 → 취출구 → 실내

정답 | ①

12 빈출도 ★★

습공기의 가습 방법으로 가장 거리가 먼 것은?

① 순환수를 분무하는 방법
② 온수를 분무하는 방법
③ 수증기를 분무하는 방법
④ 외부공기를 가열하는 방법

해설

순환수나 온수를 분무하면 냉각·가습 효과가 있고 수증기를 분무하면 가열·가습 효과가 있다.

정답 | ④

13 빈출도 ★

정방실에 35[kW]의 모터에 의해 구동되는 정방기가 12대 있을 때 전력에 의한 취득열량[kW]은 얼마인가? (단, 전동기와 이것에 의해 구동되는 기계가 같은 방에 있으며, 전동기 가동률은 0.74, 전동기 효율은 0.87, 전동기 부하율은 0.92이다.)

① 483 ② 420
③ 357 ④ 329

해설

- 모터가 사용한 전력이 입력, 구동기가 얻은 열이 출력이므로
  효율 $\eta = \dfrac{\text{구동기가 얻은 열[kW]}}{\text{모터의 총사용전력[kW]}}$
- 구동기 취득열=(12대의 소비전력×가동률×부하율)÷효율
  $= \dfrac{12 \times 35 \times 0.74 \times 0.95}{0.87} = 328.66[\text{kW}]$

정답 | ④

14 빈출도 ★★★

겨울철에 난방을 하는 건물의 배기열을 효과적으로 회수하는 방법이 아닌 것은?

① 전열교환기 방법
② 현열교환기 방법
③ 열펌프 방법
④ 축열조 방법

해설
축열조 방법을 사용하면 열원기기의 용량을 줄일 수 있지만 배기열을 회수할 수 없다.

정답 | ④

15 빈출도 ★★

보일러의 출력에는 상용출력과 정격출력이 있다. 다음 중 이들의 관계가 적당한 것은?

① 상용출력=난방부하+급탕부하+배관부하
② 정격출력=난방부하+배관 열손실부하
③ 상용출력=배관 열손실부하+보일러 예열부하
④ 정격출력=난방부하+급탕부하+배관부하+예열부하+온수부하

해설
- 상용출력=난방부하+급탕부하+배관부하
- 정격출력=상용출력+예열부하
  =(난방부하+급탕부하+배관부하)+예열부하

정답 | ①

16 빈출도 ★★★

다음 중 고속덕트와 저속덕트를 구분하는 기준이 되는 풍속은?

① 15[m/s]
② 20[m/s]
③ 25[m/s]
④ 30[m/s]

해설
풍속이 15[m/s] 이하이면 각형의 저속덕트를 사용하고, 풍속이 15[m/s] 이상이면 원형의 고속덕트를 사용한다.

정답 | ①

17 빈출도 ★★

원심 송풍기에 사용되는 풍량제어 방법으로 가장 거리가 먼 것은?

① 송풍기의 회전수 변화에 의한 방법
② 흡입구에 설치한 베인에 의한 방법
③ 바이패스에 의한 방법
④ 스크롤 댐퍼에 의한 방법

해설
바이패스에 의한 방법은 순환냉매량 조절의 한 방법으로 풍량제어와는 거리가 멀다.

개념설명 송풍기 풍량 제어법
- 댐퍼 제어
- 베인 제어
- 가변 피치 제어
- 회전수 제어

정답 | ③

18 빈출도 ★★★

일반적인 덕트설비를 설계할 때 덕트 설계 순서로 옳은 것은?

① 덕트 계획 → 덕트 치수 및 저항 산출 → 흡입·취출구 위치 결정 → 송풍량 산출 → 덕트 경로 설정 → 송풍기 선정
② 덕트 계획 → 덕트 경로 설정 → 덕트 치수 및 저항 산출 → 송풍량 산출 → 흡입·취출구 위치 결정 → 송풍기 선정
③ 덕트 계획 → 송풍량 산출 → 흡입·취출구 위치 결정 → 덕트 경로 설정→덕트 치수 및 저항 산출 → 송풍기 선정
④ 덕트 계획 → 흡입·취출구 위치 결정 → 덕트 치수 및 저항 산출 → 덕트 경로 설정 → 송풍량 산출 → 송풍기 선정

해설
덕트 설계의 순서는 덕트 계획(부하 계산), 송풍량 계산, 추출구 위치 결정, 덕트의 경로 설정, 덕트의 치수 및 전저항 결정, 송풍기 선정이다.

정답 | ③

19 빈출도 ★★

공기조화 시 T.A.B 측정 절차 중 측정요건으로 틀린 것은?

① 시스템의 검토 공정이 완료되고 시스템 검토 보고서가 완료되어야 한다.
② 설계도면 및 관련 자료를 검토한 내용을 토대로 하여 보고서 양식에 장비규격 등의 기준이 완료되어야 한다.
③ 댐퍼, 말단 유닛, 터미널의 개도는 완전 밀폐되어야 한다.
④ 제작사의 공기조화 시 시운전이 완료되어야 한다.

해설

댐퍼와 터미널의 개도는 완전 개방 상태에서 유량의 흐름을 측정해야 정확한 성능 파악이 가능하다.

정답 | ③

20 빈출도 ★

아래 표는 암모니아 냉매설비 운전을 위한 안전관리 절차서에 대한 설명이다. 이 중 틀린 내용은?

> ㉠ 노출확인 절차서: 반드시 호흡용 보호구를 착용한 후 감지기를 이용하여 공기 중 암모니아 농도를 측정한다.
> ㉡ 노출로 인한 위험관리 절차서: 암모니아가 노출되었을 때 호흡기를 보호할 수 있는 호흡보호프로그램을 수립하여 운영하는 것이 바람직하다.
> ㉢ 근로자 작업 확인 및 교육 절차서: 암모니아 설비가 밀폐된 곳이나 외진 곳에 설치된 경우, 해당 지역에 근로자 작업을 할 때에는 다음 중 어느 하나에 의해 근로자의 안전을 확인할 수 있어야 한다.
>   (가) CCTV 등을 통한 육안 확인
>   (나) 무전기나 전화를 통한 음성 확인
> ㉣ 암모니아 설비 및 안전설비의 유지관리 절차서: 암모니아 설비 주변에 설치된 안전대책의 작동 및 사용 가능 여부를 최소한 매년 1회 확인하고 점검하여야 한다.

① ㉠ ② ㉡
③ ㉢ ④ ㉣

해설

암모니아 설비 주변에 설치된 안전대책의 작동 및 사용 가능 여부를 최소한 분기별 1회 확인하고 점검하여야 한다.

정답 | ④

공조냉동설계

21 빈출도 ★

다음 중 절연내력이 크고 절연물질을 침식시키지 않기 때문에 밀폐형 압축기에 사용하기에 적합한 냉매는?

① 프레온계 냉매
② H_2O
③ 공기
④ NH_3

해설

밀폐형 압축기는 압축기와 전동기가 한 하우징 속에 내장된 구조이므로 전기 절연성이 큰 프레온계 냉매가 적합하다.

정답 | ①

23 빈출도 ★★

다음 그림은 어떤 사이클인가? (단, P=압력, h=엔탈피, T=온도, S=엔트로피이다.)

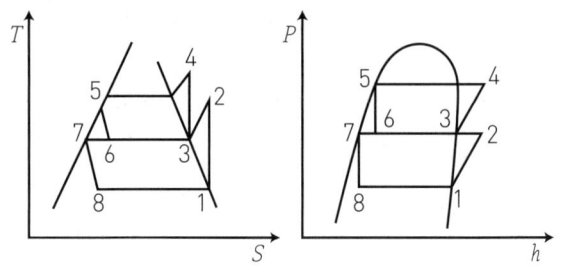

① 2단압축 1단팽창 사이클
② 2단압축 2단팽창 사이클
③ 1단압축 1단팽창 사이클
④ 1단압축 2단팽창 사이클

해설

$P-h$ 그래프에서 상태6과 상태7의 압력이 같으면 2단압축 2단팽창 사이클이고, 상태5와 상태7의 압력이 같으면 2단압축 1단팽창 사이클이다.

정답 | ②

22 빈출도 ★

제빙장치에서 135[kg]용 빙관을 사용하는 냉동장치와 가장 거리가 먼 것은?

① 헤어 핀 코일
② 브라인 펌프
③ 공기교반장치
④ 브라인 아지테이터(agitator)

해설

브라인 펌프는 빙축열을 이용한 냉방장치 구성품이다.

정답 | ②

24 빈출도 ★★★

일반적으로 2원 냉동장치의 저온측 냉매로 사용되지 않는 것은?

① R-14
② R-13
③ R-134a
④ 에탄(C_2H_6)

해설

- 저단측 냉매: R-13, R-14, 에탄
- 고단측 냉매: R-11, R-12, R-22
※ R-134a는 임계온도가 101[℃]인 친환경 냉매로써 R-12를 대체한다.

정답 | ③

25 빈출도 ★

다음은 흡수식 냉동장치의 성적계수를 개선하기 위한 어떤 장치에 관한 설명이다. 이 장치의 이름은?

- 흡수기와 재생기 사이에 설치한다.
- 고온 저농도의 용액으로부터 열을 빼앗아서 저온 고농도의 용액을 예열시킨다.
- 1kg의 증기를 발생시키기 위해 흡수기가 공급하는 희용액의 양이 용액순환비이다.

① 열교환기 ② 증발기
③ 정류기 ④ 압축기

해설

흡수식 냉동장치의 성적계수를 높이기 위해 열교환기와 정류기를 채택하는데, 흡수기와 재생기 사이에 설치하여 재생기에 공급되는 외부 열량을 줄이는 장치는 열교환기이다.

정답 | ①

26 빈출도 ★

다음 그림은 단효용 흡수식 냉동기에서 일어나는 과정을 나타낸 것이다. 각 과정에 대한 설명으로 틀린 것은?

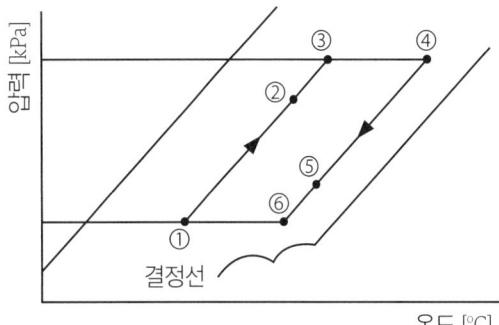

① ① → ② 과정: 재생기에서 돌아오는 고온 농용액과 열교환에 의한 희용액의 온도증가
② ② → ③ 과정: 재생기 내에서 비등점에 이르기까지의 가열
③ ③ → ④ 과정: 재생기 내에서 가열에 의한 냉매 응축
④ ④ → ⑤ 과정: 흡수기에서의 저온 희용액과 열교환에 의한 농용액의 온도감소

해설

③→④ 과정은 가열에 의해 냉매가 흡수제 용액으로부터 빠져나와 증발하는 과정이다.

정답 | ③

27 빈출도 ★

고온가스 제상(hot gas defrost) 방식에 대한 설명으로 틀린 것은?

① 압축기의 고온·고압가스를 이용한다.
② 소형 냉동장치에 사용하면 언제라도 정상운전을 할 수 있다.
③ 비교적 설비하기가 용이하다.
④ 제상 소요시간이 비교적 짧다.

해설

냉매 순환량이 적은 소형 냉동장치에 고온가스 제상을 적용하면 정상운전이 힘들어진다.

정답 | ②

28 빈출도 ★★★

어떤 암모니아 냉동기의 이론 성적계수는 4.75이고, 기계효율은 90[%], 압축효율은 75[%]일 때 1냉동톤(1RT)의 능력을 내기 위한 실제 소요마력은 약 몇 마력[PS]인가?

① 1.64 ② 2.73
③ 3.63 ④ 4.74

해설

- 이론 성적계수 = $\dfrac{증발기의\ 냉동능력}{압축기의\ 이론\ 소요동력}$ 에서

  $4.75 = \dfrac{3.86[kW]}{압축기의\ 이론\ 소요동력}$ 이므로

  압축기의 이론소요동력 $= \dfrac{3.86[kW]}{4.75} = 0.81[kW]$

- 압축기의 실제 소요동력 $= \dfrac{이론\ 소요동력}{(압축효율) \times (기계효율)}$ 이므로

  실제 소요동력 $= \dfrac{0.81[kW]}{0.75 \times 0.9} = 1.204[kW]$

- 실제 소요동력을 마력 단위로 변환하면

  $\dfrac{1,204[W]}{735.5[W/PS]} = 1.637[PS]$

※ 1[PS]=735.5[W]

정답 | ①

29 빈출도 ★★★

P−V(압력−체적) 선도에서 1에서 2까지 단열압축하였을 때 압축일량(절대일)은 어느 면적으로 표현되는가?

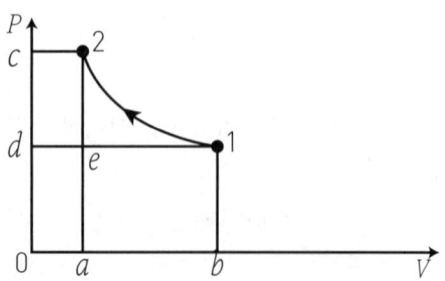

① 면적 12cd1 ② 면적 1d0b1
③ 면적 12ab1 ④ 면적 aed0a

해설

단열압축 시 압축일량 $W = \int F \cdot dl = \int PdV$ 이므로
P−V 그래프에서 압축일량은 면적 12ab1이다.

정답 | ③

30 빈출도 ★★

쉘 앤 튜브 응축기에서 냉각수 입구 및 출구 온도가 각각 16[℃]와 22[℃], 냉매의 응축온도를 25[℃]라 할 때, 이 응축기의 냉매와 냉각수와의 대수평균온도차[℃]는?

① 3.5 ② 5.5
③ 6.8 ④ 9.2

해설

온도차의 최소값이 a이고 최대값이 b이면 대수평균온도차는
$\dfrac{b-a}{\ln b - \ln a}$ 이다.
$a = 25 - 16 = 9$, $b = 25 - 22 = 3$이므로
$LMTD = \dfrac{9-3}{\ln 9 - \ln 3} = 5.46[℃]$

정답 | ②

31 빈출도 ★★

온도식 팽창밸브는 어떤 요인에 의해 작동되는가?

① 증발온도 ② 과냉각도
③ 과열도   ④ 액화온도

해설

온도식 자동 팽창밸브는 과열도에 의해 작동하며, 팽창밸브 입구 측 흡입가스의 과열도가 일정하게 유지되도록 냉매 유량을 조절한다.

정답 | ③

32 빈출도 ★★★

그림과 같은 단열된 용기 안에 25[℃]의 물이 0.8[m³] 들어있다. 이 용기 안에 100[℃], 50[kg]의 쇳덩어리를 넣은 후 열적 평형이 이루어졌을 때 최종 온도는 약 몇 [℃]인가? (단, 물의 비열은 4.18[kJ/kg·K], 철의 비열은 0.45[kJ/kg·K]이다.)

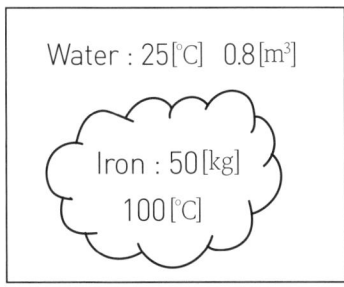

① 25.5
② 27.4
③ 29.2
④ 31.4

해설

- 물이 얻은 열
  $Q_1 = C_1 m_1 \Delta T_1 = 4.18 \times 800 \times (T-25) = 3,344T - 83,600$
- 철이 잃은 열
  $Q_2 = C_2 m_2 \Delta T_2 = 0.45 \times 50 \times (100-T) = 2,250 - 22.5T$
- $Q_1 = Q_2$이므로 $(3,344 + 22.5)T = 2,250 + 83,600$
  $\Rightarrow T = 25.5[℃]$

정답 | ①

33 빈출도 ★★

열역학 제2법칙에 관해서는 여러 가지 표현으로 나타낼 수 있는데, 다음 중 열역학 제2법칙과 관계되는 설명으로 볼 수 없는 것은?

① 열을 일로 변환하는 것은 불가능하다.
② 열효율이 100[%]인 열기관을 만들 수 없다.
③ 열은 저온 물체로부터 고온 물체로 자연적으로 전달되지 않는다.
④ 입력되는 일 없이 작동하는 냉동기를 만들 수 없다.

해설

열역학 제2법칙은 어떤 사이클에서 흡수한 열 모두를 일로 변환할 수 없다는 것으로 열효율이 100[%] 열기관은 존재하지 않는다는 의미이다. 이는 열을 일로 변환하는 것이 불가능하다는 의미와 거리가 멀다.

선지분석

② 열역학 제2법칙에 내용과 일치한다.
③ 열역학 제2법칙에 의하면 열은 스스로 저온에서 고온 물체로 자연적으로 전달되지 않는다.
④ 열역학 제2법칙의 냉동기와 관련된 내용으로 클라우지우스－켈빈 쌍대 진술에 해당된다.

정답 | ①

34 빈출도 ★★★

수소(H_2)가 이상기체라면 절대압력 1[MPa], 온도 100[℃]에서의 비체적은 약 몇 [m³/kg]인가? (단, 일반기체상수는 8.3145[kJ/kmol·K]이다.)

① 0.781
② 1.26
③ 1.55
④ 3.46

해설

이상기체 상태방정식 $PV = \dfrac{w}{M}RT \Rightarrow \dfrac{V}{w} = \dfrac{RT}{PM}$

수소의 분자량은 $M = 2$[kg/kmol]이므로

비체적 $v = \dfrac{V}{w} = \dfrac{8.3145[\text{kJ/mol·K}] \times (100+273)[\text{K}]}{1 \times 10^6[\text{Pa}] \times 2[\text{kg/kmol}]}$
$= 1.55[\text{m}^3/\text{kg}]$

※ 1[Pa] = 1[N/m²]
※ 1[J] = 1[N·m]

정답 | ③

35 빈출도 ★★★

어느 이상기체 2[kg]이 압력 200[kPa], 온도 30[°C]의 상태에서 체적 0.8[m³]를 차지한다. 이 기체의 기체상수[kJ/kg·K]는 약 얼마인가?

① 0.264
② 0.528
③ 2.34
④ 3.53

해설

상태방정식 $PV = mRT$에서
$$R = \frac{PV}{mT} = \frac{200[\text{kPa}] \times 0.8[\text{m}^3]}{2[\text{kg}] \times (273+30)[\text{K}]}$$
$= 0.264[\text{kJ/kg·K}]$이다.

정답 | ①

36 빈출도 ★★★

실린더 내의 공기가 100[kPa], 20[°C] 상태에서 300[kPa]이 될 때까지 가역단열 과정으로 압축된다. 이 과정에서 실린더 내의 계에서 엔트로피의 변화[kJ/kg·K]는? (단, 공기의 비열비(k)는 1.4이다.)

① -1.35
② 0
③ 1.35
④ 13.5

해설

단열과정이면 열출입이 없으므로 $\Delta Q = 0$이다.
따라서 엔트로피 변화량 $\Delta S = \dfrac{\Delta Q}{T} = 0$이다.

정답 | ②

37 빈출도 ★★★

보일러 입구의 압력이 9,800[kN/m²]이고, 응축기의 압력이 4,900[N/m²]일 때 펌프가 수행한 일[kJ/kg]은? (단, 물의 비체적은 0.001[m³/kg]이다.)

① 9.79
② 15.17
③ 87.25
④ 180.52

해설

- 펌프에서 압력 변화
$\Delta P = 9,800 \times 10^3[\text{N/m}^2] - 4,900[\text{N/m}^2]$
$= 9,795.1 \times 10^3[\text{N/m}^2]$
- 펌프가 하는 일
$W_p = v \times \Delta P = 0.001[\text{m}^3/\text{kg}] \times 9,795.1 \times 10^3[\text{N/m}^2]$
$= 9,795.1[\text{J/kg}] = 9.7951[\text{kJ/kg}]$

정답 | ①

38 빈출도 ★

엔트로피(s) 변화 등과 같은 직접 측정할 수 없는 양들을 압력(P), 비체적(v), 온도(T)와 같은 측정 가능한 상태량으로 나타내는 Maxwell 관계식과 관련하여 다음 중 틀린 것은?

① $\left(\dfrac{\partial T}{\partial P}\right)_S = \left(\dfrac{\partial v}{\partial s}\right)_P$

② $\left(\dfrac{\partial T}{\partial v}\right)_S = -\left(\dfrac{\partial P}{\partial s}\right)_V$

③ $\left(\dfrac{\partial v}{\partial T}\right)_P = -\left(\dfrac{\partial s}{\partial P}\right)_T$

④ $\left(\dfrac{\partial P}{\partial v}\right)_T = \left(\dfrac{\partial s}{\partial T}\right)_V$

해설

보기 ③은 Maxwell 관계식과 관련이 없다.

개념설명 Maxwell 관계식

구분	기호	Maxwell 관계식	독립변수
내부에너지	U	$\left(\dfrac{\partial T}{\partial v}\right)_s = -\left(\dfrac{\partial P}{\partial s}\right)_v$	s, v
엔탈피	$H = U + PV$	$\left(\dfrac{\partial T}{\partial P}\right)_s = \left(\dfrac{\partial v}{\partial s}\right)_p$	s, P
헬름홀츠 자유 에너지	$F = U - TS$	$\left(\dfrac{\partial P}{\partial T}\right)_v = \left(\dfrac{\partial s}{\partial v}\right)_T$	T, v
깁스 자유 에너지	$G = H - TS$ $= U + PV - TS$	$\left(\dfrac{\partial v}{\partial T}\right)_p = -\left(\dfrac{\partial s}{\partial P}\right)_T$	T, P

정답 | ④

39 빈출도 ★★

압력 2[MPa], 300[℃]의 공기 0.3[kg]이 폴리트로픽 과정으로 팽창하여, 압력이 0.5[MPa]로 변화하였다. 이때 공기가 한 일은 약 몇 [kJ]인가? (단, 공기는 기체상수가 0.287[kJ/kg·K]인 이상기체이고, 폴리트로픽 지수는 1.3이다.)

① 416
② 157
③ 573
④ 45

해설

폴리트로픽 과정이므로 $PV^n = PV^{1.3}$은 일정하다.
폴리트로픽 과정에서 기체가 하는 일

$W = \dfrac{mRT_1}{n-1}\left[1 - \left(\dfrac{P_2}{P_1}\right)^{(n-1)/n}\right]$ 이므로 따라서

$W = \dfrac{0.3[\text{kg}] \times 0.287[\text{kJ/kg·K}] \times 573[\text{K}]}{0.3}\left[1 - \left(\dfrac{0.5}{2}\right)^{0.3/1.3}\right]$

$= 45.02[\text{kJ}]$

정답 | ④

40 빈출도 ★★★

냉동 사이클이 $-10[℃]$와 $60[℃]$ 사이에서 역카르노 사이클로 작동될 때, 성적계수는?

① 2.21
② 2.84
③ 3.76
④ 4.75

해설

카르노 냉동장치의 성적계수

$\text{COP} = \dfrac{T_C}{T_H - T_C} = \dfrac{273-10}{(273+60)-(273+(-10))} = \dfrac{263}{70}$
$= 3.76$

정답 | ③

시운전 및 안전관리

41 빈출도 ★★★

그림과 같은 △결선회로를 등가 Y결선으로 변환할 때 각 상의 한 저항 값[Ω]은?

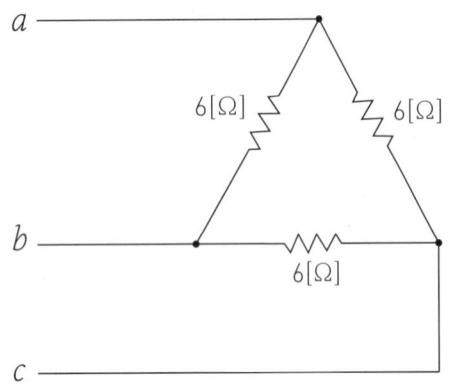

① 1　　　　　　② 2
③ 3　　　　　　④ 4

해설

3개의 저항 R_{ab}, R_{bc}, R_{ca}로 이루어진 △결선 회로는 3개의 저항 R_a, R_b, R_c로 이루어진 Y결선으로 등가 변환 할 수 있고
변환식은 $R_a = \dfrac{R_a \text{의 좌우저항의 곱}}{\triangle \text{결선의 세저항의 합}}$ 이다.
△결선의 세 저항이 $R_{ab}=R_{bc}=R_{ca}=6[\Omega]$이므로
각 상의 한 저항 $R_a = \dfrac{6[\Omega] \times 6[\Omega]}{6[\Omega]+6[\Omega]+6[\Omega]} = 2[\Omega]$이다.

정답 | ②

42 빈출도 ★★

자장 안에 놓여 있는 도선에 전류가 흐를 때 도선이 받는 힘은 $F=BIl\sin\theta[N]$이다. 이것을 설명하는 법칙과 응용기기가 알맞게 짝지어진 것은?

① 플레밍의 오른손법칙 − 발전기
② 플레밍의 왼손법칙 − 전동기
③ 플레밍의 왼손법칙 − 발전기
④ 플레밍의 오른손법칙 − 전동기

해설

전동기에서 자기력의 방향은 플레밍의 왼손 법칙으로 알 수 있다.

정답 | ②

43 빈출도 ★

환상 솔레노이드 철심에 200회의 코일을 감고 2[A]의 전류를 흘릴 때 발생하는 기자력은 몇 [AT]인가?

① 50　　　　　　② 100
③ 200　　　　　④ 400

해설

환상 솔레노이드에 의한 기자력
$F_m = NI = 200[\text{turn}] \times 2[A] = 400[AT]$

정답 | ④

44 빈출도 ★

교류를 직류로 변환하는 전기기기가 아닌 것은?

① 수은 정류기　　② 단극 발전기
③ 회전 변류기　　④ 컨버터

해설

단극 발전기는 직류를 직접 발생시키는 발전기로 교류를 직류로 변환하는 전기기기와 관련이 없다.

선지분석

① 수은 정류기: 수은 증기의 밸브 작용을 활용한 반파 정류기로 아크 정류 방식으로 교류를 직류로 변환한다.
③ 회전 변류기: 동기 전동기와 직류 발전기를 나란하게 접속시킨 장치로 교류를 공급하여 회전시키면 정류자가 직류를 뽑아내는 방식이다.
④ 컨버터: 반도체 소자를 사용하여 교류를 직류로 변환한다.

정답 | ②

45 빈출도 ★★★

직류 전원 전압을 안정하게 유지하기 위하여 사용되는 다이오드는?

① 제너 다이오드　　② 터널 다이오드
③ 보드형 다이오드　④ 버랙터 다이오드

해설

제너다이오드는 역방향으로 항복전압 이상의 전압이 걸리면 전류가 통하므로 이러한 특성을 이용하면 직류전압의 안정적 유지가 가능하다.

정답 | ①

46 빈출도 ★★

엘리베이터용 전동기의 필요 특성으로 틀린 것은?

① 소음이 작아야 한다.
② 기동 토크가 작아야 한다.
③ 회전부분의 관성모멘트가 작아야 한다.
④ 가속도의 변화 비율이 일정 값이 되어야 한다.

해설

엘리베이터용 전동기는 기동 토크가 크고 가속도 변화 비율이 일정해야하므로 주로 직류 전동기를 사용한다.

정답 | ②

47 빈출도 ★

두 대 이상의 변압기를 병렬 운전하고자 할 때 이상적인 조건으로 틀린 것은?

① 각 변압기의 극성이 같을 것
② 각 변압기의 손실비가 같을 것
③ 정격용량에 비례하여 전류를 분담할 것
④ 변압기 상호 간 순환전류가 흐르지 않을 것

해설

극성, 권수비, 정격전압이 같아서 순환전류가 흐르지 않아야 하며, %임피던스 강하가 같아서 용량 비례로 전류를 분담해야 한다. 변압기의 손실비는 병렬 운전조건과 관련이 없다.

정답 | ②

48 빈출도 ★

직류 · 교류 양용에 만능으로 사용할 수 있는 전동기는?

① 직권 정류자 전동기   ② 직류 복권 전동기
③ 유도 전동기   ④ 동기 전동기

해설

직권 정류자 전동기는 계자 권선과 전기자 권선이 직렬로 연결되어 있어 직류, 교류 모두에서 사용할 수 있다.

정답 | ①

49 빈출도 ★★

다음 논리회로의 출력은?

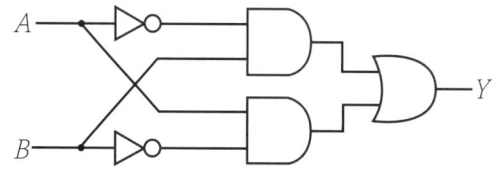

① $Y = A\overline{B} + \overline{A}B$
② $Y = \overline{AB} + \overline{AB}$
③ $Y = \overline{AB} + \overline{AB}$
④ $Y = \overline{A} + \overline{B}$

해설

입력 $\overline{A}$와 B가 AND 게이트를 지나므로 $\overline{A} \cdot B$
입력 A와 $\overline{B}$가 AND 게이트를 지나므로 $A \cdot \overline{B}$
$\overline{A} \cdot B$와 $A \cdot \overline{B}$는 OR 게이트를 지나므로
$Y = \overline{A} \cdot B + \overline{B} \cdot A$

정답 | ①

50 빈출도 ★★★

논리식 $L = \overline{x}\,\overline{y} + \overline{x}y$를 간단히 한 식은?

① $L = x$
② $L = \overline{x}$
③ $L = y$
④ $L = \overline{y}$

해설

$L = \overline{x}\,\overline{y} + \overline{x}y = \overline{x}(\overline{y} + y) = \overline{x} \cdot 1 = \overline{x}$

정답 | ②

51 빈출도 ★★★

입력 신호가 모두 "1"일 때만 출력이 생성되는 논리회로는?

① AND 회로
② OR 회로
③ NOR 회로
④ NOT 회로

해설

입력 신호가 모두 1인 경우 출력이 1인 논리회로는 AND 회로이다.

선지분석

② OR 회로: 입력 신호가 하나라도 1인 경우 출력이 1인 논리회로이다.
③ NOR 회로: 입력 신호가 하나라도 1인 경우 출력이 0인 논리회로이다.
④ NOT 회로: 입력 신호를 반전하는 논리회로이다.

정답 | ①

52 빈출도 ★★

비례적분제어 동작의 특징으로 옳은 것은?

① 간헐현상이 있다.
② 잔류편차가 많이 생긴다.
③ 응답의 안정성이 낮은 편이다.
④ 응답의 진동시간이 매우 길다.

해설

비례적분제어는 비례동작에 의해 발생되는 잔류오차를 소멸시키기 위해 적분동작을 부여하는 방식으로서 잔류편차(오프셋)는 없지만 간헐현상이 있다.

정답 | ①

53 빈출도 ★★

서보 기구의 특징에 관한 설명으로 틀린 것은?

① 원격제어의 경우가 많다.
② 제어량이 기계적 변위이다.
③ 추치제어에 해당하는 제어장치가 많다.
④ 신호는 아날로그에 비해 디지털인 경우가 많다.

해설

서보 기구는 제어량이 기계적 변위이며 아날로그 신호를 이용하여 원격으로 제어하는 경우가 많다.

정답 | ④

54 빈출도 ★★★

물체의 위치, 방향 및 자세 등의 기계적 변위를 제어량으로 해석 목표값의 임의의 변화에 추종하도록 구성된 제어계는?

① 프로그램 제어
② 프로세스 제어
③ 서보 기구
④ 자동 조정

해설

제어량에 따라 제어계를 분류하면 프로세스 제어, 서보 제어, 자동 조정 제어가 있다. 서보 제어(기구)에서 다루는 제어량은 자세, 방위, 위치 등의 기계적 변위이다.

정답 | ③

55 빈출도 ★★★

그림과 같은 계통의 전달 함수는?

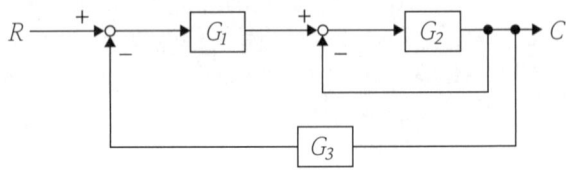

① $\dfrac{G_1G_2}{1+G_2G_3}$
② $\dfrac{G_1G_2}{1+G_1+G_2G_3}$
③ $\dfrac{G_1G_2}{1+G_2+G_1G_2G_3}$
④ $\dfrac{G_1G_2}{1+G_1G_2+G_2G_3}$

해설

- 진행경로의 이득: G_1G_2
- 루프의 이득: $-G_2$, $-G_1G_2G_3$
- 전달함수

$$\dfrac{C(s)}{R(s)} = \dfrac{\Sigma \text{진행경로의 이득}}{1-\Sigma \text{루프의 이득}}$$

$$= \dfrac{G_1G_2}{1-(-G_2-G_1G_2G_3)} = \dfrac{G_1G_2}{1+G_2+G_1G_2G_3}$$

정답 | ③

56 빈출도 ★★

다음 중 고압가스 안전관리법령에 따라 500만원 이하의 벌금 기준에 해당하는 경우는?

㉠ 고압가스를 제조하려는 자가 신고를 하지 아니하고 고압가스를 제조한 경우
㉡ 특정고압가스 사용신고자가 특정고압가스의 사용 전에 안전관리자를 선임하지 않는 경우
㉢ 고압가스의 수입을 업(業)으로 하려는 자가 등록을 하지 아니하고 고압가스 수입업을 한 경우
㉣ 고압가스를 운반하려는 자가 등록을 하지 아니하고 고압가스를 운반한 경우

① ㉠
② ㉠, ㉡
③ ㉠, ㉡, ㉢
④ ㉠, ㉡, ㉢, ㉣

해설

• 다음에 해당하는 자는 500만원 이하의 벌금에 처한다.
  ㉠ 신고를 하지 아니하고 고압가스를 제조한 자
  ㉡ 규정에 따른 안전관리자를 선임하지 아니한 자
• 다음에 해당하는 자는 300만원 이하의 벌금에 처한다.
  ㉢ 등록을 하지 아니하고 고압가스 수입업을 한 자
  ㉣ 등록을 하지 아니하고 고압가스를 운반한 자

정답 | ②

57 빈출도 ★★

고압가스 안전관리법령에서 규정하는 냉동기 제조등록을 해야 하는 냉동기의 기준은 얼마인가?

① 냉동능력 3톤 이상인 냉동기
② 냉동능력 5톤 이상인 냉동기
③ 냉동능력 8톤 이상인 냉동기
④ 냉동능력 10톤 이상인 냉동기

해설

냉동기 제조등록 대상범위는 냉동능력 3톤 이상인 냉동기이다.

정답 | ①

58 빈출도 ★★

다음 중 기계설비유지관리법령상 과태료 규정에 관해서 바르게 기술한 것은?

① 유지관리기준을 준수하지 아니한 자에게는 100만원 이하의 과태료를 부과한다.
② 점검기록을 보존하지 아니한 자에게는 100만원 이하의 과태료를 부과한다.
③ 점검기록을 제출하지 아니한 자에게는 500만원 이하의 과태료를 부과한다.
④ 유지관리교육을 받지 아니한 자에게는 100만원 이하의 과태료를 부과한다.

해설

기계설비유지관리법령에 의하면 점검기록을 보존하지 않으면 500만원, 제출하지 않으면 100만원의 과태료가 부과된다.

정답 | ④

59 빈출도 ★★★

다음 중 기계설비유지관리자 승급기준에 관한 설명으로 옳지 않은 것은?

① 기사 자격증을 보유하고 10년의 실무경력을 쌓으면 특급으로 승급된다.
② 기사 자격증을 보유하고 7년의 실무경력을 쌓으면 고급으로 승급된다.
③ 산업기사 자격증을 보유하고 4년의 실무경력을 쌓으면 초급으로 승급된다.
④ 산업기사 자격증을 보유하고 7년의 실무경력을 쌓으면 중급으로 승급된다.

해설

기계설비유지관리법령에 의하면 산업기사 자격증을 보유하고 3년의 실무경력을 쌓으면 초급으로 승급된다.

정답 | ③

60 빈출도 ★★

다음 중 고용노동부령으로 정하는 중대재해의 범위에 해당하는 것은?

① 중상자가 1명 이상 발생한 재해
② 부상자 또는 직업성 질병자가 동시에 5명 발생한 재해
③ 6개월 이상의 요양이 필요한 부상자가 1명 발생한 재해
④ 3개월 이상의 요양이 필요한 부상자가 2명 발생한 재해

해설

산업안전보건법에 따르면 3개월 이상의 요양이 필요한 부상자가 동시에 2명 이상 발생한 재해는 중대재해의 범위에 속한다.

정답 | ④

유지보수 공사관리

61 빈출도 ★★★

다음 중 주철관의 이음법으로 적합하지 않은 것은?

① 빅토릭 이음　　② 플랜지 이음
③ 타이튼 이음　　④ 플라스턴 이음

해설

플라스턴 이음은 납과 주석의 합금을 토치램프로 녹여서 접합하는 방식으로 연관의 이음법이다.

정답 | ④

62 빈출도 ★★★

동관의 이음에서 기계의 분해, 점검, 보수를 고려하여 사용하는 이음법은?

① 납땜 이음　　② 플라스턴 이음
③ 플레어 이음　　④ 소켓 이음

해설

플레어 이음은 나팔꽃처럼 관 끝을 벌려서 너트를 끼우는 방식으로 관의 보수 및 점검이 용이하다.

정답 | ③

63 빈출도 ★★

밸브 종류 중 디스크의 형상을 원뿔 모양으로 하여 고압 소유량의 유체를 누설 없이 조절할 목적으로 사용하는 밸브는?

① 앵글 밸브　　② 슬루스 밸브
③ 니들 밸브　　④ 버터플라이 밸브

해설

니들 밸브는 디스크 끝이 날카로운 원추형이며 고압 유량을 미세하게 조절하기에 적합한 밸브이다.

선지분석

① 앵글 밸브: 유체의 흐름을 직각으로 바꾸는 역할을 한다. 부분 개방 시 유량 조절도 가능하다.
② 슬루스 밸브: 밸브를 완전히 열거나 닫는 용도로 설계된 밸브이다. 유체 흐름이 일직선으로 유지되므로 마찰손실이 적다. 증기수평관에서 드레인 방지를 위해 사용하고, 급수, 급탕 배관에 많이 쓰인다.
④ 버터플라이 밸브: 밸브 내부에 구형 디스크(볼)를 사용하며 90° 회전만으로도 개폐가 가능하다.

정답 | ③

64 빈출도 ★★★
같은 지름의 관을 직선으로 연결할 때 사용하는 배관 이음쇠가 아닌 것은?

① 소켓 ② 유니언
③ 벤드 ④ 플랜지

해설
벤드는 배관의 방향을 전환하기 위한 배관 이음쇠이다.

선지분석
① 소켓: 애관을 연장하거나 볼밸브를 연결할 때 사용한다.
② 유니언: 고정된 두 배관을 분해 및 조립할 때 사용한다.
④ 플랜지: 용접 없이 조립과 분해가 용이하여 배관을 직선 연결할 때 사용한다.

정답 | ③

65 빈출도 ★★★
강관의 나사이음 시 관을 절단한 후 관 단면의 안쪽에 생기는 거스러미를 제거할 때 사용하는 공구는?

① 파이프 바이스 ② 파이프 리머
③ 파이프 렌치   ④ 파이프 커터

해설
관을 절단한 뒤 단면 안쪽의 거스러미 또는 날카로운 가장자리를 제거하는 공구는 파이프 리머이다.

선지분석
① 파이프 바이스: 강관을 절단하거나 조합할 때 관을 고정시키는 공구이다.
③ 파이프 렌치: 관을 조이거나 풀기에 편리한 공구이다.
④ 파이프 커터: 강관을 절단하는 도구이다.

정답 | ②

66 빈출도 ★★★
연관의 접합 과정에 쓰이는 공구가 아닌 것은?

① 봄볼   ② 턴핀
③ 드레서 ④ 사이징 툴

해설
사이징 툴은 동관 공작용 공구로 압축 이음(플레어 이음)하기에 앞서 동관 끝부분을 원형으로 정형하는 공구이다.

선지분석
① 봄볼: 분기관을 따내기 위해 구멍을 뚫는 공구이다.
② 턴핀: 연관 끝부분을 확관시키는 공구이다.
③ 드레서: 연관 표면에 생성된 산화물을 제거하는 공구이다.

정답 | ④

67 빈출도 ★★
강관작업에서 아래 그림처럼 15A 나사용 90° 엘보 2개를 사용하여 길이가 200[mm]가 되도록 연결 작업을 하려고 한다. 이때 실제 15A 강관의 길이[mm]는 얼마인가? (단, 나사가 물리는 최소길이(여유치수)는 11[mm], 이음쇠의 중심에서 단면까지의 길이는 27[mm]이다.)

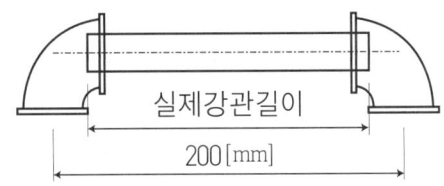

① 142 ② 158
③ 168 ④ 176

해설
실제 강관길이 = 배관중심길이 − 2 × (중심치수 − 여유치수)
= 200 − 2 × (27 − 11) = 200 − 32 = 168[mm]

정답 | ③

68 빈출도 ★★

강관에서 호칭관경의 연결로 틀린 것은?

① 25A : $1\frac{1}{2}$B
② 20A : $\frac{3}{4}$B
③ 32A : $1\frac{1}{4}$B
④ 50A : 2B

해설

A는 [mm] 단위이고, B는 [inch] 단위이다.

호칭경		동관 외경	강관 외경
A	B		
10A	$\frac{3}{8}$B	12.70[mm]	17.3[mm]
15A	$\frac{1}{2}$B	15.88[mm]	21.7[mm]
20A	$\frac{3}{4}$B	22.22[mm]	27.2[mm]
25A	1B	28.58[mm]	34.0[mm]
32A	$1\frac{1}{4}$B	34.92[mm]	42.7[mm]
50A	2B	54.0[mm]	60.5[mm]

정답 | ①

69 빈출도 ★★

베이퍼록 현상을 방지하기 위한 방법으로 틀린 것은?

① 실린더 라이너의 외부를 가열한다.
② 흡입배관을 크게 하고 단열 처리한다.
③ 펌프의 설치위치를 낮춘다.
④ 흡입관로를 깨끗이 청소한다.

해설

베이퍼록 현상은 냉매 속에서 수증기가 갇혀 냉매 흐름을 막는 현상으로 펌프의 위치를 낮추고, 흡입관로를 청소하고, 흡입관경을 크게 하면 방지할 수 있다.

정답 | ①

70 빈출도 ★★★

배관계통 중 펌프에서의 공동현상(cavitation)을 방지하기 위한 대책으로 틀린 것은?

① 펌프의 설치 위치를 낮춘다.
② 회전수를 줄인다.
③ 양 흡입을 단 흡입으로 바꾼다.
④ 굴곡부를 적게 하여 흡입관의 마찰손실수두를 작게 한다.

해설

흡입구 측 수압은 유속이 느려지면 증가하므로 유속을 느리게 하기 위해 관경을 굵게 하거나 흡입관이 2개인 양흡입 펌프를 사용한다.

정답 | ③

71 빈출도 ★★

난방 배관 시공을 위해 벽, 바닥 등에 관통 배관 시공을 할 때, 슬리브(sleeve)를 사용하는 이유로 가장 거리가 먼 것은?

① 열팽창에 따른 배관 신축에 적응하기 위해
② 관 교체 시 편리하게 하기 위해
③ 고장 시 수리를 편리하게 하기 위해
④ 유체의 압력을 증가시키기 위해

해설

슬리브는 관통부의 물리적 공간 확보 및 보호를 위한 장치이므로 유체의 압력 증감여부와는 관련이 없다.

선지분석

① 벽, 바닥 등의 관통부에 슬리브를 사용하면 관이 열팽창할 때 슬리브 속에서 자유롭게 미끄러져 움직일 수 있어 누수나 균열을 방지한다.
② 슬리브가 설치되어 있으면 관을 절단하거나 교체할 때 벽, 바닥을 깨뜨리지 않고도 쉽게 교체가 가능하다.
③ 슬리브를 사용하면 관통 부위가 확보되어 있으므로 이를 통해 고장 시 수리를 편리하게 할 수 있다.

개념설명

슬리브형 신축이음은 파이프가 본체 속으로 미끄러져 들어갈 수 있는 구조이며, 급탕 및 난방 배관에 신축이음을 사용하는 이유는 열팽창을 흡수하고 배관 보수 작업을 편리하게 하기 위함이다.

정답 | ④

72 빈출도 ★

다음 중 증기사용 간접가열식 온수공급 탱크의 가열관으로 가장 적절한 관은?

① 납관　　② 주철관
③ 동관　　④ 도관

해설
가열코일의 재질로는 열전도율이 크고 유연성과 내구성이 뛰어나 동결이나 열변형에도 잘 견디는 동관이 적절하다.

정답 | ③

73 빈출도 ★★

배수 통기배관의 시공 시 유의사항으로 옳은 것은?

① 배수 입관의 최하단에는 트랩을 설치한다.
② 배수 트랩은 반드시 이중으로 한다.
③ 통기관은 기구의 오버플로우선 이하에서 통기 입관에 연결한다.
④ 냉장고의 배수는 간접배수로 한다.

해설
냉장고, 세탁기 등은 배수관을 대기에 개방시키는 간접배수 방식을 적용하여 역류를 방지한다.

선지분석
① 배수 트랩은 최하단이 아닌 필요 개소에 설치한다.
② 배수 트랩은 배수 흐름에 영향을 주지 않도록 이중으로 설치하지 않는다.
③ 오버플로우관은 트랩의 유입구 측에 연결해야 한다.

정답 | ④

74 빈출도 ★★

배수 배관 시공 시 청소구의 설치위치로 가장 적절하지 않은 곳은?

① 배수 수평 주관과 배수 수평 분기관의 분기점
② 길이가 긴 수평 배수관 중간
③ 배수 수직관의 제일 윗부분 또는 근처
④ 배수관이 45°이상의 각도로 방향을 전환하는 곳

해설
먼지나 이물질로 관이 막힐 우려가 있는 경우 점검이 용이하도록 분기점, 골곡부, 접속점, 최하단부에 청소구를 설치해야 한다. 수직관의 제일 윗부분 또는 근처에는 침전물이 발생하지 않아 청소구 설치 효과가 없다.

정답 | ③

75 빈출도 ★★★

온수난방 배관 시 유의사항으로 틀린 것은?

① 온수 방열기마다 반드시 수동식 에어벤트를 부착한다.
② 배관 중 공기가 고일 우려가 있는 곳에는 에어벤트를 설치한다.
③ 수리나 난방 휴지 시의 배수를 위한 드레인 밸브를 설치한다.
④ 보일러에서 팽창탱크에 이르는 팽창관에는 밸브를 2개 이상 부착한다.

해설
저탕조와 팽창탱크를 잇는 팽창관 도중에는 밸브를 설치하여서는 안된다. 에어벤트와 공기빼기 밸브는 난방배관의 최상부에 설치한다.

정답 | ④

76 빈출도 ★

난방용 방열기에 관한 설명으로 틀린 것은?

① 형태에 따라 주형, 벽걸이형, 길드형이 있다.
② 방열기 표면을 도장할 때는 알루미늄 도료를 사용한다.
③ 방열기는 벽면과의 이격거리가 5~6[cm]가 되도록 설치한다.
④ 난방부하 $Q=KA\Delta T$에서 ΔT는 실내와 실외의 온도차를 나타낸다.

해설

난방부하 $Q=KA\Delta T$에서 K는 방열계수, A는 방열면적, ΔT는 증기와 실내의 온도차를 나타낸다.

정답 | ④

77 빈출도 ★★

다음 공조용 배관 중 배관 샤프트 내에서 단열시공을 하지 않는 배관은?

① 온수관
② 냉수관
③ 증기관
④ 냉각수관

해설

냉각수는 응축수로부터 흡수한 열을 방열하는 것이 목적이므로 응축기와 냉각탑 사이의 수송 배관(냉각수관)을 단열처리 할 필요가 없다.

정답 | ④

78 빈출도 ★★★

공조배관 설계 시 유속을 빠르게 설계하였을 때 나타나는 결과로 옳은 것은?

① 소음이 작아진다.
② 펌프양정이 높아진다.
③ 설비비가 커진다.
④ 운전비가 감소한다.

해설

유속을 빠르게 한 경우 마찰손실이 높아진다. 마찰손실이 클수록 수두(펌프양정)이 커지므로 펌프양정이 높아진다.

정답 | ②

79 빈출도 ★

가스배관 시공에 대한 설명으로 틀린 것은?

① 건물 내 배관은 안전을 고려, 벽, 바닥 등에 매설하여 시공한다.
② 건축물의 벽을 관통하는 부분의 배관에는 보호관 및 부식방지 피복을 한다.
③ 배관의 경로와 위치는 장래의 계획, 다른 설비와의 조화 등을 고려하여 정한다.
④ 부식의 우려가 있는 장소에 배관하는 경우에는 방식, 절연조치를 한다.

해설

가스배관은 검사가 용이하도록 노출배관을 원칙으로 하되, 동관은 이음매 없이 매립할 수 있다. 즉, 벽, 바닥 등에 매설하여 시공하면 안 된다.

정답 | ①

80 빈출도 ★★

도시가스 입상배관의 관 지름이 20[mm] 일 때 움직이지 않도록 몇 [m]마다 고정 장치를 부착해야 하는가?

① 1[m]
② 2[m]
③ 3[m]
④ 4[m]

해설

가스관 지름이 13[mm] 미만이면 1[m]마다 고정하고, 13~33[mm]이면 2[m]마다 고정한다.

정답 | ②

2024년 3회 CBT 복원문제

에너지관리

01 빈출도 ★★

두께가 3[mm]인 단층유리의 열전도율 $\lambda=0.75$[W/m·K]이고, 실내측 열전달률이 8[W/m²·K]이고, 실외측 열전달률이 25[W/m²·K]일 때 유리창의 열관류율[W/m·K]은?

① 4.28
② 5.92
③ 6.48
④ 7.26

해설

$\alpha=8$[W/m²·K], $\alpha'=25$[W/m²·K], $l=3\times10^{-3}$[m], $\lambda=0.75$[W/m·K]이므로

$$\frac{1}{k}=\frac{1}{\alpha}+\frac{1}{\lambda/l}+\frac{1}{\alpha'}=\frac{1}{8}+\frac{1}{0.75/(3\times10^{-3})}+\frac{1}{25}=\frac{169}{1,000}$$

따라서 열관류율 $k=\frac{1,000}{169}=5.92$[W/m²·K]이다.

정답 | ②

02 빈출도 ★

인위적으로 실내 또는 일정한 공간의 공기를 사용 목적에 적합하도록 공기조화 하는 데 있어서 고려하지 않아도 되는 것은?

① 온도
② 습도
③ 색도
④ 기류

해설

색도는 공기조화의 주요 고려 요소가 아니다.

정답 | ③

03 빈출도 ★★

건구온도(t_1) 5[℃], 상대습도 80[%]인 습공기를 공기가열기를 사용하여 건구온도(t_2)가 43[℃]가 되는 가열공기 950[m³/h]을 얻으려고 한다. 이때 가열에 필요한 열량[kW]은?

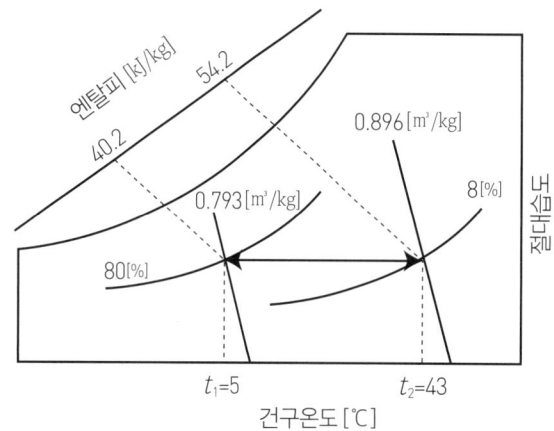

① 2.14
② 4.65
③ 8.97
④ 11.02

해설

$t_1=5$[℃], 비체적 $v=0.793$[m³/kg], 습공기 부피율 $\dot{Q}=950$[m³/h]이므로 초당 공급되는 습공기의 질량은

$$\dot{m}=\frac{\dot{Q}}{v}=\frac{\frac{950[\text{m}^3/\text{h}]}{3,600[\text{s}/\text{h}]}}{0.793[\text{m}^3/\text{kg}]}=0.333[\text{kg/s}]$$이다.

따라서 습공기가 얻은 전열
= 습공기의 질량 × 엔탈피 변화량
= 0.333[kg/s] × (54.2−40.2)[kJ/kg] = 4.659[kW]이다.

정답 | ②

04 빈출도 ★

다음 조건의 외기와 재순환 공기를 혼합하려고 할 때 혼합공기의 건구온도는?

- 외기 34[℃] DB, 1,000[m³/h]
- 재순환공기 26[℃] DB, 2,000[m³/h]

① 31.3[℃] ② 28.6[℃]
③ 18.6[℃] ④ 10.3[℃]

해설

$1,000(34-T)=2,000(T-26)$에서 $34+52=3T$이므로 혼합공기의 온도는 $T=28.67[℃]$이다.
※ DB=Dry Bulb=건구온도

정답 | ②

05 빈출도 ★★★

습공기선도(t-x선도)상에서 알 수 없는 것은?

① 엔탈피 ② 습구온도
③ 풍속   ④ 상대습도

해설

어떤 습공기의 상태를 습공기선도상의 한 점으로 표현하면 그 점의 가로좌표는 건구온도, 세로좌표는 절대습도, 그 점을 지나는 경사선 수치는 습구온도와 비엔탈피, 그 점을 지나는 커브선 수치는 상대습도이다.

정답 | ③

06 빈출도 ★★★

증기난방과 온수난방의 비교 설명으로 틀린 것은?

① 주 이용열은 증기난방은 잠열, 온수난방은 현열이다.
② 증기난방에 비하여 온수난방은 방열량을 쉽게 조절할 수 있다.
③ 장거리 수송은 증기난방은 발생증기압에 의하여, 온수난방은 자연순환력 또는 펌프 등의 기계력에 의한다.
④ 온수난방에 비하여 증기난방은 예열부하와 시간이 많이 소요된다.

해설

증기난방 방식은 온수난방 방식에 비해 예열시간이 짧다. 증기의 비열이 물의 비열보다 더 작기 때문이다.

정답 | ④

07 빈출도 ★★

난방방식 종류별 특징에 대한 설명으로 틀린 것은?

① 저온 복사난방 중 바닥 복사난방은 특히 실내기온의 온도분포가 균일하다.
② 온풍난방은 공장과 같은 난방에 많이 쓰이고 설비비가 싸며 예열시간이 짧다.
③ 온수난방은 배관부식이 크고 워밍업 시간이 증기난방보다 짧으며 관의 동파 우려가 있다.
④ 증기난방은 부하변동에 대응한 조절이 곤란하고 실온분포가 온수난방보다 나쁘다.

해설

온수난방은 예열시간은 길지만 잘 식지 않으므로 증기난방에 비하여 배관의 동결 피해가 적다.

정답 | ③

08 빈출도 ★★

온수난방 배관방식에서 단관식과 비교한 복관식에 대한 설명으로 틀린 것은?

① 설비비가 많이 든다.　② 온도변화가 크다.
③ 온수 순환이 좋다.　　④ 안정성이 높다.

해설

복관식은 급수관과 배수관이 분리되어 있어 수온을 고르게 유지하는 데 유리하므로 온도의 변화가 적다.

정답 | ②

09 빈출도 ★★

다음 중 일반 사무용 건물의 난방부하 계산 결과에 가장 작은 영향을 미치는 것은?

① 외기온도　　　② 벽체로부터의 손실열량
③ 인체 부하　　④ 틈새바람 부하

해설

일사 부하, 인체 부하, 조명 부하는 실내온도를 높이는 데 기여하므로 난방부하가 아닌 냉방부하 계산 시 고려한다.

정답 | ③

10 빈출도 ★★

난방부하 계산 시 일반적으로 무시할 수 있는 부하의 종류가 아닌 것은?

① 틈새바람 부하　　② 조명기구 발열 부하
③ 재실자 발생 부하　④ 일사 부하

해설

일사 부하, 인체 부하, 조명 부하는 실내온도를 높이는 데 기여하므로 난방부하가 아닌 냉방부하 계산 시 고려한다.

정답 | ①

11 빈출도 ★★★

공조설비의 구성은 열원설비, 열운반장치, 공조기, 자동제어장치로 이루어진다. 이에 해당하는 장치로서 직접적인 관계가 없는 것은?

① 펌프　　　　② 덕트
③ 스프링클러　④ 냉동기

해설

스프링클러 설비는 소방설비에 해당하며 공조설비에 해당하지 않는다.

선지분석

① 펌프: 열운반장치로 공조설비에 해당한다.
② 덕트: 열운반장치로 공조설비에 해당한다.
④ 냉동기: 열원설비로 공조설비에 해당한다.

정답 | ③

12 빈출도 ★★★

열교환기에서 냉수코일 입구 측의 공기와 물의 온도차가 16[℃], 냉수코일 출구 측의 공기와 물이 온도차가 6[℃]이면 대수평균온도차[℃]는 얼마인가?

① 10.2　　② 9.25
③ 8.37　　④ 8.00

해설

온도차의 최소값이 a이고 최대값이 b이면 대수평균온도차는 $\dfrac{b-a}{\ln b - \ln a}$이다. 따라서 $\text{LMTD}= \dfrac{16-6}{\ln 16 - \ln 6}=10.2[℃]$이다.

정답 | ①

13 빈출도 ★★

에어와셔를 통과하는 공기의 상태변화에 대한 설명으로 틀린 것은?

① 분무수의 온도가 입구공기의 노점온도보다 낮으면 냉각 감습된다.
② 순환수를 분무하면 공기는 냉각가습되어 엔탈피가 감소한다.
③ 증기분무를 하면 공기는 가열가습되고 엔탈피도 증가한다.
④ 분무수의 온도가 입구공기의 노점온도보다 높고 습구온도보다 낮으면 냉각 가습된다.

해설
순환수를 분무하면 공기와 온도가 같아지므로 공기의 엔탈피 변화가 없다.

정답 | ②

14 빈출도 ★★

수관식 보일러의 특징에 관한 설명으로 틀린 것은?

① 관(드럼)의 직경이 적어서 고온·고압용에 적당하다.
② 전열면적이 커서 증기발생시간이 빠르다.
③ 구조가 단순하여 청소나 검사 수리가 용이하다.
④ 보유수량이 적어 부하변동 시 압력변화가 크다.

해설
수관식 보일러는 많은 수의 작은 튜브와 복잡한 배관을 가지므로 청소나 검사, 수리가 어렵다. 구조가 단순하여 청소나 검사 수리가 용이하다는 것은 원통형 보일러의 특징이다.

정답 | ③

15 빈출도 ★★★

보일러의 능력을 나타내는 표시방법 중 가장 작은 값을 나타내는 출력은?

① 정격 출력
② 과부하 출력
③ 정미 출력
④ 상용 출력

해설
① 정격 출력: 상용 출력+예열부하
② 과부하 출력: 정격 출력의 110~120[%] 수준의 출력
③ 정미 출력: 난방 부하+급탕부하
④ 상용 출력: 정미 출력+배관부하
따라서 가장 작은 값은 정미출력이다.

정답 | ③

16 빈출도 ★★★

난방부하가 6,500[kcal/h]인 어떤 방에 대해 온수난방을 하고자 한다. 방열기의 상당방열면적[m²]은?

① 6.7
② 8.4
③ 10
④ 14.4

해설
상당방열면적

$$EDR[m^2] = \frac{보일러의\ 출력}{표준\ 방열량} = \frac{난방부하}{표준\ 방열량}$$ 에서

온수난방의 표준방열량이 $0.523[kW/m^2]$이므로

$$EDR = \frac{6,500[kcal/h] \times 4.185[kJ/kcal]}{0.523[kW/m^2]} \times \frac{1}{3,600[s/h]}$$
$$= 14.45[m^2]$$

정답 | ④

17 빈출도 ★★

덕트 설계 시 주의사항으로 틀린 것은?

① 장방형 덕트 단면의 종횡비는 가능한 한 6 : 1 이상으로 해야 한다.
② 덕트의 풍속은 15[m/s] 이하, 정압은 50[mmAq] 이하의 저속덕트를 이용하여 소음을 줄인다.
③ 덕트의 분기점에는 댐퍼를 설치하여 압력 평행을 유지시킨다.
④ 재료는 아연도금강판, 알루미늄판 등을 이용하여 마찰저항 손실을 줄인다.

해설

장방향 덕트 단면의 종횡비는 최대 8 : 1을 넘지 않도록 하고 가급적 4 : 1 이하가 되게 한다.

정답 | ①

18 빈출도 ★★

9[m]×6[m]×3[m]의 강의실에 10명의 학생이 있다. 1인당 CO_2 토출량이 15[L/h]이면, 실내 CO_2양을 0.1[%]로 유지시키는 데 필요한 환기량[m³/h]은? (단, 외기 CO_2양은 0.04[%]로 한다.)

① 80
② 120
③ 180
④ 250

해설

- 환기에 의해 방출되는 CO_2의 부피 $= Q(C_i - C_o)$[mL/h]
  (단, C_i: 허용농도[ppm], C_o: 실외농도[mL/m³])
- 실내의 오염물질 발생량 M[mL/h] $= 10 \times 15,000$[mL/h]
  ※ 1[L/h] = 1,000[mL/h]
- $Q(C_i - C_o) = M$에서
  환기량 $\dfrac{M}{C_i - C_o} = \dfrac{10 \times 15,000 [\text{mL/h}]}{(1,000 - 400)[\text{mL/m}^3]} = 250$[m³/h]

정답 | ④

19 빈출도 ★

수증기 발생으로 인한 환기를 계획하고자 할 때, 필요환기량 Q[m³/h]의 계산식으로 옳은 것은? (단, q_s: 발생 현열량[kJ/h], W: 수증기 발생량[kg/h], M: 먼지발생량[m³/h], t_i[℃]: 허용 실내온도, X_i[kg/kg]: 허용 실내 절대습도, t_o[℃]: 도입 외기온도, X_o[kg/kg]: 도입 외기절대습도, K, K_o: 허용실내 및 도입외기 가스농도, C, C_o: 허용 실내 및 도입외기 및 먼지농도이다.)

① $Q = \dfrac{q_s}{0.29(t_i - t_o)}$
② $Q = \dfrac{W}{1.2(x_i - x_o)}$
③ $Q = \dfrac{100 \cdot M}{K - K_o}$
④ $Q = \dfrac{M}{C - C_o}$

해설

- 공기의 평균밀도는 1.2[kg/m³]이므로 필요환기량을 질량으로 환산하면 $1.2Q$[kg/h]이다.
- 환기로 배출되는 수증기의 양은 $1.2Q(x_i - x_o)$[kg/h]이고 이 값이 수증기 발생량 W와 같아야 하므로 $W = 1.2Q(x_i - x_o)$이다. 따라서 환기량 $Q = \dfrac{W}{1.2(x_i - x_o)}$이다.

정답 | ②

20 빈출도 ★

다음 중 T.A.B의 예비점검에 해당하지 않는 것은?

① 케이싱 누설과 각종 댐퍼 작동상태를 검사한다.
② 필터의 청정상태 및 덕트계통의 청소상태를 점검한다.
③ 설비의 안전하고 정상적인 운전 가능 여부를 점검한다.
④ 방화댐퍼 및 풍량조절 댐퍼의 개폐상태를 점검한다.

해설

케이싱 누설과 각종 댐퍼 작동상태를 검사는 T.A.B의 세부 업무에 해당한다.

정답 | ①

공조냉동설계

21 빈출도 ★

증발기의 종류에 대한 설명으로 옳은 것은?

① 대형 냉동기에서는 주로 직접 팽창식 증발기를 사용한다.
② 직접 팽창식 증발기는 2차 냉매를 냉각시켜 물체를 냉동, 냉각시키는 방식이다.
③ 만액식 증발기는 팽창밸브에서 교축팽창된 냉매를 직접 증발기로 공급하는 방식이다.
④ 간접 팽창식 증발기는 제빙, 양조 등의 산업용 냉동기에 주로 사용된다.

해설

간접 팽창식 증발기는 2차 냉매인 브라인을 사용하며 대용량이므로 산업용 냉동기에 주로 사용된다.

선지분석

① 대형 냉동기에서는 주로 간접 팽창식 증발기를 사용한다.
② 직접 팽창식 증발기는 1차 냉매가 코일을 통해 직접 공기나 제품을 냉각하는 방식이다.
③ 만액식 증발기는 팽창밸브에서 교축팽창된 냉매 중에서 기체 상태인 것은 증발기를 거치지 않고 압축기로 보낸다.

정답 | ④

22 빈출도 ★★

열펌프를 난방에 이용하려 한다. 실내 온도는 18[°C]이고, 실외 온도는 −15[°C]이며 벽을 통한 열손실은 12[kW]이다. 열펌프를 구동하기 위해 필요한 최소 동력은 약 몇 [kW]인가?

① 0.65[kW] ② 0.74[kW]
③ 1.36[kW] ④ 1.53[kW]

해설

$T_H = 18 + 273 = 291[K]$, $T_L = -15 + 273 = 258[K]$,
난방부하 $Q_{out} = 12[kW]$이므로
열펌프의 성적계수

$$COP = \frac{Q_{out}}{W} = \frac{T_H}{T_H - T_L} = \frac{291}{291 - 258} = 8.82$$

최소 동력 $W_c = \frac{Q_{out}}{COP} = \frac{12[kW]}{8.82} = 1.36[kW]$

정답 | ③

23 빈출도 ★★

증기 압축식 사이클과 흡수식 냉동 사이클에 관한 비교 설명으로 옳은 것은?

① 증기 압축식 사이클은 흡수식에 비해 축동력이 적게 소요된다.
② 흡수식 냉동 사이클은 열구동 사이클이다.
③ 흡수식은 증기 압축식의 압축기를 흡수기와 펌프가 대신한다.
④ 흡수식의 성능은 원리상 증기 압축식에 비해 우수하다.

해설

흡수식 냉동장치는 주요 에너지원이 고온의 증기이며, 열로 작동 에너지를 공급하는 열구동 사이클이다.

선지분석

① 증기 압축식은 고압의 냉매를 기계적 압축기로 압축하므로 축동력이 많이 소요된다.
③ 흡수식 냉동장치는 흡수기, 펌프, 재생기로 구성되어 있으나, 증기 압축식의 압축기를 대신하지는 않는다.
④ 흡수식은 성능계수가 낮고 일반적으로 압축식보다 에너지 효율이 낮다.

정답 | ②

24 빈출도 ★

다음 중 흡수식 냉동기의 용량제어 방법으로 적당하지 않은 것은?

① 흡수기 공급흡수제 조절
② 재생기 공급용액량 조절
③ 재생기 공급증기 조절
④ 응축수량 조절

해설

흡수기 공급흡수제 조절 방법은 흡수식 냉동기의 용량제어 방법이 아니다.

개념설명 흡수식 냉동기의 용량제어 방법

• 재생기 공급용액량 조절 방법
• 재생기 공급증기 조절 방법
• 응축수량 조절 방법

정답 | ①

25 빈출도 ★★

핫가스(hot gas) 제상을 하는 소형 냉동장치에서 핫가스의 흐름을 제어하는 것은?

① 캐필러리 튜브(모세관)
② 자동팽창밸브(AEV)
③ 솔레노이드밸브(전자밸브)
④ 증발압력조정밸브(EPR)

해설

핫가스의 흐름은 솔레노이드밸브를 이용하여 제어한다.

선지분석

① 캐필러리 튜브(모세관): 응축기와 흡입관 사이에서 압력 평형이 생기면 냉매 유입을 스스로 차단한다.
② 자동팽창밸브(AEV): 냉매를 저온, 저압 액체화한다.
④ 증발압력조정밸브(EPR): 증발기 내 압력을 일정하게 조정한다.

정답 | ③

26 빈출도 ★★★

냉동장치에 사용하는 브라인 순환량이 200[L/min]이고, 비열이 0.7[kcal/kg·℃]이다. 브라인의 입·출구 온도는 각각 −6[℃]와 −10[℃]일 때, 브라인 쿨러의 냉동능력[kcal/h]은? (단, 브라인의 비중은 1.2이다.)

① 36,880
② 38,860
③ 40,320
④ 43,200

해설

냉동능력은 시간당 브라인이 잃은 열과 같으므로
$Q = C\rho V \Delta T$
$= 0.7[kcal/kg \cdot ℃] \times (1.2[kg/L] \times 200[L/min]) \times 4[℃]$
$= 672[kcal/min] \times 60[min/h]$
$= 40,320[kcal/h]$

정답 | ③

27 빈출도 ★

공기압축기에서 입구 공기의 온도와 압력은 각각 27[℃], 100[kPa]이고, 체적유량은 0.01[m³/s]이다. 출구에서 압력이 400[kPa]이라면 이 압축기의 소요 동력은 약 몇 [kW]인가? (단, 공기의 정압비열과 기체상수는 각각 1[kJ/kg·K], 0.287[kJ/kg·K]이고, 비열비는 1.4이다.)

① 1.2
② 1.7
③ 2.4
④ 3.8

해설

- 등엔트로피 과정은 열의 출입이 없으므로 온도의 변화가 일로 전환되는 이상적인 과정이다.
- 압축기 소요동력 $W = C_p \dot{m} \Delta T = C_p \dot{m} (T_2 - T_1)[W]$
  질량을 모르므로 이상기체 상태방정식 $PV = mRT$을 이용해서 구한다.
$$\dot{m} = \frac{P_1 \dot{V}_1}{RT_1} = \frac{100[kPa] \times 0.01[m^3/s]}{0.287[kJ/kg \cdot K] \times (273+27)[K]}$$
$$\approx \frac{1}{0.287 \times 300}[kg/s]$$

- 압력비 $\frac{P_2}{P_1} = \frac{400}{100}$과 초기 온도 $T_1 = (273+27)[K]$이 주어졌으므로 단열과정의 PVT 관계식에서
$\left(\frac{T_2}{T_1}\right) = \left(\frac{P_2}{P_1}\right)^{\frac{k-1}{k}}$을 이용하면 최종 온도를 구할 수 있다.
$T_2 = T_1 \times \left(\frac{P_2}{P_1}\right)^{\frac{k-1}{k}} = 300 \times \left(\frac{400}{100}\right)^{\frac{1.4-1}{1.4}} \approx 445.798[K]$

- 주어진 값을 대입하면,
$W = 1[kJ/kg \cdot K] \times \frac{1}{0.287 \times 300}[kg/s] \times (445.798 - 300)[K]$
$= 1.693[kW]$

정답 | ②

28 빈출도 ★★★

두께가 0.1[cm]인 관으로 구성된 응축기에서 냉각수 입구온도 15[℃], 출구온도 21[℃], 응축온도를 24[℃]라고 할 때, 이 응축기의 냉매와 냉각수의 대수평균온도차[℃]는?

① 9.5 ② 6.5
③ 5.5 ④ 3.5

해설

온도차의 최소값이 a이고 최대값이 b이면 대수평균온도차는 $\dfrac{b-a}{\ln b - \ln a}$이다.
$a = 24 - 15 = 9$, $b = 24 - 21 = 3$이므로
LMTD $= \dfrac{9-3}{\ln 9 - \ln 3} = 5.46[℃]$

정답 | ③

29 빈출도 ★★

냉동장치에서 교축작용(throttling)을 하는 부속기기는 어느 것인가?

① 다이아프램 밸브 ② 솔레노이드 밸브
③ 아이솔레이트 밸브 ④ 팽창 밸브

해설

냉매가 팽창 밸브를 통과하는 동안에는 열출입이 없고 퍼텐셜 에너지 변화가 미미하므로 엔탈피 변화가 없다. 이러한 팽창 밸브 통과 과정을 교축작용이라고 부른다.

정답 | ④

30 빈출도 ★

다음 중 압축기의 보호를 위한 안전장치로 바르게 나열된 것은?

① 가용전, 고압스위치, 유압보호스위치
② 고압스위치, 안전밸브, 가용전
③ 안전밸브, 안전두, 유압보호스위치
④ 안전밸브, 가용전, 유압보호스위치

해설

증기압축식 냉동장치의 안전장치로는 안전밸브, 안전두(Safety head), 가용전(Fusible plug), 고압차단 스위치, 유압보호 스위치가 있다. 이중에서 가용전은 응축기 보호용이다.

정답 | ③

31 빈출도 ★

압축성 인자에 관한 설명으로 옳지 않은 것은?

① 이상기체의 압축성 인자는 1이다.
② 실제기체의 압축성 인자는 1보다 크다.
③ 압축성 인자는 압력에 따라 커지는 경향이 있다.
④ 압축성 인자는 온도에 따라 작아지는 경향이 있다.

해설

실제기체의 압축성 인자는 압력과 온도에 따라 1보다 클 수도, 작을 수도 있다.

개념설명 압축성 인자

압력이 높아서 분자간 충돌과 반발력이 지배적이면 $Z > 1$이 되고, 압력이 낮아서 분자들의 움직임이 자유로우면 $Z < 1$이 된다. 이상기체의 압축성 인자 $Z = 1$이다.

정답 | ②

32 빈출도 ★★★

어떤 시스템에서 유체는 외부로부터 19[kJ]의 일을 받으면서 167[kJ]의 열을 흡수하였다. 이 때 내부에너지의 변화는 어떻게 되는가?

① 148[kJ] 상승한다. ② 186[kJ] 상승한다.
③ 148[kJ] 감소한다. ④ 186[kJ] 감소한다.

해설

열역학 제1법칙에서 $\Delta V = Q - W = 167 - (-19) = 186[kJ]$
$\Delta U > 0$이므로 186[kJ]만큼 상승한다.

정답 | ②

33 빈출도 ★★★

이상기체 2[kg]이 압력 98[kPa], 온도 25[℃] 상태에서 체적이 0.5[m³]였다면 이 이상기체의 기체상수는 약 몇 [J/kg·K]인가?

① 79 ② 82
③ 97 ④ 102

해설

이상기체 상태방정식 $PV = mRT$에서
$R = \dfrac{PV}{mT} = \dfrac{98[kPa] \times 0.5[m^3]}{2[kg] \times (273+25)[K]} = 0.0822[kJ/kg \cdot K]$
$= 82.2[J/kg \cdot K]$

정답 | ②

34 빈출도 ★

다음 4가지 경우에서 ( )안의 물질이 보유한 엔트로피가 증가한 경우는?

> ⓐ 컵에 있는 (물)이 증발하였다.
> ⓑ 목욕탕의 (수증기)가 차가운 타일 벽에서 물로 응결되었다.
> ⓒ 실린더 안의 (공기)가 가역 단열적으로 팽창되었다.
> ⓓ 뜨거운 (커피)가 식어서 주위온도와 같게 되었다.

① ⓐ   ② ⓑ
③ ⓒ   ④ ⓓ

해설

- ⓐ: 액체에서 기체상태가 되었으므로 엔트로피가 증가한다.
- ⓑ: 기체에서 액체상태가 되었으므로 엔트로피가 감소한다.
- ⓒ: 가역 단열 팽창의 경우 엔트로피의 변화는 없다.
- ⓓ: 열을 잃었으므로 엔트로피는 감소한다.

정답 | ①

35 빈출도 ★

다음 중 압력 값이 다른 것은?

① $1[mAq]$ ② $73.56[mmHg]$
③ $980.665[Pa]$ ④ $0.98[N/cm^2]$

해설

$1[atm] = 10.33[mAq] = 760[mmHg] = 101,325[Pa]$을 이용하여 [atm] 단위로 환산해서 비교하면 된다.

① $1[mAq] = \dfrac{1[mAq]}{10.33[mAq/atm]} = 0.097[atm]$

② $73.56[mmHg] = \dfrac{73.56[mmHg]}{760[mmHg/atm]} = 0.097[atm]$

③ $980.665[Pa] = \dfrac{980.665[Pa]}{101,325[Pa/atm]} = 0.0097[atm]$

④ $0.98[N/cm^2] = \dfrac{0.98[N]}{(0.01[m])^2} = 9,800[N/m^2] = 9,800[Pa]$

이므로 $\dfrac{9,800[Pa]}{101,325[Pa/atm]} = 0.097[atm]$

정답 | ③

36 빈출도 ★★

어떤 시스템에서 공기가 초기에 $290[K]$에서 $330[K]$로 변화하였고, 이 때 압력은 $200[kPa]$에서 $600[kPa]$로 변화하였다. 이 때 단위 질량당 엔트로피 변화는 약 몇 $[kJ/kg·K]$인가? (단, 공기는 정압비열이 $1.006[kJ/kg·K]$이고, 기체상수가 $0.287[kJ/kg·K]$인 이상기체로 간주한다.)

① 0.445 ② -0.445
③ 0.185 ④ -0.185

해설

단위 질량당 엔트로피 변화량

$\dfrac{\Delta S}{m} = C_p \ln \dfrac{T_f}{T_i} - R \ln \dfrac{P_f}{P_i}$

$1.006[kJ/kg·K] \times \ln \dfrac{330}{290} - 0.287[kJ/kg·K] \times \ln \dfrac{600}{200}$

$= 0.13 - 0.315 = -0.185[kJ/kg·K]$

정답 | ④

37 빈출도 ★★

랭킨 사이클에서 $25[℃]$, $0.01[MPa]$ 압력의 물 $1[kg]$을 $5[MPa]$ 압력의 보일러로 공급한다. 이때 펌프가 가역단열과정으로 작용한다고 가정할 경우 펌프가 한 일$[kJ]$은? (단, 물의 비체적은 $0.001[m^3/kg]$이다.)

① 2.58 ② 4.99
③ 20.12 ④ 40.24

해설

펌프가 하는 일
$W_p = m v_1 (P_2 - P_1)$
$= 1[kg] \times 0.001[m^3/kg] \times (5 - 0.01) \times 10^3[kPa]$
$= 4.99[kJ]$

※ 기체는 체적 변화가 없으면 $W = 0$이지만 액체는 체적 변화 없이 압력만 증가해도 $W \neq 0$임에 유의한다.

정답 | ②

38 빈출도 ★★

폴리트로픽 지수가 n, 비열비가 k, 정적 비열이 C_v인 어떤 기체에 열을 가하여 온도가 T_1에서 T_2로 증가하였다면, 이 기체의 단위 질량당 엔트로피 변화[kJ/kg·K]를 바르게 나타낸 것은?

① $C_v \dfrac{n-1}{n-k} \ln \dfrac{T_2}{T_1}$
② $C_v \dfrac{n-1}{n-k} \ln \dfrac{T_1}{T_2}$
③ $C_v \dfrac{n-k}{n-1} \ln \dfrac{T_2}{T_1}$
④ $C_v \dfrac{n-k}{n-1} \ln \dfrac{T_1}{T_2}$

해설

- 폴리트로픽 과정에서 기체가 얻은 열
  $Q = mC_n(T_2 - T_1) = mC_v \dfrac{n-k}{n-1}(T_2 - T_1)$
- 폴리트로픽 과정에서 엔트로피 변화
  $dS = mC_n \dfrac{dT}{T}$ 이므로 양 변을 적분하면
  $\Delta S = mC_v \dfrac{n-k}{n-1} \ln \dfrac{T_2}{T_1}$ 이다.

따라서 단위 질량당 엔트로피 변화 $\dfrac{\Delta S}{m} = C_v \dfrac{n-k}{n-1} \ln \dfrac{T_2}{T_1}$ 이다.

정답 | ③

39 빈출도 ★★

매시간 20[kg]의 연료를 소비하여 74[kW]의 동력을 생산하는 가솔린 기관의 열효율은 약 몇 [%]인가? (단, 가솔린의 저위발열량은 43,470[kJ/kg]이다.)

① 18
② 22
③ 31
④ 43

해설

입력 $Q_{in} = \dfrac{20[kg]}{3,600[s]} \times 43,470[kJ/kg] = 241.5[kJ]$

가솔린 기관의 효율 $\eta = \dfrac{W_{cycle}}{Q_{in}} = \dfrac{74[kJ]}{241.5[kJ]} = 0.306 = 30.6[\%]$

정답 | ③

40 빈출도 ★★★

이상적인 오토 사이클에서 단열압축 되기 전 공기가 101.3[kPa], 21[℃]이며, 압축비 7로 운전할 때 이 사이클의 효율은 약 몇 [%]인가? (단, 공기의 비열비는 1.4이다.)

① 62[%]
② 54[%]
③ 46[%]
④ 42[%]

해설

오토사이클의 효율 $\eta = 1 - \dfrac{1}{r^{k-1}}$ 에서
압축비 $r = 7$, 비열비 $k = 1.4$로 주어졌으므로
$\eta = 1 - \dfrac{1}{7^{0.4}} = 0.54 = 54[\%]$

정답 | ②

시운전 및 안전관리

41 빈출도 ★★★

전압을 V, 전류를 I, 저항을 R, 그리고 도체의 비저항을 ρ라 할 때 옴의 법칙을 나타낸 식은?

① $V = R/I$
② $V = I/R$
③ $V = IR$
④ $V = IR\rho$

해설

어떤 저항체의 양단에 전압을 걸고 저항체에 흐르는 전류를 측정하면 V와 I가 비례하는 법칙을 옴의 법칙이라고 한다. 비례상수를 R이라 하면 옴의 법칙은 다음과 같이 나타낼 수 있다.

$V = IR$, $R = \dfrac{V}{I}$, $I = \dfrac{V}{R}$

정답 | ③

42 빈출도 ★★

예비 전원으로 사용되는 축전지의 내부저항을 측정할 때 가장 적합한 브리지는?

① 캠벨 브리지
② 맥스웰 브리지
③ 휘트스톤 브리지
④ 콜라우시 브리지

해설

콜라우시 브리지는 전지의 내부저항 또는 전해액의 저항을 측정할 때 사용한다.

선지분석

① 캠벨 브리지: 미지의 상호 인덕턴스를 측정할 때 사용한다.
② 맥스웰 브리지: 미지의 자체 인덕턴스를 측정할 때 사용한다.
③ 휘트스톤 브리지: 미지의 저항을 측정할 때 사용한다.

정답 | ④

43 빈출도 ★★

평행판 간격을 처음의 2배로 증가시킬 경우 정전용량 값은?

① 1/2로 된다.
② 2배로 된다.
③ 1/4로 된다.
④ 4배로 된다.

해설

축전지의 정전용량은 $C = \dfrac{\varepsilon S}{d}$ [F]에서 $C \propto \dfrac{1}{d}$이므로 간격 d가 2배이면 정전용량 C는 $\dfrac{1}{2}$배가 된다.

정답 | ①

44 빈출도 ★★

그림과 같은 RLC 병렬공진회로에 관한 설명으로 틀린 것은?

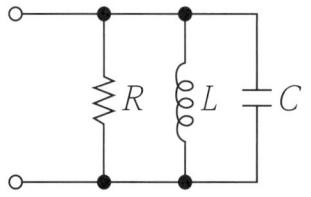

① 공진 조건은 $\omega C = 1/\omega L$이다.
② 공진 시 공진전류는 최소가 된다.
③ R이 작을수록 선택도 Q가 높다.
④ 공진 시 입력 어드미턴스는 매우 작아진다.

해설

- RLC 병렬회로의 공진 조건: $\omega C = \dfrac{1}{\omega L}$
- RLC 병렬회로의 공진 시 특성
  - 공진전류는 최소가 된다.
  - 공진이 임피던스는 최대, 어드미턴스는 최소가 된다.
- RLC 병렬회로 공진 시 선택도
  $Q = R\sqrt{\dfrac{C}{L}} \rightarrow R$이 높을수록 선택도 Q가 높다.

정답 | ③

45 빈출도 ★★

교류회로에서 역률에 관한 설명으로 틀린 것은?

① 역률은 $\sqrt{1-(무효율)^2}$ 로 계산할 수 있다.
② 역률을 이용하여 교류전력의 효율을 알 수 있다.
③ 역률이 클수록 유효전력보다 무효전력이 커진다.
④ 교류회로의 전압과 전류의 위상 차에 코사인(cos)을 취한 값이다.

해설

- RLC 교류 회로에서 전압과 전류의 위상차가 θ일 때 $\cos\theta$를 역률, $\sin\theta$를 무효율이라고 한다.
- $\cos\theta = \dfrac{\text{유효전력 } P}{\text{피상전력 } P_a}$ 이므로 역률이 클수록 유효전력이 커진다.

정답 | ③

46 빈출도 ★★

토크가 증가하면 속도가 낮아져 대체적으로 일정한 출력이 발생하는 것을 이용해서 전차, 기중기 등에 주로 사용하는 직류전동기는?

① 직권전동기
② 분권전동기
③ 가동 복권전동기
④ 차동 복권전동기

해설

직권전동기는 토크가 속도의 제곱에 반비례하는 특성이 있다. 부하변동 시에도 정출력 특성을 보이며 주로 전차나 기중기와 같이 부하변동이 심하고 기동토크가 커야 하는 곳에서 사용된다.

정답 | ①

47 빈출도 ★

전동기 2차 측에 기동저항기를 접속하고 비례 추이를 이용하여 기동하는 전동기는?

① 단상 유도전동기
② 2상 유도전동기
③ 권선형 유도전동기
④ 2중 농형 유도전동기

해설

권선형 유도전동기의 기동법으로는 2차 저항기법, 게르게스 기동법, 2차 임피던스법이 있다. 2차 저항기법은 비례 추이를 이용하는 기동법이다.

정답 | ③

48 빈출도 ★

변압기의 부하손(동손)에 관한 설명으로 옳은 것은?

① 동손은 온도 변화와 관계없다.
② 동손은 주파수에 의해 변화한다.
③ 동손은 부하 전류에 의해 변화한다.
④ 동손은 자속 밀도에 의해 변화한다.

해설

구리로 만든 변압기의 권선에 전류를 흘렸을 때 줄열 $P_c = I^2 R$에 의한 손실이 동손으로 부하 전류에 의해 그 크기가 변화한다.

정답 | ③

49 빈출도 ★★

다음 논리식을 간단히 한 것은?

$$X = \overline{A}\overline{B}C + A\overline{B}\overline{C} + A\overline{B}C$$

① $\overline{B}(A+C)$
② $C(A+\overline{B})$
③ $\overline{C}(A+B)$
④ $\overline{A}(B+C)$

해설

$X = \overline{B}(\overline{A}C + A\overline{C} + AC)$
$= \overline{B}(\overline{A}C + A\overline{C} + AC + AC)$
$= \overline{B}((\overline{A}+A)C + A(\overline{C}+C))$
$= \overline{B}(C+A) = \overline{B}(A+C)$

정답 | ①

50 빈출도 ★★★

다음 유접점회로를 논리식으로 변환하면?

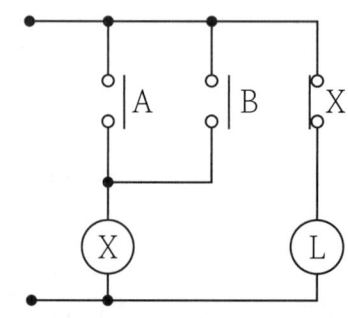

① $L = A \cdot B$
② $L = A + B$
③ $L = \overline{(A+B)}$
④ $L = \overline{(A \cdot B)}$

해설

$X = A+B$, $L = \overline{X}$이므로 $L = \overline{X} = \overline{A+B}$

정답 | ③

51 빈출도 ★★

다음과 같은 다이오드매트릭스에서 $7_{(10)}$이 입력되도록 단자7을 접지시키면 불이 켜지는 2진 출력 램프를 모두 고른 것은?

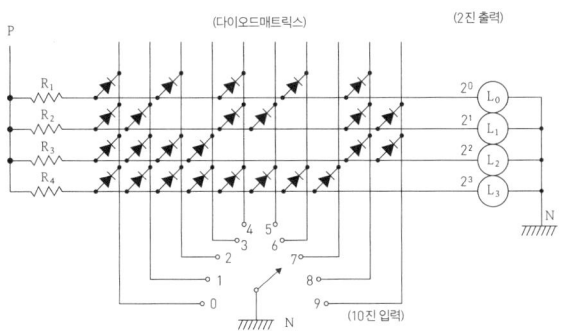

① L_0, L_1
② L_1, L_2
③ L_0, L_1, L_2
④ L_0, L_1, L_3

해설

7번 단자 접지 시 저항 R_1, R_2, R_3를 지나는 전류는 단자 7로 이동할 수 있는 경로가 없으므로 L_0, L_1, L_2가 점등된다. 저항 R_4를 지나는 전류는 다이오드에 의해 단자 7로 이동할 수 있는 경로가 생겨 L_3는 점등되지 않는다.

정답 | ③

52 빈출도 ★★★

제어편차가 검출될 때 편차가 변화하는 속도에 비례하여 조작량을 가감하도록 하는 제어로써 오차가 커지는 것을 미연에 방지하는 제어동작은?

① ON/OFF 제어 동작
② 미분 제어 동작
③ 적분 제어 동작
④ 비례 제어 동작

해설

조작량이 편차에 비례하면 비례 제어, 조작량이 편차의 적분값에 비례하면 적분 제어, 조작량이 편차의 변화속도에 비례하면 미분 제어이다.

정답 | ②

53 빈출도 ★★

회전각을 전압으로 변환시키는 데 사용되는 위치 변환기는?

① 속도계
② 증폭기
③ 변조기
④ 전위차계

해설

전위차계는 회전각을 전압으로 변환시키며 서보 제어(추종 제어)의 제어량 검출에 쓰인다.

정답 | ④

54 빈출도 ★

공기식 조작기기에 관한 설명으로 옳은 것은?

① 큰 출력을 얻을 수 있다.
② PID 동작을 만들기 쉽다.
③ 속응성이 장거리에서는 빠르다.
④ 신호를 먼 곳까지 보낼 수 있다.

해설

공기식은 출력이 작아도 비례적분미분(PID) 동작을 만들기 쉽다.

선지분석

① 큰 출력을 얻을 수 있는 조작기기는 유압식이다.
③ 속응성이 장거리에서 빠르지 않다.
④ 신호를 먼 곳까지 보낼 수 있는 조작기기는 전기식이다.

정답 | ②

55 빈출도 ★★★

고압가스안전관리법 관련하여 다음과 같은 행위에 해당하는 경우 1차 위반 시 받게 되는 행정처분 기준은?

> 가. 변경허가를 받지 않고 허가받은 사항 중 상호를 변경하거나 법인의 대표자를 변경한 경우
> 다. 변경신고를 하지 않고 신고한 사항 중 상호를 변경하거나 법인의 대표자를 변경한 경우
> 라. 변경등록을 하지 않고 등록한 사항 중 상호를 변경하거나 법인의 대표자를 변경한 경우
> 자. 고압가스 제조신고자가 안전점검자의 자격·인원, 점검장비 및 점검기준 등을 준수하지 않은 경우

① 100만원 과태료 ② 250만원 과태료
③ 350만원 과태료 ④ 500만원 과태료

해설

고압가스안전관리법령에 의하면 가, 다, 라, 자 1차 위반 시 과태료는 250만원이다.

정답 | ②

56 빈출도 ★★★

고압가스 안전관리법령에 따라 고압가스 제조신고 대상 중 냉동제조신고 대상범위는 다음과 같다. ( ) 안에 들어갈 내용으로 옳은 것은?

> 냉동능력이 3톤 이상 ( ) 미만(가연성가스 또는 독성가스 외의 고압가스를 냉매로 사용하는 것으로서 산업용 및 냉동·냉장용인 경우에는 20톤 이상 50톤 미만, 건축물의 냉·난방용인 경우에는 20톤 이상 100톤 미만)인 설비를 사용하여 냉동을 하는 과정에서 압축 또는 액화의 방법으로 고압가스가 생성되게 하는 것

① 3톤   ② 5톤
③ 10톤 ④ 20톤

해설

고압가스안전관리법령에 따르면 냉동능력이 3톤 이상 20톤 미만인 설비를 사용하여 냉동을 하는 과정에서 압축 또는 액화의 방법으로 고압가스가 생성되게 하는 것은 제조신고의 대상범위에 들어간다.

정답 | ④

57 빈출도 ★★

감리업무를 수행하는 자가 기계설비 사용 전 검사신청서를 제출할 때 첨부하지 않아도 되는 서류는?

① 기계설비공사 준공설계도서 사본
② 안전성평가서
③ 기계설비 사용 적합 확인서
④ 검사 결과서

해설

안전성평가서는 고압가스안전관리자가 안정성향상계획서에 포함시켜야 할 서류이다. 기계설비법령에 따르면 사용 전 검사신청서에는 설계도서, 사용 적합 확인서, 검사 결과서가 첨부되어야 한다.

정답 | ②

58 빈출도 ★★

기계설비유지관리자 선임기준에 관한 설명으로 옳지 않은 것은?

① 500세대 이상의 공동주택은 기계설비유지관리자를 선임해야 한다.
② 500세대 이상의 공동주택은 기계설비유지관리자를 선임해야 한다.
③ 2천세대 이상의 공동주택은 특급 기계설비유지관리자를 선임해야 한다.
④ 1천세대 이상 2천세대 미만의 공동주택은 중급 기계설비유지관리자를 선임해야 한다.

| 해설 |
기계설비법령에 따르면 3천세대 이상의 공동주택은 특급 기계설비유지관리자를 선임해야 한다.

정답 | ③

59 빈출도 ★★

다음은 고압가스 제조자의 정밀안전검진에 관한 설명이다. ㉠에 공통으로 들어갈 말은?

> 고압가스제조자는 고압가스제조시설로서 (㉠)(으)로 정하는 종류와 규모에 해당되는 노후시설에 대하여 가스안전관리 전문기관으로서 대통령령으로 정하는 기관으로부터 4년의 범위에서 (㉠)(으)로 정하는 기간마다 정밀안전검진을 정기적으로 받아야 한다.

① 산업통상자원부령
② 대통령령
③ 지방자치조례
④ 행정안전부령

| 해설 |
고압가스안전관리법 16조에 따르면, 고압가스 제조자는 4년의 범위에서 산업통상자원부령으로 정하는 기간마다 정밀안전검진을 받아야 한다.

정답 | ①

60 빈출도 ★★

다음 중 유해위험방지 계획서를 제출해야 하는 경우로 볼 수 없는 것은?

① 해당 제품의 생산 공정과 직접적으로 관련된 건설물·기계·기구 및 설비 등 전부를 설치하려는 경우
② 유해하거나 위험한 작업 또는 장소에서 사용하거나 건강장해를 방지하기 위하여 사용하는 기계·기구 및 설비의 외관을 도색하려는 경우
③ 대통령령으로 정하는 크기, 높이 등에 해당하는 건설공사를 착공하려는 경우
④ 해당 제품의 생산 공정과 직접적으로 관련된 건설물·기계·기구 및 설비 등 전부를 이전하려는 경우

| 해설 |
산업안전보건법에 따르면, 유해하거나 위험한 작업 또는 장소에서 사용하거나 건강장해를 방지하기 위하여 사용하는 기계·기구 및 설비의 주요 구조 부분을 변경하려는 경우에 유해위험방지 계획서를 제출해야 한다.

정답 | ②

유지보수 공사관리

61 빈출도 ★★

증기와 응축수의 온도 차이를 이용하여 응축수를 배출하는 트랩은?

① 버킷 트랩(bucket Trap)
② 디스크 트랩(disk Trap)
③ 벨로즈 트랩(bellows Trap)
④ 플로트 트랩(float Trap)

| 해설 |
버킷 트랩과 플로트 트랩은 증기와 응축수의 비중 차이를 이용하고, 디스크 트랩은 증기와 응축수의 운동에너지 차이를 이용하고, 벨로즈 트랩은 증기와 응축수의 온도 차이를 이용한다.

정답 | ③

62 빈출도 ★★★
다음 중 주철관 이음에 해당되는 것은?
① 납땜 이음 ② 열간 이음
③ 타이튼 이음 ④ 플라스턴 이음

해설
타이튼 이음은 주철관 이음에 해당하며 원형 고무링 하나만으로 접합하기 때문에 신속·간편하다는 장점이 있다.

정답 | ③

63 빈출도 ★★★
폴리에틸렌관의 이음방법이 아닌 것은?
① 콤포 이음 ② 용착 이음
③ 플랜지 이음 ④ 테이퍼 이음

해설
- 폴리에틸렌관의 이음법: 플랜지 이음, 용착 이음, 테이퍼 이음, 나사 이음, 인서트 이음 등
- 콘크리트관(흄관)의 이음법: 칼라 이음, 콤포 이음, 심플레스 이음, 모르타르 이음 등

정답 | ①

64 빈출도 ★★★
다음 보온재 중 안전사용(최고)온도가 가장 높은 것은? (단, 동일조건 기준으로 한다.)
① 글라스 울 보온판 ② 우모펠트
③ 규산칼슘 보온판 ④ 석면 보온판

해설 보온재의 내열성

구분	안전사용온도
규산칼슘	650[℃]
석면	550[℃]
글라스 울	300[℃]
우모펠트	100[℃]

정답 | ③

65 빈출도 ★
강관의 두께를 선정할 때 기준이 되는 것은?
① 곡률반경 ② 내경
③ 외경 ④ 스케줄번호

해설
동관은 두께에 따라 K, L, M형으로 나누고, 강관은 스케줄번호로써 두께를 표시한다.

정답 | ④

66 빈출도 ★★
다음 중 방열기나 팬코일 유니트에 가장 적합한 관 이음은?
① 스위블 이음 ② 루프 이음
③ 슬리브 이음 ④ 벨로즈 이음

해설
스위블 이음은 방열기 및 팬코일 유닛 주변 배관에, 슬리브 이음은 급탕 배관에, 벨로스 이음은 고압의 증기 배관에, 루프 이음은 고압의 가스배관에 적합하다.

정답 | ①

67 빈출도 ★★
다음 중 "접속해 있을 때"를 나타내는 관의 도시기호는?

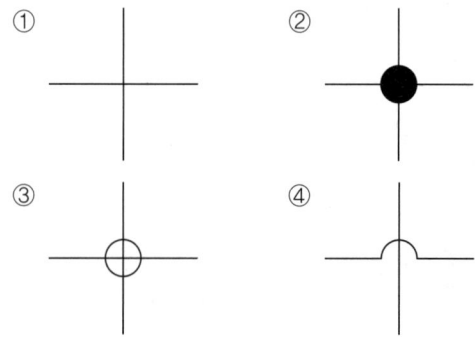

해설
보기 ①, ④는 접속 없이 교차 상태임을 의미한다. 보기 ②가 접속해 있는 상태이다.

정답 | ②

68 빈출도 ★★

배관 접속 상태 표시 중 배관 A가 앞쪽으로 수직하게 구부러져 있음을 나타낸 것은?

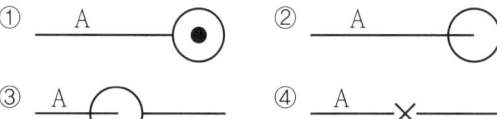

해설
① 관 A가 화면 전면(앞쪽)으로 구부러진 상태
② 관 A가 화면 후면(뒤쪽)으로 구부러진 상태
③ 관 A가 뒤쪽 관보다 앞쪽에 있는 상태

정답 | ①

69 빈출도 ★★

급수배관에서 크로스 커넥션을 방지하기 위하여 설치하는 기구는?

① 체크 밸브
② 워터햄머 어레스터
③ 신축 이음
④ 버큠 브레이커

해설
버큠 브레이커(진공 방지기)를 설치하면 배관 내 압력이 낮아져서 수도물 이외의 물질이 역류하여 혼입되는 크로스 커넥션 현상이 방지된다.

정답 | ④

70 빈출도 ★★

급수배관 내에 공기실을 설치하는 주된 목적은?

① 공기 밸브를 작게 하기 위하여
② 수압시험을 원활하기 위하여
③ 수격작용을 방지하기 위하여
④ 관내 흐름을 원활하게 하기 위하여

해설
수격작용을 방지하기 위해 급수관에 감압 밸브를 설치하고 배관 상단에 공기실을 설치하고 펌프 토출 측에 체크 밸브를 설치한다.

정답 | ③

71 빈출도 ★

그림과 같은 입체도에 대한 설명으로 맞는 것은?

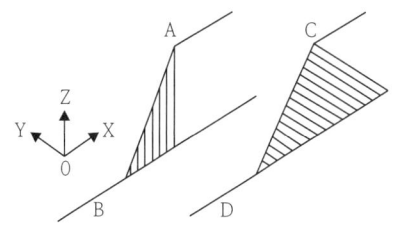

① 직선 A와 B, 직선 C와 D는 각각 동일한 수직평면에 있다.
② A와 B는 수직높이 차가 다르고, 직선 C와 D는 동일한 수평평면에 있다.
③ 직선 A와 B, 직선 C와 D는 각각 동일한 수평평면에 있다.
④ 직선 A와 B는 동일한 수평평면에, 직선 C와 D는 동일한 수직평면에 있다.

해설
A와 B 사이의 빗금은 z축과 나란하므로 xz평면상에 놓여 있고, C와 D 사이의 빗금은 y축과 나란하므로 C, D는 xy평면상에 놓여 있으므로, 동일한 수평평면에 있다. 네 직선은 전부 x축에 나란하다.

정답 | ②

72 빈출도 ★★★

급탕배관에 관한 설명으로 옳은 것은?

① 단관식의 경우 급수관경보다 작은 관을 사용해야 한다.
② 하향식 공급 방식에서는 급탕관 및 복귀관은 모두 선하향 구배로 한다.
③ 관의 굽힘 부분에는 슬리브 이음으로 한다.
④ 연관은 열에 강하고 부식도 잘되지 않으므로 급탕 배관에 적합하다.

해설
하향식 공급 방식에서는 급탕관 및 복귀관은 모두 선하향 구배로 한다.

선지분석
① 단관식의 경우 급수관경보다 큰 관을 사용해야 한다.
③ 관의 굽힘 부분에는 스위블 이음으로 한다.
④ 연관은 알칼리에 약한 특성이 있어 급수용 수도관에 적합하다.

정답 | ②

73 빈출도 ★★★

온수 배관 시공 시 유의사항으로 틀린 것은?

① 배관재료는 내열성을 고려한다.
② 온수 배관에는 공기가 고이지 않도록 구배를 준다.
③ 온수 보일러의 릴리프 관에는 게이트 밸브를 설치한다.
④ 배관의 신축을 고려한다.

해설
온수 배관 및 급탕 배관은 길이 팽창을 흡수하기 위해 신축 이음으로 접합하며 내열성 배관을 보온재로 감싸야 한다. 팽창관과 릴리프관을 통해 공기가 빠져나가야 하므로 관 도중에 밸브를 달아서는 안 된다.

정답 | ③

74 빈출도 ★★

배수 배관의 시공 시 유의사항으로 틀린 것은?

① 배수를 가능한 천천히 옥외 하수관으로 유출할 수 있을 것
② 옥외 하수관에서 하수 가스나 쥐 또는 각종 벌레 등이 건물 안으로 침입하는 것을 방지할 수 있는 방법으로 시공할 것
③ 배수관 및 통기관은 내구성이 풍부하여야 하며 가스나 물이 새지 않도록 기구 상호 간의 접합을 완벽하게 할 것
④ 한랭지에서는 배수관이 동결되지 않도록 피복을 할 것

해설
배수 배관 시공 시 가능한 한 빠른 속도로 옥외 하수관으로 유출되게 하며, 악취를 막을 수 있는 트랩을 설치해야 한다.

정답 | ①

75 빈출도 ★★

공기조화 설비 중 복사난방의 패널 형식이 아닌 것은?

① 바닥 패널
② 천장 패널
③ 벽 패널
④ 유닛 패널

해설
복사난방용 방열 패널은 위치에 따라 바닥 패널, 천장 패널, 벽 패널로 구분한다. 유닛 패널은 공조 유닛 장치로 복사난방 패널에 해당하지 않는다.

정답 | ④

76 빈출도 ★

고온수 난방 방식에서 넓은 지역에 공급하기 위해 사용되는 2차 측 접속방식에 해당되지 않는 것은?

① 직결 방식
② 브라인 방식
③ 열교환 방식
④ 오리피스 접합 방식

해설
고온수 난방 방식은 1차 측에 120[℃] 이상의 고압 고온수를 사용하며 2차 측과의 접속 방식에 따라 직결 방식, 열교환 방식, 브라인 방식으로 세분한다. 오리피스 접합 방식은 유량 측정을 위해 오리피스 플랜지를 이용하여 접합하는 방식이다.

정답 | ④

77 빈출도 ★

다음 중 열을 잘 반사하고 확산하여 방열기 표면 등의 도장용으로 사용하기에 가장 적합한 도료는?

① 광명단   ② 산화철
③ 합성수지   ④ 알루미늄

해설

방열기 표면을 도장할 때는 열 반사율이 좋은 알루미늄 도료를 사용한다.

정답 | ④

78 빈출도 ★★

도시가스 배관 시 배관이 움직이지 않도록 관 지름 13~33[mm] 미만의 경우 몇 [m]마다 고정 장치를 설치해야 하는가?

① 1[m]   ② 2[m]
③ 3[m]   ④ 4[m]

해설

가스관 지름이 13[mm] 미만이면 1[m]마다 고정하고, 13~33[mm] 이면 2[m]마다 고정한다.

정답 | ②

79 빈출도 ★

도시가스 배관 매설에 대한 설명으로 틀린 것은?

① 배관을 철도부지에 매설하는 경우 배관의 외면으로부터 궤도 중심까지 거리는 4[m] 이상 유지할 것
② 배관을 철도부지에 매설하는 경우 배관의 외면으로부터 철도부지 경계까지 거리는 0.6[m] 이상 유지할 것
③ 배관을 철도부지에 매설하는 경우 지표면으로부터 배관의 외면까지의 깊이는 1.2[m] 이상 유지할 것
④ 배관의 외면으로부터 도로의 경계까지 수평거리 1[m] 이상 유지할 것

해설

배관을 철도부지에 매설하는 경우 외면에서 경계까지 1[m] 이상, 외면부터 지표면까지 1.2[m] 이상 되게 매설한다.

정답 | ②

80 빈출도 ★

압축공기 배관설비에 대한 설명으로 틀린 것은?

① 분리기는 윤활유를 공기나 가스에서 분리시켜 제거하는 장치로서 보통 중각냉각기와 후부냉각기 사이에 설치한다.
② 위험성 가스가 체류되어 있는 압축기실은 밀폐시킨다.
③ 맥동을 완화하기 위하여 공기탱크를 장치한다.
④ 가스관, 냉각수관 및 공기탱크 등에 안전밸브를 설치한다.

해설

위험성 가스가 체류하는 공간은 충분한 환기와 가스 누출감지를 위해 밀폐해서는 안되며, 배기·환기 설비를 통해 안전하게 외부로 배출해야 한다.

정답 | ②

2023년 1회 CBT 복원문제

에너지관리

01 빈출도 ★★

건구온도 10[℃], 상대습도 60[%]인 습공기를 30[℃]로 가열하였다. 이때의 습공기 상대습도는? (단, 10[℃]의 포화수증기압은 9.2[mmHg]이고, 30[℃]의 포화수증기압은 23.75[mmHg]이다.)

① 17[%] ② 20[%]
③ 23[%] ④ 27[%]

해설

건구온도가 10[℃]일 때 상대습도가 0.6이므로

상대습도 $\phi = \dfrac{실제수증기압}{포화수증기압} \times 100[\%]$에서

실제수증기압 = (10[℃] 포화수증기압)×0.6 = 9.2×0.6
= 5.52[mmHg]이다.

따라서 30[℃] 습공기의 상대습도는 $\dfrac{5.52[mmHg]}{23.75[mmHg]} = 0.232$
= 23.2[%]이다.

정답 | ③

02 빈출도 ★★

가열로(加熱爐)의 벽 두께가 80[mm]이다. 벽의 안쪽과 바깥쪽의 온도차가 32[℃], 벽의 면적은 60[m²], 벽의 열전도율은 40[kcal/m·h·℃]일 때, 시간당 방열량[kcal/hr]은?

① 7.6×10^5 ② 8.9×10^5
③ 9.6×10^5 ④ 10.2×10^5

해설

시간당 방열량 $Q_{전도}/t = \dfrac{\lambda}{l} A(T_1 - T_2)$

$= \dfrac{40[kcal/m \cdot h \cdot ℃] \times 60[m^2] \times 32[℃]}{0.08[m]}$

$= 960,000 = 9.6 \times 10^5 [kcal/h]$

정답 | ③

03 빈출도 ★

다음의 공기조화 장치에서 냉각코일 부하를 올바르게 표현한 것은? (단, G_F는 외기량[kg/h]이며, G는 전풍량[kg/h]이다.)

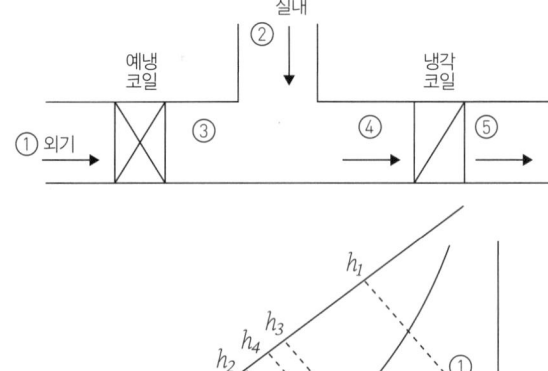

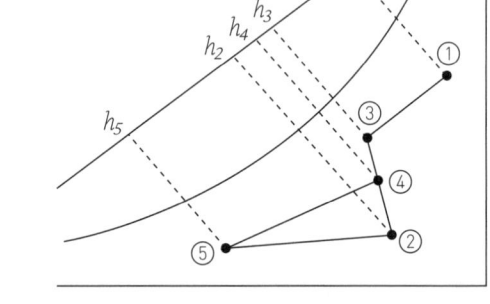

① $G_F(h_1-h_3) + G_F(h_1-h_2) + G(h_2-h_5)$
② $G(h_1-h_2) - G_F(h_1-h_3) + G_F(h_2-h_5)$
③ $G_F(h_1-h_2) - G_F(h_1-h_3) + G(h_2-h_5)$
④ $G(h_1-h_2) + G_F(h_1-h_3) + G_F(h_2-h_5)$

해설

• 전풍량이 실내에서 얻은 열
 $q_1 = G(h_2 - h_5)$
• 외기가 실내에서 얻은 열
 $q_2 = G_F(h_1 - h_2)$
• 외기가 예냉 코일에서 잃은 열
 $q_3 = G_F(h_1 - h_3)$
• 냉각코일의 부하
 $q_{total} = q_1 + q_2 - q_3$
 $= G(h_2-h_5) + G_F(h_1-h_2) - G_F(h_1-h_3)$
 $= G_F(h_1-h_2) - G_F(h_1-h_3) + G(h_2-h_5)$

정답 | ③

04 빈출도 ★★★

다음 중 사용되는 공기 선도가 아닌 것은? (단, h: 엔탈피, x: 절대습도, t: 온도, p: 압력이다.)

① $h-x$선도 ② $t-x$선도
③ $t-h$선도 ④ $p-h$선도

해설

$P-h$선도는 냉매의 압력과 엔탈피 변화를 보여주는 선도이다.
※ 공기 선도에는 온도 t, 절대습도 x, 비엔탈피 h, 비체적 v 등이 표시된다.

정답 | ④

05 빈출도 ★★

개별 공기조화방식에 사용되는 공기조화기에 대한 설명으로 틀린 것은?

① 사용하는 공기조화기의 냉각코일에는 간접팽창코일을 사용한다.
② 설치가 간편하고 운전 및 조작이 용이하다.
③ 제어대상에 맞는 개별 공조기를 설치하여 최적의 운전이 가능하다.
④ 소음이 크나, 국소운전이 가능하여 에너지 절약적이다.

해설

- 개별 공기조화방식에 사용되는 공기조화기의 냉각코일에는 직접팽창코일을 사용해야 한다.
- 냉각해야 할 장소와 증발기가 분리된 간접 팽창식(브라인식)을 쓰는 공기조화방식은 개별식이 아니라 중앙식이다.

정답 | ①

06 빈출도 ★★★

증기난방 방식에 대한 설명으로 틀린 것은?

① 환수방식에 따라 중력환수식과 진공환수식, 기계환수식으로 구분한다.
② 배관방법에 따라 단관식과 복관식이 있다.
③ 예열시간이 길지만 열량 조절이 용이하다.
④ 운전 시 증기 해머로 인한 소음을 일으키기 쉽다.

해설

증기난방 방식은 온수난방 방식에 비해 예열시간이 짧고 방열량 조절이 어렵다.

정답 | ③

07 빈출도 ★★★

다음 중 온수난방용 기기가 아닌 것은?

① 방열기 ② 공기방출기
③ 순환펌프 ④ 증발탱크

해설

온수난방용 기기로는 방열기, 순환펌프, 팽창탱크, 공기빼기밸브, 수고계가 있다. 증발탱크는 증기난방용 기기이다.

정답 | ④

08 빈출도 ★★

온풍난방의 특징에 관한 설명으로 틀린 것은?

① 예열부하가 거의 없으므로 기동시간이 아주 짧다.
② 취급이 간단하고 취급자격자를 필요로 하지 않는다.
③ 방열기기나 배관 등의 시설이 필요 없어 설비비가 싸다.
④ 취출온도의 차가 적어 온도분포가 고르다.

해설

온풍난방은 예열시간이 짧고 배관이 필요 없어서 직접 난방에 비하여 장치가 간단하며 시설비가 저렴하다. 온도분포가 고른 것은 복사 난방의 특징이다.

정답 | ④

09 빈출도 ★★

다음 중 일반적으로 난방부하계산에 포함시키지 않는 것은?

① 벽체의 열손실
② 유리면의 열손실
③ 극간풍에 의한 열손실
④ 조명기구의 발열

해설

난방부하란 동절기의 손실열량을 보충해주는 열부하로, 일사부하, 인체부하, 조명부하는 실내온도를 높이는 데 기여하므로 난방부하에서 제외된다.

정답 | ④

10 빈출도 ★

냉방부하 계산 결과 실내취득열량은 q_R, 송풍기 및 덕트 취득열량은 q_F, 외기부하는 q_O, 펌프 및 배관 취득열량은 q_P일 때, 공조기 부하를 바르게 나타낸 것은?

① $q_R+q_O+q_P$
② $q_F+q_O+q_P$
③ $q_R+q_O+q_F$
④ $q_R+q_P+q_F$

해설

실내 공기가 송풍기 및 덕트를 거쳐 공조기에서 냉각 및 감습되기 때문에 펌프 및 배관 취득 열량은 공조기 부하에서 제외된다. 따라서 공조기 부하는 $q_R+q_O+q_F$이다.

정답 | ③

11 빈출도 ★★

저온공조방식에 관한 내용으로 가장 거리가 먼 것은?

① 배관지름의 감소
② 팬 동력 감소로 인한 운전비 절감
③ 낮은 습도의 공기 공급으로 인한 쾌적성 향상
④ 저온공기 공급으로 인한 급기 풍량 증가

해설

5~10[℃]의 찬 공기를 제공하는 저온공조방식의 장점은 풍량을 감소시킬 수 있고 관경을 축소시킬 수 있다. 또한 소음이 적으며 낮은 습도의 공기를 공급하여 쾌적성을 향상시킬 수 있다. 단점은 취출구에서 결로 현상이 발생할 수 있다.

정답 | ④

12 빈출도 ★★

공기조화기(AHU)의 냉·온수 코일 선정에 대한 설명으로 틀린 것은?

① 코일의 통과풍속은 약 2.5[m/s]를 기준으로 한다.
② 코일 내 유속은 1.0[m/s] 전후로 하는 것이 적당하다.
③ 공기의 흐름방향과 냉·온수의 흐름방향은 평행류보다 대항류로 하는 것이 전열효과가 크다.
④ 코일의 통풍저항을 크게 할수록 좋다.

해설

코일의 통풍저항이 커지면 팬 동력이 증가하고 운전 비용이 상승하므로 통풍저항을 작게 해야 한다.

선지분석

① 코일의 통과풍속은 2.5[m/s]를 기준으로 한다.
② 코일 내 유속은 1.0[m/s] 전후로 하는 것이 적당하다.
③ 냉수와 더운 공기의 흐름이 역방향으로 만나도록 대항류로 설계해야 효율이 높다.

정답 | ④

13 빈출도 ★★

에어와셔 단열 가습시 포화효율은 어떻게 표시하는가? (단, 입구공기의 건구온도 t_1, 출구공기의 건구온도 t_2, 입구공기의 습구온도 t_{w1}, 출구공기의 습구온도 t_{w2}이다.)

① $\eta = \dfrac{(t_1-t_2)}{(t_2-t_{w2})}$ ② $\eta = \dfrac{(t_1-t_2)}{(t_1-t_{w1})}$

③ $\eta = \dfrac{(t_2-t_1)}{(t_{w2}-t_1)}$ ④ $\eta = \dfrac{(t_1-t_{w1})}{(t_2-t_1)}$

해설

- 입구공기를 향해 순환수를 분무하면 단열 가습이 되는데, 이 과정에서 엔탈피와 습구온도의 변화는 없고 건구온도는 낮아진다. 즉, $t_1 > t_2$이다.
- 에어와셔의 포화효율은 입구공기의 건습구 온도차에 대한 공기의 건구온도 감소량의 비이므로 $\eta = \dfrac{t_1-t_2}{t_1-t_{w1}}$이다.

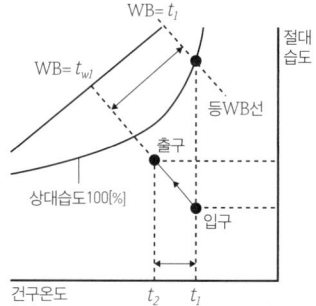

정답 | ②

14 빈출도 ★★

다음 중 하절기 피크전력의 평준화 대책과 거리가 먼 것은?

① 지역난방 시스템
② 수축열 시스템
③ 가스엔진 구동 히트펌프
④ 전기 구동 히트펌프

해설

전기 구동 히트펌프(EHP) 방식은 전기를 주요 에너지원으로 사용하여 전력 피크 수요를 낮추기 어렵다. 따라서 피크전력 평균화를 실현하기 어렵다.

선지분석

① 지역(냉)난방 방식: 폐열이나 심야전력을 이용하여 냉수를 만들기 때문에 하절기 피크전력의 평준화에 기여한다.
② (수)축열방식: 심야시간 전력을 이용해 빙축열 또는 축냉매를 만들고 주간 피크전력 시 사용하여 피크전력의 평준화에 기여한다.
③ GHP(가스엔진 구동 히트펌프) 방식: 가스 엔진을 구동원으로 사용하므로 전력 부하를 줄일 수 있다.

정답 | ④

15 빈출도 ★★★

관류보일러에 대한 설명으로 올바른 것은?

① 드럼과 여러 개의 수관으로 구성되어 있다.
② 부하변동에 대한 추종성이 좋다.
③ 취급이 용이하고 수처리가 필요 없다.
④ 간단히 고압의 증기를 얻기가 곤란하다.

해설

관류보일러는 부하변동에 대한 추종성이 좋다.

선지분석

① 관류보일러는 드럼이 없고 길고 꼬불꼬불한 수관으로 되어 있다.
③ 관류보일러는 드럼이 없어 수처리가 복잡하다.
④ 관류보일러는 고압의 증기를 빠르게 얻을 수 있다.

정답 | ②

16 빈출도 ★★
공조용 열원장치에서 히트펌프방식에 대한 설명으로 틀린 것은?

① 히트펌프방식은 냉방과 난방을 동시에 공급할 수 있다.
② 히트펌프 원리를 이용하여 지열시스템 구성이 가능하다.
③ 히트펌프방식 열원기기의 구동동력은 전기와 가스를 이용한다.
④ 히트펌프를 이용해 난방은 가능하나 급탕 공급은 불가능하다.

해설
히트펌프방식 열원기기의 구동동력은 지열, 전기 구동, 가스엔진 구동 등이 있다. 히트펌프방식은 응축기의 방열을 이용해서 급탕을 만들 수 있다.

정답 | ④

17 빈출도 ★★
배출가스 또는 배기가스 등의 열을 열원으로 하는 보일러는?

① 관류보일러 ② 폐열보일러
③ 입형보일러 ④ 수관보일러

해설
폐열보일러는 소각로에서 발생하는 배기가스, 혹은 산업 플랜트에서 발생하는 폐열 등의 열원을 이용하여 물을 끓인다. 보일러 자체에 연소실이 없는 것이 특징이다.

정답 | ②

18 빈출도 ★★
보일러의 종류 중 수관보일러 분류에 속하지 않는 것은?

① 자연순환식 보일러 ② 강제순환식 보일러
③ 연관 보일러 ④ 관류 보일러

해설
수관식 보일러는 관 내부를 물이 통과하고 외부에서 연소가스가 열교환하는 구조로 자연순환식, 강제순환식, 관류식으로 나뉜다.

정답 | ③

19 빈출도 ★★
다음은 무엇에 관한 설명인가?

> • 에너지 사용 실태를 정밀하게 측정하고 에너지 흐름을 효율적으로 유도한다.
> • 낭비를 줄이고 부하 변동에 따른 최적의 설계치를 갖도록 장비를 점검 조정한다.

① 클리어런스 ② 시운전
③ PLC ④ TAB

해설
TAB는 공기 조화 설비를 시험하고 조정하고 균형을 맞춘다는 의미이다.

정답 | ④

20 빈출도 ★
보일러의 시운전에 관한 설명으로 옳지 않은 것은?

① 시동 전 점검 및 준비사항을 숙지한다.
② 운전스위치를 On한 후 증기압력이 서서히 올라가는 것을 확인한다.
③ 보일러 상부의 주증기 밸브를 개방한다.
④ 보일러 시운전 보고서에는 건구온도와 습도를 기재해야 한다.

해설
보일러의 시운전 시 운전스위치를 On한 후 운전대기 상태인지 확인한다. 운전대기 상태를 확인한 뒤 연소스위치를 On하여 증기압력이 서서히 올라가는 것을 확인한다.

정답 | ②

공조냉동설계

21 빈출도 ★★

다음 냉동장치에서 물의 증발열을 이용하지 않는 것은?

① 흡수식 냉동장치 ② 흡착식 냉동장치
③ 증기분사식 냉동장치 ④ 열전식 냉동장치

해설

열전식 냉동장치는 펠티에 효과를 이용한 열전 냉각 방식이므로 물의 증발열을 이용하지 않으며 냉매 대신 반도체를 이용한다.

정답 | ④

22 빈출도 ★★★

냉매의 구비조건으로 틀린 것은?

① 임계온도는 높고, 응고점은 낮아야 한다.
② 증발 잠열과 기체의 비열은 작아야 한다.
③ 장치를 침식하지 않으며 절연 내력이 커야한다.
④ 점도와 표면장력은 작아야 한다.

해설

냉매는 증발 잠열과 기체의 비열이 클수록 효율이 높아지고 성적계수를 높이는 데 유리하다.

개념설명 냉동기 냉매의 구비조건
- 임계온도가 상온보다 높을 것
- 응고 온도가 낮을 것
- 증발 잠열이 클 것
- 열전도율이 클 것
- 표면장력 및 점성계수가 작을 것
- 부식성이 없고, 안정성이 있을 것

정답 | ②

23 빈출도 ★★★

다음 P-h 선도를 이용하여 증기압축 냉동기의 성능계수를 구하면 얼마인가?

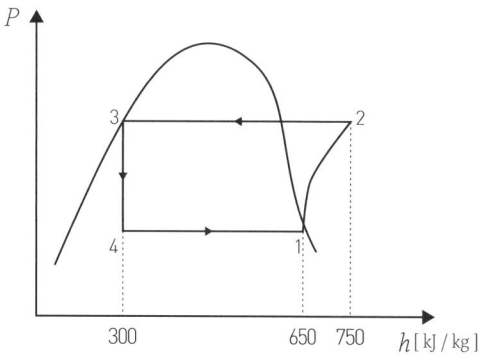

① 3.5 ② 4.5
③ 5.5 ④ 6.5

해설

- 4→1은 증발과정, 1→2는 압축과정이므로
  $h_1 - h_4 = 650 - 300 = 350[kJ/kg]$
  $h_2 - h_1 = 750 - 650 = 100[kJ/kg]$
- 냉동기의 성적계수 = $\dfrac{증발기\ 흡열량}{압축기\ 소요동력}$
  $= \dfrac{h_1 - h_4}{h_2 - h_1} = \dfrac{350}{100} = 3.5$

정답 | ①

24 빈출도 ★

2단 압축 1단 팽창 냉동시스템에서 게이지 압력계로 증발압력이 $100[kPa]$, 응축압력이 $1,100[kPa]$일 때, 중간 냉각기의 절대압력은 약 얼마인가?

① $331[kPa]$ ② $491[kPa]$
③ $732[kPa]$ ④ $1,010[kPa]$

해설

- 증발압력 절대압
  $P_L = 100[kPa] + 101.3[kPa] = 201.3[kPa]$
- 응축압력 절대압
  $P_h = 1,100[kPa] + 101.3[kPa] = 1,201.3[kPa]$
- 중간 냉각기의 절대압
  $P_M = \sqrt{P_L P_H} = \sqrt{201.3 \times 1,201.3} = 491.75[kPa]$

정답 | ②

25 빈출도 ★★

흡수식 냉동기의 냉매와 흡수제 조합으로 가장 적절한 것은?

① 물(냉매) − 프레온(흡수제)
② 암모니아(냉매) − 물(흡수제)
③ 메틸아민(냉매) − 황산(흡수제)
④ 물(냉매) − 디메틸에테르(흡수제)

해설 냉매−흡수제 조합
- 암모니아 − 물
- 물 − 리튬브로마이드(LiBr)
- 물 − 염화리튬(LiCl)

정답 | ②

26 빈출도 ★★

액순환식 증발기에 관한 설명으로 보기 어려운 것은?

① 액펌프를 수액기보다 1~2[m] 높은 곳에 설치한다.
② 액펌프가 냉매를 강제순환시킨다.
③ 대용량 액체 냉각용으로 쓰인다.
④ 윤활유 체류 염려가 없다.

해설
액순환식 증발기는 수액기와 증발기 사이에 액펌프를 설치하며 저압의 수액기는 액펌프보다 1~2[m] 높은 곳에 설치해야 펌프의 캐비테이션 현상을 방지할 수 있다.

정답 | ①

27 빈출도 ★

증발기의 종류에 대한 설명으로 옳은 것은?

① 대형 냉동기에서는 주로 직접 팽창식 증발기를 사용한다.
② 직접 팽창식 증발기는 2차 냉매를 냉각시켜 물체를 냉동, 냉각시키는 방식이다.
③ 만액식 증발기는 팽창밸브에서 교축팽창 된 냉매를 직접 증발기로 공급하는 방식이다.
④ 간접 팽창식 증발기는 제빙, 양조 등의 산업용 냉동기에 주로 사용된다.

해설
간접 팽창식 증발기는 2차 냉매인 브라인을 사용하며 대용량이므로 산업용 냉동기에 주로 사용된다.

선지분석
① 대형 냉동기에서는 주로 간접 팽창식 증발기를 사용한다.
② 직접 팽창식 증발기는 1차 냉매가 코일을 통해 직접 공기나 제품을 냉각하는 방식이다.
③ 만액식 증발기는 팽창밸브에서 교축된 냉매 중에서 기체 상태인 것은 증발기를 거치지 않고 압축기로 보낸다.

정답 | ④

28 빈출도 ★

압축기의 기통수가 6기통이며, 피스톤 직경이 140[mm], 행정이 110[mm], 회전수가 800[rpm]인 NH_3 표준 냉동사이클의 냉동능력[kW]은? (단, 압축기의 체적효율은 0.75, 냉동효과는 1,126.3[kJ/kg], 비체적은 0.5[m^3/kg]이다.)

① 122.7
② 148.3
③ 193.4
④ 228.9

해설

- 실린더 1기통 1왕복 압출량
$V_s = \pi r^2 \times S = \pi \times (0.07[m])^2 \times 0.11[m] = 0.001693[m^3/rev]$
(단, r: 반지름[m], S: 행정[m])
- 이론 체적유량(6기통)
$\dot{V} = V_s \times \left(\dfrac{N}{60}\right) \times Z$
$= 0.001693[m^3/rev] \times \dfrac{800[rev/min]}{60[s/min]} \times 6$
$= 0.1355[m^3/s]$
(단, N: 회전수[rpm], Z: 실린더 수)
- 실제 체적유량
$\dot{V}_r = \eta \times \dot{V} = 0.75 \times 0.1355[m^3/s] = 0.1016[m^3/s]$
(단, η: 압축기의 체적효율)
- 질량유량(냉매순환량)
$\dot{m} = \dfrac{\dot{V}_r}{v} = \dfrac{0.1016[m^3/s]}{0.5[m^3/kg]} = 0.2032[kg/s]$
- 냉동능력
$\dot{Q} = \dot{m} r_e = 0.2032[kg/s] \times 1,126.3[kJ/kg]$
$= 228.86[kJ/s] = 228.86[kW]$
(단, r_e: 냉동효과[kJ/kg])

정답 | ④

29 빈출도 ★★

스크류 압축기의 특징에 대한 설명으로 틀린 것은?

① 소형 경량으로 설치면적이 작다.
② 밸브와 피스톤이 없어 장시간의 연속운전이 불가능하다.
③ 암수 회전자의 회전에 의해 체적을 줄여 가면서 압축한다.
④ 왕복동식과 달리 흡입밸브와 토출밸브를 사용하지 않는다.

해설

스크류 압축기는 흡입밸브와 피스톤을 사용하지 않아 장시간의 연속운전이 가능하다.
※ 스크류 압축기는 오일펌프를 설치하여 로터에 오일을 분사해 주어야 하며, 높은 압축비에도 토출온도와 체적효율이 유지된다.

정답 | ②

30 빈출도 ★★★

응축기에 관한 설명으로 틀린 것은?

① 증발식 응축기의 냉각작용은 물의 증발잠열을 이용하는 방식이다.
② 이중관식 응축기는 설치면적이 작고, 냉각수량도 작기 때문에 과냉각 냉매를 얻을 수 있는 장점이 있다.
③ 입형 셸 튜브 응축기는 설치면적이 작고 전열이 양호하며 냉각관의 청소가 가능하다.
④ 공냉식 응축기는 응축압력이 수냉식보다 일반적으로 낮기 때문에 같은 냉동기일 경우 형상이 작아진다.

해설

공냉식 응축기는 열통과율이 작아서 응축온도와 응축압력이 수냉식보다 높다.

정답 | ④

31 빈출도 ★

상온(25[°C])의 실내에 있는 수은 기압계에서 수은주의 높이가 730[mm]라면, 이때 기압은 약 몇 [kPa]인가? (단, 25[°C]기준, 수은 밀도는 13,534[kg/m³]이다.)

① 91.4 ② 96.9
③ 99.8 ④ 104.2

해설

$P = \rho g h$
$= 13,534[\text{kg/m}^3] \times 9.8[\text{m/s}^2] \times 0.73[\text{m}]$
$= 96,822[\text{kg/m·s}^2] = 96,822[\text{N/m}^2] = 96.8[\text{kPa}]$

정답 | ②

32 빈출도 ★★

공기 3[kg]이 300[K]에서 650[K]까지 온도가 올라갈 때 엔트로피 변화량[J/K]은 얼마인가? (단, 이 때 압력은 100[kPa]에서 550[kPa]로 상승하고, 공기의 정압비열은 1.005[kJ/kg·K], 기체상수는 0.287[kJ/kg·K]이다.)

① 712 ② 863
③ 924 ④ 966

해설

온도, 압력, 부피가 모두 변할 때, 엔트로피 변화량은

$\Delta S = m C_p \ln \dfrac{T_f}{T_i} - m R \ln \dfrac{P_f}{P_i}$ 이므로

$\Delta S = 3[\text{kg}] \times (1.005[\text{kJ/kg·K}]) \times \ln \dfrac{650[\text{K}]}{300[\text{K}]}$
$\quad - 3[\text{kg}] \times 0.287[\text{kJ/kg·K}] \times \ln \dfrac{550[\text{kPa}]}{100[\text{kPa}]}$
$= 2.331 - 1.468$
$= 0.863[\text{kJ/K}] = 863[\text{J/K}]$

정답 | ②

33 빈출도 ★★

1[kW]의 전기히터를 이용하여 101[kPa], 15[°C]의 공기로 차 있는 100[m³]의 공간을 난방하려고 한다. 이 공간은 견고하고 밀폐되어 있으며 단열되어 있다. 히터를 10분 동안 작동시킨 경우, 이 공간의 최종온도 [°C]는? (단, 공기의 정적비열은 0.718[kJ/kg·K]이고, 기체상수는 0.287[kJ/kg·K]이다.)

① 18.1 ② 21.8
③ 25.3 ④ 29.4

해설

- 공기의 질량
$m = \dfrac{PV}{RT} = \dfrac{101[\text{kPa}] \times 100[\text{m}^3]}{0.287[\text{kJ/kg·K}] \times 288[\text{K}]} = 122.19[\text{kg}]$

- 전기에너지는 공기가 받은 열과 같으므로
$1[\text{kW}] \times 600[\text{s}]$
$= (0.718[\text{kJ/kg·K}]) \times (122.19[\text{kg}]) \times (T_f - 15)[\text{K}]$
$\Rightarrow T_f - 15 = \dfrac{600}{87.73}$ 이므로 $T_f = 21.84[°C]$이다.

정답 | ②

34 빈출도 ★★★

다음의 열역학 상태량 중 종량적 상태량(extensive property)에 속하는 것은?

① 압력 ② 체적
③ 온도 ④ 밀도

해설

체적과 같이 질량에 따라서 그 값이 달라지는 물리량을 종량적 상태량이라고 한다. 질량에 무관한 압력, 온도, 밀도는 강성적(강도성) 상태량이다.

정답 | ②

35 빈출도 ★★

이상기체 공기가 안지름 $0.1[m]$인 관을 통하여 $0.2[m/s]$로 흐르고 있다. 공기의 온도는 $20[℃]$, 압력은 $100[kPa]$, 기체상수는 $0.287[kJ/kg·K]$라면 질량유량은 약 몇 $[kg/s]$인가?

① 0.0019　　② 0.0099
③ 0.0119　　④ 0.0199

해설

이상기체 상태방정식 $PV=mRT$에서 $m=\dfrac{PV}{RT}$이고,
양변을 단위시간으로 나눠주면 $\dot{m}=\dfrac{P\dot{V}}{RT}$이다.
체적유량 $\dot{V}=\pi(0.05)^2 \times 0.2 = 0.00157[m^3/s]$이므로
질량유량 $\dot{m}=\dfrac{100[kPa] \times 0.00157[m^3/s]}{0.287[kJ/kg·K] \times 293[K]}$
　　　　　$=0.00187[kg/s]$이다.

정답 | ①

36 빈출도 ★★★

초기의 압력이 $50[kPa]$인 공기를 압축비 18로 단열압축하는 경우, 최종 압력$[kPa]$은 얼마인가? (단, 공기의 비열비는 1.4이다.)

① 1,840　　② 2,860
③ 2,930　　④ 3,120

해설

압축비 $\dfrac{V_1}{V_2}=18$, 초기 압력 $P_1=50[kPa]$이고
단열과정의 PVT 관계식 중에서 $\dfrac{P_2}{P_1}=\left(\dfrac{V_1}{V_2}\right)^k$을 이용하면 최종압력 P_2를 구할 수 있다.
$P_2=P_1 \times \left(\dfrac{V_1}{V_2}\right)^k = 50[kPa] \times 18^{1.4}$
　　$=2,860[kPa]$

정답 | ②

37 빈출도 ★★★

온도 $150[℃]$, 압력 $0.5[MPa]$의 공기 $0.2[kg]$이 압력이 일정한 과정에서 원래 체적의 2배로 늘어난다. 이 과정에서의 일은 약 몇 $[kJ]$인가? (단, 공기는 기체상수가 $0.287[kJ/kg·K]$인 이상기체로 가정한다.)

① 12.3[kJ]　　② 16.5[kJ]
③ 20.5[kJ]　　④ 24.3[kJ]

해설

- 등압과정에서 한 일
$W=P\Delta V=P(V_2-V_1)$
- $V_2=2V_1$이므로
$W=P(V_2-V_1)=P(2V_1-V_1)=PV_1$
- 이상기체 상태방정식 $PV_1=mRT_1$에서
$V_1=\dfrac{mRT_1}{P}$이고 $V_1=\dfrac{W}{P}$이므로
$W=P \times \dfrac{mRT_1}{P}=mRT_1$
　　$=0.2[kg] \times 0.287[kJ/kg·K] \times (150+273)[K]=24.3[kJ]$

정답 | ④

38 빈출도 ★★★

밀폐시스템에서 초기 상태가 $300[K]$, $0.5[m^3]$인 이상기체를 등온과정으로 $150[kPa]$에서 $600[kPa]$까지 천천히 압축하였다. 이 압축과정에 필요한 일은 약 몇 $[kJ]$인가?

① 104　　② 208
③ 304　　④ 612

해설

압축 과정에서 기체가 하는 일
$W=P_i V_i \ln \dfrac{P_i}{P_f}=150[kPa] \times 0.5[m^3] \times \ln \dfrac{150}{600}$
　　$=-104[kJ]$
※ 부호가 $(-)$이므로 기체가 외부로부터 일을 받은 것이다.

정답 | ①

39 빈출도 ★★★

초기 압력 100[kPa], 초기 체적 0.1[m³]인 기체를 버너로 가열하여 기체 체적이 정압과정으로 0.5[m³]이 되었다면 이 과정 동안 시스템이 외부에 한 일[kJ]은?

① 10 ② 20
③ 30 ④ 40

해설

- 정압과정에서 시스템이 외부에 하는 일
 $W = P\Delta V = P(V_f - V_i)$
- $P = 100[\text{kPa}]$, $V_f = 0.5[\text{m}^3]$, $V_i = 0.1[\text{m}^3]$이므로
 $W = 100[\text{kPa}] \times (0.5 - 0.1)[\text{m}^3] = 40[\text{kJ}]$
- ※ $1[\text{kPa}] \times 1[\text{m}^3] = 1[\text{kN/m}^2] \times 1[\text{m}^3] = 1[\text{kN}\cdot\text{m}] = 1[\text{kJ}]$

정답 | ④

40 빈출도 ★★★

효율이 40[%]인 열기관에서 유효하게 발생되는 동력이 110[kW]라면 주위로 방출되는 총 열량은 약 몇 [kW]인가?

① 375 ② 165
③ 135 ④ 85

해설

- 열기관의 효율 $\dfrac{W_{cycle}}{Q_{in}} = \dfrac{110}{Q_{in}} = 0.40$이므로
 $Q_{in} = \dfrac{110}{0.4} = 275[\text{kW}]$
- $Q_{in} = W_{cycle} + Q_{out}$이므로
 방출열량 $Q_{out} = 275 - 110 = 165[\text{kW}]$

정답 | ②

시운전 및 안전관리

41 빈출도 ★★

물 20[L]를 15[℃]에서 60[℃]로 가열하려고 한다. 이때 필요한 열량은 몇 [kcal]인가? (단, 가열 시 손실은 없는 것으로 한다.)

① 700 ② 800
③ 900 ④ 1,000

해설

물의 비열은 1[kcal/kg·℃]이고 물 20[L]의 질량은 20[kg]이므로 필요한 열량 $Q = cm\Delta T$
$= 1[\text{kcal/kg}\cdot\text{℃}] \times 20[\text{kg}] \times (60 - 15)[\text{℃}]$
$= 900[\text{kcal}]$

정답 | ③

42 빈출도 ★★

도체가 대전된 경우 도체의 성질과 전하 분포에 관한 설명으로 틀린 것은?

① 도체 내부의 전계는 ∞이다.
② 전하는 도체 표면에만 존재한다.
③ 도체는 등전위이고 표면은 등전위면이다.
④ 도체 표면상의 전계는 면에 대하여 수직이다.

해설

대전된 도체의 표면은 등전위면이고 전계는 도체표면에 수직이다. 전하는 도체 표면에만 존재하고 도체 내부의 전계는 0이다.

정답 | ①

43 빈출도 ★★

정전용량이 $4[\mu F]$인 콘덴서에 $100[V]$의 전압을 걸어주었을 때 양쪽 극판에 모이는 전하량$[C]$과 콘덴서에 축적되는 에너지$[J]$를 바르게 짝지은 것은?

① $4 \times 10^{-4}[C]$, $0.02[J]$ ② $4 \times 10^{-6}[C]$, $0.02[J]$
③ $2 \times 10^{-4}[C]$, $0.04[J]$ ④ $2 \times 10^{-6}[C]$, $0.04[J]$

해설

- 전하량 $Q = CV = 4[\mu F] \times 100[V] = 400[\mu C] = 4 \times 10^{-4}[C]$
- 정전에너지 $W = \frac{1}{2}CV^2$
  $= \frac{1}{2} \times 4 \times 10^{-6}[F] \times (100[V])^2 = 0.02[J]$

정답 | ①

44 빈출도 ★

자기회로에서 퍼미언스(permeance)에 대응하는 전기회로의 요소는?

① 도전율   ② 컨덕턴스
③ 정전용량   ④ 엘라스턴스

해설

자기회로에서 퍼미언스는 전기회로에서 컨덕턴스에 대응한다. 퍼미언스는 자기저항의 역수이고, 컨덕턴스는 전기저항의 역수이다.

정답 | ②

45 빈출도 ★★

전압방정식이 $e(t) = Ri(t) + L\frac{di(t)}{dt}$로 주어지는 RL 직렬회로가 있다. 직류전압 E를 인가했을 때, 이 회로의 정상상태 전류는?

① $E/(RL)$ ② E
③ E/R ④ $(RL)/E$

해설

직류전압 E를 인가한 뒤 정상상태에서 유도성 저항은 더 이상 전류를 변화시키지 못하므로
$\frac{di}{dt} = 0$이다.
$E = Ri + L\frac{di}{dt}$에서 $\frac{di}{dt} = 0$이므로 $E = Ri$이다.
즉, 정상상태에서 회로에 흐르는 전류 $i = \frac{E}{R}$이다.

정답 | ③

46 빈출도 ★★★

저항 $8[\Omega]$과 유도리액턴스 $6[\Omega]$이 직렬접속된 회로의 역률은?

① 0.6   ② 0.8
③ 0.9   ④ 1

해설

$R-L$ 직렬회로의 역률
$\frac{R}{Z} = \frac{R}{\sqrt{R^2 + (\omega L)^2}} = \frac{8}{\sqrt{8^2 + 6^2}} = 0.8$

정답 | ②

47 빈출도 ★★

병렬 운전 시 균압모선을 설치해야 되는 직류발전기로만 구성된 것은?

① 직권발전기, 분권발전기
② 분권발전기, 복권발전기
③ 직권발전기, 복권발전기
④ 분권발전기, 동기발전기

해설

직권발전기 및 복권발전기의 경우에는 발전기들 사이의 전위차를 없애주기 위해 균압모선을 설치해야 한다. 직권 계자가 없는 분권발전기의 경우에는 균압모선이 필요 없다.

정답 | ③

48 빈출도 ★★

변압기의 1차 및 2차의 전압, 권선수, 전류를 각각 E_1, N_1, I_1 및 E_2, N_2, I_2라고 할 때 성립하는 식으로 옳은 것은?

① $\dfrac{E_2}{E_1} = \dfrac{N_1}{N_2} = \dfrac{I_2}{I_1}$ ② $\dfrac{E_1}{E_2} = \dfrac{N_2}{N_1} = \dfrac{I_1}{I_2}$

③ $\dfrac{E_2}{E_1} = \dfrac{N_2}{N_1} = \dfrac{I_1}{I_2}$ ④ $\dfrac{E_1}{E_2} = \dfrac{N_1}{N_2} = \dfrac{I_1}{I_2}$

해설

변압기의 1차 측과 2차 측의 관계

$\dfrac{N_1}{N_2} = \dfrac{E_1}{E_2} = \dfrac{V_1}{V_2} = \dfrac{I_2}{I_1}$

정답 | ③

49 빈출도 ★

맥동률이 가장 큰 정류회로는?

① 3상 전파   ② 3상 반파
③ 단상 전파   ④ 단상 반파

해설

맥동률은 직류 성분과 비교한 교류 성분의 크기를 말하며, 맥동률이 낮을수록 직류에 가깝다. 맥동률은 단상보다 3상이 더 낮고, 반파보다 전파가 더 낮다. 따라서 맥동률이 가장 큰 정류회로는 단상 반파이다.

개념설명 정류 효율과 맥동률

구분	정류 효율[%]	맥동률[%]
단상 반파	40.6	121
단상 전파	81.2	48.2
3상 반파	96.8	18.3
3상 전파	99.8	4.2

정답 | ④

50 빈출도 ★★★

다음 논리식 중 틀린 것은?

① $\overline{A \cdot B} = \overline{A} + \overline{B}$ ② $\overline{A + B} = \overline{A} \cdot \overline{B}$
③ $A + A = A$ ④ $A + \overline{A} \cdot B = A + \overline{B}$

해설

$A + \overline{A}B = A(1+B) + \overline{A}B = A + AB + \overline{A}B = A + B(A + \overline{A})$
$= A + B$

선지분석

① $\overline{A \cdot B} = \overline{A} + \overline{B}$ (드 모르간의 법칙)
② $\overline{A + B} = \overline{A} \cdot \overline{B}$ (드 모르간의 법칙)
③ $A + A = A$ (동일 법칙)

정답 | ④

51 빈출도 ★★★

입력신호 중 어느 하나가 "1"일 때 출력이 "0"이 되는 회로는?

① AND 회로 ② OR 회로
③ NOT 회로 ④ NOR 회로

해설

2개의 입력신호 중 하나라도 1이면 출력이 1이 되는 회로가 OR 게이트이고 하나라도 1이면 출력이 0이 되는 회로가 NOR게이트이다.

정답 | ④

52 빈출도 ★★★

제어장치가 제어대상에 가하는 제어신호로 제어장치의 출력인 동시에 제어대상의 입력인 신호는?

① 조작량 ② 제어량
③ 목표값 ④ 동작신호

해설

조작량이란 제어요소에서 제어대상에 인가되는 제어신호, 제어장치의 출력이면서 제어대상의 입력이다.

정답 | ①

53 빈출도 ★★★

제어시스템의 구성에서 제어요소는 무엇으로 구성되는가?

① 검출부 ② 검출부와 조절부
③ 검출부와 조작부 ④ 조작부와 조절부

해설

제어요소는 동작 신호를 조작량으로 변화시키는 역할을 하는 요소이며, 조작부와 조절부로 구성된다.

정답 | ④

54 빈출도 ★★★

피드백 제어의 특징에 대한 설명으로 틀린 것은?

① 외란에 대한 영향을 줄일 수 있다.
② 목표값과 출력을 비교한다.
③ 조절부와 조작부로 구성된 제어요소를 가지고 있다.
④ 입력과 출력의 비를 나타내는 전체 이득이 증가한다.

해설

계의 특성변화를 K, 입력vs출력의 비를 T라 하면, K에 대한 T의 감도$=S_K^T=\dfrac{dT/dK}{T/K}$ 이다.

피드백 제어는 계의 특성변화에 대한 이득의 감도가 감소할 뿐 이득 자체가 증가하는 것은 아니다.

정답 | ④

55 빈출도 ★★

탄성식 압력계에 해당되는 것은?

① 경사관식 ② 압전기식
③ 환상평형식 ④ 벨로스식

해설

탄성식 압력계에 해당하는 것은 벨로스식이다.

개념설명

구분	탄성식 압력계	액주식 압력계
종류	• 부르동튜브식 • 다이아프램식 • 벨로우즈식(벨로스식) • 캡슐식	• U자관식 • 경사관식 • 환상평형식

정답 | ④

56 빈출도 ★

다음 중 기계설비법령에 따라 기계설비의 소유자 또는 관리자의 범위에 해당하지 않는 것은?

① 건축물 등의 소유자(개인, 법인)
② 공동주택의 경우 관리사무소장
③ 집합건물의 경우 관리단
④ 민간투자법상의 사업시행자

해설

기계설비법령에서 말하는 관리주체는 소유자 또는 입주자대표회의, 민간투자법상의 사업시행자, 신탁법상의 관리형 수탁자이다. 관리사무소장은 공동주택 관리를 위해 입주자대표회의가 선임 또는 위탁한 자로, 기계설비법에 따른 관리주체에 해당하지 않는다.

정답 | ②

57 빈출도 ★★★

기계설비법령에 따른 기계설비의 착공 전 확인과 사용 전 검사의 대상 건축물 또는 시설물에 해당하지 않는 것은?

① 연면적 1만 제곱미터 이상인 건축물
② 목욕장으로 사용되는 바닥면적 합계가 500제곱미터 이상인 건축물
③ 기숙사로 사용되는 바닥면적 합계가 1천제곱미터 이상인 건축물
④ 판매시설로 사용되는 바닥면적 합계가 3천제곱미터 이상인 건축물

해설

바닥면적의 합계가 500제곱미터 이상인 목욕장, 2천제곱미터 이상인 기숙사, 3천제곱미터 이상인 판매시설은 기계설비 착공 전 확인과 사용 전 검사의 대상이다.

정답 | ③

58 빈출도 ★

고압가스안전관리법령에 따라 "냉매로 사용되는 가스 등 대통령령으로 정하는 종류의 고압가스"는 품질기준으로 고시하여야 하는데, 목적 또는 용량에 따라 고압가스에서 제외될 수 있다. 이러한 제외 기준에 해당되는 경우로 모두 고른 것은?

(가) 수출용으로 판매 또는 인도되거나 판매 또는 인도될 목적으로 저장·운송 또는 보관되는 고압가스
(나) 시험용 또는 연구개발용으로 판매 또는 인도되거나 판매 또는 인도될 목적으로 저장·운송 또는 보관되는 고압가스(해당 고압가스를 직접 시험하거나 연구개발하는 경우만 해당한다)
(다) 1회 수입되는 양이 400킬로그램 이하인 고압가스

① (가), (나)
② (가), (다)
③ (나), (다)
④ (가), (나), (다)

해설

(가), (나)의 내용이 옳은 기준이다.

선지분석

(다): 1회 수입되는 양이 400킬로그램 이하인 고압가스는 품질검사 대상에서 제외될 수 있다.

정답 | ①

59 빈출도 ★★

고압가스 안전관리법령에 따른 용어 정의로 옳은 것은?

① "가연성가스"란 공기 중에서 연소하는 가스로서 폭발한계의 하한이 10퍼센트 이하인 것과 폭발한계의 상한과 하한의 차가 20퍼센트 이상인 것을 말한다.
② "독성가스"란 공기 중에 일정량 이상 존재하는 경우 인체에 유해한 독성을 가진 가스로서 허용농도가 100만분의 500 이하인 것을 말한다.
③ "충전용기"란 고압가스의 충전질량 또는 충전압력의 3분의 1 이상이 충전되어 있는 상태의 용기를 말한다.
④ "잔가스용기"란 고압가스의 충전질량 또는 충전압력의 3분의 1 미만이 충전되어 있는 상태의 용기를 말한다.

해설

독성가스란 허용농도가 100만분의 5,000 이하인 것을 말하며 충전용기와 잔가스용기를 구분하는 기준은 충전압력의 $\frac{1}{2}$이다.

정답 | ①

60 빈출도 ★★

산업안전보건법령상 냉동·냉장 창고시설 건설공사에 대한 유해위험방지계획서를 제출해야 하는 대상시설의 연면적 기준은 얼마인가?

① 3천제곱미터 이상 ② 4천제곱미터 이상
③ 5천제곱미터 이상 ④ 6천제곱미터 이상

해설

산업안전보건법에 따르면 연면적 5천제곱미터 이상인 냉동·냉장 창고시설의 설비공사 및 단열공사에 대한 유해위험방지계획서를 제출해야 한다.

정답 | ③

유지보수 공사관리

61 빈출도 ★★

홈이 만들어진 관 또는 이음쇠에 고무링을 삽입하고 그 위에 하우징(housing)을 덮어 볼트와 너트로 죄는 이음방식은?

① 그루브 이음 ② 그립 이음
③ 플레어 이음 ④ 플랜지 이음

해설

그루브 이음은 패인 홈에 고무링을 삽입하고 하우징을 덮어서 죄는 강관 이음 방식이다.

정답 | ①

62 빈출도 ★★

동관 이음 방법에 해당하지 않는 것은?

① 타이튼 이음 ② 납땜 이음
③ 압축 이음   ④ 플랜지 이음

해설

타이튼 이음은 주철관 이음방법의 한 종류이다.

개념설명 동관의 이음방법
- 플랜지 이음
- 용접 이음
- 납땜 이음
- 플레어 이음

정답 | ①

63 빈출도 ★★

강관의 용접 이음에 해당되지 않는 것은?

① 맞대기 용접이음 ② 기계식 용접이음
③ 슬리브 용접이음 ④ 플랜지 용접이음

해설

기계식 용접이음은 강관의 용접 이음에 해당하지 않는다. 강관의 용접 이음에는 맞대기 용접, 플랜지 용접, 슬리브 용접, 나사 이음 등이 있다.

정답 | ②

64 빈출도 ★★★

열교환기 입구에 설치하여 탱크 내의 온도에 따라 밸브를 개폐하며, 열매의 유입량을 조절하여 탱크 내의 온도를 설정범위로 유지시키는 밸브는?

① 감압 밸브 ② 플랩 밸브
③ 바이패스 밸브 ④ 온도조절 밸브

해설

탱크 내의 온도에 따라 밸브를 개폐하여 열매의 유입량을 조절하고 탱크 내의 유체가 일정 온도를 유지하도록 해주는 밸브는 온도조절 밸브이다.

선지분석

① 감압 밸브: 유체가 적정 압력을 초과하지 않도록 조절하는 밸브이다.
② 플랩 밸브: 유체의 역류를 방지하는 밸브이다.
③ 바이패스 밸브: 우회 배관에 장착하여 주배관 부품 수리 시 백업용으로 사용하는 밸브이다.

정답 | ④

65 빈출도 ★★★

다음 도시기호의 이음은?

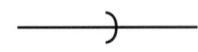

① 나사식 이음 ② 용접식 이음
③ 소켓식 이음 ④ 플랜지식 이음

해설

배관의 연결방법과 도시기호는 다음과 같다.

연결 방법	도시 기호
나사형	—┼—
용접형	—●—
플랜지형	—╫—
소켓형	—)—
유니언형	—╫—

정답 | ③

66 빈출도 ★

동관의 호칭경이 20A일 때 실제 외경은?

① 15.87[mm] ② 22.22[mm]
③ 28.57[mm] ④ 34.93[mm]

해설

A는 [mm] 단위이고, B는 [inch] 단위이다.

호칭경		동관 외경	강관 외경
A	B		
10A	$\frac{3}{8}$B	12.70[mm]	17.3[mm]
15A	$\frac{1}{2}$B	15.88[mm]	21.7[mm]
20A	$\frac{3}{4}$B	22.22[mm]	27.2[mm]
25A	1B	28.58[mm]	34.0[mm]
32A	$1\frac{1}{4}$B	34.92[mm]	42.7[mm]
50A	2B	54.0[mm]	60.5[mm]

정답 | ②

67 빈출도 ★★★

다음 중 배관의 중심이동이나 구부러짐 등의 변위를 흡수하기 위한 이음이 아닌 것은?

① 슬리브형 이음 ② 플렉시블 이음
③ 루프형 이음 ④ 플라스턴 이음

해설

신축 이음의 종류에는 슬리브형, 벨로즈형, 루프형, 플렉시블형, 스위블형이 있다. 플라스턴 이음은 납과 주석의 합금을 토치램프로 녹여서 접합하는 방식으로 연관을 용접 접합할 때 사용한다.

정답 | ④

68 빈출도 ★★

냉동장치에서 압축기의 표시방법으로 틀린 것은?

① ⬭ : 밀폐형 일반
② ◐ : 로터리형
③ ⬠ : 원심형
④ ◓ : 왕복동형

해설

냉동용 그림기호 중에서 압축기의 그림기호는 다음과 같다.

밀폐형	로터리형	원심형	왕복동형
⬭	◐	▱	◓ 또는 ⬠

정답 | ③

69 빈빈출도 ★★

펌프의 양수량이 10[m³/min], 전양정이 10[m], 효율이 80[%]이면, 이 펌프의 축동력[kW]은?

① 18.6
② 20.4
③ 22.5
④ 28.1

해설

펌프 축동력 $P = \dfrac{Q\gamma H}{\eta}[W]$ 이므로

$P = \dfrac{10[\text{m}^3/\text{min}] \times 9{,}800[\text{N/m}^3] \times 10[\text{m}]}{0.8}$

$= \dfrac{\frac{10}{60}[\text{m}^3/\text{sec}] \times 9{,}800[\text{N/m}^3] \times 10[\text{m}]}{0.8} = 20{,}416.67[\text{W}]$

$= 20.42[\text{kW}]$

정답 | ②

70 빈출도 ★★★

펌프를 운전할 때 공동현상(캐비테이션)의 발생 원인으로 가장 거리가 먼 것은?

① 토출양정이 높다.
② 유체의 온도가 높다.
③ 날개차의 원주속도가 크다.
④ 흡입관의 마찰저항이 크다.

해설

공동현상은 흡입 측에서 발생하므로 토출양정 높이와 관련이 적다.

정답 | ①

71 빈출도 ★★★

펌프 운전 시 발생하는 캐비테이션 현상에 대한 방지 대책으로 틀린 것은?

① 흡입양정을 짧게 한다.
② 펌프의 회전수를 낮춘다.
③ 단흡입 펌프를 사용한다.
④ 흡입관의 관경을 굵게, 굽힘을 적게 한다.

해설

- 흡입구 측 수압은 유속이 느려지면 증가하므로 유속을 느리게 하기 위해 관경을 굵게 하거나 흡입관이 2개인 양흡입 펌프를 사용한다.
- 유속이 빨라지면 수압이 낮아져 캐비테이션 현상이 발생하기 쉬워진다.

정답 | ③

72 빈출도 ★★

급탕가열기의 가열능력비율을 k라고 할 때 k의 범위를 바르게 나타낸 것은?

① $\dfrac{1}{12} \sim \dfrac{1}{2}$
② $\dfrac{1}{12} \sim 1$
③ $\dfrac{1}{24} \sim \dfrac{1}{2}$
④ $\dfrac{1}{24} \sim 1$

해설

가열시간이 n시간이면 가열능력비율은 $\dfrac{1}{n}$이다. 하루는 24시간이므로 가열능력비율의 범위는 $\left[\dfrac{1}{24} \leq \text{가열 능력비율} \leq 1\right]$이다.

정답 | ④

73 빈출도 ★★★

온수 난방에서 개방식 팽창탱크에 관한 설명으로 틀린 것은?

① 공기빼기 배기관을 설치한다.
② 4[℃]의 물을 100[℃]로 높였을 때 팽창체적비율이 4.3[%] 정도이므로 이를 고려하여 팽창탱크를 설치한다.
③ 팽창탱크에는 오버 플로우관을 설치한다.
④ 팽창관에는 반드시 밸브를 설치한다.

해설

팽창관에는 밸브 설치를 금하며 오버 플로우관, 공기빼기 배기관을 설치한다.

정답 | ④

74 빈출도 ★★

펌프 흡입측 수평배관에서 관경을 바꿀 때 편심 레듀서를 사용하는 목적은?

① 유속을 빠르게 하기 위하여
② 펌프 압력을 높이기 위하여
③ 역류 발생을 방지하기 위하여
④ 공기가 고이는 것을 방지하기 위하여

해설

급수 배관 계통의 관경을 축소할 때는 편심 리듀서를 사용하여 공기 고임을 피한다.

정답 | ④

75 빈출도 ★★

부하변동에 따라 밸브의 개도를 조절함으로써 만액식 증발기의 액면을 일정하게 유지하는 역할을 하는 것은?

① 에어벤트
② 온도식 자동팽창밸브
③ 감압밸브
④ 플로트밸브

해설

플로트밸브는 액위 변화를 감지하여 밸브의 개도를 조절함으로써 만액식 증발기의 액면을 일정하게 유지한다.

선지분석

① 에어벤트: 시스템 내 갇힌 공기나 불응축 가스를 배출하여 열교환 효율을 높인다.
② 온도식 자동팽창밸브: 팽창밸브 입구측 흡입가스의 과열도가 일정하게 유지되도록 냉매 유량을 조절한다.
③ 감압밸브: 고압 배관과 저압 배관의 사이에 설치하여 2차 측 압력을 적정하게 유지한다.

정답 | ④

76 빈출도 ★★

증기난방법에 관한 설명으로 틀린 것은?

① 저압식은 증기의 사용압력이 0.1[MPa] 미만인 경우이며, 주로 10~35[kPa]인 증기를 사용한다.
② 단관 중력 환수식의 경우 증기와 응축수가 역류하지 않도록 선단 하향 구배로 한다.
③ 환수주관을 보일러 수면보다 높은 위치에 배관한 것은 습식환수관식이다.
④ 증기의 순환이 가장 빠르며 방열기, 보일러 등의 설치위치에 제한을 받지 않고 대규모 난방용으로 주로 채택되는 방식은 진공환수식이다.

해설

건식 환수방식은 환수주관이 보일러 수면보다 높아서 응축수가 주관 하부를 따라 흐른다. 습식 환수방식은 환수주관이 보일러 수면보다 낮아서 응축수가 만수 상태로 주관 속흐른다.

정답 | ③

77 빈출도 ★★★

팬코일 유닛방식의 배관방식에서 공급관이 2개이고 환수관이 1개인 방식으로 옳은 것은?

① 1관식 ② 2관식
③ 3관식 ④ 4관식

해설

팬코일 유닛방식의 배관방식 중 공급관이 2개이고 환수관이 1개인 방식은 3관식이다.

선지분석

① 1관식: 팬코일 내부 밸브로 모드를 전환할 수 있으나 배관이 1개이므로 동시에 냉·난방이 어렵다.
② 2관식: 공급관이 1개이고 환수관이 1개로 계절에 따라 난방 시에는 온수, 냉방 시에는 냉수를 공급하는 방식이다.
④ 4관식: 공급관이 2개이고 환수관이 2개로 냉·온수 동시 운영에 유리한 방식이다.

정답 | ③

78 빈출도 ★★

증기난방의 환수방법 중 증기의 순환이 가장 빠르며 방열기의 설치위치에 제한을 받지 않고 대규모 난방에 주로 채택되는 방식은?

① 단관식 상향 증기 난방법
② 단관식 하향 증기 난방법
③ 진공 환수식 증기 난방법
④ 기계 환수식 증기 난방법

해설

진공 환수식 증기 난방법은 진공펌프를 이용하여 방열기 배관 내 공기를 제거하고 응축수를 신속히 환수하는 방식이다. 방열기 설치 위치에 제약이 없으며 고온·고압에서 빠른 순환이 가능하다. 응축수가 잘 흐르도록 증기 주관은 1/200~1/300의 선하향 구배로 한다.

정답 | ③

79 빈출도 ★

도시가스의 공급설비 중 가스 홀더의 종류가 아닌 것은?

① 유수식 ② 중수식
③ 무수식 ④ 고압식

해설

가스홀더는 그 구조에 따라 유수식, 무수식(다각통형, 구형), 수봉식, 건식, 고압식으로 분류한다.

정답 | ②

80 빈출도 ★★

가스 배관재료 중 내약품성 및 전기 절연성이 우수하며 사용온도가 80[℃] 이하인 관은?

① 주철관 ② 강관
③ 동관 ④ 폴리에틸렌관

해설

폴리에틸렌관은 지하매설용 가스배관으로 사용하며, 안전사용온도의 범위는 약 40~80[℃]로 낮은 편이다. 전자레인지 용기로 사용되는 고밀도 폴리에틸렌은 120[℃]까지 안전하게 사용할 수 있다.

정답 | ④

2023년 2회 CBT 복원문제

에너지관리

01 빈출도 ★★★

압력 1[MPa], 건도 0.89인 습증기 100[kg]을 일정 압력의 조건에서 엔탈피가 3,052[kJ/kg]인 300[℃]의 과열증기로 되는데 필요한 열량[kJ]은? (단, 1[MPa]에서 포화액의 엔탈피는 759[kJ/kg], 증발잠열은 2,018[kJ/kg]이다.)

① 44,208　　② 49,698
③ 229,311　　④ 103,432

해설

- 증발기 입구 측 습증기의 엔탈피 h_6
  $h_5 +$ 건도 $\times$ 증발잠열 $= 759 + 0.89 \times 2,018 = 2,555.02$[kJ/kg]
- 증발기 속에서 100[kg]의 습증기를 과열증기로 변화시키는 데 필요한 열량
  $Q = m(h_1 - h_6) = 100 \times (3,052 - 2,555.02) = 49,698$[kJ]

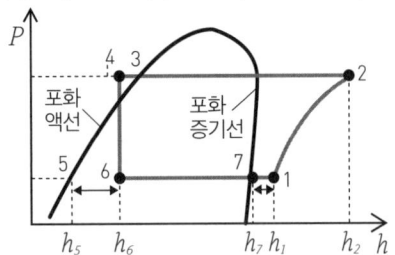

※ h_1: 과열증기의 엔탈피(=3,052[kJ/kg])
　h_5: 포화액의 엔탈피(=759[kJ/kg])
　h_6: 증발기 입구 측 습증기의 엔탈피

정답 | ②

02 빈출도 ★★

대류 및 복사에 의한 열전달률에 의해 기온과 평균복사온도를 가중평균한 값으로 복사난방 공간의 열환경을 평가하기 위한 지표를 나타내는 것은?

① 작용온도(Operative Temperature)
② 건구온도(Drybulb Teperature)
③ 카타냉각력(Kata Cooling Power)
④ 불쾌지수(Discomfort Index)

해설

작용온도는 기온과 평균복사온도를 적절한 가중평균으로 계산한 값으로 복사난방 공간의 열환경을 평가하기 위한 지표이다.

선지분석

② 건구온도: 공기의 온도를 나타낸다.
③ 카타냉각력: 단위 시간동안 인체의 단위 면적에서 손실되는 열량이다.
④ 불쾌지수: 기온과 습도를 이용한 더위 체감 지표이다.

정답 | ①

03 ★★★

다음 공기선도 상에서 난방풍량이 $25,000[m^3/h]$인 경우 가열코일의 열량[kW]은? (단, 1은 외기, 2는 실내 상태점을 나타내며, 공기의 비중량은 $1.2[kg/m^3]$이다.)

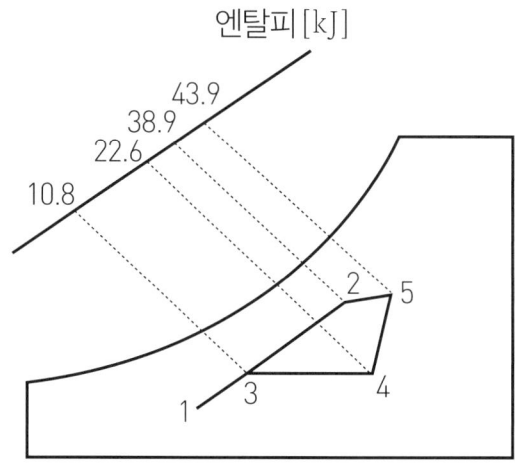

① 98.3 ② 87.1
③ 73.2 ④ 61.4

해설

습공기 선도를 해석하면 1과 2가 만나서 3의 혼합공기가 된다. 가열코일을 지나는 동안 온도 상승으로 4가 되고 가습장치를 지나면서 온도 약간 높아지고 절대습도가 증가한 상태로 상태5의 실내공기가 된다. 따라서 가열코일에 의한 취득열량은
$\dot{m}(h_4 - h_3) = 25,000[m^3/h] \times 1.2[kg/m^3] \times (22.6 - 10.8)[kJ/kg]$
$= 354,000[kJ/h] = \dfrac{354,000}{3,600}[kJ/s] = 98.3[kW]$

정답 | ①

04 ★★

습공기의 상대습도(ϕ)와 절대습도(ω)와의 관계식으로 옳은 것은? (단, P_a는 건공기 분압, P_s는 습공기와 같은 온도의 포화수증기압력이다.)

① $\phi = \dfrac{\omega}{0.622} \dfrac{P_a}{P_s}$ ② $\phi = \dfrac{\omega}{0.622} \dfrac{P_s}{P_a}$

③ $\phi = \dfrac{0.622}{\omega} \dfrac{P_s}{P_a}$ ④ $\phi = \dfrac{0.622}{\omega} \dfrac{P_a}{P_s}$

해설

- 절대습도 ω는 건공기 1[kg]에 포함된 수증기[kg]의 비율로 $\omega = 0.622 \cdot \dfrac{P}{P_a}$이다. (단, P: 수증기 분압)
- 상대습도 ϕ는 실제수증기 분압 P가 포화수증기압 P_s에 대해 얼마나 차 있는지를 나타내는 것으로 $\phi = \dfrac{P}{P_s}$이다.
- 두 식을 정리하면 $P = \phi \cdot P_s$이므로
$\omega = 0.622 \cdot \dfrac{P}{P_a} = 0.622 \dfrac{\phi P_s}{P_a} \rightarrow \phi = \dfrac{\omega}{0.622} \cdot \dfrac{P_a}{P_s}$

정답 | ①

05 빈출도 ★★★

A 상태에서 B 상태로 가는 냉방과정에서 현열비는?

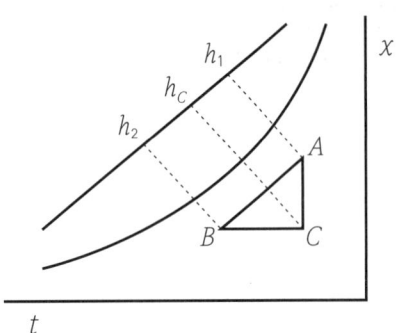

① $\dfrac{h_1-h_2}{h_1-h_c}$ ② $\dfrac{h_1-h_c}{h_1-h_2}$

③ $\dfrac{h_1-h_c}{h_c-h_2}$ ④ $\dfrac{h_c-h_2}{h_1-h_2}$

해설

A→C는 감습과정이고 C→B는 수분 변화 없이 건구 온도만 감소하는 과정이다. 현열비 $SHF=\dfrac{현열}{전열}$인데, A와 B의 엔탈피 차이가 전열이고 A와 C의 엔탈피 차이가 잠열이므로

현열비 $=\dfrac{전열-잠열}{전열}=\dfrac{(h_1-h_2)-(h_1-h_c)}{h_1-h_2}$
$=\dfrac{h_c-h_2}{h_1-h_2}$

정답 | ④

06 빈출도 ★★★

유인유닛 공조방식에 대한 설명으로 틀린 것은?

① 1차 공기를 고속덕트로 공급하므로 덕트스페이스를 줄일 수 있다.
② 실내유닛에는 회전기기가 없으므로 시스템의 내용연수가 길다.
③ 실내부하를 주로 1차 공기로 처리하므로 중앙공조기는 커진다.
④ 송풍량이 적어 외기 냉방효과가 낮다.

해설

유인유닛 공조방식은 1차 공기와 2차 공기가 혼합되어 실내로 송풍되며 1차 공기의 양은 다른 공조방식에 비해 1/3 정도이므로 중앙 공조기의 규모와 덕트의 스페이스를 줄일 수 있다.

정답 | ③

07 빈출도 ★★

복사난방 방식의 특징에 대한 설명으로 틀린 것은?

① 실내에 방열기를 설치하지 않으므로 바닥이나 벽면을 유용하게 이용할 수 있다.
② 복사열에 의한 난방으로써 쾌감도가 크다.
③ 외기온도가 갑자기 변하여도 열용량이 크므로 방열량의 조정이 용이하다.
④ 실내의 온도 분포가 균일하며, 열이 방의 윗쪽으로 빠지지 않으므로 경제적이다.

해설

복사 난방은 건축물의 바닥이나 벽속에 코일을 매설하고 열매를 공급하는 방식으로, 부하 변동에 따른 방열량 조절이 어렵다.

정답 | ③

08 빈출도 ★★

중앙식 난방법의 하나로서 각 건물마다 보일러 시설 없이 일정 장소에서 여러 건물에 증기 또는 고온수 등을 보내서 난방하는 방식은?

① 복사난방 ② 지역난방
③ 개별난방 ④ 온풍난방

해설

대규모 플랜트와 같은 열원기기를 특정한 장소에 설치해 두고 장거리 매립 배관을 통해 열매를 각 단지로 공급하는 방식을 지역난방이라고 부른다.
※ 지역 난방을 중앙 난방의 범주에 포함시키는 경우도 많다.

정답 | ②

09 빈출도 ★★

일사를 받는 외벽으로부터의 침입열량(q)을 구하는 계산식으로 옳은 것은? (단, K는 열관류율, A는 면적, $\triangle t$는 상당외기온도차이다.)

① $q = K \times A \times \triangle t$
② $q = 0.86 \times A / \triangle t$
③ $q = 0.24 \times A \times \triangle t / K$
④ $q = 0.29 \times K / (A \times \triangle t)$

해설

일반 상황에서는 $q = KA\Delta T$ (ΔT: 건물내외부 온도차)를 이용하고, 여름철 일사량과 유리의 투과율을 고려할 때는 $q = KA\Delta T_e$ (ΔT_e: 상당외기 온도차)를 이용한다.

정답 | ①

10 빈출도 ★★★

극간풍의 방지방법으로 가장 적절하지 않은 것은?

① 회전문 설치
② 자동문 설치
③ 에어 커튼 설치
④ 충분한 간격의 이중문 설치

해설

극간풍 방지방법으로는 회전문, 에어커튼, 이중문 설치, 실내 가압, 현관 방풍실 설치가 있다.

정답 | ②

11 빈출도 ★★

증기 난방배관에서 증기트랩을 사용하는 이유로 옳은 것은?

① 관내의 공기를 배출하기 위하여
② 배관의 신축을 흡수하기 위하여
③ 관내의 압력을 조절하기 위하여
④ 증기관에 발생된 응축수를 제거하기 위하여

해설

증기와 응축수를 구분하여 응축수만 자동 배출시키는 자동조절밸브를 증기트랩이라고 한다. 즉, 증기관에 발생된 응축수를 제거하기 위하여 증기트랩을 사용한다.

정답 | ④

12 빈출도 ★★

공조기 내에 엘리미네이터를 설치하는 이유로 가장 적절한 것은?

① 풍량을 줄여 풍속을 낮추기 위해서
② 공조기 내의 기류의 분포를 고르게 하기 위해
③ 결로수가 비산되는 것을 방지하기 위해
④ 먼지 및 이물질을 효율적으로 제거하기 위해

해설

에어워셔 설비의 세정실 뒤에 설치하는 엘리미네이터는 실내로 수분이 비산 유입되는 것을 막아준다.

정답 | ③

13 빈출도 ★

냉각코일의 장치노점온도(ADP)가 $7[℃]$이고, 여기를 통과하는 입구공기의 온도가 $27[℃]$이다. 코일의 바이패스 팩터를 0.1이라고 할 때 코일 출구공기의 온도는?

① $8.0[℃]$
② $8.5[℃]$
③ $9.0[℃]$
④ $9.5[℃]$

해설

$$BF = \frac{출구공기온도 - 장치노점온도}{입구공기온도 - 장치노점온도}$$
$$= \frac{T - T_d}{T_i - T_d} = \frac{T - 7}{27 - 7} = 0.1$$

출구공기의 온도 $T = 9[℃]$

※ BF: 바이패스 팩터

정답 | ③

14 빈출도 ★★

다음 열원방식 중에 하절기 피크전력의 평준화를 실현할 수 없는 것은?

① GHP 방식　　　② EHP 방식
③ 지역냉난방 방식　④ 축열방식

해설

EHP 방식은 전기를 주요 에너지원으로 사용하여 전력 피크 수요를 낮추기 어렵다. 따라서 피크전력 평준화를 실현하기 어렵다.

선지분석

① GHP(가스엔진 구동 히트펌프) 방식: 가스 엔진을 구동원으로 사용하므로 전력 부하를 줄일 수 있다.
③ 지역냉난방 방식: 폐열이나 심야전력을 이용하여 냉수를 만들기 때문에 하절기 피크전력의 평준화에 기여한다.
④ 축열방식: 심야시간 전력을 이용해 빙축열 또는 축냉매를 만들고 주간 피크전력 시 사용하여 피크전력의 평준화에 기여한다.

정답 | ②

15 빈출도 ★★

보일러의 수위를 제어하는 주된 목적으로 가장 적절한 것은?

① 보일러의 급수장치가 동결되지 않도록 하기 위하여
② 보일러의 연료공급이 잘 이루어지도록 하기 위하여
③ 보일러가 과열로 인해 손상되지 않도록 하기 위하여
④ 보일러에서의 출력을 부하에 따라 조절하기 위하여

해설

보일러의 수위가 낮아지면 빈불때기가 발생하여 과열 손상이나 열효율 저하가 초래되므로 이를 방지하기 위해 보일러의 수위를 제어한다.

정답 | ③

16 빈출도 ★★★

수관보일러의 종류가 아닌 것은?

① 노통연관식 보일러　② 관류보일러
③ 자연순환식 보일러　④ 강제순환식 보일러

해설

수관보일러의 종류로는 자연순환식, 강제순환식, 관류식이 있다. 노통연관식은 연관식 보일러의 일종으로 배관에 연소 가스가 흐르는 방식이다.

정답 | ①

17 빈출도 ★★

보일러의 부속장치인 과열기가 하는 역할은?

① 연료연소에 쓰이는 공기를 예열시킨다.
② 포화액을 습증기로 만든다.
③ 습증기를 건포화증기로 만든다.
④ 포화증기를 과열증기로 만든다.

해설

과열기는 드럼이나 기수분리기 및 수냉벽에서 발생된 포화증기를 가열하여 과열증기로 만드는 장치이다.

정답 | ④

18 빈출도 ★

냉·난방 시의 실내 현열부하를 q_s[W], 실내와 말단 장치의 온도[℃]를 각각 t_r, t_d라 할 때 송풍량 Q[L/s]를 구하는 식은?

① $Q = \dfrac{q_s}{0.24(t_r - t_d)}$ ② $Q = \dfrac{q_s}{1.2(t_r - t_d)}$

③ $Q = \dfrac{q_s}{1.85(t_r - t_d)}$ ④ $Q = \dfrac{q_s}{2,501(t_r - t_d)}$

해설

- 송풍량 $Q = \dfrac{\text{현열부하}}{\text{밀도} \times \text{정압비열} \times \text{온도차}} = \dfrac{q_s}{\rho C_p (t_r - t_d)}$

  공기의 밀도는 $1.2[\text{kg/m}^3]$, 정압비열은 $1.02[\text{kJ/kg} \cdot ℃]$이므로 분모는 약 $1.2(t_r - t_d)[\text{kJ/m}^3]$이다.

- 현열부하의 단위가 [J/s]이므로 분자를 분모로 나누면

  송풍량 $Q = \dfrac{q_s[\text{J/s}]}{1.2(t_r - t_d)[\text{kJ/m}^3]} = \dfrac{1,000 q_s[\text{J/s}]}{1.2(t_r - t_d)[\text{kJ/L}]}$

  $= \dfrac{q_s}{1.2(t_r - t_d)}[\text{L/s}]$이다.

※ 현열부하 = 공기의 질량 × 공기의 정압비열 × 온도 차
  = (송풍량 × 공기 밀도) × 정압비열 × 온도 차

정답 | ②

19 빈출도 ★★

공기조화 시 T.A.B 측정 절차 중 측정요건으로 틀린 것은?

① 시스템의 검토 공정이 완료되고 시스템 검토보고서가 완료되어야 한다.
② 설계도면 및 관련 자료를 검토한 내용을 토대로 하여 보고서 양식에 장비규격 등의 기준이 완료되어야 한다.
③ 댐퍼, 말단 유닛, 터미널의 개도는 완전 밀폐되어야 한다.
④ 제작사의 공기조화 시 시운전이 완료되어야 한다.

해설

댐퍼와 터미널의 개도는 완전 개방 상태에서 유량의 흐름을 측정해야 정확한 성능 파악이 가능하다.

정답 | ③

20 빈출도 ★★

암모니아 설비 및 안전설비의 유지관리 절차로 옳지 않은 것은?

① 안전대책을 주기적으로 점검하고 작동 여부를 확인하여야 한다.
② 안전대책의 작동 및 사용 가능 여부를 연 1회 확인하고 점검하여야 한다.
③ 안전대책에는 모니터, 경보설비, 감지설비, 무전기, 응급조치함 등이 포함되어야 한다.
④ 암모니아 열교환기 및 주변 설비의 유지보수는 반드시 작업계획을 수립하여 작업 허가를 받은 후에 시행되어야 한다.

해설

암모니아 설비 주변에 설치된 안전대책의 작동 및 사용 가능 여부를 최소한 분기별로 1회 확인하고 점검하여야 한다.

정답 | ②

공조냉동설계

21 빈출도 ★★

냉매에 관한 설명으로 옳은 것은?

① 암모니아 냉매가스가 누설된 경우 비중이 공기보다 무거워 바닥에 정체한다.
② 암모니아의 증발잠열은 프레온계 냉매보다 작다.
③ 암모니아는 프레온계 냉매에 비하여 동일운전 압력 조건에서는 토출가스 온도가 높다.
④ 프레온계 냉매는 화학적으로 안정한 냉매이므로 장치 내에 수분이 혼입되어도 운전상 지장이 없다.

해설

암모니아는 프레온계 냉매에 비하여 동일운전 압력 조건에서는 토출가스 온도가 높다.

선지분석

① 암모니아는 비중이 공기보다 가볍기 때문에 누설 시 천장 근처에 정체한다.
② 암모니아는 프레온계 냉매보다 증발잠열이 크다.
④ 프레온계 냉매의 안정성은 높으나 수분이 혼입되면 부식성이 강해져 운전 장애를 초래한다.

정답 | ③

22 빈출도 ★★

다음 중 빙축열시스템의 분류에 대한 조합으로 적당하지 않은 것은?

① 정적 제빙형 — 관내 착빙형
② 정적 제빙형 — 캡슐형
③ 동적 제빙형 — 관외 착빙형
④ 동적 제빙형 — 과냉각 아이스형

해설

관외 착빙형은 정적 제빙형 방식의 한 종류이다.

개념설명 빙축열시스템의 분류

정적 제빙형 방식	동적 제빙형 방식
• 관내 착빙형 • 관외 착빙형 • 캡슐형 • 판형 착빙형	• 빙박리형 • 리키드 아이스형 • 과냉각 아이스형

정답 | ③

23 빈출도 ★

조건을 참고하여 산출한 흡수식냉동기의 성적계수는?

(ㄱ) 응축기 냉각열량: 20,000[kJ/h]
(ㄴ) 흡수기 냉각열량: 25,000[kJ/h]
(ㄷ) 재생기 가열량: 21,000[kJ/h]
(ㄹ) 증발기 냉동열량: 24,000[kJ/h]

① 0.88 ② 1.14
③ 1.34 ④ 1.52

해설

흡수식 냉동장치의 성적계수는 $\dfrac{\text{증발기 냉동능력}}{\text{고온재생기의 열량} + \text{펌프일량}}$ 이고, 펌프열량을 무시하면 $\dfrac{\text{증발기 냉동능력}}{\text{고온재생기의 열량}}$ 이다.

따라서 성적계수 $= \dfrac{24,000[\text{kJ/h}]}{21,000[\text{kJ/h}]} = 1.14$

개념설명 성적계수

• 증기압축식 냉동장치의 성적계수: $\dfrac{\text{증발기 냉동능력}}{\text{압축기 소요동력}}$
• 흡수식 냉동장치의 성적계수: $\dfrac{\text{증발기 냉동능력}}{\text{고온재생기의 열량} + \text{펌프일량}}$

정답 | ②

24 빈출도 ★★★

2단압축 1단팽창 냉동장치에서 게이지 압력계로 증발압력 0.19[MPa], 응축압력 1.17[MPa]일 때, 중간냉각기의 절대압력[MPa]은?

① 2.166 　　② 1.166
③ 0.608 　　④ 0.409

해설

- 증발압(절대압) P_l
  P_l＝증발압(게이지압)＋대기압
  ＝0.19[MPa]＋0.1013[MPa]＝0.2913[MPa]
- 응축압(절대압) P_h
  P_h＝응축압(게이지압)＋대기압
  ＝1.17[MPa]＋0.1013[MPa]＝1.2713[MPa]
- 중간 냉각기(절대압) P_m
  $P_m = \sqrt{P_l P_h}$
  ＝$\sqrt{0.2913 \times 1.2713}$＝0.685[MPa]

정답 | ③

25 빈출도 ★

흡수식 냉동기의 특징에 대한 설명으로 옳은 것은?

① 자동제어가 어렵고 운전경비가 많이 소요된다.
② 초기 운전 시 정격 성능을 발휘할 때까지의 도달 속도가 느리다.
③ 부분 부하에 대한 대응이 어렵다.
④ 증기 압축식보다 소음 및 진동이 크다.

해설

흡수식 냉동기는 예열시간이 길고 정격 도달속도가 느리다.

정답 | ②

26 빈출도 ★★★

흡수식 냉동기에 사용되는 흡수제의 구비조건으로 틀린 것은?

① 냉매와 비등온도 차이가 작을 것
② 화학적으로 안정하고 부식성이 없을 것
③ 재생에 필요한 열량이 크지 않을 것
④ 점성이 작을 것

해설

흡수식 냉동기에 사용하는 흡수제의 비등점은 냉매보다 커야 한다.

개념설명 흡수제의 구비조건

- 비등점이 냉매보다 클 것
- 점도가 높지 않을 것
- 화학적으로 안정하고 부식성이 없을 것
- 용액의 증기압이 낮을 것
- 재생에 필요한 열량이 크지 않을 것

정답 | ①

27 빈출도 ★★★

냉동기의 성능계수를 높이는 방법이 아닌 것은?

① 증발기의 온도를 높인다.
② 증발기의 온도를 낮춘다.
③ 압축기의 효율을 높인다.
④ 증발기와 응축기에서 마찰압력손실을 줄인다.

해설

증발온도를 높이면 토출가스 온도가 하강하고 압축기 입구에서 비체적이 감소하므로 냉매 순환량이 증가하는 효과가 나타나 성능계수가 높아진다. 만약 증발온도를 낮게 되면 성능계수도 낮아진다.

정답 | ②

28 빈출도 ★★

스크류 압축기의 특징에 대한 설명으로 틀린 것은?

① 부품 수가 적고 고속회전이 가능하다.
② 소요 토크의 영향으로 토출가스의 압력변동이 심하다.
③ 진동 소음이 적다.
④ 스크류의 설계에 의해 압축비가 결정되는 특징이 있다.

해설

스크류 압축기는 동일 용량의 왕복동식 압축기에 비해 부품의 수가 적어서 수명이 길고, 소형·경량화가 가능하다. 또한 진동과 소음이 거의 없고 토출가스 압력 변동이 적다는 특징이 있다.

정답 | ②

29 빈출도 ★★

냉동기에서 동일한 냉동효과를 구현하기 위해 압축기가 작동하고 있다. 이 압축기의 클리어런스(극간)가 커질 때 나타나는 현상으로 틀린 것은?

① 윤활유가 열화된다.
② 체적효율이 저하한다.
③ 냉동능력이 감소한다.
④ 압축기의 소요동력이 감소한다.

해설

체적 효율은 $\frac{\text{실제 냉매순환량}}{\text{이론 냉매순환량}}$이므로 클리어런스(틈새 체적)가 커지면 실제 냉매순환량이 줄어들어 체적효율이 작아지고 냉동능력이 감소한다. 이때 원래의 냉동능력을 회복하는 과정에서 압축기 소요동력이 증가한다.

정답 | ④

30 빈출도 ★★

다음 조건으로 운전되고 있는 수냉 응축기가 있다. 냉매와 냉각수와의 평균 온도차는?

- 냉각수 입구온도: 16[℃]
- 냉각수량: 200[L/min]
- 냉각수 출구온도: 24[℃]
- 응축기 냉각면적: 20[m³]
- 응축기 열 통과율: 3,349.6[kJ/m²·h·℃]

① 4[℃] ② 5[℃]
③ 6[℃] ④ 7[℃]

해설

- 냉매유량 $\dot{m}$[kg/s]
  물 1[L]는 1[kg]이므로 $\dot{m} = 200[\text{L/min}] = \frac{200}{60}[\text{kg/s}]$
- 응축부하 $\dot{Q}$[kJ/s]
  $\dot{Q} = C\dot{m}\Delta T$
  $= 4.2[\text{kJ/kg·℃}] \times \frac{200}{60}[\text{kg/s}] \times (24-16)[\text{℃}] = 112[\text{kJ/s}]$
- 응축부하는 냉매의 대류에 의한 열전달량과 같으므로
  $\dot{Q} = KA\Delta T = 112[\text{kJ/s}]$
  따라서 냉매와 냉각수와의 평균 온도차는
  $\Delta T = \frac{\dot{Q}}{KA} = \frac{112[\text{kJ/s}] \times 3,600[\text{s/h}]}{3,349.6[\text{kJ/m}^2\text{·h·℃}] \times 20[\text{m}^2]} = 6.02[\text{℃}]$

정답 | ③

31 빈출도 ★★

다음 중 암모니아 냉동 시스템에 사용되는 팽창장치로 적절하지 않은 것은?

① 수동식 팽창밸브   ② 모세관식 팽창장치
③ 저압 플로트 팽창밸브   ④ 고압 플로트 팽창밸브

해설

팽창밸브의 종류로는 수동식, 모세관식, 온도식, 전자식, 플로트식이 있으며, 모세관식은 1마력 이하의 소형 냉각장치에 적합한 방식이다. 암모니아 냉매는 경제적으로 우수하여 공업용 대형 냉동기에 사용되므로 모세관식 팽창장치는 적합하지 않다.

정답 | ②

32 빈출도 ★★

온도가 $127[℃]$, 압력이 $0.5[MPa]$, 비체적이 $0.4[m^3/kg]$인 이상기체가 같은 압력 하에서 비체적이 $0.3[m^3/kg]$으로 되었다면 온도는 약 몇 $[℃]$가 되는가?

① 16
② 27
③ 96
④ 300

해설

이상기체 방정식 $PV=nRT$에서
압력이 일정할 경우 $\frac{V_1}{T_1}=\frac{V_2}{T_2}$이므로 $T_2=T_1\frac{V_2}{V_1}$이다.
$T_1=273+127=400[K]$이므로
$T_2=400\times\frac{0.3}{0.4}=300[K] \Rightarrow T_2=300-273=27[℃]$

정답 | ②

33 빈출도 ★★

열과 일에 대한 설명 중 옳은 것은?

① 열역학적 과정에서 열과 일은 모두 경로에 무관한 상태함수로 나타낸다.
② 일과 열의 단위는 대표적으로 $Watt[W]$를 사용한다.
③ 열역학 제1법칙은 열과 일의 방향성을 제시한다.
④ 한 사이클 과정을 지나 원래 상태로 돌아왔을 때 시스템에 가해진 전체 열량은 시스템이 수행한 전체 일의 양과 같다.

해설

한 사이클 과정을 지나 원래 상태로 돌아왔을 때 시스템에 가해진 전체 열량은 시스템이 수행한 전체 일의 양과 같다.

선지분석

① 열과 일은 경로에 의존하는 경로함수이다.
② $Watt[W]$는 일률의 단위이며 일과 열의 단위는 대표적으로 $Joule[J]$을 사용한다.
③ 열과 일의 방향성을 제시하는 법칙은 열역학 제2법칙이다.

정답 | ④

34 빈출도 ★★★

밀폐계에서 $10[kg]$의 공기가 팽창 중 $400[kJ]$의 열을 받아서 $150[kJ]$의 내부에너지가 증가하였다. 이 과정에서 계가 한 일$[kJ]$은?

① 550
② 250
③ 40
④ 15

해설

열역학 제1법칙에 의해 $Q=P\varDelta V+\varDelta U$에서
$400[kJ]=P\varDelta V+150[kJ]$ 이므로 계가 한 일 $P\varDelta V$는 $250[kJ]$이다.

정답 | ②

35 빈출도 ★★

다음 중 엔트로피에 대한 설명으로 맞는 것은?

① 엔트로피의 생성항은 열전달의 방향에 따라 양수 또는 음수일 수 있다.
② 비가역성이 존재하면 동일한 압력 하에 동일한 체적의 변화를 갖는 가역과정에 비해 시스템이 외부에 하는 일이 증가한다.
③ 열역학 과정에서 시스템과 주위를 포함한 전체에 대한 순 엔트로피는 절대 감소하지 않는다.
④ 엔트로피는 가역과정에 대해서 경로함수이다.

해설

열역학 과정에서 엔트로피의 생성은 항상 양수이므로 절대 감소하지 않는다.

선지분석

① 엔트로피의 생성항은 항상 양수이다.
② 비가역성이 존재하면 마찰, 점성 저항 등으로 동일한 상태 변화 시 외부에 하는 일이 감소한다.
④ 엔트로피는 점(상태)함수이다.

정답 | ③

36 빈출도 ★★★

그림과 같은 공기표준 브레이튼(Brayton) 사이클에서 작동유체 1[kg]당 터빈 일[kJ/kg]은? (단, $T_1=300[K]$, $T_2=475.1[K]$, $T_3=1,100[K]$, $T_4=694.5[K]$이고, 공기의 정압비열과 정적비열은 각각 1.0035[kJ/kg·K], 0.7165[kJ/kg·K]이다.)

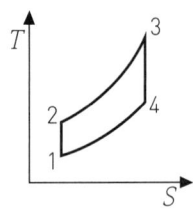

① 290　　　　② 407
③ 448　　　　④ 627

해설

터빈이 한 일(3 → 4)
$w_t = C_p(T_3 - T_4)$
$= 1.0035[kJ/kg·k] \times (1,100 - 694.5)[K] = 406.92[kJ/kg]$

정답 | ②

37 빈출도 ★★

압력이 0.2[MPa], 온도가 20[℃]의 공기를 압력이 2[MPa]로 될 때까지 가역단열 압축했을 때 온도는 약 몇 [℃]인가? (단, 공기는 비열비가 1.4인 이상기체로 간주한다.)

① 225.7　　　　② 273.7
③ 292.7　　　　④ 358.7

해설

가역단열과정이므로 $\frac{T_1}{T_2} = \left(\frac{P_1}{P_2}\right)^{\frac{k-1}{k}}$ 에서 나중 온도 T_2를 구하면

$T_2 = T_1 \left(\frac{P_2}{P_1}\right)^{\frac{k-1}{k}}$
$= (273+20)\left(\frac{2}{0.2}\right)^{\frac{0.4}{1.4}} = 293 \cdot 10^{\frac{0.4}{1.4}}$
$= 565.7[K] = 292.7[℃]$

정답 | ③

38 빈출도 ★★

피스톤-실린더 시스템에 100[kPa]의 압력을 갖는 1[kg]의 공기가 들어있다. 초기 체적은 0.5[m³]이고, 이 시스템에 온도가 일정한 상태에서 열을 가하여 부피가 1.0[m³]이 되었다. 이 과정 중 시스템에 가해진 열량[kJ]은 얼마인가?

① 30.7　　　　② 34.7
③ 44.8　　　　④ 50.0

해설

등온과정에서 기체가 하는 일
$W = nRT \times \ln\frac{V_2}{V_1} = P_1V_1\ln\frac{V_2}{V_1}$
$= 100[kPa] \times 0.5[m^3] \times \ln\left(\frac{1}{0.5}\right)$
$= 34.66[kJ]$이다.

정답 | ②

39 빈출도 ★

증기터빈 발전소에서 터빈 입구의 증기 엔탈피는 출구의 엔탈피보다 136[kJ/kg] 높고, 터빈에서의 열손실은 10[kJ/kg]이다. 증기 속도는 터빈입구에서 10[m/s]이고, 출구에서 110[m/s]일 때 이 터빈에서 발생시킬 수 있는 일은 약 몇 [kJ/kg]인가?

① 10　　　　② 90
③ 120　　　　④ 140

해설

- 뜨거운 수증기가 터빈을 돌리는 일을 하므로 에너지 보존 법칙에 의해 "입구의 증기 엔탈피+역학적 에너지=터빈이 한 일+출구의 증기 엔탈피+역학적 에너지+열손실"이므로
$H_i + \frac{1}{2}mv_i^2 + mgZ_i = W + H_e + \frac{1}{2}mv_e^2 + mgZ_e + Q$이다.
(Q: 열손실)
- 터빈이 한 일
$W = (H_i - H_e) + m\frac{v_i^2 - v_e^2}{2} + mg(Z_i - Z_e) - Q$
양변을 질량 m으로 나누면
$w[kJ/kg] = (h_i - h_e) + \frac{v_i^2 - v_e^2}{2} + g(Z_i - Z_e) - Q/m$
$= 136 + \left(\frac{-12 \times 10^3}{2}\right) \times 10^{-3} + 0 - 10$
$= 120[kJ/kg]$

정답 | ③

40 빈출도 ★

다음 중 고위발열량과 저위발열량의 차이를 바르게 설명한 것은?

① 고위발열량에서 연소가스 중에 함유된 수증기의 증발열을 뺀 값이 저위발열량이다.
② 고위발열량에서 연소가스 중에 함유된 수증기의 증발열을 더한 값이 저위발열량이다.
③ 고위발열량에서 연소가스 중에 함유된 이산화탄소의 증발열을 뺀 값이 저위발열량이다.
④ 고위발열량에서 연소가스 중에 함유된 이산화탄소의 증발열을 더한 값이 저위발열량이다.

해설

- 고위발열량은 연소가스 중의 수증기가 응축하여 물이 될 때 방출하는 잠열까지 포함한 열량이다.
- 저위발열량은 수증기가 응축되지 않고 기체 상태로 배출된다고 가정하므로, 수증기의 증발열을 포함하지 않은 열량이다.
- 따라서 저위발열량=고위발열량−생성된 수정기의 증발잠열의 관계가 성립한다.

정답 | ①

시운전 및 안전관리

41 빈출도 ★

전위의 분포가 $V = 15x + 4y^2$으로 주어질 때 점 $(x=3, y=4)[m]$에서 전계의 세기$[V/m]$는?

① $-15i + 32j$
② $-15i - 32j$
③ $15i + 32j$
④ $15i - 32j$

해설

전기장 $E = -\nabla V$이고
전위 분포 $V(x, y) = 15x + 4y^2$이므로
$$E = -\nabla V = -\frac{\partial V}{\partial x}i - \frac{\partial V}{\partial y}j$$
$$= -\frac{\partial(15x + 4y^2)}{\partial x}i - \frac{\partial(15x + 4y^2)}{\partial y}j$$
$$= -15i - 8yj[V/m]$$
따라서 점(3, 4)에서 전계의 세기
$E = -15i - (8 \times 4)j = -15i - 32j$

정답 | ②

42 빈출도 ★★

회로에서 A와 B간의 합성저항은 약 몇 $[\Omega]$인가? (단, 각 저항의 단위는 모두 $[\Omega]$이다.)

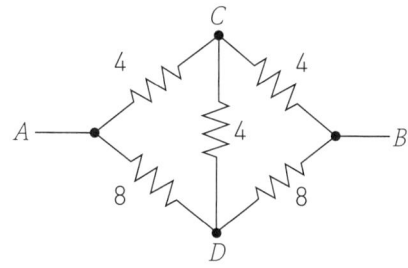

① 2.66
② 3.2
③ 5.33
④ 6.4

해설

A에서 출발한 전류는 C점을 거치거나 D점을 거쳐서 B에 도달하는데 브리지 평형을 만족하므로 C점과 D점의 전위가 같아서 C~D 사이에 흐르는 전류는 없다. 따라서 등가 회로를 그려보면 다음과 같다.

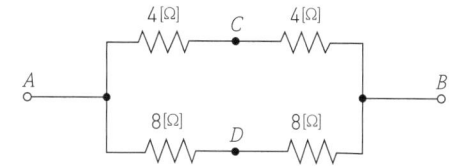

$8[\Omega]$과 $16[\Omega]$의 병렬연결로 볼 수 있으므로 합성 저항은
$\frac{1}{R} = \frac{1}{8} + \frac{1}{16}$로부터 $R = \frac{16}{3} = 5.33[\Omega]$이다.

정답 | ③

43 빈출도 ★

다음과 같은 회로에서 i_2가 0이 되기 위한 C의 값은? (단, L은 합성인덕턴스, M은 상호인덕턴스 이다.)

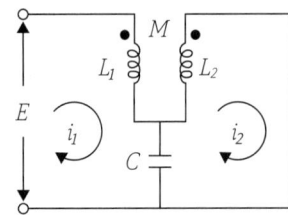

① $\dfrac{1}{\omega L}$ ② $\dfrac{1}{\omega^2 L}$

③ $\dfrac{1}{\omega M}$ ④ $\dfrac{1}{\omega^2 M}$

해설

오른쪽 루프에 대해 키르히호프 전압 법칙을 적용하면 C, L_2, M에 흐르는 I_2에 의한 전압강하는 각각 $\dfrac{1}{j\omega C}I_2$, $j\omega L_2 I_2$, 0이고 C, L_2, M에 흐르는 I_1에 의한 전압강하는 각각 $-\dfrac{1}{j\omega C}I_1$, 0, $-j\omega M I_1$이므로 $0 = \dfrac{1}{j\omega C}I_2 + j\omega L_2 I_2 - \dfrac{1}{j\omega C}I_1 - j\omega M I_1$이 성립한다. I_2에 0을 대입하면, $0 = -\dfrac{1}{j\omega C}I_1 - j\omega M I_1$

$\Rightarrow \dfrac{1}{\omega C} = \omega M \Rightarrow C = \dfrac{1}{\omega^2 M}$ 이다.

정답 | ④

44 빈출도 ★★

그림과 같은 RL 직렬회로에서 공급전압의 크기가 $10[\mathrm{V}]$일 때 $|V_R| = 8[\mathrm{V}]$이면 V_L의 크기는 몇 $[\mathrm{V}]$인가?

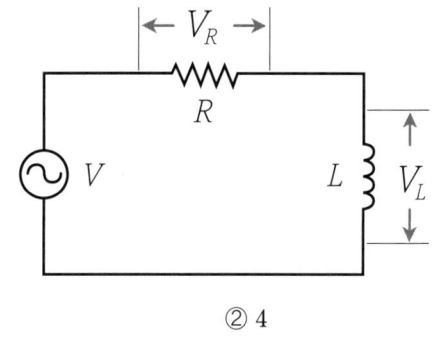

① 2 ② 4
③ 6 ④ 8

해설

- RL 직렬회로의 임피던스 $|Z| = \sqrt{R^2 + X_L^2}$
- 회로에 흐르는 전류를 $I[\mathrm{A}]$라고 하면
  공급전압 $V = IZ = I\sqrt{R^2 + X_L^2} = \sqrt{I^2 R^2 + I^2 X_L^2} = \sqrt{V_R^2 + V_L^2}$
- $V^2 = V_R^2 + V_L^2$이므로
  $V_L = \sqrt{V^2 - V_R^2} = \sqrt{10^2 - 8^2} = \sqrt{36} = 6[\mathrm{V}]$

정답 | ③

45 빈출도 ★★

코일에 단상 $200[\mathrm{V}]$의 전압을 가하면 $10[\mathrm{A}]$의 전류가 흐르고 $1.6[\mathrm{kW}]$의 전력을 소비된다. 이 코일과 병렬로 콘덴서를 접속하여 회로의 합성역률을 $100[\%]$로 하기 위한 용량 리액턴스$[\Omega]$는 약 얼마인가?

① 11.1 ② 22.2
③ 33.3 ④ 44.4

해설

- 유효전력 $P = 1,600[\mathrm{W}]$이고, 피상전력 $P_a = VI = 200[\mathrm{V}] \times 10[\mathrm{A}] = 2,000[\mathrm{VA}]$이다.
  따라서 $P_a^2 = P^2 + P_r^2$으로부터 무효전력 $P_r = 1,200[\mathrm{Var}]$이다.
- $P_r = \dfrac{V^2}{X}$에서 유도 리액턴스를 구하면 $X_L = \dfrac{200^2}{1,200} = 33.3[\Omega]$이다. 합성 역률이 $100[\%]$이기 위해서 유도 리액턴스와 같은 크기의 용량 리액턴스가 필요하므로 $X_C = 33.3[\Omega]$이 필요하다.

정답 | ③

46 빈출도 ★★

직류 발전기의 병렬 운전 조건 중 잘못된 것은?

① 극성이 같을 것
② 단자 전압이 같을 것
③ 유도 기전력이 같을 것
④ 외부특성이 수하특성일 것

해설

유도 기전력이 같아야 하는 점은 교류 발전기의 병렬 운전 조건에 해당한다.
※ 수하특성이란 전류가 커지면 전압을 낮추어 기기의 출력이 일정하게 유지되는 성질을 말한다.

정답 | ③

47 빈출도 ★★

단상변압기 2대를 사용하여 3상 전압을 얻고자하는 결선방법은?

① Y결선
② V결선
③ Δ결선
④ $Y-\Delta$결선

해설

3상 변압기 Δ결선에서 1상이 결상된 상태로 결선하는 것은 V 결선법이며, 변압기 2대만으로 3상을 이용할 수 있는 장점이 있다.

정답 | ②

48 빈출도 ★

그림과 같은 브리지 정류회로는 어느 점에 교류입력을 연결하여야 하는가?

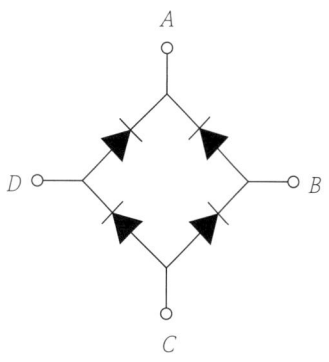

① A-B점
② A-C점
③ B-C점
④ B-D점

해설

교류입력은 동일방향의 두 다이오드 사이인 B점과 D점에 연결해야 한다. 출력은 두 다이오드 통과 전류가 만나는 A점과 갈라지는 C점에 연결해야 한다.

정답 | ④

49 빈출도 ★★★

다음 논리식 중 동일한 값을 나타내지 않는 것은?

① $X(X+Y)$
② $XY+X\overline{Y}$
③ $X(\overline{X}+Y)$
④ $(X+Y)(X+\overline{Y})$

해설

① $X(X+Y)=X+XY=X(1+Y)=X\cdot 1=X$
② $XY+X\overline{Y}=X(Y+\overline{Y})=X\cdot 1=X$
③ $X(\overline{X}+Y)=X\cdot\overline{X}+XY=XY$
④ $(X+Y)(X+\overline{Y})=X+Y\overline{Y}=X+0=X$
따라서 보기 ③이 다르다.

정답 | ③

50 빈출도 ★★

아래 그림의 논리회로와 같은 진리값을 NAND 소자만으로 구성하여 나타내려면 NAND 소자는 최소 몇 개가 필요한가?

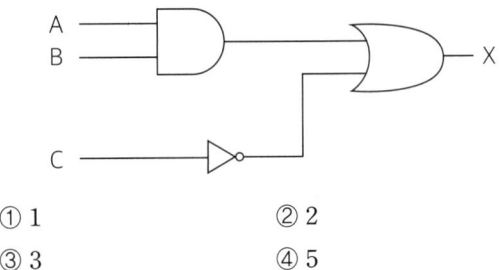

① 1
② 2
③ 3
④ 5

해설
주어진 논리회로에 버블을 이중으로 추가하면

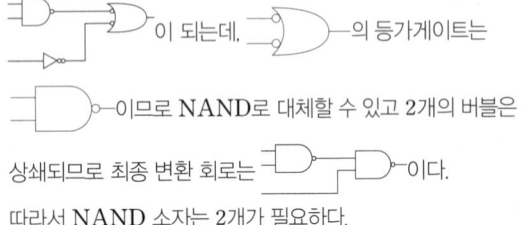

따라서 NAND 소자는 2개가 필요하다.

정답 | ②

51 빈출도 ★★

PLC(Programmable Logic Controller)에 대한 설명 중 틀린 것은?

① 시퀀스 제어 방식과는 함께 사용할 수 없다.
② 무접점 제어 방식이다.
③ 산술연산, 비교연산을 처리할 수 있다.
④ 계전기, 타이머, 카운터의 기능까지 쉽게 프로그램 할 수 있다.

해설
PLC 제어는 직렬 처리 방식이므로 시퀀스 제어 방식과 함께 사용할 수 있다.

정답 | ①

52 빈출도 ★

목표값 이외의 외부 입력으로 제어량을 변화시키며 인위적으로 제어할 수 없는 요소는?

① 제어동작신호
② 조작량
③ 외란
④ 오차

해설
제어량의 값을 변화시키려며 인위적으로 제어할 수 없는 요소는 외란이다.

정답 | ③

53 빈출도 ★★

폐루프 제어시스템의 구성에서 조절부와 조작부를 합쳐서 무엇이라고 하는가?

① 보상요소
② 제어요소
③ 기준입력요소
④ 귀환요소

해설
조절부와 조작부를 합쳐서 제어요소라고 하며 동작 신호를 조작량으로 변화시키는 역할을 한다.

정답 | ②

54 빈출도 ★★★

아날로그 신호로 이루어지는 정량적 제어로서 일정한 목표값과 출력값을 비교·검토하여 자동적으로 행하는 제어는?

① 피드백 제어
② 시퀀스 제어
③ 오픈루프 제어
④ 프로그램 제어

해설
시퀀스 제어는 개루프 제어의 한 종류이고 폐루프 제어를 피드백 제어라고 한다. 피드백 제어는 비교 검토를 통해 목표 오차를 줄일 수 있다.

정답 | ①

55 빈출도 ★★★

기계적 제어의 요소로서 변위를 공기압으로 변환하는 요소는?

① 벨로즈 ② 트랜지스터
③ 다이아프램 ④ 노즐플래퍼

해설

변위를 압력으로 변환하는 검출기기에는 노즐플래퍼, 유압분사관이 있다. 노즐플래퍼는 공기의 압력, 유압분사관은 유체의 압력이 최종 변환량이다.

정답 | ④

56 빈출도 ★★

공기조화기 성능점검표상의 점검항목이 아닌 것은?

① 외부 케이싱 부식, 손상, 변형 상태
② 동파방지 장치 작동 상태
③ 폐열회수장치 작동 상태
④ 안전밸브 및 압력스위치 상태

해설

안전밸브 및 압력스위치 상태는 보일러 성능점검표상의 점검항목이다.

정답 | ④

57 빈출도 ★★

기계설비법령에 따라 기계설비 발전 기본계획은 몇 년마다 수립·시행하여야 하는가?

① 1 ② 2
③ 3 ④ 5

해설

기계설비 발전 기본계획을 5년마다 수립·시행하여야 한다.

정답 | ④

58 빈출도 ★

다음 중 고압가스안전관리법령에 따라 고압가스 제조 시설에 대한 정밀안전검진을 실시하는 기관은?

① 한국산업인력공단 ② 한국가스공사
③ 대한기계설비공사 ④ 한국가스안전공사

해설

고압가스안전관리법령에 따르면 한국가스안전공사 또는 검사기관이 정밀안전검진에 필요한 처리절차 등 세부사항을 정할 수 있다.

정답 | ④

59 빈출도 ★★

고압가스안전관리법령에 따라 일체형 냉동기의 조건으로 틀린 것은?

① 냉매설비 및 압축기용 원동기가 하나의 프레임 위에 일체로 조립된 것
② 냉동설비를 사용할 때 스톱밸브 조작이 필요한 것
③ 응축기 유닛 및 증발유닛이 냉매배관으로 연결된 것으로 하루 냉동능력이 20톤 미만인 공조용 패키지에어콘
④ 사용장소에 분할 반입하는 경우에는 냉매설비에 용접 또는 절단을 수반하는 공사를 하지 않고 재조립하여 냉동제조용으로 사용할 수 있는 것

해설

냉동설비를 사용할 때 스톱밸브 조작이 필요 없는 것이 일체형 냉동기의 조건에 해당한다.

정답 | ②

60 빈출도 ★★

산업안전보건법령상 냉동·냉장 창고시설 건설공사에 대한 유해위험방지계획서를 제출해야 하는 대상시설의 연면적 기준은 얼마인가?

① 3천제곱미터 이상 ② 4천제곱미터 이상
③ 5천제곱미터 이상 ④ 6천제곱미터 이상

해설

산업안전보건법 시행령 42조에 따르면 연면적 5천제곱미터 이상인 냉동·냉장 창고시설의 설비공사 및 단열공사에 대한 유해위험방지계획서를 제출해야 한다.

정답 | ③

유지보수 공사관리

61 빈출도 ★★★

배관의 접합 방법 중 용접접합의 특징으로 틀린 것은?

① 중량이 무겁다.
② 유체의 저항 손실이 적다.
③ 접합부 강도가 강하여 누수우려가 적다.
④ 보온피복 시공이 용이하다.

해설

용접접합은 누수염려 없고 유지비용이 절감되며 유체의 저항 손실이 적다. 중량이 무거운 접합법은 플랜지접합이다.

정답 | ①

62 빈출도 ★★

폴리부틸렌관(PB) 이음에 대한 설명으로 틀린 것은?

① 에이콘 이음이라고도 한다.
② 나사이음 및 용접이음이 필요 없다.
③ 그랩링, O-링, 스페이스 와셔가 필요하다.
④ 이종관 접합 시에는 어댑터를 사용하여 인서트 이음을 한다.

해설

급수·급탕용의 위생배관에 주로 쓰이는 PB관을 연결할 때는 PB 이음법을 주로 쓰며 이종관 접합 시에는 나사 이음을 한다.

정답 | ④

63 빈출도 ★★

다음 배관지지 장치 중 변위가 없는 곳에 사용하는 행거(hanger)는?

① 베리어블 행거 ② 스프링 행거
③ 콘스탄트 행거 ④ 리지드 행거

해설

변위가 없는 곳에 사용하는 행거는 리지드 행거이다.

선지분석

① 베리어블 행거: 스프링 행거의 한 종류이다.
② 스프링 행거: 변위가 작은 곳에서 사용하는 행거이다.
③ 콘스탄트 행거: 변위가 큰 곳에서 사용하는 행거이다.

정답 | ④

64 빈출도 ★★

배관설비 공사에서 파이프 래크의 폭에 관한 설명으로 틀린 것은?

① 파이프 래크의 실제 폭은 신규라인을 대비하여 계산된 폭보다 20[%]정도 크게 한다.
② 파이프 래크상의 배관밀도가 작아지는 부분에 대해서는 파이프 래크의 폭을 좁게 한다.
③ 고온배관에서는 열팽창에 의하여 과대한 구속을 받지 않도록 충분한 간격을 둔다.
④ 인접하는 파이프의 외측과 외측과의 최소 간격을 25[mm]로 하여 래크의 폭을 결정한다.

해설
인접하는 파이프 외측과 외측 간격은 75[mm] 이상으로 유지해야 한다. 인접하는 파이프 외측과 플랜지 외측 사이 간격은 최소 25[mm]로 해야 한다.

정답 | ④

65 빈출도 ★★

강관이나 동관 공작용 공구에 대한 설명으로 옳은 것은?

① 파이프 리머는 관의 절단이나 조합을 위해 관을 고정시키는 공구이다.
② 파이프 바이스는 관 절단 후 단면 안쪽의 거스러미를 제거하는 공구이다.
③ 사이징 툴은 관의 끝부분을 확장할 때 사용하는 공구이다.
④ 플레어링 툴은 관의 끝부분을 나팔형으로 정형하는 공구이다.

해설
플레어링 툴은 동관 끝부분을 나팔형으로 정형하는 공구이다.

선지분석
① 파이프 리머: 관을 절단한 뒤 단면 안쪽의 거스러미 또는 날카로운 가장자리를 제거하는 공구이다.
② 파이프 바이스: 강관을 절단하거나 조합할 때 관을 고정시키는 공구이다.
③ 사이징 툴: 압축 이음(플레어 이음)하기에 앞서 동관 끝부분을 원형으로 정형하는 공구이다.

정답 | ④

66 빈출도 ★★

강관작업에서 아래 그림처럼 15A 나사용 90° 엘보 2개를 사용하여 길이가 200[mm]가 되도록 연결 작업을 하려고 한다. 이때 실제 15A 강관의 길이[mm]는 얼마인가? (단, 나사가 물리는 최소길이(여유치수)는 11[mm], 이음쇠의 중심에서 단면까지의 길이는 27[mm]이다.)

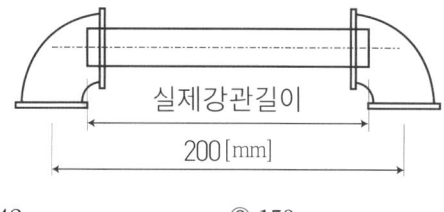

① 142　　② 158
③ 168　　④ 176

해설
실제 강관길이 = 배관중심길이 − 2×(중심치수 − 여유치수)
= 200 − 2×(27−11) = 200 − 32 = 168[mm]

정답 | ③

67 빈출도 ★★

배관재료에 대한 설명으로 틀린 것은?

① 배관용 탄소강 강관은 1[MPa] 이상, 10[MPa] 이하 증기관에 적합하다.
② 주철관은 용도에 따라 수도용, 배수용, 가스용, 광산용으로 구분한다.
③ 연관은 화학 공업용으로 사용되는 1종관과 일반용으로 쓰이는 2종관, 가스용으로 사용되는 3종관이 있다.
④ 동관은 관 두께에 따라 K형, L형, M형으로 구분한다.

해설
배관용 탄소강관은 1[MPa] 이하의 압력 조건에서 사용한다.

정답 | ①

68 빈출도 ★★
다음 중 사용압력이 가장 높은 동관은?

① L관 ② M관
③ K관 ④ N관

해설
동관은 두께에 따라 K, L, M형으로 구분한다. 일반적으로 K형이 가장 두꺼워서 고압배관용으로 쓰인다.

정답 | ③

69 빈출도 ★★★
다음은 펌프의 공동현상에 관한 설명이다. 적당하지 않은 것은?

① 흡입 배관경이 클 경우 발생한다.
② 소음 및 진동이 발생한다.
③ 임펠러 침식이 생길 수 있다.
④ 펌프의 회전수를 낮추어 운전하면 이 현상을 줄일 수 있다.

해설
공동현상(캐비테이션)은 수온이 올라가거나 속력이 빨라지면 수압이 물의 증기압 이하로 낮아져서 물 속에 기포가 생기는 현상이다. 흡입관 관경을 크게 하면 유속이 느려지고 압력손실이 줄어들어 공동현상 발생 가능성이 낮아진다.

개념설명 캐비테이션(공동현상) 방지대책
- 흡입양정을 줄이고 흡입관 관경을 크게 한다.
- 임펠러 양쪽에 흡입구가 있는 양흡입 펌프를 사용한다.
- 펌프의 회전수를 낮춘다.

정답 | ①

70 빈출도 ★★
급수량 산정에 있어서 시간 평균예상 급수량(Q_h)이 3,000[L/h]였다면, 순간 최대 예상 급수량(Q_p)은?

① 70~100[L/min] ② 150~200[L/min]
③ 225~250[L/min] ④ 275~300[L/min]

해설
시간 평균 예상 급수량이 3,000[L/h]=50[L/min]이므로 순간 최대 예상 급수량은 50[L/min]의 3~4배인 150~200[L/min]이다.

정답 | ②

71 빈출도 ★★
전수량이 3톤이고 급탕과 급수의 밀도가 각각 0.9718[kg/L], 0.9997[kg/L]이라면 개방식 팽창탱크의 용량은 얼마로 설계해야 하는가?

① 172[L]~215[L] ② 172[L]~258[L]
③ 184[L]~230[L] ④ 184[L]~276[L]

해설
부피 변화량
$$\Delta V = m\left(\frac{1}{\rho_h} - \frac{1}{\rho_c}\right)$$
$$= 3,000[\text{kg}] \times \left(\frac{1}{0.9718} - \frac{1}{0.9997}\right)[\text{L/kg}]$$
$$= 86.15[\text{L}]$$이다.
개방식 팽창탱크의 용량은 ΔV의 2~2.5배인 172[L]~215[L]로 설계해야 한다.

정답 | ①

72 빈출도 ★★
간접 가열식 급탕법에 관한 설명으로 틀린 것은?

① 대규모 급탕설비에 부적당하다.
② 순환증기는 높이에 관계 없이 저압으로 사용 가능하다.
③ 저탕탱크와 가열용 코일이 설치되어 있다.
④ 난방용 증기보일러가 있는 곳에 설치하면 설비비를 절약하고 관리가 편하다.

해설
간접 가열식 급탕법은 증기 또는 고온수를 저탕조 내의 코일에 통과시켜 저탕조 물을 가열하는 방식으로 대규모 급탕 설비에 적합하다.

정답 | ①

73 빈출도 ★★

온수배관 시공 시 유의사항으로 틀린 것은?

① 일반적으로 팽창관에는 밸브를 설치하지 않는다.
② 배관의 최저부에는 배수 밸브를 설치한다.
③ 공기밸브는 순환펌프의 흡입 측에 부착한다.
④ 수평관은 팽창탱크를 향하여 올림구배로 배관한다.

해설

공기밸브와 압력계는 온수 순환펌프의 토출 측에 부착해야 한다.

정답 | ③

74 빈출도 ★★

다음 중 배수 설비와 관련된 용어는?

① 공기실(air chamber)
② 봉수(seal water)
③ 볼탭(ball tap)
④ 드렌처(drencher)

해설

봉수는 배수관 일부에 물을 고이게 하여 하수 가스가 통하지 않게 하는 배수 설비이다.
공기실은 수격방지 장치, 볼탭은 저수조 수위조절 부품, 드렌처는 물을 수막 형태로 분사하는 소방설비이다.

정답 | ②

75 빈출도 ★

급탕배관의 단락현상(short circuit)을 방지할 수 있는 배관 방식은?

① 리버스 리턴 배관방식
② 다이렉트 리턴 배관방식
③ 단관식 배관방식
④ 상향식 배관방식

해설

리버스 리턴(역귀환) 방식의 환수배관을 설치하면 온수 유량을 균일하게 분배 가능하며 단락현상을 방지할 수 있다.

정답 | ①

76 빈출도 ★★

리버스 리턴 배관 방식에 대한 설명으로 틀린 것은?

① 각 기기 간의 배관회로 길이가 거의 같다.
② 저항의 밸런싱을 취하기 쉽다.
③ 개방회로 시스템(open loop system)에서 권장된다.
④ 환수관이 2중이므로 배관 설치 공간이 커지고 재료비가 많이 든다.

해설

리버스 리턴 방식(역귀환 방식)의 각 방열기에 이르는 공급배관과 환수배관의 길이가 비슷하여 온수의 유량을 균일하게 분배가 가능하며 단락현상을 방지할 수 있다. 주로 밀폐식 배관 시스템에서 권장된다.

정답 | ③

77 빈출도 ★★★

지역난방의 옥외배관에서 고온수 배관은 얼마정도의 구배를 주는가?

① 1/250 이상
② 1/350 이상
③ 1/450 이상
④ 1/500 이상

해설

- 지역난방의 적정 수온: 120[℃]
- 옥외배관의 구배: 1/250 이상

정답 | ①

78 빈출도 ★★

공조배관 설계 시 유속을 빠르게 했을 경우의 현상으로 틀린 것은?

① 관경이 작아진다.
② 운전비가 감소한다.
③ 소음이 발생된다.
④ 마찰손실이 증대한다.

해설

유속이 빠를수록 배관 내 마찰이 증가하여 동일한 풍량을 수송하기 위한 송풍기 출력이 더 커지므로 운전비가 증가한다.

정답 | ②

79 빈출도 ★

관경 300[mm], 배관길이 500[m]의 중압가스수송관에서 공급압력과 도착압력이 게이지 압력으로 각각 0.3[MPa], 0.2[MPa]인 경우 가스유량[m³/h]은 얼마인가? (단, 가스비중 0.64, 유량계수 52.31이다.)

① 10,238
② 20,583
③ 38,317
④ 40,153

해설

가스유량 $Q = k\sqrt{\dfrac{h \cdot d^5}{s \cdot l}} = k\sqrt{h}\sqrt{\dfrac{d^5}{s \cdot l}}$ 에서

P_i = 게이지 압력 + 대기압 = 0.3 + 0.1013 = 0.4013[MPa]
P_f = 게이지 압력 + 대기압 = 0.2 + 0.1013 = 0.3013[MPa]이므로
$\sqrt{h} = \sqrt{P_i^2 - P_f^2} = \sqrt{0.4013^2 - 0.3013^2} = 0.2651$
유량계수 $k = 52.31$, 관경 $d = 300$[mm], 비중 $s = 0.64$
배관길이 $l = 5 \times 10^5$[mm]을 대입하면

$Q = 52.31 \times 0.2651 \times \sqrt{\dfrac{300^5}{0.64 \times 500,000}} = 38,209$[m³/h]

정답 | ③

80 빈출도 ★

중·고압 가스배관의 유량(Q)을 구하는 계산식으로 옳은 것은? (단, P_1: 처음압력, P_2: 최종압력, d: 관 내경, l: 관 길이, s: 가스비중, K: 유량계수이다.)

① $Q = K\sqrt{\dfrac{(P_1 - P_2)^2 d^5}{s \cdot l}}$

② $Q = K\sqrt{\dfrac{(P_2 - P_1)^2 d^4}{s \cdot l}}$

③ $Q = K\sqrt{\dfrac{(P_1^2 - P_2^2) d^5}{s \cdot l}}$

④ $Q = K\sqrt{\dfrac{(P_2^2 - P_1^2) d^4}{s \cdot l}}$

해설

- 가스배관의 유량 Q[m³/h] $= K\sqrt{\dfrac{h d^5}{s l}}$

  (단, h: 압력손실[mmH₂O], d관의 내경[mm], l:관의 길이[m], s: 가스 비중)

- 압력손실 h는 $P_1^2 - P_2^2$으로 표현이 가능하므로
  가스배관의 유량 $Q = K\sqrt{\dfrac{h d^5}{s l}} = K\sqrt{\dfrac{(P_1^2 - P_2^2) d^5}{s l}}$ [m³/h]

※ 압력손실 h의 단위[mmH₂O]와 $P_1^2 - P_2^2$의 단위[Pa²]가 서로 다르나 위 공식은 경험적인 공식에 의하여 결정된 식이다.

정답 | ③

2023년 3회 CBT 복원문제

에너지관리

01 빈출도 ★★

기후에 따른 불쾌감을 표시하는 불쾌지수는 무엇을 고려한 지수인가?

① 기온과 기류
② 기온과 노점
③ 기온과 복사열
④ 기온과 습도

해설

불쾌지수는 온도(기온)와 습도에 따라 달라지는 인간의 불쾌감을 수치화한 것이다.

정답 | ④

02 빈출도 ★★

온도 10[℃], 상대습도 50[%]의 공기를 25[℃]로 하면 상대습도[%]는 얼마인가? (단, 10[℃]일 경우의 포화 증기압은 1.226[kPa], 25[℃]일 경우의 포화 증기압은 3.163[kPa]이다.)

① 9.5
② 19.4
③ 27.2
④ 35.5

해설

상대습도 $\phi = \dfrac{실제수증기압}{포화수증기압} \times 100[\%]$ 이므로

습공기의 실제수증기압은 $(1.226[kPa]) \times 0.5 = 0.613[kPa]$
온도를 25[℃]로 올릴 경우

상대습도 $\phi = \dfrac{0.613}{3.163} \times 100 = 19.38[\%]$

정답 | ②

03 빈출도 ★★★

습공기 선도상의 상태변화에 대한 설명으로 틀린 것은?

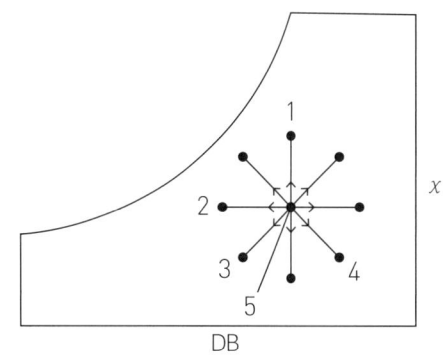

① 5 → 1: 가습
② 5 → 2: 현열냉각
③ 5 → 3: 냉각가습
④ 5 → 4: 가열감습

해설

① 건구온도(DB) 유지, 습도증가 → 가습
② 건구온도(DB) 감소, 습도유지 → 현열냉각
③ 건구온도(DB) 감소, 습도감소 → 냉각감습
④ 건구온도(DB) 증가, 습도감소 → 가열감습

정답 | ③

04 빈출도 ★★

습공기를 단열 가습하는 경우 열수분비(u)는 얼마인가?

① 0
② 0.5
③ 1
④ ∞

해설

열수분비 $= \dfrac{엔탈피 변화량}{절대습도 변화량} = \dfrac{\Delta h}{\Delta x}$

단열 가습의 경우 $\Delta h = 0$, $\Delta x > 0$이므로 열수분비=0이다.

정답 | ①

05 빈출도 ★

건구온도 30[℃], 절대습도 0.01[kg/kg]인 외부공기 30[%]와 건구온도 20[℃], 절대습도 0.02[kg/kg]인 실내공기 70[%]를 혼합하였을 때 최종 건구온도(T)와 절대습도(x)는 얼마인가?

① $T=23[℃]$, $x=0.017[kg/kg]$
② $T=27[℃]$, $x=0.017[kg/kg]$
③ $T=23[℃]$, $x=0.013[kg/kg]$
④ $T=27[℃]$, $x=0.013[kg/kg]$

해설

- 혼합 공기의 질량을 m이라 하면 외부공기가 잃은 열은 $0.3m(30-T)$, 실내공기가 얻은 열은 $0.7m(T-20)$이고 두 값은 동일하므로 $T=23[℃]$이다.
- 절대습도는 질량당 수증기 질량의 비이므로

$$x=\frac{m_1x_1+m_2x_2}{m_1+m_2}=\frac{0.3m\times 0.01+0.7m\times 0.02}{0.3m+0.7m}$$
$$=\frac{0.017m}{m}=0.017[kg/kg]$$

정답 | ①

06 빈출도 ★★

복사 난방방식의 특징에 대한 설명으로 틀린 것은?

① 외기 온도의 갑작스러운 변화에 대응이 용이함
② 실내 상하 온도분포가 균일하여 난방효과가 이상적임
③ 실내 공기온도가 낮아도 되므로 열손실이 적음
④ 바닥에 난방기기가 필요 없어 바닥면의 이용도가 높음

해설

복사 난방방식은 냉방 부하 변동에 따른 방열량 조절이 어렵기 때문에 외기 온도의 갑작스런 변화에 신속한 대응이 어렵다.

정답 | ①

07 빈출도 ★★★

복사난방에 있어서 바닥 패널의 온도로 가장 알맞은 것은?

① 95[℃]
② 80[℃]
③ 55[℃]
④ 30[℃]

해설

복사난방이란 건축물의 바닥이나 벽 속에 코일과 패널을 매설하고 열매를 공급하여 복사열을 이용하는 방식이며, 이때 바닥 패널의 온도는 30~35[℃]로 유지한다.

정답 | ④

08 빈출도 ★★★

증기트랩(Steam trap)에 대한 설명으로 옳은 것은?

① 고압의 증기를 만들기 위해 가열하는 장치
② 증기가 환수관으로 유입되는 것을 방지하기 위해 설치한 밸브
③ 증기가 역류하는 것을 방지하기 위해 만든 자동밸브
④ 간헐운전을 하기 위해 고압의 증기를 만드는 자동밸브

해설

증기가 물로 변한 응축수를 배출하기 위해 방열기 출구에는 증기 트랩을 설치한다.

정답 | ②

09 빈출도 ★★

다음 중 극간풍 대책에 해당하는 것만으로 묶은 것은?

① 회전문 설치, 방충문 설치, 에어 커튼 사용
② 회전문 설치, 이중문 설치, 에어 커튼 사용
③ 방충문 설치, 에어 커튼 사용, 방풍실 설치
④ 에어 커튼 사용, 실내 가압, 자동문 설치

해설

회전문, 이중문, 에어 커튼, 실내 가압, 방풍실은 모두 극간풍 대책에 해당하며 방충문과 자동문은 극간풍 대책이 될 수 없다.

정답 | ②

10 빈출도 ★★

유효 온도차(상당 외기온도차)에 대한 설명으로 틀린 것은?

① 태양 일사량을 고려한 온도차이다.
② 계절, 시각 및 방위에 따라 변화한다.
③ 실내온도와는 무관하다.
④ 냉방부하 시에 적용된다.

해설
태양 일사량과 유리의 투과율을 고려한 온도가 상당외기 온도이고, 상당외기 온도와 실내온도의 차이가 유효 온도차(상당외기 온도차)이다.

정답 | ③

11 빈출도 ★★★

공기조화설비의 구성에서 각종 설비별 기기로 바르게 짝지어진 것은?

① 열원설비 — 냉동기, 보일러, 히트펌프
② 열교환설비 — 열교환기, 가열기
③ 열매 수송설비 — 덕트, 배관, 오일펌프
④ 실내유니트 — 토출구, 유인유니트, 자동제어기기

해설
열원설비에는 보일러, 냉동장치와 냉각탑, 히트펌프 등의 기기가 있다.

선지분석
② 가열기는 열교환설비가 아니다.
③ 오일펌프는 윤활유 순환용으로 냉열원설비에 포함된다.
④ 자동제어기기는 자동제어설비에 포함된다.

정답 | ①

12 빈출도 ★★

다음 중 감습(제습)장치의 방식이 아닌 것은?

① 흡수식
② 감압식
③ 냉각식
④ 압축식

해설
습공기로부터 습기를 제거하려면 압력을 가하거나 온도를 낮추어야 한다. 따라서 감압식은 감습(제습)방식이 될 수가 없다.

정답 | ②

13 빈출도 ★★

전열교환기에 관한 설명으로 틀린 것은?

① 공기조화기기의 용량설계에 영향을 주지 않음
② 열교환기 설치로 설비비와 요구 공간 증가
③ 회전식과 고정식이 있음
④ 배기와 환기의 열교환으로 현열과 잠열을 교환

해설
전열교환기를 설치하면 공조기는 물론 보일러나 냉동기의 용량을 줄일 수 있다.

정답 | ①

14 빈출도 ★★

열매에 따른 방열기의 표준방열량[W/m^2] 기준으로 가장 적절한 것은?

① 온수: 405.2, 증기: 822.3
② 온수: 523.3, 증기: 822.3
③ 온수: 405.2, 증기: 755.8
④ 온수: 523.3, 증기: 755.8

해설
- 온수난방의 표준방열량: 523.3[W/m^2]
- 증기난방의 표준방열량: 755.8[W/m^2]

정답 | ④

15 빈출도 ★

A, B 두 방의 열손실은 각각 4[kW]이다. 높이 600[mm]인 주철제 5세주 방열기를 사용하여 실내온도를 모두 18.5[℃]로 유지시키고자 한다. A실은 102[℃]의 증기를 사용하며, B실은 평균 80[℃]의 온수를 사용할 때 두 방 전체에 필요한 총 방열기의 절수는? (단, 표준방열량을 적용하며, 방열기 1절(節)의 상당 방열 면적은 0.23[m²]이다.)

① 23개 ② 34개
③ 42개 ④ 56개

해설

- A실의 필요 방열 면적

$$A_1 = \frac{열량[kW]}{증기난방\ 방열기\ 표준방열량[kW/m^2]}$$

$$= \frac{4[kW]}{0.756[kW/m^2]} = 5.29[m^2]$$

A실에 필요한 방열기의 절수 $\frac{5.29}{0.23} = 23$절

- B실의 필요 방열 면적

$$A_2 = \frac{열량[kW]}{온수난방\ 방열기\ 표준방열량[kW/m^2]}$$

$$= \frac{4[kW]}{0.523[kW/m^2]} = 7.65[m^2]$$

B실에 필요한 방열기의 절수 $\frac{7.65}{0.23} = 33.26$절 → 34절(소수점 절상)

따라서 두 방 전체에 필요한 총 방열기의 절수는 23+34=57절이다.

※ A, B실의 필요한 절수는 더한 뒤 소수점을 반올림하면 56.26 → 56절로 정답이 산출되나 일반적으로 방열기 수량 산정 시 소수점이 발생하면 절상하여 산출하는 것이 정확하다.

정답 | ④

16 빈출도 ★★

주간 피크(peak) 전력을 줄이기 위한 냉방시스템 방식으로 가장 거리가 먼 것은?

① 터보냉동기 방식 ② 수축열 방식
③ 흡수식 냉동기 방식 ④ 빙축열 방식

해설

터보냉동기 방식은 일반적인 냉동기 구동 방식으로 피크시간에 전력 소비가 많다.

선지분석

②, ④ 축열 방식은 심야전력을 이용하여 냉수나 얼음을 생성하므로 주간 피크전력 절감 효과가 있다.
③ 흡수식 냉동기 방식은 압축기가 없어 전력 소비량이 적은 편이다.

정답 | ①

17 빈출도 ★★★

송풍 공기량을 $Q[m^3/s]$, 외기 및 실내온도를 각각 t_o, $t_r[℃]$이라 할 때 침입외기에 의한 손실 열량 중 현열부하[kW]를 구하는 공식은? (단, 공기의 정압비열은 1.0[kJ/kg·℃], 밀도는 1.2[kg/m³]이다.)

① $1.0 \times Q \times (t_o - t_r)$
② $1.2 \times Q \times (t_o - t_r)$
③ $597.5 \times Q \times (t_o - t_r)$
④ $717 \times Q \times (t_o - t_r)$

해설

송풍기의 현열부하는 "송풍량×공기 밀도×정압비열×온도차"로 구할 수 있다.

현열부하 $q_s = Q\rho C_p(t_o - t_r)$
$= Q[m^3/s] \times 1.2[kg/m^3] \times 1.0[kJ/kg·℃]$
$\times (t_o - t_r)[℃]$
$= 1.2 \times Q \times (t_o - t_r)[℃]$

정답 | ②

18 빈출도 ★★

송풍량 $2,000[\text{m}^3/\text{min}]$을 송풍기 전후의 전압차 $20[\text{Pa}]$로 송풍하기 위한 필요 전동기 출력[kW]은? (단, 송풍기의 전압효율은 $80[\%]$, 전동효율은 V벨트로 0.95이며, 여유율은 0.2이다.)

① 1.05
② 10.35
③ 14.04
④ 25.32

해설

전압 효율이 η_1, 전동 효율이 η_2, 여유율이 a라면
송풍용 전동기 출력 $L = \dfrac{PQ(1+a)}{\eta_1\eta_2}[\text{W}]$

$L = \dfrac{20[\text{Pa}] \times (2,000/60)[\text{m}^3/\text{s}] \times (1+0.2)}{0.8 \times 0.95}$
$= 1,052.6[\text{W}] = 1.05[\text{kW}]$

정답 | ①

19 빈출도 ★★★

덕트 내 풍속을 측정하는 피토관을 이용하여 전압 $23.8[\text{mmAq}]$, 정압 $10[\text{mmAq}]$를 측정하였다. 이 경우 풍속은 약 얼마인가?

① 10[m/s]
② 15[m/s]
③ 20[m/s]
④ 25[m/s]

해설

- 동압 = 전압 − 정압 = $23.8 - 10 = 13.8[\text{mmAq}]$
  $13.8[\text{mmAq}] \times \dfrac{9.8[\text{Pa}]}{1[\text{mmAq}]} = 135.24[\text{Pa}]$

- 동압 = $\dfrac{1}{2}\rho v^2$에서
  $v = \sqrt{\dfrac{2 \times 135.24}{1.2}} = 15.01[\text{m/s}]$

정답 | ②

20 빈출도 ★★★

암모니아 노출 확인 절차로 옳지 않은 것은?

① 냄새지역을 벗어나 감독자에게 알려야 한다.
② 보호구를 착용한 후 감지기를 이용하여 공기 중 암모니아 농도를 측정한다.
③ pH 시험지를 물에 적셔 누출지역을 먼저 확인하고 난 후, 새로운 시험지를 이용하여 누출지점을 찾아낸다.
④ 누출지역을 확인한 후, 감독자나 동료가 현장에 도착하기 전에라도 누출을 멈추기 위해 지속적으로 시도해야 한다.

해설

암모니아는 가연성이 있어서 폭발을 일으킬 수 있으며, 체내에 들어가면 장기에 악영향을 주고 눈에 들어가면 녹내장을 일으키므로 보호구가 없는 상태라면 사고지역을 빨리 벗어나야 한다.

정답 | ④

공조냉동설계

21 빈출도 ★★

다음 중 자연 냉동법이 아닌 것은?

① 융해열을 이용하는 방법
② 승화열을 이용하는 방법
③ 기한제를 이용하는 방법
④ 증기분사를 하여 냉동하는 방법

해설

증기압차(증기분사) 냉동법은 냉매를 압축 · 팽창시키는 기계적 사이클을 이용하므로 자연 냉동법에 해당하지 않는다.

정답 | ④

22 빈출도 ★★★

다음의 P-h선도상에서 냉동능력이 1냉동톤인 소형 냉장고의 실제 소요동력[kW]은? (단, 1냉동톤은 3.8[kW]이며, 압축효율은 0.75, 기계효율은 0.9이다.)

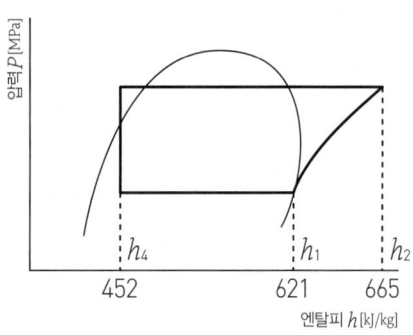

① 1.47
② 1.81
③ 2.73
④ 3.27

해설

- 성적계수 $COP = \dfrac{h_1 - h_4}{h_2 - h_1}$ 이므로

  $COP = \dfrac{621 - 452}{665 - 621} = \dfrac{169}{44} = 3.84$

- $COP = \dfrac{Q_{in}}{W_c} = \dfrac{3.8[kW]}{W_c}$ 이므로

  이론 소요동력 $W_c = 0.99[kW]$

- 실제 소요동력 $= \dfrac{\text{이론 소요동력}}{(\text{압축효율}) \times (\text{기계효율})} = \dfrac{0.99[kW]}{0.75 \times 0.9}$

  $= 1.467[kW]$

정답 | ①

23 빈출도 ★★

이중효용 냉동장치의 특징을 가장 바르게 표현한 것은?

① 냉매증기의 잠열 전부가 응축기로 옮겨가서 방출된다.
② 1대의 재생기와 2대의 증발기로 구성되어 있다.
③ 1대의 증발기와 2대의 재생기로 구성되어 있다.
④ 저온재생기의 냉매증기가 고온재생기의 가열에 활용된다.

해설

이중효용 냉동장치는 1대의 증발기와 2대의 재생기로 구성되어 있다.

선지분석

① 단효용 냉동장치의 특징이다.
② 1대의 증발기와 2대의 재생기로 구성되어 있다.
④ 고온재생기의 냉매증기가 저온재생기의 가열에 활용된다.

정답 | ③

24 빈출도 ★★

흡수식 냉동기의 특징에 대한 설명으로 틀린 것은?

① 부분 부하에 대한 대응성이 좋다.
② 압축식, 터보식 냉동기에 비해 소음과 진동이 적다.
③ 초기 운전 시 정격 성능을 발휘할 때까지의 도달 속도가 느리다.
④ 용량 제어 범위가 비교적 작아 큰 용량 장치가 요구되는 장소에 설치 시 보조 기기 설비가 요구된다.

해설

흡수식 냉동기는 압축기가 없어서 소음·진동이 적으며, 부분 부하에 대한 대응성이 좋고 용량 제어 범위가 넓다. 흡수식 냉동기의 단점은 예열시간이 길고 정격 도달속도가 느리다는 것이다.

정답 | ④

25 빈출도 ★★

40냉동톤의 냉동부하를 가지는 제빙공장이 있다. 이 제빙공장 냉동기의 압축기 출구 엔탈피가 457[kcal/kg], 증발기 출구 엔탈피가 369[kcal/kg], 증발기 입구 엔탈피가 128[kcal/kg]일 때, 냉매 순환량[kg/h]은? (단, 1RT는 3,320[kcal/h]이다.)

① 551
② 403
③ 290
④ 25.9

해설

냉매 순환량 = $\dfrac{냉동부하}{증발기에서 증가한 엔탈피}$
$= \dfrac{40 \times 3,320[\text{kcal/h}]}{(369-128)[\text{kcal/kg}]} = 551.0[\text{kg/h}]$

정답 | ①

26 빈출도 ★★★

냉동장치에 사용하는 브라인 순환량이 200[L/min]이고, 비열이 0.7[kcal/kg·℃]이다. 브라인의 입·출구 온도는 각각 −6[℃]와 −10[℃]일 때, 브라인 쿨러의 냉동능력[kcal/h]은? (단, 브라인의 비중은 1.2이다.)

① 36,880
② 38,860
③ 40,320
④ 43,200

해설

냉동능력은 시간당 브라인이 잃은 열과 같으므로
$Q = C\rho V \Delta T$
$= 0.7[\text{kcal/kg·℃}] \times (1.2[\text{kg/L}] \times 200[\text{L/min}]) \times 4[\text{℃}]$
$= 672[\text{kcal/min}] = 40,320[\text{kcal/h}]$

정답 | ③

27 빈출도 ★

스크류 압축기의 운전 중 로터에 오일을 분사시켜주는 목적으로 가장 거리가 먼 것은?

① 높은 압축비를 허용하면서 토출온도 유지
② 압축효율 증대로 전력소비 증가
③ 로터의 마모를 줄여 장기간 성능 유지
④ 높은 압축비에서도 체적효율 유지

해설

로터에 오일을 분사할 경우 압축효율은 증가하며 전력소비가 낮아진다. 또한 높은 압축비에도 토출온도, 체적 효율이 유지된다.

정답 | ②

28 빈출도 ★★★

(응축부하/냉동능력)의 값이 다음 그래프와 같이 주어지는 냉동장치가 있다. 온도를 변화시킬 때 이 장치의 응축부하와 냉동능력에 대한 설명으로 옳지 않은 것은?

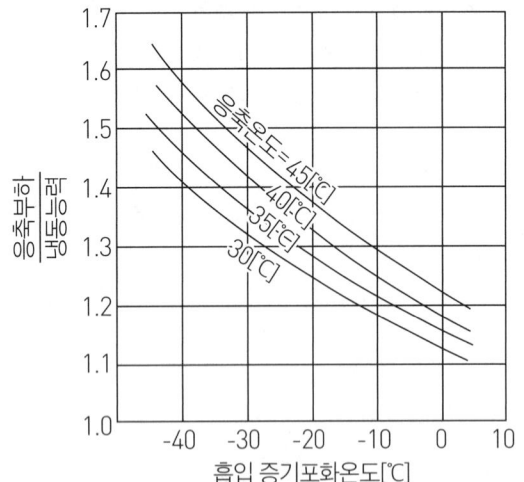

① 냉동능력에 대한 응축부하의 비를 일정하게 유지하면서 응축온도를 높이면 흡입증기의 포화온도는 높아진다.
② 냉동능력에 대한 응축부하의 비를 일정하게 유지하면서 흡입증기의 포화온도를 낮추면 응축온도는 높아진다.
③ 응축온도가 일정할 때 흡입증기의 포화온도를 높이면 $\frac{응축부하}{냉동능력}$의 값이 작아진다.
④ 흡입증기의 포화온도가 일정할 때 응축온도를 높이면 $\frac{응축부하}{냉동능력}$의 값이 커진다.

> **해설**
> $\frac{응축부하}{냉동능력}$의 값이 일정할 때 흡입증기의 포화온도를 낮추면 응축온도도 낮아진다.

정답 | ②

29 빈출도 ★★

온도식 팽창밸브(T.E.V)는 3가지 압력에 의해 작동되는데 다음 중 해당되지 않은 것은?

① 흡입관의 압력
② 증발기의 증발압력
③ 감온통의 다이어프램 압력
④ 과열도조절 스프링의 압력

> **해설**
> 온도식 팽창밸브는 다이어프램 압력, 증발기 압력, 스프링 압력에 의해 작동되며, 흡입가스의 과열도가 일정하게 유지되도록 냉매 유량을 조절한다.

정답 | ①

30 빈출도 ★★★

액분리기(Accumulator)에서 분리된 냉매의 처리방법이 아닌 것은?

① 가열시켜 액을 증발시킨 후 응축기로 순환시킨다.
② 증발기로 재순환시킨다.
③ 가열시켜 액을 증발시킨 후 압축기로 순환시킨다.
④ 고압 측 수액기로 회수한다.

> **해설**
> 분리된 냉매액을 회수할 때는 고압 수액기로 강제 복귀시키거나, 열교환기로 냉매액을 증발시키거나, 중력에 의해 증발기로 재순환시키는 방법을 이용한다.

정답 | ①

31 빈출도 ★

Van der Waals 상태 방정식은 다음과 같이 나타낸다. 이 식에서 $\frac{a}{v^2}$, b는 각각 무엇을 의미하는 것인가? (단, P는 압력, v는 비체적, R은 기체상수, T는 온도를 나타낸다.)

$$\left(P+\frac{a}{v^2}\right)\times(v-b)=RT$$

① 분자간의 작용 인력, 분자 내부 에너지
② 분자간의 작용 인력, 기체 분자들이 차지하는 체적
③ 분자간의 질량, 분자 내부 에너지
④ 분자 자체의 질량, 기체 분자들이 차지하는 체적

해설

실제기체는 분자간 인력 때문에 이상기체의 압력보다 $\frac{a}{v^2}$만큼 더 작고, 자체부피가 있기 때문에 이상기체의 비체적보다 b만큼 더 크다.

정답 | ②

32 빈출도 ★★

실제 기체가 이상 기체의 상태방정식을 근사하게 만족시키는 경우는 어떤 조건인가?

① 압력과 온도가 모두 낮은 경우
② 압력이 높고 온도가 낮은 경우
③ 압력이 낮고 온도가 높은 경우
④ 압력과 온도 모두 높은 경우

해설

실제 기체의 밀도를 낮추면 이상 기체와 근사해진다. 밀도는 압력에 비례하고 온도에 반비례하므로 압력이 낮고 온도가 높은 경우 이상기체 상태방정식을 근사하게 만족시킨다.

정답 | ③

33 빈출도 ★

어떤 열기관이 550[K]의 고열원으로부터 20[kJ]의 열량을 공급받아 250[K]의 저열원에 14[kJ]의 열량을 방출할 때 이 사이클의 Clausius 적분값과 가역, 비가역 여부의 설명으로 옳은 것은?

① Clausius 적분값은 -0.0196[kJ/K]이고 가역 사이클이다.
② Clausius 적분값은 -0.0196[kJ/K]이고 비가역 사이클이다.
③ Clausius 적분값은 0.0196[kJ/K]이고 가역 사이클이다.
④ Clausius 적분값은 0.0196[kJ/K]이고 비가역 사이클이다.

해설

- 고열원분 엔트로피
$$\frac{Q_H}{T_H}=\frac{20[kJ]}{550[K]}=0.03636[kJ/K]$$
- 저열원분 엔트로피
$$\frac{Q_C}{T_C}=\frac{-14[kJ]}{250[K]}=-0.056[kJ/K]$$
- Clausius 적분값
$$\oint\frac{\delta Q}{T}=\frac{Q_H}{T_H}+\frac{Q_C}{T_C}=0.03636-0.056=-0.01964[kJ/K]$$

적분값이 음수이므로 비가역 사이클에 해당한다.

정답 | ②

34 빈출도 ★★

몰리에르 선도 상에서 표준 냉동사이클의 냉매 상태 변화에 대한 설명으로 옳은 것은?

① 등엔트로피 변화는 압축과정에서 일어난다.
② 등엔트로피 변화는 증발과정에서 일어난다.
③ 등엔트로피 변화는 팽창과정에서 일어난다.
④ 등엔트로피 변화는 응축과정에서 일어난다.

해설

냉매가 압축기 속에서 압축되는 과정은 가역 과정이면서 주위와의 열교환이 없는 단열 과정이므로 등엔트로피 과정($\Delta S=0$)이다.

정답 | ①

35 빈출도 ★★★

다음 열역학 제1법칙에 관한 설명 중 틀린 것은?

① 밀폐계가 임의의 사이클을 이룰 때 전달되는 열량의 총합은 행하여진 일량의 총합과 같다.
② 열역학 기초법칙으로 에너지 보존법칙이 성립한다.
③ 열은 본질상 에너지의 일종이며 열과 일은 서로 전환이 가능하고, 이때 열과 일 사이에는 일정한 비례 관계가 성립한다.
④ 어떤 열원에서 에너지를 받아 계속적으로 일로 바꾸고, 외부에 아무런 흔적을 남기지 않는 기관은 실현 불가능하다.

해설

열에너지를 아무 흔적을 남기지 않고 일로 바꾸는 기관이란, 열효율이 100[%]인 제2종 영구기관을 의미한다. 보기 ④는 열역학 제2법칙에 관한 설명이다.

정답 | ④

36 빈출도 ★★★

랭킨 사이클에서 25[℃], 0.01[MPa] 압력의 물 1[kg]을 5[MPa] 압력의 보일러로 공급한다. 이때 펌프가 가역단열과정으로 작용한다고 가정할 경우 펌프가 한 일은 약 몇 [kJ]인가? (단, 물의 비체적은 0.001[m³/kg]이다.)

① 2.58   ② 4.99
③ 20.10   ④ 40.20

해설

랭킨 사이클에서 펌프가 가역단열과정으로 물에 한 일
$W = mv(P_f - P_i)$이므로
$W = 1[\text{kg}] \times 0.001[\text{m}^3/\text{kg}] \times (5 - 0.01)[\text{MPa}]$
  $= 0.001[\text{m}^3] \times 4.99 \times 10^6[\text{N/m}^2]$
  $= 4.99 \times 10^3[\text{J}] = 4.99[\text{kJ}]$

정답 | ②

37 빈출도 ★★

천제연 폭포의 높이가 55[m]이고 주위와 열교환을 무시한다면 폭포수가 낙하한 후 수면에 도달할 때까지 온도 상승은 약 몇 [K]인가? (단, 폭포수의 비열은 4.2[kJ/kg·K]이다.)

① 0.87   ② 0.31
③ 0.13   ④ 0.68

해설

역학적 에너지 보존 법칙으로부터 감소한 위치에너지=폭포수가 얻은 열이므로 $mgh = Cm\Delta T$에서
$\Delta T = \dfrac{gh}{C} = \dfrac{9.8[\text{m/s}^2] \times 55[\text{m}]}{4,200[\text{J/kg·K}]}$
  $= 0.128[\text{K}]$

정답 | ③

38 빈출도 ★★

모리엘 선도 내 등건조도선의 건조도(x) 0.2는 무엇을 의미하는가?

① 습증기 중의 건포화 증기 20[%](중량비율)
② 습증기 중의 액체인 상태 20[%](중량비율)
③ 건증기 중의 건포화 증기 20[%](중량비율)
④ 건증기 중의 액체인 상태 20[%](중량비율)

해설

모리엘 선도에서의 건조도(x)는 습증기의 질량 중에 건포화 증기가 차지하는 비율을 의미한다. 건조도 0.2는 습증기 중의 건포화 증기가 20[%]이고 나머지 80[%]는 물방울임을 의미한다.

정답 | ①

39 빈출도 ★★★

고온열원(T_1)과 저온열원(T_2)사이에서 작동하는 역카르노 사이클에 의한 열펌프(heat pump)의 성능계수는?

① $\dfrac{T_1-T_2}{T_1}$
② $\dfrac{T_2}{T_1-T_2}$
③ $\dfrac{T_1}{T_1-T_2}$
④ $\dfrac{T_1-T_2}{T_2}$

해설

역카르노 사이클에 의한 열펌프가 카르노 열펌프이다.
카르노 열펌프의 성적계수 $\dfrac{T_H}{T_H-T_C}$ 에서 고열원이 T_1, 저열원이 T_2로 주어졌으므로 성적계수는 $\dfrac{T_1}{T_1-T_2}$ 이다.

정답 | ③

40 빈출도 ★★

보일러, 터빈, 응축기, 펌프로 구성되어 있는 증기원동소가 있다. 보일러에서 2,500[kW]의 열이 발생하고 터빈에서 550[kW]의 일을 발생시킨다. 또한, 펌프를 구동하는 데 20[kW]의 동력이 추가로 소모된다면 응축기에서의 방열량은 약 몇 [kW]인가?

① 980
② 1,930
③ 1,970
④ 3,070

해설

에너지 보존 법칙에 의해 $Q_{in}-Q_{out}=W_t-W_p$ 이므로
$2,500[\text{kW}]-Q_{out}=550[\text{kW}]-20[\text{kW}]=530[\text{kW}]$
따라서 응축기에서의 방열량 $Q_{out}=1,970[\text{kW}]$ 이다.

정답 | ③

시운전 및 안전관리

41 빈출도 ★★

발열체의 구비조건으로 틀린 것은?

① 내열성이 클 것
② 용융 온도가 높을 것
③ 산화 온도가 낮을 것
④ 고온에서 기계적 강도가 클 것

해설

발열체는 내열성이 크고 용융 온도가 높아야 하며, 고온에서 기계적 강도가 크며 산화 온도가 높아야 한다.

정답 | ③

42 빈출도 ★★★

전류의 측정 범위를 확대하기 위하여 사용되는 것은?

① 배율기
② 분류기
③ 전위차계
④ 계기용변압기

해설

배율기는 전압계의 측정 범위를 확장하기 위해 사용하고, 분류기는 전류계의 측정 범위를 확대하기 위해 사용한다.

정답 | ②

43 빈출도 ★★★

스위치 S의 개폐에 관계없이 전류 I가 항상 30[A]라면 R_3과 R_4는 각각 몇 [Ω]인가?

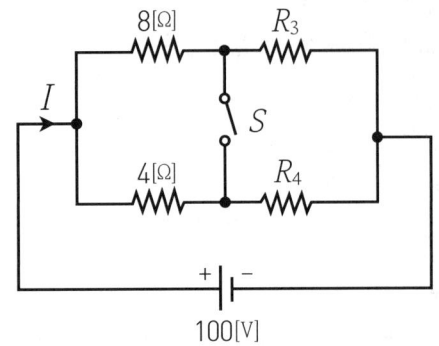

① $R_3=1$, $R_4=3$
② $R_3=2$, $R_4=1$
③ $R_3=3$, $R_4=2$
④ $R_3=4$, $R_4=4$

해설

스위치의 개폐가 회로 전류에 영향을 주지 않는다면 휘트스톤 브리지는 평형상태이다.
즉, $8 \times R_4 = 4 \times R_3$에서 $R_3 = 2R_4$이고 이 관계를 만족하는 보기는 ②번이다.

정답 | ②

44 빈출도 ★★

교류에서 역률에 관한 설명으로 틀린 것은?

① 역률은 $\sqrt{1-(무효율)^2}$로 계산할 수 있다.
② 역률을 이용하여 교류전력의 효율을 알 수 있다.
③ 역률이 클수록 유효전력보다 무효전력이 커진다.
④ 교류회로의 전압과 전류의 위상차에 코사인(cos)을 취한 값이다.

해설

- RLC 교류 회로에서 전압과 전류의 위상차가 θ일 때 $\cos\theta$를 역률, $\sin\theta$를 무효율이라고 한다.
- $\cos\theta = \dfrac{유효전력\ P}{피상전력\ P_a}$이므로 역률이 클수록 유효전력이 커진다.

정답 | ③

45 빈출도 ★★

$R=8[\Omega]$, $X_L=2[\Omega]$, $X_C=8[\Omega]$의 직렬회로에 100[V]의 교류전압을 가할 때, 전압과 전류의 위상 관계로 옳은 것은?

① 전류가 전압보다 약 37° 뒤진다.
② 전류가 전압보다 약 37° 앞선다.
③ 전류가 전압보다 약 43° 뒤진다.
④ 전류가 전압보다 약 43° 앞선다.

해설

임피던스 $\dot{Z}=R-jX_C+jX_L=8-j8+j2=8-j6[\Omega]$
$Z=\sqrt{8^2+6^2}=10$ 이므로 역률 $\cos\theta=\dfrac{R}{Z}=\dfrac{8}{10}=0.8$이다.
따라서 위상차 $\theta=\cos^{-1}0.8=36.87°$이고 $X_C > X_L$이므로 전류가 전압보다 앞선 진상전류가 흐른다.

정답 | ②

46 빈출도 ★★

다음은 직류전동기의 토크특성을 나타내는 그래프이다. (A), (B), (C), (D) 에 알맞은 것은?

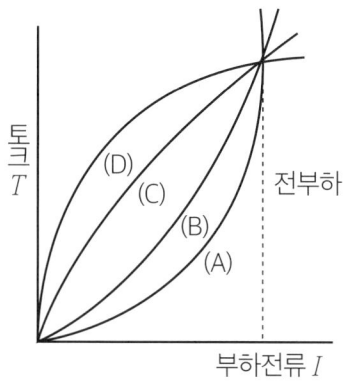

① (A): 직권전동기, (B): 가동복권전동기,
   (C): 분권전동기, (D): 차동복권전동기
② (A): 분권전동기, (B): 직권전동기,
   (C): 가동복권전동기, (D): 차동복권전동기
③ (A): 직권전동기, (B): 분권전동기,
   (C): 가동복권전동기, (D): 차동복권전동기
④ (A): 분권전동기, (B): 가동복권전동기,
   (C): 직권전동기, (D): 차동복권전동기

해설

직권전동기의 토크는 부하 전류의 제곱에 비례하므로 그래프 (A)에 해당한다. 분권전동기의 토크는 부하 전류에 거의 비례하므로 그래프 (C)에 해당한다.
※ 토크 변화율이 큰 순서
   직권전동기 > 가동복권전동기 > 분권전동기 > 차동복권전동기
   직가분차로 암기하면 좋다.

정답 | ①

47 빈출도 ★★

다음 중 유도 전동기의 제동법이 아닌 것은?

① 회생 제동   ② 발전 제동
③ 3상 제동   ④ 역전 제동

해설

전동기의 제동법에는 회생 제동, 발전 제동, 역상(역전) 제동, 단상 제동이 있다.

정답 | ③

48 빈출도 ★

변압기의 효율이 가장 좋을 때의 조건은?

① 철손 $=\dfrac{2}{3}\times$동손   ② 철손 $=2\times$동손
③ 철손 $=\dfrac{1}{2}\times$동손   ④ 철손 $=$동손

해설

부하율 m, 철손 P_i, 동손 P_c인 변압기에 대해 $P_i = m^2 P_c$일 때 변압기의 효율이 최대이다. 부하율이 따로 제시되지 않았으므로 전부하 효율이 최대가 되는 조건을 찾는다. 즉 철손(P_i)=동손(P_c)에서 효율이 가장 좋다.

정답 | ④

49 빈출도 ★★★

검출용 스위치에 속하지 않는 것은?

① 광전스위치   ② 액면스위치
③ 리미트스위치   ④ 누름버튼스위치

해설

제어대상의 변화를 검출하는 검출용 스위치에는 리미트스위치, 플로트(액면)스위치, 포토(광전)스위치가 있다.

정답 | ④

50 빈출도 ★★★

그림에서 3개의 입력단자 모두 1을 입력하면 출력단자 A와 B의 출력은?

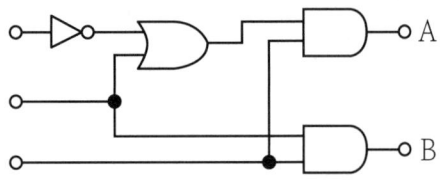

① A=0, B=0
② A=0, B=1
③ A=1, B=0
④ A=1, B=1

해설
- 순서대로 입력을 X_1, X_2, X_3라 하면
  $A=(\overline{X_1}+X_2)\cdot X_3$
  $B=X_2\cdot X_3$
- 3개의 입력단자에 모두 1을 입력하면 출력 A=1, 출력 B=1이 된다.

정답 | ④

51 빈출도 ★★★

아래 접점회로의 논리식으로 옳은 것은?

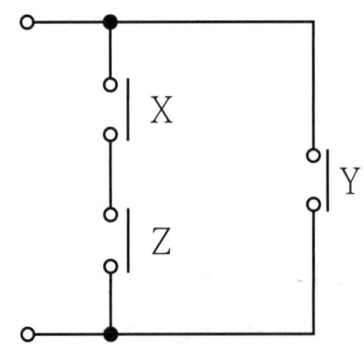

① $X\cdot Y\cdot Z$
② $(X+Y)\cdot Z$
③ $(X\cdot Z)+Y$
④ $X+Y+Z$

해설
- X와 Z 직렬연결: XZ
- XZ와 Y 병렬연결: $XZ+Y$

정답 | ③

52 빈출도 ★★★

목표값이 미리 정해진 시간적 변화를 하는 경우 제어량을 변화시키는 제어는?

① 정치 제어
② 추종 제어
③ 비율 제어
④ 프로그램 제어

해설
엘리베이터, 무인열차와 같이 미리 정해진 프로그램에 따라 제어량을 변화시키는 것을 목적으로 하는 제어방식은 프로그램 제어이다.

정답 | ④

53 빈출도 ★

서보드라이브에서 펄스로 지령하는 제어운전은?

① 위치제어 운전
② 속도제어 운전
③ 토크제어 운전
④ 변위제어 운전

해설
서보드라이브는 서보모터의 컨트롤러이며, 위치제어의 지령 방식은 펄스, 속도제어의 지령 방식은 전압, 토크제어의 지령 방식은 전류이다.

정답 | ①

54 빈출도 ★★

프로세스 제어용 검출기기는?

① 유량계
② 전위차계
③ 속도검출기
④ 전압검출기

해설
프로세스 제어용 검출기는 압력계, 유량계, 액면계, 온도계, 습도계가 있다. 전압 검출기와 속도 검출기는 자동 조정에 사용되는 검출기기이다.

정답 | ①

55 빈출도 ★

기계설비법령에 따라 기계설비 유지관리교육에 관한 업무를 위탁받아 시행하는 기관은?

① 한국기계설비건설협회
② 대한기계설비건설협회
③ 한국공작기계산업협회
④ 한국건설기계산업협회

해설

국토교통부장관은 유지관리교육에 관한 업무를 대통령령으로 정하는 바에 따라 관계 기관 및 단체에 위탁할 수 있다. 여기서 위탁 기관은 대한기계설비건설협회이다.

정답 | ②

56 빈출도 ★

기계설비법령에 따라 기계설비성능점검업자는 기계설비성능점검업의 등록한 사항 중 대통령령으로 정하는 사항이 변경된 경우에는 변경등록을 하여야 한다. 만약 변경등록을 정해진 기간 내 못한 경우 1차 위반 시 받게 되는 행정처분 기준은?

① 등록취소
② 업무정지 2개월
③ 업무정지 1개월
④ 시정명령

해설

기계설비성능점검업자가 대통령령으로 정하는 사항이 변경되었음도 정해진 기간 내에 변경등록을 하지 않은 경우 1차 위반 시 시정명령, 2차 위반 시 업무정지 1개월, 3차 위반 시 업무정지 2개월이다.

정답 | ④

57 빈출도 ★★

고압가스 안전관리법령에 따라 ( ) 안의 내용으로 옳은 것은?

> "충전용기"란 고압가스의 충전질량 또는 충전압력의 (㉠)이 충전되어 있는 상태의 용기를 말한다. "잔가스용기"란 고압가스의 충전질량 또는 충전압력의 (㉡)이 충전되어 있는 상태의 용기를 말한다.

① ㉠ 2분의 1 이상, ㉡ 2분의 1 미만
② ㉠ 2분의 1 초과, ㉡ 2분의 1 이하
③ ㉠ 5분의 2 이상, ㉡ 5분의 2 미만
④ ㉠ 5분의 2 초과, ㉡ 5분의 2 이하

해설

- 충전용기란 고압가스의 충전질량 또는 충전압력의 2분의 1 이상이 충전되어 있는 상태의 용기를 말한다.
- 잔가스용기란 고압가스의 충전질량 또는 충전압력의 2분의 1 미만이 충전되어 있는 상태의 용기를 말한다.

정답 | ①

58 빈출도 ★★★

다음 중 위반 시 500만원 이하 벌금을 부과받는 대상자가 아닌 것은?

① 허가를 받지 아니하고 고압가스를 제조한 자
② 법령에 따라 정기검사나 수시검사를 받지 아니한 자
③ 법령에 따른 고압가스 안전관리자를 선임하지 아니한 자
④ 신고를 하지 아니하고 고압가스를 제조한 자

해설

신고를 하지 아니하고 고압가스를 제조한 자는 500만원 이하의 벌금을 부과받지만, 허가를 받지 아니하고 고압가스를 제조한 자는 2년 이하 징역 또는 2천만원 이하 벌금을 부과받는다.

정답 | ①

59 빈출도 ★★★

다음은 일체용 냉동기로 분류되는 것들에 관해 나열한 것이다. 이 중 설명이 옳지 않은 것은?

① 냉매설비 및 압축기용 원동기가 하나의 프레임 위에 일체로 조립된 것
② 냉동설비를 사용할 때 스톱밸브 조작을 필요로 하는 것
③ 사용장소에 분할·반입하는 경우에는 냉매설비에 용접 또는 절단을 수반하는 공사를 하지 않고 재조립하여 냉동제조용으로 사용할 수 있는 것
④ 냉동설비의 수리 등을 하는 경우에 냉매설비 부품의 종류, 설치 개수, 부착 위치 및 외형 치수와 압축기용 원동기의 정격 출력 등이 제조 시 상태와 같도록 설계·수리될 수 있는 것

해설

고압가스안전관리법령에 따르면 일체형 냉동기는 냉동설비를 사용할 때 스톱밸브 조작이 필요 없는 것이어야 한다.

정답 | ②

60 빈출도 ★★★

산업안전보건법령상 유해·위험 방지를 위한 방호조치가 필요한 기계·기구에 해당하는 것은?

① 응축기   ② 저장탱크
③ 공기압축기   ④ 재열기

해설

산업안전보건법령에 따르면 유해·위험 방지를 위한 방호조치가 필요한 기계로는 예초기, 원심기, 공기압축기, 금속절단기, 지게차, 포장기계가 있다.

정답 | ③

유지보수 공사관리

61 빈출도 ★★

배관용 패킹재료 선정 시 고려해야 할 사항으로 거리가 먼 것은?

① 유체의 압력   ② 재료의 부식성
③ 진동의 유무   ④ 시트면의 형상

해설

패킹재료를 선정할 때는 유체의 물리적 성질(압력, 진동)과 화학적 성질(부식성, 휘발성, 용해능력)을 모두 고려하여야 한다.

정답 | ④

62 빈출도 ★★★

보온재의 구비조건으로 틀린 것은?

① 부피와 비중이 커야 한다.
② 흡수성이 적어야 한다.
③ 안전사용 온도 범위에 적합해야 한다.
④ 열전도율이 낮아야 한다.

해설

보온재는 비중이 작고 가벼워 시공과 운반이 용이해야 한다.

개념설명 보온재의 구비조건

- 내열성이 높고, 물리·화학적 강도가 커야 한다.
- 불연성이면서 환경친화적이어야 한다.
- 열전도율과 흡수율(흡수성)이 낮아야 한다.
- 비중이 작고 가벼워 시공과 운반이 용이해야 한다.

정답 | ①

63 빈출도 ★★★

유체 흐름의 방향을 바꾸어 주는 관 이음쇠는?

① 리턴벤드   ② 리듀서
③ 니플   ④ 유니온

해설

리턴벤드는 유체 흐름을 U자 또는 180° 전환할 때 사용한다.

선지분석

② 리듀서: 양끝이 크기가 다른 F나사로 되어 있어서 직선 방향에서 이경 배관을 연결할 수 있다.
③ 니플: 양끝이 M나사로 되어 있어서 서로 다른 두 F나사 부속을 연결할 수 있다.
④ 유니온: 한쪽이 M나사, 다른 쪽이 F나사, 그리고 결합너트로 구성되어 있으며 고정된 두 배관을 분해 및 조립할 수 있다.

정답 | ①

64 빈출도 ★★★

증기나 응축수가 트랩이나 감압밸브 등의 기기에 들어가기 전 고형물을 제거하여 고장을 방지하기 위해 설치하는 장치는?

① 스트레이너   ② 레듀서
③ 신축이음   ④ 유니온

해설

스트레이너는 배관을 통과하는 유체 속 이물질이나 오염 물질을 걸러주는 부속이며, 주기적으로 분해하여 여과망을 청소해야 한다.

선지분석

② 레듀서: 양끝이 크기가 다른 F나사로 되어 있어서 직선 방향에서 이경 배관을 연결할 수 있다.
③ 신축이음: 배관의 길이 팽창을 흡수하기 위한 관 연결방법이다.
④ 유니온: 한쪽이 M나사, 다른 쪽이 F나사, 그리고 결합너트로 구성되어 있으며 고정된 두 배관을 분해 및 조립할 수 있다.

정답 | ①

65 빈출도 ★

아래 강관 표시방법 중 "S-H"의 의미로 옳은 것은?

SPPS-S-H-1965, 11-100A×SCH40×6

① 강관의 종류   ② 제조회사명
③ 제조방법   ④ 제품표시

해설

순서대로 강관 종류, 제조방법, 제조년월, 호칭경, 스케줄번호, 길이이며 S-H는 제조방법 중 이음매 없는 열간가공을 의미한다.

정답 | ③

66 빈출도 ★★★

저온 열교환기용 강관의 KS기호는?

① SPPH   ② SPHT
③ SPLT   ④ STLT

해설

- 고압 배관용 탄소강관: SPPH(carbon-Steel Pipes for Pressure High)
- 고온 배관용 탄소강관: SPHT(carbon-Steel Pipes for High Temperature)
- 저온 배관용 탄소강관: SPLT(carbon-Steel Pipes for Low Temperature)
- 저온 열교환기용 강관: STLT(Steel Tube for Low Temperature)

정답 | ④

67 빈출도 ★★

지역난방 열공급 관로 중 지중 매설방식과 비교한 공동구 내 배관 시설의 장점이 아닌 것은?

① 부식 및 침수 우려가 적다.
② 유지보수가 용이하다.
③ 누수점검 및 확인이 쉽다.
④ 건설비용이 적고 시공이 용이하다.

해설

열공급 관로를 지중에 따로 매설하지 않고 각종 전기, 통신, 가스, 상하수도 배관이 지나가는 지하 공동구 내에 설치하게 되면 유지보수가 용이하지만 초기 건설비용이 많이 들고 시공이 어려워진다.

정답 | ④

68 빈출도 ★★★

관의 결합방식 표시방법 중 용접식의 그림기호로 옳은 것은?

①    ②
③ 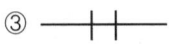   ④

해설

구분	도시기호
나사식 이음	─┼─
용접식 이음	─●─
플랜지식 이음	─┤├─
턱걸이식 이음	──➤

정답 | ②

69 빈출도 ★★

급수방식 중 대규모의 급수 수요에 대응이 용이하고 단수 시에도 일정한 급수를 계속할 수 있으며 거의 일정한 압력으로 항상 급수되는 방식은?

① 양수 펌프식   ② 수도 직결식
③ 고가 탱크식   ④ 압력 탱크식

해설

고가 탱크식은 대규모의 급수 수요에 대응이 용이하고 단수 시에도 일정한 급수를 계속할 수 있으며 거의 일정한 압력으로 항상 급수되는 방식이다.

정답 | ③

70 빈출도 ★★★

고가탱크식 급수방법에 대한 설명으로 틀린 것은?

① 고층건물이나 상수도 압력이 부족할 때 사용된다.
② 고가탱크의 용량은 양수펌프의 양수량과 상호 관계가 있다.
③ 건물 내의 밸브나 각 기구에 일정한 압력으로 물을 공급한다.
④ 고가탱크에 펌프로 물을 압송하여 탱크 내에 공기를 압축 가압하여 일정한 압력을 유지시킨다.

해설

고가탱크 방식은 공기압축기로 가압하지 않으며 중력에 의해 일정한 수압이 유지된다.

정답 | ④

71 빈출도 ★

하향급수 배관방식에서 수평주관의 설치위치로 가장 적절한 것은?

① 지하층의 천장 또는 1층의 바닥
② 중간층의 바닥 또는 천장
③ 최상층의 바닥 또는 천장
④ 최상층의 천장 또는 옥상

해설

하향식 급수배관방식(고가탱크 급수방식)은 최상층의 천장이나 옥상에 수평주관을 설치하고 여기에 하향 배관을 내려 층별 분기관을 통해 각 층으로 급수하는 방식이다.

정답 | ④

72 빈출도 ★★

가열기에서 최고위 급탕 전까지 높이가 $12[m]$이고, 급탕온도가 $85[℃]$, 복귀탕의 온도가 $70[℃]$일 때, 자연 순환수두$[mmAq]$는? (단, $85[℃]$일 때 밀도는 $0.96876[kg/L]$이고, $70[℃]$일 때 밀도는 $0.97781[kg/L]$이다.)

① 70.5
② 80.5
③ 90.5
④ 108.6

해설

- 배관 입구에서 식은 물(복귀탕)의 압력
  $977.81[kg/m^3] \times 9.8[m/s^2] \times 12[m] = 114,990[Pa]$
- 끓는 물(급탕)의 압력
  $968.76[kg/m^3] \times 9.8[m/s^2] \times 12[m] = 113,926[Pa]$
- 순환수두 $h = 114,990 - 113,926 = 1,064[Pa]$
  순환수두를 $[mmAq]$로 환산하면
  $h[mmAq] = 1,064 \div 9.8 = 108.6[mmAq]$
- ※ $1[mmAq] = 9.8[Pa]$

정답 | ④

73 빈출도 ★★

중앙식 급탕법에 대한 설명으로 틀린 것은?

① 탱크 속에 직접 증기를 분사하여 물을 가열하는 기수 혼합식의 경우 소음이 많아 증기관에 소음기(silencer)를 설치한다.
② 열원으로 비교적 가격이 저렴한 석탄, 중유 등을 사용하므로 연료비가 적게 든다.
③ 급탕설비를 다른 설비 기계류와 동일한 장소에 설치하므로 관리가 용이하다.
④ 저탕탱크 속에 가열 코일을 설치하고, 여기에 증기 보일러를 통해 증기를 공급하여 탱크 안의 물을 직접 가열하는 방식을 직접 가열식 중앙 급탕법이라 한다.

해설

증기 또는 고온수를 저탕조 내의 코일(가열관)에 통과시켜서 저탕조 물을 가열하는 방식을 간접 가열식이라고 부른다.

개념설명 중앙식 급탕법

- 직접 가열식: 보일러로 직접 온수를 가열하는 방식이다. 간접식보다 열효율이 좋으며 즉시 가열이 용이하나 관 내부에 스케일이 생겨 보일러 수명이 단축된다.
- 간접 가열식: 증기 또는 고온수를 저탕조 내의 코일(가열관)에 통과시켜서 저탕조 내부 물을 가열하는 방식으로 대규모 급탕 설비에 적합하다.

정답 | ④

74 빈출도 ★★★

배수의 성질에 따른 구분에서 수세식 변기의 대·소변에서 나오는 배수는?

① 오수
② 잡배수
③ 특수배수
④ 우수배수

해설

화장실 대소변기에서 배출되는 물을 오수라고 한다.

선지분석

② 잡배수: 부엌이나 욕실에서 배출되는 물을 말한다.
③ 특수배수: 공장이나 병원에서 유해물질이 함유된 배출수를 말한다.
④ 우수배수: 빗물로 지붕이나 지표면에 떨어진 후 배출되는 물을 말한다.

정답 | ①

75 빈출도 ★★

수배관 사용 시 부식을 방지하기 위한 방법으로 틀린 것은?

① 밀폐 사이클의 경우 물을 가득 채우고 공기를 제거한다.
② 개방 사이클로 하여 순환수가 공기와 충분히 접하도록 한다.
③ 캐비테이션을 일으키지 않도록 배관한다.
④ 배관에 방식도장을 한다.

해설
수배관 사용 시 밀폐 사이클로 할 경우 순환수가 공기와 접촉하지 않도록 해야 부식이 방지된다.

정답 | ②

76 빈출도 ★★

공조설비 중 덕트설계시 주의사항으로 틀린 것은?

① 덕트 내 정압손실을 적게 설계할 것
② 덕트의 경로는 가능한 최장거리로 할 것
③ 소음 및 진동이 적게 설계할 것
④ 건물의 구조에 맞도록 설계할 것

해설
덕트 경로는 가급적 최단거리가 되게 하여 열손실을 적게 하는 것이 좋다.

정답 | ②

77 빈출도 ★★★

냉풍 또는 온풍을 만들어 각 실로 송풍하는 공기조화장치의 구성 순서로 옳은 것은?

① 공기여과기 → 공기가열기 → 공기가습기 → 공기냉각기
② 공기가열기 → 공기여과기 → 공기냉각기 → 공기가습기
③ 공기여과기 → 공기가습기 → 공기가열기 → 공기냉각기
④ 공기여과기 → 공기냉각기 → 공기가열기 → 공기가습기

해설
공조장치는 여과기, 냉각코일, 가열코일, 가습기의 순서로 배치한다.

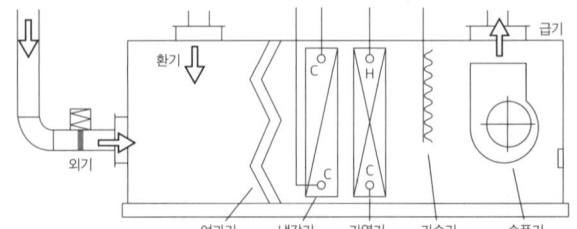

정답 | ④

78 빈출도 ★

도시가스 계량기($30[m^3/h]$ 미만)의 설치 시 바닥으로부터 설치 높이로 가장 적합한 것은? (단, 설치 높이의 제한을 두지 않는 특정 장소는 제외한다.)

① 0.5[m] 이하
② 0.7[m] 이상 1[m] 이내
③ 1.6[m] 이상 2[m] 이내
④ 2[m] 이상 2.5[m] 이내

해설
계량기는 전기개폐기로부터 60[cm] 이상, 스위치와 콘센트로부터 30[cm] 이상, 저압 전선으로부터 15[cm] 이상 이격하고 바닥에서 1.6~2[m] 높이에 설치한다.

정답 | ③

79 빈출도 ★★

도시가스의 공급설비 중 가스 홀더의 종류가 아닌 것은?

① 유수식 ② 중수식
③ 무수식 ④ 고압식

해설

가스홀더는 그 구조에 따라 유수식, 무수식(다각통형, 구형), 수봉식, 건식, 고압식 등으로 분류한다.

정답 | ②

80 빈출도 ★★★

냉매배관 시 흡입관 시공에 대한 설명으로 틀린 것은?

① 압축기 가까이에 트랩을 설치하면 액이나 오일이 고여 액백 발생의 우려가 있으므로 피해야 한다.
② 흡입관의 입상이 매우 길 경우에는 중간에 트랩을 설치한다.
③ 각각의 증발기에서 흡입주관으로 들어가는 관은 주관의 하부에 접속한다.
④ 2대 이상의 증발기가 다른 위치에 있고 압축기가 그 보다 밑에 있는 경우 증발기 출구의 관은 트랩을 만든 후 증발기 상부 이상으로 올리고 나서 압축기로 향하게 한다.

해설

각각의 증발기에서 흡입주관으로 들어가는 관은 주관 상부에 접속한다.

정답 | ③

**에듀윌이
너를
지지할게**

ENERGY

꿈을 풀어라.
꿈이 없는 사람은
아무런 생명력도 없는 인형과 같다.

– 발타사르 그라시안(Baltasar Gracian)

에너지관리

01 빈출도 ★★★

다음 온열환경지표 중 복사의 영향을 고려하지 않는 것은?

① 유효온도(ET) ② 수정유효온도(CET)
③ 예상온열감(PMV) ④ 작용온도(OT)

해설

상대습도 100[%], 기류속도 0[m/s]일 때를 기준으로 측정한 온도를 유효온도라고 한다. 유효온도는 복사의 영향을 고려하지 않는다.

정답 | ①

02 빈출도 ★★

주간 피크(peak) 전력을 줄이기 위한 냉방시스템 방식으로 가장 거리가 먼 것은?

① 터보냉동기 방식 ② 수축열 방식
③ 흡수식 냉동기 방식 ④ 빙축열 방식

해설

터보냉동기 방식은 일반적인 냉동기 구동 방식으로 피크시간에 전력 소비가 많다.

선지분석

②, ④ 축열 방식은 심야전력을 이용하여 냉수나 얼음을 생성하므로 주간 피크전력 절감 효과가 있다.
③ 흡수식 냉동기 방식은 압축기가 없어 전력 소비량이 적은 편이다.

정답 | ①

03 빈출도 ★★

실내 공기 상태에 대한 설명으로 옳은 것은?

① 유리면 등의 표면에 결로가 생기는 것은 그 표면온도가 실내의 노점온도보다 높게 될 때이다.
② 실내 공기 온도가 높으면 절대습도가 높다.
③ 실내 공기의 건구온도와 그 공기의 노점온도와의 차는 상대습도가 높을수록 작아진다.
④ 건구온도가 낮은 공기일수록 많은 수증기를 함유할 수 있다.

해설

상대습도가 높을수록 실내 공기의 건구 온도와 그 공기의 노점온도와의 차가 작아진다.

선지분석

① 표면 온도가 노점온도보다 낮을 때 결로가 발생한다.
② 절대습도는 실내 공기의 온도와는 관련이 없다.
④ 건구온도가 높은 공기일수록 많은 수증기를 함유할 수 있다.

정답 | ③

04 빈출도 ★★★

열교환기에서 냉수코일 입구 측의 공기와 물의 온도차가 16[℃], 냉수코일 출구 측의 공기와 물의 온도차가 6[℃]이면 대수평균온도차[℃]는 얼마인가?

① 10.2 ② 9.25
③ 8.37 ④ 8.00

해설

온도차의 최소값이 a이고 최대값이 b이면 대수평균온도차는 $\dfrac{b-a}{\ln b - \ln a}$이다. 따라서 $LMTD = \dfrac{16-6}{\ln 16 - \ln 6} = 10.2[℃]$이다.

정답 | ①

05 빈출도 ★★

습공기를 단열 가습하는 경우 열수분비(u)는 얼마인가?

① 0
② 0.5
③ 1
④ ∞

해설

열수분비 = $\dfrac{\text{엔탈피 변화량}}{\text{절대습도 변화량}} = \dfrac{\Delta h}{\Delta x}$

단열 가습의 경우 $\Delta h=0$, $\Delta x>0$이므로 열수분비=0이다.

정답 | ①

06 빈출도 ★★★

습공기선도(t−x선도)상에서 알 수 없는 것은?

① 엔탈피
② 습구온도
③ 풍속
④ 상대습도

해설

어떤 습공기의 상태를 습공기선도(t−x선도)상의 한 점으로 표현하면 그 점의 가로좌표는 건구온도, 세로좌표는 절대습도, 그 점을 지나는 경사선 수치가 습구온도와 비엔탈피, 그 점을 지나는 커브선 수치가 상대습도이다.

정답 | ③

07 빈출도 ★★

다음 중 풍량조절 댐퍼의 설치위치로 가장 적절하지 않은 곳은?

① 송풍기, 공조기의 토출측 및 흡입측
② 연소의 우려가 있는 부분의 외벽 개구부
③ 분기덕트에서 풍량조정을 필요로 하는 곳
④ 덕트계에서 분기하여 사용하는 곳

해설

연소의 우려가 있는 부분의 외벽 개구부에 설치하여 연소의 확대를 막는 댐퍼는 방화 댐퍼이다.

정답 | ②

08 빈출도 ★

수냉식 응축기에서 냉각수 입·출구 온도차가 5[℃], 냉각수량이 300[LPM]인 경우 이 냉각수에서 1시간에 흡수하는 열량은 1시간당 LNG 몇 [N·m³]을 연소한 열량과 같은가? (단, 냉각수의 비열은 4.2[kJ/kg·℃], LNG 발열량은 43,961.4[kJ/N·m³], 열손실은 무시한다.)

① 4.6
② 6.3
③ 8.6
④ 10.8

해설

- 냉각수가 1시간 동안 얻은 열
  $q_s = GC\Delta T = 300[\text{kg/min}] \times 60[\text{min}] \times 4.2[\text{kJ/kg·℃}] \times 5[℃] = 378,000[\text{kJ}]$
- LNG발열량 Q = LNG의 부피 × 43,961.4[kJ/N·m³]

따라서 LNG의 부피 = $\dfrac{378,000}{43,961.4} = 8.6[\text{N·m}^3]$

※ 1[LPM]=1[L/min]이고, [N·m³]은 25[℃], 1기압 하 기체의 부피 단위이다.

정답 | ③

09 빈출도 ★★

덕트의 분기점에서 풍량을 조절하기 위하여 설치하는 댐퍼로 가장 적절한 것은?

① 방화 댐퍼
② 스플릿 댐퍼
③ 피벗 댐퍼
④ 터닝 베인

해설

덕트의 분기점에서 풍량을 조절하기 위하여 설치하는 댐퍼는 스플릿 댐퍼이다.

선지분석

① 방화 댐퍼: 화재 시 연기와 불꽃을 차단하기 위해 설치한다.
③ 피벗 댐퍼: 축 회전 방식으로 풍량을 조절하나 분기점이 아닌 직선 구간에서 사용한다.
④ 터닝 베인: 덕트 굴곡부에서 공기의 방향 전환을 위해 설치한다.

정답 | ②

10 빈출도 ★★★

증기난방 방식에 대한 설명으로 틀린 것은?

① 환수방식에 따라 중력환수식과 진공환수식, 기계환수식으로 구분한다.
② 배관방법에 따라 단관식과 복관식이 있다.
③ 예열시간이 길지만 열량 조절이 용이하다.
④ 운전 시 증기 해머로 인한 소음을 일으키기 쉽다.

해설
증기난방 방식은 온수난방 방식에 비해 예열시간이 짧고 방열량 조절이 어렵다.

정답 | ③

11 빈출도 ★★

공기 중의 수증기가 응축하기 시작할 때의 온도 즉, 공기가 포화상태로 될 때의 온도를 무엇이라고 하는가?

① 건구온도
② 노점온도
③ 습구온도
④ 상당외기온도

해설
노점온도는 공기가 수증기를 포화상태로 될 때의 온도로 이슬이 맺히는 온도이다. 건구온도가 노점온도까지 내려가면 상대습도가 100[%]가 된다.

정답 | ②

12 빈출도 ★★

다음 중 일반 사무용 건물의 난방부하 계산 결과에 가장 작은 영향을 미치는 것은?

① 외기온도
② 벽체로부터의 손실열량
③ 인체 부하
④ 틈새바람 부하

해설
난방부하 산정 시 사람이 없는 환경 등의 조건을 가정하고 산정한다. 인체 부하는 실내온도를 높이는 데 기여하므로 일반적으로 난방부하 계산 시에 제외하므로 가장 작은 영향을 미친다.

정답 | ③

13 빈출도 ★

에어워셔 단열 가습시 포화효율(η)은 어떻게 표시하는가? (단, 입구공기의 건구온도 t_1, 출구공기의 건구온도 t_2, 입구공기의 습구온도 t_{w1}, 출구공기의 습구온도 t_{w2}이다.)

① $\eta = \dfrac{(t_1-t_2)}{(t_2-t_{w2})}$
② $\eta = \dfrac{(t_1-t_2)}{(t_1-t_{w1})}$
③ $\eta = \dfrac{(t_2-t_1)}{(t_{w2}-t_1)}$
④ $\eta = \dfrac{(t_1-t_{w1})}{(t_2-t_1)}$

해설 에어워셔의 포화효율

$\eta = \dfrac{\text{입구공기와 출구공기의 건구온도차}}{\text{입구공기의 건습구온도차}} = \dfrac{(t_1-t_2)}{(t_1-t_{w1})}$

정답 | ②

14 빈출도 ★

정방실에 $35[\text{kW}]$의 모터에 의해 구동되는 정방기가 12대 있을 때 전력에 의한 취득열량$[\text{kW}]$은 얼마인가? (단, 전동기와 이것에 의해 구동되는 기계가 같은 방에 있으며, 전동기의 가동률은 0.74이고, 전동기 효율은 0.87, 전동기 부하율은 0.92이다.)

① 483
② 420
③ 357
④ 329

해설
- 모터가 사용한 전력이 입력, 구동기가 얻은 열이 출력이므로
  효율 $\eta = \dfrac{\text{구동기가 얻은 열}[\text{kW}]}{\text{모터의 총사용전력}[\text{kW}]}$
- 구동기 취득열 = (12대의 소비전력 × 가동률 × 부하율) ÷ 효율
  $= \dfrac{12 \times 35 \times 0.74 \times 0.92}{0.87} = 328.66[\text{kW}]$

정답 | ④

15 빈출도 ★

보일러의 시운전 보고서에 관한 내용으로 가장 관련이 없는 것은?

① 제어기 세팅 값과 입/출수 조건 기록
② 입/출구 공기의 습구온도
③ 연도 가스의 분석
④ 성능과 효율 측정 값을 기록, 설계 값과 비교

해설
시운전 보고서에는 건구온도와 습도를 기재해야 한다. 습구온도는 기재하지 않는다.

정답 | ②

16 빈출도 ★★

다음 용어에 대한 설명으로 틀린 것은?

① 자유면적: 취출구 혹은 흡입구 구멍면적의 합계
② 도달거리: 기류의 중심속도가 0.25[m/s]에 이르렀을 때, 취출구에서의 수평거리
③ 유인비: 전공기량에 대한 취출공기량(1차 공기)의 비
④ 강하도: 수평으로 취출된 기류가 일정거리만큼 진행한 뒤 기류중심선과 취출구 중심과의 수직거리

해설
유인비 $=\dfrac{\text{전공기량}}{\text{취출공기량}}$ 이며, 취출공기량에 대한 전공기량의 비이다.
유인유닛 방식 공조기의 유인비는 보통 3~4이다.

정답 | ③

17 빈출도 ★★★

증기난방과 온수난방의 비교 설명으로 틀린 것은?

① 주 이용열로 증기난방은 잠열이고, 온수난방은 현열이다.
② 증기난방에 비하여 온수난방은 방열량을 쉽게 조절할 수 있다.
③ 장거리 수송으로 증기난방은 발생증기압에 의하여, 온수난방은 자연순환력 또는 펌프 등의 기계력에 의한다.
④ 온수난방에 비하여 증기난방은 예열부하와 시간이 많이 소요된다.

해설
증기난방 방식은 온수난방 방식에 비해 예열시간이 짧다. 증기의 비열이 물의 비열보다 더 작기 때문이다.

정답 | ④

18 빈출도 ★★

공기조화 시스템에 사용되는 댐퍼의 특성에 대한 설명으로 틀린 것은?

① 일반 댐퍼(Volume Control Damper): 공기 유량조절이나 차단용이며, 아연도금 철판이나 알루미늄 재료로 제작된다.
② 방화댐퍼(Fire Damper): 방화벽을 관통하는 덕트에 설치되며, 화재 발생시 자동으로 폐쇄되어 화염의 전파를 방지한다.
③ 밸런싱 댐퍼(Balancing Damper): 덕트의 여러 분기관에 설치되어 분기관의 풍량을 조절하며, 주로 T.A.B 시 사용된다.
④ 정풍량 댐퍼(Linear Volume Control Damper): 에너지절약을 위해 결정된 유량을 선형적으로 조절하며, 역류방지 기능이 있어 비싸다.

해설
정풍량 댐퍼에는 역류방지 기능이 없다. 역류방지 기능이 있는 댐퍼는 릴리프 댐퍼이다.

정답 | ④

19 빈출도 ★★

공기조화 시 T.A.B 측정 절차 중 측정요건으로 틀린 것은?

① 시스템의 검토 공정이 완료되고 시스템 검토보고서가 완료되어야 한다.
② 설계도면 및 관련 자료를 검토한 내용을 토대로 하여 보고서 양식에 장비규격 등의 기준이 완료되어야 한다.
③ 댐퍼, 말단 유닛, 터미널의 개도는 완전 밀폐되어야 한다.
④ 제작사의 공기조화 시 시운전이 완료되어야 한다.

해설

댐퍼와 터미널의 개도는 완전 개방 상태에서 유량의 흐름을 측정해야 정확한 성능 파악이 가능하다.

정답 | ③

20 빈출도 ★

강제순환식 온수난방에서 개방형 팽창탱크를 설치하려고 할 때, 적당한 온수의 온도는?

① 100[℃] 미만   ② 130[℃] 미만
③ 150[℃] 미만   ④ 170[℃] 미만

해설

저온수 난방 방식에서는 100[℃] 미만의 온수를 사용한다. 주택이나 소규모 아파트 단지에 널리 쓰이는 저온수 난방 방식은 설비비가 저렴한 개방형 팽창탱크와 조합하여 사용한다.

정답 | ①

공조냉동설계

21 빈출도 ★★

부피가 $0.4[m^3]$인 밀폐된 용기에 압력 $3[MPa]$, 온도 $100[℃]$의 이상기체가 들어있다. 기체의 정압비열 $5[kJ/kg·K]$, 정적비열 $3[kJ/kg·K]$ 일 때 기체의 질량[kg]은 얼마인가?

① 1.2   ② 1.6
③ 2.4   ④ 2.7

해설

기체상수 $R=$정압비열$-$정적비열$=C_p-C_v=5-3$
$\quad\quad\quad\quad\quad =2[kJ/kg·K]$
이상기체 상태방정식 $PV=mRT$에서
기체의 질량 $m=\dfrac{PV}{RT}=\dfrac{3,000[kN/m^2]\times 0.4[m^3]}{2[kJ/kg·K]\times 373[K]}$
$\quad\quad\quad\quad\quad\quad =1.6[kg]$
※ 압력 $P=3[MPa]=3,000[kPa]=3,000[kN/m^2]$

정답 | ②

22 빈출도 ★

온도 $100[℃]$, 압력 $200[kPa]$의 이상기체 $0.4[kg]$이 가역단열과정으로 압력이 $100[kPa]$로 변화하였다면, 기체가 한 일[kJ]은 얼마인가? (단, 기체 비열비 1.4, 정적비열 $0.7[kJ/kg·K]$이다.)

① 13.7   ② 18.8
③ 23.6   ④ 29.4

해설

• 기체상수 $R=C_v(k-1)$에서 $k=1.4$이므로
$R=0.7\times(1.4-1)=0.28[kJ/kg·K]$
• 단열팽창과정에서 기체가 한 일 W
$=\dfrac{mRT_i}{k-1}\left\{1-\left(\dfrac{P_f}{P_i}\right)^{\frac{k-1}{k}}\right\}$
$=\dfrac{0.4[kg]\times 0.28[kJ/kg·K]\times 373[K]}{1.4-1}\left\{1-\left(\dfrac{100}{200}\right)^{\frac{0.4}{1.4}}\right\}$
$=18.8[kJ]$

정답 | ②

23 빈출도 ★★

70[kPa]에서 어떤 기체의 체적이 12[m³]이었다. 이 기체를 800[kPa]까지 폴리트로픽 과정으로 압축했을 때 체적이 2[m³]으로 변화했다면, 이 기체의 폴리트로픽 지수는 약 얼마인가?

① 1.21
② 1.28
③ 1.36
④ 1.43

해설

"PV^n=상수"이므로 $\dfrac{P_2}{P_1} = \left(\dfrac{V_1}{V_2}\right)^n$ 로부터

폴리트로픽 지수 $n = \dfrac{\log(P_2/P_1)}{\log(V_1/V_2)} = \dfrac{\log(800/70)}{\log(12/2)} = 1.36$

정답 | ③

24 빈출도 ★★

공기 정압비열(C_p[kJ/kg·℃])이 다음과 같을 때 공기 5[kg]을 0[℃]에서 100[℃]까지 일정한 압력하에서 가열하는 데 필요한 열량[kJ]은 약 얼마인가? (단, 다음 식에서 t는 섭씨온도를 나타낸다.)

$$C_p = 1.0053 + 0.000079 \times t\,[\text{kJ/kg·℃}]$$

① 85.5
② 100.9
③ 312.7
④ 504.6

해설

온도가 0[℃]에서 100[℃]로 변하므로 산술평균온도인 50[℃]를 대입하면

$C_p = 1.0053 + 0.000079 \times 50 = 1.00925$[kJ/kg·℃]

∴ $Q = C_p m \Delta T = 1.00925$[kJ/kg·℃] × 5[kg] × (100−0)[℃]
   = 504.6[kJ]

정답 | ④

25 빈출도 ★★

흡수식 냉동기의 냉매의 순환 과정으로 옳은 것은?

① 증발기(냉각기) → 흡수기 → 재생기 → 응축기
② 증발기(냉각기) → 재생기 → 흡수기 → 응축기
③ 흡수기 → 증발기(냉각기) → 재생기 → 응축기
④ 흡수기 → 재생기 → 증발기(냉각기) → 응축기

해설 냉매의 순환 경로

증발기 → 흡수기 → 펌프 → (열교환기) → 재생기 → 응축기

정답 | ①

26 빈출도 ★★★

이상기체 1[kg]이 초기에 압력 2[kPa], 부피 0.1[m³]를 차지하고 있다. 가역등온과정에 따라 부피가 0.3[m³]로 변화했을 때 기체가 한 일[J]은 얼마인가?

① 9,540
② 2,200
③ 954
④ 220

해설

가역등온과정에서 기체가 하는 일

$W = nRT \times \ln\dfrac{V_2}{V_1} = P_1 V_1 \times \ln\dfrac{V_2}{V_1}$

$= 2{,}000[\text{Pa}] \times 0.1[\text{m}^3] \times \ln\left(\dfrac{0.3}{0.1}\right) = 219.7[\text{J}]$

정답 | ④

27 빈출도 ★

증기터빈에서 질량유량이 $1.5[\text{kg/s}]$이고, 열손실율이 $8.5[\text{kW}]$이다. 터빈으로 출입하는 수증기에 대하여 그림에 표시한 바와 같은 데이터가 주어진다면 터빈의 출력[kW]은 약 얼마인가?

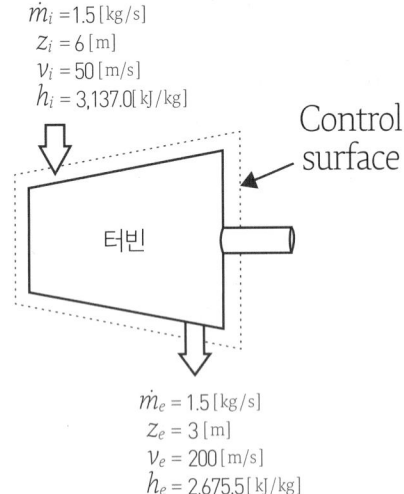

① 273.3 ② 655.7
③ 1,357.2 ④ 2,616.8

해설

에너지 방정식
$$\dot{W} = \dot{Q} + \dot{m}\left[(h_i - h_e) + \frac{v_i^2 - v_e^2}{2} + g(z_i - z_e)\right]$$

- 엔탈피 차
  $h_i - h_e = 3,137.0 - 2,675.5 = 461.5[\text{kJ/kg}]$
  $\dot{m}(h_i - h_e) = 1.5 \times 461.5 = 692.25[\text{kW}]$

- 운동에너지 차
  $\frac{v_i^2 - v_e^2}{2} = \frac{50^2 - 200^2}{2} = -18,750[\text{J/kg}] = -18.75[\text{kJ/kg}]$
  $\dot{m}\left(\frac{v_i^2 - v_e^2}{2}\right) = 1.5 \times (-18.75) = -28.125[\text{kW}]$

- 위치에너지 차
  $g(z_i - z_e) = 9.8 \times (6-3) = 29.4[\text{J/kg}] = 0.0294[\text{kJ/kg}]$
  $\dot{m}g(z_i - z_e) = 1.5 \times 0.0294 = 0.0441[\text{kW}]$

- 터빈의 출력
  $\dot{W} = -8.5[\text{kW}] + (692.25 - 28.125 + 0.0441)[\text{kW}]$
  $= 655.67[\text{kW}]$

정답 | ②

28 빈출도 ★★★

냉동사이클에서 응축온도 $47[°C]$, 증발온도 $-10[°C]$이면 이론적인 최대 성적계수는 얼마인가?

① 0.21 ② 3.45
③ 4.61 ④ 5.36

해설

냉동장치의 최대 성적계수는 카르노 냉동장치의 성적계수이므로
$$\text{COP} = \frac{T_C}{T_H - T_C} = \frac{273 + (-10)}{(273 + 47) - (273 + (-10))} = 4.61$$

정답 | ③

29 빈출도 ★★

압축기의 체적효율에 대한 설명으로 옳은 것은?

① 간극체적(top clearance)이 작을수록 체적효율은 작다.
② 같은 흡입압력, 같은 증기 과열도에서 압축비가 클수록 체적효율은 작다.
③ 피스톤 링 및 흡입 밸브의 시트에서 누설이 작을수록 체적효율이 작다.
④ 이론적 요구 압축동력과 실제 소요 압축동력의 비이다.

해설

같은 흡입압력, 같은 증기 과열도에서 압축비가 커지면 재팽창 손실이 증가하여 체적효율이 감소한다.

선지분석

① 간극체적이 작을수록 재팽창 손실이 줄어들어 체적효율이 증가한다.
③ 누설이 작을수록 압축효과가 상승하여 체적효율이 증가한다.
④ 압축기의 체적효율이 아닌 압축기 효율(기계효율)에 대한 내용이다.

정답 | ②

30 빈출도 ★★

냉동장치에서 플래시 가스의 발생원인으로 틀린 것은?

① 액관이 직사광선에 노출되었다
② 응축기의 냉각수 유량이 갑자기 많아졌다.
③ 액관이 현저하게 입상하거나 지나치게 길다.
④ 관의 지름이 작거나 관 내 스케일에 의해 관경이 작아졌다.

해설

냉매 유량이 부족하면 증발기 안에서 과열되어서 플래시 가스 발생량이 증가할 수 있고, 냉매 유량이 많으면 냉각 성능이 향상되어 플래시 가스 발생 가능성이 낮아진다.

개념설명 플래시 가스

직사광선에 노출되어 냉매 온도가 높아지거나 긴 입상관과 관경의 병목현상으로 인하여 냉매 압력이 낮아지면 기화가 촉진되어 증발기가 아닌 곳에서 플래시 가스가 발생한다.

정답 | ②

31 빈출도 ★★

프레온 냉동장치에서 가용전에 대한 설명으로 틀린 것은?

① 가용전의 용융온도는 일반적으로 75[℃] 이하로 되어 있다.
② 가용전은 Sn, Cd, Bi 등의 합금이다.
③ 온도상승에 따른 이상 고압으로부터 응축기 파손을 방지한다.
④ 가용전의 구경은 안전밸브 최소구경의 1/2 이하이어야 한다.

해설

가용전의 구경은 안전밸브 구경의 1/2 이상이어야 한다. 가용전의 구경이 너무 작으면 안전밸브 열림동작보다 가용전의 마개 파손이 먼저 진행된다.

정답 | ④

32 빈출도 ★★★

흡수식 냉동기에 사용되는 흡수제의 구비조건으로 틀린 것은?

① 냉매와 비등온도 차이가 작을 것
② 화학적으로 안정하고 부식성이 없을 것
③ 재생에 필요한 열량이 크지 않을 것
④ 점성이 작을 것

해설

흡수식 냉동기에 사용하는 흡수제의 비등점은 냉매보다 커야 한다.

개념설명 흡수제의 구비조건

- 비등점이 냉매보다 클 것
- 점도가 높지 않을 것
- 화학적으로 안정하고 부식성이 없을 것
- 용액의 증기압이 낮을 것
- 재생에 필요한 열량이 크지 않을 것

정답 | ①

33 빈출도 ★

클리어런스 포켓이 설치된 압축기에서 클리어런스가 커질 경우에 대한 설명으로 틀린 것은?

① 냉동능력이 감소한다.
② 피스톤의 체적 배출량이 감소한다.
③ 체적효율이 저하한다.
④ 실제 냉매 흡입량이 감소한다.

해설

클리어런스(틈새 체적)가 커지면 체적효율이 감소하고, 실제 냉매 순환량이 줄어들어서 냉동능력이 감소한다. 피스톤의 체적 배출량은 피스톤의 왕복길이와 실린더 단면적의 곱, 즉 행정체적이 결정하기 때문에 클리어런스 크기와 직접적인 상관관계는 없다.

정답 | ②

34 빈출도 ★★

이상기체 1[kg]을 일정 체적 하에 20[℃]로부터 100[℃]로 가열하는 데 836[kJ]의 열량이 소요되었다면 정압비열[kJ/kg·K]은 약 얼마인가? (단, 해당 가스의 분자량은 2이다.)

① 2.09　　　② 6.27
③ 10.5　　　④ 14.6

해설

- 정적과정에서 받은 열 $Q_v = mC_v \Delta T$에서
  $m = 1[\text{kg}]$, $\Delta T = (273+100) - (273+20) = 80[\text{K}]$이므로
  정적비열 $C_v = \dfrac{Q_v}{m\Delta T} = \dfrac{836[\text{kJ}]}{1[\text{kg}] \times 80[\text{K}]} = 10.45[\text{kJ/kg·K}]$
- 1[mol] = 0.002[kg]이므로
  $R = 8.314[\text{J/mol·K}] = 4,157[\text{J/kg·K}] = 4.157[\text{kJ/kg·K}]$
- 정압비열 $C_p = C_v + R = 10.45 + 4.157 = 14.617[\text{kJ/kg·K}]$

정답 | ④

35 빈출도 ★★

20[℃]의 물로부터 0[℃]의 얼음을 매시간당 90[kg]을 만드는 냉동기의 냉동능력[kW]은 얼마인가? (단, 물의 비열 4.2[kJ/kg·K], 물의 응고 잠열 335[kJ/kg]이다.)

① 7.8　　　② 8.0
③ 9.2　　　④ 10.5

해설

- 물의 온도를 20[℃]에서 0[℃]로 낮추는 현열부하
  $Q_1 = 90[\text{kg/h}] \times 4.2[\text{kJ/kg·K}] \times (20-0)[\text{K}] = 7,560[\text{kJ/h}]$
- 물을 얼음으로 상태변화시키는 잠열부하
  $Q_2 = 90[\text{kg/h}] \times 335[\text{kJ/kg}] = 30,150[\text{kJ/h}]$
- 냉동능력 $= \dfrac{(Q_1+Q_2)[\text{kJ/h}]}{3,600[\text{s/h}]} = \dfrac{37,710[\text{kJ/h}]}{3,600[\text{s/h}]}$
  $= 10.475[\text{kJ/s}] = 10.475[\text{kW}]$
- ※ 1[J] = 1[W·s]이므로 1[J/s] = 1[W]이다.

정답 | ④

36 빈출도 ★

2차유체로 사용되는 브라인의 구비 조건으로 틀린 것은?

① 비등점이 높고, 응고점이 낮을 것
② 점도가 낮을 것
③ 부식성이 없을 것
④ 열전달률이 작을 것

해설

브라인 열을 잘 전달해야 하므로 열전달률(열전도율)이 커야 한다.

정답 | ④

37 빈출도 ★★

카르노 사이클로 작동되는 기관의 실린더 내에서 1[kg]의 공기가 온도 120[℃]에서 열량 40[kJ]를 받아 등온팽창 한다면 엔트로피의 변화[kJ/kg·K]는 약 얼마인가?

① 0.102　　　② 0.132
③ 0.162　　　④ 0.192

해설

$\dfrac{\Delta S}{m}[\text{kJ/kg·K}] = \dfrac{\Delta Q}{mT} = \dfrac{40[\text{kJ}]}{1[\text{kg}] \times (273+120)[\text{K}]}$
$= 0.1018[\text{kJ/kg·K}]$

정답 | ①

38 빈출도 ★★

표준냉동사이클의 단열 교축 과정에서 입구 상태와 출구 상태의 엔탈피는 어떻게 되는가?

① 입구 상태가 크다.　　② 출구 상태가 크다.
③ 같다.　　　　　　　④ 경우에 따라 다르다.

해설

교축 과정은 비가역 과정이므로 엔트로피는 변하지만, 열출입이 없으므로 엔탈피 변화는 없다.

정답 | ③

39 빈출도 ★★★

온도식 자동팽창밸브에 대한 설명으로 틀린 것은?

① 형식에는 일반적으로 벨로즈식과 다이어프램식이 있다.
② 구조는 크게 감온부와 작동부로 구성된다.
③ 만액식 증발기나 건식 증발기에 모두 사용이 가능하다.
④ 증발기 내 압력을 일정하게 유지하도록 냉매유량을 조절한다.

해설

증발기 내 압력을 일정하게 유지하도록 냉매유량을 조절하는 밸브는 정압식 자동팽창 밸브이다. 온도식 자동팽창밸브는 흡입가스의 과열도를 일정하게 유지하는 역할을 한다.

정답 | ④

40 빈출도 ★

다음 중 검사질량의 가역 열전달 과정에 관한 설명으로 옳은 것은?

① 열전달량은 $\int PdV$와 같다.
② 열전달량은 $\int PdV$보다 크다.
③ 열전달량은 $\int TdS$와 같다.
④ 열전달량은 $\int TdS$보다 크다.

해설

가역 열전달 과정에서의 열전달량
$Q = \int T\,ds$ (단, Q: 열전달량, T: 온도, S: 엔트로피)
이 식은 가역 열전달 과정에서만 성립한다.

정답 | ③

시운전 및 안전관리

41 빈출도 ★★

고압가스 안전관리법령에 따라 ( ) 안의 내용으로 옳은 것은?

> "충전용기"란 고압가스의 충전질량 또는 충전압력의 (㉠)이 충전되어 있는 상태의 용기를 말한다. "잔가스용기"란 고압가스의 충전질량 또는 충전압력의 (㉡)이 충전되어 있는 상태의 용기를 말한다.

① ㉠ 2분의 1 이상, ㉡ 2분의 1 미만
② ㉠ 2분의 1 초과, ㉡ 2분의 1 이하
③ ㉠ 5분의 2 이상, ㉡ 5분의 2 미만
④ ㉠ 5분의 2 초과, ㉡ 5분의 2 이하

해설

- 충전용기란 고압가스의 충전질량 또는 충전압력의 2분의 1 이상이 충전되어 있는 상태의 용기를 말한다.
- 잔가스용기란 고압가스의 충전질량 또는 충전압력의 2분의 1 미만이 충전되어 있는 상태의 용기를 말한다.

정답 | ①

42 빈출도 ★★

기계설비법령에 따라 기계설비 발전 기본계획은 몇 년마다 수립·시행하여야 하는가?

① 1
② 2
③ 3
④ 5

해설

기계설비 발전 기본계획을 5년마다 수립·시행하여야 한다.

정답 | ④

43 빈출도 ★

기계설비법령에 따라 기계설비 유지관리교육에 관한 업무를 위탁받아 시행하는 기관은?

① 한국기계설비건설협회
② 대한기계설비건설협회
③ 한국공작기계산업협회
④ 한국건설기계산업협회

해설

국토교통부장관은 유지관리교육에 관한 업무를 대통령령으로 정하는 바에 따라 관계 기관 및 단체에 위탁할 수 있다. 여기서 위탁기관은 대한기계설비건설협회이다.

정답 | ②

44 빈출도 ★★

고압가스 안전관리법령에서 규정하는 냉동기 제조등록을 해야 하는 냉동기의 기준은 얼마인가?

① 냉동능력 3톤 이상인 냉동기
② 냉동능력 5톤 이상인 냉동기
③ 냉동능력 8톤 이상인 냉동기
④ 냉동능력 10톤 이상인 냉동기

해설

냉동기 제조등록 대상범위: 냉동능력 3톤 이상인 냉동기

정답 | ①

45 빈출도 ★★

다음 중 고압가스 안전관리법령에 따라 500만원 이하의 벌금 기준에 해당하는 경우는?

㉠ 고압가스를 제조하려는 자가 신고를 하지 아니하고 고압가스를 제조한 경우
㉡ 특정고압가스 사용신고자가 특정고압가스의 사용 전에 안전관리자를 선임하지 않는 경우
㉢ 고압가스의 수입을 업(業)으로 하려는 자가 등록을 하지 아니하고 고압가스 수입업을 한 경우
㉣ 고압가스를 운반하려는 자가 등록을 하지 아니하고 고압가스를 운반한 경우

① ㉠
② ㉠, ㉡
③ ㉠, ㉡, ㉢
④ ㉠, ㉡, ㉢, ㉣

해설

- 다음에 해당하는 자는 500만원 이하의 벌금에 처한다.
  ㉠ 신고를 하지 아니하고 고압가스를 제조한 자
  ㉡ 규정에 따른 안전관리자를 선임하지 아니한 자
- 다음에 해당하는 자는 300만원 이하의 벌금에 처한다.
  ㉢ 등록을 하지 아니하고 고압가스 수입업을 한 자
  ㉣ 등록을 하지 아니하고 고압가스를 운반한 자

정답 | ②

46 빈출도 ★★

전류의 측정 범위를 확대하기 위하여 사용되는 것은?

① 배율기
② 분류기
③ 저항기
④ 계기용변압기

해설

전류계의 측정 범위를 넓히기 위해 전류계의 내부저항에 병렬로 연결하는 작은 저항을 분류기라고 한다.

정답 | ②

47 빈출도 ★★★

절연저항 측정 시 가장 적당한 방법은?

① 메거에 의한 방법
② 전압, 전류계에 의한 방법
③ 전위차계에 의한 방법
④ 더블브리지에 의한 방법

해설

메거는 절연저항을 측정하는 용도에 특화된 측정 기구이다.

정답 | ①

48 빈출도 ★★★

저항 100[Ω]의 전열기에 5[A]의 전류를 흘렸을 때 소비되는 전력은 몇 [W]인가?

① 500
② 1,000
③ 1,500
④ 2,500

해설

소비 전력 $P[W]=I^2R=5^2\times100=2,500[W]$이다.

정답 | ④

49 빈출도 ★

유도전동기에서 슬립이 "0"이라고 하는 것은?

① 유도전동기가 정지 상태인 것을 나타낸다.
② 유도전동기가 전부하 상태인 것을 나타낸다.
③ 유도전동기가 동기 속도로 회전한다는 것이다.
④ 유도전동기가 제동기의 역할을 한다는 것이다.

해설

슬립 $s=\dfrac{N_s-N}{N_s}$(단, N_s[rpm]: 동기 속도, N[rpm]: 회전자 속도)

슬립이 0이면 $N_s=N$이므로 실제 회전 속도가 동기 속도와 같다.

정답 | ③

50 빈출도 ★★★

논리식 중 동일한 값을 나타내지 않는 것은?

① $X(X+Y)$
② $XY+X\overline{Y}$
③ $X(\overline{X}+Y)$
④ $(X+Y)(X+\overline{Y})$

해설

① $X(X+Y)=X+XY=X(1+Y)=X\cdot1=X$
② $XY+X\overline{Y}=X(Y+\overline{Y})=X\cdot1=X$
③ $X(\overline{X}+Y)=X\cdot\overline{X}+XY=XY$
④ $(X+Y)(X+\overline{Y})=X+Y\overline{Y}=X+0=X$

따라서 보기 ③이 다르다.

정답 | ③

51 빈출도 ★★

$i(t)=I_m\sin\omega t$인 정현파 교류가 있다. 이 전류보다 90° 앞선 전류를 표시하는 식은?

① $I_m\cos\omega t$
② $I_m\sin\omega t$
③ $I_m\cos(\omega t+90°)$
④ $I_m\sin(\omega t-90°)$

해설

$y=\sin\theta$를 가로축으로 $-90°$만큼 평행이동하면 90° 앞서게 되는데 관계식으로 표현하면 $y=\sin(\theta+90°)$이다.
$\sin(\theta+90°)=\cos\theta$이므로 $I_m\sin\omega t$보다 90° 앞선 전류는 $I_m\cos\omega t$이다.

정답 | ①

52

$i = I_{m1}\sin\omega t + I_{m2}\sin(2\omega t + \theta)$의 실효값은?

① $\dfrac{I_{m1}+I_{m2}}{2}$
② $\sqrt{\dfrac{I_{m1}^2+I_{m2}^2}{2}}$
③ $\dfrac{\sqrt{I_{m1}^2+I_{m2}^2}}{2}$
④ $\sqrt{\dfrac{I_{m1}+I_{m2}}{2}}$

해설

- $I_{m1}\sin\omega t$의 실효값: $\dfrac{I_{m1}}{\sqrt{2}}$
- $I_{m2}\sin(2\omega t + \theta)$의 실효값: $\dfrac{I_{m2}}{\sqrt{2}}$
- 비정현파의 실효값

$I_{rms} = \sqrt{\left(\dfrac{I_{m1}}{\sqrt{2}}\right)^2 + \left(\dfrac{I_{m2}}{\sqrt{2}}\right)^2} = \sqrt{\dfrac{I_{m1}^2+I_{m2}^2}{2}}$

정답 | ②

53

그림과 같은 브리지 정류회로는 어느 점에 교류입력을 연결하여야 하는가?

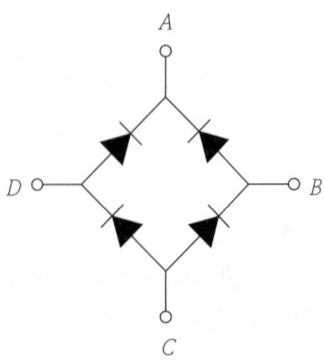

① A-B점
② A-C점
③ B-C점
④ B-D점

해설

교류입력은 동일방향의 두 다이오드 사이인 B점과 D점에 연결해야 한다. 출력은 두 다이오드 통과 전류가 만나는 A점과 갈라지는 C점에 연결해야 한다.

정답 | ④

54

추종제어에 속하지 않는 제어량은?

① 위치
② 방위
③ 자세
④ 유량

해설

제어량에 의한 분류 중에 서보 제어(추종 제어)가 있으며, 자세, 방위, 위치 등의 기계적 변위를 제어한다. 유량은 프로세스 제어(공정 제어)에 해당하는 제어량이다.

정답 | ④

55

직류·교류 양용에 만능으로 사용할 수 있는 전동기는?

① 직권 정류자 전동기
② 직류 복권 전동기
③ 유도 전동기
④ 동기 전동기

해설

직권 정류자 전동기는 계자 권선과 전기자 권선이 직렬로 연결되어 있어 직류, 교류 모두에서 사용할 수 있다.

정답 | ①

56

배율기의 저항이 50[kΩ], 전압계의 내부 저항이 25[kΩ]이다. 전압계가 100[V]를 지시하였을 때, 측정한 전압[V]은?

① 10
② 50
③ 100
④ 300

해설

배율기의 저항 $R = r(m-1)$에서 $R=50[kΩ]$, $r=25[kΩ]$이므로
$m = \dfrac{R}{r} + 1 = \dfrac{50}{25} + 1 = 3$

배율기의 배율이 3이므로 전압계가 100[V]를 지시한 경우 실제 전압(측정 전압)은 $100 \times 3 = 300[V]$이다.

정답 | ④

57 빈출도 ★★

아래 그림의 논리회로와 같은 진리값을 NAND 소자만으로 구성하여 나타내려면 NAND 소자는 최소 몇 개가 필요한가?

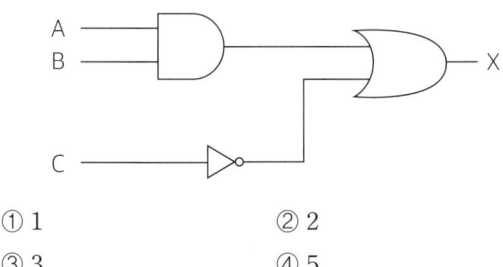

① 1
② 2
③ 3
④ 5

해설

주어진 논리회로에 버블을 이중으로 추가하면 ∅이 되는데, ∅의 등가게이트는 ∅이므로 NAND로 대체할 수 있고 2개의 버블은 상쇄되므로 최종 변환 회로는 ∅이다.

따라서 NAND 소자는 2개가 필요하다.

정답 | ②

58 빈출도 ★★★

궤환제어계에 속하지 않는 신호로서 외부에서 제어량이 그 값에 맞도록 제어계에 주어지는 신호를 무엇이라 하는가?

① 목표값
② 기준 압력
③ 동작 신호
④ 궤환 신호

해설

목표값이란 제어량이 그 값을 갖도록 목표로 하여 외부에서 주어지는 신호를 말한다.

정답 | ①

59 빈출도 ★

그림과 같은 전자릴레이 회로는 어떤 게이트 회로인가?

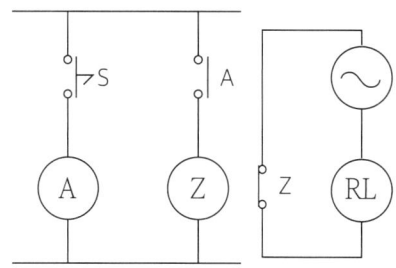

① OR
② AND
③ NOR
④ NOT

해설

스위치 S를 닫으면 릴레이 A에 전원이 공급되고 A−a접점이 동작하면서 릴레이 Z에 전원이 공급된다. 이때, 오른쪽 회로도상의 Z−b접점이 동작하여 램프 RL이 꺼진다. 즉, 스위치 S를 닫으면 RL이 소등, 스위치 S를 열면 RL이 점등되는 회로이며 이러한 회로를 NOT회로라고 한다.

정답 | ④

60 빈출도 ★★★

제어량에 따른 분류 중 프로세스 제어에 속하지 않는 것은?

① 압력
② 유량
③ 온도
④ 속도

해설

프로세스 제어의 대상은 압력, 유량, 온도, 습도 등이다. 속도는 방향성을 가지므로 자동 조정의 대상이다.

정답 | ④

유지보수 공사관리

61 빈출도 ★★

급수배관 시공 시 수격작용의 방지 대책으로 틀린 것은?

① 플래쉬 밸브 또는 급속 개폐식 수전을 사용한다.
② 관 지름은 유속이 2.0~2.5[m/s] 이내가 되도록 설정한다.
③ 역류 방지를 위하여 체크 밸브를 설치하는 것이 좋다.
④ 급수관에서 분기할 때에는 T이음을 사용한다.

해설
수격작용은 배관 시스템 내 물의 흐름이 급변할 때 발생하는 압력 충격 현상으로 플래시 밸브나 급속 개폐식 수전은 수격작용의 대책이 될 수 없다.

정답 | ①

62 빈출도 ★★

다음 중 사용압력이 가장 높은 동관은?

① L관　　② M관
③ K관　　④ N관

해설
동관은 두께에 따라 K, L, M형으로 구분한다. 일반적으로 K형이 가장 두꺼워서 고압배관용으로 쓰인다.

정답 | ③

63 빈출도 ★★

공조설비 중 덕트설계시 주의사항으로 틀린 것은?

① 덕트 내 정압손실을 적게 설계할 것
② 덕트의 경로는 가능한 최장거리로 할 것
③ 소음 및 진동이 적게 설계할 것
④ 건물의 구조에 맞도록 설계할 것

해설
덕트 경로는 가급적 최단거리가 되게 하여 열손실을 적게 하는 것이 좋다.

정답 | ②

64 빈출도 ★

가스배관 시공에 대한 설명으로 틀린 것은?

① 건물 내 배관은 안전을 고려, 벽, 바닥 등에 매설하여 시공한다.
② 건축물의 벽을 관통하는 부분의 배관에는 보호관 및 부식방지 피복을 한다.
③ 배관의 경로와 위치는 장래의 계획, 다른 설비와의 조화 등을 고려하여 정한다.
④ 부식의 우려가 있는 장소에 배관하는 경우에는 방식, 절연조치를 한다.

해설
가스배관은 검사가 용이하도록 노출배관을 원칙으로 하되, 동관은 이음매 없이 매립할 수 있다. 즉, 벽, 바닥 등에 매설하여 시공하면 안 된다.

정답 | ①

65 빈출도 ★★

증기배관 중 냉각 레그(cooling leg)에 관한 내용으로 옳은 것은?

① 완전한 응축수를 회수하기 위함이다.
② 고온증기의 동파 방지시설이다.
③ 열전도 차단을 위한 보온단열 구간이다.
④ 익스팬션 조인트이다.

해설
냉각 레그는 증기를 응축수로 바꾸어 회수하기 위한 배관으로, 보온피복을 할 필요가 없다.

정답 | ①

66 빈출도 ★★★

보온재의 구비조건으로 틀린 것은?

① 표면시공이 좋아야 한다.
② 재질자체의 모세관 현상이 커야 한다.
③ 보냉 효율이 좋아야 한다.
④ 난연성이나 불연성이어야 한다.

해설

모세관 현상이 크면 흡수성이 커진다. 보온재는 흡수율(흡수성)이 낮아야 한다.

정답 | ②

67 빈출도 ★★★

신축 이음쇠의 종류에 해당하지 않는 것은?

① 벨로즈형   ② 플랜지형
③ 루프형   ④ 슬리브형

해설

신축 이음쇠에는 루프형, 스위블형, 벨로즈형, 슬리브형이 있다. 플랜지 이음은 수 개의 볼트로 강하게 고정시키는 접합법으로 신축 이음쇠에 해당하지 않는다.

정답 | ②

68 빈출도 ★★

고압 증기관에서 권장하는 유속기준으로 가장 적합한 것은?

① 5~10[m/s]   ② 15~20[m/s]
③ 30~50[m/s]   ④ 60~70[m/s]

해설

- 고압 증기관의 권장 유속: 30~50[m/s]
- 저압 증기관의 권장 유속: 15~20[m/s]

정답 | ③

69 빈출도 ★★

증기난방의 환수방법 중 증기의 순환이 가장 빠르며 방열기의 설치위치에 제한을 받지 않고 대규모 난방에 주로 채택되는 방식은?

① 단관식 상향 증기 난방법
② 단관식 하향 증기 난방법
③ 진공 환수식 증기 난방법
④ 기계 환수식 증기 난방법

해설

진공 환수식 증기 난방법은 진공펌프를 이용하여 방열기 배관 내 공기를 제거하고 응축수를 신속히 환수하는 방식이다. 방열기 설치 위치에 제약이 없으며 고온·고압에서 빠른 순환이 가능하다. 응축수가 잘 흐르도록 증기 주관은 1/200~1/300의 선하향 구배로 한다.

정답 | ③

70 빈출도 ★★★

온수난방 배관 시 유의사항으로 틀린 것은?

① 온수 방열기마다 반드시 수동식 에어벤트를 부착한다.
② 배관 중 공기가 고일 우려가 있는 곳에는 에어벤트를 설치한다.
③ 수리나 난방 휴지시의 배수를 위한 드레인 밸브를 설치한다.
④ 보일러에서 팽창탱크에 이르는 팽창관에는 밸브를 2개 이상 부착한다.

해설

보일러와 팽창탱크를 잇는 팽창관 도중에는 밸브를 설치하여서는 안된다. 에어벤트와 공기빼기 밸브는 난방배관의 최상부에 설치한다.

정답 | ④

71 빈출도 ★★

강관에서 호칭관경의 연결로 틀린 것은?

① 25A : $1\frac{1}{2}$B
② 20A : $\frac{3}{4}$B
③ 32A : $1\frac{1}{4}$B
④ 50A : 2B

해설

A는 [mm] 단위이고, B는 [inch] 단위이다.

호칭경		동관 외경	강관 외경
A	B		
10A	$\frac{3}{8}$B	12.70[mm]	17.3[mm]
15A	$\frac{1}{2}$B	15.88[mm]	21.7[mm]
20A	$\frac{3}{4}$B	22.22[mm]	27.2[mm]
25A	1B	28.58[mm]	34.0[mm]
32A	$1\frac{1}{4}$B	34.92[mm]	42.7[mm]
50A	2B	54.0[mm]	60.5[mm]

정답 | ①

72 빈출도 ★★

펌프주위 배관에 관한 설명으로 옳은 것은?

① 펌프의 흡입측에는 압력계를, 토출측에는 진공계(연성계)를 설치한다.
② 흡입관이나 토출관에는 펌프의 진동이나 관의 열팽창을 흡수하기 위하여 신축이음을 한다.
③ 흡입관의 수평배관은 펌프를 향해 1/50~1/100의 올림구배를 준다.
④ 토출관의 게이트밸브 설치높이는 1.3[m] 이상으로 하고 바로 위에 체크밸브를 설치한다.

해설

- 신축이음은 수온차이가 큰 급탕 배관에 주로 사용하지만 진동이나 관의 열팽창을 흡수하기 위해 급수펌프 배관에도 사용한다.
- 흡입관은 공기주머니가 생기지 않도록, 펌프를 향하여 1/50~1/100의 상향 구배로 한다.

※ 출제 오류로 인해 복수 정답이 인정된 문제입니다.

정답 | ②, ③

73 빈출도 ★

중·고압 가스배관의 유량(Q)을 구하는 계산식으로 옳은 것은? (단, P_1: 처음압력, P_2: 최종압력, d: 관 내경, l: 관 길이, s: 가스비중, K: 유량계수이다.)

① $Q = K\sqrt{\dfrac{(P_1-P_2)^2 d^5}{s \cdot l}}$

② $Q = K\sqrt{\dfrac{(P_2-P_1)^2 d^4}{s \cdot l}}$

③ $Q = K\sqrt{\dfrac{(P_1^2-P_2^2) d^5}{s \cdot l}}$

④ $Q = K\sqrt{\dfrac{(P_2^2-P_1^2) d^4}{s \cdot l}}$

해설

- 가스배관의 유량 $Q[m^3/h] = K\sqrt{\dfrac{hd^5}{sl}}$

  (단, h: 압력손실[mmH$_2$O], d: 관의 내경[mm], l: 관의 길이[m], s: 가스 비중)

- 압력손실 h는 $P_1^2 - P_2^2$으로 표현이 가능하므로
  가스배관의 유량 $Q = K\sqrt{\dfrac{hd^5}{sl}} = K\sqrt{\dfrac{(P_1^2-P_2^2)d^5}{sl}}$ [m^3/h]

※ 압력손실 h의 단위[mmH$_2$O]와 $P_1^2 - P_2^2$의 단위 [Pa^2]가 서로 다르나 위 공식은 경험적인 공식에 의하여 결정된 식이다.

정답 | ③

74 빈출도 ★★★

보온재의 열전도율이 작아지는 조건으로 틀린 것은?

① 재료의 두께가 두꺼울수록
② 재질 내 수분이 작을수록
③ 재료의 밀도가 클수록
④ 재료의 온도가 낮을수록

해설

재료의 밀도가 클수록 입자간 접촉 횟수가 많아져 열전도율이 커진다.

정답 | ③

75 빈출도 ★★

다음 중 증기사용 간접가열식 온수공급 탱크의 가열관으로 가장 적절한 관은?

① 납관 ② 주철관
③ 동관 ④ 도관

해설

가열코일의 재질로는 열전도율이 크고 유연성과 내구성이 뛰어나 동결이나 열변형에도 잘 견디는 동관이 적절하다.

정답 | ③

76 빈출도 ★★

펌프의 양수량이 $60[m^3/min]$이고 전양정이 $20[m]$일 때, 벌류트 펌프로 구동할 경우 필요한 동력$[kW]$은 얼마인가? (단, 물의 비중량은 $9,800[N/m^3]$이고, 펌프의 효율은 $60[\%]$로 한다.)

① 196.1 ② 200.2
③ 326.7 ④ 405.8

해설

펌프 동력 $W=\dfrac{\dot{Q}\gamma H}{\eta}[W]$이므로

$W = \dfrac{60[m^3/min] \times 9,800[N/m^3] \times 20[m]}{0.6}$

$= \dfrac{1[m^3/sec] \times 9,800[N/m^3] \times 20[m]}{0.6}$

$= 326.67[kW]$

정답 | ③

77 빈출도 ★★★

다음 중 주철관 이음에 해당되는 것은?

① 납땜 이음 ② 열간 이음
③ 타이튼 이음 ④ 플라스턴 이음

해설

타이튼 이음은 주철관 이음에 해당하며 원형 고무링 하나만으로 접합하기 때문에 신속·간편하다는 장점이 있다.

정답 | ③

78 빈출도 ★★★

전기가 정전되어도 계속하여 급수를 할 수 있으며 급수오염 가능성이 적은 급수방식은?

① 압력탱크 방식 ② 수도직결 방식
③ 부스터 방식 ④ 고가탱크 방식

해설

수도직결 방식은 수질오염 가능성이 낮고 정전 시에도 급수가 가능하지만 단수 시 급수가 불가능하다.

정답 | ②

79 빈출도 ★★

도시가스의 공급설비 중 가스 홀더의 종류가 아닌 것은?

① 유수식 ② 중수식
③ 무수식 ④ 고압식

해설

가스홀더는 그 구조에 따라 유수식, 무수식(다각통형, 구형), 수봉식, 건식, 고압식 등으로 분류한다.

정답 | ②

80 빈출도 ★

강관의 두께를 선정할 때 기준이 되는 것은?

① 곡률반경 ② 내경
③ 외경 ④ 스케줄번호

해설

동관은 두께에 따라 K, L, M형으로 나누고, 강관은 스케줄번호로써 두께를 표시한다.

정답 | ④

2022년 2회 기출문제

에너지관리

01 빈출도 ★★

습공기의 상대습도(ϕ)와 절대습도(ω)와의 관계식으로 옳은 것은? (단, P_a는 건공기 분압, P_s는 습공기와 같은 온도의 포화수증기압력이다.)

① $\phi = \dfrac{\omega}{0.622} \dfrac{P_a}{P_s}$ ② $\phi = \dfrac{\omega}{0.622} \dfrac{P_s}{P_a}$

③ $\phi = \dfrac{0.622}{\omega} \dfrac{P_s}{P_a}$ ④ $\phi = \dfrac{0.622}{\omega} \dfrac{P_a}{P_s}$

해설

- 절대습도 ω는 건공기 1[kg]에 포함된 수증기[kg]의 비율로 $\omega = 0.622 \cdot \dfrac{P}{P_a}$ 이다. (단, P: 수증기 분압)
- 상대습도 ϕ는 실제수증기 분압 P가 포화수증기압 P_s에 대해 얼마나 차 있는지를 나타내는 것으로 $\phi = \dfrac{P}{P_s}$ 이다.
- 두 식을 정리하면 $P = \phi \cdot P_s$ 이므로 $\omega = 0.622 \cdot \dfrac{P}{P_a} = 0.622 \dfrac{\phi P_s}{P_a} \rightarrow \phi = \dfrac{\omega}{0.622} \cdot \dfrac{P_a}{P_s}$

정답 | ①

02 빈출도 ★★

난방방식 종류별 특징에 대한 설명으로 틀린 것은?

① 저온 복사난방 중 바닥 복사난방은 특히 실내기온의 온도분포가 균일하다.
② 온풍난방은 공장과 같은 난방에 많이 쓰이고 설비비가 싸며 예열시간이 짧다.
③ 온수난방은 배관부식이 크고 워밍업 시간이 증기난방보다 짧으며 관의 동파 우려가 있다.
④ 증기난방은 부하변동에 대응한 조절이 곤란하고 실온분포가 온수난방보다 나쁘다.

해설

온수난방은 예열시간은 길지만 잘 식지 않으므로 증기난방에 비하여 배관의 동결 피해가 적다.

정답 | ③

03 빈출도 ★★

덕트의 경로 중 단면적이 확대되었을 경우 압력변화에 대한 설명으로 틀린 것은?

① 전압이 증가한다.
② 동압이 감소한다.
③ 정압이 증가한다.
④ 풍속은 감소한다.

해설

관의 단면적이 커지면 속력이 느려지고 속력이 느려지면 동압이 줄어든다. 이때 전압은 감소하기도 하지만 동압이 더 크게 감소하므로 정압이 증가한다.

정답 | ①

04 빈출도 ★

건축의 평면도를 일정한 크기의 격자로 나누어서 이 격자의 구획내에 취출구, 흡입구, 조명, 스프링클러 등 모든 필요한 설비요소를 배치하는 방식은?

① 모듈방식
② 셔터방식
③ 평커루버 방식
④ 클래스 방식

해설

모듈방식이란 건물의 평면도를 일정 격자로 나누고 이 격자 내에 취출구, 흡입구, 조명, 스프링클러 등 필요 설비요소를 배치하는 방식이다.

정답 | ①

05 빈출도 ★★

습공기의 가습 방법으로 가장 거리가 먼 것은?

① 순환수를 분무하는 방법
② 온수를 분무하는 방법
③ 수증기를 분무하는 방법
④ 외부공기를 가열하는 방법

해설

순환수나 온수를 분무하면 냉각·가습 효과가 있고 수증기를 분무하면 가열·가습 효과가 있다.

정답 | ④

06 빈출도 ★★

공기조화설비를 구성하는 열운반장치로서 공조기에 직접 연결되어 사용하는 펌프로 가장 거리가 먼 것은?

① 냉각수 펌프
② 냉수 순환펌프
③ 온수 순환펌프
④ 응축수(진공) 펌프

해설

공기조화설비는 공조기, 열원설비, 열매수송 설비로 구분할 수 있는데, 냉수순환펌프는 공조기의 냉각코일에, 온수 순환펌프는 공조기의 가열코일에 직접 연결되어 사용하는 펌프이다. 그런데 응축수 펌프는 열원설비(보일러)의 배관에서 생긴 응축수를 회수하는 용도이고 냉각수 펌프는 냉각수 부근에 설치하여 열원설비(냉각기)와 냉각탑을 잇는 배관을 통해 냉각수를 순환시키는 용도이므로 냉각수 펌프가 공조기와 가장 거리가 멀다.

정답 | ①

07 빈출도 ★★

저압 증기난방 배관에 대한 설명으로 옳은 것은?

① 하향공급식의 경우에는 상향공급식의 경우보다 배관경이 커야 한다.
② 상향공급식의 경우에는 하향공급식의 경우보다 배관경이 커야 한다.
③ 상향공급식이나 하향공급식은 배관경과 무관하다.
④ 하향공급식의 경우 상향공급식보다 워터해머를 일으키기 쉬운 배관법이다.

해설

상향공급식은 증기가 위로, 응축수가 아래로 흐르므로 하향공급식보다 배관을 더 크게 설계해야 증기의 이송이 원활해진다.

정답 | ②

08 빈출도 ★

현열만을 가하는 경우로 $500[m^3/h]$의 건구온도(t_1) $5[℃]$, 상대습도(Ψ_1) $80[\%]$인 습공기를 공기 가열기로 가열하여 건구온도(t_2) $43[℃]$, 상대습도(Ψ_2) $8[\%]$인 가열공기를 만들고자 한다. 이 때 필요한 열량 $[kW]$은 얼마인가? (단, 공기의 비열은 $1.01[kJ/kg \cdot ℃]$, 공기의 밀도는 $1.2[kg/m^3]$이다.)

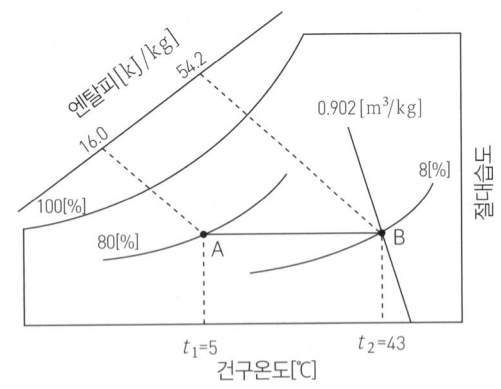

① 3.2 ② 5.8
③ 6.4 ④ 8.7

해설

공기의 부피를 질량으로 환산할 때에는 비체적으로 나누거나 밀도를 곱하면 되므로

필요 열량 = $\rho \dot{Q}(h_B - h_A) = 1.2[kg/m^3] \times 500[m^3/h] \times \frac{1[h]}{3,600[s]}$
$\times (54.2 - 16.0)[kJ/kg] = 6.36[kW]$이다.

※ 습공기 선도에는 상태 A의 비체적이 제시되어 있지 않으므로 단서로 제공된 공기의 밀도를 상태 A의 밀도로 봐야 한다.

정답 | ③

09 빈출도 ★★

다음 중 열전도율$[W/m \cdot ℃]$이 가장 작은 것은?

① 납 ② 유리
③ 얼음 ④ 물

해설

열전도율은 기체가 가장 작고 액체, 고체 순으로 커지며 고체 중에는 금속의 열전도율이 가장 크다. 유리는 액체에 가까운 고체이다. 따라서 열전도율의 순서는 '납 > 얼음 > 유리 > 물 > 수증기'이다.

정답 | ④

10 빈출도 ★

아래 표는 암모니아 냉매설비 운전을 위한 안전관리 절차서에 대한 설명이다. 이 중 틀린 내용은?

> ㉠ 노출확인 절차서: 반드시 호흡용 보호구를 착용한 후 감지기를 이용하여 공기 중 암모니아 농도를 측정한다.
> ㉡ 노출로 인한 위험관리 절차서: 암모니아가 노출되었을 때 호흡기를 보호할 수 있는 호흡보호프로그램을 수립하여 운영하는 것이 바람직하다.
> ㉢ 근로자 작업 확인 및 교육 절차서: 암모니아 설비가 밀폐된 곳이나 외진 곳에 설치된 경우, 해당 지역에 근로자 작업을 할 때에는 다음 중 어느 하나에 의해 근로자의 안전을 확인할 수 있어야 한다.
> (가) CCTV 등을 통한 육안 확인
> (나) 무전기나 전화를 통한 음성 확인
> ㉣ 암모니아 설비 및 안전설비의 유지관리 절차서: 암모니아 설비 주변에 설치된 안전대책의 작동 및 사용 가능여부를 최소한 매년 1회 확인하고 점검하여야 한다.

① ㉠ ② ㉡
③ ㉢ ④ ㉣

해설

암모니아 설비 주변에 설치된 안전대책의 작동 및 사용 가능여부를 최소한 분기별로 1회 확인하고 점검하여야 한다.

정답 | ④

11 빈출도 ★★★

외기에 접하고 있는 벽이나 지붕으로부터의 취득 열량은 건물 내외의 온도차에 의해 전도의 형식으로 전달된다. 그러나 외벽의 온도는 일사에 의한 복사열의 흡수로 외기온도보다 높게 되는데 이 온도를 무엇이라고 하는가?

① 건구온도
② 노점온도
③ 상당외기온도
④ 습구온도

해설

태양 일사량과 유리의 투과율(표면의 일사 흡수열)을 고려한 온도를 상당외기온도라고 한다.

정답 | ③

13 빈출도 ★★★

습공기 선도상의 상태변화에 대한 설명으로 틀린 것은?

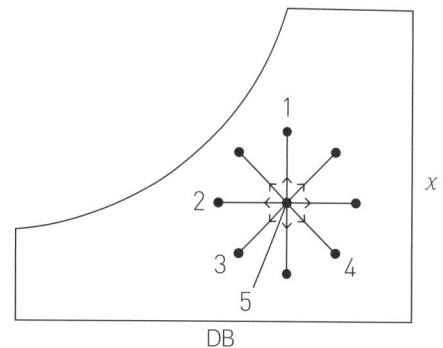

① 5 → 1 : 가습
② 5 → 2 : 현열냉각
③ 5 → 3 : 냉각가습
④ 5 → 4 : 가열감습

해설

① 건구온도(DB) 유지, 습도증가 → 가습
② 건구온도(DB) 감소, 습도유지 → 현열냉각
③ 건구온도(DB) 감소, 습도감소 → 냉각감습
④ 건구온도(DB) 증가, 습도감소 → 가열감습

정답 | ③

12 빈출도 ★★

보일러의 스케일 방지방법으로 틀린 것은?

① 슬러지는 적절한 분출로 제거한다.
② 스케일 방지 성분인 칼슘의 생성을 돕기 위해 경도가 높은 물을 보일러수로 활용한다.
③ 경수연화장치를 이용하여 스케일 생성을 방지한다.
④ 인산염을 일정농도가 되도록 투입한다.

해설

칼슘은 스케일 생성 성분이므로 칼슘을 제거할 수 있는 연수를 보일러수로 활용하고, 칼슘이온을 침전시킬 수 있는 인산염을 투입한다.

정답 | ②

14 빈출도 ★★

다음 중 보온, 보냉, 방로의 목적으로 덕트 전체를 단열해야 하는 것은?

① 급기 덕트
② 배기 덕트
③ 외기 덕트
④ 배연 덕트

해설

공조기에서 만들어진 찬 공기 혹은 더운 공기를 실내까지 수송하는 과정에서 열손실이 발생하는데 이를 최소화하기 위해서는 급기 덕트를 단열재로 감싸는 단열 시공이 필요하다. 배기 덕트와 외기 덕트는 단열하지 않으나 배연 덕트는 주변 가연물질을 점화시키지 않도록 부분 단열 처리를 해야 한다.

정답 | ①

15 빈출도 ★★

어느 건물 서편의 유리 면적이 40[m²]이다. 안쪽에 크림색의 베네시언 블라인드를 설치한 유리면으로부터 침입하는 열량[kW]은 얼마인가? (단, 외기 33[℃], 실내공기 27[℃], 유리는 1중이며, 유리의 열통과율은 5.9[W/m²·℃], 유리창의 복사량(I_{gr})은 608[W/m²], 차폐계수는 0.56이다.)

① 15.0 ② 13.6
③ 3.6   ④ 1.4

해설

- 관류열
  $KA\varDelta T = 5.9[\text{W/m}^2\cdot\text{℃}] \times 40[\text{m}^2] \times (33-27)[\text{℃}]$
  $= 1,416[\text{W}]$
- 일사열
  $I_{gr}AK_s = 608[\text{W/m}^2] \times 40[\text{m}^2] \times 0.56 = 13,619.2[\text{W}]$
- 냉방 부하는 실내외 온도차에 의한 취득열량과 유리창을 통한 일사 취득 열량의 합이므로
  $Q = 1,416 + 13,619.2 = 15,035.2[\text{W}] ≒ 15.04[\text{kW}]$

정답 | ①

16 빈출도 ★★

T.A.B 수행을 위한 계측기기의 측정위치로 가장 적절하지 않은 것은?

① 온도 측정 위치는 증발기 및 응축기의 입·출구에서 최대한 가까운 곳으로 한다.
② 유량 측정 위치는 펌프의 출구에서 가장 가까운 곳으로 한다.
③ 압력 측정 위치는 입·출구에 설치된 압력계용 탭에서 한다.
④ 배기가스 온도 측정 위치는 연소기의 온도계 설치 위치 또는 시료 채취 출구를 이용한다.

해설

유량은 펌프의 출구와 말단(터미널)에서 측정한다.

정답 | ②

17 빈출도 ★★

난방부하가 7,559.5[W]인 어떤 방에 대해 온수난방을 하고자 한다. 방열기의 상당방열면적[m²]은 얼마인가? (단, 방열량은 표준방열량으로 한다.)

① 6.7   ② 8.4
③ 10.2   ④ 14.4

해설

온수난방의 표준방열량은 0.523[kW/m²]이므로
상당방열면적[m²] = $\dfrac{\text{난방부하}[\text{kW}]}{\text{표준 방열량}[\text{kW/m}^2]}$
$= \dfrac{7.5595[\text{kW}]}{0.523[\text{kW/m}^2]} = 14.45[\text{m}^2]$이다.

정답 | ④

18 빈출도 ★

에어와셔 내에서 물을 가열하지도 냉각하지도 않고 연속적으로 순환 분무시키면서 공기를 통과시켰을 때 공기의 상태변화는 어떻게 되는가?

① 건구온도는 높아지고, 습구온도는 낮아진다.
② 절대온도는 높아지고, 습구온도는 높아진다.
③ 상대습도는 높아지고, 건구온도는 낮아진다.
④ 건구온도는 높아지고, 상대습도는 낮아진다.

해설

순환수를 분무하면 단열 가습이 진행되는데 습공기 선도 위에서 비엔탈피와 습구온도가 일정한 선분을 따라 상태가 변하므로 절대습도와 상대습도는 높아지고 건구온도는 낮아진다.

정답 | ③

19 빈출도 ★★

크기에 비해 전열면적이 크므로 증기발생이 빠르고, 열효율도 좋지만 내부청소가 곤란하므로 양질의 보일러수를 사용할 필요가 있는 보일러는?

① 입형 보일러
② 주철제 보일러
③ 노통 보일러
④ 연관 보일러

해설

연관 보일러는 크기에 비해 전열면적이 크므로 증기발생이 빠르고, 열효율도 좋지만 내부청소가 곤란하므로 양질의 보일러수가 필요하다.

정답 | ④

20 빈출도 ★★★

온수난방과 비교하여 증기난방에 대한 설명으로 옳은 것은?

① 예열시간이 짧다.
② 실내온도의 조절이 용이하다.
③ 방열기 표면의 온도가 낮아 쾌적한 느낌을 준다.
④ 실내에서 상하온도차가 작으며, 방열량의 제어가 다른 난방에 비해 쉽다.

해설

증기난방은 온수난방에 비해 예열시간이 짧다.

정답 | ①

공조냉동설계

21 빈출도 ★

공기압축기에서 입구 공기의 온도와 압력은 각각 27[℃], 100[kPa]이고, 체적유량은 0.01[m³/s]이다. 출구에서 압력이 400[kPa]이고, 이 압축기의 등엔트로피 효율이 0.8일 때, 압축기의 소요 동력[kW]은 얼마인가? (단, 공기의 정압비열과 기체상수는 각각 1[kJ/(kg·K)], 0.287[kJ/(kg·K)]이고, 비열비는 1.4이다.)

① 0.9
② 1.7
③ 2.1
④ 3.8

해설

- 등엔트로피 과정은 열의 출입이 없으므로 온도의 변화가 모두 일로 전환되는 이상적인 과정이다.
  압축기 소요 동력 $W = C_p \dot{m} \Delta T = C_p \dot{m}(T_2 - T_1)$에서
- $\dot{m} = \dfrac{P_1 \dot{V}_1}{RT_1} = \dfrac{100[\text{kPa}] \times 0.01[\text{m}^3/\text{s}]}{0.287[\text{kJ/kg·K}] \times (273+27)[\text{K}]}$
  $\approx \dfrac{1}{0.287 \times 300}[\text{kg/s}]$
- 압력비 $\dfrac{P_2}{P_1} = \dfrac{400}{100}$와 초기 온도 $T_1 = (273+27)[\text{K}]$가 주어졌으므로 단열과정의 PVT 관계식 중에서
  $\left(\dfrac{T_2}{T_1}\right) = \left(\dfrac{P_2}{P_1}\right)^{\frac{k-1}{k}}$을 이용하면 최종 온도를 구할 수 있다.
  $T_2 = T_1 \times \left(\dfrac{P_2}{P_1}\right)^{\frac{k-1}{k}} = 300 \times \left(\dfrac{400}{100}\right)^{\frac{1.4-1}{1.4}} \approx 445.798[\text{K}]$
- 주어진 값을 대입하면,
  $W = 1[\text{kJ/kg·K}] \times \dfrac{1}{0.287 \times 300}[\text{kg/s}] \times (445.798 - 300)[\text{K}]$
  $= 1.693[\text{kW}]$이고
  압축기의 등엔트로피 효율 0.8로 나누어주면,
  실제 소요 동력 $= \dfrac{1.693}{0.8} \approx 2.11[\text{kW}]$이다.

정답 | ③

22 빈출도 ★

다음은 2단압축 1단팽창 냉동장치의 중간냉각기를 나타낸 것이다. 각 부에 대한 설명으로 틀린 것은?

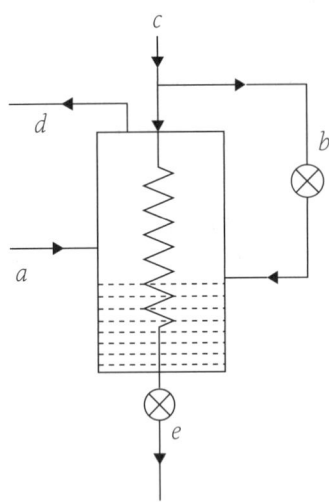

① a의 냉매관은 저단압축기에서 중간냉각기로 냉매가 유입되는 배관이다.
② b는 제1(중간냉각기 앞)팽창밸브이다.
③ d부분의 냉매 증기온도는 a부분의 냉매 증기온도보다 낮다.
④ a와 c의 냉매 순환량은 같다.

해설

저단 압축기 출구 a의 냉매는 중간냉각기에서 열을 방출한 뒤 고단압축기 입구 d로 이동하며, 고단 압축기를 거친 응축기 출구 c의 일부 냉매는 중간냉각기에서 열을 방출한 뒤 주 팽창밸브 e를 통과한다. c의 일부 냉매는 보조 팽창밸브 b를 지나 중간냉각기에서 열을 흡수한 뒤 고단압축기로 이동한다. 따라서 c의 냉매 순환량은 a의 냉매 순환량과 b의 냉매 순환량을 합친 것과 같다.

※ a: 저단 압축기의 출구
　b: 보조 팽창밸브
　c: 응축기 출구
　d: 고단 압축기의 입구
　e: 주 팽창밸브

정답 | ④

23 빈출도 ★★

흡수식 냉동기의 냉매와 흡수제 조합으로 가장 적절한 것은?

① 물(냉매) - 프레온(흡수제)
② 암모니아(냉매) - 물(흡수제)
③ 메틸아민(냉매) - 황산(흡수제)
④ 물(냉매) - 디메틸에테르(흡수제)

해설 냉매-흡수제 조합

- 암모니아 - 물
- 물 - 리튬브로마이드(LiBr)
- 물 - 염화리튬(LiCl)

정답 | ②

24 빈출도 ★

견고한 밀폐 용기 안에 공기가 압력 100[kPa], 체적 1[m³], 온도 20[℃] 상태로 있다. 이 용기를 가열하여 압력이 150[kPa]이 되었다. 최종상태의 온도와 가열량은 각각 얼마인가? (단, 공기는 이상기체이며, 공기의 정적비열은 0.717[kJ/kg·K], 기체상수는 0.287[kJ/kg·K]이다.)

① 303.2[K], 117.8[kJ]　② 303.2[K], 124.9[kJ]
③ 439.7[K], 117.8[kJ]　④ 439.7[K], 124.9[kJ]

해설

이상기체 상태방정식 $PV=mRT$에서 체적과 질량이 일정하므로 $P \propto T$이고 압력이 1.5배로 증가하였으므로 절대온도 $T_2=(273+20) \times 1.5 = 439.5$[K]이다.

질량 $m = \dfrac{P_1 V_1}{RT_1} = \dfrac{100[\text{kPa}] \times 1[\text{m}^3]}{0.287[\text{kJ/kg·K}] \times 293[\text{K}]}$
$= 1.189$[kg]이므로

가열량 $Q_v = C_v m \Delta T$
$= 0.717[\text{kJ/(kg·K)}] \times 1.189[\text{kg}] \times (439.5-293)[\text{K}]$
$= 124.89$[kJ]이다.

정답 | ④

25 빈출도 ★★

밀폐계에서 기체의 압력이 500[kPa]로 일정하게 유지되면서 체적이 0.2[m³]에서 0.7[m³]로 팽창하였다. 이 과정 동안에 내부에너지의 증가가 60[kJ]이라면 계가 한 일[kJ]은 얼마인가?

① 450 ② 310
③ 250 ④ 150

해설

기체가 외부에 한 일
$P\Delta V = 500[\text{kPa}] \times (0.7-0.2)[\text{m}^3] = 250[\text{kJ}]$이다.
※ ΔU가 60[kJ]이라면 계가 외부로부터 받은 열은 310[kJ]이지만 계가 한 일을 구할 때는 내부에너지의 증가량을 고려하지 않아도 된다.

정답 | ③

26 빈출도 ★

이상기체가 등온과정으로 부피가 2배로 팽창할 때 한 일이 W_1이다. 이 이상기체가 같은 초기조건 하에서 폴리트로픽 과정($n=2$)으로 부피가 2배로 팽창할 때 W_1대비 한 일은 얼마인가?

① $\dfrac{1}{2\ln 2} \times W_1$ ② $\dfrac{2}{\ln 2} \times W_1$
③ $\dfrac{\ln 2}{2} \times W_1$ ④ $2\ln 2 \times W_1$

해설

- 등온팽창 시 기체가 한 일($n=1$)
$W_1 = \int_{V_1}^{V_2} P dV = P_1 V_1 \int_{V_1}^{2V_1} \dfrac{dV}{V} = P_1 V_1 \ln 2$
- 폴리트로픽 팽창 시 기체가 한 일($n=2$)
$PV^2 = const. = P_1 V_1^2$이므로 $P = P_1 V_1^2 V^{-2}$
$W = \int_{V_1}^{2V_1} P dV = P_1 V_1^2 \int_{V_1}^{2V_1} V^{-2} dV$
$P_1 V_1^2 \left[-\dfrac{1}{V} \right]_{V_1}^{2V_1} = P_1 V_1 \left(1 - \dfrac{1}{2} \right) = \dfrac{1}{2} P_1 V_1$
- $W_1 = P_1 V_1 \ln 2$에서 $P_1 V_1 = \dfrac{W_1}{\ln 2}$이므로
$W = \dfrac{1}{2} P_1 V_1 = \dfrac{W_1}{2\ln 2}$

정답 | ①

27 빈출도 ★★

증발기에 대한 설명으로 틀린 것은?

① 냉각실 온도가 일정한 경우, 냉각실 온도와 증발기 내 냉매 증발온도의 차이가 작을수록 압축기 효율은 좋다.
② 동일조건에서 건식 증발기는 만액식 증발기에 비해 충전 냉매량이 적다.
③ 일반적으로 건식 증발기 입구에서의 냉매의 증기가 액냉매에 섞여있고, 출구에서 냉매는 과열도를 갖는다.
④ 만액식 증발기에서는 증발기 내부에 윤활유가 고일 염려가 없어 윤활유를 압축기로 보내는 장치가 필요하지 않다.

해설

만액식은 증발기와 압축기 사이에 액분리기를 설치하여 리퀴드백(액압축)을 방지해야 한다. 윤활유 고임을 방지하기 위해 유분리기를 설치해야 한다.

정답 | ④

28 빈출도 ★

다음 중 압력 값이 다른 것은?

① 1[mAq] ② 73.56[mmHg]
③ 980.665[Pa] ④ 0.98[N/cm²]

해설

1[atm] = 10.33[mAq] = 760[mmHg] = 101,325[Pa]을 이용하여 [atm] 단위로 환산해서 비교하면 된다.

① $1[\text{mAq}] = \dfrac{1[\text{mAq}]}{10.33[\text{mAq/atm}]} = 0.097[\text{atm}]$
② $73.56[\text{mmHg}] = \dfrac{73.56[\text{mmHg}]}{760[\text{mmHg/atm}]} = 0.097[\text{atm}]$
③ $980.665[\text{Pa}] = \dfrac{980.665[\text{Pa}]}{101,325[\text{Pa/atm}]} = 0.0097[\text{atm}]$
④ $0.98[\text{N/cm}^2] = \dfrac{0.98[\text{N}]}{(0.01[\text{m}])^2} = 9,800[\text{N/m}^2] = 9,800[\text{Pa}]$
이므로 $\dfrac{9,800[\text{Pa}]}{101,325[\text{Pa/atm}]} = 0.097[\text{atm}]$

정답 | ③

29 빈출도 ★★

냉동기에서 고압의 액체냉매와 저압의 흡입증기를 서로 열교환 시키는 열교환기의 주된 설치 목적은?

① 압축기 흡입증기 과열도를 낮추어 압축 효율을 높이기 위함
② 일종의 재생 사이클을 만들기 위함
③ 냉매액을 과냉시켜 플래시 가스 발생을 억제하기 위함
④ 이원냉동 사이클에서의 캐스케이드 응축기를 만들기 위함

해설

열교환기는 응축기 출구의 고압 액체냉매를 과냉각시켜 팽창밸브에서 발생하는 플래시 가스를 억제하고, 냉동효과를 증대시켜 사이클의 효율을 높일 수 있다.

정답 | ③

30 빈출도 ★★

피스톤-실린더 시스템에 100[kPa]의 압력을 갖는 1[kg]의 공기가 들어있다. 초기 체적은 0.5[m³]이고, 이 시스템에 온도가 일정한 상태에서 열을 가하여 부피가 1.0[m³]이 되었다. 이 과정 중 시스템에 가해진 열량[kJ]은 얼마인가?

① 30.7 ② 34.7
③ 44.8 ④ 50.0

해설

등온 과정에서 기체가 하는 일

$W = nRT \times \ln\frac{V_2}{V_1} = P_1 V_1 \ln\frac{V_2}{V_1}$

$= 100[\text{kPa}] \times 0.5[\text{m}^3] \times \ln\left(\frac{1}{0.5}\right)$

$= 34.66[\text{kJ}]$이다.

정답 | ②

31 빈출도 ★★

다음 조건을 이용하여 응축기 설계시 1[RT](3.86[kW])당 응축면적[m²]은 얼마인가? (단, 온도차는 산술평균온도차를 적용한다.)

- 방열계수: 1.3
- 응축온도: 35[℃]
- 냉각수 입구온도: 28[℃]
- 냉각수 출구온도: 32[℃]
- 열통과율: 1.05[kW/m²·℃]

① 1.25 ② 0.96
③ 0.74 ④ 0.45

해설

- 방열계수 $K_{con} = \frac{Q_{out}}{Q_{in}} = 1.3$
- 응축열 Q_{out} = 방열계수 × 냉동능력 = 1.3 × 3.86[kW]
  = 5.018[kW]
- 냉각수와 냉매의 산술평균 온도차
  $\Delta T = \frac{(T_{con} - T_{in}) + (T_{con} - T_{out})}{2} = \frac{(35-28)+(35-32)}{2}$
  $= 5[℃]$
- 따라서 응축열 $Q_{out} = KA\Delta T$
  $= 1.05[\text{kW/m}^2℃] \times A \times 5[℃] = 5.25A = 5.018[\text{kW}]$로부터
  1[RT]당 응축면적 $A = 0.956[\text{m}^2]$이다.

정답 | ②

32 빈출도 ★★★

역카르노 사이클로 300[K]와 240[K] 사이에서 작동하고 있는 냉동기가 있다. 이 냉동기의 성능계수는 얼마인가?

① 3 ② 4
③ 5 ④ 6

해설 역카르노 사이클의 성능계수

$\frac{T_C}{T_H - T_C} = \frac{240}{300-240} = 4$

정답 | ②

33 빈출도 ★★

체적 2,500[L]인 탱크에 압력 294[kPa], 온도 10[℃]의 공기가 들어 있다. 이 공기를 80[℃]까지 가열하는데 필요한 열량[kJ]은 얼마인가? (단, 공기의 기체상수는 0.287[kJ/(kg·K)], 정적비열은 0.717[kJ/(kg·K)]이다.)

① 408
② 432
③ 454
④ 469

해설

- 질량을 구하기 위해 이상기체 상태방정식을 이용하면
$$m = \frac{P_1 V_1}{RT_1} = \frac{294[\text{kPa}] \times 2.5[\text{m}^3]}{0.287[\text{kJ/(kg·K)}] \times 283[\text{K}]} = 9.049[\text{kg}]$$
- 정적 과정에서 받은 열 $Q_v = C_v m \Delta T$에서
$$Q_v = 0.717[\text{kJ/kg·K}] \times 9.049[\text{kg}] \times (80-10)[\text{K}]$$
$$= 454.17[\text{kJ}]$$

정답 | ③

34 빈출도 ★

다음 그림은 냉동사이클을 압력-엔탈피(P-h) 선도에서 나타낸 것이다. 다음 설명 중 옳은 것은?

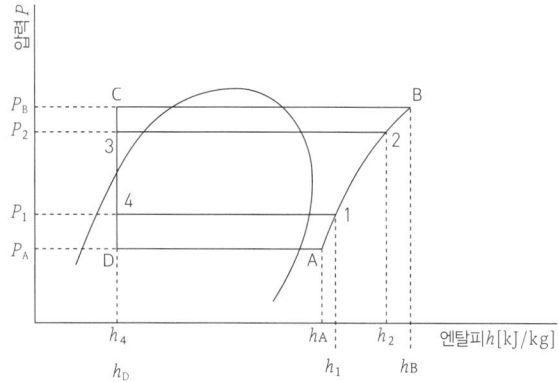

① 냉동사이클이 1-2-3-4-1에서 1-B-C-4-1로 변하는 경우 냉매 1[kg]당 압축일의 증가는 $(h_B - h_1)$ 이다.
② 냉동사이클이 1-2-3-4-1에서 1-B-C-4-1로 변하는 경우 성적계수는 $[(h_1-h_4)/(h_2-h_1)]$에서 $[(h_1-h_4)/(h_B-h_1)]$로 된다.
③ 냉동사이클이 1-2-3-4-1에서 A-2-3-D-A로 변하는 경우 증발압력이 P_1에서 P_A로 낮아져 압축비는 (P_2/P_1)에서 (P_1/P_A)로 된다.
④ 냉동사이클이 1-2-3-4-1에서 A-2-3-D-A로 변하는 경우 냉동효과는 (h_1-h_4)에서 (h_A-h_4)로 감소하지만, 압축기 흡입증기의 비체적은 변하지 않는다.

해설

- 1-B-C-4-1 사이클
  - 냉매 1[kg]당 압축일의 증가: $h_B - h_2$
  - 성적계수: $\dfrac{h_1 - h_4}{h_B - h_1}$
- A-2-3-D-A 사이클
  - 압축비: $\dfrac{P_2}{P_A}$
- 냉동효과: $h_A - h_4$
  증발기 출구(압축기 입구) 냉매의 온도가 기존 사이클 대비 변하였으므로 비체적도 변한다.

정답 | ②

35 빈출도 ★★

다음 중 증발기 내 압력을 일정하게 유지하기 위해 설치하는 팽창장치는?

① 모세관
② 정압식 자동 팽창밸브
③ 플로트식 팽창밸브
④ 수동식 팽창밸브

해설

정압식 자동 팽창밸브는 증발기 내의 증발압력을 일정하게 유지하도록 냉매 유량을 조절하는 팽창장치이다.

정답 | ②

36 빈출도 ★

외기온도 $-5[℃]$, 실내온도 $18[℃]$, 실내습도 $70[\%]$일 때, 벽 내면에서 결로가 생기지 않도록 하기 위해서는 내·외기 대류와 벽의 전도를 포함하여 전체 벽의 열통과율 $[W/(m^2 \cdot K)]$은 얼마 이하이어야 하는가? (단, 실내공기 $18[℃]$, $70[\%]$ 일 때 노점온도는 $12.5[℃]$이며, 벽의 내면 열전달률은 $7[W/(m^2 \cdot K)]$이다.)

① 1.91
② 1.83
③ 1.76
④ 1.67

해설

실내온도, 외기온도가 각각 T, T'이고 내면 열전달률, 외면 열전달률, 전체 열통과율이 각각 a, a', k이면
$aA(T-T_{in})=a'A(T_{out}-T')=kA(T-T')$이므로
$a(T-T_{in})=a'(T_{out}-T')=k(T-T')$이다.
$7[W/m^2 \cdot K] \times (18-12.5)[K]=k(18-(-5))[K]$에서
$k=\frac{7 \times 5.5}{23}=1.67$이므로 열통과율이 1.67 이하이어야 내벽에 결로가 생기지 않는다.

정답 | ④

37 빈출도 ★★★

다음 이상기체에 대한 설명으로 옳은 것은?

① 이상기체의 내부에너지는 압력이 높아지면 증가한다.
② 이상기체의 내부에너지는 온도만의 함수이다.
③ 이상기체의 내부에너지는 항상 일정하다.
④ 이상기체의 내부에너지는 온도와 무관하다.

해설

이상기체는 분자간 상호작용이 없으므로 위치 에너지가 0이고 운동 에너지는 온도에 의해 결정된다. 따라서 이상기체의 내부에너지는 온도만의 함수이다.

정답 | ②

38 빈출도 ★★★

다음 중 냉매를 사용하지 않는 냉동장치는?

① 열전 냉동장치
② 흡수식 냉동장치
③ 교축팽창식 냉동장치
④ 증기압축식 냉동장치

해설

열전 냉동장치는 펠티에 효과를 이용한 열전 냉각방식이므로 냉매 대신 반도체를 이용한다.

정답 | ①

39 빈출도 ★★

냉동장치의 냉동능력이 $38.8[kW]$, 소요동력이 $10[kW]$이었다. 이때 응축기 냉각수의 입·출구 온도차가 $6[℃]$, 응축온도와 냉각수 온도와의 평균온도차가 $8[℃]$ 일 때, 수냉식 응축기의 냉각수량[L/min]은 얼마인가? (단, 물의 정압비열은 $4.2[kJ/kg·℃]$이다.)

① 126.1　　② 116.2
③ 97.1　　　④ 87.1

해설

$Q_{in}+W_C=Q_{out}$으로부터 응축열 $Q_{out}=38.8+10=48.8[kW]$이고 $Q_{out}=C\dot{m}\Delta T$로부터 냉각수량을 구하면

$$\dot{m}=\frac{Q_{out}}{C\Delta T}=\frac{48.8[kW]}{4.2[kJ/kg·℃]\times 6[℃]}=1.937[kg/s]$$

$=1.937\times 60=116.2[L/min]$이다.

※ 물의 유량 계산 시 평균 온도차($8[℃]$)가 아닌 물 입·출구의 온도차($6[℃]$)를 이용해야 한다.

정답 | ②

40 빈출도 ★★

열과 일에 대한 설명으로 옳은 것은?

① 열역학적 과정에서 열과 일은 모두 경로에 무관한 상태함수로 나타낸다.
② 일과 열의 단위는 대표적으로 Watt(W)를 사용한다.
③ 열역학 제1법칙은 열과 일의 방향성을 제시한다.
④ 한 사이클 과정을 지나 원래 상태로 돌아왔을 때 시스템에 가해진 전체 열량은 시스템이 수행한 전체 일의 양과 같다.

해설

한 사이클 과정을 지나 원래 상태로 돌아왔을 때 $\Delta U=0$이므로 시스템에 가해진 전체 열량 Q는 시스템이 수행한 전체 일의 양 W와 같다.

선지분석

① 열역학 과정에서 열과 일은 경로함수이다.
② 일과 열의 단위는 대표적으로 Joule [J]를 사용한다.
③ 열과 일의 방향성을 제시하는 법칙은 열역학 제2법칙이다.

정답 | ④

시운전 및 안전관리

41 빈출도 ★★

산업안전보건법령상 냉동·냉장 창고시설 건설공사에 대한 유해위험방지계획서를 제출해야 하는 대상시설의 연면적 기준은 얼마인가?

① 3천제곱미터 이상　② 4천제곱미터 이상
③ 5천제곱미터 이상　④ 6천제곱미터 이상

해설

산업안전보건법령에 따르면 연면적 5천제곱미터 이상인 냉동·냉장 창고시설의 설비공사 및 단열공사에 대한 유해위험방지계획서를 제출해야 한다.

정답 | ③

42 빈출도 ★★★

기계설비법령에 따른 기계설비의 착공 전 확인과 사용 전 검사의 대상 건축물 또는 시설물에 해당하지 않는 것은?

① 연면적 1만 제곱미터 이상인 건축물
② 목욕장으로 사용되는 바닥면적 합계가 500제곱미터 이상인 건축물
③ 기숙사로 사용되는 바닥면적 합계가 1천제곱미터 이상인 건축물
④ 판매시설로 사용되는 바닥면적 합계가 3천제곱미터 이상인 건축물

해설

바닥면적의 합계가 500제곱미터 이상인 목욕장, 2천제곱미터 이상인 기숙사, 3천제곱미터 이상인 판매시설은 기계설비 착공 전 확인과 사용 전 검사의 대상이다.

정답 | ③

43 빈출도 ★

고압가스안전관리법령에 따라 "냉매로 사용되는 가스 등 대통령령으로 정하는 종류의 고압가스"는 품질기준으로 고시하여야 하는데, 목적 또는 용량에 따라 고압가스에서 제외될 수 있다. 이러한 제외 기준에 해당되는 경우로 모두 고른 것은?

> (가) 수출용으로 판매 또는 인도되거나 판매 또는 인도될 목적으로 저장·운송 또는 보관되는 고압가스
> (나) 시험용 또는 연구개발용으로 판매 또는 인도되거나 판매 또는 인도될 목적으로 저장·운송 또는 보관되는 고압가스(해당 고압가스를 직접 시험하거나 연구개발하는 경우만 해당한다)
> (다) 1회 수입되는 양이 400킬로그램 이하인 고압가스

① (가), (나) ② (가), (다)
③ (나), (다) ④ (가), (나), (다)

해설

(가), (나)의 내용이 옳은 기준이다.

선지분석

(다): 1회 수입되는 양이 40킬로그램 이하인 고압가스는 품질검사 대상에서 제외될 수 있다.

정답 | ①

44 빈출도 ★★

고압가스안전관리법령에 따라 일체형 냉동기의 조건으로 틀린 것은?

① 냉매설비 및 압축기용 원동기가 하나의 프레임 위에 일체로 조립된 것
② 냉동설비를 사용할 때 스톱밸브 조작이 필요한 것
③ 응축기 유닛 및 증발유닛이 냉매배관으로 연결된 것으로 하루 냉동능력이 20톤 미만인 공조용 패키지에어콘
④ 사용장소에 분할 반입하는 경우에는 냉매설비에 용접 또는 절단을 수반하는 공사를 하지 않고 재조립하여 냉동제조용으로 사용할 수 있는 것

해설

냉동설비를 사용할 때 스톱밸브 조작이 필요 없는 것이 일체형 냉동기의 조건에 해당한다.

정답 | ②

45 빈출도 ★

기계설비법령에 따라 기계설비성능점검업자는 기계설비성능점검업의 등록한 사항 중 대통령령으로 정하는 사항이 변경된 경우에는 변경등록을 하여야 한다. 만약 변경등록을 정해진 기간 내 못한 경우 1차 위반 시 받게 되는 행정처분 기준은?

① 등록취소 ② 업무정지 2개월
③ 업무정지 1개월 ④ 시정명령

해설

기계설비성능점검업자가 대통령령으로 정하는 사항이 변경되었음도 정해진 기간 내에 변경등록을 하지 않은 경우 1차 위반 시 시정명령, 2차 위반 시 업무정지 1개월, 3차 위반 시 업무정지 2개월이다.

정답 | ④

46 빈출도 ★★

엘리베이터용 전동기의 필요 특성으로 틀린 것은?

① 소음이 작아야 한다.
② 기동 토크가 작아야 한다.
③ 회전부분의 관성모멘트가 작아야 한다.
④ 가속도의 변화 비율이 일정 값이 되어야 한다.

해설

엘리베이터용 전동기는 기동 토크가 크고 가속도의 변화 비율이 일정해야하므로 주로 직류 전동기를 사용한다.

정답 | ②

47 빈출도 ★★

다음은 직류전동기의 토크특성을 나타내는 그래프이다. (A), (B), (C), (D)에 알맞은 것은?

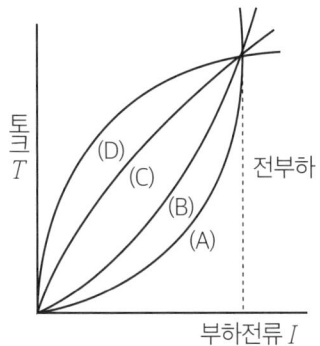

① (A): 직권전동기, (B): 가동복권전동기,
   (C): 분권전동기, (D): 차동복권전동기
② (A): 분권전동기, (B): 직권전동기,
   (C): 가동복권전동기, (D): 차동복권전동기
③ (A): 직권전동기, (B): 분권전동기,
   (C): 가동복권전동기, (D): 차동복권전동기
④ (A): 분권전동기, (B): 가동복권전동기,
   (C): 직권전동기, (D): 차동복권전동기

해설

직권전동기의 토크는 부하 전류의 제곱에 비례하므로 그래프 (A)에 해당한다. 분권전동기의 토크는 부하 전류에 거의 비례하므로 그래프 (C)에 해당한다.
※ 토크 변화율이 큰 순서
　직권전동기 > 가동복권전동기 > 분권전동기 > 차동복권전동기
　직가분차로 암기하면 좋다.

정답 | ①

48 빈출도 ★

서보전동기는 서보기구의 제어계 중 어떤 기능을 담당하는가?

① 조작부　② 검출부
③ 제어부　④ 비교부

해설

서보전동기는 서보기구의 제어계 중 조작부의 기능을 담당한다.

정답 | ①

49 빈출도 ★★★

그림과 같은 유접점 논리회로를 간단히 하면?

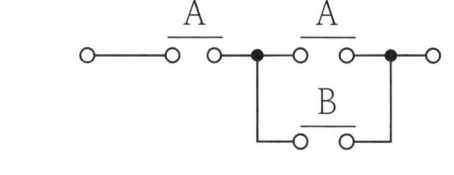

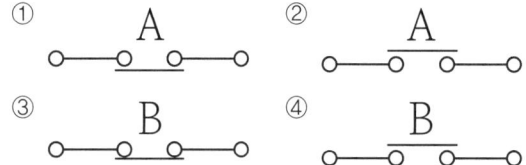

해설

A접점은 A에 대응되므로 주어진 회로는
$A(A+B) = AA+AB = A(1+B) = A \cdot 1 = A$이다.
① $\overline{A}$, ② A, ③ $\overline{B}$, ④ B이므로 보기 ②가 정답이다.

정답 | ②

50 빈출도 ★★★

10[kVA]의 단상 변압기 2대로 V결선하여 공급할 수 있는 최대 3상 전력은 약 몇 [kVA]인가?

① 20　② 17.3
③ 10　④ 8.7

해설

단상 변압기 2대를 V결선하여 3상 변압기로 사용할 때의 최대 전력은 $\sqrt{3}VI$이므로 $P = \sqrt{3} \times 10[kVA] = 17.3[kVA]$

정답 | ②

51 빈출도 ★★

교류에서 역률에 관한 설명으로 틀린 것은?

① 역률은 $\sqrt{1-(무효율)^2}$ 로 계산할 수 있다.
② 역률을 이용하여 교류전력의 효율을 알 수 있다.
③ 역률이 클수록 유효전력보다 무효전력이 커진다.
④ 교류회로의 전압과 전류의 위상차에 코사인(cos)을 취한 값이다.

해설
- RLC 교류 회로에서 전압과 전류의 위상차가 θ일 때 $\cos\theta$를 역률, $\sin\theta$를 무효율이라고 한다.
- $\cos\theta = \dfrac{유효전력}{피상전력}\dfrac{P}{P_a}$ 이므로 역률이 클수록 유효전력이 커진다.

정답 | ③

52 빈출도 ★★★

아날로그 신호로 이루어지는 정량적 제어로서 일정한 목표값과 출력값을 비교·검토하여 자동적으로 행하는 제어는?

① 피드백 제어 ② 시퀀스 제어
③ 오픈루프 제어 ④ 프로그램 제어

해설
시퀀스 제어는 개루프 제어의 한 종류이고 폐루프 제어를 피드백 제어라고 한다. 피드백 제어는 비교 검토를 통해 목표 오차를 줄일 수 있다.

정답 | ①

53 빈출도 ★★

$G(s) = \dfrac{2(s+2)}{(s^2+5s+6)}$의 특성 방정식의 근은?

① 2, 3 ② -2, -3
③ 2, -3 ④ -2, 3

해설
전달함수의 분모를 0으로 만드는 s값이 특성방정식의 근이므로 $s^2+5s+6=0$에서 $(s+2)(s+3)=0 \Rightarrow s=-2, -3$이다.

정답 | ②

54 빈출도 ★★

$R=8[\Omega]$, $X_L=2[\Omega]$, $X_C=8[\Omega]$의 직렬회로에 $100[V]$의 교류전압을 가할 때, 전압과 전류의 위상 관계로 옳은 것은?

① 전류가 전압보다 약 37° 뒤진다.
② 전류가 전압보다 약 37° 앞선다.
③ 전류가 전압보다 약 43° 뒤진다.
④ 전류가 전압보다 약 43° 앞선다.

해설
임피던스 $\dot{Z} = R - jX_C + jX_L = 8 - j8 + j2 = 8 - j6[\Omega]$
$Z = \sqrt{8^2 + 6^2} = 10$ 이므로 역률 $\cos\theta = \dfrac{R}{Z} = \dfrac{8}{10} = 0.80$이다.
따라서 위상차 $\theta = \cos^{-1}0.8 = 36.87°$이고 $X_C > X_L$이므로 전류가 전압보다 앞선 진상전류가 흐른다.

정답 | ②

55 빈출도 ★★★

역률이 80[%]이고, 유효전력이 80[kW]일 때, 피상전력[kVA]은?

① 100 ② 120
③ 160 ④ 200

해설
$\cos\theta = \dfrac{P}{P_a} = \dfrac{80[kW]}{P_a} = 0.80$이므로 $P_a = 100[kVA]$이다.
※ 유효전력의 단위는 [W], 무효전력의 단위는 [Var], 피상전력의 단위는 [VA]를 사용한다.

정답 | ①

56 빈출도 ★★

직류전압, 직류전류, 교류전압 및 저항 등을 측정할 수 있는 계측기기는?

① 검전기 ② 검상기
③ 메거 ④ 회로시험기

해설
회로시험기는 테스터기라고도 하며 직류전압, 직류전류, 교류전압 및 저항 등을 측정할 수 있다.

정답 | ④

57 빈출도 ★★

자장 안에 놓여 있는 도선에 전류가 흐를 때 도선이 받는 힘은 $F=BIl\sin\theta$[N]이다. 이것을 설명하는 법칙과 응용기기가 알맞게 짝지어진 것은?

① 플레밍의 오른손법칙 – 발전기
② 플레밍의 왼손법칙 – 전동기
③ 플레밍의 왼손법칙 – 발전기
④ 플레밍의 오른손법칙 – 전동기

해설

전동기에서 자기력의 방향은 플레밍의 왼손 법칙으로 알 수 있다.

정답 | ②

58 빈출도 ★★★

다음의 논리식을 간단히 한 것은?

$$X = \overline{A}\,\overline{B}C + A\overline{B}\,\overline{C} + ABC$$

① $\overline{B}(A+C)$
② $C(A+\overline{B})$
③ $\overline{C}(A+B)$
④ $\overline{A}(B+C)$

해설

$X = \overline{B}(\overline{A}C + A\overline{C} + AC)$
$ = \overline{B}(\overline{A}C + A\overline{C} + AC + AC)$
$ = \overline{B}((\overline{A}+A)C + A(\overline{C}+C))$
$ = \overline{B}(C+A) = \overline{B}(A+C)$

정답 | ①

59 빈출도 ★★★

전압을 인가하여 전동기가 동작하고 있는 동안에 교류전류를 측정할 수 있는 계기는?

① 후크미터(클램프 메타)
② 회로시험기
③ 절연저항계
④ 어스 테스터

해설

후크미터는 전자기 유도현상을 이용하여 활선 상태의 교류 전류를 측정하는 계기이다.

정답 | ①

60 빈출도 ★★★

그림과 같은 단자 1, 2 사이의 계전기 접점회로 논리식은?

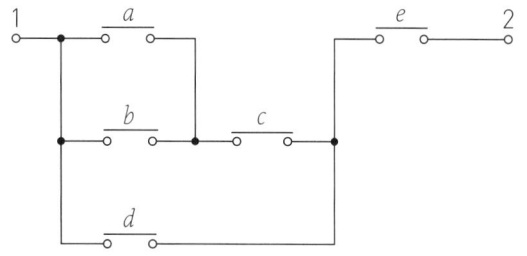

① $\{(a+b)d+c\}e$
② $(ab+c)d+e$
③ $\{(a+b)c+d\}e$
④ $(ab+d)c+e$

해설

a, b의 병렬부가 c와 직렬연결되어 $(a+b)c$를 형성하고 d와 병렬연결되어 $(a+b)c+d$가 된다. 이것이 e와 직렬연결되어 있다. 따라서 $\{(a+b)c+d\}e$이다.

정답 | ③

유지보수 공사관리

61 빈출도 ★★

배수 배관이 막혔을 때 이것을 점검, 수리하기 위해 청소구를 설치하는데, 다음 중 설치 필요 장소로 적절하지 않은 곳은?

① 배수 수평 주관과 배수 수평 분기관의 분기점에 설치
② 배수관이 45° 이상의 각도로 방향을 전환하는 곳에 설치
③ 길이가 긴 수평 배수관인 경우 관경이 100A 이하일 때 5[m] 마다 설치
④ 배수 수직관의 제일 밑 부분에 설치

해설

먼지나 이물질로 관이 막혔을 경우 점검, 수리가 용이하도록 분기점, 골곡부, 접속점, 최하단부에 청소구를 배치해야 한다. 관경이 100A 이하일 경우 청소구 간격은 15[m]마다, 100A 초과일 경우 30[m]마다 청소구를 설치한다.

정답 | ③

62 빈출도 ★
증기와 응축수의 온도 차이를 이용하여 응축수를 배출하는 트랩은?

① 버킷 트랩 ② 디스크 트랩
③ 벨로즈 트랩 ④ 플로트 트랩

해설

구분	원리
버킷 트랩	비중 차이를 이용
플로트 트랩	
디스크 트랩	운동에너지 차이를 이용
벨로즈 트랩	증기와 응축수의 온도차를 이용

정답 | ③

63 빈출도 ★
정압기의 종류 중 구조에 따라 분류할 때 아닌 것은?

① 피셔식 정압기 ② 액셜 플로우식 정압기
③ 가스미터식 정압기 ④ 레이놀드식 정압기

해설
가스미터식 정압기는 정압기의 구조에 따른 분류가 아니다.

개념설명 정압기의 구조에 따른 분류
- 액셜 플로우식: 구조가 간단하고 소형 경량이다.
- 피셔(Fisher)식: 닫힘 방향의 응답성을 개선한 구조이다.
- 레이놀즈(Reynolds)식: 파이롯트 언로딩형이다.

정답 | ③

64 빈출도 ★★★
슬리브 신축 이음쇠에 대한 설명으로 틀린 것은?

① 신축량이 크고 신축으로 인한 응력이 생기지 않는다.
② 직선으로 이음하므로 설치 공간이 루프형에 비하여 적다.
③ 배관에 곡선부가 있어도 파손이 되지 않는다.
④ 장시간 사용 시 패킹의 마모로 누수의 원인이 된다.

해설
슬리브형은 파이프가 본체 속으로 미끄러지는 구조이며, 직선이음이므로 배관에 곡선부가 있으면 활동부 패킹이 파손될 우려가 크다.

정답 | ③

65 빈출도 ★★
간접 가열 급탕법과 가장 거리가 먼 장치는?

① 증기 사일렌서 ② 저탕조
③ 보일러 ④ 고가수조

해설
증기 사일렌서는 고압 증기 배출 시 소음 제거용으로 사용하며 급탕과는 무관하다.

개념설명
다음의 장치는 간접 가열 급탕법과 관계가 있는 장치이다.
② 저탕조: 급탕을 저장하는 탱크
③ 보일러: 열원(증기/온수) 공급 장치
④ 고가수조: 급탕용 보조 급수 장치

정답 | ①

66 빈출도 ★★
강관의 종류와 KS 규격 기호가 바르게 짝지어진 것은?

① 배관용 탄소강관 : SPA
② 저온배관용 탄소강관 : SPPT
③ 고압배관용 탄소강관 : SPTH
④ 압력배관용 탄소강관 : SPPS

해설
- 배관용 탄소강관: SPP
- 저온 배관용 탄소강관: SPLT
- 고압 배관용 탄소강관: SPPH
- 압력 배관용 탄소강관: SPPS

정답 | ④

67 빈출도 ★
폴리에틸렌 배관의 접합방법이 아닌 것은?

① 기볼트 접합 ② 용착 슬리브 접합
③ 인서트 접합 ④ 테이퍼 접합

해설
폴리에틸렌관 접합방법에는 인서트 접합, 용착 접합, 플랜지 접합, 테이퍼 접합 등이 있다. 기볼트 접합은 철근콘크리트관의 접합법이다.

정답 | ①

68 빈출도 ★★

배관 접속 상태 표시 중 배관 A가 앞쪽으로 수직하게 구부러져 있음을 나타낸 것은?

③ A ○ ④ A ✕

해설
① 관 A가 화면 전면(앞쪽)으로 구부러진 상태
② 관 A가 화면 후면(뒤쪽)으로 구부러진 상태
③ 관 A가 뒤쪽 관보다 앞쪽에 있는 상태

정답 | ①

69 빈출도 ★★

증기보일러 배관에서 환수관의 일부가 파손된 경우 보일러 수의 유출로 안전수위 이하가 되어 보일러 수가 빈 상태로 되는 것을 방지하기 위해 하는 접속법은?

① 하트포드 접속법 ② 리프트 접속법
③ 스위블 접속법   ④ 슬리브 접속법

해설
보일러 수면이 안전수위 이하로 내려가지 않도록 증기관과 환수관 사이에 밸런스관을 설치하는 접속법은 하트포드 접속법이다.

정답 | ①

70 빈출도 ★★

도시가스 입상배관의 관 지름이 20[mm]일 때 움직이지 않도록 몇 [m]마다 고정 장치를 부착해야 하는가?

① 1[m] ② 2[m]
③ 3[m] ④ 4[m]

해설
가스관 지름이 13[mm] 미만이면 1[m]마다 고정하고, 13~33[mm]이면 2[m]마다 고정한다.

정답 | ②

71 빈출도 ★

증기난방 배관 시공법에 대한 설명으로 틀린 것은?

① 증기주관에서 지관을 분기하는 경우 관의 팽창을 고려하여 스위블 이음법으로 한다.
② 진공환수식 배관의 증기주관은 1/100~1/200 선상향 구배로 한다.
③ 주형방열기는 일반적으로 벽에서 50~60[mm] 정도 떨어지게 설치한다.
④ 보일러 주변의 배관방법에서는 증기관과 환수관 사이에 밸런스관을 달고, 하트포드 접속법을 사용한다.

해설
진공환수식: 진공펌프를 이용하여 방열기 배관 내 공기를 제거하고 응축수를 신속히 환수하는 방식이다. 방열기 설치 위치에 제약이 없으며 고온·고압에서 빠른 순환이 가능하다. 응축수가 잘 흐르도록 증기주관은 1/200~1/300의 선하향 구배로 한다.

정답 | ②

72 빈출도 ★★★

급수배관에서 수격현상을 방지하는 방법으로 가장 적절한 것은?

① 도피관을 설치하여 옥상탱크에 연결한다.
② 수압관을 갑자기 높인다.
③ 밸브나 수도꼭지를 갑자기 열고 닫는다.
④ 급폐쇄형 밸브 근처에 공기실을 설치한다.

해설
수격현상은 물의 흐름이 급변할 때 발생하므로 모터밸브, 플러시밸브 같은 급폐쇄형 밸브 근처에 공기실을 설치한다.

정답 | ④

73 빈출도 ★★

홈이 만들어진 관 또는 이음쇠에 고무링을 삽입하고 그 위에 하우징(housing)을 덮어 볼트와 너트로 죄는 이음방식은?

① 그루브 이음   ② 그립 이음
③ 플레어 이음   ④ 플랜지 이음

해설
그루브 이음은 패인 홈에 고무링을 삽입하고 하우징을 덮어서 죄는 강관 이음 방식이다.

정답 | ①

74 빈출도 ★

$90[℃]$의 온수 $2,000[kg/h]$을 필요로 하는 간접가열식 급탕탱크에서 가열관의 표면적$[m^2]$은 얼마인가? (단, 급수의 온도 $10[℃]$, 급수의 비열은 $4.2[kJ/kg·K]$, 가열관으로 사용할 동관의 전열량은 $1.28[kW/m^2·℃]$, 증기의 온도는 $110[℃]$이며 전열효율은 $80[\%]$이다.)

① 2.92   ② 3.03
③ 3.72   ④ 4.07

해설
- 온수가 증기 배관으로부터 흡열할 때는 처음과 나중으로 구분되므로 ΔT = 증기의 온도 － 온수의 중간온도이다.
즉, $\Delta T = 110 - \dfrac{10+90}{2} = 60[℃]$
- $10[℃]$의 물 $2,000[kg/h]$이 $90[℃]$로 가열되는 데 필요한 열
$Q = c\dot{m}\Delta T = 4.2[kJ/kg·℃] \times (2,000[kg] \div 3,600[s])$
$\times (90-10)[℃] = \dfrac{560}{3}[kW]$
- 증기코일의 전열량
$\eta \times kA\Delta T' = 1.28[kW/m^2·℃] \times A \times 60[℃] \times 0.8$
$= \dfrac{1,536}{25}[kW/m^2] \times A$
- $Q = KA\Delta T$에서
$\dfrac{560}{3}[kW] = \dfrac{1,536}{25}[kW/m^2] \times A$이므로 $A = 3.038[m^2]$이다.
※ 냉각수가 응축기 내에서 흡열할 때에는 입구 온도차와 출구 온도차가 달라서 산술평균온도차를 대입해야 한다.

정답 | ②

75 빈출도 ★★

급수배관에서 크로스 커넥션을 방지하기 위하여 설치하는 기구는?

① 체크밸브   ② 워터햄머 어레스터
③ 신축이음   ④ 버큠 브레이커

해설
버큠 브레이커(진공방지기)를 설치하면 배관내 압력이 낮아져서 수도물 이외의 물질이 역류하여 혼입되는 크로스 커넥션 현상이 방지된다.

정답 | ④

76 빈출도 ★

아래 강관 표시방법 중 "S-H"의 의미로 옳은 것은?

SPPS-S-H-1965, 11-100A×SCH40×6

① 강관의 종류   ② 제조회사명
③ 제조방법   ④ 제품표시

해설
순서대로 강관 종류, 제조방법, 제조년월, 호칭경, 스케줄번호, 길이이며 S-H는 제조방법 중 이음매 없는 열간가공을 의미한다.

정답 | ③

77 빈출도 ★★★

냉풍 또는 온풍을 만들어 각 실로 송풍하는 공기조화장치의 구성 순서로 옳은 것은?

① 공기여과기 → 공기가열기 → 공기가습기 → 공기냉각기
② 공기가열기 → 공기여과기 → 공기냉각기 → 공기가습기
③ 공기여과기 → 공기가습기 → 공기가열기 → 공기냉각기
④ 공기여과기 → 공기냉각기 → 공기가열기 → 공기가습기

해설

공조장치는 여과기, 냉각코일, 가열코일, 가습기의 순서로 배치한다.

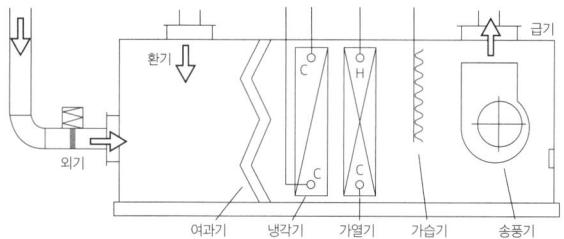

정답 | ④

78 빈출도 ★

롤러 서포트를 사용하여 배관을 지지하는 주된 이유는?

① 신축 허용   ② 부식 방지
③ 진동 방지   ④ 해체 용이

해설

롤러 서포트를 사용하여 배관을 지지하는 이유는 롤러가 미세하게 회전하면서 배관의 축방향 신축을 허용하기 위해서이다.

정답 | ①

79 빈출도 ★★★

배관의 끝을 막을 때 사용하는 이음쇠는?

① 유니언   ② 니플
③ 플러그   ④ 소켓

해설

플러그는 한쪽만 M나사로 되어 있어서 배관의 말단을 막을 수 있다.

정답 | ③

80 빈출도 ★★

다음 보온재 중 안전사용온도가 가장 낮은 것은?

① 규조토   ② 암면
③ 펄라이트   ④ 발포 폴리스티렌

해설

규조토는 500[℃], 암면은 600[℃], 펄라이트는 1,000[℃]까지 안전하게 사용할 수 있지만, 발포 폴리스티렌은 안전사용온도의 범위 $-25\sim80[℃]$라서 80[℃]까지만 안전하게 사용할 수 있다.

정답 | ④

2022년 3회 CBT 복원문제

에너지관리

01 빈출도 ★★

유효온도(Effective Temperature)의 3요소에 해당하지 않는 것은?

① 습도
② 온도
③ 기류
④ 기압

해설

상대습도 100[%], 기류속도 0[m/s]일 때를 기준으로 측정한 온도를 유효온도라고 한다. 이때 온도, 습도, 기류를 유효온도의 3요소라고 한다.

정답 | ④

02 빈출도 ★★

두께가 3[mm]인 단층유리의 열전도율 $\lambda=0.75$[W/m·K]이고, 실내측 열전달률이 8[W/m²·K]이고, 실외측 열전달률이 25[W/m²·K]일 때 유리창의 열관류율[W/m²·K]은?

① 4.28
② 5.92
③ 6.48
④ 7.26

해설

$\alpha=8$[W/m²·K], $\alpha'=25$[W/m²·K], $l=3\times10^{-3}$[m], $\lambda=0.75$[W/m·K]이므로

$$\frac{1}{k}=\frac{1}{\alpha}+\frac{1}{\lambda/l}+\frac{1}{\alpha'}=\frac{1}{8}+\frac{1}{0.75/(3\times10^{-3})}+\frac{1}{25}=\frac{169}{1,000}$$

따라서 열관류율 $k=\frac{1,000}{169}=5.92$[W/m²·K]이다.

정답 | ②

03 빈출도 ★★★

다음은 환기와 외기가 공조기 속에서 만나 실내로 급기되는 과정을 습공기 선도상에 나타낸 것이다. ㉠~㉣에 해당하는 내용을 바르게 짝지은 것은?

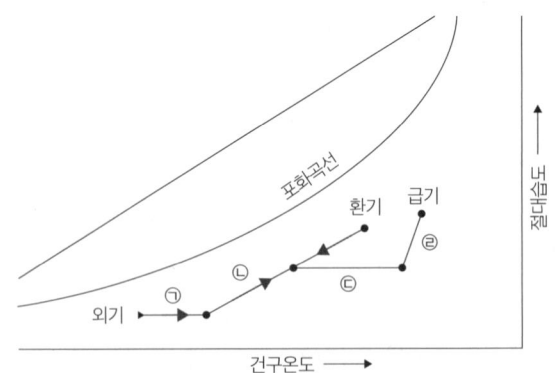

	㉠	㉡	㉢	㉣
①	예열	혼합	가열	가열가습
②	가열	혼합	냉각	가열감습
③	예열	가열	혼합	냉각가습
④	가열	냉각	혼합	냉각감습

해설

㉠ 예열, ㉡ 혼합, ㉢ 가열, ㉣ 가열가습

개념설명

차가운 외기는 공조기 속의 ㉠ 예열코일을 거치면서 온도가 높아지고 실내에서 빠져나온 환기와 만나서 열교환 과정을 거친 뒤에 ㉡ 혼합공기가 된다. 혼합공기는 ㉢ 가열코일을 지나는 동안 온도만 상승하였다가 ㉣ 공조기 속의 가열·가습장치를 지나면서 급기로 바뀐다.

정답 | ①

04 빈출도 ★★

어떤 단열된 공조기의 장치도가 다음 그림과 같을 때 열수분비(U)를 구하는 식으로 옳은 것은? (단, h_1, h_2: 입구 및 출구 엔탈피[kJ/kg], x_1, x_2: 입구 및 출구 절대습도[kg/kg], q_s: 가열량[W], L:가습량[kg/h], h_L:가습수분(L)의 엔탈피[kJ/kg], G: 유량[kg/h]이다.

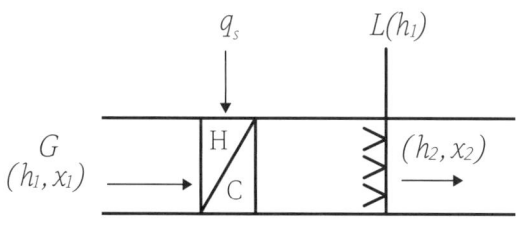

[가열, 가습과정 장치도]

① $U = \dfrac{q_s}{G} - h_L$ ② $U = \dfrac{q_s}{L} - h_L$

③ $U = \dfrac{q_s}{L} + h_L$ ④ $U = \dfrac{q_s}{G} + h_L$

해설

상태1의 공기가 현열 q_s를 얻어 건구온도는 $t_1 \rightarrow t_2$로 변하고, 수증기(가습량 L, 비엔탈피 h_L)의 공급으로 절대습도는 $x_1 \rightarrow x_2$로 증가한다면 상태2인 공기의 총엔탈피 증가량은
$\Delta H = G(h_2 - h_1) = q_s + Lh_L$이다.
$\Delta h = h_2 - h_1 = \dfrac{q_s + Lh_L}{G}$이고 $\Delta x = x_2 - x_1 = \dfrac{L}{G}$이므로
열수분비를 구하면
$\dfrac{\Delta h}{\Delta x} = \dfrac{\frac{q_s + Lh_L}{G}}{\frac{L}{G}} = \dfrac{q_s + Lh_L}{L} = \dfrac{q_s}{L} + h_L$이다.

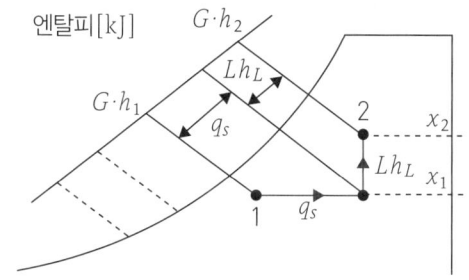

정답 | ③

05 빈출도 ★★★

증기난방방식에 관한 설명으로 옳지 않은 것은?

① 고압증기배관과 저압증기배관 사이에는 증기트랩을 설치한다.
② 기계식 증기 트랩은 증기와 응축수의 비중 차이를 이용하여 응축수를 처리한다.
③ 환수관이 없는 단관식은 난방 온도의 안정성이 낮다.
④ 습식은 환수주관이 보일러 수면보다 낮아서 응축수가 만수 상태로 주관 속을 흐른다.

해설

고압증기배관과 저압증기배관 사이에는 감압밸브를 설치하고, 방열기 출구에 증기트랩을 설치해야 한다.

정답 | ①

06 빈출도 ★★

다음중 표준방열량에 대한 설명으로 옳은 것은?

① 증기난방의 표준방열량은 0.523[kW]이다.
② 온수난방의 표준방열량은 0.756[kW]이다.
③ 복사난방의 표준방열량이 온수난방에 비해 더 크다.
④ 난방부하를 표준방열량으로 나눈 값이 상당방열면적이다.

해설

난방부하를 표준방열량으로 나눈 값을 상당방열면적이라고 한다.

선지분석

① 증기난방의 표준방열량은 0.756[kW]이다.
② 온수난방의 표준방열량은 0.523[kW]이다.
③ 복사난방의 표준방열량에 관한 규정은 없다.

정답 | ④

07 빈출도 ★

다음은 각 난방방식의 단점을 설명한 것이다. 이중 틀린 설명은?

① 증기난방은 방열기에 접촉하면 화상 입을 염려가 있다.
② 온수난방은 방열면적과 배관지름이 커서 설치비가 많이 든다.
③ 복사난방은 예열시간이 길어서 간헐난방에 부적당하다.
④ 온풍난방은 온도의 수직 분포가 불균등해서 쾌감도가 낮다.

해설
예열시간이 길어서 간헐난방에 부적당한 난방방식은 온수난방이다.

정답 | ③

08 빈출도 ★★

여름철 일사량과 유리의 투과율을 고려한 외기온도와 실내온도의 차이를 무엇이라고 하는가?

① 산술평균 온도차
② 상당외기 온도차
③ 투과유리 온도차
④ 대수평균 온도차

해설
태양 일사량과 유리의 투과율을 고려한 온도를 상당외기온도라고 한다.

정답 | ②

09 빈출도 ★★

다음중 극간풍 대책에 해당하는 것만으로 묶은 것은?

① 회전문 설치, 방충문 설치, 에어 커튼 사용
② 회전문 설치, 이중문 설치, 에어 커튼 사용
③ 방충문 설치, 에어 커튼 사용, 방풍실 설치
④ 에어 커튼 사용, 실내 가압, 자동문 설치

해설
회전문, 이중문, 에어 커튼, 실내 가압, 방풍실은 모두 극간풍 대책에 해당하며 방충문과 자동문은 극간풍 대책이 될 수 없다.

정답 | ②

10 빈출도 ★

다음 중 클린룸 4원칙에 해당하지 않는 것은?

① 먼지의 침투를 방지할 수 있어야 한다.
② 먼지의 발생을 방지할 수 있어야 한다.
③ 먼지의 신속 배제가 가능해야 한다.
④ 먼지의 포집을 방지할 수 있어야 한다.

해설
반도체 생산라인의 내부와 같이 먼지 입자가 제품 품질에 영향을 주는 경우에 클린룸의 청정도 유지가 매우 중요하므로 먼지의 퇴적을 방지할 수 있어야 한다.

개념설명 클린룸 4원칙
- 먼지 유입 방지
- 먼지 발생 방지
- 발생 먼지의 신속 제거
- 먼지 퇴적 방지

정답 | ④

11 빈출도 ★★

공조기의 풍량이 $48,000[kg/h]$, 코일통과 풍속을 $2.5[m/s]$로 할 때 냉수코일의 정면면적$[m^2]$은? (단, 공기의 밀도는 $1.2[kg/m^3]$이다.)

① 3.2
② 4.4
③ 5.2
④ 10.4

해설
시간당 이동하는 공기의 부피 $= \dfrac{48,000[kg/h]}{1.2[kg/m^3]}$
$= 40,000[m^3/h]$

부피 $\dot{Q} = Av$에서
정면면적 $A = \dfrac{\dot{Q}}{v} = \dfrac{40,000[m^3/h]}{2.5[m/s] \times 3,600[s/h]} = 4.44[m^2]$

정답 | ②

12 빈출도 ★★

에어와셔의 입구공기의 건구온도가 30[℃], 출구공기의 건구온도가 25[℃], 입구공기의 습구온도가 20[℃], 출구공기의 습구온도가 20[℃]일 때 단열가습 시의 포화 효율은 얼마인가?

① 50[%] ② 67[%]
③ 83[%] ④ 90[%]

해설

포화 효율 = $\dfrac{\text{입구공기의 건구온도} - \text{출구공기의 건구온도}}{\text{입구공기의 건구온도} - \text{입구공기의 습구온도}}$
$= \dfrac{30-25}{30-20} = 0.5 = 50[\%]$ 이다.

정답 | ①

13 빈출도 ★

전열교환기의 구조와 특징에 대한 다음 설명 중 옳지 않은 것은?

① 4개의 급배기구를 가지고 있다.
② 회전식과 고정식이 있다.
③ 현열과 잠열을 모두 교환한다.
④ 외기도입량이 적을수록 열회수량이 많다.

해설

공기 전열교환기는 공기 대 공기의 열교환기로서 현열과 잠열을 모두 교환하며, 냉방기와 난방기의 열회수량은 외기도입량이 많을수록 실내외 온도차가 클수록 많다.

정답 | ④

14 빈출도 ★★★

관류보일러에 대한 설명으로 옳은 것은?

① 드럼과 여러 개의 수관으로 구성되어 있다.
② 수관을 빽빽하게, 자유롭게 배치할 수 있다.
③ 구조가 간단하여 내부청소와 점검이 간단하다.
④ 스케일 생성이 쉬워서 양질의 급수 관리가 필요하다.

해설

관류보일러는 드럼이 없고, 길고 꼬불꼬불한 수관으로 되어 있어 수관을 빽빽하고, 자유롭게 배치할 수 있다.

정답 | ②

15 빈출도 ★★

다음 중 하절기 피크전력의 평준화 대책과 거리가 먼 것은?

① 지역난방 시스템
② 수축열 시스템
③ 가스엔진 구동 히트펌프
④ 전기 구동 히트펌프

해설

전기 구동 히트펌프(EHP) 방식은 전기를 주요 에너지원으로 사용하여 전력 피크 수요를 낮추기 어렵다. 따라서 피크전력 평균화를 실현하기 어렵다.

선지분석

① 지역(냉)난방 방식: 폐열이나 심야전력을 이용하여 냉수를 만들기 때문에 하절기 피크전력의 평준화에 기여한다.
② (수)축열방식: 심야시간 전력을 이용해 빙축열 또는 축냉매를 만들고 주간 피크전력 시 사용하여 피크전력의 평준화에 기여한다.
③ GHP(가스엔진 구동 히트펌프) 방식: 가스 엔진을 구동원으로 사용하므로 전력 부하를 줄일 수 있다.

정답 | ④

16 빈출도 ★

송풍량 2,000[m³/min]을 송풍기 전후의 전압차 20[Pa]로 송풍하기 위한 필요 전동기 출력[kW]은? (단, 송풍기의 전압 효율은 80[%], 전동 효율은 V벨트로 0.95이며, 여유율은 0.2이다.)

① 1.05 ② 10.35
③ 14.04 ④ 25.32

해설

전압 효율이 η_1, 전동 효율이 η_2, 여유율이 a라면
송풍용 전동기 출력 $L = \dfrac{PQ(1+a)}{\eta_1 \eta_2}$ [W]

$L = \dfrac{20[\text{Pa}] \times 2,000[\text{m}^3]/60[\text{s}] \times (1+0.2)}{0.8 \times 0.95}$
$= 1,052.6[\text{W}] = 1.05[\text{kW}]$

정답 | ①

17 빈출도 ★★★

덕트 설계시 주의사항으로 옳은 것은?

① 종횡비는 최대 6:1을 넘지 않도록 해야 한다.
② 분기부에는 풍량조절용 흡음재를 부착한다.
③ 엘보에는 풍향전환용 터닝베인을 설치한다.
④ 배기 덕트에 단열을 실시한다.

해설

터닝 베인은 풍향전환을 돕는 용도로 사용하므로 엘보에는 풍향전환용 터닝베인을 설치해야 한다.

선지분석

① 종횡비는 최대 8:1을 넘지 않도록 해야 한다.
② 분기부에는 풍량조절용 스플릿 댐퍼를 설치해야 한다.
④ 급기 덕트와 환기 덕트에 단열을 실시해야 한다.

정답 | ③

18 빈출도 ★★

다음은 클린룸에 적용하는 환기 방식을 모식화한 것이다. 이에 해당하는 환기 방식은?

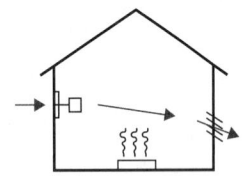

① 1종 환기
② 2종 환기
③ 3종 환기
④ 4종 환기

해설

2종 환기는 강제 급기, 자연 배기이므로 실내를 양압으로 유지할 수 있어서 유해 물질의 실내 유입을 방지할 수 있다.

개념설명 환기의 종류

구분	급배기 방식	장소 예
1종 환기	강제급기 + 강제배기	지하 보일러실, 변전실, 대규모 조리장 등 일반 공조 현장
2종 환기	강제급기 + 자연배기	유해물질의 유입을 방지해야 하는 클린룸
3종 환기	자연급기 + 강제배기	악취의 유출을 방지해야 하는 화장실, 병원체의 전파를 차단해야 하는 음압 격리 병실
4종 환기	자연급기 + 자연배기	일정 환기량이 유지되지 않아도 되는 시설

정답 | ②

19 빈출도 ★★

다음은 무엇에 관한 설명인가?

> • 에너지 사용 실태를 정밀하게 측정하고 에너지 흐름을 효율적으로 유도한다.
> • 낭비를 줄이고 부하 변동에 따른 최적의 설계치를 갖도록 장비를 점검 조정한다.

① 클리어런스
② 시운전
③ PLC
④ TAB

해설

TAB는 공기 조화 설비를 시험하고 조정하고 균형을 맞춘다는 의미이다.

정답 | ④

20 빈출도 ★

냉매기기 운전 유의사항으로 옳지 않은 것은?

① 로프를 사용하여 운반 할 때에는 보냉재가 손상되지 않도록 유의한다.
② 냉동기운전 1시간 전에는 반드시 전원을 투입하여 오일포밍을 막는다.
③ 용량 조절 밸브는 최대 용량 위치로 되어 있는지 확인한다.
④ 수액기의 레벨게이지를 통해 냉매량을 확인한다.

해설

용량 조절 밸브는 최소 용량 위치로 되어 있는지 확인한다.

정답 | ③

공조냉동설계

21 ★★
냉동장치의 종류별 특징이 바르게 기술된 것은?

① 증기분사 냉동장치는 냉매나 압축 동력을 필요로 하지 않는다.
② 증기압축식 냉동장치는 증기를 생산하는 가스보일러 일체형이다.
③ 흡수식 냉동장치는 냉매를 압축하는 방식이라서 압축기가 필요하다.
④ 열전식 냉동장치는 제벡 효과를 이용한 열전 냉각방식이다.

해설
증기분사 냉동장치는 냉매나 압축 동력을 필요로 하지 않는다.

선지분석
② 흡수식 냉동장치는 증기를 생산하는 가스보일러 일체형이 있다.
③ 냉매를 압축하는 방식이라서 압축기가 필요한 냉동장치는 증기압축식이다.
④ 열전식 냉동장치는 펠티어 효과를 이용한 열전 냉각방식이다.

정답 | ①

22 ★★★
배관 내 불응축 가스의 생성으로 나타나는 결과로 보기 어려운 기술된 것은?

① 토출온도 상승   ② 냉매순환량 감소
③ 냉동능력 저하   ④ 응축온도 하강

해설
불응축 가스로 인해 응축기 내부 압력이 평소보다 덜 낮아지게 되어 내부 압력이 정상보다 더 높아지고 응축온도가 평소보다 높아진다.

정답 | ④

23 ★★★
증기압축식 냉동장치에서 증발기 흡열량을 Q_{in}, 응축기 방열량을 Q_{out}, 압축기 소요동력을 W_c라고 정했다면 다음 중 값이 다른 하나는?

① $\dfrac{Q_{in}}{W_c}$ ② $\dfrac{Q_{out}}{Q_{out}-Q_{in}}$

③ $\dfrac{Q_{out}-W_c}{W_c}$ ④ $\dfrac{Q_{in}}{Q_{out}-Q_{in}}$

해설
에너지 보존법칙에 의해, $Q_{out}=Q_{in}+W_c$가 성립하므로
냉동장치의 성적계수 $\dfrac{Q_{in}}{W_c}=\dfrac{Q_{out}-W_c}{W_c}=\dfrac{Q_{in}}{Q_{out}-Q_{in}}$이다.
보기 ②는 열펌프의 성적계수를 나타낸 식이다.

정답 | ②

24 ★★
이원 냉동 사이클에 대한 설명으로 옳지 않은 것은?

① 저온부 응축열을 고온부 증발기가 흡수한다.
② 고압 측 냉동사이클에서 영하 80[℃]보다 낮은 초저온이 얻어진다.
③ 저온부에 사용되는 냉매는 고온부에서 사용되는 냉매와 다른 종류이다.
④ 저온부에 사용되는 윤활유는 고온부에서 사용되는 윤활유와 다른 종류이다.

해설
이원 냉동 사이클은 저온·저압 측 냉동 사이클과 고온·고압 측 냉동 사이클이 열교환기를 통해 연결된 구조이므로 저압 측 냉동 사이클에서 초저온이 얻어진다.

정답 | ②

25 빈출도 ★★

이중효용 냉동장치의 특징을 가장 바르게 표현한 것은?

① 냉매증기의 잠열 전부가 응축기로 옮겨가서 방출된다.
② 1대의 재생기와 2대의 증발기로 구성되어 있다.
③ 1대의 증발기와 2대의 재생기로 구성되어 있다.
④ 저온재생기의 냉매증기가 고온재생기의 가열에 활용된다.

해설
이중효용 냉동장치는 1대의 증발기와 2대의 재생기로 구성되어 있다.

선지분석
① 단단용 냉동장치의 특징이다.
② 1대의 증발기와 2대의 재생기로 구성되어 있다.
④ 고온재생기의 냉매증기가 저온재생기의 가열에 활용된다.

정답 | ③

26 빈출도 ★

다음은 흡수식 냉동 장치의 성적계수를 개선하기 위한 어떤 장치에 관한 설명이다. 이 장치의 이름은?

> • 흡수기와 재생기 사이에 설치한다.
> • 고온 저농도의 용액으로부터 열을 빼앗아서 저온 고농도의 용액을 예열시킨다.
> • 1[kg]의 증기를 발생시키기 위해 흡수기가 공급하는 희용액의 양이 용액순환비이다.

① 열교환기　　② 증발기
③ 정류기　　　④ 압축기

해설
흡수식 냉동장치의 성적계수를 높이기 위해 열교환기와 정류기를 채택하는데, 흡수기와 재생기 사이에 설치하여 재생기에 공급되는 외부 열량을 줄이는 장치는 열교환기이다.

정답 | ①

27 빈출도 ★

다음 중 흡수식 냉동장치와 흡수식 냉동장치의 특징을 비교한 것으로 옳지 않은 것은?

	증기 압축식	흡수식
①	증발기와 응축기 사이에 압축기가 있다.	증발기와 응축기 사이에 흡수기＋펌프＋재생기가 있다.
②	증발기를 빠져나온 냉매는 압축기로 바로 들어가며, 압축기 속에서 냉매 증기가 압축된다.	증발기를 빠져나온 냉매는 흡수기를 거치면서 흡수제에 의해 흡수된다.
③	냉매의 신속한 응축을 돕기 위해 응축기 주변에 냉각수를 흘려준다.	냉매의 신속한 흡수·용해를 돕기 위해 흡수기 주변을 냉각수로 에워싼다.
④	주요 에너지원은 전력이며, 이 전력은 팽창밸브 구동에 사용된다.	주요 에너지원은 고온의 증기이며, 이 증기는 흡수기에 투입된다.

해설
증기 압축식 냉동장치의 팽창밸브는 전력을 필요로 하지 않으며, 흡수식 냉동장치에서 고온의 증기는 재생기에 투입되어 냉매를 흡수제로부터 분리시킨다.

정답 | ④

28 빈출도 ★★

액순환식 증발기에 관한 설명으로 보기 어려운 것은?

① 액펌프를 수액기보다 1~2[m] 높은 곳에 설치한다.
② 액펌프가 냉매를 강제순환시킨다.
③ 대용량 액체 냉각용으로 쓰인다.
④ 윤활유 체류 염려가 없다.

해설
액순환식 증발기는 수액기와 증발기 사이에 액펌프를 설치하며 저압의 수액기는 액펌프보다 1~2[m] 높은 곳에 설치해야 펌프의 캐비테이션 현상을 방지할 수 있다.

정답 | ①

29 빈출도 ★★

냉동효과가 120[kJ/kg]이고 비체적이 0.05[m³/kg], 피스톤 압출량이 0.12[m³/s], 체적효율이 0.8인 냉동 장치의 냉동능력[kW]은?

① 230
② 242
③ 257
④ 327

해설

냉동효과가 γ[kJ/kg], 비체적이 v[m³/kg], 피스톤 압출량이 V[m³/s], 체적효율이 η_v이면 증발기의 냉동능력은

$\gamma \times \dfrac{V}{v} \times \eta_v = 120[\text{kJ/kg}] \times \dfrac{0.12[\text{m}^3/\text{s}]}{0.05[\text{m}^3/\text{kg}]} \times 0.8$
$= 230.4[\text{kW}]$

정답 | ①

30 빈출도 ★★

다음 중 압축기의 종류에 따른 특징이 잘못 나열된 것은?

① 왕복동식 압축기에서 2단 압축 방식을 채용하는 이유는 토출가스 온도를 낮추기 위함이다.
② 원심식 압축기는 임펠러의 고속회전으로 압력을 만들며 일정 압력 이상으로 상승하지 않는다.
③ 스크류 압축기는 압축비를 얻기 위해 피스톤, 불기어, 피니언기어를 채용한다.
④ 고속 다기통 압축기는 강제급유 방식이므로 윤활유의 소비량이 비교적 많다.

해설

스크류 압축기는 한 쌍의 맞물려 회전하는 스크류 모터를 이용해 가스를 압축하므로 피스톤을 채용하지 않는다.

정답 | ③

31 빈출도 ★★

압축기의 효율에 관한 설명으로 옳은 것은?

① 압축기를 구성하는 부품들 간의 마찰열을 고려한 것이 압축 효율이다.
② 밸브와 냉매 간의 마찰열과 정압손실을 고려한 것이 기계 효율이다.
③ 압축기의 실제 소요동력은 (이론 소요동력)×(압축 효율)×(기계 효율)이다.
④ 체적 효율이 1보다 작은 이유는 실린더의 틈새체적과 구조적 결함 때문이다.

해설

압축기의 실제 소요동력 = $\dfrac{\text{이론 소요동력}}{(\text{압축효율}) \times (\text{기계효율})}$ 이다.

개념설명 효율
- 기계 효율: 부품들 간의 마찰열을 고려
- 압축 효율: 밸브와 냉매 간의 마찰열과 정압손실을 고려

정답 | ④

32 빈출도 ★

공기압축기에서 입구 공기의 온도와 압력은 각각 27[℃], 100[kPa]이고, 체적유량은 0.01[m³/s]이다. 출구에서 압력이 400[kPa]이라면 이 압축기의 소요 동력은 약 몇 [kW]인가? (단, 공기의 정압비열과 기체상수는 각각 1[kJ/kg·K], 0.287[kJ/kg·K]이고, 비열비는 1.4이다.)

① 1.2
② 1.7
③ 2.4
④ 3.8

해설

- 등엔트로피 과정은 열의 출입이 없으므로 온도의 변화가 일로 전환되는 이상적인 과정이다.
- 압축기 소요동력 $W = C_p \dot{m} \Delta T = C_p \dot{m}(T_2 - T_1)$[W]
  질량을 모르므로 이상기체 상태방정식 $PV = mRT$을 이용해서 구한다.
  $$\dot{m} = \frac{P_1 \dot{V}_1}{RT_1} = \frac{100[\text{kPa}] \times 0.01[\text{m}^3/\text{s}]}{0.287[\text{kJ/kg·K}] \times (273+27)[\text{K}]}$$
  $$\approx \frac{1}{0.287 \times 300}[\text{kg/s}]$$
- 압력비 $\frac{P_2}{P_1} = \frac{400}{100}$ 과 초기 온도 $T_1 = (273+27)$[K]이 주어졌으므로 단열과정의 PVT 관계식에서
  $\left(\frac{T_2}{T_1}\right) = \left(\frac{P_2}{P_1}\right)^{\frac{k-1}{k}}$ 을 이용하면 최종 온도를 구할 수 있다.
  $$T_2 = T_1 \times \left(\frac{P_2}{P_1}\right)^{\frac{k-1}{k}} = 300 \times \left(\frac{400}{100}\right)^{\frac{1.4-1}{1.4}} \approx 445.798[\text{K}]$$
- 주어진 값을 대입하면,
  $$W = 1[\text{kJ/kg·K}] \times \frac{1}{0.287 \times 300}[\text{kg/s}] \times (445.798 - 300)[\text{K}]$$
  $$= 1.693[\text{kW}]$$

정답 | ②

33 빈출도 ★★★

(응축부하/냉동능력)의 값이 다음 그래프와 같이 주어지는 냉동장치가 있다. 온도를 변화시킬 때 이 장치의 응축부하와 냉동능력에 대한 설명으로 옳지 않은 것은?

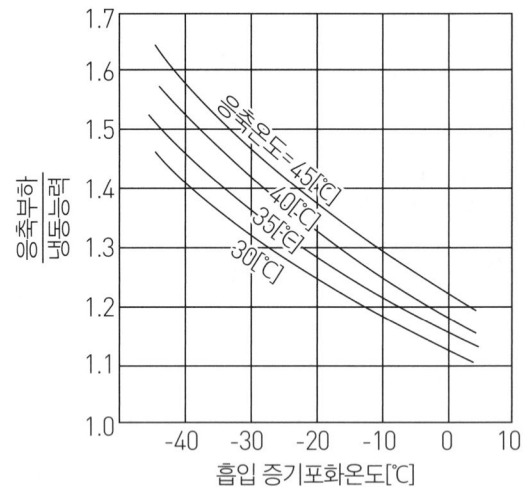

① 냉동능력에 대한 응축부하의 비를 일정하게 유지하면서 응축온도를 높이면 흡입증기의 포화온도는 높아진다.
② 냉동능력에 대한 응축부하의 비를 일정하게 유지하면서 흡입증기의 포화온도를 낮추면 응축온도는 높아진다.
③ 응축온도가 일정할 때 흡입증기의 포화온도를 높이면 $\frac{응축부하}{냉동능력}$의 값이 작아진다.
④ 흡입증기의 포화온도가 일정할 때 응축온도를 높이면 $\frac{응축부하}{냉동능력}$의 값이 커진다.

해설

$\frac{응축부하}{냉동능력}$의 값이 일정할 때 흡입증기의 포화온도를 낮추면 응축온도도 낮아진다.

정답 | ②

34 빈출도 ★★★

다음 중 플래시가스 발생량이 증가하는 경우로 보기 어려운 것은?

① 응축온도를 높인 경우
② 액관 내 압력이 낮아진 경우
③ 냉매의 과냉각도를 높인 경우
④ 순환 냉매량이 부족한 경우

해설

응축기에서 냉매를 과냉각시키면 냉매액이 증발기가 아닌 액관 속에서 기화할 확률이 줄어들기 때문에 플래시가스 발생량이 감소한다.

정답 | ③

35 빈출도 ★★

냉매가 팽창밸브를 통과하는 과정에 대한 설명으로 옳은 것은?

① 열출입이 있다.
② 가역 과정이다.
③ 엔탈피가 증가한다.
④ 엔트로피가 증가한다.

해설

냉매가 팽창밸브를 통과하는 과정은 단열·비가역 과정이므로 엔트로피가 증가한다.

선지분석

① 냉매가 팽창밸브를 통과하는 동안 열출입은 없다.
② 비가역 과정이다.
③ 비가역 과정에서 엔탈피는 일정하다.

정답 | ④

36 빈출도 ★

압축기에 부착하는 안전밸브의 최소구경은?

① 냉매상수 × (시간당 피스톤 표준압출량)$^{1/2}$
② 냉매상수 × (시간당 피스톤 표준압출량)$^{1/3}$
③ $\dfrac{냉매상수}{(시간당 피스톤 표준압출량)^{1/2}}$
④ $\dfrac{냉매상수}{(시간당 피스톤 표준압출량)^{1/3}}$

해설

압축기에 부착하는 안전밸브의 최소구경
D_{min} = 냉매상수 × $\sqrt{시간당 피스톤 표준압출량}$
    = 냉매상수 × (시간당 피스톤 표준압출량)$^{1/2}$

정답 | ①

37 빈출도 ★

압축성 인자에 관한 설명으로 옳지 않은 것은?

① 이상기체의 압축성 인자는 1이다.
② 실제기체의 압축성 인자는 1보다 크다.
③ 압축성 인자는 압력에 따라 커지는 경향이 있다.
④ 압축성 인자는 온도에 따라 작아지는 경향이 있다.

해설

실제기체의 압축성 인자는 압력과 온도에 따라 1보다 클 수도, 작을 수도 있다.

개념설명 압축성 인자

압력이 높아서 분자간 충돌과 반발력이 지배적이면 $Z > 1$이 되고, 압력이 낮아서 분자들의 움직임이 자유로우면 $Z < 1$이 된다. 이상기체의 압축성 인자 $Z = 1$이다.

정답 | ②

38 빈출도 ★★★

초기의 압력이 50[kPa]인 공기를 압축비 18로 단열압축하는 경우, 최종 압력[kPa]은 얼마인가? (단, 공기의 비열비는 1.4이다.)

① 1,840 ② 2,860
③ 2,930 ④ 3,120

해설

압축비 $\dfrac{V_1}{V_2}=18$, 초기 압력 $P_1=50[\text{kPa}]$이고

단열과정의 PVT 관계식 중에서 $\dfrac{P_2}{P_1}=\left(\dfrac{V_1}{V_2}\right)^k$을 이용하면 최종압력 P_2를 구할 수 있다.

$P_2=P_1\times\left(\dfrac{V_1}{V_2}\right)^k=50[\text{kPa}]\times 18^{1.4}$
$\quad =2,860[\text{kPa}]$

정답 | ②

39 빈출도 ★★

폴리트로픽 지수가 n, 비열비가 k, 정적 비열이 C_v인 어떤 기체에 열을 가하여 온도가 T_1에서 T_2로 증가하였다면, 이 기체의 단위질량당 엔트로피 변화[kJ/kg·K]를 바르게 나타낸 것은?

① $C_v\dfrac{n-1}{n-k}\ln\dfrac{T_2}{T_1}$ ② $C_v\dfrac{n-1}{n-k}\ln\dfrac{T_1}{T_2}$

③ $C_v\dfrac{n-k}{n-1}\ln\dfrac{T_2}{T_1}$ ④ $C_v\dfrac{n-k}{n-1}\ln\dfrac{T_1}{T_2}$

해설

- 폴리트로픽 과정에서 기체가 얻은 열

  $Q=mC_n(T_2-T_1)=mC_v\dfrac{n-k}{n-1}(T_2-T_1)$

- 폴리트로픽 과정에서 엔트로피 변화

  $dS=mC_n\dfrac{dT}{T}$이므로 양 변을 적분하면

  $\Delta S=mC_v\dfrac{n-k}{n-1}\ln\dfrac{T_2}{T_1}$이다.

따라서 단위질량당 엔트로피 변화 $\dfrac{\Delta S}{m}=C_v\dfrac{n-k}{n-1}\ln\dfrac{T_2}{T_1}$이다.

정답 | ③

40 빈출도 ★

다음 중 고위발열량과 저위발열량의 차이를 바르게 설명한 것은?

① 고위발열량에서 연소가스 중에 함유된 수증기의 증발열을 뺀 값이 저위발열량이다.
② 고위발열량에서 연소가스 중에 함유된 수증기의 증발열을 더한 값이 저위발열량이다.
③ 고위발열량에서 연소가스 중에 함유된 이산화탄소의 증발열을 뺀 값이 저위발열량이다.
④ 고위발열량에서 연소가스 중에 함유된 이산화탄소의 증발열을 더한 값이 저위발열량이다.

해설

- 고위발열량은 연소가스 중의 수증기가 응축하여 물이 될 때 방출하는 잠열까지 포함한 열량이다.
- 저위발열량은 수증기가 응축되지 않고 기체 상태로 배출된다고 가정하므로, 수증기의 증발열을 포함하지 않은 열량이다.
- 따라서 저위발열량=고위발열량-생성된 수정기의 증발잠열의 관계가 성립한다.

정답 | ①

시운전 및 안전관리

41 빈출도 ★★★

공조냉동기계산업기사 자격증을 보유하였다면 고급 책임기계설비유지관리자가 되려면 몇 년 이상의 실무경력이 있어야 하는가?

① 3년 이상 ② 5년 이상
③ 10년 이상 ④ 15년 이상

해설

산업기사는 10년 이상, 기사는 7년 이상의 실무경력을 갖추었을 때 고급 책임기계설비유지관리자로 승급할 수 있다.

정답 | ③

42 빈출도 ★★

공기조화기 성능점검표상의 점검항목이 아닌 것은?

① 외부 케이싱 부식, 손상, 변형 상태
② 동파방지 장치 작동 상태
③ 폐열회수장치 작동 상태
④ 안전밸브 및 압력스위치 상태

해설

안전밸브 및 압력스위치 상태는 보일러 성능점검표상의 점검항목이다.

정답 | ④

43 빈출도 ★★

고압가스안전관리법 관련하여 다음과 같은 행위에 해당하는 경우 1차 위반 시 받게 되는 행정처분 기준은?

> 가. 변경허가를 받지 않고 허가받은 사항 중 상호를 변경하거나 법인의 대표자를 변경한 경우
> 다. 변경신고를 하지 않고 신고한 사항 중 상호를 변경하거나 법인의 대표자를 변경한 경우
> 라. 변경등록을 하지 않고 등록한 사항 중 상호를 변경하거나 법인의 대표자를 변경한 경우
> 자. 고압가스 제조신고자가 안전점검자의 자격·인원, 점검장비 및 점검기준 등을 준수하지 않은 경우

① 100만원 과태료
② 250만원 과태료
③ 350만원 과태료
④ 500만원 과태료

해설

고압가스안전관리법 시행령 [별표4]에 의하면 가.다.라.자 1차 위반시 과태료는 250만원이다.

정답 | ②

44 빈출도 ★★

고압가스 안전관리법령에 따른 용어 정의로 옳은 것은?

① "가연성가스"란 공기 중에서 연소하는 가스로서 폭발한계의 하한이 10퍼센트 이하인 것과 폭발한계의 상한과 하한의 차가 20퍼센트 이상인 것을 말한다.
② "독성가스"란 공기 중에 일정량 이상 존재하는 경우 인체에 유해한 독성을 가진 가스로서 허용농도가 100만분의 500 이하인 것을 말한다.
③ "충전용기"란 고압가스의 충전질량 또는 충전압력의 3분의 1 이상이 충전되어 있는 상태의 용기를 말한다.
④ "잔가스용기"란 고압가스의 충전질량 또는 충전압력의 3분의 1 미만이 충전되어 있는 상태의 용기를 말한다.

해설

독성가스란 허용농도가 100만분의 5,000 이하인 것을 말하며 충전용기와 잔가스용기를 구분하는 기준은 충전압력의 $\frac{1}{2}$이다.

정답 | ①

45 빈출도 ★★★

산업안전보건법령상 냉동·냉장 창고시설 건설공사에 대한 유해위험방지계획서를 제출해야 하는 대상시설의 연면적 기준은 얼마인가?

① 3천제곱미터 이상
② 4천제곱미터 이상
③ 5천제곱미터 이상
④ 6천제곱미터 이상

해설

산업안전보건법 시행령 42조에 따르면 연면적 5천제곱미터 이상인 냉동·냉장 창고시설의 설비공사 및 단열공사에 대한 유해위험방지계획서를 제출해야 한다.

정답 | ③

46 빈출도 ★★

기전력이 2[V]이고 내부저항이 0.15[Ω]인 전지 여러 개를 직렬로 접속하고 11[Ω]의 외부저항을 연결했더니 1.6[A]의 전류가 흘렀다면 전지의 개수는?

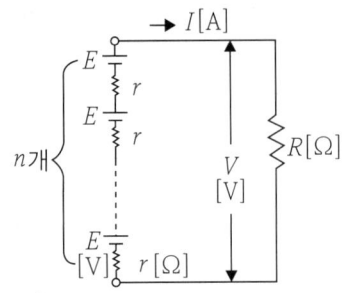

① 8개 ② 9개
③ 10개 ④ 12개

해설

- n개의 전지를 직렬로 연결할 때 기전력 nE
- 회로의 전체저항
  $nr+R=nr+11$
- $\dfrac{nE}{nr+11}=1.6[A]$에서
  $nE=1.6(nr+11) \rightarrow n=\dfrac{1.6\times 11}{E-1.6r}$

따라서 $n=\dfrac{1.6\times 11}{2-1.6\times 0.15}=10$개

정답 | ③

47 빈출도 ★★★

그림과 같은 △결선회로를 등가 Y결선으로 변환할 때 각 상의 한 저항 값[Ω]은?

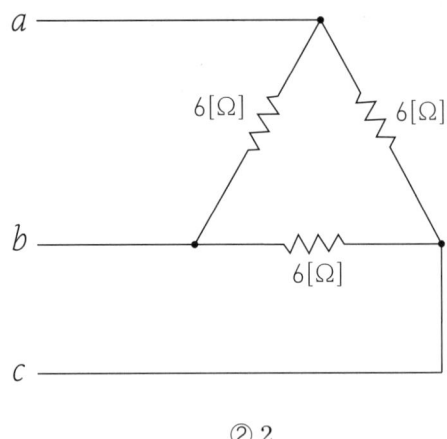

① 1 ② 2
③ 3 ④ 4

해설

3개의 저항 R_{ab}, R_{bc}, R_{ca}로 이루어진 △결선 회로는 3개의 저항 R_a, R_b, R_c로 이루어진 Y결선으로 등가 변환 할 수 있고

변환식은 $R_a = \dfrac{R_a\text{의 좌우저항의 곱}}{\triangle\text{결선의 세저항의 합}}$이다.

△결선의 세 저항이 $R_{ab}=R_{bc}=R_{ca}=6[Ω]$이므로

각 상의 한 저항 $R_a = \dfrac{6[Ω]\times 6[Ω]}{6[Ω]+6[Ω]+6[Ω]} = 2[Ω]$이다.

정답 | ②

48 빈출도 ★★

정전용량이 4[μF]인 콘덴서에 100[V]의 전압을 걸어주었을 때 양쪽 극판에 모이는 전하량[C]과 콘덴서에 축적되는 에너지[J]를 바르게 짝지은 것은?

① 4×10^{-4}[C], 0.02[J] ② 4×10^{-6}[C], 0.02[J]
③ 2×10^{-4}[C], 0.04[J] ④ 2×10^{-6}[C], 0.04[J]

해설

- 전하량 $Q=CV=4[μF]\times 100[V]=400[μC]=4\times 10^{-4}$[C]
- 정전에너지 $W=\dfrac{1}{2}CV^2$
  $=\dfrac{1}{2}\times 4\times 10^{-6}[F]\times (100[V])^2 = 0.02[J]$

정답 | ①

49 빈출도 ★★★

어떤 교류전압의 실효값이 100[V]일 때 최대값은 약 몇 [V]가 되는가?

① 100
② 121
③ 141
④ 173

해설

교류 전압이 $E_m \sin\omega t$일때 전압의 최대값을 E_m이라 하면 전압의 실효값은 $\frac{E_m}{\sqrt{2}}$이다.

따라서 실효값 $\frac{E_m}{\sqrt{2}} = 100[V]$이므로

최대값 $E_m = \sqrt{2} \times 100 = 141[V]$이다.

정답 | ③

50 빈출도 ★★

다음과 같은 RLC 직렬 회로를 $220[V] - 60[Hz]$의 교류 전원에 연결했을 때 역률은?

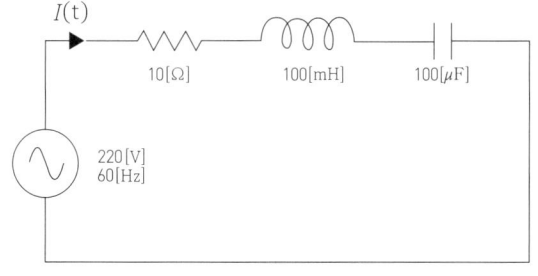

① 0.28
② 0.45
③ 0.53
④ 0.67

해설

$X_L = 2\pi f L = 2 \times 3.14 \times 60 \times 100 \times 10^{-3} = 37.7[\Omega]$이고,

$X_C = \frac{1}{2\pi fC} = \frac{1}{2 \times 3.14 \times 60 \times 100 \times 10^{-6}} = 26.5[\Omega]$이므로

역률 $\frac{R}{Z} = \frac{R}{\sqrt{R^2 + (X_L - X_C)^2}}$

$= \frac{10}{\sqrt{10^2 + (37.7 - 26.5)^2}} = \frac{10}{\sqrt{225.44}}$

$= 0.667$

정답 | ④

51 빈출도 ★★★

직류 전원 전압을 안정하게 유지하기 위하여 사용되는 다이오드는?

① 제너 다이오드
② 터널 다이오드
③ 보드형 다이오드
④ 버랙터 다이오드

해설

제너다이오드는 역방향으로 항복전압 이상의 전압이 걸리면 전류가 통하므로 이러한 특성을 이용하면 직류전압의 안정적 유지가 가능하다.

정답 | ①

52 빈출도 ★★

발전기에서 유도 전류 또는 유도 기전력의 방향을 알고자 할 때 사용하는 법칙은?

① 플레밍의 왼손 법칙
② 플레밍의 오른손 법칙
③ 패러데이 법칙
④ 줄-톰슨 법칙

해설

전동기에서 자기력의 방향은 플레밍의 왼손 법칙으로 알 수 있고, 발전기에서 유도 전류 또는 유도 기전력의 방향은 플레밍의 오른손 법칙으로 알 수 있다.

정답 | ②

53 빈출도 ★★

직류 발전기의 병렬 운전 조건 중 잘못된 것은?

① 극성이 같을 것
② 단자 전압이 같을 것
③ 유도 기전력이 같을 것
④ 외부특성이 수하특성일 것

해설

유도 기전력이 같아야 하는 점은 교류 발전기의 병렬 운전 조건에 해당한다.

※ 수하특성이란 전류가 커지면 전압을 낮추어 기기의 출력이 일정하게 유지되는 성질을 말한다.

정답 | ③

54 빈출도 ★

다음은 무엇에 관한 설명인가?

- 프로니 브레이크법, 와전류 제동기, 전기 동력계가 있다.
- 직류기 테스트 과정에서 필요한 시험이다.

① 무부하 시험 ② 온도 상승 시험
③ 단락 시험 ④ 토크 측정 시험

해설

토크 측정 시험에 대한 내용으로 시험의 방법은 프로니 브레이크법, 와전류 제동기, 전기 동력계 등이 있다.

정답 | ④

55 빈출도 ★★

다음 중 유도 전동기의 제동법이 아닌 것은?

① 회생 제동 ② 발전 제동
③ 3상 제동 ④ 역전 제동

해설

전동기의 제동법에는 회생 제동, 발전 제동, 역상(역전) 제동, 단상 제동이 있다.

정답 | ③

56 빈출도 ★★

철손이 $1.6[kW]$, 동손이 $3.2[kW]$인 변압기의 효율을 최대로 만드는 부하율[%]은?

① 53 ② 67
③ 71 ④ 84

해설

변압기는 부하율 m, 철손 P_i, 동손 P_c에 대해 $P_i = m^2 P_c$일 때 효율이 최대가 된다. 따라서 효율을 최대로 만드는 부하율은
$m = \sqrt{\dfrac{P_i}{P_c}} = \sqrt{\dfrac{1.6}{3.2}} = \dfrac{1}{\sqrt{2}} = 0.707(70.7[\%])$이다.

정답 | ③

57 빈출도 ★★

아래 그림의 논리회로와 같은 진리값을 NAND소자만으로 구성하여 나타내려면 NAND소자는 최소 몇 개가 필요한가?

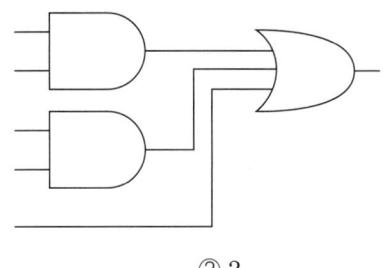

① 1 ② 2
③ 3 ④ 4

해설

주어진 논리회로에 버블을 이중으로 추가하면 이 되며, NOT게이트는 1개의 NAND게이트로 구현이 가능하다. 또 의 등가게이트는 이므로 주어진 논리회로는 4개의 NAND로 대체할 수 있다.

정답 | ④

58 빈출도 ★★

다음과 같은 다이오드매트릭스에서 $7_{(10)}$이 입력되도록 단자7을 접지시키면 불이 켜지는 2진 출력 램프를 모두 고른 것은?

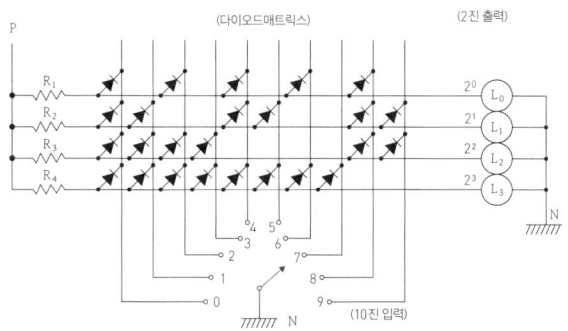

① L_0, L_1
② L_1, L_2
③ L_0, L_1, L_2
④ L_0, L_1, L_3

해설

7번 단자 접지 시 저항 R_1, R_2, R_3를 지나는 전류는 단자 7로 이동할 수 있는 경로가 없으므로 L_0, L_1, L_2가 점등된다. 저항 R_4를 지나는 전류는 다이오드에 의해 단자 7로 이동할 수 있는 경로가 생겨 L_3는 점등되지 않는다.

정답 | ③

59 빈출도 ★★★

제어계의 동작상태를 교란하는 외란의 영향을 제거할 수 있는 제어는?

① 순서 제어
② 피드백 제어
③ 시퀀스 제어
④ 개루프 제어

해설

개루프 제어는 시퀀스 제어라고도 하며 기준 출력을 입력 측에 피드백하지 않는 제어 방식이다. 폐루프 제어는 피드백 제어라고도 하며 검출부가 있어서 외란의 영향을 제거할 수 있다.

정답 | ②

60 빈출도 ★★

검출기기에 관한 설명으로 옳지 않은 것은?

① 열전대는 온도를 전압으로 변환한다.
② 광다이오드는 빛을 전압으로 변환한다.
③ 다이어프램은 회전각을 전압으로 변환한다.
④ 차동 변압기는 변위를 전압으로 변환한다.

해설

다이어프램은 압력을 변위로 변환한다.

정답 | ③

유지보수 공사관리

61 빈출도 ★★★

다음 중 주철관의 이음법으로 적합하지 않은 것은?

① 빅토릭 이음
② 플랜지 이음
③ 타이튼 이음
④ 플라스턴 이음

해설

플라스턴 이음은 납과 주석의 합금을 토치램프로 녹여서 접합하는 방식으로 연관의 이음법이다.

정답 | ④

62 빈출도 ★★

앵글 밸브와 니들 밸브의 용도를 바르게 설명한 것은?

	앵글 밸브	니들 밸브
①	유체의 흐름을 직각으로 바꾼다.	고압의 유량을 미세하게 조절한다.
②	고압의 유량을 미세하게 조절한다.	유체의 흐름을 직각으로 바꾼다.
③	유체의 흐름을 한 방향으로 유지한다.	설정 압력 초과시 곧바로 열린다.
④	설정 압력 초과시 곧바로 열린다.	유체의 흐름을 한 방향으로 유지한다.

해설
- 앵글 밸브: 유체의 흐름을 직각으로 바꾸는 역할을 한다. 부분 개방 시 유량 조절도 가능하다.
- 니들 밸브: 디스크 끝이 날카로운 원추형이며 고압 유량을 미세하게 조절할 수 있다.

정답 | ①

63 빈출도 ★★★

조립과 분해가 용이하도록 용접 없이 배관을 직선 연결할 때 사용하는 배관 연결용 부속 기구는?

① 니플 ② 플랜지
③ 유니언 ④ 부싱

해설
플랜지: 용접 없이 조립과 분해가 용이하여 배관을 직선 연결할 때 사용하는 부속이다.

선지분석
① 니플: 양끝이 M나사로 되어 있어서 서로 다른 두 F나사 부속을 연결할 수 있다.
③ 유니언: 한쪽이 M나사, 다른 쪽이 F나사, 그리고 결합너트로 구성되어 있으며 고정된 두 배관을 분해 및 조립할 수 있다.
④ 부싱: 한쪽은 F나사, 다른 쪽은 M나사로 되어 있으며, 관경이 서로 다른 두 부속을 연결할 수 있다.

정답 | ②

64 빈출도 ★★

다음 배관지지 장치 중 변위가 없는 곳에 사용하는 행거(hanger)는?

① 베리어블 행거 ② 스프링 행거
③ 콘스탄트 행거 ④ 리지드 행거

해설
변위가 없는 곳에 사용하는 행거는 리지드 행거이다.

선지분석
① 베리어블 행거: 스프링 행거의 한 종류이다.
② 스프링 행거: 변위가 작은 곳에서 사용하는 행거이다.
③ 콘스탄트 행거: 변위가 큰 곳에서 사용하는 행거이다.

정답 | ④

65 빈출도 ★★

다음 중 관이음의 도시기호로 틀린 것은?

① ——|—— : 나사형
② ——●—— : 용접형
③ ——)—— : 플랜지형
④ ——|||—— : 유니언형

해설
——)—— 는 소켓형 이음의 도시기호이다.

정답 | ③

66 빈출도 ★★

강관이나 동관 공작용 공구에 대한 설명으로 옳은 것은?

① 파이프 리머는 관의 절단이나 조합을 위해 관을 고정시키는 공구이다.
② 파이프 바이스는 관 절단 후 단면 안쪽의 거스러미를 제거하는 공구이다.
③ 사이징 툴은 관의 끝부분을 확장할 때 사용하는 공구이다.
④ 플레어링 툴은 관의 끝부분을 나팔형으로 정형하는 공구이다.

해설
플레어링 툴은 동관 끝부분을 나팔형으로 정형하는 공구이다.

선지분석
① 파이프 리머: 관을 절단한 뒤 단면 안쪽의 거스러미 또는 날카로운 가장자리를 제거하는 공구이다.
② 파이프 바이스: 강관을 절단하거나 조합할 때 관을 고정시키는 공구이다.
③ 사이징 툴: 압축 이음(플레어 이음)하기에 앞서 동관 끝부분을 원형으로 정형하는 공구이다.

정답 | ④

67 빈출도 ★★

지하 공동구 통합배관의 장점과 거리가 먼 것은?

① 부식 및 침수 우려가 적다.
② 건설비용이 적게 든다.
③ 유지보수가 용이하다.
④ 누수점검 및 확인이 쉽다.

해설
지하 공동구 통합배관의 장점
- 부식 및 침수 우려가 적다.
- 유지보수가 용이하다.
- 누수 점검 및 확인이 쉽다.

정답 | ②

68 빈출도 ★★

펌프의 양수량이 $10[m^3/min]$, 전양정이 $10[m]$, 효율이 $80[\%]$이면, 이 펌프의 축동력[kW]은?

① 18.6 ② 20.4
③ 22.5 ④ 28.1

해설
펌프 축동력 $P = \dfrac{Q\gamma H}{\eta}[W]$이므로

$P = \dfrac{10[m^3/min] \times 9,800[N/m^3] \times 10[m]}{0.8}$

$= \dfrac{\frac{10}{60}[m^3/sec] \times 9,800[N/m^3] \times 10[m]}{0.8} = 20,416.67[W]$

$= 20.42[kW]$

정답 | ②

69 빈출도 ★★

급수량 산정에 있어서 시간 평균 예상 급수량이 $3,000[L/h]$였다면, 시간 최대 예상 급수량은?

① 75~100[L/min] ② 100~150[L/min]
③ 100~200[L/min] ④ 150~200[L/min]

해설
시간 평균 예상 급수량이 3,000[L/h]=50[L/min]이므로 시간 최대 예상 급수량은 50[L/min]의 1.5~2배인 75~100[L/min]이다.

정답 | ①

70 빈출도 ★★★

다음 수격작용의 원인과 대책으로 적절하지 않은 것은?

① 관내 압력이 클 때 일어나기 쉬우므로 급수 관경을 크게 한다.
② 배관 상단에 공기실을 설치하거나 수격방지기를 설치한다.
③ 펌프의 흡입 측에 감압 밸브를 설치한다.
④ 급폐쇄형 밸브 근처에 공기실을 설치한다.

해설

수격작용 방지대책
- 급수 관경을 크게 하여 관내 압력을 낮춘다.
- 배관 내 유속을 1.5~2.5[m/s]로 적정 속도를 유지하도록 한다.
- 급폐쇄 시 발생하는 충격을 흡수하거나 분산시키도록 수격 방지기를 설치한다.
- 펌프에 플라이휠을 장착하고, 펌프 토출 측에 체크 밸브를 설치한다.
- 모터밸브, 플러시 밸브 같은 급폐쇄형 밸브 근처에 공기실을 설치한다.

정답 | ③

71 빈출도 ★★

급탕가열기의 가열능력비율을 k라고 할 때 k의 범위를 바르게 나타낸 것은?

① $\dfrac{1}{12} \sim \dfrac{1}{2}$ ② $\dfrac{1}{12} \sim 1$
③ $\dfrac{1}{24} \sim \dfrac{1}{2}$ ④ $\dfrac{1}{24} \sim 1$

해설

가열시간이 n시간이면 가열능력비율은 $\dfrac{1}{n}$이다. 하루는 24시간이므로 가열능력비율의 범위는 [$\dfrac{1}{24} \leq$ 가열 능력비율 ≤ 1]이다.

정답 | ④

72 빈출도 ★★

전수량이 3톤이고 급탕과 급수의 밀도가 각각 $0.9718[kg/L]$, $0.9997[kg/L]$이라면 개방식 팽창탱크의 용량은 얼마로 설계해야 하는가?

① 172[L]~215[L]   ② 172[L]~258[L]
③ 184[L]~230[L]   ④ 184[L]~276[L]

해설

부피 변화량

$\Delta V = m\left(\dfrac{1}{\rho_h} - \dfrac{1}{\rho_c}\right)$
$= 3,000[kg] \times \left(\dfrac{1}{0.9718} - \dfrac{1}{0.9997}\right)[L/kg]$
$= 86.15[L]$이다.

개방식 팽창탱크의 용량은 ΔV의 2~2.5배인 172[L]~215[L]로 설계해야 한다.

정답 | ①

73 빈출도 ★★★

급탕배관에 관한 설명으로 옳은 것은?

① 단관식의 경우 급수관경보다 작은 관을 사용해야 한다.
② 하향식 공급 방식에서는 급탕관 및 복귀관은 모두 선하향 구배로 한다.
③ 관의 굽힘 부분에는 슬리브 이음으로 한다.
④ 연관은 열에 강하고 부식도 잘되지 않으므로 급탕배관에 적합하다.

해설

하향식 공급 방식에서는 급탕관 및 복귀관은 모두 선하향 구배로 한다.

선지분석

① 단관식의 경우 급수관경보다 큰 관을 사용해야 한다.
③ 관의 굽힘 부분에는 스위블 이음으로 한다.
④ 연관은 산성에 약한 특성이 있어 급수용 수도관에 적합하다.

정답 | ②

74 빈출도 ★★★

위생기구의 조건으로 적절하지 않은 것은?

① 흡수성이 좋을 것
② 유수면이 넓을 것
③ 제작 및 설치가 용이할 것
④ 내식성과 내마모성이 있을 것

해설

위생기구는 물과 접해 있는 환경이므로 흡수성이 작고 부식성이 없어야 한다.

정답 | ①

75 빈출도 ★★

배수 및 통기 배관의 시험에 대한 설명으로 옳지 않은 것은?

① 수압시험으로 30[kPa]의 압력에 30분 이상 견디면 합격이다.
② 기압시험으로 335[kPa]의 압력에 15분 이상 견디면 합격이다.
③ 만수시험에는 1[m] 이상의 수두압이 걸리도록 물을 채워서 누수 여부를 확인한다.
④ 기밀시험에는 연기를 넣거나 박하향을 넣고 밀폐한 다음 누출여부를 검사한다.

해설

배수 및 통기 배관의 시험 종류에는 수압시험, 기압시험, 기밀시험, 만수시험, 통수시험이 있으며 만수시험에는 3[m] 이상의 수두압이 걸리도록 물을 채워야 한다.

정답 | ③

76 빈출도 ★★★

진공환수식 증기난방 배관에 대한 설명으로 틀린 것은?

① 배관 기울기를 작게 할 수 있다.
② 배관 도중에 공기 빼기 밸브를 설치한다.
③ 리프트 피팅에 의해 응축수를 상부로 배출할 수 있다.
④ 응축수의 유속이 빠르게 되므로 환수관을 가늘게 할 수가 있다.

해설

진공환수식은 진공펌프 장치를 설치하여 공기를 제거해 주므로 공기빼기 밸브를 따로 설치하지 않아도 된다.

정답 | ②

77 빈출도 ★★

난방용 방열기에 관한 설명으로 틀린 것은?

① 형태에 따라 주형, 벽걸이형, 길드형이 있다.
② 방열기 표면을 도장할 때는 알루미늄 도료를 사용한다.
③ 방열기는 벽면과의 이격거리가 5~6[cm]가 되도록 설치한다.
④ 난방부하 $Q = KA\Delta T$에서 ΔT는 실내와 실외의 온도차를 나타낸다.

해설

방열기의 난방부하 $Q = KA\Delta T$에서 K는 방열계수, A는 방열면적, ΔT는 증기와 실내의 온도차를 나타낸다.

정답 | ④

78 빈출도 ★

공기조화 설비에서 에어워셔의 플러딩 노즐이 하는 역할은?

① 공기 중에 포함된 수분을 제거한다.
② 입구공기의 난류를 정류로 만든다.
③ 엘리미네이터에 부착된 먼지를 제거한다.
④ 출구에 섞여 나가는 비산수를 제거한다.

해설
플러딩 노즐은 엘리미네이터에 부착된 먼지를 제거한다.

정답 | ③

79 빈출도 ★★

가스미터의 설치 기준으로 틀린 것은?

① 전기개폐기로부터 20[cm] 이상 이격한다.
② 스위치, 콘센트로부터 30[cm] 이상 이격한다.
③ 저압 전선으로부터 15[cm] 이상 이격한다.
④ 바닥에서 1.6~2[m] 높이에 설치한다.

해설
가스미터는 전기개폐기로부터 60[cm] 이상 이격해서 설치해야 전기화재로부터 안전하다.

정답 | ①

80 빈출도 ★★

도시가스배관 설비기준에서 배관을 시가지 도로 외의 노면밑에 매설하는 경우에는 배관 외면과 도로 노면까지 거리는 몇 [m] 이상을 유지해야 하는가?

① 1.2[m]   ② 1.5[m]
③ 2.4[m]   ④ 3.0[m]

해설
배관을 시가지 도로의 노면 밑에 매설하는 경우에는 배관 외면과 도로 노면까지 1.5[m] 이상으로 유지하고, 배관을 시가지 도로 외의 노면 밑에 매설하는 경우에는 배관 외면과 도로 노면까지 1.2[m] 이상으로 유지한다.

정답 | ①

2021년 1회 기출문제

기계열역학

01 빈출도 ★★

증기터빈에서 질량유량이 1.5[kg/s]이고, 열손실률이 8.5[kW]이다. 터빈으로 출입하는 수증기에 대한 값은 아래 그림과 같다면 터빈의 출력은 약 몇 [kW]인가?

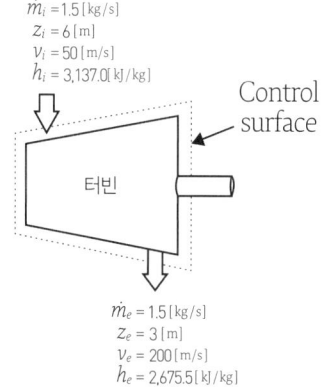

① 273[kW]
② 656[kW]
③ 1,357[kW]
④ 2,616[kW]

해설

에너지 방정식
$$\dot{W} = \dot{Q} + \dot{m}\left[(h_i - h_e) + \frac{v_i^2 - v_e^2}{2} + g(z_i - z_e)\right]$$

• 엔탈피 차
  $h_i - h_e = 3,137.0 - 2,675.5 = 461.5$[kJ/kg]
  $\dot{m}(h_i - h_e) = 1.5 \times 461.5 = 692.25$[kW]
• 운동에너지 차
  $\frac{v_i^2 - v_e^2}{2} = \frac{50^2 - 200^2}{2} = -18,750$[J/kg] $= -18.75$[kJ/kg]
  $\dot{m}\left(\frac{v_i^2 - v_e^2}{2}\right) = 1.5 \times (-18.75) = -28.125$[kW]
• 위치에너지 차
  $g(z_i - z_e) = 9.8 \times (6-3) = 29.4$[J/kg] $= 0.0294$[kJ/kg]
  $\dot{m}g(z_i - z_e) = 1.5 \times 0.0294 = 0.0441$[kW]
• 터빈의 출력
  $\dot{W} = -8.5$[kW] $+ (692.25 - 28.125 + 0.0441)$[kW]
     $= 655.67$[kW]

정답 | ②

02 빈출도 ★★★

10[℃]에서 160[℃]까지 공기의 평균 정적비열은 0.7315[kJ/kg·K]이다. 이 온도 변화에서 공기 1[kg]의 내부에너지 변화는 약 몇 [kJ]인가?

① 101.1[kJ]
② 109.7[kJ]
③ 120.6[kJ]
④ 131.7[kJ]

해설

정적 과정에서 받은 열 $Q_v = \Delta U$에서
$Q_v = C_v m \Delta T$
  $= 0.7315$[kJ/kg·K] $\times 1$[kg] $\times (160 - 10)$[K]
  $= 109.725$[kJ]

정답 | ②

03 빈출도 ★★★

오토사이클의 압축비(ε)가 8일 때 이론 열효율은 약 몇 [%]인가? (단, 비열비 k는 1.4이다.)

① 36.8[%]
② 46.7[%]
③ 56.5[%]
④ 66.6[%]

해설

오토사이클의 효율
$$\eta = 1 - \left(\frac{1}{\varepsilon}\right)^{k-1} = 1 - \left(\frac{1}{8}\right)^{0.4} = 0.565$$

정답 | ③

04 빈출도 ★★★

증기를 가역 단열과정을 거쳐 팽창시키면 증기의 엔트로피는?

① 증가한다.
② 감소한다.
③ 변하지 않는다.
④ 경우에 따라 증가도 하고, 감소도 한다.

해설

가역 단열 팽창은 등엔트로피 과정이므로
증기의 엔트로피 증가량 $\Delta S = \Delta Q/T = 0$이다.
즉, 엔트로피는 변하지 않는다.

정답 | ③

05 빈출도 ★★

완전가스의 내부에너지(u)는 어떤 함수인가?

① 압력과 온도의 함수이다.
② 압력만의 함수이다.
③ 체적과 압력의 함수이다.
④ 온도만의 함수이다.

해설

완전가스, 즉 이상기체는 분자간 상호작용이 없으므로 위치 에너지가 0이고 운동 에너지는 온도에 의해 결정된다. 따라서 이상 기체의 내부 에너지는 온도만의 함수이다.

정답 | ④

06 빈출도 ★★

온도가 127[℃], 압력이 0.5[MPa], 비체적이 0.4[m³/kg]인 이상기체가 같은 압력 하에서 비체적이 0.3[m³/kg]으로 되었다면 온도는 약 몇 [℃]가 되는가?

① 16
② 27
③ 96
④ 300

해설

이상기체 방정식 $PV = nRT$에서
압력이 일정할 경우 $\dfrac{V_1}{T_1} = \dfrac{V_2}{T_2}$이므로 $T_2 = T_1 \dfrac{V_2}{V_1}$이다.
$T_1 = 273 + 127 = 400[K]$이므로
$T_2 = 400 \times \dfrac{0.3}{0.4} = 300[K] \Rightarrow T_2 = 300 - 273 = 27[℃]$

정답 | ②

07 빈출도 ★★

계가 비가역 사이클을 이룰 때 클라우지우스(Clausius)의 적분을 옳게 나타낸 것은? (단, T는 온도, Q는 열량이다.)

① $\oint \dfrac{\delta Q}{T} < 0$
② $\oint \dfrac{\delta Q}{T} > 0$
③ $\oint \dfrac{\delta Q}{T} \geq 0$
④ $\oint \dfrac{\delta Q}{T} \leq 0$

해설 클라우지우스 부등식

- 가역 과정: $\oint \dfrac{\delta Q}{T} = 0$
- 비가역 과정: $\oint \dfrac{\delta Q}{T} < 0$

정답 | ①

08 빈출도 ★★

증기동력 사이클의 종류 중 재열사이클의 목적으로 가장 거리가 먼 것은?

① 터빈 출구의 습도가 증가하여 터빈 날개를 보호한다.
② 이론 열효율이 증가한다.
③ 수명이 연장된다.
④ 터빈 출구의 질(quality)을 향상시킨다.

해설

재열 사이클은 재열기를 추가하여 랭킨 사이클의 효율을 개선한 것인데, 고압터빈 속 팽창 증기의 일부를 빼내서 재가열하면 건도가 높아져서 터빈 날개의 부식이 방지되므로 터빈 수명이 연장된다. 터빈 출구의 습도를 증가시키는 것과는 거리가 멀다.

정답 | ①

09 빈출도 ★★

밀폐용기에 비내부에너지가 200[kJ/kg]인 기체가 0.5[kg] 들어있다. 이 기체를 용량이 500[W]인 전기 가열기로 2분 동안 가열한다면 최종상태에서 기체의 내부에너지는 약 몇 [kJ]인가? (단, 열량은 기체로만 전달된다고 한다.)

① 20[kJ]
② 100[kJ]
③ 120[kJ]
④ 160[kJ]

해설

밀폐 용기는 부피가 일정하므로 내부 에너지 변화 $\Delta U = Q$이다.
공급열 $Q = P \times t = 500[W] \times 2 \times 60[s] = 60,000[J] = 60[kJ]$
초기 내부 에너지 $U_i = 200[kJ/kg] \times 0.5[kg] = 100[kJ]$
따라서 최종 내부 에너지
$U_f = U_i + Q = 100 + 60 = 160[kJ]$

정답 | ④

10 빈출도 ★

과열증기를 냉각시켰더니 포화영역 안으로 들어와서 비체적이 $0.2327[m^3/kg]$이 되었다. 이 때 포화액과 포화증기의 비체적이 각각 $1.079 \times 10^{-3}[m^3/kg]$, $0.5243[m^3/kg]$이라면 건도는 얼마인가?

① 0.964
② 0.772
③ 0.653
④ 0.443

해설

건도 $x = \dfrac{v - v_w}{v_s - v_w}$에서 v, v_s, v_w를 대입하면,
$x = \dfrac{0.2327 - 0.001079}{0.5243 - 0.001079} = 0.443$이다.
(단, v: 습증기의 비체적[m^3/kg],
 v_s: 포화증기의 비체적[m^3/kg],
 v_w: 포화액의 비체적[m^3/kg])

정답 | ④

11 빈출도 ★★

온도 20[℃]에서 계기압력 0.183[MPa]의 타이어가 고속주행으로 온도 80[℃]로 상승할 때 압력은 주행 전과 비교하여 약 몇 [kPa] 상승하는가? (단, 타이어의 체적은 변하지 않고, 타이어 내의 공기는 이상기체로 가정하며, 대기압은 101.3[kPa]이다.)

① 37[kPa]
② 58[kPa]
③ 286[kPa]
④ 445[kPa]

해설

- 타이어 내 공기의 체적이 불변(등적 과정)하다고 가정한다면
  $PV = nRT$에서 $\dfrac{P_2}{P_1} = \dfrac{T_2}{T_1}$이므로 $P_2 = P_1 \dfrac{T_2}{T_1}$이다.
- 초기 절대압력 $P_1 =$ 계기압력 + 대기압이므로
  $P_1 = 0.183[MPa] + 0.1013[MPa]$
  $= 0.2843[MPa] = 284.3[kPa]$
- 초기 온도 $T_1 = 20 + 273 = 293[K]$,
  나중 온도 $T_2 = 80 + 273 = 353[K]$이므로
  $P_2 = 284.3 \times \dfrac{353}{293} = 342.5[kPa]$
- 따라서 $P_2 - P_1 = 342.5 - 284.3 = 58.2[kPa]$

정답 | ②

12 빈출도 ★

이상적인 카르노 사이클의 열기관이 500[℃]인 열원으로부터 500[kJ]을 받고, 25[℃]에 열을 방출한다. 이 사이클의 일(W)과 효율(η)은 얼마인가?

① $W=307.2[kJ]$, $\eta=0.6143$
② $W=307.2[kJ]$, $\eta=0.5748$
③ $W=250.3[kJ]$, $\eta=0.6143$
④ $W=250.3[kJ]$, $\eta=0.5748$

해설

- 카르노 사이클의 효율
$$\eta=1-\frac{T_C}{T_H}=1-\frac{273+25}{273+500}=1-\frac{298}{773}=0.614$$
- $W=\eta Q_H=0.614\times 500[kJ]=307[kJ]$

정답 | ①

13 빈출도 ★★★

한 밀폐계가 190[kJ]의 열을 받으면서 외부에 20[kJ]의 일을 한다면 이 계의 내부에너지의 변화는 약 얼마인가?

① 210[kJ] 만큼 증가한다.
② 210[kJ] 만큼 감소한다.
③ 170[kJ] 만큼 증가한다.
④ 170[kJ] 만큼 감소한다.

해설

열역학 제1법칙에서 $\Delta U=Q-W=190-20=170[kJ]$
$\Delta U>0$이므로 내부에너지는 170[kJ]만큼 증가한다.

정답 | ③

14 빈출도 ★★

수소(H_2)가 이상기체라면 절대압력 1[MPa], 온도 100[℃]에서의 비체적은 약 몇 [m³/kg]인가? (단, 일반기체상수는 8.3145[kJ/kmol·K]이다.)

① 0.781
② 1.26
③ 1.55
④ 3.46

해설

이상기체 상태방정식 $PV=\frac{w}{M}RT$에서 $\frac{V}{w}=\frac{RT}{PM}$
수소의 분자량은 $M=2[kg/kmol]$이므로
비체적 $v=\frac{V}{w}=\frac{8.3145[kJ/mol\cdot K]\times(100+273)[K]}{1\times 10^6[Pa]\times 2[kg/kmol]}$
$=1.55[m^3/kg]$
(w: 수소의 질량[kg], M: 수소의 분자량[kg/kmol])
※ $1[Pa]=1[N/m^2]$
※ $1[J]=1[N\cdot m]$

정답 | ③

15 빈출도 ★★★

비열비가 1.29, 분자량이 44인 이상 기체의 정압비열은 약 몇 [kJ/kg·K]인가? (단, 일반기체상수는 8.314[kJ/kmol·K]이다.)

① 0.51
② 0.69
③ 0.84
④ 0.91

해설

정압비열의 단위가 [kJ/kg·K]이므로 기체상수의 단위를 변환한다.
기체상수 $R'=\frac{R[kJ/kmol\cdot K]}{M[kg/kmol]}=\frac{8.314[kJ/kmol\cdot K]}{44[kg/kmol]}$
$=0.189[kJ/kg\cdot K]$
정압비열 $C_p=\frac{kR'}{k-1}=\frac{1.29\times 0.189[kJ/kg\cdot K]}{1.29-1}$
$=0.84[kJ/kg\cdot K]$

정답 | ③

16 빈출도 ★★

열펌프를 난방에 이용하려 한다. 실내 온도는 18[℃]이고, 실외 온도는 −15[℃]이며 벽을 통한 열손실은 12[kW]이다. 열펌프를 구동하기 위해 필요한 최소 동력은 약 몇 [kW]인가?

① 0.65[kW] ② 0.74[kW]
③ 1.36[kW] ④ 1.53[kW]

해설

$T_H = 18 + 273 = 291[K]$
$T_L = -15 + 273 = 258[K]$
난방부하 $Q_{out} = 12[kW]$이므로
열펌프의 성적계수
$COP = \dfrac{Q_{out}}{W_c} = \dfrac{T_H}{T_H - T_L} = \dfrac{291}{291 - 258} = 8.82$
최소 동력 $W_c = \dfrac{Q_{out}}{COP} = \dfrac{12[kW]}{8.82} = 1.36[kW]$

정답 | ③

17 빈출도 ★★

어떤 냉동기에서 0[℃]의 물로 0[℃]의 얼음 2[ton]을 만드는 데 180[MJ]의 일이 소요된다면 이 냉동기의 성적계수는? (단, 물의 융해열은 334[kJ/kg]이다.)

① 2.05 ② 2.32
③ 2.65 ④ 3.71

해설

증발열이 Q_{in}인 냉동기의 성적계수
$COP = \dfrac{Q_{in}}{W_c}$
$= \dfrac{334[kJ/kg] \times 2,000[kg]}{180[MJ]} = \dfrac{668,000[kJ]}{180,000[kJ]} = 3.71$

정답 | ④

18 빈출도 ★

다음 중 가장 낮은 온도는?

① 104[℃] ② 287[℉]
③ 410[K] ④ 684[R]

해설

① $104 + 273 = 377[K]$
② $(287 - 32) \times \dfrac{5}{9} = 141.67[℃] = (141.67 + 273)[K]$
$= 414.67[K]$
③ $410[K]$
④ $684 \times \dfrac{5}{9} = 380[K]$
즉, 온도는 ②>③>④>① 순이다.

정답 | ①

19 빈출도 ★★

계가 정적 과정으로 상태 1에서 상태 2로 변화할 때 단순압축성 계에 대한 열역학 제1법칙을 바르게 설명한 것은? (단, U, Q, W는 각각 내부에너지, 열량, 일량이다.)

① $U_1 - U_2 = Q_{12}$ ② $U_2 - U_1 = W_{12}$
③ $U_1 - U_2 = W_{12}$ ④ $U_2 - U_1 = Q_{12}$

해설

상태 1에서 상태 2로 변화할 때 정적과정이라면
$W_{12} = \int PdV = 0$이므로 $\Delta U_{12} = Q_{12} - W_{12} = Q_{12}$를 만족한다.
여기서 $\Delta U_{12} = U_2 - U_1$이므로 단순압축성 계에 대한 열역학 제 1법칙은 $U_2 - U_1 = Q_{12}$이다.

정답 | ④

20 빈출도 ★

온도 15[℃], 압력 100[kPa] 상태의 체적이 일정한 용기 안에 어떤 이상기체 5[kg]이 들어있다. 이 기체가 50[℃]가 될 때까지 가열되는 동안의 엔트로피 증가량은 약 몇 [kJ/K]인가? (단, 이 기체의 정압비열과 정적비열은 각각 1.001[kJ/kg·K], 0.7171[kJ/kg·K]이다.)

① 0.411
② 0.486
③ 0.575
④ 0.732

해설

정적 과정에서 받은 열 $Q_v = C_v m \Delta T$

엔트로피 변화량 $\Delta S = \dfrac{\Delta Q}{T} = \dfrac{C_v m \Delta T}{T}$

정적 과정 동안 온도가 계속 변하므로

$$\Delta S = C_v m \int_{T_1}^{T_2} \dfrac{1}{T} dT = C_v m \ln\left(\dfrac{T_2}{T_1}\right)$$
$$= 0.7171[kJ/kg \cdot K] \times 5[kg] \times \ln\left(\dfrac{273+50}{273+15}\right)$$
$$= 0.411[kJ/K]$$

정답 | ①

냉동공학

21 빈출도 ★★

브라인(2차 냉매)중 무기질 브라인이 아닌 것은?

① 염화마그네슘
② 에틸렌글리콜
③ 염화칼슘
④ 식염수

해설

가격이 저렴한 무기질 브라인에는 소금물(식염수), 염화칼슘 수용액, 염화마그네슘 수용액이 있다.

정답 | ②

22 빈출도 ★★

냉동기유의 구비조건으로 틀린 것은?

① 점도가 적당할 것
② 응고점이 높고 인화점이 낮을 것
③ 유성이 좋고 유막을 잘 형성할 수 있을 것
④ 수분 등의 불순물을 포함하지 않을 것

해설

냉동기유는 응고점이 낮고 인화점이 높아야 하며 수분과 산분을 함유하지 않아야 하고, 절연내력이 커야 한다.

정답 | ②

23 빈출도 ★

흡수식 냉동장치에서 흡수제 유동방향으로 틀린 것은?

① 흡수기 → 재생기 → 흡수기
② 흡수기 → 재생기 → 증발기 → 응축기 → 흡수기
③ 흡수기 → 용액열교환기 → 재생기 → 용액열교환기 → 흡수기
④ 흡수기 → 고온재생기 → 저온재생기 → 흡수기

해설

흡수제는 흡수기, 열교환기, 재생기 사이를 순환할 뿐, 증발기나 응축기로 가지는 않는다. 보기 ②는 흡수제가 증발기와 응축기를 거치고 있으므로 유동방향으로 틀린 것이다.

정답 | ②

24 빈출도 ★★

냉동장치가 정상운전되고 있을 때 나타나는 현상으로 옳은 것은?

① 팽창밸브 직후의 온도는 직전의 온도보다 높다.
② 크랭크 케이스 내의 유온은 증발 온도보다 낮다.
③ 수액기 내의 액온은 응축 온도보다 높다.
④ 응축기의 냉각수 출구온도는 응축 온도보다 낮다.

해설

응축기는 냉각수로 냉매 증기를 응축시키는 장치로 냉각수 출구 온도는 냉매의 응축 온도보다 낮아야 열이 냉매에서 냉각수로 전달되어 응축이 이루어진다.

선지분석

① 팽창 후 냉매는 압력·온도가 급격히 하강하므로, 팽창밸브 직후의 온도는 팽창밸브 직전(응축액 온도)보다 낮다.
② 크랭크 케이스는 주로 증발기에서 나오는 저온의 포화 증기에 의해 냉각되지 않고, 압축기로 돌아오기 전의 과열 증기가 닿으므로, 유온은 증발 온도보다 높다.
③ 수액기는 응축기에서 배출된 액체 냉매를 보관하는 장치로, 대부분 약간의 과냉각 상태이다. 과냉각은 응축 온도보다 낮은 온도에서 이루어지므로, 수액기 내 액온은 응축 온도보다 낮다.

정답 | ④

25 빈출도 ★★★

그림은 $R-134a$를 냉매로 한 건식 증발기를 가진 냉동장치의 개략도이다. 지점 1, 2에서의 게이지 압력은 각각 $0.2[MPa]$, $1.4[MPa]$으로 측정되었다. 각 지점에서의 엔탈피가 아래 표와 같을 때, 5지점에서의 엔탈피$[kJ/kg]$는 얼마인가? (단, 비체적 v_1은 $0.08[m^3/kg]$이다.)

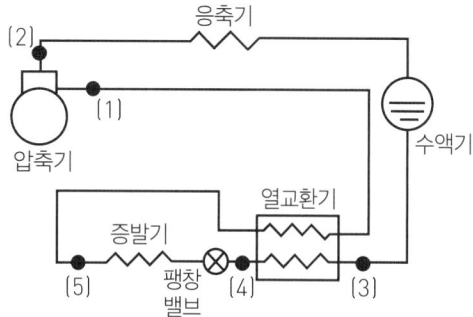

지점	엔탈피[kJ/kg]
1	623.8
2	665.7
3	460.5
4	439.6

① 20.9
② 112.8
③ 408.6
④ 602.9

해설

열교환기에 의해 액체 쪽(3→4)에서 방출된 열량은 증기쪽(5→1)으로 흡수되는 열량과 같으므로 $h_3-h_4=h_1-h_5$를 만족한다.
따라서 $h_5=h_1-h_3+h_4=623.8-460.5+439.6$
$=602.9[kJ/kg]$

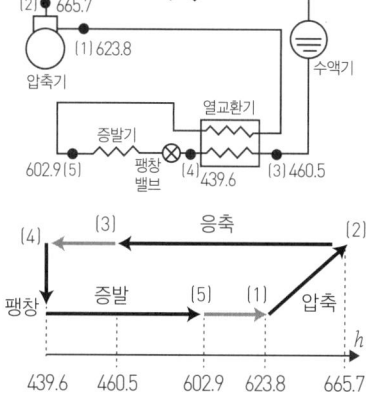

정답 | ④

26 빈출도 ★

냉동용 압축기를 냉동법의 원리에 의해 분류할 때, 저온에서 증발한 가스를 압축기로 압축하여 고온으로 이동시키는 냉동법을 무엇이라고 하는가?

① 화학식 냉동법
② 기계식 냉동법
③ 흡착식 냉동법
④ 전자식 냉동법

해설

저온에서 증발된 가스(증기)를 압축기로 압축하여 고온으로 이동시키는 냉동법은 기계식 냉동법이다.

선지분석

① 화학식 냉동법: 흡수제와 냉매의 흡수·재생 반응을 이용하는 방법이다.
③ 흡착식 냉동법: 고체 흡착제의 흡착·탈착을 이용하는 방법이다.
④ 전자식 냉동법: 펠티어 소자 등 전자기 효과를 이용하는 방법이다.

정답 | ②

27 빈출도 ★★

실제 기체가 이상 기체의 상태방정식을 근사하게 만족시키는 경우는 어떤 조건인가?

① 압력과 온도가 모두 낮은 경우
② 압력이 높고 온도가 낮은 경우
③ 압력이 낮고 온도가 높은 경우
④ 압력과 온도 모두 높은 경우

해설

실제 기체의 밀도를 낮추면 이상 기체와 근사해진다. 밀도는 압력에 비례하고 온도에 반비례하므로 압력이 낮고 온도가 높은 경우 이상기체 상태방정식을 근사하게 만족시킨다.

정답 | ③

28 빈출도 ★★★

가역 카르노 사이클에서 고온부 $40[°C]$, 저온부 $0[°C]$로 운전될 때, 열기관의 효율은?

① 7.825
② 6.825
③ 0.147
④ 0.128

해설

카르노 사이클의 효율

$$\eta = 1 - \frac{T_C}{T_H} = 1 - \frac{273+0}{273+40} = 0.128$$

정답 | ④

29 빈출도 ★

표준 냉동사이클에서 냉매의 교축 후에 나타나는 현상으로 틀린 것은?

① 온도는 강하한다.
② 압력은 강하한다.
③ 엔탈피는 일정하다.
④ 엔트로피는 감소한다.

해설

교축 과정은 비가역 단열 과정으로 엔탈피는 변하지 않고 무질서도는 증가한다. 따라서 표준 냉동사이클에서 냉매의 교축 후에 엔트로피는 증가한다.

구분	기호	단위	냉매 교축 후 현상
온도	T	[K]	온도 강하
압력	P	[kPa]	압력 강하
엔탈피	h	[kJ/kg]	엔탈피 일정
엔트로피	S	[kJ/kg·k]	엔트로피 증가

정답 | ④

30 빈출도 ★★

다음 조건을 이용하여 응축기 설계 시 1[RT](3.86 [kW])당 응축면적[m²]은? (단, 온도차는 산술평균온도차를 적용한다.)

- 응축온도: 35[℃]
- 냉각수 입구온도: 28[℃]
- 냉각수 출구온도: 32[℃]
- 열통과율: 1.05[kW/m²·℃]

① 1.05 ② 0.74
③ 0.52 ④ 0.35

해설

산술평균온도차(SMTD) $= \dfrac{(35-28)+(35-32)}{2} = 5[℃]$

응축부하 $Q[W] = kA\Delta T$ 이므로
1[RT]당 응축면적

$A = \dfrac{Q}{k\Delta T} = \dfrac{3.86[kW]}{1.05[kW/m^2\cdot℃] \times 5[℃]} = 0.735[m^2]$

정답 | ②

31 빈출도 ★

수액기에 대한 설명으로 틀린 것은?

① 응축기에서 응축된 고온고압의 냉매액을 일시 저장하는 용기이다.
② 장치 안에 있는 모든 냉매를 응축기와 함께 회수할 정도의 크기를 선택하는 것이 좋다.
③ 소형 냉동기에는 필요로 하지 않다.
④ 어큐뮬레이터라고도 한다.

해설

수액기(Receiver)는 응축기와 팽창밸브 사이에 설치하며, 소형 냉동기에는 수액기가 없다. 어큐뮬레이터(Accumulator)는 액분리기를 의미하며 수액기와 관련이 없다.

정답 | ④

32 빈출도 ★★

히트파이프(Heat Pipe)의 구성요소가 아닌 것은?

① 단열부 ② 응축부
③ 증발부 ④ 팽창부

해설

히트파이프는 증발부, 단열부, 응축부로 구분되며, 주로 컴퓨터의 CPU 냉각 장치로 쓰인다. 팽창부는 히트파이프의 구성요소가 아니다.

정답 | ④

33 빈출도 ★★

다음 중 빙축열시스템의 분류에 대한 조합으로 적당하지 않은 것은?

① 정적 제빙형 – 관내 착빙형
② 정적 제빙형 – 캡슐형
③ 동적 제빙형 – 관외 착빙형
④ 동적 제빙형 – 과냉각 아이스형

해설

관외 착빙형은 정적 제빙형의 한 종류이다.

개념설명 빙축열시스템의 분류

정적 제빙형 방식	동적 제빙형 방식
• 관내 착빙형 • 관외 착빙형 • 캡슐형 • 판형 착빙형	• 빙박리형 • 리퀴드 아이스형 • 과냉각 아이스형

정답 | ③

34 빈출도 ★★

암모니아 냉동장치에서 고압측 게이지 압력이 $1,372.9[kPa]$, 저압측 게이지 압력이 $294.2[kPa]$ 이고, 피스톤 압출량이 $100[m^3/h]$, 흡입증기의 비체적이 $0.5[m^3/kg]$일 때, 이 장치에서의 압축비와 냉매 순환량[kg/h]은 각각 얼마인가? (단, 압축기의 체적효율은 0.7이다.)

① 압축비 3.73, 냉매 순환량 70
② 압축비 3.73, 냉매 순환량 140
③ 압축비 4.67, 냉매 순환량 70
④ 압축비 4.67, 냉매 순환량 140

해설

• 압축비
$$\varepsilon = \frac{고압측\ 절대압력}{저압측\ 절대압력} = \frac{P_H}{P_L}$$
$$= \frac{(1,372.9+101.3)[kPa]}{(294.2+101.3)[kPa]} = 3.73$$

• 냉매 순환량
$$\dot{m} = \frac{피스톤\ 압출량}{비체적} \times 효율 = \frac{V}{v} \times \eta$$
$$= \frac{100[m^3/h]}{0.5[m^3/kg]} \times 0.7 = 200 \times 0.7 = 140[kg/h]$$

정답 | ②

35 빈출도 ★

흡수식 냉동기의 특징에 대한 설명으로 옳은 것은?

① 자동제어가 어렵고 운전경비가 많이 소요된다.
② 초기 운전 시 정격 성능을 발휘할 때까지의 도달 속도가 느리다.
③ 부분 부하에 대한 대응이 어렵다.
④ 증기 압축식보다 소음 및 진동이 크다.

해설

흡수식 냉동기는 예열시간이 길고 정격 도달속도가 느리다.

정답 | ②

36 빈출도 ★★

표준 냉동사이클에서 상태 1, 2, 3에서의 각 성적계수 값을 모두 합하면 약 얼마인가?

상태	응축온도	증발온도
1	32[℃]	-18[℃]
2	42[℃]	2[℃]
3	37[℃]	-13[℃]

① 5.11
② 10.89
③ 17.17
④ 25.14

해설

• 냉동기의 성적계수 $COP = \frac{Q_{in}}{W_c} = \frac{Q_{in}}{Q_{out}-Q_{in}}$

• 표준 냉동사이클은 열량이 절대온도에 비례하므로,

1의 성적 계수 $= \frac{T_C}{T_H - T_C} = \frac{273-18}{32-(-18)} = 5.1$

2의 성적 계수 $= \frac{T_C}{T_H - T_C} = \frac{273+2}{42-2} = 6.875$

3의 성적 계수 $= \frac{T_C}{T_H - T_C} = \frac{273-13}{37-(-13)} = 5.2$

따라서 모두 합하면 $5.1+6.875+5.2=17.175$이다.

정답 | ③

37 빈출도 ★★★

다음 중 액압축을 방지하고 압축기를 보호하는 역할을 하는 것은?

① 유분리기
② 액분리기
③ 수액기
④ 드라이어

해설

액분리기는 증발기와 압축기 사이에 설치하여 액압축(Liquid back)을 방지하고 압축기를 보호한다.

선지분석

① 유분리기: 압축기에서 발생하는 가스 중 윤활유를 분리한다.
③ 수액기: 응축액을 일시적으로 저장한다.
④ 드라이어: 냉매 중 수분·불순물 등을 흡착하여 제거한다.

정답 | ②

38 빈출도 ★★

여름철 공기열원 열펌프 장치로 냉방 운전할 때, 외기의 건구온도 저하 시 나타나는 현상으로 옳은 것은?

① 응축압력이 상승하고, 장치의 소비전력이 증가한다.
② 응축압력이 상승하고, 장치의 소비전력이 감소한다.
③ 응축압력이 저하하고, 장치의 소비전력이 증가한다.
④ 응축압력이 저하하고, 장치의 소비전력이 감소한다.

해설

열펌프로 냉방 운전하게 되면 실외의 증발기가 응축기로 바뀌게 되며, 외기 건구 온도가 낮아지면 외기 온도와 실내 온도 차이가 작아져서 응축 온도가 저하된다. 응축압력은 응축 온도에 비례하므로 저하하고 응축압력이 낮아지면 압축비가 줄어들어 일률이 감소하게 되어 소비전력이 감소한다.

정답 | ④

39 빈출도 ★★

냉동능력이 10[RT]이고 실제 흡입가스의 체적이 15[m³/h]인 냉동기의 냉동효과[kJ/kg]는? (단, 압축기 입구 비체적은 0.52[m³/kg]이고, 1[RT]는 3.86[kW]이다.)

① 4,817.2
② 3,128.1
③ 2,984.7
④ 1,534.8

해설

$$냉동효과 = \frac{냉동능력}{흡입가스체적/비체적}$$

$$= \frac{38.6[kW]}{15[m^3/h]/0.52[m^3/kg]}$$

$$= \frac{38.6 \times 3,600[kJ/h] \times 0.52[m^3/kg]}{15[m^3/h]}$$

$$= 4,817.3[kJ/kg]$$

※ 냉동효과: 순환냉매 1[kg]당 냉동능력
※ 1[kW]=1[kJ/s]=1×3,600[kJ/h]

정답 | ①

40 빈출도 ★

R-22를 사용하는 냉동장치에 R-134a를 사용하려 할 때, 장치의 운전 시 유의사항으로 틀린 것은?

① 냉매의 능력이 변하므로 전동기 용량이 충분한지 확인한다.
② 응축기, 증발기 용량이 충분한지 확인한다.
③ 가스켓, 시일 등의 패킹 선정에 유의해야 한다.
④ 동일 탄화수소계 냉매이므로 그대로 운전할 수 있다.

해설

R-22를 R-134a로 대체할 경우 물성, 압력, 윤활유 등 호환성이 다르게 되어 압축기 및 윤활유도 교체해야 한다.

정답 | ④

공기조화

41 빈출도 ★★

기후에 따른 불쾌감을 표시하는 불쾌지수는 무엇을 고려한 지수인가?

① 기온과 기류
② 기온과 노점
③ 기온과 복사열
④ 기온과 습도

해설

불쾌지수는 온도(기온)와 습도에 따라 달라지는 인간의 불쾌감을 수치화한 것이다.

정답 | ④

42 빈출도 ★★

개별 공기조화방식에 사용되는 공기조화기에 대한 설명으로 틀린 것은?

① 사용하는 공기조화기의 냉각코일에는 간접팽창코일을 사용한다.
② 설치가 간편하고 운전 및 조작이 용이하다.
③ 제어대상에 맞는 개별 공조기를 설치하여 최적의 운전이 가능하다.
④ 소음이 크나, 국소운전이 가능하여 에너지 절약적이다.

해설

- 개별 공기조화방식에 사용되는 공기조화기의 냉각코일에는 직접팽창코일을 사용해야 한다.
- 냉각해야 할 장소와 증발기가 분리된 간접 팽창식(브라인식)을 쓰는 공기조화방식은 개별식이 아니라 중앙식이다.

정답 | ①

43 빈출도 ★

외기 및 반송(Return)공기의 분진량이 각각 C_O, C_R이고, 공급되는 외기량 및 필터로 반송되는 공기량이 각각 Q_O, Q_R이며, 실내 발생량이 M이라 할 때, 필터의 효율(η)을 구하는 식으로 옳은 것은?

① $\eta = \dfrac{Q_O(C_O-C_R)+M}{C_O Q_O + C_R Q_R}$

② $\eta = \dfrac{Q_O(C_O-C_R)+M}{C_O Q_O - C_R Q_R}$

③ $\eta = \dfrac{Q_O(C_O+C_R)+M}{C_O Q_O + C_R Q_R}$

④ $\eta = \dfrac{Q_O(C_O-C_R)-M}{C_O Q_O - C_R Q_R}$

해설

- 들어오는 분진
  $Q_O C_O + Q_R C_R + M$
  (단, $Q_O C_O$: 외기 유입 분진, $Q_R C_R$: 환기되어 필터로 들어오는 분진, M: 실내에서 발생하는 분진)
- 필터를 통과하여 실내로 되돌아가는 분진
  $(Q_O + Q_R)C_R$
- 필터가 포집한 분진량
  $Q_O C_O + Q_R C_R + M - (Q_O + Q_R)C_R = Q_O(C_O - C_R) + M$
- 필터 효율은 다음과 같이 나타낼 수 있다.
  $\eta = \dfrac{\text{필터가 집한 분진량}}{\text{필터 입구로 들어오는 전체 분진량}}$
  여기서 필터 입구로 들어오는 전체 분진량을 $Q_O C_O + Q_R C_R$로 나타낼 수 있으므로
  $\eta = \dfrac{Q_O(C_O - C_R) + M}{Q_O C_O + Q_R C_R}$
- ※ 분모에 M(실내에서 발생하는 분진)을 포함하지 않은 이유는 '총 유입 분진량'으로 정의할 경우 외기＋반송공기를 통해 필터에 유입된 실제 분진만을 고려하기 때문이다.

정답 | ①

44 빈출도 ★★

극간풍(틈새바람)에 의한 침입 외기량이 2,800[L/s]일 때, 현열부하(q_S)와 잠열부하(q_L)는 얼마인가?(단, 실내의 공기온도와 절대습도는 각각 25[℃], 0.0179[kg/kg$_{DA}$]이고, 외기의 공기온도와 절대습도는 각각 32[℃], 0.0209[kg/kg$_{DA}$]이며, 건공기 정압비열 1.005[kJ/kg·K], 0[℃] 물의 증발잠열 2,501[kJ/kg], 공기밀도 1.2[kg/m³]이다.)

① q_S: 23.6[kW], q_L: 17.8[kW]
② q_S: 18.9[kW], q_L: 17.8[kW]
③ q_S: 23.6[kW], q_L: 25.2[kW]
④ q_S: 18.9[kW], q_L: 25.2[kW]

해설

- 현열부하
  $q_s = GC\Delta T$ (G: 침입 외기량, C: 공기의 비열)
  $= 2,800 \times 10^{-3} [m^3/s] \times 1.2 [kg/m^3] \times 1.005 [kJ/kg·K]$
  $\times (32-25)[K] = 23.6 [kJ/s]$
- 잠열부하
  $q_L = G'C'\Delta x$ (C': 증발잠열, Δx: 절대습도 차이)
  $= 2,800 \times 10^{-3} [m^3/s] \times 1.2 [kg/m^3] \times 2,501 [kJ/kg]$
  $\times (0.0209-0.0179)[kg/kg_{DA}] = 25.21 [kJ/s]$

정답 | ③

45 빈출도 ★

바닥취출 공조방식의 특징으로 틀린 것은?

① 천장 덕트를 최소화 하여 건축 층고를 줄일 수 있다.
② 개인에 맞추어 풍량 및 풍속 조절이 어려워 쾌적성이 저해된다.
③ 가압식의 경우 급기거리가 18[m] 이하로 제한된다.
④ 취출온도와 실내온도 차이가 10[℃] 이상이면 드래프트 현상을 유발할 수 있다.

해설

바닥취출 공조방식의 특징은 취출구가 거주자 근처에 설치되어 있어서 개인의 기분이나 체감에 따라 풍량과 풍향을 조절할 수 있어서 쾌적성이 높다.

정답 | ②

46 빈출도 ★

노점온도(Dew point temperature)에 대한 설명으로 옳은 것은?

① 습공기가 어느 한계까지 냉각되어 그 속에 있던 수증기가 이슬방울로 응축되기 시작하는 온도
② 건공기가 어느 한계까지 냉각되어 그 속에 있던 공기가 팽창하기 시작하는 온도
③ 습공기가 어느 한계까지 냉각되어 그 속에 있던 수증기가 자연 증발하기 시작하는 온도
④ 건공기가 어느 한계까지 냉각되어 그 속에 있던 공기가 수축하기 시작하는 온도

해설

노점온도는 주어진 절대습도에서 상대습도가 100[%]가 되는 건구온도, 즉 이슬이 맺히기 시작하는 온도로 습공기가 어느 한계까지 냉각되어 그 속에 있던 수증기가 이슬방울로 응축되기 시작하는 온도이다.

정답 | ①

47 빈출도 ★★

온수난방에 대한 설명으로 틀린 것은?

① 난방부하에 따라 온도조절을 용이하게 할 수 있다.
② 예열시간은 길지만 잘 식지 않으므로 증기난방에 비하여 배관의 동결우려가 적다.
③ 열용량이 증기보다 크고 실온 변동이 적다.
④ 증기난방보다 작은 방열기 또는 배관이 필요하므로 배관공사비를 절감할 수 있다.

해설

온수난방은 동일방열량에 대하여 증기난방보다 큰 방열기 또는 배관이 필요하므로 배관공사비가 비싸다.

정답 | ④

48 빈출도 ★★

습공기의 상대습도(ϕ)와 절대습도(ω)와의 관계에 대한 계산식으로 옳은 것은? (단, P_a는 건공기 분압, P_s는 습공기와 같은 온도의 포화수증기 압력이다.)

① $\phi = \dfrac{\omega}{0.622} \dfrac{P_a}{P_s}$ ② $\phi = \dfrac{\omega}{0.622} \dfrac{P_s}{P_a}$

③ $\phi = \dfrac{0.622}{\omega} \dfrac{P_s}{P_a}$ ④ $\phi = \dfrac{0.622}{\omega} \dfrac{P_a}{P_s}$

해설
- 절대습도 ω는 건공기 1[kg]에 포함된 수증기[kg]의 비율로
  $\omega = 0.622 \times \dfrac{P}{P_a}$ (단, P: 수증기 분압)
- 상대습도 ϕ는 실제 수증기 분압 P가 포화수증기압 P_s에 대해 얼마나 차 있는지를 나타내는 것으로
  $\phi = \dfrac{P}{P_s}$ 를 만족한다.
- 두 식을 정리하면 $P = \phi P_s$이므로
  $\omega = 0.622 \times \dfrac{P}{P_a} = 0.622 \times \dfrac{\phi P_s}{P_a} \to \phi = \dfrac{\omega}{0.622} \times \dfrac{P_a}{P_s}$

정답 | ①

49 빈출도 ★★

취출기류에 관한 설명으로 틀린 것은?

① 거주영역에서 취출구의 최소 확산반경이 겹치면 편류현상이 발생한다.
② 취출구인 베인 각도를 확대시키면 소음이 감소한다.
③ 천장 취출 시 베인의 각도를 냉방과 난방시 다르게 조정해야 한다.
④ 취출기류의 강하 및 상승거리는 기류의 풍속 및 실내공기와의 온도차에 따라 변한다.

해설
취출구 베인 각도를 확대시키면 도달거리는 짧고 강하거리는 길어져 풍류 속도가 증가하고 소음이 커진다.

정답 | ②

50 빈출도 ★★

공기조화 설비에서 공기의 경로로 옳은 것은?

① 환기덕트 → 공조기 → 급기덕트 → 취출구
② 공조기 → 환기덕트 → 급기덕트 → 취출구
③ 냉각탑 → 공조기 → 냉동기 → 취출구
④ 공조기 → 냉동기 → 환기덕트 → 취출구

해설 공기의 이동 경로

실내 → 흡입구 → 환기덕트 → 공조기 → 급기덕트 → 취출구 → 실내

정답 | ①

51 빈출도 ★

보일러의 성능에 관한 설명으로 틀린 것은?

① 증발계수는 1시간당 증기발생량에 시간당 연료소비량으로 나눈 값이다.
② 1보일러 마력은 매시 100[℃]의 물 15.65[kg]을 같은 온도의 증기로 변화시킬 수 있는 능력이다.
③ 보일러 효율은 증기에 흡수된 열량과 연료의 발열량과의 비이다.
④ 보일러 마력을 전열면적으로 표시할 때는 수관 보일러의 전열면적 0.929[m²]를 1보일러 마력이라 한다.

해설
증발계수는 보일러에 의한 물의 엔탈피 증가량을 표준상태 증발잠열로 나눈 값이다. 1시간당 증기발생량에 시간당 연료소비량으로 나눈 값은 증발비이다.

정답 | ①

52 빈출도 ★★★

냉동창고의 벽체가 두께 15[cm], 열전도율 1.6[W/m·℃]인 콘크리트와 두께 5[cm], 열전도율이 1.4[W/m·℃]인 모르타르로 구성되어 있다면 벽체의 열통과율[W/m²·℃]은? (단, 내벽측 표면 열전달률은 9.3 [W/m²·℃], 외벽측 표면 열전달률은 23.2[W/m²·℃]이다.)

① 1.11　　② 2.58
③ 3.57　　④ 5.91

해설

$\dfrac{1}{k} = \dfrac{1}{\alpha} + \dfrac{1}{\lambda_1/l} + \dfrac{1}{\lambda_2/l} + \dfrac{1}{\alpha'}$ 로부터 열관류율 k를 구하면

$\dfrac{1}{k} = \dfrac{1}{9.3} + \dfrac{1}{1.6/0.15} + \dfrac{1}{1.4/0.05} + \dfrac{1}{23.2} = 0.28$ 이므로

$k = \dfrac{1}{0.28} = 3.57 [\text{W/m}^2 \cdot ℃]$

정답 | ③

53 빈출도 ★★

가습장치에 대한 설명으로 옳은 것은?

① 증기분무 방법은 제어의 응답성이 빠르다.
② 초음파 가습기는 다량의 가습에 적당하다.
③ 순환수 가습은 가열 및 가습효과가 있다.
④ 온수 가습은 가열·감습이 된다.

해설

증기분무 방식은 즉시 증기 분사를 하므로 제어의 응답성이 빠르다.

선지분석

② 초음파 가습기는 소량만 공급이 가능하므로 다량의 가습에는 부적합하다.
③ 순환수 가습은 증발냉각 효과가 있어 냉각 및 가습효과가 있다.
④ 온수 가습은 물이 증발하면서 냉각 및 가습효과가 있다.

정답 | ①

54 빈출도 ★★

공기조화 설비에 관한 설명으로 틀린 것은?

① 이중덕트 방식은 개별 제어를 할 수 있는 이점이 있지만, 단일덕트 방식에 비해 설비비 및 운전비가 많아진다.
② 변풍량 방식은 부하의 증가에 대처하기 용이하며, 개별제어가 가능하다.
③ 유인유닛 방식은 개별제어가 용이하며, 고속덕트를 사용할 수 있어 덕트 스페이스를 작게 할 수 있다.
④ 각층 유닛 방식은 중앙기계실 면적이 작게 차지하고, 공조기의 유지관리가 편하다.

해설

각층 유닛 방식은 공조기가 층별로 분산되어 있어서 관리해야 할 장비 수가 늘어나 유지 관리가 어렵다.

정답 | ④

55 빈출도 ★★★

다음 온수난방 분류 중 적당하지 않은 것은?

① 고온수식, 저온수식
② 중력순환식, 강제순환식
③ 건식환수법, 습식환수법
④ 상향공급식, 하향공급식

해설

건식환수법과 습식환수법은 응축수 환수 방식으로 증기 난방 분류에 해당한다.

개념설명 온수난방 분류

구분	온수난방	
온수의 온도	• 고온수식 • 저온수식	• 중온수식
배관 개수	• 단관식 • 팬코일유닛 방식	• 복관식
순환 방식	• 자연순환방식(중력순환식) • 강제순환식	
공급 방향	• 상향공급식	• 하향공급식
환수관 설치	• 직접 귀환방식	• 역귀환방식

정답 | ③

56 빈출도 ★★
축열 시스템에서 수축열조의 특징으로 옳은 것은?

① 단열, 방수공사가 필요 없고 축열조를 따로 구축하는 경우 추가비용이 소요되지 않는다.
② 축열배관 계통이 여분으로 필요하고 배관설비비 및 반송 동력비가 절약된다.
③ 축열수의 혼합에 따른 수온저하 때문에 공조기 코일 열수, 2차측 배관계의 설비가 감소할 가능성이 있다.
④ 열원기기는 공조부하의 변동에 직접 추종할 필요가 없고 효율이 높은 전부하에서의 연속운전이 가능하다.

해설
축열조에 저장된 냉·온수를 이용하여 공조를 수행하기 때문에 공조부하의 변동에 직접 추종할 필요가 없고 효율이 높은 전부하에서의 연속운전이 가능하다.

정답 | ④

57 빈출도 ★★★
온풍난방에 관한 설명으로 틀린 것은?

① 실내 층고가 높을 경우 상하 온도차가 커진다.
② 실내의 환기나 온습도 조절이 비교적 용이하다.
③ 직접 난방에 비하여 설비비가 높다.
④ 국부적으로 과열되거나 난방이 잘 안되는 부분이 발생한다.

해설
온풍난방은 예열시간이 짧고 배관이 필요 없어서 직접 난방에 비하여 장치가 간단하며 시설비가 저렴하다.

정답 | ③

58 빈출도 ★★★
냉방부하에 따른 열의 종류로 틀린 것은?

① 인체의 발생열 − 현열, 잠열
② 틈새바람에 의한 열량 − 현열, 잠열
③ 외기 도입량 − 현열, 잠열
④ 조명의 발생열 − 현열, 잠열

해설
사람의 호흡, 틈새 바람, 외기 속에는 수증기가 포함되어 있지만 조명의 발열은 수증기 발생과는 무관하므로 잠열이 없다.

정답 | ④

59 빈출도 ★
다음 중 라인형 취출구의 종류로 가장 거리가 먼 것은?

① 브리즈 라인형 ② 슬롯형
③ T−라인형 ④ 그릴형

해설
그릴형은 판넬형 취출구의 종류이다.

개념설명 라인형 취출구의 종류
- 브리즈 라인형
- T−라인형
- 슬롯형

정답 | ④

60 빈출도 ★★
다음 중 원심식 송풍기가 아닌 것은?

① 다익 송풍기 ② 프로펠러 송풍기
③ 터보 송풍기 ④ 익형 송풍기

해설
프로펠러 송풍기는 축류식 송풍기의 종류이다. 원심식 송풍기에는 터보형, 익형, 다익형, 방사형이 있다.

정답 | ②

전기제어공학

61 빈출도 ★★★

목표치가 시간에 관계없이 일정한 경우로 정전압 장치, 일정 속도제어 등에 해당하는 제어는?

① 정치제어
② 비율제어
③ 추종제어
④ 프로그램제어

해설

정치제어는 시간이 지나도 변하지 않는 목표값을 제어한다. 정전압 장치, 정속도 제어 등이 정치제어에 해당된다.

정답 | ①

62 빈출도 ★★

단상 교류전력을 측정하는 방법이 아닌 것은?

① 3전압계법
② 3전류계법
③ 단상전력계법
④ 2전력계법

해설

단상 교류 전력을 측정하는 방법에는 단상전력계법, 3전압계법, 3전류계법이 있다. 2전력계법은 3상 교류 전력을 측정하는 방법에 해당된다.

정답 | ④

63 빈출도 ★

교류를 직류로 변환하는 전기기기가 아닌 것은?

① 수은 정류기
② 단극 발전기
③ 회전 변류기
④ 컨버터

해설

단극발전기는 직류를 직접 발생시키는 발전기로 교류를 직류로 변환하는 전기기기와 관련이 없다.

선지분석

① 수은 정류기: 수은 증기의 밸브 작용을 활용한 반파 정류기로 아크 정류 방식으로 교류를 직류로 변환한다.
③ 회전 변류기: 동기 전동기와 직류 발전기를 나란하게 접속시킨 장치로 교류를 공급하여 회전시키면 정류자가 직류를 뽑아내는 방식이다.
④ 컨버터: 반도체 소자를 사용하여 교류를 직류로 변환한다.

정답 | ②

64 빈출도 ★★★

제어계의 구성도에서 개루프 제어계에는 없고 폐루프 제어계에만 있는 제어 구성요소는?

① 검출부
② 조작량
③ 목표값
④ 제어대상

해설

개루프 제어는 시스템의 출력을 입력에 피드백하지 않고 기준 입력만으로 제어 신호를 만들어서 출력을 제어하는 방식이므로 검출부가 따로 없다.

정답 | ①

65 빈출도 ★★★

$R=4[\Omega]$, $X_L=9[\Omega]$, $X_C=6[\Omega]$인 직렬접속회로의 어드미턴스[℧]는?

① $4+j8$ ② $0.16-j0.12$
③ $4-j8$ ④ $0.16+j0.12$

해설

임피던스 $\dot{Z}=R+j(X_L-X_C)=4+j9-j6=4+j3$
어드미턴스는 임피던스의 역수이므로
$Y=\dfrac{1}{\dot{Z}}=\dfrac{1}{4+j3}=\dfrac{4-j3}{(4+j3)(4-j3)}=\dfrac{4-j3}{25}=0.16-j0.12$

정답 | ②

66 빈출도 ★★

발열체의 구비조건으로 틀린 것은?

① 내열성이 클 것
② 용융 온도가 높을 것
③ 산화 온도가 낮을 것
④ 고온에서 기계적 강도가 클 것

해설

발열체는 내열성이 크고 용융 온도가 높아야 하며, 고온에서 기계적 강도가 크며 산화 온도가 높아야 한다.

정답 | ③

67 빈출도 ★★

PLC(Programmable Logic Controller)에 대한 설명 중 틀린 것은?

① 시퀀스 제어 방식과는 함께 사용할 수 없다.
② 무접점 제어 방식이다.
③ 산술연산, 비교연산을 처리할 수 있다.
④ 계전기, 타이머, 카운터의 기능까지 쉽게 프로그램 할 수 있다.

해설

PLC 제어는 직렬 처리 방식이므로 시퀀스 제어 방식과 함께 사용할 수 있다.

정답 | ①

68 빈출도 ★★★

그림과 같은 유접점 논리회로를 간단히 하면?

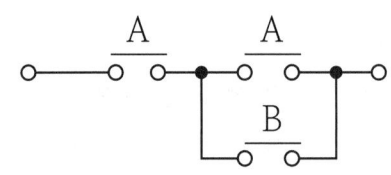

① 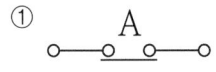   ②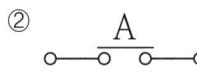
③ 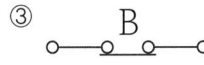   ④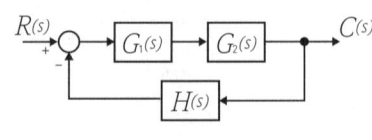

해설

$A(A+B)=AA+AB=A(1+B)=A \cdot 1=A$
①: $\overline{A}$, ②: A, ③: $\overline{B}$, ④: B이므로 보기 ②가 정답이다.

정답 | ②

69 빈출도 ★★★

그림과 같은 블록선도에서 $C(s)$는? (단, $G_1(s)=5$, $G_2(s)=2$, $H(s)=0.1$, $R(s)=1$이다.)

① 0 ② 1
③ 5 ④ ∞

해설

- 진행경로의 이득: $G_1(s)G_2(s)$
- 루프의 이득: $-G_1(s)G_2(s)H(s)$
- 전달함수

$G(s)=\dfrac{\Sigma \text{진행경로의 이득}}{1-\Sigma \text{루프의 이득}}$
$=\dfrac{G_1(s)G_2(s)}{1-(-G_1(s)G_2(s)H(s))}$
$=\dfrac{5\times 2}{1-(-5\times 2\times 0.1)}=\dfrac{10}{2}=5$

$G(s)=\dfrac{C(s)}{R(s)}$이므로
$C(s)=G(s)\times R(s)=5\times 1=5$

정답 | ③

70 빈출도 ★

전위의 분포가 $V=15x+4y^2$으로 주어질 때 점 $(x=3, y=4)$[m]에서 전계의 세기[V/m]는?

① $-15i+32j$
② $-15i-32j$
③ $15i+32j$
④ $15i-32j$

해설

전기장 $E=-\nabla V$ 이고
전위 분포 $V(x, y)=15x+4y^2$ 이므로

$$E=-\nabla V=-\frac{\partial V}{\partial x}i-\frac{\partial V}{\partial y}j$$
$$=-\frac{\partial(15x+4y^2)}{\partial x}i-\frac{\partial(15x+4y^2)}{\partial y}j$$
$$=-15i-8yj[\text{V/m}]$$

따라서 점(3, 4)에서 전계의 세기
$E=-15i-(8\times4)j=-15i-32j$

정답 | ②

71 빈출도 ★★

입력이 $011_{(2)}$일 때, 출력이 3[V]인 컴퓨터 제어의 D/A 변환기에서 입력을 $101_{(2)}$로 하였을 때 출력은 몇 [V]인가? (단, 3bit 디지털 입력 $011_{(2)}$은 off, on, on을 뜻하고 입력과 출력은 비례한다.)

① 3 ② 4
③ 5 ④ 6

해설

$011_{(2)}=1\times2^1+1\times2^0=3_{(10)}$ → 출력:3[V]
$101_{(2)}=1\times2^2+0\times2^1+1\times2^0=5_{(10)}$ → 출력:5[V]

정답 | ③

72 빈출도 ★★

$G(s)=\dfrac{10}{s(s+1)(s+2)}$의 최종값은?

① 0 ② 1
③ 5 ④ 10

해설

최종값 정리을 적용하면
$$\lim_{t\to\infty}g(t)=\lim_{s\to0}sG(s)=\lim_{s\to0}s\times\frac{10}{s(s+1)(s+2)}=\frac{10}{1\times2}=5$$

정답 | ③

73 빈출도 ★★★

잔류편차와 사이클링이 없고, 간헐현상이 나타나는 것이 특징인 동작은?

① I 동작 ② D 동작
③ P 동작 ④ PI 동작

해설

비례적분제어(PI 동작)는 비례 동작에 적분 동작을 추가하여 잔류편차를 없앤 제어법이다.

정답 | ④

74 빈출도 ★★

피상전력이 P_a[kVA]이고 무효전력이 P_r[kVar]인 경우 유효전력 P[kW]를 나타낸 것은?

① $P=\sqrt{P_a-P_r}$
② $P=\sqrt{P_a^2-P_r^2}$
③ $P=\sqrt{P_a+P_r}$
④ $P=\sqrt{P_a^2+P_r^2}$

해설

$P_a^2=P^2+P_r^2$이므로 유효전력 $P=\sqrt{P_a^2-P_r^2}$이다.

정답 | ②

75 빈출도 ★★

3상 교류에서 a, b, c 상에 대한 전압을 기호법으로 표시하면 $E_a=E\angle0°$, $E_b=E\angle-120°$, $E_c=E\angle120°$로 표시된다. 여기서 $a=-\dfrac{1}{2}+j\dfrac{\sqrt{3}}{2}$라는 페이저 연산자를 이용하면 E_c는 어떻게 표시되는가?

① $E_c=E$ ② $E_c=a^2E$
③ $E_c=aE$ ④ $E_c=\dfrac{1}{a}E$

해설

페이저 연산자 a를 극형식으로 표현하면 $1\angle120°$이고
$E_c=E\angle120°$을 두 극형식의 곱으로 표현하면,
$(E\angle0°)\times(1\angle120°)=aE$가 된다.

정답 | ③

76 빈출도 ★

상호인덕턴스 150[mH]인 a, b 두 개의 코일이 있다. b의 코일에 전류를 균일한 변화율로 1/50초 동안에 10[A] 변화시키면 a코일에 유기되는 기전력[V]의 크기는?

① 75
② 100
③ 150
④ 200

해설

유도기전력 $e = -L\dfrac{dI}{dt} = -150[\text{mH}] \times \dfrac{10[\text{A}]}{0.02[\text{s}]}$
$= -0.15[\text{H}] \times \dfrac{10[\text{A}]}{0.02[\text{s}]} = -75[\text{V}]$

따라서 a 코일에 유기되는 기전력의 크기는 75[V]이다.

정답 | ①

77 빈출도 ★★

비전해 콘덴서의 누설 전류 유무를 알아보는 데 사용될 수 있는 것은?

① 역률계
② 전압계
③ 분류기
④ 자속계

해설

비전해 콘덴서는 완전충전 상태에서도 미세 전류가 흐를 수 있는데 이를 누설 전류라고 한다. 누설 전류의 유무는 전압계로 확인이 가능하다.

정답 | ②

78 빈출도 ★

어떤 전지에 연결된 외부회로의 저항은 4[Ω]이고, 전류는 5[A]가 흐른다. 외부회로에 4[Ω] 대신 8[Ω]의 저항을 접속하였더니 전류가 3[A]로 떨어졌다면, 이 전지의 기전력[V]은?

① 10
② 20
③ 30
④ 40

해설

전지의 내부 저항을 $r[\Omega]$이라 하면
- 4[Ω] 저항 접속 시
  $E = I \times (r+4) = 5(r+4) = 5r + 20 [\text{V}]$
- 8[Ω] 저항 접속 시
  $E = I \times (r+8) = 3(r+8) = 3r + 24 [\text{V}]$
- 기전력은 외부 저항 접속여부와 관계없이 일정하므로
  $5r + 20 = 3r + 24 \rightarrow r = 2$
  따라서 기전력 $E = 5 \times 2 + 20 = 30[\text{V}]$

정답 | ③

79 빈출도 ★★★

다음 논리식 중 틀린 것은?

① $\overline{A \cdot B} = \overline{A} + \overline{B}$
② $\overline{A + B} = \overline{A} \cdot \overline{B}$
③ $A + A = A$
④ $A + \overline{A} \cdot B = A + \overline{B}$

해설

$A + \overline{A}B = A(1+B) + \overline{A}B = A + AB + \overline{A}B = A + B(A + \overline{A})$
$= A + B$

선지분석

① $\overline{A \cdot B} = \overline{A} + \overline{B}$(드 모르간의 법칙)
② $\overline{A + B} = \overline{A} \cdot \overline{B}$(드 모르간의 법칙)
③ $A + A = A$(동일 법칙)

정답 | ④

80 빈출도 ★

스위치를 닫거나 열기만 하는 제어동작은?

① 비례동작 ② 미분동작
③ 적분동작 ④ 2위치동작

해설

스위치를 열거나 닫는 것처럼 출력이 두 가지 위치만 가능한 제어를 2위치동작이라고 한다.

정답 | ④

배관일반

81 빈출도 ★★

증기난방 설비 중 증기헤더에 관한 설명으로 틀린 것은?

① 증기를 일단 증기헤더에 모은 다음 각 계통별로 분배한다.
② 헤더의 설치 위치에 따라 공급헤더와 리턴헤더로 구분한다.
③ 증기헤더는 압력계, 드레인 포켓, 트랩장치 등을 함께 부착시킨다.
④ 증기헤더의 접속관에 설치하는 밸브류는 바닥 위 5[m] 정도의 위치에 설치하는 것이 좋다.

해설

증기헤더의 접속관에 설치하는 밸브류는 조작 편의성을 고려하여 바닥 위 1.5[m] 정도의 위치에 설치하는 것이 좋다.

정답 | ④

82 빈출도 ★★

밸브 종류 중 디스크의 형상을 원뿔모양으로 하여 고압 소유량의 유체를 누설 없이 조절할 목적으로 사용하는 밸브는?

① 앵글 밸브 ② 슬루스 밸브
③ 니들 밸브 ④ 버터플라이 밸브

해설

니들 밸브는 디스크 끝이 날카로운 원추형이며 고압 유량을 미세하게 조절하기에 적합한 밸브이다.

선지분석

① 앵글 밸브: 유체의 흐름을 직각으로 바꾸는 역할을 한다. 부분 개방 시 유량 조절도 가능하다.
② 슬루스 밸브: 밸브를 완전히 열거나 닫는 용도로 설계된 밸브이다. 유체 흐름이 일직선으로 유지되므로 마찰손실이 적다. 증기수평관에서 드레인 방지를 위해 사용하고, 급수, 급탕 배관에 많이 쓰인다.
④ 버터플라이 밸브: 밸브 내부에 구형디스크(볼)를 사용하며 90° 회전만으로도 개폐가 가능하다.

정답 | ③

83 빈출도 ★★

다음 배관지지 장치 중 변위가 큰 개소에 사용하기에 가장 적절한 행거(Hanger)는?

① 리지드 행거 ② 콘스탄트 행거
③ 베리어블 행거 ④ 스프링 행거

해설

변위가 큰 곳에 사용하는 행거는 콘스탄트 행거이다.

선지분석

① 리지드 행거: 변위가 없는 곳에 사용하는 행거이다.
③ 베리어블 행거: 스프링 행거의 한 종류이다.
④ 스프링 행거: 변위가 작은 곳에서 사용하는 행거이다.

정답 | ②

84 빈출도 ★

냉매유속이 낮아지게 되면 흡입관에서의 오일회수가 어려워지므로 오일회수를 용이하게 하기 위하여 설치하는 것은?

① 이중 입상관 ② 루프 배관
③ 액 트랩 ④ 리프팅 배관

해설

흡입관을 이중 입상관 형태로 설치하여 냉매량이 적을 때는 소구경 배관을 통해서만 흐르게 하여 냉매 유속을 빠르게 유지하고 냉동기유(윤활유)가 고이지 않게 한다.

정답 | ①

85 빈출도 ★★★

보온재의 구비조건으로 틀린 것은?

① 부피와 비중이 커야 한다.
② 흡수성이 적어야 한다.
③ 안전사용 온도 범위에 적합해야 한다.
④ 열전도율이 낮아야 한다.

해설

보온재는 비중이 작고 가벼워 시공과 운반이 용이해야 한다.

개념설명 보온재의 구비조건

- 내열성이 높고, 물리·화학적 강도가 커야 한다.
- 불연성이면서 환경친화적이어야 한다.
- 열전도율과 흡수율(흡수성)이 낮아야 한다.
- 비중이 작고 가벼워 시공과 운반이 용이해야 한다.

정답 | ①

86 빈출도 ★★★

관의 결합방식 표시방법 중 용접식의 그림기호로 옳은 것은?

① ─┼─ ② ─●─
③ ─┼┼─ ④ ─▶─

해설

구분	도시기호
나사식 이음	─┼─
용접식 이음	─●─
플랜지식 이음	─┼┼─
턱걸이식 이음	─▶─

정답 | ②

87 빈출도 ★★

중차량이 통과하는 도로에서의 급수배관 매설깊이 기준으로 옳은 것은?

① 450[mm] 이상 ② 750[mm] 이상
③ 900[mm] 이상 ④ 1,200[mm] 이상

해설 급수 배관 매설깊이

- 평지: 450[mm] 이상
- 중차량 통과 도로: 1,200[mm] 이상

정답 | ④

88 빈출도 ★★★

공조배관 설계 시 유속을 빠르게 설계하였을 때 나타나는 결과로 옳은 것은?

① 소음이 작아진다. ② 펌프양정이 높아진다.
③ 설비비가 커진다. ④ 운전비가 감소한다.

해설

유속을 빠르게 할 경우 마찰손실이 커진다. 마찰손실이 클수록 수두(펌프양정)도 커지므로 펌프양정이 높아진다.

정답 | ②

89 빈출도 ★★

온수난방 설비의 온수배관 시공법에 관한 설명으로 틀린 것은?

① 공기가 고일 염려가 있는 곳에는 공기배출을 고려한다.
② 수평배관에서 관의 지름을 바꿀 때에는 편심레듀서를 사용한다.
③ 배관재료는 내열성을 고려한다.
④ 팽창관에는 슬루스 밸브를 설치한다.

해설
온수배관 최상부에는 팽창 탱크를 설치하는데, 팽창관 도중에는 저항이 발생할 수 있는 밸브를 설치하여서는 안 된다.

정답 | ④

90 빈출도 ★★

지중 매설하는 도시가스배관 설치방법에 대한 설명으로 틀린 것은?

① 배관을 시가지 도로 노면 밑에 매설하는 경우 노면으로부터 배관의 외면까지 1.5[m] 이상 간격을 두고 설치해야 한다.
② 배관의 외면으로부터 도로의 경계까지 수평거리 1.5[m] 이상, 도로 밑의 다른 시설물과는 0.5[m] 이상 간격을 두고 설치해야 한다.
③ 배관을 인도·보도 등 노면 외의 도로밑에 매설하는 경우에는 지표면으로부터 배관의 외면까지 1.2[m] 이상 간격을 두고 설치해야 한다.
④ 배관을 포장되어 있는 차도에 매설하는 경우 그 포장부분의 노반의 밑에 매설하고 배관의 외면과 노반의 최하부와의 거리는 0.5[m] 이상 간격을 두고 설치해야 한다.

해설
도시가스배관을 지중에 매설하는 경우, 배관의 외면으로부터 도로의 경계까지 수평거리 1[m] 이상, 도로 밑의 다른 시설물과는 0.3[m] 이상 간격을 두고 설치해야 한다.

정답 | ②

91 빈출도 ★

직접 가열식 중앙 급탕법의 급탕 순환 경로의 순서로 옳은 것은?

① 급탕입주관 → 분기관 → 저탕조 → 복귀주관 → 위생기구
② 분기관 → 저탕조 → 급탕입주관 → 위생기구 → 복귀주관
③ 저탕조 → 급탕입주관 → 복귀주관 → 분기관 → 위생기구
④ 저탕조 → 급탕입주관 → 분기관 → 위생기구 → 복귀주관

해설
직접 가열식 중앙 급탕법에서는 물을 가열하여 저탕조에 저장한 후, 급탕입주관을 통해 분기관으로 물을 보내고, 분기관에서는 각각의 위생기구로 물을 보낸 뒤, 복귀(환수)주관을 통해 저탕조로 회수한다.

정답 | ④

92 빈출도 ★★★

증기압축식 냉동사이클에서 냉매배관의 흡입관은 어느 구간을 의미하는가?

① 압축기 – 응축기 사이
② 응축기 – 팽창밸브 사이
③ 팽창밸브 – 증발기 사이
④ 증발기 – 압축기 사이

해설

배관	구간	역할
토출관	압축기 – 응축기 사이	고압, 고온 증기 수송
액관	응축기 – 팽창밸브 사이	응축된 액체 냉매 수송
흡입증발관	팽창밸브 – 증발기 사이	팽창 후 저압, 저온의 혼합물을 증발기까지 수송
흡입관	증발기 – 압축기 사이	증발기에서 완전 기화된 저압, 저온의 과열증기를 압축기까지 수송

정답 | ④

93 빈출도 ★★★

도시가스의 제조소 및 공급소 밖의 배관 표시기준에 관한 내용으로 틀린 것은?

① 가스배관을 지상에 설치할 경우에는 배관의 표면색상을 황색으로 표시한다.
② 최고사용압력이 중압인 가스배관을 매설할 경우에는 황색으로 표시한다.
③ 배관을 지하에 매설하는 경우에는 그 배관이 매설되어 있음을 명확하게 알 수 있도록 표시한다.
④ 배관의 외부에 사용가스명, 최고사용압력 및 가스의 흐름방향을 표시하여야 한다. 다만, 지하에 매설하는 경우에는 흐름방향을 표시하지 아니할 수 있다.

해설

기준		색상
지상배관		황색
매설배관	저압	황색
	중압	적색

정답 | ②

94 빈출도 ★★

다음 중 수직배관에서 역류방지 목적으로 사용하기에 가장 적절한 밸브는?

① 리프트식 체크밸브 ② 스윙식 체크밸브
③ 안전밸브   ④ 코크밸브

해설

체크밸브는 유체의 흐름을 한 방향으로 유지하여 역류를 방지한다. 수직배관에는 스윙형과 플랩형을, 수평배관에는 리프트형을 주로 사용한다.

개념설명

스윙 체크밸브를 수직배관에 설치할 때 유량이 위쪽으로 흐르는 지점에 설치하여야 한다. 만약 아래로 흐르는 지점에 설치할 경우 완전히 닫히지 않을 수 있다.

정답 | ②

95 빈출도 ★★★

주철관 이음 중 고무링 하나만으로 이음하여 이음과정이 간편하여 관 부설을 신속하게 할 수 있는 것은?

① 기계식 이음   ② 빅토릭 이음
③ 타이튼 이음   ④ 소켓 이음

해설

타이튼 이음은 원형 고무링 하나만으로 접합하기 때문에 신속·간편하다.

선지분석

① 기계식 이음: 가요성이 풍부하고 누수염려가 적다.
② 빅토릭 이음: 고무링과 금속제 컬러로 구성된다.
④ 소켓 이음: 고무링을 사용하지 않고, 관의 소켓부에 납과 마를 넣어서 접합하는 방식이다.

정답 | ③

96 빈출도 ★★★

배수설비의 종류에서 요리실, 욕조, 세척, 싱크와 세면기 등에서 배출되는 물을 배수하는 설비의 명칭으로 옳은 것은?

① 오수 설비   ② 잡배수 설비
③ 빗물배수 설비   ④ 특수배수 설비

해설

부엌이나 욕실에서 배출되는 물을 배수하는 설비는 잡배수 설비이다.

선지분석

① 오수 설비: 화장실 대소변기에서 배출되는 물을 배수하는 설비이다.
③ 빗물배수 설비: 빗물로 지붕이나 지표면에 떨어진 후 배출되는 물을 배수하는 설비이다.
④ 특수배수 설비: 공장이나 병원에서 유해물질이 함유된 배출수를 배수하는 설비이다.

정답 | ②

97 빈출도 ★★

연관의 접합 과정에 쓰이는 공구가 아닌 것은?

① 봄볼
② 턴핀
③ 드레서
④ 사이징툴

해설

사이징 툴은 동관 공작용 공구로 압축 이음(플레어 이음)하기에 앞서 동관 끝부분을 원형으로 정형하는 공구이다.

선지분석

① 봄볼: 분기관을 따내기 위해 구멍을 뚫는 공구이다.
② 턴핀: 연관 끝부분을 확관시키는 공구이다.
③ 드레서: 연관 표면에 생성된 산화물을 제거하는 공구이다.

정답 | ④

98 빈출도 ★★★

다음 중 동관의 이음방법과 가장 거리가 먼 것은?

① 플레어 이음
② 납땜 이음
③ 플랜지 이음
④ 소켓 이음

해설

소켓 이음은 주철관 이음방법의 한 종류이다.

개념설명 동관의 이음방법

- 플랜지 이음
- 용접 이음
- 납땜 이음
- 플레어 이음

정답 | ④

99 빈출도 ★★★

펌프의 양수량이 $60[m^3/min]$이고 전양정이 $20[m]$일 때, 벌류트 펌프로 구동할 경우 필요한 동력[kW]은 얼마인가? (단, 물의 비중량은 $9,800[N/m^3]$이고, 펌프의 효율은 $60[\%]$로 한다.)

① 196.1
② 200
③ 326.7
④ 405.8

해설

펌프 동력 $P = \dfrac{\dot{Q}\gamma H}{\eta}[W]$이므로

$P = \dfrac{60[m^3/min] \times 9,800[N/m^3] \times 20[m]}{0.6}$

$= \dfrac{\frac{60}{60}[m^3/sec] \times 9,800[N/m^3] \times 20[m]}{0.6}$

$= 326,666.67[W] = 326.67[kW]$

정답 | ③

100 빈출도 ★★★

플래시 밸브 또는 급속 개폐식 수전을 사용할 때 급수의 유속이 불규칙적으로 변하여 생기는 현상을 무엇이라고 하는가?

① 수밀작용
② 파동작용
③ 맥동작용
④ 수격작용

해설

수격 작용이란 배관 시스템 내 물의 흐름이 급변할 때 발생하는 압력 충격 현상을 말한다. 플래시 밸브 또는 급속 개폐식 수전을 사용할 때 급수의 유속이 불규칙적으로 변하는 현상을 막기 위해 밸브 근처에 공기실을 설치한다.

선지분석

① 수밀작용: 물방울이 표면에 붙어 얇은 막을 형성하는 현상이다.
② 파동작용: 흐르는 유체가 불연속면을 지날 때 생기는 압력파 또는 공진 현상이다.
③ 맥동작용: 유량이 펌프 회전 등에 의해 주기적으로 변화하며 발생하는 불안정 현상이다.

정답 | ④

2021년 2회 기출문제

기계열역학

01 빈출도 ★★

4[kg]의 공기를 온도 15[°C]에서 일정 체적으로 가열하여 엔트로피가 3.35[kJ/K] 증가하였다. 이 때 온도는 약 몇 [K]인가? (단, 공기의 정적비열은 0.717 [kJ/kg·K]이다.

① 927 ② 337
③ 533 ④ 483

해설

정적과정의 엔트로피 변화량은
$\Delta S = \int \frac{dQ}{T} = C_v m \int_{T_2}^{T_1} \frac{1}{T} dT$ 이다.

$\Rightarrow 3.35[kJ/K] = 0.717[kJ/kg·K] \times 4[kg] \times \ln\frac{T_2}{273+15}$

$\Rightarrow \ln\frac{T_2}{273+15} = 1.168$

$\Rightarrow T_2 = e^{1.168} \times 288 = 926[K]$

정답 | ①

02 빈출도 ★★★

카르노사이클로 작동되는 열기관이 200[kJ]의 열을 200[°C]에서 공급받아 20[°C]에서 방출한다면 이 기관의 일은 약 얼마인가?

① 38[kJ] ② 54[kJ]
③ 63[kJ] ④ 76[kJ]

해설

카르노 사이클의 효율
$\eta = 1 - \frac{T_C}{T_H} = 1 - \frac{20+273}{200+273} = 1 - \frac{293}{473} = 0.38$

따라서 $W_{cycle} = \eta \times Q_H = 0.38 \times 200[kJ] = 76[kJ]$

정답 | ④

03 빈출도 ★★

기체상수가 0.462[kJ/kg·K]인 수증기를 이상기체로 간주할 때 정압비열[kJ/kg·K]은 약 얼마인가? (단, 이 수증기의 비열비는 1.33이다.)

① 1.86 ② 1.54
③ 0.64 ④ 0.44

해설

$C_p = \frac{kR}{k-1} = \frac{1.33 \times 0.462}{1.33-1} = 1.862[kJ/kg·K]$

정답 | ①

04 빈출도 ★

다음 4가지 경우에서 ( )안의 물질이 보유한 엔트로피가 증가한 경우는?

ⓐ 컵에 있는 (물)이 증발하였다.
ⓑ 목욕탕의 (수증기)가 차가운 타일 벽에서 물로 응결되었다.
ⓒ 실린더 안의 (공기)가 가역 단열적으로 팽창되었다.
ⓓ 뜨거운 (커피)가 식어서 주위 온도와 같게 되었다.

① ⓐ ② ⓑ
③ ⓒ ④ ⓓ

해설

ⓐ: 액체에서 기체상태가 되었으므로 엔트로피가 증가한다.
ⓑ: 기체에서 액체상태가 되었으므로 엔트로피가 감소한다.
ⓒ: 가역 단열 팽창의 경우 엔트로피의 변화는 없다.
ⓓ: 열을 잃었으므로 엔트로피는 감소한다.

정답 | ①

05 빈출도 ★★★

이상적인 오토사이클의 열효율이 56.5[%]이라면 압축비는 약 얼마인가? (단, 작동 유체의 비열비는 1.4로 일정하다.)

① 7.5 ② 8.0
③ 9.0 ④ 9.5

해설

오토사이클의 효율
$\eta = 1 - \left(\dfrac{1}{r}\right)^{k-1} \rightarrow 0.565 = 1 - \left(\dfrac{1}{r}\right)^{0.4}$

따라서 압축비 $r = 0.435^{\left(-\frac{1}{0.4}\right)} = 8.01$이다.

정답 | ②

06 빈출도 ★★

시스템 내에 임의의 이상기체 1[kg]이 채워져 있다. 이 기체의 정압비열은 1.0[kJ/kg·K]이고, 초기 온도가 50[℃]인 상태에서 323[kJ]의 열량을 가하여 팽창시킬 때 변경 후 체적은 변경 전 체적의 약 몇 배가 되는가? (단, 정압과정으로 팽창한다.)

① 1.5배 ② 2배
③ 2.5배 ④ 3배

해설

$PV = nRT$에서 정압과정이므로 $\dfrac{V_f}{V_i} = \dfrac{T_f}{T_i}$이다.

$Q_p = C_p m \Delta T$에서

$\Delta T = \dfrac{Q_p}{mC_p} = \dfrac{323[kJ]}{1[kg] \times 1.0[kJ/kg \cdot K]} = 323[K]$이므로

$T_f = T_i + \Delta T = (273 + 50) + 323 = 646[K]$이다.

따라서 체적비 $\dfrac{V_f}{V_i} = \dfrac{T_f}{T_i} = \dfrac{646}{273+50} = 2$

정답 | ②

07 빈출도 ★★

그림과 같은 Rankine 사이클의 열효율은 약 얼마인가? (단, h는 엔탈피, s는 엔트로피를 나타내며, $h_1 = 191.8[kJ/kg]$, $h_2 = 193.8[kJ/kg]$, $h_3 = 2,799.5[kJ/kg]$, $h_4 = 2,007.5[kJ/kg]$이다.)

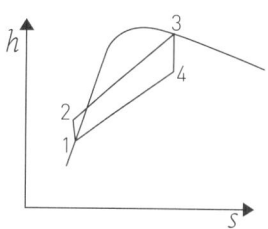

① 30.3[%] ② 36.7[%]
③ 42.9[%] ④ 48.1[%]

해설

1→2는 펌프속에서 단열압축, 2→3은 보일러 속에서 정압흡열, 3→4는 터빈 속에서 단열팽창, 4→1은 응축기 속에서 정압방열하는 과정이다.

- 터빈 일률 $W_t/m = h_3 - h_4 = 2,799.5 - 2,007.5 = 792[kJ/kg]$
- 펌프 일률 $W_p/m = h_2 - h_1 = 193.8 - 191.8 = 2[kJ/kg]$
- 보일러 열 $Q_{in}/m = h_3 - h_2 = 2,799.5 - 193.8 = 2,605.7[kJ/kg]$

따라서 효율은 $\eta = \dfrac{W_{cycle}}{Q_{in}} = \dfrac{(W_t - W_p)/m}{Q_{in}/m} = \dfrac{792 - 2}{2,605.7}$
$= 0.3032 = 30.3[\%]$

정답 | ①

08 빈출도 ★★

복사열을 방사하는 방사율과 면적이 같은 2개의 방열판이 있다. 각각의 온도가 A방열판은 120[℃], B방열판은 80[℃]일 때 두 방열판의 복사 열전달량(Q_A/Q_B)비는?

① 1.08 ② 1.22
③ 1.54 ④ 2.42

해설

열원에 의한 복사열은 표면적에 비례하고 표면온도의 4제곱에 비례한다.

따라서 $\dfrac{Q_A}{Q_B} = \left(\dfrac{T_A}{T_B}\right)^4 = \left(\dfrac{273+120}{273+80}\right)^4 = 1.536$이다.

정답 | ③

09 빈출도 ★★

질량이 5[kg]인 강제 용기 속에 물이 20[L] 들어있다. 용기와 물이 24[℃]인 상태에서 이 속에 질량이 5[kg]이고 온도가 180[℃]인 어떤 물체를 넣었더니 일정 시간 후 온도가 35[℃]가 되면서 열평형에 도달하였다. 이 때 이 물체의 비열은 약 몇 [kJ/kg·K], 강의 비열은 0.46[kJ/kg·K]이다.)

① 0.88　　② 1.12
③ 1.31　　④ 1.86

해설

- 물이 흡수한 열
  $Q_w = m_w C_w (T_s - T_i)$
  $= 20[kg] \times 4.2[kJ/kg·K] \times (35-24)[K] = 924[kJ]$
- 용기가 얻은 열
  $Q_c = m_c C_c (T_s - T_i)$
  $= 5[kg] \times 0.46[kJ/kg·K] \times (35-24)[K] = 25.3[kJ]$
- 물체가 잃은 열량
  $Q_v = m_v C_v (T_v - T_s) = 5[kg] \times C_v \times (180-35)[K] = 725 C_v$
  열평형 상태에 도달하였으므로
  $Q_v = Q_w + Q_c = 924 + 25.3 = 949.3[kJ] = 725 C_v[kJ]$

따라서 물체의 비열 $C_v = \dfrac{949.3[kJ]}{725[kg·K]} = 1.31[kJ/kg·K]$

정답 | ③

10 빈출도 ★

어느 왕복동 내연기관에서 실린더 안지름이 6.8[cm], 행정이 8[cm]일 때 평균유효압력은 1,200[kPa]이다. 이 기관의 1행정당 유효 일은 약 몇 [kJ]인가?

① 0.09　　② 0.15
③ 0.35　　④ 0.48

해설

- 실린더의 부피
  $V = \dfrac{\pi}{4} D^2 \times l$
  $= \dfrac{\pi}{4} \times (0.068[m])^2 \times 0.08[m] = 2.91 \times 10^{-4}[m^3]$
- 실린더가 하는 일
  $W = P \Delta V$
  $= 1,200[kPa] \times 2.91 \times 10^{-4}[m^3] = 0.349[kJ]$

정답 | ③

11 빈출도 ★★★

실린더에 밀폐된 8[kg]의 공기가 그림과 같이 압력 $P_1 = 800[kPa]$, 체적 $V_1 = 0.27[m^3]$에서 $P_2 = 350[kPa]$, $V_2 = 0.80[m^3]$으로 직선 변화하였다. 이 과정에서 공기가 한 일은 약 몇 [kJ]인가?

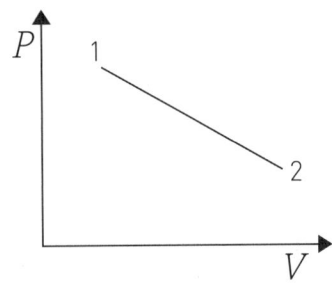

① 305　　② 334
③ 362　　④ 390

해설

압력 P가 체적 V에 대해 직선 변화할 경우 공기가 한 일
$W = \int_{V_1}^{V_2} P dV = \dfrac{P_1 + P_2}{2} \times (V_2 - V_1)$
$= \dfrac{(800 + 350)[kPa]}{2} \times (0.8 - 0.27)[m^3] = 304.75[kJ]$

별해

공기가 한 일은 다음 그림의 면적에 해당한다.

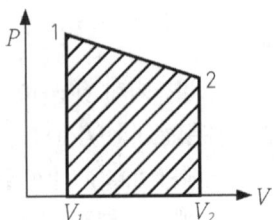

즉, 사다리꼴 넓이를 구하면
$W = \dfrac{P_1 + P_2}{2} \times (V_2 - V_1)$
$= \dfrac{(800 + 350)[kPa]}{2} \times (0.8 - 0.27)[m^3] = 304.75[kJ]$

정답 | ①

12 빈출도 ★★

상태 1에서 경로 A를 따라 상태 2로 변화하고 경로 B를 따라 다시 상태 1로 돌아오는 가역 사이클이 있다. 아래의 사이클에 대한 설명으로 틀린 것은?

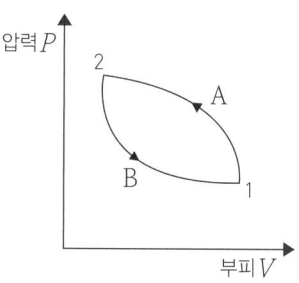

① 사이클 과정 동안 시스템의 내부에너지 변화량은 0이다.
② 사이클 과정 동안 시스템은 외부로부터 순(net) 일을 받았다.
③ 사이클 과정 동안 시스템의 내부에서 외부로 순(net) 열이 전달되었다.
④ 이 그림으로 사이클 과정 동안 총 엔트로피 변화량을 알 수 없다.

해설

$Q=P\varDelta V+\varDelta U$인데 한 사이클을 돌아 출발점으로 되돌아오는 동안 외부로부터 순 일을 받았고, 내부에너지 변화는 0이기 때문에 받은 일만큼의 열을 외부로 방출하였다. 가역 과정이라 하였으므로 총 엔트로피 변화량은 0이다.

정답 | ④

13 빈출도 ★★

보일러, 터빈, 응축기, 펌프로 구성되어 있는 증기원동소가 있다. 보일러에서 2,500[kW]의 열이 발생하고 터빈에서 550[kW]의 일을 발생시킨다. 또한, 펌프를 구동하는데 20[kW]의 동력이 추가로 소모된다면 응축기에서의 방열량은 약 몇 [kW]인가?

① 980
② 1,930
③ 1,970
④ 3,070

해설

에너지 보존 법칙에 의해 $Q_{in}-Q_{out}=W_t-W_p$이므로
$2,500[\text{kW}]-Q_{out}=550[\text{kW}]-20[\text{kW}]=530[\text{kW}]$
따라서 응축기에서의 방열량 $Q_{out}=1,970[\text{kW}]$이다.

정답 | ③

14 빈출도 ★★

유리창을 통해 실내에서 실외로 열전달이 일어난다. 이때 열전달량은 약 몇 [W]인가? (단, 대류열전달계수는 50[W/m²·K], 유리창 표면온도는 25[℃], 외기 온도는 10[℃], 유리창면적은 2[m²]이다.)

① 150
② 500
③ 1,500
④ 5,000

해설

외기 대류에 의한 열전달량
$Q[\text{W}]=\alpha A(T-T_{out})$
$=50[\text{W/m}^2\cdot\text{K}]\times2[\text{m}^2]\times(25-10)[\text{K}]=1,500[\text{W}]$

정답 | ③

15 빈출도 ★★★

냉동기 냉매의 일반적인 구비조건으로서 적합하지 않은 것은?

① 임계 온도가 높고, 응고 온도가 낮을 것
② 증발열이 작고, 증기의 비체적이 클 것
③ 증기 및 액체의 점성(점성계수)이 작을 것
④ 부식성이 없고, 안정성이 있을 것

해설

냉동기의 냉매는 증발 잠열이 크고, 비체적이 작아야 한다.

개념설명 냉동기 냉매의 구비조건

- 임계온도가 상온보다 높을 것
- 응고 온도가 낮을 것
- 증발 잠열이 클 것
- 증기의 비체적이 작을 것
- 증기 및 액체의 점성계수가 작을 것
- 부식성이 없고, 안정성이 있을 것

정답 | ②

16 빈출도 ★

완전히 단열된 실린더 안의 공기가 피스톤을 밀어 외부로 일을 하였다. 이 때 외부로 행한 일의 양과 동일한 값(절대값 기준)을 가지는 것은?

① 공기의 엔탈피 변화량
② 공기의 온도 변화량
③ 공기의 엔트로피 변화량
④ 공기의 내부에너지 변화량

해설

열역학 제1법칙 $Q = P\Delta V + \Delta U$에서 $Q = 0$인 단열과정이므로 $P\Delta V$(외부로 행한 일)와 ΔU(내부 에너지 변화량)의 절대값이 같다.

정답 | ④

17 빈출도 ★★

오토 사이클로 작동되는 기관에서 실린더의 극간체적(clearance volume)이 행정체적(stroke volume)의 15[%]라고 하면 이론 열효율은 약 얼마인가? (단, 비열비 $k = 1.4$이다.)

① 39.3[%] ② 45.2[%]
③ 50.6[%] ④ 55.7[%]

해설

압축비 $r = \dfrac{극간체적 + 행정체적}{극간체적} = \dfrac{0.15 + 1}{0.15} = 7.67$

오토 사이클의 효율 $\eta = 1 - \left(\dfrac{1}{r}\right)^{k-1}$이므로

$\eta = 1 - \left(\dfrac{1}{7.67}\right)^{(1.4-1)} = 1 - \left(\dfrac{1}{7.67}\right)^{0.4} = 0.557 = 55.7[\%]$

정답 | ④

18 빈출도 ★★

열역학 제 2법칙과 관계된 설명으로 가장 옳은 것은?

① 과정(상태변화)의 방향성을 제시한다.
② 열역학적 에너지의 양을 결정한다.
③ 열역학적 에너지의 종류를 판단한다.
④ 과정에서 발생한 총 일의 양을 결정한다.

해설

자발적으로 일어나는 모든 현상 및 과정은 엔트로피가 증가하는 방향으로 진행하고 열효율이 100[%]인 열기관이 존재하지 않는다는 사실은 열역학 제2법칙의 핵심 내용이다.

선지분석

② 열역학 제 1법칙과 관련이 있다.
③ 열역학 제 2법칙은 에너지의 종류를 판단하는 법칙이 아니다.
④ 열역학 제 1법칙과 관련이 있다.

정답 | ①

19 빈출도 ★★★

압력 100[kPa], 온도 20[°C]인 일정량의 이상기체가 있다. 압력을 일정하게 유지하면서 부피가 처음 부피의 2배가 되었을 때 기체의 온도는 약 몇 [°C]가 되는가?

① 148
② 256
③ 313
④ 586

해설

$PV = nRT$에서 등압 과정이므로
$\frac{V_1}{T_1} = \frac{V_2}{T_2} \rightarrow T_2 = T_1 \frac{V_2}{V_1}$
$T_1 = 273 + 20 = 293[K]$이고 $V_2 = 2V_1$이므로
$T_2 = 293[K] \times \frac{2V_1}{V_1} = 586[K] = (586-273)[°C] = 313[°C]$

정답 | ③

20 빈출도 ★

어떤 열기관이 550[K]의 고열원으로부터 20[kJ]의 열량을 공급받아 250[K]의 저열원에 14[kJ]의 열량을 방출할 때 이 사이클의 Clausius 적분값과 가역, 비가역 여부의 설명으로 옳은 것은?

① Clausius 적분값은 −0.0196[kJ/K]이고 가역 사이클이다.
② Clausius 적분값은 −0.0196[kJ/K]이고 비가역 사이클이다.
③ Clausius 적분값은 0.0196[kJ/K]이고 가역 사이클이다.
④ Clausius 적분값은 0.0196[kJ/K]이고 비가역 사이클이다.

해설

• 고열원분 엔트로피
$\frac{Q_H}{T_H} = \frac{20[kJ]}{550[K]} = 0.03636[kJ/K]$
• 저열원분 엔트로피
$\frac{Q_C}{T_C} = \frac{-14[kJ]}{250[K]} = -0.056[kJ/K]$
• Clausius 적분값
$\oint \frac{\delta Q}{T} = \frac{Q_H}{T_H} + \frac{Q_C}{T_C} = 0.03636 - 0.056 = -0.01964[kJ/K]$
적분값이 음수이므로 비가역 사이클에 해당한다.

정답 | ②

냉동공학

21 빈출도 ★★

냉각탑에 대한 설명으로 틀린 것은?

① 밀폐식은 개방식 냉각탑에 비해 냉각수가 외기에 의해 오염될 염려가 적다.
② 냉각탑의 성능은 입구공기의 습구온도에 영향을 받는다.
③ 쿨링 레인지는 냉각탑의 냉각수 입·출구 온도의 차이다.
④ 어프로치는 냉각탑의 냉각수 입구온도에서 냉각탑 입구공기의 습구온도의 차이다.

해설

어프로치는 냉각탑의 출구 온도와 입구공기의 습구온도 차이고, 냉각탑의 쿨링 레인지는 냉각수 입구 온도와 출구 온도의 차이이다. 냉각탑의 성능은 쿨링 레인지가 클수록, 어프로치가 작을수록 좋다.

정답 | ④

22 빈출도 ★

다음 압축과 관련한 설명으로 옳은 것은?

> ㉠ 압축비는 체적효율에 영향을 미친다.
> ㉡ 압축기의 클리어런스(Clearance)를 크게 할수록 체적효율은 크게 된다.
> ㉢ 체적효율이란 압축기가 실제로 흡입하는 냉매와 이론적으로 흡입하는 냉매 체적과의 비이다.
> ㉣ 압축비가 클수록 냉매 단위 중량당의 압축일량은 작게 된다.

① ㉠, ㉣
② ㉠, ㉢
③ ㉡, ㉣
④ ㉡, ㉢

해설
㉠ 압축비가 높아지면 체적효율이 감소하고, 낮아지면 체적효율이 증가한다. (○)
㉡ 실린더의 틈새를 클리어런스라고 한다. 클리어런스가 클수록 흡입공간이 줄어들어 체적효율이 감소한다. (×)
㉢ 체적효율이란 압축기가 실제로 흡입하는 냉매와 이론적으로 흡입하는 냉매 체적과의 비이다. (○)
㉣ 압축비가 클수록 냉매 단위 중량당의 압축일량은 커진다. (×)

정답 | ②

23 빈출도 ★★

몰리에르 선도 상에서 표준 냉동사이클의 냉매 상태변화에 대한 설명으로 옳은 것은?

① 등엔트로피 변화는 압축과정에서 일어난다.
② 등엔트로피 변화는 증발과정에서 일어난다.
③ 등엔트로피 변화는 팽창과정에서 일어난다.
④ 등엔트로피 변화는 응축과정에서 일어난다.

해설
냉매가 압축기 속에서 압축되는 과정은 가역과정이면서 주위와의 열교환이 없는 단열과정이므로 등엔트로피 과정($\Delta S = 0$)이다.

정답 | ①

24 빈출도 ★★★

흡수식 냉동기에서 냉매의 과냉 원인으로 가장 거리가 먼 것은?

① 냉수 및 냉매량 부족
② 냉각수 부족
③ 증발기 전열면적 오염
④ 냉매에 용액이 혼입

해설
흡수기 주변을 순환하는 냉각수는 흡수제를 냉각시켜서 냉매의 용해를 돕고 용해 과정에서 발생하는 열을 흡수하므로 냉각수가 부족하면 냉매 과열의 원인이 된다.

정답 | ②

25 빈출도 ★★

흡수식 냉동기에 사용하는 "냉매-흡수제"가 아닌 것은?

① 물 – 리튬브로마이드
② 물 – 염화리튬
③ 물 – 에틸렌글리콜
④ 암모니아 – 물

해설 냉매 – 흡수제 조합
• 암모니아 – 물
• 물 – 리튬브로마이드(LiBr)
• 물 – 염화리튬(LiCl)

정답 | ③

26 빈출도 ★★★

냉동장치의 냉매량이 부족할 때 일어나는 현상으로 옳은 것은?

① 흡입압력이 낮아진다.
② 토출압력이 높아진다.
③ 냉동능력이 증가한다.
④ 흡입압력이 높아진다.

해설

흡입압력은 압축기 입구의 압력이므로 증발기 출구의 압력과 같다. 즉, 냉매량이 부족하면 증발기 압력이 낮아지고 압축기 흡입압력도 낮아진다. 흡입 압력이 부족한 상태로 냉매가 들어오면 압축기는 목표로 하는 토출 압력을 얻기 위해 더 많은 일을 해야 하므로 냉동 능력이 감소한다.

정답 | ①

27 빈출도 ★★

펠티에(Feltier) 효과를 이용하는 냉동방법에 대한 설명으로 틀린 것은?

① 펠티에 효과를 냉동에 이용한 것이 전자냉동 또는 열전기식 냉동법이다.
② 펠티에 효과를 냉동법으로 실용화에 어려운 점이 많았으나 반도체 기술이 발달하면서 실용화되었다.
③ 펠티에 효과가 적용된 냉동방법은 휴대용 냉장고, 가정용 특수냉장고, 물 냉각기, 핵 잠수함 내의 냉난방장치 등에 사용된다.
④ 증기 압축식 냉동장치와 마찬가지로 압축기, 응축기, 증발기 등을 이용한 것이다.

해설

펠티에 효과는 열전식 냉동장치에 이용되므로 압축기, 응축기, 증발기 등의 장치가 필요하지 않다.

정답 | ④

28 빈출도 ★

압축기의 기통수가 6기통이며, 피스톤 직경이 140[mm], 행정이 110[mm], 회전수가 800[rpm]인 NH_3 표준 냉동사이클의 냉동능력[kW]은? (단, 압축기의 체적효율은 0.75, 냉동효과는 1,126.3[kJ/kg], 비체적은 0.5[m³/kg]이다.)

① 122.7
② 148.3
③ 193.4
④ 228.9

해설

- 실린더 1기통 1왕복 압출량
$V_s = \pi r^2 \times S = \pi \times (0.07[m])^2 \times 0.11[m] = 0.001693[m^3]$
(단, r: 반지름[m], S: 행정[m])

- 이론 체적유량(6기통)
$\dot{V} = V_s \times \left(\dfrac{N}{60}\right) \times Z$
$= 0.001693[m^3/rev] \times \dfrac{800[rev/min]}{60[s/min]} \times 6$
$= 0.1355[m^3/s]$
(단, N: 회전수[rpm], Z: 실린더 수)

- 실제 체적유량
$\dot{V}_r = \eta \times \dot{V} = 0.75 \times 0.1355[m^3/s] = 0.1016[m^3/s]$
(단, η: 압축기의 체적효율[%])

- 질량유량(냉매순환량)
$\dot{m} = \dfrac{\dot{V}_r}{v} = \dfrac{0.1016[m^3/s]}{0.5[m^3/kg]} = 0.2032[kg/s]$

- 냉동능력
$\dot{Q} = \dot{m} r_e = 0.2032[kg/s] \times 1,126.3[kJ/kg]$
$= 228.86[kJ/s] = 228.86[kW]$
(단, r_e: 냉동효과[kJ/kg])

정답 | ④

29 빈출도 ★★

증기압축식 냉동장치에 관한 설명으로 옳은 것은?

① 증발식 응축기에서는 대기의 습구온도가 저하하면 고압압력은 통상의 운전압력보다 높게 된다.
② 압축기의 흡입압력이 낮게 되면 토출압력도 낮게 되어 냉동능력이 증대한다.
③ 언로더 부착 압축기를 사용하면 급격하게 부하가 증가하여도 액백현상을 막을 수 있다.
④ 액배관에 플래시 가스가 발생하면 냉매 순환량이 감소되어 증발기의 냉동능력이 저하된다.

해설

액관 중간(증발기가 아닌 곳)에서 증발한 냉매 가스를 플래시 가스라고 하며, 냉매 순환량이 감소되어 증발기의 냉동능력이 저하된다.

선지분석

① 증발식 응축기에서 습구온도가 내려가면 냉각수 온도가 낮아지므로 응축압력이 낮아진다.
② 압축기의 흡입압력이 낮아지면 증발잠열 흡수량이 낮아지므로 냉동능력이 감소된다.
③ 언로드 부착 압축기는 실린더 내부 흡입 가스량을 조절하여 압축기의 용량을 조절하는 것으로 액백현상 방지와는 관련이 없다. 액백현상을 막기 위해서는 액분리기를 설치해야 한다.

정답 | ④

30 빈출도 ★

증기 압축식 냉동사이클에서 증발온도를 일정하게 유지시키고, 응축온도를 상승시킬 때 나타나는 현상이 아닌 것은?

① 소요동력 증가
② 성적계수 감소
③ 토출가스 온도 상승
④ 플래시 가스 발생량 감소

해설

증발온도를 일정하게 유지하면서 응축온도를 높이면 응축기 출구에서의 냉매액 온도가 평소보다 높아진다. 즉 냉매액이 부족냉각되므로 액배관 내에서 냉매액이 증발하여 플래시가스로 변할 확률이 더 커진다. 따라서 플래시 가스 발생량이 증가한다.

정답 | ④

31 빈출도 ★★★

2단압축 1단팽창 냉동장치에서 게이지 압력계로 증발압력 0.19[MPa], 응축압력 1.17[MPa]일 때, 중간 냉각기의 절대압력[MPa]은?

① 2.166
② 1.166
③ 0.608
④ 0.409

해설

- 증발압(절대압) P_l
  증발압(게이지압) + 대기압
  = 0.19[MPa] + 0.1013[MPa] = 0.2913[MPa]
- 응축압(절대압) P_h
  응축압(게이지압) + 대기압
  = 1.17[MPa] + 0.1013[MPa] = 1.2713[MPa]
- 중간 냉각기(절대압) P_m
  $P_m = \sqrt{P_l P_h}$
  $= \sqrt{0.2913 \times 1.2713} = 0.6085$[MPa]

정답 | ③

32 빈출도 ★

냉동장치의 운전 중 장치 내에 공기가 침입하였을 때 나타나는 현상으로 옳은 것은?

① 토출가스 압력이 낮게 된다.
② 모터의 암페어가 적게 된다.
③ 냉각 능력에는 변화가 없다.
④ 토출가스 온도가 높게 된다.

해설

운전 중에 장치 내 공기(불응축 가스)가 침입하면 응축압력이 상승하여 토출가스의 온도와 압력이 상승한다.

정답 | ④

33 빈출도 ★★

2단 압축 냉동기에서 냉매의 응축온도가 38[℃]일 때 수냉식 응축기의 냉각수 입·출구의 온도가 각각 30[℃], 35[℃]이다. 이 때 냉매와 냉각수와의 대수평균온도차[℃]는?

① 2
② 5
③ 8
④ 10

해설

- 입구 온도차 $b = 38 - 30 = 8[℃]$
- 출구 온도차 $a = 38 - 35 = 3[℃]$
- 대수평균 온도차

$$LMTD = \frac{b-a}{\ln b - \ln a} = \frac{8-3}{\ln 8 - \ln 3} = 5.09[℃]$$

정답 | ②

34 빈출도 ★

냉동장치에서 흡입가스의 압력을 저하시키는 원인으로 가장 거리가 먼 것은?

① 냉매 유량의 부족
② 흡입배관의 마찰손실
③ 냉각부하의 증가
④ 모세관의 막힘

해설

순환냉매의 유량이 일정한 상황에서 냉각부하가 갑자기 증가하면 냉매의 증발열 발산 구간이 짧아지고 기체 구간이 길어지면서 토출온도가 평균부하 시보다 높아진다. 즉, 흡입가스의 압력도 평균부하 시보다 높아진다.

정답 | ③

35 빈출도 ★★

다음 중 열통과율이 가장 작은 응축기 형식은? (단, 동일 조건 기준으로 한다.)

① 7통로식 응축기
② 입형 셸 튜브식 응축기
③ 공냉식 응축기
④ 2중관식 응축기

해설

공기는 물보다 비열이 작아서 공냉식 응축기의 열통과율(열전달계수)이 가장 작다.

정답 | ③

36 빈출도 ★★★

고온 35[℃], 저온 -10[℃]에서 작동되는 역카르노 사이클이 적용된 이론 냉동사이클의 성적계수는?

① 2.8
② 3.2
③ 4.2
④ 5.8

해설

카르노 냉동장치의 성적계수

$$\frac{T_C}{T_H - T_C} = \frac{273 + (-10)}{(273+35) - (273+(-10))} = \frac{263}{45} = 5.84$$

※ 역카르노 사이클이 적용된 냉동 사이클이란 카르노 냉동장치를 의미한다.

정답 | ④

37 빈출도 ★

제빙에 필요한 시간을 구하는 공식이 아래와 같다. 이 공식에서 a와 b가 의미하는 것은?

$$\tau = (0.53 \sim 0.6)\frac{a^2}{-b}$$

① a: 브라인온도, b: 결빙두께
② a: 결빙두께, b: 브라인유량
③ a: 결빙두께, b: 브라인온도
④ a: 브라인유량, b: 결빙두께

해설

제빙시간 $\tau[h] = (0.53 \sim 0.6) \times \frac{a^2}{T_m - T_b}$

T_m은 응고 온도이므로 0[℃]를 적용하면

$\tau[h] = (0.53 \sim 0.6) \times \frac{a^2}{0 - T_b} = (0.53 \sim 0.6) \times \frac{a^2}{-b}$

(단, a: 결빙두께[m], $T_b(=b)$: 냉각수(브라인) 온도[℃])

정답 | ③

38 빈출도 ★★

브라인 냉각용 증발기가 설치된 소형 냉동기가 있다. 브라인 순환량이 20[kg/min]이고, 브라인의 입·출구 온도차는 15[K]이다. 압축기의 실제 소요동력이 5.6[kW]일 때, 이 냉동기의 실제 성적계수는? (단, 브라인의 비열은 3.3[kJ/kg·K]이다.)

① 1.82
② 2.18
③ 2.94
④ 3.31

해설

- 브라인이 흡수한 열
$$Q = c\dot{m}\Delta T$$
$$= 3.3[kJ/kg \cdot K] \times \frac{20[kg/min]}{60[s/min]} \times 15[K] = 16.5[kW]$$

- 성적계수 COP
$$COP = \frac{Q}{W_c} = \frac{브라인\ 흡수열량}{압축기\ 동력} = \frac{16.5[kW]}{5.6[kW]} = 2.95$$

정답 | ③

39 빈출도 ★

그림에서 사이클 A(1-2-3-4-1)로 운전될 때 증발기의 냉동능력은 5[RT], 압축기의 체적효율은 0.78이었다. 그러나 운전 중 부하가 감소하여 압축기 흡입밸브 개도를 줄여서 운전하였더니 사이클 B(1′-2′-3-4-1-1′)로 되었다. 사이클 B로 운전될 때의 체적효율이 0.7이라면 이 때의 냉동능력(RT)은 얼마인가? (단, 1[RT]는 3.8[kW]이다.)

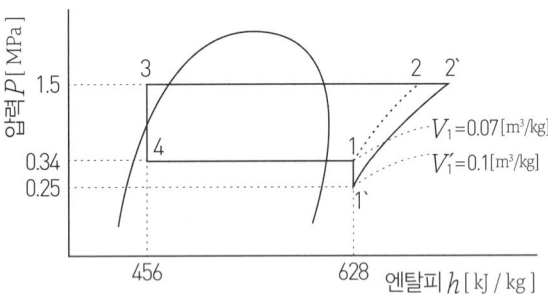

① 1.37
② 2.63
③ 2.94
④ 3.14

해설

냉동능력 $P[kW] = \frac{Q[m^3/s] \times \eta}{v[m^3/kg]} \times \Delta h[kJ/kg]$

사이클이 A에서 B로 바뀌어도 피스톤 토출량 Q와 엔탈피 증가량 Δh는 불변이므로 냉동능력은 체적효율 η와 비체적 v의 비로 나타낼 수 있다($P \propto \frac{\eta}{v}$).

$$\frac{P_B}{P_A} = \frac{\eta_B/v_B}{\eta_A/v_A} = \frac{0.7/0.1}{0.78/0.07} = \frac{49}{78}$$

따라서 $P_B = P_A \times \frac{49}{78} = 5[RT] \times \frac{49}{78} = 3.14[RT]$

※ $P-h$선도에서 4→1 과정이 냉매에 의한 증발열 흡수 과정이다. 비체적과 체적효율이 주어졌으므로 실제 냉매순환량 공식을 적용해야 한다.

냉동능력 = $\left(\frac{피스톤\ 토출량}{비체적} \times 체적효율\right) \times 엔탈피\ 증가량$

정답 | ④

40 빈출도 ★

직경 10[cm], 길이 5[m]의 관에 두께 5[cm]의 보온재(열전도율 λ=0.1163[W/m·K])로 보온을 하였다. 방열층의 내측과 외측의 온도가 각각 −50[℃], 30[℃]이라면 침입하는 전도열량[W]은?

① 133.4　　② 248.8
③ 362.6　　④ 421.7

해설

전도열량
$$q = \frac{\lambda \cdot 2\pi L}{\ln(r_o/r_i)} \Delta T$$
$$= \frac{0.1163[W/m \cdot K] \times 2\pi \times 5[m]}{\ln(0.1/0.05)} \times \{30-(-50)\}[K]$$
$$= 421.69[W]$$

※ $r_i = \frac{10[cm]}{2} = 5[cm] = 0.05[m]$

$r_o = r_i +$ 보온재 두께 $= 0.05[m] + 0.05[m] = 0.1[m]$

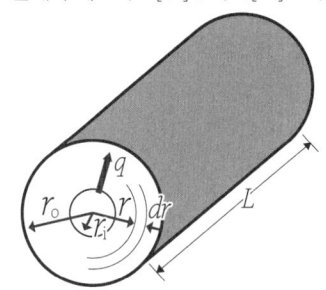

정답 | ④

공기조화

41 빈출도 ★★

보일러의 수위를 제어하는 주된 목적으로 가장 적절한 것은?

① 보일러의 급수장치가 동결되지 않도록 하기 위하여
② 보일러의 연료공급이 잘 이루어지도록 하기 위하여
③ 보일러가 과열로 인해 손상되지 않도록 하기 위하여
④ 보일러에서의 출력을 부하에 따라 조절하기 위하여

해설

보일러의 수위가 낮아지면 빈불때기가 발생하여 과열 손상이나 열효율 저하가 초래된다. 이를 방지하기 위해 보일러의 수위를 제어한다.

정답 | ③

42 빈출도 ★★

열매에 따른 방열기의 표준방열량[W/m²] 기준으로 가장 적절한 것은?

① 온수:405.2, 증기:822.3
② 온수:523.3, 증기:822.3
③ 온수:405.2, 증기:755.8
④ 온수:523.3, 증기:755.8

해설

- 온수난방의 표준방열량: 523.3[W/m²]
- 증기난방의 표준방열량: 755.8[W/m²]

정답 | ④

43 빈출도 ★★★

에어와셔 내에 온수를 분무할 때 공기는 습공기선도에서 어떠한 변화과정이 일어나는가?

① 가습·냉각　　② 과냉각
③ 건조·냉각　　④ 감습·과열

해설

온수 분무 시 물이 증발하면서 냉각 및 가습효과가 있다.

정답 | ①

44 빈출도 ★★

보일러의 발생증기를 한 곳으로만 취출하면 그 부근에 압력이 저하하여 수면동요 현상과 동시에 비수가 발생된다. 이를 방지하기 위한 장치는?

① 급수내관　　② 비수방지관
③ 기수분리기　　④ 인젝터

해설

비수방지관은 수면동요 현상으로 인해 물방울이 증기에 섞여 나가는 비수 현상(프라이밍)을 방지하기 위한 장치이다.

선지분석

① 급수내관: 급수 공급용 배관이다.
③ 기수분리기: 증기와 물을 분리하는 장치로 캐리오버를 방지하는 장치이다.
④ 인젝터: 증기를 이용하여 물을 흡입·토출하는 장치이다.

정답 | ②

45 빈출도 ★★

복사난방 방식의 특징에 대한 설명으로 틀린 것은?

① 실내에 방열기를 설치하지 않으므로 바닥이나 벽면을 유용하게 이용할 수 있다.
② 복사열에 의한 난방으로써 쾌감도가 크다.
③ 외기온도가 갑자기 변하여도 열용량이 크므로 방열량의 조정이 용이하다.
④ 실내의 온도 분포가 균일하며, 열이 방의 윗쪽으로 빠지지 않으므로 경제적이다.

해설

복사 난방은 건축물의 바닥이나 벽속에 코일을 매설하고 열매를 공급하는 방식으로, 부하 변동에 따른 방열량 조절이 어렵다.

정답 | ③

46 빈출도 ★

다음 중 난방부하를 경감시키는 요인으로만 짝지어진 것은?

① 지붕을 통한 전도 열량, 태양열의 일사부하
② 조명부하, 틈새바람에 의한 부하
③ 실내기구 부하, 재실인원의 발생열량
④ 기기(덕트 등) 부하, 외기 부하

해설

일사부하, 인체부하, 조명과 같은 실내기구 부하는 실내온도를 높이는 데 기여하므로 난방부하를 경감시키는 요인들이다.

선지분석

① 지붕을 통한 전도 열량: 지붕으로 열이 빠져나가는 열손실로 난방부하를 증가시킨다.
② 틈새바람에 의한 부하: 찬 공기가 유입되어 난방부하를 증가시킨다.
④ 외기 부하: 신선 공기가 공급되어 열손실이 발생하여 난방부하를 증가시킨다.

정답 | ③

47 빈출도 ★★★

온수난방의 특징에 대한 설명으로 틀린 것은?

① 증기난방에 비하여 연료소비량이 적다.
② 예열시간은 길지만 잘 식지 않으므로 증기난방에 비하여 배관의 동결 피해가 적다.
③ 보일러 취급이 증기보일러에 비해 안전하고 간단하므로 소규모 주택에 적합하다.
④ 열용량이 크기 때문에 짧은 시간에 예열할 수 있다.

해설

온수난방은 물의 열용량이 커서 열저장이 많으나 예열시간이 길다는 단점이 있다.

정답 | ④

48 빈출도 ★★

콜드 드래프트 현상의 발생 원인으로 가장 거리가 먼 것은?

① 인체 주위의 공기온도가 너무 낮을 때
② 기류의 속도가 낮고 습도가 높을 때
③ 주위 벽면의 온도가 낮을 때
④ 겨울에 창문의 극간풍이 많을 때

해설

콜드 드래프트 현상은 인체가 신진대사로 생산하는 열량보다 주위로 방출하는 열량이 많아서 한기를 느끼는 현상이다. 공기의 흐름이 빠르고 습도가 낮은 경우 피부 주변 열을 급격히 빼앗겨 콜드 드래프트 현상이 발생한다.

정답 | ②

49 빈출도 ★★

다음과 같이 단열된 덕트 내에 공기가 통하고 이것에 열량 Q[kJ/h]와 수분 L[kg/h]을 가하여 열평형이 이루어졌을 때, 공기에 가해진 열량(Q)은 어떻게 나타내는가? (단, 공기의 유량은 G[kg/h], 가열코일 입·출구의 엔탈피, 절대습도를 각각 h_1, h_2[kJ/kg], x_1, x_2[kg/kg]이며, 수분의 엔탈피는 h_L[kJ/kg]이다.)

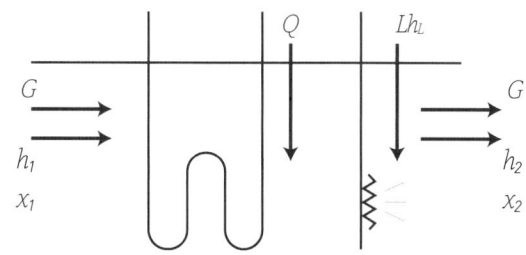

① $G(h_2-h_1)+Lh_L$ ② $G(x_2-x_1)+Lh_L$
③ $G(h_2-h_1)-Lh_L$ ④ $G(x_2-x_1)-Lh_L$

해설

수분의 양과 엔탈피가 제시되어 있으므로 절대습도는 Q에 영향을 주지 않는다. 열량 보존법칙에 의해 $Gh_1+Q+Lh_L=Gh_2$이므로 $Q=G(h_2-h_1)-Lh_L$이다.
※ h_1: 입구 공기 엔탈피, h_2: 출구 공기 엔탈피, h_L: 분무수의 엔탈피

정답 | ③

50 빈출도 ★★

대기압(760[mmHg])에서 온도 28[℃], 상대습도 50[%]인 습공기 내의 건공기 분압[mmHg]은 얼마인가? (단, 수증기 포화압력은 31.84[mmHg]이다.)

① 16 ② 32
③ 372 ④ 744

해설

• 수증기 분압 P_v
 P_v = 수증기 포화압력 × 상대습도
  = 31.84 × 0.5 = 15.92[mmHg]
• 습공기 내의 건공기 분압
 P_d = 대기압 − P_v = 760[mmHg] − 15.92[mmHg]
  = 744.08[mmHg]

정답 | ④

51 빈출도 ★★

단일덕트 재열방식의 특징에 관한 설명으로 옳은 것은?

① 부하 패턴이 다른 다수의 실 또는 존의 공조에 적합하다.
② 식당과 같이 잠열부하가 많은 곳의 공조에는 부적합하다.
③ 전수방식으로서 부하변동이 큰 실이나 존에서 에너지 절약형으로 사용된다.
④ 시스템의 유지·보수 면에서는 일반 단일덕트에 비해 우수하다.

해설

각 zone별 덕트 말단에 재열기를 설치하여 개별 제어하는 방식으로서, 부하 패턴이 다른 다수의 실 또는 존의 공조에 적합하다.

선지분석

② 잠열부하가 커서 제습이 중요한 공간에서 적합한 방식이다.
③ 전공기 방식으로서 부하변동이 큰 실이나 존에서 유연하게 대응할 수 있어 에너지 절약형으로 사용된다.
④ 재열코일을 설치하므로 일반 단일덕트에 비해 유지·보수가 어렵다.

정답 | ①

52 빈출도 ★★

온풍난방에서 중력식 순환방식과 비교한 강제 순환방식의 특징에 관한 설명으로 틀린 것은?

① 기기 설치장소가 비교적 자유롭다.
② 급기 덕트가 작아서 은폐가 용이하다.
③ 공급되는 공기는 필터 등에 의하여 깨끗하게 처리될 수 있다.
④ 공기순환이 어렵고 쾌적성 확보가 곤란하다.

해설

공기 순환이 원활하지 않아서 쾌적성 확보가 곤란한 것은 중력식 순환방식의 특징이다.

정답 | ④

53 빈출도 ★

건구온도 30[℃], 절대습도 0.01[kg/kg]인 외부공기 30[%]와 건구온도 20[℃], 절대습도 0.02[kg/kg]인 실내공기 70[%]를 혼합하였을 때 최종 건구온도(T)와 절대습도(x)는 얼마인가?

① $T=23[℃]$, $x=0.017[kg/kg]$
② $T=27[℃]$, $x=0.017[kg/kg]$
③ $T=23[℃]$, $x=0.013[kg/kg]$
④ $T=27[℃]$, $x=0.013[kg/kg]$

해설

- 혼합 공기의 질량을 m이라 하면 외부공기가 잃은 열은 $0.3m(30-T)$, 실내공기가 얻은 열은 $0.7m(T-20)$이고 두 값은 동일하므로 $T=23[℃]$이다.
- 절대습도는 질량당 수증기 질량의 비이므로
$$x=\frac{m_1x_1+m_2x_2}{m_1+m_2}=\frac{0.3m\times 0.01+0.7m\times 0.02}{0.3m+0.7m}$$
$$=\frac{0.017m}{m}=0.017[kg/kg]$$

정답 | ①

54 빈출도 ★★

가변풍량 방식에 대한 설명으로 틀린 것은?

① 부분부하 대응으로 송풍기 동력이 커진다.
② 시운전 시 토출구의 풍량조정이 간단하다.
③ 부하변동에 대해 제어응답이 빠르므로 거주성이 향상된다.
④ 동시 부하율을 고려하여 설비용량을 적게 할 수 있다.

해설

부분부하 시 송풍기 동력이 절감되어 에너지가 가장 적게 소비된다.

정답 | ①

55 빈출도 ★★★

다음 그림과 같이 송풍기의 흡입 측에만 덕트가 연결되어 있을 경우 동압[mmAq]은 얼마인가?

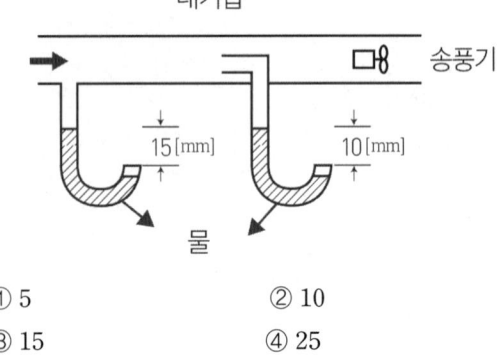

① 5
② 10
③ 15
④ 25

해설

왼쪽 U자관은 다른 끝이 외부에 노출되었으므로 정압 측정용이고, 오른쪽 U자관은 한끝이 외부에 노출되면서 다른끝이 바람에 맞서도록 설치되었으므로 전압 측정용이다.
정압 $P_s=(P_{atm}-15)[mmAq]$
전압 $P_t=(P_{atm}-10)[mmAq]$
따라서 동압 $P_v=(P_{atm}-10)-(P_{atm}-15)=5[mmAq]$
※ P_{atm}: 대기압(10,332[mmAq])

정답 | ①

56 빈출도 ★★★

건구온도 10[℃], 절대습도 0.003[kg/kg]인 공기 50[m³]을 20[℃]까지 가열하는 데 필요한 열량[kJ]은? (단, 공기의 정압비열은 1.01[kJ/kg·K], 공기의 밀도는 1.2[kg/m³]이다.)

① 425
② 606
③ 713
④ 884

해설

- 공기의 질량
  $m = \rho \times V = 1.2[kg/m^3] \times 50[m^3] = 60[kg]$
- 온도차
  $\Delta T = 20 - 10 = 10[℃]$
- 필요 열량
  $Q = mC_p\Delta T = 60[kg] \times 1.01[kJ/kg·K] \times 10[K] = 606[kJ]$

정답 | ②

57 빈출도 ★★

내부에 송풍기와 냉·온수 코일이 내장되어 있으며, 각 실내에 설치되어 기계실로부터 냉·온수를 공급받아 실내공기의 상태를 직접 조절하는 공조기는?

① 패키지형 공조기
② 인덕션 유닛
③ 팬코일 유닛
④ 에어핸드링 유닛

해설

전수방식은 보일러로부터 증기 또는 온수나 냉동기로부터의 냉수를 각 실에 있는 팬코일 유닛으로 공급시켜 냉난방을 하는 방식으로 팬코일 유닛 방식이라고도 한다.

정답 | ③

58 빈출도 ★★

취출구 관련 용어에 대한 설명으로 틀린 것은?

① 장방형 취출구의 긴 변과 짧은 변의 비를 아스펙트비라 한다.
② 취출구에서 취출된 공기를 1차 공기라 하고, 취출공기에 의해 유인되는 실내공기를 2차 공기라 한다.
③ 취출구에서 취출된 공기가 진행해서 취출기류의 중심선상의 풍속이 1.5[m/s]로 되는 위치까지의 수평거리를 도달거리라 한다.
④ 수평으로 취출된 공기가 어떤 거리를 진행했을 때 기류의 중심선과 취출구의 중심과의 거리를 강하도라 한다.

해설

기류 속도가 0.25[m/s]에 이르렀을 때 취출구에서의 수평거리를 도달거리라고 한다. 기류중심선과 취출구 중심선 사이의 수직거리를 강하거리(=강하도)라고 한다.

정답 | ③

59 빈출도 ★★★

극간풍의 방지방법으로 가장 적절하지 않은 것은?

① 회전문 설치
② 자동문 설치
③ 에어 커튼 설치
④ 충분한 간격의 이중문 설치

해설

극간풍 방지방법으로는 회전문, 에어커튼, 이중문 설치, 실내 가압, 현관 방풍실 설치가 있다.

정답 | ②

60 빈출도 ★★

취출온도를 일정하게 하여 부하에 따라 송풍량을 변화시켜 실온을 제어하는 방식은?

① 가변풍량방식 ② 재열코일방식
③ 정풍량방식   ④ 유인유닛방식

해설

송풍량 조절 가부에 따라 정풍량, 가변풍량으로 구분한다. 유인유닛은 공조기의 1차 공기를 노즐에서 불어내어 실내의 2차 공기를 유인하는 공기·수 방식이다.

정답 | ①

전기제어공학

61 빈출도 ★★★

100[V]용 전구 30[W]와 60[W] 두 개를 직렬로 연결하고 직류 100[V] 전원에 접속하였을 때 두 전구의 상태로 옳은 것은?

① 30[W] 전구가 더 밝다.
② 60[W] 전구가 더 밝다.
③ 두 전구의 밝기가 모두 같다.
④ 두 전구가 모두 켜지지 않는다.

해설

- 전구의 저항은 $R=\dfrac{V^2}{P}[\Omega]$이므로 30[W] 전구의 저항이 60[W] 전구보다 크다.
- 소비전력 $P=I^2R[\text{W}]$이고 두 전구를 직렬로 연결할 경우 두 전구에 흐르는 전류는 같으므로 $P \propto R$이다. 즉, 30[W] 전구의 저항이 크므로 소비전력이 커지고 더 밝게 된다.

정답 | ①

62 빈출도 ★★

워드 레오나드 속도 제어방식이 속하는 제어 방법은?

① 저항제어   ② 계자제어
③ 전압제어   ④ 직병렬제어

해설

전압을 이용하여 직류 전동기의 속도를 제어하는 방법을 세분화하면 워드 레오나드 방식, 일그너 방식, 초퍼 제어법이 있다.

정답 | ③

63 빈출도 ★★★

전동기의 회전 방향을 알기 위한 법칙은?

① 렌츠의 법칙   ② 암페어의 법칙
③ 플레밍의 왼손법칙 ④ 플레밍의 오른손법칙

해설

왼손으로 3차원 직교좌표계를 만들면 엄지-검지-중지 순으로 F-B-I이다. 즉, 엄지가 가리키는 방향으로 도선이 힘을 받아 전동기가 회전한다.

정답 | ③

64 빈출도 ★★

지상 역률 80[%], 1,000[kW]의 3상 부하가 있다. 이것에 콘덴서를 설치하여 역률을 95[%]로 개선하려고 한다. 필요한 콘덴서의 용량[kVar]은 약 얼마인가?

① 421.3   ② 633.3
③ 844.3   ④ 1,266.3

해설

역률을 $\cos\theta_1$에서 $\cos\theta_2$로 개선하기 위한 콘덴서의 용량 $Q_c = P\tan\theta_1 - P\tan\theta_2$에서

$\tan\theta_1 = \dfrac{\sqrt{1-0.8^2}}{0.8} = 0.75$, $\tan\theta_2 = \dfrac{\sqrt{1-0.95^2}}{0.95} = 0.329$이므로 콘덴서 용량은 $1,000 \times (0.75 - 0.329) = 421[\text{kVar}]$이다.

정답 | ①

65 빈출도 ★★

3상 유도전동기의 주파수가 60[Hz], 극수가 6극, 전부하시 회전수가 1,160[rpm]이라면 슬립은 약 얼마인가?

① 0.03
② 0.24
③ 0.45
④ 0.57

해설

동기속도 $N_s = \dfrac{120f}{p} = \dfrac{120 \times 60}{6} = 1{,}200$[rpm]

슬립 $s = \dfrac{N_s - N}{N_s} = \dfrac{1{,}200 - 1{,}160}{1{,}200} = \dfrac{1}{30} \fallingdotseq 0.03$

정답 | ①

66 빈출도 ★

저항에 전류가 흐르면 줄열이 발생하는데 저항에 흐르는 전류 I와 전력 P의 관계는?

① $I \propto P$
② $I \propto P^{0.5}$
③ $I \propto P^{1.5}$
④ $I \propto P^2$

해설

소비전력 $P[\mathrm{W}] = I^2 R$에서 저항이 일정할 경우 전류 I와 전력 P의 관계는 $I \propto \sqrt{P}$이다.
※ $\sqrt{P} = P^{0.5}$

정답 | ②

67 빈출도 ★★★

입력신호 중 어느 하나가 "1"일 때 출력이 "0"이 되는 회로는?

① AND 회로
② OR 회로
③ NOT 회로
④ NOR 회로

해설

2개의 입력신호 중 하나라도 1이면 출력이 1이 되는 회로가 OR 게이트이고 하나라도 1이면 출력이 0이 되는 회로가 NOR게이트이다.

정답 | ④

68 빈출도 ★★★

입력신호 $x(t)$와 출력신호 $y(t)$의 관계가 $y(t) = K \dfrac{dx(t)}{dt}$로 표현되는 것은 어떤 요소인가?

① 비례요소
② 미분요소
③ 적분요소
④ 지연요소

해설

구분	출력신호
비례요소	$y(t) = k \cdot x(t)$
미분요소	$y(t) = k \dfrac{dx(t)}{dt}$
적분요소	$y(t) = k \cdot \int x(t) dt$

정답 | ②

69 빈출도 ★★

다음 조건을 만족시키지 못하는 회로는?

어떤 회로에 흐르는 전류가 20[A]이고, 위상이 60도이며, 앞선 전류가 흐를 수 있는 조건

① RL병렬
② RC병렬
③ RLC병렬
④ RLC직렬

해설

코일에는 지상 전류가 흐르고, 콘덴서에는 진상 전류가 흐른다. 따라서 진상 전류가 흐르기 위해서는 반드시 콘덴서(C성분)이 회로에 포함되어야 한다.

정답 | ①

70 빈출도 ★★★

다음 논리기호의 논리식은?

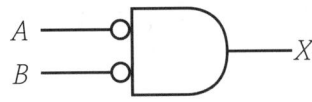

① X=A+B
② X=$\overline{AB}$
③ X=AB
④ X=$\overline{A+B}$

해설

논리식(X=$\overline{A}\cdot\overline{B}$)
드 모르간 정리를 적용하면 X=$\overline{A}\cdot\overline{B}=\overline{(A+B)}$이다.

정답 | ④

71 빈출도 ★

콘덴서의 전위차와 축적되는 에너지와의 관계식을 그림으로 나타내면 어떤 그림이 되는가?

① 직선
② 타원
③ 쌍곡선
④ 포물선

해설

정전에너지는 $W=\frac{1}{2}CV^2$이고 정전용량은 고유값이므로 $W-V$ 그래프는 포물선 형태가 된다.

정답 | ④

72 빈출도 ★

열전대에 대한 설명이 아닌 것은?

① 열전대를 구성하는 소선은 열기전력이 커야 한다.
② 철, 콘스탄탄 등의 금속을 이용한다.
③ 제벡효과를 이용한다.
④ 열팽창 계수에 따른 변형 또는 내부 응력을 이용한다.

해설

열전대는 제벡효과를 이용하는 온도 센서이고, 바이메탈은 열팽창 계수의 차이를 이용하는 스위치이다.

정답 | ④

73 빈출도 ★★

전류계와 전압계는 내부저항이 존재한다. 이 내부저항은 전압 또는 전류를 측정하고자 하는 부하의 저항에 비하여 어떤 특성을 가져야 하는가?

① 내부저항이 전류계는 가능한 한 커야 하며, 전압계는 가능한 한 작아야 한다.
② 내부저항이 전류계는 가능한 한 커야 하며, 전압계도 가능한 한 커야 한다.
③ 내부저항이 전류계는 가능한 한 작아야 하며, 전압계는 가능한 한 커야 한다.
④ 내부저항이 전류계는 가능한 한 작아야 하며, 전압계도 가능한 한 작아야 한다.

해설

전류계는 부하에 직렬로 연결하므로 내부저항이 가능한 한 작아야 연결 전후 부하에 흐르는 전류 변화를 최소화할 수 있다. 전압계는 부하에 병렬로 연결하므로 내부저항이 가능한 한 커야 연결 전후 부하에 걸리는 전압 변화를 최소화할 수 있다.

정답 | ③

74 빈출도 ★★★

피드백제어에서 제어요소에 대한 설명 중 옳은 것은?

① 조작부와 검출부로 구성되어 있다.
② 동작신호를 조작량으로 변화시키는 요소이다.
③ 제어를 받는 출력량으로 제어대상에 속하는 요소이다.
④ 제어량을 주궤환 신호로 변화시키는 요소이다.

해설

제어요소는 동작신호를 조작량으로 변화시키는 요소이다.

선지분석

① 제어요소는 조절부와 조작부로 구성되어 있다.
③ 제어를 받는 출력량으로 제어대상에 속하는 요소는 조작량이다.
④ 제어량을 주궤환 신호로 변화시키는 요소는 검출부이다.

정답 | ②

75 빈출도 ★★★

제어량에 따른 분류 중 프로세스 제어에 속하지 않는 것은?

① 압력 ② 유량
③ 온도 ④ 속도

해설

프로세스 제어의 대상은 압력, 유량, 온도, 습도 등이다. 속도는 방향성을 가지므로 자동 조정의 대상이다.

정답 | ④

76 빈출도 ★★★

다음 블록선도를 등가 합성 전달함수로 나타낸 것은?

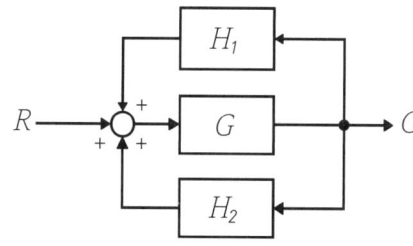

① $\dfrac{G-1}{1-H_1-H_2}$ ② $\dfrac{G}{1-H_1G-H_2G}$

③ $\dfrac{G-1}{1-H_1G-H_2G}$ ④ $\dfrac{H_1G+H_2G}{1-G}$

해설

- 진행경로의 이득: G
- 루프의 이득: GH_1, GH_2
- 전달함수

$$G(s) = \dfrac{\Sigma \text{진행경로의 이득}}{1-\Sigma \text{루프의 이득}}$$
$$= \dfrac{G}{1-GH_1-GH_2} = \dfrac{G}{1-H_1G-H_2G}$$

정답 | ②

77 빈출도 ★★

다음 논리회로의 출력은?

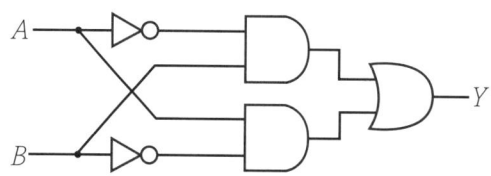

① $Y = A\overline{B} + \overline{A}B$ ② $Y = \overline{AB} + \overline{AB}$
③ $Y = \overline{AB} + \overline{AB}$ ④ $Y = \overline{A} + \overline{B}$

해설

- 입력 $\overline{A}$와 B가 AND 게이트를 지나므로 $\overline{A} \cdot B$
- 입력 A와 $\overline{B}$가 AND 게이트를 지나므로 $A \cdot \overline{B}$
- $\overline{A} \cdot B$와 $A \cdot \overline{B}$는 OR 게이트를 지나므로
 $Y = \overline{A} \cdot B + \overline{B} \cdot A$

정답 | ①

78 빈출도 ★★

$R_1=100[\Omega]$, $R_2=1,000[\Omega]$, $R_3=800[\Omega]$일 때 전류계의 지시가 0이 되었다. 이때 저항 R_4는 몇 $[\Omega]$인가?

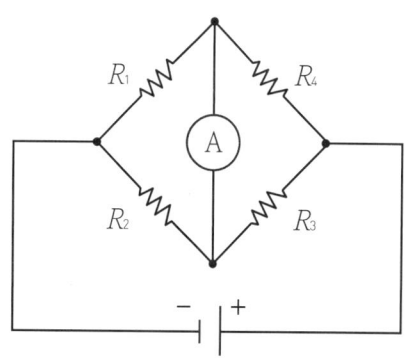

① 80 ② 160
③ 240 ④ 320

해설

휘트스톤 브리지의 전류계에 흐르는 전류가 없으므로 전류계 양단의 전위치가 0이다. 즉, $R_1R_3=R_2R_4$가 성립하므로

$R_4 = \dfrac{R_1R_3}{R_2} = \dfrac{100 \times 800}{1,000} = 80[\Omega]$

정답 | ①

79 빈출도 ★★★

$x_2 = ax_1 + cx_3 + bx_4$의 신호흐름 선도는?

①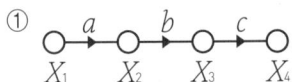

②

③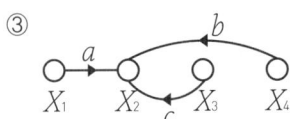

④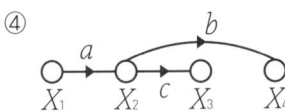

해설

블록 선도를 간략히 나타낸 것이 신호흐름 선도이다. 3개의 전향경로가 x_2에서 더해져야 하며, 각 경로의 이득이 a, c, b이어야 하므로 보기 ③이 정답이다.

정답 | ③

80 빈출도 ★

R, L, C가 서로 직렬로 연결되어 있는 회로에서 양단의 전압과 전류의 위상이 동상이 되는 조건은?

① $\omega = LC$
② $\omega = L^2C$
③ $\omega = \dfrac{1}{LC}$
④ $\omega = \dfrac{1}{\sqrt{LC}}$

해설

RLC 직렬 회로의 공진조건

$\omega L = \dfrac{1}{\omega C} \rightarrow \omega^2 = \dfrac{1}{LC} \rightarrow \omega = \dfrac{1}{\sqrt{LC}}$

정답 | ④

배관일반

81 빈출도 ★★

배수 배관의 시공 시 유의사항으로 틀린 것은?

① 배수를 가능한 천천히 옥외 하수관으로 유출할 수 있을 것
② 옥외 하수관에서 하수 가스나 쥐 또는 각종 벌레 등이 건물 안으로 침입하는 것을 방지할 수 있는 방법으로 시공할 것
③ 배수관 및 통기관은 내구성이 풍부하여야 하며 가스나 물이 새지 않도록 기구 상호 간의 접합을 완벽하게 할 것
④ 한랭지에서는 배수관이 동결되지 않도록 피복을 할 것

해설

배수 배관 시공 시 가능한 한 빠른 속도로 옥외 하수관으로 유출되게 하며, 악취를 막을 수 있는 트랩을 설치해야 한다.

정답 | ①

82 빈출도 ★★

배관설비 공사에서 파이프 래크의 폭에 관한 설명으로 틀린 것은?

① 파이프 래크의 실제 폭은 신규라인을 대비하여 계산된 폭보다 20[%]정도 크게 한다.
② 파이프 래크상의 배관밀도가 작아지는 부분에 대해서는 파이프 래크의 폭을 좁게 한다.
③ 고온배관에서는 열팽창에 의하여 과대한 구속을 받지 않도록 충분한 간격을 둔다.
④ 인접하는 파이프의 외측과 외측과의 최소 간격을 25[mm]로 하여 래크의 폭을 결정한다.

해설

인접하는 파이프 외측과 외측 간격 75[mm] 이상으로 유지해야 한다. 인접하는 파이프 외측과 플랜지 외측 사이 간격은 최소 25[mm]로 해야 한다.

정답 | ④

83 빈출도 ★★
공기조화 설비 중 복사난방의 패널형식이 아닌 것은?

① 바닥패널 ② 천장패널
③ 벽패널   ④ 유닛패널

해설
복사 난방용 방열 패널은 위치에 따라 바닥패널, 천장패널, 벽패널로 구분한다. 유닛패널은 공조 유닛 장치로 복사난방 패널에 해당하지 않는다.

정답 | ④

84 빈출도 ★★★
동관작업용 사이징 툴(Sizing tool)공구에 관한 설명으로 옳은 것은?

① 동관의 확관용 공구
② 동관의 끝부분을 원형으로 정형하는 공구
③ 동관의 끝을 나팔형으로 만드는 공구
④ 동관 절단 후 생긴 거스러미를 제거하는 공구

해설
사이징 툴은 압축 이음하기에 앞서 동관 끝부분을 원형으로 정형하는 공구이다.

선지분석
① 익스팬더: 동관 끝단을 확관(확장)시키는 공구이다.
③ 플레어링 툴: 동관 끝부분을 나팔모양으로 정형하는 공구이다.
④ 리머: 관을 절단한 뒤 단면 안쪽의 거스러미 또는 날카로운 가장자리를 제거하는 공구이다.

정답 | ②

85 빈출도 ★★★
다음 중 신축 이음쇠의 종류로 가장 거리가 먼 것은?

① 벨로즈형 ② 플랜지형
③ 루프형   ④ 슬리브형

해설
신축 이음의 종류로는 루프형, 스위블형, 벨로즈형, 슬리브형이 있다. 플랜지형은 조립과 분해가 용이하도록 용접 없이 직선 연결하는 관 이음방법으로 신축 이음쇠에 해당하지 않는다.

정답 | ②

86 빈출도 ★
공조설비에서 증기코일의 동결 방지 대책으로 틀린 것은?

① 외기와 실내 환기가 혼합되지 않도록 차단한다.
② 외기 댐퍼와 송풍기를 인터록 시킨다.
③ 야간의 운전정지 중에도 순환 펌프를 운전한다.
④ 증기코일 내에 응축수가 고이지 않도록 한다.

해설
외기와 실내 환기를 혼합하여 차가운 외기를 상쇄시켜 증기코일의 동결을 방지한다.

정답 | ①

87 빈출도 ★★★
동일 구경의 관을 직선 연결할 때 사용하는 관 이음재료가 아닌 것은?

① 소켓   ② 플러그
③ 유니온 ④ 플랜지

해설
플러그는 한쪽만 M나사로 되어 있어서 배관의 말단을 막는 용도로 쓰인다.

정답 | ②

88 빈출도 ★★
강관의 용접 접합법으로 가장 적합하지 않은 것은?

① 맞대기 용접 ② 슬리브 용접
③ 플랜지 용접 ④ 플라스턴 용접

해설
플라스턴 용접은 납과 주석의 합금을 토치램프로 녹여서 연관을 이을 때 사용하는 용접 접합법으로 연관을 용접할 때 사용하는 방법이다.

정답 | ④

89 빈출도 ★★

하향 공급식 급탕 배관법의 구배방법으로 옳은 것은?

① 급탕관은 끝올림, 복귀관은 끝내림 구배를 준다.
② 급탕관은 끝내림, 복귀관은 끝올림 구배를 준다.
③ 급탕관, 복귀관 모두 끝올림 구배를 준다.
④ 급탕관, 복귀관 모두 끝내림 구배를 준다.

해설

하향 공급식 급탕 배관에서는 급탕관과 환수관(복귀관)을 모두 선단하향(끝내림) 구배가 되게 한다.

정답 | ④

90 빈출도 ★

보온재의 열전도율이 작아지는 조건으로 틀린 것은?

① 재료의 두께가 두꺼울수록
② 재료 내 기공이 작고 기공률이 클수록
③ 재료의 밀도가 클수록
④ 재료의 온도가 낮을수록

해설

보온재의 밀도가 클수록 열전도율은 커진다.

선지분석

① 재료의 두께가 두꺼울수록 열전도율은 작아진다.
② 재료 내 기공이 작고 기공률이 클수록 기체의 대류 및 전도를 억제해 열전도율은 작아진다.
④ 재료의 온도가 낮을수록 분자 활동이 줄어들어 열전도율이 작아진다.

정답 | ③

91 빈출도 ★★★

캐비테이션(Cavitation) 현상의 발생 조건이 아닌 것은?

① 흡입양정이 지나치게 클 경우
② 흡입관의 저항이 증대될 경우
③ 흡입 유체의 온도가 높은 경우
④ 흡입관의 압력이 양압인 경우

해설

흡입관의 압력이 양압인 경우는 캐비테이션 현상의 발생조건과 거리가 멀다. 흡입양정이 클수록 흡입관 속 유체의 압력이 낮아져 기포가 쉽게 생긴다.

정답 | ④

92 빈출도 ★★

간접 가열식 급탕법에 관한 설명으로 틀린 것은?

① 대규모 급탕설비에 부적당하다.
② 순환증기는 높이에 관계 없이 저압으로 사용 가능하다.
③ 저탕탱크와 가열용 코일이 설치되어 있다.
④ 난방용 증기보일러가 있는 곳에 설치하면 설비비를 절약하고 관리가 편하다.

해설

간접 가열식 급탕법은 증기 또는 고온수를 저탕조 내의 코일에 통과시켜 저탕조 물을 가열하는 방식으로 대규모 급탕 설비에 적합하다.

정답 | ①

93 빈출도 ★★

온수배관에서 배관의 길이 팽창을 흡수하기 위해 설치하는 것은?

① 팽창관 ② 완충기
③ 신축이음쇠 ④ 흡수기

해설

배관의 길이 팽창을 흡수하기 위해 설치하는 것은 신축 이음쇠이다.

선지분석

① 팽창관: 배관 속 물의 부피 팽창을 흡수하는 장치이다.
② 완충기: 수격 현상이나 압력 충격을 흡수하는 장치이다.
④ 흡수기: 진동이나 충격을 완화하는 장치이다.

정답 | ③

94 빈출도 ★

고온수 난방 방식에서 넓은 지역에 공급하기 위해 사용되는 2차 측 접속방식에 해당되지 않는 것은?

① 직결방식 ② 브라인방식
③ 열교환방식 ④ 오리피스접합방식

해설

고온수 난방방식은 1차 측에 120[℃] 이상의 고압 고온수를 사용하며 2차 측과의 접속 방식에 따라 직결방식, 열교환방식, 브라인방식으로 세분한다. 오리피스접합방식은 유량 측정을 위해 오리피스 플랜지를 이용하여 접합하는 방식이다.

정답 | ④

95 빈출도 ★

다음 중 열을 잘 반사하고 확산하여 방열기 표면 등의 도장용으로 사용하기에 가장 적합한 도료는?

① 광명단 ② 산화철
③ 합성수지 ④ 알루미늄

해설

방열기 표면을 도장할 때는 열 반사율이 좋은 알루미늄 도료를 사용한다.

정답 | ④

96 빈출도 ★★

수배관 사용 시 부식을 방지하기 위한 방법으로 틀린 것은?

① 밀폐 사이클의 경우 물을 가득 채우고 공기를 제거한다.
② 개방 사이클로 하여 순환수가 공기와 충분히 접하도록 한다.
③ 캐비테이션을 일으키지 않도록 배관한다.
④ 배관에 방식도장을 한다.

해설

수배관 사용 시 밀폐 사이클로 할 경우 순환수가 공기와 접촉하지 않도록 해야 부식이 방지된다.

정답 | ②

97 빈출도 ★★

다음 중 암모니아 냉동장치에 사용되는 배관재료로 가장 적합하지 않은 것은?

① 이음매 없는 동관 ② 배관용 탄소강관
③ 저온배관용 강관 ④ 배관용 스테인리스강관

해설

냉매가 암모니아일 경우 구리를 부식시키므로 동관 대신 강관을 사용해야 한다.

정답 | ①

98 빈출도 ★★

증기난방 배관시공에서 환수관에 수직 상향부가 필요할 때 리프트 피팅(Lift fitting)을 써서 응축수가 위쪽으로 배출되게 하는 방식은?

① 단관 중력 환수식
② 복관 중력 환수식
③ 진공 환수식
④ 압력 환수식

해설

리프트 피팅은 진공환수식 증기난방에 이용되며, 진공펌프와 가까운 위치에 설치하여 단계적으로 응축수를 흡상한다.

정답 | ③

99 빈출도 ★★

다음 보온재 중 안전사용(최고)온도가 가장 높은 것은? (단, 동일조건 기준으로 한다.)

① 글라스 울 보온판
② 우모펠트
③ 규산칼슘 보온판
④ 석면 보온판

해설 보온재의 내열성

구분	안전사용온도
규산칼슘	650[℃]
석면	550[℃]
글라스 울	300[℃]
우모펠트	100[℃]

정답 | ③

100 빈출도 ★

급수관의 유속을 제한(1.5~2[m/s] 이하)하는 이유로 가장 거리가 먼 것은?

① 유속이 빠르면 흐름방향이 변하는 개소의 원심력에 의한 부압(−)이 생겨 캐비테이션이 발생하기 때문에
② 관 지름을 작게 할 수 있어 재료비 및 시공비가 절약되기 때문에
③ 유속이 빠른 경우 배관의 마찰손실 및 관 내면의 침식이 커지기 때문에
④ 워터해머 발생 시 충격압에 의해 소음, 진동이 발생하기 때문에

해설

단위 시간당 공급 유량이 일정하다면 급수관의 관경이 작을수록 유속이 빨라진다. 유속이 빨라지면 공동 현상, 마찰 손실, 수격 작용 등의 부작용이 생긴다.

정답 | ②

기계열역학

01 빈출도 ★

열전도계수 1.4[W/m·K], 두께 6[mm] 유리창의 내부 표면 온도는 27[℃], 외부 표면 온도는 30[℃]이다. 외기 온도는 36[℃]이고 바깥에서 창문에 전달되는 총 복사열전달이 대류열전달의 50배라면, 외기에 의한 대류열전달계수[W/m²·K]는 약 얼마인가?

① 22.9 ② 11.7
③ 2.29 ④ 1.17

해설

- 전체 열전달계수
  $h_t =$ 복사전달계수 + 대류전달계수
  $= 50h + h = 51h$
- 유리창을 통한 전도
  $q_1 = \dfrac{\lambda}{l}(T_{in} - T_{out}) = \dfrac{1.4}{6 \times 10^{-3}} \times (30 - 27) = 700[\text{W/m}^2]$
- 외기 쪽 열전달
  $q_2 = 51h \times (T_{외기} - T_{out}) = 51h \times (36 - 30) = 306h[\text{W/m}^2]$
- 열 평형 조건 $q_1 = q_2$ 이므로
  $700 = 306h \rightarrow h = \dfrac{700}{306} = 2.29[\text{W/m}^2\cdot\text{K}]$

정답 | ③

02 빈출도 ★★★

500[℃]와 100[℃] 사이에서 작동하는 이상적인 Carnot 열기관이 있다. 열기관에서 생산되는 일이 200[kW]이라면 공급되는 열량은 약 몇 [kW]인가?

① 255 ② 284
③ 312 ④ 387

해설

- 카르노 사이클의 효율
  $\eta = 1 - \dfrac{T_C}{T_H} = 1 - \dfrac{273 + 100}{273 + 500} = 0.517$
- 공급 열량 $Q_H = \dfrac{W_{cycle}}{\eta} = \dfrac{200[\text{kW}]}{0.517} = 386.8[\text{kW}]$

정답 | ④

03 빈출도 ★★

외부에서 받은 열량이 모두 내부에너지 변화만을 가져오는 완전가스의 상태변화는?

① 정적변화 ② 정압변화
③ 등온변화 ④ 단열변화

해설

열역학 제1법칙 $Q = P \Delta V + \Delta U$에서 $Q = \Delta U$(내부에너지 변화량)가 되기 위한 조건은 $\Delta V = 0$인 정적 과정이다.

정답 | ①

04 빈출도 ★★

절대압력 100[kPa], 온도 100[℃]인 상태에 있는 수소의 비체적[m³/kg]은? (단, 수소의 분자량은 2이고, 일반기체상수는 8.3145[kJ/kmol·K]이다.)

① 31.0 ② 15.5
③ 0.428 ④ 0.0321

해설

상태 방정식 $PV = \dfrac{\omega}{M}RT$에서

수소의 분자량은 2[kg/kmol]이므로

비체적 $\dfrac{V[\text{m}^3]}{\omega[\text{kg}]} = \dfrac{RT}{PM}$

$= \dfrac{8.3145[\text{kJ/kmol·K}] \times (100+273)[\text{K}]}{100[\text{kPa}] \times 2[\text{kg/kmol}]}$

$= 15.5[\text{m}^3/\text{kg}]$

정답 | ②

05 빈출도 ★★★

다음 그림은 이상적인 오토사이클의 압력(P)-부피(V)선도이다. 여기서 "ㄱ"의 과정은 어떤 과정인가?

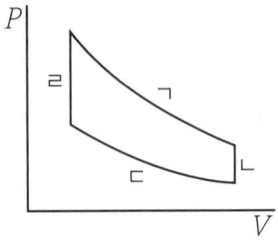

① 단열 압축과정 ② 단열 팽창과정
③ 등온 압축과정 ④ 등온 팽창과정

해설

이상적인 오토사이클 과정

구분	과정
ㄱ	단열팽창
ㄴ	정적방열
ㄷ	단열압축
ㄹ	정적흡열

정답 | ②

06 빈출도 ★

비열비 1.3, 압력비 3인 이상적인 브레이턴 사이클(Brayton Cycle)의 이론 열효율이 $X[\%]$였다. 여기서 열효율 12[%]를 추가 향상시키기 위해서는 압력비를 약 얼마로 해야 하는가? (단, 향상된 후 열효율은 $(X+12)[\%]$이며, 압력비를 제외한 다른 조건은 동일하다.)

① 4.6 ② 6.2
③ 8.4 ④ 10.8

해설

• 브레이턴 사이클의 효율

$\eta = 1 - \dfrac{1}{r^{\frac{k-1}{k}}}$ (단, r: 압축비, k: 비열비)

• 비열비 1.3, 압력비 3인 경우 열효율

$X = 1 - \dfrac{1}{3^{\frac{0.3}{1.3}}} = 0.224$

• 열효율 12[%] 추가 향상시킨 경우

$X' = 1 - \dfrac{1}{r'^{\frac{0.3}{1.3}}} = 0.224 + 0.12 = 0.344$

$\rightarrow r'^{-\frac{0.3}{1.3}} = 1 - 0.344 = 0.656$

$\rightarrow r' = (0.656)^{-\frac{1.3}{0.3}} = 6.21$

정답 | ②

07 빈출도 ★

어느 발명가가 바닷물로부터 매시간 1,800[kJ]의 열량을 공급받아 0.5[kW] 출력의 열기관을 만들었다고 주장한다면, 이 사실은 열역학 제 몇 법칙에 위배되는가?

① 제 0법칙 ② 제 1법칙
③ 제 2법칙 ④ 제 3법칙

해설

효율 $= \dfrac{W_{cycle}}{Q_{in}} = \dfrac{0.5[\text{kW}]}{1,800[\text{kJ/h}]} = \dfrac{0.5[\text{kW}]}{0.5[\text{kJ/s}]} = 1$

열역학 제 2법칙에 의하면 효율은 1인 2종 영구기관은 제작할 수 없다.

※ 1[W·s] = 1[J]
※ 1[J/s] = 1[W]

정답 | ③

08 빈출도 ★★

그림과 같이 다수의 추를 올려놓은 피스톤이 끼워져 있는 실린더에 들어있는 가스를 계로 생각한다. 초기 압력이 $300[\text{kPa}]$이고, 초기 체적은 $0.05[\text{m}^3]$이다. 압력을 일정하게 유지하면서 열을 가하여 가스의 체적을 $0.2[\text{m}^3]$으로 증가시킬 때 계가 한 일[kJ]은?

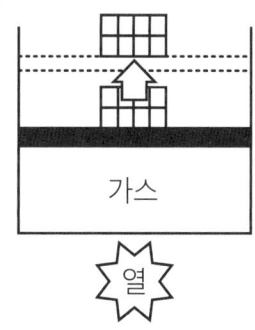

① 30
② 35
③ 40
④ 45

해설

압력을 일정하게 유지하면서 체적을 증가시킬 경우 계가 한 일
$W = P\Delta V = 300[\text{kPa}] \times (0.2 - 0.05)[\text{m}^3] = 45[\text{kJ}]$

정답 | ④

09 빈출도 ★

$1[\text{kg}]$의 헬륨이 $100[\text{kPa}]$ 하에서 정압 가열되어 온도가 $27[℃]$에서 $77[℃]$로 변하였을 때 엔트로피의 변화량은 약 몇 [kJ/K]인가? (단, 헬륨의 엔탈피(h, [kJ/kg])는 아래와 같은 관계식을 가진다.)

$$h = 5.238T,\ \text{여기서 } T\text{는 온도}[K]$$

① 0.694
② 0.756
③ 0.807
④ 0.968

해설

- 정압 비열 $C_p = \dfrac{dh}{dT} = 5.238[\text{kJ/kg}\cdot\text{K}]$
- 정압과정의 엔트로피 변화량
$\Delta S = mC_p \ln(T_f/T_i)$
$= 1[\text{kg}] \times 5.238[\text{kJ/kg}\cdot\text{K}] \times \ln\left(\dfrac{77+273}{27+273}\right)$
$= 0.807[\text{kJ/K}]$

정답 | ③

10 빈출도 ★★

$8[℃]$의 이상기체를 가역단열 압축하여 그 체적을 1/5로 하였을 때 기체의 최종온도[℃]는? (단, 이 기체의 비열비는 1.4이다.)

① -125
② 294
③ 222
④ 262

해설

단열 압축 과정에서 $\dfrac{T_2}{T_1} = \left(\dfrac{V_1}{V_2}\right)^{k-1}$ 이므로
$T_2 = T_1 \times \left(\dfrac{V_1}{V_2}\right)^{k-1} = (273+8) \times 5^{(1.4-1)} = 281 \times 5^{0.4}$
$= 534.93[K]$
섭씨온도 $t_2 = T_2 - 273 = 534.93 - 273 = 261.93[℃]$

정답 | ④

11 빈출도 ★

흑체의 온도가 $20[℃]$에서 $80[℃]$로 되었다면 방사하는 복사 에너지는 약 몇 배가 되는가?

① 1.2
② 2.1
③ 4.7
④ 5.5

해설

스테판-볼츠만 법칙에서 흑체의 복사 에너지는 표면온도[K]의 4제곱에 비례한다. 온도가 $\dfrac{273+80}{273+20} = \dfrac{353}{293}$ 배로 증가하였으므로 복사 에너지는 $\left(\dfrac{353}{293}\right)^4 = 2.1$배 증가한다.

정답 | ②

12 빈출도 ★★★

밀폐시스템이 압력(P_1) 200[kPa], 체적(V_1) 0.1[m³] 인 상태에서 압력(P_2) 100[kPa], 체적(V_2) 0.3[m³] 인 상태까지 가역 팽창되었다. 이 과정이 선형적으로 변화한다면, 이 과정 동안 시스템이 한 일[kJ]은?

① 10　② 20
③ 30　④ 45

해설

계가 한 일 $W=\int PdV$ 인데 선형적으로 변화한다고 했으므로

$W=P_{평균}\Delta V=\dfrac{200[kPa]+100[kPa]}{2}\times(0.3-0.1)[m^3]$
$=150[kPa]\times 0.2[m^3]=30[kJ]$ 이다.

정답 | ③

13 빈출도 ★★

카르노 열펌프와 카르노 냉동기가 있는데, 카르노 열펌프의 고열원 온도는 카르노 냉동기의 고열원 온도와 같고, 카르노 열펌프의 저열원 온도는 카르노 냉동기의 저열원 온도와 같다. 이때 카르노 열펌프의 성적계수(COP_{HP})와 카르노 냉동기의 성적계수(COP_R)의 관계로 옳은 것은?

① $COP_{HP}=COP_R+1$
② $COP_{HP}=COP_R-1$
③ $COP_{HP}=1/(COP_R+1)$
④ $COP_{HP}=1/(COP_R-1)$

해설

카르노 열펌프의 성적계수 $COP_{HP}=\dfrac{T_H}{T_H-T_C}$
카르노 냉동기의 성적계수 $COP_R=\dfrac{T_C}{T_H-T_C}$
$COP_{HP}-COP_R=\dfrac{T_H}{T_H-T_C}-\dfrac{T_C}{T_H-T_C}=\dfrac{T_H-T_C}{T_H-T_C}=1$
$COP_{HP}=COP_R+1$

정답 | ①

14 빈출도 ★★

보일러 입구의 압력이 9,800[kN/m²]이고, 응축기의 압력이 4,900[N/m²]일 때 펌프가 수행한 일[kJ/kg]은? (단, 물의 비체적은 0.001[m³/kg]이다.)

① 9.79　② 15.17
③ 87.25　④ 180.52

해설

• 펌프에서 압력 변화
 $\Delta P=9,800\times 10^3[N/m^2]-4,900[N/m^2]$
 $=9,795.1\times 10^3[N/m^2]$
• 펌프가 하는 일
 $w_p=v\times\Delta P=0.001[m^3/kg]\times 9,795.1\times 10^3[N/m^2]$
 $=9,795.1[J/kg]=9.7951[kJ/kg]$

정답 | ①

15 빈출도 ★★

열교환기의 1차 측에서 압력 100[kPa], 질량유량 0.1[kg/s]인 공기가 50[°C]로 들어가서 30[°C]로 나온다. 2차 측에서는 물이 10[°C]로 들어가서 20[°C]로 나온다. 이 때 물의 질량유량[kg/s]은 약 얼마인가? (단, 공기의 정압비열은 1[kJ/kg·K]이고, 물의 정압비열은 4[kJ/kg·K]로 하며, 열 교환 과정에서 에너지 손실은 무시한다.)

① 0.005　② 0.01
③ 0.03　④ 0.05

해설

• 공기가 잃은 열
 $Q=C_p\dot{m}\Delta T=1[kJ/kg\cdot K]\times 0.1[kg/s]\times(50-30)[K]$
 $=2.0[kJ/s]$
• 물이 얻은 열
 $Q=C_p\dot{m}\Delta T=4[kJ/kg\cdot K]\times\dot{m}[kg/s]\times(20-10)[K]$
 $=40\dot{m}[kJ/s]$
• 물의 질량유량
 $\dot{m}=\dfrac{2.0}{40}=0.05[kg/s]$

정답 | ④

16 빈출도 ★

다음 중 그림과 같은 냉동사이클로 운전할 때 열역학 제1법칙과 제2법칙을 모두 만족하는 경우는?

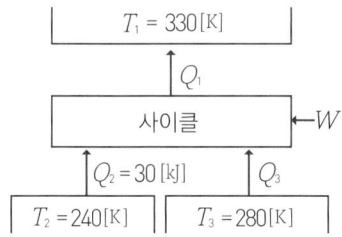

① $Q_1=100[kJ]$, $Q_3=30[kJ]$, $W=30[kJ]$
② $Q_1=80[kJ]$, $Q_3=40[kJ]$, $W=10[kJ]$
③ $Q_1=90[kJ]$, $Q_3=50[kJ]$, $W=10[kJ]$
④ $Q_1=100[kJ]$, $Q_3=30[kJ]$, $W=40[kJ]$

해설

- 열역학 제 1법칙
  $Q_1=Q_2+Q_3+W$를 만족하는 것을 찾는다.
  ① $100[kJ] \neq 30[kJ]+30[kJ]+30[kJ]$ (×)
  ② $80[kJ]=30[kJ]+40[kJ]+10[kJ]$ (○)
  ③ $90[kJ]=30[kJ]+50[kJ]+10[kJ]$ (○)
  ④ $100[kJ]=30[kJ]+30[kJ]+40[kJ]$ (○)
- 열역학 제 2법칙
  $\dfrac{Q_1}{T_1} > \dfrac{Q_2}{T_2} + \dfrac{Q_3}{T_3}$ 를 만족하는 것을 찾는다.
  ① $\dfrac{100[kJ]}{330[K]} > \dfrac{30[kJ]}{240[K]} + \dfrac{30[kJ]}{280[K]}$ (○)
  ② $\dfrac{80[kJ]}{330[K]} > \dfrac{30[kJ]}{240[K]} + \dfrac{40[kJ]}{280[K]}$ (×)
  ③ $\dfrac{90[kJ]}{330[K]} > \dfrac{30[kJ]}{240[K]} + \dfrac{50[kJ]}{280[K]}$ (×)
  ④ $\dfrac{100[kJ]}{330[K]} > \dfrac{30[kJ]}{240[K]} + \dfrac{30[kJ]}{280[K]}$ (○)

즉, 보기 ④가 열역학 제 1법칙과 제 2법칙을 모두 만족한다.

정답 | ④

17 빈출도 ★

상온(25[°C])의 실내에 있는 수은 기압계에서 수은주의 높이가 730[mm]라면, 이때 기압은 약 몇 [kPa]인가? (단, 25[°C]기준, 수은 밀도는 13,534[kg/m³]이다.)

① 91.4
② 96.9
③ 99.8
④ 104.2

해설

$P=\rho gh$
$=13,534[kg/m^3] \times 9.8[m/s^2] \times 0.73[m]$
$=96,822[kg/m \cdot s^2]=96,822[N/m^2]=96.8[kPa]$

정답 | ②

18 빈출도 ★★★

어느 이상기체 2[kg]이 압력 200[kPa], 온도 30[°C]의 상태에서 체적 0.8[m³]를 차지한다. 이 기체의 기체상수[kJ/kg·K]는 약 얼마인가?

① 0.264
② 0.528
③ 2.34
④ 3.53

해설

상태방정식 $PV=mRT$에서
$R=\dfrac{PV}{mT}=\dfrac{200[kPa] \times 0.8[m^3]}{2[kg] \times (273+30)[K]}$
$=0.264[kJ/kg \cdot K]$

정답 | ①

19 빈출도 ★★★

고열원의 온도가 157[°C]이고, 저열원의 온도가 27[°C]인 카르노 냉동기의 성적계수는 약 얼마인가?

① 1.5
② 1.8
③ 2.3
④ 3.3

해설

카르노 냉동장치의 성적계수
$COP=\dfrac{T_C}{T_H-T_C}=\dfrac{273+27}{(273+157)-(273+27)}=\dfrac{300}{130}=2.3$

정답 | ③

20 빈출도 ★

질량이 m이고 한 변의 길이가 a인 정육면체 상자 안에 있는 기체의 밀도가 ρ이라면 질량이 $2m$이고 한 변의 길이가 $2a$인 정육면체 상자 안에 있는 기체의 밀도는?

① ρ
② $(1/2)\rho$
③ $(1/4)\rho$
④ $(1/8)\rho$

해설

- 기존 정육면체 상자 안의 기체 밀도
  $\rho = \dfrac{m}{a^3}$ [kg/m³]
- 변경 후 정육면체 상자 안의 기체 밀도
  $\rho' = \dfrac{2m}{(2a)^3} = \dfrac{2m}{8a^3} = \dfrac{1}{4} \times \dfrac{m}{a^3} = \dfrac{1}{4}\rho$ [kg/m³]

정답 | ③

냉동공학

21 빈출도 ★★

스크류 압축기에 대한 설명으로 틀린 것은?

① 동일 용량의 왕복동 압축기에 비하여 소형경량으로 설치 면적이 작다.
② 장시간 연속운전이 가능하다.
③ 부품수가 적고 수명이 길다.
④ 오일펌프를 설치하지 않는다.

해설

스크류 압축기는 오일펌프를 설치하여 로터에 오일을 분사해 주어야 하며, 높은 압축비에도 토출온도와 체적효율이 유지된다.

정답 | ④

22 빈출도 ★★

단위 시간당 전도에 의한 열량에 대한 설명으로 틀린 것은?

① 전도열량은 물체의 두께에 반비례한다.
② 전도열량은 물체의 온도 차에 비례한다.
③ 전도열량은 전열면적에 반비례한다.
④ 전도열량은 열전도율에 비례한다.

해설

전도열량 $Q = \dfrac{\lambda}{l} \cdot A \cdot \Delta T$ 이므로, 전도열량 Q는 열전도율 λ, 전열면적 A, 온도차 ΔT에 비례하고 두께 l에 반비례 한다.

정답 | ③

23 빈출도 ★★★

응축기에 관한 설명으로 틀린 것은?

① 증발식 응축기의 냉각작용은 물의 증발잠열을 이용하는 방식이다.
② 이중관식 응축기는 설치면적이 작고, 냉각수량도 작기 때문에 과냉각 냉매를 얻을 수 있는 장점이 있다.
③ 입형 셸 튜브 응축기는 설치면적이 작고 전열이 양호하며 냉각관의 청소가 가능하다.
④ 공냉식 응축기는 응축압력이 수냉식보다 일반적으로 낮기 때문에 같은 냉동기일 경우 형상이 작아진다.

해설

공냉식 응축기는 열통과율이 작아서 응축온도와 응축압력이 수냉식보다 높다.

정답 | ④

24 빈출도 ★★

모리엘 선도 내 등건조도선의 건조도(x) 0.2는 무엇을 의미하는가?

① 습증기 중의 건포화 증기 20%(중량비율)
② 습증기 중의 액체인 상태 20%(중량비율)
③ 건증기 중의 건포화 증기 20%(중량비율)
④ 건증기 중의 액체인 상태 20%(중량비율)

해설

모리엘 선도에서의 건조도(x)는 습증기의 질량 중에 건포화 증기가 차지하는 비율을 의미한다. 건조도 0.2는 습증기 중의 건포화 증기가 20[%]이고 나머지 80[%]는 물방울임을 의미한다.

정답 | ①

25 빈출도 ★★

냉동장치에서 냉매 1[kg]이 팽창밸브를 통과하여 5[℃]의 포화증기로 될 때까지 50[kJ]의 열을 흡수하였다. 같은 조건에서 냉동능력이 400[kW]라면 증발냉매량[kg/s]은 얼마인가?

① 5
② 6
③ 7
④ 8

해설

증발냉매량 = $\dfrac{냉동능력}{냉동효과}$ = $\dfrac{400[kJ/s]}{50[kJ/kg]}$ = 8[kg/s]

※ 1[kW]=1[kJ/s]

정답 | ④

26 빈출도 ★

염화칼슘 브라인에 대한 설명으로 옳은 것은?

① 염화칼슘 브라인은 식품에 대해 무해하므로 식품동결에 주로 사용된다.
② 염화칼슘 브라인은 염화나트륨 브라인보다 일반적으로 부식성이 크다.
③ 염화칼슘 브라인은 공기 중에 장시간 방치하여 두어도 금속에 대한 부식성은 없다.
④ 염화칼슘 브라인은 염화나트륨 브라인보다 동일조건에서 동결온도가 낮다.

해설

제빙용에 주로 쓰이는 염화칼슘 브라인은 염화나트륨 브라인보다 동일조건에서 동결온도가 낮다.

선지분석

① 염화칼슘 브라인은 독성이 있어 식품용 냉매로 사용하지 않는다.
② 염화나트륨 브라인은 염화칼슘 브라인보다 부식성이 더 크다.
③ 염화칼슘 브라인은 공기와 접촉 시 금속을 부식시킨다.

정답 | ④

27 빈출도 ★★

냉각탑에 관한 설명으로 옳은 것은?

① 오염된 공기를 깨끗하게 정화하며 동시에 공기를 냉각하는 장치이다.
② 냉매를 통과시켜 공기를 냉각시키는 장치이다.
③ 찬 우물물을 냉각시켜 공기를 냉각하는 장치이다.
④ 냉동기의 냉각수가 흡수한 열을 외기에 방사하고 온도가 내려간 물을 재순환시키는 장치이다.

해설

냉각탑은 응축기 냉매와의 접촉으로 미지근해진 냉각수를 식혀서 원래 온도만큼 내린 뒤 다시 응축기로 돌려보내는 역할을 한다.

선지분석

① 에어워셔에 대한 내용이다.
② 직접 팽창식 증발기에 대한 내용이다.
③ 지하수 냉방 시스템에 관한 내용이다.

정답 | ④

28 빈출도 ★★

증기압축식 냉동기에 설치되는 가용전에 대한 설명으로 틀린 것은?

① 냉동설비의 화재 발생 시 가용합금이 용융되어 냉매를 대기로 유출시켜 냉동기 파손을 방지한다.
② 안전성을 높이기 위해 압축가스의 영향이 미치는 압축기 토출부에 설치한다.
③ 가용전의 구경은 최소 안전밸브 구경의 1/2 이상으로 한다.
④ 암모니아 냉동장치에서는 가용합금이 침식되므로 사용하지 않는다.

해설

안전장치인 가용전은 압축기 토출가스에 영향을 받지 않도록 응축기 상부나 수액기 상부에 설치한다.

정답 | ②

29 빈출도 ★★

다음 선도와 같이 응축온도만 변화하였을 때 각 사이클의 특성 비교로 틀린 것은? (단, 사이클A : (A−B−C−D−A), 사이클B : (A−B′−C′−D′−A), 사이클C : (A−B″−C″−D″−A) 이다.)

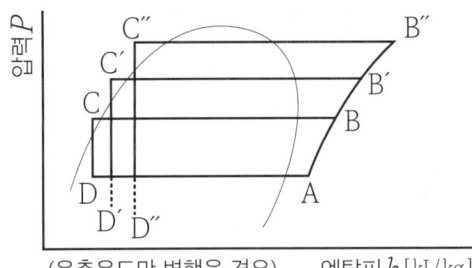

(응축온도만 변했을 경우) 엔탈피 h [kJ/kg]

① 압축비: 사이클C > 사이클B > 사이클A
② 압축일량: 사이클C > 사이클B > 사이클A
③ 냉동효과: 사이클C > 사이클B > 사이클A
④ 성적계수: 사이클A > 사이클B > 사이클C

해설

엔탈피 증가량이 클수록 냉동효과가 크다.
따라서 사이클A > 사이클B > 사이클C 순이다.

개념설명

① 압축비: 압축기 출구압력과 입구압력의 비가 클수록 압축비가 큼(○)
② 압축일량: 압축과정의 엔탈피 증가량($h_B - h_A$)이 클수록 압축일량이 큼(○)
③ 냉동효과: 증발과정의 엔탈피 증가량($h_A - h_D$)이 클수록 냉동효과가 큼(×)
④ 성적계수: 냉동효과 및 압축일량의 비가 클수록 성적계수가 큼(○)

정답 | ③

30 빈출도 ★★

흡수식 냉동기에 대한 설명으로 틀린 것은?

① 흡수식 냉동기는 열의 공급과 냉각으로 냉매와 흡수제가 함께 분리되고 섞이는 형태로 사이클을 이룬다.
② 냉매가 암모니아일 경우에는 흡수제로 리튬브로마이드(LiBr)를 사용한다.
③ 리튬브로마이드 수용액 사용 시 재료에 대한 부식성 문제로 용액에 미량의 부식억제제를 첨가한다.
④ 압축식에 비해 열효율이 나쁘며 설치면적을 많이 차지한다.

해설
흡수식 냉동 장치에서 냉매가 암모니아일 경우 흡수제는 물이어야 한다.

개념설명 흡수식 냉동장치의 냉매─흡수제 조합
- 암모니아 ─ 물
- 물 ─ 리튬브로마이드(LiBr)
- 물 ─ 염화리튬(LiCl)

정답 | ②

31 빈출도 ★★

암모니아 냉매의 특성에 대한 설명으로 틀린 것은?

① 암모니아는 오존파괴지수(ODP)와 지구온난화지수(GWP)가 각각 0으로 온실가스 배출에 대한 영향이 적다.
② 암모니아는 독성이 강하여 조금만 누설되어도 눈, 코, 기관지 등을 심하게 자극한다.
③ 암모니아는 물에 잘 용해되지만 윤활유에는 잘 녹지 않는다.
④ 암모니아는 전기절연성이 양호하므로 밀폐식 압축기에 주로 사용된다.

해설
암모니아는 전기절연물을 침식시키므로 전동기와 합체된 구조의 밀폐형 압축기에 사용하면 안 된다.

정답 | ④

32 빈출도 ★

0.24[MPa] 압력에서 작동되는 냉동기의 포화액 및 건포화증기의 엔탈피는 각각 396[kJ/kg], 615[kJ/kg]이다. 동일압력에서 건도가 0.75인 지점의 습증기의 엔탈피[kJ/kg]는 얼마인가?

① 398.75   ② 481.28
③ 501.49   ④ 560.25

해설
건도 = $\dfrac{(\text{습증기의 엔탈피})-(\text{포화액의 엔탈피})}{(\text{포화증기의 엔탈피})-(\text{포화액의 엔탈피})}$ 이므로

$0.75 = \dfrac{h_x - 396}{615 - 396}$

∴ 습증기의 엔탈피 $h_x = 560.25[kJ/kg]$

정답 | ④

33 빈출도 ★★

왕복동식 압축기의 회전수를 $n[\text{rpm}]$, 피스톤의 행정을 $S[\text{m}]$라 하면 피스톤의 평균속도 $V_m[\text{m/s}]$를 나타내는 식은?

① $V_m = (\pi \cdot S \cdot n)/60$ ② $V_m = (S \cdot n)/60$
③ $V_m = (S \cdot n)/30$ ④ $V_m = (S \cdot n)/120$

해설
왕복동식 압축기에서 피스톤은 1회전당 왕복 2행정을 수행하므로
분당 이동거리 $= 2S \times n[\text{m/min}]$

초당 속도로 환산하면 $V_m[\text{m/s}] = \dfrac{2S[\text{m}] \times n[\text{rpm}]}{60} = \dfrac{S \cdot n}{30}$

정답 | ③

34 빈출도 ★★

착상이 냉동장치에 미치는 영향으로 가장 거리가 먼 것은?

① 냉장실내 온도가 상승한다.
② 증발온도 및 증발압력이 저하한다.
③ 냉동능력당 전력 소비량이 감소한다.
④ 냉동능력당 소요동력이 증대한다.

해설 착상(열누설)

전열 불량으로 인해 배관 내 압력 저하로 증발온도가 저하되면 결국 압축비가 증가하고 냉동능력이 감소되어 전력 소비량이 증가한다.

정답 | ③

35 빈출도 ★★

나관식 냉각코일로 물 1,000[kg/h]를 20[℃]에서 5[℃]로 냉각시키기 위한 코일의 전열면적(m^2)은? (단, 냉매액과 물과의 대수 평균 온도차는 5[℃], 물의 비열은 4.2[kJ/kg·℃], 열관류율은 0.23[kW/m^2·℃]이다.)

① 15.2 ② 30.0
③ 65.3 ④ 81.4

해설

- 질량유량 단위 변환
$$\dot{m} = \frac{1,000[kg]}{3,600[s]} = 0.2778[kg/s]$$

- 냉각 부하
$$\dot{Q} = \dot{m}C_p \Delta T = 0.2778[kg/s] \times 4.2[kJ/kg \cdot ℃] \times (20-5)[℃]$$
$$= 17.5[kW]$$

- 전열 면적
$\dot{Q} = kA\Delta T$에서
$$A = \frac{\dot{Q}}{k\Delta T} = \frac{17.5[kW]}{0.23[kW/m^2 \cdot ℃] \times 5[℃]}$$
$$= 15.22[m^2]$$

※ 전열 면적을 구할 때 ΔT는 대수 평균 온도차인 5[℃]를 사용한다.

정답 | ①

36 빈출도 ★★

열 전달에 관한 설명으로 틀린 것은?

① 전도란 물체 사이의 온도차에 의한 열의 이동 현상이다.
② 대류란 유체의 순환에 의한 열의 이동 현상이다.
③ 대류 열전달계수의 단위는 열통과율의 단위와 같다.
④ 열전도율의 단위는 [W/m^2·K]이다.

해설

열전도량 $Q_{전도}[W] = \frac{\lambda}{l} A(T_{in} - T_{out})$에서
열전도율 λ의 단위는 [W/m·K]이다.

정답 | ④

37 빈출도 ★★

흡수냉동기의 용량제어 방법으로 가장 거리가 먼 것은?

① 구동열원 입구제어 ② 증기토출 제어
③ 희석운전 제어   ④ 버너 연소량 제어

해설

희석운전 제어는 용액 농도 관리 방식으로 흡수냉동기의 용량제어 방법과 관련이 없다.

개념설명 흡수냉동기의 용량제어 방법

- 증기토출 제어
- 구동열원 입구제어
- 버너 연소량 제어
- 흡수액 순환량 제어

정답 | ③

38 빈출도 ★

제상방식에 대한 설명으로 틀린 것은?

① 살수방식은 저온의 냉장창고용 유니트 쿨러 등에서 많이 사용된다.
② 부동액 살포방식은 공기 중의 수분이 부동액에 흡수되므로 일정한 농도 관리가 필요하다.
③ 핫가스 제상방식은 응축기 출구 측 고온의 액냉매를 이용한다.
④ 전기히터방식은 냉각관 배열의 일부에 핀튜브 형태의 전기히터를 삽입하여 착상부를 가열한다.

해설

핫가스 제상방식은 압축기 출구 측에 바이패스 배관을 연결하여 토출되는 고압증기의 일부를 빼내어 냉각관에 달라붙은 서리를 녹인다.

정답 | ③

39 빈출도 ★★★

불응축가스가 냉동기에 미치는 영향에 대한 설명으로 틀린 것은?

① 토출가스 온도의 상승
② 응축압력의 상승
③ 체적효율의 증대
④ 소요동력의 증대

해설

불응축 가스는 압력이 낮아지는 과정을 방해하여 응축온도를 상승시키고 실제냉매순환량 감소효과로 인해 토출가스 온도를 상승시킨다. 이로 인해 체적 효율이 감소되고, 압축기 소요동력이 증대된다.

정답 | ③

40 빈출도 ★★★

다음 중 P−h선도(압력−엔탈피)에서 나타내지 못하는 것은?

① 엔탈피
② 습구온도
③ 건조도
④ 비체적

해설

습구온도는 P−h 선도에서 나타낼 수 없다. 엔탈피, 건조도, 비체적은 P−h 선도에서 표시가 가능하다.

정답 | ②

공기조화

41 빈출도 ★★

보일러의 종류 중 수관보일러 분류에 속하지 않는 것은?

① 자연순환식 보일러
② 강제순환식 보일러
③ 연관 보일러
④ 관류 보일러

해설

수관식 보일러는 관 내부를 물이 통과하고 외부에서 연소가스가 열교환하는 구조로 자연순환식, 강제순환식, 관류식으로 나뉜다.

정답 | ③

42 빈출도 ★★

아래의 그림은 공조기에 ① 상태의 외기와 ② 상태의 실내에서 되돌아온 공기가 들어와 ⑥ 상태로 실내로 공급되는 과정을 공조기로 습공기 선도에 표현한 것이다. 공조기 내 과정을 맞게 서술한 것은?

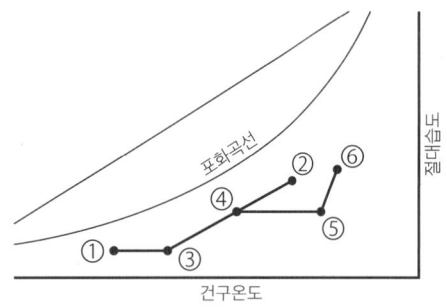

① 예열 − 혼합 − 가열 − 물분무가습
② 예열 − 혼합 − 가열 − 증기가습
③ 예열 − 증기가습 − 가열 − 증기가습
④ 혼합 − 제습 − 증기가습 − 가열

해설

구간	과정	설명
① → ③	예열	공조기 속의 예열코일을 거쳐 ③의 상태가 됨
③+② → ④	혼합	②의 환기와 만나서 혼합이 진행되어 ④의 상태가 됨
④ → ⑤	가열	가열코일을 지나는 동안 온도가 상승하여 ⑤의 상태가 됨
⑤ → ⑥	증기가습	증기가습을하여 ⑥의 상태가 됨(건구온도가 ⑤보다 높으므로)

즉, 공조기 내 과정은 보기 ②와 같다.

정답 | ②

43 빈출도 ★★

이중덕트방식에 설치하는 혼합상자의 구비조건으로 틀린 것은?

① 냉풍·온풍 덕트내의 정압변동에 의해 송풍량이 예민하게 변화할 것
② 혼합비율 변동에 따른 송풍량의 변동이 완만할 것
③ 냉풍·온풍 댐퍼의 공기누설이 적을 것
④ 자동제어 신뢰도가 높고 소음발생이 적을 것

해설

혼합박스는 덕트 내 압력 변동에도 송풍량이 일정하게 유지되어야 실내 급기가 안정적으로 이루어진다.

정답 | ①

44 빈출도 ★★★

냉방부하 중 유리창을 통한 일사취득열량을 계산하기 위한 필요 사항으로 가장 거리가 먼 것은?

① 창의 열관류율 ② 창의 면적
③ 차폐계수   ④ 일사의 세기

해설

유리창을 통한 일사 취득열량
$Q[W] = I_{gr} A K_s$
(단, A: 창의 면적, I_{gr}: 유리창에 도달하는 일사의 세기, K_s: 유리창의 차폐계수)

정답 | ①

45 빈출도 ★★

다음 열원방식 중에 하절기 피크전력의 평준화를 실현할 수 없는 것은?

① GHP 방식
② EHP 방식
③ 지역냉난방 방식
④ 축열방식

해설

EHP 방식은 전기를 주요 에너지원으로 사용하여 전력 피크 수요를 낮추기 어렵다. 따라서 피크전력 평준화를 실현하기 어렵다.

선지분석

① GHP(가스엔진 구동 히트펌프) 방식: 가스 엔진을 구동원으로 사용하므로 전력 부하를 줄일 수 있다.
③ 지역냉난방 방식: 폐열이나 심야전력을 이용하여 냉수를 만들기 때문에 하절기 피크전력의 평준화에 기여한다.
④ 축열방식: 심야시간 전력을 이용해 빙축열 또는 축냉매를 만들고 주간 피크전력 시 사용하여 피크전력의 평준화에 기여한다.

정답 | ②

46 빈출도 ★★★

일반적으로 난방부하를 계산할 때 실내 손실열량으로 고려해야 하는 것은?

① 인체에서 발생하는 잠열
② 극간풍에 의한 잠열
③ 조명에서 발생하는 현열
④ 기기에서 발생하는 현열

해설

일사부하, 인체부하, 조명부하는 실내온도를 높이는 데 기여하므로 난방부하를 계산할 때 비포함시킨다. 하지만 극간풍에 의한 현열과 잠열은 실내온도를 낮추는 요인이므로 난방부하에 반드시 포함시켜야 한다.

정답 | ②

47 빈출도 ★★

원심 송풍기에 사용되는 풍량제어 방법으로 가장 거리가 먼 것은?

① 송풍기의 회전수 변화에 의한 방법
② 흡입구에 설치한 베인에 의한 방법
③ 바이패스에 의한 방법
④ 스크롤 댐퍼에 의한 방법

해설

바이패스에 의한 방법은 순환냉매량 조절의 한 방법으로 풍량제어와는 거리가 멀다.

개념설명 송풍기 풍량 제어법

- 댐퍼 제어
- 베인 제어
- 가변 피치 제어
- 회전수 제어

정답 | ③

48 빈출도 ★★

냉수코일의 설계에 대한 설명으로 옳은 것은? (단, q_s: 코일의 냉각부하, k: 코일전열계수, FA: 코일의 정면면적, $LMTD$: 대수평균온도차[℃], M: 젖은 면계수 이다.)

① 코일내의 순환수량은 코일 출입구의 수온차가 약 5~10[℃]가 되도록 선정한다.
② 관내의 수속은 2~3[m/s] 내외가 되도록 한다.
③ 수량이 적어 관내의 수속이 늦게 될 때에는 더블 서킷(double circuit)을 사용한다.
④ 코일의 열수$(N)=(q_s \times MTD)/(M \times k \times FA)$이다.

해설

코일내의 순환수량은 코일 출입구의 수온차가 약 5~10[℃]가 되도록 선정하여야 한다.

선지분석

② 관내의 수속은 1.0[m/s] 내외가 되도록 한다.
③ 수량이 적어 관내의 수속을 높여야 할 경우 하프 서킷을 사용한다.
④ 코일의 열수 $N = \dfrac{q_s \times LMTD}{M \times k \times FA}$이다.

정답 | ①

49 빈출도 ★★

온도 10[℃], 상대습도 50[%]의 공기를 25[℃]로 하면 상대습도[%]는 얼마인가? (단, 10[℃]일 경우의 포화 증기압은 1.226[kPa], 25[℃]일 경우의 포화 증기압은 3.163[kPa]이다.)

① 9.5 ② 19.4
③ 27.2 ④ 35.5

해설

상대습도 $\phi = \dfrac{실제수증기압}{포화수증기압} \times 100[\%]$ 이므로

습공기의 실제 수증기압은 $(1.226[kPa]) \times 0.5 = 0.613[kPa]$

온도를 25[℃]로 올릴 경우

상대습도 $= \dfrac{0.613}{3.163} \times 100 = 19.38[\%]$

정답 | ②

50 빈출도 ★★

건구온도 22[℃], 절대습도 0.0135[kg/kg]인 공기의 엔탈피[kJ/kg]는 얼마인가? (단, 공기밀도 1.2[kg/m³], 건공기 정압비열 1.01[kJ/kg·K], 수증기 정압비열 1.85[kJ/kg·K], 0[℃] 포화수의 증발잠열 2,501[kJ/kg]이다.)

① 58.4 ② 61.2
③ 56.5 ④ 52.4

해설

- 습공기 1[kg]에 포함된 공기만의 현열
  $Q_{공기} = C_p mT = C_p T \times 1[kg]$
  $= 1.01[kJ/kg \cdot ℃] \times 22[℃] \times 1[kg] = 22.22[kJ]$
- 습공기 1[kg]에 포함된 수증기 0.0135[kg]의 현열
  $Q_{수증기} = C_p' T \times 0.0135[kg]$
  $= 1.85[kJ/kg \cdot ℃] \times 22[℃] \times 0.0135[kg] = 0.549[kJ]$
- 수증기 0.0135[kg]의 잠열
  $Q_{잠열} = 2,501[kJ/kg] \times 0.0135[kg] = 33.76[kJ]$
- 습공기 열량
  $Q_{공기} + Q_{수증기} + Q_{잠열} = 22.22 + 0.549 + 33.76 = 56.53[kJ]$
  따라서 엔탈피는 56.53[kJ/kg]이다.

정답 | ③

51 빈출도 ★

보일러 능력의 표시법에 대한 설명으로 옳은 것은?

① 과부하 출력: 운전시간 24시간 이후는 정미 출력의 10~20[%] 더 많이 출력되는 정도이다.
② 정격 출력: 정미 출력의 2배이다.
③ 상용 출력: 배관 손실을 고려하여 정미 출력의 1.05~1.10배 정도이다.
④ 정미 출력: 연속해서 운전할 수 있는 보일러의 최대능력이다.

해설

① 과부하 출력: 정격 출력의 110~120[%] 수준의 출력이다.
② 정격 출력: (상용 출력+예열부하)로 표준 온전 조건에서의 설계 출력이다.
③ 상용 출력: (정미 출력+배관부하)로 배관 손실을 고려하여 정미 출력의 1.05~1.1배 정도이다.
④ 정미 출력: (난방 부하+급탕부하)의 출력 크기를 가진다.

정답 | ③

52 빈출도 ★★

송풍기 회전날개의 크기가 일정할 때, 송풍기의 회전속도를 변화시킬 경우 상사법칙에 대한 설명으로 옳은 것은?

① 송풍기 풍량은 회전속도비에 비례하여 변화한다.
② 송풍기 압력은 회전속도비의 3제곱에 비례하여 변화한다.
③ 송풍기 동력은 회전속도비의 제곱에 비례하여 변화한다.
④ 송풍기 풍량, 압력, 동력은 모두 회전속도비에 제곱에 비례하여 변화한다.

해설

회전날개의 속도가 n배로 빨라지면 풍량은 n배, 풍압은 n^2배, 동력은 n^3배가 된다.

정답 | ①

53 빈출도 ★★

온수난방 배관방식에서 단관식과 비교한 복관식에 대한 설명으로 틀린 것은?

① 설비비가 많이 든다. ② 온도변화가 많다.
③ 온수 순환이 좋다. ④ 안정성이 높다.

해설
복관식은 급수관과 배수관이 분리되어 있어 수온을 고르게 유지하는 데 유리하므로 온도의 변화가 적다.

정답 | ②

54 빈출도 ★

건축 구조체의 열통과율에 대한 설명으로 옳은 것은?

① 열통과율은 구조체 표면 열전달 및 구조체내 열전도율에 대한 열이동의 과정을 총 합한 값을 말한다.
② 표면 열전달 저항이 커지면 열통과율도 커진다.
③ 수평구조체의 경우 상향열류가 하향열류보다 열통과율이 작다.
④ 각종 재료의 열전도율은 대부분 함습율의 증가로 인하여 열전도율이 작아진다.

해설
열통과율은 외부·내부 표면의 대류전달(열전달 저항)과 구조체 내부의 전도저항을 모두 합산한 전체 저항의 역수로, 두 과정이 합해진 특성을 말한다.

정답 | ①

55 빈출도 ★★★

다음 중 출입의 빈도가 잦아 틈새바람에 의한 손실부하가 비교적 큰 경우 난방방식으로 적용하기에 가장 적합한 것은?

① 증기난방 ② 온풍난방
③ 복사난방 ④ 온수난방

해설
복사난방은 벽과 바닥 전체에서 복사열이 나오므로 출입이 잦거나 문이 개방된 공간에도 난방 효과가 우수하다.

정답 | ③

56 빈출도 ★★

덕트 정풍량 방식에 대한 설명으로 틀린 것은?

① 각 실의 실온을 개별적으로 제어할 수가 있다.
② 설비비가 다른 방식에 비해서 적게 든다.
③ 기계실에 기기류가 집중 설치되므로 운전, 보수가 용이하고, 진동, 소음의 전달 염려가 적다.
④ 외기의 도입이 용이하며 환기팬 등을 이용하면 외기냉방이 가능하고 전열교환기의 설치도 가능하다.

해설
덕트 정풍량 방식은 소음 전달 염려가 적고 설치비가 저렴하고, 외기 도입에 의한 냉방이 가능하지만, 실별로 온습도 조절은 불가하다.

정답 | ①

57 빈출도 ★★★

난방부하를 산정할 때 난방부하의 요소에 속하지 않는 것은?

① 벽체의 열통과에 의한 열손실
② 유리창의 대류에 의한 열손실
③ 침입외기에 의한 난방손실
④ 외기부하

해설
유리창의 실내 측 대류 열전달은 난방부하 산정 시 난방부하에 포함되지 않는다.

정답 | ②

58 빈출도 ★★

실내의 냉방 현열부하가 5.8[kW], 잠열부하가 0.93[kW]인 방을 실온 26[℃]로 냉각하는 경우 송풍량[m³/h]은? (단, 취출온도는 15[℃]이며, 공기의 밀도 1.2[kg/m³], 정압비열 1.01[kJ/kg·K]이다.)

① 1566.1　　② 1732.4
③ 1999.8　　④ 2104.2

해설

실내의 잠열부하는 냉각코일의 제습효과에 의해 해결되므로 송풍기는 현열부하만 제거하면 된다. 따라서 송풍량

$$Q = \frac{q_s}{\rho C_p (t_r - t_d)}$$
$$= \frac{5.8[\text{kW}]}{1.2[\text{kg/m}^3] \cdot 1.01[\text{kJ/kg} \cdot \text{K}] \cdot (26-15)[\text{K}]}$$
$$= 0.435[\text{m}^3/\text{s}] = 1,566[\text{m}^3/\text{h}]$$

정답 | ①

59 빈출도 ★★

공조설비의 구성은 열원설비, 열운반장치, 공조기, 자동제어장치로 이루어진다. 이에 해당하는 장치로서 직접적인 관계가 없는 것은?

① 펌프　　② 덕트
③ 스프링클러　　④ 냉동기

해설

스프링클러설비는 소방설비에 해당하며 공조설비에 해당하지 않는다.

선지분석

① 펌프: 열운반장치로 공조설비에 해당한다.
② 덕트: 열운반장치로 공조설비에 해당한다.
④ 냉동기: 열원설비로 공조설비에 해당한다.

정답 | ③

60 빈출도 ★

아래 그림은 냉방 시의 공기조화 과정을 나타낸다. 그림과 같은 조건일 경우 취출풍량이 1,000[m³/h]이라면 소요되는 냉각코일의 용량[kW]은 얼마인가? (단, 공기의 밀도는 1.2[kg/m³]이다.)

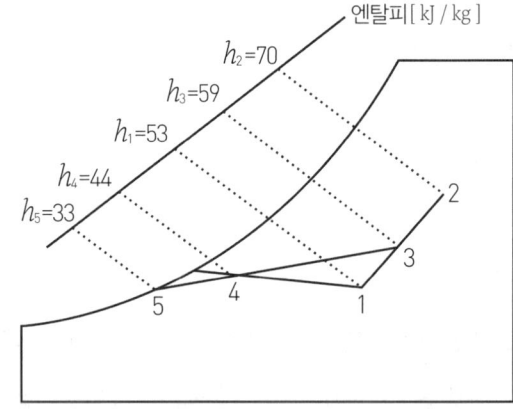

1 실내공기의 상태점
2 외기의 상태점
3 혼합 공기의 상태점
4 취출 공기의 상태점
5 코일의 장치 노점 온도

① 8　　② 5
③ 3　　④ 1

해설

- 엔탈피 변화량 Δh[kJ/kg]
  상태 3의 혼합공기가 냉각코일을 지나 온도와 절대습도가 하강하여 상태 4로 이동한다.
  따라서 $\Delta h = h_3 - h_4 = (59-44)[\text{kJ/kg}] = 15[\text{kJ/kg}]$
- 냉각코일의 용량 Q[kW]
$$Q = \rho \dot{V} \Delta h$$
$$= 1.2[\text{kg/m}^3] \times \frac{1,000[\text{m}^3]}{1[\text{H}]} \times \frac{1[\text{H}]}{3,600[\text{s}]} \times 15[\text{kJ/kg}]$$
$$= 5[\text{kJ/s}] = 5[\text{kW}]$$

정답 | ②

전기제어공학

61 빈출도 ★★★

다음 유접점회로를 논리식으로 변환하면?

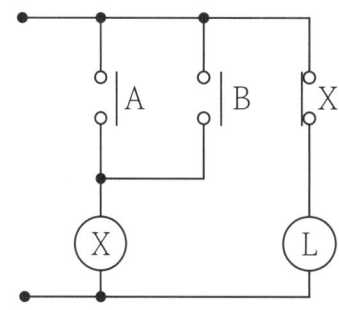

① L=A·B
② L=A+B
③ L=$\overline{(A+B)}$
④ L=$\overline{(A·B)}$

해설

X=A+B, L=$\overline{X}$이므로 L=$\overline{X}$=$\overline{A+B}$

정답 | ③

62 빈출도 ★★

그림과 같은 논리회로가 나타내는 식은?

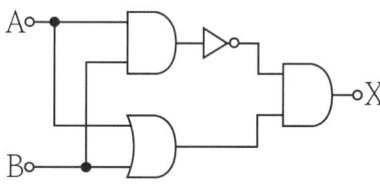

① X=AB+BA
② X=$\overline{(A+B)}$AB
③ X=$\overline{AB}$(A+B)
④ X=AB+(A+B)

해설

X=$\overline{AB}$·(A+B)

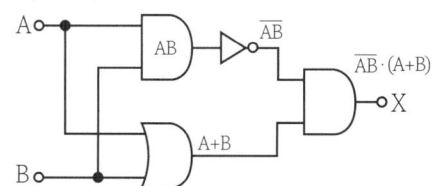

정답 | ③

63 빈출도 ★★

다음 블록선도에서 성립이 되지 않는 식은?

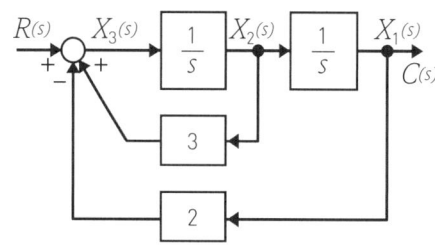

① $x_3(t)=r(t)+3x_2(t)-2c(t)$
② $\dfrac{dx_3(t)}{dt}=x_2(t)$
③ $x_2(t)=\int(r(t)+3x_2(t)-2x_1(t))dt$
④ $x_1(t)=c(t)$

해설

블록선도에서 $X_2(s)=\dfrac{1}{s}\cdot X_3(s)$가 성립하는데

이 식을 역라플라스 변환하면 $x_2(t)=\int x_3(t)dt$이다.

따라서 보기 ②는 옳지 않다.

정답 | ②

64 빈출도 ★

자극수 6극, 슬롯수 40, 슬롯 내 코일변수 6인 단중 중권 직류기의 정류자 편수는?

① 60
② 80
③ 100
④ 120

해설 정류자 편수

$k=$슬롯수$\times\dfrac{\mu_s}{2}=40\times\dfrac{6}{2}=120$개

(단, μ_s: 코일변수)

정답 | ④

65 빈출도 ★★

일정전압의 직류전원에 저항을 접속하고, 전류를 흘릴 때 이 전류값을 20[%] 감소시키기 위한 저항값은 처음 저항의 몇 배가 되는가? (단, 저항을 제외한 기타 조건은 동일하다.)

① 0.65
② 0.85
③ 0.91
④ 1.25

해설

옴의 법칙 $I = \dfrac{V}{R}$ 에서

전류가 $0.8I$로 되기 위해 필요한 저항 R' 은

$R' = \dfrac{V}{0.8I} = 1.25R$ 이다.

정답 | ④

66 빈출도 ★★★

절연저항을 측정하는 데 사용되는 계기는?

① 메거(Megger)
② 회로시험기
③ R-L-C 미터
④ 검류계

해설

메거는 절연되어야 하는 두 지점 사이의 저항값을 측정하여 누전 여부를 확인하는 기구이다.

정답 | ①

67 빈출도 ★★

전압방정식이 $e(t) = Ri(t) + L\dfrac{di(t)}{dt}$ 로 주어지는 RL 직렬회로가 있다. 직류전압 E를 인가했을 때, 이 회로의 정상상태 전류는?

① $E/(RL)$
② E
③ E/R
④ $(RL)/E$

해설

직류전압 E를 인가한 뒤 정상상태에서 유도성 저항이 더 이상 전류를 변화시키지 못하므로

$\dfrac{di}{dt} = 0$ 이다.

$E = Ri + L\dfrac{di}{dt}$ 에서 $\dfrac{di}{dt} = 0$ 이므로 $E = Ri$ 이다.

즉, 정상상태에서 회로에 흐르는 전류 $i = \dfrac{E}{R}$ 이다.

정답 | ③

68 빈출도 ★★★

조절부의 동작에 따른 분류 중 불연속제어에 해당되는 것은?

① ON/OFF 제어 동작
② 비례제어 동작
③ 적분제어 동작
④ 미분제어 동작

해설

불연속 제어에는 ON/OFF(온-오프) 제어 동작, 다위치 제어 동작, 시간비례 제어 동작이 있다.

정답 | ①

69 빈출도 ★★★

논리식 $L=\bar{x}\cdot\bar{y}\cdot z+\bar{x}\cdot y\cdot z+x\cdot\bar{y}\cdot z+x\cdot y\cdot z$ 를 간단히 하면?

① x
② z
③ $x\cdot\bar{y}$
④ $x\cdot\bar{z}$

해설

$L=\bar{x}z(\bar{y}+y)+xz(\bar{y}+y)$
 $=\bar{x}z\cdot 1+xz\cdot 1$
 $=(\bar{x}+x)z$
 $=z$

정답 | ②

70 빈출도 ★★★

$v=141\sin\left(377t-\dfrac{\pi}{6}\right)$인 파형의 주파수(Hz)는 약 얼마인가?

① 50
② 60
③ 100
④ 377

해설

전전압의 순시값 $v=V_m\sin(\omega t-\theta)$에서
각속도 $\omega=2\pi f[\text{rad/s}]$이므로
주파수 $f=\dfrac{\omega}{2\pi}=\dfrac{377}{2\pi}\fallingdotseq 60[\text{Hz}]$

정답 | ②

71 빈출도 ★★★

불평형 3상 전류 $I_a=18+j3[\text{A}]$, $I_b=-25-j7[\text{A}]$, $I_c=-5+j10[\text{A}]$일 때, 정상분 전류 $I_1[\text{A}]$은 약 얼마인가?

① $-12-j6$
② $15.9-j5.27$
③ $6+j6.3$
④ $-4+j2$

해설

정상분 전류

$I_1=\dfrac{1}{3}(I_a+aI_b+a^2I_c)$
$=\dfrac{1}{3}[(18+j3)+(-\dfrac{1}{2}+j\dfrac{\sqrt{3}}{2})(-25-j7)$
$\quad+(-\dfrac{1}{2}-j\dfrac{\sqrt{3}}{2})(-5+j10)]$
$=15.9-j5.27$

※ $a=1\angle 120°=-\dfrac{1}{2}+j\dfrac{\sqrt{3}}{2}$
 $a^2=1\angle 240°=-\dfrac{1}{2}-j\dfrac{\sqrt{3}}{2}$

개념설명

- 영상분 $I_0=\dfrac{1}{3}(I_a+I_b+I_c)$
- 정상분 $I_1=\dfrac{1}{3}(I_a+aI_b+a^2I_c)$
- 역상분 $I_2=\dfrac{1}{3}(I_a+a^2I_b+aI_c)$

정답 | ②

72 빈출도 ★★★

다음 설명이 나타내는 법칙은?

> 회로 내의 임의의 한 폐회로에서 한 방향으로 전류가 일주하면서 취한 전압상승의 대수합은 각 회로 소자에서 발생한 전압강하의 대수합과 같다.

① 옴의 법칙
② 가우스 법칙
③ 쿨롱의 법칙
④ 키르히호프의 법칙

해설

키르히호프 전압 법칙을 설명한 것으로 폐회로 내에 Σ기전력$=\Sigma$전압강하를 만족한다.

정답 | ④

73 빈출도 ★★★

다음과 같은 회로에서 I_2가 0이 되기 위한 C의 값은? (단, L은 합성인덕턴스, M은 상호인덕턴스이다.)

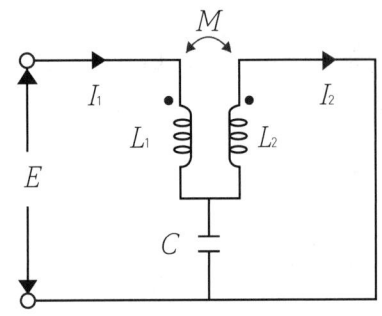

① $1/(\omega L)$
② $1/(\omega^2 L)$
③ $1/(\omega M)$
④ $1/(\omega^2 M)$

해설

오른쪽 루프에 대해 키르히호프 전압 법칙을 적용하면 C, L_2, M에 흐르는 I_2에 의한 전압강하는 각각 $\frac{1}{j\omega C}I_2$, $j\omega L_2 I_2$, 0이고 C, L_2, M에 흐르는 I_1에 의한 전압강하는 각각 $-\frac{1}{j\omega C}I_1$, 0, $-j\omega M I_1$이므로 $0 = \frac{1}{j\omega C}I_2 + j\omega L_2 I_2 - \frac{1}{j\omega C}I_1 - j\omega M I_1$이 성립한다. I_2에 0을 대입하면, $0 = -\frac{1}{j\omega C}I_1 - j\omega M I_1$
$\Rightarrow \frac{1}{\omega C} = \omega M \Rightarrow C = \frac{1}{\omega^2 M}$이다.

정답 | ④

74 빈출도 ★★★

무인으로 운전되는 엘리베이터의 자동제어방식은?

① 프로그램제어
② 추종제어
③ 비율제어
④ 정치제어

해설

엘리베이터, 무인열차와 같이 미리 정해진 프로그램에 따라 제어량을 변화시키는 것을 목적으로 하는 제어방식은 프로그램 제어이다.

정답 | ①

75 빈출도 ★★

다음의 제어기기에서 압력을 변위로 변환하는 변환요소가 아닌 것은?

① 스프링
② 벨로우즈
③ 노즐플래퍼
④ 다이어프램

해설

압력 → 변위의 변환요소에는 스프링, 다이어프램, 벨로(우)즈가 있다. 노즐플래퍼는 변위를 압력으로 변환하는 검출기기이다.

정답 | ③

76 빈출도 ★★

제어계에서 전달함수의 정의는?

① 모든 초기값을 0으로 하였을 때 계의 입력신호의 라플라스 값에 대한 출력신호의 라플라스 값의 비
② 모든 초기값을 1로 하였을 때 계의 입력신호의 라플라스 값에 대한 출력신호의 라플라스 값의 비
③ 모든 초기값을 ∞로 하였을 때 계의 입력신호의 라플라스 값에 대한 출력신호의 라플라스 값의 비
④ 모든 초기값을 입력과 출력의 비로 한다.

해설

모든 초기값을 0으로 하였을 때 계의 입력신호의 라플라스 변환값에 대한 출력신호의 라플라스 변환값의 비를 전달함수라고 한다.

정답 | ①

77 빈출도 ★★★

자동조정제어의 제어량에 해당하는 것은?

① 전압
② 온도
③ 위치
④ 압력

해설

자동조정제어의 제어량은 전압, 전류, 속도 등이 있다.

정답 | ①

78 빈출도 ★★

발전기에 적용되는 법칙으로 유도기전력의 방향을 알기 위해 사용되는 법칙은?

① 옴의 법칙
② 암페어의 주회적분 법칙
③ 플레밍의 왼손 법칙
④ 플레밍의 오른손 법칙

해설

발전기에 적용되며 유도기전력의 방향을 알기 위해 사용하는 법칙은 플레밍의 오른손 법칙이다.

선지분석

① 옴의 법칙: 전기회로에서 전압과 전류, 저항의 관계를 나타내는 법칙이다.
② 암페어의 주회적분 법칙: 임의의 폐곡선을 따라 자계를 선적분할 경우 폐곡선 내를 지나는 전류량과 같다는 법칙이다.
③ 플레밍의 왼손 법칙: 전동기에 적용되며 자계에 의해 전류 도체가 받는 회전방향을 결정하는 법칙이다.

정답 | ④

79 빈출도 ★★★

피드백 제어계에서 제어요소에 대한 설명으로 옳은 것은?

① 목표값에 비례하는 기준 입력신호를 발생하는 요소이다.
② 제어량의 값을 목표값과 비교하기 위하여 피드백되는 요소이다.
③ 조작부와 조절부로 구성되고 동작신호를 조작량으로 변환하는 요소이다.
④ 기준입력과 주궤환신호의 차로 제어동작을 일으키는 요소이다.

해설

조절부와 조작부를 합쳐서 제어요소라고 하며, 동작 신호를 조작량으로 변화시키는 역할을 한다.

정답 | ③

80 빈출도 ★

2차계 시스템의 응답형태를 결정하는 것은?

① 히스테리시스
② 정밀도
③ 분해도
④ 제동계수

해설

2차 제어계의 응답형태를 결정하는 것은 제동계수(제동비)이다.

개념설명 제동비와 응답형태

구분	응답형태
$\zeta < 1$	부족제동
$\zeta = 1$	임계제동
$\zeta > 1$	과제동
$\zeta = 0$	무제동

정답 | ④

배관일반

81 빈출도 ★★

순동 이음쇠를 사용할 때에 비하여 동합금 주물 이음쇠를 사용할 때 고려할 사항으로 가장 거리가 먼 것은?

① 순동 이음쇠 사용에 비해 모세관 현상에 의한 용융 확산이 어렵다.
② 순동 이음쇠와 비교하여 용접재 부착력은 큰 차이가 없다.
③ 순동 이음쇠와 비교하여 냉벽 부분이 발생할 수 있다.
④ 순동 이음쇠 사용에 비해 열팽창의 불균일에 의한 부정적 틈새가 발생할 수 있다.

해설

동합금 주물 이음쇠를 용접에 사용하면 용융과 확산이 어려워 부착력이 약하고 부정합 틈새나 냉벽 부분이 발생할 수 있다.

정답 | ②

82 빈출도 ★★

증기 및 물배관 등에서 찌꺼기를 제거하기 위하여 설치하는 부속품으로 옳은 것은?

① 유니온　② P트랩
③ 부싱　④ 스트레이너

해설

스트레이너는 배관을 통과하는 유체 속 이물질이나 오염 물질을 걸러주는 부속이며, 주기적으로 분해하여 여과망을 청소해야 한다.

정답 | ④

83 빈출도 ★

관경 300[mm], 배관길이 500[m]의 중압가스수송관에서 공급압력과 도착압력이 게이지 압력으로 각각 0.3[MPa], 0.2[MPa]인 경우 가스유량[m³/h]은 얼마인가? (단, 가스비중 0.64, 유량계수 52.31이다.)

① 10,238　② 20,583
③ 38,317　④ 40,153

해설

가스유량 $Q = k\sqrt{\dfrac{h \cdot d^5}{s \cdot l}} = k\sqrt{h}\sqrt{\dfrac{d^5}{s \cdot l}}$ 에서

P_i = 게이지 압력 + 대기압 = 0.3 + 0.1013 = 0.4013[MPa]
P_f = 게이지 압력 + 대기압 = 0.2 + 0.1013 = 0.3013[MPa]이므로
$\sqrt{h} = \sqrt{P_i^2 - P_f^2} = \sqrt{0.4013^2 - 0.3013^2} = 0.2651$
유량계수 $k = 52.31$, 관경 $d = 300$[mm], 비중 $s = 0.64$
배관길이 $l = 5 \times 10^5$[mm]을 대입하면

$Q = 52.31 \times 0.2651 \times \sqrt{\dfrac{300^5}{0.64 \times 500,000}} = 38,209$[m³/h]

정답 | ③

84 빈출도 ★★

다음 중 배수설비에서 청소구(Clean out)의 설치위치로 가장 부적절한 곳은?

① 가옥 배수관과 옥외의 하수관이 접속되는 근처
② 배수 수직관의 최상단부
③ 수평 지관이나 횡주관의 기점부
④ 배수관이 45도 이상의 각도로 구부러지는 곳

해설

청소구는 먼지나 이물질로 관이 막혔을 경우 점검 수리하기 위한 공간이므로 분기점, 골곡부, 접속점, 최하단부에 청소구를 배치해야 한다.

정답 | ②

85 빈출도 ★★

다음 중 폴리에틸렌관의 접합법이 아닌 것은?

① 나사 접합　② 인서트 접합
③ 소켓 접합　④ 융착 슬리브 접합

해설

폴리에틸렌관의 이음 방법으로는 융착 이음, 나사 이음, 인서트 이음 등이 있다. 소켓 이음은 주철관에만 적용한다.

정답 | ③

86 빈출도 ★★★

배관의 접합 방법 중 용접접합의 특징으로 틀린 것은?

① 중량이 무겁다.
② 유체의 저항 손실이 적다.
③ 접합부 강도가 강하여 누수우려가 적다.
④ 보온피복 시공이 용이하다.

해설

용접접합은 누수염려 없고 유지비용이 절감되며 유체의 저항 손실이 적다. 중량이 무거운 접합법은 플랜지접합이다.

정답 | ①

87 빈출도 ★★

폴리부틸렌관(PB) 이음에 대한 설명으로 틀린 것은?

① 에이콘 이음이라고도 한다.
② 나사이음 및 용접이음이 필요 없다.
③ 그랩링, O-링, 스페이스 와셔가 필요하다.
④ 이종관 접합 시에는 어댑터를 사용하여 인서트 이음을 한다.

해설

급수 · 급탕용의 위생배관에 주로 쓰이는 PB관을 연결할 때는 PB 이음법을 주로 쓰며 이종관 접합 시에는 나사 이음을 한다.

정답 | ④

88 빈출도 ★★★

병원, 연구소 등에서 발생하는 배수로 하수도에 직접 방류할 수 없는 유독한 물질을 함유한 배수를 무엇이라 하는가?

① 오수
② 우수
③ 잡배수
④ 특수배수

해설

공장이나 병원에서 유해물질이 함유된 배출수를 특수배수라고 한다.

선지분석

① 오수: 화장실 대 · 소변기에서 배출되는 물을 말한다.
② 우수: 빗물로 지붕이나 지표면에 떨어진 후 배출되는 물을 말한다.
③ 잡배수: 부엌이나 욕실에서 배출되는 물을 말한다.

정답 | ④

89 빈출도 ★★

LP가스 공급, 소비 설비의 압력손실 요인으로 틀린 것은?

① 배관의 입하에 의한 압력손실
② 엘보, 티 등에 의한 압력손실
③ 배관의 직관부에서 일어나는 압력손실
④ 가스미터, 콕크, 밸브 등에 의한 압력손실

해설

유체는 마찰에 의해 압력이 감소하고 마찰이 없더라도 중력 반대 방향으로 이동하면서 압력이 감소한다. 유체가 수직 배관의 아래쪽으로 흐를 때는 오히려 압력이 증가하므로 압력 손실이 없다.

정답 | ①

90 빈출도 ★

밀폐 배관계에서는 압력계획이 필요하다. 압력계획을 하는 이유로 틀린 것은?

① 운전 중 배관계 내에 대기압보다 낮은 개소가 있으면 접속부에서 공기를 흡입할 우려가 있기 때문에
② 운전 중 수온에 알맞은 최소압력 이상으로 유지하지 않으면 순환수 비등이나 플래시 현상 발생 우려가 있기 때문에
③ 펌프의 운전으로 배관계 각 부의 압력이 감소하므로 수격작용, 공기정체 등의 문제가 생기기 때문에
④ 수온의 변화에 의한 체적의 팽창·수축으로 배관 각 부에 악영향을 미치기 때문에

해설

수격작용과 공기정체 등의 문제는 압력이 증가하여 발생하는 문제이다. 즉, 펌프의 운전으로 배관계 각 부의 압력이 감소할 수는 있으나 이로 인해 수격작용이나 공기정체 등의 문제가 생기는 것과는 거리가 멀다.

정답 | ③

91 빈출도 ★★★

펌프 운전 시 발생하는 캐비테이션 현상에 대한 방지 대책으로 틀린 것은?

① 흡입양정을 짧게 한다.
② 펌프의 회전수를 낮춘다.
③ 단흡입 펌프를 사용한다.
④ 흡입관의 관경을 굵게, 굽힘을 적게 한다.

해설
- 흡입구 측 수압은 유속이 느려지면 증가하므로 유속을 느리게 하기 위해 관경을 굵게 하거나 흡입관이 2개인 양흡입 펌프를 사용한다.
- 유속이 빨라지면 수압이 낮아져 캐비테이션 현상이 발생하기 쉬워진다.

정답 | ③

92 빈출도 ★★

급탕설비에 관한 설명으로 옳은 것은?

① 급탕배관의 순환방식은 상향순환식, 하향순환식, 상하향 혼용순환식으로 구분된다.
② 물에 증기를 직접 분사시켜 가열하는 기수혼합식의 사용증기압은 0.01[MPa](0.1[kgf/cm²])이하가 적당하다.
③ 가열에 따른 관의 신축을 흡수하기 위하여 팽창탱크를 설치한다.
④ 강제순환식 급탕배관의 구배는 1/200 ~ 1/300 정도로 한다.

해설
급탕배관의 구배는 $\frac{1}{200} \sim \frac{1}{300}$ 정도로 하여 수리가 필요한 경우 물을 완전히 뺄 수 있도록 한다.

정답 | ④

93 빈출도 ★★

강관작업에서 아래 그림처럼 15A 나사용 90° 엘보 2개를 사용하여 길이가 200[mm]가 되도록 연결 작업을 하려고 한다. 이때 실제 15A 강관의 길이[mm]는 얼마인가? (단, 나사가 물리는 최소길이(여유치수)는 11[mm], 이음쇠의 중심에서 단면까지의 길이는 27[mm]이다.)

① 142
② 158
③ 168
④ 176

해설
실제 강관길이＝배관중심길이－2×(중심치수－여유치수)
＝200－2×(27－11)＝200－32＝168[mm]

정답 | ③

94 빈출도 ★★★

온수 난방에서 개방식 팽창탱크에 관한 설명으로 틀린 것은?

① 공기빼기 배기관을 설치한다.
② 4[℃]의 물을 100[℃]로 높였을 때 팽창체적비율이 4.3[%] 정도이므로 이를 고려하여 팽창탱크를 설치한다.
③ 팽창탱크에는 오버 플로우관을 설치한다.
④ 팽창관에는 반드시 밸브를 설치한다.

해설
팽창관에는 밸브 설치를 금하며 오버 플로우관, 공기빼기 배기관을 설치한다.

정답 | ④

95 빈출도 ★★

관 공작용 공구에 대한 설명으로 틀린 것은?

① 익스팬더: 동관의 끝부분을 원형으로 정형 시 사용
② 봄볼: 주관에서 분기관을 따내기 작업 시 구멍을 뚫을 때 사용
③ 열풍 용접기: PVC관의 접합, 수리를 위한 용접 시 사용
④ 리드형 오스타: 강관에 수동으로 나사를 절삭할 때 사용

해설

익스팬더는 동관 끝단을 확관(확장)시키는 공구이다.

정답 | ①

96 빈출도 ★★

공기조화설비에서 수 배관 시공 시 주요 기기류의 접속배관에는 수리 시 전 계통의 물을 배수하지 않도록 서비스용 밸브를 설치한다. 이때 밸브를 완전히 열었을 때 저항이 적은 밸브가 요구되는데 가장 적당한 밸브는?

① 나비밸브 ② 게이트밸브
③ 니들밸브 ④ 글로브밸브

해설

게이트밸브는 유체의 흐름방향을 바꾸지 않으므로 마찰손실이 가장 적은 개폐형 밸브이다.

정답 | ②

97 빈출도 ★

스테인리스 강관에 삽입하고 전용 압착공구를 사용하여 원형의 단면을 갖는 이음쇠를 6각의 형태로 압착시켜 접착하는 배관 이음쇠는?

① 나사식 이음쇠 ② 그립식 관 이음쇠
③ 몰코 조인트 이음쇠 ④ MR 조인트 이음쇠

해설

스테인리스 강관에 삽입하고 전용 압착공구를 사용하여 원형의 단면을 갖는 이음쇠를 6각의 형태로 압착시켜 접착하는 배관 이음쇠는 몰코 조인트 이음쇠이다.

정답 | ③

98 빈출도 ★★★

중앙식 급탕방식의 특징으로 틀린 것은?

① 일반적으로 다른 설비 기계류와 동일한 장소에 설치할 수 있어 관리가 용이하다.
② 저탕량이 많으므로 피크부하에 대응할 수 있다.
③ 일반적으로 열원장치는 공조설비와 겸용하여 설치되기 때문에 열원단가가 싸다.
④ 배관이 연장되므로 열효율이 높다.

해설

배관이 길어질수록 열손실량이 많아지므로 열효율이 낮아진다. 중앙식은 개별식에 비해 배관이 길므로 배관 열손실이 발생한다.

정답 | ④

99 빈출도 ★★

냉매 배관용 팽창밸브 종류로 가장 거리가 먼 것은?

① 수동식 팽창밸브
② 정압식 자동팽창밸브
③ 온도식 자동팽창밸브
④ 팩리스 자동팽창밸브

해설

팽창밸브의 종류에는 수동식, 온도식자동, 정압식자동, 모세관식, 전자식이 있다. 팩리스는 스테인리스 강관의 이음법 중 하나이다.

정답 | ④

100 빈출도 ★★★

다음 중 흡수성이 있으므로 방습재를 병용해야 하며, 아스팔트로 가공한 것은 −60[°C]까지의 보냉용으로 사용이 가능한 것은?

① 펠트
② 탄화코르크
③ 석면
④ 암면

해설

아스팔트 열 공법으로 제작된 펠트는 영하 60[°C]의 온도에도 냉매 배관 주변에 결로가 안 생길 정도로 보냉성이 우수하다.

정답 | ①

2020년 1·2회 기출문제

기계열역학

01 빈출도 ★

다음 중 가장 큰 에너지는?

① 100[kW] 출력의 엔진이 10시간 동안 한 일
② 발열량 10,000[kJ/kg]의 연료를 100[kg] 연소시켜 나오는 열량
③ 대기압 하에서 10[℃]의 물 10[m³]를 90[℃]로 가열하는 데 필요한 열량(단, 물의 비열은 4.2[kJ/kg·K]이다.)
④ 시속 100[km]로 주행하는 총 질량 2,000[kg]인 자동차의 운동에너지

해설

① 일 $W=Pt=100[\text{kW}]\times 10\times 3,600[\text{s}]=3.6\times 10^6[\text{kJ}]$
② 열량 $Q=10,000[\text{kJ/kg}]\times 100[\text{kg}]=1\times 10^6[\text{kJ}]$
③ 열량 $Q=Cm\Delta T=4.2[\text{kJ/kg·K}]\times 10^4[\text{kg}]\times (90-10)[\text{K}]$
$=3.36\times 10^6[\text{kJ}]$
④ 운동에너지 $E_k=\frac{1}{2}mv^2=\frac{1}{2}\times 2,000[\text{kg}]\times \left(\frac{100,000[\text{m}]}{3,600[\text{s}]}\right)^2$
$=771.6[\text{kJ}]$
따라서 에너지는 ①, ③, ②, ④ 순으로 크다.

정답 | ①

02 빈출도 ★★

실린더 내의 공기가 100[kPa], 20[℃] 상태에서 300[kPa]이 될 때까지 가역단열 과정으로 압축된다. 이 과정에서 실린더 내의 계에서 엔트로피의 변화[kJ/kg·K]는? (단, 공기의 비열비(k)는 1.4이다.)

① -1.35
② 0
③ 1.35
④ 13.5

해설

단열과정이면 열출입이 없으므로 $\Delta Q=0$이다.
따라서 엔트로피 변화량 $\Delta S=\frac{\Delta Q}{T}=0$이다.

정답 | ②

03 빈출도 ★★★

용기 안에 있는 유체의 초기 내부에너지는 700[kJ]이다. 냉각과정 동안 250[kJ]의 열을 잃고, 용기내에 설치된 회전날개로 유체에 100[kJ]의 일을 한다. 최종 상태의 유체의 내부에너지[kJ]는 얼마인가?

① 350
② 450
③ 550
④ 650

해설

- 열역학 제1법칙 $Q=\Delta U+W$
- 냉각으로 유체가 250[kJ]의 일을 내보냈으므로 $Q=-250[\text{kJ}]$
  용기 벽이 유체에 100[kJ] 일을 하였으므로 $W=-100[\text{kJ}]$
- 내부 에너지 변화량 $\Delta U=Q-W$이므로
  $\Delta U=-250-(-100)=-150[\text{kJ}]$
- 초기에너지는 700[kJ]이므로 최종상태의 내부에너지는
  $700-150=550[\text{kJ}]$

정답 | ③

04 빈출도 ★★

열역학적 관점에서 다음 장치들에 대한 설명으로 옳은 것은?

① 노즐은 유체를 서서히 낮은 압력으로 팽창하여 속도를 감소시키는 기구이다.
② 디퓨저는 저속의 유체를 가속하는 기구이며 그 결과 유체의 압력이 증가한다.
③ 터빈은 작동유체의 압력을 이용하여 열을 생성하는 회전식 기계이다.
④ 압축기의 목적은 외부에서 유입된 동력을 이용하여 유체의 압력을 높이는 것이다.

해설

압축기는 부피를 줄여서 유체의 압력을 높이는 장치이다.

선지분석
① 노즐: 유체의 속도를 증가시키는 기구이다.
② 디퓨저: 유체의 속도를 감속시켜 압력을 증가시키는 기구이다.
③ 터빈: 작동유체의 압력을 이용하여 일을 하는 기계이다.

정답 | ④

05 빈출도 ★★★

랭킨 사이클에서 보일러 입구 엔탈피 192.5[kJ/kg], 터빈 입구 엔탈피 3,002.5[kJ/kg], 응축기 입구 엔탈피 2,361.8[kJ/kg] 일 때 열효율[%]은? (단, 펌프의 동력은 무시한다.)

① 20.3 ② 22.8
③ 25.7 ④ 29.5

해설

- 보일러에서 얻은 열 $3,002.5 - 192.5 = 2,810$[kJ/kg]
- 터빈 속에서 유체가 한 일 $3,002.5 - 2,361.8 = 640.7$[kJ/kg]

따라서 랭킨 사이클의 효율

$$\eta = \frac{W_{cycle}}{Q_{in}} = \frac{640.7}{2,810} = 0.228 = 22.8[\%]$$

정답 | ②

06 빈출도 ★★

준평형 정적과정을 거치는 시스템에 대한 열전달량은? (단, 운동에너지와 위치에너지의 변화는 무시한다.)

① 0이다.
② 이루어진 일량과 같다.
③ 엔탈피 변화량과 같다.
④ 내부에너지 변화량과 같다.

해설

정적과정에서 기체가 하는 일은 0으로 열역학 제1법칙 $Q = W + \Delta U$에 적용하면 $Q = \Delta U$이다. 따라서 시스템이 받은 열전달량은 내부에너지 변화량과 같다.

정답 | ④

07 빈출도 ★★★

초기 압력 100[kPa], 초기 체적 0.1[m³]인 기체를 버너로 가열하여 기체 체적이 정압과정으로 0.5[m³]이 되었다면 이 과정 동안 시스템이 외부에 한 일[kJ]은?

① 10 ② 20
③ 30 ④ 40

해설

- 정압과정에서 시스템이 외부에 하는 일
  $W = P \Delta V = P(V_f - V_i)$
- $P = 100$[kPa], $V_f = 0.5$[m³], $V_i = 0.1$[m³]이므로
  $W = 100[\text{kPa}] \times (0.5 - 0.1)[\text{m}^3] = 40[\text{kJ}]$

※ $1[\text{kPa}] \times 1[\text{m}^3] = 1[\text{kN/m}^2] \times 1[\text{m}^3] = 1[\text{kN} \cdot \text{m}] = 1[\text{kJ}]$

정답 | ④

08 빈출도 ★★

열역학 제2법칙에 대한 설명으로 틀린 것은?

① 효율이 100[%]인 열기관은 얻을 수 없다.
② 제2종의 영구기관은 작동 물질의 종류에 따라 가능하다.
③ 열은 스스로 저온의 물질에서 고온의 물질로 이동하지 않는다.
④ 열기관에서 작동 물질이 일을 하게 하려면 그보다 더 저온인 물질이 필요하다.

해설

제2종 영구기관은 하나의 열원으로부터 흡수한 열을 모두 일로 바꿀 수 있는 열효율 100[%]의 가상기관으로 열역학 제2법칙에 따르면 열은 고온에서 저온으로만 자연적으로 이동할 수 있으며 저온에서 고온으로 열을 이동시키기 위해서는 외부에서 에너지를 공급해줘야 한다. 따라서 제2종 영구기관은 열역학 제2법칙에 위배되어 제작이 불가능하다.

선지분석

① 열역학 제2법칙에 따라 효율이 100[%]인 열기관은 얻을 수 없다.
③ 열역학 제2법칙에 따라 열은 스스로 저온의 물질에서 고온의 물질로 이동하지 않는다.
④ 열역학 제2법칙에 따라 열은 고온에서 저온으로만 자연적으로 이동이 가능하므로 작동 물질이 일을 하게 하려면 그보다 더 저온인 물질이 필요하다.

정답 | ②

09 빈출도 ★★★

공기 10[kg]이 압력 200[kPa], 체적 5[m³]인 상태에서 압력 400[kPa], 온도 300[℃]인 상태로 변한 경우 최종 체적[m³]은 얼마인가? (단, 공기의 기체상수는 0.287[kJ/kg·K]이다.)

① 10.7　　② 8.3
③ 6.8　　④ 4.1

해설

- 상태방정식 $PV=mRT$에서 초기 온도 T_1을 구하면
$T_1 = \dfrac{P_1 V_1}{mR} = \dfrac{200[\text{kPa}] \times 5[\text{m}^3]}{10[\text{kg}] \times 0.287[\text{kJ/kg·K}]} = 348.43[\text{K}]$

- $\dfrac{P_1 V_1}{T_1} = \dfrac{P_2 V_2}{T_2}$ 에서 최종 체적 V_2를 구하면
$V_2 = \dfrac{P_1 V_1 T_2}{P_2 T_1} = \dfrac{200[\text{kPa}] \times 5[\text{m}^3] \times (273+300)[\text{K}]}{400[\text{kPa}] \times 348.43[\text{K}]}$
$= 4.11[\text{m}^3]$

정답 | ④

10 빈출도 ★★★

그림과 같은 공기표준 브레이튼(Brayton) 사이클에서 작동유체 1[kg]당 터빈 일[kJ/kg]은? (단, $T_1=300[\text{K}]$, $T_2=475.1[\text{K}]$, $T_3=1,100[\text{K}]$, $T_4=694.5[\text{K}]$이고, 공기의 정압비열과 정적비열은 각각 1.0035[kJ/kg·K], 0.7165[kJ/kg·K]이다.)

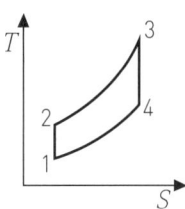

① 290　　② 407
③ 448　　④ 627

해설

터빈이 한 일(3 → 4)
$W_t = C_p(T_3 - T_4)$
$= 1.0035[\text{kJ/kg·k}] \times (1,100 - 694.5)[\text{K}] = 406.92[\text{kJ/kg}]$

정답 | ②

11 빈출도 ★★

보일러에 온도 40[℃], 엔탈피 167[kJ/kg]인 물이 공급되어 온도 350[℃], 엔탈피 3,115[kJ/kg]인 수증기가 발생한다. 입구와 출구에서의 유속은 각각 5[m/s], 50[m/s]이고, 공급되는 물의 양이 2,000[kg/h]일 때, 보일러에 공급해야 할 열량[kW]은? (단, 위치에너지 변화는 무시한다.)

① 631
② 832
③ 1,237
④ 1,638

해설

- 에너지 보존법칙

$$\dot{m}h_1 + \frac{1}{2}\dot{m}v_1^2 + Q = \dot{m}h_2 + \frac{1}{2}\dot{m}v_2^2$$에서

공급열량 $Q = \dot{m}\left\{(h_2 - h_1) + \frac{1}{2}(v_2^2 - v_1^2)\right\}$

- $\dot{m} = \frac{2,000}{3,600}$[kg/s]이고

$h_2 - h_1 = 3,115 - 167 = 2,948$[kJ/kg] $= 2,948 \times 10^3$[J/kg]이므로

$Q = \frac{2,000}{3,600}\left(2,948 \times 10^3 + \frac{1}{2}(50^2 - 5^2)\right)$

$= \frac{2,000}{3,600} \times 2,949,237.5 = 1,638,465.28$[J/s]

$= 1,638$[kJ/s] $= 1,638$[kW]

정답 | ④

12 빈출도 ★

피스톤-실린더 장치에 들어있는 100[kPa], 27[℃]의 공기가 600[kPa]까지 가역단열과정으로 압축된다. 비열비가 1.4로 일정하다면 이 과정 동안에 공기가 받은 일[kJ/kg]은? (단, 공기의 기체상수는 0.287[kJ/kg·K]이다.)

① 263.6
② 171.8
③ 143.5
④ 116.9

해설

- 단열압축 과정에서 최종온도

$T_f = T_i\left(\frac{P_f}{P_i}\right)^{\frac{k-1}{k}} = (27+273)[K] \times \left(\frac{600}{100}\right)^{\frac{0.4}{1.4}}$

$= 500.7$[K]

- 피스톤-실린더의 단열압축 일

$W = \frac{R}{k-1}(T_2 - T_1) = \frac{0.287[kJ/kg \cdot K]}{0.4}(500.7 - 300)[K]$

$= 144$[kJ/kg]

※ 공기가 받은 일은 피스톤-실린더가 한 일의 음수이므로 -144[kJ/kg]으로 표시해야 하지만 문제에서는 일의 크기만을 물어보았으므로 144[kJ/kg]으로 답한다.

정답 | ③

13 빈출도 ★★

이상기체 1[kg]을 300[K], 100[kPa]에서 500[K]까지 "PV^n=일정"의 과정($n=1.2$)을 따라 변화시켰다. 이 기체의 엔트로피 변화량[kJ/K]은? (단, 기체의 비열비는 1.3, 기체상수는 0.287[kJ/kg·K]이다.)

① -0.244
② -0.287
③ -0.344
④ -0.373

해설

정적 비열 $C_v = \frac{R}{k-1} = \frac{0.287}{1.3-1} = 0.957$[kJ/kg·K]이다.

폴리트로픽 과정에서 엔트로피 변화량

$\Delta S = mC_v\frac{n-k}{n-1}\ln\frac{T_f}{T_i}$

$= 1[kg] \times (0.957[kJ/kg \cdot K]) \times \frac{1.2-1.3}{1.2-1} \times \ln\frac{500[K]}{300[K]}$

$= -0.244$[kJ/K]

정답 | ①

14 빈출도 ★★

300[L] 체적의 진공인 탱크가 25[℃], 6[MPa]의 공기를 공급하는 관에 연결된다. 밸브를 열어 탱크 안의 공기 압력이 5[MPa]이 될 때까지 공기를 채우고 밸브를 닫았다. 이 과정이 단열이고 운동에너지와 위치에너지의 변화를 무시한다면 탱크 안의 공기의 온도[℃]는 얼마가 되는가? (단, 공기의 비열비는 1.4이다.)

① 1.5   ② 25.0
③ 84.4   ④ 144.2

해설

열역학 제1법칙 $Q = P \Delta V + \Delta U$에서
단열과정에서 $Q = 0$이므로 $P \Delta V = -\Delta U$를 만족한다.
- 진공탱크를 채우는 과정에서 기체는 일을 받는 것이므로
  $P \Delta V = -P_i V_i = -mRT_i$
- 내부에너지 변화량은
  $\Delta U = mC_v \Delta T = mC_v(T_f - T_i)$
- $P \Delta V = -\Delta U$이므로
  $-mRT_i = -mC_v(T_f - T_i)$
  $\rightarrow RT_i = C_v(T_f - T_i)$
- 나중온도 T_f에 대해 정리하면
  $T_f = T_i + \dfrac{RT_i}{C_v} = T_i \left(1 + \dfrac{R}{C_v}\right) = kT_i$
  $= 1.4 \times (273 + 25) = 417.2[K] = 144.2[℃]$

정답 | ④

15 빈출도 ★★

1[kW]의 전기히터를 이용하여 101[kPa], 15[℃]의 공기로 차 있는 100[m³]의 공간을 난방하려고 한다. 이 공간은 견고하고 밀폐되어 있으며 단열되어 있다. 히터를 10분 동안 작동시킨 경우, 이 공간의 최종온도[℃]는? (단, 공기의 정적비열은 0.718[kJ/kg·K]이고, 기체상수는 0.287[kJ/kg·K]이다.)

① 18.1   ② 21.8
③ 25.3   ④ 29.4

해설

- 공기의 질량
  $m = \dfrac{PV}{RT} = \dfrac{101[\text{kPa}] \times 100[\text{m}^3]}{0.287[\text{kJ/kg·K}] \times 288[\text{K}]} = 122.19[\text{kg}]$
- 전기에너지는 공기가 받은 열과 같으므로
  $1[\text{kW}] \times 600[\text{s}]$
  $= (0.718[\text{kJ/kg·K}]) \times (122.19[\text{kg}]) \times (T_f - 15)[\text{K}]$
  $\Rightarrow T_f - 15 = \dfrac{600}{87.73}$ 이므로 $T_f = 21.84[℃]$이다.

정답 | ②

16 빈출도 ★

다음은 시스템(계)과 경계에 대한 설명이다. 옳은 내용을 모두 고른 것은?

> 가. 검사하기 위하여 선택한 물질의 양이나 공간 내의 영역을 시스템(계)이라 한다.
> 나. 밀폐계는 일정한 양의 체적으로 구성된다.
> 다. 고립계의 경계를 통한 에너지 출입은 불가능 하다.
> 라. 경계는 두께가 없으므로 체적을 차지하지 않는다.

① 가, 다
② 나, 라
③ 가, 다, 라
④ 가, 나, 다, 라

해설

- 가: 시스템을 정의할 때, 분석 대상물질의 경계를 둘러싼 영역을 설정한다. 이 영역을 시스템(계)라고 한다.(○)
- 나: 밀폐계는 일정한 질량으로 구성된다.(×)
- 다: 고립계는 질량과 에너지의 출입이 불가능하다.(○)
- 라: 계의 경계는 두께가 0이므로 체적을 차지하지 않는다.(○)

개념설명 계의 특징

계(System)	물질의 전달	일과 열의 전달	비고
밀폐계	불가능	가능	비유동계
개방계	가능	가능	유동계
고립계	불가능	불가능	절연계

정답 | ③

17 빈출도 ★★

단열된 가스터빈의 입구 측에서 압력 2[MPa], 온도 1,200[K]인 가스가 유입되어 출구 측에서 압력 100[kPa], 온도 600[K]로 유출된다. 5[MW]의 출력을 얻기 위해 가스의 질량유량[kg/s]은 얼마이어야 하는가? (단, 터빈의 효율은 100[%]이고, 가스의 정압비열은 1.12[kJ/kg·K]이다.)

① 6.44
② 7.44
③ 8.44
④ 9.44

해설

기체가 터빈 속에서 하는 일 $W_t = \Delta H = mC_p \Delta T$에서

$$\dot{m} = \frac{\dot{W_t}}{C_p \Delta T} = \frac{5 \times 10^6 [\text{J/s}]}{1.12 [\text{kJ/kg·K}] \times (1,200-600)[\text{K}]}$$

$= 7.44 [\text{kg/s}]$

※ $1[\text{MW}] = 10^6[\text{W}] = 10^6[\text{J/s}]$

정답 | ②

18 빈출도 ★★★

펌프를 사용하여 150[kPa], 26[℃]의 물을 가역단열과정으로 650[kPa]까지 변화시킨 경우 펌프의 일 [kJ/kg]은? (단, 26[℃]의 포화액의 비체적은 0.001[m³/kg]이다.)

① 0.4
② 0.5
③ 0.6
④ 0.7

해설

- 압력차
  $\Delta P = P_2 - P_1 = 650 - 150 = 500 [\text{kPa}]$
- 펌프의 일(가역단열과정)
  $W = 0.001 [\text{m}^3/\text{kg}] \times (650-150)[\text{kPa}] = 0.5 [\text{kJ/kg}]$

정답 | ②

19 빈출도 ★★

압력 1,000[kPa], 온도 300[℃] 상태의 수증기(엔탈피 3,051.15[kJ/kg], 엔트로피 7.1228[kJ/kg·K])가 증기터빈으로 들어가서 100[kPa] 상태로 나온다. 터빈의 출력 일이 370[kJ/kg]일 때 터빈의 효율[%]은?

수증기의 포화 상태표 (압력 100[kPa]/온도 99.62[℃])			
엔탈피[kJ/kg]		엔트로피[kJ/kg·K]	
포화액체	포화증기	포화액체	포화증기
417.44	2,675.46	1.3025	7.3593

① 15.6 ② 33.2
③ 66.8 ④ 79.8

해설

- 건조도 $x_s = \dfrac{\text{습증기의 엔트로피} - \text{포화액의 엔트로피}}{\text{포화증기의 엔트로피} - \text{포화액의 엔트로피}}$
  $= \dfrac{7.1228 - 1.3025}{7.3593 - 1.3025} = 0.961$

- 혼합 엔탈피
  $h_2 = h_f + x_s(h_g - h_f)$
  $= 417.44 + 0.961(2,675.46 - 417.44)$
  $= 2,587.4 [\text{kJ/kg}]$

- 터빈 속에서 줄어든 엔탈피
  $h_1 - h_2 = 3,051.15 - 2,587.4 = 463.75 [\text{kJ/kg}]$

- 터빈의 효율
  $\eta = \dfrac{w}{\Delta h} = \dfrac{370}{463.75} = 0.7978 = 79.78[\%]$

정답 | ④

20 빈출도 ★★★

이상적인 냉동사이클에서 응축기 온도가 30[℃], 증발기 온도가 -10[℃]일 때 성적계수는?

① 4.6 ② 5.2
③ 6.6 ④ 7.5

해설

이상적인 냉동사이클(=카르노 냉동장치)의 성적계수
$\dfrac{T_C}{T_H - T_C} = \dfrac{273 + (-10)}{30 - (-10)} = \dfrac{263}{40} = 6.575$

정답 | ③

냉동공학

21 빈출도 ★

스크류 압축기의 운전 중 로터에 오일을 분사시켜주는 목적으로 가장 거리가 먼 것은?

① 높은 압축비를 허용하면서 토출온도 유지
② 압축효율 증대로 전력소비 증가
③ 로터의 마모를 줄여 장기간 성능 유지
④ 높은 압축비에서도 체적효율 유지

해설

로터에 오일을 분사할 경우 압축효율은 증가하며 전력소비가 낮아진다.
또한 높은 압축비에도 토출온도, 체적 효율이 유지된다.

정답 | ②

22 빈출도 ★★

그림은 냉동사이클을 압력-엔탈피선도에 나타낸 것이다. 이 그림에 대한 설명으로 옳은 것은?

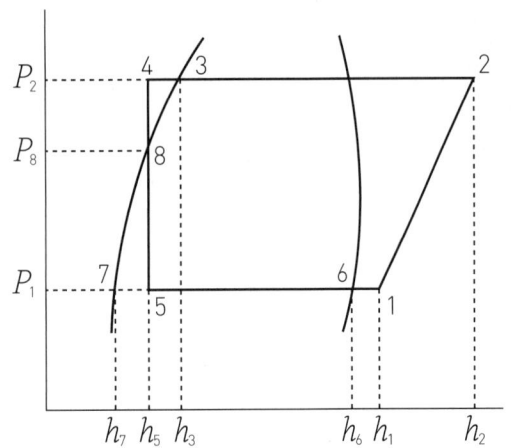

① 팽창밸브 출구의 냉매 건조도는 $[(h_5-h_7)/(h_6-h_7)]$로 계산한다.
② 증발기 출구에서의 냉매 과열도는 엔탈피차 (h_1-h_6)로 계산한다.
③ 응축기 출구에서의 냉매 과냉각도는 엔탈피차 (h_3-h_5)로 계산한다.
④ 냉매순환량은 [냉동능력/(h_6-h_5)]로 계산한다.

해설

① 건조도 $x = \dfrac{\text{플래시 가스량}}{\text{증발잠열}} = \left(\dfrac{h_5-h_7}{h_6-h_7}\right)$로 계산한다. (O)
② 냉매 과열도는 온도차 (t_1-t_6)로 계산한다. (×)
③ 냉매 과냉각도는 온도차 (t_3-t_4)로 계산한다. (×)
④ 냉매 순환량은 $\left(\dfrac{\text{냉동능력}}{h_1-h_5}\right)$로 계산한다. (×)

정답 | ①

23 빈출도 ★★

최근 에너지를 효율적으로 사용하자는 측면에서 빙축열시스템이 보급되고 있다. 빙축열시스템의 분류에 대한 조합으로 적절하지 않은 것은?

① 정적 제빙형 - 관외 착빙형
② 정적 제빙형 - 빙박리형
③ 동적 제빙형 - 리키드아이스형
④ 동적 제빙형 - 과냉각아이스형

해설

빙박리형은 동적 제빙형의 한 종류이다.

개념설명

정적 제빙형 방식	동적 제빙형 방식
• 관내 착빙형 • 관외 착빙형 • 캡슐형 • 판형 착빙형	• 빙박리형 • 리키드 아이스형 • 과냉각 아이스형

정답 | ②

24 빈출도 ★★

냉동장치의 운전에 관한 설명으로 옳은 것은?

① 압축기에 액백(liquid back)현상이 일어나면 토출가스 온도가 내려가고 구동 전동기의 전류계 지시값이 변동한다.
② 수액기내에 냉매액을 충만시키면 증발기에서 열부하 감소에 대응하기 쉽다.
③ 냉매 충전량이 부족하면 증발압력이 높게 되어 냉동능력이 저하한다.
④ 냉동부하에 비해 과대한 용량의 압축기를 사용하면 저압이 높게 되고, 장치의 성적계수는 상승한다.

해설

압축기에 액백현상이 일어나면 압축기로 들어간 냉매액이 압축기 내에서 증발하면서 토출가스 온도를 낮추고 압축일량을 증가시킨다. 액압축이 더 심화되면 압축기 내부부품을 손상시킨다.

정답 | ①

25 빈출도 ★★★

다음의 역카르노 사이클에서 등온팽창과정을 나타내는 것은?

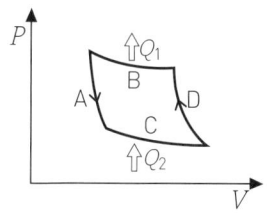

① A
② B
③ C
④ D

해설

카르노 사이클의 순환은 시계 방향이고 역카르노 사이클의 순환은 반시계 방향이다. 따라서 C는 부피가 팽창하는 등온팽창 과정이다.

개념설명 역카르노 사이클

- A: 단열팽창
- B: 등온압축
- C: 단열팽창
- D: 등온팽창

$D \to B \to A \to C$ 순으로 동작한다.

정답 | ③

26 빈출도 ★★

증기압축 냉동사이클에서 압축기의 압축일은 $5[\text{HP}]$이고, 응축기의 용량은 $12.86[\text{kW}]$이다. 이 때 냉동사이클의 냉동능력[RT]은?

① 1.8
② 2.4
③ 3.1
④ 3.5

해설

- 냉동능력＝응축기 용량－압축기 일량
  ＝$12.86[\text{kW}] - 5[\text{HP}] \times 0.746[\text{kW/HP}]$
  ＝$9.13[\text{kW}]$
- 냉동능력의 단위를 RT로 환산하면
  $\dfrac{9.13[\text{kW}]}{3.86[\text{kW/RT}]} = 2.37[\text{RT}]$이다.

정답 | ②

27 빈출도 ★★

다음과 같은 카르노사이클에 대한 설명으로 옳은 것은?

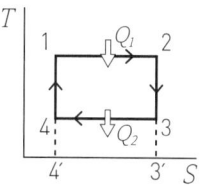

① 면적 $1-2-3'-4'$는 흡열 Q_1을 나타낸다.
② 면적 $4-3-3'-4'$는 유효열량을 나타낸다.
③ 면적 $1-2-3-4$는 방열 Q_2를 나타낸다.
④ Q_1, Q_2는 면적과는 무관하다.

해설

카르노 사이클은 고온체로부터 Q_1의 열을 받아서 등온팽창하고 단열팽창 과정에서 외부에 일을 하고 나서, 저온체를 향해 Q_2의 열을 방출한다. $\Delta Q = T \Delta S$이므로 면적 $1-2-3'-4'$는 흡열량, 면적 $4-3-3'-4'$는 방열량, 면적 $1-2-3-4$는 유효열량을 나타낸다.

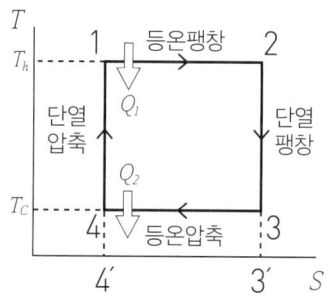

정답 | ①

28 빈출도 ★★★

비열이 3.86[kJ/kg·K]인 액 920[kg]을 1시간 동안 25[℃]에서 5[℃]로 냉각시키는 데 소요되는 냉각열량은 몇 냉동톤[RT]인가? (단, 1[RT]는 3.5[kW]이다.)

① 3.2　　　　② 5.6
③ 7.8　　　　④ 8.3

해설

- 질량 유량
$$\dot{m} = 920[kg/h] = \frac{920}{3,600}[kg/s]$$
- 냉각 열량
$$\dot{Q} = c\dot{m}\Delta T$$
$$= 3.86[kJ/kg\cdot K] \times \frac{920}{3,600}[kg/s] \times (25-5)[K]$$
$$= 19.73[kW]$$
- RT 단위 환산
$$19.73[kW] = \frac{19.73}{3.5} = 5.64[RT]$$

정답 | ②

29 빈출도 ★★★

1분간에 25[℃]의 물 100[L]를 0[℃]의 물로 냉각시키기 위하여 최소 몇 냉동톤의 냉동기가 필요한가?

① 45.2[RT]　　　　② 4.52[RT]
③ 452[RT]　　　　④ 42.5[RT]

해설

물 1[L]의 질량은 1[kg]이고 비열은 4.185[kJ/kg·K]이므로
$$\dot{Q} = C\dot{m}\Delta T$$
$$= 4.2[kJ/kg\cdot K] \times \frac{100}{60}[kg/s] \times (25-0)[K]$$
$$= 174.375[kW]$$
따라서 냉동톤 환산값을 적용하면 $\frac{174.375}{3.86} = 45.17[RT]$이다.

정답 | ①

30 빈출도 ★★★

흡수식 냉동기에 사용하는 흡수제의 구비조건으로 틀린 것은?

① 농도 변화에 의한 증기압의 변화가 클 것
② 용액의 증기압이 낮을 것
③ 점도가 높지 않을 것
④ 부식성이 없을 것

해설

흡수식 냉동기에 사용하는 흡수제는 농도에 따른 증기압의 변화가 작아야 한다.

개념설명 흡수제의 구비조건

- 비등점이 냉매보다 클 것
- 점도가 높지 않을 것
- 화학적으로 안정하고 부식성이 없을 것
- 용액의 증기압이 낮을 것
- 재생에 필요한 열량이 크지 않을 것

정답 | ①

31 빈출도 ★★

쉘 앤 튜브 응축기에서 냉각수 입구 및 출구 온도가 각각 16[℃]와 22[℃], 냉매의 응축온도를 25[℃]라 할 때, 이 응축기의 냉매와 냉각수와의 대수평균온도차[℃]는?

① 3.5　　　　② 5.5
③ 6.8　　　　④ 9.2

해설

온도차의 최소값이 a이고 최대값이 b이면 대수평균온도차는 $\frac{b-a}{\ln b - \ln a}$이다.
$a = 25 - 16 = 9$, $b = 25 - 22 = 3$이므로
$$LMTD = \frac{9-3}{\ln 9 - \ln 3} = 5.46[℃]$$

정답 | ②

32 빈출도 ★★

실제 냉동사이클에서 압축과정 동안 냉매 변환 중 스크류 냉동기는 어떤 압축과정에 가장 가까운가?

① 단열 압축
② 등온 압축
③ 등적 압축
④ 과열 압축

해설

스크류 압축기의 행정은 흡입·압축·토출 행정의 3단계 구성이며 압축과정 동안 엔탈피의 변화가 없으므로 단열 압축 과정이다.

정답 | ①

33 빈출도 ★

암모니아 냉동기의 배관재료로서 적절하지 않은 것은?

① 배관용 탄소강 강관
② 동합금관
③ 압력배관용 탄소강 강관
④ 스테인리스 강관

해설

암모니아는 동(銅)합금을 부식시키므로 냉매배관으로 강관을 사용해야 한다.

정답 | ②

34 빈출도 ★★

냉동기유의 구비조건으로 틀린 것은?

① 응고점이 높아 저온에서도 유동성이 있을 것
② 냉매나 수분, 공기 등이 쉽게 용해되지 않을 것
③ 쉽게 산화하거나 열화하지 않을 것
④ 적당한 점도를 가질 것

해설

냉동기유는 응고점이 낮고 인화점이 높으며 수분과 산분을 함유하지 않아야 하고, 절연내력이 커야 한다.

정답 | ①

35 빈출도 ★★★

그림과 같은 냉동 사이클로 작동하는 압축기가 있다. 이 압축기의 체적효율이 0.65, 압축효율이 0.8, 기계효율이 0.9라고 한다면 실제 성적계수는?

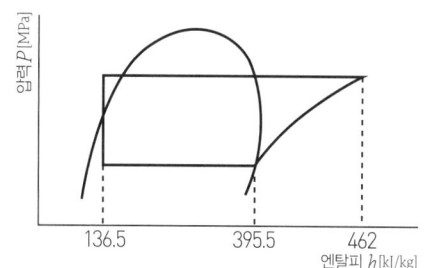

① 3.89
② 2.81
③ 1.82
④ 1.42

해설

• 압축기의 실제 소요동력 = $\dfrac{\text{이론 소요동력}}{(\text{압축효율}) \times (\text{기계효율})}$

$= \dfrac{462 - 395.5}{0.8 \times 0.9} = 92.36 [\text{kJ/kg}]$

• 성적계수 = $\dfrac{\text{냉동능력}[\text{kJ}]}{\text{소요동력}[\text{kJ}]}$

$= \dfrac{\text{냉매순환량}[\text{kg}] \times \text{냉동효과}[\text{kJ/kg}]}{\text{냉매순환량}[\text{kg}] \times \text{질량당 소요동력}[\text{kJ/kg}]}$

$= \dfrac{395.5 - 136.5}{92.36}$

$= 2.80$

※ 체적 효율 = $\dfrac{\text{실제 냉매순환량}}{\text{이론 냉매순환량}}$ 이므로 냉동능력과 소요동력에 영향을 주지만 성적계수는 달라지지 않는다.

정답 | ②

36 빈출도 ★

증발기의 종류에 대한 설명으로 옳은 것은?

① 대형 냉동기에서는 주로 직접 팽창식 증발기를 사용한다.
② 직접 팽창식 증발기는 2차 냉매를 냉각시켜 물체를 냉동, 냉각시키는 방식이다.
③ 만액식 증발기는 팽창밸브에서 교축팽창 된 냉매를 직접 증발기로 공급하는 방식이다.
④ 간접 팽창식 증발기는 제빙, 양조 등의 산업용 냉동기에 주로 사용된다.

해설

간접 팽창식 증발기는 2차 냉매인 브라인을 사용하며 대용량이므로 산업용 냉동기에 주로 사용된다.

선지분석

① 대형 냉동기에서는 주로 간접 팽창식 증발기를 사용한다.
② 직접 팽창식 증발기는 1차 냉매가 코일을 통해 직접 공기나 제품을 냉각하는 방식이다.
③ 만액식 증발기는 팽창밸브에서 교축된 냉매 중에서 기체 상태인 것은 증발기를 거치지 않고 압축기로 보낸다.

정답 | ④

37 빈출도 ★★★

2단 압축 1단 팽창식과 2단 압축 2단 팽창식의 비교 설명으로 옳은 것은? (단, 동일운전 조건으로 가정한다.)

① 2단 팽창식의 경우에는 두 가지의 냉매를 사용한다.
② 2단 팽창식의 경우가 성적계수가 약간 높다.
③ 2단 팽창식은 중간냉각기를 필요로 하지 않는다.
④ 1단 팽창식의 팽창밸브는 1개가 좋다.

해설

2단 압축 1단 팽창식에 비해 2단 압축 2단 팽창식의 경우 성적계수가 약 0.8[%] 정도 높다.

선지분석

① 1단 팽창식과 2단 팽창식 모두 단일 냉매를 사용한다.
③ 2단 팽창식에서 중간냉각기를 삽입해 흡입 온도를 낮춰야 효율 개선 효과가 있다.
④ 팽창밸브 개수는 설계 조건에 따라 결정된다.

정답 | ②

38 빈출도 ★★

운전 중인 냉동장치의 저압측 진공게이지가 50[cmHg]을 나타내고 있다. 이때의 진공도는?

① 65.8[%]
② 40.8[%]
③ 26.5[%]
④ 3.4[%]

해설

진공게이지의 수치가 50[cmHg]의 의미는 대기압보다 50[cmHg] 만큼 더 낮다는 뜻이다.

$$진공도 = \frac{대기압 - 절대압}{대기압} \times 100$$
$$= \frac{50[cmHg]}{76[cmHg]} \times 100 = 65.79[\%]$$

정답 | ①

39 빈출도 ★

안전밸브의 시험방법에서 약간의 기포가 발생할 때의 압력을 무엇이라고 하는가?

① 분출 전개압력
② 분출 개시압력
③ 분출 정지압력
④ 분출 종료압력

해설

안전밸브의 출구 측에서 미량의 유출이 지속적으로 검지될 때의 압력을 분출 개시압력이라고 한다.

정답 | ②

40 빈출도 ★★

응축압력의 이상 고압에 대한 원인으로 가장 거리가 먼 것은?

① 응축기의 냉각관 오염
② 불응축 가스 혼입
③ 응축부하 증대
④ 냉매 부족

해설

냉매가 부족할 경우 순환량 감소로 압력이 낮아지게 되므로 이상 고압에 대한 원인이 아니다.

선지분석

① 응축기의 냉각관이 오염되면 열전달 능력이 감소하여 응축압력이 상승한다.
② 불응축 가스가 혼입될 경우 응축압력은 급격히 상승한다.
③ 응축부하가 증가하면 응축압력이 상승한다.

정답 | ④

공기조화

41 빈출도 ★

단일덕트 방식에 대한 설명으로 틀린 것은?

① 중앙기계실에 설치한 공기조화기에서 조화한 공기를 주 덕트를 통해 각 실로 분배한다.
② 단일덕트 일정 풍량 방식은 개별제어에 적합하다.
③ 단일덕트 방식에서는 큰 덕트 스페이스를 필요로 한다.
④ 단일덕트 일정 풍량 방식에서는 재열을 필요로 할 때도 있다.

해설

단일덕트 방식 중 개별제어에 적합한 것은 변풍량 방식으로 소음이 적다.

정답 | ②

42 빈출도 ★★

내벽 열전달율 $4.7[\text{W/m}^2 \cdot \text{K}]$, 외벽 열전달율 $5.8[\text{W/m}^2 \cdot \text{K}]$, 열전도율 $2.9[\text{W/m} \cdot ℃]$, 벽두께 $25[\text{cm}]$, 외기온도 $-10[℃]$, 실내온도 $20[℃]$일 때 열관류율$[\text{W/m}^2 \cdot \text{K}]$은?

① 1.8
② 2.1
③ 3.6
④ 5.2

해설

열관류율 k를 구하면

$\dfrac{1}{k} = \dfrac{1}{\alpha} + \dfrac{1}{\lambda/l} + \dfrac{1}{\alpha'}$ 에서

$\dfrac{1}{k} = \dfrac{1}{4.7} + \dfrac{1}{2.9/0.25} + \dfrac{1}{5.8} = \dfrac{1,285}{2,726}$

∴ $k = 2.12[\text{W/m}^2 \cdot \text{K}]$

※ 벽두께는 반드시 [m]단위로 환산해서 대입해야 한다.

정답 | ②

43 빈출도 ★★

변풍량 유닛의 종류별 특징에 대한 설명으로 틀린 것은?

① 바이패스형 덕트 내의 정압변동이 거의 없고 발생 소음이 작다.
② 유인형은 실내 발생열을 온열원으로 이용 가능하다.
③ 교축형은 압력손실이 작고 동력절감이 가능하다.
④ 바이패스형은 압력손실이 작지만 송풍기 동력 절감이 어렵다.

해설

교축형은 샤프트를 움직여서 급기덕트의 송풍량을 실부하에 따라 변동시키는 구조이므로 송풍기의 동력 소모가 크다.

정답 | ③

44 빈출도 ★★★

냉방부하의 종류에 따라 연관되는 열의 종류로 틀린 것은?

① 인체의 발생열 – 현열, 잠열
② 극간풍에 의한 열량 – 현열, 잠열
③ 조명부하 – 현열, 잠열
④ 외기 도입량 – 현열, 잠열

해설

조명은 수증기를 발생시키지 않으므로 잠열과 관련이 없다. 사람은 호흡을 통해 수증기를 발생시켜서 실내 절대습도를 바꾸므로 잠열을 고려하여 냉방부하를 계산해야 한다.

정답 | ③

45 빈출도 ★★

습공기의 습도에 대한 설명으로 틀린 것은?

① 절대습도는 건공기 중에 포함된 수증기량을 나타낸다.
② 수증기 분압은 절대습도에 반비례 관계가 있다.
③ 상대습도는 습공기의 수증기 분압과 포화공기의 수증기 분압과의 비로 나타낸다.
④ 비교습도는 습공기의 절대습도와 포화공기의 절대습도와의 비로 나타낸다.

해설

수증기 분압은 절대습도에 비례 관계에 있다. 절대습도가 높을수록 수증기량이 많고, 이에 따라 수증기 분압도 증가한다.

정답 | ②

46 빈출도 ★★

공기의 온도에 따른 밀도 특성을 이용한 방식으로 실내보다 낮은 온도의 신선공기를 해당구역에 공급함으로써 오염물질을 대류효과에 의해 실내 상부에 설치된 배기구를 통해 배출시켜 환기 목적을 달성하는 방식은?

① 기계식 환기법
② 전반 환기법
③ 치환 환기법
④ 국소 환기법

해설

실내보다 차가운 공기를 하부에 공급하여 오염물질을 대류효과에 의해 실내 상부로 배기하는 방법은 치환 환기법이다.

선지분석

① 기계식 환기법: 팬 등을 이용해 강제로 공기를 배출 또는 공급하는 방식이다.
② 전반 환기법: 실내 전체에 균일하게 신선한 공기를 공급하는 방식이다.
④ 국소 환기법: 오염원이 있는 곳의 공기를 국소적으로 흡입하거나 공급하는 방식이다.

정답 | ③

47 빈출도 ★★★

아래 그림에 나타낸 장치를 표의 조건으로 냉방운전을 할 때 A실에 필요한 송풍량[m³/h]은? (단, A실의 냉방부하는 현열부하 8.8[kW], 잠열부하 2.8[kW]이고, 공기의 정압비열은 1.01[kJ/kg·K], 밀도는 1.2[kg/m³]이며, 덕트에서의 열손실은 무시한다.)

지점	온도(DB), [℃]	습도(RH), [%]
A	26	50
B	17	-
C	16	85

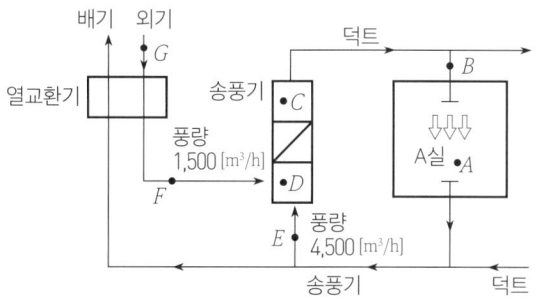

① 924
② 1,847
③ 2,904
④ 3,831

해설

- 질량 유량

$$\dot{m} = \frac{Q}{c_p \Delta T} = \frac{8.8[\text{kW}]}{1.01[\text{kJ/kg·K}] \times (26-17)[\text{K}]}$$
$$= 0.968[\text{kg/s}]$$

- 송풍량(부피 유량)

$$\dot{v} = \frac{\dot{m}}{\rho} = \frac{0.968[\text{kg/s}]}{1.2[\text{kg/m}^3]} = 0.8067[\text{m}^3/\text{s}]$$
$$= 0.8067[\text{m}^3/\text{s}] \times 3,600[\text{s/h}] = 2,904.12[\text{m}^3/\text{h}]$$

정답 | ③

48 빈출도 ★★★

다음 중 증기난방 장치의 구성으로 가장 거리가 먼 것은?

① 트랩
② 감압밸브
③ 응축수탱크
④ 팽창탱크

해설

팽창탱크는 온수의 부피팽창을 흡수하는 장치이므로 증기난방 장치와 관련이 없다.

정답 | ④

49 빈출도 ★★

환기에 따른 공기조화부하의 절감 대책으로 틀린 것은?

① 예냉, 예열 시 외기도입을 차단한다.
② 열 발생원이 집중되어 있는 경우 국소배기를 채용한다.
③ 전열교환기를 채용한다.
④ 실내 정화를 위해 환기 횟수를 증가시킨다.

해설

일반적으로 여름철 외기온도는 실내보다 높고, 겨울철 외기온도는 실내온도보다 낮으므로 환기 횟수가 늘면 냉난방 에너지부하는 더 커진다.

정답 | ④

50 빈출도 ★★★

온수난방에 대한 설명으로 틀린 것은?

① 저온수 난방에서 공급수의 온도는 100[℃] 이하이다.
② 사람이 상주하는 주택에서는 복사난방을 주로 한다.
③ 고온수 난방의 경우 밀폐식 팽창탱크를 사용한다.
④ 2관식 역환수 방식에서는 펌프에 가까운 방열기일수록 온수 순환량이 많아진다.

해설

역환수 방식은 각 방열기에 이르는 공급배관과 환수배관의 길이가 비슷하여 온수유량의 분배가 고르다.

정답 | ④

51 빈출도 ★★

방열기에서 상당방열면적(EDR)은 아래의 식으로 나타낸다. 이 중 Q_o는 무엇을 뜻하는가? (단, 사용단위로 Q는 [W], Q_o는 [W/m²]이다.)

$$\text{EDR[m}^2\text{]} = \frac{Q}{Q_o}$$

① 증발량
② 응축수량
③ 방열기의 전방열량
④ 방열기의 표준 방열량

해설

상당방열면적 $\text{EDR[m}^2\text{]} = \frac{\text{방열기의 출력[W]}}{\text{표준 방열량[W/m}^2\text{]}}$

따라서 Q_o는 방열기의 표준 방열량을 의미한다.

정답 | ④

52 빈출도 ★★

공조기 냉수코일 설계 기준으로 틀린 것은?

① 공기류와 수류의 방향은 역류가 되도록 한다.
② 대수평균온도차는 가능한 한 작게 한다.
③ 코일을 통과하는 공기의 전면풍속은 2~3[m/s]로 한다.
④ 코일의 설치는 관이 수평으로 놓이게 한다.

해설

냉수와 더운 공기의 흐름이 역방향으로 만나도록 설계해야 하며, 공기와 냉수의 대수평균 온도차가 클수록 에너지 효율이 높다.

정답 | ②

53 빈출도 ★

공기세정기의 구성품인 엘리미네이터의 주된 기능은?

① 미립화 된 물과 공기와의 접촉 촉진
② 균일한 공기 흐름 유도
③ 공기 내부의 먼지 제거
④ 공기 중의 물방울 제거

해설

세정실 뒤에 설치된 엘리미네이터는 물방울이 실내로 비산되지 않도록 제거하는 역할을 한다.

정답 | ④

54 빈출도 ★

다음 중 열수분비(μ)와 현열비(SHF)와의 관계식으로 옳은 것은? (단, q_s는 현열량, q_L은 잠열량, L은 가습량이다.)

① $\mu = \text{SHF} \times \frac{q_s}{L}$
② $\mu = \frac{1}{\text{SHF}} \times \frac{q_L}{L}$
③ $\mu = \text{SHF} \times \frac{q_L}{L}$
④ $\mu = \frac{1}{\text{SHF}} \times \frac{q_s}{L}$

해설

- 건공기의 유량을 G라고 하면
  $G \Delta h = q_s + q_L$
- 절대습도(수증기 혼합비)를 x라고 하면
  $\Delta x = \frac{L}{G}$
- 열수분비 μ
  $\mu = \frac{\Delta h}{\Delta x} = \frac{\frac{q_s + q_L}{G}}{\frac{L}{G}} = \frac{q_s + q_L}{L}$
- 현열비 $\text{SHF} = \frac{q_s}{q_s + q_L}$에서 $q_s + q_L = \frac{q_s}{\text{SHF}}$이므로

  $\mu = \frac{q_s + q_L}{L} = \frac{\frac{q_s}{\text{SHF}}}{L} = \frac{1}{\text{SHF}} \times \frac{q_s}{L}$

정답 | ④

55 빈출도 ★★

대류 및 복사에 의한 열전달률에 의해 기온과 평균복사온도를 가중평균한 값으로 복사난방 공간의 열환경을 평가하기 위한 지표를 나타내는 것은?

① 작용온도(Operative Temperature)
② 건구온도(Drybulb Teperature)
③ 카타냉각력(Kata Cooling Power)
④ 불쾌지수(Discomfort Index)

해설

작용온도는 기온과 평균복사온도를 적절한 가중평균으로 계산한 값으로 복사난방 공간의 열환경을 평가하기 위한 지표이다.

선지분석

② 건구온도: 공기의 온도를 나타낸다.
③ 카타냉각력: 단위 시간동안 인체의 단위 면적에서 손실되는 열량이다.
④ 불쾌지수: 기온과 습도를 이용한 더위 체감 지표이다.

정답 | ①

56 빈출도 ★

A, B 두 방의 열손실은 각각 4[kW]이다. 높이 600[mm]인 주철제 5세주 방열기를 사용하여 실내온도를 모두 18.5[℃]로 유지시키고자 한다. A실은 102[℃]의 증기를 사용하며, B실은 평균 80[℃]의 온수를 사용할 때 두 방 전체에 필요한 총 방열기의 절수는? (단, 표준방열량을 적용하며, 방열기 1절(節)의 상당 방열 면적은 0.23[m²]이다.)

① 23개 ② 34개
③ 42개 ④ 56개

해설

- A실의 필요 방열 면적

$$A_1 = \frac{열량[kW]}{증기난방 \ 방열기 \ 표준방열량[kW/m^2]}$$
$$= \frac{4[kW]}{0.756[kW/m^2]} = 5.29[m^2]$$

A실에 필요한 방열기의 절수 $\frac{5.29}{0.23} = 23$절

- B실의 필요 방열 면적

$$A_2 = \frac{열량[kW]}{온수난방 \ 방열기 \ 표준방열량[kW/m^2]}$$
$$= \frac{4[kW]}{0.523[kW/m^2]} = 7.65[m^2]$$

B실에 필요한 방열기의 절수 $\frac{7.65}{0.23} = 33.26$절 → 34절(소수점 절상)

따라서 두 방 전체에 필요한 총 방열기의 절수는 23+34=57절이다.

※ A, B실의 필요한 절수는 더한 뒤 소수점을 반올림하면 56.26 → 56절로 정답이 산출되나 일반적으로 방열기 수량 산정 시 소수점이 발생하면 절상하여 산출하는 것이 정확하다.

정답 | ④

57 빈출도 ★★

실내를 항상 급기용 송풍기를 이용하여 정압(+)상태로 유지할 수 있어서 오염된 공기의 침입을 방지하고, 연소용 공기가 필요한 보일러실, 반도체 무균실, 소규모 변전실, 창고 등에 적용하기에 적합한 환기법은?

① 제1종 환기 ② 제2종 환기
③ 제3종 환기 ④ 제4종 환기

해설

유해물질의 유입을 방지해야 하는 클린룸, 반도체 무균실에는 강제급기+자연배기의 2종 환기법을 적용해야 한다.

개념설명 환기의 종류

구분	급배기 방식	장소 예
1종 환기	강제급기 + 강제배기	지하 보일러실, 변전실, 대규모 조리장 등 일반 공조 현장
2종 환기	강제급기 + 자연배기	유해물질의 유입을 방지해야 하는 클린룸
3종 환기	자연급기 + 강제배기	악취의 유출을 방지해야 하는 화장실, 병원체의 전파를 차단해야 하는 음압 격리 병실
4종 환기	자연급기 + 자연배기	일정 환기량이 유지되지 않아도 되는 시설

정답 | ②

58 빈출도 ★★★

전공기방식에 대한 설명으로 틀린 것은?

① 송풍량이 충분하여 실내오염이 적다.
② 환기용 팬을 설치하면 외기냉방이 가능하다.
③ 실내에 노출되는 기기가 없어 마감이 깨끗하다.
④ 천장의 여유 공간이 작을 때 적합하다.

해설

전공기 방식은 대형 덕트로 인한 덕트 스페이스가 필요하여 넓은 공조실을 필요로 한다. 열매체인 냉·온풍의 운반에 필요한 팬의 소요동력이 냉·온수를 운반하는 펌프동력보다 많이 소요된다.

정답 | ④

59 빈출도 ★★★

건구온도 30[℃], 습구온도 27[℃]일 때 불쾌지수(DI)는 얼마인가?

① 57　　　② 62
③ 77　　　④ 82

해설

불쾌지수 DI=0.72×(건구온도+습구온도)+40.6
　　　　　=0.72×(30+27)+40.6=81.64

정답 | ④

60 빈출도 ★★★

송풍기의 법칙에 따라 송풍기 날개 직경이 D_1일 때, 소요동력이 L_1인 송풍기를 직경 D_2로 크게 했을 때 소요동력 L_2를 구하는 공식으로 옳은 것은? (단, 회전속도는 일정하다.)

① $L_2=L_1\left(\dfrac{D_1}{D_2}\right)^5$　　　② $L_2=L_1\left(\dfrac{D_1}{D_2}\right)^4$

③ $L_2=L_1\left(\dfrac{D_2}{D_1}\right)^4$　　　④ $L_2=L_1\left(\dfrac{D_2}{D_1}\right)^5$

해설

상사법칙에 의해 날개 직경이 n배로 커지면 풍량은 n^3배, 풍압은 n^2배, 동력은 n^5배가 된다. 즉, 풍력은 날개 직경의 5제곱에 비례하므로 $\dfrac{L_2}{L_1}=\left(\dfrac{D_2}{D_1}\right)^5 \rightarrow L_2=L_1\left(\dfrac{D_2}{D_1}\right)^5$

정답 | ④

전기제어공학

61 빈출도 ★★★

다음 신호흐름도에서 $\dfrac{C(s)}{R(s)}$는?

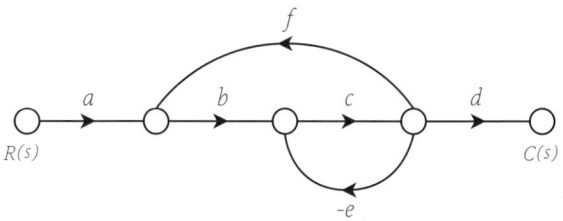

① $\dfrac{abcd}{1+ce+bcf}$　　　② $\dfrac{abcd}{1-ce+bcf}$

③ $\dfrac{abcd}{1+ce-bcf}$　　　④ $\dfrac{abcd}{1-ce-bcf}$

해설

- 진행경로의 이득: $abcd$
- 루프의 이득: bcf, $-ce$
- 전달함수

$$\dfrac{C(s)}{R(s)}=\dfrac{\Sigma 진행경로의\ 이득}{1-\Sigma 루프의\ 이득}$$
$$=\dfrac{abcd}{1-bcf-(-ce)}=\dfrac{abcd}{1-bcf+ce}$$

정답 | ③

62 빈출도 ★★

코일에 흐르고 있는 전류가 5배로 되면 축적되는 에너지는 몇 배가 되는가?

① 10　　　② 15
③ 20　　　④ 25

해설

인덕턴스 $L[H]$의 코일에 흐르는 전류의 세기가 $I[A]$이면 코일에 축적되는 자기에너지는 $\dfrac{1}{2}LI^2$이다. 즉, 자기에너지는 전류의 제곱에 비례하므로 전류가 5배로 되면 에너지는 25배가 된다.

정답 | ④

63 빈출도 ★★★

역률 0.85, 선전류 50[A], 유효전력 28[kW]인 평형 3상 △부하의 전압[V]은 약 얼마인가?

① 300
② 380
③ 476
④ 660

해설

- △결선 3상 부하의 유효전력
$P = \sqrt{3}\,V_l I_l \cos\theta = 28 \times 10^3 [\text{W}]$
- △부하의 전압
$V_l = V_p = \dfrac{P}{\sqrt{3}\,I_l \cos\theta} = \dfrac{28 \times 10^3}{\sqrt{3} \times 50 \times 0.85} = 380.37[\text{V}]$

※ △결선 부하의 선전류로 주어졌으므로 선간전압을 구해야 하며 △결선 시 선간전압 V_l은 상전압 V_p와 동일하다.

정답 | ②

64 빈출도 ★★

탄성식 압력계에 해당되는 것은?

① 경사관식
② 압전기식
③ 환상평형식
④ 벨로스식

해설

탄성식 압력계에 해당하는 것은 벨로스식이다.

개념설명

구분	탄성식 압력계	액주식 압력계
종류	• 부르동튜브식 • 다이아프램식 • 벨로우즈식(벨로스식) • 캡슐식	• U자관식 • 경사관식 • 환상평형식

정답 | ④

65 빈출도 ★

맥동률이 가장 큰 정류회로는?

① 3상 전파
② 3상 반파
③ 단상 전파
④ 단상 반파

해설

맥동률은 직류 성분과 비교한 교류 성분의 크기를 말하며, 맥동률이 낮을수록 직류에 가깝다. 맥동률은 단상보다 3상이 더 낮고, 반파보다 전파가 더 낮다. 따라서 맥동률이 가장 큰 정류회로는 단상 반파이다.

개념설명 정류 효율과 맥동률

구분	정류 효율[%]	맥동률[%]
단상 반파	40.6	121
단상 전파	81.2	48.2
3상 반파	96.8	18.3
3상 전파	99.8	4.2

정답 | ④

66 빈출도 ★★★

다음 블록선도의 전달함수는?

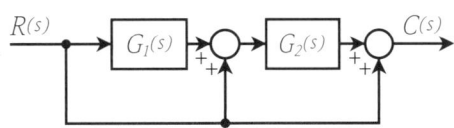

① $G_1(s)G_2(s) + G_2(s) + 1$
② $G_1(s)G_2(s) + 1$
③ $G_1(s)G_2(s) + G_2$
④ $G_1(s)G_2(s) + G_1 + 1$

해설

- 진행경로의 이득: $G_1(s)G_2(s)$, $G_2(s)$, 1
- 루프의 이득: 없음
- 전달함수
$\dfrac{C(s)}{R(s)} = \dfrac{\Sigma \text{진행경로의 이득}}{1 - \Sigma \text{루프의 이득}}$
$= \dfrac{G_1(s)G_2(s) + G_2(s) + 1}{1 - 0} = G_1(s)G_2(s) + G_2(s) + 1$

정답 | ①

67 빈출도 ★★★

다음중 간략화한 논리식이 다른 것은?

① $(A+B) \cdot (A+\overline{B})$
② $A \cdot (A+B)$
③ $A+(\overline{A} \cdot B)$
④ $(A \cdot B)+(A \cdot \overline{B})$

해설

① $A+A\overline{B}+AB+B\overline{B}=A+A(B+\overline{B})+0=A$
② $A+AB=A(1+B)=A \cdot 1=A$
③ $A+\overline{A}B=A+B$ (흡수법칙)
④ $AB+A\overline{B}=A(B+\overline{B})=A \cdot 1=A$

따라서 보기 ③이 다르다.

정답 | ③

68 빈출도 ★★★

논리식 $L=\overline{x}\,\overline{y}+\overline{x}y$를 간단히 한 식은?

① $L=x$
② $L=\overline{x}$
③ $L=y$
④ $L=\overline{y}$

해설

$L=\overline{x}\,\overline{y}+\overline{x}y=\overline{x}(\overline{y}+y)=\overline{x} \cdot 1=\overline{x}$

정답 | ②

69 빈출도 ★★★

물체의 위치, 방향 및 자세 등의 기계적 변위를 제어량으로 해서 목표값의 임의의 변화에 추종하도록 구성된 제어계는?

① 프로그램 제어
② 프로세스 제어
③ 서보 기구
④ 자동 조정

해설

제어량에 따라 제어계를 분류하면 프로세스 제어, 서보 제어, 자동 조정 제어가 있다. 서보 제어(기구)에서 다루는 제어량은 자세, 방위, 위치 등의 기계적 변위이다.

정답 | ③

70 빈출도 ★★

단자전압 V_{ab}는 몇 V인가?

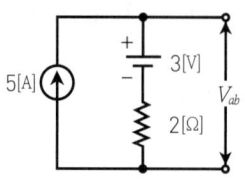

① 3
② 7
③ 10
④ 13

해설

- 전압 3[V]의 위쪽 접점을 노드 a, 저항 2[Ω]의 아래쪽 접점을 노드 b라고 가정한다.
- 노드 a에서 키르히호프 법칙을 이용하면 a점에서 나가는 전류의 합은 0이므로

$$-5+\frac{V_a-3}{2}=0 \rightarrow V_a=13[V]$$

- V_{ab}는 노드 a와 노드 b의 전위차이고 노드 b의 전압 $V_b=0$이므로

$$V_{ab}=V_a-V_b=13-0=13[V]$$

정답 | ④

71 빈출도 ★

전자석의 흡인력은 자속밀도 $B[\text{Wb/m}^2]$와 어떤 관계에 있는가?

① B에 비례
② B의 1.5승에 비례
③ B의 제곱에 비례
④ B의 세제곱에 비례

해설

흡인력 $f=\frac{B^2}{2\mu}[\text{N/m}^2]$이므로 자속밀도 $B[\text{Wb/m}^2]$의 제곱에 비례한다.($f \propto B^2$)

개념설명

- 에너지 밀도

$$w=\frac{B^2}{2\mu}=\frac{\mu H^2}{2}[\text{J/m}^3]$$

- 흡인력

$$f=\frac{B^2}{2\mu}=\frac{\mu H^2}{2}[\text{N/m}^2]$$

※ 1[J]=1[N·m]이므로 1[J/m³]=1[N/m²]이다.

정답 | ③

72 빈출도 ★★★

피드백 제어의 특징에 대한 설명으로 틀린 것은?

① 외란에 대한 영향을 줄일 수 있다.
② 목표값과 출력을 비교한다.
③ 조절부와 조작부로 구성된 제어요소를 가지고 있다.
④ 입력과 출력의 비를 나타내는 전체 이득이 증가한다.

해설

계의 특성변화를 K, 입력vs출력의 비를 T라 하면,
K에 대한 T의 감도=$S_K^T = \dfrac{dT/dK}{T/K}$ 이다.
피드백 제어는 계의 특성변화에 대한 이득의 감도가 감소할 뿐 이득 자체가 감소하는 것은 아니다.

정답 | ④

73 빈출도 ★★

다음 회로와 같이 외전압계법을 통해 측정한 전력 [W]은? (단, R_i: 전류계의 내부저항, R_e: 전압계의 내부저항이다.)

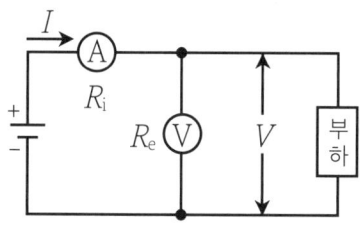

① $P = VI - \dfrac{V^2}{R_e}$
② $P = VI - \dfrac{V^2}{R_i}$
③ $P = VI - 2R_e I$
④ $P = VI - 2R_i I$

해설

전류계를 통과한 전류 I[A]는 분기점에서 일부가 전압계 쪽으로 흐른다.
전압계 쪽으로 흐르는 전류를 I_e[A]라고 하면 부하 쪽으로 흐르는 전류는 $(I-I_e)$[A]이므로 부하의 전력은

$P = V(I-I_e) = V\left(I - \dfrac{V}{R_e}\right) = VI - \dfrac{V^2}{R_e}$

정답 | ①

74 빈출도 ★

목표값 이외의 외부 입력으로 제어량을 변화시키며 인위적으로 제어할 수 없는 요소는?

① 제어동작신호
② 조작량
③ 외란
④ 오차

해설

제어량의 값을 변화시키려 인위적으로 제어할 수 없는 요소는 외란이다.

정답 | ③

75 빈출도 ★★

2전력계법으로 3상 전력을 측정할 때 전력계의 지시가 $W_1 = 200$[W], $W_2 = 200$[W]이다. 부하전력[W]은?

① 200
② 400
③ $200\sqrt{3}$
④ $400\sqrt{3}$

해설

2전력계법에서 유효전력
$P = W_1 + W_2 = 200 + 200 = 400$[W]

정답 | ②

76 빈출도 ★★

$R = 10$[Ω], $L = 10$[mH]에 가변콘덴서 C를 직렬로 구성시킨 회로에 교류주파수 1000[Hz]를 가하여 직렬공진을 시켰다면 가변콘덴서는 약 몇 [μF]인가?

① 2.533
② 12.675
③ 25.35
④ 126.75

해설

RLC 직렬 공진의 주파수 $f = \dfrac{1}{2\pi\sqrt{LC}}$에서

$C = \dfrac{1}{4\pi^2 L} \times \dfrac{1}{f^2}$
$= \dfrac{1}{4\pi^2 \times 10 \times 10^{-3}} \times \dfrac{1}{(1{,}000)^2}$
$= 2.53 \times 10^{-6}$[F] $= 2.53$[μF]

정답 | ①

77 빈출도 ★★★

스위치 S의 개폐에 관계없이 전류 I가 항상 30[A]라면 R_3과 R_4는 각각 몇 [Ω]인가?

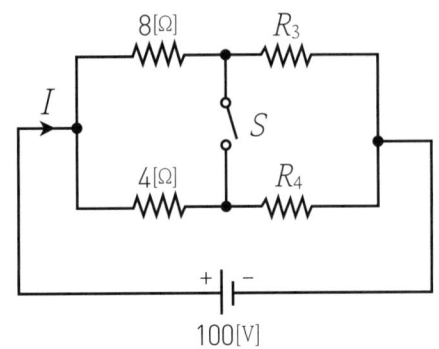

① $R_3=1$, $R_4=3$
② $R_3=2$, $R_4=1$
③ $R_3=3$, $R_4=2$
④ $R_3=4$, $R_4=4$

해설

스위치의 개폐가 회로 전류에 영향을 주지 않는다면 휘트스톤 브리지는 평형상태이다.
즉, $8 \times R_4 = 4 \times R_3$에서 $R_3 = 2R_4$이고 이 관계를 만족하는 보기는 ②번이다.

정답 | ②

78 빈출도 ★★★

아래 $R-L-C$ 직렬회로의 합성 임피던스[Ω]는?

① 1
② 5
③ 7
④ 15

해설

- RLC 직렬회로의 임피던스
  $\dot{Z} = R + jX_L - jX_C$
  $= 4 + j(7-4) = 4 + j3[Ω]$
- 임피던스의 크기
  $Z = \sqrt{R^2 + (X_L - X_C)^2} = \sqrt{4^2 + 3^2} = 5[Ω]$

정답 | ②

79 빈출도 ★

변압기의 효율이 가장 좋을 때의 조건은?

① 철손 $= \dfrac{2}{3} \times$ 동손
② 철손 $= 2 \times$ 동손
③ 철손 $= \dfrac{1}{2} \times$ 동손
④ 철손 $=$ 동손

해설

부하율 m, 철손 P_i, 동손 P_c인 변압기에 대해 $P_i = m^2 P_c$일 때 변압기의 효율이 최대이다. 부하율이 따로 제시되지 않았으므로 전부하 효율이 최대가 되는 조건을 찾는다. 즉 철손(P_i)=동손(P_c)에서 효율이 가장 좋다.

정답 | ④

80 빈출도 ★★★

입력 신호가 모두 "1"일 때만 출력이 생성되는 논리회로는?

① AND 회로
② OR 회로
③ NOR 회로
④ NOT 회로

해설

입력 신호가 모두 1인 경우 출력이 1인 논리회로는 AND 회로이다.

선지분석

② OR 회로: 입력 신호가 하나라도 1인 경우 출력이 1인 논리회로이다.
③ NOR 회로: 입력 신호가 하나라도 1인 경우 출력이 0인 논리회로이다.
④ NOT 회로: 입력 신호를 반전하는 논리회로이다.

정답 | ①

배관일반

81 빈출도 ★★
펌프 흡입측 수평배관에서 관경을 바꿀 때 편심 레듀서를 사용하는 목적은?

① 유속을 빠르게 하기 위하여
② 펌프 압력을 높이기 위하여
③ 역류 발생을 방지하기 위하여
④ 공기가 고이는 것을 방지하기 위하여

해설
급수 배관 계통의 관경을 축소할 때는 편심 리듀서를 사용하여 공기 고임을 피한다.

정답 | ④

82 빈출도 ★★★
다음 중 배관의 중심이동이나 구부러짐 등의 변위를 흡수하기 위한 이음이 아닌 것은?

① 슬리브형 이음
② 플렉시블 이음
③ 루프형 이음
④ 플라스탄 이음

해설
신축 이음의 종류에는 슬리브형, 벨로즈형, 루프형, 플렉시블형, 스위블형이 있다. 플라스탄 이음은 납과 주석의 합금을 토치램프로 녹여서 접합하는 방식으로 연관을 용접 접합할 때 사용한다.

정답 | ④

83 빈출도 ★★
온수배관 시공 시 유의사항으로 틀린 것은?

① 일반적으로 팽창관에는 밸브를 설치하지 않는다.
② 배관의 최저부에는 배수 밸브를 설치한다.
③ 공기밸브는 순환펌프의 흡입 측에 부착한다.
④ 수평관은 팽창탱크를 향하여 올림구배로 배관한다.

해설
공기밸브와 압력계는 온수 순환펌프의 토출 측에 부착해야 한다.

정답 | ③

84 빈출도 ★★
다음 중 밸브몸통 내에 밸브대를 축으로 하여 원판형태의 디스크가 회전함에 따라 개폐하는 밸브는 무엇인가?

① 버터플라이 밸브
② 슬루스밸브
③ 앵글밸브
④ 볼밸브

해설
버터플라이 밸브는 밸브 내부에 나비 모양의 원판이 회전하면서 유량 및 압력을 제어한다.

선지분석
② 슬루스밸브: 밸브를 완전히 열거나 닫는 용도로 설계된 밸브로 증기수편관에서 드레인 방지를 위해 사용하고, 일반적으로 급수, 급탕 배관에 많이 쓰인다.
③ 앵글밸브: 유체의 흐름을 직각으로 바꾸는 역할을 한다. 부분 개방 시 유량 조절도 가능하다.
④ 볼밸브: 밸브 내부에 구형디스크(볼)를 사용하며 90° 회전만으로도 개폐가 가능하다.

정답 | ①

85 빈출도 ★★★
강관의 나사이음 시 관을 절단한 후 관 단면의 안쪽에 생기는 거스러미를 제거할 때 사용하는 공구는?

① 파이프 바이스
② 파이프 리머
③ 파이프 렌치
④ 파이프 커터

해설
관을 절단한 뒤 단면 안쪽의 거스러미 또는 날카로운 가장자리를 제거하는 공구는 파이프 리머이다.

선지분석
① 파이프 바이스: 강관을 절단하거나 조합할 때 관을 고정시키는 공구이다.
③ 파이프 렌치: 관을 조이거나 풀기에 편리한 공구이다.
④ 파이프 커터: 강관을 절단하는 도구이다.

정답 | ②

86 빈출도 ★★

옥상탱크에서 오버플로관을 설치하는 가장 적합한 위치는?

① 배수관보다 하위에 설치한다.
② 양수관보다 상위에 설치한다.
③ 급수관과 수평위치에 설치한다.
④ 양수관과 동일 수평위치에 설치한다.

해설

오버플로관은 넘친 물이 외부로 쉽게 배출되어야 하므로 공급관(양수관)보다 상위에 설치해야 한다.

정답 | ②

87 빈출도 ★★

하트포드(Hart ford) 배관법에 관한 설명으로 틀린 것은?

① 보일러 내의 안전 저수면보다 높은 위치에 환수관을 접속한다.
② 저압증기 난방에서 보일러 주변의 배관에 사용한다.
③ 하트포드 배관법은 보일러 내의 수면이 안전수위 이하로 유지하기 위해 사용된다.
④ 하트포드 배관 접속 시 환수주관에 침적된 찌꺼기의 보일러 유입을 방지할 수 있다.

해설

하트포드 배관법은 보일러 수면이 안전수위 이하로 내려가지 않도록 증기관과 환수관 사이에 밸런스관을 설치하는 공법이다.

정답 | ③

88 빈출도 ★

급수급탕 설비에서 탱크류에 대한 누수의 유무를 조사하기 위한 시험방법으로 가장 적절한 것은?

① 수압시험 ② 만수시험
③ 통수시험 ④ 잔류염소의 측정

해설

탱크류에 대한 누수의 유무를 조사하기 위한 시험방법은 만수시험이다.

개념설명 배수 및 통기 배관의 시험

구분	목적	시험방법
수압시험	배관의 수압 적정 여부 확인	30[kPa]의 수압에 30분 이상 견딜 것
기압시험	배관의 기압 적정 여부 확인	35[kPa]의 압력에 15분 이상 견딜 것
기밀시험	배관의 누출 여부 확인	연기 또는 박하향을 넣고 밀폐한 뒤 누출 여부 검사
만수시험	배관의 누수 여부 확인	3[m] 이상의 수두압이 걸리도록 물을 채운 뒤 누수 여부 검사
통수시험	소음 발생 여부 확인	트랩의 봉수 등에서 이상 소음이 발생하는 지 확인

정답 | ②

89 빈출도 ★★

중앙식 급탕법에 대한 설명으로 틀린 것은?

① 탱크 속에 직접 증기를 분사하여 물을 가열하는 기수 혼합식의 경우 소음이 많아 증기관에 소음기(silencer)를 설치한다.
② 열원으로 비교적 가격이 저렴한 석탄, 중유 등을 사용하므로 연료비가 적게 든다.
③ 급탕설비를 다른 설비 기계류와 동일한 장소에 설치하므로 관리가 용이하다.
④ 저탕 탱크속에 가열 코일을 설치하고, 여기에 증기 보일러를 통해 증기를 공급하여 탱크 안의 물을 직접 가열하는 방식을 직접 가열식 중앙 급탕법이라 한다.

해설

증기 또는 고온수를 저탕조 내의 코일(가열관)에 통과시켜서 저탕조 물을 가열하는 방식을 간접 가열식이라고 부른다.

개념설명 중앙식 급탕법

- 직접 가열식: 보일러로 직접 온수를 가열하는 방식이다. 간접식보다 열효율이 좋으며 즉시 가열이 용이하나 관 내부에 스케일이 생겨 보일러 수명이 단축된다.
- 간접 가열식: 증기 또는 고온수를 저탕조 내의 코일(가열관)에 통과시켜서 저탕조 내부 물을 가열하는 방식으로 대규모 급탕설비에 적합하다.

정답 | ④

90 빈출도 ★

공기조화 설비에서 에어워셔의 플러딩 노즐이 하는 역할은?

① 공기 중에 포함된 수분을 제거한다.
② 입구공기의 난류를 정류로 만든다.
③ 엘리미네이터에 부착된 먼지를 제거한다.
④ 출구에 섞여 나가는 비산수를 제거한다.

해설

에어워셔의 플러딩 노즐은 엘리미네이터에 부착된 먼지를 제거한다.

정답 | ③

91 빈출도 ★★

다음 공조용 배관 중 배관 샤프트 내에서 단열시공을 하지 않는 배관은?

① 온수관
② 냉수관
③ 증기관
④ 냉각수관

해설

냉각수는 응축수로부터 흡수한 열을 방열하는 것이 목적이므로 응축기와 냉각탑 사이의 수송 배관(냉각수관)을 단열처리 할 필요가 없다.

정답 | ④

92 빈출도 ★★

급수온도 5[℃], 급탕온도 60[℃], 가열전 급탕설비의 전수량은 2[m³], 급수와 급탕의 압력차는 50[kPa]일 때, 절대압력 300[kPa]의 정수두가 걸리는 위치에 설치하는 밀폐식 팽창탱크의 용량[m³]은? (단, 팽창탱크의 초기 봉입 절대압력은 300[kPa]이고, 5[℃]일 때 밀도는 1,000[kg/m³], 60[℃]일 때 밀도는 983.1[kg/m³]이다.)

① 0.83
② 0.57
③ 0.24
④ 0.17

해설

- 급탕의 부피를 V_h, 급수의 부피를 V_c 라 하면

$$\Delta V = V_h - V_c = m\left(\frac{1}{\rho_h} - \frac{1}{\rho_c}\right)$$
$$= 2,000[kg] \times \left(\frac{1}{983.1[kg/m^3]} - \frac{1}{1,000[kg/m^3]}\right)$$
$$= 0.03438[m^3]$$
$$= 34.38 \times 10^{-3}[m^3]$$

- 밀폐식 팽창탱크의 용량 V는 $\dfrac{\Delta V}{P_a\left(\dfrac{1}{P_0} - \dfrac{1}{P_m}\right)}$이므로

$$V = \frac{\Delta V}{300\left(\dfrac{1}{300} - \dfrac{1}{350}\right)} = 7 \times (34.38 \times 10^{-3})[m^3]$$
$$= 240.68 \times 10^{-3}[m^3] = 0.24[m^3]$$

정답 | ③

93 빈출도 ★★

배관재료에 대한 설명으로 틀린 것은?

① 배관용 탄소강 강관은 1[MPa] 이상, 10[MPa] 이하 증기관에 적합하다.
② 주철관은 용도에 따라 수도용, 배수용, 가스용, 광산용으로 구분한다.
③ 연관은 화학 공업용으로 사용되는 1종관과 일반용으로 쓰이는 2종관, 가스용으로 사용되는 3종관이 있다.
④ 동관은 관 두께에 따라 K형, L형, M형으로 구분한다.

해설
배관용 탄소강관은 1[MPa] 이하의 압력 조건에서 사용한다.

정답 | ①

94 빈출도 ★

다음 중 증기난방용 방열기를 열손실이 가장 많은 창문 쪽의 벽면에 설치할 때 벽면과의 거리로 가장 적절한 것은?

① 5~6[cm]
② 10~11[cm]
③ 19~20[cm]
④ 25~26[cm]

해설
방열기를 창가 벽면에 설치할 때는 벽면과의 이격거리가 5~6[cm] 되도록 설치해야 대류 작용이 원활해진다.

정답 | ①

95 빈출도 ★★★

저·중압의 공기 가열기, 열교환기등 다량의 응축수를 처리하는 데 사용되며, 작동원리에 따라 다량트랩, 부하형 트랩으로 구분하는 트랩은?

① 바이메탈 트랩
② 벨로즈 트랩
③ 플로트 트랩
④ 벨 트랩

해설
증기와 응축수의 비중 차이를 이용하는 플로트 트랩은 구조상 공기를 함께 배출하지 못하지만 다량의 응축수를 처리하는 데 적합하다.

선지분석
① 바이메탈 트랩: 바이메탈판의 열팽창으로 소량 과열·응축수를 간헐적으로 배출하므로, 대용량 응축수 처리에는 부적합하다.
② 벨로즈 트랩: 온도차를 이용해 공기 및 응축수를 자동으로 환수관에 배출하나, 다량의 응축수를 처리하기에는 부적합하다.
④ 벨 트랩: 단일 디스크의 동역학적 차압 작동으로 소량 응축수·과열 증기를 제어하므로, 대량 응축수 처리가 어렵다.

정답 | ③

96 빈출도 ★★

냉동장치에서 압축기의 표시방법으로 틀린 것은?

① : 밀폐형 일반
② : 로터리형
③ : 원심형
④ : 왕복동형

해설
냉동용 그림기호 중에서 압축기의 그림기호는 다음과 같다.

밀폐형	로터리형	원심형	왕복동형
			또는

정답 | ③

97 빈출도 ★★★

공조배관설비에서 수격작용의 방지방법으로 틀린 것은?

① 관 내의 유속을 낮게 한다.
② 밸브는 펌프 흡입구 가까이 설치하고 제어한다.
③ 펌프에 플라이휠(fly wheel)을 설치한다.
④ 서지탱크를 설치한다.

해설
펌프에 플라이휠을 장착하고, 펌프 흡입측이 아닌 토출 측에 체크 밸브를 설치한다.

개념설명 수격작용 방지대책
- 급수 관경을 크게 하여 관내 압력을 낮춘다.
- 배관 내 유속을 1.5~2.5[m/s]로 적정 속도를 유지하도록 한다.
- 급폐쇄 시 발생하는 충격을 흡수하거나 분산시키도록 수격 방지기를 설치한다.
- 펌프에 플라이휠을 장착하고, 펌프 토출 측에 체크 밸브를 설치한다.
- 모터밸브, 플러시 밸브 같은 급폐쇄형 밸브 근처에 공기실을 설치한다.

정답 | ②

98 빈출도 ★

압축공기 배관설비에 대한 설명으로 틀린 것은?

① 분리기는 윤활유를 공기나 가스에서 분리시켜 제거하는 장치로서 보통 중각냉각기와 후부냉각기 사이에 설치한다.
② 위험성 가스가 체류되어 있는 압축기실은 밀폐시킨다.
③ 맥동을 완화하기 위하여 공기탱크를 장치한다.
④ 가스관, 냉각수관 및 공기탱크 등에 안전밸브를 설치한다.

해설
위험성 가스가 체류하는 공간은 충분한 환기와 가스 누출감지를 위해 밀폐해서는 안 되며, 배기·환기 설비를 통해 안전하게 외부로 배출해야 한다.

정답 | ②

99 빈출도 ★★

프레온 냉동기에서 압축기로부터 응축기에 이르는 배관의 설치 시 유의사항으로 틀린 것은?

① 배관이 합류할 때는 T자형보다 Y자형으로 하는 것이 좋다.
② 압축기로부터 올라온 토출관이 응축기에 연결되는 수평부분은 응축기 쪽으로 하향구배로 배관한다.
③ 2대의 압축기가 아래쪽에 있고 1대의 응축기가 위쪽에 있는 경우 토출가스 헤더는 압축기 위에 배관하여 토출가스관에 연결한다.
④ 압축기와 응축기가 각각 2대이고 압축기가 응축기의 하부에 설치된 경우 압축기의 크랭크 케이스 균압관은 수평으로 배관한다.

해설
토출가스 헤더는 응축기 위에 배관하여 토출가스관에 연결해야 응축기를 향해 하향 구배가 유지된다.

선지분석
① T자형은 물고임이 발생하기 쉬우므로 Y자형으로 하는 것이 좋다.
② 수평배관은 냉매흐름 방향으로 하향 구배해야 한다.
④ 다기기 운전 시 압축기가 응축기의 하부에 설치된 경우 압축기 하단에 모인 냉매를 크랭크 케이스로 배관해 균압을 유지한다.

정답 | ③

100 빈출도 ★★

수도 직결식 급수방식에서 건물 내에 급수를 할 경우 수도 본관에서의 최저 필요압력을 구하기 위한 필요 요소가 아닌 것은?

① 수도 본관에서 최고 높이에 해당하는 수전까지의 관 재질에 따른 저항
② 수도 본관에서 최고 높이에 해당하는 수전이나 기구별 소요압력
③ 수도 본관에서 최고 높이에 해당하는 수전까지의 관내 마찰손실수두
④ 수도 본관에서 최고 높이에 해당하는 수전까지의 상당압력

해설

수도 본관에서 필요한 수압
$P \geq P_a + P_b + P_c$
(단, P_a: 기구별 소요 압력, P_b: 관내 마찰손실 압력, P_c: 최상층 수전의 높이에 상당하는 압력)
※ 관재질에 따른 저항은 마찰손실압에 영향을 주기는 하나 마찰손실수두 안에 포함되는 요소로 특별히 구할 필요는 없다.

정답 | ①

2020년 3회 기출문제

기계열역학

01 빈출도 ★★

어떤 습증기의 엔트로피가 6.78[kJ/kg·K]라고 할 때 이 습증기의 엔탈피는 약 몇 [kJ/kg]인가? (단, 이 기체의 포화액 및 포화증기의 엔탈피와 엔트로피는 다음과 같다.)

구분	포화액	포화증기
엔탈피[kJ/kg]	384	2,666
엔트로피[kJ/kg·K]	1.25	7.62

① 2,365
② 2,402
③ 2,473
④ 2,511

해설

• 건조도 $x_s = \dfrac{\text{습증기의 엔트로피} - \text{포화액의 엔트로피}}{\text{포화증기의 엔트로피} - \text{포화액의 엔트로피}}$

$= \dfrac{6.78 - 1.25}{7.62 - 1.25} = \dfrac{5.53}{6.37} = 0.8681$

• 건조도는 $\dfrac{\text{습증기의 엔탈피} - \text{포화액의 엔탈피}}{\text{포화증기의 엔탈피} - \text{포화액의 엔탈피}}$ 로도 구할 수 있으므로

$0.8681 = \dfrac{h_습 - 384}{2,666 - 384}$ 에서

$h_습 = 0.8681 \times (2,666 - 384) + 384 = 2,365\,[\text{kJ/kg}]$

정답 | ①

02 빈출도 ★★

압력(P)−부피(V) 선도에서 이상기체가 그림과 같은 사이클로 작동한다고 할 때 한 사이클 동안 행한 일은 어떻게 나타내는가?

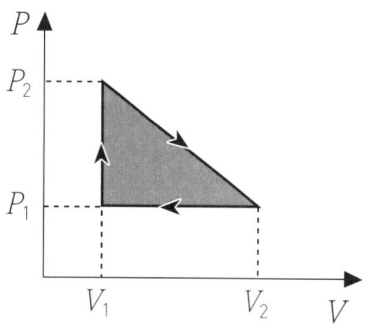

① $\dfrac{(P_2 + P_1)(V_2 + V_1)}{2}$

② $\dfrac{(P_2 - P_1)(V_2 + V_1)}{2}$

③ $\dfrac{(P_2 + P_1)(V_2 - V_1)}{2}$

④ $\dfrac{(P_2 - P_1)(V_2 - V_1)}{2}$

해설

• 기체가 하는 일 $W = \int P dV$
• 부피가 증가할 때 행한 일과 부피가 감소할 때 받은 일의 합이 알짜일 W_{cycle}이고 $P-V$ 그래프에서 빗금친 면적에 해당한다.

따라서 $W_{cycle} = \dfrac{1}{2}(V_2 - V_1)(P_2 - P_1)$

정답 | ④

03 빈출도 ★

다음 중 스테판-볼츠만의 법칙과 관련이 있는 열전달은?

① 대류 ② 복사
③ 전도 ④ 응축

해설

스테판-볼츠만 법칙 $Q = \sigma T^4$
(단, σ: 스테판-볼츠만 상수, T: 절대온도[K])
스테판-볼츠만 법칙은 단위 면적당 방사(복사) 에너지 방출량이 절대온도 T의 네제곱에 비례함을 나타내는 법칙이다.

정답 | ②

04 빈출도 ★★★

이상기체 $2[kg]$이 압력 $98[kPa]$, 온도 $25[°C]$ 상태에서 체적이 $0.5[m^3]$였다면 이 이상기체의 기체상수는 약 몇 $[J/kg \cdot K]$인가?

① 79 ② 82
③ 97 ④ 102

해설

이상기체 상태방정식 $PV = mRT$에서
$R = \dfrac{PV}{mT} = \dfrac{98[kPa] \times 0.5[m^3]}{2[kg] \times (273+25)[K]} = 0.0822[kJ/kg \cdot K]$
$= 82.2[J/kg \cdot K]$

정답 | ②

05 빈출도 ★★★

냉매가 갖추어야 할 요건으로 틀린 것은?

① 증발온도에서 높은 잠열을 가져야 한다.
② 열전도율이 커야 한다.
③ 표면장력이 커야 한다.
④ 불활성이고 안전하며 비가연성이어야 한다.

해설

배관과의 마찰이 적어야 하므로 냉매의 점도와 표면장력이 낮아야 한다.

개념설명 냉동기 냉매의 구비조건
- 임계온도가 상온보다 높을 것
- 응고 온도가 낮을 것
- 증발 잠열이 클 것
- 열전도율이 클 것
- 표면장력 및 점성계수가 작을 것
- 부식성이 없고, 안정성이 있을 것

정답 | ③

06 빈출도 ★★★

어떤 유체의 밀도가 $741[kg/m^3]$이다. 이 유체의 비체적은 약 몇 $[m^3/kg]$인가?

① 0.78×10^{-3} ② 1.35×10^{-3}
③ 2.35×10^{-3} ④ 2.98×10^{-3}

해설

비체적 $\nu = \dfrac{\text{체적 } V[m^3]}{\text{질량 } m[kg]}$ 이므로 밀도의 역수이다.
따라서 $\nu = \dfrac{1}{741} = 1.35[m^3/kg]$이다.

정답 | ②

07 빈출도 ★★

이상적인 랭킨 사이클에서 터빈 입구 온도가 350[℃]이고, 75[kPa]과 3[MPa]의 압력범위에서 작동한다. 펌프 입구와 출구, 터빈 입구와 출구에서 엔탈피는 각각 384.4[kJ/kg], 387.5[kJ/kg], 3,116[kJ/kg], 2,403[kJ/kg]이다. 펌프일을 고려한 사이클의 열효율과 펌프일을 무시한 사이클의 열효율 차이는 약 몇 [%]인가?

① 0.001　　　② 0.092
③ 0.11　　　　④ 0.18

해설

사이클에서 펌프를 고려했을 때와 무시했을 때의 열입력 차이는 펌프 일과 같다.

$$\frac{\Delta Q}{Q_{in}} = \frac{W_{pump}}{h_3 - h_1} = \frac{h_2 - h_1}{h_3 - h_1}$$

(단, h_1: 펌프 입구 엔탈피(384.4[kJ/kg]), h_2: 펌프 출구 엔탈피(387.5[kJ/kg]), h_3: 터빈 입구 엔탈피(3,116[kJ/kg]))

따라서 열효율 차는

$$\frac{\Delta Q}{Q_{in}} = \frac{h_2 - h_1}{h_3 - h_1} = \frac{387.5 - 384.4}{3,116 - 384.4} = \frac{3.1}{2,731.6}$$
$$= 0.00113 ≒ 0.113[\%]$$

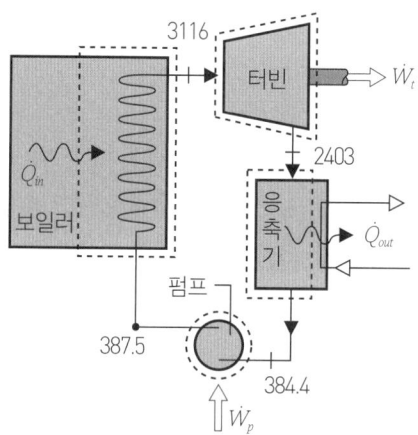

정답 | ③

08 빈출도 ★

전류 25[A], 전압 13[V]를 가하여 축전지를 충전하고 있다. 충전하는 동안 축전지로부터 15[W]의 열손실이 있다. 축전지의 내부에너지 변화율은 약 몇 [W]인가?

① 310　　　　② 340
③ 370　　　　④ 420

해설

- 열역학 제1법칙 $Q = W + \Delta U$에서
  $\Delta U = Q - W$
- 열손실이 발생하였으므로 $Q = -15[W]$
  외부전원으로부터 축전지가 일을 받았으므로
  $W = 25[A] \times 13[V] = -325[W]$
- 내부에너지 변화량 $\Delta U = -15 - (-325) = 310[W]$

정답 | ①

09 빈출도 ★★★

고온열원(T_1)과 저온열원(T_2)사이에서 작동하는 역카르노 사이클에 의한 열펌프(heat pump)의 성능계수는?

① $\dfrac{T_1 - T_2}{T_1}$　　　② $\dfrac{T_2}{T_1 - T_2}$

③ $\dfrac{T_1}{T_1 - T_2}$　　　④ $\dfrac{T_1 - T_2}{T_2}$

해설

역카르노 사이클에 의한 열펌프가 카르노 열펌프이다.

카르노 열펌프의 성적계수 $\dfrac{T_H}{T_H - T_C}$에서 고열원이 T_1, 저열원이 T_2로 주어졌으므로 성적계수는 $\dfrac{T_1}{T_1 - T_2}$이다.

정답 | ③

10 빈출도 ★★

압력이 0.2[MPa], 온도가 20[℃]의 공기를 압력이 2[MPa]로 될 때까지 가역단열 압축했을 때 온도는 약 몇 [℃]인가? (단, 공기는 비열비가 1.4인 이상기체로 간주한다.)

① 225.7　　② 273.7
③ 292.7　　④ 358.7

해설

가역과정이므로 $\dfrac{T_1}{T_2} = \left(\dfrac{P_1}{P_2}\right)^{\frac{k-1}{k}}$ 에서 나중 온도 T_2를 구하면

$T_2 = T_1 \left(\dfrac{P_2}{P_1}\right)^{\frac{k-1}{k}}$

$= (273+20)\left(\dfrac{2}{0.2}\right)^{\frac{0.4}{1.4}} = 293 \cdot 10^{\frac{0.4}{1.4}}$

$= 565.7[K] = 292.7[℃]$

정답 | ③

11 빈출도 ★

어떤 물질에서 기체상수(R)가 0.189[kJ/kg·K], 임계온도가 305[K], 임계압력이 7,380[kPa]이다. 이 기체의 압축성 인자(compressibility factor, Z)가 다음과 같은 관계식을 나타낸다고 할 때 이 물질의 20[℃], 1,000[kPa] 상태에서의 비체적(v)은 약 몇 [m³/kg]인가? (단, P는 압력, T는 절대온도, P_r은 환산압력, T_r은 환산온도를 나타낸다.)

$$Z = \dfrac{Pv}{RT} = 1 - 0.8\dfrac{P_r}{T_r}$$

① 0.0111　　② 0.0303
③ 0.0491　　④ 0.0554

해설

- 먼저 환산온도와 환산압력을 구하면,

$T_r = \dfrac{273+20}{305} = 0.961$, $P_r = \dfrac{1,000}{7,380} = 0.136$이므로

압축성 인자 $Z = 1 - 0.8\dfrac{P_r}{T_r} = 1 - 0.8 \times \dfrac{0.136}{0.961} = 0.887$이다.

- 비체적 $v = \dfrac{ZRT}{P} = \dfrac{0.887 \times (0.189[kJ/kg·K]) \times 293[K]}{1,000[kPa]}$

$= 0.0491[m^3/kg]$

정답 | ③

12 빈출도 ★★

단열된 노즐에 유체가 10[m/s]의 속도로 들어와서 200[m/s]의 속도로 가속되어 나간다. 출구에서의 엔탈피가 2,770[kJ/kg]일 때 입구에서의 엔탈피는 약 몇 [kJ/kg]인가?

① 4,370　　② 4,210
③ 2,850　　④ 2,790

해설

에너지 보존 법칙을 적용하면

$h_1 + \dfrac{1}{2}v_1^2 = h_2 + \dfrac{1}{2}v_2^2$에서

$h_1 = h_2 + \dfrac{1}{2}(v_2^2 - v_1^2) = 2,770 + \dfrac{1}{2}(200^2 - 10^2) \times 10^{-3}$

$= 2,770 + 19.95 = 2,789.95[kJ/kg]$

※ v^2의 단위는 [m²/s²]이고 [J/kg] 단위 변환이 가능하다.
　문제에서 단위를 물어보았으므로 10^{-3}을 곱하여 [kJ]으로 변환한다.

정답 | ④

13 빈출도 ★★★

100[℃]의 구리 10[kg]을 20[℃]의 물 2[kg]이 들어 있는 단열 용기에 넣었다. 물과 구리 사이의 열전달을 통한 평형 온도는 약 몇 [℃]인가? (단, 구리 비열은 0.45[kJ/kg·K], 물 비열은 4.2[kJ/kg·K]이다.)

① 48　　② 54
③ 60　　④ 68

해설

열역학 제0법칙에 의해 $C_A m_A(t_A - T_{eq}) = C_B m_B(T_{eq} - t_B)$

T_{eq}에 대해 정리하면

$T_{eq} = \dfrac{C_A m_A t_A + C_B m_B t_B}{C_A m_A + C_B m_B} = \dfrac{0.45 \times 10 \times 100 - 4.2 \times 2 \times 20}{0.45 \times 10 + 4.2 \times 2}$

$= \dfrac{618}{12.9} = 47.91[℃]$

정답 | ①

14 빈출도 ★

이상적인 교축과정(throttling process)을 해석하는 데 있어서 다음 설명 중 옳지 않은 것은?

① 엔트로피는 증가한다.
② 엔탈피의 변화가 없다고 본다.
③ 정압과정으로 간주한다.
④ 냉동기의 팽창밸브의 이론적인 해석에 적용될 수 있다.

해설

이상적인 교축과정은 냉동기의 팽창밸브의 이론적인 해석에 적용될 수 있으며, 냉매가 팽창밸브를 통과하는 동안에는 열출입이 없고 퍼텐셜 에너지 변화가 미미하므로 엔탈피 변화가 없다.
교축과정은 비가역 과정이므로 유체가 팽창함에 따라 무질서도가 증가하여 엔트로피가 증가한다.

정답 | ③

15 빈출도 ★★

이상기체로 작동하는 어떤 기관의 압축비가 17이다. 압축 전의 압력 및 온도는 112[kPa], 25[℃]이고 압축 후의 압력은 4,350[kPa]이었다. 압축 후의 온도는 약 몇 [℃]인가?

① 53.7
② 180.2
③ 236.4
④ 407.8

해설

$\dfrac{P_1 V_1}{T_1} = \dfrac{P_2 V_2}{T_2}$ 에서 $\dfrac{V_1}{V_2} = \left(\dfrac{P_2}{P_1}\right)\left(\dfrac{T_1}{T_2}\right)$ 이므로

$17 = \dfrac{4,350}{112} \times \dfrac{273+25}{T_2}$

따라서 $T_2 = 680.8[K] = 407.8[℃]$

※ 압축비 $\dfrac{V_1}{V_2} = 17$

정답 | ④

16 빈출도 ★

다음은 오토(Otto) 사이클의 온도-엔트로피(T-S) 선도이다. 이 사이클의 열효율을 온도를 이용하여 나타낼 때 옳은 것은? (단, 공기의 비열은 일정한 것으로 본다.)

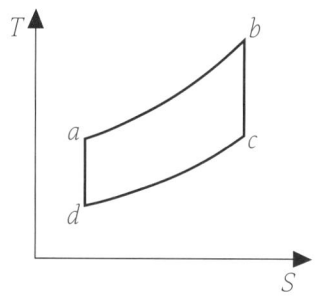

① $1 - \dfrac{T_c - T_d}{T_b - T_a}$
② $1 - \dfrac{T_b - T_a}{T_c - T_d}$
③ $1 - \dfrac{T_a - T_d}{T_b - T_c}$
④ $1 - \dfrac{T_b - T_c}{T_a - T_d}$

해설

오토 사이클의 효율 $\eta = \dfrac{W_{net}}{Q_{in}} = 1 - \dfrac{Q_{out}}{Q_{in}}$

$a \rightarrow b$ 구간에서 열을 받아 온도가 증가하고
$c \rightarrow d$ 구간에서 열을 방출하여 온도가 감소하므로

$\eta = 1 - \dfrac{h_c - h_d}{h_b - h_a} = 1 - \dfrac{mC_v(T_c - T_d)}{mC_v(T_b - T_a)} = 1 - \dfrac{T_c - T_d}{T_b - T_a}$

정답 | ①

17 빈출도 ★★

클라우지우스(Clausius)의 부등식을 옳게 나타낸 것은? (단, T는 절대온도, Q는 시스템으로 공급된 전체 열량을 나타낸다.)

① $\oint T\delta Q \leq 0$
② $\oint T\delta Q \geq 0$
③ $\oint \dfrac{\delta Q}{T} \leq 0$
④ $\oint \dfrac{\delta Q}{T} \geq 0$

해설

"열은 저온체에서 고온체로 흐를 수 없다"라는 클라우지우스 서술을 부등식으로 표현하면 $\oint\left(\dfrac{\delta Q}{T}\right) \leq 0$이다.

개념설명 클라우지우스 부등식

- 가역과정 $\oint \dfrac{dQ}{T} = 0$
- 비가역과정 $\oint \dfrac{dQ}{T} < 0$

정답 | ③

18 빈출도 ★★★

다음 중 강도성 상태량(intensive property)이 아닌 것은?

① 온도
② 내부에너지
③ 밀도
④ 압력

해설

강도성 상태량(intensive property)이란 질량에 관계없이 결정되는 물리량을 말한다. 강도성 상태량의 예로는 온도, 압력, 밀도, 비체적, 농도, 끓는점, 전기저항 등이 있다.

정답 | ②

19 빈출도 ★★★

기체가 $0.3[\mathrm{MPa}]$로 일정한 압력 하에 $8[\mathrm{m}^3]$에서 $4[\mathrm{m}^3]$까지 마찰 없이 압축되면서 동시에 $500[\mathrm{kJ}]$의 열을 외부로 방출하였다면, 내부에너지의 변화는 약 몇 $[\mathrm{kJ}]$인가?

① 700
② 1,700
③ 1,200
④ 1,400

해설

열역학 제1법칙 $Q = P\varDelta V + \varDelta U$에서
$\varDelta U = Q - P\varDelta V$
$= -500[\mathrm{kJ}] - 0.3[\mathrm{MPa}] \times (4-8)[\mathrm{m}^3]$
$= -500[\mathrm{kJ}] - 0.3 \times 10^3[\mathrm{kPa}] \times (-4[\mathrm{m}^3]) = 700[\mathrm{kJ}]$

정답 | ①

20 빈출도 ★★

카르노사이클로 작동하는 열기관이 $1,000[℃]$의 열원과 $300[\mathrm{K}]$의 대기 사이에서 작동한다. 이 열기관이 사이클 당 $100[\mathrm{kJ}]$의 일을 할 경우 사이클 당 $1,000[℃]$의 열원으로부터 받은 열량은 약 몇 $[\mathrm{kJ}]$인가?

① 70.0
② 76.4
③ 130.8
④ 142.9

해설

카르노 사이클의 효율
$\eta = \dfrac{T_H - T_C}{T_H} = \dfrac{1,273 - 300}{1,273} = \dfrac{973}{1,273}$

열기관의 효율 $\dfrac{W_{cycle}}{Q_H}$에서

$\eta = \dfrac{973}{1,273} = \dfrac{100[\mathrm{kJ}]}{Q_H}$이므로

$Q_H = 100[\mathrm{kJ}] \times \dfrac{1,273}{973} = 130.83[\mathrm{kJ}]$

정답 | ③

냉동공학

21 빈출도 ★

냉동능력이 15RT인 냉동장치가 있다. 흡입증기 포화온도가 −10[℃]이며, 건조포화증기 흡입압축으로 운전된다. 이 때 응축온도가 45[℃]이라면 이 냉동장치의 응축부하[kW]는 얼마인가? (단, 1RT는 3.8[kW]이다.)

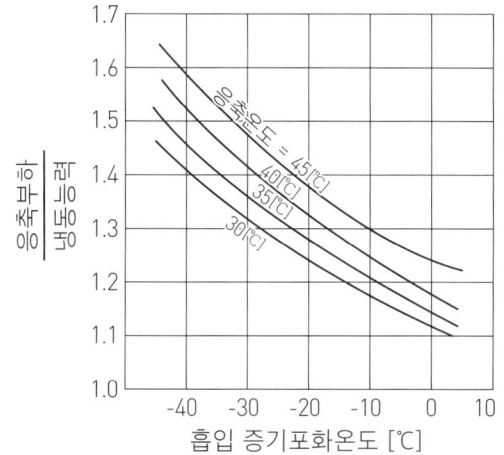

① 74.1 ② 58.7
③ 49.8 ④ 36.2

해설

포화온도 −10[℃] 직선과 응축온도 45[℃] 곡선이 만나는 교점의 세로좌표는 $\dfrac{응축부하}{냉동능력}=1.30$이다.

따라서 응축부하 = 1.3×냉동능력 = 1.3×15×3.8[kW]
= 74.1[kW]

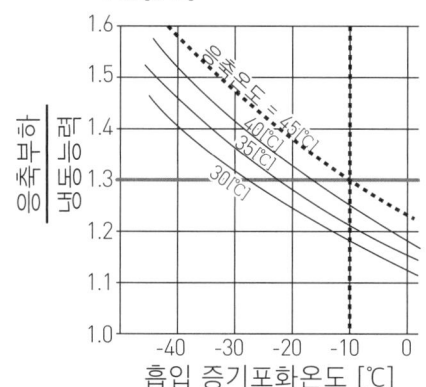

정답 | ①

22 빈출도 ★★

다음 중 터보압축기의 용량(능력)제어 방법이 아닌 것은?

① 회전속도에 의한 제어
② 흡입 댐퍼에 의한 제어
③ 부스터에 의한 제어
④ 흡입 가이드 베인에 의한 제어

해설

흡입가스의 용량은 임펠러 회전속도, 흡입 댐퍼, 흡입 가이드 베인에 의해 제어한다. 부스터는 2차 압축기를 말하며 용량제어 방법이 아니다.

정답 | ③

23 빈출도 ★★★

냉매의 구비조건으로 옳은 것은?

① 표면장력이 작을 것 ② 임계온도가 낮을 것
③ 증발잠열이 작을 것 ④ 비체적이 클 것

해설

냉매는 배관과의 마찰이 적어야 하므로 냉매의 점도와 표면장력이 낮아야 좋다.

개념설명 냉동기 냉매의 구비조건

- 임계온도가 상온보다 높을 것
- 응고 온도가 낮을 것
- 증발 잠열이 클 것
- 증기의 비체적이 작을 것
- 열전도율이 클 것
- 표면장력 및 점성계수가 작을 것
- 부식성이 없고, 안정성이 있을 것

정답 | ①

24 빈출도 ★★

증기 압축식 열펌프에 관한 설명으로 틀린 것은?

① 하나의 장치로 난방 및 냉방으로 사용할 수 있다.
② 일반적으로 성적계수가 1보다 작다.
③ 난방을 위한 별도의 보일러 설치가 필요없어 대기 오염이 적다.
④ 증발온도가 높고 응축온도가 낮을수록 성적계수가 커진다.

해설

열펌프의 성적계수는 $\dfrac{\text{응축기 방열량}}{\text{압축일량}} = \dfrac{Q_H}{Q_H - Q_C}$ 이므로 1보다 작을 수 없다.

정답 | ②

25 빈출도 ★

프레온 냉동장치의 배관공사 중에 수분이 장치내에 잔류했을 경우 이 수분에 의한 장치에 나타나는 현상으로 틀린 것은?

① 프레온 냉매는 수분의 용해도가 적으므로 냉동장치 내의 온도가 0[℃] 이하이면 수분은 빙결한다.
② 수분은 냉동장치 내에서 철재 재료 등을 부식시킨다.
③ 증발기의 전열기능을 저하시키고, 흡입관 내 냉매 흐름을 방해한다.
④ 프레온 냉매와 수분이 서로 화합반응하여 알칼리를 생성시킨다.

해설

프레온 냉매와 수분이 서로 화합반응하면 염화수소(HCl) 등의 산성 화합물을 생성하여 금속 배관 등을 부식시킨다.

정답 | ④

26 빈출도 ★★

0[℃]와 100[℃] 사이에서 작용하는 카르노 사이클 기관(㉮)과 400[℃]와 500[℃]사이에서 작용하는 카르노 사이클 기관(㉯)이 있다. ㉮기관 열효율은 ㉯기관 열효율의 약 몇 배가 되는가?

① 1.2배
② 2배
③ 2.5배
④ 4배

해설

카르노 사이클의 효율 $\eta = \dfrac{T_H - T_C}{T_H}$

㉮의 효율 $= \dfrac{100 - 0}{273 + 100} = \dfrac{100}{373}$

㉯의 효율 $= \dfrac{500 - 400}{273 + 500} = \dfrac{100}{773}$

따라서 $\dfrac{㉮의 효율}{㉯의 효율} = \dfrac{100/373}{100/773} = \dfrac{773}{373} = 2.07$

정답 | ②

27 빈출도 ★

팽창밸브 중 과열도를 검출하여 냉매유량을 제어하는 것은?

① 정압식 자동팽창밸브
② 수동팽창밸브
③ 온도식 자동팽창밸브
④ 모세관

해설

온도식 자동팽창밸브는 팽창밸브 입구측 흡입가스의 과열도가 일정하게 유지되도록 냉매 유량을 조절한다.

선지분석

① 정압식 자동팽창밸브: 압력 차를 이용하여 밸브 개폐를 자동 조절한다.
② 수동팽창밸브: 밸브 핸들을 직접 돌려 조절하는 방식으로 자동 제어 기능이 없다.
④ 모세관: 관 지름과 길이가 고정된 것으로 과열도 제어 기능이 없다.

정답 | ③

28 빈출도 ★

다음 중 가연성이 있어 조건이 나쁘면 인화, 폭발위험이 가장 큰 냉매는?

① $R-717$ ② $R-744$
③ $R-718$ ④ $R-502$

해설

$R-717$은 암모니아 냉매이며 독성, 가연성, 폭발성이 있으며 윤활유에 잘 용해되지 않는다.

선지분석

② $R-744$: 이산화탄소로 친환경 냉매이다.
③ $R-718$: 물로 친환경·무독성 냉매이다.
④ $R-502$: 공비혼합 프레온 냉매로 저온에서 높은 냉동능력이 있다.

정답 | ①

29 빈출도 ★★

흡수식 냉동사이클 선도에 대한 설명으로 틀린 것은?

① 듀링선도는 수용액의 농도, 온도, 압력 관계를 나타낸다.
② 증발잠열 등 흡수식냉동기 설계상 필요한 열량은 엔탈피-농도 선도를 통해 구할 수 있다.
③ 듀링선도에서는 각 열교환기내의 열교환량을 표현할 수 없다.
④ 엔탈피-농도 선도는 수평축에 비엔탈피, 수직축에 농도를 잡고 포화용액의 등온, 등압선과 발생증기의 등압선을 그은 것이다.

해설

엔탈피-농도 선도는 수평축에 용액 농도, 수직축에 비엔탈피를 잡는다.

정답 | ④

30 빈출도 ★★★

저온용 단열재의 조건으로 틀린 것은?

① 내구성이 있을 것
② 흡습성이 클 것
③ 팽창계수가 작을 것
④ 열전도율이 작을 것

해설

단열재는 냉매의 온도 변화를 최소화해야 하므로 열전도율이 작아야 하며, 수분이 혼입되면 단열성능이 낮아지므로 흡수성이 작아야 한다.

정답 | ②

31 빈출도 ★★

다음 안전장치에 대한 설명으로 틀린 것은?

① 가용전은 응축기, 수액기 등의 압력용기에 안전장치로 설치된다.
② 파열판은 얇은 금속판으로 용기의 구멍을 막고 있는 구조이며 안전밸브로 사용된다.
③ 안전밸브는 고압측의 각 부분에 설치하여 일정 이상 고압이 되면 밸브가 열려 저압부로 보내거나 외부로 방출하도록 한다.
④ 고압차단스위치는 조정설정압력보다 벨로즈에 가해진 압력이 낮아졌을 때 압축기를 정지시키는 안전장치이다.

해설

고압차단스위치는 조정설정압력보다 벨로즈에 가해진 압력이 높아졌을 때 압축기를 정지시킨다. 유압보호스위치는 윤활유 압력이 일정 수준 이하가 되면 압축기를 정지시킨다.

정답 | ④

32 빈출도 ★★

흡수식 냉동기의 특징에 대한 설명으로 틀린 것은?

① 부분 부하에 대한 대응성이 좋다.
② 압축식, 터보식 냉동기에 비해 소음과 진동이 적다.
③ 초기 운전시 정격 성능을 발휘할 때까지의 도달 속도가 느리다.
④ 용량 제어 범위가 비교적 작아 큰 용량 장치가 요구되는 장소에 설치 시 보조 기기 설비가 요구된다.

해설

흡수식 냉동기는 압축기가 없어서 소음진동이 적으며, 부분 부하에 대한 대응성이 좋고 용량 제어 범위가 넓다. 흡수식 냉동기의 단점은 예열시간이 길고 정격 도달속도가 느리다는 것이다.

정답 | ④

33 빈출도 ★★★

다음의 $P-h$ 선도상에서 냉동능력이 1냉동톤인 소형 냉장고의 실제 소요동력[kW]은? (단, 1냉동톤은 3.8[kW]이며, 압축효율은 0.75, 기계효율은 0.9이다.)

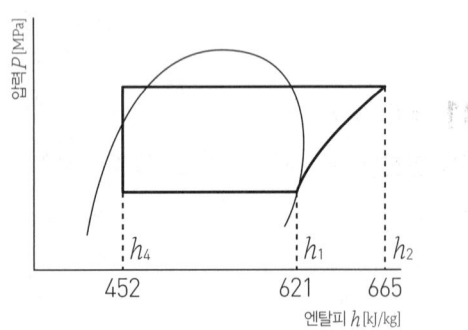

① 1.47
② 1.81
③ 2.73
④ 3.27

해설

- 성적계수 $COP = \dfrac{h_1 - h_4}{h_2 - h_1}$ 이므로

  $COP = \dfrac{621 - 452}{665 - 621} = \dfrac{169}{44} = 3.84$

- $COP = \dfrac{Q_{in}}{W_c} = \dfrac{3.8[kW]}{W_c}$ 이므로

  이론 소요동력 $W_c = 0.99[kW]$

- 실제 소요동력 $= \dfrac{\text{이론 소요동력}}{(\text{압축효율}) \times (\text{기계효율})} = \dfrac{0.99[kW]}{0.75 \times 0.9}$
  $= 1.467[kW]$

정답 | ①

34 빈출도 ★★★

냉동장치의 윤활 목적으로 틀린 것은?

① 마모방지
② 부식방지
③ 냉매 누설방지
④ 동력손실 증대

해설

냉동장치의 윤활 목적은 압축기 내 베어링 윤활 작용, 마찰열 흡수에 의한 냉각 작용, 밀봉과 방식 작용 등이 있다.

정답 | ④

35 빈출도 ★★★

2단압축 1단팽창 냉동장치에서 고단 압축기의 냉매 순환량을 G_2, 저단 압축기의 냉매 순환량을 G_1이라고 할 때 G_2/G_1은 얼마인가?

저단 압축기 흡입증기 엔탈피(h_1)	610.4[kJ/kg]
저단 압축기 토출증기 엔탈피(h_2)	652.3[kJ/kg]
고단 압축기 흡입증기 엔탈피(h_3)	622.2[kJ/kg]
중간 냉각기용 팽창밸브 직전 냉매 엔탈피(h_4)	462.6[kJ/kg]
증발기용 팽창밸브 직전 냉매 엔탈피(h_5)	427.1[kJ/kg]

① 0.8
② 1.4
③ 2.5
④ 3.1

해설

표에 제시된 엔탈피값을 $P-h$ 선도에 표시해 보면 아래 그림과 같다.

$G_2 = G_1 \dfrac{h_2 - h_5}{h_3 - h_4} = G_1 \dfrac{652.3 - 427.1}{622.2 - 462.6} = 1.41 G_1$ 이므로

$\dfrac{G_2}{G_1} = 1.41$

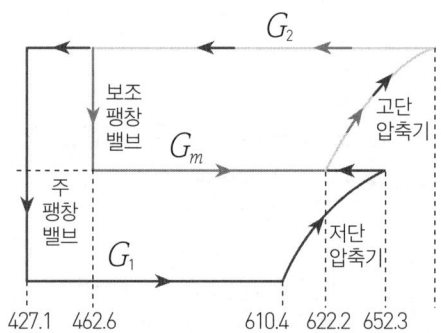

정답 | ②

36 빈출도 ★

공기열원 수가열 열펌프 장치를 가열운전(시운전)할 때 압축기 토출밸브 부근에서 토출가스 온도를 측정하였더니 일반적인 온도보다 지나치게 높게 나타났다. 이러한 현상의 원인으로 가장 거리가 먼 것은?

① 냉매 분해가 일어났다.
② 팽창밸브가 지나치게 교축 되었다.
③ 공기측 열교환기(증발기)에서 눈에 띄게 착상이 일어났다.
④ 가열측 순환 온수의 유량이 설계 값보다 많다.

해설

온수 유량이 증가하면 토출 가스의 온도는 일반적인 경우보다 낮아져야 한다.

선지분석

① 냉매 분해가 일어날 경우 열역학 특성이 나빠져 토출가스 온도가 상승한다.
② 팽창밸브가 과교축될 경우 과열이 발생하여 흡입가스 온도가 오르고 토출가스 온도도 상승한다.
③ 착상으로 증발기 흡열이 줄어들어 압축기 부담이 커지고 토출가스 온도가 상승한다.

정답 | ④

37 빈출도 ★★★

두께 30[cm]의 벽돌로 된 벽이 있다. 내면온도 21[℃], 외면온도가 35[℃]일 때 이 벽을 통해 흐르는 열량 [W/m²]은? (단, 벽돌의 열전도율은 0.793[W/m·K]이다.)

① 32
② 37
③ 40
④ 43

해설

전도열량 $Q_{전도}[W] = \frac{\lambda}{l} A(T_{out} - T_{in})$

문제에 제시된 열량 단위가 [W/m²]이므로

$\frac{Q}{A}[W/m^2] = \frac{\lambda}{l}(T_{out} - T_{in})$

$= \frac{0.793[W/m \cdot K] \times (35-21)[K]}{0.3[m]} = 37[W/m^2]$

정답 | ②

38 빈출도 ★★

온도식 팽창밸브는 어떤 요인에 의해 작동되는가?

① 증발온도
② 과냉각도
③ 과열도
④ 액화온도

해설

온도식 자동 팽창밸브는 과열도에 의해 작동하며, 팽창밸브 입구측 흡입가스의 과열도가 일정하게 유지되도록 냉매 유량을 조절한다.

정답 | ③

39 빈출도 ★★

프레온 냉매를 사용하는 냉동장치에 공기가 침입하면 어떤 현상이 일어나는가?

① 고압 압력이 높아지므로 냉매 순환량이 많아지고 냉동능력도 증가한다.
② 냉동톤당 소요동력이 증가한다.
③ 고압 압력은 공기의 분압만큼 낮아진다.
④ 배출가스의 온도가 상승하므로 응축기의 열통과율이 높아지고 냉동능력도 증가한다.

해설

공기 침입으로 응축압력이 상승하면 응축온도가 상승하고 응축온도가 상승하면 압축비가 높아져 압축기 소요동력이 증대한다.

정답 | ②

40 빈출도 ★★★

냉동부하가 25[RT]인 브라인 쿨러가 있다. 열전달계수가 1.53[kW/m²·K]이고, 브라인 입구온도가 −5[℃], 출구온도가 −10[℃], 냉매의 증발온도가 −15[℃]일 때 전열면적[m²]은 얼마인가? (단, 1[RT]는 3.8[kW]이고, 산술평균 온도차를 이용한다.)

① 16.7 ② 12.1
③ 8.3   ④ 6.5

해설

냉동능력은 냉매의 대류에 의한 열전달량이므로 냉매와 브라인 사이의 온도차 ΔT가 주어지면 냉동부하 $Q = KA\Delta T$이다. 먼저

• 산술평균 온도차

$$\Delta T = \frac{(T_{in} - T_{eva}) + (T_{out} - T_{eva})}{2}$$

$$= \frac{(-10-(-15)) + (-5-(-15))}{2} = 7.5[℃]$$

• 냉동부하

$$Q = KA\Delta T$$
$$= 1.53[kW/m^2 \cdot K] \times A[m^2] \times 7.5[K]$$
$$= 25 \times 3.8[kW]$$

따라서 전열면적 $A = \dfrac{25 \times 3.8[kW]}{1.53[kW/m^2 \cdot K] \times 7.5[K]} = 8.28[m^2]$

정답 | ③

공기조화

41 빈출도 ★★★

인체의 발열에 관한 설명으로 틀린 것은?

① 증발: 인체 피부에서의 수분이 증발하여 그 증발열로 체내 열을 방출한다.
② 대류: 인체 표면과 주위 공기와의 사이에 열의 이동으로 인위적으로 조절이 가능하며 주위공기의 온도와 기류에 영향을 받는다.
③ 복사: 실내온도와 관계없이 유리창과 벽면등의 표면온도와 인체 표면과의 온도차에 따라 실제 느끼지 못하는 사이 방출되는 열이다.
④ 전도: 겨울철 유리창 근처에서 추위를 느끼는 것은 전도에 의한 열 방출이다.

해설

겨울철에 유리창이 벽보다 온도가 차가운 것은 유리의 열관류율이 크기 때문이다. 사람이 추위를 느끼게 되는 것은 피부가 복사열을 방출하기 때문이며 이때 방출 열량의 크기는 유리와 피부 사이의 온도차이에 비례한다.

정답 | ④

42 빈출도 ★★★

냉방 시 실내부하에 속하지 않는 것은?

① 외기의 도입으로 인한 취득열량
② 극간풍에 의한 취득열량
③ 벽체로부터의 취득열량
④ 유리로부터의 취득열량

해설

외기 도입에 의한 취득열량은 장치부하에 속한다.

선지분석

② 실내 공간 간의 공기 흐름으로 생기는 열로 실내부하에 속한다.
③ 벽을 통해 외부 열이 전도되어 들어와 실내에서 흡수되는 열로 실내부하에 속한다.
④ 일사 또는 열전달에 의해 유리를 통해 유입되는 열로 실내부하에 속한다.

개념설명 냉방부하의 종류

종류		내용
실내부하	외피부하	• 외피 전열 부하 • 일사 부하 • 침기 부하
	내부부하	• 조명 발열 • 인체 발열 • 기기 발열
장치부하		• 외기 부하 • 송풍기 부하 • 덕트에서의 전열 부하 • 재열 부하

정답 | ①

43 빈출도 ★

송풍기의 크기는 송풍기의 번호(No,#)로 나타내는데, 원심송풍기의 송풍기 번호를 구하는 식으로 옳은 것은?

① $No(\#) = \dfrac{회전날개의\ 지름[mm]}{100[mm]}$

② $No(\#) = \dfrac{회전날개의\ 지름[mm]}{150[mm]}$

③ $No(\#) = \dfrac{회전날개의\ 지름[mm]}{200[mm]}$

④ $No(\#) = \dfrac{회전날개의\ 지름[mm]}{250[mm]}$

해설

축류형의 송풍기 번호(#) = $\dfrac{회전날개의\ 지름[mm]}{100[mm]}$

원심형의 송풍기 번호(#) = $\dfrac{회전날개의\ 지름[mm]}{150[mm]}$

정답 | ②

44 빈출도 ★

아래 습공기 선도에 나타낸 과정과 일치하는 장치도는?

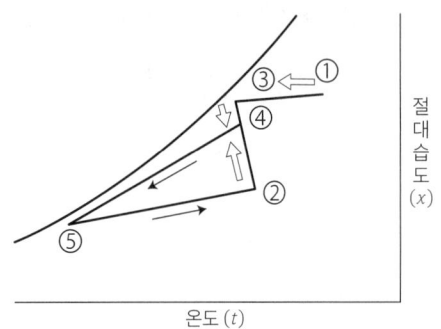

①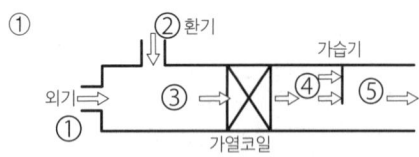

②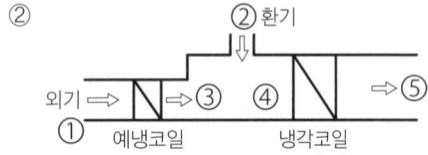

③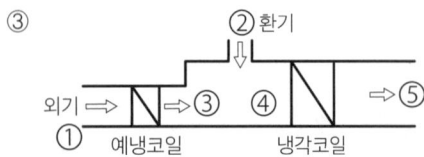

④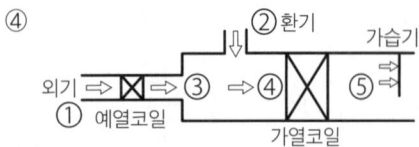

해설

번호	의미
① → ③	찬 외기가 예냉되는 과정
④ = ③ + ②	예냉된 외기와 환기의 혼합공기
④ → ⑤	감습 냉각과정
⑤ → ②	취출구 공기가 실내취득열에 의해 고온다습한 환기로 변하는 과정

위의 과정과 일치하는 것은 보기 ②이다.

정답 | ②

45 빈출도 ★

인위적으로 실내 또는 일정한 공간의 공기를 사용 목적에 적합하도록 공기조화 하는 데 있어서 고려하지 않아도 되는 것은?

① 온도
② 습도
③ 색도
④ 기류

해설

색도는 공기조화의 주요 고려 요소가 아니다.

정답 | ③

46 빈출도 ★★★

크기 $1,000 \times 500[mm]$의 직관 덕트에 $35[℃]$의 온풍 $18,000[m^3/h]$이 흐르고 있다. 이 덕트가 $-10[℃]$의 실외 부분을 지날 때 길이 $20[m]$당 덕트표면으로부터의 열손실$[kW]$은? (단, 덕트는 암면 $25[mm]$로 보온되어 있고, 이 때 $1,000[m]$당 온도 차 $1[℃]$에 대한 온도 강하는 $0.9[℃]$이다. 공기의 밀도는 $1.2[kg/m^3]$, 정압비열은 $1.01[kJ/kg·K]$이다.)

① 3.0
② 3.8
③ 4.9
④ 6.0

해설

- 질량유량

$$\dot{m} = \rho \dot{V} = 1.2[kg/m^3] \times \frac{18,000}{3,600}[m^3/s] = 6[kg/s]$$

- 온도강하

$$\Delta T = \frac{0.9[℃]}{1,000[m·℃]} \times 20[m] \times (35-(-10))[℃] = 0.81[℃]$$

정압비열의 단위가 $[kJ/kg·K]$이므로 온도강하의 단위도 $0.81[K]$을 적용한다.

- 공기가 잃은 열량

$$\dot{Q} = C_A \dot{m} \Delta T = 1.01[kJ/kg·K] \times 6[kg/s] \times 0.81[K] = 4.91[kW]$$

정답 | ③

47 빈출도 ★★★

동일한 덕트 장치에서 송풍기의 날개의 직경이 d_1, 전동기 동력이 L_1인 송풍기를 직경 d_2로 교환했을 때 동력의 변화로 옳은 것은? (단, 회전수는 일정하다.)

① $L_2 = \left(\dfrac{d_2}{d_1}\right)^2 L_1$
② $L_2 = \left(\dfrac{d_2}{d_1}\right)^3 L_1$
③ $L_2 = \left(\dfrac{d_2}{d_1}\right)^4 L_1$
④ $L_2 = \left(\dfrac{d_2}{d_1}\right)^5 L_1$

해설

상사법칙에 의해 날개 직경이 n배로 커지면 풍량은 n^3배, 풍압은 n^2배, 동력은 n^5배가 된다. 즉, 동력(풍력)은 날개 직경의 5제곱에 비례하므로

$$\dfrac{L_2}{L_1} = \left(\dfrac{d_2}{d_1}\right)^5 \rightarrow L_2 = L_1 \left(\dfrac{d_2}{d_1}\right)^5$$

정답 | ④

48 빈출도 ★★

다음의 취출과 관련한 용어 설명으로 틀린 것은?

① 그릴(grill)은 취출구의 전면에 설치하는 면격자이다.
② 아스펙트(aspect)비는 짧은 변을 긴 변으로 나눈 값이다.
③ 셔터(shutter)는 취출구의 후부에 설치하는 풍량 조절용 또는 개폐용의 기구이다.
④ 드래프트(draft)는 인체에 닿아 불쾌감을 주는 기류이다.

해설

종횡비(aspect ratio)는 각형 덕트의 긴 변을 짧은 변으로 나눈 값이다.

정답 | ②

49 빈출도 ★★

온수난방에 대한 설명으로 틀린 것은?

① 온수의 체적팽창을 고려하여 팽창탱크를 설치한다.
② 보일러가 정지하여도 실내온도의 급격한 강하가 적다.
③ 밀폐식일 경우 배관의 부식이 많아 수명이 짧다.
④ 방열기에 공급되는 온수 온도와 유량 조절이 용이하다.

해설

밀폐식 팽창탱크는 대기와의 노출이 없어서 배관 부식이 적고 수명이 길다.

정답 | ③

50 빈출도 ★★

증기 난방배관에서 증기트랩을 사용하는 이유로 옳은 것은?

① 관내의 공기를 배출하기 위하여
② 배관의 신축을 흡수하기 위하여
③ 관내의 압력을 조절하기 위하여
④ 증기관에 발생된 응축수를 제거하기 위하여

해설

증기와 응축수를 구분하여 응축수만 자동 배출시키는 자동조절밸브를 증기트랩이라고 한다. 즉, 증기관에 발생된 응축수를 제거하기 위하여 증기트랩을 사용한다.

정답 | ④

51 빈출도 ★

보일러에서 화염이 없어지면 화염검출기가 이를 감지하여 연료공급을 즉시 정시시키는 형태의 제어는?

① 시퀀스 제어 ② 피드백 제어
③ 인터록 제어 ④ 수면 제어

해설

화염 소멸이 감지될 경우 즉시 연료 밸브를 닫아 연료공급을 중단한다. 이와 같이 특정 장치가 동작 중일 때 다른 장치가 동작하지 못하도록 하는 제어를 인터록 제어라고 한다.

※ 보일러의 버너불이 연소 도중에 꺼지면 연료공급이 바로 중단되며, 버너가 다시 착화할 때까지는 공급 중단 상태가 유지된다. 즉, 버너의 불착화와 연료공급은 인터록 관계라서 동시에 일어날 수 없다.

정답 | ③

52 빈출도 ★★

중앙식 난방법의 하나로서 각 건물마다 보일러 시설 없이 일정 장소에서 여러 건물에 증기 또는 고온수 등을 보내서 난방하는 방식은?

① 복사난방 ② 지역난방
③ 개별난방 ④ 온풍난방

해설

대규모 플랜트와 같은 열원기기를 특정한 장소에 설치해 두고 장거리 매립 배관을 통해 열매를 각 단지로 공급하면 지역 난방이라고 부른다.

※ 지역 난방을 중앙 난방의 범주에 포함시키는 경우도 많다.

정답 | ②

53 빈출도 ★★

보일러의 출력에는 상용출력과 정격출력이 있다. 다음 중 이들의 관계가 적당한 것은?

① 상용출력＝난방부하＋급탕부하＋배관부하
② 정격출력＝난방부하＋배관 열손실부하
③ 상용출력＝배관 열손실부하＋보일러 예열부하
④ 정격출력＝난방부하＋급탕부하＋배관부하＋예열부하＋온수부하

해설

- 상용출력＝난방부하＋급탕부하＋배관부하
- 정격출력＝상용출력＋예열부하
  ＝(난방부하＋급탕부하＋배관부하)＋예열부하

정답 | ①

54 빈출도 ★★

수관식 보일러의 특징에 관한 설명으로 틀린 것은?

① 관(드럼)의 직경이 적어서 고온·고압용에 적당하다.
② 전열면적이 커서 증기발생시간이 빠르다.
③ 구조가 단순하여 청소나 검사 수리가 용이하다.
④ 보유수량이 적어 부하 변동시 압력변화가 크다.

해설

수관식 보일러는 많은 수의 작은 튜브와 복잡한 배관을 가지므로 청소나 검사 수리가 용이하지 않다. 구조가 단순하여 청소나 검사 수리가 용이함은 원통형 보일러의 특징이다.

정답 | ③

55 빈출도 ★

6인용 입원실이 100실인 병원의 입원실 전체 환기를 위한 최소 신선 공기량[m³/h]은? (단, 외기 중 CO_2함유량은 $0.0003[m^3/m^3]$이고 실내 CO_2의 허용농도는 $0.1[\%]$, 재실자의 CO_2발생량은 개인당 $0.015[m^3/h]$이다.)

① 6,857
② 8,857
③ 10,857
④ 12,857

해설

- 재실 인원수 $N = 6 \times 100 = 600$인
- 이산화탄소 농도 $0.1[\%]$는 $1,000[mL/m^3]$이고 $1,000[L]=1[m^3]$이므로
  $C_{in} = 10^{-3}[m^3/m^3]$
  따라서 이산화탄소 농도 차이는
  $\Delta C = C_{in} - C_{out} = 0.0010 - 0.0003 = 0.0007[m^3/m^3]$
- 1인당 환기량
  $q = \dfrac{G}{\Delta C} = \dfrac{1인당\ CO_2\ 발생량}{실내와\ 외기의\ CO_2\ 농도\ 차이}$
  $= \dfrac{0.015[m^3/h]}{0.0007[m^3/m^3]} = 21.43[m^3/h]$
- 총 환기량
  $Q = N \times q = 600 \times 21.43[m^3/h] = 12,858[m^3/h]$

정답 | ④

56 빈출도 ★★

다음 공기조화 방식 중 냉매방식인 것은?

① 유인유닛 방식
② 멀티 존 방식
③ 팬코일 유닛 방식
④ 패키지 유닛 방식

해설

공기조화 방식 중 냉매방식에 해당하는 것은 패키지 유닛 방식이다.

개념설명 공기조화방식

공조방식	냉·열원의 종류	방식	
중앙식	전공기 방식	단일덕트	• 정풍량 방식 • 변풍량 방식
		이중덕트	• 정풍량 방식 • 변풍량 방식 • 멀티존 유닛 방식
	수공기 방식		• 덕트병용 팬코일 유닛 방식 • 유인유닛 방식 • 각층유닛 방식
	전수 방식		• 팬코일 유닛 방식 • 복사 냉난방 방식
개별식	냉매방식		패키지 유닛 방식
		룸쿨러 방식	• 창문설치형 • 분리형(스플릿) • 멀티유닛형

정답 | ④

57 빈출도 ★★

전열교환기에 관한 설명으로 틀린 것은?

① 공기조화기기의 용량설계에 영향을 주지 않음
② 열교환기 설치로 설비비와 요구 공간 증가
③ 회전식과 고정식이 있음
④ 배기와 환기의 열교환으로 현열과 잠열을 교환

해설

전열교환기를 설치하면 공조기는 물론 보일러나 냉동기의 용량을 줄일 수 있다.

정답 | ①

58 빈출도 ★★
복사 난방방식의 특징에 대한 설명으로 틀린 것은?

① 외기 온도의 갑작스러운 변화에 대응이 용이함
② 실내 상하 온도분포가 균일하여 난방효과가 이상적임
③ 실내 공기온도가 낮아도 되므로 열손실이 적음
④ 바닥에 난방기기가 필요 없어 바닥면의 이용도가 높음

해설
복사 난방방식은 냉방 부하 변동에 따른 방열량 조절이 어렵기 때문에 외기 온도의 갑작스런 변화에 신속한 대응이 어렵다.

정답 | ①

59 빈출도 ★
송풍기의 풍량조절법이 아닌 것은?

① 토출댐퍼에 의한 제어
② 흡입댐퍼에 의한 제어
③ 토출베인에 의한 제어
④ 흡입베인에 의한 제어

해설
송풍기 풍량 제어 방법으로 흡입구 댐퍼 제어, 토출구 댐퍼 제어, 흡입구 베인 제어, 가변 피치 제어, 회전수 제어가 있다. 송풍기 토출 측에는 베인이 없고 임펠러가 부착되어 회전한다.

정답 | ③

60 빈출도 ★★
유효 온도차(상당 외기온도차)에 대한 설명으로 틀린 것은?

① 태양 일사량을 고려한 온도차이다.
② 계절, 시각 및 방위에 따라 변화한다.
③ 실내온도와는 무관하다.
④ 냉방부하 시에 적용된다.

해설
태양 일사량과 유리의 투과율을 고려한 온도가 상당외기 온도이고, 상당외기 온도와 실내온도의 차이가 유효 온도차(상당외기 온도차)이다.

정답 | ③

전기제어공학

61 빈출도 ★★
그림과 같은 회로에서 전달함수 $G(s) = \dfrac{I(s)}{V(s)}$를 구하면?

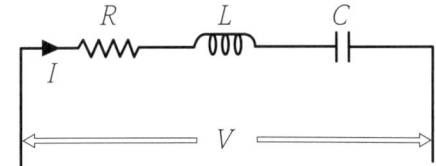

① $R + L_S + C_S$
② $\dfrac{1}{R + L_S + C_S}$
③ $R + L_S + \dfrac{1}{C_S}$
④ $\dfrac{1}{R + Ls + 1/C_S}$

해설
- RLC 직렬회로의 전체 임피던스 $Z(s)$는
$$Z(s) = R + Ls + \dfrac{1}{Cs}$$
- 전달함수 $G(s) = \dfrac{I(s)}{V(s)} = \dfrac{1}{Z(s)} = \dfrac{1}{R + Ls + \dfrac{1}{Cs}}$

정답 | ④

62 빈출도 ★★★
논리식 $A + BC$와 등가인 논리식은?

① $AB + AC$
② $(A+B)(A+C)$
③ $(A+B)C$
④ $(A+C)B$

해설
① $AB + AC = A(B+C)$
② $(A+B)(A+C) = AA + AC + BA + BC$
  $= A + AC + AB + BC$
  $= A(1+B+C) + BC$
  $= A + BC$
③ $(A+B)C = AC + BC$
④ $(A+C)B = AB + BC$
즉 보기 ②가 $A + BC$와 등가인 논리식이다.

정답 | ②

63 빈출도 ★★★

입력 A, B, C에 따라 Y를 출력하는 다음의 회로는 무접점 논리회로 중 어떤 회로인가?

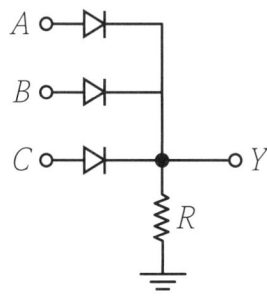

① OR 회로
② NOR 회로
③ AND 회로
④ NAND 회로

해설

입력 A, B, C 중 어느 하나라도 전압이 인가된 경우 출력 Y에서 전압이 나타나는 회로로 OR 회로에 해당한다.

정답 | ①

64 빈출도 ★★

승강기나 에스컬레이터 등의 옥내 전선의 절연저항을 측정하는 데 가장 적당한 측정기기는?

① 메거
② 휘트스톤 브리지
③ 켈빈 더블 브리지
④ 코올라우시 브리지

해설

메거는 절연 저항을 측정하는 데 가장 적당한 측정기로 절연저항계의 한 종류이다.

선지분석

② 휘트스톤 브리지: 수천 옴의 가는 전선의 저항을 측정할 때 사용하는 방법이다.
③ 켈빈 더블 브리지: 굵은 전선의 저항을 측정할 때 사용하는 방법이다.
④ 코올라우시 브리지: 전해액의 저항을 측정할 때 사용하는 방법이다.

정답 | ①

65 빈출도 ★★

$e(t)=200\sin\omega t$[V], $i(t)=4\sin(\omega t-\frac{\pi}{3})$[A]일 때 유효전력[W]은?

① 100
② 200
③ 300
④ 400

해설

- 전압의 실효값 $V=\frac{200}{\sqrt{2}}$[V]
- 전류의 실효값 $I=\frac{4}{\sqrt{2}}$[A]
- 전압과 전류의 위상차는 $\frac{\pi}{3}$

유효전력 $P=VI\cos\theta=\frac{200}{\sqrt{2}}\times\frac{4}{\sqrt{2}}\times\cos\frac{\pi}{3}=200$[W]

정답 | ②

66 빈출도 ★★★

전력[W]에 관한 설명으로 틀린 것은?

① 단위는 [J/s]이다.
② 열량을 적분하면 전력이다.
③ 단위 시간에 대한 전기 에너지이다.
④ 공률(일률)과 같은 단위를 갖는다.

해설

전력은 시간당 에너지 전달량이므로 전력을 시간에 대해 적분하면 열량이 된다.

선지분석

① 전력의 단위는 [W]이고, 1[W]=1[J/s]로 단위 변환이 가능하다.
③ 1[W]=1[J/s]이므로 전력은 단위 시간에 대한 전기 에너지량을 의미한다.
④ 전력과 일률은 동일한 개념으로 [W] 단위를 사용한다.

정답 | ②

67 빈출도 ★

환상 솔레노이드 철심에 200회의 코일을 감고 2[A]의 전류를 흘릴 때 발생하는 기자력은 몇 [AT]인가?

① 50
② 100
③ 200
④ 400

해설

환상 솔레노이드에 의한 기자력
$F_m = NI = 200[\text{turn}] \times 2[\text{A}] = 400[\text{AT}]$

정답 | ④

68 빈출도 ★★★

제어편차가 검출될 때 편차가 변화하는 속도에 비례하여 조작량을 가감하도록 하는 제어로써 오차가 커지는 것을 미연에 방지하는 제어동작은?

① ON/OFF 제어 동작
② 미분 제어 동작
③ 적분 제어 동작
④ 비례 제어 동작

해설

조작량이 편차에 비례하면 비례제어, 조작량이 편차의 적분값에 비례하면 적분제어, 조작량이 편차의 변화속도에 비례하면 미분제어이다.

정답 | ②

69 빈출도 ★★★

10[μF]의 콘덴서에 200[V]의 전압을 인가하였을 때 콘덴서에 축적되는 전하량은 몇 [C]인가?

① 2×10^{-3}
② 2×10^{-4}
③ 2×10^{-5}
④ 2×10^{-6}

해설

전하량 $Q = CV[\text{C}]$
$= 10 \times 10^{-6}[\text{F}] \times 200[\text{V}] = 2 \times 10^{-3}[\text{C}]$

정답 | ①

70 빈출도 ★

3상 유도전동기의 출력이 10[kW], 슬립이 4.8[%]일 때의 2차 동손은 약 몇 [kW]인가?

① 0.24
② 0.36
③ 0.5
④ 0.8

해설

P_{c2}(2차 동손) : P(2차 출력)$= s : 1-s$이므로
$P_{c2} = \dfrac{s}{1-s} \times P = \dfrac{0.048}{1-0.048} \times 10[\text{kW}] = 0.504[\text{kW}]$

정답 | ③

71 빈출도 ★

유도전동기에 인가되는 전압과 주파수의 비를 일정하게 제어하여 유도전동기의 속도를 정격속도 이하로 제어하는 방식은?

① CVCF 제어방식
② VVVF 제어방식
③ 교류 궤환 제어방식
④ 교류 2단 속도 제어방식

해설

VVVF(Variable Voltage Variable Frequency) 방식은 가변전압 가변주파수 제어방식이라고도 하며 전압과 주파수를 임의로 조정하여 전동기 속도를 제어하는 방식이다.

정답 | ②

72 빈출도 ★★

회전각을 전압으로 변환시키는 데 사용되는 위치 변환기는?

① 속도계
② 증폭기
③ 변조기
④ 전위차계

해설

전위차계는 회전각을 전압으로 변환시키며 서보 제어(추종 제어)의 제어량 검출에 쓰인다.

정답 | ④

73 빈출도 ★★★

그림의 신호흐름선도에서 전달함수 $\dfrac{C(s)}{R(s)}$ 는?

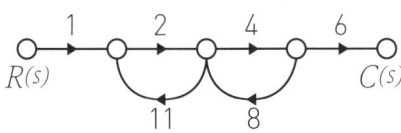

① $-\dfrac{8}{9}$
② $-\dfrac{13}{19}$
③ $-\dfrac{48}{53}$
④ $-\dfrac{105}{77}$

해설

- 진행경로의 이득: $1 \times 2 \times 4 \times 6 = 48$
- 루프의 이득: $2 \times 11 = 22$, $4 \times 8 = 32$
- 전달함수

$$\dfrac{C(s)}{R(s)} = \dfrac{\Sigma 진행경로의 이득}{1 - \Sigma 루프의 이득} = \dfrac{48}{1 - 22 - 32} = -\dfrac{48}{53}$$

정답 | ③

74 빈출도 ★★

폐루프 제어시스템의 구성에서 조절부와 조작부를 합쳐서 무엇이라고 하는가?

① 보상요소
② 제어요소
③ 기준입력요소
④ 귀환요소

해설

조절부와 조작부를 합쳐서 제어요소라고 하며 동작 신호를 조작량으로 변화시키는 역할을 한다.

정답 | ②

75 빈출도 ★★

그림과 같은 회로에 흐르는 전류 $I[\text{A}]$는?

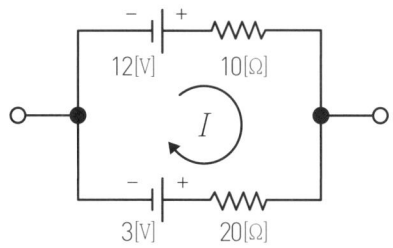

① 0.3
② 0.6
③ 0.9
④ 1.2

해설

- 회로 내 전지의 기전력의 합
  $V = 12[\text{V}] - 3[\text{V}] = 9[\text{V}]$
- 회로 내 저항의 합
  $R = 10[\Omega] + 20[\Omega] = 30[\Omega]$
- 회로에 흐르는 전류
  $I = \dfrac{V}{R} = \dfrac{9}{30} = 0.3[\text{A}]$

정답 | ①

76 빈출도 ★★★

그림과 같은 단위 피드백 제어시스템의 전달함수 $\dfrac{C(s)}{R(s)}$ 는?

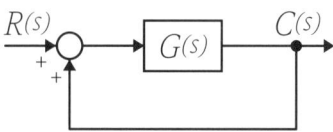

① $\dfrac{1}{1+G(s)}$
② $\dfrac{G(s)}{1+G(s)}$
③ $\dfrac{1}{1-G(s)}$
④ $\dfrac{G(s)}{1-G(s)}$

해설

- 진행경로의 이득: $G(s)$
- 루프의 이득: $G(s)$
- 전달함수

$$\dfrac{C(s)}{R(s)} = \dfrac{\Sigma 진행경로의 이득}{1 - \Sigma 루프의 이득} = \dfrac{G(s)}{1 - G(s)}$$

정답 | ④

77 빈출도 ★★

선간전압 200[V]의 3상 교류전원에 화물용 승강기를 접속하고 전력과 전류를 측정하였더니 2.77[kW], 10[A]이었다. 이 화물용 승강기 모터의 역률은 약 얼마인가?

① 0.6
② 0.7
③ 0.8
④ 0.9

해설

결선의 종류에 상관 없이 선간전압, 선전류, 역률이 주어지면 유효전력은 $P=\sqrt{3}V_lI_l\cos\theta$이다.

따라서 역률 $\cos\theta = \dfrac{P}{\sqrt{3}V_lI_l} = \dfrac{2.77\times10^3}{\sqrt{3}\times200\times10} = 0.799$

정답 | ③

78 빈출도 ★★★

그림의 논리회로에서 A, B, C, D를 입력, Y를 출력이라 할 때 출력 식은?

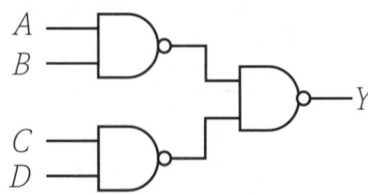

① A+B+C+D
② (A+B)(C+D)
③ AB+CD
④ ABCD

해설

그림의 회로를 논리식으로 나타내면 $Y=\overline{\overline{AB}\cdot\overline{CD}}$이다.

$Y=\overline{\overline{AB}\cdot\overline{CD}}$는 드 모르간의 정리를 이용하면

$Y=\overline{\overline{AB}\cdot\overline{CD}}=\overline{\overline{AB}}+\overline{\overline{CD}}=AB+CD$

정답 | ③

79 빈출도 ★★

그림과 같은 RL 직렬회로에서 공급전압의 크기가 10[V]일 때 $|V_R|=8$[V]이면 V_L의 크기는 몇 [V]인가?

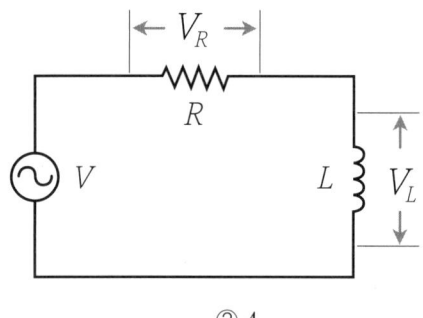

① 2
② 4
③ 6
④ 8

해설

- RL 직렬회로의 임피던스 $|Z|=\sqrt{R^2+X_L^2}$
- 회로에 흐르는 전류를 I[A]라고 하면
  공급전압 $V=IZ=I\sqrt{R^2+X_L^2}=\sqrt{I^2R^2+I^2X_L^2}=\sqrt{V_R^2+V_L^2}$
- $V^2=V_R^2+V_L^2$이므로
  $V_L=\sqrt{V^2-V_R^2}=\sqrt{10^2-8^2}=\sqrt{36}=6$[V]

정답 | ③

80 빈출도 ★

전기자 철심을 규소 강판으로 성층하는 주된 이유는?

① 정류자면의 손상이 적다.
② 가공하기 쉽다.
③ 철손을 적게 할 수 있다.
④ 기계손을 적게 할 수 있다.

해설

- 규소 강판을 사용할 경우 히스테리시스손을 줄일 수 있다.
- 성층하는 경우 와류손을 줄일 수 있다.
- 히스테리시스손과 와류손은 철손에 해당하므로 규소 강판으로 성층하면 철손을 줄일 수 있다.

정답 | ③

배관일반

81 빈출도 ★★

팬코일 유닛방식의 배관방식 중 공급관이 2개이고 환수관이 1개인 방식은?

① 1관식
② 2관식
③ 3관식
④ 4관식

해설

팬코일 유닛방식의 배관방식 중 공급관이 2개이고 환수관이 1개인 방식은 3관식이다.

선지분석

① 1관식: 하나의 배관이 공급관과 환수관의 역할을 담당하는 방식이다.
② 2관식: 공급관이 1개이고 환수관이 1개로 계절에 따라 난방 시에는 온수, 냉방 시에는 냉수를 공급하는 방식이다.
④ 4관식: 공급관이 2개이고 환수관이 2개로 냉·온수 동시 운영에 유리한 방식이다.

정답 | ③

82 빈출도 ★

배수 배관 시공 시 청소구의 설치위치로 가장 적절하지 않은 곳은?

① 배수 수평주관과 배수수평 분기관의 분기점
② 길이가 긴 수평 배수관 중간
③ 배수 수직관의 제일 윗부분 또는 근처
④ 배수관이 45°이상의 각도로 방향을 전환하는 곳

해설

먼지나 이물질로 관이 막힐 우려가 있는 경우 점검이 용이하도록 분기점, 골곡부, 접속점, 최하단부에 청소구를 설치해야 한다. 수직관의 제일 뒷부분 또는 근처에는 침전물이 발생하지 않아 청소구 설치 효과가 없다.

정답 | ③

83 빈출도 ★★

공랭식 응축기 배관 시 유의사항으로 틀린 것은?

① 소형 냉동기에 사용하며 핀이 있는 파이프 속에 냉매를 통하여 바람 이송 냉각설계로 되어 있다.
② 냉방기가 응축기 아래 설치되는 경우 배관 높이가 10[m] 이상일 때는 5[m]마다 오일 트랩을 설치해야 한다.
③ 냉방기가 응축기 위에 위치하고, 압축기가 냉방기에 내장되었을 경우에는 오일 트랩이 필요 없다.
④ 수랭식에 비해 능력은 낮지만, 냉각수를 사용하지 않아 동결의 염려가 없다.

해설

냉방기(에어컨 실내기)가 응축기(에어컨 실외기) 아래에 설치되는 경우 배관 높이 10[m]마다 오일 트랩을 설치해야 한다.

정답 | ②

84 빈출도 ★★

냉매 액관 중에 플래시 가스 발생의 방지대책으로 틀린 것은?

① 온도가 높은 곳을 통과하는 액관은 방열시공을 한다.
② 액관, 드라이어 등의 구경을 충분히 선정하여 통과 저항을 적게 한다.
③ 액펌프를 사용하여 압력강하를 보상할 수 있는 충분한 압력을 준다.
④ 열교환기를 사용하여 액관에 들어가는 냉매의 과냉각도를 없앤다.

해설

플래시 가스의 발생을 방지하기 위해 열교환기를 사용하여 액관에 들어가는 냉매의 과냉각도를 높인다.

개념설명 플래시 가스 발생 방지대책

• 액냉매의 과냉각도를 크게 한다.
• 액관이 가열되지 않도록 방열시공한다.
• 액관이나 밸브류의 규격을 크게 하여 압력 손실을 작게 유지한다.

정답 | ④

85 빈출도 ★★★
급탕배관에 관한 설명으로 틀린 것은?

① 단관식의 경우 급수관경보다 큰 관을 사용해야 한다.
② 하향식 공급 방식에서는 급탕관 및 복귀관은 모두 선하향 구배로 한다.
③ 보통 급탕관은 수명이 짧으므로 장래에 수리, 교체가 용이하도록 노출 배관하는 것이 좋다.
④ 연관은 열에 강하고 부식도 잘되지 않으므로 급탕 배관에 적합하다.

해설
연관은 알칼리에 약한 특성이 있으므로 급탕 배관이 아닌 급수용 수도관에 사용한다. 급탕관은 내식성이 큰 동관, 스테인리스관을 사용해야 한다.

정답 | ④

86 빈출도 ★★★
냉매 배관 시 유의사항으로 틀린 것은?

① 냉동장치내의 배관은 절대기밀을 유지 할 것
② 배관도중에 고저의 변화를 될수록 피할 것
③ 기기간의 배관은 가능한 한 짧게 할 것
④ 만곡부는 될 수 있는 한 적고 또한 곡률반경은 작게 할 것

해설
냉매 배관 시 곡률반경이 작을수록 관내 마찰이 커지므로 가능한 굽힘을 적게 하고 곡률반경을 최대한 크게 해야 한다.

정답 | ④

87 빈출도 ★
염화비닐관의 설명으로 틀린 것은?

① 열팽창률이 크다.
② 관내 마찰손실이 적다.
③ 산, 알칼리 등에 대해 내식성이 적다.
④ 고온 또는 저온의 장소에 부적당하다.

해설
염화비닐관은 내화학성이 강하므로 산, 알칼리에 견디는 힘이 크다.

선지분석
① 염화비닐관(PVC)은 금속에 비해 열팽창계수가 커서 열팽창률도 크다.
② 염화비닐관(PVC)은 관의 내부가 매끄러워 유체의 마찰손실이 적다.
④ 염화비닐관(PVC)은 사용온도 범위가 좁으므로 고온 또는 저온의 장소에 부적당하다.

정답 | ③

88 빈출도 ★★★
급수펌프에서 발생하는 캐비테이션 현상의 방지법으로 틀린 것은?

① 펌프설치 위치를 낮춘다.
② 입형펌프를 사용한다.
③ 흡입손실수두를 줄인다.
④ 회전수를 올려 흡입속도를 증가시킨다.

해설
펌프가 수조보다 위쪽에 설치되어 있고 높이 차이가 크면 캐비테이션 현상이 발생한다. 따라서 펌프의 위치를 낮추어 흡입양정과 흡입손실수두를 줄여야 캐비테이션이 방지된다. 흡입속도가 빨라지면 흡입 측 압력이 낮아지므로 캐비테이션 현상이 더욱 발생된다.

정답 | ④

89 빈출도 ★★

가스배관의 설치 시 유의사항으로 틀린 것은?

① 특별한 경우를 제외한 배관의 최고사용압력은 중압 이하일 것
② 배관은 하천(하천을 횡단하는 경우는 제외) 또는 하수구 등 암거내에 설치할 것
③ 지반이 약한 곳에 설치되는 배관은 지반침하에 의해 배관이 손상되지 않도록 필요한 조치 후 배관을 설치할 것
④ 본관 및 공급관은 건축물의 내부 또는 기초 밑에 설치하지 아니할 것

해설

가스배관은 하천 또는 하수구 등 암거내에 설치하면 안 되며 도로 밑 다른 시설물과는 0.3[m] 이상 간격을 두고 매설한다.

정답 | ②

90 빈출도 ★★

밀폐식 온수난방 배관에 대한 설명으로 틀린 것은?

① 팽창탱크를 사용한다.
② 배관의 부식이 비교적 적어 수명이 길다.
③ 배관경이 적어지고 방열기도 적게 할 수 있다.
④ 배관 내의 온수 온도는 70[℃] 이하이다.

해설

밀폐식 온수난방의 배관 내의 온수는 일반적으로 80~90[℃] 범위로 설정하며 필요시 100[℃] 이상의 과열운전도 가능하다. 밀폐식 배관 시스템에서는 밀폐식 팽창탱크를 사용하여 온수가 대기와 접촉하지 않도록 하여 배관의 부식을 방지하고 내구성을 향상시킨다.

정답 | ④

91 빈출도 ★★

동관 이음 중 경납땜 이음에 사용되는 것으로 가장 거리가 먼 것은?

① 황동납   ② 은납
③ 양은납   ④ 규소납

해설

동관의 경납땜에 사용되는 재료는 은납, 양은납, 황동납이 있다.

정답 | ④

92 빈출도 ★★

온수난방 배관에서 리버스 리턴(reverse return)방식을 채택하는 주된 이유는?

① 온수의 유량 분배를 균일하게 하기 위하여
② 배관의 길이를 짧게하기 위하여
③ 배관의 신축을 흡수하기 위하여
④ 온수가 식지 않도록 하기 위하여

해설

리버스 리턴 방식(역귀환 방식)의 환수배관을 설치하면 온수의 유량을 균일하게 분배가 가능하여 단락현상을 방지할 수 있다.

정답 | ①

93 빈출도 ★

하향급수 배관방식에서 수평주관의 설치위치로 가장 적절한 것은?

① 지하층의 천장 또는 1층의 바닥
② 중간층의 바닥 또는 천장
③ 최상층의 바닥 또는 천장
④ 최상층의 천장 또는 옥상

해설

하향식 급수배관방식(고가탱크 급수방식)은 최상층의 천장이나 옥상에 수평주관을 설치하고 여기에 하향 배관을 내려 층별 분기관을 통해 각 층으로 급수하는 방식이다.

정답 | ④

94 빈출도 ★★★

냉매 배관에서 압축기 흡입관의 시공 시 유의사항으로 틀린 것은?

① 압축기가 증발기보다 밑에 있는 경우 흡입관은 작은 트랩을 통과한 후 증발기 상부보다 높은 위치까지 올려 압축기로 가게 한다.
② 흡입관의 수직상승 입상부가 매우 길 때는 냉동기유의 회수를 쉽게 하기 위하여 약 20[m]마다 중간에 트랩을 설치한다.
③ 각각의 증발기에서 흡입 주관으로 들어가는 관은 주관 상부로부터 들어가도록 접속한다.
④ 2대 이상의 증발기가 있어도 부하의 변동이 그다지 크지 않은 경우는 1개의 입상관으로 충분하다.

해설
흡입관의 수직상승 입상부가 매우 길 때는 냉동기유의 회수를 쉽게 하기 위하여 약 10[m]마다 중간에 트랩을 설치한다.

정답 | ②

95 빈출도 ★★

난방 배관 시공을 위해 벽, 바닥 등에 관통 배관 시공을 할 때, 슬리브(sleeve)를 사용하는 이유로 가장 거리가 먼 것은?

① 열팽창에 따른 배관 신축에 적응하기 위해
② 관 교체 시 편리하게 하기 위해
③ 고장 시 수리를 편리하게 하기 위해
④ 유체의 압력을 증가시키기 위해

해설
슬리브는 관통부의 물리적 공간 확보 및 보호를 위한 장치이므로 유체의 압력 증감여부와는 관련이 없다.

선지분석
① 벽, 바닥 등의 관통부에 슬리브를 사용하면 관이 열팽창할 때 슬리브 속에서 자유롭게 미끄러져 움직일 수 있어 누수나 균열을 방지한다.
② 슬리브가 설치되어 있으면 관을 절단하거나 교체할 때 벽, 바닥을 깨뜨리지 않고도 쉽게 교체가 가능하다.
③ 슬리브를 사용하면 관통 부위가 확보되어 있으므로 이를 통해 고장 시 수리를 편리하게 할 수 있다.

개념설명
슬리브형 신축 이음은 파이프가 본체 속으로 미끄러져 들어갈 수 있는 구조이며, 급탕 및 난방 배관에 신축 이음을 사용하는 이유는 열팽창을 흡수하고 배관 보수 작업을 편리하게 하기 위함이다.

정답 | ④

96 빈출도 ★★

급수방식 중 압력탱크 방식에 대한 설명으로 틀린 것은?

① 국부적으로 고압을 필요로 하는데 적합하다.
② 탱크의 설치위치에 제한을 받지 않는다.
③ 항상 일정한 수압으로 급수할 수 있다.
④ 높은곳에 탱크를 설치할 필요가 없으므로 건축물의 구조를 강화할 필요가 없다.

해설
일정한 수압으로 급수할 수 있는 방식은 고가탱크 급수방식과 부스터 급수방식이다.

정답 | ③

97 빈출도 ★★

냉동설비배관에서 액분리기와 압축기 사이에 냉매배관을 할 때 구배로 옳은 것은?

① 1/100 정도의 압축기 측 상향 구배로 한다.
② 1/100 정도의 압축기 측 하향 구배로 한다.
③ 1/200 정도의 압축기 측 상향 구배로 한다.
④ 1/200 정도의 압축기 측 하향 구배로 한다.

해설

액분리기와 압축기 사이의 냉매배관은 1/200~1/250의 하향구배로 하여야 한다.

정답 | ④

98 빈출도 ★

길이 30[m]의 강관의 온도 변화가 120[℃]일 때 강관에 대한 열팽창량은?(단, 강관의 열팽창계수는 11.9×10^{-6}[mm/mm·℃]이다.)

① 42.8[mm]　　② 42.8[cm]
③ 42.8[m]　　　④ 4.28[mm]

해설

길이가 L_0, 선팽창계수가 a인 금속의 온도변화에 따른 길이 변화량은 $\Delta L = aL_0 \Delta T$이므로
강관 열팽창량
$\Delta L = 11.9 \times 10^{-6}$[mm/mm·℃]$\times (30 \times 10^3$[mm]$) \times (120$[℃]$)$
$= 42.84$[mm]

정답 | ①

99 빈출도 ★★★

증기나 응축수가 트랩이나 감압밸브 등의 기기에 들어가기 전 고형물을 제거하여 고장을 방지하기 위해 설치하는 장치는?

① 스트레이너　　② 레듀서
③ 신축이음　　　④ 유니온

해설

스트레이너는 배관을 통과하는 유체 속 이물질이나 오염 물질을 걸러주는 부속이며, 주기적으로 분해하여 여과망을 청소해야 한다.

선지분석

② 레듀서: 양끝이 크기가 다른 F나사로 되어 있어서 직선 방향에서 이경 배관을 연결할 수 있다.
③ 신축이음: 배관의 길이 팽창을 흡수하기 위한 관 연결방법이다.
④ 유니온: 한쪽이 M나사, 다른 쪽이 F나사, 그리고 결합너트로 구성되어 있으며 고정된 두 배관을 분해 및 조립할 수 있다.

정답 | ①

100 빈출도 ★★

부하변동에 따라 밸브의 개도를 조절함으로써 만액식 증발기의 액면을 일정하게 유지하는 역할을 하는 것은?

① 에어벤트　　　② 온도식 자동팽창밸브
③ 감압밸브　　　④ 플로트밸브

해설

플로트밸브는 액위 변화를 감지하여 밸브의 개도를 조절함으로써 만액식 증발기의 액면을 일정하게 유지한다.

선지분석

① 에어벤트: 시스템 내 갇힌 공기나 불응축 가스를 배출하여 열교환 효율을 높인다.
② 온도식 자동팽창밸브: 팽창밸브 입구측 흡입가스의 과열도가 일정하게 유지되도록 냉매 유량을 조절한다.
③ 감압밸브: 고압 배관과 저압 배관의 사이에 설치하여 2차 측 압력을 적정하게 유지한다.

정답 | ④

2020년 4회 기출문제

기계열역학

01 빈출도 ★★

이상적인 디젤 기관의 압축비가 16일 때 압축 전의 공기 온도가 90[℃]라면 압축 후의 공기 온도[℃]는 얼마인가? (단, 공기의 비열비는 1.4이다.)

① 1,101.9 ② 718.7
③ 808.2   ④ 827.4

해설

디젤 사이클은 단열압축 과정이다.
$\frac{T_2}{T_1} = \left(\frac{V_1}{V_2}\right)^{k-1}$ 에서 $T_2 = T_1\left(\frac{V_1}{V_2}\right)^{k-1}$ 이므로
$T_2 = (273+90)(16)^{1.4-1} = 363 \times 16^{0.4}$
$= 1,100.41[K] = 827.41[℃]$

정답 | ④

02 빈출도 ★★★

풍선에 공기 2[kg]이 들어 있다. 일정 압력 500[kPa] 하에서 가열 팽창하여 체적이 1.2배가 되었다. 공기의 초기온도가 20[℃]일 때 최종 온도[℃]는 얼마인가?

① 32.4 ② 53.7
③ 78.6 ④ 92.3

해설

이상기체 상태방정식 $PV = mRT$에서 압력이 일정하므로 체적 V는 온도 T에 비례한다.
따라서 $\frac{V_2}{V_1} = \frac{T_2}{T_1} = 1.2$이므로
$T_2 = 1.2T_1 = 1.2 \times (273+20) = 351.6[K] = 78.6[℃]$

정답 | ③

03 빈출도 ★★

자동차 엔진을 수리한 후 실린더 블록과 헤드 사이에 수리 전과 비교하여 더 두꺼운 개스킷을 넣었다면 압축비와 열효율은 어떻게 되겠는가?

① 압축비는 감소하고, 열효율도 감소한다.
② 압축비는 감소하고, 열효율도 증가한다.
③ 압축비는 증가하고, 열효율도 감소한다.
④ 압축비는 증가하고, 열효율도 증가한다.

해설

• 압축비 $r = \frac{\text{행정체적} + \text{극간체적}}{\text{극간체적}}$
  개스킷이 두꺼울수록 극간체적이 증가하므로 압축비는 감소한다.
• 열효율 $\eta = 1 - \left(\frac{1}{r}\right)^{k-1}$
  압축비 r이 감소할수록 열효율 η도 감소한다.

정답 | ①

04 빈출도 ★★

밀폐계에서 기체의 압력이 100[kPa]으로 일정하게 유지되면서 체적이 1[m³]에서 2[m³]으로 증가되었을 때 옳은 설명은?

① 밀폐계의 에너지 변화는 없다.
② 외부로 행한 일은 100[kJ]이다.
③ 기체가 이상기체라면 온도가 일정하다.
④ 기체가 받은 열은 100[kJ]이다.

해설

정압 조건에서 외부로 한 일
$W = P\Delta V = 100[kPa] \times (2-1)[m^3] = 100[kJ]$

선지분석

① 체적이 늘어났고 외부로 일이 발생했으므로 에너지 변화의 가능성이 있다.
③ 이상기체라고 가정하여도 온도가 일정한지 여부는 알 수 없다.
④ 밀폐계는 열출입이 가능하므로 기체가 받은 열에 대해 알 수 없다.

정답 | ②

05 빈출도 ★

엔트로피(s) 변화 등과 같은 직접 측정할 수 없는 양들을 압력(P), 비체적(v), 온도(T)와 같은 측정 가능한 상태량으로 나타내는 Maxwell 관계식과 관련하여 다음 중 틀린 것은?

① $\left(\dfrac{\partial T}{\partial P}\right)_S = \left(\dfrac{\partial v}{\partial s}\right)_P$

② $\left(\dfrac{\partial T}{\partial v}\right)_S = -\left(\dfrac{\partial P}{\partial s}\right)_V$

③ $\left(\dfrac{\partial v}{\partial T}\right)_P = -\left(\dfrac{\partial s}{\partial P}\right)_T$

④ $\left(\dfrac{\partial P}{\partial v}\right)_T = \left(\dfrac{\partial s}{\partial T}\right)_V$

해설

보기 ④는 Maxwell 관계식과 관련이 없다.

개념설명 Maxwell 관계식

구분	기호	Maxwell 관계식	독립변수
내부 에너지	U	$\left(\dfrac{\partial T}{\partial v}\right)_s = -\left(\dfrac{\partial P}{\partial s}\right)_v$	s, v
엔탈피	$H = U + PV$	$\left(\dfrac{\partial T}{\partial P}\right)_s = \left(\dfrac{\partial v}{\partial s}\right)_P$	s, P
헬름홀츠 자유 에너지	$F = U - TS$	$\left(\dfrac{\partial P}{\partial T}\right)_v = \left(\dfrac{\partial s}{\partial v}\right)_T$	T, v
깁스 자유 에너지	$G = H - TS$ $= U + PV - TS$	$\left(\dfrac{\partial v}{\partial T}\right)_P = -\left(\dfrac{\partial s}{\partial P}\right)_T$	T, P

정답 | ④

06 빈출도 ★

어떤 가스의 비내부에너지 u[kJ/kg], 온도 t[℃], 압력 P[kPa], 비체적 v[m³/kg] 사이에는 아래의 관계식이 성립한다면, 이 가스의 정압비열[kJ/kg·℃]은 얼마인가?

$$u = 0.28t + 532$$
$$Pv = 0.560(t + 380)$$

① 0.84 ② 0.68
③ 0.50 ④ 0.28

해설

이상기체 엔탈피 변화량 $dH = C_p m dt$ 에서

정압 비열 $C_p = \dfrac{1}{m} \times \left(\dfrac{dH}{dt}\right) = \dfrac{1}{m}\left(\dfrac{d(U+PV)}{dt}\right)$

$\dfrac{U[\text{kJ}]}{m[\text{kg}]} = u[\text{kJ/kg}]$, $\dfrac{V[\text{m}^3]}{m[\text{kg}]} = v[\text{m}^3/\text{kg}]$으로 표현이 가능하므로

$C_p = \dfrac{1}{m} \times \left(\dfrac{dH}{dt}\right) = \dfrac{1}{m}\left(\dfrac{d(U+PV)}{dt}\right) = \dfrac{du}{dt} + \dfrac{d(Pv)}{dt}$

$= \dfrac{d}{dt}(0.28t + 532) + \dfrac{d}{dt}\{0.560(t+380)\}$

$= 0.28 + 0.56 = 0.84[\text{kJ/kg·℃}]$

정답 | ①

07 빈출도 ★★★

최고온도 1,300[K]와 최저온도 300[K] 사이에서 작동하는 공기표준 Brayton 사이클의 열효율[%]은? (단, 압력비는 9, 공기의 비열비는 1.4이다.)

① 30.4 ② 36.5
③ 42.1 ④ 46.6

해설

브레이턴 사이클의 효율

$\eta = 1 - \dfrac{1}{r^{(k-1)/k}} = 1 - \dfrac{1}{9^{0.4/1.4}} = 0.466$

정답 | ④

08 빈출도 ★★

그림과 같이 A, B 두 종류의 기체가 한 용기 안에서 박막으로 분리되어 있다. A의 체적은 $0.1[m^3]$, 질량은 $2[kg]$이고, B의 체적은 $0.4[m^3]$, 밀도는 $1[kg/m^3]$이다. 박막이 파열되고 난 후에 평형에 도달하였을 때 기체의 혼합물의 밀도$[kg/m^3]$는 얼마인가?

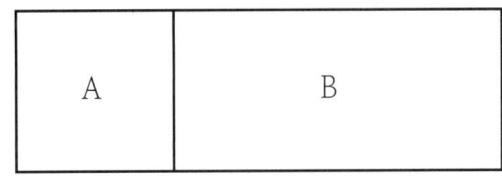

① 4.8
② 6.0
③ 7.2
④ 8.4

해설

A의 질량은 $2[kg]$, B의 질량은 $1[kg/m^3] \times 0.4[m^3] = 0.4[kg]$이므로 혼합물의 질량은 $2.4[kg]$이다.
용기 전체 체적이 $0.1+0.4=0.5[m^3]$이므로
혼합물의 밀도는 $\dfrac{2.4[kg]}{0.5[m^3]} = 4.8[kg/m^3]$이다.

정답 | ①

09 빈출도 ★★★

냉매로서 갖추어야 될 요구 조건으로 적합하지 않은 것은?

① 불활성이고 안정하며 비가연성이어야 한다.
② 비체적이 커야 한다.
③ 증발 온도에서 높은 잠열을 가져야 한다.
④ 열전도율이 커야 한다.

해설

냉동기의 냉매의 비체적은 작아야 한다.

개념설명 냉동기 냉매의 구비조건
- 임계온도가 상온보다 높을 것
- 응고 온도가 낮을 것
- 증발 잠열이 클 것
- 열전도율이 클 것
- 표면장력 및 점성계수가 작을 것
- 부식성이 없고, 안정성이 있을 것

정답 | ②

10 빈출도 ★★★

내부 에너지가 $30[kJ]$인 물체에 열을 가하여 내부 에너지가 $50[kJ]$이 되는 동안에 외부에 대하여 $10[kJ]$의 일을 하였다. 이 물체에 가해진 열량$[kJ]$은?

① 10
② 20
③ 30
④ 60

해설

열역학 제1법칙에서 물체에 가해진 열량
$Q = P\Delta V + \Delta U = 10[kJ] + 20[kJ] = 30[kJ]$
※ 기체가 외부에 일을 하면 $W>0$이고 외부로부터 일을 받으면 $W<0$이다.

정답 | ③

11 빈출도 ★★★

비가역 단열변화에 있어서 엔트로피 변화량은 어떻게 되는가?

① 증가한다.
② 감소한다.
③ 변화량은 없다.
④ 증가할 수도 감소할 수도 있다.

해설

비가역 단열팽창은 열역학 제2법칙에 의해 엔트로피가 증가한다.

정답 | ①

12 빈출도 ★★★

고온 열원의 온도가 $700[℃]$이고, 저온 열원의 온도가 $50[℃]$인 카르노 열기관의 열효율$[\%]$은?

① 33.4
② 50.1
③ 66.8
④ 78.9

해설

카르노 사이클의 효율
$\eta = \dfrac{T_H - T_C}{T_H} = \dfrac{700-50}{273+700} = 0.668 = 66.8[℃]$

정답 | ③

13 빈출도 ★

원형 실린더를 마찰 없는 피스톤이 덮고 있다. 피스톤에 비선형 스프링이 연결되고 실린더 내의 기체가 팽창하면서 스프링이 압축된다. 스프링의 압축 길이가 $X[m]$일 때 피스톤에는 $kx^{1.5}[N]$의 힘이 걸린다. 스프링의 압축 길이가 $0[m]$에서 $0.1[m]$로 변하는 동안에 피스톤이 하는 일이 W_a이고, $0.1[m]$에서 $0.2[m]$로 변하는 동안에 하는 일이 W_b라면 $\dfrac{W_a}{W_b}$는 얼마인가?

① 0.083　　② 0.158
③ 0.214　　④ 0.333

해설

- 피스톤이 한 일
$$W_a = \int_0^{0.1} kx^{1.5}dx = \dfrac{k}{2.5}x^{2.5}\Big|_0^{0.1}$$
$$= \dfrac{k}{2.5}0.1^{2.5} = \dfrac{k}{2.5}(3.16\times 10^{-3})$$

- 피스톤이 한 일
$$W_b = \int_0^{0.2} kx^{1.5}dx = \dfrac{k}{2.5}x^{2.5}\Big|_0^{0.2} = \dfrac{k}{2.5}(0.2^{2.5}-0.1^{2.5})$$
$$= \dfrac{k}{2.5}(14.7\times 10^{-3})$$

따라서 $\dfrac{W_a}{W_b} = \dfrac{\dfrac{k}{2.5}(3.16\times 10^{-3})}{\dfrac{k}{2.5}(14.7\times 10^{-3})} = 0.215$

정답 | ③

14 빈출도 ★★

어떤 이상기체 $1[kg]$이 압력 $100[kPa]$, 온도 $30[°C]$의 상태에서 체적 $0.8[m^3]$을 점유한다면 기체상수 $[kJ/kg\cdot K]$는 얼마인가?

① 0.251　　② 0.264
③ 0.275　　④ 0.293

해설

이상기체 상태방정식 $PV=mRT$에서
기체상수 $R = \dfrac{PV}{mT} = \dfrac{100[kPa]\times 0.8[m^3]}{1[kg]\times 303[K]}$
$= 0.264[kJ/kg\cdot K]$

정답 | ②

15 빈출도 ★

처음 압력이 $500[kPa]$이고, 체적이 $2[m^3]$인 기체가 "$PV=$일정"인 과정으로 압력이 $100[kPa]$까지 팽창할 때 밀폐계가 하는 일$[kJ]$을 나타내는 계산식으로 옳은 것은?

① $1,000\times \ln(2/5)$　　② $1,000\times \ln(5/2)$
③ $1,000\times \ln 5$　　④ $1,000\times \ln(1/5)$

해설

- "$PV=$일정"이라 하였으므로 등온 과정이다.
등온 과정에서 기체가 한 일은
$$W = \int PdV = mRT\ln\left(\dfrac{V_2}{V_1}\right) = mRT\ln\left(\dfrac{P_1}{P_2}\right)$$

- $mRT = P_1V_1 = P_2V_2$이므로
$$W = P_1V_1\ln\left(\dfrac{P_1}{P_2}\right) = 500[kPa]\times 2[m^3]\times \ln\dfrac{500}{100}$$
$$= 1,000\times \ln 5[kJ]$$

정답 | ③

16 빈출도 ★★

다음 중 경로함수(path function)는?

① 엔탈피　　② 엔트로피
③ 내부에너지　　④ 일

해설

시작점과 끝점이 같더라도 경로가 다르면 변화량이 달라지는 물리량을 경로함수라고 한다. 열과 일은 $P-V$선도상의 경로에 의존하는 경로함수이며 시작점과 끝점의 상태만 알면 변화량을 계산할 수 있는 엔탈피, 엔트로피, 내부에너지는 점함수이다.

정답 | ④

17 빈출도 ★★

이상적인 가역과정에서 열량 ΔQ가 전달될 때, 온도 T가 일정하면 엔트로피 변화 ΔS를 구하는 계산식으로 옳은 것은?

① $\Delta S = 1 - \Delta Q/T$　② $\Delta S = 1 - T/\Delta Q$
③ $\Delta S = \Delta Q/T$　④ $\Delta S = T/\Delta Q$

해설

- 가역과정에서 엔트로피 변화
$$\Delta S = \int \frac{\delta Q}{T}$$
- 온도가 일정한 경우
$$\Delta S = \frac{\Delta Q}{T}$$

정답 | ③

18 빈출도 ★★★

성능계수가 3.2인 냉동기가 시간당 20[MJ]의 열을 흡수한다면 이 냉동기의 소비동력[kW]은?

① 2.25　② 1.74
③ 2.85　④ 1.45

해설

냉동기의 성능계수 $COP = \frac{Q_L}{W}$에서 소비동력 $W = \frac{Q_L}{COP}$이므로
$W = \frac{20 \times 10^6 [J/h]}{3.2} \times \frac{1[h]}{3,600[s]} = 1,736.11[W] = 1.74[kW]$

정답 | ②

19 빈출도 ★★

랭킨 사이클에서 25[℃], 0.01[MPa] 압력의 물 1[kg]을 5[MPa] 압력의 보일러로 공급한다. 이때 펌프가 가역단열과정으로 작용한다고 가정할 경우 펌프가 한 일[kJ]은? (단, 물의 비체적은 0.001[m³/kg]이다.)

① 2.58　② 4.99
③ 20.12　④ 40.24

해설

펌프가 하는 일
$W_p = mv_1(P_2 - P_1)$
$= 1[kg] \times 0.001[m^3/kg] \times (5 - 0.01) \times 10^3[kPa]$
$= 4.99[kJ]$

※ 기체는 체적 변화가 없으면 $W = 0$이지만 액체는 체적 변화 없이 압력만 증가해도 $W \neq 0$임에 유의한다.

정답 | ②

20 빈출도 ★★

랭킨사이클의 각 점에서의 엔탈피가 아래와 같을 때 사이클의 이론 열효율[%]은?

- 보일러 입구: 58[kJ/kg]
- 보일러 출구: 810.3[kJ/kg]
- 응축기 입구: 614.2[kJ/kg]
- 응축기 출구: 57.4[kJ/kg]

① 32　② 30
③ 28　④ 26

해설

- 터빈의 일
  $W_{터빈} = 810.3 - 614.2 = 196.1[kJ/kg]$
- 펌프의 일
  $W_{펌프} = 58 - 57.4 = 0.6[kJ/kg]$
- 보일러가 흡수한 열
  $Q_{in} = 810.3 - 58 = 752.3[kJ/kg]$
- 이론 열효율
  $\eta = \dfrac{W_{cycle}}{Q_{in}} = \dfrac{W_{터빈} - W_{펌프}}{Q_{in}} = \dfrac{196.1 - 0.6}{752.3} = 0.2598$
  $= 25.98[\%]$

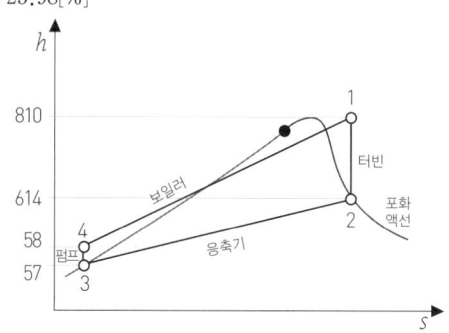

정답 | ④

냉동공학

21 빈출도 ★★

열의 종류에 대한 설명으로 옳은 것은?

① 고체에서 기체가 될 때에 필요한 열을 증발열이라 한다.
② 온도의 변화를 일으켜 온도계에 나타나는 열을 잠열이라 한다.
③ 기체에서 액체로 될 때 제거해야 하는 열은 응축열 또는 감열이라 한다.
④ 고체에서 액체로 될 때 필요한 열은 융해열이며 이를 잠열이라 한다.

해설

고체에서 액체로 될 때 필요한 열은 융해열이며 이를 잠열이라고 한다.

선지분석

① 고체에서 기체가 될 때에 필요한 열을 승화열이라고 한다.
② 온도의 변화를 일으켜 온도계에 나타나는 열은 현열이라고 한다.
③ 기체에서 액체로 될 때 제거해야 하는 열은 응축열이라고 한다.

정답 | ④

22 빈출도 ★★

응축압력 및 증발압력이 일정할 때 압축기의 흡입증기 과열도가 크게 된 경우 나타나는 현상으로 옳은 것은?

① 냉매순환량이 증대한다.
② 증발기의 냉동능력은 증대한다.
③ 압축기의 토출가스 온도가 상승한다.
④ 압축기의 체적효율은 변하지 않는다.

해설

응축압력 및 증발압력이 일정할 때 압축기의 흡입증기 과열도가 크게 되면 토출가스 엔탈피가 증가하여 온도가 상승한다.

선지분석

① 흡입증기 과열도가 커지면 냉매질량유량이 감소하여 냉매순환량이 감소한다.
② 증발잠열 비중이 줄어들어 냉동능력은 감소한다.
④ 냉매질량이 감소하므로 압축기의 체적효율은 줄어든다.

정답 | ③

23 빈출도 ★

중간냉각이 완전한 2단압축 1단팽창 사이클로 운전되는 $R134a$ 냉동기가 있다. 냉동능력은 10[kW]이며, 사이클의 중간압, 저압부의 압력은 각각 350[kPa], 120[kPa]이다. 전체 냉매순환량을 $\dot{m}$, 증발기에서 증발하는 냉매의 양을 $\dot{m}_e$라 할 때, 중간냉각시키기 위해 바이패스되는 냉매의 양 $\dot{m}-\dot{m}_e$[kg/h]은 얼마인가? (단, 제1압축기의 입구 과열도는 0이며, 각 엔탈피는 아래 표를 참고한다.)

압력[kPa]	포화액체 엔탈피 [kJ/kg]	포화증기 엔탈피 [kJ/kg]
120	160.42	379.11
350	195.12	395.04

지점별 엔탈피[kJ/kg]	
h_2	227.23
h_4	401.08
h_7	482.41
h_8	234.29

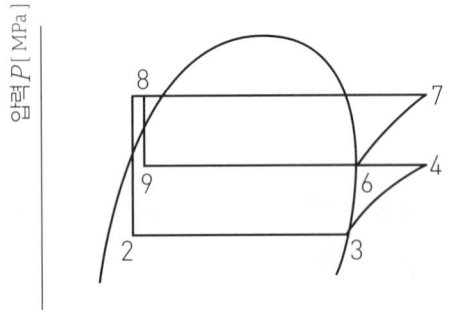

① 5.8　　② 11.1
③ 15.7　　④ 19.3

해설

- 전체 냉매 순환량 $\dot{m}$
 냉동능력 $Q_L = \dot{m}(h_3 - h_2)$에서
 $$\dot{m} = \frac{\dot{Q}_L}{(h_3 - h_2)} = \frac{10[\text{kW}]}{(379.11 - 227.23)[\text{kJ/kg}]}$$
 $= 0.0659[\text{kg/s}]$

- 바이패스 되는 냉매 순환량 $\dot{m} - \dot{m}_e$
 열량보존법칙에 의해 $\dot{m}(h_4-h_6)+\dot{m}(h_8-h_1)$
 $=(\dot{m}-\dot{m}_e)(h_6-h_8)$이므로

$$\dot{m}-\dot{m}_e = \frac{h_4-h_6+h_8-h_1}{h_6-h_8}\times\dot{m}$$
$$= \frac{401.08-395.04+234.29-227.23}{395.04-234.29}[\text{kJ/kg}]$$
$$\times 0.0659[\text{kg/s}]$$
$$= \frac{13.1}{160.75}[\text{kJ/kg}]\times 0.0659[\text{kg/s}]$$
$$= 5.3707\times 10^{-3}[\text{kg/s}]$$
$$= 5.3707\times 10^{-3}\times 3,600 = 19.33[\text{kg/h}]$$

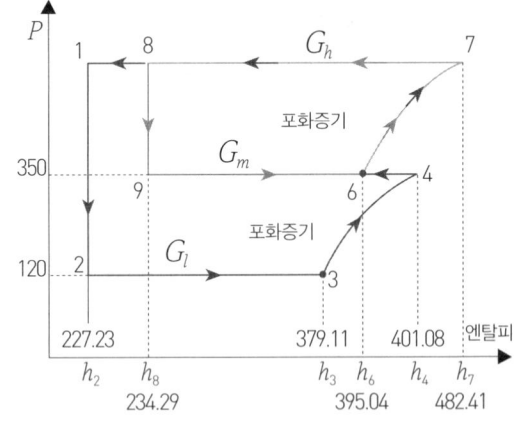

정답 | ④

24 빈출도 ★★

진공압력이 60[mmHg]일 경우 절대압력[kPa]은? (단, 대기압은 101.3[kPa]이고 수은의 비중은 13.6이다.)

① 53.8　　② 93.2
③ 106.6　　④ 196.4

해설

- 게이지 압력
 진공압력이 60[mmHg]인 경우 게이지 압력은 -60[mmHg]이고 [kPa] 단위로 변환하면
 $$-60[\text{mmHg}]\times\frac{101.3[\text{kPa}]}{760[\text{mmHg}]} = -8[\text{kPa}]$$

- 절대압력
 절대압력 = 게이지압력 + 대기압
 $= -8[\text{kPa}] + 101.3[\text{kPa}] = 93.3[\text{kPa}]$

정답 | ②

25 빈출도 ★

다음 중 대기 중의 오존층을 가장 많이 파괴시키는 물질은?

① 질소
② 수소
③ 염소
④ 산소

해설

염소(Cl)가 성층권에 도달하면 오존층을 파괴한다.
프레온계 냉매 중에 $R11$, $R12$가 높은 오존파괴지수를 갖는 이유는 염소 때문이다.
※ 반응식
- $Cl+O_3 \rightarrow ClO+O_2$
- $ClO+O \rightarrow Cl+O_2$

정답 | ③

26 빈출도 ★★

물(H_2O) – 리튬브로마이드($LiBr$) 흡수식 냉동기에 대한 설명으로 틀린 것은?

① 특수 처리한 순수한 물의 냉매로 사용한다.
② 4~15[℃] 정도의 냉수를 얻는 기기로 일반적으로 냉수온도는 출구온도 7[℃] 정도를 얻도록 설계한다.
③ $LiBr$ 수용액은 성질이 소금물과 유사하여, 농도가 진하고 온도가 낮을수록 냉매증기를 잘 흡수한다.
④ $LiBr$의 농도가 진할수록 점도가 높아져 열전도율이 높아진다.

해설

흡수제($LiBr$)의 농도가 진할수록 점성도가 높아져 열전도율이 낮아지게 된다.

정답 | ④

27 빈출도 ★★★

흡수식 냉동기에서 냉동시스템을 구성하는 기기들 중 냉각수가 필요한 기기의 구성으로 옳은 것은?

① 재생기와 증발기
② 흡수기와 응축기
③ 재생기와 응축기
④ 증발기와 흡수기

해설

흡수기는 냉매기체를 더 잘 흡수하기 위해 냉각수를 이용하여 온도를 낮춰줄 필요가 있으며, 응축기는 냉매기체를 빠르게 냉매액으로 전환시키기 위해 냉각수를 이용하여 온도를 낮춰줄 필요가 있다.

정답 | ②

28 빈출도 ★★

2중 효용 흡수식 냉동기에 대한 설명으로 틀린 것은?

① 단중 효용 흡수식 냉동기에 비해 증기소비량이 적다.
② 2개의 재생기를 갖고 있다.
③ 2개의 증발기를 갖고 있다.
④ 증기 대신 가스연소를 사용하기도 한다.

해설

흡수식 냉동기는 재생기 숫자에 따라 단효용, 이중효용으로 구분한다. 증발기는 흡수식 냉동기 종류와 관계없이 1개이다.

정답 | ③

29 빈출도 ★★

다음 그림과 같이 수냉식과 공냉식 응축기의 작용을 혼합한 형태의 응축기는?

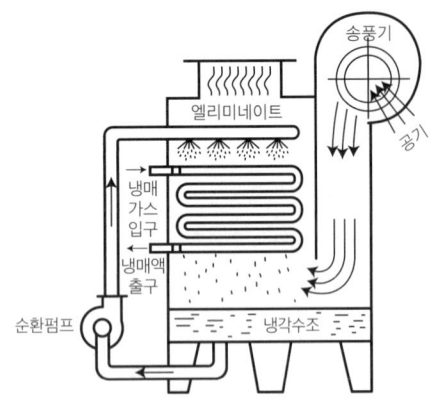

① 증발식 응축기 ② 셸코일 응축기
③ 공냉식 응축기 ④ 7통로식 응축기

해설

증발식 응축기는 공랭식과 수냉식 응축기의 작용을 혼합한 방식이며 노즐로 물을 뿌려서 물의 증발열도 활용한다.

정답 | ①

30 빈출도 ★★★

다음 중 흡수식 냉동기의 구성요소가 아닌 것은?

① 증발기 ② 응축기
③ 재생기 ④ 압축기

해설

압축기는 흡수식 냉동기의 구성요소에 포함되지 않는다.

개념설명 냉동기의 구성요소

구분	증기압축식	흡수식
구성요소	• 압축기 • 응축기 • 팽창밸브 • 증발기	• 흡수기 • 재생기(발생기) • 응축기 • 증발기

정답 | ④

31 빈출도 ★★

축열장치의 종류로 가장 거리가 먼 것은?

① 수축열 방식 ② 잠열축열 방식
③ 빙축열 방식 ④ 공기축열 방식

해설

축열시스템의 종류에는 수축열, 빙축열, 잠열 축열, 토양 축열 방식이 있다. 공기는 비열이 작아서 축열 기능이 거의 없다.

정답 | ④

32 빈출도 ★★★

어떤 냉동사이클에서 냉동효과를 γ[kJ/kg], 흡입건조 포화증기의 비체적을 v[m³/kg]로 표시하면 NH_3와 $R-22$에 대한 값은 다음과 같다. 사용 압축기의 피스톤 압출량은 NH_3와 $R-22$의 경우 동일하며, 체적효율도 75[%]로 동일하다. 이 경우 NH_3와 $R-22$ 압축기의 냉동능력을 각각 RN, RF[RT]로 표시한다면 RN/RF는?

구분	NH_3	$R-22$
γ[kJ/kg]	1,126.37	168.90
v[m³/kg]	0.509	0.077

① 0.6 ② 0.7
③ 1.0 ④ 1.5

해설

• 냉동능력＝순환냉매의 질량×냉동효과
＝($\frac{피스톤 압출량}{비체적}$×체적효율)×냉동효과

• 피스톤 압출량과 체적효율이 서로 같다면 냉동능력의 비는 $\frac{냉동효과}{비체적}$의 비와 같다.

따라서 $\dfrac{RN}{RF} = \dfrac{\frac{1,126.37}{0.509}}{\frac{168.9}{0.077}} = 1.0088$

정답 | ③

33 빈출도 ★★★

두께가 0.1[cm]인 관으로 구성된 응축기에서 냉각수 입구온도 15[℃], 출구온도 21[℃], 응축온도를 24[℃]라고 할 때, 이 응축기의 냉매와 냉각수의 대수평균온도차[℃]는?

① 9.5 ② 6.5
③ 5.5 ④ 3.5

해설

온도차의 최소값이 a이고 최대값이 b이면 대수평균온도차는 $\dfrac{b-a}{\ln b - \ln a}$이다.
$a = 24-15 = 9$, $b = 24-21 = 3$이므로
$LMTD = \dfrac{9-3}{\ln 9 - \ln 3} = 5.46[℃]$

정답 | ③

34 빈출도 ★★★

냉각수 입구온도 25[℃], 냉각수량 900[kg/min]인 응축기의 냉각 면적이 80[m²], 그 열통과율이 1.6[kW/m²·K]이고, 응축온도와 냉각 수온의 평균 온도차가 6.5[℃]이면 냉각수 출구온도[℃]는? (단, 냉각수의 비열은 4.2[kJ/kg·K]이다.)

① 28.4 ② 32.6
③ 29.6 ④ 38.2

해설

- 열교환기의 열출력
  $Q = KA\Delta T_{avg} = 1.6[\text{kW/m}^2\cdot\text{K}] \times 80[\text{m}^2] \times 6.5[\text{K}]$
  $= 832[\text{kW}]$
- 냉각수가 얻은 열량
  $Q = C\dot{m}\Delta T = C\dot{m}(T_{out} - T_{in})$
  $= 4.2[\text{kJ/kg}\cdot\text{K}] \times \dfrac{900}{60}[\text{kg/s}] \times (T_{out} - 25)[\text{K}]$
  $= 63 \times (T_{out} - 25)[\text{kJ/s}]$
- 출구 온도
  $T_{out} = \dfrac{832}{63} + 25 = 38.21[℃]$

정답 | ④

35 빈출도 ★★

응축기에 관한 설명으로 틀린 것은?

① 응축기의 역할은 저온, 저압의 냉매증기를 냉각하여 액화시키는 것이다.
② 응축기의 용량은 응축기에서 방출하는 열량에 의해 결정된다.
③ 응축기의 열부하는 냉동기의 냉동능력과 압축기 소요일의 열당량을 합한 값과 같다.
④ 응축기내에서의 냉매상태는 과열영역, 포화영역, 액체영역 등으로 구분할 수 있다.

해설

응축기의 역할은 고온, 고압의 냉매증기를 냉각하여 액화시키는 것이다.
※ 냉동기라는 단어는 응축기와 증발기와 압축기를 구성요소로 하는 냉동시스템을 의미할 때가 많지만 이 문제의 ③번 문장에서처럼 증발기를 의미할 때도 있으므로 문맥 속에서 의미를 파악해야 한다.

정답 | ①

36 빈출도 ★★

이원 냉동 사이클에 대한 설명으로 옳은 것은?

① −100[℃] 정도의 저온을 얻고자 할 때 사용되며, 보통 저온측에는 임계점이 높은 냉매를, 고온측에는 임계점이 낮은 냉매를 사용한다.
② 저온부 냉동사이클의 응축기 발열량을 고온부 냉동 사이클의 증발기가 흡열하도록 되어 있다.
③ 일반적으로 저온측에 사용하는 냉매로는 $R-12$, $R-22$, 프로판이 적절하다.
④ 일반적으로 고온측에 사용하는 냉매로는 $R-13$, $R-14$가 적절하다.

해설

이원 냉동 사이클은 저온·저압 측 냉동사이클과 고온·고압 측 냉동사이클을 병렬로 배치하고 저온부 응축열을 고온부 증발기가 흡수하도록 되어 있다.

선지분석

① 저온 측에는 임계점이 낮은 냉매를, 고온 측에는 임계점이 높은 냉매를 사용한다.
③ $R-12$, $R-22$, 프로판은 임계점이 높은 편이므로 저온 측에 사용하는 냉매로는 부적합하다.
④ $R-13$, $R-14$는 임계점이 낮은 편이므로 고온 측에 사용하는 냉매로는 부적합하다.

정답 | ②

37 빈출도 ★

실린더 지름 200[mm], 행정 200[mm], 400[rpm], 기통수 3기통인 냉동기의 냉동능력이 5.72[RT]이다. 이 때, 냉동효과[kJ/kg]는? (단, 체적효율은 0.75, 압축기의 흡입시의 비체적은 $0.5[m^3/kg]$이고, 1[RT]는 3.8[kW]이다.)

① 115.3   ② 110.8
③ 89.4   ④ 68.8

해설

- 피스톤이 1번 왕복할 때의 압출량
$$V_1 = \frac{\pi D^2}{4} \times l$$
$$= \frac{\pi \times (200 \times 10^{-3}[m])^2}{4} \times 200 \times 10^{-3}[m]$$
$$= 0.002\pi[m^3/rev]$$

- 피스톤의 토출유량
회전속도가 400[rpm]이고 3기통이므로
$$V = 0.002\pi[m^3/rev] \times \frac{400}{60}[rev/s] \times 3 = 0.1257[m^3/s]$$

- 질량유량
$$\dot{m} = \frac{토출유량 \times 체적효율}{비체적} = \frac{0.1257[m^3/s] \times 0.75}{0.5[m^3/kg]}$$
$$= 0.1886[kg/s]$$

- 냉동효과
$$q = \frac{\dot{Q}}{\dot{m}} = \frac{5.72 \times 3.8[kJ/s]}{0.1886[kg/s]} = 115.25[kJ/kg]$$

정답 | ①

38 빈출도 ★★

증기압축식 냉동장치 내에 순환하는 냉매의 부족으로 인해 나타나는 현상이 아닌 것은?

① 증발압력 감소   ② 토출온도 증가
③ 과냉도 감소   ④ 과열도 증가

해설

냉매가 부족하면 증발기 안에서 더 많은 열을 얻어 과열증기가 되고, 토출온도가 증가한다. 냉매가 부족하면 냉동능력이 감소하나 과냉도는 감소하지 않는다.

정답 | ③

39 빈출도 ★

두께가 200[mm]인 두꺼운 평판의 한 면(T_0)은 600[K], 다른 면(T_1)은 300[K]로 유지될 때 단위 면적당 평판을 통한 열전달량[W/m²]은? (단, 열전도율은 온도에 따라 $\lambda(t)=\lambda_0(1+\beta t_m)$로 주어지며, λ_0는 0.029[W/m·K], β는 3.6×10^{-3}[K^{-1}]고, t_m은 양 면간의 평균온도이다.)

① 114   ② 105
③ 97   ④ 83

해설

전도에 의한 열전달량
$Q_{전도}[W] = \dfrac{\lambda}{l} A(T_{in} - T_{out})$
$\lambda = 0.029(1+0.0036 \times 450) = 0.07598$[W/m·K]이므로
$Q = \dfrac{0.07598[W/m \cdot K]}{0.2[m]} \times A \times (600-300)[K]$
따라서 단위 면적당 열전달량 $\dfrac{Q}{A} = 113.97$[W/m²]

정답 | ①

40 빈출도 ★★

냉동장치에서 증발온도를 일정하게 하고 응축온도를 높일 때 나타나는 현상으로 옳은 것은?

① 성적계수 증가   ② 압축일량 감소
③ 토출가스온도 감소   ④ 체적효율 감소

해설

응축온도가 상승하면 압축비가 증가하여 토출가스 온도가 상승하고 냉동효과와 성적계수는 감소한다. 응축온도를 높이면 플래시가스 발생량이 증가하면서 실제 냉매순환량이 줄어드는 효과가 나타나므로 체적효율이 감소한다.

정답 | ④

공기조화

41 빈출도 ★

겨울철 창면을 따라 발생하는 콜드 드래프트(cold draft)의 원인으로 틀린 것은?

① 인체 주위의 기류속도가 클 때
② 주위공기의 습도가 높을 때
③ 주위 벽면의 온도가 낮을 때
④ 창문의 틈새를 통한 극간풍이 많을 때

해설

인체가 신진대사로 생산하는 열량보다 주위로 방출하는 열량이 많아서 한기를 느끼는 현상을 콜드 드래프트라고 한다. 주위 벽면이 차갑거나 습도가 낮은 경우 또는 기류의 속도가 빠를 때 발생한다.

정답 | ②

42 빈출도 ★★

냉각탑에 관한 설명으로 틀린 것은?

① 어프로치는 냉각탑 출구수온과 입구공기 건구온도 차
② 레인지는 냉각수의 입구와 출구의 온도차
③ 어프로치를 적게 할수록 설비비 증가
④ 어프로치는 일반 공조에서 5[℃] 정도로 설정

해설

쿨링 어프로치는 출구 수온과 입구공기의 습구온도 차이이다. 쿨링 레인지가 클수록, 쿨링 어프로치가 작을수록 응축능력이 좋은 냉각탑이며 일반적으로 냉각탑은 설비비가 많이 든다.

정답 | ①

43 빈출도 ★★

공기조화기에 관한 설명으로 옳은 것은?

① 유닛 히터는 가열코일과 팬, 케이싱으로 구성된다.
② 유인 유닛은 팬만을 내장하고 있다.
③ 공기 세정기를 사용하는 경우에는 엘리미네이터를 사용하지 않아도 좋다.
④ 팬 코일 유닛은 팬과 코일, 냉동기로 구성된다.

해설

유인 유닛에는 소음체임버, 가열코일, 팬, 에어필터가 내장되어 있다. 팬코일 유닛은 팬, 전동기, 냉온수 겸용 코일, 공기여과기, 응축수받이판, 케이싱으로 구성된다.

정답 | ①

44 빈출도 ★★★

증기난방 방식에는 환수주관을 보일러 수면보다 높은 위치에 배관하는 환수배관방식은?

① 습식 환수방식   ② 강제 환수방식
③ 건식 환수방식   ④ 중력 환수방식

해설

건식 환수방식은 환수주관이 보일러 수면보다 높아서 응축수가 주관 하부를 따라 흐른다. 습식 환수방식은 환수주관이 보일러 수면보다 낮아서 응축수가 만수 상태로 주관 속을 흐른다.

정답 | ③

45 빈출도 ★

덕트 내의 풍속이 $8[m/s]$이고 정압이 $200[Pa]$일 때, 전압$[P_a]$은 얼마인가? (단, 공기밀도는 $1.2[kg/m^3]$이다.)

① $197.3[Pa]$ ② $218.4[Pa]$
③ $238.4[Pa]$ ④ $255.3[Pa]$

해설

- 동압 $= \frac{1}{2}\rho v^2 = \frac{1}{2} \times 1.2[kg/m^3] \times 8[m/s]^2$
  $= 38.4[Pa]$
- 전압 $=$ 동압 $+$ 정압 $= 200 + 38.4 = 238.4[Pa]$

정답 | ③

46 빈출도 ★

덕트의 굴곡부 등에서 덕트 내에 흐르는 기류를 안정시키기 위한 목적으로 사용하는 기구는?

① 스플릿 댐퍼   ② 가이드 베인
③ 릴리프 댐퍼   ④ 버터플라이 댐퍼

해설

덕트의 굴곡부 등에서 덕트 내에 흐르는 기류를 안정시키기 위해 가이드 베인을 사용한다.
분기부에는 풍량조절용 스플릿 댐퍼와 난류 방지용 가이드베인을 설치한다.

정답 | ②

47 빈출도 ★★★

공조기의 풍량이 $45,000[kg/h]$, 코일통과 풍속을 $2.4[m/s]$로 할 때 냉수코일의 전면적$[m^2]$은? (단, 공기의 밀도는 $1.2[kg/m^3]$이다.)

① 3.2 ② 4.3
③ 5.2 ④ 10.4

해설

시간당 이동하는 공기의 부피 $= \frac{45,000[kg/h]}{1.2[kg/m^3]} = 37,500[m^3/h]$
부피 $Q = A \cdot vt$에서 부피율 $\dot{Q} = Av$이므로
전면적 $A = \frac{\dot{Q}}{v} = \frac{37,500}{2.4 \times 3,600} = 4.34[m^2]$

정답 | ②

48 빈출도 ★

장방형 덕트(장변 a, 단변 b)를 원형덕트로 바꿀 때 사용하는 계산식은 아래와 같다. 이 식으로 환산된 장방형 덕트와 원형덕트의 관계는?

$$D_e = 1.3\left[\frac{(a \times b)^5}{(a+b)^2}\right]^{1/8}$$

① 두 덕트의 풍량과 단위 길이당 마찰손실이 같다.
② 두 덕트의 풍량과 풍속이 같다.
③ 두 덕트의 풍속과 단위 길이당 마살손실이 같다.
④ 두 덕트의 풍량과 풍속 및 단위 길이당 마찰 손실이 모두 같다.

해설

장방형 또는 타원형 덕트를 원형덕트로 바꿀 때 사용하는 계산식으로 이 식으로 환산된 정방형 덕트와 원형덕트의 풍량과 단위 길이당 마찰손실은 같다.
※ 식에서 구한 직경(D_e)을 상당 직경이라고 한다.

정답 | ①

49 빈출도 ★★

9[m]×6[m]×3[m]의 강의실에 10명의 학생이 있다. 1인당 CO_2 토출량이 15[L/h]이면, 실내 CO_2양을 0.1[%]로 유지시키는 데 필요한 환기량[m³/h]은? (단, 외기 CO_2양은 0.04[%]로 한다.)

① 80   ② 120
③ 180   ④ 250

해설

- 환기에 의해 방출되는 CO_2의 부피 $= Q(C_i - C_o)$[mL/h]
  단, C_i: 허용농도[ppm], C_o: 실외농도[mL/m³]
- 실내의 오염물질 발생량 M[mL/h]$=10 \times 15{,}000$[mL/h]
  ※ 1[L/h]$=1{,}000$[mL/h]
- $Q(C_i - C_o) = M$에서
  환기량 $\dfrac{M}{C_i - C_o} = \dfrac{10 \times 15{,}000 [\text{mL/h}]}{1{,}000 - 400 [\text{mL/m}^3]} = 250$[m³/h]

정답 | ④

50 빈출도 ★★

난방용 보일러의 요구조건이 아닌 것은?

① 일상취급 및 보수관리가 용이할 것
② 건물로의 반출입이 용이할 것
③ 높이 및 설치면적이 적을 것
④ 전열효율이 낮을 것

해설

난방용 보일러의 전열효율은 높아야 한다.

정답 | ④

51 빈출도 ★★★

온수난방에 대한 설명으로 틀린 것은?

① 증기난방에 비하여 연료소비량이 적다.
② 난방부하에 따라 온도 조절을 용이하게 할 수 있다.
③ 축열 용량이 크므로 운전을 정지해도 금방 식지 않는다.
④ 예열시간이 짧아 예열부하가 작다.

해설

비열이 큰 물을 열매로 사용하는 온수난방은 예열시간이 길어서 간헐난방에 부적당하다.

정답 | ④

52 빈출도 ★★★

온풍난방에 관한 설명으로 틀린 것은?

① 송풍 동력이 크며, 설계가 나쁘면 실내로 소음이 전달되기 쉽다.
② 실온과 함께 실내습도, 실내기류를 제어할 수 있다.
③ 실내 충고가 높을 경우에는 상하의 온도차가 크다.
④ 예열부하가 크므로 예열시간이 길다.

해설

온풍난방 시 공기는 비열이 작아서 예열시간이 짧다.

정답 | ④

53 빈출도 ★★

일사를 받는 외벽으로부터의 침입열량(q)을 구하는 계산식으로 옳은 것은? (단, K는 열관류율, A는 면적, $\triangle t$는 상당외기온도차이다.)

① $q = K \times A \times \triangle t$
② $q = 0.86 \times A / \triangle t$
③ $q = 0.24 \times A \times \triangle t / K$
④ $q = 0.29 \times K / (A \times \triangle t)$

해설

일반 상황에서는 $q = KA\Delta T$ (ΔT : 건물내외부 온도차)를 이용하고, 여름철 일사량과 유리의 투과율을 고려할 때는 $q = KA\Delta T_e$ (ΔT_e : 상당외기 온도차)를 이용한다.

정답 | ①

54 빈출도 ★★

건구온도(t_1) 5[℃], 상대습도 80[%]인 습공기를 공기가열기를 사용하여 건구온도(t_2)가 43[℃]가 되는 가열공기 950[m³/h]을 얻으려고 한다. 이때 가열에 필요한 열량[kW]은?

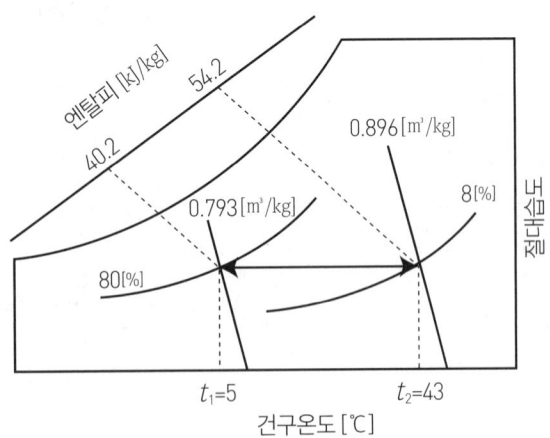

① 2.14
② 4.65
③ 8.97
④ 11.02

해설

$t_1 = 5[℃]$, 비체적 $v = 0.793[m^3/kg]$, 습공기 부피율 $\dot{Q} = 950[m^3/h]$이므로 초당 공급되는 습공기의 질량은

$$\dot{m} = \frac{\dot{Q}}{v} = \frac{\frac{950[m^3/h]}{3,600[s/h]}}{0.793[m^3/kg]} = 0.333[kg/s] 이다.$$

따라서 습공기가 얻은 전열
= 습공기의 질량 × 엔탈피 변화량
= $0.333[kg/s] \times (54.2 - 40.2)[kJ/kg] = 4.659[kW]$이다.

정답 | ②

55 빈출도 ★★

공기조화설비 중 수분이 공기에 포함되어 실내로 급기되는 것을 방지하기 위해 설치하는 것은?

① 에어와셔
② 에어필터
③ 엘리미네이터
④ 벤틸레이터

해설

세정실 뒤에 설치된 엘리미네이터는 수분의 비산을 막는다.

정답 | ③

56 빈출도 ★★★

팬 코일 유닛방식에 대한 설명으로 틀린 것은?

① 일반적으로 사무실, 호텔, 병원 및 점포 등에 사용한다.
② 배관방식에 따라 2관식, 4관식으로 분류한다.
③ 중앙기계실에서 냉수 또는 온수를 공급하여 각 실에 설치한 팬 코일 유닛에 의해 공조하는 방식이다.
④ 팬코일 유닛방식에서 열부하 분담은 내부 존 팬 코일 유닛방식과 외부 존 터미널방식이 있다.

해설

전수 방식은 증기, 온수, 냉수를 각 실에 있는 팬코일 유닛으로 공급시켜 냉난방을 하므로 팬코일 유닛 방식이라고도 한다. 열부하 분담 방식에 따라 외부존 팬코일식, 내부존 터머널식으로 나뉜다.

정답 | ④

57 빈출도 ★★★

다음 중 직접 난방방식이 아닌 것은?

① 온풍 난방
② 고온수 난방
③ 저압증기 난방
④ 복사 난방

해설

온풍은 간접적으로 가열된 열매이므로 온풍 난방을 간접 난방으로 분류한다.

정답 | ①

58 빈출도 ★★

공조기에서 냉·온풍을 혼합댐퍼에 의해 일정한 비율로 혼합한 후 각 존 또는 각 실로 보내는 공조방식은?

① 단일덕트 재열방식 ② 멀티존 유닛 방식
③ 단일덕트 방식 ④ 유인 유닛 방식

해설

냉풍과 온풍을 혼합댐퍼에 의해 일정 비율로 혼합 후 각 존으로 보내는 방식은 멀티존 유닛 방식이다. 유인 유닛 방식에서는 1차 공기와 유인공기를 혼합한다.

정답 | ②

59 빈출도 ★

다음 원심송풍기의 풍량제어 방법 중 동일한 송풍량 기준 소요동력이 가장 적은 것은?

① 흡입구 베인 제어 ② 스크롤 댐퍼 제어
③ 토출측 댐퍼 제어 ④ 회전수 제어

해설

속도를 낮춰 제어(회전수 제어)할 경우 송풍량 변화에 따른 전력 절감 효과가 가장 크다.

개념설명 풍량 제어 효과

회전수 제어 > 흡입구 베인 제어 > 흡입 댐퍼 제어 > 토출 댐퍼 제어

정답 | ④

60 빈출도 ★★★

동일한 송풍기에서 회전수를 2배로 했을 경우 풍량, 정압, 소요동력의 변화에 대한 설명으로 옳은 것은?

① 풍량 1배, 정압 2배, 소요동력 2배
② 풍량 1배, 정압 2배, 소요동력 4배
③ 풍량 2배, 정압 4배, 소요동력 4배
④ 풍량 2배, 정압 4배, 소요동력 8배

해설

날개 회전수가 n배로 빨라지면 풍량은 n배, 풍압은 n^2배, 동력은 n^3배가 된다. 즉, 회전수를 2배로 하면 풍량 2배, 정압 4배, 소요동력 8배가 된다.

정답 | ④

전기제어공학

61 빈출도 ★★★

아래 접점회로의 논리식으로 옳은 것은?

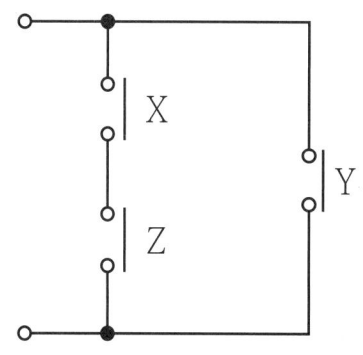

① $X \cdot Y \cdot Z$ ② $(X+Y) \cdot Z$
③ $(X \cdot Z) + Y$ ④ $X+Y+Z$

해설

- X와 Z 직렬연결: XZ
- XZ와 Y 병렬연결: $XZ+Y$

정답 | ③

62 빈출도 ★

두 대 이상의 변압기를 병렬 운전하고자 할 때 이상적인 조건으로 틀린 것은?

① 각 변압기의 극성이 같을 것
② 각 변압기의 손실비가 같을 것
③ 정격용량에 비례하여 전류를 분담할 것
④ 변압기 상호간 순환전류가 흐르지 않을 것

해설

극성, 권수비, 정격전압이 같아서 순환전류가 흐르지 않아야 하며, %임피던스 강하가 같아서 용량 비례로 전류를 분담해야 한다. 변압기의 손실비는 병렬 운전조건과 관련이 없다.

정답 | ②

63 빈출도 ★★★

다음의 신호흐름선도에서 전달함수 $C(s)/R(s)$는?

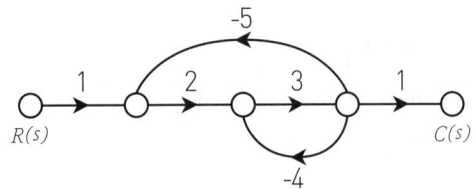

① $-\dfrac{6}{41}$ ② $\dfrac{6}{41}$

③ $-\dfrac{6}{43}$ ④ $\dfrac{6}{43}$

해설

- 진행경로의 이득: $1 \times 2 \times 3 \times 1 = 6$
- 루프의 이득: $2 \times 3 \times (-5) = -30,\ 3 \times (-4) = -12$
- 전달함수

$$\dfrac{C(s)}{R(s)} = \dfrac{\Sigma 진행경로의\ 이득}{1 - \Sigma 루프의\ 이득}$$
$$= \dfrac{6}{1-(-30-12)} = \dfrac{6}{43}$$

정답 | ④

64 빈출도 ★★★

입력에 대한 출력의 오차가 발생하는 제어시스템에서 오차가 변환하는 속도에 비례하여 조작량을 가변하는 제어 방식은?

① 미분 제어 ② 정치 제어
③ on-off 제어 ④ 시퀀스 제어

해설

제어동작에 따라 분류했을 때 편차의 변화속도에 비례하여 조작량을 변화시키는 동작은 미분 제어이다.

정답 | ①

65 빈출도 ★★

시퀀스 제어에 관한 설명으로 틀린 것은?

① 조합논리회로가 사용된다.
② 시간지연요소가 사용된다.
③ 제어용 계전기가 사용된다.
④ 폐회로 제어계로 사용된다.

해설

시스템의 출력을 입력에 피드백하지 않고 기준 입력만으로 제어 신호를 만들어서 출력을 제어하는 방식을 시퀀스 제어라고 하며, 개루프 제어라고도 한다. 폐회로 제어계는 피드백 제어에 해당한다.

정답 | ④

66 빈출도 ★★★

피드백 제어에 관한 설명으로 틀린 것은?

① 정확성이 증가한다.
② 대역폭이 증가한다.
③ 입력과 출력의 비를 나타내는 전체이득이 증가한다.
④ 개루프 제어에 비해 구조가 비교적 복잡하고 설치비가 많이 든다.

해설

피드백 제어 시스템은 구조가 복잡하지만 정확성 및 대역폭이 증가하는 장점이 있다. 피드백 제어는 전체 이득이 증가하는 것이 아니라 특성변화에 대한 이득의 감도가 감소한다.

정답 | ③

67 빈출도 ★★

어떤 코일에 흐르는 전류가 0.01초 사이에 20[A]에서 10[A]로 변할 때 20[V]의 기전력이 발생한다고 하면 자기 인덕턴스[mH]는?

① 10
② 20
③ 30
④ 50

해설

코일에 형성되는 유도 기전력은 $V = -L\dfrac{dI}{dt}$로, 전류의 시간 변화율에 비례하고 자기인덕턴스에 비례한다. 따라서
$20\text{V} = L \times \dfrac{(20-10)\text{A}}{0.01\text{s}} \Rightarrow L = 0.02\text{H} = 20[\text{mH}]$이다.

정답 | ②

68 빈출도 ★★

절연의 종류를 최고 허용온도가 낮은 것부터 높은 순서로 나열한 것은?

① A종 < Y종 < E종 < B종
② Y종 < A종 < E종 < B종
③ E종 < Y종 < B종 < A종
④ B종 < A종 < E종 < Y종

해설

절연등급이 가장 낮은 것은 Y종이며 A종 < E종 < B종 순서로 최고 허용온도가 높아진다.

개념설명 절연등급과 최고 허용온도

구분	Y	A	E	B	F	H	C
허용 최고온도[℃]	90	105	120	130	155	180	180 초과

정답 | ②

69 빈출도 ★★

다음 중 전류계에 대한 설명으로 틀린 것은?

① 전류계의 내부저항이 전압계의 내부저항보다 작다.
② 전류계를 회로에 병렬접속하면 계기가 손상될 수 있다.
③ 직류용 계기에는 (+), (-)의 단자가 구별되어 있다.
④ 전류계의 측정 범위를 확장하기 위해 직렬로 접속한 저항을 분류기라고 한다.

해설

전류계의 측정 범위를 넓히기 위해 전류계의 내부저항에 병렬로 연결하는 작은 저항을 분류기라고 한다.

정답 | ④

70 빈출도 ★★

100[V]에서 500[W]를 소비하는 저항이 있다. 이 저항에 100[V]의 전원을 200[V]로 바꾸어 접속하면 소비되는 전력[W]은?

① 250
② 500
③ 1,000
④ 2,000

해설

- 인가되는 전압이 달라져도 전기 저항은 달라지지 않으므로 100[V]-500[W] 전기기구의 저항을 먼저 구하면,
$R = \dfrac{V^2}{P} = \dfrac{100^2}{500} = 20[\Omega]$
- 인가전압을 200[V]로 바꾸면 소비전력은
$P = \dfrac{200^2}{20} = 2{,}000[\text{W}]$이다.

※ 전력을 구하는 공식에는 $P = VI$, $P = I^2R$, $P = \dfrac{V^2}{R}$이 있는데 이 중 전류를 포함하지 않는 공식인 $P = \dfrac{V^2}{R}$을 적용한다.

정답 | ④

71 빈출도 ★★

코일에 단상 200[V]의 전압을 가하면 10[A]의 전류가 흐르고 1.6[kW]의 전력을 소비된다. 이 코일과 병렬로 콘덴서를 접속하여 회로의 합성역률을 100[%]로 하기 위한 용량 리액턴스[Ω]는 약 얼마인가?

① 11.1
② 22.2
③ 33.3
④ 44.4

해설

- 유효전력 $P=1,600[W]$이고, 피상전력 $P_a=VI=200[V]\times 10[A]=2,000[VA]$이다.
  따라서 $P_a^2=P^2+P_r^2$으로부터 무효전력 $P_r=1,200[Var]$이다.
- $P_r=\dfrac{V^2}{X}$에서 유도 리액턴스를 구하면 $X_L=\dfrac{200^2}{1,200}=33.3[\Omega]$이다. 합성 역률이 100[%]이기 위해서 유도 리액턴스와 같은 크기의 용량 리액턴스가 필요하므로 $X_C=33.3[\Omega]$이 필요하다.

정답 | ③

72 빈출도 ★★★

기계적 제어의 요소로서 변위를 공기압으로 변환하는 요소는?

① 벨로즈
② 트랜지스터
③ 다이아프램
④ 노즐플래퍼

해설

변위를 압력으로 변환하는 검출기기에는 노즐플래퍼, 유압분사관이 있다. 노즐플래퍼는 공기의 압력, 유압분사관은 유체의 압력이 최종 변환량이다.

정답 | ④

73 빈출도 ★★

다음 회로에서 $E=100[V]$, $R=4[\Omega]$, $X_L=5[\Omega]$, $X_C=2[\Omega]$일 때 이 회로에 흐르는 전류[A]는?

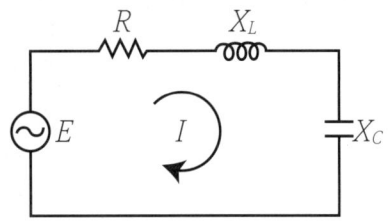

① 10
② 15
③ 20
④ 25

해설

RLC 직렬 회로의 임피던스는 $Z=\sqrt{R^2+(X_L-X_C)^2}$이므로 $Z=\sqrt{4^2+(5-2)^2}=5[\Omega]$이다.
따라서 전류 $I=\dfrac{E}{Z}=\dfrac{100}{5}=20[A]$

정답 | ③

74 빈출도 ★★★

다음 블록선도의 전달함수 $C(s)/R(s)$는?

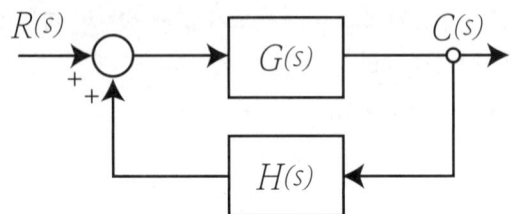

① $\dfrac{G(s)}{1-G(s)H(s)}$
② $\dfrac{G(s)}{1+G(s)H(s)}$
③ $\dfrac{H(s)}{1-G(s)H(s)}$
④ $\dfrac{H(s)}{1+G(s)H(s)}$

해설

- 진행경로의 이득: $G(s)$
- 루프의 이득: $G(s)H(s)$
- 전달함수
  $\dfrac{C(s)}{R(s)}=\dfrac{\Sigma\text{진행경로의 이득}}{1-\Sigma\text{루프의 이득}}=\dfrac{G(s)}{1-G(s)H(s)}$

정답 | ①

75 빈출도 ★★★

전압을 V, 전류를 I, 저항을 R, 그리고 도체의 비저항을 ρ라 할 때 옴의 법칙을 나타낸 식은?

① $V=R/I$　　② $V=I/R$
③ $V=IR$　　④ $V=IR\rho$

해설

어떤 저항체의 양단에 전압을 걸고 저항체에 흐르는 전류를 측정하면 V와 I가 비례하는 법칙을 옴의 법칙이라고 한다. 비례상수를 R이라 하면 옴의 법칙은 다음과 같이 나타낼 수 있다.
$V=IR$, $R=\dfrac{V}{I}$, $I=\dfrac{V}{R}$

정답 | ③

76 빈출도 ★

전동기를 전원에 접속한 상태에서 중력부하를 하강시킬 때 속도가 빨라지는 경우 전동기의 유기기전력이 전원전압보다 높아져서 발전기로 동작하고 발생전력을 전원으로 되돌려줌과 동시에 속도를 감속하는 제동법은?

① 회생제동　　② 역전제동
③ 발전제동　　④ 유도제동

해설

유도전동기의 제동법에는 회생제동, 역전제동, 발전제동, 단상제동이 있으며 회전자가 동기 속도 이상으로 가속될 때 유도 발전기로 동작시켜서 그 발생 전력을 전원에 반환하면서 제동하는 방법을 회생제동이라고 한다.

정답 | ①

77 빈출도 ★★

전기기기의 전로의 누전여부를 알아보기 위해 사용되는 계측기는?

① 메거　　② 전압계
③ 전류계　　④ 검전기

해설

메거는 절연되어야 하는 두 지점 사이의 저항값을 측정하여 누전여부를 확인하는 기구이다.

정답 | ①

78 빈출도 ★★

평형 3상 전원에서 각 상간 전압의 위상차[rad]는?

① $\pi/2$　　② $\pi/3$
③ $\pi/6$　　④ $(2\pi)/3$

해설

평형 3상 전원에서 세개의 상 간에는 $120°(=\dfrac{2\pi}{3})$의 위상차가 존재한다.

정답 | ④

79 빈출도 ★★

영구자석의 재료로 요구되는 사항은?

① 잔류자기 및 보자력이 큰 것
② 잔류자기가 크고 보자력이 작은 것
③ 잔류자기는 작고 보자력이 큰 것
④ 잔류자기 및 보자력이 작은 것

해설

- 영구자석의 재료는 잔류자기 및 보자력이 커야 한다.
- 전자석의 재료는 잔류자기는 크고 보자력이 작아야 한다.

정답 | ①

80 빈출도 ★

다음 회로도를 보고 진리표를 채우고자 한다. 빈칸에 알맞은 값은?

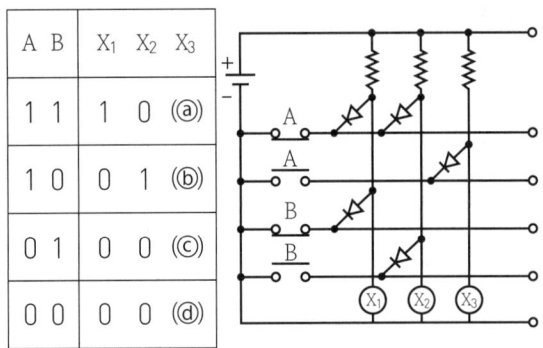

A	B	X_1	X_2	X_3
1	1	1	0	ⓐ
1	0	0	1	ⓑ
0	1	0	0	ⓒ
0	0	0	0	ⓓ

① ⓐ 1, ⓑ 1, ⓒ 0, ⓓ 0
② ⓐ 0, ⓑ 0, ⓒ 1, ⓓ 1
③ ⓐ 0, ⓑ 1, ⓒ 0, ⓓ 1
④ ⓐ 1, ⓑ 0, ⓒ 1, ⓓ 0

해설

- $A=1$, $B=1$인 경우
  전류가 릴레이 X_2, X_3를 통과하지 못하고 폐회로를 순환하며, 릴레이 X_1만 동작한다.
  $(X_1, X_2, X_3)=(1, 0, 0(ⓐ))$
- $A=1$, $B=0$인 경우
  전류가 릴레이 X_1, X_3를 통과하지 못하고 폐회로를 순환하며, 릴레이 X_2만 동작한다.
  $(X_1, X_2, X_3)=(0, 1, 0(ⓑ))$
- $A=0$, $B=1$인 경우
  전류가 릴레이 X_1, X_2를 통과하지 못하고 폐회로를 순환하며, 릴레이 X_3만 동작한다.
  $(X_1, X_2, X_3)=(0, 0, 1(ⓒ))$
- $A=0$, $B=0$인 경우
  전류가 릴레이 X_1, X_2를 통과하지 못하고 폐회로를 순환하며, 릴레이 X_3만 동작한다.
  $(X_1, X_2, X_3)=(0, 0, 1(ⓓ))$

따라서 ⓐ: 0, ⓑ: 0, ⓒ: 1, ⓓ: 1이다.

정답 | ②

배관일반

81 빈출도 ★★★

급수배관의 수격현상 방지방법으로 가장 거리가 먼 것은?

① 펌프에 플라이휠을 설치한다.
② 관경을 작게 하고 유속을 매우 빠르게 한다.
③ 에어챔버를 설치한다.
④ 완폐형 체크밸브를 설치한다.

해설

관경을 작게 하고 유속을 매우 빠르게 하면 수격현상이 쉽게 일어난다.

개념설명 수격현상 방지대책

- 급수 관경을 크게 하여 관내 압력을 낮춘다.
- 배관 내 유속을 1.5~2.5[m/s]로 적정 속도를 유지하도록 한다.
- 급폐쇄 시 발생하는 충격을 흡수하거나 분산시키도록 수격 방지기를 설치한다.
- 펌프에 플라이휠을 장착하고, 펌프 토출 측에 체크 밸브를 설치한다.
- 모터밸브, 플러시 밸브 같은 급폐쇄형 밸브 근처에 공기실을 설치한다.

정답 | ②

82 빈출도 ★

경질염화비닐관의 TS식 이음에서 작용하는 3가지 접착효과로 가장 거리가 먼 것은?

① 유동삽입   ② 일출접착
③ 소성삽입   ④ 변형삽입

해설

TS식 이음에는 소성삽입 방식을 적용하지 않는다. PVC관에 열을 가하지 않고 일출접착하여 유동삽입하고 이음부를 눌러 변형 삽입하는 것은 TS식 이음의 특징이다.

정답 | ③

83 빈출도 ★★

펌프 주위 배관시공에 관한 사항으로 틀린 것은?

① 풋 밸브 등 모든 관의 이음은 수밀, 기밀을 유지할 수 있도록 한다.
② 흡입관의 길이는 가능한 한 짧게 배관하여 저항이 적도록 한다.
③ 흡입관의 수평배관은 펌프를 향하여 하향 구배로 한다.
④ 양정이 높을 경우 펌프 토출구와 게이트 밸브 사이에 체크밸브를 설치한다.

해설

흡입관의 길이는 가급적 짧게 하며 공기주머니가 생기지 않도록 펌프를 향하여 1/50~1/100의 상향 구배로 한다.

정답 | ③

84 빈출도 ★★

무기질 단열재에 관한 설명으로 틀린 것은?

① 암면은 단열성이 우수하고 아스팔트 가공된 보냉용의 경우 흡수성이 양호하다.
② 유리섬유는 가볍고 유연하여 작업성이 매우 좋으며 칼이나 가위 등으로 쉽게 절단된다.
③ 탄산마그네슘 보온재는 열전도율이 낮으며 300~320[℃]에서 열분해한다.
④ 규조토 보온재는 비교적 단열효과가 낮으므로 어느 정도 두껍게 시공하는것이 좋다.

해설

암면은 아스팔트 가공된 보냉용의 경우 흡수성이 약하다. 탄산마그네슘은 고온에서 열분해되며, 규조토는 단열효과가 낮은 편이다.

정답 | ①

85 빈출도 ★★

다음 중 기수혼합식(증기분류식) 급탕설비에서 소음을 방지하는 기구는?

① 가열코일　　② 사일렌서
③ 순환펌프　　④ 서머스탯

해설

기수혼합식 탕비기는 물과 고압증기가 혼합되는 과정에서 소음이 발생하므로 소음 절감용의 증기 사일런서를 공급관의 말단부에 설치한다.

정답 | ②

86 빈출도 ★★

증기난방법에 관한 설명으로 틀린 것은?

① 저압식은 증기의 사용압력이 0.1[MPa] 미만인 경우이며, 주로 10~35[kPa]인 증기를 사용한다.
② 단관 중력 환수식의 경우 증기와 응축수가 역류하지 않도록 선단 하향 구배로 한다.
③ 환수주관을 보일러 수면보다 높은 위치에 배관한 것은 습식환수관식이다.
④ 증기의 순환이 가장 빠르며 방열기, 보일러 등의 설치위치에 제한을 받지 않고 대규모 난방용으로 주로 채택되는 방식은 진공환수식이다.

해설

건식 환수방식은 환수주관이 보일러 수면보다 높아서 응축수가 주관 하부를 따라 흐른다. 습식 환수방식은 환수주관이 보일러 수면보다 낮아서 응축수가 만수 상태로 주관 속을 흐른다.

정답 | ③

87 빈출도 ★★★

같은 지름의 관을 직선으로 연결할 때 사용하는 배관 이음쇠가 아닌 것은?

① 소켓 ② 유니언
③ 벤드 ④ 플랜지

해설

벤드는 배관의 방향을 전환하기 위한 배관 이음쇠이다.

선지분석
① 소켓: 애관을 연장하거나 볼밸브를 연결할 때 사용한다.
② 유니언: 고정된 두 배관을 분해 및 조립할 때 사용한다.
④ 플랜지: 용접 없이 조립과 분해가 용이하여 배관을 직선 연결할 때 사용한다.

정답 | ③

88 빈출도 ★★

기체 수송 설비에서 압축공기 배관의 부속장치가 아닌 것은?

① 후부냉각기 ② 공기여과기
③ 안전밸브   ④ 공기빼기밸브

해설

압축공기 배관은 공기탱크, 후부냉각기, 공기여과기, 안전밸브로 구성된다. 공기빼기밸브는 온수 배관 최상부에 설치하여 배관 내에 고여 있는 공기를 배출한다.

정답 | ④

89 빈출도 ★

가스수요의 시간적 변화에 따라 일정한 가스량을 안전하게 공급하고 저장을 할 수 있는 가스홀더의 종류가 아닌 것은?

① 무수(無水)식 ② 유수(有水)식
③ 주수(柱水)식 ④ 구(球)형

해설

주수식은 가스홀더의 종류가 아니다. 대형 저장용기를 지칭하는 가스홀더는 가스 압력을 균일하게 유지해 주며 그 구조에 따라 유수식, 무수식(다각통형, 구형), 수봉식, 건식, 고압식으로 구분한다.

정답 | ③

90 빈출도 ★★

제조소 및 공급소 밖의 도시가스 배관을 시가지 외의 도로 노면 밑에 매설하는 경우에는 도면으로부터 배관의 외면까지 최소 몇 [m] 이상을 유지해야 하는가?

① 1.0 ② 1.2
③ 1.5 ④ 2.0

해설

배관을 시가지 도로의 노면밑에 매설하는 경우에는 배관 외면과 도로 노면까지 1.5[m] 이상으로 하고, 배관을 시가지 도로 외의 노면밑에 매설하는 경우에는 배관 외면과 도로 노면까지 1.2[m] 이상으로 한다.

정답 | ②

91 빈출도 ★★★

다음 도시기호의 이음은?

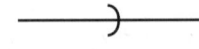

① 나사식 이음 ② 용접식 이음
③ 소켓식 이음 ④ 플랜지식 이음

해설

배관의 연결 방법과 도시기호는 다음과 같다.

연결 방법	도시기호
나사형	─┼─
용접형	─●─
플랜지형	─╂─
소켓형	─)─
유니언형	─╫─

정답 | ③

92 빈출도 ★★

패킹재의 선정 시 고려사항으로 관내 유체의 화학적 성질이 아닌 것은?

① 점도
② 부식성
③ 휘발성
④ 용해능력

해설

점도는 유체의 물리적 성질이다.

개념설명 유체의 성질

물리적 성질	화학적 성질
• 밀도 • 점도	• 부식성 • 휘발성 • 용해능력

정답 | ①

93 빈출도 ★★★

도시가스 배관 시 배관이 움직이지 않도록 관 지름 13[mm] 이상 33[mm] 미만의 경우 몇 [m]마다 고정장치를 설치해야 하는가?

① 1[m]
② 2[m]
③ 3[m]
④ 4[m]

해설

가스관 지름이 13[mm] 미만이면 1[m]마다 고정하고, 13~33[mm] 이면 2[m]마다 고정한다.

정답 | ②

94 빈출도 ★

급수관의 평균 유속이 2[m/s]이고 유량이 100[L/s]로 흐르고 있다. 관 내 마찰손실을 무시할 때 안지름 [mm]은 얼마인가?

① 173
② 227
③ 247
④ 252

해설

• 유량
$$\dot{Q} = \frac{\pi D^2}{4} \times v \, [\text{m}^3/\text{s}]$$

• 급수관 안지름
$$D = \sqrt{\frac{4\dot{Q}}{\pi v}} = \sqrt{\frac{4 \times (100 \times 10^{-3}[\text{m}^3/\text{s}])}{\pi \times 2[\text{m/s}]}} = 0.252[\text{m}]$$
$$= 252[\text{mm}]$$

정답 | ④

95 빈출도 ★★

밸브의 역할로 가장 먼 것은?

① 유체의 밀도 조절
② 유체의 방향 전환
③ 유체의 유량 조절
④ 유체의 흐름 단속

해설

앵글 밸브는 유체의 방향을 전환하고, 글로브 밸브는 유체의 유량을 조절하고, 게이트 밸브는 유체의 흐름을 단속한다. 유체의 밀도는 부피에 따라 달라지므로 압축기로 조절한다.

정답 | ①

96 빈출도 ★★

온수배관 시공시 유의사항으로 틀린 것은?

① 배관재료는 내열성을 고려한다.
② 온수배관에는 공기가 고이지 않도록 구배를 준다.
③ 온수 보일러의 릴리프 관에는 게이트 밸브를 설치한다.
④ 배관의 신축을 고려한다.

해설
온수 배관 및 급탕 배관은 길이 팽창을 흡수하기 위해 신축 이음으로 접합하며 내열성 배관을 보온재로 감싸야 한다. 팽창관과 릴리프관을 통해 공기가 빠져나가야 하므로 관 도중에 밸브를 달아서는 안 된다.

정답 | ③

97 빈출도 ★★

배관용 패킹재료 선정 시 고려해야 할 사항으로 거리가 먼 것은?

① 유체의 압력
② 재료의 부식성
③ 진동의 유무
④ 시트면의 형상

해설
패킹재료를 선정할 때는 유체의 물리적 성질(압력, 진동)과 화학적 성질(부식성, 휘발성, 용해능력)을 모두 고려하여야 한다.

정답 | ④

98 빈출도 ★★

냉동배관 시 플렉시블 조인트의 설치에 관한 설명으로 틀린 것은?

① 가급적 압축기 가까이에 설치한다.
② 압축기의 진동방향에 대하여 직각으로 설치한다.
③ 압축기가 가동할 때 무리한 힘이 가해지지 않도록 설치한다.
④ 기계·구조물 등에 접촉되도록 견고하게 설치한다.

해설
플렉시블 조인트는 압축기의 진동을 흡수하기 위해 압축기 가까이에 설치하며 기계나 구조물과 접촉하지 않도록 설치해야 한다.

정답 | ④

99 빈출도 ★★★

온수난방 배관에서 역귀환방식을 채택하는 주된 목적으로 가장 적합한 것은?

① 배관의 신축을 흡수하기 위하여
② 온수가 식지 않게 하기 위하여
③ 온수의 유량분배를 균일하게 하기 위하여
④ 배관길이를 짧게 하기 위하여

해설
역귀환 방식의 환수배관을 설치하면 온수의 유량을 균일하게 분배가 가능하며 단락현상을 방지할 수 있다.

정답 | ③

100 빈출도 ★★★

급탕배관 시공에 관한 설명으로 틀린 것은?

① 배관의 굽힘 부분에는 벨로즈 이음을 한다.
② 하향식 급탕주관의 최상부에는 공기빼기 장치를 설치한다.
③ 팽창관의 관경은 겨울철 동결을 고려하여 25A 이상으로 한다.
④ 단관식 급탕배관 방식에는 상향배관, 하향배관 방식이 있다.

해설
급탕배관의 신축을 고려하여 굽힘 부분에는 스위블 이음으로 접합하고 벽 관통 부분에는 슬리브를 끼운다.

정답 | ①

2019년 1회 기출문제

기계열역학

01 빈출도 ★★

다음 중 강도성 상태량(Intensive property)이 아닌 것은?

① 온도　　　　　② 압력
③ 체적　　　　　④ 밀도

해설

질량에 무관한 물리량을 강도성 상태량이라고 한다. 체적은 질량에 따라 달라지므로 종량성 상태량에 해당한다.

정답 | ③

02 빈출도 ★

다음 중 기체상수(gas constant, R[kJ/kg·K])값이 가장 큰 기체는?

① 산소(O_2)　　　　② 수소(H_2)
③ 일산화탄소(CO)　　④ 이산화탄소(CO_2)

해설

기체상수 R은 8.314[J/mol·K]로 모든 종류의 기체에 대해 8.314이지만, R의 단위가 [kJ/kg·K]인 경우 8.314[J/mol·K]를 각 기체의 분자량으로 나누어 구해야 한다. 즉, 기체상수는 분자량에 반비례하므로 분자량이 가장 작은 수소(H_2)의 기체상수값이 가장 크다.

개념설명 분자량

구분	분자량[g/mol]
산소 O_2	32
수소 H_2	2
일산화탄소 CO	28
이산화탄소 CO_2	44

정답 | ②

03 빈출도 ★★★

실린더에 밀폐된 8[kg]의 공기가 그림과 같이 $P_1=800$[kPa], 체적 $V_1=0.27$[m³]에서 $P_2=350$[kPa], 체적 $V_2=0.80$[m³]으로 직선 변화하였다. 이 과정에서 공기가 한 일은 약 몇 [kJ]인가?

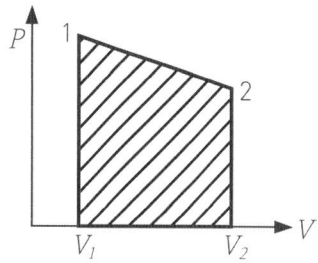

① 305　　　　　② 334
③ 362　　　　　④ 390

해설

공기가 한 일은 $W=\int PdV$로 $P-V$ 그래프에서 빗금친 부분의 넓이와 같다.

따라서 $W=\dfrac{P_1+P_2}{2}\times(V_2-V_1)$

$=\dfrac{(800+350)[\text{kPa}]}{2}\times(0.8-0.27)[\text{m}^3]$

$=304.75[\text{kJ}]$

정답 | ①

04 빈출도 ★★

이상기체에 대한 다음 관계식 중 잘못된 것은? (단, C_v는 정적비열, C_p는 정압비열, u는 내부에너지, T는 온도, V는 부피, h는 엔탈피, R은 기체상수, k는 비열비이다.)

① $C_v = \left(\dfrac{\partial u}{\partial T}\right)_v$ ② $C_p = \left(\dfrac{\partial u}{\partial T}\right)_v$

③ $C_p - C_v = R$ ④ $C_p = \dfrac{kR}{k-1}$

해설

$Q = P\Delta V + \Delta u$ … (i)
$Q = Cm\Delta T = cn\Delta T$ … (ii)
$\Delta h = \Delta u + \Delta(PV)$ … (iii)

- 정적과정이면 (i)으로부터 $Q_v = \Delta U$이고 (ii)으로부터
  $Q_v = C_v \Delta T$이므로 $C_v = \dfrac{\Delta u}{\Delta T} = \left(\dfrac{\partial u}{\partial T}\right)_v$

- 정압과정이면 (iii)으로부터 $\Delta h = \Delta u + P\Delta V$이므로
  $\Delta h = Q$이다. 따라서 $C_p = \dfrac{\Delta Q}{\Delta T} = \left(\dfrac{\partial H}{\partial T}\right)_p$

정답 | ②

05 빈출도 ★★★

이상기체 1[kg]이 초기에 압력 2[kPa], 부피 0.1[m³]를 차지하고 있다. 가역등온과정에 따라 부피가 0.3[m³]로 변화했을 때 기체가 한 일은 약 몇 [J]인가?

① 9,540 ② 2,200
③ 954 ④ 220

해설

등온과정에서 기체가 하는 일

$W = P_1 V_1 \ln \dfrac{V_2}{V_1} = 2[\text{kPa}] \times 0.1[\text{m}^3] \times \ln \dfrac{0.3}{0.1}$
$= 0.2197[\text{kJ}] = 219.7[\text{J}]$

정답 | ④

06 빈출도 ★★

시간당 380,000[kg]의 물을 공급하여 수증기를 생산하는 보일러가 있다. 이 보일러에 공급하는 물의 엔탈피는 830[kJ/kg]이고, 생산되는 수증기의 엔탈피는 3,230[kJ/kg]이라고 할 때, 발열량이 32,000[kJ/kg]인 석탄을 시간당 34,000[kg]씩 보일러에 공급한다면 이 보일러의 효율은 약 몇 [%]인가?

① 66.9[%] ② 71.5[%]
③ 77.3[%] ④ 83.8[%]

해설

보일러의 효율 $= \dfrac{\text{출력(증기)}}{\text{입력(연료)}} = \dfrac{\text{열매의 질량} \times \text{엔탈피 증가량}}{\text{연료소비량} \times \text{저위발열량}}$

$= \dfrac{380,000[\text{kg/h}] \times (3,230 - 830)[\text{kJ/kg}]}{34,000[\text{kg/h}] \times 32,000[\text{kJ/kg}]}$

$= \dfrac{3.8 \times 10^5 \times 2.4 \times 10^3}{3.4 \times 10^4 \times 3.2 \times 10^4} = 0.838 = 83.8[\%]$

정답 | ④

07 빈출도 ★★

600[kPa], 300[K] 상태의 이상기체 1[kmol]이 엔탈피가 등온과정을 거쳐 압력이 200[kPa]로 변했다. 이 과정동안의 엔트로피 변화량은 약 몇 [kJ/K]인가? (단, 일반기체상수($\overline{R}$)은 8.31451[kJ/kmol·K]이다.)

① 0.782 ② 6.31
③ 9.13 ④ 18.6

해설

- 등온 과정이므로
  $Q = W = n\overline{R}T \times \ln \dfrac{P_1}{P_2}$

- 엔트로피 변화량
  $\Delta S = \dfrac{\Delta Q}{T} = n\overline{R} \ln \dfrac{P_1}{P_2}$
  $= 1[\text{kmol}] \times 8.31451[\text{kJ/kmol·K}] \times \ln \dfrac{600[\text{kPa}]}{200[\text{kPa}]}$
  $= 9.13[\text{kJ/K}]$

정답 | ③

08 빈출도 ★★

계의 엔트로피 변화에 대한 열역학적 관계식 중 옳은 것은? (단, T는 온도, S는 엔트로피, U는 내부에너지, V는 체적, P는 압력, H는 엔탈피를 나타낸다.)

① $TdS = dU - PdV$
② $TdS = dH - PdV$
③ $TdS = dU - VdP$
④ $TdS = dH - VdP$

해설

- 열역학 제1법칙
  $U = Q - W$
  $dU = dQ - dW = TdS - PdV$
- 엔탈피
  $H = U + PV$
  $dH = dU + PdV + VdP = (TdS - PdV) + PdV + VdP$
  $\quad = TdS + VdP$
  따라서 $TdS = dH - VdP$

정답 | ④

09 빈출도 ★★★

그림과 같은 단열된 용기 안에 $25[°C]$의 물이 $0.8[m^3]$ 들어있다. 이 용기 안에 $100[°C]$, $50[kg]$의 쇳덩어리를 넣은 후 열적 평형이 이루어졌을 때 최종 온도는 약 몇 $[°C]$인가? (단, 물의 비열은 $4.18[kJ/kg·K]$, 철의 비열은 $0.45[kJ/kg·K]$이다.)

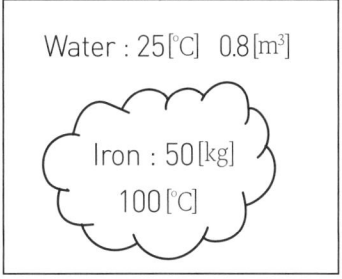

① 25.5　　② 27.4
③ 29.2　　④ 31.4

해설

- 물이 얻은 열
  $Q_1 = C_1 m_1 \Delta T_1 = 4.18 \times 800 \times (T - 25) = 3,344T - 83,600$
- 철이 잃은 열
  $Q_2 = C_2 m_2 \Delta T_2 = 0.45 \times 50 \times (100 - T) = 2,250 - 22.5T$
- $Q_1 = Q_2$이므로 $(3,344 + 22.5)T = 2,250 + 83,600$
  $\Rightarrow T = 25.5[°C]$

정답 | ①

10 빈출도 ★★

이상적인 오토사이클에서 열효율을 $55[\%]$로 하려면 압축비를 약 얼마로 하면 되겠는가? (단, 기체의 비열비는 1.4이다.)

① 5.9　　② 6.8
③ 7.4　　④ 8.5

해설

효율 $\eta = 1 - \dfrac{1}{r^{k-1}} = 1 - \dfrac{1}{r^{0.4}} = 0.55$이므로

$r^{0.4} = \dfrac{1}{0.45} \rightarrow r = \left(\dfrac{1}{0.45}\right)^{1/0.4} = 7.36$

정답 | ③

11 빈출도 ★

터빈, 압축기, 노즐과 같은 정상 유동장치의 해석에 유용한 몰리에(Mollier) 선도를 옳게 설명한 것은?

① 가로축에 엔트로피, 세로축에 엔탈피를 나타내는 선도이다.
② 가로축에 엔탈피, 세로축에 온도를 나타내는 선도이다.
③ 가로축에 엔트로피, 세로축에 밀도를 나타내는 선도이다.
④ 가로축에 비체적, 세로축에 압력을 나타내는 선도이다.

해설

몰리에르 선도는 엔트로피(가로축)-엔탈피(세로축) 그래프상에 유체의 포화액선과 건포화증기선을 그려놓은 뒤 해당 사이클을 순환하는 유체(냉매)의 엔트로피와 엔탈피 변화 추이를 겹쳐서 표시한 것이다.

정답 | ①

12 빈출도 ★★

압력 2[MPa], 300[℃]의 공기 0.3[kg]이 폴리트로픽 과정으로 팽창하여, 압력이 0.5[MPa]로 변화하였다. 이때 공기가 한 일은 약 몇 [kJ]인가? (단, 공기는 기체상수가 0.287[kJ/kg·K]인 이상기체이고, 폴리트로픽 지수는 1.3이다.)

① 416
② 157
③ 573
④ 45

해설

폴리트로픽 과정이므로 $PV^n = PV^{1.3}$는 일정하다.
폴리트로픽 과정에서 기체가 하는 일
$W = \dfrac{mRT_1}{n-1}\left[1-\left(\dfrac{P_2}{P_1}\right)^{(n-1)/n}\right]$이므로
$W = \dfrac{0.3[kg] \times 0.287[kJ/kg\cdot K] \times 573[K]}{0.3}\left[1-\left(\dfrac{0.5}{2}\right)^{0.3/1.3}\right]$
$= 45.02[kJ]$

정답 | ④

13 빈출도 ★★★

어떤 기체 동력장치가 이상적인 브레이턴 사이클로 다음과 같이 작동할 때 이 사이클의 열효율은 약 몇 [%]인가? (단, 온도(T)-엔트로피(s) 선도에서 $T_1=30[℃]$, $T_2=200[℃]$, $T_3=1,060[℃]$, $T_4=160[℃]$이다.)

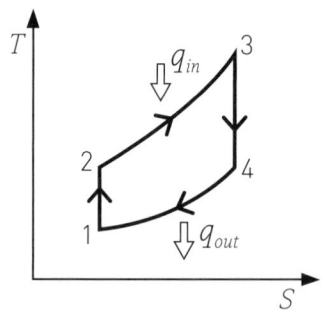

① 81[%]
② 85[%]
③ 89[%]
④ 92[%]

해설

브레이턴 사이클의 효율
$\eta = 1 - \dfrac{(T_4-T_1)}{(T_3-T_2)} = 1 - \dfrac{160-30}{1,060-200}$
$= \dfrac{73}{86} = 0.848 = 84.8[\%]$

정답 | ②

14 빈출도 ★★★

체적이 일정하고 단열된 용기 내에 80[℃], 320[kPa]의 헬륨 2[kg]이 들어 있다. 용기 내에 있는 회전날개가 20[W]의 동력으로 30분 동안 회전한다고 할 때 용기 내의 최종 온도는 약 몇 [℃]인가? (단, 헬륨의 정적비열은 3.12[kJ/kg·K]이다.)

① 81.9[℃] ② 83.3[℃]
③ 84.9[℃] ④ 85.8[℃]

해설

- 날개가 한 일
  $P_{wing} \times t = 20[W] \times (30 \times 60[s]) = 36,000[J] = 36[kJ]$
- 헬륨이 얻은 일
  $C_v m \Delta T = 3.12[kJ/kg \cdot K] \times 2[kg] \times \Delta T = 6.24[kJ/K] \times \Delta T$
- 온도의 변화량
  $\Delta T = \dfrac{36[kJ]}{6.24[kJ/K]} = 5.77[K]$

따라서 최종온도 $T_f = 80 + 5.77 = 85.77[℃]$

정답 | ④

15 빈출도 ★★

유리창을 통해 실내에서 실외로 열전달이 일어난다. 이때 열전달량은 약 몇 [W]인가? (단, 대류열전달계수는 50[W/m²·K], 유리창 표면온도는 25[℃], 외기온도는 10[℃], 유리창면적은 2[m²]이다.)

① 150 ② 500
③ 1,500 ④ 5,000

해설

열전달량 $Q[W] = KA\Delta T$
$= 50[W/m^2 \cdot K] \times 2[m^2] \times (25-10)[K]$
$= 1,500[W]$

정답 | ③

16 빈출도 ★★

열역학 제2법칙에 관해서는 여러 가지 표현으로 나타낼 수 있는데, 다음 중 열역학 제2법칙과 관계되는 설명으로 볼 수 없는 것은?

① 열을 일로 변환하는 것은 불가능하다.
② 열효율이 100[%]인 열기관을 만들 수 없다.
③ 열은 저온 물체로부터 고온 물체로 자연적으로 전달되지 않는다.
④ 입력되는 일 없이 작동하는 냉동기를 만들 수 없다.

해설

열역학 제2법칙은 어떤 사이클에서 흡수한 열 모두를 일로 변환할 수 없다는 것으로 열효율이 100[%] 열기관은 존재하지 않는다는 의미이다. 이는 열을 일로 변환하는 것이 불가능하다는 의미와 거리가 멀다.

선지분석

② 열역학 제2법칙의 내용과 일치한다.
③ 열역학 제2법칙에 의하면 열은 스스로 저온에서 고온 물체로 자연적으로 전달되지 않는다.
④ 열역학 제2법칙의 냉동기와 관련된 내용으로 클라우지우스-켈빈 쌍대 진술에 해당된다.

정답 | ①

17 빈출도 ★★★

그림과 같은 Rankine 사이클로 작동하는 터빈에서 발생하는 일은 약 몇 [kJ/kg]인가? (단, h는 엔탈피, s는 엔트로피를 나타내며, $h_1 = 191.8[kJ/kg]$, $h_2 = 193.8[kJ/kg]$, $h_3 = 2,799.5[kJ/kg]$, $h_4 = 2,007.5[kJ/kg]$이다.)

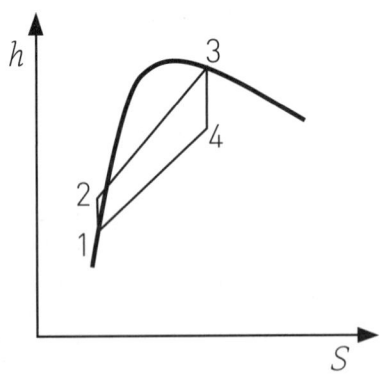

① 2.0[kJ/kg]   ② 792.0[kJ/kg]
③ 2,605.7[kJ/kg]   ④ 1,815.7[kJ/kg]

해설

3에서 4로 이동하는 과정은 터빈을 회전시키는 일을 하여 엔탈피가 감소하는 과정이다. 따라서 터빈에서 발생하는 일은
$w_t = h_3 - h_4 = 2,799.5 - 2,007.5 = 792[kJ/kg]$

정답 | ②

18 빈출도 ★★

어느 내연기관에서 피스톤의 흡기과정으로 실린더 속에 0.2[kg]의 기체가 들어 왔다. 이것을 압축할 때 15[kJ]의 일이 필요하였고, 10[kJ]의 열을 방출하였다고 한다면, 이 기체 1[kg]당 내부에너지의 증가량은?

① 10[kJ/kg]   ② 25[kJ/kg]
③ 35[kJ/kg]   ④ 50[kJ/kg]

해설

- 열역학 제1법칙: $Q = W + \Delta U$ (Q: 흡수한 열, W: 기체가 한 일, ΔU: 내부에너지 변화량)
  $\Rightarrow -10 = -15 + \Delta U$, $\Delta U = 5[kJ]$
- 기체 1[kg]당 내부에너지 증가량 $= \dfrac{\Delta U}{m} = \dfrac{5}{0.2} = 25[kJ/kg]$

정답 | ②

19 빈출도 ★★

공기 1[kg]이 압력 50[kPa], 부피 3[m³]인 상태에서 압력 900[kPa], 부피 0.5[m³]인 상태로 변화할 때 내부 에너지가 160[kJ] 증가하였다. 이 때 엔탈피는 약 몇 [kJ]이 증가하였는가?

① 30   ② 185
③ 235   ④ 460

해설

$\Delta U = 160[kJ]$이고 $\Delta(PV) = 900 \times 0.5 - 50 \times 3 = 300[kJ]$이므로 엔탈피 변화량 $\Delta H = \Delta U + \Delta(PV) = 160[kJ] + 300[kJ] = 460[kJ]$

정답 | ④

20 빈출도 ★★★

밀폐계가 가역 정압 변화를 할 때 계가 받은 열량은?

① 계의 엔탈피 변화량과 같다.
② 계의 내부에너지 변화량과 같다.
③ 계의 엔트로피 변화량과 같다.
④ 계가 주위에 대해 한 일과 같다.

해설

$dQ = dH - VdP$에서 정압 변화인 경우
$\Delta P = 0$이므로 $dQ = dH$이다.
즉, 밀폐계가 가역 정압 변화를 할 때 계가 받은 열량은 엔탈피 변화량과 같다.

정답 | ①

냉동공학

21 빈출도 ★

단위에 대한 설명으로 틀린 것은?

① 토리첼리의 실험결과 수은주의 높이가 68[cm]일 때, 실험장소에서의 대기압은 1.2[atm]이다.
② 비체적이 0.5[m³/kg]인 암모니아 증기 1[m³]의 질량은 2.0[kg]이다.
③ 압력 760[mmHg]는 1.01[bar]이다.
④ 작업대 위에 놓여진 밑면적이 2.4[m²]인 가공물의 무게가 24[kgf]라면 작업대의 가해지는 압력은 98[Pa]이다.

해설

수은주 76[cm]는 1[atm]에 해당하므로
수은주 높이 68[cm]인 경우 대기압은
$\frac{68[\text{cmHg}]}{76[\text{cmHg}]} \times 1 = 0.89[\text{atm}]$이다.

선지분석

② 비체적은 $\frac{1}{밀도}$이므로 밀도 = $\frac{1}{0.5[\text{m}^3/\text{kg}]} = 2[\text{kg/m}^3]$이다.
   즉, 암모니아 증기 1[m³]의 질량은 2[kg]이다.
③ 760[mmHg] = 101.3[kPa] = 1.013[bar](≒1.01[bar])
④ 압력 = $\frac{무게[\text{N}]}{밑면적[\text{m}^2]} = \frac{24[\text{kg}] \times 9.8[\text{m/s}^2]}{2.4[\text{m}^2]} = 98[\text{N/m}^2]$
   = 98[Pa]

정답 | ①

22 빈출도 ★★

대기압에서 암모니아액 1[kg]을 증발시킨 열량은 0[℃] 얼음 몇 [kg]을 융해시킨 것과 유사한가?

① 2.1   ② 3.1
③ 4.1   ④ 5.1

해설

암모니아의 증발잠열은 327[kcal/kg]이고, 얼음의 융해열은 79.72[kcal/kg]이므로 융해시킬 수 있는 얼음의 질량은
$m = \frac{327}{79.72} = 4.1[\text{kg}]$

정답 | ③

23 빈출도 ★

제빙능력은 원료수 온도 및 브라인 온도 등 조건에 따라 다르다. 다음 중 제빙에 필요한 냉동능력을 구하는 데 필요한 항목으로 가장 거리가 먼 것은?

① 온도 t_w[℃]인 제빙용 원수를 0[℃]까지 냉각하는 데 필요한 열량
② 물의 동결 잠열에 대한 열량(79.68[kcal/kg])
③ 제빙장치 내의 발생열과 제빙용 원수의 수질상태
④ 브라인 온도 t_1[℃] 부근까지 얼음을 냉각하는데 필요한 열량

해설

제빙장치 내의 발생열과 제빙용 원수의 수질상태는 냉동능력을 구하는 데 필요한 항목이 아니다.
브라인 온도가 t_1[℃]이고 공급되는 원수의 온도가 t_w[℃]이면 브라인이 뺏어야 하는 열은 다음과 같다.
- t_w[℃]를 0[℃]까지 냉각하는 데 필요한 열
- 물의 동결잠열
- 얼음을 t_1[℃]까지 냉각하는 데 필요한 열

정답 | ③

24 빈출도 ★★

염화나트륨 브라인을 사용한 식품냉장용 냉동장치에서 브라인의 순환량이 220[L/min]이며, 냉각관 입구의 브라인 온도가 −5[℃], 출구의 브라인온도가 −9[℃]라면 이 브라인 쿨러의 냉동능력[kcal/h]은? (단, 브라인의 비열은 0.75[kcal/kg·℃], 비중은 1.15이다.)

① 759   ② 45,540
③ 60,720   ④ 148,005

해설

브라인 쿨러의 냉동능력은 브라인이 잃은 열을 의미한다.
냉동능력 = 비열 × 비중 × 브라인 순환량 × 입·출구 온도차
= $0.75[\text{kcal/kg·℃}] \times 1.15[\text{kg/L}] \times \frac{220}{60}[\text{L/h}]$
  $\times (-5-(-9))[℃]$
= 45,540[kcal/h]

정답 | ②

25 빈출도 ★★

암모니아와 프레온 냉매의 비교 설명으로 틀린 것은? (단, 동일 조건을 기준으로 한다.)

① 암모니아가 R-13 보다 비등점이 높다.
② R-22는 암모니아보다 냉동효과[kcal/kg]가 크고 안전하다.
③ R-13은 R-22에 비하여 저온용으로 적합하다.
④ 암모니아는 R-22에 비하여 유분리가 용이하다.

해설

R-22는 암모니아보다 냉동효과가 작다.

개념설명 냉매의 특성

특성	암모니아	R-22 (CHClF$_2$)	R-13 (CClF$_3$)
비등점	-33.3[℃]	-40.8[℃]	-81.6[℃]
냉동효과	320[kcal/kg]	50[kcal/kg]	80[kcal/kg]
유분리/용해도	매우 용이 (오일 불용성)	보통 (약간 용해)	어려움 (높은 용해도)

정답 | ②

26 빈출도 ★★★

25[℃] 원수 1[ton]을 1일 동안에 -9[℃]의 얼음으로 만드는데 필요한 냉동능력[RT]은? (단, 열손실은 없으며, 동결잠열 80[kcal/kg], 원수 비열 1[kcal/kg·℃], 얼음의 비열 0.5[kcal/kg·℃]이며, 1[RT]는 3,320[kcal/h]로 한다.)

① 1.37 ② 1.88
③ 2.38 ④ 2.88

해설

- 1단계(25[℃] 물을 0[℃]까지 냉각)
  $Q_1 = 1[kcal/kg·℃] \times (1,000[kg/day]) \times 25[℃]$
  $= 25,000[kcal/day]$
- 2단계(물의 동결잠열)
  $Q_2 = 80[kcal/kg] \times (1,000[kg/day]) = 80,000[kcal/day]$
- 3단계(0[℃] 얼음을 -9[℃]로 냉각)
  $Q_3 = 0.5[kcal/kg·℃] \times (1,000[kg/day]) \times 9[℃]$
  $= 4,500[kcal/day]$

냉동능력 $= Q_1 + Q_2 + Q_3 = 109,500[kcal/day]$
$= 4,562.5[kcal/h]$

RT 단위로 환산하면 $\frac{4,562.5}{3,320} = 1.37[RT]$

정답 | ①

27 빈출도 ★★★

전열면적이 $20[m^2]$인 수냉식 응축기의 용량이 $200[kW]$이다. 냉각수의 유량은 $5[kg/s]$이고, 응축기 입구에서 냉각수 온도는 $20[℃]$이다. 열관류율이 $800[W/m^2 \cdot K]$일 때, 응축기 내부 냉매의 온도$[℃]$는 얼마인가? (단, 온도차는 산술평균온도차를 이용하고, 물의 비열은 $4.18[kJ/kg \cdot K]$이며, 응축기 내부 냉매의 온도는 일정하다고 가정한다.)

① 36.5 ② 37.3
③ 38.1 ④ 38.9

해설

- 응축부하
$$Q = Cm(T_{출구} - T_{입구})$$
$$= 4.18[kJ/kg \cdot K] \times 5[kg/s] \times (T_{출구} - 20)[K]$$
$$= 20.9 \times (T_{출구} - 20) = 200[kW]$$

- 냉각수 출구온도
$$T_{출구} = \frac{200}{20.9} + 20 = 29.57[℃]$$

- 산술평균 온도차
입구 온도차$= T_c - 20[℃]$, 출구 온도차$= T_c - 29.57[℃]$이므로
$$\Delta T_{avg} = \frac{(T_c - 20) + (T_c - 29.57)}{2} = T_c - 24.785$$

- 응축온도
$$Q = KA\Delta T_{avg}$$
$$= 800[W/m^2 \cdot K] \times 20[m^2] \times (T_c - 24.785)[K]$$
$$= 200[kW]$$이므로
$$T_c = \frac{200 \times 10^3}{800 \times 20} + 24.785 = 37.285[℃]$$

정답 | ②

28 빈출도 ★★

다음 중 증발기 출구와 압축기 흡입관 사이에 설치하는 저압 측 부속장치는?

① 액분리기 ② 수액기
③ 건조기   ④ 유분리기

해설

액분리기는 증발기와 압축기 사이에 설치되어 액압축을 방지하고 압축기를 보호한다. 수액기는 응축기와 팽창밸브 사이에, 유분리기는 압축기와 응축기 사이에 설치된다.

정답 | ①

29 빈출도 ★★

다음 중 불응축 가스를 제거하는 가스퍼저(gas purger)의 설치 위치로 가장 적당한 것은?

① 수액기 상부 ② 압축기 흡입부
③ 유분리기 상부 ④ 액분리기 상부

해설

불응축 가스퍼저는 응축기 상부나 수액기 상부에 설치하여 고여 있는 불응축 가스(냉매에 혼입된 공기)를 제거하는 장치이다.

정답 | ①

30 빈출도 ★★★

냉동장치에서 흡입압력 조정밸브는 어떤 경우를 방지하기 위해 설치하는가?

① 흡입압력이 설정 압력 이상으로 상승하는 경우
② 흡입압력이 일정한 경우
③ 고압측 압력이 높은 경우
④ 수액기의 액면이 높은 경우

해설

흡입압력 조정밸브는 압축기 흡입 측에 설치하여 흡입압력이 설정 압력 이상으로 상승하는 것을 방지한다.

정답 | ①

31 빈출도 ★★★

다음 응축기 중 동일조건하에 열관류율이 가장 낮은 응축기는 무엇인가?

① 쉘튜브식 응축기 ② 증발식 응축기
③ 공랭식 응축기   ④ 2중관식 응축기

해설

응축기의 열관류율은 통로식이 가장 크고 공랭식이 가장 작다. 전열은 공랭식보다 수냉식이 양호하다. 통로식 응축기는 수냉식으로 쉘튜브 여러조를 병렬 연결하여 전열면적을 최대화한 구조이다.

정답 | ③

32 빈출도 ★★★

압축기 토출압력 상승 원인이 아닌 것은?

① 응축온도가 낮을 때
② 냉각수 온도가 높을 때
③ 냉각수 양이 부족할 때
④ 공기가 장치 내에 혼입되었을 때

해설
응축압력을 변화시켜 응축온도가 낮아지면 압축비가 감소하여 토출압력이 낮아진다.

정답 | ①

33 빈출도 ★

다음의 냉매 중 지구온난화지수(GWP)가 가장 낮은 것은?

① R1234yf
② R23
③ R12
④ R744

해설
지구온난화지수(GWP) 크기 비교
R23 > R12 > R1234yf > R744
따라서 R744(CO_2)의 지구온난화지수가 가장 낮다.

정답 | ④

34 빈출도 ★★

축열시스템 방식에 대한 설명으로 틀린 것은?

① 수축열 방식: 열용량이 큰 물을 축열재료로 이용하는 방식
② 빙축열 방식: 냉열을 얼음에 저장하여 작은 체적에 효율적으로 냉열을 저장하는 방식
③ 잠열축열 방식: 물질의 융해 및 응고 시 상변화에 따른 잠열을 이용하는 방식
④ 토양축열 방식: 심해의 해수온도 및 해양의 축열성을 이용하는 방식

해설
토양축열 방식은 땅속 토양의 일정 깊이에서 안정된 지온과 토양의 열용량을 이용하는 방식이다.

개념설명
축열재료가 물인 경우 수축열, 얼음인 경우 빙축열, 유기물질이나 천연염인 경우 잠열축열, 토양인 경우 토양축열에 해당한다.

정답 | ④

35 빈출도 ★★★

냉동장치의 냉동부하가 3냉동톤이며, 압축기의 소요동력이 20[kW]일 때 응축기에 사용되는 냉각수량[L/h]은? (단, 냉각수 입구온도는 15[°C]이고, 출구온도는 25[°C]이다.)

① 2,716
② 2,547
③ 1,530
④ 600

해설
- 응축기에서 냉각수가 얻은 열
$Cm\Delta T = 4.185[kJ/kg\cdot°C] \times \dot{m} \times (25-15)[°C]$
$= 41.85\dot{m}$
- 응축기 발열량은 냉동능력과 소요동력의 합이므로
$3 \times 3.86[kW] + 20[kW] = 31.58[kW]$
- 냉각수량을 구하면
$41.85\dot{m} = 31.58[kW]$에서
$\dot{m} = \dfrac{31.58}{41.85}[L/s] = 2,716.56[L/h]$

정답 | ①

36 빈출도 ★★

냉동기에서 동일한 냉동효과를 구현하기 위해 압축기가 작동하고 있다. 이 압축기의 클리어런스(극간)가 커질 때 나타나는 현상으로 틀린 것은?

① 윤활유가 열화된다.
② 체적효율이 저하한다.
③ 냉동능력이 감소한다.
④ 압축기의 소요동력이 감소한다.

해설

체적 효율 $= \dfrac{\text{실제 냉매순환량}}{\text{이론 냉매순환량}}$ 이므로 클리어런스(틈새 체적)가 커질수록 실제 냉매순환량이 줄어들어 체적효율이 작아지고 냉동능력이 감소한다. 이때 원래의 냉동능력을 회복하는 과정에서 압축기 소요동력이 증가한다.

정답 | ④

37 빈출도 ★★

냉동장치의 운전 시 유의사항으로 틀린 것은?

① 펌프다운 시 저압 측 압력은 대기압 정도로 한다.
② 압축기 가동 전에 냉각수 펌프를 기동시킨다.
③ 장시간 정지시키는 경우에는 재가동을 위하여 배관 및 기기에 압력을 걸어둔 상태로 둔다.
④ 장시간 정지 후 시동 시에는 누설여부를 점검한 후에 기동시킨다.

해설

냉동장치를 장시간 정지시키는 경우 내부 습기·공기 등의 유입을 방지하기 위해 진공 펌프를 이용해 배관 내를 진공으로 유지한다.

정답 | ③

38 빈출도 ★

냉동기, 열기관, 발전소, 화학플랜트 등에서의 뜨거운 배수를 주위의 공기와 직접 열교환시켜 냉각시키는 방식의 냉각탑은?

① 밀폐식 냉각탑
② 증발식 냉각탑
③ 원심식 냉각탑
④ 개방식 냉각탑

해설

개방식 냉각탑은 냉각수가 대기에 노출되어 있는 형태로, 뜨거운 배수와 주변 공기를 직접 열교환하여 냉각시키는 방식이다.

정답 | ④

39 빈출도 ★★

제상방식에 대한 설명으로 틀린 것은?

① 살수방식은 저온의 냉장창고용 유니트 쿨러 등에서 많이 사용된다.
② 부동액 살포방식은 공기중의 수분이 부동액에 흡수되므로 일정한 농도 관리가 필요하다.
③ 핫가스 제상방식은 응축기 출구의 고온의 액냉매를 이용한다.
④ 전기히터방식은 냉각관 배열의 일부에 핀튜브 형태의 전기히터를 삽입하여 착상부를 가열한다.

해설

핫가스 제상은 고압가스의 응축 잠열을 이용하는 방식으로 압축기 출구의 고온의 기체냉매를 이용한다.

정답 | ③

40 빈출도 ★

다음과 같은 냉동 사이클 중 성적계수가 가장 큰 사이클은 어느 것인가?

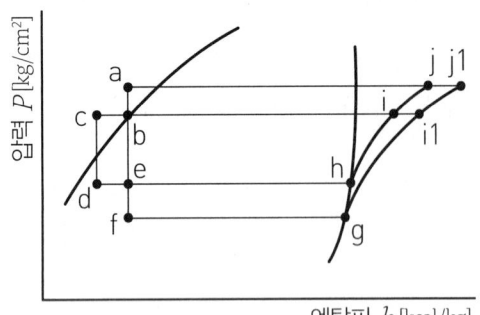

① $b-e-h-i-b$
② $c-d-h-i-c$
③ $b-f-g-i1-b$
④ $a-e-h-j-a$

해설

성적계수 = $\dfrac{증발기\ 냉동능력}{압축기\ 소요동력}$ 이므로 정압흡열과정의 엔탈피 증가량이 많을수록 성적계수가 높다.

사이클 번호	순환 경로	증발기 흡수열	압축기 소요동력	성적계수
①	$b-e-h-i-b$	h_h-h_e	h_i-h_h	$\dfrac{h_h-h_e}{h_i-h_h}$
②	$c-d-h-i-c$	h_h-h_d	h_i-h_h	$\dfrac{h_h-h_d}{h_i-h_h}$
③	$b-f-g-i1-b$	h_g-h_f	$h_{i1}-h_g$	$\dfrac{h_g-h_f}{h_{i1}-h_g}$
④	$a-e-h-j-a$	h_h-h_e	h_j-h_h	$\dfrac{h_h-h_e}{h_j-h_h}$

분자가 가장 큰 값은 h_h-h_d이고 분모가 가장 작은 값은 h_i-h_h이므로 성적계수는 보기 ②가 가장 크다.

정답 | ②

공기조화

41 빈출도 ★★

다음 중 난방설비의 난방부하를 계산하는 방법 중 현열만을 고려하는 경우는?

① 환기 부하
② 외기 부하
③ 전도에 의한 열 손실
④ 침입 외기에 의한 난방 손실

해설

관류(전도, 대류)에 의한 손실 열량은 수증기의 출입이 없으므로 현열만 고려하면 된다.

정답 | ③

42 빈출도 ★★★

증기난방에 대한 설명으로 틀린 것은?

① 건식 환수시스템에서 환수관에는 증기가 유입되지 않도록 증기관과 환수관 사이에 증기트랩을 설치한다.
② 중력식 환수시스템에서 환수관은 선하향구배를 취해야 한다.
③ 증기난방은 극장 같이 천장고가 높은 실내에 적합하다.
④ 진공식 환수시스템에서 관경을 가늘게 할 수 있고 리프트 피팅을 사용하여 환수관 도중에서 입상시킬 수 있다.

해설

증기난방 방식은 상하 온도차 커 쾌감도가 낮은 방식이므로 극장 같이 천장고가 높은 실내에서 사용하기에 부적합하다. 층고가 높은 극장의 경우 온도의 수직 분포가 균등한 복사난방 방식이 적합하다.

정답 | ③

43 빈출도 ★★★

다음 중 냉방부하의 종류에 해당되지 않는 것은?

① 일사에 의해 실내로 들어오는 열
② 벽이나 지붕을 통해 실내로 들어오는 열
③ 조명이나 인체와 같이 실내에서 발생하는 열
④ 침입 외기를 가습하기 위한 열

해설

냉방부하는 실내 온도를 증가시키는 요인들이므로 일사 침입열, 더운 외기 침입열, 실내 발생 조명열이 모두 냉방부하에 해당한다. 침입 외기를 가습하기 위한 열은 냉방부하의 종류에 해당되지 않는다.

정답 | ④

44 빈출도 ★

정방실에 35[kW]의 모터에 의해 구동되는 정방기가 12대 있을 때 전력에 의한 취득 열량[kW]은? (단, 전동기와 이것에 의해 구동되는 기계가 같은 방에 있으며, 전동기의 가동률은 0.74이고, 전동기 효율은 0.87, 전동기 부하율은 0.92이다.)

① 483
② 420
③ 357
④ 329

해설

- 전동기의 출력
$P_{out} = 35[kW] \times 12 \times 0.74 = 310.8[kW]$
- 전동기의 입력
$P_{in} = \dfrac{출력}{효율} = \dfrac{310.8}{0.87} = 357.24[kW]$
- 취득 열량
$P = P_{in} \times 가동률 = 357.24 \times 0.92 = 328.66[kW]$

정답 | ④

45 빈출도 ★★

다음 중 축류 취출구의 종류가 아닌 것은?

① 펑커루버형 취출구
② 그릴형 취출구
③ 라인형 취출구
④ 팬형 취출구

해설

축류 취출구에는 펑커루버형, 베인격자형, 그릴형, 라인형이 있고, 복류 취출구에는 아네모스탯형(팬형과 다공판형)이 있다.

정답 | ④

46 빈출도 ★★

증기설비에 사용하는 증기 트랩 중 기계식 트랩의 종류로 바르게 조합한 것은?

① 버킷 트랩, 플로트 트랩
② 버킷 트랩, 벨로즈 트랩
③ 바이메탈 트랩, 열동식 트랩
④ 플로트 트랩, 열동식 트랩

해설

증기와 응축수의 비중 차이를 이용하여 증기와 응축수를 분리하는 트랩을 기계식 트랩이라고 한다. 기계식 트랩의 종류로는 버킷 트랩과 플로트 트랩이 있다.

정답 | ①

47 빈출도 ★

다음 중 공기조화설비의 계획 시 조닝을 하는 목적으로 가장 거리가 먼 것은?

① 효과적인 실내 환경의 유지
② 설비비의 경감
③ 운전 가동면에서의 에너지 절약
④ 부하 특성에 대한 대처

해설

조닝의 목적은 효과적인 실내 환경의 유지, 부하 특성에 대한 효과적 대처 및 에너지 절감이다. 조닝이 상세할수록 설비 비용이 많이 든다.

정답 | ②

48 빈출도 ★★★

공기조화 방식 중 전공기 방식이 아닌 것은?

① 변풍량 단일덕트 방식
② 이중 덕트 방식
③ 정풍량 단일덕트 방식
④ 팬코일 유닛 방식(덕트병용)

해설
팬코일 유닛 방식은 전수 방식의 한 종류이다.

개념설명 공기조화 방식

공조방식	냉·열원의 종류	방식	
중앙식	전공기 방식	단일덕트	• 정풍량 방식 • 변풍량 방식
		이중덕트	• 정풍량 방식 • 변풍량 방식 • 멀티존 유닛 방식
	수공기 방식		• 덕트병용 팬코일 유닛 방식 • 유인유닛 방식 • 각층유닛 방식
	전수 방식		• 팬코일 유닛 방식 • 복사 냉난방 방식
개별식	냉매방식		패키지 유닛 방식
		룸쿨러 방식	• 창문설치형 • 분리형(스플릿) • 멀티유닛형

정답 | ④

49 빈출도 ★★

덕트의 소음 방지대책에 해당 되지 않는 것은?

① 덕트의 도중에 흡음재를 부착한다.
② 송풍기 출구 부근에 플래넘 챔버를 장치한다.
③ 댐퍼 입·출구에 흡음재를 부착한다.
④ 덕트를 여러 개로 분기시킨다.

해설
덕트 소음 대책으로는 흡음재 부착과 체임버(챔버) 설치가 있다. 소음을 줄일 목적으로 덕트를 분기하지는 않으며 덕트 분기 시 풍량 변화가 발생하고 마찰 손실도 커진다.

정답 | ④

50 빈출도 ★★

건물의 콘크리트 벽체의 실내측에 단열재를 부착하여 실내측 표면에 결로가 생기지 않도록 하려 한다. 외기 온도가 0[℃], 실내온도가 20[℃], 실내공기의 노점온도가 12[℃], 콘크리트 두께가 100[mm]일 때, 결로를 막기 위한 단열재의 최소 두께[mm]는? (단, 콘크리트와 단열재의 접촉부분의 열저항은 무시한다.)

열전도도	콘크리트	1.63[W/m·K]
	단열재	0.17[W/m·K]
대류 열전달계수	외기	23.3[W/m·K]
	실내공기	9.3[W/m·K]

① 11.7
② 10.7
③ 9.7
④ 8.7

해설
• 열유속
$$q = \alpha_i(T_{실내} - T_{이슬점})$$
$$= 9.3[W/m^2 \cdot K] \times (20-12)[K] = 74.4[W/m^2]$$

• 단열재의 열전도율
$q = k(T_{실내} - T_{실외})$에서
$$k = \frac{q[W/m^2 \cdot K]}{(T_{실내} - T_{실외})[K]} = \frac{74.4}{20-0} = 3.72[W/m^2 \cdot K]$$

• 단열재의 두께
$\frac{1}{K} = \frac{1}{\alpha_i} + \frac{1}{\lambda_1/l_1} + \frac{1}{\lambda_2/l_2} + \frac{1}{\alpha_o}$ 이므로

$$\frac{1}{3.72} = \frac{1}{9.3} + \frac{1}{1.63/0.1} + \frac{1}{0.17/l_2} + \frac{1}{23.3}$$

l_2에 대해 정리하면
$$\frac{l_2}{0.17} = 3.72^{-1} - 9.3^{-1} - 16.3^{-1} - 23.3^{-1}$$

따라서 단열재의 두께 $l_2 = 9.69 \times 10^{-3}[m] = 9.7[mm]$

정답 | ③

51 빈출도 ★★

이중덕트방식에 설치하는 혼합상자의 구비조건으로 틀린 것은?

① 냉풍·온풍 덕트내에 정압변동에 의해 송풍량이 예민하게 변화할 것
② 혼합비율 변동에 따른 송풍량의 변동이 완만할 것
③ 냉풍·온풍 댐퍼의 공기누설이 적을 것
④ 자동제어 신뢰도가 높고 소음발생이 적을 것

해설

혼합상자는 냉풍과 온풍의 혼합비를 조절하는 설비이므로 송풍량의 변동이 완만해야 안정적인 실내 급기를 원활하게 할 수 있다.

정답 | ①

52 빈출도 ★★

저온공조방식에 관한 내용으로 가장 거리가 먼 것은?

① 배관지름의 감소
② 팬 동력 감소로 인한 운전비 절감
③ 낮은 습도의 공기 공급으로 인한 쾌적성 향상
④ 저온공기 공급으로 인한 급기 풍량 증가

해설

5~10[℃]의 찬 공기를 제공하는 저온공조방식의 장점은 풍량을 감소시킬 수 있고 관경을 축소시킬 수 있다. 또한 소음이 적으며 낮은 습도의 공기를 공급하여 쾌적성을 향상시킬 수 있다. 단점은 취출구에서 결로 현상이 발생할 수 있다.

정답 | ④

53 빈출도 ★★★

외기의 건구온도 32[℃]와 환기의 건구온도 24[℃]인 공기를 1 : 3(외기 : 환기)의 비율로 혼합하였다. 이 혼합공기의 온도는?

① 26[℃]
② 28[℃]
③ 29[℃]
④ 30[℃]

해설

열평형 법칙에 의해 외기가 잃은 열량은 환기가 얻은 열량과 같다.
$c \times m \times (32-t) = c \times 3m \times (t-24)$
⇒ $32-t = 3(t-24)$이므로 혼합공기의 온도 $t = 26$[℃]

정답 | ①

54 빈출도 ★★★

취출구에서 수평으로 취출된 공기가 일정 거리만큼 진행된 뒤 기류 중심선과 취출구 중심과의 수직거리를 무엇이라고 하는가?

① 강하도
② 도달거리
③ 취출온도차
④ 셔터

해설

강하도는 냉풍의 취출 시 주로 발생하는 현상으로 수평으로 취출된 공기가 일정 거리만큼 진행한 뒤 냉풍의 높은 비중에 의해 기류가 하강하는 정도(수직거리)를 말한다. 반대로 온풍을 취출할 경우에는 낮은 비중에 의해 기류가 상승하게 되고 그때의 상승하는 정도(수직거리)를 상승도라고 한다.

정답 | ①

55 빈출도 ★★

공조기 내에 엘리미네이터를 설치하는 이유로 가장 적절한 것은?

① 풍량을 줄여 풍속을 낮추기 위해서
② 공조기 내의 기류의 분포를 고르게 하기 위해
③ 결로수가 비산되는 것을 방지하기 위해
④ 먼지 및 이물질을 효율적으로 제거하기 위해

해설

에어워셔 설비의 세정실 뒤에 설치하는 엘리미네이터는 실내로 수분이 비산 유입되는 것을 막아준다.

정답 | ③

56 빈출도 ★

공기조화방식에서 변풍량 단일덕트 방식의 특징에 대한 설명으로 틀린 것은?

① 송풍기의 풍량제어가 가능하므로 부분 부하시 반송 에너지 소비량을 경감시킬 수 있다.
② 동시사용률을 고려하여 기기용량을 결정할 수 있으므로 설비용량이 커질 수 있다.
③ 변풍량 유닛을 실 별 또는 존 별로 배치함으로써 개별제어 및 존 제어가 가능하다.
④ 부하변동에 따라 실내온도를 유지할 수 있으므로 열원설비용 에너지 낭비가 적다.

해설
동시 사용률을 고려할 경우 설비용량을 줄여서 설계할 수 있다.

정답 | ②

57 빈출도 ★

송풍덕트 내의 정압제어가 필요 없고, 발생 소음이 적은 변풍량 유닛은?

① 유인형
② 슬롯형
③ 바이패스형
④ 노즐형

해설
바이패스형은 단일덕트 변풍량 공조 방식에 사용되는 장치로 정압제어가 필요없고, 발생 소음이 적다.

정답 | ③

58 빈출도 ★★

다음 중 보온, 보냉, 방로의 목적으로 덕트 전체를 단열해야 하는 것은?

① 급기 덕트
② 배기 덕트
③ 외기 덕트
④ 배연 덕트

해설
공조기에서 만들어진 찬 공기 혹은 더운 공기를 실내까지 수송하는 과정에서 열손실이 발생하므로 이를 최소화하기 위해서는 급기 덕트를 단열재로 감싸는 단열 시공이 필요하다. 배기 덕트와 외기 덕트는 단열하지 않으나 배연 덕트는 주변 가연물질이 점화되지 않도록 부분 단열 처리를 해야 한다.

정답 | ①

59 빈출도 ★

부하계산 시 고려되는 지중온도에 대한 설명으로 틀린 것은?

① 지중온도는 지하실 또는 지중배관 등의 열손실을 구하기 위하여 주로 이용된다.
② 지중온도는 외기온도 및 일사의 영향에 의해 1일 또는 연간을 통하여 주기적으로 변한다.
③ 지중온도는 지표면의 상태변화, 지중의 수분에 따라 변화하나, 토질의 종류에 따라서는 큰 차이가 없다.
④ 연간변화에 있어 불역층 이하의 지중온도는 $1[m]$ 증가함에 따라 $0.03 \sim 0.05[℃]$씩 상승한다.

해설
지하층의 냉방부하를 계산할 때에는 일사량, 지중배관 및 토질에 영향을 받아 주기적으로 변하는 지중온도를 고려하여 온도차를 산정해야 한다.

정답 | ③

60 빈출도 ★★

보일러의 부속장치인 과열기가 하는 역할은?

① 연료연소에 쓰이는 공기를 예열시킨다.
② 포화액을 습증기로 만든다.
③ 습증기를 건포화증기로 만든다.
④ 포화증기를 과열증기로 만든다.

해설
과열기는 드럼이나 기수분리기 및 수냉벽에서 발생된 포화증기를 가열하여 과열증기로 만드는 장치이다.

정답 | ④

전기제어공학

61 빈출도 ★

세라믹 콘덴서 소자의 표면에 103^k라고 적혀 있을 때 이 콘덴서의 용량은 몇 $[\mu F]$인가?

① 0.01
② 0.1
③ 103
④ 103

해설

콘덴서의 용량 표시가 abc^k이면 용량은 $(10a+b) \times 10^c [pF]$이다.
따라서 103^k이면 $a=1$, $b=0$, $c=3$이므로
용량은 $10 \times 10^3 [pF] = 10 \times 10^{-9} [F] = 10 \times 10^{-3} [\mu F]$
$= 0.01 [\mu F]$

정답 | ①

62 빈출도 ★★★

온도를 전압으로 변환시키는 것은?

① 광전관
② 열전대
③ 포토 다이오드
④ 광전 다이오드

해설

열전대는 온도를 전압으로 변환시킨다.
※ 포토 다이오드, 광 다이오드, 광전 다이오드는 같은 의미이다.

개념설명 제어 분야의 검출기기
- 광전관(빛 → 임피던스)
- 열전대(온도 → 전압)
- 포토 다이오드(빛 → 전압)

정답 | ②

63 빈출도 ★★

병렬 운전 시 균압모선을 설치해야 되는 직류발전기로만 구성된 것은?

① 직권발전기, 분권발전기
② 분권발전기, 복권발전기
③ 직권발전기, 복권발전기
④ 분권발전기, 동기발전기

해설

직권발전기 및 복권발전기의 경우에는 발전기들 사이의 전위차를 없애주기 위해 균압모선을 설치해야 한다. 직권 계자가 없는 분권발전기의 경우에는 균압모선이 필요 없다.

정답 | ③

64 빈출도 ★★

공기 중 자계의 세기가 $100[A/m]$의 점에 놓아 둔 자극에 작용하는 힘은 $8 \times 10^{-3} [N]$이다. 이 자극의 세기는 몇 $[Wb]$인가?

① 8×10
② 8×10^5
③ 8×10^{-1}
④ 8×10^{-5}

해설

자계 $F = mH[AT]$에서
자극의 세기 $m = \dfrac{F}{H} = \dfrac{8 \times 10^{-3} [N]}{100 [A/m]}$
$= 8 \times 10^{-5} [Wb]$

정답 | ④

65 빈출도 ★★★

최대눈금 $100[mA]$, 내부저항 $1.5[\Omega]$인 전류계에 $0.3[\Omega]$의 분류기를 접속하여 전류를 측정할 때 전류계의 지시가 $50[mA]$라면 실제 전류는 몇 $[mA]$인가?

① 200
② 300
③ 400
④ 600

해설

분류기 저항 $R = \dfrac{r}{m-1} = \dfrac{1.5}{m-1} = 0.3$이므로 분류기의 배율 $m = 6$
따라서 전류계 지시가 $50[mA]$이면 실제 전류는 $6 \times 50[mA] = 300[mA]$

정답 | ②

66 ★★★

목표값을 직접 사용하기 곤란할 때, 주 되먹임 요소와 비교하여 사용하는 것은?

① 제어 요소
② 비교장치
③ 되먹임 요소
④ 기준입력 요소

해설

기준입력 요소는 목표값을 제어할 수 있는 신호로 변환하는 요소이며 되먹임 요소와 비교하여 사용한다.

정답 | ④

67 ★★

비례적분제어 동작의 특징으로 옳은 것은?

① 간헐현상이 있다.
② 잔류편차가 많이 생긴다.
③ 응답의 안정성이 낮은 편이다.
④ 응답의 진동시간이 매우 길다.

해설

비례적분제어는 비례동작에 의해 발생되는 잔류오차를 소멸시키기 위해 적분동작을 부여하는 방식으로서 잔류편차(오프셋)는 없지만 간헐현상이 있다.

정답 | ①

68 ★★★

신호흐름선도와 등가인 블록선도를 그리려고 한다. 이때 $G(s)$로 알맞은 것은?

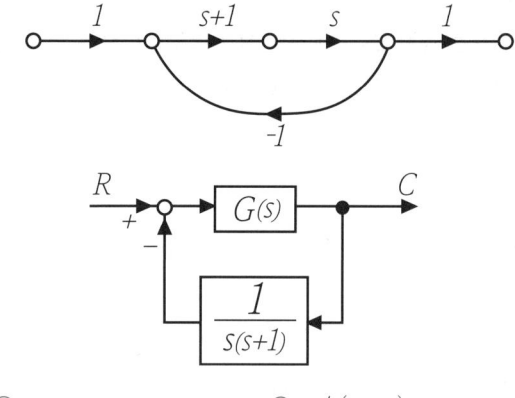

① s
② 1 / (s+1)
③ 1
④ s(s+1)

해설

신호흐름 선도에서 이득을 구하면 $\dfrac{C(s)}{R(s)} = \dfrac{s(s+1)}{1+s(s+1)}$ 이고

블록 선도에서 이득을 구하면 $\dfrac{C(s)}{R(s)} = \dfrac{G(s)}{1+G(s)/s(s+1)}$ 이다.

$\dfrac{s(s+1)}{1+s(s+1)} = \dfrac{G(s)}{1+\dfrac{G(s)}{s(s+1)}} = \dfrac{G(s) \times s(s+1)}{s(s+1)+G(s)}$ 이므로

$G(s)=1$

정답 | ③

69 빈출도 ★

다음은 직류전동기의 토크 특성을 나타내는 그래프이다. (A), (B), (C), (D)에 알맞은 것은?

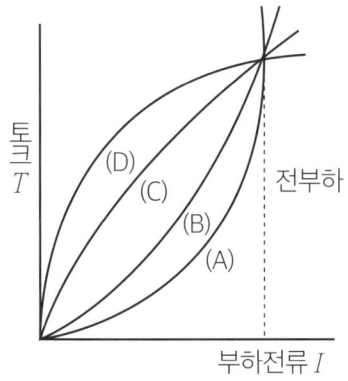

① (A): 직권전동기, (B): 가동복권전동기, (C): 분권전동기, (D): 차동복권전동기
② (A): 분권전동기, (B): 직권전동기, (C): 가동복권전동기, (D): 차동복권전동기
③ (A): 직권전동기, (B): 분권전동기, (C): 가동복권전동기, (D): 차동복권전동기
④ (A): 분권전동기, (B): 가동복권전동기, (C): 직권전동기, (D): 차동복권전동기

해설

직권전동기의 토크는 부하 전류의 제곱에 비례하므로 그래프 (A)에 해당한다. 분권전동기의 토크는 부하 전류에 거의 비례하므로 그래프 (C)에 해당한다.
※ 토크 변화율이 큰 순서
  직권전동기 > 가동복권전동기 > 분권전동기 > 차동복권전동기
  (직가분차로 암기하면 좋다.)

정답 | ①

70 빈출도 ★★

서보기구의 특징에 관한 설명으로 틀린 것은?

① 원격제어의 경우가 많다.
② 제어량이 기계적 변위이다.
③ 추치제어에 해당하는 제어장치가 많다.
④ 신호는 아날로그에 비해 디지털인 경우가 많다.

해설

서보기구의 제어량은 기계적 변위이며 아날로그 신호를 이용하여 원격으로 제어하는 경우가 많다.

정답 | ④

71 빈출도 ★★

SCR에 관한 설명으로 틀린 것은?

① PNPN 소자이다.
② 스위칭 소자이다.
③ 양방향성 사이리스터이다.
④ 직류나 교류의 전력 제어용으로 사용된다.

해설

SCR(실리콘 제어 정류소자)은 PNPN 형태의 단방향 정류 반도체이며 직류 및 교류의 전력 제어용으로 사용된다.

정답 | ③

72 빈출도 ★★★

피드백 제어계에서 목표치를 기준입력신호로 바꾸는 역할을 하는 요소는?

① 비교부   ② 조절부
③ 조작부   ④ 설정부

해설

목표값을 기준입력신호로 바꾸는 역할을 하는 요소는 기준입력요소이며 설정부라고도 한다.

정답 | ④

73 빈출도 ★★★

정현파 교류의 실효값(V)과 최대값(V_m)의 관계식으로 옳은 것은?

① $V=\sqrt{2}\,V_m$ ② $V=\dfrac{1}{\sqrt{2}}V_m$

③ $V=\sqrt{3}\,V_m$ ④ $V=\dfrac{1}{\sqrt{3}}V_m$

해설

정현파 교류전압 $e=V_m\sin\omega t[\text{V}]$
- 최대값 V_m
- 실효값 $V=\dfrac{V_m}{\sqrt{2}}$
- 평균값 $V_{avg}=\dfrac{2V_m}{\pi}$

정답 | ②

74 빈출도 ★

적분시간이 2초, 비례감도가 $5[\text{mA}/\text{mV}]$인 PI조절계의 전달함수는?

① $\dfrac{1+2s}{5s}$ ② $\dfrac{1+5s}{2s}$

③ $\dfrac{1+2s}{0.4s}$ ④ $\dfrac{1+0.4s}{2s}$

해설

비례적분 동작의 전달함수는 $G(s)=k\left(1+\dfrac{1}{t_i s}\right)$

적분시간 $t_i=2$초, 비례감도는 $k=5$이므로

$G(s)=5\left(1+\dfrac{1}{2s}\right)=\dfrac{5(1+2s)}{2s}=\dfrac{1+2s}{0.4s}$

정답 | ③

75 빈출도 ★★

PLC(Programmable Logic Controller)의 출력부에 설치하는 것이 아닌 것은?

① 전자개폐기 ② 열동계전기
③ 시그널램프 ④ 솔레노이드밸브

해설

열동계전기는 모터에 과부하가 걸리면 전원을 차단시켜서 코일의 과열을 방지하는 장치로 PLC가 아닌 아날로그 방식의 자동제어 판넬에 사용된다.

정답 | ②

76 빈출도 ★★★

$4,000[\Omega]$의 저항기 양단에 $100[\text{V}]$의 전압을 인가할 경우 흐르는 전류의 크기$[\text{mA}]$는?

① 4 ② 15
③ 25 ④ 40

해설

$I=\dfrac{V}{R}=\dfrac{100[\text{V}]}{4,000[\Omega]}=0.025[\text{A}]=25[\text{mA}]$

정답 | ③

77 빈출도 ★★★

다음 설명에 알맞은 전기 관련 법칙은?

> 도선에서 두 점 사이 전류의 크기는 그 두 점 사이의 전위차에 비례하고, 전기 저항에 반비례한다.

① 옴의 법칙 ② 렌츠의 법칙
③ 플레밍의 법칙 ④ 전압분배의 법칙

해설

문제의 설명은 옴의 법칙에 대한 내용으로 다음과 같은 공식이 있다.
$V=IR$ (V: 전압[V], I: 전류[A], R: 저항[Ω])

정답 | ①

78 빈출도 ★★

그림과 같은 RLC 병렬공진회로에 관한 설명으로 틀린 것은?

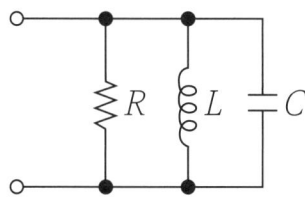

① 공진 조건은 $\omega C = 1/\omega L$이다.
② 공진 시 공진전류는 최소가 된다.
③ R이 작을수록 선택도 Q가 높다.
④ 공진 시 입력 어드미턴스는 매우 작아진다.

해설

- RLC 병렬회로의 공진 조건: $\omega C = \dfrac{1}{\omega L}$
- RLC 병렬회로의 공진 시 특성
  - 공진전류는 최소가 된다.
  - 공진이 임피던스는 최대, 어드미턴스는 최소가 된다.
- RLC 병렬회로 공진 시 선택도
  $Q = R\sqrt{\dfrac{C}{L}}$ → R이 높을수록 선택도 Q가 높다.

정답 | ③

79 빈출도 ★★

정상 편차를 개선하고 응답속도를 빠르게 하며 오버슈트를 감소시키는 동작은?

① K
② $K(1+sT)$
③ $K\left(1+\dfrac{1}{sT}\right)$
④ $K\left(1+sT+\dfrac{1}{sT}\right)$

해설

정상 편차를 개선하고 응답속도를 빠르게 하며 오버슈트를 감소시키는 동작은 비례적분미분제어(PID)에 해당하는 동작이며, PID 동작의 전달함수는 $G(s) = k\left(1+Ts+\dfrac{1}{Ts}\right)$이다.

정답 | ④

80 빈출도 ★

특성방정식이 $s^3 + 2s^2 + Ks + 5 = 0$인 제어계가 안정하기 위한 K 값은?

① $K > 0$
② $K < 0$
③ $K > \dfrac{5}{2}$
④ $K < \dfrac{5}{2}$

해설

루쓰표를 작성하면 다음과 같다.

차수	1열	2열
s^3	1	K
s^2	2	5
s^1	$\dfrac{2 \times K - 1 \times 5}{2}$	0
s^0	5	—

제어계가 안정하기 위해서는 1열의 부호 변화가 없어야 하므로 $\dfrac{2 \times K - 1 \times 5}{2} > 0$을 만족해야 한다.

따라서 $K > \dfrac{5}{2}$인 경우 제어계가 안정하다.

정답 | ③

배관일반

81 빈출도 ★★★

냉매 배관 재료 중 암모니아를 냉매로 사용하는 냉동설비에 가장 적합한 것은?

① 동, 동합금
② 아연, 주석
③ 철, 강
④ 크롬, 니켈 합금

해설

암모니아는 동, 동합금, 아연 등을 부식시키므로 냉매가 암모니아일 경우에 냉매 배관으로는 철, 강관을 사용해야 한다.

정답 | ③

82 빈출도 ★★
배수관의 관경 선정 방법에 관한 설명으로 틀린 것은?

① 기구배수관의 관경은 배수트랩의 구경 이상으로 하고 최소 30[mm] 정도로 한다.
② 수직, 수평관 모두 배수가 흐르는 방향으로 관경이 축소되어서는 안 된다.
③ 배수수직관은 어느 층에서나 최하부의 가장 큰 배수부하를 담당하는 부분과 동일한 큰 배수부하를 담당하는 부분과 동일한 관경으로 한다.
④ 땅속에 매설되는 배수관 최소 구경은 30[mm] 정도로 한다.

해설
땅속에 매설되는 배수관의 최소 구경은 50[mm] 정도로 한다.

정답 | ④

83 빈출도 ★★
급탕설비의 설계 및 시공에 관한 설명으로 틀린 것은?

① 중앙식 급탕방식은 개별식 급탕방식보다 시공비가 많이 든다.
② 온수의 순환이 잘되고 공기가 고이는 것을 방지하기 위해 배관에 구배를 둔다.
③ 게이트 밸브는 공기고임을 만들기 때문에 글로브 밸브를 사용한다.
④ 순환방식은 순환펌프에 의한 강제순환식과 온수의 비중량 차이에 의한 중력식이 있다.

해설
글로브 밸브는 내부가 S자 구조로 마찰손실이 크고 공기 고임의 가능성이 높다.
※ 게이트 밸브: 밸브를 완전히 열거나 닫는 용도로 설계된 밸브이다. 밸브 내부 유로가 일직선 형태여서 유체흐름이 일직선으로 유지되므로 마찰손실이 적다.

정답 | ③

84 빈출도 ★★
다음 중 온수온도 90[℃]의 온수난방 배관의 보온재로 사용하기에 가장 부적합한 것은?

① 규산칼슘
② 펄라이트
③ 암면
④ 폴리스틸렌

해설
폴리스틸렌의 보온재 내열성은 80[℃] 정도이므로 온수난방 배관의 보온재로 사용하기에 부적합하다.
※ 보온재의 내열성은 규산칼슘(650[℃])>석면(550[℃])>글라스울(300[℃])>폴리스틸렌(80[℃]) 순으로 높다.

정답 | ④

85 빈출도 ★★★
증기난방 배관 시공법에 대한 설명으로 틀린 것은?

① 증기주관에서 지관을 분기하는 경우 관의 팽창을 고려하여 스위블 이음법으로 한다.
② 진공환수식 배관의 증기주관은 1/100~1/200 선상향 구배로 한다.
③ 주형방열기는 일반적으로 벽에서 50~60[mm] 정도 떨어지게 설치한다.
④ 보일러 주변의 배관방법에서는 증기관과 환수관 사이에 밸런스관을 달고, 하트포드(hartford) 접속법을 사용한다.

해설
진공환수식 배관의 증기주관은 응축수가 잘 흐르도록 1/200~1/300의 선하향 구배로 한다.

정답 | ②

86 빈출도 ★★
간접 가열식 급탕법에 관한 설명으로 틀린 것은?

① 대규모 급탕설비에 부적당하다.
② 순환증기는 높이에 관계 없이 저압으로 사용 가능하다.
③ 저탕탱크와 가열용 코일이 설치되어 있다.
④ 난방용 증기보일러가 있는 곳에 설치하면 설비비를 절약하고 관리가 편하다.

해설
간접가열식 급탕법은 증기 또는 고온수를 저탕조 내의 코일(가열관)에 통과시켜서 저탕조 물을 가열하는 방식으로 대규모 급탕설비에 적합하다.

정답 ①

87 빈출도 ★
급탕배관의 단락현상(short circuit)을 방지할 수 있는 배관 방식은?

① 리버스 리턴 배관방식
② 다이렉트 리턴 배관방식
③ 단관식 배관방식
④ 상향식 배관방식

해설
리버스 리턴(역귀환) 방식의 환수배관을 설치하면 온수 유량을 균일하게 분배 가능하며 단락현상을 방지할 수 있다.

정답 ①

88 빈출도 ★★
도시가스배관 설비기준에서 배관을 시가지의 도로 노면 밑에 매설하는 경우에는 노면으로부터 배관의 외면까지 얼마 이상을 유지해야 하는가? (단, 방호구조물 안에 설치하는 경우는 제외한다.)

① 0.8[m]   ② 1[m]
③ 1.5[m]   ④ 2[m]

해설
배관을 시가지의 도로 노면에 매설하는 경우 노면으로부터 깊이 1.5[m] 이상으로 매설해야 한다.

정답 ③

89 빈출도 ★
관의 두께별 분류에서 가장 두꺼워 고압배관으로 사용할 수 있는 동관의 종류는?

① K형 동관   ② S형 동관
③ L형 동관   ④ N형 동관

해설
동관은 두께에 따라 K, L, M형으로 분류한다. K형이 가장 두꺼운 동관으로 고압배관용에 사용된다.

정답 ①

90 빈출도 ★★
동관 이음 방법에 해당하지 않는 것은?

① 타이튼 이음   ② 납땜 이음
③ 압축 이음   ④ 플랜지 이음

해설
타이튼 이음은 주철관 이음방법의 한 종류이다.

개념설명 동관의 이음방법
- 플랜지 이음
- 용접 이음
- 납땜 이음
- 플레어 이음

정답 ①

91 빈출도 ★
벤더에 의한 관 굽힘 시 주름이 생겼다. 주된 원인은?

① 재료에 결함이 있다.
② 굽힘형의 홈이 관지름보다 작다.
③ 클램프 또는 관에 기름이 묻어 있다.
④ 압력형이 조정이 세고 저항이 크다.

해설
굽힘형들의 홈이 관지름보다 너무 작으면 주름이 생길 수 있다.

정답 ②

92 빈출도 ★★

공조배관 설계 시 유속을 빠르게 했을 경우의 현상으로 틀린 것은?

① 관경이 작아진다. ② 운전비가 감소한다.
③ 소음이 발생된다. ④ 마찰손실이 증대한다.

해설

유속이 빠를수록 배관 내 마찰이 증가하여 동일한 풍량을 수송하기 위한 송풍기 출력이 더 커지므로 운전비가 증가한다.

정답 | ②

93 빈출도 ★★★

증기난방 설비의 특징에 대한 설명으로 틀린 것은?

① 증발열을 이용하므로 열의 운반능력이 크다.
② 예열시간이 온수난방에 비해 짧고 증기순환이 빠르다.
③ 방열면적을 온수난방보다 적게 할 수 있다.
④ 실내 상하온도차가 작다.

해설

증기 난방방식은 증기의 열대류 현상을 이용하는 방식으로 상하 온도차가 커 쾌감도가 낮다.

정답 | ④

94 빈출도 ★★★

냉매배관 시공 시 주의사항으로 틀린 것은?

① 배관 길이는 되도록 짧게 한다.
② 온도변화에 의한 신축을 고려한다.
③ 곡률 반지름은 가능한 한 작게 한다.
④ 수평배관은 냉매흐름 방향으로 하향구배 한다.

해설

냉매배관은 굽힘을 적게 하고 곡률 반경을 최대한 크게 해야 마찰 손실을 줄일 수 있다.

정답 | ③

95 빈출도 ★★

다음 중 "접속해 있을 때"를 나타내는 관의 도시기호는?

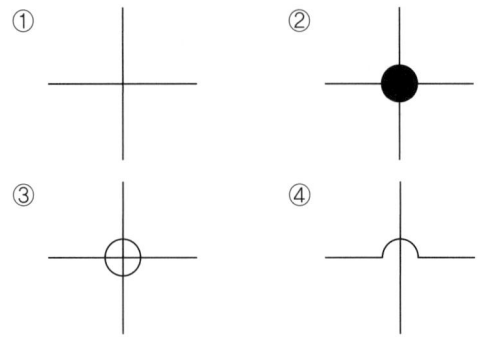

해설

보기 ①, ④는 접속 없이 교차 상태임을 의미한다. 보기 ②가 접속해 있는 상태이다.

정답 | ②

96 빈출도 ★★★

고가수조식 급수방식의 장점이 아닌 것은?

① 급수압력이 일정하다.
② 단수 시에도 일정량의 급수가 가능하다.
③ 급수 공급계통에서 물의 오염 가능성이 없다.
④ 대규모 급수에 적합하다.

해설

고가수조 방식은 수조에 물을 저장했다가 사용하므로 오염의 우려가 있다. 수도직결 방식이 물의 오염 가능성이 적다.

정답 | ③

97 빈출도 ★★★

증발량 5,000[kg/h]인 보일러의 증기 엔탈피가 640[kcal/kg]이고, 급수 엔탈피가 15[kcal/kg] 일 때, 보일러의 상당 증발량[kg/h]은?

① 278
② 4,800
③ 5,797
④ 3,125,000

해설

상당 증발량

$= \dfrac{\text{시간당 실제 증발량} \times (\text{보일러 증기 엔탈피} - \text{급수 엔탈피})}{\text{물의 증발잠열}}$

$= \dfrac{5,000[\text{kg/h}] \times (640 - 15)[\text{kcal/kg}]}{539[\text{kcal/kg}]}$

$= 5,797.77[\text{kg/h}]$

정답 | ③

98 빈출도 ★★★

냉동 장치의 배관설치에 관한 내용으로 틀린 것은?

① 토출가스의 합류 부분 배관은 T이음으로 한다.
② 압축기와 응축기의 수평배관은 하향 구배로 한다.
③ 토출가스 배관에는 역류방지 밸브를 설치한다.
④ 토출관의 입상이 10[m] 이상일 경우 10[m]마다 중간 트랩을 설치한다.

해설

토출가스의 합류 부분 배관을 T이음으로 하게 되면 마찰손실이 증가하여 냉동능력이 떨어지므로 굽힘이 적은 Y이음으로 한다.

정답 | ①

99 빈출도 ★★★

증기 및 물배관 등에서 찌꺼기를 제거하기 위하여 설치하는 부속품은?

① 유니온
② P트랩
③ 부싱
④ 스트레이너

해설

스트레이너는 배관을 통과하는 유체 속 이물질이나 오염 물질을 걸러주는 부속이며, 주기적으로 분해하여 여과망을 청소해야 한다.

정답 | ④

100 빈출도 ★★

가스 배관재료 중 내약품성 및 전기 절연성이 우수하며 사용온도가 80[℃] 이하인 관은?

① 주철관
② 강관
③ 동관
④ 폴리에틸렌관

해설

폴리에틸렌관은 지하매설용 가스배관으로 사용하며, 안전사용온도의 범위는 약 40~80[℃]로 낮은 편이다. 전자레인지 용기로 사용되는 고밀도 폴리에틸렌은 120[℃]까지 안전하게 사용할 수 있다.

정답 | ④

2019년 2회 기출문제

기계열역학

01 빈출도 ★★

어떤 시스템에서 공기가 초기에 290[K]에서 330[K]로 변화하였고, 이 때 압력은 200[kPa]에서 600[kPa]로 변화하였다. 이 때 단위 질량당 엔트로피 변화는 약 몇 [kJ/kg·K]인가? (단, 공기는 정압비열이 1.006[kJ/kg·K]이고, 기체상수가 0.287[kJ/kg·K]인 이상기체로 간주한다.)

① 0.445　　② −0.445
③ 0.185　　④ −0.185

해설

단위질량당 엔트로피 변화량

$$\frac{\Delta S}{m} = C_p \ln \frac{T_f}{T_i} - R \ln \frac{P_f}{P_i}$$

$= 1.006 [\text{kJ/kg·K}] \times \ln \frac{330}{290} - 0.287 [\text{kJ/kg·K}] \times \ln \frac{600}{200}$

$= 0.13 - 0.315 = -0.185 [\text{kJ/kg·K}]$

※ 단위 질량당 엔트로피 변화 공식 유도
엔탈피 정의식과 열역학 2법칙으로부터
$dQ = dH - VdP$이므로 $dS = \frac{dQ}{T} = \frac{dH}{T} - \frac{VdP}{T}$이다.
이상기체의 엔탈피 변화량 $dH = mC_p dT$로부터
$\frac{dH}{T} = \frac{mC_p dT}{T}$이고, $PV = mRT$로부터
$\frac{V}{T} = \frac{mR}{P}$이므로 $dS = \frac{mC_p dT}{T} - \frac{mRdP}{P}$가 성립한다.
양변을 m으로 나누고 적분하면 $\frac{\Delta S}{m} = C_p \ln \frac{T_f}{T_i} - R \ln \frac{P_f}{P_i}$이다.

정답 | ④

02 빈출도 ★★

체적이 500[cm³]인 풍선에 압력 0.1[MPa], 온도 288[K]의 공기가 가득 채워져 있다. 압력이 일정한 상태에서 풍선 속 공기 온도가 300[K]로 상승했을 때 공기에 가해진 열량은 약 얼마인가? (단, 공기는 정압비열이 1.005[kJ/kg·K], 기체상수가 0.287[kJ/kg·K]인 이상기체로 간주한다.)

① 7.3[J]　　② 7.3[kJ]
③ 14.6[J]　　④ 14.6[kJ]

해설

정압과정이므로 $Q_p = mC_p dT$이다.
- 상태방정식을 이용해서 질량을 구하면 $PV = mRT$에서
$m = \frac{P_1 V_1}{RT_1} = \frac{100[\text{kPa}] \times 500 \times 10^{-6}[\text{m}^3]}{0.28[\text{kJ/kg·K}] \times 288[\text{K}]}$
$= 6.05 \times 10^{-4} [\text{kg}]$
- 가해진 열량 $Q_p = mC_p dT$
$= 6.05 \times 10^{-4} [\text{kg}] \times 1.005 [\text{kJ/kg·K}] \times (300 - 288)[\text{K}]$
$= 7.3 \times 10^{-3} [\text{kJ}] = 7.3 [\text{J}]$

정답 | ①

03 빈출도 ★★★

어떤 사이클이 다음 온도(T)-엔트로피(s)선도와 같을 때 작동 유체에 주어진 열량은 약 몇 [kJ/kg]인가?

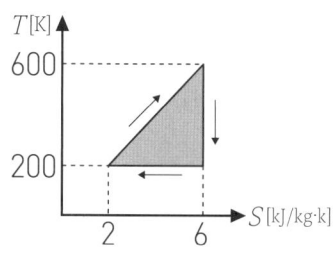

① 4
② 400
③ 800
④ 1,600

해설

열량 $Q=\int Tds$이므로 $T-s$선도의 빗금친 면적이 열량이다.

$q=\dfrac{1}{2}\times(6-2)[\text{kJ/kg·K}]\times(600-200)[\text{K}]=800[\text{kJ/kg}]$

정답 | ③

04 빈출도 ★★★

효율이 40[%]인 열기관에서 유효하게 발생되는 동력이 110[kW]라면 주위로 방출되는 총 열량은 약 몇 [kW]인가?

① 375
② 165
③ 135
④ 85

해설

- 열기관의 효율 $\dfrac{W_{cycle}}{Q_{in}}=\dfrac{110}{Q_{in}}=0.4$이므로

  $Q_{in}=\dfrac{110}{0.4}=275[\text{kW}]$

- $Q_{in}=W_{cycle}+Q_{out}$이므로
  방출열량 $Q_{out}=275-110=165[\text{kW}]$

정답 | ②

05 빈출도 ★★

500[W]의 전열기로 4[kg]의 물을 20[℃]에서 90[℃]까지 가열하는 데 몇 분이 소요되는가? (단, 전열기에서 열은 전부 온도 상승에 사용되고 물의 비열은 4,180[J/kg·K]이다.)

① 16
② 27
③ 39
④ 45

해설

- 전열기의 소비전력 $P=500[\text{W}]=500[\text{J/s}]=0.5[\text{kJ/s}]$
- 가열에 필요한 열량

  $Q=cm\Delta T$
  $=4,180[\text{J/kg·K}]\times 4[\text{kg}]\times(90-20)[\text{K}]$
  $=1,170.4[\text{kJ}]$

- 가열시간

  $t=\dfrac{Q}{P}=\dfrac{1,170.4[\text{kJ}]}{0.5[\text{kJ/s}]}\times\dfrac{1[\min]}{60[\text{s}]}=39$분

정답 | ③

06 빈출도 ★★★

카르노 사이클로 작동되는 열기관이 고온체에서 100[kJ]의 열을 받고 있다. 이 기관의 열효율이 30[%]라면 방출되는 열량은 약 몇 [kJ]인가?

① 30
② 50
③ 60
④ 70

해설

열기관의 효율 $\dfrac{W}{Q_{in}}=\dfrac{Q_{in}-Q_{out}}{Q_{in}}=\dfrac{100-Q_{out}}{100}=0.3$

따라서 방출되는 열량 $Q_{out}=70[\text{kJ}]$

정답 | ④

07 빈출도 ★★★

100[℃]와 50[℃] 사이에서 작동하는 냉동기로 가능한 최대성능계수(COP)는 약 얼마인가?

① 7.46 ② 2.54
③ 4.25 ④ 6.46

해설

냉동기란 역카르노 사이클이 적용된 카르노 냉동장치를 의미한다. 따라서 카르노 냉동장치의 성적계수는

$$COP = \frac{T_C}{T_H - T_C} = \frac{273+50}{100-50} = 6.46$$

정답 | ④

08 빈출도 ★★★

압력이 0.2[MPa]이고, 초기 온도가 120[℃]인 1[kg]의 공기를 압축비 18로 가열 단열 압축하는 경우 최종온도는 약 몇 [℃]인가? (단, 공기는 비열비가 1.4인 이상기체이다.)

① 676[℃] ② 776[℃]
③ 876[℃] ④ 976[℃]

해설

- 압축비 $r = \frac{V_1}{V_2} = 18$
- 단열과정 온도에서 $\frac{T_2}{T_1} = \left(\frac{V_1}{V_2}\right)^{k-1}$

$T_2 = T_1\left(\frac{V_1}{V_2}\right)^{k-1} = (273+120)[K] \times 18^{1.4-1} = 1,248.8[K]$
$= 1,248.8 - 273 = 975.8[℃]$

정답 | ④

09 빈출도 ★

수증기가 정상과정으로 40[m/s]의 속도로 노즐에 유입되어 275[m/s]로 빠져나간다. 유입되는 수증기의 엔탈피는 3,300[kJ/kg], 노즐로부터 발생되는 열손실은 5.9[kJ/kg]일 때 노즐 출구에서의 수증기 엔탈피는 약 몇 [kJ/kg]인가?

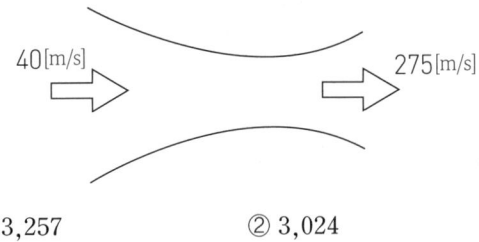

① 3,257 ② 3,024
③ 2,795 ④ 2,612

해설

에너지 보존법칙에 의해
$h_1 + \frac{1}{2}v_1^2 = h_2 + \frac{1}{2}v_2^2 + Q_{loss}$ 이다.

$3,300[kJ/kg] + \frac{1}{2} \times (40[m/s])^2$
$= h_2 + \frac{1}{2}(275[m/s])^2 + 5.9[kJ/kg]$

$3,300[kJ/kg] + 800[J/kg] = h_2 + 37,812.5[J/kg] + 5.9[kJ/kg]$이므로

출구 엔탈피 $h_2 = 3,300 + 0.8 - 37.8 - 5.9 = 3,257.1[kJ/kg]$

정답 | ①

10 빈출도 ★★★

용기에 부착된 압력계에 읽힌 계기압력이 150[kPa]이고 국소대기압이 100[kPa]일 때 용기 안의 절대압력은?

① 250[kPa] ② 150[kPa]
③ 100[kPa] ④ 50[kPa]

해설

절대압력 = 대기압 + 게이지압력
= 100[kPa] + 150[kPa] = 250[kPa]

정답 | ①

11 빈출도 ★★

R-12를 작동 유체로 사용하는 이상적인 증기압축 냉동 사이클이 있다. 여기서 증발기 출구 엔탈피는 229[kJ/kg], 팽창밸브 출구 엔탈피는 81[kJ/kg], 응축기 입구 엔탈피는 255[kJ/kg]일 때 이 냉동기의 성적계수는 약 얼마인가?

① 4.1　　　② 4.9
③ 5.7　　　④ 6.8

해설

h_1: 팽창밸브 출구 엔탈피(=81[kJ/kg])
h_2: 증발기 출구 엔탈피(=229[kJ/kg])
h_3: 응축기 입구 엔탈피(=255[kJ/kg])라고 하면
냉동기의 성적계수 = $\dfrac{냉동능력}{압축일량} = \dfrac{h_2-h_1}{h_3-h_2} = \dfrac{229-81}{255-229} = 5.69$

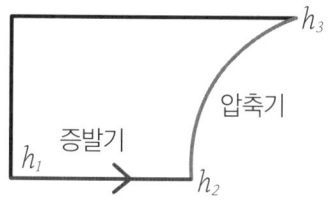

정답 | ③

12 빈출도 ★★★

어떤 시스템에서 유체는 외부로부터 19[kJ]의 일을 받으면서 167[kJ]의 열을 흡수하였다. 이 때 내부에너지의 변화는 어떻게 되는가?

① 148[kJ] 상승한다.　　② 186[kJ] 상승한다.
③ 148[kJ] 감소한다.　　④ 186[kJ] 감소한다.

해설

열역학 제1법칙에서 내부에너지의 변화량 $\Delta U = Q - W = 167 - (-19) = 186$[kJ]이므로 186[kJ]만큼 상승한다.

정답 | ②

13 빈출도 ★★★

그림과 같이 실린더 내의 공기가 상태 1에서 상태 2로 변화할 때 공기가 한 일은? (단, P는 압력, V는 부피를 나타낸다.)

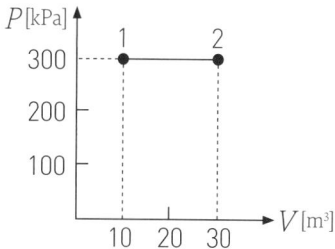

① 30[kJ]　　　② 60[kJ]
③ 3,000[kJ]　　④ 6,000[kJ]

해설

등압 팽창 과정에서 기체가 외부에 한 일은
$W = \int P dV = P\Delta V$
$= 300[\text{kPa}] \times (30-10)[\text{m}^3] = 6,000[\text{kJ}]$

정답 | ④

14 빈출도 ★★★

보일러에 물(온도 20[℃], 엔탈피 84[kJ/kg])이 유입되어 600[kPa]의 포화증기(온도 159[℃], 엔탈피 2,757[kJ/kg]) 상태로 유출된다. 물의 질량유량이 300[kg/h]이라면 보일러에 공급된 열량은 약 몇 [kW]인가?

① 121　　　② 140
③ 223　　　④ 345

해설

공급된 열량 $Q = \dot{m} \times \Delta h = 300[\text{kg/h}] \times (2,757-84)[\text{kJ/kg}]$
$= 801,900[\text{kJ/h}] = 222.75[\text{kW}]$

정답 | ③

15 빈출도 ★★

압력이 100[kPa]이며 온도가 25[℃]인 방의 크기가 240[m³]이다. 이 방에 들어있는 공기의 질량은 약 몇 [kg]인가? (단, 공기는 이상기체로 가정하며, 공기의 기체상수는 0.28[kJ/kg·K]이다.)

① 0.00357 ② 0.28
③ 3.57 ④ 280

해설

이상기체 상태방정식 $PV = mRT$로부터
$$m = \frac{PV}{RT} = \frac{100[kPa] \times 240[m^3]}{0.287[kJ/kg \cdot K] \times (273+25)[K]} = 280.61[kg]$$

정답 | ④

16 빈출도 ★★★

클라우지우스(Clausius) 부등식을 옳게 표현한 것은? (단, T는 절대온도, Q는 시스템으로 공급된 전체 열량을 표시한다.)

① $\oint \frac{\delta Q}{T} \geq 0$ ② $\oint \frac{\delta Q}{T} \leq 0$

③ $\oint T \delta Q \geq 0$ ④ $\oint T \delta Q \leq 0$

해설

"열은 저온체에서 고온체로 흐를 수 없다"라는 클라우지우스 서술을 부등식으로 표현하면 $\oint \left(\frac{\delta Q}{T}\right) \leq 0$이다.

개념설명 클라우지우스 부등식

- 가역과정 $\oint \frac{dQ}{T} = 0$
- 비가역과정 $\oint \frac{dQ}{T} < 0$

정답 | ②

17 빈출도 ★

Van der Waals 상태 방정식은 다음과 같이 나타낸다. 이 식에서 $\frac{a}{v^2}$, b는 각각 무엇을 의미하는 것인가? (단, P는 압력, v는 비체적, R은 기체상수, T는 온도를 나타낸다.)

$$\left(P + \frac{a}{v^2}\right) \times (v-b) = RT$$

① 분자간의 작용 인력, 분자 내부 에너지
② 분자간의 작용 인력, 기체 분자들이 차지하는 체적
③ 분자간의 질량, 분자 내부 에너지
④ 분자 자체의 질량, 기체 분자들이 차지하는 체적

해설

실제기체는 분자간 인력 때문에 이상기체의 압력보다 $\frac{a}{v^2}$ 만큼 더 작고, 자체부피가 있기 때문에 이상기체의 비체적보다 b만큼 더 크다.

정답 | ②

18 빈출도 ★★

가역 과정으로 실린더 안의 공기를 $50[\text{kPa}]$, $10[℃]$ 상태에서 $300[\text{kPa}]$까지 압력(P)과 체적(V)의 관계가 다음과 같은 과정으로 압축할 때 단위 질량당 방출되는 열량은 약 몇 $[\text{kJ/kg}]$인가? (단, 기체 상수는 $0.287[\text{kJ/kg·K}]$이고, 정적비열은 $0.7[\text{kJ/kg·K}]$이다.)

$$PV^{1.3} = 일정$$

① 17.2
② 37.2
③ 57.2
④ 77.2

해설

- 비열비 $k = \dfrac{R}{C_v} + 1 = \dfrac{0.287}{0.7} + 1 = 1.41$

  단열과정의 PVT 관계식

  $\dfrac{T_2}{T_1} = \left(\dfrac{P_2}{P_1}\right)^{(n-1)/n}$ 에서 나중온도 T_2를 구하면,

  $T_2 = T_1\left(\dfrac{P_2}{P_1}\right)^{(n-1)/n} = 283 \times 6^{0.3/1.3} = 428[\text{K}]$

- 방출열량 $Q = C_v \dfrac{n-k}{n-1}(T_2 - T_1)$

  $= 0.7[\text{kJ/kg·K}] \times \dfrac{1.3 - 1.41}{1.3 - 1} \times (428 - 283)[\text{K}]$

  $= -37.2[\text{kJ/kg}]$이다.

※ (−)부호는 열의 방출을 의미한다.

정답 | ②

19 빈출도 ★★

등엔트로피 효율이 $80[\%]$인 소형 공기터빈의 출력이 $270[\text{kJ/kg}]$이다. 입구 온도는 $600[\text{K}]$이며, 출구 압력은 $100[\text{kPa}]$이다. 공기의 정압비열은 $1.004[\text{kJ/kg·K}]$, 비열비는 1.4일 때, 입구 압력은 약 몇 $[\text{kPa}]$인가? (단, 공기는 이상기체로 간주한다.)

① 1,984
② 1,842
③ 1,773
④ 1,621

해설

- 등엔트로피 엔탈피 강하

  $\Delta h_s = \dfrac{w}{\eta} = \dfrac{270[\text{kJ/kg}]}{0.8} = 337.5[\text{kJ/kg}]$

- 등엔트로피 출구 온도 T_2

  $T_2 = T_1 - \dfrac{\Delta h_s}{c_p} = 600 - \dfrac{337.5}{1.004} = 263.84[\text{K}]$

- 등엔트로피 관계식 $\dfrac{T_2}{T_1} = \left(\dfrac{P_2}{P_1}\right)^{(1-k)/k}$ 으로부터

  $P_1 = P_2\left(\dfrac{T_1}{T_2}\right)^{k/(k-1)} = 100[\text{kPa}] \times \left(\dfrac{600[\text{K}]}{263.84[\text{K}]}\right)^{1.4/0.4}$

  $= 1,773.52[\text{kPa}]$

정답 | ③

20 빈출도 ★★

화씨 온도가 $86[℉]$ 일 때 섭씨 온도는 몇 $[℃]$인가?

① 30
② 45
③ 60
④ 75

해설

화씨 온도와 섭씨 온도의 변환식 $t_F = \dfrac{9}{5}t_C + 32$이므로

$t_C = (t_F - 32) \times \dfrac{5}{9}$

$= (86 - 32) \times \dfrac{5}{9} = 30[℃]$

정답 | ①

냉동공학

21 빈출도 ★★

냉각탑의 성능이 좋아지기 위한 조건으로 적절한 것은?

① 쿨링레인지가 작을수록, 쿨링어프로치가 작을수록
② 쿨링레인지가 작을수록, 쿨링어프로치가 클수록
③ 쿨링레인지가 클수록, 쿨링어프로치가 작을수록
④ 쿨링레인지가 클수록, 쿨링어프로치가 클수록

해설

냉각탑의 성능은 쿨링레인지가 클수록, 쿨링어프로치가 작을수록 좋다.

개념설명 쿨링레인지와 쿨링어프로치

냉각탑의 쿨링레인지는 냉각수 입구 온도와 출구 온도의 차이이고, 쿨링어프로치는 출구 수온과 입구공기의 습구온도 차이이다.

정답 | ③

22 빈출도 ★

다음 중 절연내력이 크고 절연물질을 침식시키지 않기 때문에 밀폐형 압축기에 사용하기에 적합한 냉매는?

① 프레온계 냉매
② H_2O
③ 공기
④ NH_3

해설

밀폐형 압축기는 압축기와 전동기가 한 하우징 속에 내장된 구조이므로 전기 절연성이 큰 프레온계 냉매가 적합하다.

정답 | ①

23 빈출도 ★

어떤 냉동기의 증발기 내 압력이 245[kPa]이며, 이 압력에서의 포화온도, 포화액 엔탈피 및 건포화증기 엔탈피, 정압비열은 조건과 같다. 증발기 입구 측 냉매의 엔탈피가 455[kJ/kg]이고, 증발기 출구 측 냉매온도가 $-10[°C]$의 과열증기일 경우 증발기에서 냉매가 취득한 열량[kJ/kg]은?

- 포화온도: $-20[°C]$
- 포화액 엔탈피: 396[kJ/kg]
- 건포화증기 엔탈피: 615.6[kJ/kg]
- 정압비열: 0.67[kJ/kg·K]

① 167.3
② 152.3
③ 148.3
④ 112.3

해설

- 증발기 입구 측 엔탈피 $h_{in}=h_6=455[kJ/kg]$
- 증발기 출구 측 엔탈피
  $h_{out}=h_7+C_p\varDelta T=615.6+0.67\times[-10-(-20)]$
  $=615.6+6.7=622.3[kJ/kg]=h_1$
- 증발기에서 냉매가 취득한 열량 q
  $q=h_{out}-h_{in}=h_1-h_6=622.3-455=167.3[kJ/kg]$

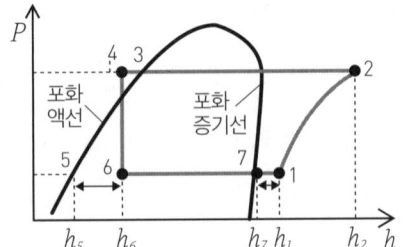

정답 | ①

24 빈출도 ★★

냉동능력이 1[RT]인 냉동장치가 1[kW]의 압축동력을 필요로 할 때, 응축기에서의 방열량[kW]은?

① 2
② 3.3
③ 4.8
④ 6

해설

응축기의 방열량(Q_{out})은 증발기의 증발열(Q_{in})과 압축기의 소요동력(W_c)의 합이다.
즉, 방열량 Q_{out} = 1[RT] + 1[kW] = 3.86[kW] + 1[kW]
= 4.86[kW]
※ 1[RT] = 3.86[kW]

정답 | ③

25 빈출도 ★★

냉동사이클에서 응축온도 상승에 따른 시스템의 영향으로 가장 거리가 먼 것은? (단, 증발온도는 일정하다.)

① COP 감소
② 압축비 증가
③ 압축기 토출가스 온도 상승
④ 압축기 흡입가스 압력 상승

해설

응축온도가 상승할 경우 압축비가 증가하여 토출가스 온도가 상승하고 냉동효과와 성적계수가 감소한다.

정답 | ④

26 빈출도 ★★★

어떤 냉장고의 방열적 면적이 500[m²], 열통과율이 0.311[W/m²·℃]일 때, 이 벽을 통하여 냉장고 내로 침입하는 열량[kW]은? (단, 이 때의 외기온도는 32[℃]이며, 냉장고 내부온도는 -15[℃]이다.)

① 12.6
② 10.4
③ 9.1
④ 7.3

해설

냉장고 내로 침입하는 열량
$Q = KA\Delta T$
= 0.311[W/m²·℃] × 500[m²] × (32 - (-15))[℃]
= 7,308.5[W] = 7.3[kW]
※ 냉매액은 외기보다 더 고온이기 때문에 냉장고의 방열판을 통해 냉매의 열이 외부로 방출된다. 그런데 문제에서 요구하는 것은 냉매의 방열량이 아니라 냉장고의 열손실, 즉 외기로부터 냉장고 내부로 전달되는 열량이다.

정답 | ④

27 빈출도 ★★

2차 유체로 사용되는 브라인의 구비 조건으로 틀린 것은?

① 비등점이 높고, 응고점이 낮을 것
② 점도가 낮을 것
③ 부식성이 없을 것
④ 열전달률이 작을 것

해설

브라인은 열을 잘 전달해야 하므로 열전달률(열전도율)이 커야 한다.

정답 | ④

28 빈출도 ★★

냉매 배관 내에 플래시 가스(flash gas)가 발생했을 때 나타나는 현상으로 틀린 것은?

① 팽창밸브의 능력 부족 현상 발생
② 냉매부족과 같은 현상 발생
③ 액관 중의 기포 발생
④ 팽창밸브에서의 냉매 순환량 증가

해설

플래시 가스가 발생하면 냉매액이 줄어드는 현상이 발생하여 냉매 순환량이 감소한다.

정답 | ④

29 빈출도 ★★★

단면이 $1[m^2]$인 단열재를 통하여 $0.3[kW]$의 열이 흐르고 있다. 이 단열재의 두께는 $2.5[cm]$이고 열전도계수가 $0.2[W/m·℃]$일 때 양면 사이의 온도차 $[℃]$는?

① 54.5
② 42.5
③ 37.5
④ 32.5

해설

경계면 고체의 전도에 의한 열전도량

Q전도$[W] = \dfrac{\lambda}{l} A \Delta T$ 이므로

$\Delta T = \dfrac{Ql}{\lambda A} = \dfrac{300[W] \times 0.025[m]}{0.2[W/m·℃] \times 1[m^2]}$

$= \dfrac{7.5}{0.2} = 37.5[℃]$

정답 | ③

30 빈출도 ★★

여러 대의 증발기를 사용할 경우 증발관 내의 압력이 가장 높은 증발기의 출구에 설치하여 압력을 일정 값 이하로 억제하는 장치를 무엇이라고 하는가?

① 전자밸브
② 압력개폐기
③ 증발압력 조정밸브
④ 온도조절밸브

해설

증기 보일러를 병렬로 사용할 때 각 보일러의 출구 압력을 일정한 값 이하로 제어해 주는 밸브는 증발압력 조정밸브이다.

선지분석

① 전자밸브: 전기 신호로 개폐되는 자동 밸브로 제어용 용도가 아닌 개폐용 용도로 사용한다.
② 압력개폐기: 압력계를 분리 및 보호하기 위한 개폐기이다.
④ 온도조절밸브: 유체의 온도를 일정하게 유지하기 위해 작동하는 밸브이다.

정답 | ③

31 빈출도 ★

다음 그림은 2단 압축 암모니아 사이클을 나타낸 것이다. 냉동능력이 $2[RT]$인 경우 저단압축기의 냉매 순환량$[kg/h]$은? (단, $1[RT]$는 $3.8[kW]$이다.)

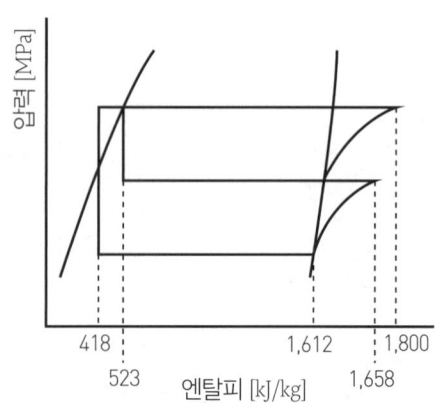

① 10.1
② 22.9
③ 32.5
④ 43.2

해설

- 저단 측 비엔탈피 증가량 $1,612 - 418 = 1,194[kJ/kg]$
- 냉매순환량

$\dot{Q} = \dfrac{냉동능력}{엔탈피 \ 변화량} = \dfrac{2 \times 3.8[kJ/s]}{1,194[kJ/kg]}$

$= 0.00637[kg/s] = 22.9[kg/h]$

정답 | ②

32 빈출도 ★★

다음 팽창밸브 중 인버터 구동 가변 용량형 공기조화장치나 증발온도가 낮은 냉동장치에서 팽창밸브의 냉매유량 조절 특성 향상과 유량제어 범위 확대 등을 목적으로 사용하는 것은?

① 전자식 팽창밸브
② 모세관
③ 플로트 팽창밸브
④ 정압식 팽창밸브

해설
전자식 팽창밸브는 냉매유량 조절특성을 향상시키고 유량제어 범위를 확대시킨다.

선지분석
② 모세관: 관 지름과 길이가 고정된 것으로 과열도 제어 기능이 없다.
③ 플로트 팽창밸브: 증발기 내 액분을 자동으로 제어하는 밸브이다.
④ 정압식 팽창밸브: 증발기 내의 증발압력이 일정하게 유지되도록 냉매 유량을 조절하는 밸브이다.

정답 | ①

33 빈출도 ★

식품의 평균 초온이 0[℃]일 때 이것을 동결하여 온도중심점을 -15[℃]까지 내리는 데 걸리는 시간을 나타내는 것은?

① 유효동결시간
② 유효냉각시간
③ 공칭동결시간
④ 시간상수

해설
식품의 평균 초온이 0[℃]일 때 이것을 동결하여 온도중심점을 -15[℃]까지 내리는 데 걸리는 시간을 공칭동결시간이라고 한다. 공칭동결시간은 동결 장치의 능력을 나타내는 지표로 사용된다.

정답 | ③

34 빈출도 ★★

냉동장치를 운전할 때 다음 중 가장 먼저 실시하여야 하는 것은?

① 응축기 냉각수 펌프를 기동한다.
② 증발기 팬을 기동한다.
③ 압축기를 기동한다.
④ 압축기의 유압을 조정한다.

해설 냉동장치 운전의 순서
냉각수 펌프 시동 → 냉각탑 가동 → 공기 방출 → 물 배관 만수 → 냉수순환펌프 가동 → 압축기 유압 조정

정답 | ①

35 빈출도 ★★★

다음 중 냉매를 사용하지 않는 냉동장치는?

① 열전 냉동장치
② 흡수식 냉동장치
③ 교축팽창식 냉동장치
④ 증기압축식 냉동장치

해설
열전식 냉동장치는 펠티에 효과를 이용한 열전 냉각 방식이므로 냉매 대신 반도체를 이용한다.

정답 | ①

36 빈출도 ★★★

축 동력 10[kW], 냉매순환량 33[kg/min]인 냉동기에서 증발기 입구 엔탈피가 406[kJ/kg], 증발기 출구 엔탈피가 615[kJ/kg], 응축기 입구 엔탈피가 632[kJ/kg]이다. ⑦실제 성능계수와 ⓒ이론 성능계수는 각각 얼마인가?

① ⑦ 8.5, ⓒ 12.3
② ⑦ 8.5, ⓒ 9.5
③ ⑦ 11.5, ⓒ 9.5
④ ⑦ 11.5, ⓒ 12.3

해설

• 실제 성능계수

$$COP = \frac{\text{실제 냉동능력}}{\text{소요 동력}}$$

$$= \frac{\text{냉매 순환량} \times \text{엔탈피 증가량}}{\text{소요 동력}}$$

$$= \frac{\frac{33}{60}[kg/s] \times (615-406)[kJ/kg]}{10[kJ/s]}$$

$$= \frac{114.95}{10} = 11.5$$

• 이론 성능계수 $= \frac{\text{증발기출구 엔탈피} - \text{증발기입구 엔탈피}}{\text{응축기입구 엔탈피} - \text{증발기출구 엔탈피}}$

$$= \frac{615-406}{632-615} = \frac{209}{17} = 12.29$$

정답 | ④

37 빈출도 ★

암모니아용 압축기의 실린더에 있는 워터재킷의 주된 설치 목적은?

① 밸브 및 스프링의 수명을 연장하기 위해서
② 압축 효율의 상승을 도모하기 위해서
③ 암모니아는 토출온도가 낮기 때문에 이를 방지하기 위해서
④ 암모니아의 응고를 방지하기 위해서

해설

실린더에 있는 워터재킷은 압축 효율의 상승을 도모하기 위해 설치한다.

정답 | ②

38 빈출도 ★★

스크류 압축기의 특징에 대한 설명으로 틀린 것은?

① 소형 경량으로 설치면적이 작다.
② 밸브와 피스톤이 없어 장시간의 연속운전이 불가능하다.
③ 암수 회전자의 회전에 의해 체적을 줄여 가면서 압축한다.
④ 왕복동식과 달리 흡입밸브와 토출밸브를 사용하지 않는다.

해설

스크류 압축기는 흡입밸브와 피스톤을 사용하지 않아 장시간의 연속운전이 가능하다.
※ 스크류 압축기는 오일펌프를 설치하여 로터에 오일을 분사해 주어야 하며, 높은 압축비에도 토출온도와 체적효율이 유지된다.

정답 | ②

39 빈출도 ★★★

고온부의 절대온도를 T_1, 저온부의 절대온도를 T_2, 고온부로 방출하는 열량을 Q_1, 저온부로부터 흡수하는 열량을 Q_2라고 할 때, 이 냉동기의 이론 성적계수(COP)를 구하는 식은?

① $\dfrac{Q_1}{Q_1-Q_2}$
② $\dfrac{Q_2}{Q_1-Q_2}$
③ $\dfrac{T_1}{T_1-T_2}$
④ $\dfrac{T_1-T_2}{T_1}$

해설

• 냉동장치의 성적계수: $\dfrac{\text{냉동능력}}{\text{압축일량}} = \dfrac{Q_C}{Q_H-Q_C} = \dfrac{Q_2}{Q_1-Q_2}$

• 카르노 냉동장치의 성적계수: $\dfrac{T_2}{T_1-T_2}$

정답 | ②

40 빈출도 ★★

2단 압축 냉동 장치 내 중간 냉각기 설치에 대한 설명으로 옳은 것은?

① 냉동효과를 증대시킬 수 있다.
② 증발기에 공급되는 냉매액을 과열시킨다.
③ 저압 압축기 흡입가스 중의 액을 분리시킨다.
④ 압축비가 증가되어 압축효율이 저하된다.

해설

중간 냉각기는 저단 즉 압축기 토출가스의 과열을 제거하여 고단 압축기의 과열을 방지하고 플래시 가스의 발생을 억제한다. 즉, 중간 냉각기를 설치하면 플래시 가스 발생이 억제되므로 냉동능력은 커진다.

정답 | ①

공기조화

41 빈출도 ★★

난방부하 계산 시 일반적으로 무시할 수 있는 부하의 종류가 아닌 것은?

① 틈새바람 부하
② 조명기구 발열 부하
③ 재실자 발생 부하
④ 일사 부하

해설

일사부하, 인체부하, 조명부하는 실내온도를 높이는 데 기여하므로 난방부하 계산 시에 제외한다.

정답 | ①

42 빈출도 ★★

습공기의 상태변화를 나타내는 방법 중 하나인 열수분비의 정의로 옳은 것은?

① 절대습도 변화량에 대한 잠열량 변화량의 비율
② 절대습도 변화량에 대한 전열량 변화량의 비율
③ 상대습도 변화량에 대한 현열량 변화량의 비율
④ 상대습도 변화량에 대한 잠열량 변화량의 비율

해설

가열감습 또는 냉각가습 과정을 통해 습공기의 온도와 습도가 동시에 변했을 때 절대습도 변화량에 대한 전열량 변화량을 열수분비라고 한다.

정답 | ②

43 빈출도 ★★

온수관의 온도가 80[℃], 환수관의 온도가 60[℃]인 자연순환식 온수난방장치에서의 자연순환수두[mmAq]는? (단, 보일러에서 방열기까지의 높이는 5[m], 60[℃]에서의 온수 밀도는 983.24[kg/m³], 80[℃]에서의 온수 밀도는 971.84[kg/m³]이다.)

① 55
② 56
③ 57
④ 58

해설

- 자연순환수두[mAq] = 방열기 높이[m] × 급수와 환수의 밀도차[Aq]
- 급수와 환수의 밀도차
  = 983.24 − 971.84 = 11.4[kg/m³] = 0.0114[Aq]
- 자연순환수두[mmAq]
  = 5,000[mm] × 0.0114[Aq]
  = 57[mmAq]

정답 | ③

44 빈출도 ★

온수난방 배관방식에서 단관식과 비교한 복관식에 대한 설명으로 틀린 것은?

① 설비비가 많이 든다.　② 온도변화가 많다.
③ 온수 순환이 좋다.　　④ 안정성이 높다.

해설
온수난방은 배관방식에 따라 단관식, 복관식으로 분류한다. 환수관이 없는 단관식은 난방 온도의 안정성이 낮고 복관식은 안정성이 높아서 온도 변화가 적다.

정답 | ②

45 빈출도 ★★★

극간풍이 비교적 많고 재실 인원이 적은 실의 중앙 공조방식으로 가장 경제적인 방식은?

① 변풍량 2중덕트 방식　② 팬코일 유닛 방식
③ 정풍량 2중덕트 방식　④ 정풍량 단일덕트 방식

해설
전수방식의 종류 중 하나인 팬코일 유닛 방식은 주택, 여관 등과 같이 극간풍이 많고 재실 인원이 적은 공간에 적합하다.

정답 | ②

46 빈출도 ★★

덕트 설계 시 주의사항으로 틀린 것은?

① 장방형 덕트 단면의 종횡비는 가능한 한 6 : 1 이상으로 해야 한다.
② 덕트의 풍속은 15[m/s] 이하, 정압은 50[mmAq] 이하의 저속덕트를 이용하여 소음을 줄인다.
③ 덕트의 분기점에는 댐퍼를 설치하여 압력 평행을 유지시킨다.
④ 재료는 아연도금강판, 알루미늄판 등을 이용하여 마찰저항 손실을 줄인다.

해설
장방향 덕트 단면의 종횡비는 최대 8 : 1을 넘지 않도록 하고 가급적 4 : 1 이하가 되게 한다.

정답 | ①

47 빈출도 ★★

공장에 12[kW]의 전동기로 구동되는 기계 장치 25대를 설치하려고 한다. 전동기는 실내에 설치하고 기계 장치는 실외에 설치한다면 실내로 취득되는 열량[kW]은? (단, 전동기의 부하율은 0.78, 가동율은 0.9, 전동기 효율은 0.87이다.)

① 242.1　② 210.6
③ 44.8　④ 31.5

해설
- 전동기 출력
  $P_{out} = 12[\text{kW}] \times 25 \times 0.78 = 234[\text{kW}]$
- 전동기 입력
  $P_{in} = \dfrac{출력}{효율} = \dfrac{234}{0.87} = 268.97[\text{kW}]$
- 가동률을 고려한 손실(취득열량)
  $P_{loss} = (P_{in} - P_{out}) \times K = (268.97 - 234) \times 0.9 = 31.47[\text{kW}]$

정답 | ④

48 빈출도 ★★★

공기세정기에서 순환수 분무에 대한 설명으로 틀린 것은? (단, 출구 수온은 입구 공기의 습구온도와 같다.)

① 단열변화　② 증발냉각
③ 습구온도 일정　④ 상대습도 일정

해설
순환수를 분무하는 과정은 단열 가습과정이므로 엔탈피와 습구온도의 변화는 없으며 상대습도는 증가하고 건구온도는 낮아진다.

정답 | ④

49 빈출도 ★

전압기준 국부저항계수 ζ_T와 정압기준 국부저항계수 ζ_S와의 관계를 바르게 나타낸 것은? (단, 덕트 상류 풍속은 v_1, 하류 풍속은 v_2이다.)

① $\zeta_T = \zeta_S - 1 + \left(\dfrac{v_2}{v_1}\right)^2$

② $\zeta_T = \zeta_S + 1 - \left(\dfrac{v_2}{v_1}\right)^2$

③ $\zeta_T = \zeta_S - 1 - \left(\dfrac{v_2}{v_1}\right)^2$

④ $\zeta_T = \zeta_S + 1 + \left(\dfrac{v_2}{v_1}\right)^2$

해설

전압기준 국부저항계수 ζ_T와 정압기준 국부저항계수 ζ_S와의 관계
$\zeta_T - \zeta_S = \dfrac{v_1^2 - v_2^2}{v_1^2} = 1 - \left(\dfrac{v_2}{v_1}\right)^2$ 이므로
$\zeta_T = \zeta_S + 1 - \left(\dfrac{v_2}{v_1}\right)^2$

※ 국부저항계수의 차이는 덕트 상하류 풍속 차이에 따라 달라진다.

정답 | ②

50 빈출도 ★

공기세정기에 대한 설명으로 틀린 것은?

① 세정기 단면의 종횡비를 크게 하면 성능이 떨어진다.
② 공기세정기의 수·공기비는 성능에 영향을 미친다.
③ 세정기 출구에는 분무된 물방울의 비산을 방지하기 위해 루버를 설치한다.
④ 스프레이 헤더의 수를 뱅크(bank)라 하고 1본을 1뱅크, 2본을 2뱅크라 한다.

해설

세정기 출구에는 분무된 물방울의 비산을 방지하기 위해 엘리미네이터를 설치한다.

정답 | ③

51 빈출도 ★★

실내의 CO_2 농도기준이 1,000[ppm]이고, 1인당 CO_2 발생량이 18[L/h]인 경우, 실내 1인당 필요한 환기량[m³/h]은? (단, 외기 CO_2 농도는 300[ppm]이다.)

① 22.7
② 23.7
③ 25.7
④ 26.7

해설

• 이산화탄소 농도 1[ppm]=1[mL/m³]이므로
$C_{in} = 1,000[ppm] = 1,000[mL/m^3] = 1[L/m^3]$
$C_{out} = 300[ppm] = 300[mL/m^3] = 0.3[L/m^3]$
따라서 이산화탄소 농도 차이는
$\Delta C = C_{in} - C_{out} = 1 - 0.3 = 0.7[L/m^3]$

• 1인당 환기량
$q = \dfrac{G}{\Delta C} = \dfrac{1인당\ CO_2\ 발생량}{실내와\ 외기의\ CO_2\ 농도\ 차이}$
$= \dfrac{18[L/h]}{0.7[L/m^3]} = 25.71[m^3/h]$

※ 1[ppm]=1[mL/m³]=0.0001[%]

정답 | ③

52 빈출도 ★

타원형 덕트(flat oval duct)와 같은 저항을 갖는 상당직경 D_e를 바르게 나타낸 것은? (단, A는 타원형 덕트 단면적, P는 타원형 덕트 둘레길이이다.)

① $D_e = \dfrac{1.55 P^{0.25}}{A^{0.625}}$
② $D_e = \dfrac{1.55 A^{0.25}}{P^{0.625}}$
③ $D_e = \dfrac{1.55 P^{0.625}}{A^{0.25}}$
④ $D_e = \dfrac{1.55 A^{0.625}}{P^{0.25}}$

해설

타원형 덕트와 마찰손실이 같게 되는 원형덕트의 지름
$D_e = \dfrac{1.55 \times (면적)^{0.625}}{(둘레)^{0.25}} = \dfrac{1.55 A^{0.625}}{P^{0.25}}$

정답 | ④

53 빈출도 ★★★

압력 1[MPa], 건도 0.89인 습증기 100[kg]을 일정 압력의 조건에서 엔탈피가 3,052[kJ/kg]인 300[℃]의 과열증기로 되는데 필요한 열량[kJ]은? (단, 1[MPa]에서 포화액의 엔탈피는 759[kJ/kg], 증발 잠열은 2,018[kJ/kg]이다.)

① 44,208 ② 49,698
③ 229,311 ④ 103,432

해설

- 증발기 입구 측 습증기의 엔탈피 h_6
  $h_5 + 건도 \times 증발잠열 = 759 + 0.89 \times 2,018 = 2,555[kJ/kg]$
- 증발기 속에서 100[kg]의 습증기를 과열증기로 변화시키는 데 필요한 열량
  $Q = m(h_1 - h_6) = 100 \times (3,052 - 2,555) = 49,700[kJ]$

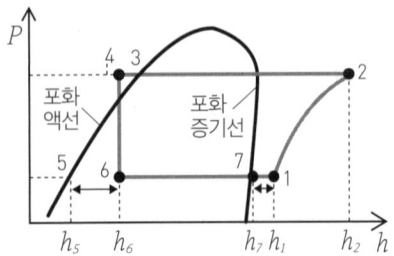

※ h_1: 과열증기의 엔탈피(=3,052[kJ/kg])
  h_5: 포화액의 엔탈피(=759[kJ/kg])
  h_6: 증발기 입구 측 습증기의 엔탈피

정답 | ②

54 빈출도 ★★

EDR(Equivalent Direct Radiation)에 관한 설명으로 틀린 것은?

① 증기의 표준방열량은 650[kcal/m²·h]이다.
② 온수의 표준방열량은 450[kcal/m²·h]이다.
③ 상당 방열면적을 의미한다.
④ 방열기의 표준 방열량을 전방열량으로 나눈 값이다.

해설

- 증기의 표준 방열량
  $0.756[kW/m^2] = 0.756 \times 0.24 \times 3,600[kcal/h]$
  $= 653[kcal/h]$
- 온수의 표준 방열량
  $0.523[kW/m^2] = 0.523 \times 0.24 \times 3,600[kcal/h]$
  $= 452[kcal/h]$
- 상당 방열면적
  $EDR[m^2] = \dfrac{보일러의 출력[kW]}{표준 방열량[kW/m^2]}$
  $= \dfrac{난방부하[kW]}{표준 방열량[kW/m^2]}$

정답 | ④

55 빈출도 ★★★

증기난방 방식에 대한 설명으로 틀린 것은?

① 환수방식에 따라 중력환수식과 진공환수식, 기계환수식으로 구분한다.
② 배관방법에 따라 단관식과 복관식이 있다.
③ 예열시간이 길지만 열량 조절이 용이하다.
④ 운전 시 증기 해머로 인한 소음을 일으키기 쉽다.

해설

증기난방 방식은 온수난방 방식에 비해 예열시간이 짧고 방열량 조절이 어렵다.

정답 | ③

56 빈출도 ★★

어떤 냉각기의 1열(列) 코일의 바이패스 펙터가 0.65라면 4열(列)의 바이패스 펙터는 약 얼마가 되는가?

① 0.18
② 1.82
③ 2.83
④ 4.84

해설

1열 코일의 바이패스 펙터(BF)가 0.65인 경우
- 2열 코일의 바이패스 펙터: 0.65^2
- n열 코일의 바이패스 펙터: 0.65^n

4열이므로 $0.65^4 = 0.179$

정답 | ①

57 빈출도 ★★★

다음 냉방부하 요소 중 잠열을 고려하지 않아도 되는 것은?

① 인체에서의 발생열
② 커피포트에서의 발생열
③ 유리를 통과하는 복사열
④ 틈새바람에 의한 취득열

해설

관류에 의한 취득열과 유리창을 통한 태양 복사열은 수증기의 출입이 없으므로 현열만 고려하면 된다.

정답 | ③

58 빈출도 ★★

냉수 코일설계 기준에 대한 설명으로 틀린 것은?

① 코일은 관이 수평으로 놓이게 설치한다.
② 관 내 유속은 $1[m/s]$ 정도로 한다.
③ 공기 냉각용 코일의 열 수는 일반적으로 4~8열이 주로 사용된다.
④ 냉수 입·출구 온도차는 $10[℃]$ 이상으로 한다.

해설

냉수 코일 설계 시 관 내 유속은 $1[m/s]$ 내외, 냉수의 입·출구 온도차는 $5[℃]$ 내외가 되도록 설계한다.

정답 | ④

59 빈출도 ★

다음 용어에 대한 설명으로 틀린 것은?

① 자유면적: 취출구 혹은 흡입구 구멍면적의 합계
② 도달거리: 기류의 중심속도가 $0.25[m/s]$에 이르렀을 때, 취출구에서의 수평거리
③ 유인비: 전공기량에 대한 취출공기량(1차 공기)의 비
④ 강하도: 수평으로 취출된 기류가 일정 거리만큼 진행한 뒤 기류중심선과 취출구 중심과의 수직거리

해설

취출공기량에 대한 전공기량(취출공기량+유인공기량)의 비를 유인비라고 한다. 여기서, 취출공기가 1차 공기이고 유인공기가 2차 공기이다.

정답 | ③

60 빈출도 ★★★

덕트의 마찰저항을 증가시키는 요인 중 값이 커지면 마찰저항이 감소되는 것은?

① 덕트 재료의 마찰저항 계수
② 덕트 길이
③ 덕트 직경
④ 풍속

해설

덕트의 마찰저항은 덕트직경이 클수록 감소한다.

정답 | ③

전기제어공학

61 빈출도 ★★

정격주파수 60[Hz]의 농형 유도전동기를 50[Hz]의 정격전압에서 사용할 때, 감소하는 것은?

① 토크 ② 온도
③ 역률 ④ 여자전류

해설

유도 전동기의 교류 주파수를 감소시키면 유효전류 대비 무효전류의 비율이 높아져 역률이 작아진다.

선지분석

① 토크: 주파수를 낮추면 자속이 커져 토크는 증가한다.
② 온도: 주파수를 낮추면 철손이 증가하여 기기의 온도가 상승한다.
④ 여자전류: 주파수를 낮추면 여자전류는 증가한다.

정답 | ③

62 빈출도 ★★★

그림과 같은 피드백 회로의 종합 전달함수는?

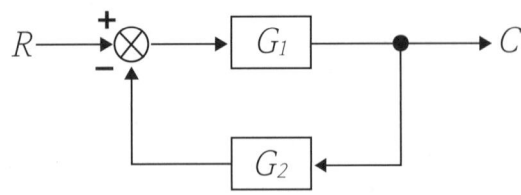

① $\dfrac{1}{G_1} + \dfrac{1}{G_2}$ ② $\dfrac{G_1}{1-G_1G_2}$

③ $\dfrac{G_1}{1+G_1G_2}$ ④ $\dfrac{G_1G_2}{1-G_1G_2}$

해설

- 진행경로의 이득: G_1
- 루프의 이득: $-G_1G_2$
- 전달함수

$\dfrac{C}{R} = \dfrac{\Sigma\text{진행경로의 이득}}{1-\Sigma\text{루프의 이득}} = \dfrac{G_1}{1-(-G_1G_2)} = \dfrac{G_1}{1+G_1G_2}$

정답 | ③

63 빈출도 ★★

도체가 대전된 경우 도체의 성질과 전하 분포에 관한 설명으로 틀린 것은?

① 도체 내부의 전계는 ∞이다.
② 전하는 도체 표면에만 존재한다.
③ 도체는 등전위이고 표면은 등전위면이다.
④ 도체 표면상의 전계는 면에 대하여 수직이다.

해설

대전된 도체의 표면은 등전위면이고 전계는 도체표면에 수직이다. 전하는 도체 표면에만 존재하고 도체 내부의 전계는 0이다.

정답 | ①

64 빈출도 ★★★

어떤 교류전압의 실횻값이 100[V]일 때 최댓값은 약 몇 [V]가 되는가?

① 100 ② 141
③ 173 ④ 200

해설

교류 전압이 $E_m \sin\omega t$일때 전압의 최댓값은 E_m.

전압의 실횻값은 $\dfrac{E_m}{\sqrt{2}}$이다.

따라서 실횻값 $\dfrac{E_m}{\sqrt{2}} = 100[\text{V}]$일 때

전압의 최댓값 E_m은 $\sqrt{2} \times 100 = 141[\text{V}]$

정답 | ②

65 빈출도 ★★

PLC(Programmable Logic Controller)에서 CPU부의 구성과 거리가 먼 것은?

① 연산부　　② 전원부
③ 데이터 메모리부　　④ 프로그램 메모리부

> **해설**
> PLC는 CPU부, 메모리부(데이터 영역, 프로그램 영역), 입력부, 출력부로 구성된다. 연산부는 CPU 내부에 통합되어 있지만 전원부는 CPU에 직접 연결되는 구성요소가 아니다.

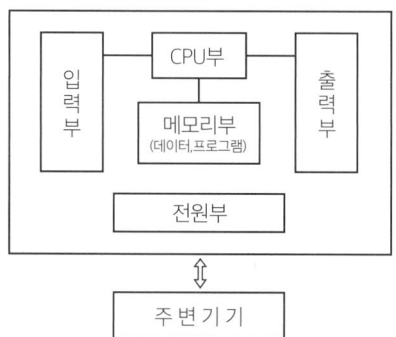

정답 | ②

66 빈출도 ★★★

제어대상의 상태를 자동적으로 제어하며, 목표값이 제어 공정과 기타의 제한 조건에 순응하면서 가능한 가장 짧은 시간에 요구되는 최종상태까지 가도록 설계하는 제어는?

① 디지털제어　　② 적응제어
③ 최적제어　　④ 정치제어

> **해설**
> 제어 대상의 동적 모델을 기반으로 제어 입력을 설계하여 목표를 만족하고 시스템 제한 조건에 순응하면서 미리 정의된 성능기준을 만족하도록 설계한 제어를 최적 제어라고 한다. 여기서 가장 짧은 시간에 요구되는 최종상태까지 가도록 설계한 제어를 시간 최적 제어라고 한다.

> **개념설명** 제어대상 분류
> 제어대상의 공정흐름에 따라 최적 제어, 적응 제어, 디지털 제어로 나눈다.

정답 | ③

67 빈출도 ★★

90[Ω]의 저항 3개가 Δ결선으로 되어 있을 때, 상당(단상) 해석을 위한 등가 Y결선에 대한 각 상의 저항 크기는 몇 [Ω]인가?

① 10　　② 30
③ 90　　④ 120

> **해설**
> Δ결선의 각 상의 저항(R_Δ)이 전부 R이면, Y결선 변환 후 각 상의 등가저항(R_Y)은 모두 $\frac{R}{3}$이다.
> 즉, $R_Y = \frac{R_\Delta}{3} = \frac{90}{3} = 30[\Omega]$

정답 | ②

68 빈출도 ★★

다음과 같은 회로에 전압계 3대와 저항 10[Ω]을 설치하여 $V_1=80[V]$, $V_2=20[V]$, $V_3=100[V]$의 실효치 전압을 계측하였다. 이 때 순저항 부하에서 소모하는 유효전력은 몇 [W]인가?

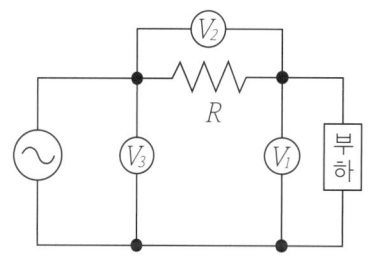

① 160　　② 320
③ 460　　④ 640

> **해설**
> 3전압계법에 의한 유효전력
> $P = VI\cos\theta = \dfrac{V_3^2 - V_1^2 - V_2^2}{2R} = \dfrac{100^2 - 80^2 - 20^2}{2 \times 10} = 160[W]$

정답 | ①

69 빈출도 ★

$G(j\omega)=e^{-(j\omega \times 0.4)}$일 때 $\omega=2.5$에서의 위상각은 약 몇 도인가?

① -28.6
② -42.9
③ -57.3
④ -71.5

해설

- 주파수 전달함수 $G(j\omega)=e^{-j\omega \times 0.4}$이므로
  $G(j2.5)=e^{-j2.5 \times 0.4}=e^{-j1}$
- 위상각을 호도법으로 변환하면
  $\theta=-1[\text{rad}]=-1.0 \times \dfrac{180°}{\pi}=-57.3°$

정답 | ③

70 빈출도 ★

여러 가지 전해액을 이용한 전기분해에서 동일량의 전기로 석출되는 물질의 양은 각각의 화학당량에 비례한다고 하는 법칙은?

① 줄의 법칙
② 렌츠의 법칙
③ 쿨롱의 법칙
④ 패러데이의 법칙

해설

페러데이의 법칙은 여러 가지 전해액을 이용한 전기분해에서 동일량의 전기로 석출되는 물질의 양은 각각의 화학당량에 비례하는 법칙이다.

선지분석

① 줄의 법칙: 도선에 전류가 흐를 때 발생하는 열량은 전류의 제곱과 저항의 곱에 비례하는 법칙이다.
② 렌츠의 법칙: 변화하는 자기장에 의해 도체에 유도되는 전류의 방향을 결정하는 법칙이다.
③ 쿨롱의 법칙: 두 점 전하 사이에 작용하는 힘은 두 전하의 크기의 곱에 비례하고 거리의 제곱에 반비례한다는 법칙이다.

정답 | ④

71 빈출도 ★

과도 응답의 소멸되는 정도를 나타내는 감쇠비 (decay ratio)로 옳은 것은?

① 제2오버슈트 / 최대오버슈트
② 제4오버슈트 / 최대오버슈트
③ 최대오버슈트 / 제2오버슈트
④ 최대오버슈트 / 제4오버슈트

해설

2차계의 과도 응답에 관한 상수 중에서 감쇠비는 $\dfrac{\text{제2 오버슈트}}{\text{최대 오버슈트}}$ 이다.

정답 | ①

72 빈출도 ★★

유도전동기에서 슬립이 '0'이란 의미와 같은 것은?

① 유도제동기의 역할을 한다.
② 유도전동기가 정지상태이다.
③ 유도전동기가 전부하 운전상태이다.
④ 유도전동기가 동기속도로 회전한다.

해설

유도기에서는 고정자 자계의 회전 속도 N_s와 회전자의 실제 회전 속도 N의 차이가 발생하는데 그 차이값을 동기 속도로 나눈 값을 슬립이라고 한다. 슬립이 0이면 회전속도가 동기속도와 같다는 의미이다.

개념설명 슬립

$s=\dfrac{N_s-N}{N_s}$에서 $N_s=N$인 경우 $s=0$이 된다.
즉, 동기속도 N_s와 실제 회전속도 N이 같다면 슬립 $s=0$이다.

정답 | ④

73 빈출도 ★★★

제어장치가 제어대상에 가하는 제어신호로 제어장치의 출력인 동시에 제어대상의 입력인 신호는?

① 조작량 ② 제어량
③ 목표값 ④ 동작신호

해설

조작량이란 제어요소에서 제어대상에 인가되는 제어신호로, 제어장치의 출력이면서 제어대상의 입력이다.

정답 | ①

74 빈출도 ★★

200[V], 1[kW] 전열기에서 전열선의 길이를 1/2로 할 경우, 소비전력은 몇 [kW]인가?

① 1 ② 2
③ 3 ④ 4

해설

- 저항 $R=\rho\dfrac{l}{S}$에서 저항(R)은 길이(l)에 비례하므로 전열선의 길이를 $\dfrac{1}{2}$배로 하면 저항도 $\dfrac{1}{2}$배가 된다.
- 소비전력 $P=\dfrac{V^2}{R}$에서 V가 일정한 경우 소비전력은 저항에 반비례한다.

따라서 저항이 $\dfrac{1}{2}$배가 되면 소비전력은 2배가 되어 $P'=1[\mathrm{kW}]\times 2=2[\mathrm{kW}]$가 된다.

정답 | ②

75 빈출도 ★★★

제어계의 분류에서 엘리베이터에 적용되는 제어 방법은?

① 정치제어 ② 추종제어
③ 비율제어 ④ 프로그램제어

해설

엘리베이터, 무인열차와 같이 미리 정해진 프로그램에 따라 제어량을 변화시키는 것을 목적으로 하는 제어방식은 프로그램 제어이다.

정답 | ④

76 빈출도 ★

다음 설명은 어떤 자성체를 표현한 것인가?

> N극을 가까이 하면 N극으로, S극을 가까이 하면 S극으로 자화되는 물질로 구리, 금, 은 등이 있다.

① 강자성체 ② 상자성체
③ 반자성체 ④ 초강자성체

해설

반자성체는 외부 자계와 반대 방향으로 자화되는 자성체로 N극을 가까이 하면 N극으로, S극을 가까이 하면 S극으로 자화되는 물질이다. 반자성체 물질은 외부 자계를 제거하면 곧 자성을 잃어버리는 특성이 있다.

정답 | ③

77 빈출도 ★

단위 피드백 제어계통에서 입력과 출력이 같다면 전향전달함수 $G(s)$의 값은?

① 0 ② 0.707
③ 1 ④ ∞

해설

- 단위 피드백 제어계의 폐루프 전달함수 $M(s)=\dfrac{G(s)}{1+G(s)}$
- 입력과 출력이 같기 위해서 전달함수 $M(s)=1$이어야 하므로
 $\dfrac{G(s)}{1+G(s)}=1 \Rightarrow \dfrac{1}{1/G(s)+1}=1$이다.
 즉, $\dfrac{1}{G(s)}=0$을 만족해야 하므로 $G(s)=\infty$

정답 | ④

78 빈출도 ★

제어계의 과도응답특성을 해석하기 위해 사용하는 단위계단입력은?

① $\delta(t)$ ② $u(t)$
③ $-3tu(t)$ ④ $\sin(120\pi t)$

해설

단위계단함수($u(t)$)를 인디셜함수라고도 하며 다음 그림과 같다.

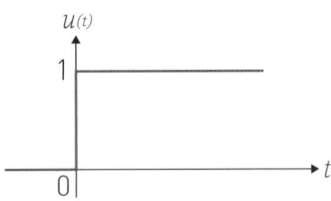

정답 | ②

79 빈출도 ★★★

추종제어에 속하지 않는 제어량은?

① 위치 ② 방위
③ 자세 ④ 유량

해설

제어량에 의한 분류 중에 서보 제어(추종 제어)가 있으며, 자세, 방위, 위치 등의 기계적 변위를 제어한다. 유량은 프로세스 제어(공정 제어)에 해당하는 제어량이다.

정답 | ④

80 빈출도 ★★

PI 동작의 전달함수는? (단, k_p는 비례감도이고, T_i는 적분시간이다.)

① k_p ② $k_p s T_i$
③ $k_p(1+sT_i)$ ④ $k_p\left(1+\dfrac{1}{T_i s}\right)$

해설

- PI 동작의 전달함수 $G(s) = k_p\left(1+\dfrac{1}{T_i s}\right)$
- PD 동작의 전달함수 $G(s) = k_p(1+T_i s)$

정답 | ④

배관일반

81 빈출도 ★★

냉동장치의 배관공사가 완료된 후 방열공사의 시공 및 냉매를 충전하기 전에 전 계통에 걸쳐 실시하며, 진공 시험으로 최종적인 기밀 유무를 확인하기 전에 하는 시험은?

① 내압시험 ② 기밀시험
③ 누설시험 ④ 수압시험

해설

누설시험은 냉매를 충전하기 전에 전 계통에 걸쳐 누설 여부를 점검하는 시험이다.
※ 냉동기 성능시험의 순서는 내압시험 → 기밀시험 → 누설시험 → 진공누설시험이다.

정답 | ③

82 빈출도 ★

가스미터를 구조상 직접식(실측식)과 간접식(추정식)으로 분류된다. 다음 중 직접식 가스미터는?

① 습식 ② 터빈식
③ 벤튜리식 ④ 오리피스식

해설

직접식 가스미터 방식 중 하나인 습식 가스미터는 저유량 영역에서도 안정적인 계측이 가능하다.

개념설명 가스미터 방식

직접식은 가스가 지나간 부피를 물리적으로 측정하고 간접식은 유량과 관련된 다른 양을 측정하여 간접적으로 가스량을 측정한다.

정답 | ①

83 빈출도 ★★

전기가 정전되어도 계속하여 급수를 할 수 있으며 급수오염 가능성이 적은 급수방식은?

① 압력탱크 방식
② 수도직결 방식
③ 부스터 방식
④ 고가탱크 방식

해설

수도직결 방식은 수질오염 가능성이 낮고 정전 시에도 급수가 가능하지만 단수 시 급수가 불가능하다.

정답 | ②

84 빈출도 ★★

배관작업용 공구의 설명으로 틀린 것은?

① 파이프 리머(pipe reamer): 관을 파이프커터 등으로 절단한 후 관 단면의 안쪽에 생긴 거스러미(burr)를 제거
② 플레어링 틀(flaring tools): 동관을 압축이음 하기 위하여 관 끝을 나팔모양으로 가공
③ 파이프 바이스(pipe vice): 관을 절단하거나 나사이음을 할 때 관이 움직이지 않도록 고정
④ 사이징 툴(sizing tools): 동일지름의 관을 이음쇠 없이 납땜이음을 할 때 한쪽 관 끝을 소켓모양으로 가공

해설

사이징 툴은 동관 공작용 공구로 압축이음(플레어이음) 하기에 앞서 동관 끝부분을 원형으로 정형하는 공구이다.

정답 | ④

85 빈출도 ★★

LP가스 공급, 소비 설비의 압력손실 요인으로 틀린 것은?

① 배관의 입하에 의한 압력손실
② 엘보, 티 등에 의한 압력손실
③ 배관의 직관부에서 일어나는 압력손실
④ 가스미터, 콕크, 밸브 등에 의한 압력손실

해설

수직배관 중에서 가스가 위로 흐르는 입상관은 압력손실이 생기지만 가스가 중력 방향으로 흐르는 입하관은 압력손실이 생기지 않는다.

정답 | ①

86 빈출도 ★

통기관의 설치 목적으로 가장 거리가 먼 것은?

① 배수의 흐름을 원활하게 하여 배수관의 부식을 방지한다.
② 봉수가 사이펀 작용으로 파괴되는 것을 방지한다.
③ 배수계통 내에 신선한 공기를 유입하기 위해 환기시킨다.
④ 배수계통 내의 배수 및 공기의 흐름을 원활하게 한다.

해설

통기관의 설치 목적은 관 내의 기압을 일정하게 하고 배수의 흐름을 원활하게 하는 것이다. 배수관의 부식 방지는 통기관의 설치 목적과 거리가 멀다.

정답 | ①

87 빈출도 ★★★

배관의 끝을 막을 때 사용하는 이음쇠는?

① 유니언
② 니플
③ 플러그
④ 소켓

해설

플러그는 한쪽만 M나사로 되어 있어서 배관의 말단을 막을 수 있다.

정답 | ③

88 빈출도 ★

아래 저압가스 배관의 직경(D)을 구하는 식에서 S가 의미하는 것은? (단, L은 관의 길이를 의미한다.)

$$D^5 = \frac{Q^2 \cdot S \cdot L}{K^2 \cdot H}$$

① 관의 내경   ② 공급 압력 차
③ 가스 유량   ④ 가스 비중

해설

저압가스의 배관 직경 $D^5 = \dfrac{Q^2 \cdot S \cdot L}{K^2 \cdot H}$

(단, Q: 저압가스의 유량, S: 비중, L: 배관 길이, K: 유량계수, H: 허용압력손실)

정답 | ④

89 빈출도 ★★

다음 장치 중 일반적으로 보온, 보냉이 필요한 것은?

① 공조기용의 냉각수 배관
② 방열기 주변 배관
③ 환기용 덕트
④ 급탕배관

해설

급탕배관은 수송 단계에서의 열손실을 방지하기 위해 보온재로 감싸 보온 및 보냉을 해야 한다.

정답 | ④

90 빈출도 ★★

순동 이음쇠를 사용할 때에 비하여 동합금 주물 이음쇠를 사용할 때 고려할 사항으로 가장 거리가 먼 것은?

① 순동 이음쇠 사용에 비해 모세관 현상에 의한 용융 확산이 어렵다.
② 순동 이음쇠와 비교하여 용접재 부착력은 큰 차이가 없다.
③ 순동 이음쇠와 비교하여 냉벽 부분이 발생할 수 있다.
④ 순동 이음쇠 사용에 비해 열팽창의 불균일에 의한 부정적 틈새가 발생할 수 있다.

해설

동합금 주물 이음쇠를 용접에 사용하면 용융과 확산이 어려워 부착력이 약하고 부정합 틈새나 냉벽 부분이 발생할 수 있다.

정답 | ②

91 빈출도 ★★

보온 시공 시 외피의 마무리재로서 옥외 노출부에 사용되는 재료로 사용하기에 가장 적당한 것은?

① 면포   ② 비닐 테이프
③ 방수 마포   ④ 아연 철판

해설

아연 철판은 내구성이 좋으면서 방수성과 내식성을 모두 갖춘 재료로 보온 시공 시 외피의 마무리재로서 옥외 노출부에 사용된다.

정답 | ④

92 빈출도 ★★★

급수방식 중 급수량의 변화에 따라 펌프의 회전수를 제어하여 급수압을 일정하게 유지할 수 있는 회전수 제어시스템을 이용한 방식은?

① 고가수조 방식   ② 수도직결 방식
③ 압력수조 방식   ④ 펌프직송 방식

해설

펌프직송 방식은 인버터 제어 시스템을 통해 펌프의 대수 및 회전수를 제어하여 유량 및 압력 변화에 신속한 대응이 가능한 방식이다.
※ 펌프직송 방식을 부스터 방식이라고도 한다.

정답 | ④

93 빈출도 ★★

보일러 등 압력용기와 그 밖에 고압 유체를 취급하는 배관에 설치하여 관 또는 용기 내의 압력이 규정 한도에 달하면 내부에너지를 자동적으로 외부에 방출하여 항상 안전한 수준으로 압력을 유지하는 밸브는?

① 감압 밸브 ② 온도 조절밸브
③ 안전 밸브 ④ 전자 밸브

해설

안전 밸브는 압력탱크나 증기보일러에 설치하여 용기 내 압력이 설정 압력을 초과하는 즉시 순간적으로 열려 내부에너지를 자동적으로 외부에 방출함으로써 안전한 수준의 압력을 유지하는 밸브이다.

정답 | ③

94 빈출도 ★★

밀폐 배관계에서는 압력계획이 필요하다. 압력계획을 하는 이유로 틀린 것은?

① 운전 중 배관계 내에 대기압보다 낮은 개소가 있으면 접속부에서 공기를 흡입할 우려가 있기 때문에
② 운전 중 수온에 알맞은 최소압력 이상으로 유지하지 않으면 순환수 비등이나 플래시 현상 발생 우려가 있기 때문에
③ 펌프의 운전으로 배관계 각 부의 압력이 감소하므로 수격작용, 공기정체 등의 문제가 생기기 때문에
④ 수온의 변화에 의한 체적의 팽창·수축으로 배관 각 부에 악영향을 미치기 때문에

해설

펌프를 가동하면 배관계 전체의 압력이 상승하므로 수격작용이나 공기정체 등의 문제가 발생한다. 이를 방지하기 위해 압력계획이 필요하다.

정답 | ③

95 빈출도 ★★

다음 중 난방 또는 급탕설비의 보온재료로 가장 부적합한 것은?

① 유리 섬유 ② 발포폴리스티렌폼
③ 암면 ④ 규산칼슘

해설

폴리스티렌은 안전사용온도가 가장 낮은 재료로 80[℃] 이상의 고온 환경에서 사용하기에 부적합하다.

정답 | ②

96 빈출도 ★★★

배수의 성질에 따른 구분에서 수세식 변기의 대·소변에서 나오는 배수는?

① 오수 ② 잡배수
③ 특수배수 ④ 우수배수

해설

화장실 대소변기에서 배출되는 물을 오수라고 한다.

선지분석

② 잡배수: 부엌이나 욕실에서 배출되는 물을 말한다.
③ 특수배수: 공장이나 병원에서 유해물질이 함유된 배출수를 말한다.
④ 우수배수: 빗물로 지붕이나 지표면에 떨어진 후 배출되는 물을 말한다.

정답 | ①

97 빈출도 ★★

리버스 리턴 배관 방식에 대한 설명으로 틀린 것은?

① 각 기기 간의 배관회로 길이가 거의 같다.
② 저항의 밸런싱을 취하기 쉽다.
③ 개방회로 시스템(open loop system)에서 권장된다.
④ 환수관이 2중이므로 배관 설치 공간이 커지고 재료비가 많이 든다.

해설

리버스 리턴 방식(역귀환 방식)의 각 방열기에 이르는 공급배관과 환수배관의 길이가 비슷하여 온수의 유량을 균일하게 분배가 가능하며 단락현상을 방지할 수 있다. 주로 밀폐식 배관 시스템에서 권장된다.

정답 | ③

98 빈출도 ★

패러렐 슬라이드 밸브(parallel slide valve)에 대한 설명으로 틀린 것은?

① 평행한 두 개의 밸브 몸체 사이에 스프링이 삽입되어 있다.
② 밸브 몸체와 디스크 사이에 시트가 있어 밸브 측면의 마찰이 적다.
③ 쐐기 모양의 밸브로서 쐐기의 각도는 보통 6~8°이다.
④ 밸브 시트는 일반적으로 경질금속을 사용한다.

해설

패러렐 슬라이드 밸브는 밸브 본체 안에 두 개의 평판이 서로 마주보고 있는 구조로 쐐기 모양이다. 쐐기의 각도가 6~8°인 밸브를 게이트 밸브라고 한다.

개념설명 게이트 밸브의 종류
- 패러렐 슬라이드 밸브
- 웨지 게이트 밸브

정답 | ③

99 빈출도 ★★★

5세주형 700[mm]의 주철제 방열기를 설치하여 증기 온도가 110[℃], 실내 공기온도가 20[℃]이며 난방부하가 29[kW]일 때 방열기의 소요쪽수는? (단, 방열계수는 8[W/m²·℃], 1쪽당 방열면적은 0.28[m²]이다.)

① 144쪽 ② 154쪽
③ 164쪽 ④ 174쪽

해설

- 방열면적 A[m²]
  A = 쪽당 방열면적 × n(소요쪽수) = $0.28n$[m²]
- 난방부하 Q[W]
  $Q = KA\Delta T$
  $= 8[W/m^2\cdot℃] \times 0.28n[m^2] \times (110-20)[℃]$
  $= 201.6 \times n[W] = 29,000[W]$
- 소요쪽수 n
  $n = \dfrac{29,000[W]}{201.6[W]} = 143.85 ≒ 144$쪽

정답 | ①

100 빈출도 ★★★

다음 중 열팽창에 의한 관의 신축으로 배관의 이동을 구속 또는 제한하는 장치가 아닌 것은?

① 앵커(anchor) ② 스토퍼(stopper)
③ 가이드(guide) ④ 인서트(insert)

해설

인서트는 관로 신축 변형을 흡수하는 신축이음장치로 배관 이동을 제한하거나 고정하는 장치가 아니다.

선지분석

① 앵커: 열팽창에 따른 이동과 회전을 제한하는 고정 장치이다.
② 스토퍼: 한쪽 방향의 회전만 허용하는 장치이다.
③ 가이드: 지정된 축 방향으로만 이동을 허용하는 장치이다.
※ 배관의 이동을 구속하거나 제한하는 장치를 레스트레인트라고 한다.

정답 | ④

2019년 3회 기출문제

기계열역학

01 ★★★

질량 4[kg]의 액체를 15[℃]에서 100[℃]까지 가열하기 위해 714[kJ]의 열을 공급하였다면 액체의 비열[kJ/kg·K]은 얼마인가?

① 1.1 ② 2.1
③ 3.1 ④ 4.1

해설

열량 $Q=cm\Delta t$에서
$714[\text{kJ}]=c \times 4[\text{kg}] \times (100-15)[\text{K}]$이므로
비열 $c=\dfrac{714[\text{kJ}]}{340[\text{kg}\cdot\text{℃}]}=2.1[\text{kJ/kg}\cdot\text{K}]$

정답 | ②

02 ★

800[kPa], 350[℃]의 수증기를 200[kPa]로 교축한다. 이 과정에 대하여 운동 에너지의 변화를 무시할 수 있다고 할 때 이 수증기의 Joule–Thomson 계수[K/kPa]는 얼마인가? (단, 교축 후의 온도는 344[℃]이다.)

① 0.005 ② 0.01
③ 0.02   ④ 0.03

해설

줄–톰슨 계수
$\mu=\left(\dfrac{\partial T}{\partial P}\right)_h = \dfrac{\Delta T}{\Delta P} = \dfrac{(344-350)[\text{K}]}{(200-800)[\text{kPa}]}$
$=0.01[\text{K/kPa}]$

정답 | ②

03 ★★

이상적인 카르노 사이클 열기관에서 사이클당 585.35[J]의 일을 얻기 위하여 필요로 하는 열량이 1[kJ]이다. 저열원의 온도가 15[℃]라면 고열원의 온도[℃]는 얼마인가?

① 422 ② 595
③ 695 ④ 722

해설

- 일반 열기관의 효율
  $\eta=\dfrac{W_{cycle}}{Q_H}=\dfrac{585.35[\text{J}]}{1,000[\text{J}]}=0.58535$
- 카르노 사이클의 효율
  $\eta=\dfrac{T_H-T_C}{T_H}$
- 두 효율은 같아야 하므로
  $0.58535=\dfrac{T_H-(273+15)}{T_H}=\dfrac{T_H-288}{T_H}$
  따라서 $T_H=694.56[\text{K}]=421.56[\text{℃}]$

정답 | ①

04 ★

배기량(displacement volume)이 1,200[cc], 극간체적(clearance volume)이 200[cc]인 가솔린 기관의 압축비는 얼마인가?

① 5 ② 6
③ 7 ④ 8

해설

압축비 $=\dfrac{V_1}{V_2}=\dfrac{\text{행정체적}+\text{극간체적}}{\text{극간체적}}$
$=\dfrac{1,200[\text{cc}]+200[\text{cc}]}{200[\text{cc}]}=7$

정답 | ③

05 빈출도 ★★★

열역학적 상태량은 일반적으로 강도성 상태량과 용량성 상태량으로 분류할 수 있다. 강도성 상태량에 속하지 않는 것은?

① 압력　　② 온도
③ 밀도　　④ 체적

해설

질량에 무관한 물리량을 강도성 상태량이라고 한다. 체적은 질량에 따라 달라지므로 종량성 상태량에 해당한다.

정답 | ④

06 빈출도 ★★★

국소 대기압력이 $0.099[MPa]$일 때 용기 내 기체의 게이지 압력이 $1[MPa]$이었다. 기체의 절대압력[MPa]은 얼마인가?

① 0.901　　② 1.099
③ 1.135　　④ 1.275

해설

절대압력＝대기압력＋게이지 압력
　　　　＝$0.099[MPa]+1[MPa]=1.099[MPa]$

정답 | ②

07 빈출도 ★★

표준대기압 상태에서 물 $1[kg]$이 $100[°C]$로부터 전부 증기로 변하는데 필요한 열량이 $0.652[kJ]$이다. 이 증발과정에서의 엔트로피 증가량[J/K]은 얼마인가?

① 1.75　　② 2.75
③ 3.75　　④ 4.00

해설

엔트로피 변화량 $\Delta S=\dfrac{\Delta Q}{T}=\dfrac{652[J]}{(273+100)[K]}=1.749[J/K]$

※ 증발 과정에서는 온도가 변하지 않는다.

정답 | ①

08 빈출도 ★★

다음 냉동 사이클에서 열역학 제 1법칙과 제 2법칙을 모두 만족하는 Q_1, Q_2, W는?

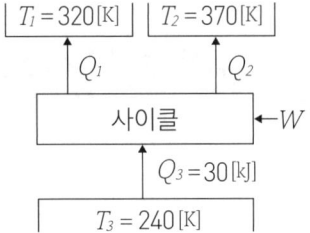

① $Q_1=20[kJ], Q_2=20[kJ], W=20[kJ]$
② $Q_1=20[kJ], Q_2=30[kJ], W=20[kJ]$
③ $Q_1=20[kJ], Q_2=20[kJ], W=10[kJ]$
④ $Q_1=20[kJ], Q_2=15[kJ], W=5[kJ]$

해설

- 열역학 제1법칙 $Q_1+Q_2=Q_3+W$
  ① $20[kJ]+20[kJ]\neq 30[kJ]+30[kJ]$(위배)
  ② $20[kJ]+30[kJ]=30[kJ]+20[kJ]$(성립)
  ③ $20[kJ]+20[kJ]=30[kJ]+10[kJ]$(성립)
  ④ $20[kJ]+15[kJ]=30[kJ]+5[kJ]$(성립)
- 열역학 제2법칙 $\Delta S=\dfrac{Q_1}{T_1}+\dfrac{Q_2}{T_2}\geq\dfrac{Q_3}{T_3}$
  ① $\dfrac{20}{320}+\dfrac{20}{370}<\dfrac{30}{240}$ (위배)
  ② $\dfrac{20}{320}+\dfrac{30}{370}>\dfrac{30}{240}$ (성립)
  ③ $\dfrac{20}{320}+\dfrac{20}{370}<\dfrac{30}{240}$ (위배)
  ④ $\dfrac{20}{320}+\dfrac{15}{370}<\dfrac{30}{240}$ (위배)

즉, 열역학 제1법칙과 제2법칙 모두를 만족하는 것은 보기 ②이다.

정답 | ②

09 빈출도 ★

체적이 $1[m^3]$인 용기에 물이 $5[kg]$ 들어 있으며 그 압력을 측정해보니 $500[kPa]$이었다. 이 용기에 있는 물 중에 증기량$[kg]$은 얼마인가? (단, $500[kPa]$에서 포화액체와 포화증기의 비체적은 각각 $0.001093[m^3/kg]$, $0.37489[m^3/kg]$이다.)

① 0.005
② 0.94
③ 1.87
④ 2.66

해설

- 물이 차지하는 부피
  $5[kg] \times 0.001093[m^3/kg] = 0.005465[m^3]$
- 포화증기가 차지하는 부피
  $1 - 0.005465 = 0.994535[m^3]$
- 포화증기의 질량 m
  $m = \dfrac{부피}{비체적} = \dfrac{0.994535[m^3]}{0.37489[m^3/kg]} = 2.65[kg]$

정답 | ④

10 빈출도 ★★★

압축비가 18인 오토사이클의 효율[%]은? (단, 기체의 비열비는 1.41이다.)

① 65.7
② 69.4
③ 71.3
④ 74.6

해설

오토 사이클의 효율
$\eta = 1 - \dfrac{1}{r^{k-1}} = 1 - \dfrac{1}{18^{0.41}} = 0.694$

정답 | ②

11 빈출도 ★★

$5[kg]$의 산소가 정압하에서 체적이 $0.2[m^3]$에서 $0.6[m^3]$로 증가했다. 이 때의 엔트로피의 변화량$[kJ/K]$은 얼마인가? (단, 산소는 이상기체이며, 정압비열은 $0.92[kJ/kg \cdot K]$이다.)

① 1.857
② 2.746
③ 5.054
④ 6.507

해설

등압과정에서 엔트로피 변화량
$\Delta S = mC_p \cdot \ln\left(\dfrac{V_f}{V_i}\right)$
$= 5[kg] \times 0.92[kJ/kg \cdot K] \times \ln\left(\dfrac{0.6}{0.2}\right)$
$= 5.05[kJ/K]$

정답 | ③

12 빈출도 ★★

최고온도(T_H)와 최저온도(T_L)가 모두 동일한 이상적인 가역사이클 중 효율이 다른 하나는? (단, 사이클 작동에 사용되는 가스(기체)는 모두 동일하다.)

① 카르노 사이클
② 브레이튼 사이클
③ 스털링 사이클
④ 에릭슨 사이클

해설

- 브레이튼 사이클의 효율은
  $\eta = 1 - \dfrac{T_1}{T_2} = 1 - \left(\dfrac{P_1}{P_2}\right)^{(k-1)/k}$ 로 압축비와 비열비에 따라 결정된다.
- 카르노 사이클, 스털링 사이클, 에릭슨 사이클의 효율은
  $\eta = 1 - \dfrac{T_L}{T_H}$ 로 온도에 따라 결정된다.

정답 | ②

13 빈출도 ★★

냉동기 팽창밸브 장치에서 교축과정을 일반적으로 어떤 과정이라고 하는가?

① 정압과정 ② 등엔탈피 과정
③ 등엔트로피 과정 ④ 등온과정

해설

이상적인 교축과정은 냉동기의 팽창밸브의 이론적인 해석에 적용될 수 있으며, 냉매가 팽창밸브를 통과하는 동안에는 열출입이 없고 퍼텐셜 에너지 변화가 미미하므로 엔탈피 변화(등엔탈피 과정)가 없다.
교축과정은 비가역과정이고, 유체가 팽창함에 따라 무질서도가 증가하므로 엔트로피가 증가한다.

정답 | ②

14 빈출도 ★★★

그림과 같이 다수의 추를 올려놓은 피스톤이 끼워져 있는 실린더에 들어있는 가스를 계로 생각한다. 초기 압력이 $300[kPa]$이고, 초기 체적은 $0.05[m^3]$이다. 피스톤을 고정하여 체적을 일정하게 유지하면서 압력이 $200[kPa]$로 떨어질 때까지 계에서 열을 제거한다. 이 때 계가 외부에 한 일$[kJ]$은 얼마인가?

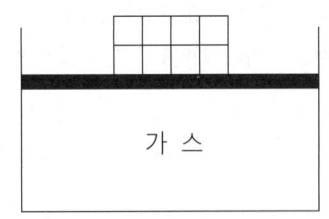

① 0 ② 5
③ 10 ④ 15

해설

열역학 제1법칙으로부터 $Q=P\Delta V+\Delta U$이고, 기체의 부피 변화가 없으면 $\Delta V=0$이므로 계가 외부에 한 일 $P\Delta V$는 0이다.

정답 | ①

15 빈출도 ★★

공기 표준 브레이튼(Brayton) 사이클 기관에서 최고 압력이 $500[kPa]$, 최저압력은 $100[kPa]$이다. 비열비(k)가 1.4일 때, 이 사이클의 열효율[%]은?

① 3.9 ② 18.9
③ 36.9 ④ 26.9

해설

- 브레이턴 사이클의 효율
$\eta=1-\left(\dfrac{1}{r}\right)^{(k-1)/k}$
- 압력비 $r=\dfrac{500[kPa]}{100[kPa]}=5$, 비열비 $k=1.4$이므로
$\eta=1-\left(\dfrac{1}{5}\right)^{0.4/1.4}=0.369=36.9[\%]$

정답 | ③

16 빈출도 ★

증기가 디퓨저를 통하여 $0.1[MPa]$, $150[℃]$, $200[m/s]$의 속도로 유입되어 출구에서 $50[m/s]$의 속도로 빠져나간다. 이 때 외부로 방열된 열량이 $500[J/kg]$일 때 출구 엔탈피$[kJ/kg]$는 얼마인가? (단, 입구의 $0.1[MPa]$, $150[℃]$ 상태에서 엔탈피는 $2,776.4[kJ/kg]$이다.)

① 2,751.3 ② 2,778.2
③ 2,794.7 ④ 2,812.4

해설

에너지의 총합은 보존되므로
$h_i+\dfrac{1}{2}v_i^2+q=h_f+\dfrac{1}{2}v_f^2$
$h_f=h_i+\dfrac{1}{2}(v_i^2-v_f^2)+q$
$=2,776.4[kJ/kg]+\dfrac{1}{2}(200^2-50^2)[J/kg]+(-500)[J/kg]$
$=2,776.4+\dfrac{1}{2}(37,500)\times10^{-3}-500\times10^{-3}[kJ/kg]$
$=2,794.65[kJ/kg]$

※ $m[kg]$, $v[m/s]$의 운동에너지($\dfrac{1}{2}mv^2$) 단위는 $[J]$이므로 $m[kg]$이 생략된 v^2만의 단위는 $[m^2/s^2]=[J/kg]$이다.

정답 | ③

17 빈출도 ★★★

두께 10[mm], 열전도율 15[W/m·℃]인 금속판 두 면의 온도가 각각 70[℃]와 50[℃]일 때 전열면 1[m²]당 1분 동안에 전달되는 열량[kJ]은 얼마인가?

① 1,800
② 14,000
③ 92,000
④ 162,000

해설

열전도량 $Q_{전도}[W] = \dfrac{\lambda}{l} A(T_{in} - T_{out})$에서

$Q = \dfrac{15[W/m·℃]}{0.01[m]} \times 1[m^2] \times (70-50)[℃] = 30,000[J/s]$
$= 30[kJ/s]$이다.

따라서 1분 동안에 전달되는 열량은 $30[kJ/s] \times 60[s] = 1,800[kJ]$

정답 | ①

18 빈출도 ★★

공기 3[kg]이 300[K]에서 650[K]까지 온도가 올라 갈 때 엔트로피 변화량[J/K]은 얼마인가? (단, 이 때 압력은 100[kPa]에서 550[kPa]로 상승하고, 공기의 정압비열은 1.005[kJ/kg·K], 기체상수는 0.287 [kJ/kg·K]이다.)

① 712
② 863
③ 924
④ 966

해설

온도, 압력, 부피가 모두 변할 때, 엔트로피 변화량은

$\Delta S = mC_p \ln \dfrac{T_f}{T_i} - mR \ln \dfrac{P_f}{P_i}$이므로

$\Delta S = 3[kg] \times (1.005[kJ/kg·K]) \times \ln \dfrac{650[K]}{300[K]}$
$\quad - 3[kg] \times 0.287[kJ/kg·K] \times \ln \dfrac{550[kPa]}{100[kPa]}$
$= 2.331 - 1.468$
$= 0.863[kJ/K] = 863[J/K]$

정답 | ②

19 빈출도 ★★★

냉동효과가 70[kW]인 냉동기의 방열기 온도가 20[℃], 흡열기 온도가 −10[℃]이다. 이 냉동기를 운전하는 데 필요한 압축기의 이론동력[kW]은 얼마인가?

① 6.02
② 6.98
③ 7.98
④ 8.99

해설

- 카르노 냉동기의 성적계수
  $COP = \dfrac{T_C}{T_H - T_C} = \dfrac{273 - 10}{30} = 8.77$
- $COP = \dfrac{냉동능력}{이론동력}$이므로
  이론동력 $= \dfrac{냉동능력}{COP} = \dfrac{70[kW]}{8.77} = 7.98[kW]$

정답 | ③

20 빈출도 ★★

체적이 0.5[m³]인 탱크에, 분자량이 24[kg/kmol]인 이상기체 10[kg]이 들어있다. 이 기체의 온도가 25[℃]일 때 압력[kPa]은 얼마인가? (단, 일반기체 상수는 8.3143[kJ/kmol·K]이다.)

① 126
② 845
③ 2,066
④ 49,578

해설

이상기체 상태방정식 $PV = \dfrac{w}{M} RT$에서

$P = \dfrac{wRT}{MV} = \dfrac{10[kg] \times 8.32[kJ/kmol·K] \times (273+25)[K]}{24[kg/kmol] \times 0.5[m^3]}$
$= 2,066[kJ/m^3] = 2,066[kPa]$

정답 | ③

냉동공학

21 빈출도 ★★

다음 중 일반적으로 냉방시스템에서 물을 냉매로 사용하는 냉동방식은?

① 터보식 ② 흡수식
③ 전자식 ④ 증기압축식

해설

냉방 시스템에서 물을 냉매로 사용하는 방식은 흡수식 냉동방식이다.

개념설명

흡수식 냉동기는 압축기를 사용하지 않는 대신 리튬브로마이드(LiBr) 등의 흡수제를 이용하여 물을 증발시키고 다시 흡수하는 사이클이다.

※ 냉매-흡수제의 조합
- 암모니아 - 물
- 물 - 리튬브로마이드(LiBr)
- 물 - 염화리튬(LiCl)

정답 | ②

22 빈출도 ★

전열면적 $40[m^2]$, 냉각수량 $300[L/min]$, 열통과율 $3,140[kJ/m^2 \cdot h \cdot ℃]$인 수냉식 응축기를 사용하며, 응축부하가 $439,614[kJ/h]$일 때 냉각수 입구 온도가 $23[℃]$이라면 응축온도$[℃]$는 얼마인가? (단, 냉각수의 비열은 $4.186[kJ/kg \cdot K]$이다.)

① $29.42[℃]$ ② $25.92[℃]$
③ $20.35[℃]$ ④ $18.28[℃]$

해설

- 출구온도를 T_2, 응축온도를 T_c라고 하면 응축부하는 냉각수가 얻은 열이므로 $\dot{Q}=C\dot{m}\Delta T$으로부터 출구온도를 구할 수 있고, $\dot{Q}=KA\Delta T'$로부터 응축온도를 구할 수 있다.
- $\Delta T = \dfrac{\dot{Q}}{C\dot{m}} = \dfrac{439,614[kJ/h]}{(4.186[kJ/kg \cdot K]) \times (60 \times 300)[kg/h]}$
  $= 5.83[K]$인데 입구온도가 $23[℃]$이므로
  출구온도 T_2는 $28.83[℃]$
- $\Delta T' = \dfrac{\dot{Q}}{KA} = \dfrac{439,614[kJ/h]}{3,140[kJ/m^2 \cdot h \cdot ℃] \times 40[m^2]}$
  $= 3.5[℃]$인데 입구온도차와 출구온도차의 산술평균은
  $\dfrac{(T_c - 23) + (T_c - 28.83)}{2} = 3.5[℃]$이므로
  응축온도 $T_c = 29.415[℃]$

정답 | ①

23 빈출도 ★★

스테판-볼츠만(Stefan-Boltzmann)의 법칙과 관계있는 열 이동 현상은?

① 열 전도 ② 열 대류
③ 열 복사 ④ 열 통과

해설 스테판-볼츠만 법칙

$Q = \sigma T^4$
(단, σ: 스테판-볼츠만 상수, T: 절대온도$[K]$)
스테판-볼츠만 법칙은 단위 면적당 방사(복사) 에너지 방출량이 절대온도 T의 네제곱에 비례함을 나타내는 법칙이다.

정답 | ③

24 빈출도 ★★

냉동장치에서 일원 냉동사이클과 이원 냉동사이클을 구분 짓는 가장 큰 차이점은?

① 증발기의 대수 ② 압축기의 대수
③ 사용 냉매 개수 ④ 중간냉각기의 유무

해설

일단 냉동사이클과 다단 냉동사이클은 압축기의 대수로 구분하고 일원 냉동사이클과 다원 냉동사이클은 사용 냉매의 개수로 구분할 수 있다. 2원 냉동사이클은 2세트의 냉동 시스템을 병렬로 배치하고 저온부와 고온부에 각각 비등점이 다른 냉매를 사용한다.

정답 | ③

25 빈출도 ★

물속에 지름 10[cm], 길이 1[m]인 배관이 있다. 이때 표면온도가 114[℃]로 가열되고 있고, 주위 온도가 30[℃]라면 열전달량[kW]은? (단, 대류 열전달계수 1.6[kW/m²·K]이며, 복사열전달은 없는 것으로 가정한다.)

① 36.7 ② 42.2
③ 45.3 ④ 96.3

해설

유체의 대류에 의한 열전달량
$Q[W] = kA(T-T')$에서 냉매 배관의 단면이 원이고 길이가 L이므로 전열면적 $A = 2\pi r \cdot L$이다.
따라서 열전달량 $Q = kA(T-T')$
$= k2\pi rL(T-T')$
$= 1.6[kW/m^2 \cdot K] \times (2\pi \times 0.05[m] \times 1[m]) \times (114-30)[K]$
$= 42.2[kW]$

정답 | ②

26 빈출도 ★★

다음 그림과 같은 2단압축 1단 팽창식 냉동장치에서 고단측의 냉매 순환량[kg/h]은? (단, 저단측 냉매 순환량은 1,000[kg/h]이며, 각 지점에서의 엔탈피는 아래 표와 같다.)

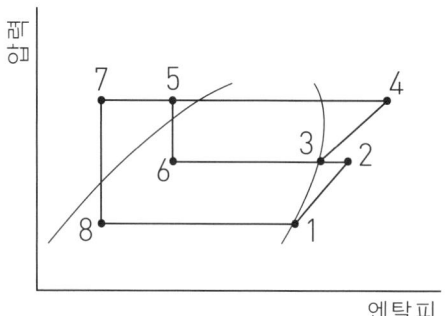

지점	엔탈피[kJ/kg]	지점	엔탈피[kJ/kg]
1	1,641.2	4	1,838.0
2	1,796.1	5	535.9
3	1,674.7	7	420.8

① 1,058.2 ② 1,207.7
③ 1,488.5 ④ 1,594.6

해설

- 4→5→6→3→4의 사이클에 갇힌 냉매를 G_m[kg/h]이라 하고 저단 압축기(1→2)를 통과하는 냉매를 G_l[kg/h]이라 하면 열량 보존 법칙에 의해 $G_l[(h_2-h_3)+(h_5-h_7)] = G_m(h_3-h_6)$이다.
- $h_2 - h_3 = 1,796.1 - 1,674.7 = 121.4$[kJ/kg]
  $h_5 - h_7 = 535.9 - 420.8 = 115.1$[kJ/kg]
  $h_3 - h_6 = h_3 - h_5 = 1,674.7 - 535.9 = 1,138.8$[kJ/kg]
- $G_l(121.4+115.1) = G_m(1,138.8)$에서
  $G_m = \dfrac{121.4+115.1}{1,138.8} \times G_l$
  $= \dfrac{236.5}{1,138.8} \times 1,000 = 207.67$[kg/h]
- 따라서 고단 측 냉매순환량은
  $G_l + G_m = 1,000 + 207.67 = 1,207.67$[kg/h]

정답 | ②

27 빈출도 ★★
불응축가스가 냉동장치에 미치는 영향으로 틀린 것은?

① 체적효율 상승 ② 응축압력 상승
③ 냉동능력 감소 ④ 소요동력 증대

해설
불응축 가스는 압력이 낮아지는 과정을 방해하여 응축온도를 상승시키고 실제냉매순환량 감소효과로 인해 토출가스 온도를 상승시킨다. 이로 인해 체적효율이 감소되고, 압축기 소요동력이 증대된다.

정답 | ①

28 빈출도 ★★
다음 중 동일한 조건에서 열전도도가 가장 낮은 것은?

① 물 ② 얼음
③ 공기 ④ 콘크리트

해설
열전도율은 기체가 가장 작고 액체, 고체 순으로 커진다. 따라서 보기에서 기체에 해당하는 공기의 열전도도가 가장 낮다.

정답 | ③

29 빈출도 ★★★
냉동기에서 유압이 낮아지는 원인으로 옳은 것은?

① 유온이 낮은 경우
② 오일이 과충전 된 경우
③ 오일에 냉매가 혼입된 경우
④ 유압조정밸브의 개도가적은 경우

해설
오일에 냉매가 혼입되어 압축기 밖으로 오일이 빠져나가면 유압이 낮아진다. 정상 유압을 회복하기 위해 압축기와 응축기 사이에 오일분리기를 설치하여 오일을 회수해야 한다.

정답 | ③

30 빈출도 ★★
2단 압축 냉동장치에 관한 설명으로 틀린 것은?

① 동일한 증발온도를 얻을 때 단단압축 냉동장치 대비 압축비를 감소시킬 수 있다.
② 일반적으로 두 개의 냉매를 사용하여 $-30[°C]$ 이하의 증발온도를 얻기 위해 사용된다.
③ 중간 냉각기는 증발기에 공급하는 액을 과냉각 시키고 냉동 효과를 증대시킨다.
④ 중간 냉각기는 냉매증기와 냉매액을 분리시켜 고단측 압축기 액백 현상을 방지한다.

해설
중간 냉각기는 저단측 압축기 토출가스의 과열을 제거함으로써 고단 압축기의 과열을 방지하고, 플래시 가스의 발생을 억제한다. 2단 압축 냉동장치는 압축기 2대를 사용하는 방식으로 2개의 냉매를 사용하는 냉동장치는 2원 냉동 사이클이다.

정답 | ②

31 빈출도 ★

다음 그림은 단효용 흡수식 냉동기에서 일어나는 과정을 나타낸 것이다. 각 과정에 대한 설명으로 틀린 것은?

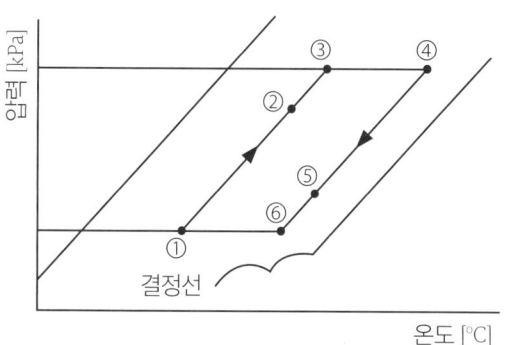

① ① → ②과정: 재생기에서 돌아오는 고온 농용액과 열교환에 의한 희용액의 온도증가
② ② → ③과정: 재생기 내에서 비등점에 이르기까지의 가열
③ ③ → ④과정: 재생기 내에서 가열에 의한 냉매 응축
④ ④ → ⑤과정: 흡수기에서의 저온 희용액과 열교환에 의한 농용액의 온도감소

해설

③→④ 과정은 가열에 의해 냉매가 흡수제 용액으로부터 빠져나와 증발하는 과정이다.

정답 | ③

32 빈출도 ★★

냉동기유의 역할로 가장 거리가 먼 것은?

① 윤활 작용　② 냉각 작용
③ 탄화 작용　④ 밀봉 작용

해설

탄화 작용은 윤활유가 고온에 의해 가열 분해되어 연소가스 잔류물이 생기는 과정으로 냉동기유의 역할이 아니라 방지 항목이다.

정답 | ③

33 빈출도 ★★★

냉동능력이 5[kW]인 제빙장치에서 0[℃]의 물 20[kg]을 모두 0[℃]얼음으로 만드는데 걸리는 시간 [min]은 얼마인가? (단, 0[℃] 얼음의 융해열 334[kJ/kg]이다.)

① 22.2　② 18.7
③ 13.4　④ 11.2

해설

- 물을 얼음으로 만드는 데 필요한 열량
  $Q = 20[kg] \times 334[kJ/kg] = 6,680[kJ]$
- 소요시간 $t = \dfrac{6,680[kJ]}{5[kW]} = \dfrac{6,680[kJ]}{5[kJ/s]} \times \dfrac{1[min]}{60[s]}$
  $= 22.27[min]$

정답 | ①

34 빈출도 ★★

냉장고의 방열벽의 열통과율이 0.000117[kW/m²·K]일 때 방열벽의 두께[cm]는? (단, 각값은 아래 표와 같으며, 방열재 이외의 열전도 저항은 무시하는 것으로 한다.)

외기와 외벽면과의 열전달률	0.025[kW/m²·K]
고내 공기와 내벽면과의 열전달률	0.0116[kW/m²·K]
방열벽의 열전도율	0.000046[kW/m²·K]

① 35.6　② 37.1
③ 38.7　④ 41.8

해설

$\dfrac{1}{k} = \dfrac{1}{\alpha} + \dfrac{1}{\lambda/l} + \dfrac{1}{\alpha'}$ 에서
열통과율 $k = 0.000117$로 주어졌으므로
$\dfrac{1}{0.000117} = \dfrac{1}{0.025} + \dfrac{l}{0.000046} + \dfrac{1}{0.0116}$ 으로부터
방열벽의 두께
$l = 0.000046 \times \left(\dfrac{1}{0.000117} - \dfrac{1}{0.025} - \dfrac{1}{0.0116}\right)$
$= 0.000046 \times 8,417.4 = 0.387[m] = 38.7[cm]$

정답 | ③

35 빈출도 ★★★

다음 카르노 사이클의 $P-V$ 선도를 $T-S$ 선도로 바르게 나타낸 것은?

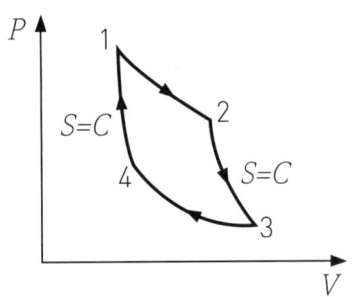

① 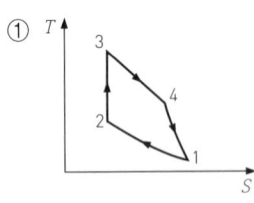 ②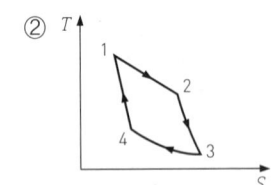

③ 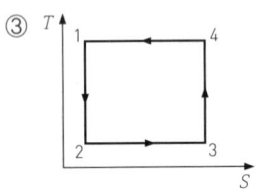 ④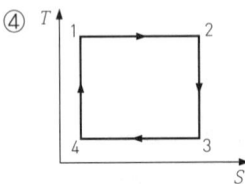

해설

카르노 사이클 $P-V$ 선도의 의미
- 1 → 2과정: 고온 등온팽창(T 일정, S 증가)
- 2 → 3과정: 단열팽창(S 일정, T 감소)
- 3 → 4과정: 저온 등온압축(T 일정, S 감소)
- 4 → 1과정: 단열압축(S 일정, T 증가)

이 과정을 바르게 나타낸 것은 보기 ④이다.

정답 | ④

36 빈출도 ★★★

다음 중 흡수식 냉동기의 냉매 흐름 순서로 옳은 것은?

① 발생기 → 흡수기 → 응축기 → 증발기
② 발생기 → 흡수기 → 증발기 → 응축기
③ 흡수기 → 발생기 → 응축기 → 증발기
④ 응축기 → 흡수기 → 발생기 → 증발기

해설

냉매의 순환 경로
흡수기 → 펌프 → (열교환기) → 재생기 → 응축기 → 증발기
※ 재생기는 발생기라고도 한다.

정답 | ③

37 빈출도 ★★

다음 중 이중 효용 흡수식 냉동기는 단효용 흡수식 냉동기와 비교하여 어떤 장치가 복수로 설치되는가?

① 흡수기   ② 증발기
③ 응축기   ④ 재생기

해설

이중효용 흡수식 냉동기는 2대의 재생기와 2대의 열교환기로 구성되어 있다.

정답 | ④

38 빈출도 ★★

다음 중 스크류 압축기의 구성요소가 아닌 것은?

① 스러스트 베어링   ② 숫 로터
③ 암 로터   ④ 크랭크축

해설

스크류 압축기는 나선형의 암 로터와 수(숫) 로터, 그리고 축력 지지를 위한 스러스트 베어링 등이 사용된다.

정답 | ④

39 빈출도 ★

1대의 압축기로 −20[℃], −10[℃], 0[℃], 5[℃]의 온도가 다른 저장실로 구성된 냉동장치에서 증발압력조정밸브(EPR)를 설치하지 않는 저장실은?

① −20[℃]의 저장실
② −10[℃]의 저장실
③ 0[℃]의 저장실
④ 5[℃]의 저장실

해설

증발압력조정밸브는 증발기가 2대 이상인 냉동장치에 필요하며, 고온 증발기 출구에 설치한다. 따라서 가장 온도가 낮은 −20[℃] 증발기 출구에는 설치할 필요가 없다.

정답 | ①

40 빈출도 ★★★

증발기의 착상이 냉동장치에 미치는 영향에 대한 설명으로 틀린 것은?

① 냉동능력 저하에 따른 냉장(동)실내 온도 상승
② 증발온도 및 증발압력의 상승
③ 냉동능력당 소요동력의 증대
④ 액압축 가능성의 증대

해설

전열 불량으로 인해 배관 내 압력 저하로 증발온도가 저하되면 결국 압축비가 증가하고 냉동능력이 감소되어 전력 소비량이 증가한다.

정답 | ②

공기조화

41 빈출도 ★★★

다음 송풍기의 풍량 제어방법 중 송풍량과 축동력의 관계를 고려하여 에너지 절감 효과가 가장 좋은 제어방법은? (단, 모두 동일한 조건으로 운전된다.)

① 회전수 제어
② 흡입베인 제어
③ 취출댐퍼 제어
④ 흡입댐퍼 제어

해설

송풍기 풍량 제어방법으로 댐퍼 제어, 베인 제어, 가변 피치 제어, 회전수 제어가 있다. 풍량 제어방법 중에서 에너지 절감 효과가 가장 큰 제어 방법은 회전수 제어 방법이다.

정답 | ①

42 빈출도 ★★

난방부하가 10[kW]인 온수난방 설비에서 방열기의 출·입구 온도차가 12[℃]이고, 실내·외 온도차가 18[℃]일 때 온수순환량[kg/s]은 얼마인가? (단, 물의 비열은 4.2[kJ/kg·℃]이다.)

① 1.3
② 0.8
③ 0.5
④ 0.2

해설

온수가 방열기 안에서 잃은 열은 난방 부하와 같으므로
$C\dot{m}\Delta T = (4.2[\text{kJ/kg·℃}]) \times \dot{m} \times 12[℃] = 50.4 \times \dot{m} = 10[\text{kW}]$
따라서 온수순환량 $\dot{m} = \dfrac{10[\text{kJ/s}]}{50.4[\text{kJ/kg}]} = 0.198[\text{kg/s}]$

정답 | ④

43 빈출도 ★★★

다음 중 고속덕트와 저속덕트를 구분하는 기준이 되는 풍속은?

① 15[m/s]
② 20[m/s]
③ 25[m/s]
④ 30[m/s]

해설

풍속이 15[m/s] 이하이면 각형의 저속덕트를 사용하고 풍속이 15[m/s] 이상이면 원형의 고속덕트를 사용한다.

정답 | ①

44 빈출도 ★★

덕트의 부속품에 관한 설명으로 틀린 것은?

① 댐퍼는 통과풍량의 조정 또는 개폐에 사용되는 기구이다.
② 분기 덕트 내의 풍량제어용으로 주로 익형 댐퍼를 사용한다.
③ 방화구획관통부에는 방화댐퍼 또는 방연댐퍼를 설치한다.
④ 가이드 베인은 곡부의 기류를 세분해서 와류의 크기를 적게 하는 것이 목적이다.

해설

분기점에서 풍량을 조절하는 댐퍼는 스플릿 댐퍼이다.

정답 | ②

45 빈출도 ★

어떤 단열된 공조기의 장치도가 다음 그림과 같을 때 열수분비(U)를 구하는 식으로 옳은 것은? (단, h_1, h_2: 입구 및 출구 엔탈피[kJ/kg], x_1, x_2: 입구 및 출구 절대습도[kg/kg], q_s: 가열량[W], L: 가습량[kg/h], h_L: 가습수분(L)의 엔탈피[kJ/kg], G: 유량[kg/h]이다.

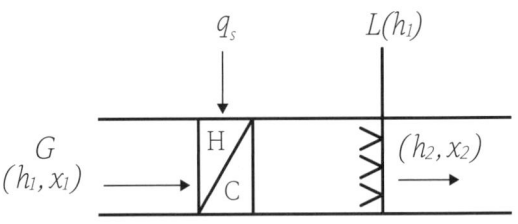

[가열, 가습과정 장치도]

① $U = \dfrac{q_s}{G} - h_L$
② $U = \dfrac{q_s}{L} - h_L$
③ $U = \dfrac{q_s}{L} + h_L$
④ $U = \dfrac{q_s}{G} + h_L$

해설

상태1의 공기가 현열 q_s를 얻어 건구온도는 $t_1 \to t_2$로 변하였고, 수증기(가습량 L, 비엔탈피 h_L)의 공급으로 절대습도는 $x_1 \to x_2$로 증가하였다면 상태2인 공기의 총엔탈피 증가량은
$\Delta H = G(h_2 - h_1) = q_s + Lh_L$이다.
$\Delta h = h_2 - h_1 = \dfrac{q_s + Lh_L}{G}$이고 $\Delta x = x_2 - x_1 = \dfrac{L}{G}$이므로
열수분비 U는
$\dfrac{\Delta h}{\Delta x} = \dfrac{\dfrac{q_s + Lh_L}{G}}{\dfrac{L}{G}} = \dfrac{q_s + Lh_L}{L} = \dfrac{q_s}{L} + h_L$

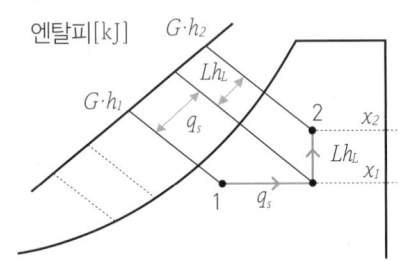

정답 | ③

46 빈출도 ★★

난방설비에 관한 설명으로 옳은 것은?

① 증기난방은 실내 상·하 온도차가 적은 특징이 있다.
② 복사난방의 설비비는 온수나 증기난방에 비해 저렴하다.
③ 방열기의 트랩은 증기의 유량을 조절하는 역할을 한다.
④ 온풍난방은 신속한 난방 효과를 얻을 수 있는 특징이 있다.

해설
온풍난방은 예열시간이 짧고 배관이 필요 없어서 신속한 난방 효과를 얻을 수 있다.

선지분석
① 증기난방은 상하 온도차가 크다.
② 복사난방의 설비비는 온수나 증기난방에 비해 고가이다.
③ 방열기의 트랩은 응축수를 배출하는 역할을 한다.

정답 | ④

47 빈출도 ★★

공조부하 중 재열부하에 관한 설명으로 틀린 것은?

① 냉방부하에 속한다.
② 냉각코일의 용량 산출 시 포함시킨다.
③ 부하 계산 시 현열, 잠열부하를 고려한다.
④ 냉각된 공기를 가열하는 데 소요되는 열량이다.

해설
재열부하는 부하 계산 시 현열만을 고려한다.

선지분석
① 재열기를 식히는 과정이 필요하므로 재열부하는 냉방부하에 속한다.
② 냉각코일 용량 산출 시 재열부하를 고려해야 한다.
④ 냉각된 공기를 가열하기 위해 필요한 열량을 재열부하라고 한다.

정답 | ③

48 빈출도 ★★

덕트 설계 시 주의사항으로 틀린 것은?

① 덕트의 분기지점에 댐퍼를 설치하여 압력 평형을 유지시킨다.
② 압력손실이 적은 덕트를 이용하고 확대시와 축소시에는 일정 각도 이내가 되도록 한다.
③ 종횡비(aspect ratio)는 가능한 크게 하여 덕트 내 저항을 최소화 한다.
④ 덕트 굴곡부의 곡률반경은 가능한 크게 하며, 곡률이 매우 작을 경우 가이드 베인을 설치한다.

해설
덕트 설계 시 종횡비가 커지면 마찰 저항이 커지므로 최대 8:1을 넘지 않도록 하고 가급적 4:1 이하가 되게 한다.

정답 | ③

49 빈출도 ★

아래의 특징에 해당하는 보일러는 무엇인가?

> 공조용으로 사용하기 보다는 편리하게 고압의 증기를 발생하는 경우에 사용하며, 드럼이 없어 수관으로 되어 있다. 보유 수량이 적어 가열시간이 짧고 부하변동에 대한 추종성이 좋다.

① 주철제 보일러
② 연관 보일러
③ 수관 보일러
④ 관류 보일러

해설
관류 보일러에 대한 내용으로 고압의 증기를 발생하는 경우에 사용하며, 드럼이 없고 긴 수관으로 구성되어 있다.

정답 | ④

50 빈출도 ★★★

보일러의 능력을 나타내는 표시방법 중 가장 적은 값을 나타내는 출력은?

① 정격 출력　　② 과부하 출력
③ 정미 출력　　④ 상용 출력

해설

① 정격 출력: 상용 출력＋예열부하
② 과부하 출력: 정격 출력의 110～120[%] 수준의 출력
③ 정미 출력: 난방 부하＋급탕부하
④ 상용 출력: 정미 출력＋배관부하
즉, 가장 적은 값은 정미출력이다.

정답 | ③

51 빈출도 ★★

외기온도 5[℃]에서 실내온도 20[℃]로 유지되고 있는 방이 있다. 내벽 열전달계수 5.8[W/m²·K], 외벽 열전달계수 17.5[W/m²·K], 열전도율이 2.4[W/m·K]이고, 벽 두께가 10[cm]일 때, 이 벽체의 열저항[m²·K/W]은 얼마인가?

① 0.27　　② 0.55
③ 1.37　　④ 2.35

해설

열관류율의 역수, 즉 열저항은
$R = \frac{1}{k} = \frac{1}{\alpha} + \frac{1}{\lambda/l} + \frac{1}{\alpha'}$ 이므로
$R = \frac{1}{k} = \frac{1}{17.5} + \frac{1}{2.4/0.1} + \frac{1}{5.8} = 0.27[\text{m}^2 \cdot \text{K/W}]$ 이다.

정답 | ①

52 빈출도 ★★

다음 가습 방법 중 물분무식이 아닌 것은?

① 원심식　　② 초음파식
③ 노즐분무식　　④ 적외선식

해설

물분무식의 종류는 원심식, 초음파식, 분무식 등이 있다. 적외선식은 증기발생식의 한 종류이다.

정답 | ④

53 빈출도 ★★★

다음 공기선도 상에서 난방풍량이 25,000[m³/h]인 경우 가열코일의 열량[kW]은? (단, 1은 외기, 2는 실내 상태점을 나타내며, 공기의 비중량은 1.2[kg/m³]이다.)

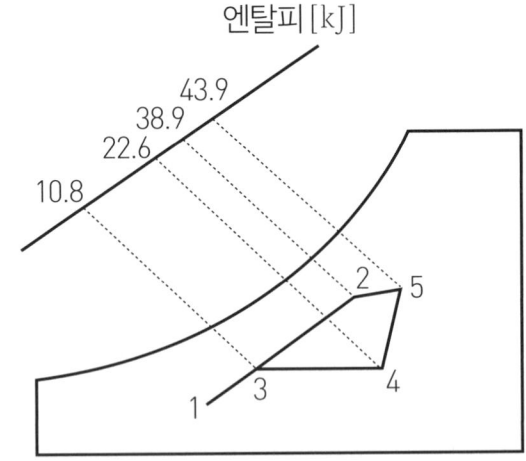

① 98.3　　② 87.1
③ 73.2　　④ 61.4

해설

습공기 선도를 해석하면 1과 2가 만나서 3의 혼합공기가 된다. 가열코일을 지나는 동안 온도 상승으로 4가 되고 가습장치를 지나면서 온도 약간 높아지고 절대습도가 증가한 상태로 상태5의 실내공기가 된다. 따라서 가열코일에 의한 취득열량은
$\dot{m}(h_4 - h_3) = 25{,}000[\text{m}^3/\text{h}] \times 1.2[\text{kg/m}^3] \times (22.6 - 10.8)[\text{kJ/kg}]$
$= 354{,}000[\text{kJ/h}] = \frac{354{,}000}{3{,}600}[\text{kJ/s}] = 98.3[\text{kW}]$

정답 | ①

54 빈출도 ★★

실내 난방을 온풍기로 하고 있다. 이 때 실내 현열량 $6.5[\text{kW}]$, 송풍 공기온도 $30[℃]$, 외기온도 $-10[℃]$, 실내온도 $20[℃]$일 때, 온풍기의 풍량$[\text{m}^3/\text{h}]$은 얼마인가? (단, 공기비열은 $1.005[\text{kJ/kg}\cdot\text{K}]$, 밀도는 $1.2[\text{kg/m}^3]$이다.)

① 1,940.2 ② 1,882.1
③ 1,324.1 ④ 890.1

해설

$30[℃]$의 송풍공기가 $20[℃]$의 실내공기로 바뀌는 과정에서 잃은 열은 현열량이므로 $Q=Cm\Delta T=CeV\Delta T$에서
$6.5[\text{kW}]=1.005[\text{kJ/kg}\cdot\text{K}]\times 1.2[\text{kg/m}^3]\times V\times(30-20)[\text{K}]$
따라서 온풍기의 풍량 $V=\dfrac{325}{603}[\text{m}^3/\text{s}]=\dfrac{325}{603}\times 3,600$
$=1,940.3[\text{m}^3/\text{h}]$

정답 | ①

55 빈출도 ★★★

공기조화방식 중 중앙식의 수-공기방식에 해당하는 것은?

① 유인유닛 방식   ② 패키지유닛 방식
③ 단일덕트 정풍량 방식   ④ 이중덕트 정풍량 방식

해설

수공기 방식에는 덕트병용 팬코일 유닛 방식, 유인유닛 방식, 각층 유닛 방식 등이 있다.

개념설명 공기조화방식

공조방식	냉·열원의 종류	방식	
중앙식	전공기 방식	단일덕트	• 정풍량 방식 • 변풍량 방식
		이중덕트	• 정풍량 방식 • 변풍량 방식 • 멀티존 유닛 방식
	수공기 방식		• 덕트병용 팬코일 유닛 방식 • 유인유닛 방식 • 각층유닛 방식
	전수 방식		• 팬코일 유닛 방식 • 복사 냉난방 방식
개별식	냉매방식		패키지 유닛 방식
		룸쿨러 방식	• 창문설치형 • 분리형(스플릿) • 멀티유닛형

정답 | ①

56 빈출도 ★★★

유인유닛 방식에 관한 설명으로 틀린 것은?

① 각 실 제어를 쉽게 할 수 있다.
② 덕트 스페이스를 작게 할 수 있다.
③ 유닛에는 가동부분이 없어 수명이 길다.
④ 송풍량이 비교적 커 외기냉방 효과가 크다.

해설

유인유닛 방식은 송풍량이 적어 외기냉방의 효과가 작다.

정답 | ④

57 빈출도 ★★★

가로 20[m], 세로 7[m], 높이 4.3[m]인 방이 있다. 아래 표를 이용하여 용적기준으로 한 전체 필요 환기량[m³/h]은?

실용적 [m³]	500 미만	500~1,000	1,000~1,500	1,500~2,000	2,000~2,500
환기 횟수 n [회/h]	0.7	0.6	0.55	0.5	0.42

① 421 ② 361
③ 331 ④ 253

해설

- 방의 실용적
  $A = 20 \times 7 \times 4.3 = 602[m^3]$
- 환기 횟수는 0.6[회/h]이므로
  환기량 $= 0.6 \times 602 = 361.2[m^3/h]$

정답 | ②

58 빈출도 ★★

공조기용 코일은 관 내 유속에 따라 배열방식을 구분하는데, 그 배열방식에 해당하지 않는 것은?

① 풀 서킷 ② 더블 서킷
③ 하프 서킷 ④ 탑다운 서킷

해설

표준 유량일 때는 풀 서킷, 유량이 많을 때는 더블 서킷, 유량이 적을 때는 하프 서킷 배열방식을 적용한다. 탑다운 서킷은 배열방식에 해당하지 않는다.

정답 | ④

59 빈출도 ★★★

보일러에서 급수내관을 설치하는 목적으로 가장 적합한 것은?

① 보일러수 역류방지 ② 슬러지 생성방지
③ 부동팽창 방지 ④ 과열 방지

해설

보일러 내부에 안전저수위보다 약간 아래쪽에 급수내관을 설치하여 급수를 골고루 산포시킴으로써 보일러 동체의 부동팽창을 방지한다.

정답 | ③

60 빈출도 ★★

다음 중 온수난방과 관계없는 장치는 무엇인가?

① 트랩 ② 공기빼기밸브
③ 순환펌프 ④ 팽창탱크

해설

온도 변화에 따른 부피팽창을 흡수하기 위해 배관 최상부에는 팽창 탱크와 공기빼기 밸브가 설치되어 있다. 트랩은 증기와 응축수를 분리해 내는 장치이며 증기난방에 사용된다.

정답 | ①

전기제어공학

61 ★

60[Hz], 4극, 슬립 6[%]인 유도전동기를 어느 공장에서 운전하고자 할 때 예상되는 회전수는 약 몇 [rpm]인가?

① 240
② 720
③ 1,690
④ 1,800

해설

동기속도 $N_s = \dfrac{120f}{p} = \dfrac{120 \times 60}{4} = 1,800[\text{rpm}]$이고

슬립 $s = \dfrac{N_s - N}{N_s} = \dfrac{1,800 - N}{1,800} = 0.06$이므로

실제 회전수 $N = 1,800 - 1,800 \times 0.06 = 1,692[\text{rpm}]$

정답 | ③

62 ★★

변압기의 1차 및 2차의 전압, 권선수, 전류를 각각 E_1, N_1, I_1 및 E_2, N_2, I_2라고 할 때 성립하는 식으로 옳은 것은?

① $\dfrac{E_2}{E_1} = \dfrac{N_1}{N_2} = \dfrac{I_2}{I_1}$
② $\dfrac{E_1}{E_2} = \dfrac{N_2}{N_1} = \dfrac{I_1}{I_2}$
③ $\dfrac{E_2}{E_1} = \dfrac{N_2}{N_1} = \dfrac{I_1}{I_2}$
④ $\dfrac{E_1}{E_2} = \dfrac{N_1}{N_2} = \dfrac{I_1}{I_2}$

해설

변압기의 1차 측과 2차 측의 관계

$\dfrac{N_1}{N_2} = \dfrac{E_1}{E_2} = \dfrac{V_1}{V_2} = \dfrac{I_2}{I_1}$

정답 | ③

63 ★★★

다음 신호흐름선도와 등가인 블록선도는?

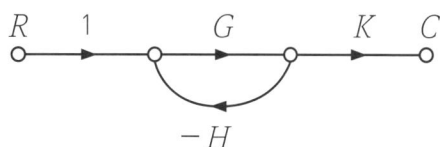

①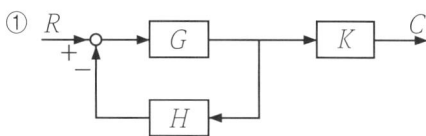

②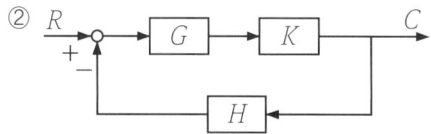

③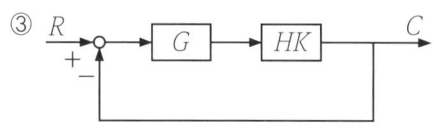

④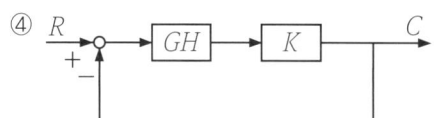

해설

문제에서 제시된 신호흐름선도의 전달함수

$\dfrac{C}{R} = \dfrac{GK}{1+GH}$

① • 경로: GK, • 루프: $-GH$
 • 전달함수 $\dfrac{C}{R} = \dfrac{GK}{1+GH}$ (○)

② • 경로: GK, • 루프: $-GKH$
 • 전달함수 $\dfrac{C}{R} = \dfrac{GK}{1+GKH}$ (×)

③ • 경로: GHK, • 루프: $-GKH$
 • 전달함수 $\dfrac{C}{R} = \dfrac{GHK}{1+GHK}$ (×)

④ • 경로: GHK, • 루프: $-GKH$
 • 전달함수 $\dfrac{C}{R} = \dfrac{GHK}{1+GHK}$ (×)

정답 | ①

64 빈출도 ★★

교류에서 역률에 관한 설명으로 틀린 것은?

① 역률은 $\sqrt{1-(무효율)^2}$ 로 계산할수 있다.
② 역률을 이용하여 교류전력의 효율을 알 수 있다.
③ 역률이 클수록 유효전력보다 무효전력이 커진다.
④ 교류회로의 전압과 전류의 위상차에 코사인(cos)을 취한 값이다.

해설

역률$=\cos\theta=\dfrac{P}{P_a}$이고 무효율$=\sin\theta=\dfrac{P_r}{P_a}$이므로 역률의 제곱과 무효율의 제곱의 합은 1이다. 따라서 역률이 클수록 무효율($\sin\theta$)과 무효전력(P_r)이 작아진다.

정답 | ③

65 빈출도 ★★

어떤 전지에 5[A]의 전류가 10분간 흘렀다면 이 전지에서 나온 전기량은 몇 [C]인가?

① 1,000 ② 2,000
③ 3,000 ④ 4,000

해설

전하량 $Q=It=5[A]\times 600[s]=3,000[C]$

정답 | ③

66 빈출도 ★★★

다음 블록선도의 전달함수는?

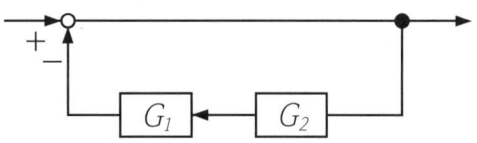

① $\dfrac{1}{G_2(G_1+1)}$ ② $\dfrac{1}{G_1(G_2+1)}$
③ $\dfrac{1}{G_1G_2(1+G_1G_2)}$ ④ $\dfrac{1}{1+G_1G_2}$

해설

전향경로의 이득은 1이고 루프의 이득은 $-G_1G_2$이므로 폐루프 전달함수는

$G(s)=\dfrac{\Sigma 전향경로의 이득}{1-\Sigma 루프의 이득}=\dfrac{1}{1+G_1G_2}$

정답 | ④

67 빈출도 ★★★

사이클링(cycling)을 일으키는 제어는?

① I 제어 ② PI 제어
③ PID 제어 ④ ON-OFF 제어

해설

ON-OFF 동작을 2위치 동작이라고도 하며 단속점 근방에서 on off가 반복되므로 제어결과가 요동치는 사이클링이 생긴다.

정답 | ④

68 빈출도 ★★

그림과 같은 △결선회로를 등가 Y결선으로 변환할 때 R_c의 저항 값[Ω]은?

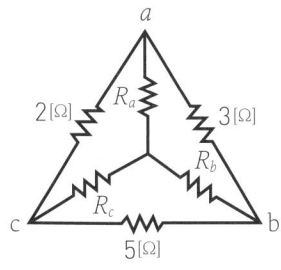

① 1
② 3
③ 5
④ 7

해설

△결선의 저항을 Y결선의 저항으로 등가변환한다.

$$R_c = \frac{2[\Omega] \times 5[\Omega]}{R_a + R_b + R_c} = \frac{10}{10} = 1[\Omega]$$

정답 | ①

69 빈출도 ★★

그림과 같은 회로에서 부하전류 I_L은 몇 A인가?

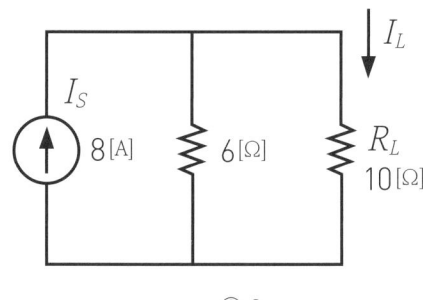

① 1
② 2
③ 3
④ 4

해설

병렬 연결 시 전류세기는 저항에 반비례하므로 10[Ω]에 흐르는 전류는 전체 전류 I_s의 $\frac{6}{6+10}$ 배이다.

따라서 부하 전류 $I_L = \frac{6}{16} \times 8[A] = 3[A]$

정답 | ③

70 빈출도 ★★★

온도를 임피던스로 변환시키는 요소는?

① 측온 저항체
② 광전지
③ 광전 다이오드
④ 전자석

해설

온도를 임피던스로 변환시키는 검출기기는 측온 저항체이다. 광전 다이오드(=광 다이오드)는 리모컨 등에 쓰이는 검출기기이고 발광 다이오드(=LED)는 표시장치이다.

정답 | ①

71 빈출도 ★★★

전류의 측정 범위를 확대하기 위하여 사용되는 것은?

① 배율기
② 분류기
③ 전위차계
④ 계기용변압기

해설

배율기는 전압계의 측정 범위를 확장하기 위해 사용하고, 분류기는 전류계의 측정 범위를 확장하기 위해 사용한다.

정답 | ②

72 빈출도 ★

근궤적의 성질로 틀린 것은?

① 근궤적은 실수축을 기준으로 대칭이다.
② 근궤적은 개루프 전달함수의 극점으로부터 출발한다.
③ 근궤적의 가지 수는 특성방정식의 극점수와 영점 수 중 큰 수와 같다.
④ 점근선은 허수축에서 교차한다.

해설

근궤적은 개루프 전달함수의 극점으로부터 출발하며 2개의 궤적이 항상 실수축에 대해 대칭을 이루며 허수축에서 교차하지 않는다. 근궤적의 가지(branch) 수는 극점과 영점의 개수 중에서 더 큰 값과 일치한다.

정답 | ④

73 빈출도 ★

특성방정식의 근이 복소평면의 좌반면에 있으면 이 계는?

① 불안정하다. ② 조건부 안정이다.
③ 반안정이다. ④ 안정이다.

해설

특성방정식의 근 s가 복소평면의 좌반면($s<0$)에 있으면 계는 안정이고, 우반면($s>0$)에 있으면 계는 불안정이며, 허수축($s=j\beta$)에 있으면 임계(안정) 상태이다.

정답 | ④

74 빈출도 ★★

$100[\text{mH}]$의 인덕턴스를 갖는 코일에 $10[\text{A}]$의 전류를 흘릴 때 축적되는 에너지$[\text{J}]$는?

① 0.5 ② 1
③ 5   ④ 10

해설

코일에 축적되는 자기에너지는 $W=\frac{1}{2}LI^2$이므로
$W=\frac{1}{2}\times 100\times 10^{-3}[\text{H}]\times(10[\text{A}])^2=5[\text{J}]$

정답 | ③

75 빈출도 ★★★

제어시스템의 구성에서 제어요소는 무엇으로 구성되는가?

① 검출부   ② 검출부와 조절부
③ 검출부와 조작부 ④ 조작부와 조절부

해설

제어요소는 동작 신호를 조작량으로 변화시키는 역할을 하는 요소이며, 조작부와 조절부로 구성된다.

정답 | ④

76 빈출도 ★★

제어동작에 대한 설명으로 틀린 것은?

① 비례동작: 편차의 제곱에 비례한 조작신호를 출력한다.
② 적분동작: 편차의 적분 값에 비례한 조작신호를 출력한다.
③ 미분동작: 조작신호가 편차의 변화속도에 비례하는 동작을 한다.
④ 2위치동작: ON-OFF 동작이라고도 하며, 편차의 정부(+, -)에 따라 조작부를 전폐 전개하는 것이다.

해설

비례 동작은 현재값과 설정값의 차이, 즉 편차에 비례하여 조작량을 변화시키는 동작이다.

정답 | ①

77 빈출도 ★★★

일정 전압의 직류전원 V에 저항 R을 접속하니 정격전류 I가 흘렀다. 정격전류 I의 $130[\%]$를 흘리기 위해 필요한 저항은 약 얼마인가?

① $0.6R$ ② $0.77R$
③ $1.3R$ ④ $3R$

해설

옴의 법칙 $I=\frac{V}{R}$에서
전류가 $1.3I$로 증가하기 위해 필요한 저항 R'은
$R'=\frac{V}{1.3I}=0.77R$

정답 | ②

78 빈출도 ★★

제어계에서 미분요소에 해당하는 것은?

① 한 지점을 가진 지렛대에 의하여 변위를 변환한다.
② 전기로에 열을 가하여도 처음에는 열이 올라가지 않는다.
③ 직렬 RC회로에 전압을 가하여 C에 충전전압을 가한다.
④ 계단 전압에서 임펄스 전압을 얻는다.

해설

입력이 단위계단 함수일 때 나타나는 출력은 인디셜 함수이다.
※ 미분요소의 인디셜 응답이 임펄스 함수가 된다.

정답 | ④

80 빈출도 ★★★

그림에서 3개의 입력단자 모두 1을 입력하면 출력단자 A와 B의 출력은?

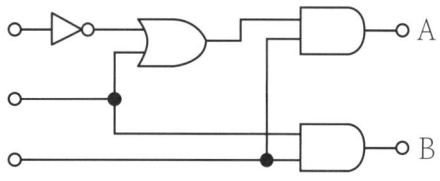

① A=0, B=0
② A=0, B=1
③ A=1, B=0
④ A=1, B=1

해설

- 순서대로 입력을 X_1, X_2, X_3라 하면
  $A=(\overline{X_1}+X_2)\cdot X_3$
  $B=X_2\cdot X_3$
- 3개의 입력단자에 모두 1을 입력하면 출력 A=1, 출력 B=1이 된다.

정답 | ④

배관일반

79 빈출도 ★★

피드백(feedback) 제어시스템의 피드백 효과로 틀린 것은?

① 정상상태 오차 개선
② 정확도 개선
③ 시스템 복잡화
④ 외부 조건의 변화에 대한 영향 증가

해설

피드백 제어시스템은 오차를 개선하여 출력에 영향을 줄 수는 있지만 외부 조건에 영향을 줄 수는 없다.

정답 | ④

81 빈출도 ★

지역난방의 특징에 관한 설명으로 틀린 것은?

① 대기 오염물질이 증가한다.
② 도시의 방재수준 향상이 가능하다.
③ 사용자에게는 화재에 대한 우려가 적다.
④ 대규모 열원기기를 이용한 에너지의 효율적 이용이 가능하다.

해설

지역난방은 자체 열생산시설이 없어서 화재 염려가 없고 폐열을 이용하므로 대기 오염의 염려가 없다.

정답 | ①

82 빈출도 ★★

배수 통기배관의 시공 시 유의사항으로 옳은 것은?

① 배수 입관의 최하단에는 트랩을 설치한다.
② 배수 트랩은 반드시 이중으로 한다.
③ 통기관은 기구의 오버플로우선 이하에서 통기 입관에 연결한다.
④ 냉장고의 배수는 간접배수로 한다.

해설
냉장고, 세탁기 등은 배수관을 대기에 개방시키는 간접배수 방식을 적용하여 역류를 방지한다.

선지분석
① 배수 트랩은 최하단이 아닌 필요 개소에 설치한다.
② 배수 트랩은 배수 흐름에 영향을 주지 않도록 이중으로 설치하지 않는다.
③ 오버브플로우관은 트랩의 유입구 측에 연결해야 한다.

정답 | ④

83 빈출도 ★★★

냉매배관 시 흡입관 시공에 대한 설명으로 틀린 것은?

① 압축기 가까이에 트랩을 설치하면 액이나 오일이 고여 액백 발생의 우려가 있으므로 피해야 한다.
② 흡입관의 입상이 매우 길 경우에는 중간에 트랩을 설치한다.
③ 각각의 증발기에서 흡입주관으로 들어가는 관은 주관의 하부에 접속한다.
④ 2대 이상의 증발기가 다른 위치에 있고 압축기가 그 보다 밑에 있는 경우 증발기 출구의 관은 트랩을 만든 후 증발기 상부 이상으로 올리고 나서 압축기로 향하게 한다.

해설
각각의 증발기에서 흡입주관으로 들어가는 관은 주관 상부에 접속한다.

정답 | ③

84 빈출도 ★★★

지름 20[mm] 이하의 동관을 이음할 때, 기계의 점검보수, 기타 관을 분해하기 쉽게 하기 위해 이용하는 동관 이음 방법은?

① 슬리브 이음
② 플레어 이음
③ 사이징 이음
④ 플랜지 이음

해설
플레어 이음은 나팔꽃처럼 관끝을 벌려서 너트를 끼우는 방식으로 관의 보수 및 점검이 용이하다.

정답 | ②

85 빈출도 ★

배수 및 통기배관에 대한 설명으로 틀린 것은?

① 루프 통기식은 여러 개의 기구군에 1개의 통기지관을 빼내어 통기주관에 연결하는 방식이다.
② 도피 통기관의 관경은 배수관의 1/4 이상이 되어야 하며 최소 40[mm] 이하가 되어서는 안된다.
③ 루프 통기식 배관에 의해 통기할 수 있는 기구의 수는 8개 이내이다.
④ 한랭지의 배수관은 동결되지 않도록 피복을 한다.

해설
루프 통기관의 관경은 최소 40[mm], 배수관구경의 1/2 이상 되게 한다.

정답 | ②

86 빈출도 ★★

배관 용접 작업 중 다음과 같은 결함을 무엇이라고 하는가?

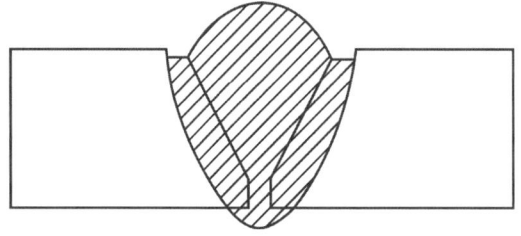

① 용입불량　　② 언더컷
③ 오버랩　　　④ 피트

해설
언더컷(Undercut)은 용접의 변 끝을 따라 모재가 파이고 용착금속이 채워지지 않아 홈으로 남아 있는 결함이다.

선지분석
① 용입불량: 용착금속이 완전히 채워지지 않아 부실한 접합을 일으키는 결함이다.
③ 오버랩: 용융된 금속이 모재 표면을 덮어버려 끝부분에서 모재와 융합하지 않은 결함이다.
④ 피트: 용접 표면에 작은 구멍이 다수 생기는 형태의 결함이다.

정답 | ②

87 빈출도 ★★★

다이헤드형 동력 나사절삭기에서 할 수 없는 작업은?

① 리밍　　　② 나사절삭
③ 절단　　　④ 벤딩

해설
다이헤드형 나사절삭기는 파이프 절단과 나사산 절삭과 단면의 리밍을 연속적으로 행한다.

정답 | ④

88 빈출도 ★★★

부력에 의해 밸브를 개폐하여 간헐적으로 응축수를 배출하는 구조를 가진 증기 트랩은?

① 버킷 트랩　　② 열동식 트랩
③ 벨 트랩　　　④ 충격식 트랩

해설
버킷 트랩은 내부에 뒤집힌 버킷이 있어 부력에 의해 밸브를 개폐하여 간헐적으로 응축수를 배출하는 트랩이다.

정답 | ①

89 빈출도 ★★★

방열량이 $3[kW]$인 방열기에 공급하여야 하는 온수량$[L/s]$은 얼마인가? (단, 방열기 입구온도 $80[℃]$, 출구온도 $70[℃]$, 온수 평균온도에서 물의 비열은 $4.2[kJ/kg·K]$ 물의 밀도는 $977.5[kg/m^3]$이다.)

① 0.002　　② 0.025
③ 0.073　　④ 0.098

해설
온수가 방열기 안에서 잃은 열은 방열량과 같으므로
$C\dot{m}\Delta T = 4.2[kJ/kg·K] \times \dot{m} \times (80-70)[K] = 3[kW]$
따라서 온수량 $\dot{m} = \frac{1}{14}[kg/s] = \frac{1/14[kg/s]}{977.5[kg/m^3]}$
$= 7.3 \times 10^{-2} \times 10^{-3}[m^3/s]$
$= 0.073[L/s]$

정답 | ③

90 빈출도 ★★

주철관의 이음방법 중 고무링(고무개스킷포함)을 사용하지 않는 방법은?

① 기계식이음　　② 타이톤이음
③ 소켓이음　　　④ 빅토릭이음

해설
소켓 이음은 고무링을 사용하지 않고 관의 소켓부에 납과 마(yarn)를 넣어서 접합하는 방식이다.

정답 | ③

91 빈출도 ★

온수난방 배관에서 에어포켓(air pocket)이 발생될 우려가 있는 곳에 설치하는 공기빼기 밸브(◇)의 설치 위치로 가장 적절한 것은?

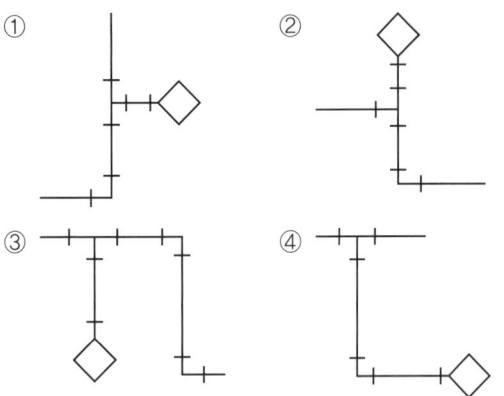

해설
공기빼기 밸브는 온수 배관 최상부에 설치하여 배관내 고여 있는 공기를 배출한다. 즉, 보기 ②의 공기빼기 밸브 설치 위치가 최상층이므로 정답이다.

정답 | ②

92 빈출도 ★★★

배관계통 중 펌프에서의 공동현상(cavitation)을 방지하기 위한 대책으로 틀린 것은?

① 펌프의 설치 위치를 낮춘다.
② 회전수를 줄인다.
③ 양 흡입을 단 흡입으로 바꾼다.
④ 굴곡부를 적게 하여 흡입관의 마찰손실수두를 작게 한다.

해설
흡입구 측 수압은 유속이 느려지면 증가하므로 유속을 느리게 하기 위해 관경을 굵게 하거나 흡입관이 2개인 양흡입 펌프를 사용한다.

정답 | ③

93 빈출도 ★★

저장 탱크 내부에 가열 코일을 설치하고 코일 속에 증기를 공급하여 물을 가열하는 급탕법은?

① 간접 가열식
② 기수 혼합식
③ 직접 가열식
④ 가스 순간 탕비식

해설
간접 가열식은 증기 또는 고온수를 저탕조 내의 코일(가열관)에 통과시켜서 저탕조 물을 가열하는 방식으로 대규모 급탕 설비에 적합하다.

정답 | ①

94 빈출도 ★★

냉동장치의 액분리기에서 분리된 액이 압축기로 흡입되지 않도록 하기 위한 액 회수 방법으로 틀린 것은?

① 고압 액관으로 보내는 방법
② 응축기로 재순환시키는 방법
③ 고압 수액기로 보내는 방법
④ 열교환기를 이용하여 증발시키는 방법

해설
액분리에서 분리된 액 회수 방법
- 고압 액관(탱크)으로 회수하는 방법
- 고압 수액기로 복귀시키는 방법
- 열교환기로 냉매액을 증발시키는 방법
- 중력에 의해 증발기로 재순환시키는 방법

정답 | ②

95 빈출도 ★★

저압증기의 분기점을 2개 이상의 엘보로 연결하여 한쪽이 팽창하면 비틀림이 일어나 팽창을 흡수하는 특징의 이음방법은?

① 슬리브형
② 벨로즈형
③ 스위블형
④ 루프형

해설
스위블형 신축이음은 2개 이상의 엘보를 사용하여 배관에 굴곡을 준다. 방열기, 수배관 등 저압용에 사용한다.

정답 | ③

96 빈출도 ★★★

유체 흐름의 방향을 바꾸어 주는 관 이음쇠는?

① 리턴벤드
② 리듀서
③ 니플
④ 유니온

해설

리턴벤드는 유체 흐름을 U자 또는 180° 전환할 때 사용한다.

선지분석

② 리듀서: 양끝이 크기가 다른 F나사로 되어 있어서 직선 방향에서 이경 배관을 연결할 수 있다.
③ 니플: 양끝이 M나사로 되어 있어서 서로 다른 두 F나사 부속을 연결할 수 있다.
④ 유니온: 한쪽이 M나사, 다른 쪽이 F나사, 그리고 결합너트로 구성되어 있으며 고정된 두 배관을 분해 및 조립할 수 있다.

정답 | ①

97 빈출도 ★★

고가(옥상) 탱크 급수방식의 특징에 대한 설명으로 틀린 것은?

① 저수시간이 길어지면 수질이 나빠지기 쉽다.
② 대규모의 급수 수요에 쉽게 대응할 수 있다.
③ 단수 시에도 일정량의 급수를 계속할 수 있다.
④ 급수 공급 압력의 변화가 심하다.

해설

고가탱크(고가수조) 방식은 일정한 수압으로 급수가 가능하고 단수 시에도 급수가 가능하다.

정답 | ④

98 빈출도 ★★

가스배관에 관한 설명으로 틀린 것은?

① 특별한 경우를 제외한 옥내배관은 매설배관을 원칙으로 한다.
② 부득이하게 콘크리트 주요 구조부를 통과할 경우에는 슬리브를 사용한다.
③ 가스배관에는 적당한 구배를 두어야 한다.
④ 열에 의한 신축, 진동 등의 영향을 고려하여 적절한 간격으로 지지하여야 한다.

해설

가스배관은 검사가 용이하도록 노출배관을 원칙으로 하되 동관은 이음매 없이 매립할 수 있다.

정답 | ①

99 빈출도 ★★

급수관의 수리 시 물을 배제하기 위한 관의 최소 구배 기준은?

① 1/120 이상
② 1/150 이상
③ 1/200 이상
④ 1/250 이상

해설

급수관의 구배는 1/250 이상으로 하여 수리와 기타 필요시 물을 완전히 뺄 수 있도록 한다.

정답 | ④

100 빈출도 ★

공장에서 제조 정제된 가스를 저장했다가 공급하기 위한 압력탱크로서 가스압력을 균일하게 하며, 급격한 수요변화에도 제조량과 소비량을 조절하기 위한 장치는?

① 정압기
② 압축기
③ 오리피스
④ 가스홀더

해설

대형 저장용기를 지칭하는 가스홀더는 가스 압력을 균일하게 유지해 주며 그 구조에 따라 유수식, 무수식, 수봉식, 건식, 고압식으로 분류한다. 정압기는 압력 조절기이고 오리피스는 배관 중간의 구멍뚫린 칸막이이다.

정답 | ④

2018년 1회 기출문제

기계열역학

01 빈출도 ★

증기터빈 발전소에서 터빈 입구의 증기 엔탈피는 출구의 엔탈피보다 136[kJ/kg] 높고, 터빈에서의 열손실은 10[kJ/kg]이다. 증기 속도는 터빈입구에서 10[m/s]이고, 출구에서 110[m/s]일 때 이 터빈에서 발생시킬 수 있는 일은 약 몇 [kJ/kg]인가?

① 10 ② 90
③ 120 ④ 140

해설

- 뜨거운 수증기가 터빈을 돌리는 일을 하므로 에너지 보존 법칙에 의해 "입구에서 증기의 엔탈피+역학적 에너지=터빈이 한 일"+"출구에서 증기의 엔탈피+역학적 에너지+열손실"이므로
$H_i+\frac{1}{2}mv_i^2+mgZ_i=W+H_e+\frac{1}{2}mv_e^2+mgZ_e+Q$이다.
(Q: 열손실)

- 터빈이 한 일
$W=(H_i-H_e)+m\frac{v_i^2-v_e^2}{2}+mg(Z_i-Z_e)-Q$
양변을 질량 m으로 나누면
$w[\text{kJ/kg}]=(h_i-h_e)+\frac{v_i^2-v_e^2}{2}+g(Z_i-Z_e)-Q/m$
$=136+\left(\frac{-12\times 10^3}{2}\right)\times 10^{-3}+0-10$
$=120[\text{kJ/kg}]$

정답 | ③

02 빈출도 ★

단위 질량의 이상기체가 정적과정 하에서 온도가 T_1에서 T_2로 변하였고, 압력도 P_1에서 P_2로 변하였다면, 엔트로피 변화량 ΔS는? (단, C_v와 C_p는 각각 정적비열과 정압비열이다.)

① $\Delta S=C_v\ln\frac{P_1}{P_2}$ ② $\Delta S=C_p\ln\frac{P_2}{P_1}$

③ $\Delta S=C_v\ln\frac{T_2}{T_1}$ ④ $\Delta S=C_p\ln\frac{T_1}{T_2}$

해설

엔트로피 $\Delta S=\frac{\Delta Q}{T}$ 이므로 $\Delta S=Cm\int_{T_1}^{T_2}\frac{dT}{T}=Cm\ln\frac{T_2}{T_1}$ 이다.
양 변을 m으로 나누고, 정적과정에서의
비열은 C_v이므로 $\Delta S=C_v\ln\frac{T_2}{T_1}$이다.

정답 | ③

03 빈출도 ★★

초기 압력 100[kPa], 초기 체적 $0.1[\text{m}^3]$인 기체를 버너로 가열하여 기체 체적이 정압과정으로 $0.5[\text{m}^3]$이 되었다면 이 과정 동안 시스템이 외부에 한 일은 약 몇 [kJ]인가?

① 10 ② 20
③ 30 ④ 40

해설

외부에 한 일
$W=P\Delta V=100[\text{kPa}]\times(0.5-0.1)[\text{m}^3]$
$=40[\text{kN}\cdot\text{m}]=40[\text{kJ}]$

정답 | ④

04 빈출도 ★★★

그림과 같이 온도(T)－엔트로피(S)로 표시된 이상적인 랭킨사이클에서 각 상태의 엔탈피(h)가 다음과 같다면, 이 사이클의 효율은 약 몇 [%]인가? (단, $h_1=30[kJ/kg]$, $h_2=31[kJ/kg]$, $h_3=274[kJ/kg]$, $h_4=668[kJ/kg]$, $h_5=764[kJ/kg]$, $h_6=478[kJ/kg]$이다.)

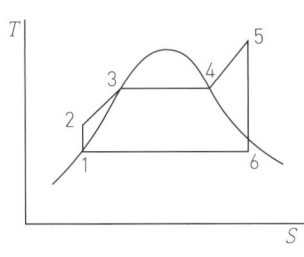

① 39　　② 42
③ 53　　④ 58

해설

랭킨 사이클 열효율

$\eta = 1 - \dfrac{h_6 - h_1}{h_5 - h_2}$

$= 1 - \dfrac{478 - 30}{764 - 31} = 0.389 = 38.9[\%]$

정답 | ①

05 빈출도 ★★

어떤 기체가 5[kJ]의 열을 받고 0.18[kN·m]의 일을 외부로 하였다. 이때의 내부에너지의 변화량은?

① 3.24[kJ]　　② 4.82[kJ]
③ 5.18[kJ]　　④ 6.14[kJ]

해설

열역학 제1법칙 $Q = P\Delta V + \Delta U$에서
$\Delta U = Q - P\Delta V = (5 - 0.18)[kJ] = 4.82[kJ]$

정답 | ②

06 빈출도 ★

압력 2[MPa], 온도 300[℃]의 수증기가 20[m/s] 속도로 증기터빈으로 들어간다. 터빈출구에서 수증기 압력이 100[kPa], 속도는 100[m/s]이다. 가역단열 과정으로 가정 시, 터빈을 통과하는 수증기 1[kg]당 출력일은 약 몇 [kJ/kg]인가? (단, 수증기표로부터 2[MPa], 300[℃]에서 비엔탈피는 3,023.5[kJ/kg], 비엔트로피는 6.7663[kJ/kg·K]이고, 출구에서의 비엔탈피 및 비엔트로피는 아래 표와 같다.)

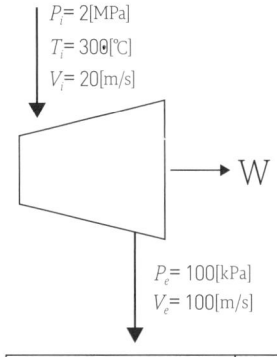

출구	포화액	포화증기
비엔트로피 [kJ/(kg·K)]	1.3025	7.3593
비엔탈피 [kJ/(kg)]	417.44	2,675.46

① 1,534　　② 564.3
③ 153.4　　④ 764.5

해설

· 건도 $x = \dfrac{\text{습증기의 엔트로피} - \text{포화액의 엔트로피}}{\text{포화증기의 엔트로피} - \text{포화액의 엔트로피}}$

$= \dfrac{6.7663 - 1.3025}{7.3593 - 1.3025} = 0.9021$

· 출구 엔탈피
$h_e = $ 포화액의 엔탈피 + 건도×(포화증기의 엔탈피 − 포화액의 엔탈피)

$= 417.44 + 0.9021 \times (2,675.46 - 417.44) = 2,454.4$

· 터빈이 한 일

$w[kJ/kg] = (h_i - h_e) + \dfrac{v_i^2 - v_e^2}{2} + g(Z_i - Z_e) - \dfrac{Q}{m}$

$= 564.3[kJ/kg]$

$(h_i - h_e = 3,023.5 - 2,454.4 = 569.1[kJ/kg]$,

$\dfrac{v_i^2 - v_e^2}{2} = \dfrac{20^2 - 200^2}{2} = -4,800[J/kg] = -4.8[kJ/kg]$,

높이 차이는 없고 열손실도 언급이 없으므로 Z_i, Z_e, Q는 고려하지 않는다.)

정답 | ②

07 빈출도 ★

엔트로피(s) 변화 등과 같은 직접 측정할 수 없는 양들을 압력(P), 비체적(v), 온도(T)와 같은 측정 가능한 상태량으로 나타내는 Maxwell 관계식과 관련하여 다음 중 틀린 것은?

① $\left(\dfrac{\partial T}{\partial P}\right)_s = \left(\dfrac{\partial v}{\partial s}\right)_P$

② $\left(\dfrac{\partial T}{\partial v}\right)_s = -\left(\dfrac{\partial P}{\partial s}\right)_v$

③ $\left(\dfrac{\partial v}{\partial T}\right)_P = -\left(\dfrac{\partial s}{\partial P}\right)_T$

④ $\left(\dfrac{\partial P}{\partial v}\right)_T = \left(\dfrac{\partial s}{\partial T}\right)_v$

해설

보기 ④는 Maxwell 관계식과 관련이 없다.

개념설명 Maxwell 관계식

구분	기호	Maxwell 관계식	독립변수
내부 에너지	U	$\left(\dfrac{\partial T}{\partial v}\right)_s = -\left(\dfrac{\partial P}{\partial s}\right)_v$	s, v
엔탈피	$H = U + PV$	$\left(\dfrac{\partial T}{\partial P}\right)_s = \left(\dfrac{\partial v}{\partial s}\right)_P$	s, P
헬름홀츠 자유 에너지	$F = U - TS$	$\left(\dfrac{\partial P}{\partial T}\right)_v = \left(\dfrac{\partial s}{\partial v}\right)_T$	T, v
깁스 자유 에너지	$G = H - TS$ $= U + PV - TS$	$\left(\dfrac{\partial v}{\partial T}\right)_P = -\left(\dfrac{\partial s}{\partial P}\right)_T$	T, P

정답 | ④

08 빈출도 ★★★

대기압이 100[kPa]일 때, 계기압력이 5.23[MPa]인 증기의 절대 압력은 약 몇 [MPa]인가?

① 3.02
② 4.12
③ 5.33
④ 6.43

해설

절대 압력 = 계기 압력 + 대기압
= 5.23[MPa] + 100×10⁻³[MPa]
= 5.33[MPa]

정답 | ③

09 빈출도 ★★

열역학적 변화와 관련하여 다음 설명 중 옳지 않은 것은?

① 단위 질량당 물질의 온도를 1[℃] 올리는 데 필요한 열량을 비열이라 한다.
② 정압과정으로 시스템에 전달된 열량은 엔트로피 변화량과 같다.
③ 내부 에너지는 시스템의 질량에 비례하므로 종량적(extensive) 상태량이다.
④ 어떤 고체가 액체로 변화할 때 융해(Melting)라고 하고, 어떤 고체가 기체로 바로 변화할 때 승화(Sublimation)라고 한다.

해설

정압과정으로 시스템에 전달된 열량은 엔탈피 변화량과 같다.
※ 엔탈피 정의 $\Delta H = \Delta U + P\Delta V$에 상태방정식 $PV = nRT$를 적용하면, $\Delta H = \Delta U + nR\Delta T$이다.
이때 정압 과정에서 기체가 얻거나 잃은 열은 $nC_p\Delta T$이므로 엔탈피 변화량 ΔH와 같다.

정답 | ②

10 빈출도 ★★

공기압축기에서 입구 공기의 온도와 압력은 각각 27[℃], 100[kPa]이고, 체적유량은 0.01[m³/s]이다. 출구에서 압력이 400[kPa]이고, 이 압축기의 등엔트로피 효율이 0.8일 때, 압축기의 소요 동력은 약 몇 [kW]인가? (단, 공기의 정압비열과 기체상수는 각각 1[kJ/kg·K], 0.287[kJ/kg·K]이고, 비열비는 1.4이다.)

① 0.9 ② 1.7
③ 2.1 ④ 3.8

해설

등엔트로피 과정은 열의 출입이 없으므로 온도의 변화가 일로 전환되는 이상적인 과정이다.
압축기 소요동력 $W = C_p m \Delta T = C_p m (T_2 - T_1)$
이상기체 상태방정식 $PV = mRT$에서
$m = \dfrac{P_1 V_1}{RT_1}$
$= \dfrac{100[\text{kPa}] \times 0.01[\text{m}^3/\text{s}]}{0.287[\text{kJ/kg·K}] \times (273+27)[\text{K}]} = \dfrac{1}{0.287 \times 300}[\text{kg/s}]$

압력비 $\dfrac{P_2}{P_1} = \dfrac{400}{100}$와 초기 온도 $T_1 = (273+27)[\text{K}]$가 주어졌으므로 단열과정의 PVT 관계식 중에서 $\left(\dfrac{T_2}{T_1}\right) = \left(\dfrac{P_2}{P_1}\right)^{\frac{k-1}{k}}$을 이용하면 최종 온도를 구할 수 있다.

$T_2 = T_1 \times \left(\dfrac{P_2}{P_1}\right)^{\frac{k-1}{k}} = 300 \times \left(\dfrac{400}{100}\right)^{\frac{1.4-1}{1.4}} \fallingdotseq 445.798[\text{K}]$

주어진 값을 대입하면,
$W = 1[\text{kJ/kg·K}] \times \dfrac{1}{0.287 \times 300}[\text{kg/s}] \times (445.798 - 300)[\text{K}]$
$= 1.693[\text{kW}]$

압축기의 등엔트로피 효율 0.8로 나누어주면,
실제 소요 동력 $= \dfrac{1.693}{0.8} \fallingdotseq 2.11[\text{kW}]$이다.

정답 | ③

11 빈출도 ★★★

다음 중 강성적(강도성, intensive) 상태량이 아닌 것은?

① 압력 ② 온도
③ 엔탈피 ④ 비체적

해설

질량에 무관한 물리량을 강성적(강도성) 상태량이라고 한다. 엔탈피는 질량에 따라 달라지므로 종량적 상태량에 해당한다.

정답 | ③

12 빈출도 ★★

이상기체가 정압과정으로 dT만큼 온도가 변하였을 때 1[kg]당 변화된 열량 Q는? (단, C_v는 정적비열, C_p는 정압비열, k는 비열비를 나타낸다.)

① $Q = C_v dT$ ② $Q = k^2 C_v dT$
③ $Q = C_p dT$ ④ $Q = kC_p dT$

해설

- $m = 1[\text{kg}]$이므로 정압 과정: $Q = mC_p \Delta T = C_p \Delta T$
- 정적 과정: $Q = mC_v \Delta T = C_v \Delta T$
※ $\Delta T = dT$이다.

정답 | ③

13 빈출도 ★★★

랭킨 사이클에서 25[℃], 0.01[MPa] 압력의 물 1[kg]을 5[MPa] 압력의 보일러로 공급한다. 이때 펌프가 가역단열과정으로 작용한다고 가정할 경우 펌프가 한 일은 약 몇 [kJ]인가? (단, 물의 비체적은 0.001[m³/kg]이다.)

① 2.58 ② 4.99
③ 20.10 ④ 40.20

해설

랭킨 사이클에서 펌프가 가역단열과정으로 물에 한 일
$W = mv(P_f - P_i)$이므로
$W = 1[\text{kg}] \times 0.001[\text{m}^3/\text{kg}] \times (5-0.01)[\text{MPa}]$
$= 0.001[\text{m}^3] \times 4.99 \times 10^6[\text{N/m}^2]$
$= 4.99 \times 10^3[\text{J}] = 4.99[\text{kJ}]$

정답 | ②

14 빈출도 ★★

520[K]의 고온 열원으로부터 18.4[kJ] 열량을 받고 273[K]의 저온 열원에 13[kJ]의 열량 방출하는 열기관에 대하여 옳은 설명은?

① Clausius 적분값은 -0.0122[kJ/K]이고, 가역과정이다.
② Clausius 적분값은 -0.0122[kJ/K]이고, 비가역과정이다.
③ Clausius 적분값은 $+0.0122$[kJ/K]이고, 가역과정이다.
④ Clausius 적분값은 $+0.0122$[kJ/K]이고, 비가역과정이다.

해설

- Clausius 적분값

$$\oint \left(\frac{\delta Q}{T}\right)_b = \frac{\Delta Q_1}{T_1} + \frac{\Delta Q_2}{T_2} = \frac{18.4[\text{kJ}]}{520[\text{K}]} + \frac{-13[\text{kJ}]}{273[\text{K}]}$$
$$= 0.0354 - 0.0476$$
$$= -0.0122[\text{kJ/K}]$$

- $\oint \left(\frac{\delta Q}{T}\right)_b < 0$이므로 비가역 과정이다.

정답 | ②

15 빈출도 ★★★

이상적인 오토 사이클에서 단열압축되기 전 공기가 101.3[kPa], 21[℃]이며, 압축비 7로 운전할 때 이 사이클의 효율은 약 몇 [%]인가? (단, 공기의 비열비는 1.4이다.)

① 62[%]   ② 54[%]
③ 46[%]   ④ 42[%]

해설

오토사이클의 효율 $\eta = 1 - \frac{1}{r^{k-1}}$에서
압축비 $r = 7$, 비열비 $k = 1.4$로 주어졌으므로
$\eta = 1 - \frac{1}{7^{0.4}} = 0.54 = 54[\%]$

정답 | ②

16 빈출도 ★

이상적인 복합 사이클(사바테 사이클)에서 압축비는 16, 최고압력비(압력상승비)는 2.3, 체절비는 1.6이고, 공기의 비열비는 1.4일 때 이 사이클의 효율은 약 몇 [%]인가?

① 55.52   ② 58.41
③ 61.54   ④ 64.88

해설

사바테 사이클의 효율
$$\eta = 1 - \left(\frac{1}{r}\right)^{k-1} \times \frac{\alpha\sigma^k - 1}{(\alpha-1) + k\alpha(\sigma-1)}$$
(단, α: 압력상승비, σ: 체절비)

효율 $\eta = 1 - \frac{1}{16^{0.4}} \times \frac{2.3 \times 1.6^{1.4} - 1}{(2.3-1) + 1.4 \times 2.3 \times (1.6-1)}$
$= 0.6488 = 64.88[\%]$

정답 | ④

17 빈출도 ★★

이상기체 공기가 안지름 0.1[m]인 관을 통하여 0.2[m/s]로 흐르고 있다. 공기의 온도는 20[℃], 압력은 100[kPa], 기체상수는 0.287[kJ/kg·K]라면 질량유량은 약 몇 [kg/s]인가?

① 0.0019   ② 0.0099
③ 0.0119   ④ 0.0199

해설

이상기체 상태방정식 $PV = mRT$에서 $m = \frac{PV}{RT}$이고,
양변을 단위시간으로 나눠주면 $\dot{m} = \frac{P\dot{V}}{RT}$이다.
체적유량 $\dot{V} = \pi(0.05)^2 \times 0.2 = 0.00157[\text{m}^3/\text{s}]$이므로
질량유량 $\dot{m} = \frac{100[\text{kPa}] \times 0.00157[\text{m}^3/\text{s}]}{0.287[\text{kJ/kg·K}] \times 293[\text{K}]}$
$= 0.00187[\text{kg/s}]$이다.

정답 | ①

18 빈출도 ★

저온실로부터 46.4[kW]의 열을 흡수할 때 10[kW]의 동력을 필요로 하는 냉동기가 있다면, 이 냉동기의 성능계수는?

① 4.64
② 5.65
③ 7.49
④ 8.82

해설

냉동기의 성능계수

$$COP = \frac{Q_{in}}{W_{cycle}} = \frac{냉매가\ 흡수한\ 열량}{압축기로부터\ 받은\ 일량} = \frac{46.4[kW]}{10[kW]} = 4.64$$

정답 | ①

19 빈출도 ★★★

온도가 각기 다른 액체 $A(50[℃])$, $B(25[℃])$, $C(10[℃])$가 있다. A와 B를 동일 질량으로 혼합하면 $40[℃]$로 되고, A와 C를 동일 질량으로 혼합하면 $30[℃]$로 된다. B와 C를 동일 질량으로 혼합할 때는 몇 [℃]로 되겠는가?

① 16.0[℃]
② 18.4[℃]
③ 20.0[℃]
④ 22.5[℃]

해설

- A가 잃은 열량 = B가 얻은 열량이므로
  $c_A(50-40) = c_B(40-25) \Rightarrow c_B = \frac{2}{3}c_A$
- A가 잃은 열량 = C가 얻은 열량이므로
  $c_A(50-30) = c_C(30-10) \Rightarrow c_C = c_A$
- B와 C를 혼합한 평형 온도를 T라 하면
  B가 잃은 열량 = C가 얻은 열량이므로
  $c_B(25-T) = c_C(T-10) \rightarrow \frac{2}{3}c_A(25-T) = c_A(T-10)$
  $\rightarrow 50-2T = 3T-30 \rightarrow 5T = 80$
따라서 B와 C의 평형온도 $T = 16[℃]$이다.

정답 | ①

20 빈출도 ★★

다음 4가지 경우에서 ( ) 안의 물질이 보유한 엔트로피가 증가한 경우는?

> ⓐ 컵에 있는 (물)이 증발하였다.
> ⓑ 목욕탕의 (수증기)가 차가운 타일벽에서 물로 응결되었다.
> ⓒ 실린더 안의 (공기)가 가역 단열적으로 팽창되었다.
> ⓓ 뜨거운 (커피)가 식어서 주위 온도와 같게 되었다.

① ⓐ
② ⓑ
③ ⓒ
④ ⓓ

해설

액체에서 기체로 상변화하면 분자간 배열의 자유도가 커져 엔트로피가 증가한다.

선지분석

ⓑ: 기체에서 액체로 상변화하면 엔트로피가 감소한다.
ⓒ: 단열성이면서 가역 과정이므로 엔트로피 변화가 없다.
ⓓ: 커피가 열을 방출하며 온도가 낮아지므로 엔트로피가 감소한다.

정답 | ①

냉동공학

21 빈출도 ★★

축열시스템 중 빙축열 방식이 수축열 방식에 비해 유리하다고 할 수 없는 것은?

① 축열조를 소형화할 수 있다.
② 낮은 온도를 이용할 수 있다.
③ 난방 시의 축열대응에 적합하다.
④ 축열조의 설치장소가 자유롭다.

해설

빙축열 방식은 잠열축열이라서 축열조 부피가 작고 설치장소의 제약이 없으나 냉·난방 겸용이 어려우며, 난방 시 축열대응이 어렵다.

정답 | ③

22 빈출도 ★★

유량이 1,800[kg/h]인 30[℃] 물을 −10[℃]의 얼음으로 만드는 능력을 가진 냉동장치의 압축기 소요동력은 약 얼마인가? (단, 응축기의 냉각수 입구온도 30[℃], 냉각수 출구온도 35[℃], 냉각수 수량 50[m³/h]이고, 열 손실은 무시하는 것으로 한다.)

① 30[kW]   ② 40[kW]
③ 50[kW]   ④ 60[kW]

해설

- 30[℃]의 물을 0[℃]의 물로 냉각시키는데 필요한 열량
  1[kcal/kg·℃]×1,800[kg]×30[℃]=54,000[kcal]
- 0[℃]의 물을 0[℃]의 얼음으로 상태변화시키는데 필요한 열량
  79.68[kcal/kg]×1,800[kg]=143,424[kcal]
- 0[℃]의 얼음을 −10[℃]의 얼음으로 냉각시키는데 필요한 열량
  0.5[kcal/kg·℃]×1,800[kg]×10[℃]=9,000[kcal]
- Q_{in}=54,000+143,424+9,000=206,424[kcal/h]
  Q_{out}=1[kcal/kg·℃]×50,000[kg/h]×(35−30)[℃]
  =250,000[kcal/h]

따라서 W_{cycle}=Q_{out}−Q_{in}=250,000[kcal]−206,424[kcal]
=43,576[kcal/h]=$\dfrac{43,576 \times 4.2[kJ]}{3,600[s]}$
=50.83[kW]

정답 | ③

23 빈출도 ★★★

냉매의 구비조건에 대한 설명으로 틀린 것은?

① 동일한 냉동능력에 대하여 냉매가스의 용적이 적을 것
② 저온에 있어서도 대기압 이상의 압력에서 증발하고 비교적 저압에서 액화할 것
③ 점도가 크고 열전도율이 좋을 것
④ 증발열이 크며 액체의 비열이 작을 것

해설

냉매의 점도가 작아야 압력 손실이 작아지고 배관 내 순환이 잘된다.

정답 | ③

24 빈출도 ★★

냉매에 관한 설명으로 옳은 것은?

① 암모니아 냉매가스가 누설된 경우 비중이 공기보다 무거워 바닥에 정체한다.
② 암모니아의 증발잠열은 프레온계 냉매보다 작다.
③ 암모니아는 프레온계 냉매에 비하여 동일운전 압력 조건에서는 토출가스 온도가 높다.
④ 프레온계 냉매는 화학적으로 안정한 냉매이므로 장치 내에 수분이 혼입되어도 운전상 지장이 없다.

해설

암모니아는 프레온계 냉매에 비하여 동일운전 압력 조건에서는 토출가스 온도가 높다.

선지분석

① 암모니아는 비중이 공기보다 가볍기 때문에 누설 시 천장 근처에 정체한다.
② 암모니아는 프레온계 냉매보다 증발잠열이 크다.
④ 프레온계 냉매의 안정성은 높으나 수분이 혼입되면 부식성이 강해져 운전 장애를 초래한다.

정답 | ③

25 빈출도 ★★★

흡수식 냉동기에서 냉매의 순환 경로는?

① 흡수기 → 증발기 → 재생기 → 열교환기
② 증발기 → 흡수기 → 열교환기 → 재생기
③ 증발기 → 재생기 → 흡수기 → 열교환기
④ 증발기 → 열교환기 → 재생기 → 흡수기

해설 냉매의 순환 경로

증발기 → 흡수기 → 펌프 → (열교환기) → 재생기 → 응축기 → 증발기

정답 | ②

26 빈출도 ★

고온가스 제상(hot gas defrost)방식에 대한 설명으로 틀린 것은?

① 압축기의 고온·고압가스를 이용한다.
② 소형 냉동장치에 사용하면 언제라도 정상운전을 할 수 있다.
③ 비교적 설비하기가 용이하다.
④ 제상 소요시간이 비교적 짧다.

해설

냉매 순환량이 적은 소형 냉동장치에 고온가스 제상방식을 적용하면 정상운전이 어려워진다.

정답 | ②

27 빈출도 ★

다음의 장치는 액-가스 열교환기가 설치되어 있는 1단 증기압축식 냉동장치를 나타낸 것이다. 이 냉동장치의 운전 시에 아래와 같은 현상이 발생하였다. 이 현상에 대한 원인으로 옳은 것은?

> 액-가스 열교환기에서 응축기 출구 냉매액과 증발기 출구 냉매증기가 서로 열교환할 때, 이 열교환기 내에서 증발기 출구 냉매 온도변화(T_1-T_6)는 18[℃]이고, 응축기 출구 냉매액의 온도변화(T_3-T_4)는 1[℃]이다.

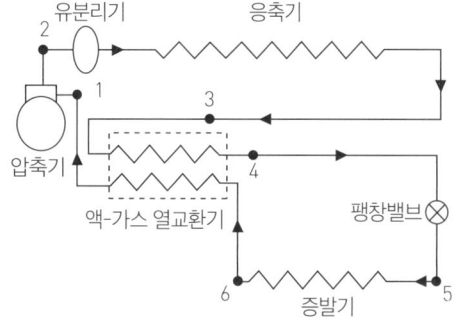

① 증발기 출구(점 6)의 냉매상태는 습증기이다.
② 응축기 출구(점 3)의 냉매상태는 불응축 상태이다.
③ 응축기 내에 불응축 가스가 혼입되어 있다.
④ 액-가스 열교환기의 열손실이 상당히 많다.

해설

- 증발기에서 나온 냉매증기의 온도(T_6)가 낮고, 응축기에서 나온 냉매액의 온도(T_3)는 높다. 교환기에서 만나면 열이 냉매액에서 냉매증기 쪽으로 흐르므로 냉매증기의 온도는 $T_6 \rightarrow T_1$만큼 상승하고, 냉매액의 온도는 $T_3 \rightarrow T_4$만큼 하강한다.
- 냉매증기와 냉매액의 비열차이로 열용량이 서로 다르긴 하나 냉매증기의 온도변화가 냉매액의 온도변화보다 18배나 더 클 수는 없다.
- 이러한 현상이 나타나는 이유는 응축기 출구(점3)의 냉매액이 불응축 상태이므로 무거운 액체가 아래로 흐를 때 냉매증기와 접촉으로 인한 열교환이 충분히 일어나지 않았기 때문이다.

정답 | ②

28 빈출도 ★★★

냉동장치의 냉매량이 부족할 때 일어나는 현상으로 옳은 것은?

① 흡입압력이 낮아진다.
② 토출압력이 높아진다.
③ 냉동능력이 증가한다.
④ 흡입압력이 높아진다.

해설

- 흡입압력은 압축기 입구의 압력이므로 증발기 출구의 압력과 같다. 즉, 냉매량이 부족하면 증발기 압력이 낮아지고 압축기 흡입압력도 낮아진다.
- 흡입압력이 부족한 상태로 냉매가 들어오면 압축기는 목표로 하는 토출압력을 얻기 위해 더 많은 일을 해야 하므로 냉동능력이 감소한다.

정답 | ①

29 빈출도 ★★

증기 압축식 냉동사이클에서 증발온도를 일정하게 유지하고 응축온도를 상승시킬 경우에 나타나는 현상으로 틀린 것은?

① 성적계수 감소
② 토출가스 온도 상승
③ 소요동력 증대
④ 플래시 가스 발생량 감소

해설

증발온도를 일정하게 유지하면서 응축온도를 높이면 응축기 출구에서의 냉매액 온도가 평소보다 높아진다. 즉 냉매액이 부족냉각 되므로 액배관 내에서 냉매액이 증발하여 플래시 가스로 변할 확률이 더 커진다. 따라서 플래시 가스 발생량이 증가한다.

정답 | ④

30 빈출도 ★★

냉매액 강제순환식 증발기에 대한 설명으로 틀린 것은?

① 냉매액이 충분한 속도로 순환되므로 타 증발기에 비해 전열이 좋다.
② 일반적으로 설비가 복잡하며 대용량의 저온 냉장실이나 급속 동결장치에 사용한다.
③ 강제 순환식이므로 증발기에 오일이 고일 염려가 적고 배관 저항에 의한 압력강하도 작다.
④ 냉매액에 의한 리퀴드 백(liquid back)의 발생이 적으며 저압 수액기와 액펌프의 위치에 제한이 없다.

해설

액 순환식 증발기에서 냉매량이 많은 경우 일부 냉매는 기화하지 못하고 액체 상태로 압축기까지 이동할 수 있는데 이러한 리퀴드 백 현상을 방지하기 위해 저압 수액기의 액면을 액펌프보다 1~2[m] 높은 곳에 설치해야 한다.

정답 | ④

31 빈출도 ★★★

그림과 같은 사이클을 난방용 히트펌프로 사용한다면 이론 성적계수를 구하는 식은 다음 중 어느 것인가?

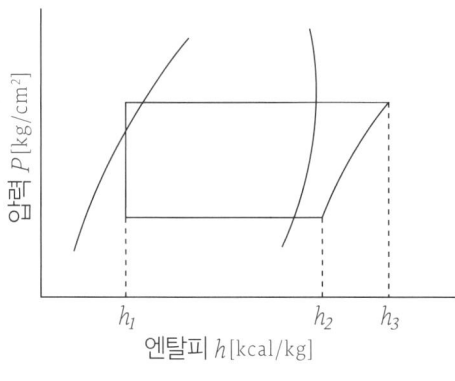

압력 - 엔탈피 선도

① $COP = \dfrac{h_2 - h_1}{h_3 - h_2}$

② $COP = 1 + \dfrac{h_3 - h_1}{h_3 + h_2}$

③ $COP = \dfrac{h_2 + h_1}{h_3 + h_2}$

④ $COP = 1 + \dfrac{h_2 - h_1}{h_3 - h_2}$

해설

히트펌프의 성적계수

$COP = \dfrac{Q_{out}}{W_{cycle}} = \dfrac{W_{cycle} + Q_{in}}{W_{cycle}} = 1 + \dfrac{Q_{in}}{W_{cycle}} = 1 + \dfrac{h_2 - h_1}{h_3 - h_2}$

정답 | ④

32 빈출도 ★

암모니아 냉매의 누설 검지 방법으로 적절하지 않은 것은?

① 냄새로 알 수 있다.
② 리트머스 시험지를 사용한다.
③ 페놀프탈레인 시험지를 사용한다.
④ 할로겐 누설 검지기를 사용한다.

해설

할로겐 누설 검지기는 프레온계 냉매의 누설 검지 방법에 해당한다.

정답 | ④

33 빈출도 ★★★

다음 조건을 이용하여 응축기 설계 시 1[RT](3,320 [kcal/h])당 응축면적은? (단, 온도차는 산술평균 온도차를 적용한다.)

- 방열계수: 1.3
- 응축온도: 35[℃]
- 냉각수 입구온도: 28[℃]
- 냉각수 출구온도: 32[℃]
- 열통과율: 900[kcal/m²·h·℃]

① 1.25[m²] ② 0.96[m²]
③ 0.62[m²] ④ 0.45[m²]

해설

- 응축부하
  $Q = 1.3 \times 3{,}320 [kcal/h] = 4{,}316 [kcal/h]$
- 냉각수와 냉매의 산술평균 온도차
  $\Delta T = \dfrac{(35-32) + (35-28)}{2} = 5[℃]$
- 방열면적
  $Q = KA\Delta T$ 에서
  $A = \dfrac{Q}{K\Delta T} = \dfrac{4{,}316[kcal/h]}{900[kcal/m^2 \cdot h \cdot ℃] \times 5[℃]} = 0.96[m^2]$

정답 | ②

34 빈출도 ★★

다음 중 빙축열 시스템의 분류에 대한 조합으로 적당하지 않은 것은?

① 정적 제빙형 — 관내 착빙형
② 정적 제빙형 — 캡슐형
③ 동적 제빙형 — 관외 착빙형
④ 동적 제빙형 — 과냉각 아이스형

해설

관외 착빙형은 정적 제빙형 방식의 한 종류이다.

개념설명 빙축열 시스템의 분류

정적 제빙형 방식	동적 제빙형 방식
• 관내 착빙형 • 관외 착빙형 • 캡슐형 • 판형 착빙형	• 빙박리형 • 리키드 아이스형 • 과냉각 아이스형

정답 | ③

35 빈출도 ★

산업용 식품 동결 방법은 열을 빼앗는 방식에 따라 분류가 가능하다. 다음 중 위의 분류 방식에 따른 식품 동결 방법이 아닌 것은?

① 진공 동결   ② 접촉 동결
③ 분사 동결   ④ 담금 동결

해설

진공 동결은 열을 빼앗는 방식이 아닌 수분 증발을 이용한 방식이다.

정답 | ①

36 빈출도 ★

2단 압축 1단 팽창 냉동시스템에서 게이지 압력계로 증발압력이 $100[kPa]$, 응축압력이 $1,100[kPa]$일 때, 중간 냉각기의 절대압력은 약 얼마인가?

① $331[kPa]$ ② $491[kPa]$
③ $732[kPa]$ ④ $1,010[kPa]$

해설

• 증발압력 절대압
$P_L = 100[kPa] + 101.3[kPa] = 201.3[kPa]$
• 응축압력 절대압
$P_h = 1,100[kPa] + 101.3[kPa] = 1,201.3[kPa]$
• 중간 냉각기의 절대압
$P_M = \sqrt{P_L P_H} = \sqrt{201.3 \times 1,201.3} = 491.75[kPa]$

정답 | ②

37 빈출도 ★★

방열벽 면적 $1,000[m^2]$, 방열벽 열통과율 $0.232[W/m^2 \cdot ℃]$인 냉장실에 열통과율 $29.03[W/m^2 \cdot ℃]$, 전달면적 $20[m^2]$인 증발기가 설치되어 있다. 이 냉장실에 열전달률 $5.805[W/m^2 \cdot ℃]$, 전열면적 $500[m^2]$, 온도 $5[℃]$인 식품을 보관한다면 실내온도는 몇 $[℃]$로 변화되는가? (단, 증발온도는 $-10[℃]$로 하며, 외기온도는 $30[℃]$로 한다.)

① $3.7[℃]$ ② $4.2[℃]$
③ $5.8[℃]$ ④ $6.2[℃]$

해설

• 냉매에게 빼앗긴 열 $Q_{냉매}(k=29.03, A=20[m^2])$
$Q_{냉매} = 29.03[W/m^2 \cdot ℃] \times 20[m^2] \times (T_{실내} - (-10))$
$= 580.6 T_{실내} + 5,806[W]$
• 외기로부터 얻은 열 $Q_{외기}(k=0.232, A=1,000[m^2])$
$Q_{외기} = 0.232[W/m^2 \cdot ℃] \times 1,000[m^2] \times (30 - T_{실내})$
$= 6,960 - 232 T_{실내}[W]$
• 식품으로부터 얻은 열 $Q_{식품}(k=5.805, A=500[m^2])$
$Q_{식품} = 5.805[W/m^2 \cdot ℃] \times 500[m^2] \times (5 - T_{실내})$
$= 14,512.5 - 2,902.5 T_{실내}$
• $Q_{냉매} = Q_{외기} + Q_{식품}$으로부터
$580.6 T_{실내} + 5,806 = 6,960 - 232 T_{실내} + 14,512.5 - 2,902.5 T_{실내}$
$\rightarrow 3,715.1 T_{실내} = 15,666.5$
따라서 실내온도 $T_{실내} = \dfrac{15,666.5}{3,715.1} = 4.22[℃]$

정답 | ②

38 빈출도 ★★

다음 중 자연 냉동법이 아닌 것은?

① 융해열을 이용하는 방법
② 승화열을 이용하는 방법
③ 기한제를 이용하는 방법
④ 증기분사를 하여 냉동하는 방법

해설

증기압차(증기분사) 냉동법은 냉매를 압축·팽창시키는 기계적 사이클을 이용하므로 자연 냉동법에 해당하지 않는다.

정답 | ④

39 빈출도 ★★

다음 중 암모니아 냉동 시스템에 사용되는 팽창장치로 적절하지 않은 것은?

① 수동식 팽창밸브
② 모세관식 팽창장치
③ 저압 플로트 팽창밸브
④ 고압 플로트 팽창밸브

해설

팽창밸브의 종류로는 수동식, 모세관식, 온도식, 전자식, 플로트식이 있으며, 모세관식은 1마력 이하의 소형 냉각장치에 적합한 방식이다. 암모니아 냉매는 경제적으로 우수하여 공업용 대형 냉동기에 사용되므로 모세관식 팽창장치는 적합하지 않다.

정답 | ②

40 빈출도 ★

착상이 냉동장치에 미치는 영향으로 가장 거리가 먼 것은?

① 냉장실내 온도가 상승한다.
② 증발온도 및 증발압력이 저하한다.
③ 냉동능력당 전력 소비량이 감소한다.
④ 냉동능력당 소요동력이 증대한다.

해설 착상

전열 불량으로 배관 내 압력 저하로 증발온도가 저하되면 결국 압축비 증가와 냉동능력 감소로 이어지므로 전력 소비량이 증가한다.

정답 | ③

공기조화

41 빈출도 ★★

온도가 $30[℃]$이고, 절대습도가 $0.02[kg/kg]$인 실외 공기와 온도가 $20[℃]$, 절대습도가 $0.01[kg/kg]$인 실내 공기를 1:2의 비율로 혼합하였다. 혼합된 공기의 건구온도와 절대습도는?

① $23.3[℃]$, $0.013[kg/kg]$
② $26.6[℃]$, $0.025[kg/kg]$
③ $26.6[℃]$, $0.013[kg/kg]$
④ $23.3[℃]$, $0.025[kg/kg]$

해설

- $30[℃]$ 공기의 질량이 m이고 $20[℃]$ 공기의 질량이 $2m$이므로 열량보존법칙에 의하여
  $m(30-T)=2m(T-20) \rightarrow 30+40=3T$이다.
  따라서 혼합공기의 온도 $T=23.3[℃]$이다.
- $30[℃]$ 공기에 포함된 수증기 질량은 $0.02m$이고, $20[℃]$ 공기에 포함된 수증기 질량은 $0.01 \times 2m$이므로 혼합 공기 $3m$ 속에는 $0.02m+0.02m=0.04m$의 수증기가 있다.

따라서 혼합공기의 절대습도는 $\dfrac{0.04m}{3m}=0.013[kg/kg]$이다.

정답 | ①

42 빈출도 ★★

냉수코일 설계 시 유의사항으로 옳은 것은?

① 대향류로 하고 대수평균 온도차를 되도록 크게 한다.
② 병행류로 하고 대수평균 온도차를 되도록 작게 한다.
③ 코일통과 풍속을 5[m/s] 이상으로 취하는 것이 경제적이다.
④ 일반적으로 냉수 입·출구 온도차는 10[°C]보다 크게 취하여 통과유량을 적게 하는 것이 좋다.

해설
냉수코일 설계 시 가급적 대항류로 설계하고 대수 평균 온도차를 크게 설계한다.

선지분석
② 병행류로 하면 대수평균 온도차가 작아진다. 냉수코일 설계 시 대수평균 온도차를 크게하여야 에너지 효율이 높아진다.
③ 코일을 통과하는 공기의 전면풍속은 2~3[m/s]로 하는 것이 좋다.
④ 냉수 입·출구 온도차는 5[°C] 내외가 되도록 설계해야 한다.

정답 | ①

43 빈출도 ★★

건물의 지하실, 대규모 조리장 등에 적합한 기계환기법(강제급기+강제배기)은?

① 제1종 환기   ② 제2종 환기
③ 제3종 환기   ④ 제4종 환기

해설
지하 보일러실, 변전실, 대규모 조리장 등 일반 공조 현장에 적합한 환기법은 제1종 환기이다.

개념설명 환기의 종류

구분	급배기 방식	장소 예
1종 환기	강제급기 + 강제배기	지하 보일러실, 변전실, 대규모 조리장 등 일반 공조 현장
2종 환기	강제급기 + 자연배기	유해물질의 유입을 방지해야 하는 클린룸
3종 환기	자연급기 + 강제배기	악취의 유출을 방지해야 하는 화장실. 병 원체의 전파를 차단해야 하는 음압 격리 병실
4종 환기	자연급기 + 자연배기	일정 환기량이 유지되지 않아도 되는 시설

정답 | ①

44 빈출도 ★★★

다음 난방방식의 표준방열량에 대한 것으로 옳은 것은?

① 증기난방: 0.523[kW]
② 온수난방: 0.756[kW]
③ 복사난방: 1.003[kW]
④ 온풍난방: 표준방열량이 없다.

해설
온풍난방은 표준방열량에 관한 규정이 없다.

선지분석
① 증기난방: 0.756[kW]
② 온수난방: 0.523[kW]
③ 복사난방: 표준방열량에 관한 규정이 없다.

정답 | ④

45 빈출도 ★

냉·난방 시의 실내 현열부하를 q_s[W], 실내와 말단장치의 온도[°C]를 각각 t_r, t_d라 할 때 송풍량 Q[L/s]를 구하는 식은?

① $Q = \dfrac{q_s}{0.24(t_r-t_d)}$ ② $Q = \dfrac{q_s}{1.2(t_r-t_d)}$

③ $Q = \dfrac{q_s}{1.85(t_r-t_d)}$ ④ $Q = \dfrac{q_s}{2501(t_r-t_d)}$

해설
- 송풍량 $Q = \dfrac{\text{현열부하}}{\text{밀도}\times\text{정압비열}\times\text{온도차}} = \dfrac{q_s}{\rho C_p(t_r-t_d)}$
공기의 밀도는 1.2[kg/m³], 정압비열은 1.02[kJ/kg·°C]이므로 분모는 약 $1.2(t_r-t_d)$[kJ/m³]이다.
- 현열부하의 단위가 [J/s]이므로 분자를 분모로 나누면
송풍량 $Q = \dfrac{q_s[\text{J/s}]}{1.2(t_r-t_d)[\text{kJ/m}^3]} = \dfrac{1,000 q_s[\text{J/s}]}{1.2(t_r-t_d)[\text{kJ/L}]}$
$= \dfrac{q_s}{1.2(t_r-t_d)}$ [L/s]이다.
※ 현열부하=공기의 질량×공기의 정압비열×온도 차
=(송풍량×공기 밀도)×정압비열×온도 차

정답 | ②

46 빈출도 ★★★

에어워셔에 대한 설명으로 틀린 것은?

① 세정실(Spray chamber)은 엘리미네이터 뒤에 있어 공기를 세정한다.
② 분무노즐(Spray nozzle)은 스탠드파이프에 부착되어 스프레이 헤더에 연결된다.
③ 플러딩 노즐(Flooding nozzle)은 먼지를 세정한다.
④ 다공판 또는 루버(Louver)는 기류를 정류해서 세정실 내를 통과시키기 위한 것이다.

해설

세정실은 엘리미네이터 앞에 설치하여 통과 공기와 분무수를 접촉시켜 공기를 세정한다.

정답 | ①

47 빈출도 ★★★

덕트 내 풍속을 측정하는 피토관을 이용하여 전압 23.8[mmAq], 정압 10[mmAq]를 측정하였다. 이 경우 풍속은 약 얼마인가?

① 10[m/s] ② 15[m/s]
③ 20[m/s] ④ 25[m/s]

해설

- 동압=전압−정압=23.8−10=13.8[mmAq]
  $13.8[\text{mmAq}] \times \dfrac{9.8[\text{Pa}]}{1[\text{mmAq}]} = 135.24[\text{Pa}]$
- 동압=$\dfrac{1}{2}\rho v^2$에서
  $v = \sqrt{\dfrac{2 \times 135.24}{1.2}} = 15.01[\text{m/s}]$

정답 | ②

48 빈출도 ★★★

어떤 방의 취득 현열량이 8,360[kJ/h]로 되었다. 실내온도를 28[℃]로 유지하기 위하여 16[℃]의 공기를 취출하기로 계획 한다면 실내로의 송풍량은? (단, 공기의 비중량은 1.2[kg/m³], 정압비열은 1.004[kJ/kg·℃]이다.)

① 426.2[m³/h] ② 467.5[m³/h]
③ 578.7[m³/h] ④ 612.3[m³/h]

해설

송풍량 = $\dfrac{\text{현열부하}}{\text{밀도} \times \text{정압비열} \times \text{온도차}}$
$= \dfrac{8,360[\text{kJ/h}]}{1.2[\text{kg/m}^3] \times 1.004[\text{kJ/kg·℃}] \times 12[℃]}$
$= 578.24[\text{m}^3/\text{h}]$

정답 | ③

49 빈출도 ★

다음 조건의 외기와 재순환 공기를 혼합하려고 할 때 혼합공기의 건구온도는?

- 외기 34[℃] DB, 1,000[m³/h]
- 재순환 공기 26[℃] DB, 2,000[m³/h]

① 31.3[℃] ② 28.6[℃]
③ 18.6[℃] ④ 10.3[℃]

해설

$1,000(34-T) = 2,000(T-26)$에서 $34+52=3T$이므로 혼합공기의 온도는 $T = 28.67[℃]$이다.

정답 | ②

50 빈출도 ★★

온풍난방의 특징에 관한 설명으로 틀린 것은?

① 예열부하가 거의 없으므로 기동시간이 아주 짧다.
② 취급이 간단하고 취급자격자를 필요로 하지 않는다.
③ 방열기기나 배관 등의 시설이 필요 없어 설비비가 싸다.
④ 취출온도의 차가 적어 온도분포가 고르다.

해설

온풍난방은 예열시간이 짧고 배관이 필요 없어서 직접 난방에 비하여 장치가 간단하며 시설비가 저렴하다. 온도분포가 고른 것은 복사 난방의 특징이다.

정답 | ④

51 빈출도 ★★

간이계산법에 의한 건평 $150[m^2]$에 소요되는 보일러의 급탕부하는? (단, 건물의 열손실은 $90[kJ/m^2·h]$, 급탕량은 $100[kg/h]$, 급수 및 급탕 온도는 각각 $30[℃]$, $70[℃]$이다.)

① $3,500[kJ/h]$ ② $4,000[kJ/h]$
③ $13,500[kJ/h]$ ④ $16,800[kJ/h]$

해설

급탕 부하는 급수 온도 $30[℃]$에서 급탕 온도 $70[℃]$로 올리는 데 필요한 에너지량이다.

$Q_{급탕} = \dot{m}C\varDelta T$
$= 100[kg/h] \times 4.2[kJ/kg·℃] \times (70-30)[℃]$
$= 16,800[kJ/h]$
(물의 비열 $C = 4.2[kJ/kg·℃]$)

정답 | ④

52 빈출도 ★★

덕트 조립공법 중 원형덕트의 이음 방법이 아닌 것은?

① 드로우 밴드 이음(draw band joint)
② 비드 클림프 이음(beaded crimp joint)
③ 더블 심(double seem)
④ 스파이럴 심(spiral seam)

해설

원형 덕트 조립법에는 드로밴드 이음, 비드 클림프 이음, 스파이럴 심, 그루브 심이 있다. 더블 심은 장방형 덕트 이음이다.

정답 | ③

53 빈출도 ★★

공기 냉각·가열 코일에 대한 설명으로 틀린 것은?

① 코일의 관 내에 물 또는 증기, 냉매 등의 열매를 통과시키고 외측에는 공기를 통과시켜서 열매와 공기 간의 열교환을 시킨다.
② 코일에 일반적으로 $16[mm]$ 정도의 동관 또는 강관의 외측에 동, 강 또는 알루미늄제의 판을 붙인 구조로 되어 있다.
③ 에로핀 중 감아 붙인 핀이 주름진 것을 스무드 핀, 주름이 없는 평면상의 것을 링클핀이라고 한다.
④ 관의 외부에 얇게 리본모양의 금속판을 일정한 간격으로 감아 붙인 핀의 형상을 에로핀 형이라 한다.

해설

에로핀(aero-fin) 중에서 감아 붙인 핀이 주름진 것을 링클 핀(wrinkle fin), 주름이 없는 평면상의 것을 플랫 핀(flat fin)이라고 한다.

정답 | ③

54 빈출도 ★★★

유인유닛 공조방식에 대한 설명으로 틀린 것은?

① 1차 공기를 고속덕트로 공급하므로 덕트스페이스를 줄일 수 있다.
② 실내유닛에는 회전기기가 없으므로 시스템의 내용연수가 길다.
③ 실내부하를 주로 1차 공기로 처리하므로 중앙공조기는 커진다.
④ 송풍량이 적어 외기 냉방효과가 낮다.

해설

유인유닛 공조방식은 1차 공기와 2차 공기가 혼합되어 실내로 송풍되며 1차 공기의 양은 다른 공조방식에 비해 1/3 정도이므로 중앙 공조기의 규모와 덕트의 스페이스를 줄일 수 있다.

정답 | ③

55 빈출도 ★

온풍난방에서 중력식 순환방식과 비교한 강제 순환방식의 특징에 관한 설명으로 틀린 것은?

① 기기 설치장소가 비교적 자유롭다.
② 급기 덕트가 작아서 은폐가 용이하다.
③ 공급되는 공기는 필터 등에 의하여 깨끗하게 처리될 수 있다.
④ 공기순환이 어렵고 쾌적성 확보가 곤란하다.

해설

공기 순환이 원활하지 않아서 쾌적성 확보가 곤란한 것은 중력식 순환방식의 특징이다.

정답 | ④

56 빈출도 ★★

공조방식에서 가변풍량 덕트방식에 관한 설명으로 틀린 것은?

① 운전비 및 에너지의 절약이 가능하다.
② 공조해야 할 공간의 열부하 증감에 따라 송풍량을 조절할 수 있다.
③ 다른 난방방식과 동시에 이용할 수 없다.
④ 실내 칸막이 변경이나 부하의 증감에 대처하기 쉽다.

해설

가변풍량 방식은 송풍 온도를 일정하게 두고 송풍량을 조절하는 것이 원칙이지만, 일정풍량 덕트방식처럼 송풍량을 일정하게 하고 송풍 온도를 조절하는 것도 가능하다.

정답 | ③

57 빈출도 ★★★

특정한 곳에 열원을 두고 열수송 및 분배망을 이용하여 한정된 지역으로 열매를 공급하는 난방법은?

① 간접난방법 ② 지역난방법
③ 단독난방법 ④ 개별난방법

해설

대규모 플랜트와 같은 열원기기를 특정한 장소에 설치해 두고 장거리 매립 배관을 통해 열매를 각 단지로 공급하는 방법을 지역난방법이라고 한다.

정답 | ②

58 빈출도 ★★

공조용 열원장치에서 히트펌프방식에 대한 설명으로 틀린 것은?

① 히트펌프방식은 냉방과 난방을 동시에 공급할 수 있다.
② 히트펌프 원리를 이용하여 지열시스템 구성이 가능하다.
③ 히트펌프방식 열원기기의 구동동력은 전기와 가스를 이용한다.
④ 히트펌프를 이용해 난방은 가능하나 급탕 공급은 불가능하다.

해설

히트펌프방식 열원기기의 구동동력은 지열, 전기 구동, 가스엔진 구동 등이 있다. 히트펌프방식은 응축기의 방열을 이용해서 급탕을 만들 수 있다.

정답 | ④

59 빈출도 ★★

겨울철에 어떤 방을 난방하는 데 있어서 이 방의 현열 손실이 12,000[kJ/h]이고 잠열 손실이 4,000[kJ/h]이며, 실온을 21[℃], 습도를 50[%]로 유지하려 할 때 취출구의 온도차를 10[℃]로 하면 취출구 공기 상태점은?

① 21[℃], 50[%]인 상태점을 지나는 현열비 0.75에 평행한 선과 건구온도 31[℃]인 선이 교차하는 점
② 21[℃], 50[%]인 점을 지나고 현열비 0.33에 평행한 선과 건구온도 31[℃]인 선이 교차하는 점
③ 21[℃], 50[%]인 점을 지나고 현열비 0.75에 평행한 선과 건구온도 11[℃]인 선이 교차하는 점
④ 21[℃], 50[%]인 점과 31[℃], 50[%]인 점을 잇는 선분을 4 : 3으로 내분하는 점

해설

- 현열비 = $\dfrac{현열}{현열+잠열} = \dfrac{12,000}{16,000} = 0.75$
- 환기의 온도는 21[℃], 습도는 50[%]이고 급기의 온도는 21+10=31[℃]이다.
- 취출구의 공기 상태점은 21[℃], 50[%]인 상태점을 지나는 현열비 0.75에 평행한 선과 건구온도 31[℃]인 선이 교차하는 점이다.

정답 | ①

60 빈출도 ★★★

관류 보일러에 대한 설명으로 옳은 것은?

① 드럼과 여러 개의 수관으로 구성되어 있다.
② 관을 자유로이 배치할 수 있어 보일러 전체를 합리적인 구조로 할 수 있다.
③ 전열면적당 보유수량이 커 시동시간이 길다.
④ 고압 대용량에 부적합하다.

해설

관류 보일러는 드럼이 없고 길고 꼬불꼬불한 수관으로 되어 있으므로 관을 자유로이 배치할 수 있어 보일러 전체를 합리적인 구조로 할 수 있다.

선지분석

① 수관식 보일러에 대한 설명이다.
③, ④ 노통연관 보일러에 대한 설명이다.

정답 | ②

전기제어공학

61 빈출도 ★★

회로에서 A와 B간의 합성저항은 약 몇 $[\Omega]$인가? (단, 각 저항의 단위는 모두 $[\Omega]$이다.)

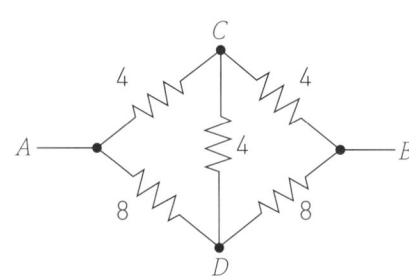

① 2.66
② 3.2
③ 5.33
④ 6.4

해설

A에서 출발한 전류는 C점을 거치거나 D점을 거쳐서 B에 도달하는데 브리지 평형을 만족하므로 C점과 D점의 전위가 같아서 $C\sim D$ 사이에 흐르는 전류는 없다. 따라서 등가 회로를 그려보면 다음과 같다.

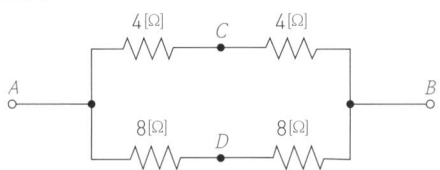

$8[\Omega]$과 $16[\Omega]$의 병렬연결로 볼 수 있으므로 합성 저항은 $\frac{1}{R}=\frac{1}{8}+\frac{1}{16}$로부터 $R=\frac{16}{3}=5.33[\Omega]$이다.

정답 | ③

62 빈출도 ★★★

기계장치, 프로세스 및 시스템 등에서 제어되는 전체 또는 부분으로서 제어량을 발생시키는 장치는?

① 제어장치
② 제어대상
③ 조작장치
④ 검출장치

해설

자동제어는 제어장치(조절부, 조작부, 검출부)와 제어대상으로 구분된다. 제어대상은 기계장치, 프로세스 및 시스템 등에서 제어되는 전체 또는 부분으로서 제어량을 발생시키는 장치이다.

정답 | ②

63 빈출도 ★★★

목표값이 미리 정해진 시간적 변화를 하는 경우 제어량을 변화시키는 제어는?

① 정치 제어
② 추종 제어
③ 비율 제어
④ 프로그램 제어

해설

엘리베이터, 무인열차와 같이 미리 정해진 프로그램에 따라 제어량을 변화시키는 것을 목적으로 하는 제어방식은 프로그램 제어이다.

정답 | ④

64 빈출도 ★★

입력이 $011_{(2)}$일 때, 출력은 $3[V]$인 컴퓨터 제어의 D/A 변환기에서 입력을 $101_{(2)}$로 하였을 때 출력은 몇 $[V]$인가? (단, 3bit 디지털 입력이 $011_{(2)}$은 off, on, on을 뜻하고 입력과 출력은 비례한다.)

① 3
② 4
③ 5
④ 6

해설

$011_{(2)}=1\times2^1+1\times2^0=3_{(10)} \rightarrow$ 출력:$3[V]$
$101_{(2)}=1\times2^2+0\times2^1+1\times2^0=5_{(10)} \rightarrow$ 출력:$5[V]$

정답 | ③

65 빈출도 ★★

토크가 증가하면 속도가 낮아져 대체적으로 일정한 출력이 발생하는 것을 이용해서 전차, 기중기 등에 주로 사용하는 직류전동기는?

① 직권전동기
② 분권전동기
③ 가동 복권전동기
④ 차동 복권전동기

해설

직권전동기는 토크가 속도의 제곱에 반비례하는 특성이 있다. 부하 변동 시에도 정출력 특성을 보이며 주로 전차나 기중기와 같이 부하 변동이 심하고 기동토크가 크게 발생하는 곳에서 사용된다.

정답 | ①

66 빈출도 ★★★
제어량을 원하는 상태로 하기 위한 입력신호는?

① 제어명령 ② 작업명령
③ 명령처리 ④ 신호처리

해설
제어하려는 물리량을 제어량이라고 하며 제어량을 원하는 상태로 하기 위한 입력 신호를 제어명령이라고 한다.

정답 | ①

67 빈출도 ★★★
평행하게 왕복되는 두 도선에 흐르는 전류간의 전자력은? (단, 두 도선간의 거리는 $r[\mathrm{m}]$라 한다.)

① r에 비례하며 흡인력이다.
② r^2에 비례하며 흡인력이다.
③ $1/r$에 비례하며 반발력이다.
④ $1/r^2$에 비례하며 반발력이다.

해설
왕복이므로 두 도선에 흐르는 전류의 방향은 서로 반대이다.
따라서 두 도선 사이에는 반발력이 작용하며 그 크기는 $\dfrac{1}{r}$에 비례한다.

개념설명 평행도선에 작용하는 힘
$F = \dfrac{2I_1 I_2}{r} \times 10^{-7}[\mathrm{N/m}]$

정답 | ③

68 빈출도 ★★★
피드백 제어계에서 제어장치가 제어대상에 가하는 제어신호로 제어장치의 출력인 동시에 제어대상의 입력인 신호는?

① 목표값 ② 조작량
③ 제어량 ④ 동작신호

해설
조작량이란 제어요소에서 제어대상에 인가되는 제어신호로, 제어장치의 출력이면서 제어대상의 입력이다.

정답 | ②

69 빈출도 ★★★
피드백 제어의 장점으로 틀린 것은?

① 목표값에 정확히 도달할 수 있다.
② 제어계의 특성을 향상시킬 수 있다.
③ 외부 조건의 변화에 대한 영향을 줄일 수 있다.
④ 제어기 부품들의 성능이 나쁘면 큰 영향을 받는다.

해설
피드백 제어는 제어기 부품들의 성능이 나쁘다고 하더라도 부품의 오차를 보상하여 시스템의 전체 성능저하를 최소화할 수 있다.

정답 | ④

70 빈출도 ★★
다음과 같은 두 개의 교류전압이 있다. 두 개의 전압은 서로 어느 정도의 시간차를 가지고 있는가?

$$v_1 = 10\cos 10t,\ v_2 = 10\cos 5t$$

① 약 0.25초 ② 약 0.46초
③ 약 0.63초 ④ 약 0.72초

해설
- v_1의 주기는 $T_1 = \dfrac{2\pi}{\omega_1} = \dfrac{2\pi}{10}$
- v_2의 주기는 $T_2 = \dfrac{2\pi}{\omega_2} = \dfrac{2\pi}{5}$

따라서 시간차는 $T_1 - T_2 = 2\pi\left(\dfrac{1}{5} - \dfrac{1}{10}\right) = \dfrac{\pi}{5} = 0.63$초이다.

정답 | ③

71 빈출도 ★★★

그림과 같은 계통의 전달 함수는?

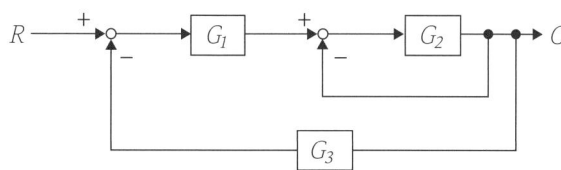

① $\dfrac{G_1G_2}{1+G_2G_3}$ ② $\dfrac{G_1G_2}{1+G_1+G_2G_3}$

③ $\dfrac{G_1G_2}{1+G_2+G_1G_2G_3}$ ④ $\dfrac{G_1G_2}{1+G_1G_2+G_2G_3}$

해설

- 진행경로의 이득: G_1G_2
- 루프의 이득: $-G_2$, $-G_1G_2G_3$
- 전달함수

$$\dfrac{C(s)}{R(s)} = \dfrac{\Sigma\text{진행경로의 이득}}{1-\Sigma\text{루프의 이득}}$$
$$= \dfrac{G_1G_2}{1-(-G_2-G_1G_2G_3)} = \dfrac{G_1G_2}{1+G_2+G_1G_2G_3}$$

정답 | ③

72 빈출도 ★★

평행판 간격을 처음의 2배로 증가시킬 경우 정전용량 값은?

① 1/2로 된다.   ② 2배로 된다.
③ 1/4로 된다.   ④ 4배로 된다.

해설

축전지의 정전용량은 $C = \dfrac{\varepsilon S}{d}$[F]에서 $C \propto \dfrac{1}{d}$이므로 간격 d가 2배이면 정전용량 C는 $\dfrac{1}{2}$배가 된다.

정답 | ①

73 빈출도 ★

내부저항 r인 전류계의 측정범위를 n배로 확대하려면 전류계에 접속하는 분류기 저항[Ω]값은?

① nr ② r/n
③ $(n-1)r$ ④ $r/(n-1)$

해설

최대측정전류가 I_0인 전류계의 측정 범위를 n배로 넓히기 위해 전류계의 내부저항 r에 병렬로 연결하는 작은 저항 R을 분류기라고 한다. 내부저항이 r[Ω]인 전류계와 조합을 이루는 분류기의 저항 R는 $r/(n-1)$[Ω]이다.

정답 | ④

74 빈출도 ★★★

그림과 같은 계전기 접점회로의 논리식은?

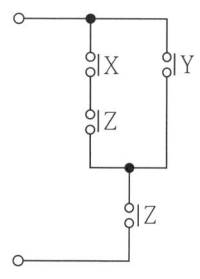

① $XZ+Y$ ② $(X+Y)Z$
③ $(X+Z)Y$ ④ $X+Y+Z$

해설

X와 Z의 직렬 연결은 논리 회로의 곱에 해당하므로 XZ이고, XZ와 Y의 병렬 연결은 논리 회로의 합에 해당하므로 XZ+Y이다. 또 (XZ+Y)와 Z의 직렬 연결은 논리 회로의 곱에 해당하므로 전체 논리식은 (XZ+Y)Z=XZ+YZ=(X+Y)Z이다.

정답 | ②

75 빈출도 ★

전달함수 $G(s) = \dfrac{s+b}{s+a}$ 를 갖는 회로가 진상 보상회로의 특성을 갖기 위한 조건으로 옳은 것은?

① $a > b$
② $a < b$
③ $a > 1$
④ $b > 1$

해설

$G(s) = \dfrac{s+b}{s+a}$ 에서 영점은 $-b$, 극점은 $-a$이다.

진상 보상회로의 특성을 가지기 위해서 주파수 ω에서

위상 $\theta(\omega) = \tan^{-1}\dfrac{\omega}{b} - \tan^{-1}\dfrac{\omega}{a} > 0$을 만족해야 한다.

즉, $\tan^{-1}\dfrac{\omega}{b} > \tan^{-1}\dfrac{\omega}{a}$이므로 $\dfrac{\omega}{b} > \dfrac{\omega}{a} \rightarrow a > b$인 경우 진상 보상회로의 특성을 가진다.

정답 | ①

76 빈출도 ★★

예비 전원으로 사용되는 축전지의 내부저항을 측정할 때 가장 적합한 브리지는?

① 캠벨 브리지
② 맥스웰 브리지
③ 휘트스톤 브리지
④ 콜라우시 브리지

해설

콜라우시 브리지는 전지의 내부저항 또는 전해액의 저항을 측정할 때 사용한다.

선지분석

① 캠벨 브리지: 미지의 상호 인덕턴스를 측정할 때 사용한다.
② 맥스웰 브리지: 미지의 자체 인덕턴스를 측정할 때 사용한다.
③ 휘트스톤 브리지: 미지의 저항을 측정할 때 사용한다.

정답 | ④

77 빈출도 ★★

물 20[L]를 15[℃]에서 60[℃]로 가열하려고 한다. 이때 필요한 열량은 몇 [kcal]인가? (단, 가열 시 손실은 없는 것으로 한다.)

① 700
② 800
③ 900
④ 1,000

해설

물의 비열은 1[kcal/kg·℃]이고 물 20[L]의 질량은 20[kg]이므로 필요한 열량 $Q = cm\Delta T$
$= 1[\text{kcal/kg·℃}] \times 20[\text{kg}] \times (60-15)[℃]$
$= 900[\text{kcal}]$

정답 | ③

78 빈출도 ★★★

제어하려는 물리량을 무엇이라 하는가?

① 제어
② 제어량
③ 물질량
④ 제어대상

해설

제어하려는 물리량을 제어량이라고 한다.

정답 | ②

79 빈출도 ★

전동기에 일정 부하를 걸어 운전 시 전동기 온도 변화로 옳은 것은?

① 온도
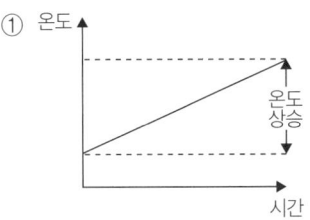

② 온도
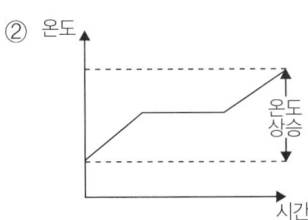

③ 온도
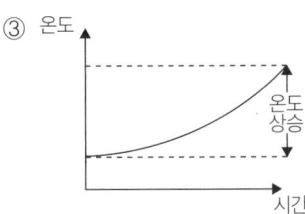

④ 온도
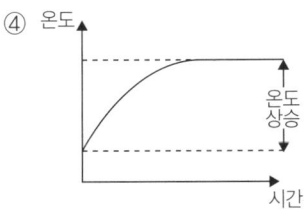

해설

전동기 권선의 온도는 로그 함수의 형태로 증가하다가 온도가 일정해지는 지점에 도달한다. 최대허용온도에 도달하기 전에 가동을 멈추어야 한다.

정답 | ④

80 빈출도 ★

서보드라이브에서 펄스로 지령하는 제어운전은?

① 위치제어 운전   ② 속도제어 운전
③ 토크제어 운전   ④ 변위제어 운전

해설

서보드라이브는 서보모터의 컨트롤러이며, 위치제어의 지령 방식은 펄스, 속도제어의 지령 방식은 전압, 토크제어의 지령 방식은 전류이다.

정답 | ①

배관일반

81 빈출도 ★★★

배관용 보온재의 구비조건에 관한 설명으로 틀린 것은?

① 내열성이 높을수록 좋다.
② 열전도율이 적을수록 좋다.
③ 비중이 작을수록 좋다.
④ 흡수성이 클수록 좋다.

해설

보온재는 흡수성이 작아야 한다.

개념설명 보온재의 구비조건

- 내열성이 높고 물리·화학적 강도가 커야 한다.
- 불연성이면서 환경친화적이어야 한다.
- 열전도율과 흡수율(흡수성)이 낮아야 한다.
- 비중이 작고 가벼워 시공과 운반이 용이해야 한다.

정답 | ④

82 빈출도 ★★

가열기에서 최고위 급탕 전까지 높이가 12[m]이고, 급탕온도가 85[℃], 복귀탕의 온도가 70[℃]일 때, 자연 순환수두[mmAq]는? (단, 85[℃]일 때 밀도는 0.96876[kg/L]이고, 70[℃]일 때 밀도는 0.97781[kg/L]이다.)

① 70.5
② 80.5
③ 90.5
④ 108.6

해설

- 배관 입구에서 식은 물(복귀탕)의 압력
  977.81[kg/m³]×9.8[m/s²]×12[m]=114,990[Pa]
- 끓는 물(급탕)의 압력
  968.76[kg/m³]×9.8[m/s²]×12[m]=113,926[Pa]
- 순환수두 h=114,990−113,926=1,064[Pa]
  순환수두를 [mmAq]로 변환하면
  h[mmAq]=1,064÷9.8=108.6[mmAq]
- ※ 1[mmAq]=9.8[Pa]

정답 | ④

83 빈출도 ★★

관경 100A인 강관을 수평주관으로 시공할 때 지지간격으로 가장 적절한 것은?

① 2[m] 이내
② 4[m] 이내
③ 8[m] 이내
④ 12[m] 이내

해설

- 관경 20A이하 : 1.8[m] 이내
- 관경 25~40A : 2.0[m] 이내
- 관경 50~80A : 3.0[m] 이내
- 관경 100~150A : 4.0[m] 이내

정답 | ②

84 빈출도 ★★

상수 및 급탕배관에서 상수 이외의 배관 또는 장치가 접속되는 것을 무엇이라고 하는가?

① 크로스 커넥션
② 역압 커넥션
③ 사이펀 커넥션
④ 에어캡 커넥션

해설

크로스 커넥션이란 상수 배관을 상수 이외의 배관과 직접 접속하는 것을 말하며 역류 가능성 때문에 크로스 커넥션은 금지된다.

정답 | ①

85 빈출도 ★★★

보온재를 유기질과 무기질로 구분할 때, 다음 중 성질이 다른 하나는?

① 우모펠트
② 규조토
③ 탄산마그네슘
④ 슬래그 섬유

해설

유기질 보온재로는 펠트, 코르크, 기포성 수지 등이 있으며 무기질 보온재로는 암면, 규조토, 탄산마그네슘, 슬래그 섬유, 유리섬유, 글라스폼 등이 있다.

정답 | ①

86 빈출도 ★

도시가스의 공급설비 중 가스 홀더의 종류가 아닌 것은?

① 유수식
② 중수식
③ 무수식
④ 고압식

해설

가스홀더는 그 구조에 따라 유수식, 무수식(다각통형, 구형), 수봉식, 건식, 고압식으로 분류한다.

정답 | ②

87 빈출도 ★★★

냉매 배관 설치 시 주의사항으로 틀린 것은?

① 배관은 가능한 간단하게 한다.
② 배관의 굽힘을 적게 한다.
③ 배관에 큰 응력이 발생할 염려가 있는 곳에는 루프 배관을 한다.
④ 냉매의 열손실을 방지하기 위해 바닥에 매설한다.

해설
냉매 배관 설치 시 유지보수가 용이하도록 매립하지 않아야 하며, 열손실을 방지하기 위해 단열처리를 해야 한다.

정답 | ④

88 빈출도 ★★

냉각 레그(cooling leg) 시공에 대한 설명으로 틀린 것은?

① 관경은 증기 주관보다 한 치수 크게 한다.
② 냉각 레그와 환수관 사이에는 트랩을 설치하여야 한다.
③ 응축수를 냉각하여 재증발을 방지하기 위한 배관이다.
④ 보온피복을 할 필요가 없다.

해설
냉각 레그의 관경은 증기 주관보다 한 치수 작은 것을 사용해야 한다.

선지분석
② 냉각 레그를 거친 응축수가 환수탱크로 이동할 때 플래시 스팀이 역류하지 않도록 2차 트랩 등을 설치해야 한다.
③ 스팀 트랩에서 배출된 뜨거운 응축수를 충분히 냉각시켜 재증발을 방지하기 위한 배관이다.
④ 냉각 레그는 증기를 응축수로 바꾸어 환수하기 위한 배관이므로 보온피복을 할 필요가 없다.

정답 | ①

89 빈출도 ★★

기체 수송 설비에서 압축공기 배관의 부속장치가 아닌 것은?

① 후부냉각기
② 공기여과기
③ 안전밸브
④ 공기빼기밸브

해설
압축공기 배관은 공기탱크, 후부냉각기, 공기여과기, 안전밸브로 구성된다. 공기빼기밸브는 온수 배관 최상부에 설치하여 배관 내에 고여 있는 공기를 배출한다.

정답 | ④

90 빈출도 ★★

가스설비에 관한 설명으로 틀린 것은?

① 일반적으로 사용되고 있는 가스유량 중 1시간당 최대값을 설계유량으로 한다.
② 가스미터는 설계유량을 통과시킬 수 있는 능력을 가진 것을 선정한다.
③ 배관 관경은 설계유량이 흐를 때 배관의 끝부분에서 필요한 압력이 확보될 수 있도록 한다.
④ 일반적으로 공급되고 있는 천연가스에는 일산화탄소가 많이 함유되어 있다.

해설
천연가스는 메탄을 주성분으로 하며 무공해, 무독성의 특징을 가진다.

정답 | ④

91 빈출도 ★★
증기트랩에 관한 설명으로 옳은 것은?

① 플로트 트랩은 응축수나 공기가 자동적으로 환수관에 배출되며, 저·고압에 쓰이고 형식에 따라 앵글형과 스트레이트형이 있다.
② 열동식 트랩은 고압, 중압의 증기관에 적합하며, 환수관을 트랩보다 위쪽에 배관할 수도 있고, 형식에 따라 상향식과 하향식이 있다.
③ 임펄스 증기 트랩은 실린더 속의 온도 변화에 따라 연속적으로 밸브가 개폐하며, 작동 시 구조상 증기가 약간 새는 결점이 있다
④ 버킷 트랩은 구조상 공기를 함께 배출하지 못하지만 다량의 응축수를 처리하는데 적합하며, 다량트랩이라고 한다.

해설
임펄스 증기 트랩은 간단한 구조로 되어 있으며 실린더 속의 온도 변화에 따라 연속적으로 밸브가 개폐된다. 공기배출이 가능하지만 작동 시 구조상 증기가 약간 새는 결점이 있다.

선지분석
① 열동식 트랩에 관한 설명으로 형식에 따라 앵글형과 스트레이트형이 있다.
② 버킷 트랩에 관한 설명으로 형식에 따라 상향식과 하향식이 있다.
④ 플로트 트랩에 관한 설명으로 플로트의 부력을 이용하여 밸브를 개폐한다. 다량 트랩이라고도 한다.

정답 | ③

92 빈출도 ★★★
폴리에틸렌관의 이음방법이 아닌 것은?

① 콤포 이음   ② 용착 이음
③ 플랜지 이음   ④ 테이퍼 이음

해설
• 폴리에틸렌관의 이음법: 플랜지 이음, 용착 이음, 테이퍼 이음, 나사 이음, 인서트 이음 등
• 콘크리트관(흄관)의 이음법: 칼라 이음, 콤포 이음, 심플레스 이음, 모르타르 이음 등

정답 | ①

93 빈출도 ★★★
동일 구경의 관을 직선 연결할 때 사용하는 관 이음재료가 아닌 것은?

① 소켓   ② 플러그
③ 유니온   ④ 플랜지

해설
플러그는 한쪽만 M나사로 되어 있어서 배관의 말단을 막는 용도로 쓰인다.

정답 | ②

94 빈출도 ★★★
열교환기 입구에 설치하여 탱크 내의 온도에 따라 밸브를 개폐하며, 열매의 유입량을 조절하여 탱크 내의 온도를 설정범위로 유지시키는 밸브는?

① 감압 밸브   ② 플랩 밸브
③ 바이패스 밸브   ④ 온도조절 밸브

해설
탱크 내의 온도에 따라 밸브를 개폐하여 열매의 유입량을 조절하고 탱크 내의 유체가 일정 온도를 유지하도록 해주는 밸브는 온도조절 밸브이다.

선지분석
① 감압 밸브: 유체가 적정 압력을 초과하지 않도록 조절하는 밸브이다.
② 플랩 밸브: 유체의 역류를 방지하는 밸브이다.
③ 바이패스 밸브: 우회 배관에 장착하여 주배관 부품 수리 시 백업용으로 사용하는 밸브이다.

정답 | ④

95 빈출도 ★★
급수배관 내에 공기실을 설치하는 주된 목적은?

① 공기밸브를 작게 하기 위하여
② 수압시험을 원활하기 위하여
③ 수격작용을 방지하기 위하여
④ 관내 흐름을 원활하게 하기 위하여

해설
수격작용을 방지하기 위해 급수관에 감압 밸브를 설치하고 배관 상단에 공기실을 설치하고 펌프토출 측에 체크밸브를 설치한다.

정답 | ③

96 빈출도 ★

다음 보기에서 설명하는 통기관 설비 방식과 특징으로 적합한 방식은?

> ㉠ 배수관의 청소구 위치로 인해서 수평관이 구부러지지 않게 시공한다.
> ㉡ 배수 수평 분기관이 수평주관의 수위에 잠기면 안 된다.
> ㉢ 배수관의 끝 부분은 항상 대기 중에 개방되도록 한다.
> ㉣ 이음쇠를 통해 배수에 선회력을 주어 관내 통기를 위한 공기 코어를 유지하도록 한다.

① 섹스티아(sextia) 방식
② 소벤트(sovent) 방식
③ 각개통기 방식
④ 신정통기 방식

해설

보기에서 설명하는 통기관 설비 방식은 섹스티아 통기관 설비 방식에 관한 설명이다.
섹스티아 방식은 특수이음쇠와 벤트관으로 선회류를 발생시키는 방식으로 배수와 통기가 동시에 이루어지는 특징이 있다.

정답 | ①

97 빈출도 ★

25[mm] 강관의 용접이음용 숏(short) 엘보의 곡률반경[mm]은 얼마 정도로 하면 되는가?

① 25   ② 37.5
③ 50   ④ 62.5

해설

숏 엘보의 곡률반경은 호칭경과 동일하게, 롱 엘보는 호칭경의 1.5배로 한다. 즉, 25[mm] 강관의 용접이음용 숏(short) 엘보의 곡률 반경은 25[mm]이다.

정답 | ①

98 빈출도 ★★

다음 중 배수 설비와 관련된 용어는?

① 공기실(air chamber)
② 봉수(seal water)
③ 볼탭(ball tap)
④ 드렌처(drencher)

해설

봉수는 배수관 일부에 물을 고이게 하여 하수 가스가 통하지 않게 하는 배수 설비이다.
공기실은 수격방지 장치, 볼탭은 저수조 수위조절 부품, 드렌처는 물을 수막 형태로 분사하는 소방설비이다.

정답 | ②

99 빈출도 ★

도시가스 계량기($30[m^3/h]$ 미만)의 설치 시 바닥으로부터 설치 높이로 가장 적합한 것은? (단, 설치 높이의 제한을 두지 않는 특정장소는 제외한다.)

① 0.5[m] 이하
② 0.7[m] 이상 1[m] 이내
③ 1.6[m] 이상 2[m] 이내
④ 2[m] 이상 2.5[m] 이내

해설

계량기는 전기개폐기로부터 60[cm] 이상, 스위치와 콘센트로부터 30[cm] 이상, 저압 전선으로부터 15[cm] 이상 이격하고 바닥에서 1.6~2[m] 높이에 설치한다.

정답 | ③

100 빈출도 ★★

진공환수식 증기난방 배관에 대한 설명으로 틀린 것은?

① 배관 도중에 공기 빼기 밸브를 설치한다.
② 배관 기울기를 작게 할 수 있다.
③ 리프트 피팅에 의해 응축수를 상부로 배출할 수 있다.
④ 응축수의 유속이 빠르게 되므로 환수관을 가늘게 할 수가 있다.

해설

진공환수식은 진공펌프 장치가 공기를 제거해주므로 공기 빼기 밸브를 따로 설치하지 않아도 된다.

정답 | ①

2018년 2회 기출문제

기계열역학

01 빈출도 ★★

이상기체에 대한 관계식 중 옳은 것은? (단, c_p, c_v는 정압 및 정적 비열, k는 비열비이고, R은 기체 상수이다.)

① $c_p = c_v - R$
② $c_v = \dfrac{k-1}{k}R$
③ $c_p = \dfrac{k}{k-1}R$
④ $R = \dfrac{c_p + c_v}{2}$

해설

$c_p = R + c_v$이고, 비열비 $k = \dfrac{c_p}{c_v} = \dfrac{c_p}{c_p - R}$이므로

$c_p = kc_p - kR \rightarrow (k-1)c_p = kR$

따라서 $c_p = \dfrac{k}{k-1}R$이다.

정답 | ③

02 빈출도 ★★

온도가 T_1인 고열원으로부터 온도가 T_2인 저열원으로 열전도, 대류, 복사 등에 의해 Q 만큼 열전달이 이루어졌을 때 전체 엔트로피 변화량을 나타내는 식은?

① $\dfrac{T_1 - T_2}{Q(T_1 \times T_2)}$
② $\dfrac{Q(T_1 + T_2)}{T_1 \times T_2}$
③ $\dfrac{Q(T_1 - T_2)}{T_1 \times T_2}$
④ $\dfrac{T_1 + T_2}{Q(T_1 \times T_2)}$

해설

$\Delta S = \dfrac{\delta Q}{T}$에서 저열원의 엔트로피가 더 높으므로

$S = \dfrac{Q}{T_2} - \dfrac{Q}{T_1} = \dfrac{Q(T_1 - T_2)}{T_1 \times T_2}$이다.

정답 | ③

03 빈출도 ★★★

$1[kg]$의 공기가 $100[℃]$를 유지하면서 가역등온 팽창하여 외부에 $500[kJ]$의 일을 하였다. 이때 엔트로피의 변화량은 약 몇 $[kJ/K]$인가?

① 1.895
② 1.665
③ 1.467
④ 1.340

해설

$Q = P\Delta V + \Delta U$에서 등온 과정이므로 $\Delta U = 0$이다.
$Q = 500[kJ]$이므로

엔트로피의 변화량 $\Delta S = \dfrac{\delta Q}{T} = \dfrac{500[kJ]}{373[K]} = 1.34[kJ/K]$이다.

정답 | ④

04 빈출도 ★★★

증기 압축 냉동 사이클로 운전하는 냉동기에서 압축기 입구, 응축기 입구, 증발기 입구의 엔탈피가 각각 $387.2[kJ/kg]$, $435.1[kJ/kg]$, $241.8[kJ/kg]$일 경우 성능계수는 약 얼마인가?

① 3.0
② 4.0
③ 5.0
④ 6.0

해설

- 압축기에서 냉매가 받은 열
  = 응축기 입구 엔탈피 − 압축기 입구 엔탈피
  = $435.1 - 387.2 = 47.9[kJ/kg]$
- 증발기에서 냉매가 받은 열
  = 압축기 입구 엔탈피 − 증발기 입구 엔탈피
  = $387.2 - 241.8 = 145.4$
- 성능계수 = $\dfrac{증발기에서 냉매가 받은 열}{압축기에서 냉매가 받은 열} = \dfrac{145.4}{47.9} = 3.04$

정답 | ①

05 빈출도 ★★★

습증기 상태에서 엔탈피 h를 구하는 식은? (단, h_f는 포화액의 엔탈피, h_g는 포화증기의 엔탈피, x는 건도이다.)

① $h = h_f + (xh_g - h_f)$
② $h = h_f + x(h_g - h_f)$
③ $h = h_g + (xh_f - h_g)$
④ $h = h_g + x(h_g - h_f)$

해설

건도 $x = \dfrac{(\text{습증기의 엔탈피}) - (\text{포화액의 엔탈피})}{(\text{포화증기의 엔탈피}) - (\text{포화액의 엔탈피})}$

$= \dfrac{h - h_f}{h_g - h_f} \Rightarrow h - h_f = x(h_g - h_f)$

따라서 $h = h_f + x(h_g - h_f)$

정답 | ②

06 빈출도 ★★★

다음의 열역학 상태량 중 종량적 상태량(extensive property)에 속하는 것은?

① 압력
② 체적
③ 온도
④ 밀도

해설

체적과 같이 질량에 따라서 그 값이 달라지는 물리량을 종량적 상태량이라고 한다. 질량에 무관한 압력, 온도, 밀도는 강성적(강도성) 상태량이다.

정답 | ②

07 빈출도 ★★★

온도 150[℃], 압력 0.5[MPa]의 공기 0.2[kg]이 압력이 일정한 과정에서 원래 체적의 2배로 늘어난다. 이 과정에서의 일은 약 몇 [kJ]인가? (단, 공기는 기체상수가 0.287[kJ/kg·K]인 이상기체로 가정한다.)

① 12.3[kJ]
② 16.5[kJ]
③ 20.5[kJ]
④ 24.3[kJ]

해설

• 등압과정에서 한 일
$W = P\Delta V = P(V_2 - V_1)$
• $V_2 = 2V_1$이므로
$W = P(V_2 - V_1) = P(2V_1 - V_1) = PV_1$
• 이상기체 상태방정식 $PV_1 = mRT_1$에서
$V_1 = \dfrac{mRT_1}{P}$이고 $V_1 = \dfrac{W}{P}$이므로
$W = P \times \dfrac{mRT_1}{P} = mRT_1$
$= 0.2[\text{kg}] \times 0.287[\text{kJ/kg·K}] \times (150+273)[\text{K}] = 24.3[\text{kJ}]$

정답 | ④

08 빈출도 ★★

천제연 폭로의 높이가 55[m]이고 주위와 열교환을 무시한다면 폭포수가 낙하한 후 수면에 도달할 때까지 온도 상승은 약 몇 [K]인가? (단, 폭포수의 비열은 4.2[kJ/kg·K]이다.)

① 0.87
② 0.31
③ 0.13
④ 0.68

해설

역학적 에너지 보존 법칙으로부터 감소한 위치에너지=폭포수가 얻은 열이므로 $mgh = Cm\Delta T$에서

$\Delta T = \dfrac{gh}{C} = \dfrac{9.8[\text{m/s}^2] \times 55[\text{m}]}{4,200[\text{J/kg·K}]}$
$= 0.128[\text{K}]$

정답 | ③

09 빈출도 ★

유체의 교축과정에서 Joule-Thomson 계수(μ_J)가 중요하게 고려되는데 이에 대한 설명으로 옳은 것은?

① 등엔탈피 과정에 대한 온도변화와 압력변화의 비를 나타내며 $\mu_J<0$인 경우 온도 상승을 의미한다.
② 등엔탈피 과정에 대한 온도변화와 압력변화의 비를 나타내며 $\mu_J<0$인 경우 온도 강하를 의미한다.
③ 정적 과정에 대한 온도변화와 압력변화의 비를 나타내며 $\mu_J<0$인 경우 온도 상승을 의미한다.
④ 정적 과정에 대한 온도변화와 압력변화의 비를 나타내며 $\mu_J<0$인 경우 온도 강하를 의미한다.

해설

유체의 교축 과정에서 엔탈피는 일정하지만 압력은 감소한다. ($\Delta P<0$)
줄-톰슨 계수 $\mu_J=(\partial T/\partial P)_h$가 음수이면서 $\Delta P<0$이면 $\Delta T>0$이므로 온도는 상승한다.

정답 | ①

10 빈출도 ★★

Brayton 사이클에서 압축기 소요일은 175[kJ/kg], 공급열은 627[kJ/kg], 터빈 발생일은 406[kJ/kg]로 작동될 때 열효율은 약 얼마인가?

① 0.28
② 0.37
③ 0.42
④ 0.48

해설

브레이튼 사이클의 열 효율
$\eta=\dfrac{W_t-W_c}{Q_{in}}=\dfrac{406-175}{627}=\dfrac{231}{627}=0.368$

정답 | ②

11 빈출도 ★★

마찰이 없는 실린더 내에 온도 500[K], 비엔트로피 3[kJ/kg·K]인 이상기체가 2[kg] 들어있다. 이 기체의 비엔트로피가 10[kJ/kg·K]이 될 때까지 등온과정으로 가열한다면 가열량은 약 몇 [kJ]인가?

① 1,400[kJ]
② 2,000[kJ]
③ 3,500[kJ]
④ 7,000[kJ]

해설

등온과정에서 가열량 $Q=T\Delta S=Tm\Delta s$이므로
$Q=500[\text{K}]\times2[\text{kg}]\times(10-3)[\text{kJ/kg}\cdot\text{K}]=7,000[\text{kJ}]$

정답 | ④

12 빈출도 ★★

매시간 20[kg]의 연료를 소비하여 74[kW]의 동력을 생산하는 가솔린 기관의 열효율은 약 몇 [%]인가? (단, 가솔린의 저위발열량은 43,470[kJ/kg]이다.)

① 18
② 22
③ 31
④ 43

해설

공급 열 $Q_{in}=\dfrac{20[\text{kg}]}{3,600[\text{s}]}\times43,470[\text{kJ/kg}]=241.5[\text{kJ}]$

가솔린 기관의 효율 $\eta=\dfrac{W_{cycle}}{Q_{in}}=\dfrac{74\text{kJ}}{241.5\text{kJ}}=0.306=30.6[\%]$

정답 | ③

13 빈출도 ★★★

다음 중 이상적인 증기 터빈의 사이클인 랭킨 사이클을 옳게 나타낸 것은?

① 가역등온압축 → 정압가열 → 가역등온팽창 → 정압냉각
② 가역단열압축 → 정압가열 → 가역단열팽창 → 정압냉각
③ 가역등온압축 → 정적가열 → 가역등온팽창 → 정적냉각
④ 가역단열압축 → 정적가열 → 가역단열팽창 → 정적냉각

해설

이상적인 랭킨 사이클
단열압축 → 정압가열 → 단열팽창 → 정압냉각

개념설명 랭킨 사이클 PV 선도

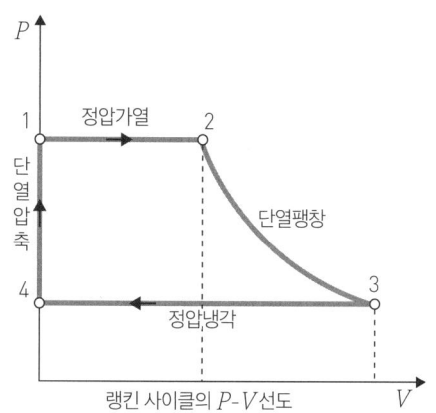

랭킨 사이클의 P-V선도

상태	과정
4 → 1	단열압축
1 → 2	정압가열
2 → 3	단열팽창
3 → 4	정압냉각

정답 | ②

14 빈출도 ★

피스톤-실린더 장치 내에 있는 공기가 $0.3[m^3]$에서 $0.1[m^3]$으로 압축되었다. 압축되는 동안 압력(P)과 체적(V) 사이에 $P=aV^{-2}$의 관계가 성립하며, 계수 $a=6[kPa·m^6]$이다. 이 과정 동안 공기가 한 일은 약 얼마인가?

① $-53.3[kJ]$ ② $-1.1[kJ]$
③ $253[kJ]$ ④ $-40[kJ]$

해설

피스톤이 한 일 $W=-\int_{0.3}^{0.1}PdV=-a\int_{0.3}^{0.1}\frac{1}{V^2}dV$이므로

기체가 받은 일 $W=a\int_{0.3}^{0.1}\frac{1}{V^2}dV=6\left[-\frac{1}{V}\right]_{0.1}^{0.3}$

$=6\times(-\frac{1}{0.3}+\frac{1}{0.1})=6[kPa·m^6]\times\frac{2}{0.3[m^3]}$

$=40[kPa·m^3]=40[kJ]$

따라서 공기가 한 일은 $-40[kJ]$이다.

정답 | ④

15 빈출도 ★★

이상적인 카르노 사이클의 열기관이 $500[°C]$인 열원으로부터 $500[kJ]$을 받고, $25[°C]$에 열을 방출한다. 이 사이클의 일(W)과 효율(η_{th})은 얼마인가?

① $W=307.2[kJ]$, $\eta_{th}=0.6143$
② $W=207.2[kJ]$, $\eta_{th}=0.5748$
③ $W=250.3[kJ]$, $\eta_{th}=0.8316$
④ $W=401.5[kJ]$, $\eta_{th}=0.6517$

해설

• 이상적인 카르노 기관의 효율 $\eta=1-\frac{T_C}{T_H}=\frac{W_{cycle}}{Q_H}$이므로

$\eta=1-\frac{273+25}{273+500}=1-\frac{298}{773}=0.614$

• 열기관이 행한 일

$W_{cycle}[kJ]=\eta\times Q_H=0.614\times500[kJ]$
$=307[kJ]$

정답 | ①

16 빈출도 ★★

어떤 카르노 열기관이 $100[°C]$와 $30[°C]$ 사이에서 작동되며 $100[°C]$의 고온에서 $100[kJ]$의 열을 받아 $40[kJ]$의 유용한 일을 한다면 이 열기관에 대하여 가장 옳게 설명한 것은?

① 열역학 제1법칙에 위배한다.
② 열역학 제2법칙에 위배한다.
③ 열역학 제1법칙과 제2법칙에 모두 위배되지 않는다.
④ 열역학 제1법칙과 제2법칙에 모두 위배된다.

해설

- 카르노 기관의 효율 $\eta = \dfrac{T_H - T_C}{T_H}$ 을 구하면
$\eta_C = \dfrac{(273+100)-(273+30)}{273+100} = \dfrac{70}{373} = 0.19$ 이다.
이 값은 $100[°C]$와 $30[°C]$의 두 열원 사이에서 작동하는 열기관이 가질 수 있는 최대 효율이다.
- 문제에 주어진 $40[kJ]$의 유용한 일로부터 효율은
$\eta = \dfrac{W_{cycle}}{Q_H} = \dfrac{40}{100} = 0.4$ 가 되어 최대 효율 0.19 보다 더 크므로 열역학 제2법칙에 위배된다.

정답 | ②

17 빈출도 ★★★

내부 에너지가 $30[kJ]$인 물체 열을 가하여 내부 에너지가 $50[kJ]$이 되는 동안에 외부에 대하여 $10[kJ]$의 일을 하였다. 이 물체에 가해진 열량은?

① $10[kJ]$
② $20[kJ]$
③ $30[kJ]$
④ $60[kJ]$

해설

열역학 제1법칙에서 물체에 가해진 열량
$Q = P\Delta V + \Delta U = 10[kJ] + 20[kJ] = 30[kJ]$
※ 기체가 외부에 일을 하면 $W > 0$이고 외부로부터 일을 받으면 $W < 0$이다.

정답 | ③

18 빈출도 ★★

그림과 같이 다수의 추를 올려놓은 피스톤이 장착된 실린더가 있는데, 실린더 내의 초기 압력은 $300[kPa]$, 초기 체적은 $0.05[m^3]$이다. 이 실린더에 열을 가하면서 적절히 추를 제거하여 폴리트로픽 지수가 1.3인 폴리트로픽 변화가 일어나도록 하여 최종적으로 실린더 내의 체적이 $0.2[m^3]$이 되었다면 가스가 한 일은 약 몇 $[kJ]$인가?

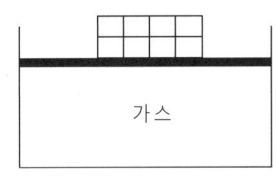

① 17
② 18
③ 19
④ 20

해설

- $n = 1.3$으로 주어졌으므로 기체의 부피가 팽창하는 과정에서 $PV^{1.3} = const.$가 성립한다.
- 최종압력 $P_2 = P_1 \left(\dfrac{V_1}{V_2}\right)^{1.3} = 300 \times \left(\dfrac{0.05}{0.2}\right)^{1.3} = 49.48[kPa]$
- 폴리트로픽 과정에서 기체가 하는 일
$W = \dfrac{1}{n-1}(P_1V_1 - P_2V_2)$
$= \dfrac{1}{1.3-1}(300 \times 0.05 - 49.48 \times 0.2) = 17.01[kJ]$

정답 | ①

19 빈출도 ★★

온도 20[℃]에서 계기압력 0.183[MPa]의 타이어가 고속주행으로 온도 80[℃]로 상승할 때 압력은 주행 전과 비교하여 약 몇 [kPa] 상승하는가? (단, 타이어의 체적은 변하지 않고, 타이어 내의 공기는 이상기체로 가정한다. 그리고 대기압은 101.3[kPa]이다.)

① 37[kPa] ② 58[kPa]
③ 286[kPa] ④ 445[kPa]

해설

타이어의 체적이 일정하면 등적과정으로 $\dfrac{P_1}{T_1}=\dfrac{P_2}{T_2}$가 성립한다.

즉, $\dfrac{183+101.3}{273+20}=\dfrac{P_2}{273+80}$이므로 $P_2=342.52$[kPa]

따라서 압력은 $P_2-P_1=342.52-284.3=58.22$[kPa]만큼 상승한다.

정답 | ②

20 빈출도 ★★★

랭킨 사이클의 열효율을 높이는 방법으로 틀린 것은?

① 복수기의 압력을 저하시킨다.
② 보일러 압력을 상승시킨다.
③ 재열(reheat) 장치를 사용한다.
④ 터빈 출구 온도를 높인다.

해설

터빈 출구 온도는 랭킨 사이클의 효율과 무관하다.

※ $\eta=1-\dfrac{T_{out}}{T_{in}}$에서 복수기 입구 수증기의 온도, 압력을 낮추면 T_{out}이 작아지므로 열효율이 상승한다.

보일러 입구 물의 온도와 압력을 높이면 T_{in}가 커지므로 열효율이 상승한다.

재열 장치를 사용하면 터빈에 들어가는 기체의 온도가 더 높아지므로 열효율이 상승한다.

정답 | ④

냉동공학

21 빈출도 ★

1대의 압축기로 증발온도를 −30[℃] 이하의 저온도로 만들 경우 일어나는 현상이 아닌것은?

① 압축기 체적효율의 감소
② 압축기 토출 증기의 온도상승
③ 압축기의 단위흡입체적당 냉동효과 상승
④ 냉동능력당의 소요동력 증대

해설

증발기의 증발온도를 낮추면 증발기 출구에서 토출되는 냉매가스의 온도가 증가하여 비체적이 증가하고 냉매 순환량이 감소하여 결국 냉동효과가 줄어든다.

정답 | ③

22 빈출도 ★

제빙장치에서 135[kg]용 빙관을 사용하는 냉동장치와 가장 거리가 먼 것은?

① 헤어 핀 코일
② 브라인 펌프
③ 공기교반장치
④ 브라인 아지테이터(agitator)

해설

헤어 핀 코일과 교반기(agitator)는 빙관식 제빙장치의 구성품이다. 브라인 펌프는 빙축열을 이용한 냉방장치 구성품이다.

정답 | ②

23 빈출도 ★

모세관 팽창밸브의 특징에 대한 설명으로 옳은 것은?

① 가정용 냉장고 등 소용량 냉동장치에 사용된다.
② 베이퍼록 현상이 발생할 수 있다.
③ 내부균압관이 설치되어 있다.
④ 증발부하에 따라 유량조절이 가능하다.

해설
① 모세관 팽창밸브는 소용량 장치에 주로 쓰이므로 가정용 냉장고 등에서 사용이 가능하다.
② 베이퍼록 현상은 냉매 속에서 수증기가 갇혀 냉매 흐름을 막는 현상이다. 모세관 밸브의 관경은 매우 작아서 베이퍼록 현상이 발생할 수 있다.
※ 출제 오류로 인한 복수 정답이 인정된 문제입니다.

정답 | ①, ②

24 빈출도 ★★

증발기에서의 착상이 냉동장치에 미치는 영향에 대한 설명으로 옳은 것은?

① 압축비 및 성적계수 감소
② 냉각능력 저하에 따른 냉장실내 온도 강하
③ 증발온도 및 증발압력 강하
④ 냉동능력에 대한 소요동력 감소

해설 착상
전열 불량으로 배관 내 압력 저하로 증발온도가 저하되면 결국 압축비 증가와 냉동능력 감소로 이어지므로 전력 소비량이 증가한다.

정답 | ③

25 빈출도 ★★

냉동능력이 7[kW]인 냉동장치에서 수냉식 응축기의 냉각수 입·출구 온도차가 8[℃]인 경우, 냉각수의 유량[kg/h]은? (단, 압축기의 소요동력은 2[kW]이다.)

① 630
② 750
③ 860
④ 964

해설
• 발열량 Q = 소요동력 + 냉동능력
  = 2 + 7 = 9[kW]
• 발열량 $Q = c\dot{m}\Delta T$에서
  질량유량 $\dot{m} = \dfrac{Q}{c\Delta T} = \dfrac{9[kW]}{4.2[kJ/kg\cdot℃] \times 8[℃]} = \dfrac{15}{56}[kg/s]$
  = 964[kg/h]

정답 | ④

26 빈출도 ★★★

다음 냉동에 관한 설명으로 옳은 것은?

① 팽창밸브에서 팽창 전후의 냉매 엔탈피 값은 변한다.
② 단열 압축은 외부와 열의 출입이 없기 때문에 단열 압축 전후의 냉매 온도는 변한다.
③ 응축기내에서 냉매가 버려야 하는 열은 현열이다.
④ 현열에는 응고열, 융해열, 응축열, 증발열, 승화열 등이 있다.

해설
$Q = P\Delta V + \Delta U$에서 단열압축이면 $Q = 0$이고, $\Delta U > 0$이므로 온도가 상승한다.

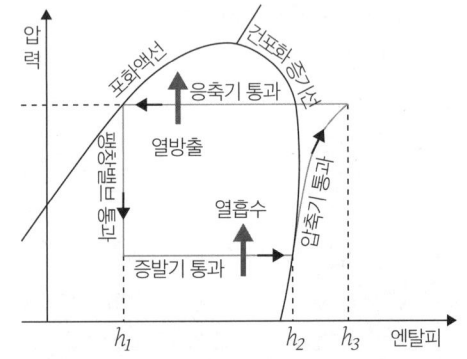

※ $P-h$ 선도에서 보듯이 엔탈피가 h_1이던 냉매는 증발기에서 잠열을 흡수하여 h_2로, 압축기에서 현열을 흡수하여 h_3로 증가했다가 응축기에서 잠열을 방출하여 다시 h_1으로 돌아오며 팽창밸브 통과 전후에는 엔탈피 변화는 없다.

정답 | ②

27 빈출도 ★★

암모니아를 사용하는 2단 압축 냉동기에 대한 설명으로 틀린 것은?

① 증발온도가 −30[℃] 이하가 되면 일반적으로 2단 압축 방식을 사용한다.
② 중간냉각기의 냉각방식에 따라 2단 압축 1단 팽창과 2단 압축 2단 팽창으로 구분한다.
③ 2단 압축 1단 팽창 냉동기에서 저단 측 냉매와 고단 측 냉매는 서로 같은 종류의 냉매를 사용한다.
④ 2단 압축 2단 팽창 냉동기에서 저단 측 냉매와 고단 측 냉매는 서로 다른 종류의 냉매를 사용한다.

해설

2단 압축 냉동시스템에서 −35[℃] 이하의 증발온도를 원할 때에는 암모니아 냉매를, −50[℃] 이하의 증발온도를 원할 때에는 프레온 냉매를 채택한다. 저단 측 압축기를 통과한 냉매는 전부 고단측 압축기를 통과하므로 저단 측 냉매와 고단 측 냉매가 같아야 한다.

정답 | ④

28 빈출도 ★★★

$P-h$ 선도(압력−엔탈피)에서 나타내지 못하는 것은?

① 엔탈피 ② 습구온도
③ 건조도 ④ 비체적

해설

습구온도는 $P-h$ 선도에 나타낼 수 없으며, 엔탈피, 건조도, 비체적은 $P-h$ 선도에 나타낼 수 있다.

정답 | ②

29 빈출도 ★★★

냉동장치가 정상적으로 운전되고 있을 때에 관한 설명으로 틀린 것은?

① 팽창밸브 직후의 온도가 직전의 온도보다 낮다.
② 크랭크 케이스 내의 유온은 증발온도보다 높다.
③ 응축기의 냉각수 출구온도는 응축온도보다 높다.
④ 응축온도는 증발온도보다 높다.

해설

응축기의 냉각수 출구온도는 냉매의 응축온도보다 낮다.

개념설명

- 응축기에서 온도비교
  냉매의 응축온도＞냉각수의 출구온도＞냉각수의 입구온도
- 증발기에서 온도비교
  냉수의 입구온도＞냉수의 출구온도＞냉매의 증발온도

정답 | ③

30 빈출도 ★★

만액식 증발기를 사용하는 $R134a$용 냉동장치가 아래와 같다. 이 장치에서 압축기의 냉매 순환량이 $0.2[\text{kg/s}]$이며, 이론 냉동 사이클의 각 점에서의 엔탈피가 아래표와 같을 때, 이론 성능 계수(COP)는? (단, 배관의 열손실은 무시한다.)

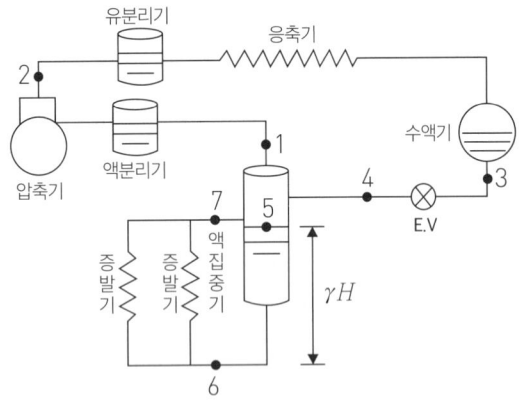

$h_1=393[\text{kJ/kg}]$	$h_2=440[\text{kJ/kg}]$
$h_3=230[\text{kJ/kg}]$	$h_4=230[\text{kJ/kg}]$
$h_5=185[\text{kJ/kg}]$	$h_6=185[\text{kJ/kg}]$
$h_7=385[\text{kJ/kg}]$	

① 1.98 ② 2.39
③ 2.87 ④ 3.47

해설

냉동기기의 성적계수

$$\text{COP} = \frac{\text{증발기 냉동능력}}{\text{압축기 소요동력}}$$
$$= \frac{h_1-h_4}{h_2-h_1} = \frac{393-230}{440-393} = \frac{163}{47} = 3.47$$

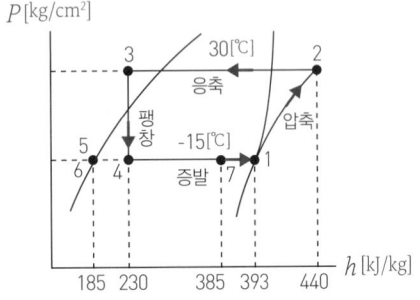

정답 | ④

31 빈출도 ★★★

냉동장치 내 공기가 혼입되었을 때, 나타나는 현상으로 옳은 것은?

① 응축기에서 소리가 난다.
② 응축온도가 떨어진다.
③ 토출온도가 높다.
④ 증발압력이 낮아진다.

해설

냉동장치 내 혼입된 공기를 불응축 가스라고 한다. 불응축 가스가 혼입되면 냉매의 증발온도에서 상태변화를 일으키기 어려워 주위로부터 잠열을 빼앗지 못해 냉동능력이 저하되고 토출온도가 높아진다.

정답 | ③

32 빈출도 ★

빙축열 설비의 특징에 대한 설명으로 틀린 것은?

① 축열조의 크기를 소형화할 수 있다.
② 값싼 심야전력을 사용하므로 운전비용이 절감된다.
③ 자동화 설비에 의한 최적화 운전으로 시스템의 운전효율이 높다.
④ 제빙을 위한 냉동기 운전은 냉수취출을 위한 운전보다 증발온도가 높기 때문에 소비동력이 감소한다.

해설

빙축열 시스템은 현열과 잠열을 모두 이용하므로 현열만 이용하는 수축열 시스템에 비해 효과가 크고 축열조 크기가 작다. 제빙을 위한 증발온도는 영하이고 냉수 취출을 위한 증발온도는 영상이므로 빙축열 설비의 증발온도가 더 낮고 냉동기 소비동력이 더 많다.

정답 | ④

33 빈출도 ★

공비혼합물(azeotrope) 냉매의 특성에 관한 설명으로 틀린 것은?

① 서로 다른 할로카본 냉매들을 혼합하여 서로 결점이 보완되는 냉매를 얻을 수 있다.
② 응축압력과 압축비를 줄일 수 있다.
③ 대표적인 냉매로 $R407C$와 $R410A$가 있다.
④ 각각의 냉매를 적당한 비율로 혼합하면 혼합물의 비등점이 일치할 수 있다.

해설

공비 혼합물 냉매는 비등점을 일치시킬 수가 있어서 응축압력과 압축비를 줄일 수 있다. 공비 혼합물 냉매로는 $R-500$, $R-501$, $R-502$ 등이 있다.
※ $R407C$, $R410A$ 냉매는 비공비 혼합물 냉매이다.

정답 | ③

34 빈출도 ★★

암모니아 냉동장치에서 피스톤 압출량 $120[m^3/h]$의 압축기가 아래 선도와 같은 냉동사이클로 운전되고 있을 때 압축기의 소요동력[kW]은?

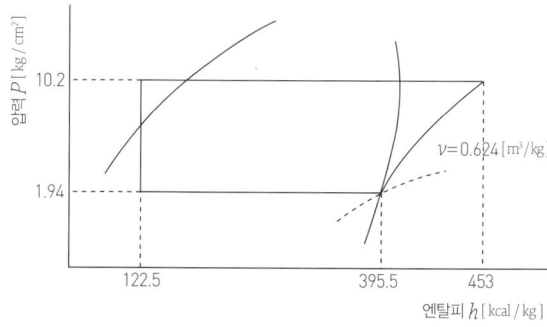

① 8.7 ② 10.9
③ 12.8 ④ 15.2

해설

- 냉매유량 = $\dfrac{120[m^3/h]}{0.624[m^3/kg]} \times \dfrac{1}{3,600[s/h]} = 0.053[kg/s]$
- 엔탈피 증가량 = $(453-395.5)[kcal/kg] \times 4.185[kJ/kcal]$
  $= 240.6[kJ/kg]$
- 소요 동력 = 냉매유량 × 엔탈피 증가량
  $= 0.053 \times 240.6 = 12.75[kJ/s] = 12.75[kW]$

정답 | ③

35 빈출도 ★★

다음 중 모세관의 압력강하가 가장 큰 경우는?

① 직경이 가늘고 길수록
② 직경이 가늘고 짧을수록
③ 직경이 굵고 짧을수록
④ 직경이 굵고 길수록

해설

- 관경이 작을수록 유체의 속력이 빨라지므로 압력강하가 커진다.
- 관의 길이가 길수록 마찰 손실량이 커지므로 압력강하가 커진다.

정답 | ①

36 빈출도 ★★★

물을 냉매로 하고 $LiBr$을 흡수제로 하는 흡수식 냉동장치에서 장치의 성능을 향상시키기 위하여 열교환기를 설치하였다. 이 열교환기의 기능을 가장 잘 나타낸 것은?

① 발생기 출구 $LiBr$ 수용액과 흡수기 출구 $LiBr$ 수용액의 열 교환
② 응축기 입구 수증기와 증발기 출구 수증기의 열 교환
③ 발생기 출구 $LiBr$ 수용액과 응축기 출구 물의 열 교환
④ 흡수기 출구 $LiBr$ 수용액과 증발기 출구 수증기의 열 교환

해설

열교환기의 기능은 발생기에서 나오는 진한 용액($LiBr$)과 흡수기 출구의 묽은 용액($LiBr$) 간의 열교환이다.

정답 | ①

37 빈출도 ★★

다음 응축기 중 열통과율이 가장 작은 형식은? (단, 동일 조건 기준으로 한다.)

① 7통로식 응축기
② 입형 셸 튜브식 응축기
③ 공랭식 응축기
④ 2중관식 응축기

해설

공기는 물보다 비열이 작아서 공냉식 응축기의 열통과율(열전달계수)이 가장 작다.

정답 | ③

38 빈출도 ★

흡수식 냉동기에서 재생기에 들어가는 희용액의 농도가 50[%], 나오는 농용액의 농도가 65[%]일 때, 용액 순환비는? (단, 흡수기의 냉각열량은 730[kcal/kg] 이다.)

① 2.5
② 3.7
③ 4.3
④ 5.2

해설

희용액의 농도가 ε_L, 농용액의 농도가 ε_H라고 하면
용액순환비 $f = \dfrac{\varepsilon_H}{\varepsilon_H - \varepsilon_L} = \dfrac{65}{65 - 50} = 4.3$이다.

정답 | ③

39 빈출도 ★★

냉매에 관한 설명으로 옳은 것은?

① 냉매표기 $R + xyz$형태에서 xyz는 공비 혼합 냉매 경우 400번대, 비공비 혼합 냉매 경우 500번대로 표시한다.
② $R502$는 $R22$와 $R113$과의 공비혼합냉매이다.
③ 흡수식 냉동기는 냉매로 NH_3와 $R-11$이 일반적으로 사용된다.
④ $R1234yf$는 HFO계열의 냉매로서 지구온난화지수(GWP)가 매우 낮아 $R134a$의 대체 냉매로 활용 가능하다.

해설

$R-1234yf$는 HFO 계열냉매로 GWP가 매우 낮아 $R-134a$(GWP≈1430)의 친환경 대체재로 사용된다.

선지분석

① 400번대는 비공비 혼합물, 500번대는 공비 혼합물이다.
② $R502$는 $R22$와 $R115$의 혼합물이다.
③ $R-11$은 프레온계 냉매로 흡수식 냉동기에서 사용하지 않는다.

정답 | ④

40 빈출도 ★★★

냉동기 중 공급 에너지원이 동일한 것끼리 짝지어진 것은?

① 흡수 냉동기, 압축기 냉동기
② 증기분사 냉동기, 증기압축 냉동기
③ 압축기체 냉동기, 증기분사 냉동기
④ 증기분사 냉동기, 흡수 냉동기

해설

압축기가 필요없는 흡수 냉동기, 증기분사 냉동기의 에너지원은 고온 증기이다.

정답 | ④

공기조화

41 빈출도 ★★★

난방부하가 6,500[kcal/hr]인 어떤 방에 대해 온수난방을 하고자 한다. 방열기의 상당방열면적[m²]은?

① 6.7
② 8.4
③ 10
④ 14.4

해설

상당방열면적

$$EDR[m^2] = \frac{보일러의 출력}{표준 방열량} = \frac{난방부하}{표준 방열량}$$에서

온수난방의 표준방열량이 $0.523[kW/m^2]$이므로

$$EDR = \frac{6,500[kcal] \times 4.185[kJ/kcal]}{0.523[kW/m^2]} \times \frac{1}{3,600[s/h]}$$
$$= 14.45[m^2]$$

정답 | ④

42 빈출도 ★★

다음 중 감습(제습)장치의 방식이 아닌 것은?

① 흡수식
② 감압식
③ 냉각식
④ 압축식

해설

습공기로부터 습기를 제거하려면 압력을 가하거나 온도를 낮추어야 한다. 따라서 감압식은 감습(제습)방식이 될 수가 없다.

정답 | ②

43 빈출도 ★★

실내 설계온도 26[℃]인 사무실의 실내유효 현열부하는 20.42[kW], 실내유효 잠열부하는 4.27[kW]이다. 냉각코일의 장치노점온도는 13.5[℃], 바이패스 팩터가 0.1일 때, 송풍량[L/s]은? (단, 공기의 밀도는 $1.2[kg/m^3]$, 정압비열은 $1.006[kJ/kg \cdot K]$이다.)

① 1,350
② 1,503
③ 12,530
④ 13,532

해설

- $BPF = 0.1 = \frac{취출온도와 노점온도의 차}{설계온도와 노점온도의 차} = \frac{t - 13.5}{26 - 13.5}$에서
  취출온도 $t = 14.75[℃]$이다.

- 현열부하는 실내공기가 냉각코일 통과과정에서 잃은 열과 같으므로 $Q = C_p m \Delta t$에서
  $20.42[kW] = 1.006[kJ/kg \cdot K] \times (1.2[kg/m^3] \times Q[m^3/s]) \times (26 - 14.75)[K] \rightarrow Q = \frac{20.42}{1.2 \times 1.006 \times 11.25} = 1.503[m^3/s]$
  $0.001[m^3] = 1[L]$이므로 $Q = 1,503[L/s]$이다.

정답 | ②

44 빈출도 ★★★

유효온도(Effective Temperature)의 3요소는?

① 밀도, 온도, 비열
② 온도, 기류, 밀도
③ 온도, 습도, 비열
④ 온도, 습도, 기류

해설

상대습도 100[%], 기류속도 0[m/s]일 때를 기준으로 측정한 온도를 유효온도라고 한다. 이때 온도, 습도, 기류를 유효온도의 3요소라고 한다.

정답 | ④

45 빈출도 ★★

배출가스 또는 배기가스 등의 열을 열원으로 하는 보일러는?

① 관류보일러 ② 폐열보일러
③ 입형보일러 ④ 수관보일러

해설

폐열보일러는 소각로에서 발생하는 배기가스, 혹은 산업 플랜트에서 발생하는 폐열 등의 열원을 이용하여 물을 끓인다. 보일러 자체에 연소실이 없는 것이 특징이다.

정답 | ②

46 빈출도 ★★★

공기조화설비의 구성에서 각종 설비별 기기로 바르게 짝지어진 것은?

① 열원설비 - 냉동기, 보일러, 히트펌프
② 열교환설비 - 열교환기, 가열기
③ 열매 수송설비 - 덕트, 배관, 오일펌프
④ 실내유니트 - 토출구, 유인유니트, 자동제어기기

해설

열원설비에는 보일러, 냉동장치와 냉각탑, 히트펌프 등의 기기가 있다.

선지분석

② 가열기는 열교환설비가 아니다.
③ 오일펌프는 윤활유 순환용으로 냉열원설비에 포함된다.
④ 자동제어기기는 자동제어설비에 포함된다.

정답 | ①

47 빈출도 ★★

덕트의 분기점에서 풍량을 조절하기 위하여 설치하는 댐퍼는?

① 방화 댐퍼 ② 스플릿 댐퍼
③ 피봇 댐퍼 ④ 터닝 베인

해설

덕트의 분기점에서 풍량을 조절하기 위하여 설치하는 댐퍼는 스플릿 댐퍼이다.

선지분석

① 방화 댐퍼: 화재 시 연기와 불꽃을 차단하기 위해 설치한다.
③ 피봇 댐퍼: 축 회전 방식으로 풍량을 조절하나 분기점이 아닌 직선 구간에서 사용한다.
④ 터닝 베인: 덕트 굴곡부에서 공기의 방향 전환을 위해 설치한다.

정답 | ②

48 빈출도 ★

냉방부하 계산 결과 실내취득열량은 q_R, 송풍기 및 덕트 취득열량은 q_F, 외기부하는 q_O, 펌프 및 배관 취득열량은 q_P일 때, 공조기 부하를 바르게 나타낸 것은?

① $q_R+q_O+q_P$ ② $q_F+q_O+q_P$
③ $q_R+q_O+q_F$ ④ $q_R+q_P+q_F$

해설

실내 공기가 송풍기 및 덕트를 거쳐 공조기에서 냉각 및 감습되기 때문에 펌프 및 배관 취득 열량은 공조기 부하에서 제외된다.
따라서 공조기 부하는 $q_R+q_O+q_F$이다.

정답 | ③

49 빈출도 ★★★

다음 공조방식 중에서 전공기 방식에 속하지 않는 것은?

① 단일덕트 방식 ② 이중덕트 방식
③ 팬코일 유닛방식 ④ 각층 유닛방식

해설

팬코일 유닛방식은 전수 방식에 해당된다.

개념설명 공기조화방식

공조방식	냉·열원의 종류	방식	
중앙식	전공기 방식	단일덕트	• 정풍량 방식 • 변풍량 방식
		이중덕트	• 정풍량 방식 • 변풍량 방식 • 멀티존 유닛 방식
	수공기 방식		• 덕트병용 팬코일 유닛 방식 • 유인유닛 방식 • 각층유닛 방식
	전수 방식		• 팬코일 유닛 방식 • 복사 냉난방 방식
개별식	냉매방식		패키지 유닛 방식
		룸쿨러 방식	• 창문설치형 • 분리형(스플릿) • 멀티유닛형

정답 | ③

50 빈출도 ★★

온수보일러의 수두압을 측정하는 계기는?

① 수고계 ② 수면계
③ 수량계 ④ 수위 조절기

해설

온수보일러의 수두압을 측정하는 계기는 수고계이다.
※ 주철제 온수보일러의 최고사용압력은 수두압 50[mmAq]이다.

정답 | ①

51 빈출도 ★★

공기조화방식을 결정할 때에 고려할 요소로 가장 거리가 먼 것은?

① 건물의 종류 ② 건물의 안정성
③ 건물의 규모 ④ 건물의 사용목적

해설

• 건물의 종류와 규모에 따라 중앙식 또는 개별식을 결정한다.
• 건물의 사용목적에 따라 전공기 방식, 수공기 방식, 전수 방식을 결정한다.

정답 | ②

52 빈출도 ★★★

증기난방방식에서 환수주관을 보일러 수면보다 높은 위치에 배관하는 환수배관방식은?

① 습식 환수방식 ② 강제 환수방식
③ 건식 환수방식 ④ 중력 환수방식

해설

건식 환수방식은 환수주관이 보일러 수면보다 높아 응축수가 주관 하부를 따라 흐른다. 습식 환수방식은 환수주관이 보일러 수면보다 낮아 응축수가 만수 상태로 주관 속을 흐른다.

정답 | ③

53 빈출도 ★★

온수난방설비에 사용되는 팽창탱크에 대한 설명으로 틀린 것은?

① 밀폐식 팽창탱크의 상부 공기층은 난방장치의 압력 변동을 완화하는 역할을 할 수 있다.
② 밀폐식 팽창탱크는 일반적으로 개방식에 비해 탱크 용적을 크게 설계해야 한다.
③ 개방식 탱크를 사용하는 경우는 장치내의 온수온도를 85[℃] 이상으로 해야 한다.
④ 팽창탱크는 난방장치가 정지하여도 일정압 이상으로 유지하여 공기침입 방지 역할을 한다.

해설

개방식 탱크를 사용하는 경우에 장치 내의 온수 적정온도는 65~85[℃]로 100[℃] 이하를 유지해야 한다.

정답 | ③

54 빈출도 ★★★
냉수코일 설계상 유의사항으로 틀린 것은?

① 코일의 통과 풍속은 2~3[m/s]로 한다.
② 코일의 설치는 관이 수평으로 놓이게 한다.
③ 코일 내 냉수속도는 2.5[m/s] 이상으로 한다.
④ 코일의 출입구 수온 차이는 5~10[℃] 전·후로 한다.

해설
냉수 코일 설계 시 관 내 유속은 1[m/s] 내외, 냉수의 입·출구 온도차는 5~10[℃] 내외가 되도록 설계한다.

정답 | ③

55 빈출도 ★★
가열로(加熱爐)의 벽 두께가 80[mm]이다. 벽의 안쪽과 바깥쪽의 온도차가 32[℃], 벽의 면적은 60[m²], 벽의 열전도율은 40[kcal/m·h·℃]일 때, 시간당 방열량[kcal/hr]은?

① 7.6×10^5
② 8.9×10^5
③ 9.6×10^5
④ 10.2×10^5

해설
시간당 방열량 $Q_{전도}/t = \frac{\lambda}{l} A(T_1 - T_2)$
$= \frac{40[kcal/m \cdot h \cdot ℃] \times 60[m^2] \times 32[℃]}{0.08[m]}$
$= 960,000 = 9.6 \times 10^5 [kcal/h]$

정답 | ③

56 빈출도 ★★
다음 중 온수난방과 가장 거리가 먼 것은?

① 팽창탱크
② 공기빼기밸브
③ 관말트랩
④ 순환펌프

해설
관말트랩은 증기난방에서 응축수를 배출하기 위해 사용하는 부속품으로 온수난방에는 사용하지 않는다.

정답 | ③

57 빈출도 ★★
공기조화방식 중 혼합상자에서 적당한 비율로 냉풍과 온풍을 자동적으로 혼합하여 각실에 공급하는 방식은?

① 중앙식
② 2중 덕트방식
③ 유인 유니트방식
④ 각층 유니트방식

해설
혼합상자에서 냉풍과 온풍을 자동 혼합하여 각실에 공급하는 방식은 전공기 방식의 일종인 2중 덕트방식이다.

정답 | ②

58 빈출도 ★

다음의 공기조화 장치에서 냉각코일 부하를 올바르게 표현한 것은? (단, G_F는 외기량[kg/h]이며, G는 전풍량[kg/h]이다.)

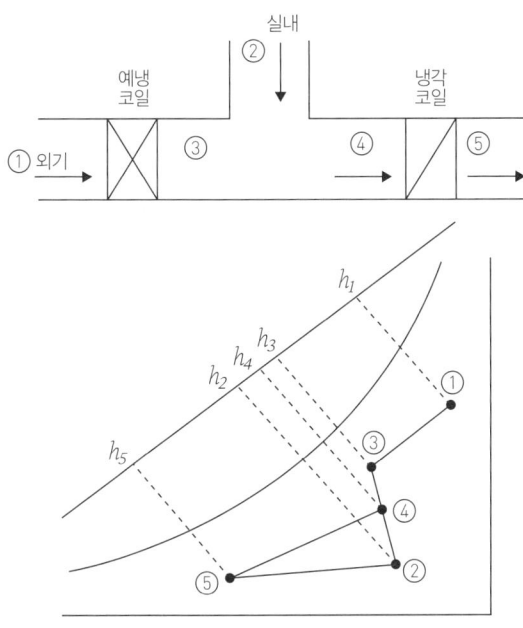

① $G_F(h_1-h_3)+G_F(h_1-h_2)+G(h_2-h_5)$
② $G(h_1-h_2)-G_F(h_1-h_3)+G_F(h_2-h_5)$
③ $G_F(h_1-h_2)-G_F(h_1-h_3)+G(h_2-h_5)$
④ $G(h_1-h_2)+G_F(h_1-h_3)+G_F(h_2-h_5)$

해설
- 전풍량이 실내에서 얻은 열
  $q_1=G(h_2-h_5)$
- 외기가 실내에서 얻은 열
  $q_2=G_F(h_1-h_2)$
- 외기가 예냉 코일에서 잃은 열
  $q_3=G_F(h_1-h_3)$
- 냉각코일의 부하
  $q_{total}=q_1+q_2-q_3$
  $=G(h_2-h_5)+G_F(h_1-h_2)-G_F(h_1-h_3)$
  $=G_F(h_1-h_2)-G_F(h_1-h_3)+G(h_2-h_5)$

정답 | ③

59 빈출도 ★★★

온풍난방의 특징에 대한 설명으로 틀린 것은?

① 예열시간이 짧아 간헐운전이 가능하다.
② 실내 상하의 온도차가 커서 쾌적성이 떨어진다.
③ 소음발생이 비교적 크다.
④ 방열기, 배관설치로 인해 설비비가 비싸다.

해설
온풍난방은 예열시간이 짧고 배관이 필요 없어서 신속한 난방 효과를 얻을 수 있으며 설비비가 싸다.

정답 | ④

60 빈출도 ★★

에어와셔를 통과하는 공기의 상태변화에 대한 설명으로 틀린 것은?

① 분무수의 온도가 입구공기의 노점온도보다 낮으면 냉각 감습된다.
② 순환수를 분무하면 공기는 냉각가습되어 엔탈피가 감소한다.
③ 증기분무를 하면 공기는 가열 가습되고 엔탈피도 증가한다.
④ 분무수의 온도가 입구공기의 노점온도보다 높고 습구온도보다 낮으면 냉각 가습된다.

해설
순환수를 분무하면 공기와 온도가 같아지므로 공기의 엔탈피 변화가 없다.

정답 | ②

전기제어공학

61 빈출도 ★★

그림과 같이 철심에 두 개의 코일 C_1, C_2를 감고 코일 C_1에 흐르는 전류 I에 ΔI만큼의 변화를 주었다. 이때 일어나는 현상에 관한 설명으로 옳지 않은 것은?

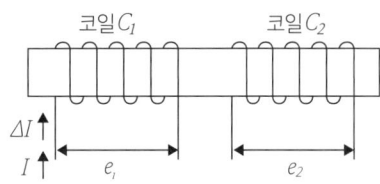

① 코일 C_2에서 발생하는 기전력 e_2는 렌츠의 법칙에 의하여 설명이 가능하다.
② 코일 C_1에서 발생하는 기전력 e_1은 자속의 시간 미분값과 코일의 감은 횟수의 곱에 비례한다.
③ 전류의 변화는 자속의 변화를 일으키며, 자속의 변화는 코일 C_1에 기전력 e_1을 발생시킨다.
④ 코일 C_2에서 발생하는 기전력 e_2와 전류 I의 시간 미분값의 관계를 설명해 주는 것이 자기 인덕턴스이다.

해설

코일 C_2에 유도되는 기전력 e_2는 다음과 같다.
$$e_2 = -N_2 \frac{d\phi}{dt} = -M \frac{dI}{dt}$$
즉, 기전력 e_2와 전류 I의 시간 미분값의 관계를 설명해 주는 것은 상호 인덕턴스이다.

정답 | ④

62 빈출도 ★★

그림과 같은 제어에 해당하는 것은?

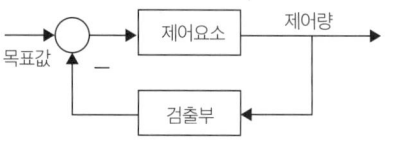

① 개방 제어
② 시퀀스 제어
③ 개루프 제어
④ 폐루프 제어

해설

제어계는 입출력 비교 장치의 유무에 따라 개루프 제어(시퀀스 제어)와 폐루프 제어(피드백 제어)로 나뉜다. 그림은 검출부가 있어서 입출력의 비교가 가능하므로 폐루프 제어이다.

정답 | ④

63 빈출도 ★★★

물체의 위치, 방위, 자세 등의 기계적 변위를 제어량으로 하여 목표값의 임의의 변화에 항상 추종되도록 구성된 제어장치?

① 서보기구
② 자동조정
③ 정치 제어
④ 프로세스 제어

해설

제어량에 따라 제어계를 분류하면 프로세스 제어, 서보 제어, 자동조정 제어가 있다. 서보 제어(기구)에서 다루는 제어량은 자세, 방위, 위치 등의 기계적 변위이다.

정답 | ①

64 빈출도 ★★★

다음 중 무인 엘리베이터의 자동제어로 가장 적합한 것은?

① 추종 제어
② 정치 제어
③ 프로그램 제어
④ 프로세스 제어

해설

엘리베이터, 무인열차와 같이 미리 정해진 프로그램에 따라 제어량을 변화시키는 것을 목적으로 하는 제어방식은 프로그램 제어이다.

정답 | ③

65 빈출도 ★★

다음 논리식을 간단히 한 것은?

$$X = \overline{A}\overline{B}C + A\overline{B}\overline{C} + A\overline{B}C$$

① $\overline{B}(A+C)$
② $C(A+\overline{B})$
③ $\overline{C}(A+B)$
④ $\overline{A}(B+C)$

해설

$X = \overline{B}(\overline{A}C + A\overline{C} + AC)$
$\quad = \overline{B}(\overline{A}C + A\overline{C} + AC + AC)$
$\quad = \overline{B}((\overline{A}+A)C + A(\overline{C}+C))$
$\quad = \overline{B}(C+A) = \overline{B}(A+C)$

정답 | ①

66 빈출도 ★★

PLC 프로그래밍에서 여러 개의 입력 신호 중 하나 또는 그 이상의 신호가 ON되었을 때 출력이 나오는 회로는?

① OR회로
② AND회로
③ NOT회로
④ 자기유지회로

해설

PLC 프로그래밍에서 여러 개의 입력 신호 중 하나 또는 그 이상의 신호가 ON되었을 때 출력이 나오는 회로는 OR회로이다.

정답 | ①

67 빈출도 ★★

단상변압기 2대를 사용하여 3상 전압을 얻고자하는 결선방법은?

① Y결선
② V결선
③ Δ결선
④ $Y-\Delta$결선

해설

3상 변압기 Δ결선에서 1상이 결상된 상태로 결선하는 것이 V 결선법이며, 변압기 2대만으로 3상을 이용할 수 있는 장점이 있다.

정답 | ②

68 빈출도 ★

직류기에서 전압정류의 역할을 하는 것은?

① 보극
② 보상권선
③ 탄소브러시
④ 리액턴스 코일

해설

보극은 정류 코일 내에 유기되는 리액턴스 전압과 반대방향으로 정류전압을 유기시키는 전압정류 역할을 한다.

정답 | ①

69 빈출도 ★

전동기 2차 측에 기동저항기를 접속하고 비례 추이를 이용하여 기동하는 전동기는?

① 단상 유도전동기
② 2상 유도전동기
③ 권선형 유도전동기
④ 2중 농형 유도전동기

해설

권선형 유도전동기의 기동법으로는 2차 저항기법, 게르게스 기동법, 2차 임피던스법이 있다. 2차 저항기법은 비례 추이를 이용하는 기동법이다.

정답 | ③

70 빈출도 ★★★

100[V], 40[W]의 전구에 0.4[A]의 전류가 흐른다면 이 전구의 저항은?

① 100[Ω]
② 150[Ω]
③ 200[Ω]
④ 250[Ω]

해설

저항 $R = \dfrac{V}{I} = \dfrac{100}{0.4} = 250[\Omega]$

정답 | ④

71 빈출도 ★★

공작기계의 부품 가공을 위하여 주로 펄스를 이용한 프로그램 제어를 하는 것은?

① 수치 제어 ② 속도 제어
③ PLC 제어 ④ 계산기 제어

해설

공작기계에 의한 가공을 컴퓨터로 제어하는 것을 수치 제어라고 한다.

정답 | ①

72 빈출도 ★★

다음 중 절연저항을 측정하는 데 사용되는 계측기는?

① 메거 ② 저항계
③ 켈빈브리지 ④ 휘스톤브리지

해설

메거는 절연저항을 측정하는 데 가장 적당한 측정기로 절연저항계의 한 종류이다.

선지분석

② 저항계: 도체나 전기부품의 저항을 측정할 때 사용한다.(절연저항은 미포함)
③ 켈빈 더블 브리지: 굵은 전선의 저항을 측정할 때 사용하는 방법이다.
④ 휘트스톤 브리지: 수천 옴의 가는 전선의 저항을 측정할 때 사용하는 방법이다.

정답 | ①

73 빈출도 ★★★

검출용 스위치에 속하지 않는 것은?

① 광전스위치 ② 액면스위치
③ 리미트스위치 ④ 누름버튼스위치

해설

제어대상의 변화를 검출하는 검출용 스위치에는 리미트스위치, 플로트(액면)스위치, 포토(광전)스위치가 있다.

정답 | ④

74 빈출도 ★

다음과 같은 회로에서 i_2가 0이 되기 위한 C의 값은? (단, L은 합성인덕턴스, M은 상호인덕턴스 이다.)

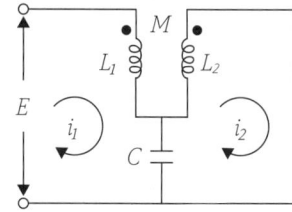

① $\dfrac{1}{\omega L}$ ② $\dfrac{1}{\omega^2 L}$
③ $\dfrac{1}{\omega M}$ ④ $\dfrac{1}{\omega^2 M}$

해설

오른쪽 루프에 대해 키르히호프 전압 법칙을 적용하면 C, L_2, M에 흐르는 I_2에 의한 전압강하는 각각 $\dfrac{1}{j\omega C}I_2$, $j\omega L_2 I_2$, 0이고 C, L_2, M에 흐르는 I_1에 의한 전압강하는 각각 $-\dfrac{1}{j\omega C}I_1$, 0, $-j\omega M I_1$이므로 $0 = \dfrac{1}{j\omega C}I_2 + j\omega L_2 I_2 - \dfrac{1}{j\omega C}I_1 - j\omega M I_1$이 성립한다. I_2에 0을 대입하면, $0 = -\dfrac{1}{j\omega C}I_1 - j\omega M I_1$
⇒ $\dfrac{1}{\omega C} = \omega M$ ⇒ $C = \dfrac{1}{\omega^2 M}$이다.

정답 | ④

75 빈출도 ★★

오차 발생시간과 오차의 크기로 둘러싸인 면적에 비례하여 동작하는 것은?

① P 동작 ② I 동작
③ D 동작 ④ PD 동작

해설

오차 발생시간과 오차의 크기로 둘러싸인 면적에 비례하여 동작하는 것은 I 동작이다.

정답 | ②

76 빈출도 ★

개루프 전달함수 $G(s)=\dfrac{1}{s^2+2s+3}$ 인 단위 궤환계에서 단위계단입력을 가하였을 때의 오프셋(off set)은?

① 0
② 0.25
③ 0.5
④ 0.75

해설

- 단위계단입력의 라플라스 변환 $R(s)=\dfrac{1}{s}$
- 정상 편차 $e_{ss}=\lim\limits_{s\to 0}\dfrac{sR(s)}{1+G(s)}=\lim\limits_{s\to 0}\dfrac{1}{1+G(s)}$

  $G(0)=\dfrac{1}{3}$ 이므로 $e_{ss}=\dfrac{1}{1+\dfrac{1}{3}}=\dfrac{3}{4}=0.75$

정답 | ④

77 빈출도 ★★★

저항 8[Ω]과 유도리액턴스 6[Ω]이 직렬접속된 회로의 역률은?

① 0.6
② 0.8
③ 0.9
④ 1

해설

$R-L$ 직렬회로의 역률

$\dfrac{R}{Z}=\dfrac{R}{\sqrt{R^2+(\omega L)^2}}=\dfrac{8}{\sqrt{8^2+6^2}}=0.8$

정답 | ②

78 빈출도 ★★

온도 보상용으로 사용되는 소자는?

① 서미스터
② 바리스터
③ 제너다이오드
④ 버랙터다이오드

해설

서미스터는 온도에 따라 물질의 저항이 변하는 특성을 이용하여 온도 보상 센서에 이용된다.

정답 | ①

79 빈출도 ★★

다음과 같은 회로에서 A, B 양단자 간의 합성저항은? (단, 그림에서의 저항의 단위는 [Ω]이다.)

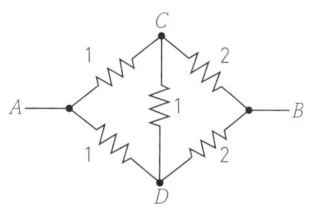

① 1.0[Ω]
② 1.5[Ω]
③ 3.0[Ω]
④ 6.0[Ω]

해설

휘트스톤 브리지가 평형이므로 가운데 1[Ω]에는 전류가 흐르지 않는다. 따라서 그림과 같이 4개의 저항이 혼합 연결된 등가 회로로 변형이 가능하다.

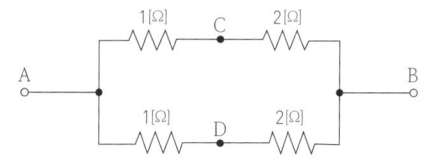

전체 저항은 3[Ω]과 3[Ω]의 병렬 연결로 볼 수 있고, 합성 저항은 $\dfrac{3}{2}$[Ω]이다.

정답 | ②

80 빈출도 ★★

온 오프(on-off) 동작에 관한 설명으로 옳은 것은?

① 응답속도는 빠르나 오프셋이 생긴다.
② 사이클링은 제거할 수 있으나 오프셋이 생긴다.
③ 간단한 단속적 제어동작이고 사이클링이 생긴다.
④ 오프셋은 없앨 수 있으나 응답시간이 늦어질 수 있다.

해설

ON-OFF 동작을 2위치 동작이라고도 하며 단속점 근방에서 on-off가 반복되므로 제어결과가 요동치는 사이클링이 생긴다.

정답 | ③

배관일반

81 빈출도 ★★

도시가스 배관 시 배관이 움직이지 않도록 관 지름 13~33[mm] 미만의 경우 몇 [m]마다 고정 장치를 설치해야 하는가?

① 1[m] ② 2[m]
③ 3[m] ④ 4[m]

해설

가스관 지름이 13[mm] 미만이면 1[m]마다 고정하고, 13~33[mm]이면 2[m]마다 고정한다.

정답 | ②

82 빈출도 ★★★

냉매배관에 사용되는 재료에 대한 설명으로 틀린 것은?

① 배관 선택 시 냉매의 종류에 따라 적절한 재료를 선택해야 한다.
② 동관은 가능한 이음매 있는 관을 사용한다.
③ 저압용 배관은 저온에서도 재료의 물리적 성질이 변하지 않는 것으로 사용한다.
④ 구부릴 수 있는 관은 내구성을 고려하여 충분한 강도가 있는 것을 사용한다.

해설

금속의 부식은 이종금속의 접합부에서 주로 발생하므로 이음매 없는 동관을 사용해야 한다.

정답 | ②

83 빈출도 ★

동관의 호칭경이 20A일 때 실제 외경은?

① 15.87[mm] ② 22.22[mm]
③ 28.57[mm] ④ 34.93[mm]

해설

A는 [mm] 단위이고, B는 [inch] 단위이다.

호칭경		동관 외경	강관 외경
A	B		
10A	$\frac{3}{8}$B	12.70[mm]	17.3[mm]
15A	$\frac{1}{2}$B	15.88[mm]	21.7[mm]
20A	$\frac{3}{4}$B	22.22[mm]	27.2[mm]
25A	1B	28.58[mm]	34.0[mm]
32A	$1\frac{1}{4}$B	34.92[mm]	42.7[mm]
50A	2B	54.0[mm]	60.5[mm]

정답 | ②

84 빈출도 ★★★

팬코일 유닛방식의 배관방식에서 공급관이 2개이고 환수관이 1개인 방식으로 옳은 것은?

① 1관식 ② 2관식
③ 3관식 ④ 4관식

해설

팬코일 유닛방식의 배관방식 중 공급관이 2개이고 환수관이 1개인 방식은 3관식이다.

선지분석

① 1관식: 하나의 배관이 공급관과 환수관의 역할을 담당하는 방식이다.
② 2관식: 공급관이 1개이고 환수관이 1개로 계절에 따라 난방 시에는 온수, 냉방 시에는 냉수를 공급하는 방식이다.
④ 4관식: 공급관이 2개이고 환수관이 2개로 냉·온수 동시 운영에 유리한 방식이다.

정답 | ③

85. 빈출도 ★★
방열기 전체의 수저항이 배관의 마찰손실에 비해 큰 경우 채용하는 환수방식은?

① 개방류 방식 ② 재순환 방식
③ 역귀환 방식 ④ 직접귀환 방식

해설
온수난방의 경우 환수관 설치는 직접귀환 방식과 역귀환 방식이 있으며, 방열기 전체의 수저항이 클 때는 직접귀환 방식을 채택하여 배관의 마찰손실을 줄일 수 있다.

정답 | ④

86. 빈출도 ★★
증기와 응축수의 온도 차이를 이용하여 응축수를 배출하는 트랩은?

① 버킷 트랩(Bucket Trap)
② 디스크 트랩(Disk Trap)
③ 벨로즈 트랩(Bellows Trap)
④ 플로트 트랩(Float Trap)

해설
버킷 트랩과 플로트 트랩은 증기와 응축수의 비중 차이를 이용하고, 디스크 트랩은 증기와 응축수의 운동에너지 차이를 이용하고, 벨로즈 트랩은 증기와 응축수의 온도 차이를 이용한다.

정답 | ③

87. 빈출도 ★★★
배관의 분리, 수리 및 교체가 필요할 때 사용하는 관 이음재의 종류는?

① 부싱 ② 소켓
③ 엘보 ④ 유니언

해설
유니언은 한쪽이 M나사, 다른 쪽이 F나사, 그리고 결합 너트로 구성되어 있으며 고정된 두 배관을 분해 및 조립할 수 있다.

정답 | ④

88. 빈출도 ★★
급수량 산정에 있어서 시간 평균예상 급수량(Q_h)이 3,000[L/h]였다면, 순간 최대 예상 급수량(Q_p)은?

① 70~100[L/min] ② 150~200[L/min]
③ 225~250[L/min] ④ 275~300[L/min]

해설
시간 평균 예상 급수량이 3,000[L/h]=50[L/min]이므로 순간 최대 예상 급수량은 50[L/min]의 3~4배인 150~200[L/min]이다.

정답 | ②

89. 빈출도 ★★
증기난방법에 관한 설명으로 틀린 것은?

① 저압 증기난방에 사용하는 증기의 압력은 0.15~0.35[kg/cm²] 정도이다.
② 단관 중력 환수식의 경우 증기와 응축수가 역류하지 않도록 선단 하향 구배로 한다.
③ 환수주관을 보일러 수면보다 높은 위치에 배관한 것은 습식환수관식이다.
④ 증기의 순환이 가장 빠르며 방열기, 보일러 등의 설치위치에 제한을 받지 않고 대규모 난방용으로 주로 채택되는 방식은 진공환수식이다.

해설
건식 환수방식은 환수주관이 보일러 수면보다 높아서 응축수가 주관 하부를 따라 흐른다. 습식 환수방식은 환수주관이 보일러 수면보다 낮아서 응축수가 만수 상태로 주관 속을 흐른다.

정답 | ③

90 빈출도 ★★

배관의 자중이나 열팽창에 의한 힘 이외에 기계의 진동, 수격작용, 지진 등 다른 하중에 의해 발생하는 변위 또는 진동을 억제시키기 위한 장치는?

① 스프링 행거
② 브레이스
③ 앵커
④ 가이드

해설
기계의 진동, 수격작용, 지진 등 다른 하중에 의해 발생하는 변위 또는 진동을 억제시키기 위한 장치는 브레이스이다.

선지분석
① 스프링 행거: 배관을 천장에 고정하는 장치이다.
③ 앵커: 열팽창에 따른 이동과 회전을 제한하는 고정 장치이다.
④ 가이드: 지정된 축 방향으로만 이동을 허용하는 장치이다.

정답 | ②

91 빈출도 ★★★

펌프를 운전할 때 공동현상(캐비테이션)의 발생 원인으로 가장 거리가 먼 것은?

① 토출양정이 높다.
② 유체의 온도가 높다.
③ 날개차의 원주속도가 크다.
④ 흡입관의 마찰저항이 크다.

해설
공동현상은 흡입 측에서 발생하므로 토출양정 높이와 관련이 적다.

정답 | ①

92 빈출도 ★★

급수방식 중 대규모의 급수 수요에 대응이 용이하고 단수 시에도 일정한 급수를 계속할 수 있으며 거의 일정한 압력으로 항상 급수되는 방식은?

① 양수 펌프식
② 수도 직결식
③ 고가 탱크식
④ 압력 탱크식

해설
고가 탱크식은 대규모의 급수 수요에 대응이 용이하고 단수 시에도 일정한 급수를 계속할 수 있으며 거의 일정한 압력으로 항상 급수되는 방식이다.

정답 | ③

93 빈출도 ★★★

증기트랩의 종류를 대분류 한 것으로 가장 거리가 먼 것은?

① 박스 트랩
② 기계적 트랩
③ 온도조절 트랩
④ 열역학적 트랩

해설
증기와 응축수의 비중 차이를 이용하는 기계적 트랩, 온도 차이를 이용하는 열동식(온도 조절) 트랩, 운동에너지 차이를 이용하는 열역학적 트랩이 있다. 박스 트랩은 증기 트랩의 종류가 아니다.

정답 | ①

94 빈출도 ★

열팽창에 의한 배관의 이동을 구속 또는 제한하기 위해 사용되는 관 지지장치는?

① 행거(hanger)
② 서포트(support)
③ 브레이스(brace)
④ 레스트레인트(restraint)

해설
배관의 이동을 구속하거나 제한하는 장치를 레스트레인트라고 한다.

정답 | ④

95 빈출도 ★

그림과 같은 입체도에 대한 설명으로 맞는 것은?

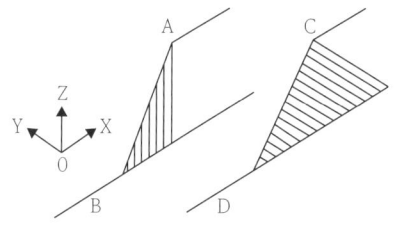

① 직선 A와 B, 직선 C와 D는 각각 동일한 수직평면에 있다.
② A와 B는 수직높이 차가 다르고, 직선 C와 D는 동일한 수평평면에 있다.
③ 직선 A와 B, 직선 C와 D는 각각 동일한 수평평면에 있다.
④ 직선 A와 B는 동일한 수평평면에, 직선 C와 D는 동일한 수직평면에 있다.

해설

A와 B 사이의 빗금은 z축과 나란하므로 xz평면상에 놓여 있고, C와 D 사이의 빗금은 y축과 나란하므로 C, D는 xy평면상에 놓여 있으므로, 동일한 수평평면에 있다. 네 직선은 전부 x축에 나란하다.

정답 | ②

96 빈출도 ★★

급수배관 시공에 관한 설명으로 가장 거리가 먼 것은?

① 수리와 기타 필요시 관속의 물을 완전히 뺄 수 있도록 기울기를 주어야 한다.
② 공기가 모여 있는 곳이 없도록 하여야 하며, 공기가 모일 경우 공기빼기밸브를 부착한다.
③ 급수관에서 상향 급수는 선단 하향 구배로 하고, 하향 급수에서는 선단 상향 구배로 한다.
④ 가능한 마찰손실이 작도록 배관하며 관의 축소는 편심 레듀서를 써서 공기의 고임을 피한다.

해설

급수관에서 상향 급수는 선단 상향 구배로 하고, 하향 급수는 선단 하향 구배로 한다.

정답 | ③

97 빈출도 ★★

베이퍼록 현상을 방지하기 위한 방법으로 틀린 것은?

① 실린더 라이너의 외부를 가열한다.
② 흡입배관을 크게 하고 단열 처리한다.
③ 펌프의 설치위치를 낮춘다.
④ 흡입관로를 깨끗이 청소한다.

해설

베이퍼록 현상은 냉매 속에 수증기가 갇혀 냉매 흐름을 막는 현상으로 펌프의 위치를 낮추고 흡입관로를 청소하고 흡입관경을 크게 하면 방지할 수 있다.

정답 | ①

98 빈출도 ★★

저압 증기난방 장치에서 적용되는 하트포드 접속법(Hartford connection)과 관련된 용어로 가장 거리가 먼 것은?

① 보일러주변 배관   ② 균형관
③ 보일러수의 역류방지   ④ 리프트 피팅

해설

하트포드 접속법은 보일러수의 역류로 보일러 수면이 안전수위보다 낮아지는 것을 방지하기 위해 보일러 주변의 증기관과 배수관 사이에 표준수위보다 낮은 균형관을 설치하는 배관 접속법이다. 리프트 피팅은 응축수를 단계적으로 끌어올릴 때 사용하는 배관 방법이다.

정답 | ④

99 빈출도 ★

배수 및 통기설비에서 배관시공법에 관한 주의사항으로 틀린 것은?

① 우수 수직관에 배수관을 연결해서는 안된다.
② 오버플로우관은 트랩의 유입구 측에 연결해야 한다.
③ 바닥 아래에서 빼내는 각 통기관에는 횡주부를 형성시키지 않는다.
④ 통기 수직관은 최하위의 배수 수평지관보다 높은 위치에서 연결해야 한다.

해설

우수 수직관이나 오물 배기관은 단독으로 사용해야 하며 통기 수직관은 가장 낮은 위치에 연결해야 공기가 관내로 유입되어 배수가 원활해진다.

정답 | ④

100 빈출도 ★★

온수난방 배관에서 에어 포켓(air pocket)이 발생될 우려가 있는 곳에 설치하는 공기빼기밸브의 설치위치로 가장 적절한 것은?

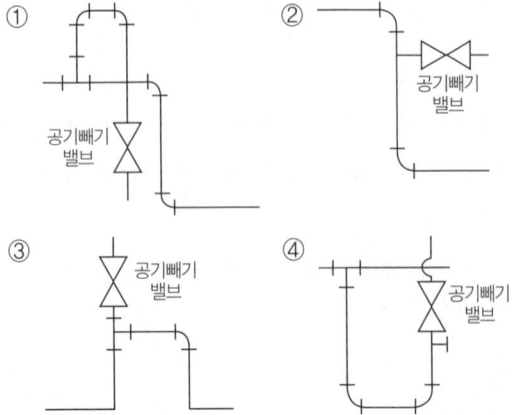

해설

공기빼기밸브는 온수 배관 최상부에 설치하여 배관내 고여 있는 공기를 배출한다.

정답 | ③

기계열역학

01 빈출도 ★★

그림과 같이 카르노 사이클로 운전하는 기관 2개가 직렬로 연결되어 있는 시스템에서 두 열기관의 효율이 똑같다고 하면 중간 온도 T는 약 몇 [K]인가?

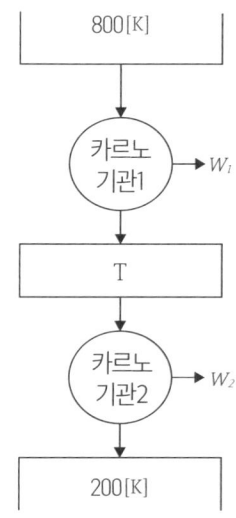

① 330[K] ② 400[K]
③ 500[K] ④ 660[K]

해설

카르노사이클의 효율 $\eta = \dfrac{T_H - T_C}{T_H}$ 에서

기관1의 효율과 기관2의 효율이 같으므로

$\dfrac{800 - T}{800} = \dfrac{T - 200}{T} \rightarrow T = 400[K]$

정답 | ②

02 빈출도 ★★★

역카르노 사이클로 운전하는 이상적인 냉동사이클에서 응축기 온도가 40[℃], 증발기 온도가 −10[℃]이면 성능 계수는?

① 4.26 ② 5.26
③ 3.56 ④ 6.56

해설

냉동사이클의 성적계수 COP

$= \dfrac{Q_C}{W_{cycle}} = \dfrac{T_C}{T_H - T_C}$

$= \dfrac{273 + (-10)}{40 - (-10)} = \dfrac{263}{50}$

$= 5.26$

정답 | ②

03 빈출도 ★★★

밀폐시스템에서 초기 상태가 300[K], 0.5[m³]인 이상기체를 등온과정으로 150[kPa]에서 600[kPa]까지 천천히 압축하였다. 이 압축과정에 필요한 일은 약 몇 [kJ]인가?

① 104 ② 208
③ 304 ④ 612

해설

압축 과정에서 기체가 하는 일

$W = P_i V_i \ln \dfrac{P_i}{P_f} = 150[kPa] \times 0.5[m^3] \times \ln \dfrac{150}{600}$

$= -104[kJ]$

※ 부호가 (−)이므로 기체가 외부로부터 일을 받은 것이다.

정답 | ①

04 빈출도 ★★★

에어컨을 이용하여 실내의 열을 외부로 방출하려 한다. 실외 35[°C], 실내 20[°C]인 조건에서 실내로부터 3[kW]의 열을 방출하려 할 때 필요한 에어컨의 최소 동력은 약 몇 [kW]인가?

① 0.154
② 1.54
③ 0.308
④ 3.08

해설

성적계수 $COP = \dfrac{Q_{in}}{W_C} = \dfrac{T_C}{T_H - T_C} = \dfrac{273 + 20}{35 - 20} = 19.5$에서

소요동력 $W_c = \dfrac{Q_{in}}{COP} = \dfrac{3[kW]}{19.5} = 0.154[kW]$이다.

정답 | ①

05 빈출도 ★★★

압력 250[kPa], 체적 0.35[m³]의 공기가 일정 압력 하에서 팽창하여, 체적이 0.5[m³]로 되었다. 이 때 내부에너지의 증가가 93.9[kJ]이었다면, 팽창에 필요한 열량은 약 몇 [kJ]인가?

① 43.8
② 56.4
③ 131.4
④ 175.2

해설

열역학 제1법칙 $Q = P\Delta V + \Delta U$에서
$Q = 250[kPa] \times (0.5 - 0.35)[m^3] + 93.9[kJ]$
$= 37.5 + 93.9 = 131.4[kJ]$

정답 | ③

06 빈출도 ★★

이상기체의 가역 폴리트로픽 과정은 다음과 같다. 이에 대한 설명으로 옳은 것은? (단, P는 압력, v는 비체적, C는 상수이다.)

$$Pv^n = C$$

① $n = 0$이면 등온과정
② $n = 1$이면 정적과정
③ $n = \infty$이면 정압과정
④ $n = k$(비열비)이면 단열과정

해설

n	식	과정
$n = 0$	$P = const.$	등압과정
$n = 1$	$PV = const.$	등온과정
$n = \infty$	$V = const.$	등적과정
$n = k$	$PV^k = const.$	단열과정

정답 | ④

07 빈출도 ★★

열과 일에 대한 설명 중 옳은 것은?

① 열역학적 과정에서 열과 일은 모두 경로에 무관한 상태함수로 나타낸다.
② 일과 열의 단위는 대표적으로 Watt[W]를 사용한다.
③ 열역학 제1법칙은 열과 일의 방향성을 제시한다.
④ 한 사이클 과정을 지나 원래 상태로 돌아왔을 때 시스템에 가해진 전체 열량은 시스템이 수행한 전체 일의 양과 같다.

해설

한 사이클 과정을 지나 원래 상태로 돌아왔을 때 시스템에 가해진 전체 열량은 시스템이 수행한 전체 일의 양과 같다.

선지분석

① 열과 일은 경로에 의존하는 경로함수이다.
② Watt[W]는 일률의 단위이며 일과 열의 단위는 대표적으로 Joule[J]을 사용한다.
③ 열과 일의 방향성을 제시하는 법칙은 열역학 제2법칙이다.

정답 | ④

08 빈출도 ★★

랭킨 사이클의 각각의 지점에서 엔탈피는 다음과 같다. 이 사이클의 효율은 약 몇 [%]인가? (단, 펌프일은 무시한다.)

- 보일러 입구: 290.5[kJ/kg]
- 보일러 출구: 3,476.9[kJ/kg]
- 응축기 입구: 2,622.1[kJ/kg]
- 응축기 출구: 286.3[kJ/kg]

① 32.4[%] ② 29.8[%]
③ 26.7[%] ④ 23.8[%]

해설

랭킨 사이클의 효율 $\eta = 1 - \dfrac{Q_{out}}{Q_{in}}$에서

Q_{in}은 보일러에서 흡수한 열 = 3,476.9 − 290.5 = 3,186.4이고, Q_{out}은 응축기에서 방출한 열 = 2,622.1 − 286.3 = 2,335.8이므로 효율 = $1 - \dfrac{2,335.8}{3,186.4} = 0.267 = 26.7[\%]$이다.

정답 ③

09 빈출도 ★

공기의 정압비열(C_p, [kJ/kg·℃])이 다음과 같다고 가정한다. 이때 공기 5[kg]을 0[℃]에서 100[℃]까지 일정한 압력하에서 가열하는데 필요한 열량은 약 몇 [kJ]인가? (단, 다음 식에서 t는 섭씨온도를 나타낸다.)

$$C_p = 1.0053 + 0.000079 \times t \,[\mathrm{kJ/(kg \cdot ℃)}]$$

① 85.5 ② 100.9
③ 312.7 ④ 504.6

해설

정압비열이 섭씨온도에 따라 달라지므로 t에는 0과 100의 산술평균인 50을 대입하여 C_p는 $1.0053 + 0.000079 \times 50 = 1.00925\,[\mathrm{kJ/kg \cdot ℃}]$를 구한 뒤, 정압 과정에서 받은 열 공식 $Q_p = C_p m \Delta T$에 대입하면, $Q_p = 1.00925\,[\mathrm{kJ/kg \cdot ℃}] \times 5\,[\mathrm{kg}] \times (100-0)[℃] = 504.625\,[\mathrm{kJ}]$이다.

정답 ④

10 빈출도 ★★

공기 표준 사이클로 운전하는 디젤 사이클 엔진에서 압축비는 18, 체절비(분사 단절비)는 2일 때 이 엔진의 효율은 약 몇 [%]인가? (단, 비열비는 1.4이다.)

① 63% ② 68%
③ 73% ④ 78%

해설

압축비 $r=18$, 비열비 $k=1.4$, 체절비 $r_c=2$인 디젤 사이클의 효율

$\eta = 1 - \left(\dfrac{1}{r}\right)^{k-1} \cdot \dfrac{r_c^k - 1}{k(r_c - 1)}$

$= 1 - \left(\dfrac{1}{18}\right)^{0.4} \times \dfrac{2^{1.4} - 1}{1.4(2-1)} = 1 - 0.315 \times \dfrac{1.64}{1.4}$

$= 0.631 = 63.1[\%]$

정답 ①

11 빈출도 ★★

카르노 냉동기 사이클과 카르노 열펌프 사이클에서 최고 온도와 최소 온도가 서로 같다. 카르노 냉동기의 성적계수는 COP_R이라고 하고, 카르노 열펌프의 성적계수는 COP_{HP}라고 할 때 다음 중 옳은 것은?

① $COP_{HP} + COP_R = 1$
② $COP_{HP} + COP_R = 0$
③ $COP_R - COP_{HP} = 1$
④ $COP_{HP} - COP_R = 1$

해설

- 냉동기의 성적계수는 $\dfrac{Q_{in}}{W_c} = \dfrac{Q_{in}}{Q_{out} - Q_{in}}$인데
  카르노 냉동기의 성적계수 $COP_R = \dfrac{T_C}{T_H - T_C}$이다.
- 열펌프의 성적계수는 $\dfrac{Q_{out}}{W_c'} = \dfrac{Q_{out}'}{Q_{out}' - Q_{in}'}$인데
  카르노 열펌프의 성적계수 $COP_{HP} = \dfrac{T_H'}{T_H' - T_C'}$이다.
- 이때 $T_H = T_H'$, $T_C = T_C'$라는 조건이 주어졌으므로
  $COP_{HP} - COP_R = \dfrac{T_H - T_C}{T_H - T_C} = 1$이 성립한다.

정답 ④

12 빈출도 ★★★

500[°C]의 고온부와 50[°C]의 저온부 사이에서 작동하는 Carnot 사이클 열기관의 열효율은 얼마인가?

① 10[%]   ② 42[%]
③ 58[%]   ④ 90[%]

해설

카르노 사이클의 효율
$$\eta = 1 - \frac{T_C}{T_H} = 1 - \frac{273+50}{273+500}$$
$$= 1 - 0.418 = 0.582 = 58.2[\%]$$

정답 | ③

13 빈출도 ★

이상기체가 등온 과정으로 부피가 2배로 팽창할 때 한 일이 W_1이다. 이 이상기체가 같은 초기조건 하에서 폴리트로픽 과정(지수=2)으로 부피가 2배로 팽창할 때 한 일은?

① $\frac{1}{2\ln2} \times W_1$ ② $\frac{2}{\ln2} \times W_1$

③ $\frac{\ln2}{2} \times W_1$ ④ $2\ln2 \times W_1$

해설

- 등온팽창 시 기체가 한 일($n=1$)
$$W_1 = \int_{V_1}^{2V_1} PdV = P_1V_1\int_{V_1}^{2V_1}\frac{dV}{V} = P_1V_1\ln2$$

- 폴리트로픽 팽창 시 기체가 한 일($n=2$)
$PV^2 = const. = P_1V_1^2$이므로 $P = P_1V_1^2V^{-2}$
$$W = \int_{V_1}^{2V_1} PdV = P_1V_1^2\int_{V_1}^{2V_1}V^{-2}dV$$
$$P_1V_1^2\left[-\frac{1}{V}\right]_{V_1}^{2V_1} = P_1V_1\left(1-\frac{1}{2}\right) = \frac{1}{2}P_1V_1$$

- $W_1 = P_1V_1\ln2$에서 $P_1V_1 = \frac{W_1}{\ln2}$이므로
$$W = \frac{1}{2}P_1V_1 = \frac{W_1}{2\ln2}$$

정답 | ①

14 빈출도 ★★★

클라우지우스(Clausius) 적분 중 비가역 사이클에 대하여 옳은 식은? (단, Q는 시스템에 공급되는 열, T는 절대온도를 나타낸다.)

① $\oint \frac{dQ}{T} = 0$ ② $\oint \frac{dQ}{T} < 0$

③ $\oint \frac{dQ}{T} > 0$ ④ $\oint \geq \frac{dQ}{T} 0$

해설 클라우지우스 부등식

- 가역과정 $\oint \frac{dQ}{T} = 0$
- 비가역과정 $\oint \frac{dQ}{T} < 0$

정답 | ②

15 빈출도 ★★

다음 중 이상적인 스로틀 과정에서 일정하게 유지되는 양은?

① 압력   ② 엔탈피
③ 엔트로피   ④ 온도

해설

냉매가 팽창밸브를 통과하는 교축과정(스로틀 과정)은 비가역 단열과정이므로 엔탈피의 변화가 없다.

정답 | ②

16 빈출도 ★★

$70[kPa]$에서 어떤 기체의 체적이 $12[m^3]$이었다. 이 기체를 $800[kPa]$까지 폴리트로픽 과정으로 압축했을 때 체적이 $2[m^3]$로 변화했다면, 이 기체의 폴리트로프(폴리트로픽) 지수는 약 얼마인가?

① 1.21
② 1.28
③ 1.36
④ 1.43

해설

$PV^n = const.$에서 $P_1V_1^n = P_2V_2^n$이므로

$70 \times 12^n = 800 \times 2^n \rightarrow 6^n = \dfrac{80}{7}$

따라서 $n = \log_6 \dfrac{80}{7} = 1.36$

정답 | ③

17 빈출도 ★★

어떤 기체 $1[kg]$이 압력 $50[kPa]$, 체적 $2.0[m^3]$의 상태에서 압력 $1,000[kPa]$ 체적 $0.2[mm^3]$의 상태로 변화하였다. 이 경우 내부에너지의 변화가 없다고 한다면, 엔탈피의 변화는 얼마나 되겠는가?

① $57[kJ]$
② $79[kJ]$
③ $91[kJ]$
④ $100[kJ]$

해설

엔탈피 변화량 $\Delta H = \Delta U + \Delta(PV)$에서 $\Delta U = 0$이고
$P_1V_1 = 50[kPa] \times 2[m^3] = 100[kJ]$,
$P_2V_2 = 1,000[kPa] \times 0.2[m^3] = 200[kJ]$이므로
따라서 $\Delta H = 200 - 100 = 100[kJ]$

정답 | ④

18 빈출도 ★★★

두 물체가 각각 제3의 물체와 온도가 같을 때는 두 물체도 역시 서로 온도가 같다는 것을 말하는 법칙으로 온도측정의 기초가 되는 것은?

① 열역학 제0법칙
② 열역학 제1법칙
③ 열역학 제2법칙
④ 열역학 제3법칙

해설

온도가 서로 다른 두 물체를 접촉시키면 고온체에서 저온체로 열이 이동하여 열평형이 성립하는 법칙은 열역학 제0법칙이다.

정답 | ①

19 빈출도 ★★★

이상기체가 등온과정으로 체적이 감소할 때 엔탈피는 어떻게 되는가?

① 변하지 않는다.
② 체적에 비례하여 감소한다.
③ 체적에 반비례하여 증가한다.
④ 체적의 제곱에 비례하여 감소한다.

해설

이상기체에서 엔탈피는 온도만의 함수이므로 등온과정에서는 체적에 관계없이 $\Delta H = 0$이다.

정답 | ①

20 빈출도 ★★

이상적인 디젤 기관의 압축비가 16일 때 압축 전의 공기 온도가 $90[℃]$라면, 압축 후의 공기의 온도는 약 몇 $[℃]$인가? (단, 공기의 비열비는 1.4이다.)

① $1,101[℃]$
② $718[℃]$
③ $808[℃]$
④ $827[℃]$

해설

단열압축 시 $\dfrac{T_2}{T_1} = \left(\dfrac{V_1}{V_2}\right)^{k-1}$에서 $T_2 = T_1\left(\dfrac{V_1}{V_2}\right)^{k-1}$

압축비 $\dfrac{V_1}{V_2} = 16$이므로

$T_2 = (273 + 90) \times 16^{1.4-1} = 363 \times 16^{0.4}$
$= 1,100.41[K] = 827.41[℃]$

정답 | ④

냉동공학

21 빈출도 ★★

흡수식 냉동기의 특징에 대한 설명으로 옳은 것은?

① 자동제어가 어렵고 운전경비가 많이 소요된다.
② 초기 운전 시 정격 성능을 발휘할 때까지의 도달속도가 느리다.
③ 부분 부하에 대한 대응이 어렵다.
④ 증기 압축식보다 소음 및 진동이 크다.

해설

흡수식 냉동기는 예열시간이 길고 정격 도달속도가 느리다.

정답 | ②

22 빈출도 ★

내경이 20[mm]인 관 안으로 포화상태의 냉매가 흐르고 있으며 관은 단열재로 싸여있다. 관의 두께는 1[mm]이며, 관재질의 열전도도는 50[W/m·K]이며, 단열재의 열전도도는 0.02[W/m·K]이다. 단열재의 내경과 외경은 각각 22[mm]와 42[mm]일 때, 단위 길이당 열손실(W)은? (단, 이때 냉매의 온도는 60[℃], 주변 공기의 온도는 0[℃]이며, 냉매 측과 공기 측의 평균 대류열전달계수는 각각 2,000[W/m²·K]와 10[W/m²·K]이다. 관과 단열재 접촉부의 열저항은 무시한다.)

① 9.87
② 10.14
③ 11.10
④ 13.27

해설

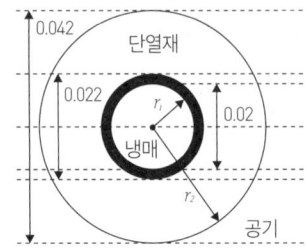

- 배관의 전도에 의한 열저항

$$R_1 = \frac{\ln \frac{d_0}{d_i}}{2\pi \lambda_1} = \frac{\ln \frac{0.022}{0.02}}{2\pi \times 50} = 3.03 \times 10^{-4} [\text{K/W·m}]$$

d_0: 관의 외경($0.02 + 2 \times 0.001 = 0.022$[m])
d_i: 관의 내경(0.02[m])
λ_1: 관의 열전도도(50[W/m·K])

- 배관 내벽 냉매대류 열저항

$$R_2 = \frac{1}{\alpha_i A} = \frac{1}{\alpha_i \times \pi d_i} = \frac{1}{2,000 \times \pi \times 0.02}$$
$$= 7.96 \times 10^{-3} [\text{K/W·m}]$$

α_i: 냉매 측 대류열전달계수($2,000$[W/m²·K])

- 단열재의 전도에 의한 열저항

$$R_3 = \frac{\ln \frac{d_a}{d_0}}{2\pi \lambda_2} = \frac{\ln \frac{0.042}{0.022}}{2\pi \times 0.02} = 5.15 [\text{K/W·m}]$$

d_a: 단열재의 외경(0.042[m])
λ_2: 단열재의 열전도도(0.02[W/m·K])

- 공기대류 열저항

$$R_4 = \frac{1}{\alpha_o A} = \frac{1}{\alpha_o \times \pi d_0} = \frac{1}{10 \times \pi \times 0.042} = 0.758 [\text{K/W·m}]$$

α_o: 공기 측 대류열전달계수(10[W/m²·K])

- 합성 열저항

$R = R_1 + R_2 + R_3 + R_4$
$= 7.96 \times 10^{-3} + 3.03 \times 10^{-4} + 5.15 + 0.758$
$= 5.916$[K/W·m]

- 단위 길이당 열손실 $q = \frac{\Delta T}{R} = \frac{60}{5.916} = 10.14$[W/m]

정답 | ②

23 빈출도 ★★

40냉동톤의 냉동부하를 가지는 제빙공장이 있다. 이 제빙공장 냉동기의 압축기 출구 엔탈피가 457[kcal/kg], 증발기 출구 엔탈피가 369[kcal/kg], 증발기 입구 엔탈피가 128[kcal/kg]일 때, 냉매 순환량[kg/h]은? (단, 1RT는 3,320[kcal/h]이다.)

① 551
② 403
③ 290
④ 25.9

해설

냉매 순환량 = $\dfrac{냉동부하}{증발기에서 증가한 엔탈피}$

$= \dfrac{40 \times 3{,}320 [\text{kcal/h}]}{(369-128)[\text{kcal/kg}]} = 551.0 [\text{kg/h}]$

정답 | ①

24 빈출도 ★★★

증기압축식 냉동 시스템에서 냉매량 부족 시 나타나는 현상으로 틀린 것은?

① 토출압력의 감소
② 냉동능력의 감소
③ 흡입가스의 과열
④ 토출가스의 온도 감소

해설

흡입압력은 압축기 입구의 압력이므로 증발기 출구의 압력과 같다. 즉, 냉매량이 부족하면 증발기 압력이 낮아지고 압축기의 흡입압력도 낮아진다. 냉매액이 냉매기체로 변한 뒤에도 계속 열을 받으므로 증발기 출구의 토출가스는 온도가 증가하고 압축기 입구의 흡입가스는 과열증기가 된다.

정답 | ④

25 빈출도 ★★

프레온 냉동장치에서 가용전에 관한 설명으로 틀린 것은?

① 가용전의 용융온도는 일반적으로 75[℃] 이하로 되어 있다.
② 가용전은 Sn(주석), Cd(카드뮴), Bi(비스무트) 등의 합금이다.
③ 온도상승에 따른 이상 고압으로부터 응축기 파손을 방지한다.
④ 가용전의 구경은 안전밸브 최소구경의 1/2 이하이어야 한다.

해설

가용전의 구경은 안전밸브 구경의 1/2 이상이어야 한다. 가용전의 구경이 너무 작으면 안전밸브 열림동작보다 가용전의 마개 파손이 먼저 진행된다.

정답 | ④

26 빈출도 ★★

암모니아 냉동장치에서 고압측 게이지 압력이 14[kg/cm²·g], 저압측 게이지 압력이 3[kg/cm²·g]이고, 피스톤 압출량이 100[m³/h], 흡입증기의 비체적이 0.5[m³/kg]이라 할 때, 이 장치에서의 압축비와 냉매 순환량[kg/h]은 각각 얼마인가? (단, 압축기의 체적효율은 0.7로 한다.)

① 3.73, 70
② 3.73, 140
③ 4.67, 70
④ 4.67, 140

해설

- 압축비 = $\dfrac{압축기\ 출구압력(절대압)}{압축기\ 입구압력(절대압)}$

  $= \dfrac{14+1.0332}{3+1.0332} = \dfrac{15.0332}{4.0332} = 3.73$

- 냉매 순환량 = $\dfrac{피스톤\ 압출량}{증기의\ 비체적} \times 체적효율$

  $= \dfrac{100[\text{m}^3/\text{h}]}{0.5[\text{m}^3/\text{kg}]} \times 0.7 = 140 [\text{kg/h}]$

정답 | ②

27 빈출도 ★★

피스톤 압출량이 48[m³/h]인 압축기를 사용하는 아래와 같은 냉동장치가 있다. 압축기 체적효율(η_v)이 0.75이고, 배관에서의 열손실을 무시하는 경우, 이 냉동장치의 냉동능력[RT]은 얼마인가? (단, 1[RT]는 3,320[kcal/h]이다.)

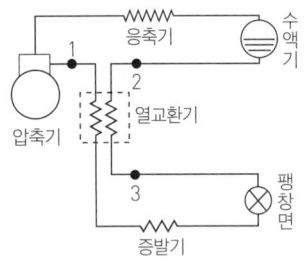

$h_1 = 135.5$[kcal/kg]
$v_1 = 0.12$[m³/kg]
$h_2 = 105.5$[kcal/kg]
$h_3 = 104.0$[kcal/kg]

① 1.83 ② 2.54
③ 2.71 ④ 2.84

해설

냉동능력=(냉매순환량)×(엔탈피 증가량)=$\dfrac{Q}{v_1}\eta_v \times (h_1 - h_2)$

- 냉매순환량
$\dot{m} = \dfrac{Q}{v_1}\eta_v = \dfrac{48[\text{m}^3/\text{h}]}{0.12[\text{m}^3/\text{kg}]} \times 0.75 = 300[\text{kg/h}]$

- 냉동능력
$Q = \dot{m}(h_1 - h_2) = 300[\text{kg/h}] \times (135.5 - 105.5)[\text{kcal/kg}]$
$\quad = 9,000[\text{kcal/h}] = 2.71[\text{RT}]$

정답 | ③

28 빈출도 ★★

다음 중 독성이 거의 없고 금속에 대한 부식성이 적어 식품냉동에 사용되는 유기질 브라인은?

① 프로필렌글리콜 ② 식염수
③ 염화칼슘 ④ 염화마그네슘

해설

프로필렌글리콜은 무독성으로 식품용 등급으로 사용 가능한 유기질 브라인이다.

개념설명

금속에 대한 부식성이 적은 유기질 브라인에는 에틸렌글리콜, 프로필렌글리콜 등이 있다.

정답 | ①

29 빈출도 ★★

열통과율 900[kcal/m²·h·℃], 전열면적 5[m²]인 아래 그림과 같은 대향류 열교환기에서의 열교환량 [kcal/h]은? (단, t_1: 27[℃], t_2: 13[℃], t_{w1}: 5[℃], t_{w2}: 10[℃]이다.)

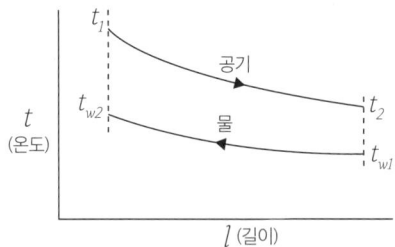

① 26,865 ② 53,730
③ 45,000 ④ 90,245

해설

입구온도차는 27−10=17[℃], 출구온도차는 13−5=8[℃]이므로 대수평균 온도차를 구하면
$\Delta T = \dfrac{17-8}{\ln 17/8} = 11.94$이다.

따라서 열교환량 $\dfrac{Q_{\text{방열}}}{t} = kA\Delta T$
$= 900[\text{kcal/m}^2 \cdot \text{h} \cdot ℃] \times 5[\text{m}^2] \times 11.94[℃]$
$= 53,730[\text{kcal/h}]$

정답 | ②

30 빈출도 ★★★

냉동장치에 사용하는 브라인 순환량이 200[L/min]이고, 비열이 0.7[kcal/kg·℃]이다. 브라인의 입·출구 온도는 각각 −6[℃]와 −10[℃]일 때, 브라인 쿨러의 냉동능력[kcal/h]은? (단, 브라인의 비중은 1.2이다.)

① 36,880 ② 38,860
③ 40,320 ④ 43,200

해설

냉동능력은 시간당 브라인이 잃은 열과 같으므로
$Q = C\rho V \Delta T$
$= 0.7[\text{kcal/kg} \cdot ℃] \times (1.2[\text{kg/L}]) \times 200[\text{L/min}] \times 4[℃]$
$= 672[\text{kcal/min}] = 40,320[\text{kcal/h}]$

정답 | ③

31 빈출도 ★★

프레온 냉매의 경우 흡입배관에 이중 입상관을 설치하는 목적으로 가장 적합한 것은?

① 오일의 회수를 용이하게 하기 위하여
② 흡입가스의 과열을 방지하기 위하여
③ 냉매액의 흡입을 방지하기 위하여
④ 흡입관에서의 압력강하를 줄이기 위하여

해설

흡입관을 이중 입상관 형태로 설치하여 냉매량이 적을 때는 소구경 배관을 통해서만 흐르게 하여 냉매 유속을 빠르게 유지하고 냉동기유(윤활유)가 고이지 않게 한다.

정답 | ①

32 빈출도 ★

다음 중 흡수식 냉동기의 용량제어 방법으로 적당하지 않은 것은?

① 흡수기 공급흡수제 조절
② 재생기 공급용액량 조절
③ 재생기 공급증기 조절
④ 응축수량 조절

해설

흡수기 공급흡수제 조절 방법은 흡수식 냉동기의 용량제어 방법이 아니다.

개념설명 흡수식 냉동기의 용량제어 방법
- 재생기 공급용액량 조절 방법
- 재생기 공급증기 조절 방법
- 응축수량 조절 방법

정답 | ①

33 빈출도 ★★

냉동장치 운전 중 팽창밸브의 열림이 적을 때, 발생하는 현상이 아닌 것은?

① 증발압력은 저하한다.
② 냉매 순환량은 감소한다.
③ 액압축으로 압축기가 손상된다.
④ 체적효율은 저하한다.

해설

액압축 현상은 팽창밸브의 열림이 과도할 때 발생한다.

정답 | ③

34 빈출도 ★

폐열을 회수하기 위한 히트파이프(heat pipe)의 구성요소가 아닌 것은?

① 단열부　　② 응축부
③ 증발부　　④ 팽창부

해설

히트파이프는 증발부, 단열부, 응축부로 구분되며, 주로 컴퓨터의 CPU 냉각 장치로 쓰인다. 팽창부는 히트파이프의 구성요소가 아니다.

정답 | ④

35 빈출도 ★★★

냉동기유가 갖추어야 할 조건으로 틀린 것은?

① 응고점이 낮고, 인화점이 높아야 한다.
② 냉매와 잘 반응하지 않아야 한다.
③ 산화가 되기 쉬운 성질을 가져야 된다.
④ 수분, 산분을 포함하지 않아야 된다.

해설

냉동장치의 윤활 목적은 압축기 내 베어링 윤활 작용, 마찰열 흡수에 의한 냉각 작용, 밀봉과 방식 작용 등이 있다.

정답 | ③

36 빈출도 ★★

냉동장치 내에 불응축 가스가 생성되는 원인으로 가장 거리가 먼 것은?

① 냉동장치의 압력이 대기압 이상으로 운전될 경우 저압측에서 공기가 침입한다.
② 장치를 분해, 조립하였을 경우에 공기가 잔류한다.
③ 압축기의 축봉장치 패킹 연결부분에 누설부분이 있으면 공기가 장치 내에 침입한다.
④ 냉매, 윤활유 등의 열분해로 인해 가스가 발생한다.

해설

냉매에 혼입된 공기를 불응축 가스라고 한다. 유체는 고기압에서 저기압으로 이동하므로 압력이 대기압 이하인 상태로 운전할 경우에 고압 측에서 공기가 침입한다.

정답 | ①

37 빈출도 ★★★

가역 카르노 사이클에서 고온부 40[℃], 저온부 0[℃]로 운전될 때 열기관의 효율은?

① 7.825
② 6.825
③ 0.147
④ 0.128

해설

카르노 사이클의 효율

$$\eta = \frac{T_H - T_C}{T_H} = 1 - \frac{T_C}{T_H} = 1 - \frac{273+0}{273+40} = 0.128$$

정답 | ④

38 빈출도 ★★

다음 냉동장치에서 물의 증발열을 이용하지 않는 것은?

① 흡수식 냉동장치
② 흡착식 냉동장치
③ 증기분사식 냉동장치
④ 열전식 냉동장치

해설

열전식 냉동장치는 펠티에 효과를 이용한 열전 냉각 방식이므로 물의 증발열을 이용하지 않으며 냉매 대신 반도체를 이용한다.

정답 | ④

39 빈출도 ★

다음 중 밀착 포장된 식품을 냉각부동액 중에 집어 넣어 동결시키는 방식은?

① 침지식 동결장치
② 접촉식 동결장치
③ 진공 동결장치
④ 유동층 동결장치

해설

밀착 포장된 식품을 냉각부동액 중에 집어 넣어 동결시키는 방식은 침지식 동결방식이다.
※ 담금 동결을 침지식 동결이라고도 한다.

정답 | ①

40 빈출도 ★

압축기에 부착하는 안전밸브의 최소 구경을 구하는 공식으로 옳은 것은?

① 냉매상수×(시간당 피스톤 표준압출량)$^{1/2}$
② 냉매상수×(시간당 피스톤 표준압출량)$^{1/3}$
③ 냉매상수×(시간당 피스톤 표준압출량)$^{1/4}$
④ 냉매상수×(시간당 피스톤 표준압출량)$^{1/5}$

해설

압축기에 부착하는 안전밸브의 최소구경
D_{min} = 냉매상수×$\sqrt{\text{시간당 피스톤 표준압출량}}$
= 냉매상수×(시간당 피스톤 표준압출량)$^{1/2}$

정답 | ①

공기조화

41 ★

장방형 덕트(장변 a, 단변 b)를 원형덕트로 바꿀 때 사용하는 식은 아래와 같다. 이 식으로 환산된 장방형 덕트와 원형덕트의 관계는?

$$D_e = 1.3 \left[\frac{(a \cdot b)^5}{(a+b)^2} \right]^{1/8}$$

① 두 덕트의 풍량과 단위 길이당 마찰손실이 같다.
② 두 덕트의 풍량과 풍속이 같다.
③ 두 덕트의 풍속과 단위 길이당 마찰손실이 같다.
④ 두 덕트의 풍량과 풍속 및 단위 길이당 마찰 손실이 모두 같다.

해설

장방형 또는 타원형 덕트를 원형덕트로 바꿀 때 사용하는 계산식으로 이 식으로 환산된 정방형 덕트와 원형덕트의 풍량과 단위 길이당 마찰손실은 같다.
※ 식에서 구한 직경(D_e)를 상당 직경이라고 한다.

정답 | ①

42 ★★

열회수방식 중 공조설비의 에너지 절약기법으로 많이 이용되고 있으며, 외기 도입량이 많고 운전시간이 긴 시설에서 효과가 큰 것은?

① 잠열교환기 방식
② 현열교환기 방식
③ 비열교환기 방식
④ 전열교환기 방식

해설

전열교환기 방식은 공기 대 공기의 열교환기로서 현열과 잠열을 모두 교환하기 때문에 효율적인 에너지 회수 방식이며 외기 도입량이 많을수록, 실내외 온도차가 클수록 에너지 절약 효과가 크다.

정답 | ④

43 ★★★

중앙식 공조방식의 특징에 대한 설명으로 틀린 것은?

① 중앙집중식이므로 운전 및 유지관리가 용이하다.
② 리턴 팬을 설치하면 외기냉방이 가능하게 된다.
③ 대형건물보다는 소형건물에 적합한 방식이다.
④ 덕트가 대형이고, 개별식에 비해 설치공간이 크다.

해설

중앙식 공조방식은 대용량 운전효율이 좋아서 대규모 건물에 적합한 공조방식이다.

정답 | ③

44 ★★

어느 건물 서편의 유리 면적이 $40[m^2]$이다. 안쪽에 크림색의 베네시언 블라인드를 설치한 유리면으로부터 오후 4시에 침입하는 열량[kW]은? (단, 외기는 $33[°C]$, 실내는 $27[°C]$, 유리는 1중이며, 유리의 열통과율[K]은 $5.9[W/m^2 \cdot °C]$, 유리창의 복사량(I_{gr})은 $608[W/m^2]$, 차폐계수(K_s)는 0.56이다.)

① 15
② 13.6
③ 3.6
④ 1.4

해설

• 관류열
$KA\Delta T = 5.9[W/m^2 \cdot °C] \times 40[m^2] \times (33-27)[°C]$
$= 1,416[W]$
• 일사열
$I_{gr}AK_s = 608[W/m^2] \times 40[m^2] \times 0.56 = 13,619.2[W]$
• 냉방 부하는 실내외 온도차에 의한 취득 열량과 유리창을 통한 일사 취득 열량의 합이므로
$Q = 1,416 + 13,619.2 = 15,035[W] = 15.04[kW]$

정답 | ①

45 빈출도 ★

보일러의 스케일 방지방법으로 틀린 것은?

① 슬러지는 적절한 분출로 제거한다.
② 스케일 방지 성분인 칼슘의 생성을 돕기 위해 경도가 높은 물을 보일러수로 활용한다.
③ 경수연화장치를 이용하여 스케일 생성을 방지한다.
④ 인산염을 일정농도가 되도록 투입한다.

해설
칼슘은 스케일 생성 성분이므로 칼슘을 제거할 수 있는 연수를 보일러수로 활용하고, 칼슘 이온을 중화시킬 수 있는 인산염을 투입한다.

정답 | ②

46 빈출도 ★★★

외부의 신선한 공기를 공급하여 실내에서 발생한 열과 오염물질을 대류효과 또는 급배기팬을 이용하여 외부로 배출시키는 환기방식은?

① 자연환기 ② 전달환기
③ 치환환기 ④ 국소환기

해설
실내보다 차가운 공기를 하부에 공급하여 오염물질을 대류효과에 의해 실내 상부로 배기하는 방법은 치환환기법이다.

선지분석
① 자연환기: 창문을 개방하여 외부의 공기를 이용하여 환기하는 방식이다.
② 전달환기: 천장 또는 고가덕트를 통해 고속·다량의 공기를 내려보내 실내 공기를 섞어 희석시키는 방식이다.
④ 국소환기: 오염원이 있는 곳의 공기를 국소적으로 흡입하거나 공급하는 방식이다.

정답 | ③

47 빈출도 ★★★

다음 중 사용되는 공기 선도가 아닌 것은? (단, h: 엔탈피, x: 절대습도, t: 온도, p: 압력이다.)

① $h-x$선도 ② $t-x$선도
③ $t-h$선도 ④ $p-h$선도

해설
$P-h$선도는 냉매의 압력과 엔탈피 변화를 보여주는 선도이다.
※ 공기 선도에는 온도 t, 절대습도 x, 비엔탈피 h, 비체적 v 등이 표시된다.

정답 | ④

48 빈출도 ★

다음 중 일반 공기 냉각용 냉수 코일에서 가장 많이 사용되는 코일의 열수로 가장 적정한 것은?

① 0.5~1 ② 1.5~2
③ 4~8   ④ 10~14

해설
코일의 열수는 4~8열을 가장 많이 사용한다.

정답 | ③

49 빈출도 ★★

일사를 받는 외벽으로부터의 침입열량(q)을 구하는 식으로 옳은 것은? (단, k는 열관류율, A는 면적, Δt는 상당외기 온도차이다.)

① $q = k \times A \times \Delta t$
② $q = 0.86 \times A / \Delta t$
③ $q = 0.24 \times A \times \Delta t / k$
④ $q = 0.29 \times k / (A \times \Delta t)$

해설
벽체의 열관류 $q = kA\Delta t$인데, Δt에는 일사량을 고려한 상당외기 온도차를 대입해 주어야 한다.

정답 | ①

50 빈출도 ★★
공기의 감습장치에 관한 설명으로 틀린 것은?

① 화학적 감습법은 흡착과 흡수 기능을 이용하는 방법이다.
② 압축식 감습법은 감습만을 목적으로 사용하는 경우 재열이 필요하므로 비경제적이다.
③ 흡착식 감습법은 실리카겔 등을 사용하며, 흡습재의 재생이 가능하다.
④ 흡수식 감습법은 활성 알루미나를 이용하기 때문에 연속적이고 큰 용량의 것에는 적용하기 곤란하다.

해설
흡수식 감습법은 습공기가 수용액에 녹아들게 하는 방식으로 대용량에 적합하다.

정답 | ④

51 빈출도 ★★
간접난방과 직접난방 방식에 대한 설명으로 틀린 것은?

① 간접난방은 중앙 공조기에 의해 공기를 가열해 실내로 공급하는 방식이다.
② 직접난방은 방열기에 의해서 실내공기를 가열하는 방식이다.
③ 직접난방은 방열체의 방열형식에 따라 대류난방과 복사난방으로 나눌 수 있다.
④ 온풍난방과 증기난방은 간접 난방에 해당된다.

해설
- 온풍난방은 중앙 열원에서 가열된 공기를 덕트로 공급하는 방식으로 간접난방에 해당한다.
- 증기난방은 보일러에서 발생한 증기를 방열기에 순환시켜 실내를 가열하는 방식으로 직접난방에 해당한다.

정답 | ④

52 빈출도 ★★★
다음 중 온수난방용 기기가 아닌 것은?

① 방열기
② 공기방출기
③ 순환펌프
④ 증발탱크

해설
온수난방용 기기로는 방열기, 순환펌프, 팽창탱크, 공기빼기밸브, 수고계가 있다. 증발탱크는 증기난방용 기기이다.

정답 | ④

53 빈출도 ★★
다음 중 축류형 취출구에 해당되는 것은?

① 아네모스탯형 취출구
② 펑커루버형 취출구
③ 팬형 취출구
④ 다공판형 취출구

해설
축류형 취출구에 해당하는 것은 펑커루버형과 다공판형이다.

개념설명 취출구의 분류

분류	세부 분류
축류형 취출구	• 슬롯형 취출구 • 베인격자형 취출구 • 유니버설형 취출구 • 노즐형 취출구 • 스포트형 취출구 • 펑커루버형 취출구 • 다공판형 취출구
복류형 취출구	• 아네모스탯형 취출구 • 팬형 취출구

※ 출제 오류로 인한 복수정답이 인정된 문제입니다.

정답 | ②, ④

54 빈출도 ★★★

냉수코일의 설계상 유의사항으로 옳은 것은?

① 일반적으로 통과 풍속은 2~3[m/s]로 한다.
② 입구 냉수온도는 20[℃] 이상으로 취급한다.
③ 관내의 물의 유속은 4[m/s] 전후로 한다.
④ 병류형으로 하는 것이 보통이다.

해설

냉수코일 설계 시 통과 풍속은 2~3[m/s]로 한다.

선지분석

② 입구 냉수온도는 10[℃] 정도로 한다.
③ 관내 물의 유속은 1[m/s] 전후로 한다.
④ 대향류 방식으로 하는 것이 보통이다.

정답 | ①

55 빈출도 ★

수증기 발생으로 인한 환기를 계획하고자 할 때, 필요 환기량 $Q[m^3/h]$의 계산식으로 옳은 것은? (단, q_s: 발생 현열량[kJ/h], W: 수증기 발생량[kg/h], M: 먼지발생량[m^3/h], t_i: 허용 실내온도[℃], X_i[kg/kg]: 허용 실내 절대습도, t_o: 도입 외기온도[℃], X_o: 도입 외기절대습도[kg/kg], K, K_o: 허용실내 및 도입외기 가스농도, C, C_o: 허용 실내 및 도입외기 및 먼지농도이다.)

① $Q = \dfrac{q_s}{0.29(t_i - t_o)}$
② $Q = \dfrac{W}{1.2(x_i - x_o)}$
③ $Q = \dfrac{100 \cdot M}{K - K_o}$
④ $Q = \dfrac{M}{C - C_o}$

해설

- 공기의 평균밀도는 1.2[kg/m^3]이므로 필요환기량을 질량으로 환산하면 1.2Q[kg/h]이다.
- 환기로 배출되는 수증기의 양은 $1.2Q(x_i - x_o)$[kg/h]이고 이 값이 수증기 발생량 W와 같아야 하므로 $W = 1.2Q(x_i - x_o)$이다.
  따라서 환기량 $Q = \dfrac{W}{1.2(x_i - x_o)}$이다.

정답 | ②

56 빈출도 ★

다음 그림에서 상태 ①인 공기를 ②로 변화시켰을 때의 현열비를 바르게 나타낸 것은?

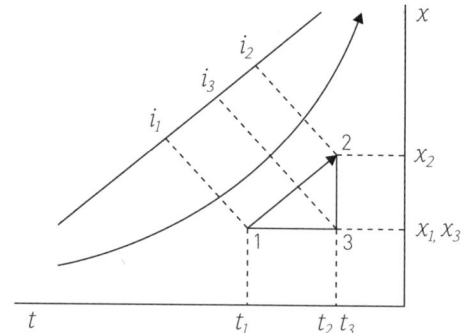

① $\dfrac{i_3 - i_1}{i_2 - i_1}$
② $\dfrac{i_2 - i_3}{i_2 - i_1}$
③ $\dfrac{x_2 - x_1}{t_1 - t_2}$
④ $\dfrac{t_1 - t_2}{i_3 - i_1}$

해설

건구온도가 증가하는 1 → 3과정은 현열증가만 있고 건구온도 증가 없이 절대습도가 증가하는 3 → 2과정은 잠열증가만 있으므로 현열 엔탈피 증가량은 $i_3 - i_1$이고, 잠열 엔탈피 증가량은 $i_2 - i_3$이다. 따라서 SHF = $\dfrac{i_3 - i_1}{i_2 - i_1}$이다.

개념설명 현열비

현열비 SHF = $\dfrac{현열 엔탈피 변화량}{전열 엔탈피 변화량}$

정답 | ①

57 빈출도 ★★

보일러의 종류 중 수관보일러 분류에 속하지 않는 것은?

① 자연순환식 보일러
② 강제순환식 보일러
③ 연관 보일러
④ 관류 보일러

해설

수관식 보일러는 관 내부를 물이 통과하고 외부에서 연소가스가 열교환하는 구조로 자연순환식, 강제순환식, 관류식으로 나뉜다.

정답 | ③

58 빈출도 ★★

제주지방의 어느 한 건물에 대한 냉방기간 동안의 취득열량[GJ/기간]은? (단, 냉방도일 $CD_{24-24}=162.4[deg°C·day]$, 건물 구조체 표면적 $500[m^2]$, 열관류율은 $0.58[W/m^2·°C]$, 환기에 의한 취득열량은 $168[W/°C]$이다.)

① 9.37 ② 6.43
③ 4.07 ④ 2.36

해설

- 관류에 의한 취득열량[W/°C]
  $0.58[W/m^2·°C] \times 500[m^2] = 290[W/°C]$
- 환기에 의한 취득열량[W/°C] $168[W/°C]$
- 전체 취득열량[GJ]
  $Q = (290+168)[W/°C] \times 162.4[deg°C·day] \times 86,400[s/day]$
  $= 6,426,362,880[W·s] = 6.43 \times 10^9[J] = 6.43[GJ]$
- ※ 1[day]=24[h]=1,440[min]=86,400[s]
  $1[GJ]=10^9[J]$

정답 | ②

59 빈출도 ★★

송풍량 $2,000[m^3/min]$을 송풍기 전후의 전압차 $20[Pa]$로 송풍하기 위한 필요 전동기 출력[kW]은? (단, 송풍기의 전압효율은 $80[\%]$, 전동효율은 V벨트로 0.95이며, 여유율은 0.2이다.)

① 1.05 ② 10.35
③ 14.04 ④ 25.32

해설

전압 효율이 η_1, 전동 효율이 η_2, 여유율이 a라면
송풍용 전동기 출력 $L = \dfrac{PQ(1+a)}{\eta_1 \eta_2}[W]$

$L = \dfrac{20[Pa] \times (2,000/60)[m^3/s] \times (1+0.2)}{0.8 \times 0.95}$
$= 1,052.6[W] = 1.05[kW]$

정답 | ①

60 빈출도 ★★

에어와셔 단열 가습시 포화효율은 어떻게 표시하는가? (단, 입구공기의 건구온도 t_1, 출구공기의 건구온도 t_2, 입구공기의 습구온도 t_{w1}, 출구공기의 습구온도 t_{w2}이다.)

① $\eta = \dfrac{(t_1-t_2)}{(t_2-t_{w2})}$ ② $\eta = \dfrac{(t_1-t_2)}{(t_1-t_{w1})}$

③ $\eta = \dfrac{(t_2-t_1)}{(t_{w2}-t_1)}$ ④ $\eta = \dfrac{(t_1-t_{w1})}{(t_2-t_1)}$

해설

- 입구공기를 향해 순환수를 분무하면 단열 가습이 되는데, 이 과정에서 엔탈피와 습구온도의 변화는 없고 건구온도는 낮아진다. 즉, $t_1 > t_2$이다.
- 에어와셔의 포화효율은 입구공기의 건습구 온도차에 대한 공기의 건구온도 감소량의 비이므로 $\eta = \dfrac{t_1-t_2}{t_1-t_{w1}}$이다.

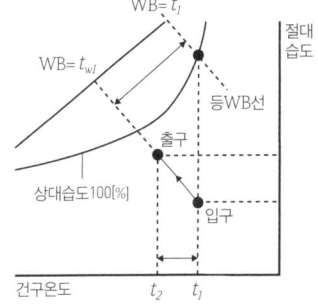

정답 | ②

전기제어공학

61 빈출도 ★

변압기의 부하손(동손)에 관한 설명으로 옳은 것은?

① 동손은 온도 변화와 관계없다.
② 동손은 주파수에 의해 변화한다.
③ 동손은 부하 전류에 의해 변화한다.
④ 동손은 자속 밀도에 의해 변화한다.

해설

구리로 만든 변압기의 권선에 전류를 흘렸을 때 줄열 $P_c = I^2 R$에 의한 손실이 동손으로 부하 전류에 의해 그 크기가 변화한다.

정답 | ③

62 빈출도 ★★★

목표값이 다른 양과 일정한 비율 관계를 가지고 변화하는 경우의 제어는?

① 추종 제어 ② 비율 제어
③ 정치 제어 ④ 프로그램 제어

해설

비율 제어는 목표값이 다른 양과 일정한 비율 관계를 유지하도록 제어하는 것을 목적으로 한다.

정답 | ②

63 빈출도 ★★

프로세스 제어용 검출기기는?

① 유량계 ② 전위차계
③ 속도검출기 ④ 전압검출기

해설

프로세스 제어용 검출기는 압력계, 유량계, 액면계, 온도계, 습도계가 있다. 전압 검출기와 속도 검출기는 자동 조정에 사용되는 검출기기이다.

정답 | ①

64 빈출도 ★★

$R-L-C$ 직렬회로에서 전압(E)과 전류(I) 사이의 위상 관계에 관한 설명으로 옳지 않은 것은?

① $X_L=X_C$인 경우 I는 E와 동상이다.
② $X_L>X_C$인 경우 I는 E보다 θ 만큼 뒤진다.
③ $X_L<X_C$인 경우 I는 E보다 θ 만큼 앞선다.
④ $X_L<(X_C-R)$인 경우 I는 E보다 θ 만큼 뒤진다.

해설

$X_L>X_C$이면 회로에는 전류의 위상이 전압보다 θ만큼 뒤지는 지상 전류가 흐르고, $X_L<X_C$이면 회로에는 전류의 위상이 전압보다 θ만큼 앞서는 진상 전류가 흐른다.
$X_L<X_C-R$이면 $X_L<X_C$이므로 전류의 위상이 전압보다 만큼 앞서는 진상 전류가 흐른다.

정답 | ④

65 빈출도 ★★

그림과 같은 $R-L-C$ 회로의 전달함수는?

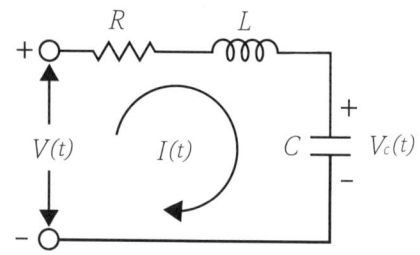

① $\dfrac{1}{LCs+RC+1}$ ② $\dfrac{1}{LC+RCs+1}$
③ $\dfrac{1}{LCs^2+RCs+1}$ ④ $\dfrac{1}{LCs+RCs^2+1}$

해설

키르히호프 전압법칙에 의해
$Ri(t)+L\dfrac{di(t)}{dt}+\dfrac{1}{C}\int_0^t i(\tau)d\tau=v(t)$

양변을 t에 대해 미분하면
$R\dfrac{di(t)}{dt}+L\dfrac{d^2i(t)}{dt^2}+\dfrac{1}{C}i(t)=\dfrac{dv(t)}{dt}$

위 식을 라플라스 변환하면
$RsI(s)+Ls^2I(s)+\dfrac{1}{C}I(s)=sV(s)$

따라서 $\dfrac{I(s)}{V(s)}=\dfrac{s}{Rs+Ls^2+\dfrac{1}{C}}=\dfrac{sC}{LCs^2+RCs+1}$

여기서 $V_c(s)=I(s)\times\dfrac{1}{sC}$이므로

$G(s)=\dfrac{I(s)}{V(s)}\times\dfrac{V_c(s)}{I(s)}=\dfrac{V_c(s)}{V(s)}$
$=\dfrac{sC}{LCs^2+RCs+1}\times\dfrac{1}{sC}=\dfrac{1}{LCs^2+RCs+1}$

정답 | ③

66 빈출도 ★

디지털 제어에 관한 설명으로 옳지 않은 것은?

① 디지털 제어의 연산속도는 샘플링계에서 결정된다.
② 디지털 제어를 채택하면 조정 개수 및 부품수가 아날로그 제어보다 줄어든다.
③ 디지털 제어는 아날로그 제어보다 부품편차 및 경년변화의 영향을 덜 받는다.
④ 정밀한 속도제어가 요구되는 경우 분해능이 떨어지더라도 디지털 제어를 채택하는 것이 바람직하다.

해설

디지털 제어를 채택하면 분해능이 향상되며, 아날로그 제어에 비해 부품 개수가 적고 가벼워서 비용이 절감된다.

정답 | ④

68 빈출도 ★

자성을 갖고 있지 않은 철편에 코일을 감아서 여기에 흐르는 전류의 크기와 방향을 바꾸면 히스테리시스 곡선이 발생되는데, 이 곡선 표현에서 X축과 Y축을 옳게 나타낸 것은?

① X축 - 자화력, Y축 - 자속밀도
② X축 - 자속밀도, Y축 - 자화력
③ X축 - 자화세기, Y축 - 잔류자속
④ X축 - 잔류자속, Y축 - 자화세기

해설

변압기의 권선에 전류를 흘려주면 권선의 자화력 H에 의해 철심을 관통하는 자속밀도 B가 형성되는데 강자성체의 자기 포화 특성 때문에 자화력(X축)과 자속밀도(Y축)의 관계는 직선형이 아니고 바람개비 모양이 된다.

정답 | ①

67 빈출도 ★★★

그림과 같은 피드백 제어 계에서의 폐루프 종합 전달함수는?

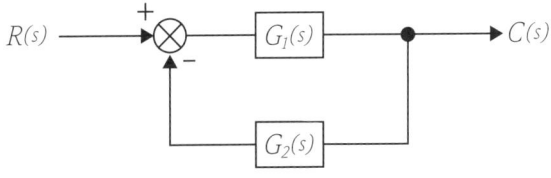

① $\dfrac{1}{G_1(s)} + \dfrac{1}{G_2(s)}$ ② $\dfrac{1}{G_1(s)+G_2(s)}$
③ $\dfrac{G_1(s)}{1+G_1(s)G_2(s)}$ ④ $\dfrac{G_1(s)G_2(s)}{1+G_1(s)G_2(s)}$

해설

- 진행경로의 이득: $G_1(s)$
- 루프의 이득: $-G_1(s)G_2(s)$
- 전달함수

$$\dfrac{C(s)}{R(s)} = \dfrac{\Sigma 진행경로의 이득}{1-\Sigma 루프의 이득}$$
$$= \dfrac{G_1(s)}{1-(-G_1(s)G_2(s))} = \dfrac{G_1(s)}{1+G_1(s)G_2(s)}$$

정답 | ③

69 빈출도 ★★

그림과 같은 회로에서 전력계 W와 직류전압계 V의 지시가 각각 60[W], 150[V]일 때 부하전력은 얼마인가? (단, 전력계의 전류코일의 저항은 무시하고 전압계의 저항은 1[kΩ]이다.)

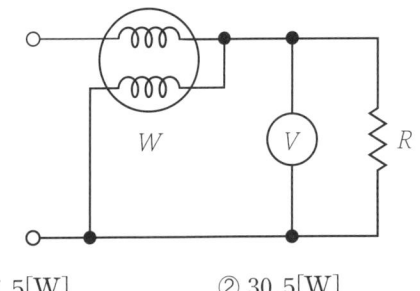

① 27.5[W] ② 30.5[W]
③ 34.5[W] ④ 37.5[W]

해설

전체전압이 150[V]이고 회로의 전력이 60[W]이므로 합성 저항 $R_t = \dfrac{V^2}{P} = \dfrac{150^2}{60} = 375[\Omega]$이다.

따라서 $\dfrac{1}{375} = \dfrac{1}{1,000} + \dfrac{1}{R}$로부터 부하저항 $R = 600[\Omega]$이므로, R에 의한 소비전력 $P = \dfrac{V^2}{R} = \dfrac{150^2}{600} = 37.5[W]$이다.

정답 | ④

70 빈출도 ★★★

제어계의 동작상태를 교란하는 외란의 영향을 제거할 수 있는 제어는?

① 순서 제어
② 피드백 제어
③ 시퀀스 제어
④ 개루프 제어

해설

개루프 제어는 시퀀스 제어라고도 하며 기준 출력을 입력 측에 피드백하지 않는 제어 방식이다. 폐루프 제어는 피드백 제어라고도 하며 검출부가 있어서 외란의 영향을 제거할 수 있다.

정답 | ②

71 빈출도 ★★

$G(j\omega)=\dfrac{1}{1+3(j\omega)+3(j\omega)^2}$ 일 때 이 요소의 인디셜 응답은?

① 진동
② 비진동
③ 임계진동
④ 선형진동

해설

$G(s)=\dfrac{1}{3s^2+3s+1}=\dfrac{\frac{1}{3}}{s^2+s+1/3}$ 를

2차 지연 제어계의 전달함수 $G(s)=\dfrac{\omega_n^2}{s^2+2\zeta\omega_n s+\omega_n^2}$ 에 대입하면

$\omega_n^2=\dfrac{1}{3}$, $2\zeta\omega_n=1$ 이고

제동비(감쇠비) $\zeta=\dfrac{\sqrt{3}}{2}<1$ 이므로 감쇠진동이다.

정답 | ①

72 빈출도 ★★★

다음의 논리식 중 다른 값을 나타내는 논리식은?

① $X(\overline{X}+Y)$
② $X(X+Y)$
③ $XY+X\overline{Y}$
④ $(X+Y)(X+\overline{Y})$

해설

① $X(\overline{X}+Y)=X\overline{X}+XY=XY$
② $X+XY=X(1+Y)=X\cdot 1+X=X$
③ $XY+X\overline{Y}=X(Y+\overline{Y})=X\cdot 1=X$
④ $(X+Y)(X+\overline{Y})=X+XY+X\overline{Y}+Y\overline{Y}=X+X(Y+\overline{Y})=X$

따라서 보기 ①이 정답이다.

정답 | ①

73 빈출도 ★★★

다음 중 불연속 제어에 속하는 것은?

① 비율 제어
② 비례 제어
③ 미분 제어
④ ON-OFF 제어

해설

불연속 제어에는 ON/OFF(온-오프) 제어 동작, 다위치 제어 동작, 시간비례 제어 동작이 있다.

정답 | ④

74 빈출도 ★★

저항 $R[\Omega]$에 전류 $I[A]$를 일정 시간 동안 흘렸을 때 도선에 발생하는 열량의 크기로 옳은 것은?

① 전류의 세기에 비례
② 전류의 세기에 반비례
③ 전류의 세기의 제곱에 비례
④ 전류의 세기의 제곱에 반비례

해설

전기 에너지 $W[J]=VIt$에 옴의 법칙 $V=IR$을 대입하면 $W[J]=I^2Rt$이다. 즉, 열량의 크기는 전류의 세기의 제곱에 비례한다.

정답 | ③

75 빈출도 ★★

어떤 코일에 흐르는 전류가 0.01초 사이에 일정하게 50[A]에서 10[A]로 변할 때 20[V]의 기전력이 발생할 경우 자기인덕턴스[mH]는?

① 5
② 10
③ 20
④ 40

해설

유도기전력 $e=-L\dfrac{dI}{dt}$ 이므로 $20V=-L\dfrac{(10-50)[A]}{0.01[s]}$ 에서 인덕턴스 $L=0.005[H]=5[mH]$ 이다.

정답 | ①

76 빈출도 ★

유도전동기에서 슬립이 "0"이라고 하는 것은?

① 유도전동기가 정지 상태인 것을 나타낸다.
② 유도전동기가 전부하 상태인 것을 나타낸다.
③ 유도전동기가 동기속도로 회전한다는 것이다.
④ 유도전동기가 제동기의 역할을 한다는 것이다.

해설

슬립 $s = \dfrac{N_s - N}{N_s}$

(단, N_s[rpm]: 동기속도, N[rpm]: 회전자 속도)
슬립이 0이면 $N_s = N$이므로 실제 회전속도가 동기속도와 같다.

정답 | ③

77 빈출도 ★

공기식 조작기기에 관한 설명으로 옳은 것은?

① 큰 출력을 얻을 수 있다.
② PID 동작을 만들기 쉽다.
③ 속응성이 장거리에서는 빠르다.
④ 신호를 먼 곳까지 보낼 수 있다.

해설

공기식은 출력이 작아도 비례적분미분(PID) 동작을 만들기 쉽다.

선지분석

① 큰 출력을 얻을 수 있는 조작기기는 유압식이다.
③ 속응성이 장거리에서는 느리다.
④ 신호를 먼 곳까지 보낼 수 있는 조작기기는 전기식이다.

정답 | ②

78 빈출도 ★

자기회로에서 퍼미언스(permeance)에 대응하는 전기회로의 요소는?

① 도전율
② 컨덕턴스
③ 정전용량
④ 엘라스턴스

해설

자기회로에서 퍼미언스는 전기회로에서 컨덕턴스에 대응한다. 퍼미언스는 자기저항의 역수이고, 컨덕턴스는 전기저항의 역수이다.

정답 | ②

79 빈출도 ★★

다음 설명에 알맞은 전기 관련 법칙은?

> 회로 내의 임의의 폐회로에서 한 쪽 방향으로 일주하면서 취할 때 공급된 기전력의 대수합은 각 회로 소자에서 발생한 전압 강하의 대수합과 같다.

① 옴의 법칙
② 가우스 법칙
③ 쿨롱의 법칙
④ 키르히호프의 법칙

해설

키르히호프 전압 법칙을 설명한 것으로, 폐회로 내에 Σ기전력=Σ전압강하를 만족한다.

정답 | ④

80 빈출도 ★★

방사성 위험물을 원격으로 조작하는 인공수(人工手 : manipulator)에 사용되는 제어계는?

① 서보기구
② 자동조정
③ 시퀀스 제어
④ 프로세스 제어

해설

서보기구를 사용하면 원격으로 조정할 수 있어서 방사성 위험물을 제거할 수 있다.

정답 | ①

배관일반

81 빈출도 ★★

배관설비 공사에서 파이프 래크의 폭에 관한 설명으로 틀린 것은?

① 파이프 래크의 실제 폭은 신규라인을 대비하여 계산된 폭보다 20[%] 정도 크게 한다.
② 파이프 래크상의 배관밀도가 작아지는 부분에 대해서는 파이프 래크의 폭을 좁게 한다.
③ 고온배관에서는 열팽창에 의하여 과대한 구속을 받지 않도록 충분한 간격을 둔다.
④ 인접하는 파이프의 외측과 외측과의 최소 간격을 25[mm]로 하여 래크의 폭을 결정한다.

해설
인접하는 파이프 외측과 외측 간격은 75[mm] 이상으로 유지되어야 한다. 인접하는 파이프 외측과 플랜지 외측 사이 간격은 최소 25[mm]로 해야 한다.

정답 | ④

82 빈출도 ★★

다음 중 방열기나 팬코일 유니트에 가장 적합한 관 이음은?

① 스위블 이음 ② 루프 이음
③ 슬리브 이음 ④ 벨로즈 이음

해설
스위블 이음은 방열기 및 팬코일 유닛 주변 배관, 슬리브 이음은 급탕 배관, 벨로스 이음은 고압의 증기 배관, 루프 이음은 고압의 가스배관에 적합하다.

정답 | ①

83 빈출도 ★

원심력 철근 콘크리트관에 대한 설명으로 틀린 것은?

① 흄(hume)관이라고 한다.
② 보통관과 압력관으로 나뉜다.
③ A형 이음재 형상은 칼라이음쇠를 말한다.
④ B형 이음재 형상은 삽입이음쇠를 말한다.

해설
이음부위에 따라 A형(칼라이음)과 B형(소켓이음), C형(삽입이음)이 있다.

정답 | ④

84 빈출도 ★★★

냉매 배관 중 토출관 배관 시공에 관한 설명으로 틀린 것은?

① 응축기가 압축기보다 2.5[m] 이상 높은 곳에 있을 때는 트랩을 설치한다.
② 수평관은 모두 끝내림 구배로 배관한다.
③ 수직관이 너무 높으면 3[m]마다 트랩을 설치한다.
④ 유분리기는 응축기보다 온도가 낮지 않은 곳에 설치한다.

해설
압축기와 응축기를 잇는 수직관이 너무 높으면 10[m]마다 오일트랩을 설치하여 냉동기유 회수가 가능하도록 한다.

정답 | ③

85 빈출도 ★★★

배관의 보온재를 선택할 때 고려해야 할 점이 아닌 것은?

① 불연성일 것
② 열전도율이 클 것
③ 물리적, 화학적 강도가 클 것
④ 흡수성이 적을 것

해설

보온재는 외기와 유체 사이의 열전도를 차단해야 하므로 열전도율과 흡수성이 작아야 한다.

개념설명 보온재의 구비조건

- 내열성이 높고 물리·화학적 강도가 커야 한다.
- 불연성이면서 환경친화적이어야 한다.
- 열전도율과 흡수율(흡수성)이 낮아야 한다.
- 비중이 작고 가벼워 시공과 운반이 용이해야 한다.

정답 | ②

86 빈출도 ★★

다음 냉매액관 중에 플래시 가스 발생 원인이 아닌 것은?

① 열교환기를 사용하여 과냉각도가 클 때
② 관경이 매우 작거나 현저히 입상할 경우
③ 여과망이나 드라이어가 막혔을 때
④ 온도가 높은 장소를 통과 시

해설

플래시 가스는 관내 이물질이 끼어 좁아진 액관을 통과하거나 온도가 높은 장소를 통과할 때 발생한다. 냉매의 과냉각도가 커지면 기화 확률이 낮아지므로 플래시 가스를 방지하기 위해 열교환기를 사용한다.

정답 | ①

87 빈출도 ★★★

고가탱크식 급수방법에 대한 설명으로 틀린 것은?

① 고층건물이나 상수도 압력이 부족할 때 사용된다.
② 고가탱크의 용량은 양수펌프의 양수량과 상호 관계가 있다.
③ 건물 내의 밸브나 각 기구에 일정한 압력으로 물을 공급한다.
④ 고가탱크에 펌프로 물을 압송하여 탱크 내에 공기를 압축 가압하여 일정한 압력을 유지시킨다.

해설

고가탱크 방식은 공기압축기로 가압하지 않으며 중력에 의해 일정한 수압이 유지된다.

정답 | ④

88 빈출도 ★★

지역난방 열공급 관로 중 지중 매설방식과 비교한 공동구 내 배관 시설의 장점이 아닌 것은?

① 부식 및 침수 우려가 적다.
② 유지보수가 용이하다.
③ 누수점검 및 확인이 쉽다.
④ 건설비용이 적고 시공이 용이하다.

해설

열공급 관로를 지중에 따로 매설하지 않고 각종 전기, 통신, 가스, 상하수도 배관이 지나가는 지하 공동구 내에 설치하게 되면 유지보수가 용이하지만 초기 건설비용이 많이 들고 시공이 어려워진다.

정답 | ④

89 빈출도 ★
스케줄 번호에 의해 관의 두께를 나타내는 강관은?

① 배관용 탄소강관   ② 수도용 아연도금강관
③ 압력배관용 탄소강관   ④ 내식성 급수용 강관

해설
스케줄 번호는 사용압력에 의해 산출된 값이므로 주로 압력배관용 탄소강관의 두께를 표시한다.

정답 | ③

90 빈출도 ★★
배관을 지지장치에 완전하게 구속시켜 움직이지 못하도록 한 장치는?

① 리지드 행거   ② 앵커
③ 스토퍼   ④ 브레이스

해설
앵커는 열팽창에 따른 이동과 회전을 제한하는 고정 장치이다.

선지분석
① 리지드 행거: 변위가 없는 곳에 사용하는 행거이다.
③ 스토퍼: 한쪽 방향의 회전만 허용하는 장치이다.
④ 브레이스: 기계의 진동, 수격작용, 지진 등 다른 하중에 의해 발생하는 변위 또는 진동을 억제시키기 위한 장치이다.

정답 | ②

91 빈출도 ★★
증기보일러 배관에서 환수관의 일부가 파손된 경우 보일러수의 유출로 안전수위 이하가 되어 보일러수가 빈 상태로 되는 것을 방지하기 위해 하는 접속법은?

① 하트포드 접속법   ② 리프트 접속법
③ 스위블 접속법   ④ 슬리브 접속법

해설
보일러 수면이 안전수위 이하로 내려가지 않도록 증기관과 환수관 사이에 밸런스관을 설치하는 공법은 하트포드 접속법이다.

정답 | ①

92 빈출도 ★★
동력나사 절삭기의 종류 중 관의 절단, 나사 절삭, 거스러미 제거 등의 작업을 연속적으로 할 수 있는 유형은?

① 리드형   ② 호브형
③ 오스터형   ④ 다이헤드형

해설
다이헤드형 나사절삭기는 파이프 절단, 나사산 절삭, 단면의 리밍을 연속적으로 행한다.

정답 | ④

93 빈출도 ★★★
냉동배관 재료로서 갖추어야 할 조건으로 틀린 것은?

① 저온에서 강도가 커야 한다.
② 가공성이 좋아야 한다.
③ 내식성이 작아야 한다.
④ 관내마찰 저항이 작아야 한다.

해설
냉동배관의 재료는 내식성이 커야 한다.

정답 | ③

94 빈출도 ★★
급탕배관의 신축방지를 위한 시공 시 틀린 것은?

① 배관의 굽힘 부분에는 스위블 이음으로 접합한다.
② 건물의 벽 관통부분 배관에는 슬리브를 끼운다.
③ 배관 직관부에는 팽창량을 흡수하기 위해 신축이음쇠를 사용한다.
④ 급탕밸브나 플랜지 등의 패킹은 고무, 가죽 등을 사용한다.

해설
급탕 밸브나 플랜지에 끼우는 패킹은 고무나 가죽이 아닌 내열성 재료를 사용해야 한다.

정답 | ④

95 빈출도 ★★

5명 가족이 생활하는 아파트에서 급탕가열기를 설치하려고 할 때 필요한 가열기의 용량[kcal/h]은? (단, 1일 1인당 급탕량 90[L/d], 1일 사용량에 대한 가열능력 비율 1/7, 탕의 온도 70[℃], 급수온도 20[℃]이다.)

① 459
② 643
③ 2,250
④ 3,214

해설

하루에 필요로 하는 급탕량을 확보하기 위해 급탕가열기를 n시간 동안 가동해야 한다면 이 급탕가열기의 가열능력 비율은 $\frac{1}{n}$이다.

즉, n이 클수록, $\frac{1}{n}$이 작을수록 급탕기의 성능이 저하된다.

문제의 급탕기는 하루에 필요로 하는 급탕량 450[L]를 얻기 위해 7시간 동안 가열해야 하므로 가열기의 용량은 $1[\text{kcal/kg}\cdot℃] \times 450[\text{kg}] \times (70-20)[℃] \times \frac{1}{7[\text{h}]} = 3,214[\text{kcal/h}]$이다.

정답 ④

96 빈출도 ★★

온수난방에서 개방식 팽창탱크에 관한 설명으로 틀린 것은?

① 공기빼기 배기관을 설치한다.
② 4[℃]의 물을 100[℃]로 높였을 때 팽창체적 비율이 4.3[%] 정도이므로 이를 고려하여 팽창탱크를 설치한다.
③ 팽창탱크에는 오버 플로우관을 설치한다.
④ 팽창관에는 반드시 밸브를 설치한다.

해설

팽창관에는 밸브 설치를 금하며 오버 플로우관, 공기빼기 배기관을 설치한다.

정답 ④

97 빈출도 ★

도시가스의 공급 계통에 따른 공급 순서로 옳은 것은?

① 원료 → 압송 → 제조 → 저장 → 압력조정
② 원료 → 제조 → 압송 → 저장 → 압력조정
③ 원료 → 저장 → 압송 → 제조 → 압력조정
④ 원료 → 저장 → 제조 → 압송 → 압력조정

해설

압력조정기는 저장설비와 수용가 사이에 위치한다. 즉, 공급 순서는 '원료 → 제조 → 압송 → 저장 → 압력조정 → 수용가'이다.

정답 ②

98 빈출도 ★★

증기배관의 수평 환수관에서 관경을 축소할 때 사용하는 이음쇠로 가장 적합한 것은?

① 소켓
② 부싱
③ 플랜지
④ 리듀서

해설

배관연결용 부속기구 중에서 리듀서는 양끝이 크기가 다른 F나사로 되어 있어서 이경 배관을 직선 연결할 수 있다.

정답 ④

99 빈출도 ★★

다음 중 안전밸브의 그림 기호로 옳은 것은?

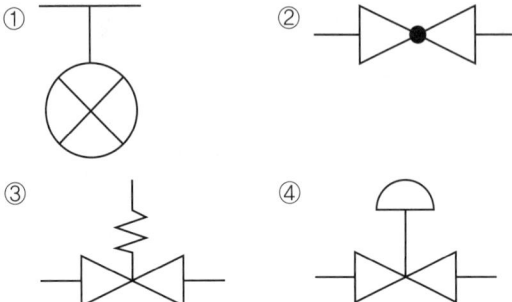

해설

① 팽창 밸브
② 글로브 밸브
③ 안전밸브
④ 다이어프램 밸브
※ 안전밸브 그림 기호의 ⌇는 스프링을 의미한다.

정답 | ③

100 빈출도 ★

도시가스 배관 매설에 대한 설명으로 틀린 것은?

① 배관을 철도부지에 매설하는 경우 배관의 외면으로부터 궤도 중심까지 거리는 4[m] 이상 유지할 것
② 배관을 철도부지에 매설하는 경우 배관의 외면으로부터 철도부지 경계까지 거리는 0.6[m] 이상 유지할 것
③ 배관을 철도부지에 매설하는 경우 지표면으로부터 배관의 외면까지의 깊이는 1.2[m] 이상 유지할 것
④ 배관의 외면으로부터 도로의 경계까지 수평거리 1[m] 이상 유지할 것

해설

배관을 철도부지에 매설하는 경우 외면에서 경계까지 1[m] 이상, 외면부터 지표면까지 1.2[m] 이상 되게 매설한다.

정답 | ②

에듀윌이
너를
지지할게

ENERGY

내가 꿈을 이루면
나는 누군가의 꿈이 된다.

– 이도준

여러분의 작은 소리
에듀윌은 크게 듣겠습니다.

본 교재에 대한 여러분의 목소리를 들려주세요.
공부하시면서 어려웠던 점, 궁금한 점,
칭찬하고 싶은 점, 개선할 점, 어떤 것이라도 좋습니다.

에듀윌은 여러분께서 나누어 주신 의견을
통해 끊임없이 발전하고 있습니다.

에듀윌 도서몰 book.eduwill.net
- 부가학습자료 및 정오표: 에듀윌 도서몰 → 도서자료실
- 교재 문의: 에듀윌 도서몰 → 문의하기 → 교재(내용, 출간) / 주문 및 배송

2026 에듀윌 공조냉동기계기사 필기 한권끝장

발 행 일	2025년 7월 10일 초판
편 저 자	손익희
펴 낸 이	양형남
개발책임	목진재
개 발	최윤석, 장윤정
펴 낸 곳	(주)에듀윌
I S B N	979-11-360-3823-4
등록번호	제25100-2002-000052호
주 소	08378 서울특별시 구로구 디지털로34길 55 코오롱싸이언스밸리 2차 3층

* 이 책의 무단 인용 · 전재 · 복제를 금합니다.

www.eduwill.net
대표전화 1600-6700